Irenäus Eibl-Eibesfeldt
GRUNDRISS DER VERGLEICHENDEN VERHALTENSFORSCHUNG
Ethologie

Prof. emeritus. Leiter des Humanethologischen Filmarchivs
der Max-Planck-Gesellschaft in Andechs und des
Ludwig-Boltzmann-Instituts für Stadtethologie in Wien;
apl. Prof. und ordentliches Mitglied des Humanwissenschaftlichen
Zentrums der Universität München.

Irenäus Eibl-Eibesfeldt

Grundriß der vergleichenden Verhaltensforschung

Ethologie

Achte, überarbeitete Auflage

Piper
München · Zürich

ISBN 3-492-04175-2
8., überarbeitete Auflage, 1999

Gesetzt aus der Aldus-Antiqua
Lithoarbeiten: Chemigraphia Gebrüder Czech, München
Gesamtherstellung: Huber, Dießen
Printed in Germany

Meinem Lehrer und väterlichen Freund
Prof. Dr. Dr. h. c. Konrad Lorenz
in dankbarer Verehrung zugeeignet

Inhalt

Vorwort zur achten Auflage 11

1. Geschichte und Aufgaben der vergleichenden Verhaltensforschung (Ethologie) 17

2. Das Verhaltensinventar (Ethogramm) 31

3. Die Erbkoordination (Das angeborene Können) 49
3.1 Erbkoordination (Instinktbewegung) und Taxis 49
3.2 Die Aufzucht unter Erfahrungsentzug 54
3.3 Physiologische Eigentümlichkeiten der Erbkoordination . 70

4. Die motivierenden Faktoren 95

5. Das Verhalten als Antwort 121
5.1 Der angeborene Auslösemechanismus (AAM) (Das angeborene Erkennen) 121
5.2 Sollmuster. 138
5.3 Schlüsselreiz und Auslöser 138

6. Die Auslöser (Ausdrucksbewegungen und andere soziale Signale) 185
6.1 Die Entstehung von Ausdrucksbewegungen und anderen Auslösern 185
6.2 Die Einteilung auslösender Signale nach ihrer Funktion . . 230
6.2.1 Auslöser für den innerartlichen Verkehr 231
6.2.1.1 Signale im Dienste der Bindung (synagonale Signale) . . . 231
a) Vorbemerkung 231
b) Werbezeremonien 231
c) Demutsgebärden, Grußzeremonien und andere Beschwichtigungsgebärden 242

d) Stimmfühlungslaute und andere den Zusammenhalt herstellende und erhaltende Signale 255
6.2.1.2 Mitteilungen über die außerartliche Umwelt 257
a) Warn- und Notrufe 257
b) Die Tanzsprache der Bienen 258
6.2.1.3 Innerartliche Drohsignale (agonale Signale). 267
6.2.2 Signale im Dienste der zwischenartlichen Auseinandersetzung 268
6.2.2.1 Signale zwischenartlicher Kontaktbereitschaft 268
6.2.2.2 Drohstellungen und andere Signale zur Abwehr Artfremder 271

7. Natürliche Attrappen und Mimikry 275

8. Reaktionsketten 285

9. Der hierarchische Aufbau des Verhaltens 293

10. Konfliktverhalten 307

11. Genetik von Verhaltensweisen 315

12. Die stammesgeschichtliche Entwicklung von Verhaltensweisen 325
12.1 Allgemeine Vorbemerkungen 325
12.2 Der Homologiebegriff 330
12.3 Konvergenzforschung 338
12.4 Historische Reste 339
12.5 Haustierforschung und Domestikation 344
12.6 Verhaltensfossilien. 350

13. Ontogenese von Verhaltensweisen 355
13.1 Embryologie des Verhaltens 355
13.2 Frühontogenetische Anpassungen (Kainogenesen) 360
13.3 Das Reifen von Verhaltensweisen und die »Instinkt-Dressur-Verschränkung« 364
13.4 Die angeborene Lerndisposition 376
13.4.1 Artspezifische Lernbegabungen 376
13.4.2 Prägung und prägungsähnliche Lernvorgänge 386
13.4.2.1 Die Objektprägung und Verwandtes 388
13.4.2.2 Motorische Prägung (die Bildung persistenter Motorschablonen oder motorischer Sollmuster) 393
13.4.2.3 Prägungsähnliche Lernvorgänge bei Säugern – Dauerfolgen sozialer Entbehrung 395
13.4.3 Neugierverhalten und Spiel 401

14. Mechanismen des Lernens 417
14.1 Die experimentelle Untersuchung der Lernvorgänge und ihrer Motivation 419
14.2 Die Natur des Engramms 428
14.3 Abstraktion, averbale Begriffsbildung und Einsichtverhalten 437

15. Ökologie und Verhalten 449
15.1 Der Beitrag der Soziobiologie zur Verhaltensökologie . . . 452
15.1.1 Optimalitätsmodelle 452
15.1.2 Einheiten der Selektion 457
15.1.3 Evolutionsstabile Strategien (ESS) 462
15.2 Beziehungen zur außerartlichen Umwelt 466
15.2.1 Anpassungen an abiotische Faktoren 466
15.2.2 Nahrungserwerb 471
15.2.3 Feindanpassungen und zwischenartliche Konkurrenz . . . 480
15.2.4 Symbiosen 497
15.2.5 Parasitismus 512
15.3 Beziehungen zum Artgenossen 516
15.3.1 Die innerartliche Aggression 517
15.3.1.1 Territorialität 520
15.3.1.2 Xenophobie und Außenseiterreaktion 530
15.3.1.3 Das innerartliche Kampfverhalten 534
15.3.1.4 Das dynamische Instinktkonzept der Aggression 549
15.3.2 Das Leben in Gruppen (Kontaktverhalten, Bindung) . . . 560
15.3.2.1 Die selektionistischen Vorteile des Zusammenschlusses . . 560
15.3.2.2 Mechanismen der Gruppenbindung 575
15.3.2.3 Zur stammesgeschichtlichen Entwicklung der Gruppenbindung 586
a) Angstbindung 586
b) Sexuelle Bindung 587
c) Von der Brutpflege abgeleitete Bindungsfähigkeiten . . 588
d) Bindung über Aggression 591
15.3.2.4 Die Verbandsformen 591
a) Die Aggregationen 591
b) Die anonymen Verbände 592
15.3.2.5 Inzesttabu, Familienauflösung, Großfamilie 593
15.3.2.6 Die individualisierten Verbände 595
a) Rangordnung 595
b) Beispiele individualisierter Verbände 602
Organisationstyp I 606
Organisationstyp II 606

Organisationstyp III: Monogame Paarbildung 607
Organisationstyp IV 608
Organisationstyp V 608
Organisationstyp VI 610
Organisationstyp VII 613
Die Schimpansengemeinschaft 613
Der Organisationstyp des Orang Utan 618

16. Die Orientierung im Raum 622
16.1 Die Kontrolle der Lage und Fortbewegung im Raum 626
16.2 Fernorientierung und Wanderung 629
16.2.1 Kompaßorientierung 636
16.2.2 Navigation 644
16.3 Heimfinden durch Wegintegration 646
16.4 Die Sollwertverstellung bei aktiver Bewegung (»Reafferenzprinzip«) 647
16.5 Die Objektorientierung 651

17. Die zeitliche Ordnung im Verhalten 655

18. Zur Ethologie des Menschen 671
18.1 Die biologische Programmierung 673
18.2 Erbkoordinationen beim Säugling 674
18.3 Das Verhalten blind und taubblind Geborener 679
18.4 Ergebnisse der vergleichenden Betrachtungsweise 682
18.5 Auslösemechanismen, Schlüsselreize und Auslöser beim Menschen 727
18.6 Elementare Interaktionsstrategien 742
18.7 Tiererbe und menschlicher Neuerwerb 745
18.7.1 Das prähominide Erbe 745
18.7.2 Die Hominisation des Verhaltens 750
Literatur 785

Anhang zur 8. Auflage, 1999 875

Autorenregister 878

Sachregister 894

Vorwort zur achten Auflage

Der Zufall will es, daß diese neue Auflage mit einer Zeitenwende zusammenfällt, ein Anlaß zu einer Rückschau auf das bisher Erreichte. Es trifft sich für diese Zwischenbilanz gut, daß ich von 1946 an bis zum heutigen Tag in Forschung und Lehre aktiv an der Entwicklung der Ethologie teilnehmen durfte.

Das Fach hat viele Vorläufer (S. 17ff.). Als seine Geburtsstunde gilt eine Veröffentlichung von KONRAD LORENZ, die 1935 unter dem Titel »Der Kumpan in der Umwelt des Vogels« erschien. In ihr entwickelt LORENZ die Konzepte Auslöser und angeborenes auslösendes Schema, beschreibt die Homologisierbarkeit der Instinkthandlung im Artenvergleich, das Phänomen der Prägung und integrierte das bisher über Instinkte erarbeitete Wissen. Indem er die Instinktforschung auf eine empirische Basis stellte, befreite er sie von vitalistischen Mystizismen. Seine Arbeit regte viele Diskussionen und Untersuchungen an. Eine vergleichende Verhaltensforschung erblühte. Wichtig für die weitere Entwicklung des Faches war die Freundschaft von KONRAD LORENZ mit ERICH VON HOLST, OTTO KOEHLER und NIKOLAAS TINBERGEN. 1940 wurde LORENZ an den KANTschen Lehrstuhl in Königsberg berufen. Der Krieg unterbrach die weitere Entwicklung. LORENZ wurde eingezogen und geriet 1944 in russische Kriegsgefangenschaft.

Bald nach Ende des Krieges begannen in den Niederlanden, England, Deutschland und Österreich kleine Arbeitsgruppen mit verhaltensbiologischen Untersuchungen. Als LORENZ im Februar 1948 aus der Kriegsgefangenschaft heimkehrte, war der Boden für ihn bereits wieder bereitet. In Wien hatte sich um OTTO KOENIG eine kleine verhaltensbiologische Arbeitsgruppe gebildet, der auch ich angehörte und vor der LORENZ bereits im April 1948 seine ersten Vorlesungen hielt. Er hatte aus Rußland ein 750 Seiten starkes Manuskript mitgebracht, das auf Blättern geschrieben war, die er sich aus Zementsäcken herausgeschnitten hatte. Es wurde vor einigen Jahren wiederentdeckt und veröffentlicht (LORENZ 1992). Schnell lebten auch die Kontakte mit Freunden und Kollegen in- und außerhalb Österreichs auf. 1951 wurde LORENZ von der MAX-PLANCK-Gesellschaft nach Deutschland berufen. Ich durfte ihm folgen und erlebte die vielen sich wieder anbahnenden Kontakte mit Kollegen und Freunden, von denen ich hier nur ERICH VON HOLST, OTTO KOEHLER, WILLIAM THORPE und NIKOLAAS TINBERGEN nenne. Mittlerweile war das Interesse an den Thesen von LORENZ auch in den Vereinigten Staaten erwacht. Einer der ersten transatlantischen Besucher war ECKHARDT HESS, mit dem uns eine lebenslange Freundschaft verband.

Zu den wichtigen Ereignissen der fünfziger Jahre gehört die Klärung des Begriffs »angeboren« in einer lebhaften, aber zunehmend kollegialen Auseinandersetzung mit dem traditionellen amerikanischen Behaviorismus. DANIEL LEHRMAN (1953) startete zunächst eine scharfe Attacke gegen das ethologische Konzept des Angeborenen. Er wandte ein, man könne Angeborenes nie nachweisen, da ein Organismus selbst im Ei oder Uterus in einer Umwelt stecke, die auf ihn einwirke, so daß er Erfahrungen sammeln könne. Die von den Ethologen praktizierte Aufzucht unter Erfahrungsentzug sei daher nicht beweiskräftig. Dem hielt LORENZ entgegen, daß Verhaltens- und Wahrnehmungsweisen stets eignungsrelevante Facetten einer außersubjektiven Wirklichkeit mit mehr oder weniger groben Rastern abbilden würden. Eine Fischflosse verkörpert eine Hypothese über diese Welt, sie erweist sich an Eigenschaften des Mediums Wasser angeglichen, in der sich der Fisch nach dem Schlüpfen befindet, und das gilt auch für die Schwimmbewegungen, die er ebenfalls bereits im Ei entwickelt.

Die Tatsache, daß Anpassungen Umweltvorlagen abbilden, setzt aber voraus, daß die Organismen irgendwann »Wissen« über diese Umweltvorlagen erworben haben müssen. Wird ihnen nun experimentell während ihrer Jugendentwicklung die Möglichkeit vorenthalten, dieses Wissen eigentätig oder von einem sozialen Vorbild zu erwerben, und erweisen sie sich dennoch in den zur Diskussion stehenden Merkmalen als angepaßt, dann bleibt nur die Möglichkeit, daß die Anpassungen im Laufe der Stammesgeschichte über die uns ja mittlerweile gut bekannten Mechanismen Mutation und Selektion erworben wurden. Angeboren ist demnach als stammesgeschichtlich angepaßt definiert. Der Begriff bezieht sich immer konkret auf ein ganz bestimmtes Niveau der Passung. Beherrscht also ein in sozialer Isolation aufgezogener Stockerpel alle arttypischen Lautäußerungen und Balzbewegungen wie Grunzpfiff und Kurzhochwerden, dann ist damit erwiesen, daß es sich bei diesen Manifestationen um stammesgeschichtliche Anpassungen und demnach um Angeborenes handelt, und diese Aussage würde auch gelten, wenn einer nachwiese, daß im Prozeß der Verhaltensontogenese auf einem unteren Niveau Umwelteinflüsse eine Rolle spielen (S. 63ff.).

Mit der Definition des Begriffs »angeboren« als »stammesgeschichtlich angepaßt« gilt das Problem heute im wesentlichen als abgeklärt. Daß es nicht immer verstanden wird, müssen wir hinnehmen, und wohl auch mit einem gewissen Befremden die leider verbreitete unwissenschaftliche Art des Verschweigens. In dem von JEFFREY L. ELMAN und Mitarbeitern (1998) herausgegebenen Mehrautorenbuch »Rethinking Innateness« werden KONRAD LORENZ und NIKOLAAS TINBERGEN z.B. mit keinem Wort erwähnt! Um so wichtiger scheint es mir, in diesem Rückblick auf die Bedeutung dieses Konzepts hinzuweisen.

Wichtig sind in diesem Zusammenhang die Untersuchungen, die ROGER SPERRY durchführte und anregte und die zeigen, wie ein Nervensystem sich selbst bis zur Funktionsreife »verdrahten« kann (S. 358ff.), und zwar auf Grund der im Erbgut festgeschriebenen Entwicklungsanweisungen, über die man ebenfalls zunehmend mehr erfährt. Wir erleben gegenwärtig eine Blüte der Neurobiologie und Molekularbiologie (S. 92, 401, 432). 1950 erschien TINBERGENs Buch »The Study of Instinct«, in dem er die Ethologie als objektive Instinktforschung definierte. Er wies in diesem Buch unter anderem auf die Bedeutung der Neuroethologie im Rahmen einer Verhaltensphysiologie hin. Sie erhielt von der Ethologie in den folgenden Jahrzehnten viele entscheidende Anregungen, und alle wichtigen Konzepte der Ethologie wurden in den letzten drei Jahrzehnten bis in die neuronale Ebene erforscht, der angeborene auslösende Mechanismus, die von ERICH VON HOLST zuerst als zentrale Automatismen beschriebenen zentralnervösen Motorgeneratoren und schließlich auch die Prägung (S. 79ff., 123ff., 401). Bis heute trägt die Neurobiologie Entscheidendes zum Verständnis jener Phänomene bei, die die Ethologen auf einer höheren Integrationsebene durch Beobachtung und Experiment erforschen. Beispielhaft sind die neurobiologischen Arbeiten an Grillen (F. HUBER, TH. E. MOORE und W. LOHER 1989). ELISABETH WALLHÄUSSER und H. SCHEICH klärten das neuronale Geschehen auf, das dem Phänomen der Prägung (S. 386ff.) zugrunde liegt. Eine weitere Pionierfront, in der sich interessante Entwicklungen abzeichnen, bildet die Hirnchemie (S. 118) (J. B. BECKER und Mitarbeiter 1993; R. F. THOMPSON 1993).

Parallel zu diesen verhaltensphysiologischen Untersuchungen entfaltete sich der Zweig der traditionellen vergleichenden Verhaltensforschung. Beispielhaft ist das Erblühen der Feldforschung bei den Primaten, von denen ich hier stellvertretend für viele andere die Pioniere IRVEN DE VORE und JANE GOODALL nenne. Die Primatenforschung läuft, von mehreren Teams betrieben, nach wie vor auf hohen Touren. Zu nennen wären noch viele andere Projekte der Langzeitfeldforschung. Wir wollen hier nur noch auf das grandiose Werk von BERT HÖLLDOBLER und EDWARD WILSON (1989) verweisen, das im besten Sinne bewährte Methodik und deren Ergebnisse präsentiert, ein Werk, das man wie jenes von JANE GOODALL (1986) gerne auch in Muße zur Hand nimmt. 1973 erhielten KARL VON FRISCH, KONRAD

Lorenz und Nikolaas Tinbergen und 1981 die Neurobiologen David Hubel, Roger Sperry und Torsten Wiesel den Nobelpreis.

Meine wissenschaftliche Laufbahn begann 1946 als Student auf der von Otto Koenig gegründeten Biologischen Feldstation Wilhelminenberg (s. I. Eibl-Eibesfeldt 1992). Ich bemühte mich zunächst um die Erstellung der Ethogramme der von mir untersuchten Tierarten. Dabei wechselte mein Interessenschwerpunkt von niederen Wirbeltieren zu Säugern, und es kristallisierten sich die Interessenschwerpunkte Verhaltensontogenese und Kommunikation heraus. Damit war ich in den fünfziger Jahren in der Lage, durch Experimente meinen Anteil zur Klärung des Natur-Umwelt-Streites beizutragen. Das Kommunikationsthema erlaubte es mir ferner, auf den meeresbiologischen Xarifa-Expeditionen[1] Phänomene, die ich schwimmtauchend in der Karibischen See, bei den Galápagos-Inseln und im Indischen Ozean beobachtete, wie die Putzsymbiosen (S. 270, 502) und die Turnierkämpfe der Meerechsen (S. 540), in einen gemeinsamen theoretischen Rahmen einzuordnen. Aus eigener Anschauung in Beobachtung und Experiment sowie in den überaus anregenden Diskussionen mit Konrad Lorenz und dem Kreis um ihn erwuchs mir ein Wissen, das mich ermutigte, 1966 einer Einladung des Athenaion Verlages Folge zu leisten, einen Ethologie-Beitrag für das Handbuch der Biologie zu schreiben. Dabei erschien mir die Definition der Ethologie als Instinktforschung zu eng. Ich wollte bereits damals das kulturelle Verhalten des Menschen einbeziehen und definierte deshalb die Ethologie etwas weiter als »Biologie des Verhaltens«[2]. Aus diesem Beitrag erwuchs der hier in achter Auflage vorliegende »Grundriß«. Mit ihm wieder erarbeitete ich mir das Rüstzeug, um das anspruchsvolle Thema einer »Humanethologie« in Angriff zu nehmen. Nach zwanzig Jahren tierethologischer Forschung widme ich mich nunmehr seit über dreißig Jahren vor allem der kulturenvergleichenden Dokumentation menschlichen Verhaltens, 1984 erschien mein »Grundriß der Humanethologie«[3], in dem ich diese Zweigdisziplin begründe. Die beiden Grundrisse sind aufeinander abgestimmt und bilden so eine Einheit. Ich hoffe ihnen in einigen Jahren einen Grundriß der Kulturethologie zur Seite stellen zu können.

---

[1] Diese beiden von Hans Hass geleiteten Tauchexpeditionen führten uns auf dem 350 Tonnen Dreimastschoner »Xarifa« 1953/54 in die Karibische See und zu den Galápagos-Inseln und 1957/58 ins Rote Meer, zu den Malediven, nach Ceylon und zu den Nikobaren.

[2] Irenäus Eibl-Eibesfeldt: Ethologie, die Biologie des Verhaltens. Handbuch der Biologie, begründet von Ludwig v. Bertalanffy. Herausgegeben von Fritz Gessner. Bd. II, S. 341–559 (erschien auch als Sonderausgabe). Akademischer Verlag Athenaion, Frankfurt/M. 1966.

[3] Irenäus Eibl-Eibesfeldt: Die Biologie des menschlichen Verhaltens – Grundriß der Humanethologie. Piper, München, 3. Auflage 1995.

Es liegt in der Natur der Dinge, daß ein Gebiet mit dem Erfolg heranwächst und sich dabei in Zweigdisziplinen aufspaltet. Auch die Ethologie ist diesem Prozeß unterworfen. Das ist ein Zeichen des Erfolgs. Ein besonders prosperierender Zweig ist die Soziobiologie, die EDWARD WILSON (1975) aus der Taufe hob. Sie verbindet populationsgenetische mit ökologischen Ansätzen und bemüht sich mit Erfolg, Angepaßtheit nachzuweisen (S. 452ff.). WILSON schoß allerdings etwas über das Ziel hinaus, als er meinte, die Soziobiologie würde bis zum Jahre 2000 die Ethologie »kannibalisieren«. Das ist nicht geschehen und kann auch gar nicht geschehen, denn definiert als »Biologie des Verhaltens« ist die Ethologie viel weiter gefaßt als die Soziobiologie. Von der Ethologie gingen viele Anregungen aus, wie jene, die die Neurobiologie inspirierten. Auch war sie von Anbeginn an den stammesgeschichtlichen Vorprogrammierungen im menschlichen Verhalten ebenso wie an dessen kulturellen Leistungen interessiert. Mittlerweile sind das viele, und alle erfinden die Ethologie neu, zum Beispiel als *Biopsychology, Evolutionary Psychology* und dergleichen, oft unter sorgfältiger Vermeidung auch nur der Nennung der Namen von KONRAD LORENZ oder NIKOLAAS TINBERGEN. Dabei könnten sie noch viel von deren Arbeiten lernen, so unter anderem, wie wichtig es ist, auch weiterhin zu beobachten und zu dokumentieren.

Die genaue Kenntnis der Phänomene bleibt eine Voraussetzung für den Aufbau vernünftiger Experimente. Als großen Erfolg sehe ich den gelungenen Brückenschlag der Ethologie zu den Humanwissenschaften, insbesondere zu den Sozialwissenschaften, der Ethnologie, Rechtswissenschaft, Politischen Wissenschaft und Kunstgeschichte, die ich mit der Nennung einiger Werke beispielhaft belegen möchte: HAGEN HOF (1966), Rechtsethologie; ROGER MASTERS (1989) und FRANK SALTER (1995), Political Science; POLLY WIESSNER und AKII TUMU (1998) sowie INGRID BELL-KRANNHALS (1990), Ethnology. Eine Ethologie der Kunst vom Autor und CHRISTA SÜTTERLIN ist in Vorbereitung. In Wien wurde 1991 ein LUDWIG-BOLTZMANN-Institut für Stadtethologie gegründet, das ich zusammen mit meinem langjährigen Mitarbeiter KARL GRAMMER betreue. Die Ethologie ist ein dynamisches Fach, von dem auch weiterhin viele Impulse ausgehen werden.

Danksagung zur 1. Auflage

Bei der Konzeption des Buches war der anregende Kreis des MAX-PLANCK-Institutes für Verhaltensphysiologie, in dem praktisch alle wesentlichen Richtungen der Verhaltensforschung vertreten sind, eine große Hilfe. Allen Mitarbeitern dieser Institution sei herzlich gedankt.

Meinem verehrten Lehrer und väterlichen Freund, Herrn Prof. Dr. KONRAD LORENZ, möchte ich an erster Stelle für alle zuteil gewordene Förderung danken. Ganz besonders danke ich auch meinem Freunde Dr. HANS HASS für die ungezählten Stunden anregender Diskussion und die an Eindrücken so reichen Expeditionen, die mich in die tropischen Meere führten. Ich danke ferner Herrn Prof. OTTO KOENIG dafür, daß er mich 1946–1949 auf der Biologischen Station Wilhelminenberg als Mitarbeiter förderte. Die Eindrücke, die ich in diesen prägsamen Jahren und ganz entscheidend durch OTTO KOENIGs Vermittlung empfing, haben mein weiteres Denken und Wahrnehmen ganz entscheidend mitbestimmt. Ich danke Herrn Prof. Dr. OTTO KOEHLER, dessen offene und wohlwollende Kritik mir weiterhalf, ferner den Herren Prof. Dr. J. ASCHOFF, Prof. Dr. B. HASSENSTEIN, Prof. Dr. E. HESS, Dr. K. HOFFMANN, Prof. Dr. F. HUBER, Dr. E. KLINGHAMMER, Dr. P. LEYHAUSEN, Prof. Dr. J. NICOLAI, Prof. Dr. E. S. REESE, Dr. H. SCHÖNE, Prof. Dr. N. TINBERGEN und Prof. Dr. W. WICKLER. Besonders gerne gedenke ich der harmonischen filmischen Zusammenarbeit mit H. SIELMANN.

Allen Kollegen, die Bilder und Beobachtungen zu diesem Buche beisteuerten, insbesondere dem Graphiker, Herrn H. KACHER, sei herzlich gedankt, ebenso dem Piper Verlag für die auf die Ausstattung verwandte Sorgfalt. – Als Österreicher ist es mir schließlich eine Pflicht und besondere Freude, dem Gastlande Deutschland und besonders der MAX-PLANCK-Gesellschaft, der Deutschen Forschungsgemeinschaft, der A.-V.-GWINNER-Stiftung, der FRITZ-THYSSEN-Stiftung und der Nestle A.G. für die großzügige Förderung meiner Arbeiten zu danken.

Nachtrag 1999

Seit der Niederschrift dieser Danksagung sind über dreißig Jahre vergangen, in denen ich weiterhin viel Hilfe, sowohl durch die zuletzt genannten Organisationen erhielt, die mir immer als treue Freunde zur Seite standen, als auch durch viele neue Sponsoren, die mir insbesondere beim Aufbau und jetzt bei der Weiterführung der humanethologischen Forschung nach meiner Emeritierung halfen und helfen. Ich möchte in alphabetischer Reihenfolge insbesondere Prof. Dr. h.c. BERTHOLD BEITZ (ALFRIED KRUPP VON BOHLEN UND HALBACH Stiftung), Frau TRAUDL ENGELHORN-VECHIATTO und den Drs. ANNEMARIE und GÜNTER HAACKERT (HAACKERT-Stifung) an dieser Stelle herzlich danken, ebenso meinen langjährigen Mitarbeitern Dozent Dr. KARL GRAMMER, Dozent Dr. VOLKER HEESCHEN, Prof. Dr. WULF SCHIEFENHÖVEL, Dr. CHRISTA SÜTTERLIN und Dr. POLLY WIESSNER.

1. Geschichte und Aufgaben der vergleichenden Verhaltensforschung (Ethologie)

Verhaltensweisen sind Zeitgestalten. Jede Verhaltensforschung hat es also mit Ablaufsformen zu tun, die zum Unterschied von den körperlichen Merkmalen nicht immer sichtbar sind. Zwar ist auch das Werden eines Organismus ein Ablauf, und man könnte seine Wachstumsbewegungen als »Verhalten« erforschen. Für unsere Zeitwahrnehmung erscheinen die körperlichen Strukturen jedoch als statisch, und sie sind auch jederzeit als anatomisches Präparat fixierbar, während Verhaltensweisen erst künstlich durch Film und Tonband in Raumstrukturen übergeführt werden müssen, damit auch sie als Präparat und bleibendes Dokument vorliegen.

Ein Verhalten äußert sich meist in Muskelbewegungen, gelegentlich aber auch in Drüsentätigkeit oder Pigmentwanderung (Farbwechsel). Wachstums-, Quellungs- und Turgorbewegungen, die durch spezifische Reize ausgelöst und gerichtet werden, machen das Verhaltensrepertoire der Pflanzen aus. Ch. Darwin (1881) war meines Wissens der erste botanische Verhaltensforscher. Wir klammern dieses Gebiet hier aus und befassen uns ausschließlich mit dem Verhalten der Tiere und des Menschen. So wie man von einer Verhaltensforschung der Einzeller sprechen kann, kann man auch Verhaltensforschung an Zellen eines Organismus betreiben und feststellen, auf welche auslösenden Reize hin sich Leukozyten in Bewegung setzen, Skleroblasten Kalk anlagern oder Myxamöben zur Bildung eines Sporangienträgers zusammenfließen. Jede Zelle hat ihr Verhaltensprogramm und reagiert auf bestimmte auslösende und richtende Reize. Über das Verhalten der Pflanzen siehe F. Gessner (1942).

Die vergleichende Verhaltensforschung (Ethologie) ist eine biologische Disziplin. Man spricht von ihr auch als der »Biologie des Verhaltens«. Sie fächert sich in ähnliche Teilgebiete auf wie ihre Mutterdisziplin, da man ja die Frage, warum sich ein Organismus so und nicht anders verhält, auf verschiedene Weise beantworten kann. So bemühen sich die Verhaltensforscher darum herauszufinden, was ein Verhalten physiologisch verursacht, in welcher Weise es zur Eignung (S. 457) beiträgt und wie es sich im

Laufe der Stammes- und Individualgeschichte entwickelte. Die Beantwortung der verschiedenen Fragestellungen erfordert verschiedene Methoden, die an die in der klassischen Physiologie, der Ökologie, der Motivations- und Systemforschung, der Entwicklungsphysiologie, der Genetik und der vergleichenden Morphologie anknüpfen, diese allerdings für die speziellen Anforderungen der Verhaltensforschung weiter entwickelten. Die Verhaltensforschung begann als Verhaltensmorphologie mit der Erstellung von Verhaltenskatalogen (Ethogrammen; H. S. JENNINGS 1906, O. HEINROTH 1910). Die einzelnen Verhaltensweisen der beobachteten Tiere wurden genau beschrieben und benannt. Methodisch kombinierte man dabei Freiland- und Gefangenschaftsbeobachtung, mit der Betonung, man müsse vor dem Beginn jeder experimentellen Untersuchung das Verhalten im natürlichen Kontext beobachtet haben, um Fehler beim Aufbau der Versuchsanordnung zu vermeiden. Das gilt auch heute noch. Aus dieser deskriptiven Erhebung entwickeln sich die weiteren Fragestellungen der Ethologie. Man kann unter Zugrundelegung der Verhaltenskataloge verschiedener Arten vergleichend arbeiten, um z. B. dem stammesgeschichtlichen Werdegang der Verhaltensweisen nachzuspüren (K. LORENZ 1941). Zu solcher Homologieforschung benützen die Verhaltensforscher die von der vergleichenden Morphologie erarbeiteten Homologiekriterien (A. REMANE 1952, W. WICKLER 1961, 1967 a).

Bereits bei der Erhebung des Ethogramms stellt sich der Verhaltensforscher die Frage, welche spezifische Aufgabe oder Funktion ein Verhalten erfüllt, welchen selektionistischen Vorteil es dem Merkmalsträger als Anpassung einbringt. Die Beobachtung gibt dafür Hinweise, denen man experimentell nachgehen kann, etwa in der Art, wie es N. TINBERGEN (1953, 1960) und seine Mitarbeiter (N. TINBERGEN und Mitarbeiter 1962, 1967) sowie an diese Traditionen anknüpfend J. R. KREBS und N. B. DAVIES (1978, 1981) taten (siehe ferner E. CURIO 1970 a, b, 1973). Bemühungen dieser Art führten zur Entwicklung einer Öko-Ethologie, die in Deutschland vor allem durch W. WICKLER und seine Gruppe vertreten wird. Mit dem Erscheinen von E. O. WILSONS »Soziobiologie« erblühte vor allem in den Vereinigten Staaten von Amerika und in England ein ökologisch ausgerichteter Zweig der Ethologie der in Kosten-Nutzen-Rechnungen den Beitrag bestimmter Verhaltensmerkmale zur Eignung zu ermitteln trachtet (S. 452).

Die Verhaltensphysiologen bemühen sich darum, die Funktionsweise der physiologischen Maschinerie des Organismus zu ergründen, die einem Verhalten zugrunde liegt. Sie erforschen die ein Verhalten aktivierenden Sinnesreize, die Verarbeitung der Sinnesreize in den zentralen Instanzen, die motivierenden Mechanismen, die Prozesse, welche Verhaltensabläufe steuern und sie zu einem Ende bringen, die Prozesse, die der Koordination der Muskelaktionen zugrunde liegen, und dergleichen mehr, doch behalten die Ethophysiologen auch dann, wenn sie die Elementarfunktionen von Sinneszellen, Nervenzellen und Muskelaktionen erforschen, das funktionelle Verhalten des ganzen Organismus im Auge. Es geht ihnen also um das Verständnis höher organisierter Wirkungsgefüge. So dienen zelluläre Ableitungen nicht nur dem Zweck, das zelluläre Geschehen zu verstehen, sondern auch dazu, die Funktionsweise dieser Einheiten im Gesamtverband zu ergründen, z. B. ihren Beitrag bei der Erkennung von Signalen, beim Anstoß von Bewegungsfolgen usw.

Innerhalb der Verhaltensphysiologie begann sich in den siebziger Jahren eine »Neuroethologie« als eigene Disziplin zu entwickeln. Sie untersucht die nervösen Grundlagen der Leistungen des Verhaltens, z. B. der Bewegungskoordination, Lokalisierung und Ausfilterung verhaltensbiologisch wichtiger Reize und der Informationspeicherung. Die Entwicklung dieses Faches basiert unter anderem auf den Arbeiten von P. Weiss, R. W. Sperry, E. v. Holst, T. H. Bullock, K. D. Roeder, D. H. Hubel, Th. Wiesel, F. Huber, D. Schneider und J. P. Ewert (Kapitel 3.3 und 5.1). Entscheidende theoretische Anstöße lieferte N. Tinbergen (1951).

Für die Erforschung von Kausalbeziehungen auf höherem Niveau entwickelten die Ethologen Techniken der Datenerhebung, die es erlauben, auch reine Beobachtungsdaten quantifizierend aufzubereiten, Zusammenhänge aufzudecken und zur System- und Motivationsanalyse voranzuschreiten (S. 42). Für die Entwicklung des Faches war dies von entscheidender Bedeutung.

Eine weitere Unterteilung der Ethologie vollzog sich nach dem Objekt. Die *Humanethologie* hat sich als Biologie menschlichen Verhaltens von der Tierethologie abgesetzt. Obgleich Theorie und Methode der beiden Fächer einander in weiten Bereichen entsprechen, gibt es doch eine Reihe von methodischen und theoretischen Besonderheiten, die sich aus der spezifisch menschlichen Natur ergeben, die eine solche Trennung nützlich erscheinen lassen (I. Eibl-Eibesfeldt 1976, 1979, 1984).

Die Ethologie ist interdisziplinär ausgerichtet. Fachübergreifend pflegt sie die Beziehungen insbesondere zur Ökologie, Physiologie, Genetik und Morphologie und innerhalb der Wissenschaften vom Menschen insbesondere die Beziehungen zur Psychologie, Völkerkunde, Soziologie und zur biologischen Anthropologie. Mit einigen Schulen der Psychologie sind die biologischen Verhaltensforscher durch die ganzheitliche Betrachtungsweise verbunden. Dem Begriff der Ganzheit haftet dabei nichts Mystisches an, wie insbesondere die kybernetische Verhaltensforschung deutlich macht. Regelsysteme verhalten sich ganzheitlich und sind dennoch kausal durchschaubar (B. Hassenstein 1966).

Psychologen und biologische Verhaltensforscher haben ihre Fragestellungen unter recht verschiedenen Gesichtspunkten entwickelt. Die Psychologie entwickelte sich aus der Philosophie. Bereits frühzeitig wurde sie vom Mechanismus-Vitalismus-Streit überschattet, dessen Auswirkungen K. LORENZ (1950 a, b, 1957) eingehend erörterte. Die Vitalisten waren im allgemeinen ausgezeichnete Tierbeobachter, sie bemühten sich jedoch nicht um eine kausale Erklärung des Verhaltens, hielten ganzheitsbezogenes Verhalten für mechanistisch nicht erklärbar und setzten als letzte Ursachen entelechiale »ganzmachende« Faktoren und unfehlbare, unerklärliche Instinkte. »Wir betrachten den Instinkt, aber wir erklären ihn nicht«, schrieb J. A. BIERENS DE HAAN (1940). Auch die amerikanische Schule der Zweckpsychologen (Purposive Psychology) trägt stark vitalistische Züge. Die Forscher dieser Gruppe betonen die Tatsache, daß ein Verhalten zweckmäßig, gewissermaßen auf ein bestimmtes Ziel ausgerichtet ist. Zielvorstellungen lenken nach ihrer Ansicht die Tätigkeit. Das Tier wird nach ihrem Dafürhalten von Absichten geleitet, die keiner weiteren Erklärung bedürfen (W. MCDOUGALL 1936, E. C. TOLMAN 1932, E. S. RUSSELL 1938). Schließlich operieren auch manche Gestaltpsychologen mit den Begriffen »ganzmachender Faktor« und »Ganzheit«, ähnlich wie DRIESCH mit dem Begriff »Entelechie« (F. KRUEGER 1948).

Die mechanistischen Schulen dagegen sind seit R. DESCARTES der Überzeugung, alles Verhalten ließe sich letztlich auf die Grundgesetze der Mechanik bzw. der Physik zurückführen. Den von den Vitalisten mißbrauchten Ganzheitsbegriff lehnen sie ab. Da man ferner nach ihrer Ansicht über Erlebnisse anderer Lebewesen keine verbindlichen Aussagen machen kann, ignorieren sie subjektive Phänomene und beschreiben nur das objektiv Beobachtbare. Sie betreiben eine »Psychologie ohne Seele«. Alle suchen ferner nach Elementen, aus denen sich auch das komplizierte Verhalten aufbaut. Schon A. BETHE (1898) wandte sich gegen eine subjektivistische Psychologie. J. LOEB (1913) bemühte sich in seiner Theorie der Tropismen um eine rein maschinelle Erklärung der tierischen Verhaltensweisen. Die von W. BECHTEREW (1913) und I. P. PAWLOW (1927) begründete Reflexologie erklärt alles Verhalten aus bedingten und unbedingten Reflexen und behauptet etwa, kompliziertere Verhaltensabläufe seien Kettenreflexe (J. LOEB 1913, H. E. ZIEGLER 1920). Den von den Vitalisten mißbrauchten Instinktbegriff lehnen die Reflexologen ab. Sehr ähnlich ist die Einstellung der amerikanischen Behavioristen, die subjektivistische Ausdrücke wie Empfindung, Aufmerksamkeit, Wille und dergleichen verwerfen und sich auf die Behauptung zurückziehen, man könne nur Reize und Reaktionen sowie die zwischen ihnen herrschenden Gesetze feststellen. Diese Behauptung trifft im wesentlichen wohl zu, soweit es sich um Tiere handelt, deren subjektives »Innenerleben« uns schon aus erkenntnistheoretischen Gründen verschlossen bleibt. Wir dürfen zwar annehmen, daß subjektive Phänomene im Verhalten der Tiere eine Rolle spielen, doch können wir nichts Verbindliches darüber aussagen. Der Analogieschluß von unserem Erleben auf ein entsprechendes bei höheren Tieren drängt sich zwar jedem Tierkenner auf, doch hat er keine Beweiskraft und verliert um so mehr an Gewicht, je unähnlicher uns eine Tierart ist. Über das subjektive Erleben des Menschen erfahren wir jedoch außer durch Selbstbeobachtung auch durch Mitteilung und erhalten so objektiv verwertbare Daten. Obgleich man über das subjektive Erleben eines Tieres sicherlich keinerlei verbindliche Aussagen machen kann, verwendet man noch heute häufig subjektivistische Begriffe. Auch der Physiologe spricht z. B. von Hunger oder Durst, und diese Art Kurzbeschreibung empfiehlt sich schon wegen ihrer Verständlichkeit. Von den bedeutenden amerikanischen Behavioristen seien hier nur J. B. WATSON (1919), E. L. THORNDIKE (1911), K. S. LASHLEY (1938) und B. F. SKINNER (1953) genannt. Da der Begründer des Behaviorismus, J. B. WATSON, ein extremer Milieutheoretiker war, stellte man auch in der Folge die Untersuchungen von Lernvorgängen in den Vordergrund und übersah darüber häufig die ererbten, angeborenen Grundlagen des Verhaltens.

Der WATSONsche Behaviorismus geht von der Überzeugung aus, daß den höheren Organismen außer einigen basalen Reflexen nichts angeboren sei und daß sich deren Verhalten daher im wesentlichen aus bedingten Reaktionen aufbaue. Im Extrem finden wir diese heute nur noch historisch interessante Einstellung bei Z. Y. KUO (1967), der meint, nicht vorgegebene neuronale Verknüpfungen, sondern einzig die durch den Körperbau eines Tieres vorgegebenen Möglichkeiten würden in einem einengenden Sinne das Verhalten bestimmen:

»Morphological structures and their functional capabilities act as determining factors of behavior only in a negative way, that is, they merely set a limit to certain body movements (for example, a dog can only snarl at or bite its enemy but cannot throw a stone at him)« (KUO 1967, S. 13). An anderer Stelle heißt es: ». . . there are to be found some common factors in behavior such as those due to some common morphological characteristics of the species. For example, morphological structures of the limbs determine the modes of locomotion; the oral structure determines the modes of eating and drinking; the vocal apparatus determines the characteristics of voice and singing« (S. 23). Ja, er versteigt sich zu Aussagen wie: »The fact that the human hand has a far greater flexibility in movement, dexterity, and range of potential capacities than those of any other primate is sufficient in our view, to explain, why human beings became the most creative and the most resourceful creatures on earth even long before human language was developed. Some primates are almost human. But not quite. The hands tell the difference. I often speculate that if we could succeed in exchanging brains between a human neonate and a gorilla neonate and raise them in an identical environment with complete absence of human language and human culture, the human child would grow up to behave with human characteristics and the gorilla with the characteristics of its own species because the skeletal framework of the body in general and the fine structures of the hands of the two species are different« (S. 188); und S. 195: »If the species known as *Homo sapiens* is so far superior to all the other species throughout the animal kingdom, it is not because it has a human brain per se, but because it possesses a pair of human hands and because the human vocal mechanisms have developed a most complex spoken and written language.«

Der sicherlich bedeutendste Vertreter des Behaviorismus der Gegenwart ist B. F. Skinner, dessen Lebenswerk 1985 in der Zeitschrift »The Behavioral and Brain Sciences« zur Diskussion gestellt wurde. In der nach ihm benannten »Skinner Box« (S. 421) erforschte er das Lernen von Tieren aus Eigentätigkeit. Drückt z. B. eine Ratte einen Hebel oder pickt eine Taube auf einen solchen, wenn ein bestimmtes Signal gegeben wird, dann bekommt sie dafür eine Belohnung, bei einem anderen Signal dagegen einen Strafreiz. Die Versuche kann man nach Aufgabe und Signal vielfältig variieren. Skinner interessierte sich im Grunde nur für das objektiv und daher auch automatisch Registrierbare – den Eingang und Ausgang (Input und Output). Das Verhalten der Versuchstiere im Versuchskäfig interessierte ihn weniger; die Tiere konnten auch in einer schwarzen Schachtel sitzen. Mit dieser Methode baute Skinner durch schrittweise Dressur bei Tieren komplizierte Verhaltensfolgen auf. Was im Tier selbst vorgehen mochte, beschäftigte ihn nicht. Probleme wie etwa jene der Motivation klammerte er aus. Methodisch ist das eine durchaus vertretbare Beschränkung; nur muß man sich der selbstgesetzten Begrenzung der Fragestellung stets bewußt bleiben und darf nicht dem Glauben erliegen, man könne letztlich alles Verhalten als Folge von Konditionierungen erklären, ohne andere Variable zu berücksichtigen.

Man wirft diesen mechanistischen Schulen eine gewisse Einseitigkeit vor – zu Recht dort, wo ein Erklärungsmonismus vorherrscht. So hat J. Loeb seine Entdeckungen fälschlich zur Tropismenlehre verallgemeinert. Seine einseitig geblendeten Insekten und Strudelwürmer, die normalerweise auf das Licht zu- oder von ihm wegsteuerten, bewegten sich in Kreisbahnen. Daraus konnte er schließen, daß normalerweise gleichstarke Reizung rechter und linker Sinnesorgane gegensinnig gerichtete Muskelkontraktionen beider Körperseiten aufhebe. Auf der Basis solcher einfacher Reflexe erklärte er jedoch schließlich alle orientierten Bewegungen als Tropismen, was nicht zutrifft.

Die Reflexologen und Behavioristen übersahen lange Zeit die Spontaneität des Verhaltens, die in ihren Versuchsanordnungen auch schwerlich sichtbar wurde. Für sie war alles Verhalten Antwort auf Reizung. Beide hielten ferner zäh an der einmal erfolgreichen Methode fest (z. B. am Labyrinthversuch), was zu einer gewissen Einseitigkeit führte, und die

Behavioristen überschätzen, wie gesagt, die Bedeutung der Lernprozesse im Aufbau tierischen Verhaltens. Sie glaubten, in den bedingten Reaktionen die elementaren Bausteine entdeckt zu haben, aus denen sich alle komplizierteren Verhaltensweisen aufbauen ließen, nahmen sich die klassische Physik zum Vorbild und bemühten sich als Gegenreaktion zur vitalistischen Instinktforschung und Psychologie um eine objektive Verhaltensforschung, die sich nur auf experimentell erarbeitete Daten stützen sollte. Das brachte eine experimentelle Richtung zum Erblühen, die unser Wissen insbesondere um die Lernprozesse entscheidend bereicherte (S. 417).

Bei all diesen reduktionistischen Bemühungen hoffte man auf einen Newton der Physik – wie N. BISCHOF (1980) das treffend formulierte –, der die Vielfalt der Verhaltenserscheinungen auf einige wenige Grundgesetze zurückführe. Dabei störten natürlich die Mannigfaltigkeit der Artenunterschiede und die Vielfalt der Affekte und Motive, die man in gewisser Weise ignorierte. E. C. TOLMAN (1938) formulierte diese Einstellung mit den Worten: »I believe that everything important in psychology . . . can be investigated in essence through the continued . . . analysis of the determiners of rat behavior at a chosen point in a maze« (S. 34); B. F. SKINNER (1959, S. 374) vergleicht drei ähnliche, aber aus thematisch verschiedenen Lernaufgaben mit verschiedenen Versuchstieren gewonnene Lernkurven und stellt dazu fest: »Pigeon, rat, monkey, which is which? It doesn't matter . . . Once you have allowed for differences in the ways in which they make contact with the environment . . . what remains of their behavior shows astonishingly similar properties. Mice, cats, dogs, and human children could have added other curves to this figure« (zitiert nach N. BISCHOF 1980).

Allerdings lernen auch Behavioristen aus Erfahrungen, viele sogar ausgezeichnet. Dem Ehepaar BRELAND fiel auf, daß Tiere, die sie dressierten, offenbar aus arteigener Neigung in bestimmte Verhaltensmuster abdrifteten, die keineswegs denen entsprachen, die man sich zu formen bemühte. So lernten Waschbären zwar, eine Münze in einen Automaten zu stecken. Gab man ihnen aber zwei, dann konnten sie das nicht mehr; denn dann überwog der arteigene Drang, diese beiden Münzen aneinander zu reiben. Die BRELANDS veröffentlichten 1961 schließlich unter dem Titel »The Misbehavior of Organisms« eine Arbeit, in der sie die Bedeutung von Artunterschieden hervorhoben und sogar von »instinctive patterns« sprachen – ein pionierhafter Durchbruch in der Geschichte des Behaviorismus, der Schule machte. Mittlerweile brachten die Behavioristen ihre Experimentiertechniken und ihre Experimentierfreude auch in die Ethologie ein und trugen damit bereits entscheidend zur experimentellen Prüfung ethologischer Konzepte bei (siehe z. B. G. P. SACKETT, S. 162).

Der geschilderte Reduktionismus hatte sich entwickelt, weil man sich bei den Bemühungen, die Gesetze des Verhaltens schlechthin aufzudekken, die klassische Physik zum Vorbild nahm. Dabei übersah man, daß man es mit Organismen zu tun hatte, die eine unter äußeren Selektionsdrucken erzwungene Organisation aufwiesen. In der Physik herrscht Ordnung – in der Biologie Organisation (N. BISCHOF 1980), und das bedingt für die beiden Gebiete grundsätzlich andere Forschungsstrategien. Nur in der Biologie ist es sinnvoll, ja sogar erforderlich, nach Zweckmäßigkeiten zu fragen, d. h. nach Anpassung und Funktion.

Genau dies tut die vergleichende Verhaltensforschung, die damit auch die stammesgeschichtliche Dimension in die Verhaltenswissenschaften einbringt.

Sie entwickelte sich aus der Zoologie, insbesondere durch die Forschungen von K. LORENZ und N. TINBERGEN, und basiert auf der Entdeckung stammesgeschichtlicher Anpassungen im Verhalten. Das Wissen um solche von individueller Erfahrung relativ unabhängigen Determinanten ist allerdings älter. Bereits A. v. PERNAU (1716) wußte, daß Tiere neben erworbenen auch angeborene Fertigkeiten besitzen, Verhaltensmuster, die sie nicht erst durch Nachahmen eines Vorbildes oder andere Formen der Dressur lernen müssen. Er beschrieb die Verhaltensweisen verschiedener Vögel und führte aus, welche Arten den Gesang von ihren Eltern lernen müssen und welche ohne Vorbild beim Eintritt der Geschlechtsreife arttypisch singen können. In dieser Richtung äußerte sich auch H. S. REIMARUS (1762):

»Wie machet es die Spinne, und der Ameislöwe, daß sie Lebensunterhalt bekommen? Beyde können sich nicht anders, als von fliegenden und kriechenden Insekten nähren: und dennoch sind sie viel langsamer in ihrer Bewegung, als die gesuchte Beute. Aber jene fühlte schon in sich das Vermögen, und den Trieb zur Netzstrickerkunst, ehe sie noch jemals eine Mücke, Fliege oder Biene gesehen und gekostet hat; und nun, da sie in ihr Netz gerathen, weiß sie dieselbe bald fest zu machen und auszusaugen, ... Der Ameisenlöwe hingegen, welcher sich kaum selbst im dürren Sande fortschieben kann, miniert in demselben rücklings einen hohlen Trichter, um die etwa dahin kommenden und hinunter sinkenden Ameisen und anderes dergleichen Gewürme, darinnen zu erwarten, oder mit einem ausgeschaufelten Sandregen zu beschütten und zu sich herunter zu bringen ... Da nun die Thiere, von Natur in ihren willkürlichen Handlungen solche regelmäßige Fertigkeiten zu ihrer und ihres Geschlechtes Erhaltung und Wohlfahrt besitzen, wo an sich vielfältige Abweichungen möglich wären: so besitzen sie von Natur aus gewisse angeborene Künste ... Ein groß Theil der Kunsttriebe wird von der Geburt an, ohne alle äußere Erfahrung, Unterricht oder Beyspiele, und doch ohne Fehl ausgeübet; und ist also gewiß natürlich angeboren und erblich ... Ein Theil der thierischen Kunsttriebe äußert sich erst in einem gewissen Alter und Zustande, auch wohl nur ein Mal im ganzen Leben; aber dennoch bey allen auf einerley Weise, und sogleich mit völlig regelmäßiger Fertigkeit. Demnach sind auch diese Kunsttriebe nicht durch Übung erworben ... Doch ist nicht alles in den Trieben der Thiere bis auf das genaueste determiniert, und sie pflegen ihre Handlungen oft von selbst, nach den verschiedenen Umständen, verschiedentlich und außerordentlich zu determinieren ... Denn wenn alles und jedes in ihren Naturkräften aufs genaueste bestimmt seyn sollte, und also den äußersten Grad der Determination hätte: so würden es eher leblose mechanische, als lebendiger Thiere Naturkräfte seyn.«

D. A. SPALDING (1873) wies das Heranreifen angeborener Verhaltensweisen experimentell nach, indem er Schwalben in so engen Käfigen aufzog, daß sie nicht mit den Flügeln schlagen konnten. Dennoch flogen diese Vögel ausgezeichnet, als er ihnen zum erstenmal dazu Gelegenheit bot. Von angeborenen Verhaltensweisen berichten unter anderem auch R. A. F. RÉAUMUR (1734–1742), A. J. RÖSEL V. ROSENHOF (1746–1761), B. ALTUM (1868), G. und E. PECKHAM (1904) und J. H. FABRÉ (1879–1910).

W. JAMES (1890) legte eine durchaus mechanistische Instinktdefinition vor. Er bezeichnete Instinkte als die Korrelate zu den Organen. So wie ein Tier mit bestimmten Organen ausgestattet sei, so besitze es auch eine ihm angeborene Fähigkeit, sie zu gebrauchen, und diese beruhe auf einer gegebenen neuralen Organisation. Ähnlich äußert sich C. LLOYD MORGAN (1894, 1900), der ferner ausspricht, daß die den Instinkten zugrunde liegende Struktur des Nervensystems ein Resultat stammesgeschichtlicher Entwicklung sei.

Als eigentliche Vorläufer der vergleichenden Verhaltensforschung gelten jedoch CH. DARWIN (1872), CH. O. WHITMAN (1899, 1919), O. HEINROTH (1910) und W. CRAIG (1918). In seiner Arbeit über die Ausdrucksbewegungen von Mensch und Tier führte DARWIN als erster die vergleichend stammesgeschichtliche Betrachtungsweise in die Verhaltensforschung ein. HEINROTH (1910) untersuchte die Feinsystematik der Entenvögel, WHITMAN jene der Tauben. Auf ihrer Suche nach systematisch verwertbaren Merkmalen stießen sie auf die formkonstanten angeborenen Verhaltensweisen, die ebenso wie morphologische Strukturen bestimmte systematische Kategorien kennzeichnen und aus deren abgestufter Ähnlichkeit sie die weitere oder nähere Verwandtschaft der Taxa ablesen konnten. HEINROTH nannte diese Verhaltensweisen arteigene Triebhandlungen.

W. CRAIG (1918) unterschied als erster die »starre« triebbefriedigende *Endhandlung* (consummatory action) von dem variablen einleitenden *Appetenzverhalten* (S. 96), mit dem das Tier nach einer bestimmten auslösenden Reizsituation sucht.

Einen sehr großen Einfluß auf die Entwicklung der vergleichenden Verhaltensforschung hatte J. v. UEXKÜLL (1921), der in exakten Experimenten die Wechselbeziehung zwischen Organismen und ihrer Umwelt untersuchte. Er zeigte, daß ein Tier mit Hilfe seiner Sinnesorgane nur einen begrenzten Ausschnitt aus seiner Umgebung wahrnimmt. Einige dieser wahrgenommenen Eigenschaften der Umgebung dienen ihm als Merkmale. Nach UEXKÜLL besitzen nur solche Objekte Merkmale, die für das Leben eines Tieres von Bedeutung sind. Sie werden dadurch zu Bedeutungsträgern des Subjektes.

»Das Auftreten eines Bedeutungsträgers in der Merkung eines Subjektes wird immer mit einer Wirkung beantwortet, die dem Bedeutungsträger ein *Wirkmal* erteilt. Das Wirkmal löscht stets das Merkmal aus – damit ist die Handlung beendet. Entweder wird das Merkmal objektiv vertilgt, wenn es der Nahrung angehörte, die aufgefressen wird, oder es wird subjektiv ausgelöscht, wenn Sättigung eintritt, wobei das Sieb des Sinnesorgans sich schließt. Sobald das dem Bedeutungsträger erteilte Wirkmal sein Merkmal auslöscht, wird, wie ich mich ausdrücke, der *Funktionskreis*, der vom Objekt ausgehend das Subjekt durchlaufend wieder zum Objekt zurückkehrt, geschlossen« (J. v. UEXKÜLL 1937, S. 34).

Bildlich gesprochen greift also jedes Tiersubjekt mit zwei Gliedern einer Zange (Merk- und Wirkglied) sein Objekt an und erteilt ihm damit Merk- und Wirkmale (Abb. 1.1). UEXKÜLL erläutert dieses Funktionskreisschema am Beispiel der Zecke, deren begattete Weibchen auf Sträuchern darauf warten, daß ein Säugetier vorbeikommt. Riechen sie Buttersäure, die den Hautdrüsen aller Säugetiere entströmt, lassen sie sich fallen. Fallen sie auf etwas Warmes, dann suchen sie nach einer haarfreien Stelle, bohren den Kopf in das Hautgewebe und pumpen sich mit Blut voll. Aber auch jede andere warme Flüssigkeit wird aufgenommen, wie Versuche mit künstlichen Membranen zeigten. Setzen wir nun in das Schema des Funktionskreises die Zecke als Subjekt und das Säugetier als Objekt ein, so erkennen wir, daß drei Funktionskreise planmäßig nacheinander ablaufen: »Die Hautdrüsen des Säugetieres bilden die Merkmalträger des ersten Kreises, denn der Reiz der Buttersäure löst im Merkorgan spezifische Merkzeichen aus, die als Geruchsmerkmal hinausverlegt werden. Die Vorgänge im Merkorgan rufen durch Induktion (was das ist, wissen wir nicht) im Wirk-

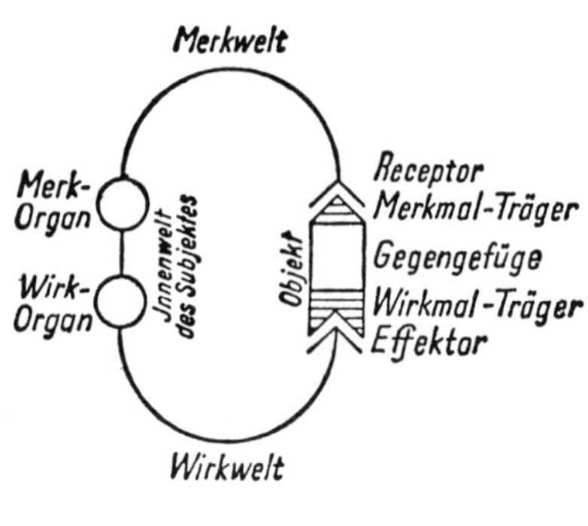

1.1 Der Funktionskreis.
Nach J. v. UEXKÜLL (1921)

organ entsprechende Impulse hervor, die das Loslassen der Beine und das Herabfallen hervorrufen. Die herabfallende Zecke erteilt den getroffenen Haaren des Säugetiers das Wirkmal des Anstoßens, das nun seinerseits ein Tastmerkmal auslöst, wodurch das Geruchsmerkmal der Buttersäure ausgelöscht wird. Das neue Merkmal löst ein Herumlaufen aus, bis es auf der ersten haarfreien Hautstelle durch das Merkmal Wärme abgelöst wird, worauf das Einbohren beginnt« (J. v. UEXKÜLL und G. KRISZAT 1934. Neudruck 1963, S. 28).

K. LORENZ (1935, 1937) erkannte als erster die volle Bedeutung all dieser Entdeckungen. Dank einer reichen Induktionsbasis eigener Beobachtungen gelang ihm eine Synthese, die das Fundament der vergleichenden Verhaltensforschung bildet. Kernstück seiner Untersuchungen waren zunächst die angeborenen Verhaltensweisen. Die Einsicht, daß Bewegungen wie körperliche Strukturen verglichen werden können, blieb bis heute eine Entdeckung von fundamentaler Bedeutung. LORENZ deutete diese formkonstanten Bewegungsabläufe zunächst noch als Reflexe und Kettenreflexe, obgleich er die den Instinktbewegungen zugrunde liegende Spontaneität schon früh sah. Aber erst sein Zusammentreffen mit E. v. HOLST bot ihm eine neurophysiologische Erklärung für die von ihm beobachteten Phänomene und ließ ihn vom Reflexkonzept abrücken (S. 71). LORENZ erforschte, welche Schlüsselreize ein bestimmtes Verhalten vor aller Erfahrung auslösen (S. 121), und untersuchte die Phylogenese und Ontogenese angeborener Verhaltensweisen. In der Instinkt-Dressur-Verschränkung fand er einen neuen Modus des Zusammenwirkens von Angeborenem und Erworbenem vor (S. 369), und im Phänomen der Prägung (S. 388) entdeckte er eine angeborene Lerndisposition von besonderer Bedeutung. Und immer wieder betonte er die Wichtigkeit dieser Entdeckungen für die Wissenschaften vom Menschen.

1939 experimentierte er zusammen mit N. TINBERGEN über die Eirollbewegung der Graugans, und beide klärten in den folgenden Jahren viele der ethologischen Grundbegriffe. K. LORENZ und N. TINBERGEN (Abb. 1.2 und 1.3) können als die eigentlichen Begründer der vergleichenden Verhaltensforschung (Ethologie) gelten (I. EIBL-EIBESFELDT 1978).

1937 erschien der erste, 289 Seiten starke Band der ›Zeitschrift für Tierpsychologie‹, deren Jahresbände mittlerweile auf den vierfachen Umfang angewachsen sind. Sie trägt seit 1986 den Titel »Ethology«. Seit 1948 erscheint die Zeitschrift ›Behaviour‹ (Brill, Holland), die ebenso wie seit 1953 das ›British Journal for Animal Behaviour‹ und seit 1966 die ›Revue du Comportement animal‹ (Paris) dieser Forschungsrichtung viel Platz einräumt. Die Zahl der Zeitschriften, die sich mit biologischer Verhaltensforschung befassen, hat sich seither um ein Mehrfaches erhöht. Man spricht heute allgemein von *vergleichender Verhaltensforschung* oder

1.2 Konrad Lorenz.
Foto: H. KACHER

Ethologie (éthos = Gewohnheit, Sitte). Der Begriff Ethologie wurde in der Biologie schon früher verwendet und bezeichnete zunächst das, was wir heute unter Ökologie verstehen (L. DOLLO 1895, 1909). J. S. MILL (1843) verstand darunter eine »exakte Wissenschaft der menschlichen Natur«. Von 1907 bis 1940 führte der ›Zoological Record‹ für jede Tierklasse eine Sparte »Ethologie« im Sinne von Verhaltensforschung. Seit N. TINBERGEN (1951) hat sich dieser Begriff als Fachbezeichnung allgemein eingebürgert. Das Schwergewicht der Ethologie ruhte zunächst auf der »Instinktforschung«, ohne sich jedoch darauf zu beschränken. Sie ist eine Naturwissenschaft, und zwar ein Zweig der Biologie, von der sie die vergleichende deskriptive und die physiologisch kausalanalytische Methode übernahm (Verhaltensmorphologie und Verhaltensphysiologie). Ihre erkenntnistheoretische Position ist der kritische Realismus. Sie ist neodarwinistisch orientiert und steht mit anderen naturwissenschaftlich orientierten Schulen der Verhaltensforschung, insbesondere mit dem Behaviorismus, aber in zunehmendem Maße auch mit jenen der Russen, in fruchtbarem Gedankenaustausch (L. V. KRUSHINSKII 1962).

Über die Verhaltensforschung in Rußland berichtet das ausgezeichnete Sammelreferat von J. K. KOVACH (1971). Zum Unterschied von jenen amerikanischen Schulen, die annehmen, daß in der Verhaltensentwicklung des Phänotypus alles von Erfahrungen gestaltet werde (S. 54 ff.),

1.3 Niko Tinbergen.
Foto: B. Tschanz

sehen die russischen Forscher in der Entwicklung einen Prozeß der Integration angeborener und erworbener Reflexe. »In view of this one may safely conclude that there is a more marked disagreement between some current epigenetic postulates in the West on the one hand and the postulates of Krushinskii, and Promptov on the other, than between general ethological postulates and the postulates of Soviet ecological physiologists. It is not the concept of innate but rather the separation between innate and learned elements in behavior ... and the explanatory schemes of endogenous energy levels and hierarchical organisations of instincts ... that are rejected by Soviet investigators« (J. K. Kovach 1971, 246). Vor allem die Lektüre von L. V. Krushinskii (1962) zeigt, daß die Meinungsverschiedenheiten mit den Ethologen weniger grundsätzlicher Art sind, so daß eine weitere Annäherung zu erwarten ist. Die Schwerpunkte liegen anders verteilt als hierzulande. Die stammesgeschichtlich vergleichende Verhaltensforschung ist nach Kovach in Rußland zur Zeit nicht vertreten. Dagegen wird sehr viel über die frühe Verhaltensontogenese und über die adaequate auslösende Reizsituation bei der Bildung bedingter Reflexe gearbeitet. Die Auslöserforschung und Neuro-Ethologie ist in Rußland durch A. V. Popov und seine Gruppe hervorragend repräsentiert (S. 148). Einen weiteren Eingang in die sowjetische Verhaltensforschung vermittelt G. Razran (1971).

Zusammenfassung 1

Die vergleichende Verhaltensforschung (Ethologie) ist eine biologische Wissenschaft. Sie forscht sowohl nach den unmittelbaren Ursachen, die einem Verhalten zugrunde liegen, als auch nach Selektionsbedingungen, die für seine Entstehung letztlich verantwortlich sind. Damit bringt die Ethologie die stammesgeschichtliche Dimension in die Verhaltensforschung ein. Am Ausgangspunkt ihrer Entwicklung steht die Entdeckung, daß sich bestimmte Verhaltensmuster als artspezifische Merkmale wie körperliche Strukturen für vergleichende Untersuchungen nutzen lassen.

Als eine um Objektivität bemühte Verhaltenswissenschaft steht ihr der Behaviorismus nahe, der sich jedoch von der Ethologie durch eine stark milieutheoretische Ausrichtung – die »Reiz-Reaktions-Psychologie« – abhebt. Der Versuch, eine Verhaltensforschung nach dem Vorbild der klassischen Physik aufzubauen und die Vielfalt der Erscheinungen auf wenige Grundgesetze zurückzuführen, muß scheitern, da es die Biologie mit Lebewesen zu tun hat, die eine unter äußeren Selektionsbedingungen aufgezwungene Organisation aufweisen, während in der Physik zwar Ordnung, aber keine Organisation vorliegt. Mit der Organisation kommen neue Systemeigenschaften in die Welt, die grundsätzlich andere Forschungsstrategien erfordern.

2. Das Verhaltensinventar (Ethogramm)

Jede Forschung beginnt mit der Beschreibung und Ordnung der von ihr untersuchten Erscheinungen. Grundlage jeder ethologischen Untersuchung ist das *Ethogramm*, der genaue Katalog aller dem Tier eigenen Verhaltensweisen. Man wählt dazu Verhaltenseinheiten, die nicht zu klein und damit nicht zu merkmalsarm für eine Unterscheidung sind, aber auch nicht zu groß und damit nicht zu variabel. In der Praxis macht es keine Schwierigkeiten, solche leicht wiederzuerkennenden formkonstanten funktionellen Einheiten wie Scharren, Nagen, Kurzhochwerden etc. aufzufinden. Die Forderung, jede Verhaltensuntersuchung einer Tierart mit der Aufstellung eines Verhaltensinventars zu beginnen, erhob schon H. S. JENNINGS (1906), der von *Aktionssystemen* sprach.

Daß man die untersuchte Art genau bestimmen muß, klingt selbstverständlich. Die Forderung ist aber bei manchen Tiergruppen nicht so ohne weiteres zu erfüllen; in solchen Fällen empfiehlt W. WICKLER (1960a), Belegexemplare der betreffenden Art einem Museum zu übergeben und Aufbewahrungsort und Katalognummer in der Arbeit zu publizieren. Dann können spätere Bearbeiter notfalls eine Neubestimmung vornehmen. A. SEITZ (1940) und L. R. ARONSON (1949) haben angeblich den gleichen Buntbarsch *Tilapia macrocephala* BLEEKER untersucht. Die Ergebnisse stimmen jedoch nicht überein. Ob beide auch wirklich mit der gleichen Art arbeiteten, kann nicht mehr geklärt werden, da keiner der Untersucher Belegexemplare konservierte.

Die Aufgabe, ein Verhalten zu beschreiben, stellt uns vor einige Probleme. Was und wie soll man beschreiben, und wie kann man die Aufzeichnungen standardisieren und objektivieren? Die traditionellen Beobachter notierten, um große Genauigkeit bemüht, was ihnen bemerkenswert erschien. Sie trafen dabei eine subjektive Auswahl, stellten aber, meist durch Skizzen unterstützt, ein Verhalten doch so dar, daß sich der Leser, auch wenn er nicht Verhaltensforscher war, vom Vorgetragenen eine bildliche Vorstellung machen konnte. Beispielhaft dafür sind die Beschreibungen der Balzbewegungen der Anatiden durch KONRAD LORENZ (S. 203). In dem Bemühen, Aufzeichnungen zu objektivieren, wurden jedoch auch andere Wege begangen. So beschrieb I. GOLANI (1969) mit einem eigens dafür entwickelten Code die Bewegungen des Schakals in bezug auf ein dreidimensionales Koordinatensystem.

Für die Praxis erwies sich jedoch sein Kodiersystem als zu kompliziert. Überdies erlaubt es nicht ohne weiteres, das Verhalten aus den Aufzeichnungen später zu rekonstruieren. Schließlich erfaßt es nicht die relevanten Muster. Während unsere Gestaltwahrnehmung sofort eine »Grußhand« als solche erkennt – gleich, ob es sich um einen »verstohlenen« Gruß mit nur intentional gehobener und zugekehrter Handfläche oder um einen ungehemmten »stürmischen« Gruß mit voll erhobener Hand handelt – und wir dies auch durch Beschreibung vermitteln können, geht das bei GOLANI in der Fülle der aufgezeichneten Details unter, und das essentiell gleiche Muster wird wegen der doch recht unterschiedlichen Raumlage nicht als das gleiche erkannt.

Abgesehen davon ist das Kodierverfahren nicht leicht zu erlernen, und die Verschlüsselung macht die Verhaltensbeschreibung zu einer Art Geheimsprache, was die notwendige interdisziplinäre Kommunikation behindert.

Brauchbarer scheint mir das von W. SCHLEIDT und Mitarbeitern (1984) entwickelte standardisierte Kodiersystem zu sein, das auch für quanti-

---

2.1 Ethogramm der Zwergwachtel in Bildern. Beispiel einer nahezu vollständigen Erfassung eines Verhaltensrepertoires in 60 Verhaltensweisen: 1. Stehen, 2. Aufrechtstehen 1, 3. Aufrechtstehen 2, 4. aufmerksam stehend Rasten, 5. schläfrig stehend Rasten, 6. sitzend Rasten, 7. sitzend Schlafen, 8. kopfrückwärts Schlafen, 9. Gehen, 10. Schreiten, 11. Laufen, 12. Vorstoßen, 13. Springen, 14. Rütteln, 15. Auffliegen, 17. Halsputzen, 18. Brustputzen, 19. Bauchputzen, 20. Rückenputzen, 21. Schwanzputzen, 22. Flügelputzen, 23. Beinputzen, 24. Zehenputzen, 25. Schnabelwetzen, 26. Schnabelkratzen, 27. Schütteln, 28. Flügelrückwärtsstrecken, 29. Flügel-Beinstrecken, 30. Sonnen, 31. Sandbaden-Kratzen, 32. Sandbaden-Reiben, 34. Fressen, 35. Trinken, 36. Koten, 37. Putzaufforderung, 38. Vorpicken, 39. Balzen, 40. Kopfvorstrecken, 41. Paarungsaufforderung, 42. Aufsteigen, 43. Getretenwerden, 44. Treten, 45. stehend Nestbauen, 46. sitzend Nestbauen, 47. Eirollen, 48. aufmerksam Brüten, 49. schläfrig Brüten, 50. Hudern, 51. Fauchen, 52. Krähen, 53. Kriechen, 54. Kopf-nieder-Schwanz-hoch, 55. Angriff, 56. Flügel-nieder-Angriff, 57. defensiv-Schreiten, 58. soziales Putzen, 59. Geputztwerden, 60. Beisammensitzen (es fehlen 16. Fliegen, 33. Sandbaden/Flügelschlag und jene Lautäußerungen, die nicht mit einer besonderen Stellung oder Bewegung verbunden sind). Die Bilder basieren auf Nachzeichnungen von Fotos. Die Abgrenzung jeder einzelnen Verhaltensweise von allen anderen wurde zunächst in der Diskussion unter den Mitgliedern des Forscherteams verbalisiert und dann in einer für elektronische Datenverarbeitung geeigneten Kodierung von 18 Eigenschaften (siehe Abb. 2.2) beschrieben. Nach W. SCHLEIDT und Mitarbeitern (1984), verändert ▶

1 3 4 2
5 7 6 8
11 9.10 12
14 13 15
18 19 17 20
21 23 22 24
25 28 26 27
29 30 31 32
34 36 35A 35B
38 40 37 39
42 41 43.44
45 47 46 48
49 1 51 50 52
54 53 55 56
59 58 57 60

2.1

BEHAVIOR COMPLEX	INTERINDIVIDUAL - INCUBATION			
BEHAVIOR	STANDING NEST BUILDING	SITTING NEST BUILDING	EGG ROLLING	ALERT INCUBATION
REFERENCE NO.	45	46	47	48
PHASE / SEX	♀	♀	♀ v ♂	♀
BoP	BP	S	BP	S
TrO	FD→F	F	FD	F
TrT	L	L	L	L
NO	FD→FULvFUR [VAR]	FD→FULvFUR [VAR]	FD	FUvVAR
NL	EX→I	EX→I	EXvI	IvEX
HO	DvFD→FL-BLvFR-BR	DvFD→FL-BLvFR-BR	FDvFDLvFDR→D	FvVAR
HT	L	L	L→FULvFDL	LvVAR
BkS	OvC(ALT)	OvC(ALT)	C	C
ES	0	0	0	0
WO	BD	*BDL**BDR	BvBD	*BDL**BDR
WS	FX	I	FX	I
LO	D	?	FD	?
LS	I	?	I	?
ToO	F	?	F	?
ToS	EX	?	EX	?
TaO	BvBD	BvBD	BvBD	B
FS	RE	FLF	RE	FLFH

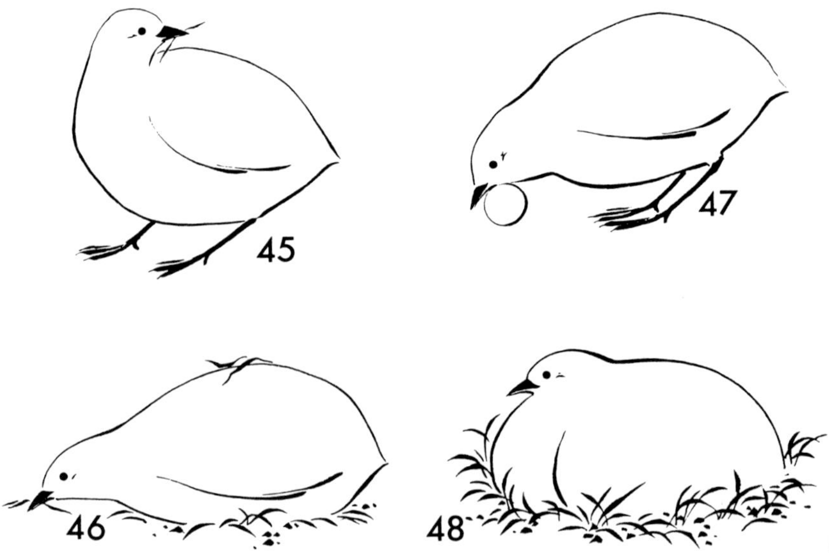

tative taxonomische Vergleiche gedacht ist. Zur Illustration des Verfahrens kodierten sie für jede von insgesamt 60 Verhaltensmustern der Wachtel den Zustand von 18 Merkmalsvariablen, wobei jede Variable nur einen von zwei oder drei möglichen Zuständen annehmen kann*. Orientierungs- und Zustandsvariable kodierten sie in bezug auf die Achsen eines 26seitigen Körpers (Abb. 2.1 und 2.2). Gegenüber der verbalen Beschreibung hat die kodierte Version den Nachteil, nur dem eingearbeiteten Spezialisten verständlich zu sein, und sie ist nach Ansicht der Kommentatoren für den Aufwand der Aufzeichnung dennoch zu grob (J. L. Leonard und K. Lukowiak 1985, H. Drummond 1985). Man wird das Kodierverfahren wohl an die spezielle Fragestellung angleichen müssen. So wählten J. Finley und Mitarbeiter (1983) für eine Untersuchung der Stereotypie der Balzbewegungen männlicher Stockenten (*Anas platyrhynchos*) die Höhe der Schwanzspitze und der Schnabelspitze über dem Wasserspiegel als Meßwerte. Das ergibt bei der Bildauswertung von Filmaufnahmen typische Kurvenbilder, die eine Stereotypie dieser Ausdrucksbewegungen belegen.

Das von C. H. Hjörtsjö (1969), P. Ekman und W. V. Friesen (1978) entwickelte Facial-Action-Coding-System kodiert Aktionseinheiten, die in der Mehrzahl durch die Kontraktion bestimmter Muskeln definiert sind (Abb. 2.3). Das geht bei den Gesichtsbewegungen gut, weil man hier bei einiger Übung die Veränderungen auf der Gesichtsfläche (Faltenbildung und dergleichen) verläßlich der Kontraktion bestimmter Muskeln zuordnen kann. Man kann dies Bild für Bild nach Filmaufnahmen aufzeichnen und damit den Bewegungsablauf partiturartig niederschreiben (Abb. 2.4). Diese Aufzeichnungen bilden dann die Daten für die Auswertung (I. Eibl-Eibesfeldt 1984)**.

---

* Merkmalsvariable sind z. B. BoP (Bodyposture), TrO (Trunkorientation), TrT (Trunktilt), NO (Neck Orientation) und so fort. Als Zustände werden z. B. für BoP kodiert: A = Airborne (kein Teil des Körpers berührt das Substrat), BP = Bipedal (beide Füße auf dem Substrat), UP = Unipedal (ein Fuß auf dem Substrat) oder für NL: Flexed, Intermediate, Extended und so fort.

** Die Technik der Aufnahme und Analyse von Gesichtsbewegungen wird in meiner »Humanethologie« ausführlich besprochen.

◀ 2.2 4 Verhaltensweisen der Zwergwachtel (45. stehend Nestbauen, 46. sitzend Nestbauen, 47. Eirollen, 48. aufmerksam Brüten) in Bildern und in für elektronische Datenverarbeitung geeigneter Kodierung von jeweils 18 Eigenschaften: Geschlecht des Tieres, Körperstellung, Rumpforientierung, Rumpfneigung, Halsorientierung, Halslänge, Kopforientierung, Kopfneigung, Schnabelzustand, Augenzustand, Flügelorientierung, Flügelstreckung, Beinorientierung, Beinstreckung, Fußorientierung, Fußstreckung, Schwanzorientierung, Gefiederzustand. Nach W. Schleidt und Mitarbeitern (1984)

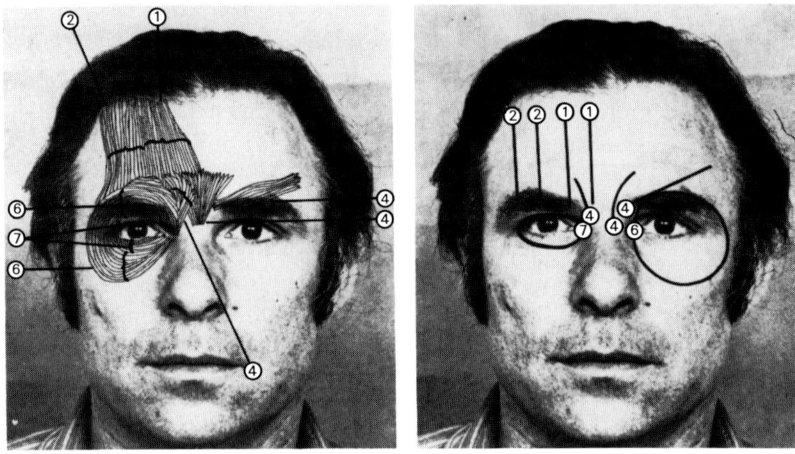

2.3 Die Abbildung zeigt die den Aktionseinheiten des Ekmanschen Kodierungssystems unterliegenden Muskeln, die für die Veränderung des Erscheinungsbildes der Augenbrauen, der Stirn, der Augenfalte und der oberen und unteren Augenlider verantwortlich sind. Aus P. Ekman und Mitarbeiter (1978)

2.4 Der Computerausdruck einer ausgewerteten Szene von 55 Filmbildern zeigt die mimischen Veränderungen im Gesicht eines Eipo-Jungen aus Kosarek (Neuguinea), der mit einem anderen Jungen interagiert. Die Auswertung wurde mit Hilfe von FACS (Facial Action Coding System) nach P. Ekman (1978), das auf der Analyse der Kontraktion einzelner Muskeln oder Muskelgruppen basiert, durchgeführt. Das erste Bild (Nr. 4518) zeigt den weichen Beginn der Kontraktion des Mundwinkelziehers (AU 12: *Zygomaticus major*, Onset smooth). Gleichzeitig hat der Junge die Lider gesenkt (AU 41: Entspannung des *Levator palpebrae superioris*, auf dem Höhepunkt der Bewegung, Apex: III) und redet (AU 50). Im nächsten Bild (Nr. 4525) bewegt sich die Kontraktion des Mundwinkelziehers (AU 12) auf ihren Höhepunkt zu, der Junge redet (AU 50) und bewegt den Kopf in einer unterbrochenen Bewegung nach links (AU 51, Onset stepped). Außerdem hat er die Augen nach links bewegt (AU 61) und schaut in das Gesicht seines Sozialpartners (AU 60). Im darauffolgenden Bild (Nr. 4539) haben der innere und der äußere Brauenheber (AU 1 und AU 2) bereits den Höhepunkt ihrer Bewegung erreicht. Diese Bewegung wird durch die Kontraktion von *Frontalis pars medialis* (AU 1) und durch *Frontalis pars lateralis* (AU 2) hervorgerufen. Ebenso befindet sich die Kontraktion des Mundwinkelziehers (AU 12) auf ihrem Höhepunkt. Der Mund ist jetzt leicht geöffnet (Lippen auseinander AU 25: *Depressor labii* oder Entspannung von *Mentalis* oder *Orbicularis oris*). Die Bewegung des Kopfes hat ihren Höhepunkt erreicht (AU 51), und der Blick ist immer noch auf den Sozialpartner ausgerichtet (AU 60). Das letzte Bild (Nr. 4569) zeigt nur noch ein Senken der Lider (AU 41) auf seinem Höhepunkt und das Ende der weichen Drehbewegung des Kopfes nach links (AU 51 Offset smooth)

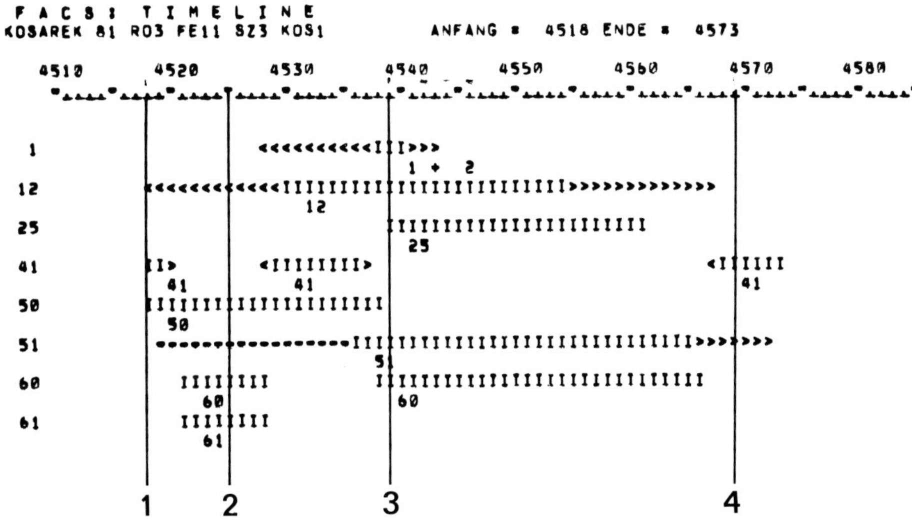

F A C S : T I M E L I N E
KOSAREK 81 R03 FE11 SZ3 KOS1
ANFANG = 4518 ENDE = 4573
4510 4520 4530 4540 4550 4560 4570 4580
1
12
25
41
50
51
60
61
1 2 3 4

2.5 Typische Kohlmeisenrufe jeweils im Sonagramm (oben) und in schematisierter Notenschrift (darunter). Über dem Meisenbild das bekannte »zi-zi-bee zi-zi-bee«, unter dem Meisenbild ein Revierruf des Männchens beim Grenzdisput mit einem Nachbarn. Aus W. WICKLER (1986)

Tiergesänge kann man in Notenschrift umsetzen, wenn die Töne rein sind, wie etwa beim »Zi-zi-bee« der Kohlmeise. Sind die Töne dagegen frequenzmoduliert, wie bei den Revierstreitlauten der Kohlmeise, dann lassen sie sich nicht in Noten wiedergeben. Dies ist dann nur mit Hilfe von Sonogrammen möglich (Abb. 2.5).

Für die objektive Dokumentation visueller Verhaltensweisen braucht man Filmaufnahmen. Der Film fixiert Verhaltensweisen als »Bewegungspräparate«. Das ist für eine vergleichende Arbeit ebenso wichtig wie für die spätere Überprüfung von Aussagen. Darüber hinaus vermitteln Zeitlupe und Zeitraffer Informationen, die der direkten Beobachtung nicht zugänglich sind. Die Zeitlupe wird ja bereits oft angewandt, um für das menschliche Auge zu schnelle Abläufe sichtbar zu machen. Die Nützlichkeit des Zeitraffers dagegen hat man in der Verhaltensforschung noch kaum erkannt. Dies gilt insbesondere für die Humanethologie (S. 671). Das Institut für den Wissenschaftlichen Film in Göttingen archiviert seit einigen Jahren technisch einwandfreie Filmaufnahmen von Verhaltensweisen im Rahmen der ›Encyclopaedia Cinematographica‹ (G. WOLF 1957a, b)*. Im Humanethologischen Filmarchiv der Max-Planck-Gesellschaft werden Dokumente zum menschlichen Verhalten systematisch gesammelt und in

* Seit 1964 werden die Begleitveröffentlichungen zu diesen Filmen in der vom Institut für den Wissenschaftlichen Film herausgegebenen Zeitschrift ›Publikationen zu wissenschaftlichen Filmen‹ veröffentlicht. Seit 1977 erscheinen diese Publikationen als Einzelbeiträge getrennt.

Zusammenarbeit mit der Encyclopaedia Cinematographica als Filmeinheiten veröffentlicht.

Nicht selten beschreibt man Verhaltensweisen nach ihrer *Funktion.* Man faßt dabei das Ziel ins Auge und weniger die Bewegungskoordination, die zu ihm führen. »Eintragen« oder »Nestbauen« sind funktionelle Begriffe. Sie setzen jedoch bereits eine Interpretation des Beobachters voraus, und darin liegt die Gefahr eines solchen Vorgehens (R. Hinde 1959).

Will man Ereignisse für die statistische Auswertung erheben, dann kann man dies auch mit Hilfe von Vielfachschreibern tun. Jeder der vorher definierten und benannten Verhaltensweisen wird eine Taste zugeordnet, die mit einem Schreibhebel verbunden ist. Bei Druck auf die Taste schreibt er auf einen gleichmäßig vorbeilaufenden Papierstreifen. Heute kann man die Daten auch elektronisch so speichern, daß die Verhaltensweisen in ihrer Zeitdauer, Frequenz und gegenseitigen Lagebeziehung für die spätere statistische Auswertung zur Verfügung stehen. Für diese Zwecke hat man, da eine vollständige Aufzeichnung selten möglich und oft auch nicht notwendig ist, Methoden der Stichprobenerhebung entwickelt, die das Auswahlverfahren so weit objektivieren, daß auch andere Forscher das gleiche Verfahren nützen und damit vergleichbare Ergebnisse erzielen können. Man kann z. B. das Auftreten oder Nichtauftreten eines Verhaltens in einem bestimmten Zeitraum notieren (Eins-Null-Erhebung) oder das Verhalten eines Individuums in regelmäßig vorgegebenen Zeitabständen. Sind diese kurz, und beobachtet man alle Individuen hintereinander, gewinnt man ein Bild davon, was die Mitglieder einer Gruppe in einer kurzen Zeitspanne tun (Beispiele dafür in meiner »Humanethologie«).

Die meisten Untersuchungen muß man an gefangengehaltenen Tieren durchführen, was Nachteile mit sich bringt. Man läßt die Tiere ja nicht selbst jagen, erkunden und dergleichen mehr, was vor allem bei bewegungsfreudigen Säugern zu Gefangenschaftsstörungen führt. Stundenlanges Auf- und Ablaufen in festen Bahnen, Hin- und Herschwingen des Körpers und andere Bewegungsstereotypien sind häufig zu beobachten (M. Holzapfel 1938, 1939). Sie können ganz verschiedene Ursachen haben. Ein Gürteltier im Amsterdamer Zoo stellte seine Stereotypien sofort ein, als man den bis dahin blanken Käfigboden mit einer 20 cm hohen Erdschicht bedeckte, so daß es sich zum Schlafen einwühlen konnte. Die Stereotypien traten jedoch sofort wieder auf, als man den Boden reinfegte. H. Hediger (1942) ging auf eine Reihe weiterer Gefangenschaftsstörungen ein. Höhere Säuger leiden sehr oft an einem Mangel an Möglichkeiten, sich zu betätigen, weshalb man in verschiedenen Zoos geradezu eine Beschäftigungstherapie einführt. Die Zucht ist oft schwierig, weil sich die

Tiere nicht verpaaren oder ihre Jungen nicht aufziehen. Freilandbeobachtungen helfen, die Störung zu beheben. O. KOENIG (1951) machte z. B. die Erfahrung, daß gefangengehaltene Bartmeisen zwar züchteten, aber kurz nach dem Schlupf die Jungen aus dem Nest warfen. Ein zu reichliches Futterangebot war die Ursache: Die Bartmeisen stopften ihre Jungen schnell voll, und dann sperrten diese nicht mehr, was im Freien nie vorkommt, denn dort müssen die Eltern stets längere Zeit Futter suchen. Ein Junges, das im Freien nicht sperrt, ist daher sicherlich krank oder tot und wird von den Eltern aus dem Nest geworfen. Die gefangenen Bartmeisen verhalten sich den nicht sperrenden Jungen gegenüber so, als wären diese tot. Es genügte, das Futter in kleinen Portionen anzubieten, um die Störung zu beheben.

Ähnliches gilt für viele andere Gefangenschaftsstörungen. Der Tierkenner wird sie bald durchschauen und beheben. Es ist keineswegs so, daß das gefangengehaltene Tier sich grundsätzlich nicht normal verhalte und die Gefangenschaftsbeobachtung daher von geringem Wert sei, wie das gelegentlich behauptet wird. Die Fülle ausgezeichneter Arbeiten beweist das Gegenteil (H. KUMMER 1957, 1968, H. KUMMER und F. KURT 1965, E. ZIMEN 1971, F. JANTSCHKE 1972, L. KOENIG 1973, um nur einige zu nennen). Gerade Einzelheiten des Verhaltens wird man nur im dauernden engen Kontakt mit der betreffenden Tierart beobachten können. Man kann gefangenschaftsbedingte Störungen umgehen, wenn man die Tiere relativ frei in ihrer natürlichen Umgebung hält. K. LORENZ beschritt diesen Weg, als er Dohlen bei seinem Altenberger Haus ansiedelte und frei

2.6 KONRAD LORENZ inmitten seiner frei gehaltenen Gänse. Foto: I. EIBL-EIBESFELDT

2.7 JANE GOODALL füttert eines ihrer in freier Wildbahn gezähmten Schimpansenmännchen. Foto: BARON VAN LAWICK-GOODALL

fliegen ließ. Seine Graugänse und Enten waren durch Aufzucht und Fütterung an einen kleinen See gebunden und konnten sich im übrigen das ganze Jahr über frei bewegen (Abb. 2.6). C. R. CARPENTER setzte 1938 eine Gruppe von Rhesusaffen auf der Insel Cayo Santiago (Puerto Rico) aus. Die Kolonie wird seither ständig beobachtet. P. KROTT (1963) zog Braunbären im Freien auf und beobachtete sie dort. Viel seltener stößt man im Freien auf Bedingungen, die es ermöglichen, eine größere Anzahl von Tieren über längere Zeit zu beobachten. J. GOODALL kampierte viele Jahre in einem von Schimpansen bevölkerten Tal bei Kigoma, Tansania (Tanganjika). Sie gewöhnte die Schimpansen an ihre Anwesenheit, so daß diese sich ungezwungen im Bereich ihrer Nähe aufhalten, sich füttern oder kraulen lassen und sogar den Beobachter zum Spielen auffordern (Abb. 2.7; J. GOODALL 1986).

JANE GOODALL hat im Gombe-National-Park eine kleine Feldstation aufgebaut und verfolgt nun schon seit über zwanzig Jahren die Entwicklung der sozialen Beziehungen innerhalb und zwischen den verschiedenen Schimpansengruppen. Dazu läßt sie unter anderem durch geschulte Beobachter die einzelnen Tiere ganztägig beobachten. Die Methode wurde auch von anderen Schimpansenforschern übernommen. Weitere Beispiele für den Wert der Freilandbeobachtung liefern die Arbeiten von M. ALTMANN (1952), J. KING (1955), J. ADAMSON (1960), L. CRISLER (1962), N. TINBERGEN (1963), S. L. WASHBURN und I. DEVORE (1961), I. DEVORE (1965), G. SCHALLER (1963), W. KÜHME (1965), F. R. WALTHER (1965), D. FOSSEY (1970), V. GEIST (1971), H. KRUUK (1972), C. VOGEL (1976) und A. RASA (1984).

Freiland- und Gefangenschaftsbeobachtungen haben einander zu ergänzen, und es ist müßig, über die Vorzüge der Methoden zu streiten.

Bereits bei der Erstellung des Ethogramms verknüpfen sich normalerweise Beobachtungsarbeit und Analyse. Der Beobachter wird die Häufigkeiten registrieren, mit der bestimmte Verhaltensabläufe auftreten, und dabei feststellen, daß bestimmte Verhaltensweisen häufiger miteinander auftreten als mit anderen (siehe auch Motivationsanalyse, S. 98); er kann daraus Rückschlüsse auf zugrunde liegende gemeinsame Systeme ziehen. Durch Experimente im Felde kann er außerdem feststellen, welche Beziehungen zwischen den verschiedenen Verhaltenssystemen herrschen. Beispielhaft für diese Art der Analyse komplexer Verhaltenssysteme ist die Untersuchung von G. P. BAERENDS und R. H. DRENT (1970) über das Brutverhalten der Silbermöwe.

Eine ungestört brütende Silbermöwe sitzt lange Zeit unbeweglich auf den Eiern. Etwa dreimal in der Stunde wird sie jedoch etwas unruhig, blickt umher, macht einige Bau- und Putzbewegungen und setzt sich wohl auch um. Entnimmt man dem Gelege ein oder zwei Eier, dann tritt dieses unterbrechende Verhalten häufiger auf. Wie wird es verursacht, welche Faktoren und Mechanismen bestimmen Art und Weise und Reihenfolge der auftretenden Handlungen?

Zählt man aus, wie oft die verschiedenen Verhaltensweisen des das Brüten unterbrechenden Verhaltens aufeinanderfolgen oder in der gleichen Zeitspanne vorkommen, dann erhält man zwei Gruppen von Handlungen. Die Handlungen jeder der beiden Gruppen kommen häufiger zusammen mit anderen Handlungen der gleichen Gruppe vor als mit jenen der anderen Gruppe (Abb. 2.8). Auf-dem-Nest-Sitzen, Sichsetzen und die verschiedenen Bauhandlungen bilden die eine, die Putzhandlungen, das Stehen und Umhergehen auf dem Nest oder in dessen unmittelbarer Nähe die andere Gruppe.

Die Putzhandlungen kann man auslösen, indem man die Möwen mit Wasser oder Sand bespritzt. Welche der stereotypen Putzhandlungen auftritt oder welcher Körperteil geputzt wird, das ist vom Ort der Reizung weitgehend unabhängig und hängt vielmehr von der allgemeinen Intensität des Putzens ab (ausgedrückt in Putzhandlungen pro Zeiteinheit). Dies legt den Schluß nahe, daß die äußere Reizung ein System aktiviert, das

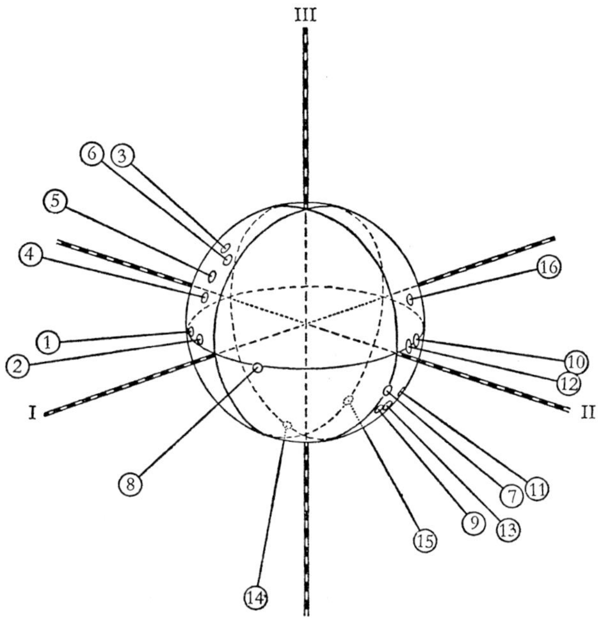

2.8 Faktorenanalyse-Modell der während der Brutschicht der Silbermöwe auftretenden Verhaltensweisen. In dem dreidimensionalen Modell werden die Handlungen als Vektoren in einem Achsenkreuz dargestellt. Je kleiner die Winkel zwischen den Vektoren sind, um so häufiger folgen sie aufeinander oder kommen in derselben Zeitspanne vor. Daher treten zeitlich zusammenhängende Handlungen im Modell in Büscheln auf. Die Vektoren repräsentieren die Handlungen: 1. Auf-dem-Nest-Sitzen, 2. Herabstarren, 3. Sichumsetzen, 4. Picken, 5. Aufnehmen, 6. Verlegen, 7. Gähnen, 8. Mandibulieren, 9. Kopfschütteln, 10. Sichschütteln, 11. Sichputzen, 12. Sichkratzen, 13. Herabstarren außerhalb des Nestes, 14. Umherblicken (auf dem Nest stehend), 15. Umherblicken (außerhalb des Nestes stehend), 16. Gehen und Fliegen. Aus G. P. BAERENDS (1973). Die Darstellungsweise im Vektorenmodell wurde von P. R. WIEPKEMA (1961) erarbeitet

dann einige Zeit weitgehend unabhängig von weiteren Außenreizen aktiv bleibt. Den fünf Gefiederputzhandlungen scheinen mehr gemeinsame Kausalfaktoren zugrunde zu liegen als der gesamten Gruppe Sichschütteln, Sichkratzen und Sichbaden. In der Abb. 2.9 sind diese Gemeinsamkeiten durch die Annahme eines Putzsystems dargestellt.

Ein weiteres System umfaßt das Umherblicken des sitzenden Vogels, das Sichsetzen, die Nestbauhandlungen und die Bereitschaft, ein aus dem Nest gerolltes Ei einzurollen. Die quantitativen Erhebungen ergeben, daß die Elemente, aus denen das Sichsetzen einerseits und das Bauen andererseits bestehen, jeweils sehr stark miteinander korrelieren. Der Zusammenhang zwischen Bauen, Sichsetzen, Eirollen und Umherblicken ist weniger stark, aber stärker als die zwischen diesen Handlungen und dem

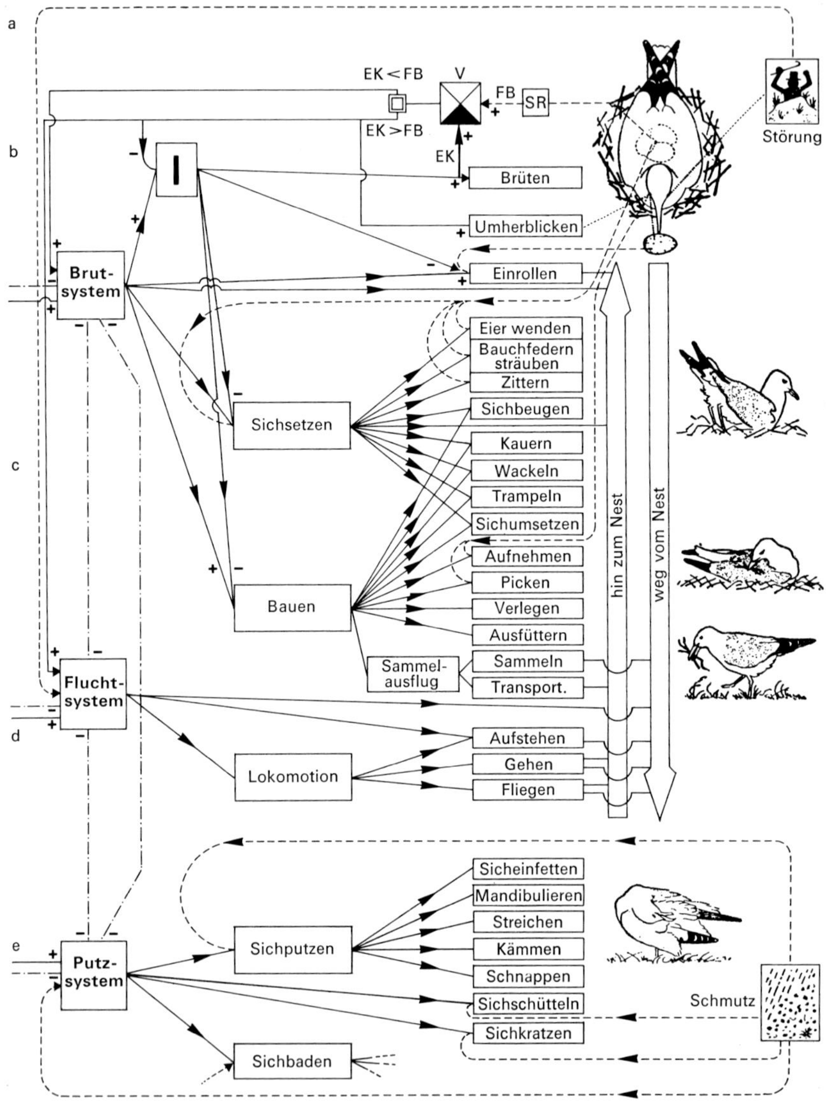

2.9 Schema des dem Brutverhalten der Silbermöwe zugrunde liegenden Wirkungsgefüges. Erläuterungen im Text. SR = Summierungsstelle aller Rückmeldungen vom Gelege; FB = Feedbackwert; EK = Efferenzkopie; V = Vergleichsinstanz für Feedbackwert und Efferenzkopie; I hemmt als Inhibitor die das Brüten unterbrechenden Handlungen und stimuliert das Brüten. Aus G. P. Baerends (1973)

Sichputzen. Vom Gelege ausgehende Reize können den ganzen Komplex Sichsetzen, aber auch einzelne Handlungen, wie das Ei wenden, Aufrichten des Bauchgefieders und Wackeln, auslösen.

Wiederum nehmen wir an, daß dem Verhaltenskomplex Umherblicken, Eirollen, Sichsetzen und Bauen ein übergeordnetes Brutsystem zuzuordnen ist. Gruppen einander über- und untergeordneter Kausalfaktoren kontrollieren das Verhalten. Anfangs baut die Möwe viel und setzt sich häufig um, während später das Brüten intensiv ist und selten unterbrochen wird. Die Bereitschaft, auf eine Störung (Entnahme von zwei Eiern) mit einer Unterbrechung des Brutverhaltens zu reagieren, ist in der ersten Brutwoche gering, sie steigt in der zweiten und dritten an und sinkt in den letzten Bruttagen wieder ab. Rückmeldungen vom Gelege spielen eine große Rolle. Für das Brüten sind taktile Rückmeldungen entscheidend. Glaseier werden optisch nicht als Eier erkannt und auch nicht eingerollt. Legt man aber zwei Glaseier zu einem vorhandenen Ei ins Nest, dann verhält sich der Vogel so, als würde er auf drei Eiern brüten, und sitzt dementsprechend intensiv. Die Summe aller Rückmeldungen vom Gelege (SR) ergibt einen Rückmeldungswert (Feedbackwert FB), der an irgendeiner Stelle mit einer vorgegebenen Sollerwartung verglichen werden muß. In Anlehnung an E. v. Holst sprechen G. P. Baerends und R. H. Drent von einer Efferenzkopie (EK). Ist FB größer als EK, dann wird das Brüten stimuliert, ist er kleiner, dann setzt sich der Vogel häufiger und baut häufiger. Es muß demnach ein Hemmsystem (I, von Inhibitor) geben, das das Sichumsetzen, Bauen und Putzen unterdrückt, wenn der Vogel brütet. Dieses Hemmsystem wird vom Brütsystem kontrolliert. Starke Aktivierung dieses Systems unterdrückt die das Brüten unterbrechenden Handlungen, schwache Aktivierung läßt sie auftreten. Wie erwähnt, ändert sich die Empfindlichkeit gegen Unvollständigkeit des Geleges. Eientnahme stört anfangs weniger als gegen den Höhepunkt der Brutzeit. Der Inhibitor wirkt folglich auf die Efferenzkopie.

Das ebenfalls während des Brütens zu beobachtende Putzen ist mit den Handlungen Bauen und Sichumsetzen nur lose verbunden. Es tritt vor allem auf, wenn die Möwe das Nest verlassen will, sei es aufgrund einer Störung durch Feinde oder wenn FB kleiner ist als EK. Die gleichzeitige Aktivierung der dominierenden Systeme Brüten und Flucht »befreit« das niederschwellige Putzen, das bei Aktivierung nur eines Systems eher unterdrückt wird. Da im Gegensatz zum Putzen das Bauen unmittelbar mit dem Brüten korreliert ist, kann man mit einem Quotienten zwischen Baufrequenz und Putzfrequenz die Neigung des Vogels zum Brüten und zum Verlassen des Nestes relativ zueinander messen. Die beigefügte Abbildung veranschaulicht das Modell des Wirkungsgefüges.

Diese Art der Analyse weicht von der physiologischen ab, und J. L.

Brown (1964) wandte ein, daß sie daher nur vorläufige Ergebnisse brächte und daß es nur im Anfangsstadium einer Untersuchung statthaft sei, physiologische Befunde zu vernachlässigen. Hier hat Brown wohl die Tatsache übersehen, daß Ethologen oft auf einem anderen Integrationsniveau als dem der klassischen Physiologie operieren, in dem auch andere, der Physiologie nicht zugängliche Gesetzmäßigkeiten herrschen. Gesetzmäßigkeiten, die der Soziologe entdeckt, wird man auch nur bedingt aus der Physiologie der Individuen ableiten können. G. P. Baerends (1975, S. 208) betonte im gleichen Sinne: »An approach by which the laws of complicated behaviour are deduced only from behavioural data is in my opinion absolutely essential ... The ethological and physiological levels of integration should be studied quite independently in their own right. However, a considerable advance can be expected from teams in which physiologists and ethologists are working in close cooperation and with physiological and ethological methods which are equally sophisticated. Disagreements between ethological and physiological hypotheses should not be solved by favouring the one over the other but by attempts to bridge the discrepancies.« Als weiteres Beispiel für diese Art des Vorgehens legt G. P. Baerends (1984) eine Analyse des Verhaltens vor dem Ablaichen des Buntbarsches *Aequidens portalegrensis* vor.

Die unvoreingenommene Beobachtung und Aufzeichnung der Verhaltensweisen im natürlichen Kontext ist auch die Voraussetzung für jede naturwissenschaftliche Verhaltensforschung am Menschen (s. o.).

Zusammenfassung 2

Mit ihrem breit ausfächernden Interesse knüpft die Ethologie an die Traditionen der Physiologie, vergleichenden Morphologie, Ökologie, Entwicklungsbiologie und Genetik an, deren Methoden sie übernimmt, aber dem speziellen Zweck einer Verhaltensforschung anpaßt, die ja auf einer höheren Ebene operiert als die klassische Physiologie. Die Grenzen sind allerdings nicht scharf, wie etwa die Entwicklung der Neuroethologie lehrt. Die besondere Aufmerksamkeit des Verhaltensforschers gilt dem Verhalten des intakten Organismus in seiner natürlichen Umwelt, da er ja insbesondere die Gesetze auf der Ebene des Handelns und die Interaktionen zwischen Organismen und Gruppen von Organismen ergründen will. Ausgangspunkt für die Forschung auf dieser Ebene ist der Verhaltenskatalog – das Ethogramm. Für die Verhaltensbeschreibung wurden verschiedene, speziellen Fragestellungen gemäße Methoden ausgearbeitet. Die statistische Auswertung von Beobachtungsdaten gestattet es, Funktionsschemata zu erstellen, die die Hypothesenbildung erleichtern und deren experimentelle Prüfung erlauben. Wichtigstes Dokumentationsmittel der Ethologie sind Film- und Tonaufnahmen.

3. Die Erbkoordination (Das angeborene Können)

3.1 Erbkoordination (Instinktbewegung) und Taxis

Im Verhaltensrepertoire eines Tieres trifft man auf wiedererkennbare, mithin »formkonstante« Bewegungen, die vom Tier nicht erst gelernt werden müssen und die, so wie körperliche Merkmale, Kennzeichen der Art sind. Es handelt sich gewissermaßen um ein angeborenes Können. Man nennt solche angeborenen Bewegungsweisen Erbkoordinationen oder Instinktbewegungen (K. LORENZ 1953, K. LORENZ und N. TINBERGEN 1939), wobei der Name Erbkoordination bereits ausdrückt, daß das Angeborensein das entscheidende Kriterium dieser Bewegungsabläufe ist. Der Ausdruck »angeboren« bezeichnet dabei die Tatsache, daß die den Bewegungen zugrunde liegenden neuromotorischen Strukturen sich in einem Prozeß der Selbstdifferenzierung entwickeln auf Grund der im Erbgut festgelegten Entwicklungsanweisungen. Dieses Angeborensein wird aber nicht, wie M. KONISHI (1966) fälschlich den Ethologen unterschiebt, an der stereotypen Ablauffolge der Bewegung festgestellt, sondern durch bestimmte Versuche, auf die wir noch zurückkommen (S. 63). Die Formkonstanz kann ein wichtiger Hinweis auf die Erblichkeit einer Bewegung sein, und zwar dann, wenn nah verwandte Arten ähnliche Bewegungsmuster zeigen. Wir wissen aber insbesondere durch die Untersuchung von Vogelgesängen (J. NICOLAI 1959a, 1964), daß auch erlernte Verhaltensmuster einen hohen Grad von Stereotypie zeigen können, daß dieses Kriterium allein daher nicht zur Definition der Erbkoordination herangezogen werden kann (W. WICKLER 1961c). Obwohl dies von ethologischer Seite wiederholt betont wurde, wird den Ethologen immer wieder unterstellt, sie schlössen lediglich auf Grund der Stereotypie und der Artspezifität einer Verhaltensweise unkritisch, daß diese genetisch determiniert sei.

Angeborene Verhaltensweisen können bereits zum Zeitpunkt des Schlüpfens oder der Geburt voll funktionsfähig sein. Ein eben geschlüpftes

Hühnerküken kann laufen und sogleich nach Körnchen picken, auf dem Boden scharren und trinken. Es flüchtet vor Raubvögeln zur Glucke, ruft laut, wenn es den Kontakt mit der Mutter verloren hat, und schüttelt sich, wenn es naß geworden ist. Diese und noch manche andere Verhaltensweisen stehen ihm also vom Zeitpunkt des Schlüpfens an zur Verfügung. Gleiches gilt im Prinzip für ein eben geschlüpftes Entlein, das jedoch abweichende Verhaltensweisen zeigt. Es läuft z. B. zum Wasser, schwimmt und taucht, grundelt mit seinem Seihschnabel und fettet sein Gefieder ein. Diese Unterschiede im Verhalten von Huhn und Ente müssen wohl im Erbgut verankert sein, denn auch ein Huhn, das von einer Ente erbrütet und aufgezogen wurde, verhält sich huhngemäß, während eine vom Huhn erbrütete Ente, gegen die Anstrengungen seiner wasserscheuen Pflegemutter, das Entlein vom Wasser wegzulocken, gerade dorthin läuft und grundelnd umherschwimmt.

Nicht alle angeborenen Verhaltensweisen sind jedoch bereits nach dem Schlüpfen ausgebildet. Manche entwickeln sich erst nach und nach mit dem Heranwachsen des Tieres, so z. B. die komplizierten Balzbewegungen der Enten (Kurzhoch, Grunzpfiff etc., S. 203). Da sie sich bei jedem Erpel auch dann entwickeln, wenn wir ihn isoliert aufziehen, so daß er diese komplizierten Verhaltensmuster niemandem abschauen kann, sind sie ihm wohl ebenfalls als stammesgeschichtliche Anpassung angeboren und bedürfen nur einer längeren Reifung.

Was mit der Formkonstanz der Erbkoordinationen genauer gemeint ist, wollen wir noch im einzelnen erörtern (S. 78). Hier sei nur darauf hingewiesen, daß eine Erbkoordination in verschiedenen Intensitätsgraden ablaufen kann, von Intentionsbewegungen, die gerade andeuten, was ein Tier zu tun im Begriffe ist, bis zur voll ausgeführten Handlung. Dennoch bleibt das typische Bewegungsmuster erkennbar, so wie ja auch ein langsam oder schnell wiederholter Rhythmus uns gleich erscheint, sofern der gleiche relative Abstand der Klopfzeichen eingehalten wird.

Erbkoordinationen laufen primär ohne Einsicht in den arterhaltenden Sinn der Tätigkeit ab, was Fehlleistungen (S. 57) sehr deutlich zeigen. Wenn eine innere Handlungsbereitschaft (S. 95) des Tieres und die entsprechende auslösende Reizsituation (S. 121) zusammenkommen, dann läuft die betreffende Erbkoordination geradezu automatisch-zwanghaft ab. So wird ein Hund, der einen Knochen im Zimmer versteckt, mit der Schnauze auch noch Bewegungen ausführen, als würde er Erdreich darüber schieben, denn das ist ihm so *angeboren* (S. 55). Und er wird sich auch im Zimmer vor dem Hinlegen einige Male im Kreise drehen, obwohl er dort gar kein Gras niederzutreten braucht.

Erbkoordinationen sind normalerweise durch bestimmte Orientierungsbewegungen (= Taxien) überlagert, die im Unterschied zu den Erbkoordinationen dauernder richtender Reize bedürfen, um in Erscheinung zu treten. Die Einheit von Taxis und Erbkoordination (Instinktbewegung) hat man als *Instinkthandlung* bezeichnet.

Solche Instinkthandlungen können sehr kompliziert sein, und sie erhalten durch ihren Taxienreichtum einen höheren Grad situationsgemäßer Anpassungsfähigkeit und Variabilität. Daß es sich jedoch auch hier um genetisch starr programmiert ablaufende Verhaltensfolgen handelt, erweist sich bei näherer Untersuchung. Beim Kokonbau spinnt die Spinne *Cupiennius salei* zuerst eine Basalplatte, danach einen erhöhten Rand, der die Öffnung für die Eiablage abgibt. Hat das Weibchen die Eier abgelegt, spinnt es diese Öffnung zu. Stört man die Spinne nun beim Kokonbau, nachdem sie die Basalplatte angefertigt hat, dann spinnt sie beim eine halbe Stunde später begonnenen Ersatzbau keine Basalplatte mehr, sondern nur einige Fäden und widmet sich ganz der Randzone, so daß der Kokonboden in der Mitte offen bleibt. Zählt man zusammen, wie viele Spinnbewegungen sie für die alte Basalplatte und für den neuen Ersatzkokon ausführte, erhält man insgesamt etwa so viele, wie sie normalerweise für einen einzigen Kokon brauchen würde. Es steht ihr gewissermaßen eine beschränkte Anzahl von Spinnbewegungen (etwa 6400 Tupfbewegungen) zur Verfügung. Diese führt sie aber auch aus, wenn abnormerweise kein Faden mehr aus ihren Spinnwarzen quillt. Das passiert gelegentlich, wenn beim Filmen mit Scheinwerfern die Ausführungsgänge der Spinndrüsen eintrocknen. Auch in einem solchen Falle absolviert die Spinne ihr Verhaltensprogramm. Nach einer bestimmten Anzahl von vergeblichen Tupfbewegungen legt sie die Eier, die dann natürlich zu Boden fallen. Danach fährt sie fort, als würde sie den (nicht vorhandenen) Kokon zuspinnen. Schließlich versucht die Spinne, Ansätze eines Gespinstes von der Unterlage zu lösen (M. Melchers 1964).

Sie wird also nicht vom Erfolg her gesteuert. Das sieht man auch, wenn man eine solche Spinne auf halbfertige Ersatzbauten setzt. Die Spinne berücksichtigt dann nicht das vorhandene Gebilde, sondern setzt dieses so fort, als würde sie an ihrem alten Gespinst weiterspinnen. Auf diese Weise entstehen oft ganz unzweckmäßige, d. h. für die Eiaufnahme ungeeignete Gebilde (M. Melchers 1960, 1963).

Auch der komplizierte Kokonbau der Raupe des Falters *Platysamia cecropia* ist streng programmiert. Die Raupe spinnt drei Kokonlagen, und in Versetzungsversuchen ist sie weder in der Lage, situationsgemäß einen bereits begonnenen Kokon weiterzuspinnen, noch an neuem Ort eine neue Außenlage anzufertigen, wenn sie bereits eine solche begonnen hatte. Sie kann keine der drei Lagen wiederholen. Bei dieser Art wird das Verhalten entscheidend vom Füllungszustand der Spinndrüsen bestimmt. Beträgt der Vorrat der Spinndrüsen etwa 60 Prozent, dann beginnt das Tier mit dem Bau der inneren Kokonlage, wobei sich die Frequenz, mit der die Raupe ihren Körper beim Spinnen dreht, ändert (W. G. VAN DER KLOOT und C. M. WILLIAMS 1953).

Wie Taxis und Instinktbewegung in der Instinkthandlung zusammenwirken, haben K. LORENZ und N. TINBERGEN (1939) an der Eirollbewegung der Graugans gezeigt. Legt man einer Graugans ein Ei außerhalb ihres Nestes hin, dann greift sie mit dem Schnabel über das Ei hinweg und rollt es, mit der Schnabelunterseite schiebend und sorgfältig balancierend, ins Nest zurück (Abb. 3.1). Das Verhalten läßt sich in zwei Komponenten auflösen. Nimmt man der Gans das Ei weg, wenn sie schon zum Eirollen ansetzt, dann läuft die Eirollbewegung ins Leere weiter. Der Vogel verhält sich so, als würde er das Ei weiter zum Nest rollen. Es fallen allerdings die seitlichen Balancierbewegungen weg; der Hals bewegt sich in gerader Linie zum Nest. Diese Bewegung, die, einmal in Gang gesetzt, auch ohne weitere Wirkung von Außenreizen weiterläuft, ist die Erbkoordination. Die seitlichen Korrekturbewegungen sind die ebenfalls angeborenen Orientierungsbewegungen oder Taxien, die jedoch mit dem Aufhören der auslösenden Reize erlöschen.

Taxis und Instinktbewegung verhalten sich zueinander wie der Steuermechanismus und der Motor eines Fahrzeuges. Jede Richtungsänderung bedarf eines Impulses von außen, der angeworfene Motor läuft dagegen auch ohne solche Beeinflussung weiter.

3.1 Die Eirollbewegung der Graugans. Nach K. LORENZ und N. TINBERGEN (1939)

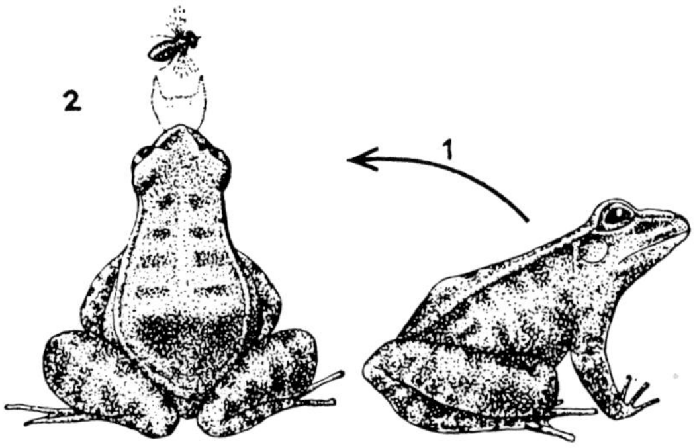

3.2 Beutefangender Frosch:
1. Zielwendung (Taxis),
2. Zungenschlag (Instinktbewegung).
Nach N. TINBERGEN (1951)

Wenn der männliche Stichling ein Gelege befächelt, steht er kopfabwärts schräg über ihm. Fächelt er dagegen spontan ohne Gelege, dann steht er dabei horizontal. Instinktbewegung und Taxis können in der Ontogenese zu verschiedenen Zeiten heranreifen. Eine neugeborene Maus macht zunächst Kratzbewegungen mit dem Hinterbein in die Luft, ohne den Körper zu berühren.

Im alten Taxisbegriff (Orientierungshandlung) faßte man Ortsbewegung – also Erbkoordination der Lokomotion – und orientierende Einzelbewegungen zusammen. Erst N. TINBERGEN (1951) schlug vor, nur die orientierende Einzelbewegung – die Richtwendung – als Taxis zu bezeichnen. Die Trennbarkeit von Taxis und Instinktbewegung wird dort besonders deutlich, wo beide nicht gleichzeitig miteinander verschränkt, sondern nacheinander auftreten. Das ist z. B. beim beutefangenden Frosch so, der sich vor dem Zuschnappen mit der Schnauzenspitze genau der Beute zuwendet (Abb. 3.2). Diese Richtwendung oder Zielbewegung ist die Taxis, das Schnappen die Erbkoordination (N. TINBERGEN 1951).

Der alte Taxisbegriff unterscheidet sich von dem TINBERGENschen insofern wesentlich, als TINBERGEN ihn nur zur Beschreibung des Vorgangs verwendet, während A. KÜHN die physiologischen Mechanismen zu charakterisieren versuchte.

Entsprechend der Unterscheidung zwischen Instinktbewegung und Taxis muß man auch zwischen den die Instinktbewegung auslösenden und den sie richtenden (steuernden) Reizen unterscheiden (N. TINBERGEN und D. J. KUENEN 1939).

3.2 Die Aufzucht unter Erfahrungsentzug

Wir führten eben aus, daß Verhaltensweisen einem Tier angeboren sein können, und wollen nun im einzelnen die Frage prüfen, wieweit man dieses Angeborensein auch experimentell nachweisen kann. Gerade an dieser Frage hat sich die Diskussion zwischen Ethologen und einigen milieutheoretisch ausgerichteten Behavioristen entzündet.

Die Ethologen sind der Ansicht, daß man die Frage nach den angeborenen und erworbenen Anteilen im tierischen Verhalten beantworten kann, indem man ein Tier vom Artgenossen isoliert aufzieht, so daß es kein soziales Vorbild nachahmen kann, und indem man ihm überdies noch die Möglichkeit nimmt, die fragliche Verhaltensweise durch Selbstdressur zu erlernen. Den Wert solcher »Kaspar-Hauser-Versuche« haben einige Forscher in Zweifel gezogen (D. S. LEHRMAN 1953, T. C. SCHNEIRLA 1956, 1966 und R. HINDE 1966). Sie argumentierten, daß man ein Tier nie völlig erfahrungslos aufziehen könne, da es ja immer, selbst im Ei oder Uterus, in einer Umwelt stecke und aus jeder Umwelteinwirkung etwas erfahren könne. Als Beispiel wurde oft eine ältere Arbeit von Z. Y. KUO zitiert, der nachgewiesen haben soll, wie ein Hühnerküken im Ei die Bewegungskoordination des Futterpickens »lernt«: Der Kopf des dreitägigen Embryos ruhe auf dem Herzen und werde von diesem im Takt des Schlagens zunächst passiv gehoben und gesenkt. Gleichzeitig reize der Dottersack den Kopf taktil, da er von mit dem Herzschlag synchronen Kontraktionen des Amnions bewegt werde. Einen Tag später beuge der Keimling den Kopf aktiv, wenn man ihn berühre, und er öffne und schließe seinen Schnabel. Dabei komme ihm Flüssigkeit ins Maul, die er vom zehnten Tag an schlucke. Mehr und mehr werden die anfangs zusammenhanglos auftretenden Einzelbewegungen Schlucken, Nicken und Schnabelöffnen zu einem stereotypen Verhaltensmuster zusammengefaßt – wie KUO meint, durch »Erfahrung«. D. LEHRMAN (1953) setzte dies mit Lernen gleich und formulierte damit den Standpunkt klarer. Unmittelbar nach dem Schlüpfen kann das Küken nach Futter picken.

Dazu bemerkte KONRAD LORENZ (1961), wie es denn dann zu erklären sei, daß andere Vögel, die ja im Ei ähnliche Erfahrungen mit ihrem Herzschlag sammeln dürften, nicht picken, sondern sperren, während wieder andere (Enten) den Schlamm durchseihen oder (Tauben) den Schnabel in den Rachen der Eltern einführen. Wir wollen damit nicht ausschließen, daß auf embryonaler Stufe gelegentlich auch gelernt wird. KUOs Beispiel ist allerdings zur Demonstration des Vorganges denkbar ungeeignet, denn zu dem Zeitpunkt, da der Herzschlag den Kopf des Kükens passiv bewegt, ist die Verbindung zwischen den sensiblen und den motorischen Neuronen im Rückenmark noch gar nicht ausgewachsen, was man übrigens schon seit W. PREYER (1885) weiß.

Es könnte aber durchaus den Fall geben, daß in anderen Zusammenhängen und bei anderen Arten auf der embryonalen Stufe Gelerntes zum Baustein eines Verhaltens wird, das sich im übrigen in einem Prozeß der Selbstdifferenzierung zur Funktionsreife entwickelt, also ohne daß die Informationen, welche die spezifische Angepaßtheit auf höherem Niveau betreffen, seitens der Umwelt eingespeist werden müßten. Daß man eben nicht ausschließen könne, daß irgend etwas auch im Embryonalstadium gelernt werden könne, ist ja das oft wiederholte Argument der Verfechter eines traditionellen Behaviorismus. Mit der Möglichkeit solcher gelernter Vorläufer (»precursors«), so meinen sie, wäre das Konzept des Angeborenen hinfällig. Das ist aber keineswegs die logische Folge.

Nehmen wir einmal an, ein Vogel würde seinen arteigenen Gesang auch bei schallisolierter Aufzucht entwickeln, und zwar in kompletter sozialer Isolation vom Ei an. Eine genaue Untersuchung der Embryogenese würde ferner zeigen, daß das Zusammenspiel antagonistischer Muskeln – eine elementare Voraussetzung für jede koordinierte Muskelaktivität und damit auch für das Singen – selbsttätig gelernt wird. Würde dies das Konzept des Angeborenen hinfällig machen? Keineswegs! Bei dem Gesang handelt es sich um ein Verhalten hoher Integrationsstufe, dessen Entwicklung mehr als ein glattes Zusammenspiel von Antagonisten voraussetzt. Es bedarf dazu auch der Information in bezug auf Silbenzahl, Melodie und Rhythmus, und da wir durch unser Experiment mit Sicherheit ausschließen können, daß diese Information während der Ontogenese seitens der Umwelt eingespeist wurde, können wir aussagen, daß diese Information als Resultat stammesgeschichtlicher Anpassung im Erbgut enthalten sein muß. Lernprozesse der hier angenommenen Art würden also an der Aussage, daß das Wissen um das Gesangsmuster den Vögeln angeboren sei, nichts ändern, denn diese Aussage bezieht sich auf eine andere Ebene der Passung.

Der entscheidende Anstoß zur Klärung des Begriffes »angeboren« kam von KONRAD LORENZ (1961 b, 1965). Ausgangspunkt seiner Argumentation ist die Tatsache, daß die zur Diskussion stehenden Verhaltensweisen ebenso wie die meisten körperlichen Strukturen zunächst einmal Anpassungen darstellen. Sie erfüllen Funktionen im Dienste der Eignung, und das können sie natürlich nur, weil sie auf die für ihre Aufgabe relevanten Gegebenheiten passen, also Facetten einer außerhalb des angepaßten Systems liegenden Wirklichkeit abbilden*. So spiegelt der Pferdehuf Eigen-

* Zur Diskussion des kritischen Realismus siehe K. LORENZ 1973, K. R. POPPER 1973 und meine diesbezüglichen Ausführungen in der Humanethologie.

schaften der Steppe wider, funktionsbezogen auf die Fortbewegung des Pferdes auf dieser Art Boden; er ist also in gewisser Hinsicht Abbild von ihr. Und das gilt ähnlich für jede andere Anpassung, wobei der Raster der Abbildung und damit deren Genauigkeit natürlich wechseln. Im Falle der Mimikry einer Blattheuschrecke wird die Umweltgegebenheit sehr genau abgebildet. Im Falle der Ausweichreaktion des Pantoffeltierchens *(Paramaecium)* wird nur durch Anstoßen ein Hindernis, alternativ freie Bahn wahrgenommen, ein sicher grobes Bild der Wirklichkeit, dennoch aber ein zutreffendes.

Da jede Anpassung somit Abbild ist, setzt sie eine Interaktion mit einem Vorbild voraus. Das angepaßte System muß sich irgendwann in seiner Geschichte mit seiner Umwelt auseinandergesetzt und so gewissermaßen »informiert« haben. Das kann durch individuelles Lernen geschehen, sei es anhand eines Vorbildes, durch Unterweisung oder durch eigenes Versuch-und-Irrtum-Lernen. Die erworbene Information wird in allen solchen Fällen im Zentralnervensystem gespeichert. Angepaßtheit kann aber auch das Ergebnis stammesgeschichtlicher Entwicklung sein. Mutativ bedingte Varianten des Phänotypus tasten in diesem Fall in einer dem Versuch-und-Irrtum-Lernen analogen Weise ihre Umwelt ab. Aus Fehlern wird durch Fehlerbeseitigung gelernt; d. h. die Selektion merzt die ungeeigneten Erbgutträger aus. Sie ist der »Lehrmeister«, und die gemachte »Erfahrung« wird im Genom der Art bewahrt und in der Ontogenese entschlüsselt.

Auf welchem Wege eine Anpassung zustande kam, das kann man durch Aufzucht unter Erfahrungsentzug feststellen. Man braucht einem heranwachsenden Tier nur jenes spezifische Informationsmuster vorzuenthalten, an das die zu prüfende Verhaltensweise angepaßt ist. Zeigt der Prüfling später dennoch das angepaßte Verhalten, dann wissen wir, daß diese spezifische Angepaßtheit das Ergebnis stammesgeschichtlicher Entwicklung ist. Ein solches Verhalten ist *erbangepaßt,* zum Unterschied von den erwerbangepaßten, adaptiven Modifikationen des Verhaltens. Liegt die phylogenetische Anpassung im motorischen Bereich vor, dann haben wir eine Erbkoordination vor uns. Sie kann auch im rezeptorischen Bereich liegen als selektives Reizfilter, vermittels dessen ein Tier vor aller Erfahrung auf bestimmte Reize oder Reizkombinationen mit bestimmten Verhaltensweisen antwortet (S. 121). Es gibt ferner angeborene Lerndispositionen (S. 376) und schließlich als weitere stammesgeschichtliche Anpassung motivierende Mechanismen, die ein Tier aus innerem Antriebe handeln lassen (S. 95). Für stammesgeschichtlich angepaßt setzen wir oft auch das kürzere Wort angeboren oder »instinktiv«.

L. Carmichael (1926, 1927, 1928) zog Kaulquappen unter Dauernarkose (Acetonchloroform) auf, bis die Kontrolltiere gut schwammen. Als er dann das Betäubungsmittel entfernte, schwammen die Versuchstiere ebenso gut wie jene, obgleich sie das nicht geübt haben konnten. A. FROMMES (1941) gleichfalls auf diese Art aufgezogene Kaulquappen schwammen etwas schlechter als die Kontrolltiere, konnten es aber ebenfalls.

J. GROHMANN (1939) zog Tauben in so engen Käfigen auf, daß sie nicht mit den Flügeln schlagen konnten. Erst als die Kontrollgeschwister gut flogen, ließ er sie frei. Sie flogen dennoch vorzüglich.

In allen diesen Fällen beweist der Versuch, daß die fragliche Verhaltensweise als stammesgeschichtliche Anpassung wohl in Form koordinierender zentraler Mechanismen vorliegt, kurz, angeboren ist. Das läßt sich auch für kompliziertere Verhaltensfolgen entscheiden.

Das mitteleuropäische Eichhörnchen *(Sciurus vulgaris* L.*)* vergräbt im Herbst mit einer recht stereotypen Bewegungsfolge Nüsse im Boden. Es pflückt eine Nuß, klettert zu Boden und sucht nun, bis es an einen Baumstamm oder Felsblock kommt. An der Basis einer solchen auffälligen Landmarke scharrt es mit alternierenden Bewegungen der Vorderbeine ein Loch und legt die Nuß hinein. Es rammt sie dann mit schnellen Stößen der Schnauze fest, deckt mit seitlich von hinten nach vorne geführten Wischbewegungen das aufgegrabene Erdreich darüber und drückt es zuletzt noch mit den Pfoten fest.

Dem Verhalten ist nicht anzusehen, wieweit es angeboren und wieweit es erlernt ist. Man kann einem Eichhörnchen jedoch sehr leicht die Informationen vorenthalten, die es zum Erlernen des Vorrätesammelns benötigt. Man isoliert das Tier in einem Gitterkäfig ohne jede Einstreu und zieht es nur mit breiiger Nahrung auf. Dann kann es keinem Artgenossen das Futtervergraben abschauen, noch kann es selbst das Vergraben üben. Es erlebt überdies auch keine Hungerzeiten, kann also nicht die Erfahrung sammeln, daß man von zufällig Versecktem in Notzeiten Nutzen hat.

Prüft man ein in der beschriebenen Weise aufgezogenes Eichhörnchen, wenn es erwachsen ist, dann stellt man fest, daß es die gesamte Versteckhandlung auf Anhieb beherrscht. Gibt man ihm Nüsse, dann wird es zunächst einmal davon fressen. Nach Sättigung läßt es weiterhin dargebotene Nüsse nicht einfach fallen, sondern trägt sie auf dem Boden suchend im Maul umher. Vertikale Hindernisse üben eine große Anziehungskraft aus. An solchen Punkten, z. B. in einer Zimmerecke, beginnt das Eichhörnchen zu scharren, dann legt es die Nuß ab, stößt sie mit der Schnauze fest und macht schließlich sogar die Zudeck- und Festdrückbewegung mit den Vorderbeinen, obgleich es gar nichts aufgegraben hat (I. EIBL-EIBESFELDT 1963). Die ganze Verhaltensfolge ist demnach erbangepaßt. Neuntöter *(Lanius collurio)* entstacheln Hymenopteren, ehe sie sie verzehren, und diese Bewegungsweise ist ihnen ebenso angeboren wie das Erkennen der stachelbewehrten Arten (Bienen, Wespen, Hornissen) (E. GWINNER 1961).

Die Fähigkeit geschlechtsreifer Lachtauben *(Streptopelia roseogrisea)*, frisch geschlüpfte Jungtauben artgemäß zu füttern, muß nicht durch Lernen am Erfolg erworben werden, sondern ist ihnen angeboren (E. KLINGHAMMER und E. H. HESS 1964) genauso wie den Honigbienen der komplizierte Schwänzeltanz (S. 258). Jungbienengruppen, die man gleich nach dem Schlüpfen zusammensetzt, entwickeln ihn ohne Vorbild in 7 Tagen (M. LINDAUER 1952). Kreuzspinnen ziehen unmittelbar nach dem Schlüpfen nur regellose Fäden, nach der ersten Häutung jedoch bauen sie schlagartig ihr kunstvolles Netz. Daß sie das jedoch nicht erst lernen müssen, kann man zeigen, indem man frisch geschlüpfte Spinnen in so enge Glasröhrchen bringt, daß sie sich gerade noch umdrehen, aber keine Fäden ziehen können. Gibt man sie nach ihrer ersten Häutung frei, dann spinnen sie auf kleinen Drahträhmchen ebenso schöne Netze wie vorher unbehinderte Tiere (G. MAYER, 1952).

Für den Grillengesang wies R. BENTLEY (1971) sowohl durch Kreuzungsexperimente (S. 318) als auch durch Aufzucht unter verschiedenen Bedingungen das Angeborensein des Gesanges nach. »Despite being raised under different conditions of temperature, diet, light cycle, time of the year, and population density, individuals always produced calling patterns corresponding to genotype. The ›correct‹ song for a genotype was produced even if an animal was the first of its type to mature and therefore had heard many ›incorrect‹ songs, but none of its own. Individuals with different genotypes produced different song patterns even if raised under nearly identical environmental conditions ... The ultimate source of information for this programming network appears to be genetic ...« (S. 1139).

Besonders schöne Beispiele für phylogenetisch angepaßte Verhaltensweisen bieten manche Vogelgesänge. Bei diesen im Dienste der Kommunikation entwickelten Verhaltensmustern ist leicht einzusehen, daß ein kompliziertes Informationsmuster erworben werden muß, um einen entsprechenden Gesang zu produzieren. Dieser Informationserwerb kann stattfinden, indem man den Gesang einem Vorbild abhört. Theoretisch möglich wäre ferner ein Lernen am Erfolg, wenn jeder Schritt in die Richtung des artgemäßen Gesangs durch entsprechende Reaktionen eines Artgenossen (z. B. Weibchens) belohnt würde. Bisher ist kein Beispiel für letzteren bekanntgeworden. Schließt man diese beiden Möglichkeiten aus und entwickelt der Vogel dennoch seinen arteigenen Gesang, dann ist der Schluß zwingend, daß hier eine phylogenetische Anpassung vorliegt.

Worin diese im einzelnen besteht, muß durch weitere Analyseschritte aufgeklärt werden. Es könnte z. B. sein, daß das Wissen um Silbenzahl, Melodie und Rhythmus in Sollmustern (S. 138) festgehalten ist und das Tier sich auf sie bezieht. Es kann aber auch das Bewegungsprogramm als

Erbkoordination heranreifen. Betont sei außerdem, daß sich die Aussagen über stammesgeschichtliche Angepaßtheit immer nur auf ein bestimmtes Niveau der Passung beziehen (S. 63).

F. SAUER (1954) zog Dorngrasmücken *(Sylvia communis)* einzeln in schallisolierten Kammern auf. Sie entwickelten dennoch alle 25 arttypischen Rufe und die drei arteigenen Gesänge. M. KONISHI (1963) beraubte junge Haushühner des Gehörsinnes. Sie konnten dennoch die arttypischen Rufe. Auch Tauben sind die Rufe angeboren. – Die Juncos *(Junco oregonus* und *Junco phaeonotus)* und Schwarzkopfkernbeißer *(Pheucticus melanocephalus)* singen arttypisch, vorausgesetzt, daß sie sich selbst hören können, dann allerdings auch bei schallisolierter Aufzucht (M. KONISHI 1964, 1965 a). Schallisoliert aufgezogene Buchfinken *(Fringilla coelebs)* entwickeln einen Gesang, der in Silbenzahl und Länge dem normalen Artgesang gleicht, doch fehlt ihm die charakteristische Gliederung in drei Strophen. Das muß gelernt werden, wobei die Vögel eine angeborene Kenntnis dafür besitzen, was sie nachzuahmen haben. Bietet man nämlich Tonbandaufnahmen verschiedener Gesänge, ahmen sie nur jene nach, die in Tonqualität und Strophenform dem arteigenen Gesang ähneln. Die Strophenfolge scheint dagegen nicht vorgezeichnet, denn auch arteigene Gesänge mit künstlich vertauschter Strophenfolge werden nachgesungen (W. H. THORPE 1954, 1958, 1961). Diese letzten beiden Fälle sind besonders interessant, weil sie zeigen, daß die stammesgeschichtliche Anpassung nicht immer als Erbkoordination vorliegen muß. Sie kann auch in einem festen »Lernrezept« – hier in einer angeborenen Kenntnis des eigenen Gesanges – gegeben sein.

Männliche Singammern *(Melospiza georgina)* lernen ihren Gesang, aber nicht den von anderen im gleichen Gebiet lebenden Arten. P. MARLER (1977) setzte aus den einzelnen Silben der Tonaufnahmen von *Melospiza georgina* und *Melospiza melodia* künstliche Gesänge zusammen. Die *georgina*-Männchen lernten alle jene Varianten, die aus arteigenen Silben aufgebaut waren, auch wenn das gesamte aus diesen Elementen komponierte Gesangsmuster dem der anderen Art *(M. melodia)* entsprach. Sie lernten dagegen nicht das arteigene Muster, wenn es aus den Silben der anderen Art aufgebaut war. Daraus ist zu schließen, daß die Vögel selektiv – und, wie Isolierversuche zeigen, angeborenermaßen – ihren Artgesang an den spezifischen Silben erkennen. Sie verfügen damit über eine Lerndisposition, die sichert, daß sie den artgemäßen Gesang erwerben.

Zieht man Männchen dieser beiden Singammerarten in sozialer Isolation auf, dann entwickeln sie Gesänge, die sich von normalen Gesängen durch eine geringere Anzahl der Noten eines Gesanges, längere Dauer der Noten und der Notenintervalle und weniger Noten per Silbe unterschei-

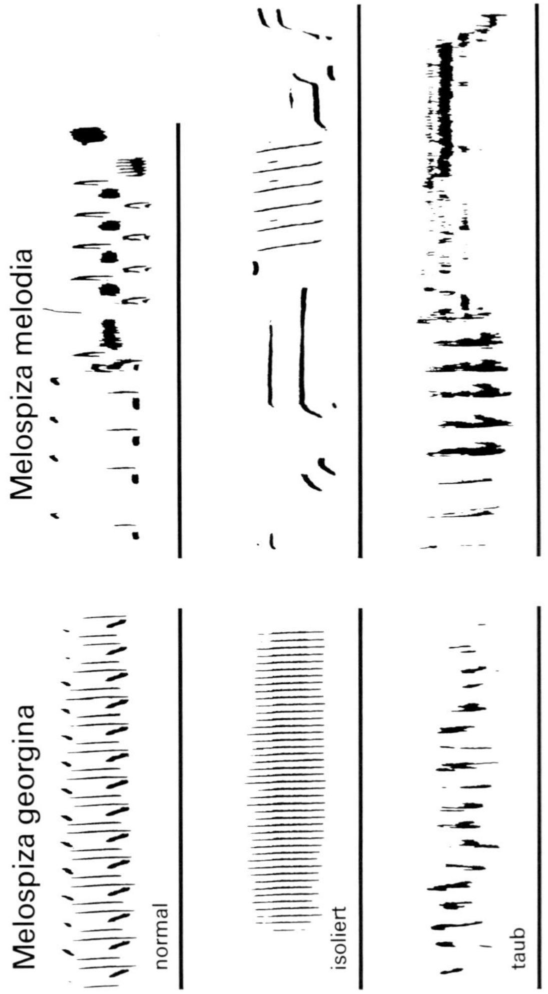

3.3 Die Entwicklung der Gesänge von *Melospiza georgina* und *M. melodia* bei sozialer Isolation und bei künstlicher Ertaubung. Oben jeweils der normale Gesang, darunter der von Vögeln, die in sozialer Isolation aufwuchsen. Zuunterst die Gesänge, die von tauben Vögeln entwickelt wurden. Aufzeichnungen von P. Marler den. Von diesen Abnormalitäten abgesehen, entwickeln sich jedoch artspezifische Besonderheiten, die dem normalen jeweiligen Artgesang entsprechen. Sie betreffen Unterschiede im Umfang des Gesangsrepertoires, Gesangsdauer, Grad der Segmentierung, Anzahl der Noten pro Gesang, Dauer der Noten und Notenintervalle sowie andere Merkmale der Gesangsorganisation (P. Marler und V. Sherman 1985). Selbst des Gehörsinnes beraubte Vögel entwickeln stark vereinfachte Gesänge, die noch arttypische Merkmale aufweisen (P. Marler und V. Sherman 1985). Die normalen Gesänge der beiden Arten unterscheiden sich unter anderem im Grad ihrer Gliederung. *M. georgina*-Gesänge bestehen aus einem einzigen Abschnitt, *M. melodia*-Gesänge sind dagegen in mehrere Abschnitte gegliedert. Dies ist auch bei den Gesängen der Fall, die taube Vögel entwickeln. Artspezifische Trends zeigten sich auch bezüglich der Länge der Gesänge und ihres Frequenzspektrums (Abb. 3.3). Bemerkenswert ist ferner, daß die tauben Vögel überhaupt singen, da dies eine offensichtlich dem Singen zugrunde liegende angeborene Motivation belegt. Vergleicht man schließlich innerhalb einer Art *(M. georgina)* die sehr verschiedenen Dialekte verschiedener Gebiete, dann stellt man eine artspezifische Uniformität der Notenstruktur fest (P. Marler und R. Pickert 1984).

Beim Gimpel besteht das »Lernrezept« darin, daß die Jungen nur ihren Vater nachahmen. J. Nicolai (1959) ließ einmal ein Gimpelmännchen von Kanarienvögeln aufziehen. Jenes sang danach wie ein Kanarienvogel und gab das auch an seine Jungen, und diese an die Enkel weiter. Die Witwenvögel *(Viduinae)*, die Brutparasiten der Prachtfinken *(Estrildidae)* sind, haben einen angeborenen Reviergesang und einen erlernten Werbegesang, den sie ihrem Wirt abhören. Sie ahmen ihn so täuschend nach, daß man Nachahmer und Vorbild nicht unterscheiden kann (J. Nicolai 1964; Abb. 3.4).

Die Totenkopfäffchen *(Saimiri sciureus)* verfügen über 26 verschiedene Rufe, die man nach ihren physikalischen Merkmalen in 5 Klassen gruppieren kann. Diesen Klassen kann man bestimmte Funktionen zuordnen (S. 153). Bei den Lautäußerungen handelt es sich offenbar um Erbkoordinationen. Totenkopfäffchen, die von tauben Müttern aufgezogen wurden, entwickelten das gleiche Repertoire von Rufen wie Jungtiere, die von normalen Müttern aufzogen wurden. Um die Laute zu erzeugen, bedarf es ferner keiner Rückmeldungen über das Gehör. D. Ploog und seinen Mitarbeitern gelang es, alle diese Lautäußerungen auch durch elektrische Hirnreizung auszulösen. Die Genannten entdeckten ferner zwei offenbar genetisch fundierte Dialekte, was einer Verhaltensgenetik an Primaten einen neuen Weg eröffnet (D. Ploog und Mitarbeiter 1975, D. Ploog und M. Maurus 1973).

Da ein Verhalten im allgemeinen aus Teilakten zusammengesetzt ist,

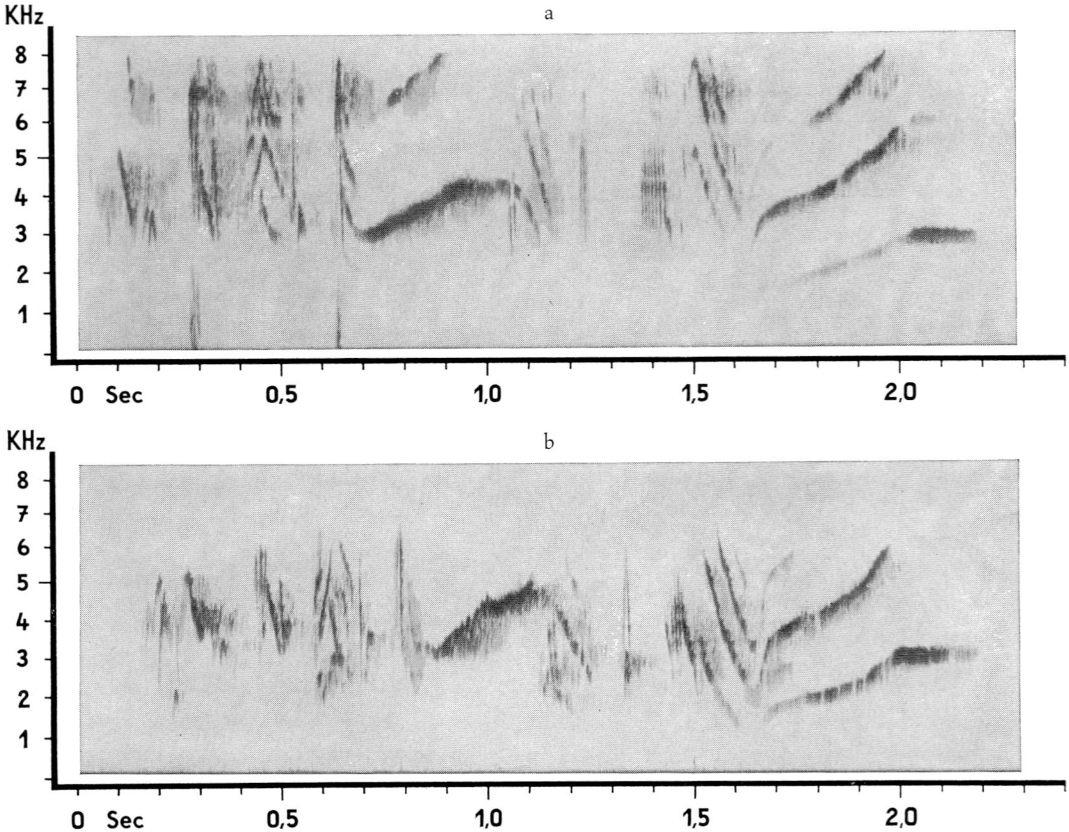

3.4 a) Begrüßungsstrophe eines Weibchens des Granatastrilds *(Granatina granatina)*; b) Nachahmung dieser Strophe durch ein Männchen der Königswitwe *(Tetraenura regia)*. Aus J. NICOLAI (1964)

die man ihrerseits meist wiederum in einfachere funktionelle Einheiten zerlegen kann (S. 296), muß man stets genau definieren, auf welchem Integrationsniveau man arbeitet. Es könnte ja vorkommen, daß einem Tier als phylogenetische Anpassung ein Lernmechanismus gegeben ist, mit dessen Hilfe es etwa das koordinierte Zusammenspiel zweier Antagonisten lernt, dann aber diese gelernten Einheiten nach ererbtem Rezept, ohne weiteres Lernen, zu höheren funktionellen Einheiten zusammenfügt. In einem solchen Falle wäre das Verhalten des höheren Integrationsniveaus als phylogenetische Anpassung (Erbkoordination) zu deuten, während die Elemente, aus denen es sich aufbaut, Erwerbkoordinationen wären. Lernvorgänge können theoretisch durchaus zur Entschlüsselung phylogenetisch gewonnener und im Erbgut bewahrter Information dienen, nur gibt es für diesen hier konstruierten Fall bisher keine Beispiele.

Die Leistung und die Leistungsbeschränkungen des Versuches mit Erfahrungsentzug hat K. LORENZ (1961) in einige Regeln zusammengefaßt, die wir ergänzt und verkürzt wiedergeben:

1. Da der Versuch nach der Herkunft der Angepaßtheit eines Verhaltens fragt, ist die Voraussetzung jedes solchen Experimentes, daß man weiß, welche *arterhaltende Leistung* eine Verhaltensweise vollbringt. Das erfordert genaue Kenntnis der Biologie des Versuchstieres.
2. Die Versuche müssen stets so aufgebaut werden, daß nur die in Frage stehende Passung gestört wird (I. EIBL-EIBESFELDT und W. WICKLER 1962). Will man wissen, ob eine bestimmte Gesangsstrophe eines Vogels in ihrer Gesamtheit angeboren ist, darf man ihm nur das Hören eben dieser Sprache vorenthalten. Wer die Fähigkeit eines Organismus, optische Reize oder Reizkonfigurationen zu beantworten, untersucht, tut gut daran, das Tier nicht gleich radikal im Dauerdunkel aufzuziehen, denn das kann zu Netzhautatrophie (A. H. RIESEN 1960) und zur Störung aller visuellen Reaktionen führen. Dem von R. HINDE (1966) vorgebrachten Argument, man könne ein Tier nie völlig erfahrungslos aufziehen, ist also entgegenzuhalten, daß solch ein Versuch auch völlig verfehlt wäre. Man muß niveauadäquat fragen. Man muß wissen, daß es nicht nur verschiedene Integrationsstufen des Verhaltens, sondern ebenso viele der Passung gibt und daß sich in der Ontogenese sehr viele Einflüsse auf das spätere Verhalten auswirken können. Ratten, die man in den ersten zehn Lebenstagen mechanischen, elektrischen und Kältereizen aussetzte, zeigten später nicht nur eine höhere Widerstandsfähigkeit gegen Hunger und Kälte, sondern sie lernten auch schneller (J. P. SCOTT 1962). Oft sind in diesem Zusammenhang die Fragestellungen viel zu weit und allgemein gefaßt. So hat B. RIESS (1954) danach gefragt, ob das Nestbauverhalten der Ratte in seiner Gesamtheit angeboren oder erlernt ist. Es empfiehlt sich, bei einem so komplizierten Verhaltensmuster auf einem etwas niedrigeren Integrationsniveau zu arbeiten.
3. Der Isolierungsversuch informiert uns nur darüber, was nicht gelernt zu werden braucht. Obgleich wir, wie in der zweiten Regel ausgeführt, stets bestrebt sein sollen, nur die in Frage stehende Passung zu stören, läßt sich doch oft nicht ganz vermeiden, daß das Tier durch die künstliche Aufzucht in seinem Gesamtbefinden gestört wird. Wir wissen, daß spontan auftretende Erbkoordinationen leicht an Intensität verlieren, vielleicht weil die endogene Erregungsproduktion (S. 117) gestört ist. Das äußert sich in einer Schwellenerhöhung der sie auslösenden Reize. Ferner verlieren angeborene Auslösemechanismen (S. 121) oft an Selektivität, und es fallen schließlich oft soziale Hemmungen weg. Als Beispiel für solche Störungen führt K. LORENZ an, daß seine handaufgezo-

genen Neuntöter zwar die Bewegung des Beuteaufspießens ausführten, jedoch erst lernen mußten, diese auf Dornen hin auszurichten. Er führte das als Paradebeispiel einer Instinkt-Dressur-Verschränkung an, bis G. KRAMER nachwies, daß mit besserer Kost aufgezogene Neuntöter angeborenermaßen Dornen anzielten. Das haben Versuche von K. LORENZ und U. v. SAINT PAUL (1968) auch bestätigt.

4. In der Prüfsituation ist zu beachten, daß man dem Prüfling auch alle jene auslösenden Reize bietet, die das Verhalten normalerweise auslösen. Das hat z. B. B. RIESS (1954) übersehen, der unerfahrene Ratten zur Prüfung des Nestbauverhaltens in eine ihnen fremde Prüfkiste setzte, von deren Wänden Papierstreifen herabhingen, Die Ratten, die bis dahin isoliert in Gitterkäfigen ohne Nestmaterial und nur mit Pulverfutter aufgewachsen waren, zogen wohl die Papierstreifen herunter, bauten aber nicht, sondern verstreuten sie. RIESS schloß aus ihrem Verhalten, daß sie das Nestbauen erst durch Umgang mit festen Gegen-

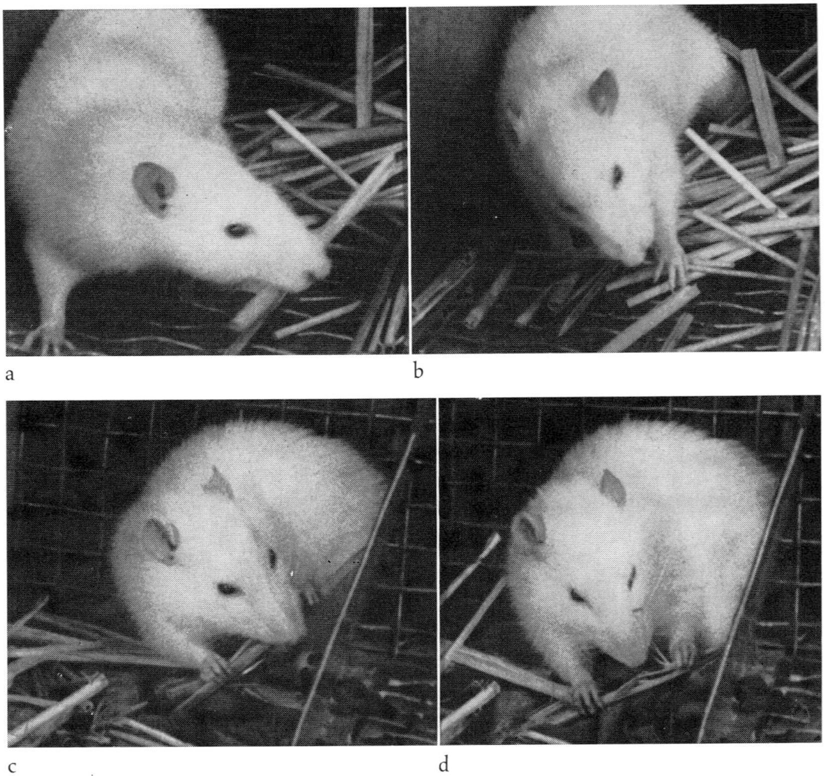

a b c d

3.5 Nestbauen eines unerfahrenen Rattenweibchens: a) Zurücklegebewegung; b) Einholen; c) und d) Zerspleißen. Aus dem wiss. Film B 757. I. EIBL-EIBESFELDT (1958 b)

3.6 Nestbauen unerfahrener Rattenweibchen mit Kreppapierstreifen: a) zieht Material aus der Raufe; b) Zurücklegen beim Nestbau. Aus Film B 757; c) und d) jeweils erstes Schlafnest unerfahrener Rattenweibchen: c) aus zerfasertem Stroh; d) aus Kreppapierstreifen. Foto: I. Eibl-Eibesfeldt (1958 b)

ständen lernten. Sie würden erfahren, daß zufällig zusammengetragenes Material vor Kälte schützt, und auf Grund dieser Erfahrung dann bauen. Er übersieht dabei, daß selbst erfahrene Ratten in fremder Umgebung zunächst nicht bauen, sondern erkunden. Ratten, die ich (1963) nach der Riessschen Versuchsanordnung aufzog, aber in ihrem vertrauten Aufzuchtkäfig prüfte, bauten in ihrer Schlafecke und zeigten dabei alle arttypischen Nestbaubewegungen (Abb. 3.5 und 3.6). Die Ratte muß demnach nur einen Nestplatz kennen, damit sie auch gerichtet eintragen kann. Das hat eine Untersuchung von F. Wehmer (1965) bestätigt.

Daß selbst geschickten und erfahrenen Experimentatoren solche Fehler unterlaufen, beweist eine Arbeit von D. Lehrman (1955), der auf Grund seiner Versuche zu dem Schluß kam, daß Lachtauben ihre Jungen nicht angeborenermaßen erkennen und füttern, sondern dies erst lernen. Sie würden zunächst rein zufällig zu dem geschlüpften Jungen herabschauen, das sich unter ihnen bewegt und den Kopf der Altvögel berührt. Da der Kropf durch die unter dem Prolaktineinfluß sezernierte Kropfmilch geschwollen und sehr sensibel ist, wird der Würgereflex des

Altvogels sogleich ausgelöst, wenn der Schnabel des Jungen in den Rachen des Altvogels kommt. Da dadurch die irritierende Kropfspannung beseitigt wird, lernen die Altvögel schnell diese Fütterungsmethode und suchen auch aktiv ihre Jungen auf. Die Experimente scheinen das zu bestätigen: Von 12 erfahrenen Tauben, denen LEHRMAN Prolaktin injizierte, fütterten 10 die ihnen angebotenen 7 Tage alten Jungen. Dagegen fütterte von 12 unerfahrenen, gleicherweise behandelten Tauben keine ein vorgesetztes Junges dieses Alters. Nun sind 7 Tage alte Junge bereits recht groß und zum Unterschied von den frisch geschlüpften auch stark befiedert. E. KLINGHAMMER und E. HESS (1964) vermuteten in diesem Punkt einen Fehler in der Versuchsanordnung. Wenn man prüfen will, ob das Jungeerkennen und Jungefüttern angeboren ist, dann muß man zufolge ihrer Überlegung den unerfahrenen Altvögeln neugeschlüpfte Junge anbieten, denn wenn überhaupt, ist zu erwarten, daß ihr Verhalten an die Eigenschaften des Frischgeschlüpften angepaßt ist. KLINGHAMMER und HESS unterschoben brütenden erfahrenen und unerfahrenen Lachtauben frisch geschlüpfte Taubenjunge. Alle fütterten die Jungen, selbst unerfahrene Tauben, bei denen die Kropfmilchsekretion noch nicht begonnen hatte. Sie fütterten die Jungen mit einer klaren Flüssigkeit. Damit ist bewiesen, daß Tauben frisch geschlüpfte Junge angeborenermaßen erkennen und füttern, und LEHRMANS Aussage ist dahingehend einzuschränken, daß nur erfahrene Tauben auch 7tägige Jungtauben als Junge erkennen.

5. Angesichts der Tatsache, daß man verschiedentlich an einer Art erarbeitete Resultate an anderen Arten nachprüfte, betont K. LORENZ die an sich fast selbstverständliche Regel, daß Übereinstimmungen von Ergebnissen, die erbgebundene Verhaltensweisen betreffen, nur bei Verwendung erbgleicher Tierstämme erwartet werden können.

Beachtet man diese Regeln, dann ist die Aufzucht unter Erfahrungsentzug der geeignete Weg, phylogenetische Anpassungen im Verhalten nachzuweisen. Für phylogenetisch (stammesgeschichtlich) angepaßt setzen wir oft das kürzere Wort angeboren oder instinktiv, und zwar auch dann, wenn das Verhalten erst im Laufe der Jugendentwicklung heranreift (S. 355). Genaugenommen ist natürlich nicht ein bestimmtes Verhalten angeboren, sondern das Entwicklungsrezept. Merkmale werden ja nicht vererbt, sondern innerhalb ererbter Variationsbreiten entwickelt. Mithin beschreibt der Begriff »angeboren« den Umstand, daß sich die einem Verhalten zugrunde liegenden neuronalen Strukturen in ihrer spezifischen Schaltung untereinander und mit den Empfangs- und Erfolgsorganen in einem Prozeß der Selbstdifferenzierung aufgrund der im Erbgut festgelegten Anweisungen entwickeln. Vielfach wurde von Kritikern der Verhaltensforschung geäußert, der Begriff »angeboren« wäre nur negativ als

»nicht erlernt« definiert (D. O. HEBB 1953, R. HINDE 1966). Nach unseren Ausführungen dürfte es klar sein, daß wir den Begriff nach der Herkunft der Angepaßtheit bestimmen. Auch sei noch einmal betont, daß Ethologen mit der Aussage, ein Verhalten brauche für seine Entwicklung bestimmte Erfahrungen nicht, keineswegs implizieren, daß gar keine benötigt würden. Gelegentlich äußern sich Autoren so, als hätten Ethologen dies behauptet (J. P. KRUIJT 1971).

Daß Angepaßtheit eines Verhaltens auf verschiedene Weise zustande kommen kann, daß also Erbe und Umwelt in der Verhaltensontogenese eine Rolle spielen, wird heute kaum noch ernsthaft bestritten. Allerdings taucht das »Vorläufer«-Argument (»behavioral precursors«) gelegentlich noch auf, und zwar selbst in Schriften von Biologen. Der Nature-Nurture-Streit wird dabei als ein Scheinproblem, als überholt (»dead issue«) abgetan, weil eben beides eine Rolle spiele, man aber den jeweiligen Beitrag des einen oder anderen angeblich nicht voneinander trennen könne (J. P. HAILMAN 1967, G. GOTTLIEB 1976, Diskussionsbeiträge zu I. EIBL-EIBESFELDT 1979 und G. P. BAERENDS 1984).

Dabei wird, wie gesagt, übersehen, daß sich die Aussage, etwas sei stammesgeschichtlich angepaßt, immer nur auf eine bestimmte Ebene der Passung bezieht und man dem Tier im Experiment sehr wohl relevante, d. h. die Passung betreffende Information im Versuch vorenthalten kann (S. 121). Läßt man Hühnerküken fallen, dann schlagen sie mit den Flügeln. Bereits Eintägige tun das. Die Flügelschlagfrequenz nimmt in den ersten Lebenstagen rasch zu. Es handelt sich dabei um Reifungsprozesse des zentralen Fluggenerators; denn wenn man den Küken die Flügel unmittelbar nach dem Schlüpfen amputiert, dann bewegen sich die Flügelstummel während des Falles dennoch wie bei intakten Tieren, und zwar genau in der dem Alter und damit der Reifungsstufe entsprechenden Frequenz (R. R. PROVINE 1979).

Hausmäuse putzen sich, indem sie mit den Vorderbeinen von hinten nach vorne über den Kopf streichen, wobei sie zeitgerecht die Augen schließen und anschließend die Pfoten ablecken. Das Verhalten reift in den ersten drei Wochen. Amputiert man neugeborenen Mäusen die Vorderbeine, entwickeln sie dennoch diese Putzbewegungen, wie man an den Bewegungen der kurzen Oberarmstümpfe und der Schultermuskeln ablesen kann. Die Tiere schlossen im Experiment auch die Augen zu dem Zeitpunkt, an dem die Arme normalerweise über die Augen gestrichen hätten, und sie leckten zu dem Zeitpunkt ins Leere, zu dem sie ihre vor dem Gesicht gehaltenen Hände abgeleckt hätten (J. C. FENTRESS 1973, 1976). Hier läuft ganz offensichtlich ein Bewegungsprogramm ab, das seine spezifische Angepaßtheit der Stammesgeschichte verdankt. Die dem Bewegungskönnen zugrunde liegenden neuronalen Strukturen entwickeln sich gegen modifikatorische Einflüsse weitgehend abgesichert in einem Prozeß der Selbstdifferenzierung aufgrund der im Erbgut kodierten Anweisungen. Es bedarf hoffentlich nicht weiterer Experimente so radikaler Art, um dies noch weiter zu belegen.

Im übrigen hat kein Ethologe je behauptet, daß Umwelteinflüsse, insbesondere solche des inneren Milieus, oder Selbstreizungsprozesse in der Embryonalentwicklung keine Rolle spielen könnten. Schließlich wissen wir aus der von H. Spemann begründeten experimentellen Embryologie, daß von Geweben abgesonderte stoffliche Induktoren benachbarte Gewebeteile in spezifischer Weise zur Organbildung anregen. So veranlaßt der Augenbecher der Wirbeltiere Epidermismaterial zur Linsenbildung. Verpflanzt man den Augenbecher eines Molchembryos in die Bauchregion, dann wird selbst die dortige Epidermis zur Linsenbildung angeregt. Auf diese Weise wird eben genetisch verschlüsselte Information im Prozeß der Selbstdifferenzierung dekodiert. Und das gilt auch für die Embryologie stammesgeschichtlich angepaßten Verhaltens. Hier wie dort kann man durch bestimmte Einflüsse (Temperatur, chemische Einflüsse etc.) die durch den spezifischen genetischen Kode gegebenen Potenzen aktivieren, oft nur während bestimmter sensibler Perioden. So kann man bei Affen-, Mäuse- und Rattenweibchen eine dauernde Vermännlichung des Verhaltens feststellen (z. B. gesteigerte Aggressivität), wenn man während einer sensiblen Phase der Embryonal- bzw. Jugendentwicklung männliche Geschlechtshormone verabreicht (W. C. Young 1965, D. Edwards 1968, G. W. Harris 1964). Bei Ratten endet diese sensible Periode, in der eine Hormonbehandlung diesen gewissermaßen geschlechtsumkehrenden Einfluß ausübt, einen Tag nach der Geburt. Weibchen, die vor dieser Zeit mit Testosteron behandelt wurden, zeigen später selbst dann kein normales Sexualverhalten, wenn man sie kastriert und mit Östrogen- und Progesterongaben behandelt, die bei normalen Weibchen verläßlich Brunst induzieren. Die hormonalen Einflüsse in der sensiblen Phase fixieren also die männliche (und umgekehrt auch die weibliche) Rolle, und der spätere Einfluß der Sexualhormone besteht im wesentlichen in einer Aktivierung dann bereits vorgeformter sexueller Verhaltensmuster. Ob das zyklische weibliche Muster der Gonadotropinsekretion auftritt oder das azyklische männliche, hängt von der Gegenwart oder dem Fehlen androgener Hormone während einer sensitiven Periode der Entwicklung ab, die meist in der Zeit vor der Geburt liegt. Androgeneinfluß während dieser Zeit führt bei weiblichen Ratten zu einer permanenten Unterdrückung der zyklischen Hormonausschüttung. Umgekehrt kann man bei männlichen Ratten zyklische Gonadotropinsekretion induzieren, wenn man die Tiere bereits im Mutterleib und unmittelbar nach der Geburt mit Antiandrogenen behandelt (F. Neumann und H. Steinbeck 1972).

Alle, denen das Verständnis dieser Zusammenhänge Schwierigkeiten bereitet, seien auf die Ergebnisse der Entwicklungsphysiologie hingewiesen. In diesem Zusammenhang verdienen ferner die Untersuchungen von R. W. SPERRY (S. 356) Aufmerksamkeit, da sie die strenge Determiniertheit der Prozesse des Nervenwachstums belegen. Im Selbstdifferenzierungsprozeß der Embryonalentwicklung finden die Nerven, chemisch geleitet, ihre Endorgane, auch wenn man diese experimentell verpflanzt, und zwar aufgrund vorgegebener Programme. D. LEHRMAN, der 1953 in seiner Kritik der Thesen von LORENZ die Nature-Nurture-Diskussion wiedererweckt hatte, hat 1970 die Argumente von LORENZ akzeptiert. Er meinte jedoch: »Now, it may be comforting, in the sense that it gives us the feeling that we have increased our understanding of the problem, to say that a behaviour pattern (or a structure) is innate if it is ›blueprinted in the genome‹ or, in a more modern vernacular, ›encoded in the DNA‹. There are, of course, contexts in which such expressions are meaningful, but I believe that the comfort and satisfaction gained from disposing of the problem of ontogenetic development by the use of such concepts are misleading, and are based upon the evasion or dismissal of the most difficult and interesting problems of development« (S. 34).

Dieser Versuch, die Bedeutung eines Grundbegriffes der Ethologie abzuwerten, ist nicht weiter ernst zu nehmen, denn die Biologen haben die Wichtigkeit genauer Ontogenesestudien ja oft genug betont. Sie betrachten allerdings die Feststellung der Herkunft einer Angepaßtheit als einen ersten und wichtigen Schritt in die Richtung einer solchen Analyse.

Im englischen Schrifttum wurde der Begriff Erbkoordination mit »Fixed Action Pattern« übersetzt, was eine Starrheit suggerieren könnte, die nicht gegeben ist. Die Bewegungen sind *formkonstant,* d. h. Zusammenspiel und Ablauffolge der an ihnen beteiligten Muskelaktionen erfolgen nach einem vorgegebenen zeitlichen Muster (S. 78). Eine Bewegung kann jedoch mit verschiedener Schnelligkeit und Intensität ablaufen. Formkonstanz ist also nicht mit Starrheit gleichzusetzen. Die deutsche Bezeichnung »Erbkoordination« ist viel treffender als die englische Bezeichnung*, da sie sich auf das entscheidende Kriterium bezieht, nämlich auf die Erblichkeit. Formkonstanz gilt ja auch für dressurmäßig eingeschliffene Bewegungsfolgen.

G. P. BAERENDS wendet sich ebenfalls gegen die Verwendung des Begriffs »Fixed Action Pattern«, mit dem schon diskutierten und widerlegten Argument, man könne beides nie voneinander unterscheiden. Er meint außerdem, daß man ja auch bei anatomischen Strukturen deren Angeborensein nicht durch ein entsprechendes Eigenschaftswort hervorhebe (man

---

* Die richtige Übersetzung lautet: inherited movement coordination.

spräche nicht von einer »fixed anatomical structure«). Warum also beim Verhalten? Die Antwort darauf ist, weil man beim Verhalten doch zwei Quellen der Angepaßtheit deutlich unterscheiden kann. Morphologische Strukturen dagegen können zwar durch modifikatorische Einflüsse kräftiger oder weniger stark entwickelt werden, daß aber einer individuell einen neuen Muskel, neue Drüsen, einen neuen Zelltyp oder gar einen neuen Organisationsplan aufgrund von Umwelteinflüssen erwirbt, kommt eben nicht vor, sieht man von den künstlichen Organen des Menschen ab. Wo also im wesentlichen nichts Neues »gelernt« wird, braucht man keine Unterscheidung vornehmen. Um Mißdeutungen im Englischen zu vermeiden, schlug G. Barlow (1977) den Begriff »Modal Action Pattern« (modaler Bewegungsablauf) vor (abgeleitet von modal = die Art und Weise betreffend). Durch den Begriff sollte nur die Tatsache hervorgehoben werden, daß es sich um in ihrem normalen Ablauf wiedererkennbare Einheiten handelt. Damit wird aber der entscheidende Unterschied zu erworbenen Bewegungsmustern verwischt.

3.3 Physiologische Eigentümlichkeiten der Erbkoordination

Lange Zeit beherrschte das klassische Reflexkonzept unsere Vorstellungen von der Natur eines Bewegungsablaufes: Ihm zufolge ist jedes Verhalten eine Antwort auf äußere oder innere Sinnesreize. Ein zentripetal leitender (afferenter) Nerv empfängt mit seinen Endorganen einen Reiz und leitet diesen zum Zentralnervensystem. Dort wird die Erregung oft durch Vermittlung eingeschalteter Zwischenneuronen (Schaltzellen) auf ein effektorisches Neuron übertragen, das über zentrifugale Bahnen seinerseits einen Effektor (Muskel, Drüse) erregt und damit aktiviert. Den bei der Erregung durchlaufenen Weg bezeichnet man als Reflexbogen und den Vorgang als Reflex. Bei den monosynaptischen oder Muskeleigenreflexen der Säuger soll die Erregungswelle direkt vom sensiblen aufs motorische Neuron übertragen werden. Die Erregungen aktivieren denselben Muskel, von dessen Propriozeptoren sie ausgelöst wurden. Die Fremdreflexe dagegen laufen über verschiedene Zwischenneuronen, und die Erregung vieler Rezeptoren kann ein Erfolgsorgan aktivieren, wie auch umgekehrt die Erregung weniger Rezeptoren viele Erfolgsorgane in Tätigkeit setzen kann.

Kompliziertere Bewegungen sind der Reflextheorie zufolge Kettenreflexe, wobei ein Reflex den Reiz für die Auslösung des nächsten setzt. Die

Auslösung eines Reflexes kann andere hemmen oder fördern. Für jeden Reflexbogen gibt es erblich festgelegte »unbedingte« auslösende Reize (unbedingte Reflexe). Durch Lernvorgänge können neue Reize zu auslösenden werden (bedingte Reize, S. 419), oder auf einen gegebenen Reiz kann eine neue Reaktionsfolge ausgebildet werden (bedingte Reaktionen). Diese Vorgänge der Reiz- und Reaktionsauswahl treten häufig kombiniert auf, und die erworbenen neuen Reaktionsfolgen nennt man bedingte Reflexe. Die Beteiligung solcher Reflexvorgänge am Aufbau des Verhaltens ist ganz unbestreitbar. Daß aber jede Bewegung das Ergebnis eines afferenten Impulses ist, trifft nicht zu. Bereits GRAHAM BROWN (1911, 1912) stellte die Theorie auf, daß der Vierfüßlergang ein zentraler Automatismus sei, nachdem er entdeckt hatte, daß zwei völlig desafferentierte antagonistische Beinmuskeln einer Katze sich rhythmisch bewegten. E. v. HOLST (1935, 1936) wies dann in einer Reihe von Versuchen nach, daß eine angeborene Bewegungsfolge auch rein zentral, ohne Mithilfe von Afferenzen koordiniert werden kann.

Nach der klassischen Reflextheorie kommt die geordnete Schlängelbewegung eines Aales durch die Mithilfe innerer Sinnesorgane (Propriozeptoren) zustande. Die Kontraktion eines Muskelsegmentes soll über diese Propriozeptoren die Kontraktion des nächsten Segmentes auslösen. Stimmt das, dann dürfte ein Aal, dessen Zentralnervensystem keine Meldungen aus der Peripherie erhält, nicht mehr schlängeln können. Das trifft aber, wie die Versuche E. v. HOLSTS zeigen, nicht zu. Trennt man bei einem Aal durch Einstich hinter dem Kopf Hirn und Rückenmark voneinander, dann erhält man ein Rückenmarkspräparat, das man durch künstliche Beatmung eine Weile am Leben erhalten kann. Auch wenn man bei einem solchen Präparat alle dorsalen Nervenwurzeln des Rückenmarks, über die allein Meldungen von den Sinnesorganen dem Rückenmark zugeführt werden, durchschneidet, schlängelt der Aal nach Abklingen des Operationsschocks wohlgeordnet. Auch eine rein mechanische Übertragung der Bewegungswelle ist ausgeschlossen. Legt man das mittlere Körperdrittel des desafferentierten Aales mechanisch fest, so daß es sich nicht mehr bewegen kann, so erscheint dennoch eine über das Vorderdrittel laufende Bewegungswelle genau nach der Zeit, die sie zum Durchlaufen des mittleren Teiles gebraucht hätte, wenn sich dieser hätte mitbewegen können, auf dem hinteren Körperdrittel.

Die Experimente beweisen einmal, daß eine offenbar endogene Erregungsproduktion des Zentralnervensystems vorliegt, ein Motor der Bewegung, der nicht von außen angestoßen zu werden braucht, und zweitens, daß diese zentralen Impulse auch zentral koordiniert werden.

VON HOLSTS Versuche waren wegweisend, und sie führten zu einem Umdenken über die Funktionsweise des Zentralnervensystems. Schon

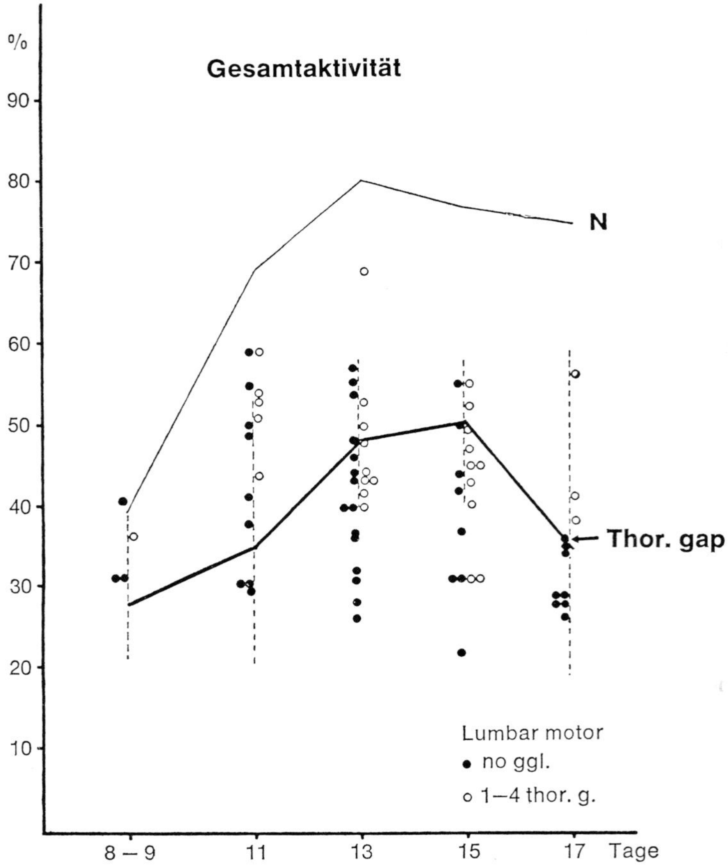

3.7 Aktivität während der Standardbeobachtungszeit von 15 Minuten. N: normale Embryonen. Thor. gap: Embryonen mit thorakaler Rückenmarkstrennung (Kontrollen). Punktiert: Variationsbreite dieser Kontrollen. Schwarze Punkte: Embryonen, bei denen die nachfolgende zytologische Kontrolle die völlige Abwesenheit von Spinalganglien in der Lendenregion belegte. Kreise: Embryonen mit mehreren kleinen Ganglien in der Rumpfregion, die nicht die Extremität innervieren. Aus V. Hamburger, R. E. Wenger und R. Oppenheim (1966)

vorher gab es zur Spontaneität vereinzelte Befunde. E. Adrian und F. Buytendijk (1931) leiteten aus dem isolierten medullären Atemzentrum des Goldfisches rhythmische Impulssalven ab, die der Kiemendeckelfrequenz entsprachen. Folglich dürfte der Atembewegung (Kiemendeckelbewegung) eine zentrale Automatie zugrunde liegen. Beim intakten Tier wird sie natürlich durch Außenreize moduliert. Pflanzt man Axolotln ein Stück embryonales Rückenmark und eine Beinanlage ein, dann wird dieses »Gast«-Bein im Laufe der Entwicklung vom eingepflanzten Rückenmark

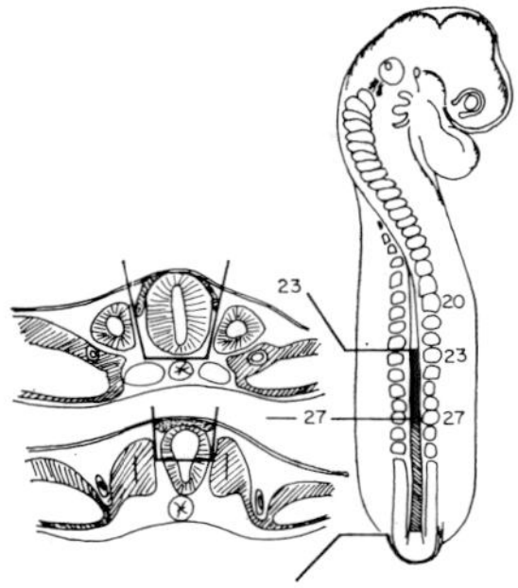

3.8 Schema der Operation: 2 Tage alter Embryo. Totalexstirpation des Neuralrohres in der Rumpfregion und Exstirpation der dorsalen Hälfte, einschließlich Neuralleiste, in der Lumbalregion. Aus V. HAMBURGER, R. E. WENGER und R. OPPENHEIM (1966)

innerviert, wobei die motorischen Nerven schneller heranwachsen als die sensiblen, die also das Bein erst später erreichen. Sobald die motorische, efferente Verbindung fertig ist, beginnt sich das Bein zu bewegen. Es macht zwar keine koordinierte Schreitbewegung, doch ist in der unregelmäßigen Bewegung eine einfache Form der Koordination, der Wechsel von Agonist und Antagonist, zu erkennen (P. WEISS 1941 a).

Bereits H. C. TRACY (1926) wies schließlich darauf hin, daß der Austernfisch *(Opsanus tau)* unmittelbar nach dem Schlüpfen wohlkoordiniert schwimmt, obgleich seine Reflexbögen zu diesem Zeitpunkt noch nicht geschlossen sind, ein sensorischer Input daher unmöglich ist.

Hühnerembryonen bewegen ihre Hinterbeine selbst dann noch spontan und rhythmisch, wenn man radikal durch Abtragung der gesamten Dorsalhälfte des Rückenmarks alle sensiblen Ganglien völlig ausschaltet und jeden Hirneinfluß durch Herausnahme eines ganzen Rückenmarksstückes ausschaltet (Abb. 3.7–3.9; V. HAMBURGER und Mitarbeiter 1966). Es handelt sich zunächst um unregelmäßige Zuckungen und Kontraktionen des Körpers und der Extremitäten. Innerhalb der Gliedmaßen sind die Muskelkontraktionen allerdings bereits koordiniert (A. BEKOFF 1976). Erst später kommt es zur Koordination der Bewegungen beider Beine und beider Flügel. Zum Zeitpunkt des Schlüpfens ist die Koordination zwischen Beinpaaren und zwischen Flügelpaaren hergestellt. Die unregelmäßigen Bewegungen des Körpers nehmen in den ersten 14 Bruttagen zu, danach wieder ab. Man nimmt an, daß diese Spontanbewegungen die Entwicklung der Gelenke und Muskeln fördern.

Die Tatsache, daß der Austernfisch koordiniert schwimmt, noch bevor seine Reflexbögen geschlossen sind, und daß der völlig desafferentierte Rückenmarksaal wohlgeordnet schlängelt, beweist außer der zentralnervösen Automatie auch eine afferenzunabhängige zentralnervöse Koordination. E. v. HOLST (1935, 1936) erklärt sie mit der Annahme, daß im Zentralnervensystem automatische Zellgruppen tätig seien, die ihre Impulse zur Muskulatur senden, wenn sie nicht durch andere hemmende Einflüsse davon abgehalten werden. Diese automatischen Zellgruppen be-

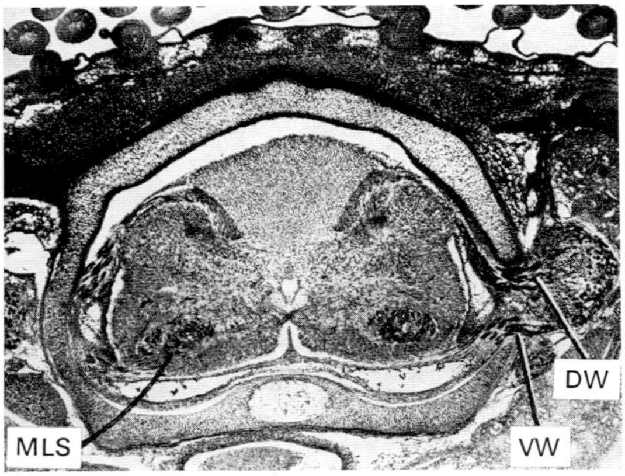

a

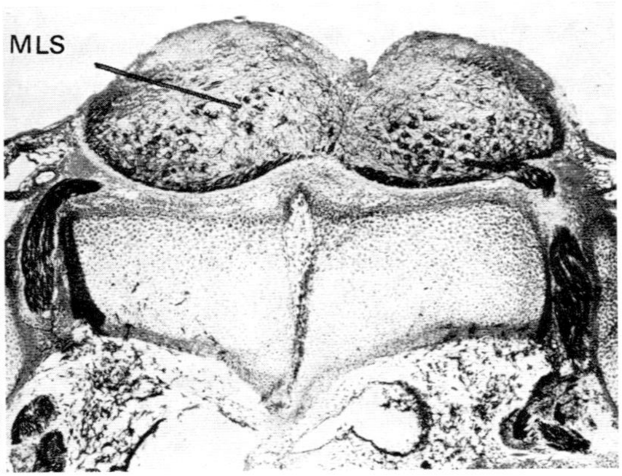

b

3.9 Fotoserie:
a) Kontrolle. Querschnitt durch lumbales Rückenmark eines 12tägigen Embryo.
b, c) Die Fotos der operierten Embryonen stammen von 11–17tägigen Embryonen.
Aus V. HAMBURGER, R. E. WENGER und R. OPPENHEIM (1966)

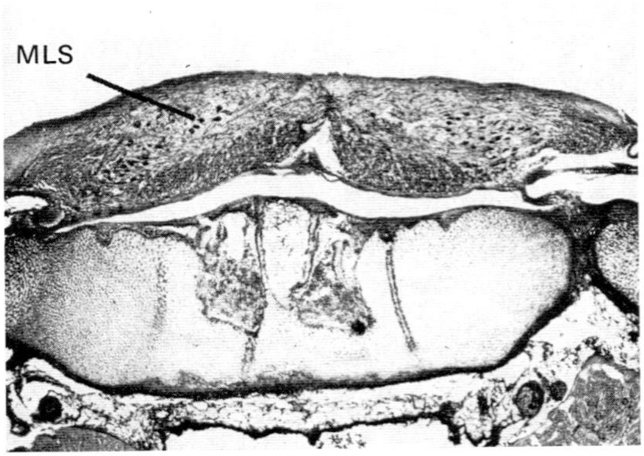

c

Zeichenerklärung:
DW = dorsale Wurzel   MLS = motorischer Lateralstrang   VW = ventrale Wurzel

einflussen sich gegenseitig, was zu bestimmten Bewegungskoordinationen führt. Die Art und Weise dieser gegenseitigen Beeinflussung zeigte v. HOLST an Fischen, die nicht mit dem ganzen Körper schlängeln, sondern mit rhythmischen Flossenbewegungen schwimmen. Er durchtrennte die Medulla dieser Fische und beatmete sie künstlich; die Flossen verband er mit Schreibhebeln (Abb. 3.10). Nach Abklingen des Operationsschocks begannen die Flossen, rhythmisch zu schlagen. Schlug nur eine, dann ergab dies eine regelmäßige Sinuskurve, schlugen mehrere, dann war diese mehr oder weniger abgewandelt, was eine gegenseitige Beeinflussung der Rhythmen beweist. Dieser Einfluß muß ein zentraler sein, denn die passive Bewegung einer ruhenden Flosse beeinflußte den Schwingungsrhythmus einer anderen Flosse nicht.

Die Flossenrhythmen können einander etwa gleich stark beeinflussen. Sehr oft behält jedoch eine Flosse (oder ein Flossenpaar) ihren konstanten

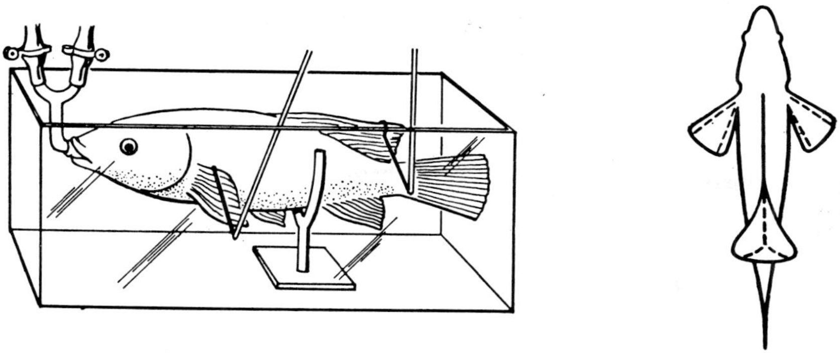

3.10 Die Versuchsanordnung E. v. HOLSTS: Der spinale Lippfisch wird künstlich beatmet. Seine Flossen sind mit Schreibhebeln verbunden. Nach E. v. HOLST (1939)

Rhythmus bei, während die andere Flossenbewegung sich rhythmisch ändert. In diesen Fällen beherrscht ein dominanter, unabhängiger Rhythmus einen abhängigen. Der Einfluß des dominanten Rhythmus auf den abhängigen kann aus den Kurvenbildern abgelesen werden (Abb. 3.11 und 3.12). Jede Flosse hat die Tendenz, ihren eigenen Rhythmus zu erhalten, aber der dominante zwingt dem abhängigen seinen Rhythmus auf. Wenn der abhängige Rhythmus zu schnell läuft, dann wird er gebremst, und hinkt er hinterher, dann wird er beschleunigt. Ist der dominante Rhythmus stark genug, dann zwingt er dem abhängigen seinen Rhythmus vollständig auf *(absolute Koordination).* Gelingt ihm das nicht ganz, dann wechselt die Phasenbeziehung der Rhythmen periodisch in gesetzmäßiger Weise *(relative Koordination).* Ein alltäglicher Vorgang ist geeignet, letzteres zu beschreiben. Gehen wir mit unserer kleinen Tochter, versucht sie, mit uns Schritt zu halten. Allmählich aber kommt sie aus dem Takt, und die Phasendifferenz wird größer und größer, bis das Kind sie durch einen kleinen Sprung korrigiert und wieder in Phase ist. Die Anziehungskraft, die zwei Rhythmen aufeinander ausüben, bezeichnet v. HOLST als »Magnetwirkung« oder »Magneteffekt«. Bei der *Superposition* schließlich überlagert der dominante Rhythmus den abhängigen in arithmetischer Weise. Wann immer die abhängige Flosse in der gleichen Richtung schlägt wie die dominante, wird ihre Amplitude größer, und das Gegenteil findet statt, wenn die Bewegungen gegensinnig verlaufen. Auch auf diese Weise kann dem abhängigen Rhythmus derjenige des unabhängigen aufgezwungen und damit eine absolute Koordination erzielt werden. Reine Magnetwirkung oder reine Superposition sind seltener als Mischformen.

In den Versuchen v. HOLSTS war der Brustflossenrhythmus stets dominant über den Rhythmus der Rücken- und Afterflosse. Deren unbeeinflußter Rhythmus kam zum Vorschein, wenn das Präparat aus dem Ope-

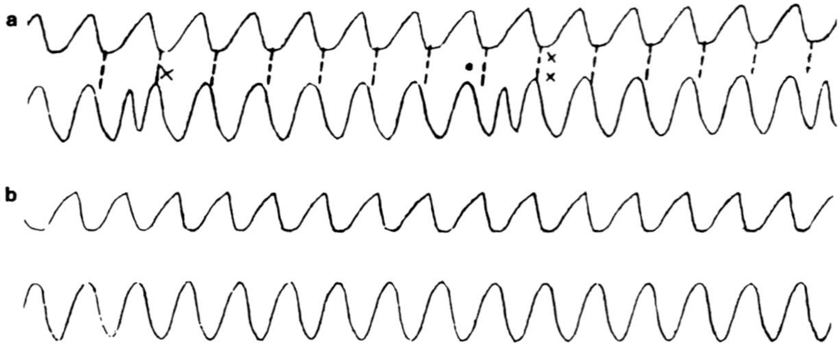

3.11 Beispiel für relative Koordination (a), die nach kurzer Zeit in absolute Koordination (b) übergeht. Der dominante Rhythmus ist der Brustflossenrhythmus, der abhängige der Rückenflossenrhythmus. Aus E. v. Holst 1937, Ausgabe Piper 1969

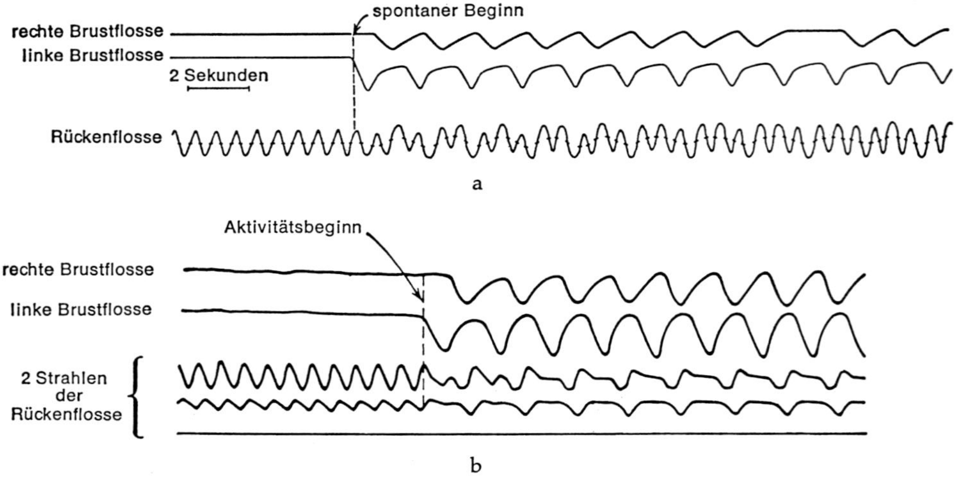

3.12 Kurvenbilder mechanisch registrierter Flossenbewegungen eines Rückenmarks-Lippfisches, Überlagerung und Magneteffekt zeigend: a) Beim spontanen Einsetzen der Brustflossenrhythmen ändert sich der bisher regelmäßige Rhythmus der Rückenflosse. Das Niveau von deren zuerst gleichmäßiger Schwingung wird nach dem Einsetzen der beiden langsamen Brustflossenrhythmen so verändert, daß er in deren Takt periodisch auf- und abschwankt, wie das die eingezeichnete gestrichelte Kurve verdeutlicht. Fall einer rein zentralen Superposition; b) mit dem Einsetzen der Brustflossenaktivität (dominanter Rhythmus) wird der bis dahin schnellere Rhythmus der Rückenflossenstrahlen auf die Frequenz des Brustflossenrhythmus verlangsamt. Der Rückenflossenrhythmus erweist sich damit als der abhängige. Beispiel für starke Magnetwirkung. Nach E. v. Holst (1938)

rationsschock erwachte oder wenn es starb. Im ersten Falle erwachte es regelmäßig von hinten nach vorne und starb in umgekehrter Richtung ab, so daß der dominante Rhythmus zuerst erlosch.

Was für die sich gegenseitig beeinflussenden Automatismen verschiedener Flossen gilt, trifft auch für die Bewegung der einzelnen Flosse zu, die ja normalerweise nicht wie ein Brett schlägt. Vielmehr laufen Wellenbewegungen darüber, wobei jedem Strahl ein Automatismus zugeordnet ist. Diese Automatismen beeinflussen sich so, daß die einzelnen Strahlen in regelmäßigen Phasenabständen schlagen. Schon daraus läßt sich eine hierarchische Ordnung der Automatismen ersehen. Ein Automatismus zerfällt also in Untergruppen, die ihrerseits eine Magnetwirkung aufeinander ausüben, wobei die Koppelung auf diesem niedrigen Integrationsniveau im allgemeinen eine festere, absolute ist.

Theoretisch gibt es eine große Anzahl möglicher Wechselwirkungen zwischen verschiedenen Automatismen, die aber nicht unterschiedslos verwirklicht sind. Vielmehr fand v. HOLST verschiedene Stabilitätsgrade in der Phasenbeziehung verschiedener Automatismen, die mit der Einfachheit der wechselseitigen Frequenzbeziehung zunehmen. Die stabilste Ordnungsform ist die absolute Koordination 1:1, dann folgen 1 : 2, 1 : 3, 2 : 3 (bzw. 1 : 2 : 2, 1 : 2 : 3, 2 : 3 : 4 für drei Rhythmen). Für die Fortbewegung an Land ist die absolute Koordination sicherlich die zweckmäßigste. Der Anpassungscharakter der verschiedenen Formen relativer Koordination, die wir bei Wassertieren beobachten können, ist noch nicht klar.

In der stabilen Phasenbeziehung bilden die wechselwirkenden Automatismen eine transponierbare »Gestalt«, weil Wechsel in der Frequenz eines Automatismus die anderen so beeinflussen, daß die ursprüngliche Phasenbeziehung erhalten bleibt. Das gilt übrigens auch für stereotypisierte, gelernte Bewegungsabläufe. Auch wenn eine Person in verschiedenen Geschwindigkeiten schreibt, wird sie für jeden Buchstaben die relativ gleiche Geschwindigkeit einhalten, und das Schriftbild bleibt gleich, ob sie groß oder klein schreibt. Auch solche gelernten Bewegungen basieren auf Automatismen. Während jedoch bei einer Erbkoordination die Beziehung zwischen verschiedenen Automatismen genetisch vorbestimmt ist, wird bei erworbenen Koordinationen eine primär instabile Beziehung zwischen Automatismen fixiert. Die automatischen Gruppen werden gewissermaßen, vom Erfolg geführt, in neue Muster gezwungen, wobei die automatischen Zellen neue stabile Beziehungen suchen. Der Übergang von der ungeschickten Ausführung einer Bewegung in die neue stabile Koordination geschieht plötzlich, wie jeder weiß, der Tanzen oder Skifahren gelernt hat. Das erklärt auch, weshalb das Einüben von Teilakten nicht sehr nützlich ist, sondern den Fortschritt hindert. Lernt man nämlich zuerst die Elemente, bis eine feste automatische Beziehung hergestellt ist, dann müssen diese Beziehungen erst recht wieder zerbrochen und neu geordnet werden, wenn ein Bewegungsmuster höherer Integration aufgebaut wird. Daß diese gelernte Neuordnung rein zentral, ohne Mithilfe von Afferenzen erfolgen kann, zeigen die Versuche von E. Taub, S. J. Ellmann und A. J. Berman (1965). Deren Rhesusaffen lernten mit einer desafferentierten Hand aus einer fixen Position ohne Sichthilfe einen stets an gleicher Stelle befindlichen Zylinder ergreifen, um dadurch beim Ertönen eines akustischen Signals einen elektrischen Strafreiz zu vermeiden. Ein präoperatives Training war nicht notwendig.

Element der automatischen Bewegung ist immer die automatisch rhythmische Zellgruppe im Zentralnervensystem. Wir haben eingangs von der »Formkonstanz« der Erbkoordination gesprochen. Wenn wir uns noch einmal fragen, worin sie eigentlich besteht, dann werden wir schnell eine Antwort finden, denn ob nun eine Wellenbewegung schnell oder langsam über eine Rückenflosse läuft, der Phasenabstand der an der Bewegung beteiligten Muskelkontraktionen bleibt stets gleich. Und das ist, wie P. Leyhausen (1954 a) betonte, unter der von K. Lorenz hervorgehobenen Starrheit der Erbkoordination zu verstehen, keineswegs aber eine absolute Unveränderlichkeit.

Eine zentrale Koordination wies auch J. Gray (1950) nach, der eine Kröte bis auf die Labyrinthe völlig desafferentierte. Dennoch schwamm das Tier koordiniert. Der Kreuzgang der Kröte bleibt auch nach Desafferentierung aller Gliedmaßen wohlkoordiniert, solange nur ein intakter Spinalnerv vorhanden ist (J. Gray und H. Lissmann 1946 a, b). Es muß also ein zentrales Bewegungsmuster vorliegen, denn von den Afferenzen der Labyrinthe allein kann die Koordination nicht stammen. In gleicher Weise sind die Befunde von H. Lissmann (1946) zu deuten, dessen weitgehend desafferentierte Haie ebenfalls noch wohlkoordiniert (schlängelnd) schwammen.

Selbst Reflexbewegungen können zentral koordiniert sein. Die Koordination des Wischreflexes eines spinalen Frosches bleibt auch dann erhalten, wenn man das ausführende Bein desafferentiert (H. E. Hering 1896).

Bei Säugetieren galt die Regel, daß die Desafferentierung eines Gliedes mit dem Verlust komplizierter Bewegungen einhergeht. Man wußte jedoch seit längerem, daß der Kratzreflex des Hundes, bei dem 19 Muskeln koordiniert rhythmisch zusammenarbeiten, auch bei Desafferentierung wohlkoordiniert bleibt (C. S. Sherrington 1931). Neuerdings fand man, daß sich bei beidseitig desafferentierten Rhesusaffen die Funktionsfähigkeit der Hände auf ein beinahe normales Niveau erholt. Die Affen klettern und hangeln, selbst wenn man ihnen die Augen verbindet. Sie greifen und zeigen nach einem Gegenstand, auch wenn sie die Hand nicht sehen können. Selbst nach vollständiger bilateraler Desafferentierung (C 2–S 5) der

Wirbelsäule sind die Affen zu einer großen Zahl gelernter und zielgerichteter Bewegungsfolgen fähig. Einseitig desafferentierte Affen sind dagegen am freien Gebrauch der desafferentierten Hand behindert (E. TAUB und A. J. BERMAN 1964, E. TAUB, P. PERELLA und G. BARRO 1973).

Zentrale Automatie und zentrale Koordination konnten mittlerweile für viele Verhaltensweisen der Wirbellosen und der Wirbeltiere nachgewiesen werden, z. B. für das Atmen, Laufen und Kauen der Katze (S. GRILLNER 1977). Man spricht heute von zentralen Mustergeneratoren (»central pattern generators«). Es handelt sich um wohldefinierte Neuronennetze, die in der Lage sind, auch bei völliger sensorischer Isolation ein rhythmisches Bewegungsmuster zu erzeugen (D. M. WILSON 1961, P. S. G. STEIN 1976, S. GRILLNER 1977, A. I. SELVERSTON und Mitarbeiter 1976, A. I. SELVERSTON 1979). Sie sind aus Motoneuronen und Interneuronen zusammengesetzt (D. M. MAYNARD und A. I. SELVERSTON 1975, B. MULLONEY und A. I. SELVERSTON 1974, G. S. STENT und Mitarbeiter 1978). Spontan feuernde Motoneuronen (»spontaneous bursters«) wies man wiederholt durch elektrophysiologische Ableitung nach. Manche Neuronen verwandeln sich unter dem Einfluß bestimmter Peptide in spontan feuernde Zellen (J. L. BARKER und H. GAINER 1974). Den zentralen Mustergeneratoren sind oft Neuronen vorgeschaltet, die die motorischen Zellen anstoßen und die ebenfalls spontan tätig sein können, etwa wenn der endokrine Spiegel so ansteigt, daß er sie zum Feuern anregt (J. L. BARKER und H. GAINER 1974). I. KUPFERMANN und K. R. WEISS (1978) entwickelten in diesem Zusammenhang das Konzept der Kommandoneuronen. In der Regel dürfte es sich aber nicht um einzelne anstoßgebende Neuronen, sondern um Neuronenpopulationen handeln. Sie können mit den Generatorneuronen so zusammengeschaltet sein, daß sie von diesen Rückmeldungen erhalten, die sie ihrerseits zum Feuern anregen (R. GILETTE, M. P. KOVAC und W. J. DAVIES 1978). Normalerweise unterliegen sie einer peripheren Kontrolle.

Für die Art und Weise, wie zentrale Mustergeneratoren arbeiten, gibt es verschiedene Modelle, die S. GRILLNER (1977) diskutiert. Die meisten Modelle versuchen, bei verschiedenen Tierarten entdeckte Mustergeneratoren nachzubilden (Beispiel S. 90). Dabei konzentrierte sich die Forschung zunächst auf die relativ einfache Erklärung abwechselnder Kontraktionen zweier Muskeln. Man kann jedoch durch Erweiterung und Modifizierung dieser Modelle auch komplexere Muster darstellen.

Grundsätzlich kann man zwei Typen von Modellen unterscheiden: *Netzwerkmodelle* und *Schrittmachermodelle*. Bei den Netzwerkmodellen sind die Neuronen inhibitorisch verschaltet. Die Oszillation der Erregung bzw. Hemmung kommt in diesem Fall also über synaptische Beeinflussung zustande. Bei den Schrittmachermodellen dagegen wird sie durch

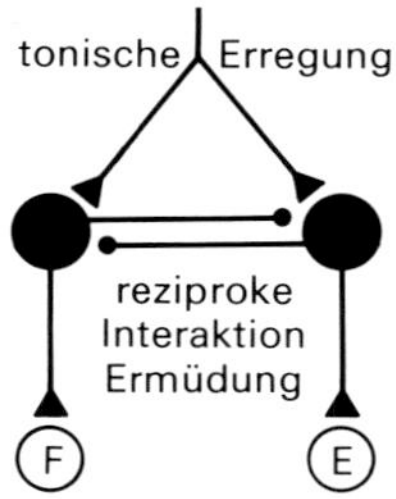

3.13a Das Zwei-Zentren-Modell von Graham Brown als Beispiel eines einfachen Netzwerkmodells. Die zwei Gruppen von Interneuronen wirken auf die Motoneuronen F und E ein. Aus S. Grillner (1977)

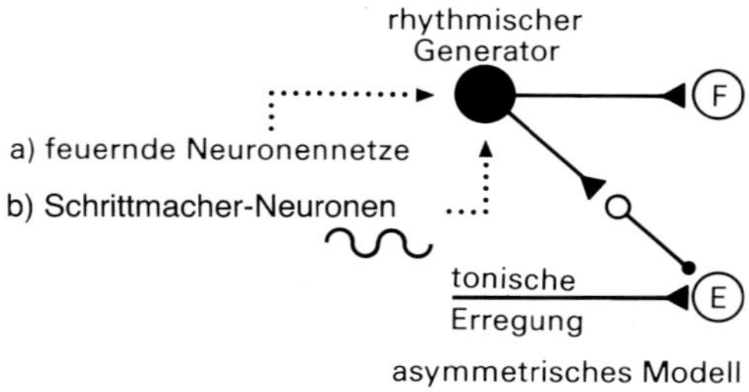

3.13b Schrittmachermodell. Aus S. Grillner (1977)

rhythmische Instabilitäten der Ionenkanäle im Neuron bewirkt. Alle anderen Modelle, die wir im Schrifttum aufgelistet finden, sind Ausformungen dieser Modelle.

Das einfachste und zugleich älteste *Netzwerkmodell* ist das Zwei-Zentren-Modell von G. Brown (Abb. 3.13 a). Es basiert auf zwei miteinander gekoppelten Neuronen oder Neuronengruppen, die sich gegenseitig hemmen, so daß bei Aktivität eines etwa durch einen exitatorisch tonischen Eingang angestoßenen Neurons das andere inaktiv ist. Damit die beiden Neuronen allerdings abwechselnd aktiv sind, muß ein Faktor das Feuern eines Neurons beenden. Man sprach von »Ermüdung«. Konkret könnte diese aus einer Abnahme der Menge der Überträgersubstanz an der hemmenden Synapse oder aus einer Abnahme der Entladungsfrequenz des hemmenden Neurons durch neuronale Akkommodation bestehen. Eine oszillierende Aktivität der beiden Neuronen würde zusätzlich begünstigt, wenn sich in den Zellen während der inaktiven Phase ein »Rückstau« bildet. Verfügen die beiden Neuronen über unterschiedlich wirksame Hemmsubstanzen, so könnte das System auch etwas komplexere Muster als nur ein einfaches Alternieren der Aktivität erzeugen.

Daß Oszillationen grundsätzlich durch Netzwerkeigenschaften – bei inhibitorischer Verschaltung – bewirkt werden, hat man herausgefunden. Allerdings kennt man bisher keinen einzigen Fall, in dem ein solcher Oszillator allein aus zwei Neuronen besteht. Bei der Untersuchung des stomatogastrischen Ganglions der Languste fand A. I. Selverston (1976) drei inhibitorisch gekoppelte Zellen, die den Generator bilden. Sie sind so geschaltet, daß sie reihum feuern.

Schrittmachermodelle (Abb. 3.13 b) basieren auf der Annahme von regelmäßigen Schwankungen des Membranpotentials bei einzelnen (oder mehreren elektrisch miteinander gekoppelten) Neuronen. Diese Schrittmacherneuronen aktivieren nicht nur die motorischen Neuronen des einen Muskels, sondern auch ein zwischengeschaltetes Hemmneuron, welches seinerseits die motorischen Neuronen des antagonistischen Muskels inhibiert. Verfügen letztere über eine ausreichend hohe tonische Grunderregung, so bewirkt das System eine abwechselnde Aktivität der beiden Muskeln.

Zu Beginn der Diskussion um die zentrale Automatie wurde gelegentlich argumentiert, die Neuronen wären schließlich noch immer in einem auf sie einwirkenden Milieu und man könne vielleicht im Chemismus des Blutes einen auslösenden Reiz finden. Darauf antwortet K. Roeder (1963 b) sehr treffend:

»Wenn ich von endogener Aktivität des Zentralnervensystems spreche, dann bezeichne ich damit eine Aktivität (in diesem Fall einen Nervenimpuls), die Mechanismen innerhalb des Zentralnervensystems ihre Entstehung verdankt. Entscheidend ist, daß die Aktivität auch nach Durchtrennung aller afferenten Nervenbahnen weitergeht. Ob die Nervenzelle bis zum Eintreffen eines afferenten Impulses inaktiv bleibt oder sich regelmäßig ohne solche entlädt, hängt sicherlich auch von Faktoren im extrazellulären Medium ab. Nichtsdestoweniger muß man annehmen, daß das regenerative System, das den regelmäßigen Entladungen zugrunde liegt, im Neuron selbst ist. Es wäre irreführend, wollte man daran denken, das die Nervenzelle badende Medium würde Reize liefern, die afferenten Nervenimpulsen gleichen.« (K. Roeder 1963 b, S. 438, Übers. d. Ref.)

Ganz ähnlich äußern sich auch T. H. Bullock und G. A. Horridge (1965): »Der Begriff spontan bedeutet einen wiederholten Wechsel im Zustand des Neurons, dem kein Wechsel im Zustand der einwirkenden Umwelt entspricht – das heißt Aktivität ohne anderen Anreiz als den der gleichbleibenden Bedingungen. Natürlich erscheint die Aktivität nur, wenn viele Aspekte des Milieus sich in gewissen Grenzen halten, z. B. die Temperatur und das Ionengleichgewicht. Diese könnte man als gleichbleibende Reize auffassen. Aber solange es keinerlei Hinweise dafür gibt, daß durch einen normalen Wechsel der verschiedenen Aspekte des Milieus eine physiologisch entscheidende Kontrolle der Aktivität stattfindet, ist der Begriff Reiz unpassend.« (S. 314, Übers. d. Ref.)

Reflex und Automatismus unterscheiden sich im übrigen nach K. Roeder (1955) im Grunde nur durch eine graduell verschiedene, auf zentrale Ladungsvorgänge zurückzuführende Erregbarkeit ihrer neuralen Elemente. Bei den nichtautomatischen Zellen bleibt die Erregbarkeit auf einem konstanten Ruhewert stehen, und ein Reiz ist notwendig, um sie über die höhere Entladungsschwelle zu heben. Nach der Entladung sinkt sie auf Null, steigt aber dann wieder an, wobei die Kurve der Erregbarkeit vorübergehend das Niveau der Ruheerregbarkeit übersteigt (Phase der höheren Irritabilität), bald jedoch wieder darauf zurücksinkt. Bei den automatischen Elementen dagegen nimmt die Auslösebereitschaft so lange zu, bis die Entladungsschwelle erreicht wird und eine spontane Entladung stattfindet. Zwischen beiden Extremen gibt es Übergänge. Wenn Ruhe- und Entladungsschwelle nahe beieinanderliegen, kann ein einmaliger Anstoß eine ganze Folge von Entladungen auslösen, da die Kurve in der Phase der höheren Erregbarkeit die Entladungsschwelle erreicht.

Für Wirbellose sind zentrale Automatie und zentrale Koordination für viele Fälle belegt, und einige Generatorsysteme wurden gründlich bis auf die zelluläre Ebene analysiert.

Daß der Bewegungsrhythmus des Regenwurmes offenbar zentral erzeugt wird, wußte bereits E. v. HOLST (1932, 1933). Das isolierte Bauchmark des Wurmes produziert rhythmische elektrische Impulse im normalen Kriechrhythmus. Beim Kriechen des intakten Tieres wirken Propriozeptoren mit. Es ist ja allgemein bekannt, daß sich das abgeschnittene Hinterende eines Regenwurmes windet, während das Vorderende geordnet weiterkriecht. Verbindet man die Wundstümpfe mit zwei Fäden, dann folgt das Hinterende dem Vorderende im Kriechrhythmus (E. v. HOLST 1932, 1933).

Bei Heuschrecken beeinflussen periphere Rückmeldungen nur die Frequenz eines im übrigen zentralen Rhythmus der Flugbewegungen. Schaltet man Rezeptoreinflüsse aus, dann hat dies nur etwas langsamere rhythmische Entladungen des Thorakalganglions zur Folge. Das resultierende Muster der Flügelbewegungen entspricht jedoch dem der normalen Flugbewegungen (D. M. WILSON 1961, 1964).

Rückmeldungen von den Propriozeptoren beeinflussen jedoch die Aktivität der Motoneuronen. Interneuronen, Motoneuronen, Muskeln, Gelenke, Flügel und Sinnesorgane bilden mit ihren Verknüpfungen ein integriertes, den Flug steuerndes System (G. WENDLER 1978).

Bei der Erzeugung des den Flugbewegungen zugrunde liegenden zentralen Entladungsmusters arbeiten etwa 80 Motoneuronen zusammen. Dieser die Muskulatur der vier Flügel antreibende Generator liegt in den Brustganglien. Er läßt sich auf zwei abwechselnd aktive Neuronenpopulationen zurückführen, von denen die eine die Abwärts-, die andere die Aufwärtsbewegung der Flügel antreibt.

Selbst für die Erklärung der Gangänderungen beinamputierter Insekten ist die Annahme von adaptiven Reflexen nicht erforderlich (G. WENDLER 1965, D. M. WILSON 1966). Vielmehr haben K. G. PEARSON und J. F. ILES (siehe K. G. PEARSON 1972) für die Gehbewegungen der Küchenschabe

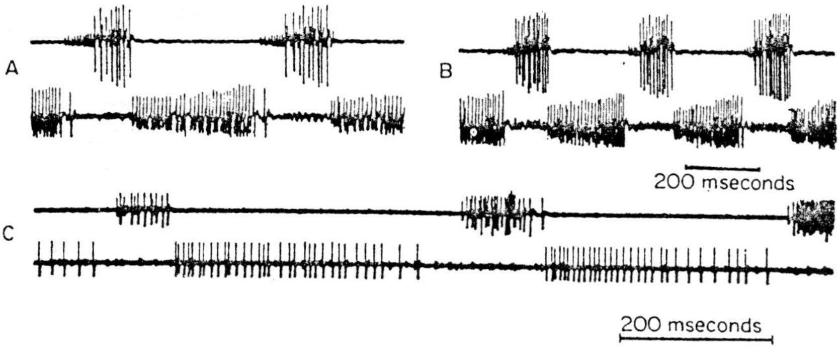

3.14 A und B: Die reziproke Aktivität der motorischen Nerven einer unbehindert schreitenden Küchenschabe bei zwei verschiedenen Geschwindigkeiten. Oben: coxaler Heber; unten: coxaler Senker. C: spontan erzeugte reziproke Aktivität der motorischen Axone im coxalen Heber und Senker nach Durchtrennung aller sensorischen Zuführungen von den Beinrezeptoren. Das Muster belegt die Existenz eines zentralen motorischen Rhythmusgenerators. Nach K. G. Pearson (1972)

zentrale Erzeugung und Koordination der Motorimpulse nachgewiesen (Abb. 3.14). Beim Lauf der Insekten greifen die peripheren Rückmeldungen jedoch im allgemeinen stärker in das System ein: Sie beeinflussen die Koordination, d. h. die Phasenlage, die die Beine beim Laufen zueinander einhalten (E. v. Holst 1943, G. Wendler 1964, 1965, D. M. Wilson 1968). Hierfür sprechen u. a. die Gangänderungen beinamputierter Arthropoden. Noch ungeklärt ist, auf welche Weise diese Rückmeldungen die Phasenlage der Beine beeinflussen.

Wir wissen, daß sich die Laufbewegungen der Beine bei Insekten auf ein System von sechs selbständigen, untereinander gekoppelten Schwingern zurückführen lassen. G. Wendler (1968) hat untersucht, wie diese Schwinger untereinander gekoppelt sein müssen, damit die am Tier (Stabheuschrecke) beobachtete Koordination der Beine und die Gangänderungen nach Beinamputationen erreicht werden. In Abb. 3.15 ist eine Mög-

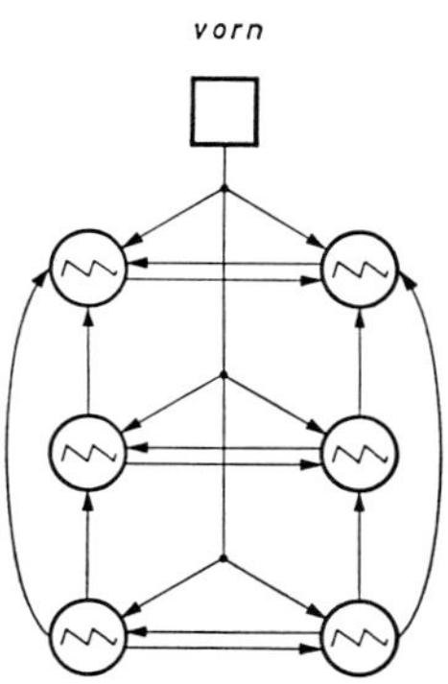

3.15 Schematische Darstellung der Koppelung sechs gleichfrequenter Schwinger (dargestellt durch Kreise). Die Schwinger eines Segments (etwa der beiden Hinterbeine) beeinflussen sich wechselseitig, die der gleichseitigen Beine dagegen vorwiegend in der Richtung von hinten nach vorn. Nähere Erläuterungen im Text. G. Wendler, Orig.

lichkeit dargestellt: ein System von sechs Schwingern etwa gleicher Eigenfrequenz, bei dem sich die Schwinger eines Segments, also z. B. der beiden Hinterbeine, wechselseitig beeinflussen, ipsilaterale Beine aber vorwiegend in Richtung von hinten nach vorn. Die Laufgeschwindigkeit wird durch ein nichtrhythmisches Signal vom Gehirn her gesteuert. WENDLER hat am Analogrechner gezeigt, daß dieses System die beim Tier gefundenen Verhältnisse richtig wiedergibt. Es läßt außerdem noch verschiedene Möglichkeiten für das Eingreifen der Beinrezeptoren in die Koordination offen.

Die Beinrezeptoren könnten z. B. die Bewegung eines Beines registrieren und direkt die benachbarten Schwinger beeinflussen und so deren Phase bestimmen. Als Alternativmöglichkeit könnte eine zentrale Kopplung der schwingenden Systeme ohne den Umweg über die Rezeptoren vorliegen. Die Rezeptoren hätten in diesem Fall nur die Aufgabe, die Amplitude ihres jeweiligen Beines (Schwingers) so stark zu erhalten, daß es auch die anderen Schwinger noch in ihrer Phasenlage beeinflußt. Für diese letztere Möglichkeit spricht, daß die Beinstummel einer Stabheuschrecke nach Autotomie Bewegungen kleinerer Amplitude ausführen als die intakten Beine (G. WENDLER 1965).

Auf eine dem Paarungsverhalten und der Lokomotion der Gottesanbeterin zugrunde liegende endogene Automatie schloß K. ROEDER (1935, 1937). Bei Entfernung des Unter- bzw. Oberschlundganglions waren Paarungsverhalten bzw. Lokomotion enthemmt. Die betreffenden Verhaltensweisen liefen unentwegt ab, während es sonst dazu der auslösenden Reize bedurfte. ROEDER nimmt daher die Existenz endogener selbsterregender Systeme (endogen aktive Neuronen) an, die für die koordinierte Bewegung verantwortlich sind und deren Impulse von Hemmzentren unter Kontrolle gehalten werden. Weitere Versuche haben diese Ansicht bestärkt (K. ROEDER 1963 a).

Eine strenge zentrale Programmierung liegt der Lauterzeugung der Grillen zugrunde (F. HUBER 1967, 1970, N. ELSNER und F. HUBER 1973). Zunächst stridulieren auch Grillen mit zerstörten Tympanalorganen durchaus richtig. Ferner gibt es gelegentlich Grillen mit verkümmerten Flügeln. Da bei diesen Tieren die Schrill-Leisten der Flügel einander nicht berühren, können sie keine Töne erzeugen. Sie zirpen dennoch lautlos, d. h. die zugeordneten Muskeln arbeiten wie beim Singen normaler Tiere. Es bedarf also nicht der akustischen Rückmeldung, um die Singbewegungen auszuführen. Auch Rückmeldungen vom ausführenden Organ spielen offenbar nur eine geringe Rolle, denn wenn man die Flügel festlegt, belastet oder amputiert, dann stört man zwar die Lauterzeugung, aber das Muster der elektrisch abgeleiteten Muskelimpulse bleibt unverändert. Es liegt demnach ein nervöses Programm vor, das weitgehend unabhängig von Rückmeldungen abläuft. Feldheuschrecken singen durch alternierende Bewegungen der Singbeine. Koppelt man diese mechanisch, dann erreicht man damit keine Umstellung auf ein synchrones motorisches Muster. Vielmehr erreichen die nervösen Befehle die homologen Muskeln der beiden Körperseiten mit der gleichen Phasenverschiebung wie zuvor. Für die Organisation der Gesänge sind bei den Grillen in erster Linie die Brustganglien verantwortlich, die ein hohes Maß an Selbständigkeit besitzen. Die Ganglienzellen der Thorakalganglien produzieren von sich aus rhythmische Erregung, die als zentral koordiniertes, wohlgeordnetes Impulsmuster an die Muskulatur geleitet wird. Den Gesang betreffend, erteilt das Gehirn nur das Kommando, daß gesungen werden soll. Es bestimmt ferner die Art des Gesanges (Abb. 3.16 und 3.17).

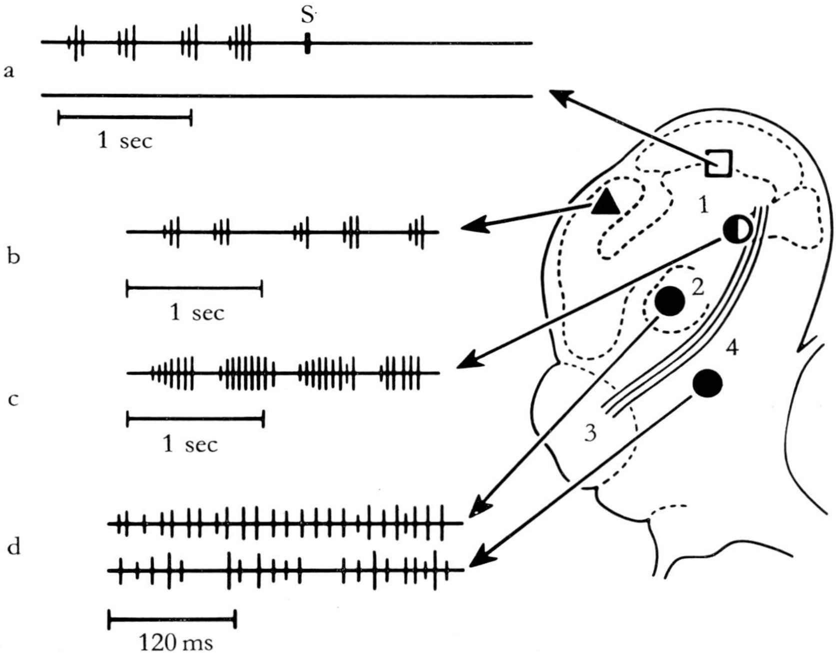

3.16 Zusammenfassung der Ergebnisse aus elektrischen Reizversuchen im Gehirn der Grille. a = Singhemmung bei Einsetzen des Reizes (S); b = Lockgesang; c = Rivalengesang; d = atypische Lautäußerungen. □ = Reizpunkt für Singhemmung im dorsalen Abschnitt des Pilzkörpers (1); ▲ = Reizpunkt für normalen Lockgesang im aufsteigenden Stiel des Pilzkörpers (1); ◑ = Reizpunkt für Kampfgesang und Kampfverhalten nahe der Einmündung eines Faserzuges (4), der Meldungen von den Antennenlappen (3) zu den Pilzkörpern (1) leitet. ● = Reizpunkte für atypische Lautäußerungen im Zentralkörper (2) und caudad. Rechts ist das Gehirn in der Ebene des Pilzkörpers aus der Sicht von links schematisch dargestellt. Aus F. Huber (1970)

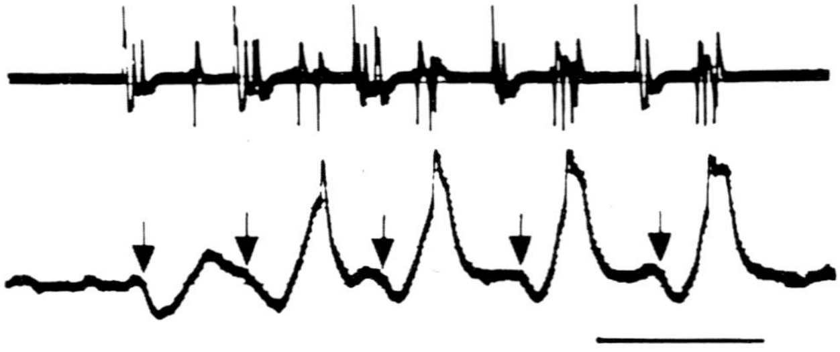

3.17 Oberer Strahl: Extrazelluläre Ableitung von Nervenimpulsen des 2. Basalarnervs (nach oben ausgelenkter Strahl) und von Nervenimpulsen des 1. Promotornervs (nach unten ausgelenkter Strahl). Die Impulse beider Nerven werden Muskeln zugeleitet, die im Gesang als Antagonisten arbeiten. Unterer Strahl: intrazelluläre Ableitung von einer motorischen Nervenzelle, die der Promotorgruppe zugehört, während eines Lockgesangverses. Die Entladung im 2. Basalarnerv, bzw. in den entsprechenden motorischen Nervenzellen des Ganglions, beeinflußt inhibitorisch (Pfeile) die Entladung des antagonistisch arbeitenden Motoneurons. Nach D. R. BENTLEY (1969)

Beim Schlüpfen aus der Puppe macht der *Cecropia*-Spinner *(Platysamia cecropia)* mit seinem Hinterleib eine Reihe von stereotypen Bewegungen. Dieses Vor-Schlüpf-Verhalten wird durch neurosekretorische Hormone ausgelöst. Es besteht aus drei durch Frequenz und Bewegungsart ausgezeichneten Phasen. Elektrische Ableitungen von desafferentierten Nervensträngen beweisen, daß das Vor-Schlüpf-Verhalten im Abdominalganglion vorgezeichnet ist. Als Antwort auf Hormongaben kann der ganze 1,25 Stunden währende Ablauf auch ohne sensorische Rückmeldungen ausgelöst werden (J. W. TRUMAN und P. G. SOKOLOVE 1972) (Abb. 3.18 und 3.19).

Ein sehr eindrucksvolles Beispiel zentralnervöser Koordination lieferten die Untersuchungen von A. O. D. WILLOWS (1971) über den Fluchtreflex der marinen Nacktschnecke *Tritonia.* Wenn dieses Tier einen Seestern berührt, zieht es zunächst sein Vorderende zurück, danach streckt es den Körper, verbreitert das Vorderende paddelförmig und schwimmt schließlich mit einer Serie heftiger dorsaler und vertikaler Krümmungen davon (Abb. 3.20). Ableitung von einzelnen Ganglienzellen des Schneckenhirns zeigte, daß die Zellen in perfekter Koordination mit dem Schwimmuster feuerten (Abb. 3.21). WILLOWS gelang es, durch Einzelableitung eine Reihe von Schlüsselzellen bestimmten Verhaltensweisen zuzuordnen. Als er schließlich mit dem isolierten Hirn experimentierte, fand er, daß eine kurze elektrische Reizung, etwa der Pedalganglien, mit einer Reihe von geordneten Entladungen beantwortet wurde. Das isolierte Hirn war zur großen Überraschung des Genannten in der Lage, die gesamte Fluchtreaktionsfolge abzuspielen. Da es von jeder möglichen Rückmeldung aus Mus-

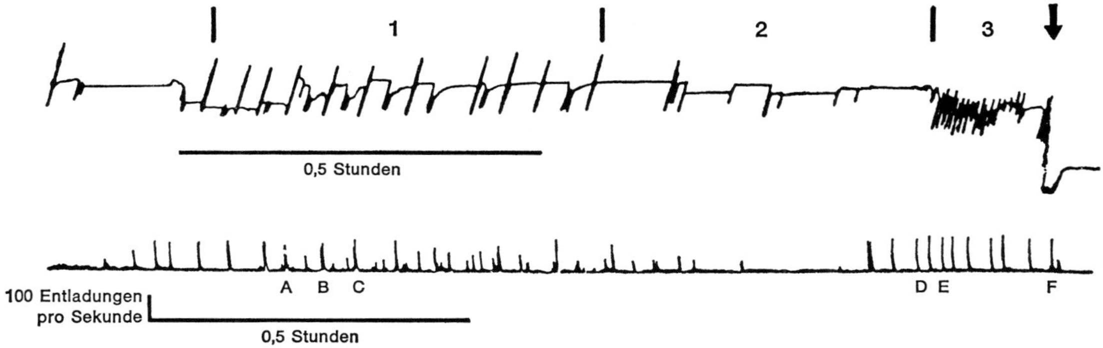

3.18 Verhaltensaktivität und elektrische Aktivität, die drei Phasen des Vor-Schlüpf-Verhaltens des *Cecropia*-Falters zeigend. Oben: Aufzeichnung der Hinterleibsbewegungen. Rotationsbewegungen bewirken einen vollständigen Ausschlag des Schreibhebels. Ventrale Verbiegungen und peristaltische Bewegungen des Hinterleibes bewirken abwärts gerichtete Hebelausschläge. 1 = erste hyperaktive Periode; 2 = Ruheperiode; 3 = zweite hyperaktive Periode. Der Pfeil zeigt den Augenblick des Schlüpfens an. Unten: Integrierte Aufzeichnung der efferenten Aktivität des rechten Nervs I des A_2-Ganglions nach Zugabe des Schlüpfhormons zum halbisolierten, desafferentierten Nervenstrang. Das Hormon wurde dem Präparat 40 Minuten vor Beginn der ersten Entladungen zugefügt. Die Buchstaben beziehen sich auf Entladungen, die in Abb. 3.19 weniger gedrängt gezeigt werden.

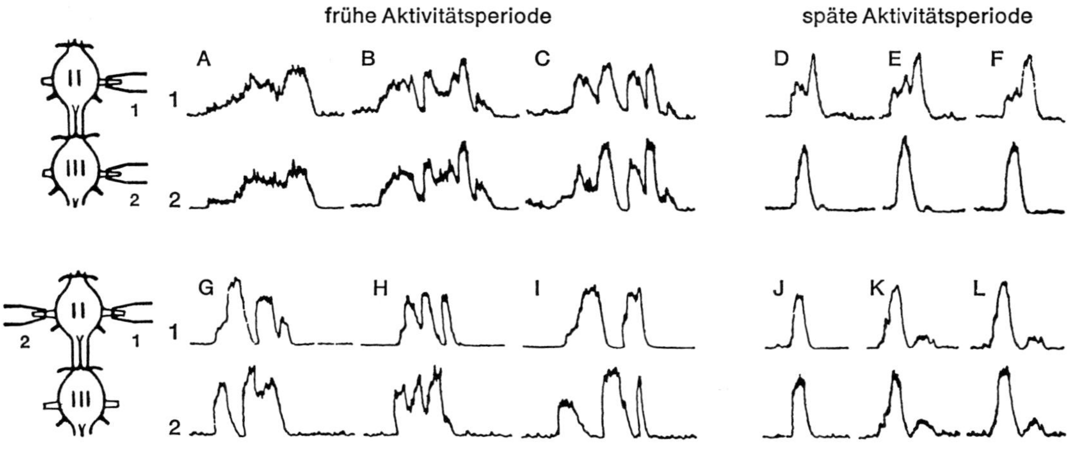

3.19 Beispiele spontaner Entladungen (integriert), die von einem halbisolierten, desafferentierten Nervenstrang nach Zugabe des Schlüpfhormones registriert wurden. Oben: Elektrodenableitung von den rechten Wurzeln der Ganglien A_2 und A_3. Unten: Beidseitige Elektrodenableitung von der rechten und linken Wurzel von A_2. Die Entladungen A–C und G–I entsprechen den Rotationsbewegungen, die für die erste hyperaktive Periode typisch sind. Die Entladungen D–F und J–L entsprechen den peristaltischen Bewegungen der zweiten hyperaktiven Periode. Die vertikale Linie entspricht 100 Entladungen pro Sekunde; die horizontale Linie 10 Sekunden. Aus J. W. TRUMAN und P. G. SOKOLOVE (1972)

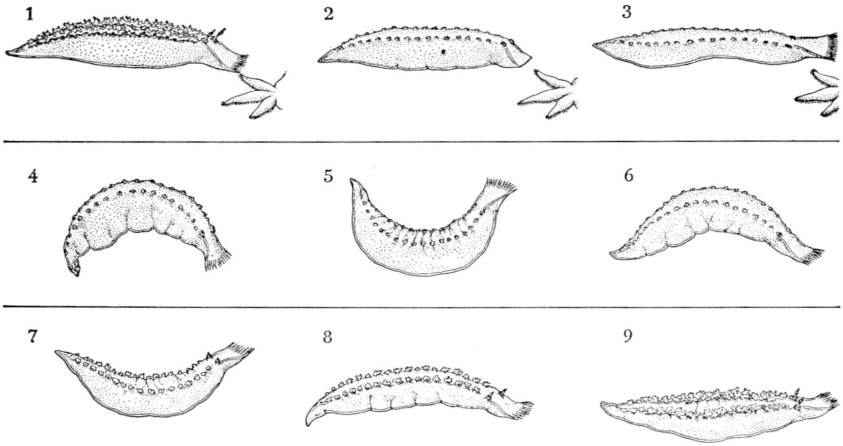

3.20 Die Fluchtreaktion von *Tritonia:* Berührt die Schnecke einen Seestern (1), dann zieht sie zuerst den Vorderkörper ein (2), dann verbreitert sie ihre Kopf- und Schwanzregion ruderartig (3) und beginnt, mit einer Serie von starken ventralen (4) und dorsalen (5) Krümmungen davonzuschwimmen. Die Reaktion endet mit einer Serie immer schwächer werdender Krümmungen (7–9). Aus A. O. WILLOWS (1971)

3.21 Die gleichzeitige Ableitung von zwei Ganglienzellen, welche die Krümmungen bei der Fluchtreaktion von *Tritonia* antreiben, wird hier in Korrelation mit den bewirkten Bewegungen gezeigt. Oben: Aufzeichnung der Zelle, welche die dorsale Krümmung antreibt. Unten: Aufzeichnung der Zelle, welche die ventrale Krümmung antreibt. Aus A. O. WILLOWS (1971)

kulatur oder peripherem Nervensystem abgeschaltet war, mußte das koordinierte Feuern der Zellen durch Neuronenkreise innerhalb des Hirns verursacht worden sein.

Ein Verband bilateral symmetrischer, rhythmisch aktiver Paare von Motoneuronen pro Bauchganglienknoten treibt die Schwimmbewegungen des Blutegels so, daß sich die dorsalen und ventralen Muskeln in einem Segment antiphasisch kontrahieren. Die Bewegung schreitet rostrocaudal von Segment zu Segment fort. Der Rhythmus wird den Motoneuronen von einem zentralen Schwimmoszillator aufgezwungen, der im wesentlichen aus vier bilateral symmetrischen Paaren von Zwischenneuronen pro segmentalem Ganglion besteht. Diese Zwischenneuronen sind intra- und intersegmental durch hemmende Verbindungen zu einem segmental wiederholten und intersegmental verketteten zyklischen Neuronennetz verbunden. Dieses Netzwerk verdankt sein oszillierendes Aktivitätsmuster einem Mechanismus wiederkehrender zyklischer Hemmung. Motoneuronen und Zwischenneuronen bilden ein funktionelles System (Generator), wobei letztere die ersteren periodisch hemmen und ihnen so ein Impulsmuster aufzwingen (Abb. 3.22) (G. S. STENT und Mitarbeiter 1978). Seltener fungieren Motoneuronen allein als Generator. Weiteres über die Funktion einfacher Neuronennetze findet man bei J. C. FENTRESS (1976) und G. HOYLE (1977), A. ROBERTS und B. L. ROBERTS (1983), F. HUBER und H. MARKL (1983).

Wir können festhalten, daß es einige allgemeine Prinzipien der neuronalen Kontrolle rhythmischer Bewegungen gibt, die für so verschiedene Tiere wie Schaben und Katzen gleicherweise gelten. Dazu gehört, daß das Zentralnervensystem nicht immer Rückmeldungen von den Sinnesorganen braucht, um geordnete rhythmische Impulsmuster für die Motorik zu erzeugen.

Wie weit verbreitet die automatische Grundlage der Motorik ist, kann man einer Übersicht von F. DELCOMYN (1980) entnehmen. Man hat bis 1980 zentrale Generatorsysteme für 13 verschiedene Aktivitäten (Sichkratzen, Schwimmen, Laufen, Fliegen, Atmen, Kauen, Herzschlag etc.) von 50 Tierarten aus 11 Klassen und 4 Stämmen nachgewiesen. Und die Zahl der Beispiele mehrt sich mit jedem Jahr. Zum Nachweis dienten in erster Linie Versuche, bei denen das Zentralnervensystem bzw. die spontan aktive Neuronenpopulation völlig vom Körper isoliert wurde (50 Prozent der von DELCOMYN aufgelisteten Fälle). Desafferenzierungsexperimente machen 40 Prozent der Untersuchungen aus. Den Rest schließlich stellen Experimente dar, bei denen die Muskulatur durch Curare gelähmt wurde, so daß es keinerlei Bewegungsrückmeldungen gab. Dennoch wurden die zentralen rhythmischen lokomotorischen Impulse nachgewiesen. Periphere Rückmeldungen spielen bei der normalen Aktivität des intakten Tieres natürlich eine wichtige Rolle. Man variiert ja z. B. die Schrittgröße und das Schrittempo in angemessener Weise. Entscheidend ist, daß diese peripheren Kontrollen – die »Inputs« – in vielen Fällen nachweislich nicht die Grundlage der koordinierten rhythmischen Bewegung bilden. Nicht immer allerdings reicht der »nackte« Generator aus. Dem Heuschreckenflug liegt ein zentraler Mustergenerator zugrunde. Die Sensorik bildet jedoch einen integralen Bestandteil der Flugmotorik. Bei völliger Desafferenzierung sinkt die Frequenz des Rhythmus auf die Hälfte, und ein genau

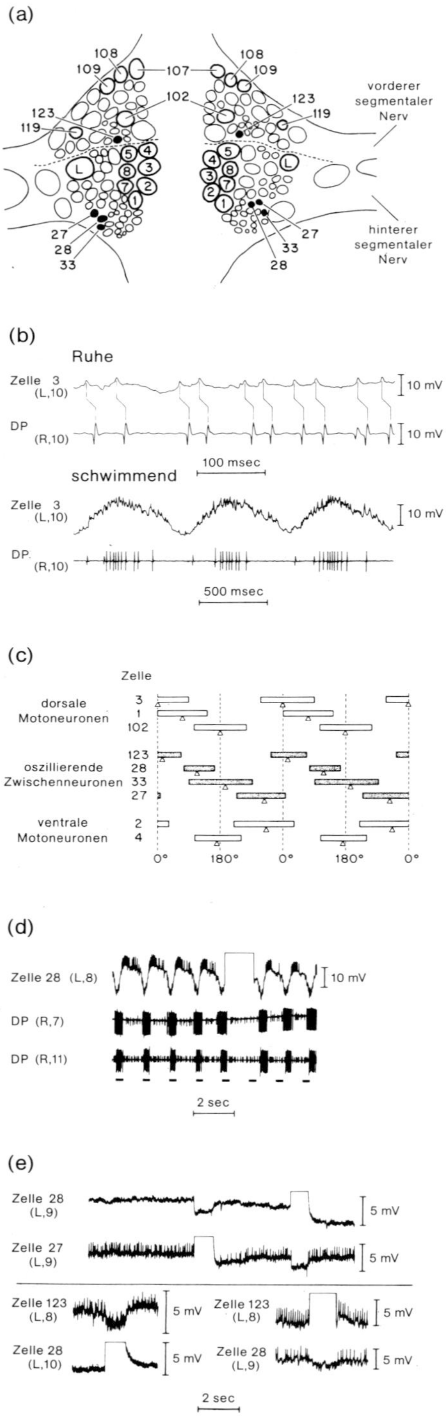

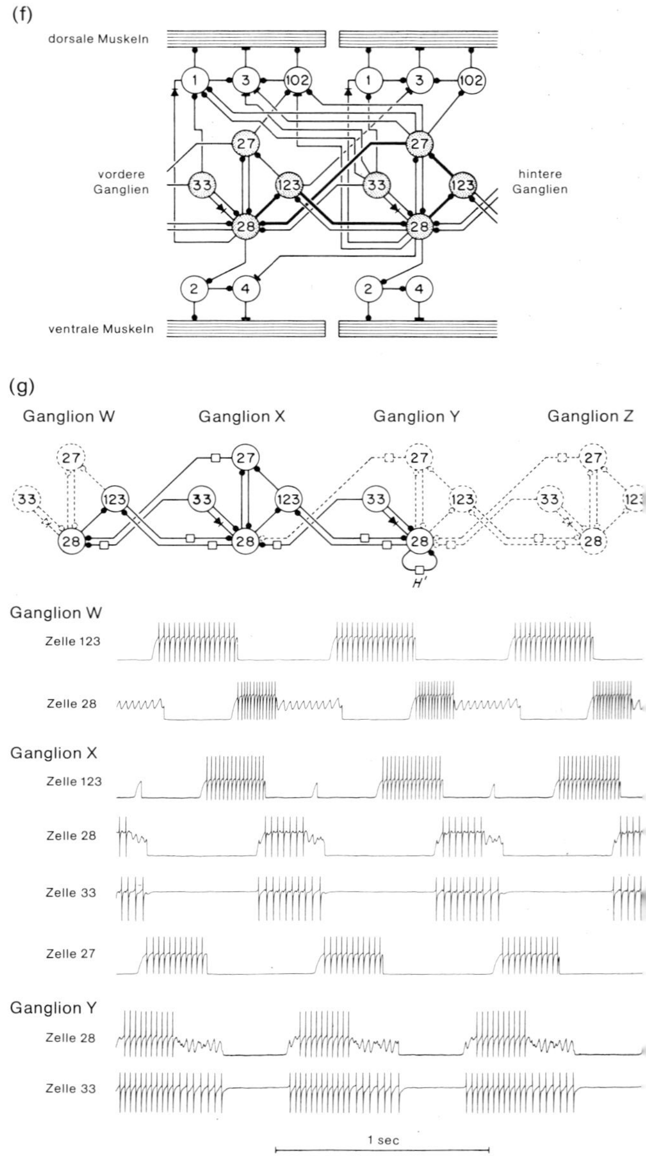

Erklärung der Symbole:
DP = dorsaler Ast des hinteren segmentalen Nervs;
R = rechts, L = links

3.22 a) Dorsale Ansicht eines segmentalen Ganglions aus dem Nervenstrang des Blutegels. Sie zeigt die Zellkörper der identifizierten Motoneuronen (dicke Umrißlinie) und der Zwischenneuronen (schwarz), die bei der Entstehung des Schwimmrhythmus eine Rolle spielen. Wir sehen ein Ensemble von 7 bilateral symmetrischen Paaren von Motoneuronen, von denen 4 als dorsale Erregungszellen (3, 5, 7, 107) die Kontraktion der dorsalen und 3 als ventrale Erregungszellen (4, 8, 108) die Kontraktion der ventralen Körperwand (Längsmuskeln) bewirken. Zu diesem Nervennetz gehören auch 4 hemmende Motoneuronenpaare, von denen 2 (1 und 102) die Erschlaffung der dorsalen und 2 (2, 119) die Erschlaffung der ventralen Längsmuskeln bewirken. Zelle 109 bewirkt die Kontraktion der dorsoventralen Muskeln und damit die Abflachung des schwimmenden Egels. Neuron L bewirkt reflektorische Verkürzung des Tieres bei Störung durch Kontraktion der dorsalen und ventralen Muskeln. Während des Schwimmens ist die Aktivität dieses Neurons durch Hemmung unterdrückt.

b) Extra- und intrazelluläre Ableitungen von halbintakten Präparaten. Obere Reihe: Präparat in Ruhe. Untere Reihe: Präparat schwimmend. Zelle 3 (L 10): intrazelluläre Ableitung der linken Zelle 3 des Ganglion 10. DP (R, 10): Ableitung mit einer Haftelektrode vom dorsalen Ast des rechten hinteren Nervs des 10. Segments.

c) Zusammenfassendes Diagramm der Schwimm-Aktivitäts-Zyklen der oszillierenden Zwischenneuronen und eines repräsentativen Untersystems von Motoneuronen. Jeder Balken gibt die Dauer eines Impulsschubes einer Zelle an, das Dreieck darunter dessen Mittelpunkt. Jener von Zelle drei wurde willkürlich der Nullphase zugeordnet.

d) Intrazelluläre Ableitung des linken Zwischenneurons 28 vom 8. Abdominalganglion und Haftelektrodenableitungen vom dorsalen Zweig des rechten hinteren Nervs des 7. [DP (R, 7)] und 11. [DP (R, 11)] Abdominalganglions während einer Schwimmepisode des isolierten ventralen Nervenstrangpräparates. In dieser und der folgenden Abbildung markiert Ablenkung der Kurve nach oben die künstliche Zuführung eines depolarisierenden Stromes. Depolarisierung fördert das Feuern der Zelle, Hyperpolarisierung dagegen erhöht das Ruhepotential und erniedrigt damit die Wahrscheinlichkeit des Feuerns. Die Abbildung zeigt die strenge Zuordnung der Aktivität der Motoneuronen zur Tätigkeit identifizierter Zwischenneuronen. Depolarisierung bestimmter Zwischenneuronen führt zu einer Hyperpolarisierung von Motoneuronen, ablesbar an der Unterdrückung des Feuerns während der Depolarisierung des Zwischenneurons 28. Die Balken unter der DP(R, 11)-Ableitung geben an, wie die Impulsfolgen ausgesehen hätten, wenn man nicht durch Zuführung des Stroms zum Zwischenneuron die Phasenlage des Schwimmrhythmus verschoben hätte.

e) Paarweise intrazelluläre Ableitungen von Oszillator-Zwischenneuronen innerhalb eines Ganglions (oberes Kurvenpaar) und zwischen verschiedenen Ganglien (untere Kurvenpaare). Die Ableitungen zeigen, wie sich Zwischenneuronen gegenseitig beeinflussen. Auch hier führt die Depolarisierung einer Zelle zu einer Hyperpolarisierung einer anderen, was gegenseitige Hemmung bewirkt.

f) Zusammenfassendes Schaltdiagramm identifizierter synaptischer Verbindungen zwischen Zwischenneuronen (punktierte Kreise), Motoneuronen (offene Kreise) und den Längsmuskeln, die für das Schwimmen verantwortlich sind. T-Verbindung = erregende Synapse; schwarzer Kreis = hemmende Synapse; Diode = gleichrichtende elektrische Verbindung. Die Verbindungen des basalen fünfgliedrigen Ringes zyklischer Hemmung sind stark ausgezogen.

g) Aufzeichnungen der elektronischen Modellsimulation eines Netzwerkes oszillierender Zwischenneuronen. Die Impulsfolgen wurden von einem elektronischen Modell erzeugt, dessen 8 Neuromime nach dem oben angegebenen Schaltbild verbunden waren. Es schematisiert die oszillierenden Zwischenneuronen von 4 Ganglien W, X, Y und

Z. Sie bilden das 1., 5., 9. und letzte einer isolierten Kette von 13 Ganglien ab. Zellen, die im Modell vertreten sind, und ihre Verknüpfung sind durch ausgezogene Linien gekennzeichnet, jene, die das Modell ausließ, durch gestrichelte Linien. Die selbsthemmende Phantomverbindung der Zelle 28 in Ganglion Y, die eine Transmissionsverzögerung H′ von 250 msec einbaut, ersetzt die Zelle 123 des Ganglion Y und die Zellen 33 und 28 von Ganglion Z. Das von dem Modell erzeugte Muster der Impulsfolgen entspricht weitgehend dem Bild, das die natürlichen Ableitungen (C) ergeben. Aus G. S. STENT und Mitarbeiter (1978)

---

phasenbezogenes Alternieren ist nicht mehr gesichert. Es bedarf offenbar eines zeitgebenden Anstoßes, um den zentralen Generator in Phase zu halten, und des zusätzlichen afferenten Ansporns, sonst ist der Generator zu langsam (S. 82). Ob rhythmische Bewegungen auch allein peripher angetrieben und koordiniert werden können, weiß man nicht. Während man noch vor 30 Jahren meinte, Bewegungskoordination nach dem Kettenreflexkonzept wäre die Regel, wissen wir heute von keinem einzigen unanfechtbaren Experiment, das eine ausschließlich periphere Verursachung und Kontrolle einer rhythmischen Bewegung nachgewiesen hätte (F. DELCOMYN 1980). Die Tatsache, daß sich zentrale Oszillatoren (Mustergeneratoren, Automatismen) so oft und allgemein unabhängig voneinander entwickelten – bei Wirbellosen ebenso wie bei Wirbeltieren –, läßt auf starke Selektionsdrucke schließen. Die Frage erhebt sich, ob es überhaupt möglich wäre, ein gänzlich auf peripherer Kontrolle beruhendes funktionierendes System zu ersinnen. In diesem Zusammenhang ist wohl auch der Hinweis interessant, daß viele der primären Sinneszellen spontan aktiv sind.

Damit diese zentralen Generatoren durch ihre Daueraktivität das Tier nicht dazu treiben, ständig und gleichzeitig Verschiedenes zu tun, müssen die endogen aktiven Neuronen und Neuronennetze von anderen Neuronen gehemmt werden, was auch der Fall ist. Außerdem werden die zentralen Generatoren oft durch einen bestimmten Erregungszustand angestoßen. Reize setzen solche Handlungen in Gang, und Hormone, Rückmeldungen von Propriozeptoren wie auch von anderen Sinnesreizen aus der Peripherie modulieren und richten es. Entscheidend ist jedoch, daß es sich bei diesen Verhaltensweisen nicht bloß um Reflexe handelt, sondern daß eine spontane Komponente nachweisbar ist.

Wie das im einzelnen funktioniert, darüber wissen wir heute bereits viel (s.a. S. 432). Der Atemrhythmus der Sumpfschnecke *Lymnea stagnalis* basiert auf einem zentralen Mustergenerator. Er steht unter der Kontrolle von zwei identifizierten Zwischenneuronen, Input 3 (I.P3.I) und Visceral Dorsal (V.D4), die die Einatmung beziehungsweise Ausatmung kontrollieren. Diese Atemneuronen stehen in einander hemmender Verbindung.

Sie haben ferner Kontakte mit ihnen zugeordneten motorischen Neuronen, die die Öffnung und Schließung der Atemöffnung kontrollieren. Ein drittes Zwischenneuron, die Riesendopaminzelle des rechten Pedalganglions (F.Pe.D1), ist ebenfalls in diesen Schaltkreis eingebunden und erregt durch postinhibitorische Entladung ihrerseits die I.P3.I, die ihrerseits die Riesendopaminzelle (R.Pe.D1) erregt, bei gleichzeitiger Hemmung von V.D4. Entfällt die Hemmung von I.P3.I, dann feuert V.D4, und ein Zyklus alternierender Entladungen ist eingeleitet. Die große Dopaminzelle und V.D4 verfügen auch über reziprok inhibitorische Verbindungen (Abb. 3.23 a, b).

Kultiviert man diese drei Interneuronen *in vitro,* dann nehmen die auswachsenden Neuriten synaptische Verbindung miteinander auf, und zwar vom selben Typ wie man sie im mittleren Ganglienring der Schnecke findet (Abb. 3.23 c). Ja, mehr noch: Sie funktionieren auch nach dem beschriebenen Schema, wobei Dopamin für die Erzeugung des Rhythmus notwendig scheint, denn kultiviert man die Atemneuronen mit serotonergen Neuronen des linken Fußganglions, dann entwickeln diese untereinander die für sie typischen, reziprok hemmenden synaptischen Verbindungen, jedoch keinerlei Kontakte mit den serotonergen Neuronen. Es kommt

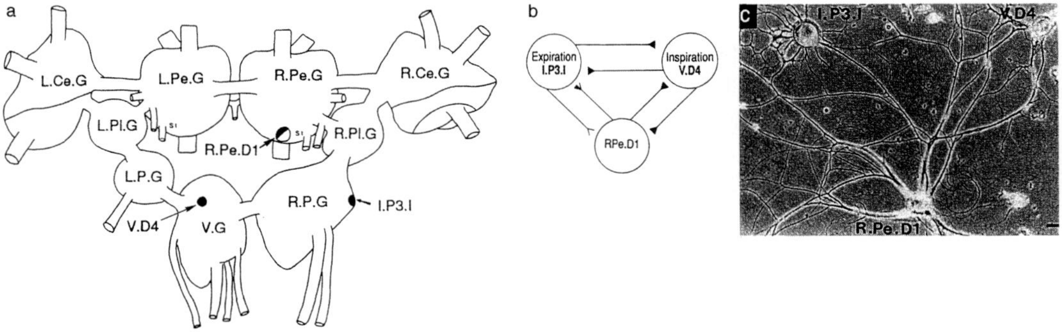

Abb. 3.23 a) Schematische Darstellung des zentralen Ganglienringes der Schnecke *Limnea stagnalis.* Linkes und rechtes Cerebralganglion (L.Ce.G und R.Ce.G); linkes und rechtes Pedalganglion (L.Pe.G und R.Pe.G); linkes und rechtes Pleuralganglion (L.Pl.G und R.Pl.G); linkes und rechtes Parietalganglion (L.P.G und R.P.G); und ein unpaares Viszeralganglion (V.G). Die Riesendopaminzelle (R.Pe.D1) und Viszeral Dorsal 4 (V.D4) befinden sich an der dorsalen Oberfläche des rechten Pedalganglions beziehungsweise Viszeralganglions. Das Input 3 Zwischenneuron (I.P3.I) befindet sich an der ventrolateralen Oberfläche des rechten Parietalganglions. b) Neuronaler Schaltplan der *in vivo*-Beziehungen der beiden Atemneuronen und der Riesendopaminzelle. Erläuterungen im Text (▲ hemmende Verbindung, Δ erregende Verbindung). c) Mikroaufnahme der *in vitro* kultivierten Atemneuronen und der Riesendopaminzelle. Vierundzwanzig Stunden nach Überführung der isolierten Einzelzellen in die Kultur hatten diese die funktionale, also passende synaptische Verbindung hergestellt (aus N. I. Syed und Mitarbeiter 1990) (abgedruckt mit Genehmigung von SCIENCE; © 1990 American Association for the Advancement of Science).

daher auch zu keinerlei Entladungen. Führt man jedoch Dopamin phasisch zu, dann beginnen die Atemneuronen im Gleichtakt zu feuern. Diese Experimente von N. I. SYED, A. G. M. MULLOCK und K. LUKOWIAK (1990) zeigen, daß es möglich ist, aus einzelnen Zellen in der Kultur einen zentralen Motorgenerator heranzuziehen, dessen Funktion dann im Detail experimentell erforscht werden kann.

Zusammenfassung 3

Daß Tiere über ihnen angeborene Fähigkeiten des Agierens und Wahrnehmens verfügen, war lange bekannt, doch galt der Begriff vorwiegend als negativ bestimmt – als das, was Organismen »nicht zu lernen brauchen«. Mit KONRAD LORENZ kann der Begriff positiv nach der Herkunft der spezifischen Angepaßtheit definiert werden. Angeboren steht heute als synonym für stammesgeschichtlich angepaßt. Die Aussage, etwas sei stammesgeschichtlich angepaßt, bezieht sich immer auf ein ganz bestimmtes Niveau der Passung. Im Experiment der Aufzucht unter Erfahrungsentzug wird gezielt versucht, Information – das bestimmte Niveau der Passung betreffend – vorzuenthalten. Zeigt das Tier dennoch die entsprechende Passung, dann müssen wir annehmen, daß die dem fraglichen Vermögen zugrunde liegenden Nervennetze in einem Prozeß der Selbstdifferenzierung aufgrund der im Erbgut festgelegten Entwicklungsanweisungen bis zur Funktionsreife heranwuchsen. Stammesgeschichtliche Anpassungen bestimmen ein Verhalten in verschiedenen Bereichen und auf verschiedenen Ebenen.

Als Erbkoordinationen bezeichnet man motorische Fertigkeiten, die darauf beruhen, daß sich die Muskeln nach vorgegebenen Programmen koordiniert kontrahieren, wobei der Phasenabstand der an der Bewegung beteiligten Muskelaktionen konstant ist. Amplitude und Schnelligkeit können auch bei solcherart formkonstanten Bewegungen wechseln. Erbkoordinationen bilden zusammen mit Orientierungsbewegungen komplexe funktionelle Bewegungsabläufe, die man als Instinkthandlungen bezeichnet. Die alte Vorstellung der Reiz-Reaktions-Psychologie, Verhalten wäre stets Antwort auf einwirkende Reize, wurde durch ein dynamischeres Konzept abgelöst. Die neuroethologische Forschung zeigte, daß den Erbkoordinationen in der Regel zentrale Generatorsysteme (Automatismen) zugrunde liegen: Zellgruppen aus Motor- und Zwischenneuronen, die auch ohne afferente Anregung und Rückmeldung in der Lage sind, wohlgeordnete Impulse an die Peripherie zu schicken, die zu koordinierter Bewegung führen.

4. Die motivierenden Faktoren

Was setzt ein Verhalten in Gang, und was beendet es? Sicher ist, daß Organismen auf Reize reagieren, Verhalten also Antwort auf Außenreize sein kann und in der Regel auch so ausgelöst wird. Die Reize, die ein bestimmtes Verhalten auslösen, treffen den Organismus jedoch keineswegs unvorbereitet. Beobachtung und Experiment lehren, daß Tiere wechselnde spezifische Handlungsbereitschaften zeigen. Sie können z. B. sexuell »gestimmt« oder hungrig sein. Solche Verhaltensbereitschaften können sich nach dem Ablaufen bestimmter Verhaltensweisen rasch ändern. So sinkt die Paarungsbereitschaft vieler Säugetiermännchen nach einer Ejakulation zunächst deutlich ab. Während der Brunstzeiten kann sie sich jedoch schnell erholen, denn die grundsätzliche, hormonal induzierte Fortpflanzungsbereitschaft überdauert die vorübergehende Umstimmung.

Für die Integration und Koordination der organischen Funktionen stehen den Tieren das Nervensystem und das endokrine System zur Verfügung. Beide Systeme sind strukturell und funktionell eng miteinander verknüpft und wirken aufeinander wechselseitig ein. Hormone können durch nervöse Kommandos ausgeschüttet werden und wirken ihrerseits wieder auf die Nervenfunktionen zurück. Grundsätzlich steuert das Nervensystem die schnelleren Abläufe des Verhaltens, während das endokrine System meist die langsame Entwicklung von Bereitschaften, z. B. in der Ontogenese und im jahreszeitlichen Zyklus, kontrolliert und tonisch auf das Zentralnervensystem wirkt.

Wie schon aus dem vorangegangenen Kapitel klargeworden sein dürfte, gleicht ein Tier keineswegs einem Automaten, in den man eine Münze einwirft und dafür eine Antwort erhält. Vielmehr ist es auch aus einem inneren Antrieb heraus aktiv. Das zeigt das Studium der intakten Tiere in sehr überzeugender Weise. Unter konstanten Bedingungen gehaltene Tiere behalten z. B. eine circadiane Periodik bei (siehe S. 658), d. h. Ruhe und Aktivität folgen in einer endogenen Periodik, die etwa dem Tag-

Nacht-Rhythmus entspricht. Die Anemone *Metridium* zeigt spontane rhythmische Kontraktionen in Zehnminutenintervallen (E. J. BATHAM und C. F. PANTIN 1950). Man kann ferner beobachten, daß Tiere, die längere Zeit keine Gelegenheit hatten, eine bestimmte Verhaltensweise abzureagieren, in eine spezifische Bereitschaft geraten, gerade diese länger nicht ausgeübte Verhaltensweise ablaufen zu lassen. Diese spezifische Gestimmtheit der Tiere hat W. CRAIG (1918) klar gesehen.

Dem Beobachter fällt zunächst nur eine erhöhte motorische Unruhe des betreffenden Tieres auf. Man hat den Eindruck, es suche etwas. Daß es sich nicht um eine allgemeine motorische Unruhe, sondern um eine ganz spezifische Handlungsbereitschaft oder Gestimmtheit handelt, erkennt man an der Reaktionsbereitschaft des Tieres bestimmten auslösenden Reizsituationen gegenüber: Das durstige Tier sucht Wasser und läßt darüber Nahrungsbrocken unbeachtet, das jagdgestimmte wiederum sucht nach einer auslösenden Reizsituation, die ihm gestattet, die Jagdhandlungen abzureagieren, und das sexuell gestimmte Tier sucht nach entsprechenden auslösenden Reizen. Findet es keine adäquaten auslösenden Objekte, so nimmt es gelegentlich mit Ersatzobjekten vorlieb. Rattenweibchen sind während der ersten Tage nach dem Werfen in so starker Eintragestimmung, daß sie viele Male hintereinander ihren Schwanz packen, eintragen und im Nest ablegen. Manchmal ergreifen sie sogar eines ihrer Hinterbeine und ziehen es, auf drei Beinen humpelnd, zum Nest (I. EIBL-EIBESFELDT 1963, W. E. WILSONCROFT und D. U. SHUPE 1965). Das spezifische Suchverhalten nach der auslösenden Reizsituation nannte W. CRAIG (1918) *Appetenzverhalten*. Es ist variabel und anpassungsfähig. Das Tier muß ja in der Lage sein, Umwege zu meistern, die zwischen ihm und einem etwa aus der Erinnerung angestrebten Ziele liegen, z. B. wenn ein jagdgestimmter Hund einen ihm bekannten Hühnerhof aufsucht. Hat er aber die auslösende Reizsituation gefunden, dann klinken die mehr automatisch ablaufenden Erbkoordinationen des Beutefangens ein. Deren Ablauf ändert aber nicht allein die auslösende Reizsituation (S. 285), sondern hat, wie schon W. CRAIG feststellte, oft eine umstimmende Wirkung. Man spricht daher vielfach von triebbefriedigender *Endhandlung* oder *consummatory act**. Es sei aber bereits hier betont, daß es nicht nur abschaltende Endhandlungen gibt, über deren Ablauf ein Trieb gewissermaßen befriedigt wird, sondern auch abschaltende Endsituationen, und oft ist es die Appetenz nach einer solchen allein, die ein Tier in Bewegung setzt, etwa wenn es in »Ruheappetenz« (M. HOLZAPFEL 1940) einen sicheren Platz oder die Nähe eines Bezugspartners sucht.

Bei Katzen folgen die Verhaltensweisen des Beutefangens, Lauerns,

* Von consummate = vollziehen, vollenden.

Schleichens, Haschens, Anspringens und Angelns normalerweise in einer bestimmten Ordnung, die von der auslösenden Reizsituation bestimmt wird. Darüber hinaus zeigt jedoch nach P. LEYHAUSEN (1965 a) jede dieser Einzelhandlungen ihre eigene Spontaneität. Hat eine Katze längere Zeit keine Gelegenheit, die eine oder andere Handlung auszuführen, dann entwickelt diese Handlung Eigenappetenzen. Das Tier sucht nach einer auslösenden Reizsituation, um z. B. nur zu angeln oder zu haschen. Die Maus ist dementsprechend einmal ein Objekt zum Haschen, ein anderes Mal zum Belauern, Töten, Fressen oder Angeln. Die dazu führenden Verhaltensweisen sind dann Appetenzhandlungen der jeweils erstrebten Endhandlung.

Diese Eigenappetenzen von Handlungen kann man auch durch elektrische Hirnreizung nachweisen. Katzen, die gerade fressen, hören bei elektrischer Reizung bestimmter Stellen des Hypothalamus zu fressen auf und greifen eine bis dahin nicht beachtete Ratte an. Sie lernen auch unter dem Einfluß dieses Hirnreizes ein Labyrinth, wenn sie zur Belohnung eine Ratte vorfinden, die sie angreifen können. Ratten hören zu fressen auf, wenn man durch elektrische Hirnreizung Nageappetenz auslöst, und suchen nach Objekten, die sich gut benagen lassen. Auch dazu lernen sie unter dieser Motivation ein Labyrinth (W. W. ROBERTS und H. O. KIESS 1964, W. W. ROBERTS und R. J. CAREY 1965).

Die spezifische Handlungsbereitschaft oder Gestimmtheit eines Tieres äußert sich u. a. in einer auffälligen Erniedrigung der Reizschwelle für bestimmte auslösende Reize. Ein jagdgestimmtes Raubtier wird vorwiegend auf Reize, die Jagdhandlungen auslösen, reagieren, aber auf diese sehr leicht. Wenn es lange nicht jagen durfte, wird es selbst mit Ersatzobjekten vorliebnehmen, und unter Umständen kann die Reaktion bei längerem Ausbleiben auslösender Reize sogar im *Leerlauf* (S. 111) ablaufen. Zugleich sind die Reizschwellen für andere Verhaltensweisen, etwa aus dem Bereich des sexuellen Verhaltens, erhöht, d. h. es bedarf schon sehr starker auslösender Reize, um das Tier vom Jagen abzulenken und in sexuelles Verhalten einklinken zu lassen.

Die Beobachtungen an intakten Tieren lehren, daß Erbkoordinationen oft in Sätzen gehäuft auftreten und dann auch ein gemeinsames, gleichsinniges Fluktuieren der Schwellenwerte zeigen. Das weist auf einen gemeinsamen physiologischen Mechanismus hin. Andere Verhaltensweisen wiederum schließen sich gegenseitig aus. Bei männlichen Cichliden unterdrückt Fluchtbereitschaft sowohl die Angriffsbereitschaft als auch die Bereitschaft zu balzen. Angriffs- und Balzbereitschaft dagegen sind positiv korreliert. Nicht so jedoch bei Cichlidenweibchen, bei denen die Angriffsbereitschaft die sexuelle Bereitschaft im allgemeinen unterdrückt (B. OEHLERT 1958). Beim Stichlingsmännchen unterdrückt die Bereitschaft zu balzen das Beißen. P. SEVENSTER (1968) belohnte Stichlingsmännchen immer dann, wenn sie durch einen Ring schwammen, indem er einen Schuber vor einer Glasplatte kurz hob und ihnen damit den Blick auf ein benachbartes Weibchen freigab. Dann konnten die Männchen balzen. Sie lernten die Aufgabe zunächst nur langsam, da sie selten spontan durch den Ring schwammen. Als sie die Aufgabe beherrschten, schwammen sie viele Male hintereinander durch den Ring und betätigten so immer wieder den Schuber. Stichlinge beißen oft von sich aus in verschiedene Gegenstände; stellt man ihnen die Aufgabe, in ein Stäbchen zu beißen, damit sie ihr Weibchen sehen können, dann lernen sie das schnell. Sie erreichen aber nie eine hohe Erfolgsquote, da sie nicht unmittelbar nach einem Balztanz zubeißen können. Sie bemühen sich zwar offensichtlich darum und stehen in deutlicher Zuschnappintention vor dem Stäbchen, können aber auf Grund einer offenbar inneren Hemmung die Bewegung nicht ausführen. Beißen und Angreifen dagegen hemmen einander nicht. Ein Männchen lernte schnell, in den Stab zu beißen, wenn es als Belohnung einen Rivalen zu sehen bekam, und bekämpfte ihn anschließend durchs Glas. Ging der Schuber vor der Glasscheibe nieder, dann konnte dieses Männchen sogleich wieder in den Stab beißen. Der Einblick in solche Zusammenhänge erlaubt Rückschlüsse auf die den Verhaltensweisen zugrunde liegenden Mechanismen. Bei Dauerbeobachtungen registriert man Aufeinanderfolge verschiedener Verhaltensweisen, errechnet die Korrelationen und erarbeitet Schaltpläne, in denen sich diese Beziehungen ausdrücken.

Beispiele für diese Art von *Motivationsanalyse* geben die Arbeiten von D. MORRIS (1958), P. R. WIEPKEMA (1961) und W. HEILIGENBERG (1964). Auf 1766 Tänze (S. 286) männlicher zehnstacheliger Stichlinge *(Pygosteus pungitius)* folgen z. B. nach MORRIS 1232 Angriffshandlungen (70,4 Prozent). Auf 208 Nestzeigehandlungen dagegen nur 5,3 Prozent Angriffe, 1 Prozent Nisten und 93,7 Prozent Geschlechtshandlungen. Daraus kann man schließen, daß in der Stichlingsbalz zuerst die Aggression und erst später der Geschlechtstrieb dominiert. W. HEILIGENBERG (1963) zählte die Häufigkeit des Schwarmschwimmens und Beißens bei Jungtieren des Buntbarsches *Pelmatochromis subocellatus*. Je häufiger sie schwärmen, desto seltener beißen sie (Abb. 4.1). Man kann das dahingehend interpretieren, daß der Schwarmdrang den Beißdrang hemmt.

Nicht immer sind die zeitlichen Beziehungen zwischen Verhaltensweisen so klar zu erfassen. In diesen Fällen kann eine Form- und Situationsanalyse über zugrundeliegende Motivationen Aufschluß geben. Die Begrüßungszeremonie der Graugans enthält zwei Zeremonien: das Rollen und das Schnattern; beide sind verschieden motiviert (S. 247). Über die Herkunft des Schnatterns gibt die Untersuchung der Ontogenese Aufschluß (H. FISCHER 1965). Gössel äußern ein feines ein- bis mehrsilbiges

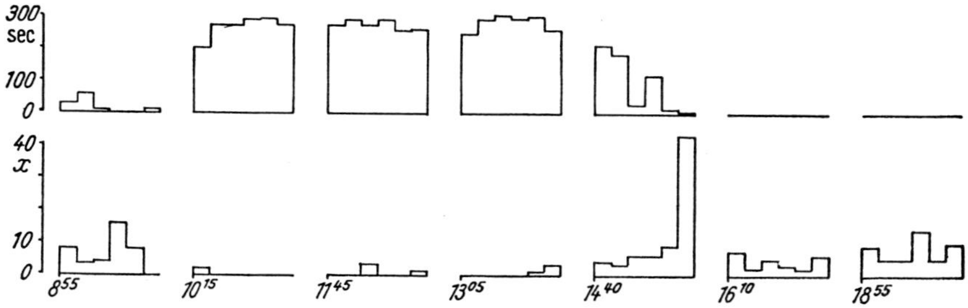

4.1 Zwei Dränge hemmen einander: Bei 25 Jungfischen *(Pelmatochromis)* wurden siebenmal jeweils 30 Minuten lang das Schwarmschwimmen und die Zahl der Angriffe pro fünf Minuten bestimmt. Man sieht aus den Blockdiagrammen deutlich, daß die Tiere einander um so seltener beißen, je häufiger sie im Schwarm schwimmen. Aus W. HEILIGENBERG (1963)

»Wi«, wenn sie nach Trennung auf ihre Eltern stoßen (Abb. 4.2 a). Dieser »Begrüßungsruf« wird bei höherer Intensität lauter und von einem deutlichen Halsvorstrecken begleitet. Es besteht eine auffallende formale Ähnlichkeit zum Verhalten der Erwachsenen, die einen Stimmfühlungslaut ohne Halsvorstrecken und ein lautes Schnattern mit Halsvorstrecken zeigen, wobei Stimmfühlungslaut und Schnattern sich bei genauer Untersuchung als verschiedene Intensitätsstufen desselben Verhaltens erweisen (Abb. 4.2 b, c). Auch werden Wi-Laut, Stimmfühlungslaut und Schnattern durch den Anblick des Artgenossen ausgelöst. Übereinstimmung der auslösenden Reizsituation und des formalen Ablaufs sprechen dafür, daß

4.2a) Wi-Laut mit Halsvorstrecken des Gössels auf die Mutter. Aus H. FISCHER (1965)
4.2b) Wi-Laut ohne und mit Halsvorstrecken. Aus H. FISCHER (1965)
4.2c) Formenreihe Stimmfühlungslaut-Schnattern (von oben nach unten). Aus H. FISCHER (1965)

beides auf die gleiche Wurzel zurückgeht. Stimmfühlungslaut und Schnattern treten zeitlich unabhängig von sexuellem und aggressivem Verhalten, Nahrungsaufnahme und Brutpflege auf, weshalb man eine eigene, davon unabhängige Motivation annehmen kann. H. FISCHER spricht von einem Bindungstrieb, da bei Verlust des Partners ein Appetenzverhalten einsetzt, das mit dem Ablauf des Schnatterns ein Ende findet.

Das Appetenzverhalten ist stets der erste Ausdruck einer spezifischen inneren Handlungsbereitschaft oder Stimmung; ihm liegt ein physiologischer Mechanismus zugrunde, den man gewöhnlich als *Trieb* oder *Drang* bezeichnet. Es handelt sich dabei um meßbare Größen.

Durch Hirnreizung mit feinen Elektroden an im übrigen intakten Hühnern aktivierten E. v. HOLST und U. v. SAINT PAUL (1960) verschiedene Triebe. Nach dem Einschalten des Hirnreizes begannen die Hühner z. B., unruhig umherzugehen. Daß dies nicht etwa Äußerung eines allgemeinen aktivierten Bewegungsdranges, sondern typisches Appetenzverhalten war, wurde deutlich, wenn man den betreffenden Tieren Verschiedenes anbot, etwa einen Rivalen, ein Weibchen, Wasser, Futter und dgl. mehr. Stets stellte man fest, daß die Hühner bei einem bestimmten Reizpunkt auch nur Bestimmtes wollten, und zwar so lange, wie der Hirnreiz währte. An der Stärke der Reizspannung, die nötig war, um ein Verhalten auszulösen, konnten v. HOLST und v. SAINT PAUL die Stärke eines aktivierten Dranges messen. Reizten sie z. B. zwei einander entgegengesetzte Dränge (etwa Sitz- und Stehdrang) mit zwei Elektroden von zwei Reizpunkten aus, dann

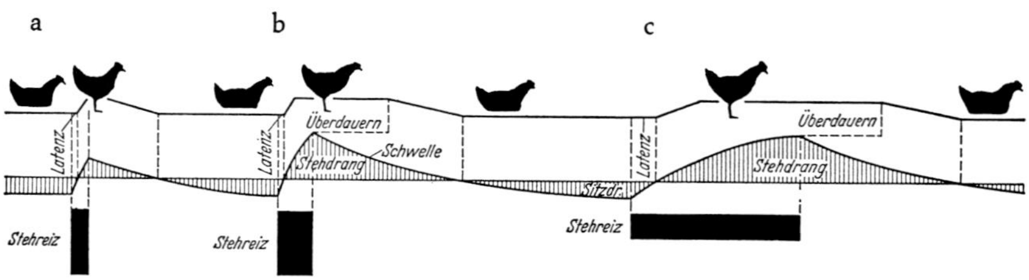

4.3 Die Meßbarkeit von Sitz- und Stehdrang: Ein spontan sitzgestimmtes Huhn (a) wird durch Reizung des zentralen Stehfeldes zum Aufstehen gebracht. Der Reiz ist stark und kurz, und das Huhn steht mit kurzer Latenz auf, setzt sich aber nach Abschalten des Reizes gleich wieder. Hält der zweite, gleich starke Stehreiz länger an (b), dann steht das Tier anschließend länger, Latenz und Aufstehen sind dagegen unverändert. Reizt man schließlich (c) länger, aber mit einem schwächeren Reiz, dann steht das Tier langsamer auf, es bleibt aber danach ebenso lange wie im zweiten Falle stehen, da Reizstärke und Reizdauer einander kompensieren. Der zentrale Prozeß, der diesen Akten unterliegt, ist durch den mittleren Kurvenzug angedeutet. Unter der Null-Linie: physiologischer Sitzdrang, über ihr: Stehdrang. Diese Dränge sind meßbar. Solange das Tier sitzt, ist z. B. die Schwellenspannung für das Aufstehen ein Maß des zu überwindenden Sitzdranges. Nach E. v. HOLST und U. v. SAINT PAUL (1960)

konnten sie zunächst einmal in Volt messen, wie sitz- bzw. wie stehgestimmt ein Huhn war (Abb. 4.3). Sie konnten ferner Änderungen der spezifischen Handlungsbereitschaft messen. Ein vordem stehgestimmtes Huhn wurde z. B. nach wiederholter Aktivierung des Sitzdranges sitzgestimmt und brauchte dann mehr Reizspannung zum Aufstehen.

Die Beobachtungen und Versuche an intakten Tieren zeigen deutlich, daß ein Lebewesen nicht als Reflexautomat passiv auf ankommende Reize wartet, die es dann beantwortet. Es ist vielmehr aus innerem Antrieb aktiv, und zwar spezifisch gestimmt. Welche motivierenden Faktoren* liegen aber nun einer solchen Handlungsbereitschaft zugrunde? Welche Motoren versetzen das Tier in die spezifische Unruhe, und was bringt das einmal in Gang gesetzte Verhalten auch wieder zu einem Ende? Wir wollen dies an einigen Beispielen untersuchen.

Man fand, daß das Appetenzverhalten (Wassersuche) von Osmorezeptoren im Hypothalamus ausgelöst wird. Sie melden eine Hypertonie der Blutflüssigkeit, und man kann durch intravenöse Injektionen von Kochsalzlösungen bei Hunden und Menschen Durst auslösen. Umgekehrt ist es möglich, den Durst durch intravenöse Gaben von Wasser wieder zu löschen. Injiziert man kleinste Mengen einer hypertonischen Kochsalzlösung direkt in den Hypothalamus, dann wird ein Tier ebenfalls durstig; gleiches bewirkt die elektrische Reizung dieses Bezirkes bei Ratten und Ziegen (A. WOLF 1958).

Ein durstiges Tier muß aber keineswegs so lange trinken, bis der normale osmotische Wert seiner Körperflüssigkeit wiederhergestellt ist. Es liefe Gefahr, zuviel Wasser aufzunehmen, da die Resorption eine Weile braucht. Als eine Art Sicherung wird daher auch die Füllung des Magens gemeldet, und darüber hinaus geht die Schlucktätigkeit selbst in die Verrechnung ein (R. BELLOWS 1939, E. J. TOWBIN 1949).

Hunde mit einer Speiseröhrenfistel, durch die alles getrunkene Wasser abrann, tranken gleichmäßig und hörten nach einer bestimmten Zeit auf. Diese Sättigung durch die Trinktätigkeit allein war jedoch nur kurz. Füllte man dagegen den Magen des trinkenden Tieres mit Wasser, dann hielt sie an, und es wurde viel weniger Wasser durch den Mund aufgenommen. Aber auch dann, wenn man einen Gummiballon durch die Speiseröhrenfistel in den Magen einführte und aufblies, war die Menge des scheingetrunkenen (durch die Fistel wieder ablaufenden) Wassers deutlich herabgesetzt. An der Regelung der Trinktätigkeit sind also mehrere Mechanismen beteiligt, von denen die Osmorezeptoren im Hypothalamus die

* Wenn wir von motivierenden Faktoren sprechen, dann bezeichnen wir damit die Gesamtheit der physiologischen Maschinerie, die ein Tier in spezifischer Weise aktiviert. Von einem verursachenden Faktorengefüge der Seele sprechen wir nicht.

Trinkappetenz auslösen und letztlich auch wieder abschalten, während eine kurzfristige »Stillung des Durstes« durch die Magenfüllung (abschaltende Reize) und die Trinktätigkeit selbst erzielt wird. Letzteres ist für uns von besonderem Interesse, da es oft so aussieht, als würde allein der Ablauf der Bewegungen »triebbefriedigend« wirken.

In diesem Zusammenhang verdienen auch die Beobachtungen von D. PLOOG (1964a) und R. SPITZ (1957) besondere Beachtung. Beide fanden eine deutliche Abhängigkeit zwischen Sättigungsgrad und Anzahl der Saugbewegungen bei Säuglingen. Wenn die Säuglinge eine bestimmte Menge 20 Minuten saugend aufgenommen hatten, schliefen sie befriedigt ein. Hatten die Sauger jedoch eine zu große Öffnung, so daß sie die gleiche Menge oder sogar 50 Prozent mehr in 5 Minuten ersogen, dann blieben sie unbefriedigt. Sie sogen im Leerlauf weiter und begannen zu schreien. Gab man ihnen die leere Flasche, sogen sie daran weitere 10 bis 15 Minuten und zeigten sich dann befriedigt. Nach M. MEAD (1956) lutschen Säuglinge von Eingeborenen, die nicht unter westlichem Einfluß stehen und daher unmittelbar nach der Geburt angelegt werden, nicht an ihren Daumen. Welpen, die man aus Saugern mit großer Öffnung fütterte, saugten danach am eigenen Körper und im Schlafe weiter. Sie taten das nicht, wenn sie aus Saugern mit kleiner Öffnung gesäugt wurden (D. M. LEVY 1934, SH. ROSS 1951). Kälber, die man aus Eimern tränkt, trinken ihre Milch zu schnell und entwickeln die Gewohnheit, an Ringen der Stallketten und an anderen Kälbern zu lutschen. Dabei retardieren einige in der Entwicklung und zeigen das sog. Zungenschlagen, wohl eine Leerlauf-Saugstereotypie, denn K. ZEEB (mündlich) gelang es, diese Störung selbst bei älteren Rindern zu beheben, wenn er sie eine Zeitlang nur aus Eimern mit einem Saugnippel tränkte. Enten, die man an Land mit Getreide füttert, grundeln anschließend im Leerlauf (K. LORENZ 1963).

Bei männlichen Buntbarschen *(Haplochromis burtoni)* und Schwertträgern *(Xiphophorus helleri)* führt soziale Isolation zu einer deutlichen Senkung der Androgene und Corticosteroide. Gleichzeitig sinkt die Aggressionsbereitschaft. Die tonisierende Wirkung sozialer Reize auf die Aggressionsbereitschaft dürfte über hormonale Reaktionen zustande kommen (R. P. HANNES und D. FRANCK 1983).

Über die die Nahrungsaufnahme regulierenden Mechanismen der Säuger liegen umfangreiche Untersuchungen vor (L. DE RUITER 1963, J. MAYER und D. THOMAS 1967). Der Glukosespiegel des Blutes wird von Glukoserezeptoren im Hypothalamus registriert. Die motivierenden Systeme liegen im Hypothalamus: Zerstört man bei Katzen oder Ratten den ventromedialen Kern des Hypothalamus, dann fressen sich die Tiere zu Tode. Der ausgeschaltete Bereich hat demnach die Aufgabe, das Fressen zu hemmen. Man kann das Hirngebiet daher als »Sättigungszentrum« bezeichnen. Ausschaltung des ventrolateralen Kerns im Hypothalamus bewirkt das Gegenteil. Die Tiere lehnen nun jede Nahrungsaufnahme ab. Dieses Gebiet kann man demnach als »Freßzentrum« bezeichnen, wobei der Begriff »Zentrum« allerdings funktionell verstanden werden muß. Zum System gehören auch benachbarte, diesen Hirngebieten angeschlossene Regionen. Die Leistung ist regional nicht ausschließlich auf die Strukturen jener Hirnorte begrenzt, doch scheinen diese, nach den Ausfällen zu schließen, entscheidende Instanzen zu sein.

Leitet man nun mit feinen Elektroden von diesen Zentren ab, dann stellt man fest, daß bei hungrigen Katzen die Entladungsrate der Neuronen des »Freßzentrums« höher ist als jener des »Sättigungszentrums«. Bei satten Katzen ist es gerade umgekehrt. Veränderungen des Blutzuckerspiegels beeinflussen die neuronale Aktivität. Bei Erhöhung des Blutzuckerspiegels erhöht sich die Entladungsrate im Sättigungszentrum. Dort gibt es Rezeptoren, die selektiv Glukose aufnehmen. Man kann dies nachweisen, indem man den Blutzucker mit Goldthioglukose anreichert, die von den Organismen nicht von Glukose unterschieden wird. Goldthioglukose zerstört allerdings jene Zellen (Glukoserezeptoren), von denen diese Substanz aufgenommen wird. So kann man die Glukoserezeptoren experimentell ausschalten. Goldthioglukose wird nur von den Neuronen des Sättigungszentrums aufgenommen. Diese werden zerstört, und das Tier zeigt sich zunehmend freßenthemmt. Elektrische Hirnreizung des Freßzentrums führt zu gesteigerter Nahrungsaufnahme, aber auch außerhalb des Hypothalamus gibt es aktivierende und hemmende Systeme (B. G. HOEBEL und P. TEITELBAUM 1962, P. TEITELBAUM 1961). Der Sättigungsmechanismus spricht, wie gesagt, auf eine Steigerung des Glukosespiegels im Blut an, doch wirkt, wie z. B. beim Trinken, schon die Magenfüllung auf einen Abschaltmechanismus. Mechanische Rezeptoren melden das Volumen zum ventromedialen Hypothalamus, chemische Rezeptoren die Qualität der aufgenommenen Nahrung.

Bei der Schmeißfliege ist die Freßappetenz vom Füllungszustand des Vorderdarmes abhängig. Bei vollem Vorderdarm gehen über den Nervus recurrens freßhemmende Impulse zum Zentralnervensystem. Bei Fehlen solcher Reize, bei leerem Vorderdarm also, nimmt die Fliege Nahrung zu sich. Durchschneidet man den Nervus recurrens, fällt die Freßhemmung ganz weg, und die Fliege saugt Nahrung auf, bis sie extrem aufgeschwollen ist und daran stirbt (V. DETHIER und D. BODENSTEIN 1958).

Wie äußere und innere Faktoren am Aufbau der Fächelstimmung des Stichlings zusammenwirken, untersuchte J. VAN IERSEL (1953). Nachdem die Männchen drei bis vier Gelege befruchtet hatten, flaute ihr Sexualtrieb ab, und sie begannen, die Eier mit fächelnden Bewegungen ihrer Brustflossen zu ventilieren. VAN IERSEL maß die Intensität des Fächelns und fand, daß die Fächelzeit bis zum Schlüpfen der Jungen von Tag zu Tag zunimmt, unmittelbar danach jedoch steil abfällt. Die Zunahme der Fächelaktivität wird vom Sauerstoffverbrauch des Geleges bewirkt: Erhöht man künstlich den CO_2-Gehalt des Wassers, dann fächelt der Stichling mehr. Aber die Fächelaktivität hängt nicht ausschließlich von Außenreizen ab, wie folgendes Experiment zeigt: Gibt man dem fächelnden Männchen gegen Ende des Fächelzyklus, kurz bevor die Aktivität ganz versiegt, ein neues Gelege, kann man einen neuen Fächelzyklus induzieren, der dem vorangegangenen sehr ähnlich ist. Der Gipfel liegt allerdings niedriger, und induziert man noch weitere Zyklen, sinken die Gipfel in der Folge noch weiter (Abb. 4.4). Da die auslösende Reizsituation stets die gleiche ist, muß dies auf Vorgänge im Stichling selbst zurückzuführen sein. Die Mechanismen der Triebbefriedigung im Sexualverhalten männlicher Stichlinge untersuchte A. C. SEVENSTER-BOL (1962). Sie fand, daß die Anwesenheit der Eier im Nest und nicht der Akt der Befruchtung auf das Zickzacktanzen und Führen des Männchens als abschaltende Reizsituation wirkt.

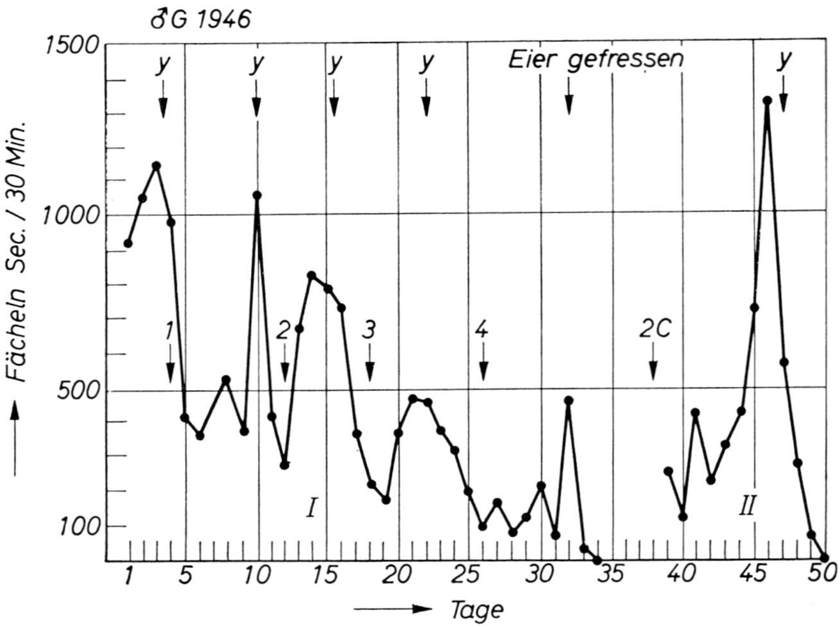

4.4 Eine Folge nacheinander durch Gelegeaustausch beim Stichlingsmännchen induzierter Fächelzyklen. Die Pfeile 1–4 geben den Zeitpunkt an, zu dem ein neues Gelege präsentiert wurde. Die y-Symbole markieren den Zeitpunkt des Schlüpfens. Die Eier, die den fünften Zyklus induzierten, wurden gefressen. II: Sechster Fächelzyklus, nachdem das Männchen 5 Tage gebalzt und ein neues Nest gebaut hat. Aus J. VAN IERSEL (1953)

D. S. LEHRMAN (1961) studierte die Entwicklung des Fortpflanzungsverhaltens der Lachtaube *(Streptopelia risoria)*. Männchen oder Weibchen, die er allein mit einem Nest und mit Eiern in einen Käfig sperrte, konnte er niemals dazu bringen, die Eier zu bebrüten. Es mußte ein Geschlechtspartner anwesend sein. Wenn er Paare mit einem Nest und mit Eiern in einen Käfig sperrte, dann balzten sie, bauten ein Nest, und vom 5. Tag an begannen einige zu brüten. Am 7. Tag brüteten alle. Nun könnte es sein, daß sich die Tiere erst an den Käfig gewöhnen mußten. LEHRMAN sperrte daher das Pärchen in den Versuchskäfig, trennte die Partner aber durch eine Milchglasscheibe. Als er sie nach sieben Tagen zusammenließ und ihnen Nester und Eier gab, brauchten sie ebenfalls sieben Tage bis zum Brüten. Die Gewöhnung an den Käfig spielte also keine Rolle. Ließ er aber die Tiere mit dem Partner und mit Nestmaterial zusammen im Käfig und gab ihnen am 7. Tag Eier, brüteten sie alle innerhalb von zwei Stunden. Hatte er ihnen das Nestmaterial vorenthalten und gab ihnen am 7. Tag Nestmaterial und Eier, bauten sie zunächst, und einige brüteten noch am selben Tag, die restlichen sicherlich am folgenden.

Sie scheinen also zwei Stadien zu durchlaufen, wobei die Balz die Bereitschaft, ein Nest zu bauen, induziert und diese wiederum die Bereitschaft bewirkt, auf Eiern zu brüten. Es genügt dabei, daß die Weibchen Männchen durch eine Glasscheibe sehen, vorausgesetzt, daß diese balzen. C. ERICKSON und D. LEHRMAN (1964) zeigten den Weibchen auch kastrierte Männchen; doch das bewirkte keinerlei Aktivität der Ovarien: ein eleganter Nachweis für die Bedeutung des Balzverhaltens. Die durch die Balz induzierten Änderungen sind hormonaler Natur. LEHRMAN injizierte 80 Pärchen sieben Tage vor dem Zusammensetzen Progesteron. Brachte er sie dann zusammen und bot ihnen Eier, brüteten sie sogleich. Hatte er ihnen jedoch Östrogen verabreicht, begannen sie zunächst, ein Nest zu bauen, und saßen erst innerhalb von elf Tagen. Nach R. HINDE (1965) regt das balzende Kanarienmännchen die Östrogenproduktion beim Weibchen an.

Recht verwickelt sind die Wechselbeziehungen der verschiedenen motivierenden Faktoren im Fortpflanzungsverhalten der Kanarienvögel (Abb. 4.5). Änderungen der Tageslänge induzieren über einen Mechanismus im Hypothalamus und der Hypophyse Gonadenwachstum und Östrogenproduktion. Letztere wird auch durch Reize stimuliert, die vom Männchen ausgehen. Unter dem Einfluß des Östrogens antwortet das Weibchen auf die Balz des Männchens und baut ein Grasnest. Dieses wiederum stimuliert das Weibchen weiter. Das Nest zusammen mit dem Östrogen löst die Entwicklung des Brutflecks und der Ovidukte aus, was sekundäre, durch das Östrogen aktivierte Hormone weiter fördern. Es folgt die Eiablage. Auf Grund der erhöhten Empfindlichkeit dem eigenen Nest gegenüber

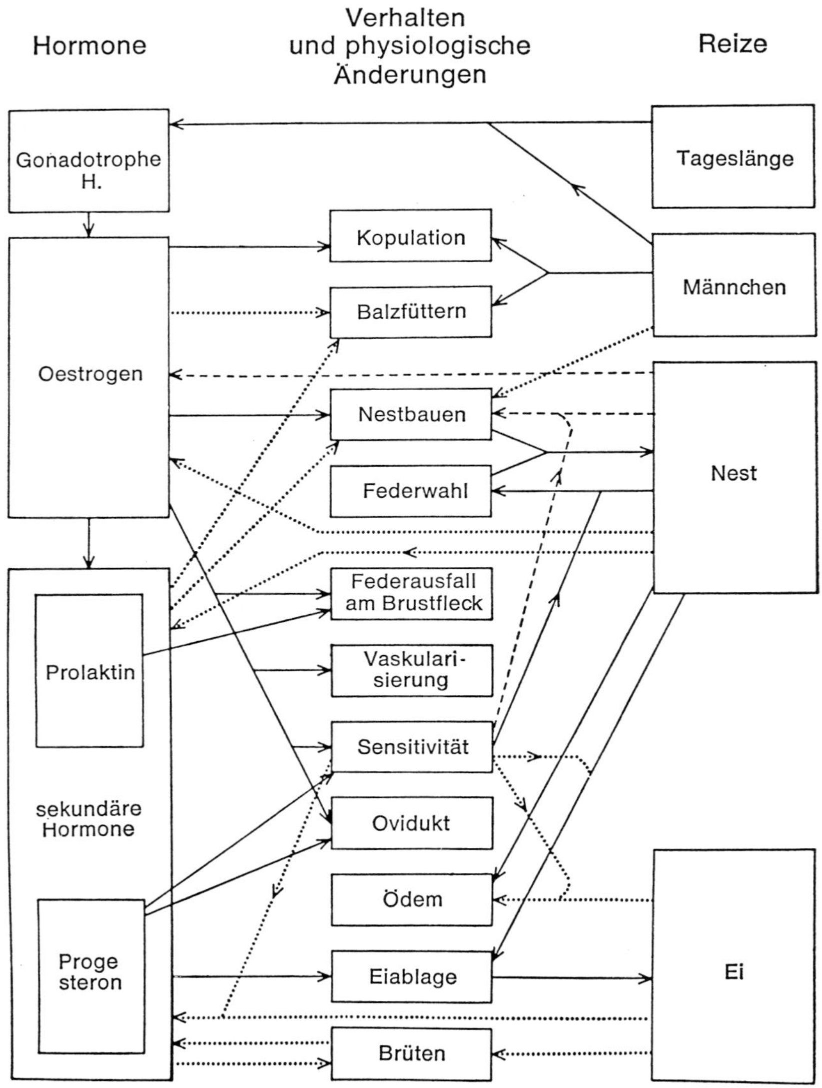

4.5 Die Wechselbeziehungen verschiedener Faktoren in der Fortpflanzung des Kanarienvogels: Darstellung der Beziehungen zwischen Hormonen, Außenreizen, Verhaltensänderungen, Brutfleckentwicklung etc. Geschlossene Linien deuten fördernde, unterbrochene hemmende Einflüsse an. Punktierte Linien zeigen wahrscheinliche, aber nicht erwiesenermaßen fördernde Einflüsse an. Nach R. HINDE (1965, 1966)

hört der Vogel auf, sein Nest mit Gras zu bauen; er wählt nun Federn. Der Kontakt zwischen Brutfleck, Eiern und Nest induziert schließlich das Brüten. R. HINDE (1965) betont in seiner Zusammenfassung dieser Beziehungen vier Punkte:

1. Die Ursachen und Folgen des Sexualverhaltens sind mit jenen des Nestbauens engstens verwoben und können für sich genommen nicht verstanden werden.
2. Die Außenreize (Männchen, Nest) induzieren endokrine Änderungen, die zu den unmittelbaren Einflüssen auf das Verhalten hinzukommen.
3. Die Hormonproduktion steht unter mehrfacher Kontrolle.
4. Die Hormone haben multiple Wirkungen.

L. ARONSON (1949) fand, daß Cichlidenweibchen der Art *Tilapia macrocephala* keine typischen Nestgruben anlegen, wenn sie alleine sind. Sehen sie dagegen ein Männchen, und sei es nur durch eine Glasscheibe, im Nachbarbecken, werden die Ovarien aktiv, und die Weibchen beginnen, ein Nest zu bauen. In ähnlicher Weise wirken auch andere Außenreize über das hormonale System am Aufbau einer Stimmung mit. Die Zunahme der Tagesstunden im Frühjahr regt bei vielen unserer Singvögel die Gonadentätigkeit und Hormonproduktion an und induziert so die Paarungsstimmung.

Hausmäuse bauen kurz vor dem Werfen ein Nest, für das sie etwa viermal soviel Nestmaterial verbrauchen wie für ihr Schlafnest. Dieser Brutnestbau kann durch die Injektion von Gelbkörperhormon (Progesteron) ausgelöst werden, nicht dagegen durch Prolaktin. Der hormonal angeregte Bautrieb erlischt normalerweise unmittelbar nach dem Werfen, die gesteigerte Nestbauaktivität wird aber durch die Anwesenheit kleiner Jungtiere noch aufrechterhalten. Nimmt man die Jungen weg, sinkt sie ab. Virginelle Weibchen kann man zum Nestbauen anregen, indem man ihnen ganz kleine Junge gibt (G. KOLLER 1955; Abb. 4.6 bis 4.8).

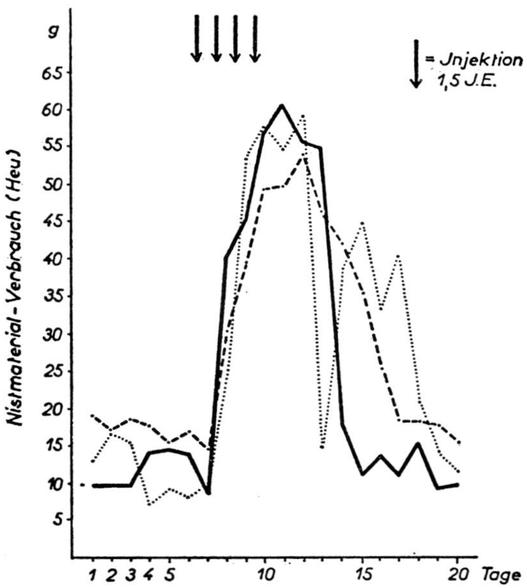

4.6 Wirkung von 1,5 I.E. Gelbkörperhormon (Progesteron Boehring-Spezial) auf drei kastrierte Mäuseweibchen. Aus G. KOLLER (1955)

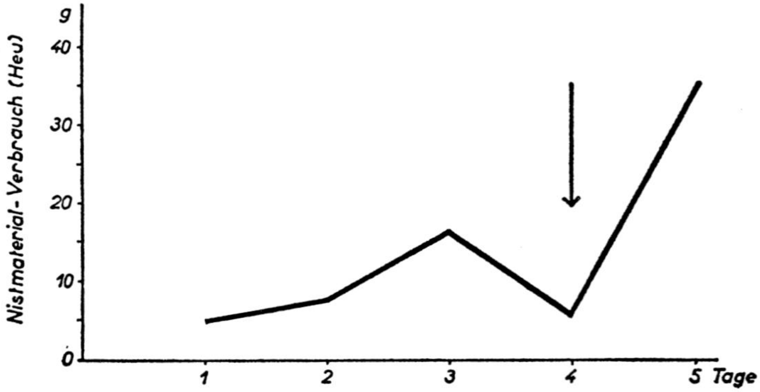

4.7 Steigerung der Bautätigkeit bei einem nichtschwangeren Mäuseweibchen nach Zugabe eines Neugeborenen (Pfeil). Nach G. KOLLER (1955)

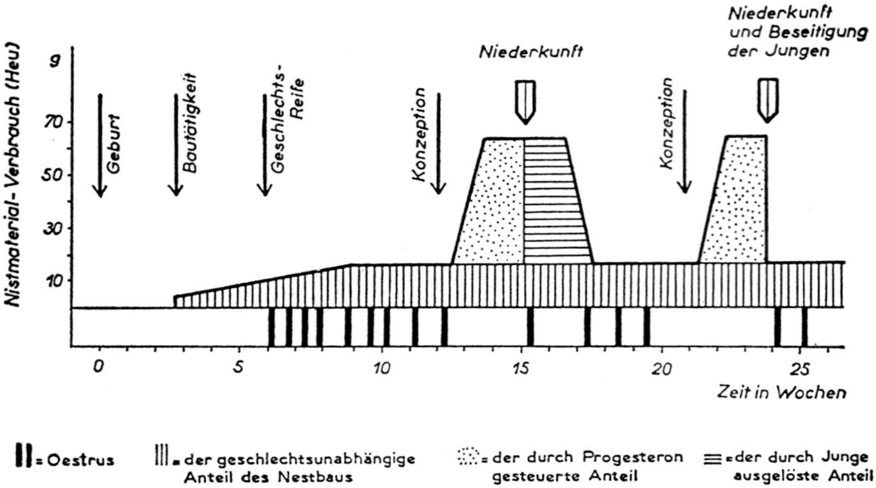

4.8 Schematische Darstellung der Nestbauaktivität unbehandelter Hausmäuse während eines Lebensablaufes. Nach G. KOLLER (1955)

Wie entscheidend und spezifisch Hormone am Aufbau innerer Handlungsbereitschaften beteiligt sind, ergibt sich aus den zahlreichen Untersuchungen über das geschlechtliche Verhalten kastrierter und hormonbehandelter Tiere (F. A. BEACH 1948).

Hundeweibchen harnen in Hockestellung, Männchen im Stehen und ein Hinterbein hebend. Die Entwicklung dieses Verhaltens hängt vom männlichen Geschlechtshormon ab. Junge Rüden harnen noch, ohne das Bein anzuheben, und sie bleiben dabei, wenn man sie vor dem 4. Lebensmonat kastriert. Injiziert man aber Testosteron, dann heben sie später beim Harnen ein Hinterbein, und das tun auch Weibchen, wenn man sie gleich nach der Geburt kastriert und mit Testosteron behandelt, nicht aber, wenn man sie erst als Erwachsene kastriert (TH. MARTINS und J. R. VALLE 1948).

Beim Goldhamster besteht eine klare negative Beziehung zwischen sexueller Empfänglichkeit und Aggression, die hormonal bedingt ist. Goldhamster im Oestrus zeigen eine geringere Bereitschaft, Männchen anzugreifen, als außerhalb der Brunst (J. W. KISLAK und F. A. BEACH 1955).

E. S. VALENSTEIN und W. C. YOUNG (1955) prüften das sexuelle Verhalten von männlichen Meerschweinchen, die mit Weibchen, gegen das solcher, die isoliert aufwuchsen. Danach kastrierten sie die Tiere und gaben ihnen schließlich, nachdem ihr Sexualverhalten deutlich vermindert war, Testosteron. In beiden Gruppen war daraufhin ein Anstieg der sexuellen Aktivität zu verzeichnen, doch blieben die sozial unerfahrenen auf einem niedrigen Leistungsniveau (Abb. 4.9).

Virginale ovarioektomierte Ratten geraten sehr schnell in volles Brutpflegeverhalten, wenn man ihnen Oxytocin in die intracerebralen Ventrikel injiziert. Man muß sie allerdings 48 Stunden vorher durch Östrogengaben vorbereiten. Sie tragen dann Junge ein, legen sich in Säugestellung über diese, lecken sie sauber und zeigen gesteigerte Nestbauaktivität (C. A. PEDERSON und Mitarbeiter 1982).

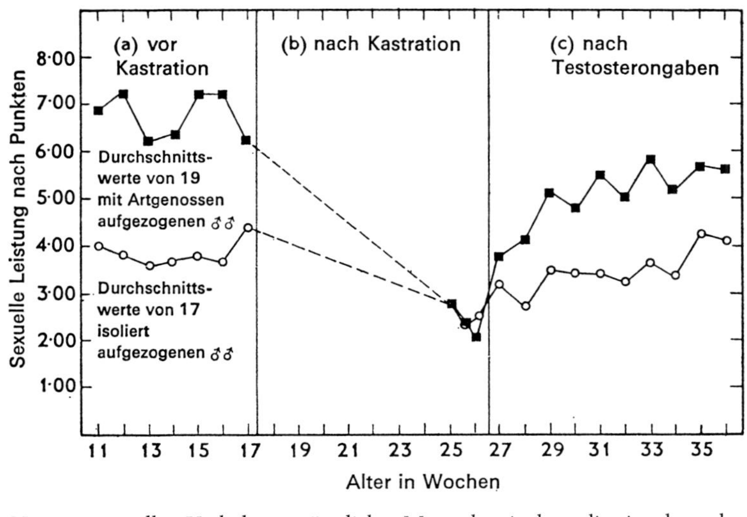

4.9 Niveaus sexuellen Verhaltens männlicher Meerschweinchen, die einzeln und gesellig aufwuchsen; vor (a) und nach (b) Kastration und nach Injektion von Testosteron (c). Aus A. MANNING (1967) nach E. S. VALENSTEIN und W. C. YOUNG (1955)

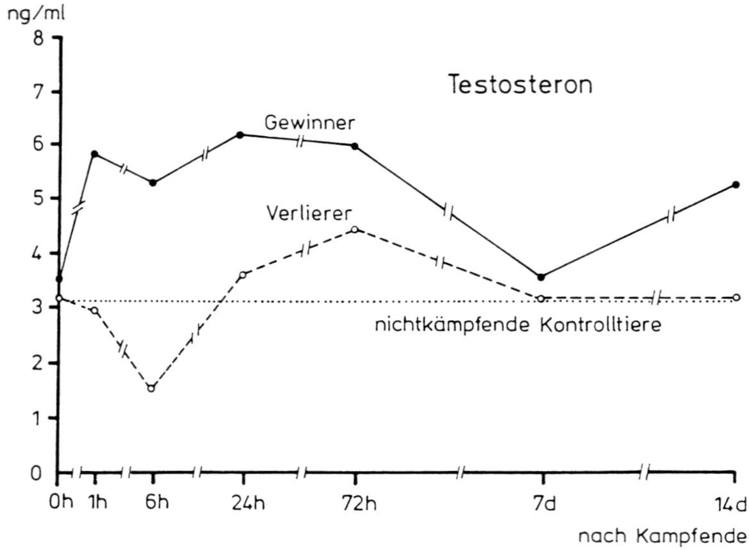

4.10 Kampfinduzierte Hormonschwankung beim Schwertträger *(Xiphophorus)*. Die mittlere Bluttestosteronkonzentration nimmt nach dem Sieg über einen Artgenossen zu. Sie sinkt nach einer Niederlage. Aus D. FRANCK (1984) nach Befunden von R. P. HANNES (1984)

Verhalten wirkt auf die motivierenden Systeme zurück, und zwar bekräftigend im Sinne einer positiven oder mindernd im Sinne einer negativen Rückkoppelung. So steigt der Testosteronspiegel im Blut von Schwertträgermännchen nach einem Sieg im Kampf mit einem Rivalen an, er sinkt dagegen bei Männchen, die einen Kampf verloren haben (Abb. 4.10; R. P. HANNES 1984). Das Beispiel ist deshalb interessant, weil ähnliches für uns Menschen gilt. Nach einem Gewinn beim Tennisspiel steigt der Bluttestosteronspiegel an (Einzelheiten in meiner Humanethologie), bei Verlust sinkt er ab. Das weist darauf hin, daß es sich hier wohl um sehr alte Mechanismen handelt.

Aus dem bisher Mitgeteilten kann man ersehen, daß spezifische Handlungsbereitschaften durch sehr verschiedene Faktoren ausgelöst werden können. Meist werden sie durch das Zusammenspiel von mehreren aktiviert. Wir erwähnten Außenreize (Tageslänge, Geschlechtspartner), innere Sinnesreize, die Abweichungen von einem Sollwert melden, z. B. Osmorezeptoren oder Rezeptoren, die den Füllungszustand eines Hohlorganes – Blase – melden, und Hormone.

Um die Tatsache des inneren Angetriebenseins auszudrücken, benützt man in Verhaltensbeschreibungen häufig das Wort »Trieb«. Die bisher erwähnten Beispiele belegen wohl deutlich genug, daß es sich dabei um einen beschreibenden Begriff handelt, dem kein einheitliches Triebkonzept zugrunde liegt, zumal man auch von einer Hierarchie der Triebe und Appetenzen sprechen kann (S. 294).

Das noch wenig erforschte Hauptproblem der Erbkoordination liegt aber darin, daß es gesetzmäßige Schwankungen der inneren Handlungsbereitschaft gibt, die sich nicht allein auf Grund der eben besprochenen Faktoren erklären lassen. K. LORENZ (1937) beschreibt, daß sein gut gefütterter Star, der nie Insekten zu fangen bekam, regelmäßig von Zeit zu Zeit im Leerlauf von seinem Sitzplatz hochflog, nach Nichtvorhandenem schnappte, dann zur Sitzstange zurückkehrte, die Totschlagebewegung ausführte und zuletzt auch schluckte, obgleich er nachweislich nichts erbeutet hatte. H. KLUYVER (1947) beobachtete Seidenschwänze *(Bombycilla garrulus)*, die bei strengem Frost im Leerlauf Insekten fingen. Bereits im Nest machen junge Wespenbussarde die Bewegungen des Wespennestausgrabens (K. GENTZ 1935). Stichlinge balzen auch im Leerlauf (N. TINBERGEN 1952). Mittlerweile sind viele solche Beispiele für Leerlaufhandlungen* bekanntgeworden (L. KOENIG 1951, P. LEYHAUSEN 1956 u. a.). Ebenso ist erwiesen, daß allein der Ablauf einer Bewegung schon triebbefriedigend wirken kann. Aufbau und Reduktion der spezifischen Handlungsbereitschaft scheinen in solchen Fällen oft auf zentrale Vorgänge zurückzuführen zu sein. A. D. BLEST (1957a) untersuchte die Reduktion der Flugbereitschaft eines Schmetterlings nach dem Fliegen und schaltete dazu alle nur denkbaren extraneuralen Rückkoppelungsmechanismen aus, einschließlich jener, die über Propriozeptoren laufen könnten, und fand, daß die Rückkoppelung wohl innerhalb des Zentralnervensystems selbst erfolgen muß.

Vorgänge innerhalb des Zentralnervensystems dürften in einigen Fällen insbesondere auch der Verursachung aggressiver Handlungsbereitschaften zugrunde liegen, allerdings sicher nicht bei allen Arten in gleicher Weise. Da zu diesem Thema sehr unterschiedliche Ansichten geäußert wurden, gehe ich darauf etwas näher ein.

Bei den sehr aggressiven Buntbarschen *Etroplus maculatus* und *Geophagus brasiliensis* müssen die Männchen mit anderen Männchen kämpfen können, damit sie sich erfolgreich verpaaren. Fehlt ihnen diese Gelegenheit, bringen sie ihre Weibchen um, da sie an ihnen ihre gestaute Kampfappetenz abreagieren. Man braucht nur zwei Pärchen durch eine Glasscheibe getrennt in einem Becken zu halten, dann bekämpfen sich die Männchen durch die Glasscheibe und lassen ihre Weibchen unbehelligt.

---

* M. BASTOCK, D. MORRIS und M. MOYNIHAN (1953) haben vorgeschlagen, den Begriff Leerlaufhandlung durch Überflußhandlung zu ersetzen, da man ja doch nie genau das absolute Fehlen eines auslösenden Reizes nachweisen könne. Aber da der Begriff Leerlauf dies nicht impliziert, können wir bei dem eingeführten Begriff bleiben.

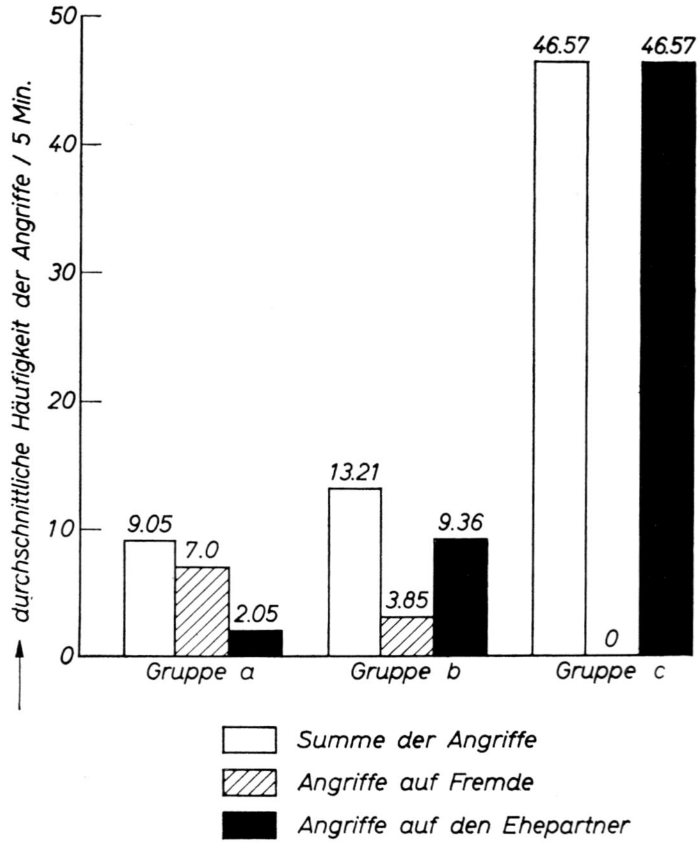

4.11 Durchschnittliche Anzahl der Angriffe männlicher Buntbarsche *(Etroplus maculatus)* während der Fortpflanzungsphase. In Gruppe a lebte das Paar mit einigen unverpaarten erwachsenen Artgenossen und einigen Jungtieren zusammen. Drei so gehaltene Paare wurden insgesamt 83 Stunden und 15 Minuten beobachtet. Zwei dieser Paare laichten zweimal und eines dreimal. In Gruppe b trennte eine Glasscheibe das Paar von seinen Artgenossen. Das Männchen konnte die Nachbarn wohl sehen, aber nur durch das Glas angreifen. Zwei Paare, die 5 Bruten erfolgreich aufzogen, wurden insgesamt 62 Stunden und 40 Minuten beobachtet. In Gruppe c war das Paar völlig von anderen Artgenossen isoliert. Bei drei so gehaltenen Paaren zerbrach der Paarzusammenhalt, und das Weibchen mußte zu seinem Schutze entfernt werden. Beim 4. Paar zerbrach der Paarzusammenhalt ebenfalls, die Tiere verpaarten sich aber noch einmal kurz vor dem Ablaichen. Sie laichten, fraßen aber die Eier auf und zerstritten sich wieder. Einen Tag später verpaarten sie sich noch einmal und blieben bis zum Schlüpfen der Eier beieinander. Dann vertrieb das Männchen das Weibchen und tötete es schließlich 3 Tage nach dem Schlüpfen der Jungen. Es zog die Jungen allein erfolgreich auf. Gesamte Beobachtungszeit für Gruppe c: 84 Stunden und 17 Minuten. Nach A. Rasa (1969)

Das gleiche geschieht, wenn man in einem genügend großen Becken noch andere Artgenossen dieser Cichliden hält, die die Angriffe auf sich ziehen. Entfernt man diese Prügelknaben, fällt das Männchen regelmäßig über das Weibchen her, mit dem es bisher verträglich lebte, und tötet es schließlich sogar (K. LORENZ 1963 a). A. RASA (1969) hat das an *Etroplus maculatus* experimentell näher untersucht und die Befunde von K. LORENZ bestätigt. Jene Männchen, die andere Fische im Becken angreifen konnten, richteten nur wenige Angriffe gegen die Weibchen. Wenn sie einen Nachbarn nur durch eine Glasscheibe angreifen konnten, waren sie ihren Weibchen gegenüber ein wenig aggressiver. Konnten sie dagegen keinen Fremden angreifen, bekämpften sie ihr Weibchen, wobei die Zahl der Angriffe pro Zeiteinheit dann gegenüber den vorgenannten Gruppen deutlich erhöht war (Abb. 4.11). Diese zunächst unverständliche Erhöhung der Aggressivität dem eigenen Weibchen gegenüber mag darauf zurückzuführen sein, daß das Weibchen den Kontakt mit dem Männchen trotz seiner Angriffe immer wieder sucht.

W. WICKLER (1970) erhob gegen RASAS Versuche den Einwand, bei dieser Art, bei der sich beide Geschlechter äußerlich kaum voneinander unterscheiden, bestünde die Möglichkeit, daß der Anblick des Weibchens das Männchen ständig aggressiv errege. Normalerweise würde sich diese so angeheizte Aggression nach außen gegen Fremde abreagieren, da die individualisierte Bindung an den Geschlechtspartner eine Hemmung setze. Diese würde aber nicht ausreichen, wenn man die Partner zusammensperre ohne Möglichkeit für das Männchen, sich abzureagieren. Neuere Versuche von H. U. REYER (1975) stützen diese Deutung. In einem anderen funktionellen Zusammenhang haben W. M. SCHLEIDT und Mitarbeiter (1960) etwas Ähnliches festgestellt. Puten bringt das pelzige Aussehen ihrer Küken in eine aggressive Erregung, die sich jedoch nicht gegen das Küken richtet, da dessen Lautäußerungen gegen es gerichtete Aggressionen abblocken. Die Aggressionen richten sich als »Brutverteidigung« gegen Feinde. Taube Puten töten jedoch ihre Jungen, da sie deren Lautäußerungen nicht mehr wahrnehmen.

Damit ist das Konzept einer endogenen Motivation der Aggression keineswegs vom Tisch. Vielmehr scheint es in Zusammenhang mit der jeweiligen Ökologie einer Art erhebliche artliche Unterschiede zu geben, selbst innerhalb einer nah verwandten Gruppe. Junge Männchen des Buntbarsches *Haplochromis burtoni* zeigen nach sozialer Isolation eine deutliche Zunahme der Aggressivität. Die sexuelle Handlungsbereitschaft der Jungfische bleibt dagegen unverändert (I. GOLDENBOGEN 1977; Abb. 4.12). Erwachsene männliche Buntbarsche der gleichen Art kann man auch durch Außenreize in eine gesteigerte und länger anhaltende Angriffsbereitschaft versetzen (W. HEILIGENBERG und U. KRAMER 1972; Abb. 4.13).

Die bereits als Jungtiere territorialen Riffbarsche *Microspathodon* lernen eine Aufgabe (Labyrinth), wenn sie zur Belohnung einen Rivalen sehen und bekämpfen können. Die Aufenthaltsdauer in der Zielkammer stieg mit der Dauer der vorangegangenen Isolierung. Nur Rivalen wirkten als Anreiz. Wurde auf der anderen Seite der Zielkammer ein anderes Objekt geboten, dann lernten die Fische nicht, das Labyrinth zu durchschwimmen (A. Rasa 1971; Abb. 4.14).

Männliche Schwertträger *(Xiphophorus helleri)* kämpfen nach vierzehntägiger Isolation signifikant länger als mit Artgenossen gehaltene Fische (54,2 Minuten gegenüber 27,2 Minuten). Die Anzahl der Droh- und Rammbewegungen pro Kampf blieb in beiden Gruppen gleich, die Verhaltensweisen Kreisen und Maulkampf nahmen dagegen nach Isolation zu (D. Franck und U. Wilhelmi 1973).

W. Heiligenberg (1964) wies nach, daß die Kampfbereitschaft männlicher Buntbarsche *(Pelmatochromis subocellatus)* absinkt, wenn die Tiere

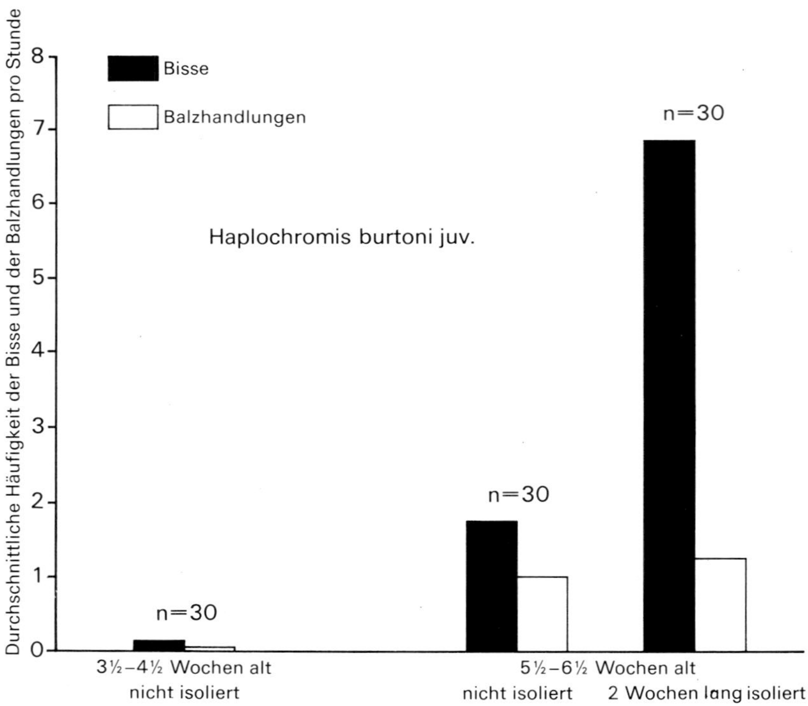

4.12 Die Steigerung der aggressiven Handlungsbereitschaft bei jungen Männchen von *Haplochromis burtoni* nach vorübergehender sozialer Isolierung. Die sexuelle Handlungsbereitschaft bleibt dagegen unverändert, was beweist, daß beide in diesem Alter verschiedenen motivierenden Systemen zuzuordnen sind. Aus I. Goldenbogen (1975)

stellt man nicht, wie bei den meisten Fischen, ungehemmte spontane Lokomotionsbewegungen (S. 74) fest, sondern die Rückenflosse des spinalen Seepferdchens bleibt vielmehr völlig ruhig in einer halb aufgerichteten Stellung. Drückt man nun das Präparat in der Kiemenregion leicht zusammen, wird sie ganz zusammengefaltet. Läßt man den Fisch bald wieder los, richtet sich die Flosse etwas höher auf als zuvor. Wiederholt man das und hält den Fisch länger fest, richtet sich die Rückenflosse nach Aufhören des sie offenbar reflektorisch hemmenden Reizes ganz auf und beginnt für kurze Zeit zu schlagen. Die Erklärung für dieses sehr eigenartige Phänomen liegt darin, daß der der Schwimmbewegung des Seepferdchens zugrundeliegende Automatismus (S. 73) nur eine sehr schwache endogene Erregungsproduktion besitzt, so daß die Erregung aufgestaut werden muß, damit Schwimmbewegungen auftreten. Dieser Stau wird durch eine reflektorische Hemmung der Schwimmbewegung erzielt. Beim Rückenmarks-Seepferdchen fällt diese Hemmung weg, ein Erregungsstau unterbleibt, und die schwache aktionsspezifische »Erregung« entlädt sich ständig*.

Wir erinnern uns in diesem Zusammenhang, daß E. v. HOLST für die Bewegungskoordination des Schwimmens einiger Fische eine ihr unterliegende zentralnervöse Erregungsproduktion (Automatie) nachwies. Ihre Stärke wechselt von Art zu Art. Der Aal, der viel schwimmt, schlängelt als desafferentiertes Rückenmarkspräparat dauernd bis zum Tode. Beim Seepferdchen, das viel ruht, wird die der Bewegung zugrundeliegende Automatie erst sichtbar, wenn man die Dauerentladung beim Rückenmarkstier experimentell verhindert und einen »Erregungsstau« herbeiführt. Sehr wahrscheinlich geht das unterschiedliche Bewegungsbedürfnis auch höherer Wirbeltiere auf solche Unterschiede der zentralen Erregungsproduktion zurück. Der Löwe, der auf seine Beute lauert, ist ein ruhiges Tier, das man auch in einem kleinen Käfig halten kann. Marder und Wölfe dagegen, die ihre Beute erjagen, haben ein sehr großes Bewegungsbedürfnis und laufen auch nach Sättigung, ihren Bewegungsdrang abreagierend, stundenlang in ihrem Käfig auf und ab.

K. LORENZ und E. v. HOLST sahen die Zusammenhänge zwischen diesen physiologischen Befunden und den Beobachtungen über die Spontaneität des Instinktverhaltens intakter Tiere. K. LORENZ erhob zur Arbeitshypothese, daß jeder Erbkoordination – und nicht nur jenen der Lokomotion – eine zentrale Erregungsproduktion nach Art des v. HOLSTschen

* Den Begriff »aktionsspezifische Erregung« hat K. LORENZ eingeführt. Damit ist jedoch keineswegs gemeint, daß die einem Verhalten zugrundeliegenden spontanen Motoneuronen notwendigerweise qualitativ verschiedene Erregungen produzieren. Aktionsspezifisch sind die antreibenden Neuronen, die dem Verhalten unterliegen.

Automatismus zugrunde liege. Mit dieser Generalisierung schlug er die Brücke zur Physiologie.

Welches biochemische Geschehen im Zentralnervensystem den beobachtbaren Fluktuationen der spezifischen Handlungsbereitschaft und Gestimmtheit zugrunde liegt, darüber hatte man zunächst keine klare Vorstellung. In den frühen sechziger Jahren mehrten sich die Hinweise, daß man im zentralen Catecholaminstoffwechsel einen Schlüssel zum Verständnis dieser Erscheinungen finden könnte. Drogen, die den zentralen Catecholaminspiegel senken, wirkten bei Säugern beruhigend, solche, die ihn hoben, steigerten die motorische Aktivität und Aggressivität. Beim Menschen wirkten sie antidepressiv. Diese Stoffe wirken als Überträgersubstanzen an den Synapsen. Ihre Anreicherung und ihr Verbrauch an bestimmten Hirnorten könnten die Phänomene einer zentralen Schwellenerniedrigung und Schwellenerhöhung erklären (G. M. Everett 1961, G. M. Everett und R. G. Wiegand 1962, D. X. Freedman und N. J. Giarman 1963, N. J. Giarman und D. X. Freedman 1965, J. J. Schildkraut 1965, J. J. Schildkraut und S. S. Kety 1967, S. T. Mason 1984).

I. J. Bak (1965), R. Hassler und I. J. Bak (1966) gelang der Nachweis submikroskopischer Catecholaminspeicher, die sich unter dem Einfluß von Drogen (Psychopharmaka) änderten. Reserpin entleert diese Catecholaminspeicher und bewirkt wahrscheinlich auf diese Weise die Auslöschung der Spontanaktivität. Nach Iproniazidgaben reichern sich die Catecholamine an ihren Speicherorten an, gleichzeitig steigern sich die Spontanbewegungen sehr.

Mittlerweile hat sich das Gebiet der Hirnchemie rasch entwickelt. Anfang der siebziger Jahre kannte man nur 4 Neurotransmitter; 1984 hatte man bereits rund 50 identifiziert. Die meisten sind Neuropeptide (D. T. Krieger 1983, T. Hökfelt und Mitarbeiter 1984, A. Herz 1984). Sie sind im Säugerhirn in bestimmter Weise verteilt und modulieren selektiv die Aktivität bestimmter Neuronenpopulationen. Die Stoffe werden im Zellkörper synthetisiert, axonal zu den Nervenenden transportiert und mit den klassischen Überträgersubstanzen freigesetzt. Neurotransmitter ändern die Erregbarkeit der Zellen schnell und über kurze Distanzen. Daneben unterscheidet man noch Neuromodulatoren, die die Antwort einer Zelle auf einen bestimmten chemischen Input ändern, und schließlich die Neurohormone, die von ihrem Entstehungsort aus langsam einsetzende neuronale Wirkungen erzielen. Die Stoffe bewirken auch bei uns Menschen spezifische Gestimmtheit (siehe dazu meine Humanethologie).

Am Beginn dieses aufblühenden Forschungszweiges stand die Entdeckung spezifischer Bindungsstellen für Opiate an den Nervenzellen. Es war klar, daß diesen von außen zugeführten und hier gebundenen physiologisch wirksamen Opiaten vom Organismus erzeugte endogene Opiate mit ähnlicher Funktion entsprechen müßten, z. B. Stoffe, die selektiv Schmerz hemmen, ohne die übrigen Sinnesfunktionen wesentlich zu beeinträchtigen. Man fand solche Stoffe mit entsprechenden, aber auch anderen physiologischen Auswirkungen in den Opioidpeptiden (auch Endorphine oder Hirnopioide genannt). Körpereigene Opiate kontrollieren das Verhalten der Säuger in ganz entscheidendem Ausmaß. Beta-Endorphine hindern z. B. bei Ratten Schmerz und lösen Lust aus. Füttert man Ratten mit Leckerbissen, dann nimmt die Aktivität des Beta-Endorphins im Hypothalamus sprunghaft zu. Eine Zunahme verzeichnet man aber auch, wenn Ratten längere Zeit Hunger und Durst erlitten haben. Beides wirkt hochgradig motivierend, die Lust auf Entbehrtes und körperlich Notwendiges wird angeregt (A. HERZ 1984). Suchtdrogen schließen solche biologischen Programme kurz. Wichtige Hirnopioide des Menschen sind Methionin-Enkephalin, Endorphin, Leucin-Enkephalin, Neo-Endorphin und Dynorphin. Aber es gibt, wie gesagt, noch viele andere Hirnpeptide. Ihnen entspricht auch eine Vielzahl von Peptidrezeptoren, die sich bestimmten Peptiden als Reaktionspartner zuordnen lassen, und zwar beim Menschen ebenso wie bei Wirbellosen. Der Wirkmechanismus ist demnach alt.

R. H. SCHELLER und Mitarbeiter (1984) zeigten, daß bei der Eiablage der *Aplysia* der Ablauf des Verhaltensrepertoires – Aufhören der Lokomotion, Hemmen des Fressens, Beginn der charakteristischen Webebewegungen des Kopfes (durch die die Eistränge aufgewunden werden) und gesteigerte Pumpbewegungen der Atmung – über Hirnpeptide kontrolliert wird. Die Genannten sprechen von Hirnpeptidschaltkreisen, die den zeitgerechten Ablauf dieser verschiedenen Aktivitäten steuern. Dabei setzt ein Peptid einer ganz bestimmten Zelle eine Kette von Vorgängen in anderen Neuronen in Gang und zahlreiche Peptide frei. SCHELLER und seine Mitarbeiter schätzen, daß nicht weniger als 40 verschiedene Neuropeptid-Vorläufer und mehr als 100 biologisch aktive Peptide bei *Aplysia* neuroendokrine Funktionen erfüllen. Sie wirken nicht nur als Modulatoren synaptischer Interaktionen, die durch die klassischen Überträgersubstanzen vermittelt werden. Es gibt vielmehr ein komplexes peptidvermitteltes neurales Wirkungsgefüge.

In den Neurotransmittern und Neurohormonen liegen damit »aktionsspezifische Stoffe« vor, und das kommt doch dem recht nahe, was KONRAD LORENZ – von anderen seinerzeit oft belächelt – intuitiv mit dem Konzept der aktionsspezifischen Energie erfaßte.

Zusammenfassung 4

Tiere reagieren nicht passiv auf Außenreize. Sie werden vielmehr durch eine Vielzahl motivierender Systeme angeregt, die jeweils spezifische Appetenzen bewirken. Es wird ein als Appetenzverhalten bezeichnetes Suchverhalten aktiviert, welches das Tier einer Reizsituation entgegenführt, die es erlaubt, bestimmte triebbefriedigende Endhandlungen auszuführen. Oft aber stillt nicht der Ablauf einer Bewegung im Sinne einer Abreaktion die Appetenz, sondern das Erreichen einer abschaltenden Reizsituation, die das Tier durch sein Verhalten herbeiführt oder in die es sich, von seiner Appetenz gedrängt, begibt, z. B. wenn es einen Ruheort oder die Partnernähe sucht. Die alte Vorstellung, nur eine Abweichung vom physiologischen Gleichgewicht treibe ein Tier zum Handeln an, bis das Defizit ausgeglichen und die Homöostase wiederhergestellt sei, ist überholt. Es gibt Appetenzen nach bestimmten Instinkthandlungen, wie etwa solche des Beutefangens, die völlig unabhängig vom Hunger sind. Es gibt Appetenz nach Informationserwerb (Neugier) und vieles andere mehr. Aus dieser Tatsache wird bereits klar, daß der oft benützte Begriff ein funktioneller ist, der nur auf die Tatsache einer hinter einem Verhalten oder Verhaltenssatz stehenden Motivation hinweist. Im übrigen sind die verschiedenen motivierenden Systeme sehr verschieden gebaut; innere Sinnesreize, Hormone und zentralnervöse Spontaneität wirken in vielfacher Weise am Aufbau spezifischer Handlungsbereitschaften zusammen. Mit der Entwicklung der Neurotransmitter und der Hirnhormonforschung eröffnete sich der Motivationsforschung ein weites, vielversprechendes Arbeitsgebiet.

5. Das Verhalten als Antwort

5.1 *Der angeborene Auslösemechanismus (AAM) (Das angeborene Erkennen)*

Verhaltensweisen werden zwar durch motivierende Mechanismen angetrieben, in der Regel bewirkt dies aber zunächst nur ein »Appetenzverhalten« genanntes Suchverhalten, durch das ein Tier schließlich die auslösenden Reizsituationen findet, die es ihm gestatten, bestimmte Verhaltensweisen ablaufen zu lassen. Sie werden in ihr konkret durch bestimmte Reize oder Reizkombinationen ausgelöst. Nun lehren die Versuche der Ethologen, daß viele Tiere bereits vor individueller Erfahrung mit einer bestimmten Reizsituation in der Lage sind, auf solche eignungsgemäß zu antworten. Es müssen ihnen demnach als stammesgeschichtliche Anpassungen Apparaturen angeboren sein, die so konstruiert sind, daß sie nur beim Eintreffen ganz bestimmter Reize bestimmte Verhaltensweisen freigeben. Den Mechanismus, der diese Leistung vollbringt, nennt man den angeborenen Auslösemechanismus. Zur Veranschaulichung seiner Wirkungsweise zog KONRAD LORENZ oft die Schloß-Schlüssel-Analogie heran. Er spricht auch von »Schlüsselreizen«, die auf das Schloß – den angeborenen Auslösemechanismus – passen.

Die Schlüsselreize sind oft recht einfach. Man ermittelt sie durch Attrappenversuche an unerfahrenen Tieren. Angeborene Auslösemechanismen, die sehr unselektiv auf einfachste Reize ansprechen, können durch individuelle Erfahrungen an Selektivität gewinnen. Die Kröte, die zunächst unselektiv bewegte Objekte schnappt, lernt durch Abdressur, Ungenießbares zu meiden.

Durch unbedingte Reize kann auch eine Hemmung ausgelöst werden: Der Suchautomatismus des Säuglings – ein rhythmisches Kopfpendeln beim Brustsuchen – wird sogleich gehemmt, wenn das Kind mit dem Mund die Brustwarze berührt (H. PRECHTL 1958). Verschiedene Nest-

5.1 Junge unerfahrene Katze an einer visuellen Klippe. Obgleich das Tier bisher keinerlei Erfahrungen mit Abgründen sammelte und der Abgrund hier mit einer Glasplatte überdeckt ist, stutzt es an der Kante. Nach E. GIBSON und R. WALK aus P. MARLER und W. HAMILTON (1966)

flüchter zeigen eine angeborene Scheu vor einem Abgrund, den sie vor Erfahrungen mit Abstürzen am Seheindruck erkennen. Küken, Zicklein und Lämmer, aber ebenso auch vier Wochen alte Katzen, die nie irgendwo abgestürzt waren, halten vor einem Abgrund, der mit einer Glasplatte bedeckt ist, während die weniger optisch orientierte Wanderratte ohne weiteres auf der Glasplatte über den Abgrund hinausläuft (E. GIBSON und R. WALK 1960). Die Parallaxenverschiebung bei Bewegung wird als das entscheidende Merkmal verarbeitet. Um das zu können, mußten die Katzen nur vorher Gelegenheit gehabt haben, sich in einer gemusterten Umgebung aktiv zu bewegen. Katzen, die in einem Streifenzylinder im Kreise laufen konnten, ohne dabei ihre eigenen Füße zu sehen, reagierten auf den visuellen Abgrund. Mit ihnen durch einen Hebel verbundene Katzen, die passiv in einer Gondel mitgeführt wurden, also visuell das gleiche erlebten, versagten dagegen (R. HELD und A. HEIN 1963). Drei Tage alte Haushuhnküken, die man bei Licht hält, aber nicht füttert, picken bevorzugt nach photographischen Abbildungen einseitig beleuchteter Halbkugeln, aber nur dann, wenn die helle Seite nach oben weist. Sie verhalten sich also so, als wüßten sie, daß dreidimensionale Objekte wegen des normalerweise von oben einfallenden Lichtes oben heller sind. Daß dieses »Wissen« angeboren ist, zeigt sich, wenn man Küken die ersten Tage in von unten beleuchteten Käfigen hält. Sie ziehen dann nämlich keineswegs Abbildungen von unten beleuchteter Halbkugeln, sondern weiterhin die mit der hellen Seite nach oben weisenden Photographien vor. Ihre Fähigkeit, Oberflächenschattierungen als Reizparameter dreidimensionalen Sehens zu benützen, ist ihnen demnach angeboren (R. DAWKINS 1968). Es gibt also zweifellos ein angeborenes Erkennen auslösender und hemmender Reizsituationen selbst solch komplexer Art (Abb. 5.1).

Der angeborene Auslösemechanismus, der diese Leistungen vollbringt, ist zunächst einmal rein funktionell definiert. Er ist ein Reizfilter. Seine Lokalisation ist uns in den meisten Fällen unbekannt. Daß bereits in der Retina eine Analyse und integrierende Verarbeitung der Meldungen stattfindet, zeigen die Untersuchungen von H. MATURANA und Mitarbeitern (1960) am Leopardfrosch *(Rana pipiens)*. Sie fanden in der Retina 5 Klassen von Ganglienzellen, die verschiedene Reize melden. Eine Gruppe feuert z. B. nur beim An- und Abschalten des Lichtes jedesmal kurz. Sie melden auch jede bewegte Kante und feuern sowohl beim Dunkler- als auch beim Hellerwerden, also sowohl beim Passieren der Vorderseite als auch der Hinterseite eines Streifens. Steht das Objekt im rezeptiven Feld der Retina still, feuern die Zellen nicht weiter, sie melden nur den Wechsel des Kontrastes, sind also gewissermaßen Ereignisdetektoren. Eine andere Zellgruppe feuert nicht beim An- oder Abschalten des Lichtes, sondern nur, wenn sich eine gerade oder gebogene Kante über das rezeptive Feld der Retina bewegt. Hält sie an, wechselt die Frequenz der Entladung zu einer niederfrequenten Dauerentladung. Diese Zellen informieren den Frosch fortdauernd über die Umrisse von Gegenständen. Sie sind Randdetektoren.

Von besonderem Interesse ist eine Zellgruppe, die nicht auf den Wechsel der Allgemeinhelligkeit anspricht, sondern nur mit heftigen Entladungen, wenn sich ein kleines Objekt, dunkler als der Hintergrund, über das rezeptive Feld bewegt. Die Autoren sprechen von »Käferdetektoren«. Schließlich gibt es noch besondere Zellen, die den Lichtabfall, und solche, die die Lichtintensität messen. Hier liegt also die Selektivität des Reizfilters schon im Rezeptor. Auch in der Retina des Kaninchens hat man verschiedene Nervenzellen gefunden, die die ankommenden Meldungen

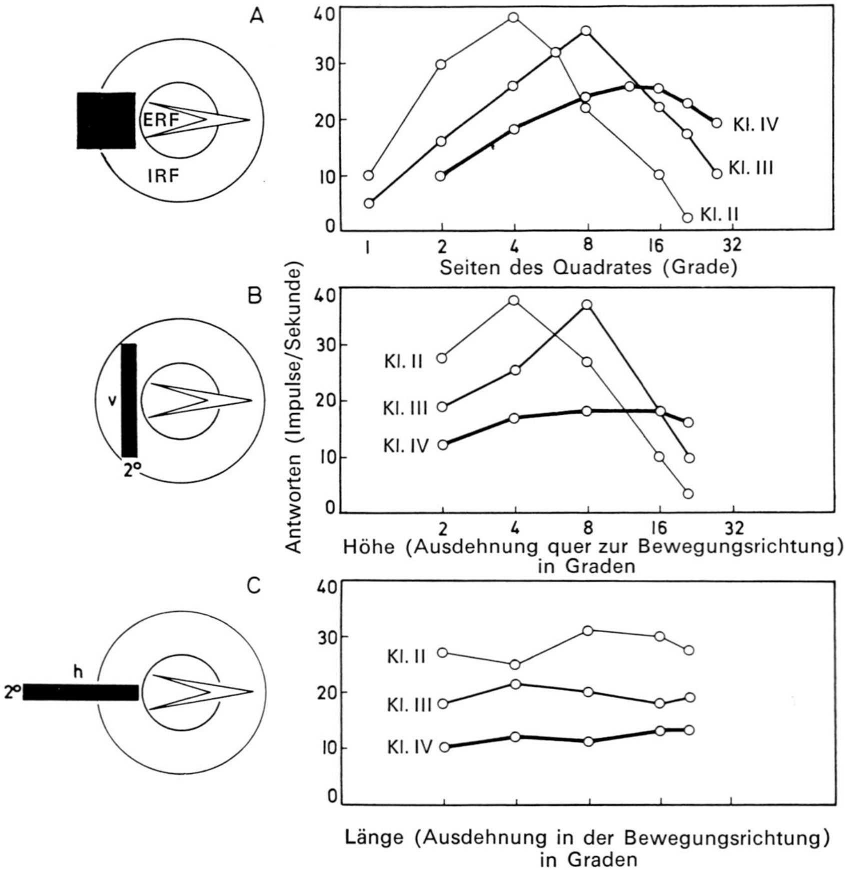

5.2 Antworten retinaler Ganglienzellen der Klassen II, III und IV auf schwarze bewegte Objekte verschiedener Formen und Ausdehnung in bezug auf die Bewegungsrichtung. Die Objekte wurden alle mit derselben Geschwindigkeit (7,6°/sec) in der Horizontalen bewegt. ERF: erregendes rezeptorisches Feld. IRF: inhibitorisches (hemmendes) rezeptorisches Feld. Weitere Erklärungen im Text. Aus J. P. Ewert (1972)

bereits vor dem Zentralnervensystem verarbeiten. Es gibt z. B. Zellen, die nur dann feuern, wenn sich ein dunkler Gegenstand in einer bestimmten Richtung über das rezeptive Feld bewegt (H. B. Barlow und Mitarbeiter 1964).

Wir finden also in der Froschretina verschiedene sich überlappende rezeptorische Systeme, die das auf die Retina geworfene Bild verarbeiten.

Kröten reagieren auf bewegte kleine Objekte und auf größere, die sich wurmartig in der Bewegungsrichtung ausdehnen, mit Beutefanghandlungen (Fixieren, Zuschnappen, Schlucken). Objekte, die sich dagegen senkrecht zur Bewegungsrichtung ausdehnen, lösen Vermeidungsreaktionen und Flucht aus. Da Kröten diese Leistungen bereits unmittelbar nach der Verwandlung aus der Kaulquappe vollbringen, ist ihnen das Vermögen bzw. der ihm zugrundeliegende Auslösemechanismus angeboren. J. P. EWERT (1973, 1974a, 1974b) hat ihn untersucht.

Ableitungen von einzelnen Nervenfasern und Nervenzellen in verschiedenen Abschnitten des visuellen Systems ergaben, daß sich die Datenverarbeitung in drei Abschnitten vollzieht. In der Retina identifizierte EWERT drei Klassen von Ganglienzellen (Klasse II, III und IV), die sich durch eine unterschiedliche Ausdehnung des erregenden rezeptorischen Feldes auszeichnen (4° für Klasse II, 8° für III und 12° für IV)*. Die Antworten dieser drei Zellklassen ändern sich nicht mit Ausdehnung des Objektes in der Bewegungsrichtung (horizontale Streifen; Abb. 5.2c). Vergrößerung der Objekte vertikal zur Bewegungsrichtung führte bei den Zellklassen II und III zu einem Ansteigen der Entladungsrate, bis der Durchmesser des ERF erreicht war, um danach wieder abzusinken (Abb. 5.2a, b). Für die Zellen der Klasse IV blieb die Entladungsrate hoch. Beute erregt normalerweise die Zellen der Klassen II und III, Feinde erregen die der Klassen III und IV. Für alle drei Klassen steigt die Entladungsrate mit zunehmender Geschwindigkeit des Objekts an.

Obgleich die Verarbeitung der visuellen Eingänge demnach bereits in der Retina stattfindet, findet die verhaltensrelevante Interpretation der Reizobjekte als Beute oder Feind mehr zentral statt.

Im Mittelhirndach (Tectum opticum) der Kröte ist jedes rezeptive Feld der Retina in einer topographischen Projektion repräsentiert (retinotope Ordnung; Abb. 5.3). Das kann man durch elektrische Ableitung nachweisen: Jedes retinotope Projektionsfeld im Mittelhirn wird nur durch Reizung des entsprechenden Retinabezirkes aktiviert. Elektrische Reizung dieser tectalen Projektionsfelder löst orientierende Wendebewegungen der Kröten und Schnappen aus, wobei wieder verschiedene Tectumbezirke bestimmten Orten des Gesichtsfeldes topographisch zugeordnet sind (Abb. 5.4). Diese tectalen Neuronen repräsentieren zweifellos ein Lokalisationssystem. Das Tectum opticum enthält ferner ein Neuronensystem, das die verhaltensrelevanten Aspekte sich bewegender Reizobjekte verarbeitet. Die Neuronen dieses Systems sind in Schichten angeordnet (Abb. 5.3). Sie haben ein Erregungsfeld von ungefähr 27° Durchmesser. Eine Zelltype (Typ I) wird vor allem durch Objekte aktiviert, die sich in der

* Als erregendes rezeptorisches Feld (ERF) bezeichnet man jenen Retinaabschnitt, aus dem die Ganglienzelle durch einen bewegten Reiz aktiviert werden kann. Ein ERF hat annähernd radialsymmetrische Form und wird von einem inhibitorischen rezeptiven Feld (IRF) umgeben. Objektbewegung im Bereich des IRF hemmt die Aktivierung der Ganglienzelle auf einen gleichzeitig durch das ERF bewegten visuellen Reiz.

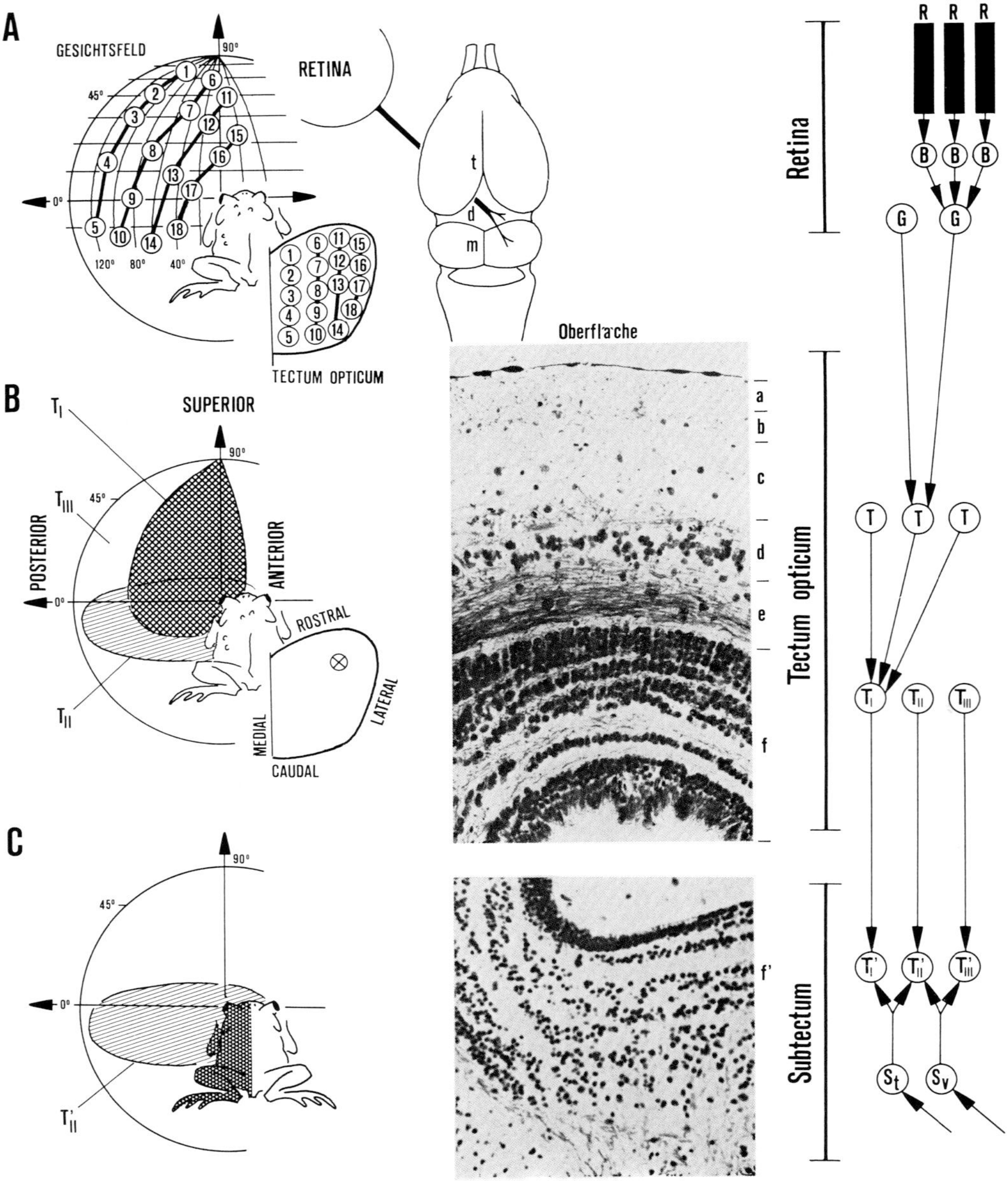

5.3 Anordnung und Größe rezeptiver Felder von Neuronen aus der Retina (A), dem Tectum opticum (B) und dem Subtectum (C) sowie deren Zuordnung zu bestimmten Tectumschichten. Das histologische Foto (Klüver-Barrera) zeigt einen Querschnitt durch die Deckenformation des Tectum opticum inklusive unterhalb des III. Ventrikels gelegener subtectaler Bezirke. A: Projektion des linken Gesichtsfeldes auf die Oberfläche des kontralateralen, rechten Tectum opticum. Objektbewegung in einem numerierten Teil des Gesichtsfeldes führt zur Aktivierung zugeordneter Retinafasern (Axonendigungen) in einem entsprechend numerierten Teil des Projektionsfeldes. Retinale Klasse-2-Fasern enden in den Tectumschichten a und b, Klasse 3 in c und Klasse 4 in Schicht d. Rechts: Krötengehirn in Aufsicht (rechtes Auge nicht eingezeichnet). B: Anordnung der rezeptiven Felder von drei verschiedenen Großfeldeinheiten, $T_{I,\ II,\ III}$, aus den Tectumschichten e und f. C: Visuelles (Streifenraster) und mechanorezeptives Feld (Punktraster) einer optisch-taktil erregbaren Einheit, T'_{II}, aus dem Subtectum. – Mögliche Verschaltung zwischen den registrierten Retina-, Tectum- und Subtectumneuronen. R Rezeptor-, B Bipolar-, G Ganglienzelle; T bewegungsspezifische tectale Kleinfeldeinheiten, $T_{I,\ II,\ III}$ bewegungsspezifische tectale Großfeldeinheiten; $T'_{I,\ II,\ III}$ entsprechende bewegungsempfindliche Großfeldeinheiten aus dem Subtectum mit zusätzlichen Eingängen von taktil (S_t) und/oder vibratorisch erregbaren Neuronen (S_v). Aus J. P. EWERT (1973)

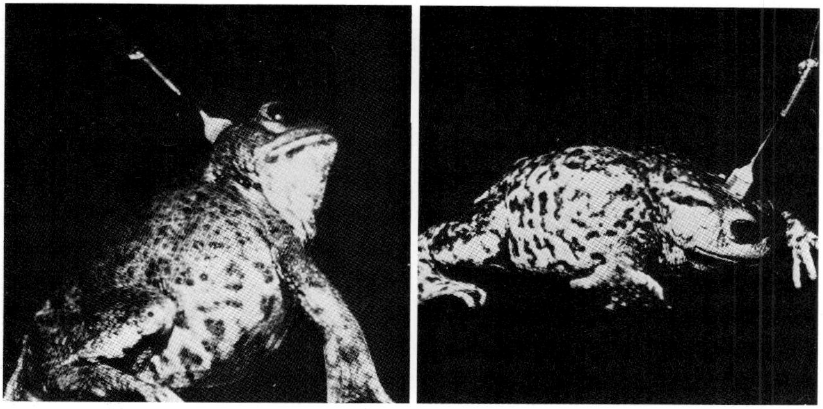

5.4 Links: Orientierung des Zuwendens kann durch elektrische Reizung von Orten des Tectum opticum ausgelöst werden. Jedem Reizort ist eine andere räumliche Orientierungsbewegung zugeordnet. Sie geht normalerweise dem Beutefang voraus. Hier richtet sich die Kröte auf, als würde sie ein Beuteobjekt in der oberen linken Hälfte des Gesichtsfeldes sehen. Rechts: Reizung im Thalamus praetectum aktiviert Fluchtverhalten. Die Kröte duckt sich und weicht zurück, als würde sie einen Feind im oberen linken Gesichtsfeld sehen. Aus J. P. EWERT (1973)

Bewegungsrichtung ausdehnen. Ausdehnung senkrecht dazu bewirkt dies nicht. Andere Neuronen (vom Typ II) unterscheiden sich vom Typ I, indem ihre Entladungsrate sich verringert, je mehr sich ein Objekt senkrecht zur Bewegungsrichtung ausdehnt (Abb. 5.5 und 5.6). Sie stellen das Triggersystem* für die Beutefanghandlungen dar. In den tieferen Schichten des Tectum findet man Einheiten mit sehr großen rezeptiven Feldern (Abb. 5.3), die der Kröte wahrscheinlich helfen, große Objekte zu lokalisieren.

* Unter Triggersystem versteht man in einer neuronalen Schaltung den Teil, der für die Auslösung einer Aktion verantwortlich ist.

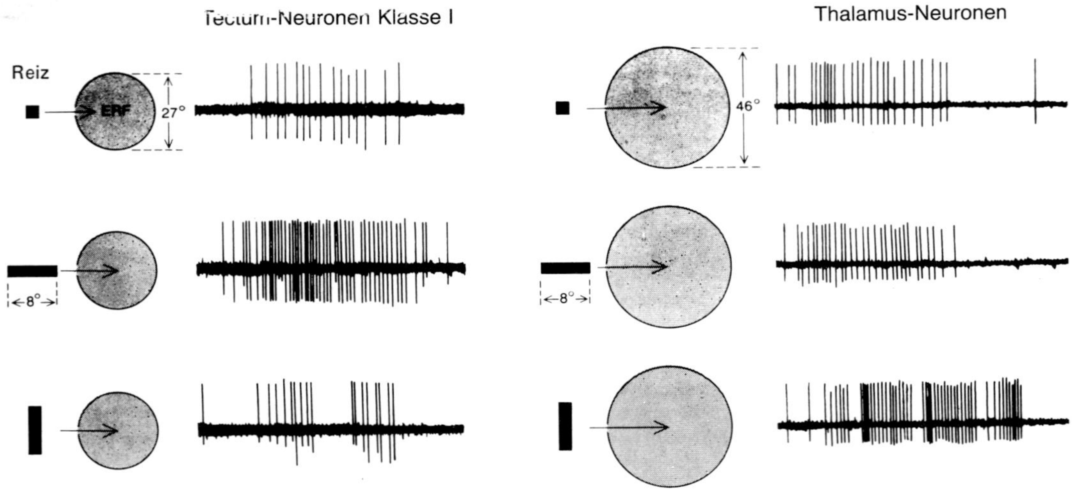

5.5 Nach der Ebene der Retina vollzieht sich die Merkmalserkennung durch Zellen des Tectum und des Thalamus. Einzelzellableitungen zeigen, daß die Tectum-Neuronen der Klasse I (links) am meisten durch bewegte Objekte erregt werden, die sich in der Richtung ihrer Bewegung ausdehnen (wurmartige Objekte). Die Zellen im Thalamus (rechts) reagieren dagegen am stärksten, wenn sich das Objekt vertikal zur Bewegungsrichtung ausdehnt (Feind, Hindernis). Aus J. P. EWERT (1974)

In der Thalamus-Praetectum-Region liegt ein Fluchtsystem. Die punktförmige elektrische Reizung des caudalen dorsalen Thalamus oder des benachbarten Praetectum beantwortet die Kröte mit Fluchtverhalten (Sichabwenden, Sichducken, panikartiges Davonspringen), und zwar bei Reizströmen, die grundsätzlich niedriger sind als jene, die man zur Auslösung einer Beutefanghandlung durch Tectumreizung benötigt. Ableitung ergab, daß die rezeptiven Felder dieser Neuronen einen Durchmesser von 40° bis 90° besitzen und hauptsächlich durch große Objekte, die sich senkrecht zur Bewegungsrichtung ausdehnten und sich dunkel vor hellem Hintergrund abhoben, aktiviert wurden, und zwar durch bewegte ebenso wie durch ruhende Objekte; insgesamt also durch Situationen, die ein Ausweichen erfordern.

Aufgrund dieser Befunde wird angenommen, daß die retinalen Projektionsfelder im Mittelhirn (Tectum opticum), die für die Zuwendung zu einem Reizobjekt verantwortlich sind, und jene im Zwischenhirn (Thalamus, Praetectum), die Abwendung bewirken, gemeinsam an der Reizidentifikation beteiligt sind. Die Figurenanalyse geschieht durch eine subtrak-

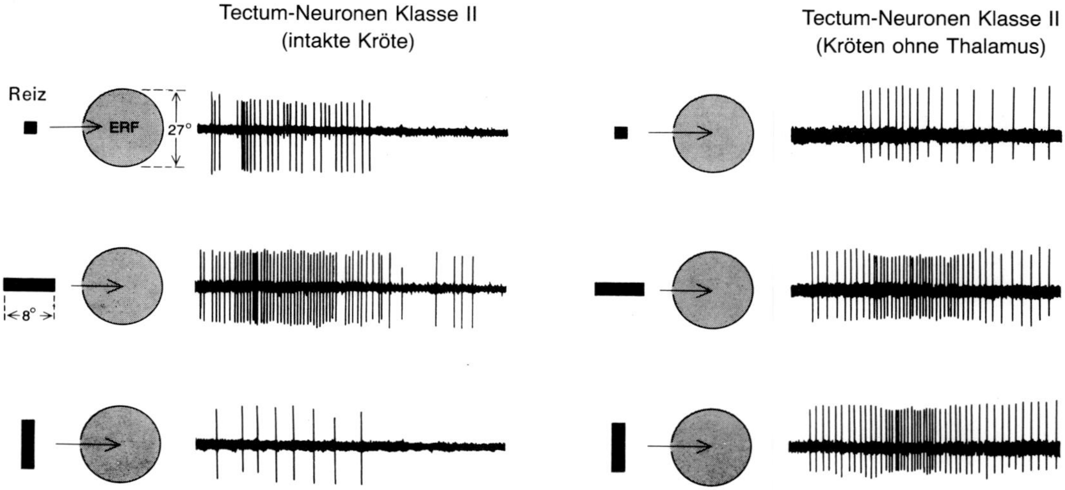

5.6 Die Triggereinheiten für die ganze Beutefanghandlung scheinen die Tectum-Neuronen der Klasse II zu sein (links). In der intakten Kröte werden diese Zellen am meisten durch wurmartige Objekte (horizontaler Balken) aktiviert. Sie werden um so weniger aktiviert, je mehr sich das Objekt vertikal zur Bewegungsrichtung ausdehnt. Der Abfall ist stärker als bei den Tectum-Neuronen der Klasse I. Nach Zerstörung des Thalamus reagieren jedoch auch die Klasse-II-Zellen auf Objekte, die sich in der Vertikalen ausdehnen und normalerweise keine Beutefanghandlungen aktivieren. Das läßt vermuten, daß die Signale aus dem Thalamus einen hemmenden Einfluß ausüben. Aus J. P. Ewert (1974)

tive Interaktion der respektiven Nervennetze. Die aus dem Thalamus kommenden Signale scheinen dabei hemmend auf die Triggereinheiten des Tectum zu wirken, da nach Zerstörung des Thalamus die Kröten auch auf Objekte mit Beutefanghandlungen reagieren, die sich senkrecht zur Bewegungsrichtung ausdehnen (Abb. 5.6). Die Abb. 5.7 zeigt die Verhältnisse schematisch. Aus Gründen der Anschaulichkeit ist dabei jeder Analyseschritt eines Neuronennetzes so dargestellt, als würde es wie ein neuraler Gestaltfilter wirken. Die Neuronen der Retina (Klasse II und III) kodieren die Objektausdehnung quer zur Bewegungsrichtung (vertikales Fenster). Tectale Nervennetze (I) kodieren die Objektausdehnung in der Bewegungsrichtung (horizontales Fenster). In einer weiteren tectalen Schicht (II) wirkt die aus der Thalamus-Praetectum(TP)-Region einlaufende Meldung hemmend, während Impulse von den Tectum-I-Zellen diese Einheiten (Triggereinheiten, II) anregen.

In einem sehr ausführlichen und lesenswerten Referat über die Neurophysiologie des visuellen Systems der Froschlurche erheben O. J. Grüsser und U. Grüsser-Cornehls (1976) theoretische Einwände gegen Ewerts

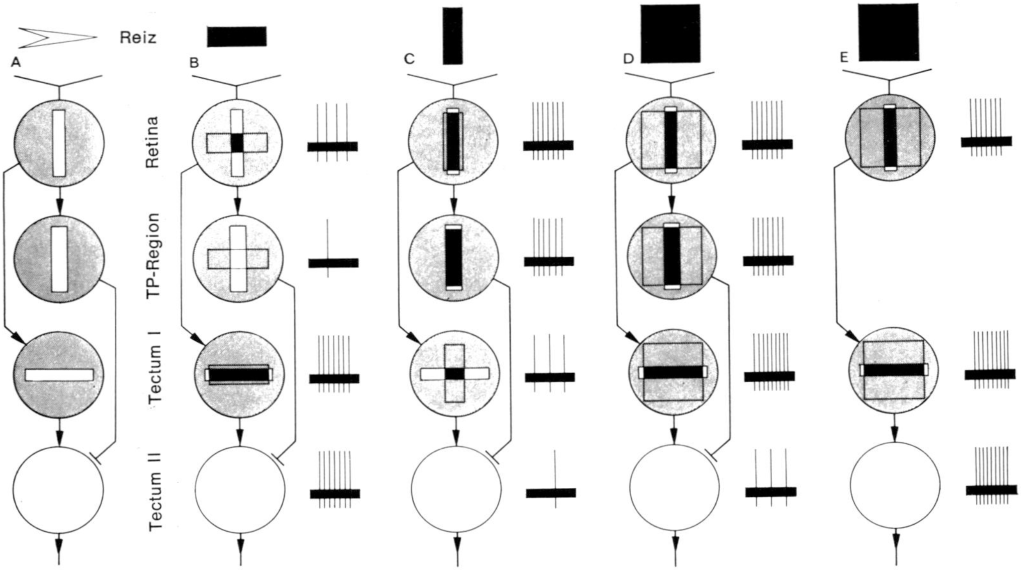

5.7 Einfache Modellvorstellung für das Beuteerkennen auf der Basis von inhibitorischen Interaktionen zwischen neuronalen »Gestaltfiltern«: Retinale Ganglienzellen, Thalamus-Praetectum-(TP)-Neuronen, Tectum-I-Neuronen. Die Tectum-II-Neuronen lösen in Abhängigkeit von ihrem Aktivierungsgrad die Beutefangwendereaktion aus. – A: Der gestaltbezogene Analyseschritt eines jeden Filters wird durch ein Fenster symbolisiert. Objektausdehnungen über die Fensterenden hinaus haben hemmende Effekte. Von den retinalen Ganglienzellen wird die Information über Ausdehnungskomponenten in der Bewegungsrichtung durch Konvergenzschaltung an die Folgeneuronen weitergegeben. – B bis D: Erregungsgrad innerhalb der vier Neuronenpopulationen bei Reizung mit verschieden rechtwinkligen Objekten (Horizontal-, Vertikalstreifen und Quadrate). Pfeile: erregende; Linie mit Querstrich: hemmende Kontakte (Synapsen). E: Fehlinterpretationen nach experimenteller Ausschaltung der Thalamus-Praetectum-Region. Die Aktivität innerhalb jedes Neuronennetzes ist durch eine Aufzeichnung des Entladungsmusters angegeben. In C und D sind die Beutefanghandlungen gehemmt. Aus J. P. Ewert (1975)

Modell. Ihr Gegenmodell geht davon aus, daß der Entscheidungsprozeß ›Beute oder nicht Beute‹ im Gehirn nicht vor der motorischen Reaktion erfolgt. Sie glauben, daß die Kröte die gesamte Beutefangsequenz von der orientierenden Wendebewegung bis zum Schnappen durchlaufen haben muß, um zu »wissen«, wie sie sich entschieden hat. Dem widerspricht jedoch das Verhalten der Kröte; sie trifft die Entscheidung, bevor sie sich dem Objekt zuwendet. Besitzt ein visueller Reiz keine Beutemerkmale, dann ist die Wahrscheinlichkeit gering, daß sich die Kröte zur Reizquelle hinwendet. Die im Experiment gemessene Wendeaktivität spiegelt die Wahrscheinlichkeit wider, mit der das Reizobjekt als Beute angesprochen wird (J. P. EWERT und Mitarbeiter 1978, A. VON WIETERSHEIM und J. P. EWERT 1978, 1979).

Die von den Ganglienzellen der Retina aufgenommene visuelle Welt wird so auf die retinalen Projektionsfelder des Hirns projiziert, und die visuelle Information wird durch besondere Neuronenkreise geprüft, wobei die von der Filterpassage kommende Information mit jener verglichen wird, die aufgrund stammesgeschichtlicher Anpassungsvorgänge bereits gespeichert vorliegt. Komplexe Formen werden bei Säugern nicht durch spezielle Neuronentypen repräsentiert, vielmehr werden Objekte durch erregte Neuronenpopulationen repräsentiert, deren verschiedene Zellklassen verschiedene Merkmale kodieren (J. T. MCILWAIN 1972). Säuger unterscheiden einen horizontalen Streifen von einem vertikalen auch auf andere Weise als die Kröten.

Während die Kröte, wie gesagt, runde (isotrope) rezeptive Felder hat und Ausdehnungskomponenten eines Musters nur in Verbindung mit dessen Bewegungsrichtung auswerten kann, können die einfachen Orientierungsdetektoren des visuellen Kortex der Säuger die Orientierung eines Streifenmusters in bezug zur Hauptachsenorientierung ihrer langgestreckten (anisotropen) rezeptiven Felder feststellen.

Die entsprechenden rezeptiven Felder der lichtadaptierten Katze sind so angeordnet, daß ein An-Zentrum von einem peripheren rezeptiven Ab-Feld umgeben wird. Die Untersuchungen von D. H. HUBEL und T. N. WIESEL (1959, 1962) verfolgten die Datenverarbeitung über die retinale Organisation hinaus, indem sie die Aktivität einzelner Neuronen in den Corpora geniculata und im Cortex striatum, dem optischen Zentrum des Katzenhirns, im Zusammenhang mit dem retinalen Geschehen registrierten. Die Hirnrindenzellen stehen in Beziehung zu den retinalen Rezeptionsfeldern, und zwar sind sie so mit bestimmten Ganglienzellen geschaltet, daß zuletzt eine Cortexzelle einem ganz bestimmt gelegenen retinalen Reizfeld zugeordnet ist. Reizt man die Retina mit schmalen länglichen Lichtstreifen anstatt mit Lichtpunkten und leitet man von einer Zelle im Cortex striatum ab, dann erhält man nach Lage und Bewegungsart der belichteten Fläche verschieden starke Antworten. Wir stoßen also im visuellen System auf eine stufenweise integrierende Datenverarbeitung, die bereits in der Retina beginnt (Abb. 5.8). Die Untersuchungen von D. H. HUBEL und T. N. WIESEL (1963) weisen nach, daß vieles von der komplexen Physiologie der Reizverarbeitung der visuellen Hirnrinde der Katze bereits beim Neugeborenen anzutreffen ist. Die neuralen Verbindungen, die dieser komplizierten Datenverarbeitung zugrunde liegen, müssen also zum größten Teil bereits bei der Geburt vorliegen, obgleich die Neugeborenen offenbar nicht in der Lage sind, dieses funktionierende visuelle System auch zu nützen. Visueller Erfahrungsentzug führt zu degenerati-

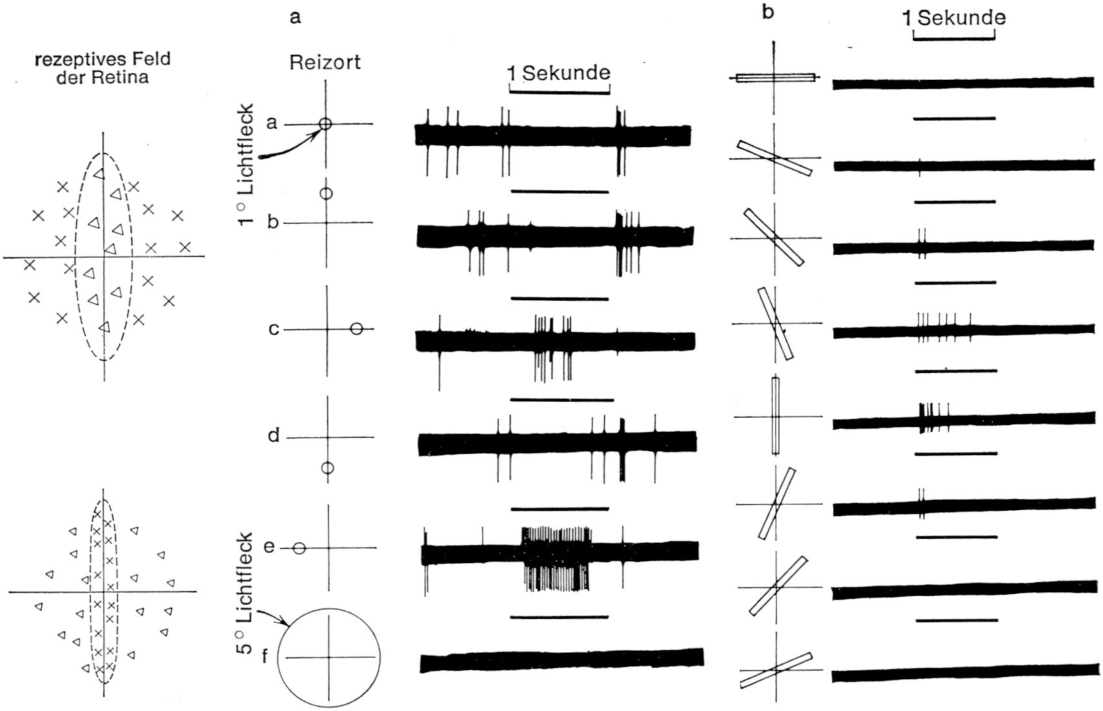

5.8 a) Antworten einer Zelle im Cortex striatum der Katze bei Reizung verschiedener Orte der Retina mit einem 1°-Lichtfleck und b) mit einem Lichtbalken (1° × 5°), der um das rezeptive Feld in 7 Stellungen rotiert. Die rezeptiven Felder der Retina sind auf der linken Seite gezeichnet (oben für a), unten für b)), Dreiecke bezeichnen hemmende, Kreuzchen erregende Felder. Nach D. H. Hubel und T. N. Wiesel (1959) aus P. Marler und W. Hamilton (1966)

ven Erscheinungen im Hirn, die sich auch histologisch nachweisen lassen. Diese sind jedoch sekundär. Der Mangel an Seheindrücken verhindert nicht die Ausbildung von neuralen Verbindungen, sondern läßt vielmehr die bereits bei der Geburt vorhandenen degenerieren (T. N. Wiesel und D. H. Hubel 1963 a, b, 1975).

Die Arbeiten von C. Blakemore und G. Cooper (1970) sind in diesem Zusammenhang von Interesse. Sie zogen junge Katzen in völliger Dunkelheit auf, ausgenommen kurze Perioden, die die Katzen täglich in einer zylindrischen Kammer verbrachten, deren Wände entweder horizontal oder vertikal gestreift waren. Als Folge dieser Aufzucht im Streifenzylinder beschränkten sich die Antworten aller visuellen Cortexneuronen auf Balkenlagen, die nur bis zu 45° von jener Streifenlage abweichen durften, mit der sie aufgezogen worden waren. Es handelt sich dabei um eine aktive

Modifikation durch Erfahrungen; Anzeichen für degenerative Erscheinungen lagen nicht vor. In weiteren Arbeiten fanden BLAKEMORE und COOPER, daß es um den 28. Tag eine sensible Periode gibt, in der die jungen Katzen bereits nach einer einstündigen Erfahrung im Streifenzylinder starke Präferenzen für die entsprechende Raumlage zeigen. Dieses so erzeugte visuelle Defizit hält lange an und hat Folgen, die dem menschlichen Astigmatismus vergleichbar sind (D. MUIR und D. MITCHELL 1973).

R. MIZE und E. MURPHY (1973) haben Versuche gleicher Anordnung mit Kaninchen angestellt, ohne derartige Modifikationen zu erzielen. Eine entsprechende neurale Plastizität scheint dieser Art demnach zu fehlen. Weitere Untersuchungen an Affen, Katzen und Kaninchen belegen, daß die spezifische Orientierung der rezeptiven Felder diesen doch angeboren sein dürfte. Mangelnde Seherfahrung verzögert die Reifung, verhindert sie aber nicht. Dagegen bedarf es zur Entwicklung des binokularen Sehens der Seherfahrung. Es ist ja auch leicht einzusehen, daß ein genetisches Programm eine so genaue Abstimmung der rezeptiven Felder beider Augen und ihrer zentralen Projektion kaum leisten könnte. Hier muß eine Eichung nach Abschluß des Wachstums erfolgen (P. GROBSTEIN und K. L. CHOW 1975).

Im Kapitel über die Erbkoordination besprachen wir F. HUBERS Untersuchungen über die neuronale Organisation des Grillengesanges. Von den verschiedenen Gesängen richten sich Lock- und Werbegesang an die Weibchen. Diesen sensorischen Bereich haben F. HUBER und seine Gruppe ebenfalls untersucht. Zwei Befunde sind dabei von besonderem Interesse. Die Hörkurven, die man gewinnt, wenn man die Tympanalorgane (Hörorgane) der Grille beschallt, zeigen, daß die Grille im Bereich um 4 kHz und 14 kHz besonders empfindlich ist. Das Frequenzspektrum des Werbe- und Lockgesanges zeigt gerade in diesen Bereichen seine Maxima. Durch die unterschiedlichen Tonbereiche der Rezeptoreinheiten können die beiden Gesänge vorkodiert werden (Abb. 5.9).

Diese durch Ableitung am Tympanalnerv gewonnenen Hörschwellenkurven sind mittlerweile durch Ableitungen an einzelnen Rezeptoren (Hörneuronen) ergänzt worden (H. ESCH, F. HUBER und D. W. WOHLERS 1980). Die auch in ihrer Anatomie genau beschriebenen Rezeptoren zeichnen sich durch folgende Eigenschaften aus: Sie sind auf die Trägerfrequenz des arteigenen Lockgesangs abgestimmt, und sie bilden das zeitliche Muster des Gesangs genau ab.

Die Information wird dann durch zentrale Neuronen weiterverarbeitet. Auf der ersten Verarbeitungsstation im Prothorakalganglion wurden verschiedene Typen von Interneuronen identifiziert. Ein Typ ist frequenzmäßig auf den Lockgesang abgestimmt (Abb. 5.10), während ein zweiter Typ

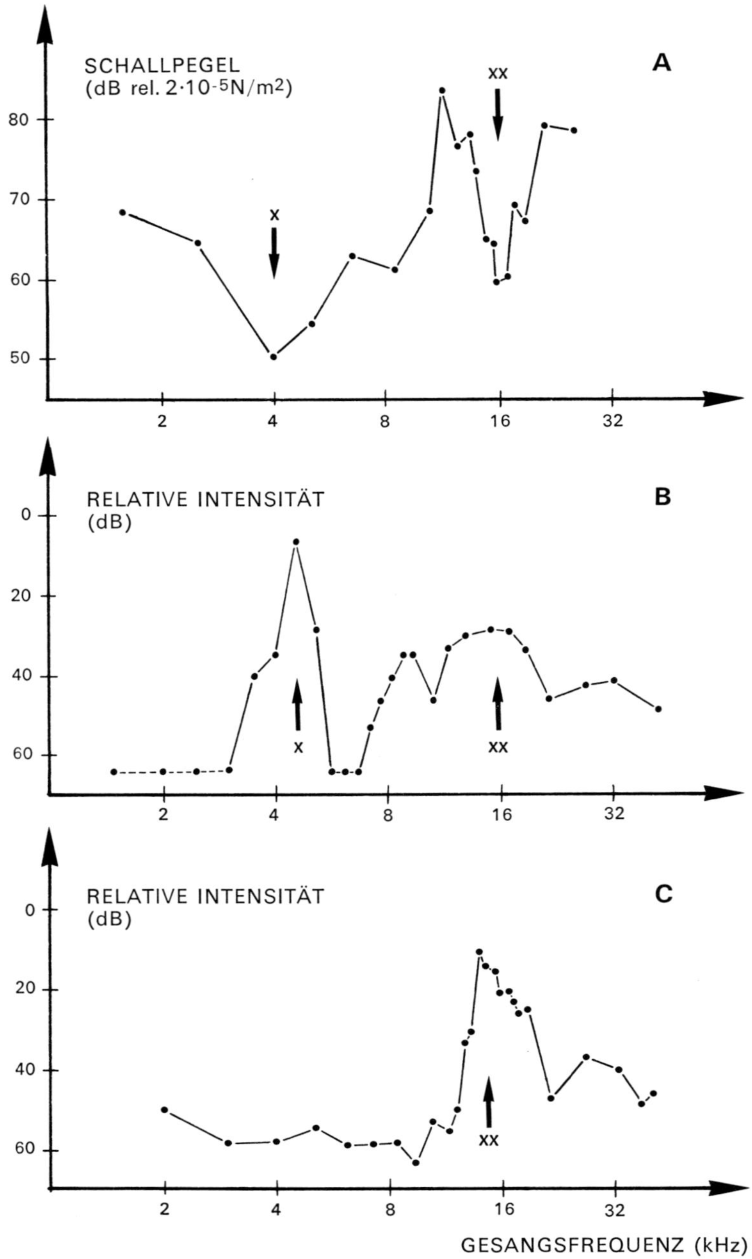

5.9 Vergleich der Hörschwellenkurve (A) von *Gryllus campestris* L. mit den Spektrogrammen des Lockgesangs (B) und des Werbegesangs (C). Die Übereinstimmung der Hörschwellenoptima mit den entsprechenden Maxima der Spektrogramme ist durch × und ×× gekennzeichnet. Nach H. Nocke (1972)

5.10 Antwortmuster der frequenzmäßig auf den Lockgesang abgestimmten zentralen Hörneuronen aus dem Bauchmark der Grille *(Gryllus campestris)*. Oberer Strahl: Lockgesang (vorgespielt), unterer Strahl: Antwort eines Neurons, das die einzelnen Silben kodiert. Nach J. F. STOUT und F. HUBER (1972)

für höhere Frequenzen empfindlich ist, vor allem für solche, die der Frequenz des Werbegesanges entsprechen. Die Zweigipfeligkeit der tympanalen Hörschwellenkurve setzt sich damit auch im Zentralnervensystem fort.

Die physiologische Zweiteilung der Hörbahn im Zentralnervensystem bleibt sowohl auf der ersten zentralen Verarbeitungsstation (Prothorakalganglion; D. W. WOHLERS und F. HUBER 1982) als auch im Gehirn erhalten (K. SCHILDBERGER 1984). Der eine Teil der Hörbahn ist praktisch nur für die akustische Kommunikation eingerichtet. Er meldet: »Da ist ein artspezifisches Kommunikationssignal«; der andere Teil der Hörbahn meldet hochfrequenten Lärm, der verschiedenes bedeuten kann.

Die erste Verarbeitungsstation vermag nur die artspezifische Frequenz, nicht aber das artspezifische Muster zu erkennen. Erst im Gehirn wird das richtige Muster ausgefiltert. Wir verdanken die Aufklärung dieses wichtigen Analysenschrittes K. SCHILDBERGER (1984). Für die Phonotaxis der Grillen ist die Silbenwiederholungsrate, also das zeitliche Muster des Gesangs, der notwendige und ausreichende Parameter (J. THORSON, T. WEBER und F. HUBER 1982, F. HUBER 1985). Die Gesangsmustererkennung findet nun im Hirn durch Neuronen statt, die nach dem technischen Prinzip der Bandpaßfilter arbeiten, und zwar gibt es Hoch- und Tiefpaßfilter (bezogen auf die Silbenwiederholungsrate). Im Hochpaßfilter werden nur große und mittlere Silbenwiederholungsraten, im Tiefpaßfilter nur mittlere und kleine durchgelassen. Nur wenn die Information beide Filter passiert hat, d. h. bei mittleren natürlichen Raten, werden die Bandpaßneurone erregt. Die Modellvorstellung für den Mechanismus der Erkennung zeitlicher Muster geht also dahin, daß die Information im Gehirn über ein mehrstufiges Filtersystem verarbeitet wird (Abb. 5.11 und 5.12), wie dies auch bei der Kröte der Fall ist.

Ähnliche Vorstellungen gibt es auch für die akustische Kommunikation der Frösche (R. R. CAPRANICA und G. ROSE 1984). Die Abbildungsleistungen der einzelnen Neuronen werden in den höheren Verarbeitungs-

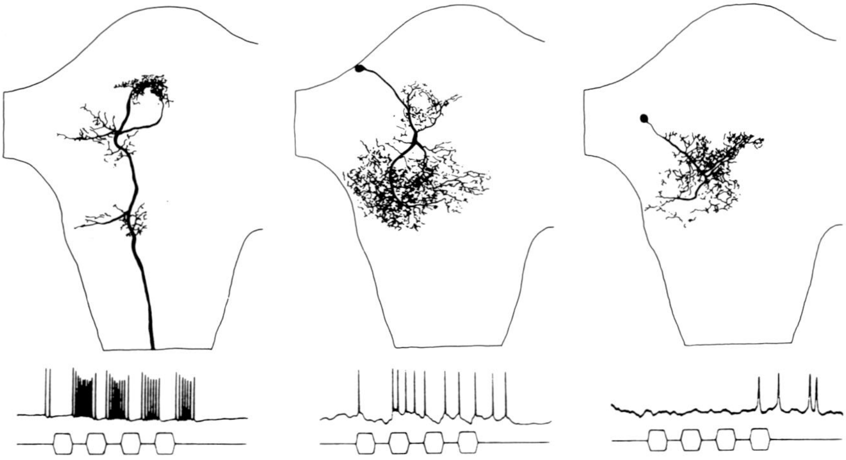

5.11 Im Gehirn der Grille findet man akustisch aktivierbare Nervenzellen, die das Zeitmuster des Lockgesanges erkennen helfen und es nicht nur einfach kopieren. Es handelt sich um zwei Neuronentypen (BNC 1 und BNC 2). Die BNC 1-Zellen sind mit dem aufsteigenden Axon der im Prothorakalganglion beheimateten Zellen AN 1 verbunden. Die axonalen Verzweigungsfelder der BNC 1-Zellen überlappen sich ihrerseits mit denen des Neuronentyps BNC 2. Die AN 1-Neuronen melden nach dem Prinzip einer Telefonleitung alles im Bereich der artspezifischen Frequenz (5 kHz), können aber nicht das artspezifische Muster erkennen. Die BNC 1-Neuronen antworten auf das Spektrum künstlicher Gesänge mit Tiefpaßreaktionen. Unter den BNC 2-Zellen gibt es solche, die Hochpaß- und solche, die Bandpaßantworten geben. Aus H. Huber und J. Thorson (1986)

stufen weniger »bildlich«. Während die niederen Stationen in dem beschriebenen Beispiel wie Telefondrähte noch alles durchlassen und damit auch alles abbilden, sind die Neuronen der höheren Verarbeitungsstufen auf engere Leistungen spezialisiert. Erst zusammenwirkend ergeben sie wieder ein Abbild der Signale. Bei den angeborenen Auslösemechanismen, ebenso wie bei den noch zu besprechenden Sollmustern (»templates«), handelt es sich um Funktionsstrukturen: Erst im Zusammenwirken der auf verschiedene Leistungen spezialisierten Neuronennetze erfüllen sie die Funktion der Mustererkennung.

Das ist aber sicher nicht immer so. Durch Untersuchung der elektrischen Ableitungen von den Antennen männlicher Seidenspinner kam D. Schneider (1962) zur Ansicht, daß die Spezifität für den Sexualduft der Weibchen im Bau der Rezeptoren begründet ist. Das »Erkennen« erfolgt hier also bereits auf der Ebene der Rezeptoren.

Ältere Verhaltensuntersuchungen zum Lautschema der Orthopteren referiert D. v. Helversen (1972). In diesem Zusammenhang sind insbe-

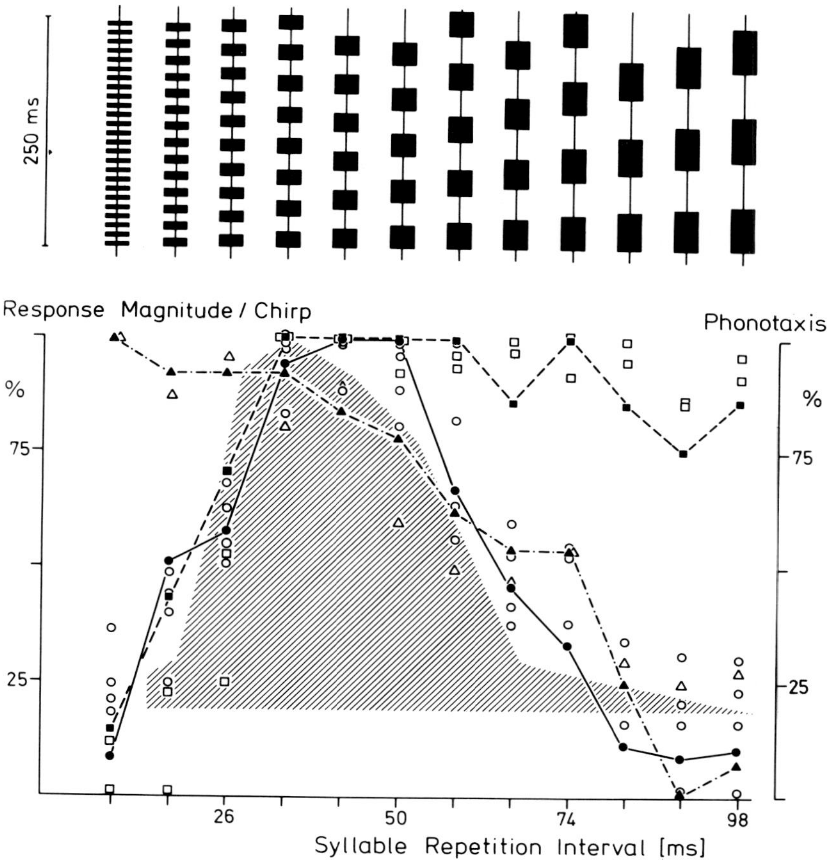

5.12 Neuronale Korrelate der Gesangserkennung im Grillenhirn. Nur Lautattrappen mit bestimmten Silbenwiederholungsraten (oberer Teil der Graphik) lösen eine optimale Phonotaxis der Weibchen aus (schattierte Fläche, rechte Ordinate). Die Antwortstärke (linke Ordinate) bestimmter Hirnneurone ist mit dieser Selektivität des Verhaltens korreliert. Es lassen sich drei Typen musterselektiver Neurone unterscheiden: a) Bandpaßzellen, die auf mittlere Silbenwiederholungsraten ansprechen, die phonotaktische Reaktionen hervorrufen und im Bereich der Raten des Lockgesangs liegen (Kreise); b) Hochpaßzellen, die mittlere und große Raten beantworten (30 und mehr Silben pro Sekunde), lange jedoch nicht (Dreiecke); c) Tiefpaßzellen, die auf mittlere und kleine Raten reagieren (30 und weniger Silben pro Sekunde), aber auf große nicht (Quadrate). Die Tiefpaßzellen gehören anatomisch zur Klasse der BNC 1-Zellen, die Bandpaßzellen und Hochpaßzellen zur Klasse der BNC 2-Zellen. Die ausgefüllten geometrischen Symbole, die durch Linien verbunden sind, geben die Antworten von jeweils einer Zelle eines bestimmten Typs auf die verschiedenen Reizmuster wieder. Die offenen Symbole sind Beispiele für Antworten anderer Neuronen des jeweils gleichen Typs. Aus K. Schildberger (1984)

sondere auch die Pionierarbeiten von J. REGEN (1914), A. S. WEIH (1951), P. T. HASKELL (1956), R. G. BUSNEL und Mitarbeiter (1956, 1961, Referat in B. DUMORTIER 1963) zu würdigen.

5.2 Sollmuster

Als Sollmuster (»templates«) bezeichnet man zentrale Referenzmuster, mit denen einkommende Meldungen verglichen werden. Es handelt sich also um neuronale Strukturen, in denen auf ähnliche Art wie bei den angeborenen Auslösemechanismen ein Wissen um das Richtige festgehalten wird. Der Unterschied zum Auslösemechanismus besteht darin, daß hier keine festen Reiz-Reaktions-Schaltungen vorliegen. Wenn einer beim Handeln internalisierte Normen beachtet, dann bezieht er sich auf zentrale Referenzmuster und prüft so, ob er richtig oder falsch handelt. Es wird aber kein Verhalten konkret ausgelöst. Die Steuerung erfolgt subjektiv über Behagen und Unbehagen, wobei die Freisetzung von Hirnpeptiden eine Rolle spielen dürfte (siehe Humanethologie). Man wird allerdings auch Übergänge zwischen Sollmustern und angeborenen Auslösemechanismen finden. Das ist z. B. beim Buchfinken der Fall, der aufgrund angeborener Sollmuster weiß, was der richtige Gesang ist. Der richtige Gesang löst Nachsingen aus. Wichtiger als die genaue begriffliche Trennung ist die Einsicht in die Funktionsweise. Sollmuster spielen auch bei der Orientierung im Raum eine Rolle (siehe Sollwerte, Lageorientierung, S. 622).

5.3 Schlüsselreiz und Auslöser

Während der Paarungszeit wird ein männlicher Stichling einen männlichen Artgenossen angreifen, Weibchen dagegen umwerben. Durch welche unterschiedlichen Reizschlüssel werden diese Verhaltensweisen ausgelöst? Während die angeborenen Auslösemechanismen bisher nur in wenigen Fällen neuro-ethologisch untersucht wurden, liegen über die auslösenden Reize mittlerweile viele Arbeiten vor.

Bevor wir auf die Frage nach den auslösenden Reizen näher eingehen, müssen wir uns noch einmal vergegenwärtigen, daß jedes Tier mit Hilfe seiner Sinnesorgane nur einen beschränkten Ausschnitt von dieser Welt wahrnimmt. Aus diesen wahrgenommenen Reizen baut sich, wie v. UEXKÜLL sagt, seine Umwelt auf. Wer also das reaktive Verhalten eines Tieres untersuchen will, muß sich zunächst einmal über dessen sinnesphysiologische Kapazitäten im klaren sein, denn diese wechseln von Art zu Art. Dazu nur einige Beispiele: Bienen sehen ultraviolettes und unterscheiden polarisiertes von nicht polarisiertem Licht, Fähigkeiten, die der Mensch nicht hat. Fledermäuse hören Ultraschall, den wir nicht hören, sehen aber sehr schlecht. Da sie aber aus dem Echo ihrer eigenen Rufe ein Abbild ihrer Umgebung erhalten, orientieren sie sich im Fluge ebenso sicher wie gut sehende Flieger.

Akustische Raumorientierung kennen wir ferner von den Fettschwalmen *(Steatornis)*, vielen Fledermäusen, Delphinen und wahrscheinlich auch den Weddell-Robben *(Leptonychotes)* (D. R. GRIFFIN 1958, 1962, F. P. MÖHRES 1953, W. E. SCHEVILL 1955, W. N. KELLOGG 1961, J. SCHWARTZKOPFF 1960, C. RAY 1966, G. NEUWEILER 1984). Elektrische Orientierung mit Hilfe von selbsterzeugten elektrischen Feldern kennen wir von Fischen. Der in sehr trübem Wasser lebende afrikanische Nilhecht *(Gymnarchus niloticus)* sendet fast unentwegt elektrische Impulse aus, im Durchschnitt 300 pro Sekunde bei einer Spannung von 3–7 Volt. Der Schwanz wird während dieser Entladungen gegenüber dem Kopf negativ. Die Fische reagieren ganz außerordentlich empfindlich auf Potentialschwankungen im umgebenden Wasser. Ein Potentialgefälle von 0,04 Millivolt pro Zentimeter wird noch beantwortet. Mit Hilfe seines elektrischen Sinnes ist der Fisch auch imstande, Störungen in dem von ihm selbst erzeugten elektrischen Feld wahrzunehmen und zu lokalisieren (H. W. LISSMANN und K. G. MACHIN 1958, F. P. MÖHRES 1961). Bienen nehmen Substanzen, die uns völlig geschmacklos erscheinen, an Stelle von Zucker an. Grubenottern reagieren äußerst empfindlich auf Infrarotstrahlen und nehmen bereits Temperaturunterschiede von 0,005° Celsius wahr. Rotkehlchen nützen das Erdmagnetfeld zur Orientierung.

Die artlichen Unterschiede sind sowohl qualitativer als auch quantitativer Art. Meerschweinchen riechen als Makrosmaten Nitrobenzol noch in tausendfach stärkerer Verdünnung als wir. Manche Leistungen übertreffen unser Vorstellungsvermögen. So reagieren Aale auf Geruchsstoffe bei einer Verdünnung von 1 : 2,9 Trillionen. Das ist nach H. AUTRUM (1943, 1948) gleich 1 ml Substanz, aufgelöst in der 58fachen Wassermenge des Bodensees. Unser Ohr reagiert auf minimale Schwingungsweiten des Trommelfelles von 10^{-9} cm. Vergrößert man den Menschen um das 10^{8}fache, dann ist er 170 000 km lang, und die minimale Schwingungsweite des Trommelfelles betrüge knapp 1 mm!

Die Riechzellen des Seidenspinners beantworten schon ein einziges

Duftmolekül mit einem Nervenimpuls (K. E. KAISSLING und E. PRIESNER 1970). Das menschliche Auge hat einen minimalen Leistungsbedarf von etwa 10^{-17} Watt. AUTRUM macht dies durch folgenden Vergleich anschaulich: Der Kosmos existiert nach Angabe der Physiker seit etwa 10 Milliarden Jahren. Das sind 3×10^{17} Sekunden. Wenn von Anbeginn der Welt einer Energiequelle ständig die Leistung von 5×10^{-17} Watt entnommen worden ist, dann hat sie bis heute nur 15 Wattsekunden verbraucht. Diese Energie entspricht derjenigen, die eine 15-Watt-Lampe verbraucht, wenn sie eine Sekunde lang brennt.

Wichtiger als die Absolutschwellen sind die Unterschiedsschwellen. Bei den Elritzen beträgt die Unterschiedsschwelle für Tonhöhen einen Halbton. Altweltliche Affen unterscheiden ebensoviele Farbnuancen wie wir, wobei der kritische Abstand zweier eben noch unterschiedener Farben im Rotbereich 10 mμ und im Blaubereich 9 mμ beträgt (W. F. GRETHER 1939).

Von größter biologischer Bedeutung ist schließlich die Fähigkeit des Organismus, die Reizquelle nach Abstand und Richtung zu orten. Dabei erreicht der Gesichtssinn mit Hilfe der hochentwickelten Kameraaugen der Wirbeltiere und mit den Komplexaugen der Insekten zweifellos die größte Präzision und Reichweite. Aber auch Fledermäuse lokalisieren nach dem Echo ihrer Ultraschallrufe ihre Beute. Wir werden auf die Leistungen der Sinnesorgane und auf ihre Arbeitsweise im Kapitel über die Orientierung im Raume noch einmal zu sprechen kommen.

Die Arbeitsweise und Leistung der Sinnesorgane wird von den Sinnesphysiologen erforscht. Die Methoden wechseln. Sehr bewährt hat sich die Dressurmethode: Man verbindet eine bestimmte Reaktion, wie etwa die der Nahrungsaufnahme, mit einem bestimmten Geschehen, z. B. einem Pfiff. Hat das Tier diesen Vorgang mit der Fütterung assoziiert, dann macht man Kontrollen, um festzustellen, über welchen Sinn es das Geschehen erfaßte. Man führt z. B. die Pfeife an den Mund, ohne sie anzublasen; reagiert das Tier darauf nicht, so ist das ein Hinweis, daß es wirklich den Pfiff hörte und darauf dressiert ist. Auf diese Weise hat K. v. FRISCH (1923) das Hörvermögen eines Zwergwelses nachgewiesen. Derselbe Autor nützte die Dressurmethode auch zum Nachweis des Farbensehens der Honigbiene. C. v. HESS (1913) hatte Bienen in ein verdunkeltes Zimmer mit zwei verschieden hellen und verschieden gefärbten Lichtern gesetzt. Die Bienen suchten das jeweils hellere Licht auf, gleich, ob es rot oder grün war. Sie richteten sich also nach der Helligkeit, und v. HESS schloß daraus, daß die Bienen farbenblind seien. K. v. FRISCH (1914), der an Farbenblindheit eines blütenbesuchenden Insekts nicht so recht glauben wollte, bot den Bienen daraufhin Futter auf einem gelben Papier, das zwischen ungefärbten Papieren der verschiedensten Graustufen lag. Die

Bienen verwechselten das Gelb nicht mit einer einzigen Graustufe. Sie sahen also die Farbe. Das beweist, daß Tiere sich in verschiedenen Funktionskreisen ganz verschieden verhalten können. Die Untersuchungen N. TINBERGENS und seiner Mitarbeiter (1943) lieferten dazu ein weiteres sehr eindrucksvolles Beispiel. Die männlichen Samtfalter *(Eumenis semele)* fliegen fast unterschiedslos Weibchenattrappen der verschiedensten Farben an, als wären sie farbenblind. Beim Blütenanflug dagegen bevorzugen sie bestimmte Farben und unterscheiden sie von entsprechenden Graustufen. In diesem Funktionskreis sind sie also farbentüchtig.

Auf eine sehr elegante Weise läßt sich die Leistung der Sinnesorgane durch die Anwendung elektrophysiologischer Methoden (Ableitung von Aktionspotentialen) untersuchen (H. AUTRUM 1958, J. SCHWARTZKOPFF 1962, D. SCHNEIDER 1984, K. E. KAISSLING 1971). Über Bau und Funktionsweise der Sinnesorgane unterrichten im einzelnen H. AUTRUM (1952), W. v. BUDDENBROCK (1952), R. GRANIT (1955), D. BURKHARDT (1960, 1961), D. BURKHARDT, W. SCHLEIDT und H. ALTNER (1966), L. und M. MILNE (1963), H. HERAN (1966) und D. SCHNEIDER (1962, 1984).

Von all den verschiedenen Sinnesreizen, die ein Tier überhaupt wahrnehmen kann, lösen nur relativ wenige angeborenermaßen Reaktionen aus. Bei einem Hund aktivieren primär nur jene Reize Speichelfluß, die von Futterbrocken kommen. Erst ein entsprechend dressierter Hund zeigt diese Reaktion zuletzt auch auf ein Glocken- oder Lichtsignal allein.

Wir müssen also zwischen den überhaupt *wahrgenommenen* und den *auslösenden* Reizen unterscheiden (N. TINBERGEN 1951). Erstere sind Gegenstand der Sinnesphysiologie, während die auslösenden Reize von den Ethologen erforscht werden.

Daß es »unbedingte« Reize und Reizkombinationen gibt, auf die ein Tier bereits vor aller Erfahrung mit bestimmten Handlungen reagiert, ist mittlerweile durch zahlreiche Untersuchungen nachgewiesen worden. In diesen Fällen haben sich Detektoren an bestimmte eignungsrelevante Umweltreize angepaßt, z. B. solche, die Nahrung oder Raubfeinde charakterisieren. Dabei spezialisierten sich oft bestimmte Sinnesorgane auf ganz bestimmte Aufgaben. So reagiert der gut sehende Gelbrandkäfer *(Dytiscus marginalis)* nicht auf eine in einer Glasphiole zappelnde Kaulquappe, die er sonst gerne frißt, wohl aber auf den Geruch von Fleischsaft (Abb. 5.13).

In bezug auf die Nahrung oder Raubfeinde kennzeichnenden Reize paßten sich die angeborenen Auslösemechanismen einseitig an. Für den Räuber allein ist es wichtig, daß er Beute erkennt; die Beute dagegen entwickelt verständlicherweise keine besonderen Erkennungssignale für den Raubfeind, sondern entwickelt eher solche, die sie möglichst verbergen. Auslösende Reize, an die sich der Empfänger einseitig angepaßt hat, nennt man Schlüsselreize.

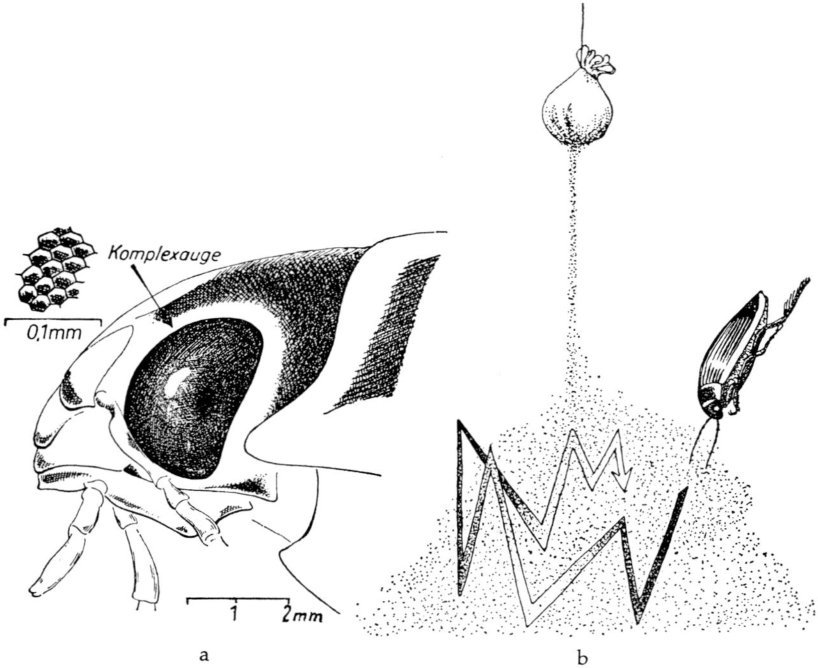

5.13 a) Kopf eines Gelbrandkäfers mit den gutentwickelten Komplexaugen; b) der durch Fleischduft alarmierte Gelbrandkäfer bleibt in der Geruchswolke gefangen (»physiologische Falle«). Aus N. TINBERGEN (1951)

Ganz anders liegt der Fall dort, wo zwei Lebewesen kommunizieren wollen, also einen Kontakt durch Signale erstreben, wie etwa in der Wechselbeziehung der Geschlechtspartner, zwischen Jungen und Muttertier oder in einem symbiotischen Verhältnis. Dann passen sich Empfänger und Sender wechselseitig aneinander an. Ein Fisch wird kein Signalfähnchen für seinen Raubfeind entwickeln, wohl aber wird ein Weibchen für das es aufsuchende Männchen Erkennungszeichen ausbilden. Die Signale können in besonderen morphologischen Strukturen (Federzeichnung), Duftstoffen, Lautäußerungen oder in auffälligen Bewegungen und Haltungen bestehen. Man nennt solche eigens als Reizsender differenzierten Strukturen und Verhaltensweisen mit K. LORENZ (1935) Auslöser.

Welche Reize oder Reizkombinationen im einzelnen eine Reaktion auslösen, das prüft der Verhaltensforscher mit Hilfe von Attrappen, wobei ihm die Beobachtung bereits einige Hinweise gibt. Wann immer eine Kröte ein krabbelndes Insekt erspäht, fixiert sie es, läuft darauf zu und verfolgt es notfalls. Sobald dieses Insekt jedoch stillsitzt, geschieht im allgemeinen nichts. Die Kröte starrt eine Weile auf den Ort, wo sich das Insekt zuletzt bewegte, schnappt aber nur in seltenen Fällen nach der ruhenden Beute. Meist verliert sie nach einiger Zeit das Interesse. Also scheint die Bewegung des Beutetieres ein starker, die Beutefanghandlungen auslösender Reiz zu sein. Attrappenversuche können das bestätigen. Bewegen wir tote Gegenstände, etwa Steinchen oder Papierschnitzel, an einem Faden an der Kröte vorbei, dann fixiert sie diese Objekte und schnappt danach. Überschreitet das bewegte Objekt eine bestimmte Größe, so reagieren Kröten schon unmittelbar nach der Verwandlung. Den neurophysiologischen Mechanismus, der dieser Leistung zugrunde liegt, diskutierten wir im vorangegangenen Abschnitt.

Beim Krallenfrosch *(Xenopus laevis)* lösen Gesichtsreize und Wassererschütterungen die Beutefanghandlungen aus, und zwar auch beim unerfahrenen Tier, was man gut nachweisen kann. Die Kaulquappen sind Planktonfilterer, die nie gezielt nach Objekten schnappen. Isoliert man sie kurz vor der Verwandlung in klarem Leitungswasser, so hat man Frösche, die noch nie nach Beute schnappten. Wird nun ein bewegter Lichtpunkt gegen den Hintergrund des Gefäßes projiziert, dann schwimmt der darin gehaltene Krallenfrosch sofort auf ihn los, macht die typischen Raffbewegungen mit den Vorderbeinen und schnappt. Ein feiner Wasserstrahl aus einer Pipette oder leichte Berührung an den Beinen lösen ebenfalls die Zuwendung und die Fanghandlung aus. Das Tier schnappt dann den Wasserstrahl.

Dieses Verhalten führt einen Frosch normalerweise sicher zu seiner Beute, denn was sich im allgemeinen an kleinen Dingen in seiner Umwelt bewegt, sind eben Beutetiere. Im übrigen lernen Kröten und Frösche sehr schnell dazu. Hat eine Kröte einige Male vergeblich nach einem bewegten Blättchen geschnappt, dann meidet sie es fortan; dasselbe geschieht, wenn sie ein schlecht schmeckendes oder gar stechendes Insekt packte. Zur Abdressur genügt bisweilen sogar eine einzige üble Erfahrung. Ihre angeborene Kenntnis beschränkt sich darauf, kleine bewegte Gegenstände zu schnappen, und diese Merkmale charakterisieren genügend eindeutig ihre natürlichen Beuteobjekte. Größere Objekte lösen Fluchtreaktionen aus (I. Eibl-Eibesfeldt 1951 a, 1962 a). Ähnlich unselektiv reagiert auch die Libellenlarve auf kleine bewegte Objekte mit Zuschnappen, auf größere dagegen mit Flucht (M. Hoppenheit 1964). Nach längerem Hungern nimmt sie größere Objekte an als zuvor. Hechte schnappen angeborenermaßen nach bewegten Objekten. Blaufelchen *(Coregonus wartmanni)* fixieren und schnappen auch unbewegt im Wasser schwebende Partikel (E. Braum 1963).

Solche auslösenden Merkmale nennt man Schlüsselreize, wobei die Vorstellung zugrunde liegt, sie würden analog einem Schlüssel, der ein Schloß öffnet, auf eine den motorischen Instanzen des Zentralnervensystems vorgeschaltete Apparatur (AAM) wirken, die eine Entladung der zentralen Impulse zur unpassenden Zeit verhindert und ihnen erst beim Eintreffen der spezifischen Schlüsselreize den Weg zur Muskulatur freigibt. Für jeden Funktionskreis gelten andere Schlüsselreize, werden andere Merkmale vom Tier beachtet. Damit eine Silbermöwe ein Ei einrollt, muß es gefleckt sein. Für den Eiraub dagegen ist dieses Merkmal ohne Bedeutung (J. P. KRUIJT 1958). Der Samtfalter beachtet Farben beim Blütenbesuch, bei der Balz dagegen verhält er sich farbenblind (N. TINBERGEN und Mitarbeiter 1943).

Schlüsselreize gibt es für beinahe alle Sinnesgebiete. Die Nachtfalter aus der Familie der Noctuiden und Geometriden zeigen deutlich Fluchtreaktionen (Sichfallenlassen, Abwärtsfliegen oder Kurvenfliegen), wenn sie die Ultraschallrufe von Fledermäusen oder künstlich abgestrahlten Ultraschall wahrnehmen (K. ROEDER und E. TREAT 1961).

Spinnen reagieren auf leichte Erschütterungen ihres Netzes mit Beutefanghandlungen (F. G. BARTH 1985), der Ameisenlöwe schleudert Sandkörner nach der Ameise, wenn die von ihr losgetretene Sandlawine ihn am Grunde seines Trichters erreicht, Wasserläufer sprechen auf Erschütterungen der Wasseroberfläche an. Erschütterungen des umgebenden Wassers lösen Beutefang oder Suche bei vielen Fischen, bei den Krallenfröschen (G. KRAMER 1933) und bei einigen am Wasser lebenden Spinnen aus (H. BLECKMANN und F. G. BARTH 1984).

Chemische Schlüsselreize warnen vor Feinden und führen bei der Nahrungssuche. Einige Gastropoden der Gezeitenzone flüchten, wenn sie Substanzen aus den Ambulakralfüßchen räuberischer Seesterne wahrnehmen, nicht aber, wenn es sich um pflanzenfressende Seesterne handelt (T. BULLOCK 1953). Die Muräne jagt nachts mit Hilfe ihres Geruchssinnes, den Tintenfische in Abwehr mit ihrer »Tinte« zu betäuben wissen (J. E. BARDACH und Mitarbeiter 1959). Viele Parasiten finden geruchlich zu ihren Wirten, wobei sie sehr selektiv auf den Wirtsgeruch reagieren können (D. DAVENPORT 1955, G. OSCHE 1963, M. LINDAUER 1963). Verschiedene marine Polychaeten, die als Kommensalen auf Krebsen und Seesternen leben, reagieren auf die im Wasser verteilten Duftstoffe der Wirtsart. Die Schlupfwespe *Pimpla bicolor*, die die Puppen des südafrikanischen Nachtfalters *Euprotis terminalis* parasitiert, wird durch deren Duft angelockt. Die Schlupfwespe *Alysia manductor*, die Fliegenlarven parasitiert, fliegt nur den Duft frischen Fleisches an, *Nasonia vitripennis*, die nur Fliegenpuppen befällt, wird dagegen ausschließlich vom Geruch faulenden Fleisches angelockt. Apfelwickler *(Carpocapsa pomonella)* lockt nur Apfelduft. Frisch geschlüpfte Strumpfbandnattern *(Thamnophis)* reagieren vor jeglicher Beuteerfahrung selektiv auf Extrakte bestimmter Organismen (G. M. BURGHARDT 1966). Es gibt also offenbar bei dieser Natter ein chemisches Beuteschema, das bestimmte Präferenzen festlegt. Bemerkenswert sind jedoch sowohl geographische als auch individuelle Variationen in bezug auf die Bevorzugung bestimmter Beuteextrakte (Wurmextrakt, Fischextrakt) (G. M. Burghardt 1970, 1975). Würfe, die aus Wisconsin stammten, bevorzugten Fischextrakt, jene aus Illinois dagegen nahmen Fisch- und Wurmextrakt gleich gerne, und zwar angeborenermaßen. Der innerhalb eines Wurfes feststellbare Beuteschema-Polymorphismus ist wohl eine Sicherung, die eine Überspezialisierung auf nur eine Beuteart verhindert, und läßt Raum für eine Neu-Umstellung der Population. Individuelle Erfahrungen können schließlich Beutebevorzugungen prägungsähnlich auch gegen die angeborene Präferenz festlegen (J. L. Fuchs und G. M. Burghardt 1971).

Bei Insekten hat man Futterspezialisten und -generalisten nachgewiesen. Spezialisten reagieren nur auf ein beschränktes Spektrum von Geruchsstoffen (Abb. 5.14).

Bei Haien löst Blutgeruch Beutesuche aus. Sie können den Köder auch mit ihrem Geruchssinn lokalisieren (I. Eibl-Eibesfeldt und H. Hass 1959; Abb. 5.15). Für Stechmücken, blutsaugende Wanzen und Milben ist die vom Warmblüter abgestrahlte Wärme ein Schlüsselreiz, der sie normalerweise zur Nahrung, bisweilen aber auch irreleitet. L. J. und M. Milne (1963) erwähnen, daß eine Wärme abgebende elektrische Uhr in einem Hühnerstall allabendlich so von Hühnermilben befallen wurde, daß ihr Gang gestört war. Erst wenn die Milben sie bei Tagesanbruch verließen, ging sie wieder.

Die parasitische Fliege *(Euphasiopterys ochracea)*, die ihre Eier am Körper der Grille *(Gryllus integer)* ablegt, orientiert sich nach deren Ruf.

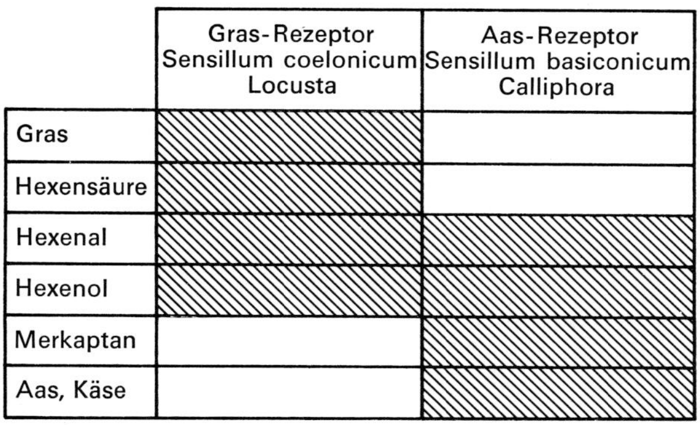

5.14 Antworten der Geruchsrezeptoren auf der Antenne der Futterspezialisten Wanderheuschrecke und Schmeißfliege. Beantwortete Duftstoffe sind jeweils durch graue Felder gekennzeichnet. Es gibt in der Antwort der beiden Spezialisten auch Überlappungen (s. Hexenal und Hexenol). Nach D. Schneider (1967)

5.15 Geruchlich alarmierte Grauhaie *(Carcharhinus menisorrah)*, knapp über dem Riff nach einem ausgelegten Köder suchend und (zuunterst) den Köder aufnehmend. Foto: I. Eibl-Eibesfeldt (Malediven), siehe auch H. Hass und I. Eibl-Eibesfeldt (1977)

Auch über Lautsprecher abgestrahltes Zirpen lockt sie an. Wohl in Anpassung daran entwickelten sich bei der Grille stumme Satellitenmännchen. Sie halten sich in der Nähe der zirpenden Männchen auf und fangen die Weibchen ab, die zum Sänger wollen. Von den Schmarotzerfliegen werden sie selten belästigt (W. Cade 1975).

Bei allen bisherigen Beispielen handelt es sich um Fälle, in denen sich ein AAM in einseitiger Anpassung an eignungsrelevante Umweltreize ausgebildet hat, also um Reaktionen auf Schlüsselreize. In vielen Fällen entwickelten sich in Anpassung an einen Empfänger besondere Signale, die wir als Auslöser bezeichnen. Es gibt akustische, taktile, chemische, optische, ja, sogar elektrische Signale.

Die allopatrischen Grillenarten *Gryllus campestris* L. und *Gryllus bimaculatus* de Geer haben einen fast identischen viersilbigen Lockruf. A. V. Popov und Mitarbeiter (1974) prüften die Reaktion (Zulaufen) von Weibchen beider Arten auf künstlich erzeugte Lautmodelle. *Gryllus campestris* erwies sich dabei als überaus selektiv. Bereits auf dreisilbige und fünfsilbige Lautattrappen gab es einen starken Abfall der Reaktion. Der Gipfel lag bei der dem natürlichen Gesang in der Silbenzahl entsprechenden viersilbigen Lautattrappe. *Gryllus bimaculatus* dagegen reagierte auf vier- bis neunsilbige Attrappen sehr gut (Abb. 5.16) und demnach weniger selektiv. Männchen der Stechmücke *Aedes aegypti* reagieren auf den Schwirrlaut der weiblichen Flügel (L. Roth 1948, H. Risler 1953, 1955), viele Frösche auf den arteigenen Ruf (C. Bogert 1961, M. Littlejohn und T. M. Chaud 1959). Manche Ameisenarten kommunizieren mit Vibrationssignalen. Blattschneiderameisen stridulieren, wenn sie verschüttet sind, und rufen so Hilfe herbei (H. Markl 1985).

Die Pute erkennt ihr Küken nur mit dem Gehör und hudert auch einen ausgestopften Iltis, in dem ein Mikrophon nach Jungenart piept, sie tötet dagegen die selbst erbrüteten Jungen, wenn sie taub ist (W. und M. Schleidt und M. Magg 1960). Stockentenküken *(Anas platyrhynchos)* und Brautentenküken *(Aix sponsa)* ziehen jeweils die Lockrufe der arteigenen Mütter vor (G. Gottlieb 1965 a). Es könnte nun sein, daß die im Brutschrank erbrüteten Enten und Küken ihre eigenen Lautäußerungen im Ei hören und generalisieren. Wäre dies so, dann müßten die frisch geschlüpften Küken die eigene Lautäußerung oder andere Kükenlaute den davon abweichenden mütterlichen Lockrufen vorziehen. Das ist jedoch nach Experimenten von G. Gottlieb (1966) nicht der Fall. Immer bevorzugen die Küken den arteigenen mütterlichen Lockruf, selbst wenn man ihnen vor dem Schlüpfen zusätzlich Kükenlaute vorgespielt hat, ja, sie folgen dann dem mütterlichen Ruf sogar besser (kürzere Latenz, höherer Prozentsatz Folgender) als jene, die nur sich selbst im Ei hören konnten. Die Fähigkeit, den arteigenen Lockruf zu erkennen, ist ihnen demnach als stammesgeschichtliche Anpassung gegeben. Der dieser Fähigkeit zugrundeliegende angeborene Auslösemechanismus wird in seiner Embryonalentwicklung durch Hörreize gefördert, denn Entenembryonen, denen man operativ die Möglichkeit nahm, selbst im Ei zu piepen, und die überdies schallisoliert aufwuchsen, unterschieden zwar noch den mütterlichen Artlockruf von dem anderer Arten, aber mit einer gewissen Verzögerung und weniger gut. Die »Selbstgespräche« im Ei fördern offenbar die Entwicklung des akustischen Unterscheidungsvermögens, sind aber nicht

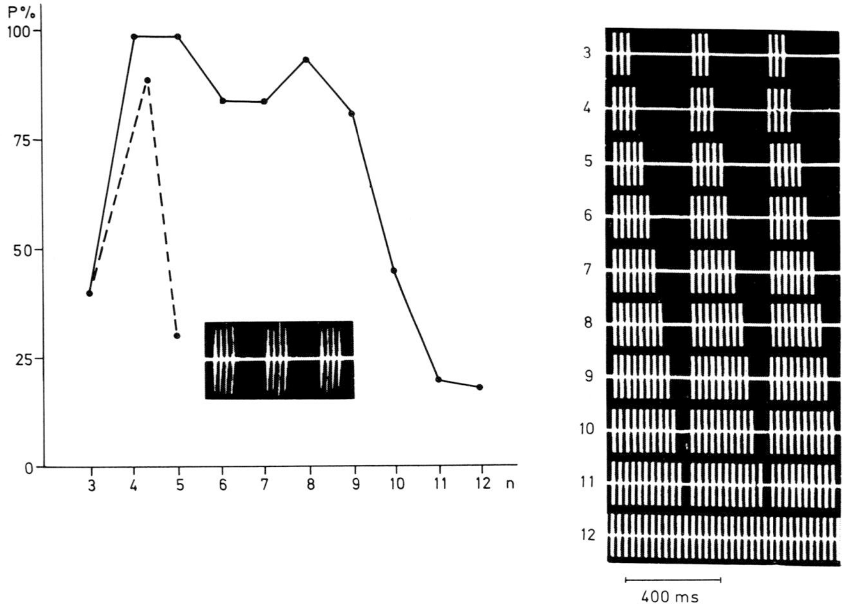

5.16 Rechts: Oszillogramme von Lautmodellen (3–12) mit steigender Anzahl der Silben/Vers. Zeitmarke = 400 Millisekunden (ms). Die Versperiode (3–11) wird bei allen Modellen konstant gehalten. Links: Graphische Darstellung der Anlaufwahrscheinlichkeit (P %) zur Schallquelle von Weibchen der Arten *Gryllus campestris* L. (gestrichelte Kurve), *Gryllus bimaculatus* de Geer (durchgezogene Kurve) als Funktion der Silbenanzahl/Vers (n). Einschaltbild: Drei Verse des natürlichen Lockgesangs dieser Arten. Sie sind allopatrisch und im Gesangsmuster gleich. Beide haben viersilbige Rufe. In ihrer Selektivität auf den Lockruf unterscheiden sich die beiden Arten auffallend. *Gryllus campestris* reagiert selektiver. Nach A. V. Popov, V. F. Shuvalo, I. D. Swetlogorskaya und A. M. Markovich (1974). Aus F. Huber (1977)

Voraussetzung für die Leistung. Obwohl die Experimente von G. Gottlieb (1971) mit zu den schönsten experimentellen Nachweisen für die Existenz vorprogrammierten Unterscheidungsvermögens durch einen AAM gehören, werden sie von manchen milieutheoretischen Behavioristen als Beleg für die Wichtigkeit von Selbstreizungsprozessen für die Entwicklung zitiert, obgleich das etwas schlechtere Abschneiden der operierten Tiere durchaus auch auf den massiven Eingriff und nicht auf den Mangel an Erfahrung (Wahrnehmen des eigenen Piepens im Ei) zurückgeführt werden kann. Das im Ei produzierte Piepen unterscheidet sich übrigens ganz erheblich von den Lockrufen der Mutter.

Angeborene Präferenzen für den arteigenen Ruf wies man ferner für das Haushuhn, die Heringsmöwe *(Larus fuscus)*, die Delaware-Möwe *(Larus delawarensis)*, die Flußseeschwalbe *(Sterna hirundo)*, die Küstenseeschwalbe *(Sterna paradisaea)*, den Dachsammerfinken *(Zonotrichia leuco-*

phrys), den Buchfinken und die Amsel nach (R. M. EVANS 1973, 1975; K. BUSSE 1977; W. NEUBAUER 1978; P. MARLER und M. TAMURA 1962, 1964; W. H. THORPE 1958; M. KONISHI und F. NOTTEBOHM 1969 und G. THIELKE und H. THIELKE 1960). Weitere Angaben zur akustischen Kommunikation der Vögel bei D. E. KROODSMA und Mitarbeitern (1982). Eine zwar ältere, aber ausgezeichnete Monographie über akustische Auslöser verfaßte R. G. BUSNEL (1964).

Eine sehr gründliche Untersuchung der vokalen Auslöser eines Primaten verdanken wir D. PLOOG und seiner Gruppe. Durch Beobachtung und Aufzeichnung der Lautäußerungen intakter Totenkopfäffchen *(Saimiri sciureus)* erstellten sie zunächst deren Repertoire akustischer Signale, deren Funktion sie aus dem Kontext und der Reaktion der Sozialpartner erschlossen (P. WINTER, D. PLOOG und J. LATTA 1966). Nach Übergangsformen und Übergangshäufigkeit – der Wahrscheinlichkeit, in der Rufe bei einem Individuum aufeinanderfolgen –, wurde eine Kategorisierung in fünf Gruppen von Lautäußerungen vorgenommen. Jede Gruppe umfaßt Lautäußerungen, die einem jeweils verwandten motivationalen Zustand zuzuordnen sind. Innerhalb einer Kategorie lassen sie sich wieder nach dem Grad ordnen, in dem sie für das die Lautäußerungen produzierende Tier positiv oder negativ bekräftigend wirken. Diesen »Aversitätsgrad« untersuchte U. JÜRGENS (1979), indem er Tieren mit fest eingepflanzten feinen Elektroden die Möglichkeit bot, sich durch Wahl des Aufenthaltsortes in einem zweigeteilten Versuchskäfig Hirnreize zu applizieren, die eine bestimmte Lautäußerung beziehungsweise die ihr zugeordneten Stimmungen auslösten, oder aber solche Selbstreizung zu meiden. Dabei zeigte es sich, daß es verschiedene Arten von unangenehmen emotionalen Zuständen – repräsentiert durch verschiedene Lauttypen – gibt. In der Abbildung 5.17 sind die fünf verschiedenen Lautklassen nach dem Aversitätsgrad geordnet.

Vergleicht man die verschiedenen Lautäußerungen einer Klasse, dann gilt, daß mit wachsendem Aversitätsgrad Intensität und Gesamtfrequenzbereich zunehmen, ferner, daß unregelmäßige Frequenzverläufe aversiver sind als glatte und konstante oder daß sinkender Frequenzverlauf aversiver ist als ansteigender (Abb. 5.18).

Das dürfte grundsätzlich auch für andere Primaten gelten. Bemerkenswert ist, daß alle jene Stimmungen, die als agonal zu klassifizieren sind (Aggression, Flucht), als aversiv erlebt werden, während synagonale Zustände (Hedonalität) oder, einfacher ausgedrückt, freundlich-soziale Zustände als positiv erlebt werden.

Der Amplitudenverlauf hat unabhängig von der Frequenzstruktur Bedeutungsgehalt, und er wird kategorial unterschieden. Eine hohe Amplitude am Anfang des Lautes hat eine andere Bedeutung als eine hohe

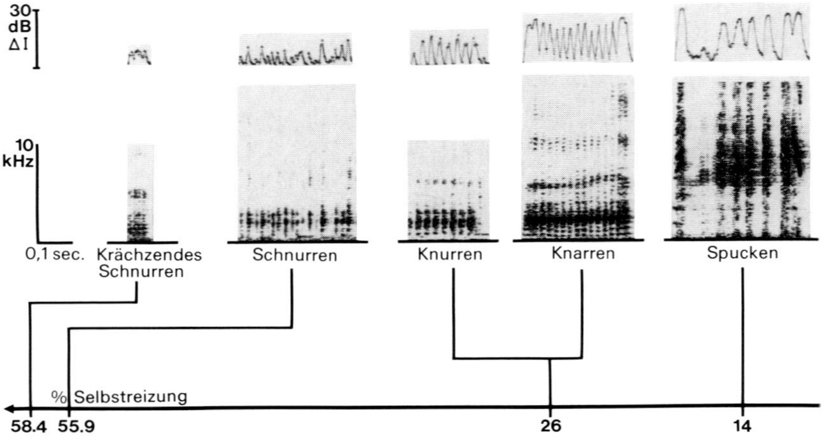

a

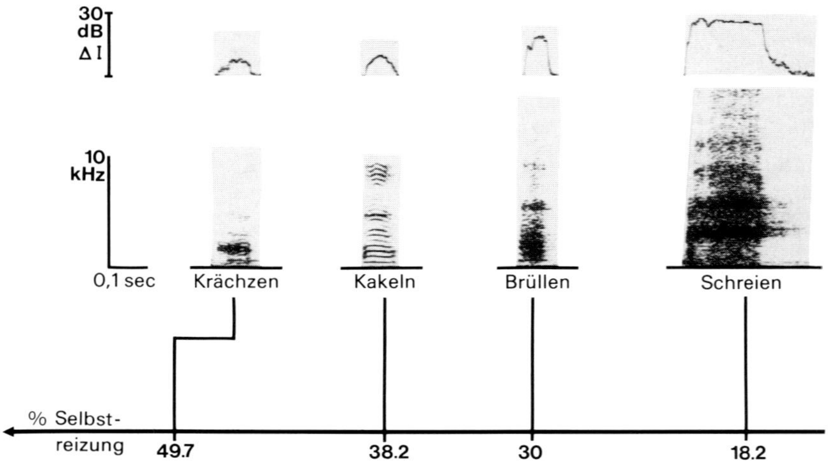

b

5.17a–e Die fünf verschiedenen Klassen von Lautäußerungen des Totenkopfäffchens, nach dem Aversitätsgrad geordnet: 0–20 % = hochaversiv, 20–40 % = mäßig aversiv, 40–60 % = neutral, 60–80 % = leicht belohnend und 80–100 % = stark belohnend. In den Abbildungen nimmt der Aversitätsgrad von links nach rechts zu.

Die fünf Lautklassen können nach U. JÜRGENS folgendermaßen charakterisiert werden:

a) Die Gruppe der Schnurr-, Knurr- und Fauchlaute, die aus Klickserien von 50 ± 20-Hz-Rhythmus bestehen und Selbstsicherheit ausdrücken; sie erhält mit zunehmendem Frequenzumfang des Lautes einen zunehmend aggressiveren Charakter. Die Fauchlaute drücken einen emotionellen Zustand aus, den man als »starke Wut« (»intensive anger«) beschreiben könnte.

b) Die Gruppe der Krächz-, Kakel- und Schreilaute; sie sind harmonisch oder geräuschhaft, haben eine Länge von 30–800 msec und einen wesentlichen Anteil ihrer akusti-

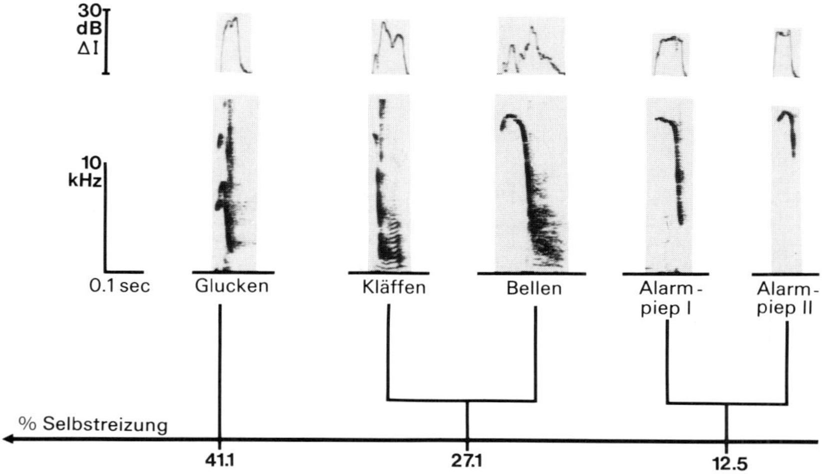

c

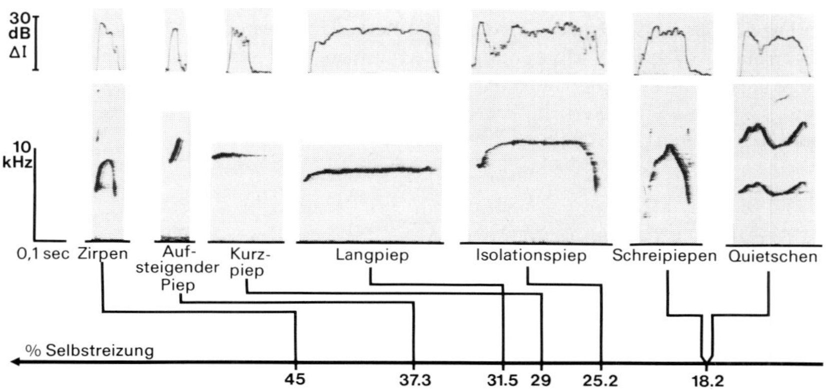

d

schen Energie im Bereich zwischen 0 und 3 kHz. Sie drücken Protest aus – eine Mischung aus aggressiver und defensiver Handlungsbereitschaft. Bei geringem Frequenzumfang bedeuten sie ein Sichunwohlfühlen, bei großem Frequenzumfang stellen sie ein Defensivdrohen dar.

c) Die Gruppe der Gluck-, Bell- und Alarmpieplaute: kurze und laute Äußerungen, die alle einen raschen Abfall der Hauptintensität von hohen zu niedrigen Frequenzen zeigen. Es handelt sich um Schimpflaute, die die Äffchen bei Störungen äußern. Sie drücken zugleich niedrige Angriffsbereitschaft aus. Die hochfrequenten Alarmpieplaute warnen vor Freßfeinden.

d) Die Gruppe der Zirp-, Piep- und Quietschlaute zeichnet sich durch eine hohe Grundfrequenz aus (> 2 kHz). Ihre geringe durchschnittliche Frequenzmodulation unterscheidet diese Laute von den Alarmlauten der vorhergehenden Gruppe. Die Laute

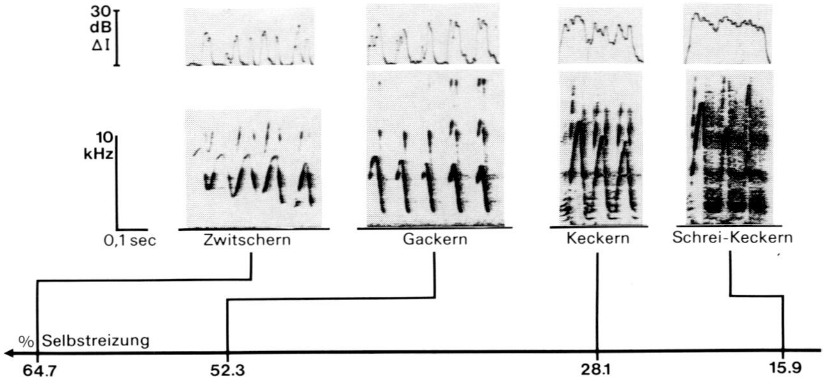

e

drücken soziale Kontaktbereitschaft aus. Die kurzen, ansteigenden Lautäußerungen lenken die Aufmerksamkeit von Gruppenmitgliedern in nichtagonistischen Situationen auf sich; die langgezogenen Formen äußern versprengte Tiere, die ihre Gruppengefährten suchen, und bei stark unregelmäßigem Frequenzverlauf drücken die Laute einen Konflikt zwischen Kontaktbedürfnis und Fluchttendenz aus.
e) Die Gruppe der Zwitscher-, Gacker- und Keckerlaute besteht aus Grundelementen, die in einem 13 ± 4-Hz-Rhythmus geäußert werden. Sie bestätigen bestehende soziale Bindungen. Mit Zwitscherlauten machen die Tiere auf angenehme Ereignisse aufmerksam. Gacker- und Keckerlaute drücken gemeinschaftliche Kampfstimmung (Hetzen) aus. Aus U. JÜRGENS (1979)

Amplitude am Ende des Lautes. Übergänge zwischen Anfang und Ende eines Lautes werden nicht auf einem Kontinuum wahrgenommen, sondern nur als entweder das eine oder das andere (M. MAURUS und Mitarbeiter 1984).

Bei dem Lautrepertoire handelt es sich um den Äffchen angeborene Signale (siehe S. 61). Ihr Verständnis ist ebenfalls zumindest in groben Zügen angeboren, wird aber durch individuelle Erfahrungen präzisiert. Totenkopfäffchen, die in sozialer Isolation aufwuchsen, flüchteten zur Mutterattrappe, wenn man ihnen Tonaufnahmen des arteigenen Raubvogelwarnrufs vorspielte. Weniger klar war die Reaktion auf den Bodenfeindwarnruf. Wurde letzterer jedoch mit einem Objekt geboten, dann mieden die Äffchen dieses, nicht aber ein Kontrollobjekt, dem ein anderer Ton beigesellt war (M. HERZOG und S. HOPF 1984). Sozial unerfahrene Totenkopfäffchen reagierten ferner auf die normalerweise kontaktauslösenden Lautäußerungen Zwitschern und Spiel-Piep mit Annäherung an die Artgenossenattrappe, über deren eingebautes Mikrophon die Laute abgestrahlt wurden. Dagegen machten sie weniger häufig Spielaufforderungen und mieden die Artgenossenattrappe, wenn die aversiven Lautäußerungen Kakeln und Keckern aus ihr ertönten. Sie suchten dann auch öfter Zuflucht bei ihrem Muttersurrogat (M. Herzog und S. Hopf 1983).

Die Lautäußerungen kann man durch elektrische Hirnreizung verläßlich von bestimmten Hirngebieten auslösen (D. Ploog 1981). Man bekommt Antworten von orbitofrontalen, temporalen, thalamischen und hypothalamischen Strukturen, von Mittelhirn und Pons und deren engen Verbindungen mit dem limbischen System. Es gibt dabei Gebiete, von denen man nur einen bestimmten Laut, andere, von denen man zwei Laute erhält. Die große Ausdehnung der Strukturen, deren elektrische Reizung Lautäußerungen bewirkten, und die Tatsache, daß die ausgelösten Laute oft von Reaktionen des autonomen Systems und von bestimmten motorischen Äußerungen begleitet sind, sowie die unterschiedlichen Latenzzeiten zwischen Reizbeginn und Vokalisation erlauben den Schluß,

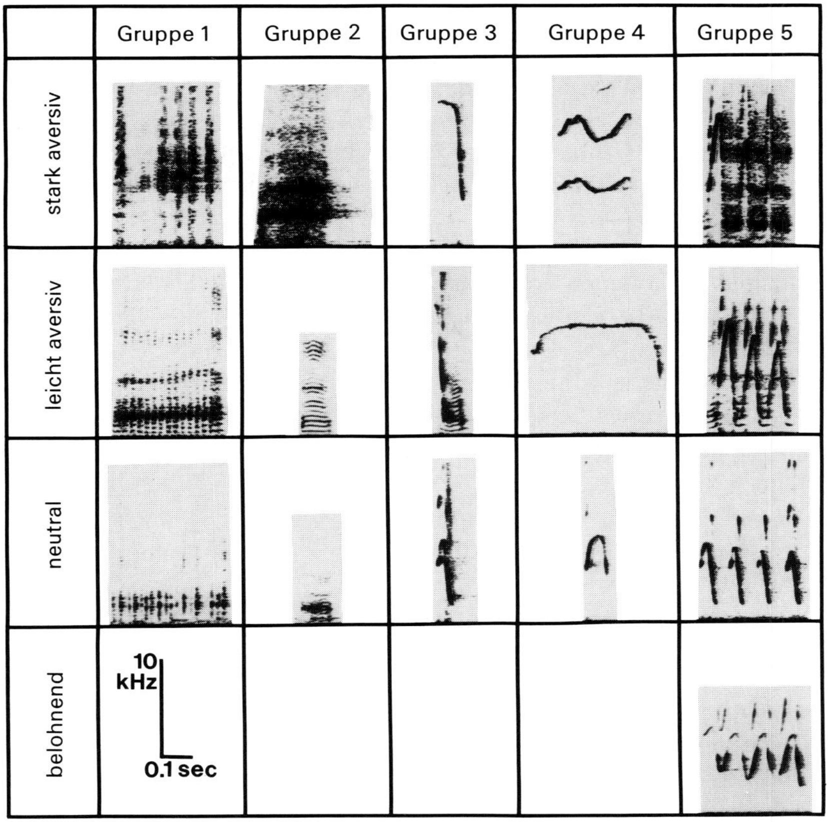

5.18 Zusammenfassung der Beziehungen zwischen Ruftypen und emotionellem Zustand. Aus U. Jürgens (1979)

daß nicht alle Strukturen unmittelbar mit der Lautproduktion zu tun haben, daß vielmehr manche Stimmungswechsel induzieren und, als Folge der geänderten Motivation, bestimmte Rufe. Versuche, bei denen sich die Äffchen den elektrischen Hirnreiz selbst erteilen konnten, zeigten, daß es zwei Gruppen Lautäußerungen produzierender Hirnstrukturen gibt: solche, bei denen die ausgelöste Vokalisation von keinerlei negativer oder positiver Bekräftigung begleitet ist, und solche, bei denen die ausgelösten Lautäußerungen auch von Emotionen und daher, wie schon dargestellt, von positiven oder negativen bekräftigenden Auswirkungen begleitet sind. Diese Areale der ersten Gruppe kann man als primäre Vokalisationsareale bezeichnen: Reize triggern die Aktivität von Vokalisationszentren. Die zweite Gruppe von Strukturen umfaßt den Rest der Vokalisation auslösenden Gebiete und bewirkt Lautäußerungen über reizinduzierte Änderungen des motivationalen Zustands (Abb. 5.19).

Bei den Primaten kann man zwei primäre Vokalisationsareale unterscheiden, von denen das eine stammesgeschichtlich relativ jung, das andere alt ist. Der vordere limbische Cortex ist nur bei den Primaten an der Vokalisation beteiligt. Die anderen der schon erwähnten primären Vokalisationsareale (caudales periaqueduktales Grau des dorsalen Mittelhirns und das laterocaudal benachbarte Ponstegmentum) sind dagegen phylogenetisch sehr alt, und ihre Reizung löst bei Amphibien, Reptilien, Vögeln und Säugern Lautproduktion aus, ja, selbst bei lauterzeugenden Fischen, obgleich deren Lauterzeugungsmechanismen ganz andere sind. Die beiden primären Vokalisationsareale haben unterschiedliche Funktionen. Der vordere limbische Cortex kontrolliert den instrumentalen Einsatz von Lautäußerungen. Makaken kann man dazu bringen, einen Coo-Laut bestimmter Länge und Intensität zu produzieren. Nach beidseitiger Abtragung des limbischen Cortex konnten sie das nicht mehr, obgleich sie nach wie vor auf angstauslösende Reize und in sozialen Situationen mit den adäquaten Lautäußerungen reagierten (D. Sutton, C. Larson, R. C. Lindemann 1974). Die Abtragung der der Brocaregion homologen Gebiete des Cortex hatte dagegen keinen Einfluß auf den instrumentalen Einsatz von Lautäußerungen.

Meerkatzen *(Cercopithecus aethiops)* verfügen über drei verschiedene Typen von Warnrufen. Erwachsene warnen mit jeweils einem von ihnen in erster Linie auf Leoparden, Adler *(Polemaetus bellicosus)* und Pythons. Spielt man den Affen bei Abwesenheit von Feinden Tonaufnahmen der Alarmrufe vor, dann flüchten sie auf Bäume, wenn der Leopardenwarnruf ertönt, schauen aufwärts, wenn sie den Adlerwarnruf wahrnehmen, und abwärts bei Schlangenalarm. Während erwachsene Affen in erster Linie vor den genannten Freßfeinden warnen, geben Jungtiere Leopardenalarm auf verschiedene Säuger, Adleralarm auf viele Vögel und Schlangenalarm

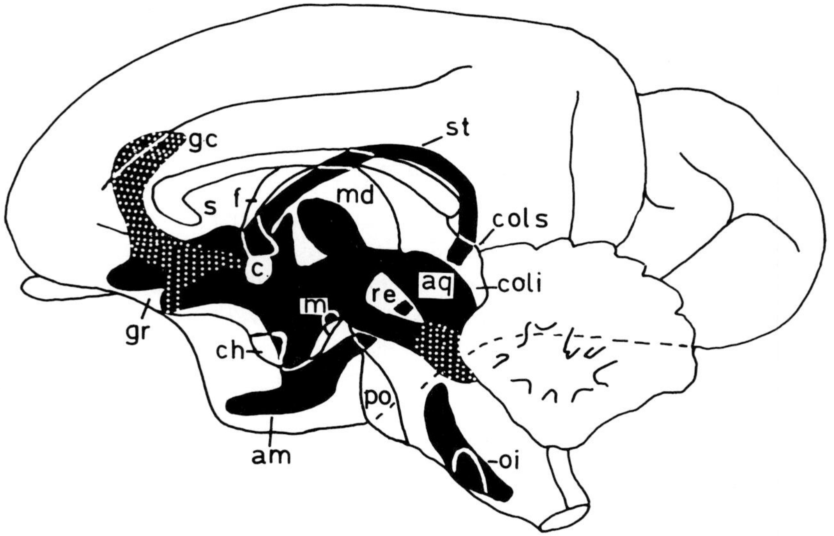

5.19 Sämtliche Vokalisation auslösenden Hirnstrukturen im Totenkopfaffengehirn. Punktiert: primäre Vokalisationsstrukturen; schwarz: sekundäre Vokalisationsstrukturen. Schematische Seitenansicht aus U. JÜRGENS und D. PLOOG (1976)

auf Schlangen und lange, dünne Objekte. Mit zunehmendem Alter reagieren sie spezifischer auf ihre Raubfeinde (R. M. SEYFARTH, D. L. CHENEY und P. MARLER 1980).

Kommunikation über Vibrationssignale spielt bei Käfern, Spinnen und anderen Arthropoden eine größere Rolle. Die Männchen von *Cupiennius salei* signalisieren ihren Weibchen, indem sie mit den Beinen und dem Abdomen ihre Unterlage (Blätter) zum Vibrieren bringen. Rezeptive Weibchen antworten darauf ihrerseits durch Virbrationssignale (J. S. ROVNER und F. G. BARTH 1981).

Elektrisch signalisieren verschiedene Fische, z. B. der Tapirrüsselfisch (*Gnathonemus petersi*) bei aggressiven Auseinandersetzungen. Das Angriffsmuster unterscheidet sich durch eine Entladungsrate von 25 Hz und mehr vom Ruhemuster (8 Hz) (B. KRAMER und R. BAUER 1976).

Die im Dienste der Signalgebung als »Botenstoffe« nach außen abgegebenen Stoffe nennt man seit P. KARLSON und M. LÜSCHER (1959) Pheromone. Sie erfüllen als Sexuallockstoffe, Alarmstoffe, Spurenlegstoffe, Markierungsstoffe und Versammlungsstoffe die verschiedenartigsten Aufgaben. Es gibt sogar »Attrappenpheromone«; z. B. parasitieren viele Ameisengäste (Myrmecophile, siehe S. 513) am Signalsystem ihrer Wirte. Sie imitieren nicht nur bestimmte Ausdrucksbewegungen, sondern auch chemische Signalschlüssel (B. HÖLLDOBLER 1973). So dürften die als

Ameisengäste lebenden Larven des Käfers *Atemeles pubicollis* das Brutfürsorge auslösende Larvenpheromon ihrer Wirte nachahmen.

Besondere Schreckstoffe alarmieren Schwarmfische und die Kaulquappen der Erdkröte, die alle fliehen, wenn sie vom verletzten Artgenossen abgesonderte Substanzen wahrnehmen (K. v. FRISCH 1941, I. EIBL-EIBESFELDT 1949, F. SCHUTZ 1956, W. PFEIFFER 1963). Beim »Giftsterzeln« entströmt der weit geöffneten Kloake der Honigbiene ein Duft, der die anderen alarmiert und aggressiv stimmt (K. v. FRISCH 1965).

Besonders ausgeprägt ist die chemische Verständigung bei den sozialen Hymenopteren. Bei Ameisen hat man chemische Verständigung der Geschlechter nachgewiesen. So reagieren die Weibchen der Roßameise *Camponotus herculeanus* auf das Mandibeldrüsensekret der Männchen (die zuerst ausschwärmen) mit Schwarmflug. Von anderen Arten sind weibliche Lockstoffe bekannt. Alarmpheromondrüsen dienen sowohl als Feindalarmsignal wie auch als Notruf Verschütteter. Sie liegen bei verschiedenen Arten an verschiedenen Körperstellen (Mandibulardrüsen, Analdrüsen, Dufoursche Drüsen). Manche Arten verfügen über eine ganze Reihe von Alarmpheromonen (Abb. 5.20). Die Stoffe wirken im allgemeinen nicht sehr artspezifisch. Die Sklaven raubenden *Formica pergandei* und *F. subintegra* (beide Arten rauben Puppen von anderen Arten, die dann im Nest der Räuber schlüpfen und dort Arbeiten verrichten) haben eine auf-

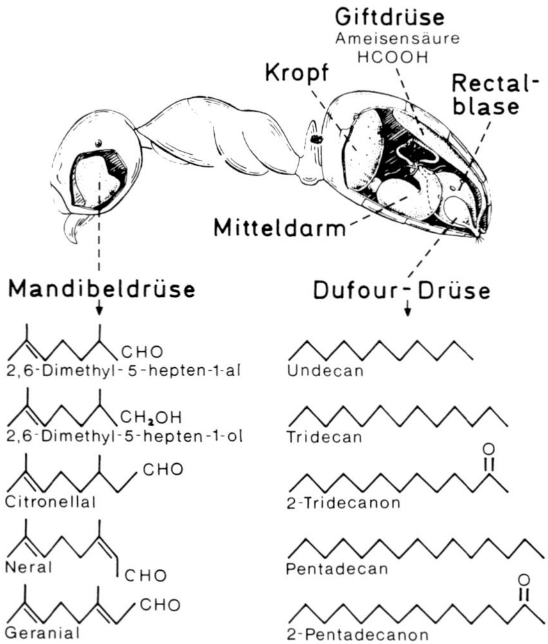

5.20 Das chemische Alarmsystem von *Acanthomyops claviger*. Die Kohlenwasserstoffketten (CH_3-CH_2-CH_2-CH_2 etc. -CH_3) sind in der Abb. als Zickzacklinie angegeben.

fallend große Dufoursche Drüse, die an der Abdomenspitze endet. Sie produziert einen Alarmstoff, der auch bei den Sklavenameisen erzeugt wird, dort allerdings in geringerer Menge. Beim Überfall auf die Sklavenameisen versprühen die genannten Sklavenräuber das Alarmpheromon in großer Menge, und dieses Überangebot führt zur völligen Verwirrung und Desorientierung der Nestverteidiger (F. E. REGNIER und E. O. WILSON 1971). Viele Ameisenarten informieren ihre Nestgenossen durch Pheromone über neu entdeckte Futterquellen, und sie legen vom Nest zum Zielort Duftspuren, denen die neu Angeworbenen folgen können. Man kann bei verschiedenen Arten die schrittweise Ritualisierung dieses Anwerbeverhaltens verfolgen. Bei manchen Arten werden die Arbeiter von der Ameise, die die Nahrungsquelle entdeckte, noch direkt geführt. Sie laufen Kontakt haltend hinter ihr her (Tandemlauf), bei anderen Arten markiert die erfolgreiche Arbeiterin ihren Weg zur Futterquelle, und die anderen folgen ihrer Spur (Einzelheiten bei E. O. WILSON 1971 und B. HÖLLDOBLER 1973). Schließlich gibt es Art-, Volks- und Nestdüfte mit territorialer Funktion.

Ein Pheromon kann recht verschiedene Aufgaben zugleich erfüllen. H. MARKL beschreibt dies für einen Pheromonkomplex der Honigbiene: »Die höchststehenden Hautflügler haben dieses Problem besonders perfekt gelöst: ein Drogenkomplex, eine Oxo- und eine Hydroxydecensäure, den die Königin der Honigbienen in ihren Mandibeldrüsen erzeugt, sterilisiert gleichzeitig die Arbeiterinnen – populationsgenetisch ein Akt extremer Aggression! –, hindert sie am Weiselzellenbau, also der Zucht von Konkurrentinnen der Königin, und dient der Königin auf dem Paarungsflug auch noch als sexuelles Lockmittel für die Männchen. Diese Droge wird von den Arbeiterinnen begierig aufgenommen, im Volk weiterverteilt und hemmt sogar ihre Aggression untereinander« (H. MARKL 1974, S. 475).

Bei der Untersuchung der Pheromone und ihrer Auslösewirkung verknüpfen sich ethologische, neurophysiologische und biochemische Untersuchungsmethoden. Beispielhaft dafür sind die Untersuchungen über die Sexuallockstoffe der Schmetterlinge. Der männliche Seidenspinner reagiert ungemein empfindlich auf den Lockstoff der Weibchen (I. SCHWINCK 1955), den A. BUTENANDT (1955) chemisch analysierte (A. BUTENANDT, R. BECKMANN, D. STAMM und E. HECKER 1959). Die Untersuchungen von D. SCHNEIDER (1967) und seiner Gruppe (siehe K. E. KAISSLING 1971) mit Hilfe elektrophysiologischer Methoden klärten die Funktionsweise des Lockstoff-Rezeptor-Systems. D. SCHNEIDER (1957) gelang es, von den Antennen ein Riechrezeptorpotential abzuleiten. Das Verfahren ist heute als Standardmethode in vielen Instituten in Gebrauch. Beim Seidenspinner kann zwar bereits ein einzelnes Bombykolmolekül einen Nervenimpuls der Rezeptorzellen auslösen, doch geht dieser Impuls im Rauschen der spontanen Impulse* unter. Es müssen nur zweihundert Riechzellen (1 % der 20 000 Bombykolrezeptoren eines Falters) innerhalb einer Sekunde von einem Molekül getroffen werden, damit der männliche Falter eine Reaktion (Flügelschwirren) zeigt. Die geringste Lockstoffkonzentration beträgt dafür etwa 1000 Moleküle pro cm^3 (K. E. KAISSLING und E. PRIESNER 1970). Da ein cm^3 Luft unter Atmosphärendruck 10^{19} Gasmoleküle enthält, bedeutet dies, daß ein Gasmolekül auf 100 Trillionen Gasmoleküle (10^{16}) noch wirksam ist. Die Duftstoffmenge eines Weibchens genügt, um 10^{13} Männchen anzulocken! Die Spezifität der Lockstoffrezeptoren ist hoch. Dem Bombykol nächstverwandte Moleküle, die die gleiche Strukturformel, aber eine andere Raumform als der Lockstoff haben, wirken 100- bis 1000fach schlechter (K. E. KAISSLING 1971, D. SCHNEIDER und Mitarbeiter 1967). Die Lockstoffe sind nicht artspezifisch; es gibt davon nur einige Hundert, aber an die 100 000 Schmetterlingsarten. Artspezifisch ist jedoch oft die Kombination der Pheromone zu »Pheromonbouquets« (D. SCHNEIDER). Dennoch reagieren viele Saturniiden auch auf den Lockstoff anderer Arten. Man kann sie in Reaktionsgruppen zusammenfassen, die jeweils näher verwandte Schmetterlinge miteinander vereinen. Artkreuzungen werden dennoch in der Regel verhindert, da die Arten entweder allopatrisch sind oder verschiedene Aktivitätszeiten haben (E. PRIESNER 1968). Bei Faltern sind ferner männliche Duftorgane weit verbreitet. Sie liefern »Aphrodisiaca«, die nur Nahwirkung entfalten. Zu Pheromon-Transfer-Partikeln umgewandelte Schuppen werden mit dem Duftstoff vom Männchen auf das Weibchen übertragen. Bei den Danaiden wird der Duftstoff (Danaidon) aus einem aufgeleckten Pflanzenalkaloid gebildet (M. BOPPRÉ 1977). Über die Bedeutung der Pheromone im Paarungsvorspiel von Drosophila berichtet J. M. JALLON (1984).

Da die Ausfilterung der verhaltensrelevanten Duftsignale bei Insekten bereits auf der Rezeptorebene erfolgt, sind hier die wesentlichen Filtereigenschaften des AAM in den spezifischen Eigenschaften der Rezeptormembran begründet. Wie eine Riechzelle durch ein Duftmolekül erregt wird, ist im einzelnen noch nicht geklärt. Vermutlich verbindet sich das Duftmolekül vorübergehend mit dem Rezeptormolekül. Damit könnte so dieses seine Form ändern und eine Membranpore vorübergehend öffnen, was zu einem Ionenaustausch zwischen Zellinnerem und Umgebung und damit zu einem Potentialgefälle führen würde.

Pheromone spielen auch im Leben der Säuger eine große Rolle. Ratten erzeugen 14 Tage nach der Geburt ein Pheromon, das offenbar dazu dient,

* Jede Rezeptorzelle sendet auch bei völlig lockstofffreier Luft etwa alle 10 bis 20 Sekunden einen Nervenimpuls spontan ins Gehirn.

die Jungen, die nunmehr auf Gerüche ansprechen, herbeizulocken. 27 Tage nach der Geburt wird die Pheromonproduktion eingestellt, und das wiederum ist der Zeitpunkt, wenn die Jungen aufhören, auf dieses Pheromon zu reagieren. Die Ausschüttung des Geruchsstoffes steht unter der hormonalen Kontrolle des Prolaktin, ist aber auch von Außenreizen abhängig, denn nimmt man der Mutter die Jungen in den ersten beiden Wochen weg, dann unterbleibt die Pheromonproduktion (M. Leon und H. Moltz 1971, 1972, 1973, H. Moltz und M. Leon 1972).

Weibliche Hausmäuse produzieren während ihrer Schwangerschaft ein Anti-Aggressions-Pheromon, das Angriffe von Hausmausmännchen hemmt (R. A. Mugford und N. W. Nowell 1971). Hirschkälber besitzen Voraugendrüsen, die der Mutter die Saugbereitschaft signalisieren. Will das Kalb saugen, sind die Drüsen weit offen. Mit zunehmender Sättigung verengen sie sich (H. Wölfel 1976).

Eine Vielfalt von Aufgaben erfüllen die Duftmarken der Säuger (S. 526). Tupajas können an den Duftmarken Geschlecht und spezifische Individuen erkennen. Die Individualität männlicher Duftmarkierungen erwies sich im Versuch als äußerst stabil. Duftmarken, die man 8 Monate bei Raumtemperaturen aufbewahrt hatte, wurden im Versuch von Tupajas noch erkannt und einem bestimmten Tier zugeordnet (D. v. Holst und S. Lesk 1975). Weibchen markieren mit dem Sternalsekret ihre Jungen. Das schützt sie sowohl gegen die eigene Mutter als auch gegen fremde Weibchen. Unmarkierte Jungtiere werden von beiden gefressen (D. v. Holst 1974).

R. P. Michael und E. B. Keverne (1968) meldeten das Vorkommen von Pheromonen im Vaginalsekret von Rhesusaffen. Durch diese »Copuline« genannten Stoffe sollen die Männchen sexuell erregt werden. Später schrieben R. P. Michael, R. W. Bonsall und P. Warner (1974) über das periodische Auftreten von Copulinen im Sekret der Vaginalschleimhaut des Menschen. Diese Befunde sind allerdings mit einer gewissen Vorsicht entgegenzunehmen, da sich bei D. A. Goldfoot und Mitarbeitern (1976) bei einer Nachprüfung der Michaelschen Untersuchungen am Rhesusaffen keineswegs ergab, daß die Mehrzahl der Männchen durch den Geruch des Vaginalschleims in sexuelle Erregung versetzt werden kann. Es stellte sich im Laufe der Diskussion heraus, daß R. P. Michael und seine Mitarbeiter nur mit Männchen experimentiert hatten, die sie vorher als »responder« ausgewählt hatten. Die Entdeckung ist dennoch interessant, und weitere Untersuchungen bestätigten die Ergebnisse (R. P. Michael und D. Zumpe 1982; siehe ferner R. P. Michael und Mitarbeiter 1975, 1976; R. P. Michael und R. W. Bonsall 1975).

Der Eber produziert in den Hoden das Pheromon Androstenol, das sich in seinem Körper verteilt und insbesondere in seinem Speichel enthalten ist. Die Substanz immobilisiert brünstige Weibchen, so daß sie dem Eber gestatten aufzureiten (D. R. MELROSE und Mitarbeiter 1971, E. B. KEVERNE 1978). Wir finden Androstenol im Achselschweiß der Männer. Es scheint auch beim Menschen eine Rolle als Pheromon zu spielen. Über Versuche dazu und zu Schweißritualen siehe meine Humanethologie.

Bemerkenswert sind die von J. LEMAGNEN (1952) festgestellten Geschlechtsunterschiede im Vermögen, bestimmte moschusähnliche Substanzen (Exaltoide) zu riechen. Kinder, Männer und Frauen nach den Wechseljahren können diese Stoffe nicht oder nur in hoher Konzentration wahrnehmen. Junge Frauen dagegen riechen diese Substanzen, die auch in der Parfümindustrie Verwendung finden, besonders gut. Die Riechschwelle zeigt Schwankungen mit dem Zyklus. Ein bis zwei Wochen nach ihrer Periode sind Frauen besonders geruchsempfindlich. Männer riechen diese Stoffe nach Östrogeninjektion (s. a. R. R. GOOD 1976, R. L. DOTY 1976).

Eine Zusammenstellung der Literatur über Kommunikation durch Pheromone bei Tieren und insbesondere bei Säugern findet man bei E. S. ALBONE (1984), H. H. SHOREY (1976), E. O. WILSON (1963, 1965), G. CAVILL und P. ROBERTSON (1965), D. THIESSEN und M. RICE (1976) und D. SCHNEIDER (1977).

Pheromone und darauf abgestimmte Rezeptoren entwickelten sich nach dem Auslöser-AAM-Prinzip in wechselseitiger Anpassung im Dienste der Kommunikation.

Da unserer Wahrnehmung der optische Bereich am leichtesten zugänglich ist, wurden bisher vor allem optische Schlüsselreize und Auslöser untersucht, und zwar meist an Fischen und Vögeln. Der Signalgebung dienen sowohl körperliche Strukturen (Federzeichnung, Farbflecke, Mähnen etc.) als auch besondere Verhaltensweisen, die man als Ausdrucksbewegungen (S. 185) bezeichnet. Wir wollen letztere in einem eigenen Kapitel betrachten.

Zur experimentellen Erforschung der auslösenden Reize bieten sich verschiedene Methoden an. G. K. NOBLE und B. CURTIS (1939) ließen Juwelenfischweibchen zwischen Männchen im Prachtkleid und unscheinbar gefärbten wählen, indem sie auf der einen Seite des Aquariums, in dem sich das Weibchen befand, ein rot gefärbtes Männchen und an der anderen Seite ein unscheinbar gefärbtes aufstellten, jedes in einem eigenen Aquarium. Die Weibchen laichten stets auf der Seite der bunten Männchen ab. Wurde jedoch ein buntes Männchen mit Augenklappen geblendet, so daß es sich ruhig verhielt, dann laichte das Weibchen an der Seite des aktiven bleichen Männchens.

Man kann ferner die auslösenden Reize erforschen, indem man Änderungen am lebenden Tier vornimmt. Der Schwarmfisch *Pristella riddlei* trägt eine auffällige, schwarz markierte Rückenflosse. Da einem isolierten

5.21 Der Fisch *Pristella riddlei* mit der durch schwarze Markierung zu einem Folgesignal ausgebildeten Rückenflosse. Nach M. KEENLEYSIDE (1955)

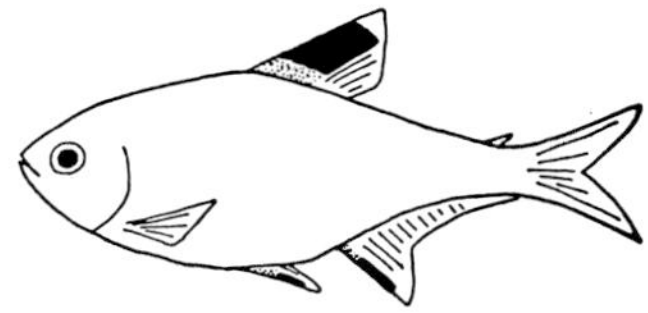

Fisch eine Gruppe solcher Fische mit amputierten Rückenflossen weniger attraktiv erscheint als eine Gruppe intakter Fische, darf man annehmen, daß diese schwarze Rückenflosse ein visuelles Folgesignal ist (M. H. KEENLEYSIDE 1955; Abb. 5.21). G. NOBLE (1934) untersuchte die kampfauslösenden Merkmale beim Zaunleguan *(Sceloporus undulatus)*. Nur die Männchen dieser Art haben am Rande der Bauchseiten einen blauen Streifen und einen blauen Kehlfleck. Malte er Weibchen solche Streifen an die Bauchseiten, wurden sie von den Männchen angegriffen. Umgekehrt warben Männchen um Männchen, denen er die blaue Zeichnung übermalt hatte. Bemalt man die schwarzen Schnäbel junger Zebrafinken *(Taeniopygia castanotis)* so rot wie die Schnäbel der erwachsenen, werden sie trotz intensiven Bettelns weder von den Männchen noch von den Weibchen gefüttert (K. IMMELMANN 1959).

Mit der Skinner-Methode wies G. P. SACKETT (1966) ein angeborenes Mimikerkennen beim Rhesusaffen nach. Vier männliche und vier weibliche Tiere wurden von Geburt an bis zum neunten Monat in allseitig geschlossenen Käfigen isoliert. Als kontrollierte visuelle Erfahrung sahen sie gegen eine Käfigwand projizierte Farbdiapositive von Affen und neutralen Objekten (Sonnenuntergang, Landschaft mit Bäumen, geometrische Figuren usw.). Wenn sie einen Hebel niederdrückten, konnten sich die Affen danach nach Wunsch das jeweils gezeigte Bild selbst projizieren, und zwar während einer 5-Minuten-Periode wiederholt für jeweils 15 Sekunden. Es stellte sich heraus, daß sie Bilder von Artgenossen bevorzugten, und zwar insbesondere das Bild eines Jungtieres und das eines drohenden Erwachsenen mit ausgeprägter Drohmimik. Diese beiden Bilder lösten zugleich auch die häufigsten Antworten aus (Lautäußerungen, Spielaufforderungen, Umherklettern im Käfig, visuelles und manipulatorisches Erkunden des Bildes). Mit 2,5 Monaten reagierten die Äffchen auf das Bild des Drohenden mit Furcht. Sie zogen sich vor dem Bild zurück, kauerten sich zusammen, umklammerten sich selbst und zeigten Angstmimik. Gleichzeitig ging die Zahl der Selbstdarbietungen für dieses Bild scharf zurück (Abb. 5.22). Erst nach weiteren zwei Monaten war wieder ein steiler Anstieg zu verzeichnen. Die Tiere erkannten also mit 2,5 Monaten die Drohmimik, obgleich sie weder einen Artgenossen noch ihr Spiegelbild gesehen hatten. Es muß offenbar ein angeborener Auslösemechanismus vorliegen, der in der Entwicklung heranreift, ohne daß es dazu

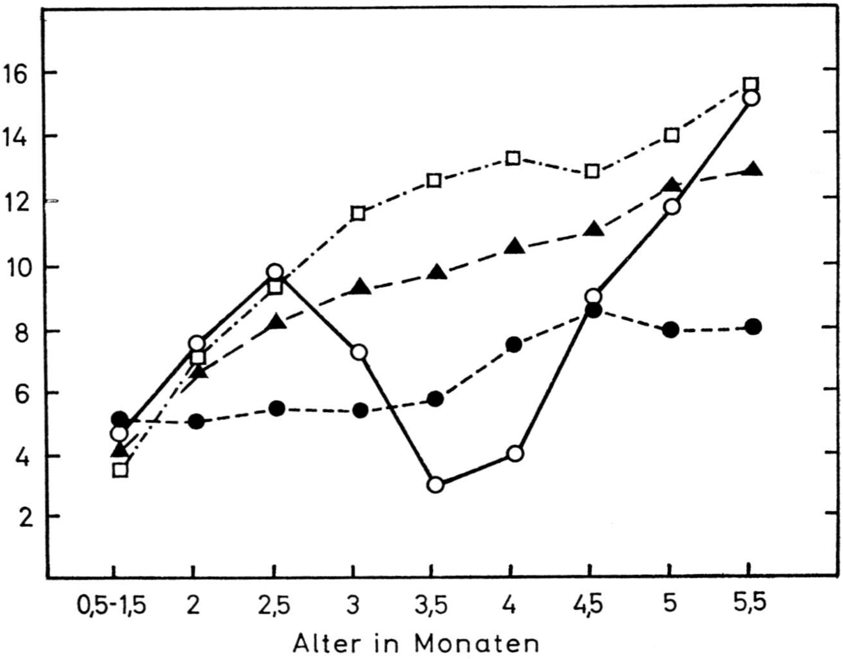

5.22 Frequenz der Selbstdarbietung von Bildern durch Hebeldrücken bei isoliert gehaltenen Rhesusaffen. Ordinate: Mittlere Anzahl von Selbstdarbietungen pro 5-Minuten-Test. Abszisse: Alter in Monaten. Die Kurvenverläufe zeigen die Reaktion der Affen auf das Bild eines drohenden Artgenossen ○—○, auf einen jungen Affen □-·-□, auf andere Affen ▲---▲ und auf Kontrollbilder ●---●. Nach G. P. SACKETT (1966)

sozialer Erfahrungen bedürfte. Gewöhnung mag für das später wieder aufkeimende positive Interesse verantwortlich sein.

Zur experimentellen Erforschung der auslösenden Reize benutzt man unter anderem sehr oft die Technik des aufbauenden Attrappenversuches. Mit Hilfe der einfachst möglichen Attrappe versucht man, die fragliche Verhaltensweise bei einem unerfahrenen Tier auszulösen. Die vorangegangene Beobachtung gibt einem dabei bereits Hinweise. So löste D. LACK (1943) vollintensive Kampfhandlungen beim Rotkehlchen aus, indem er ein Büschel der roten Kehlfedern im Revier eines Männchens befestigte. Ein ausgestopfter Jungvogel ohne rote Federn wurde dagegen ignoriert (Abb. 5.23). Das berechtigt zu dem Schluß, das Verhalten der Revierverteidigung werde beim Rotkehlchen allein schon durch die roten Brustfedern ausgelöst. Ähnliches fand V. A. PEIPONEN (1960) beim Blaukehlchen, bei dem die blauen Brustfedern der Auslöser sind.

Eine männliche Erdkröte nähert sich zur Paarungszeit jedem bewegten Gegenstand und versucht, ihn zu umklammern. Das Männchen läßt nur

5.23 Zwei Rotkehlchen-Attrappen. Links: ausgestopfter Jungvogel ohne rote Brustfedern; rechts: Büschel roter Federn (Erläuterungen im Text). Nach D. LACK (1943)

a

b

c

5.24 a) Erdkrötenpärchen. Das Männchen hält das Weibchen umklammert. Foto: I. EIBL-EIBESELDT; b) zwei Finger als Attrappe; c) das Männchen umklammert einen Gummistiefel. Foto: b) und c) H. SIELMANN aus I. EIBL-EIBESFELDT (1954) dann los, wenn sich dieses umklammerte Objekt durch einen bestimmten Abwehrruf als Männchen zu erkennen gibt. Weibchen bleiben stumm und werden festgehalten, ebenso aber auch ein Karpfen, die menschliche Hand und dgl. mehr (Abb. 5.24). Der angeborene Auslösemechanismus ist in diesem Falle sehr unselektiv, er genügt jedoch, da sich zur Paarungszeit ja fast nur Erdkröten im Tümpel bewegen.

Vergleicht man die Wirksamkeit verschiedener Attrappen, dann bietet man sie meist hintereinander, wobei man allerdings nur wenige Versuche mit einem Individuum machen kann, da ein Tier im allgemeinen schnell lernt. Diese Mängel der Sukzessivmethode kann man umgehen, indem man einem Tier zwei verschiedene Attrappen gleichzeitig anbietet. D. FRANCK (1966) untersuchte so die Pickreaktion von Sturmmöwenküken auf Schnabelattrappen, wobei er die Ergebnisse der Simultanmethode mit den durch die Sukzessivmethode gewonnenen verglich. Beide deckten sich, doch konnte FRANCK mit der Simultanmethode unterschiedliche Präferenzen von Attrappen messen, die bei der Sukzessivmethode nicht mehr feststellbar waren.

Eine vorbildliche Analyse angeborener Auslösemechanismen verdanken wir E. und P. KUENZER (1962). Die Nachfolgereaktion der Jungfische substratlaichender Cichliden wird durch die Bewegung und Färbung der Mutter ausgelöst. Form und Größenmerkmale sind ohne Bedeutung. Die Schlüsselreize für die Nachfolgereaktion sind artspezifisch und entsprechen dem Brutkleid der Weibchen. Jungfische von *Apistogramma reitzigi* schwimmen gelbe, solche von *A. borellii* kontrastreich schwarz-gelb gefärbte Attrappen an. Ähnlich paßt bei *Nannacara-anomala*-Jungen die Selektivität, mit der sie auf verschiedene Attrappen mit Folgereaktion ansprechen, genau auf Verhalten und Aussehen der Eltern. Da es sich bei den Experimenten um erfahrungslose Jungfische handelt, muß die Anpassung von angeborenem Auslösemechanismus und Auslöser phylogenetisch entstanden sein (P. KUENZER 1968).

Beim Stichlingsmännchen ist der rote Bauch ein kampfauslösendes Merkmal; eine plumpe Wachswurst, die unterseits rot ist, sonst aber alle Fischmerkmale, wie etwa der Flossen, entbehrt, wird sogleich bekämpft, während viel stichlingsähnlichere Attrappen ohne Rotfärbung keinerlei Kampf auslösen (Abb. 5.25). Wichtig ist jedoch, daß die Bauchseite rot ist; drehen wir die Attrappe um, verliert sie ihre kampfauslösende Wirkung. Weibchen werden von den Stichlingsmännchen an ihrem vom Laich aufgetriebenen Bauch erkannt, der ihnen außerdem in bestimmter Weise präsentiert wird. Man kann Laichbauch und Stellung mit einfachen Attrappen nachmachen und damit Balzverhalten auslösen. Auch Stichlinge, die in völliger Isolation aufwuchsen, reagieren richtig auf die Signale gleichgeschlechtlicher und andersgeschlechtlicher Artgenossen. Es lassen

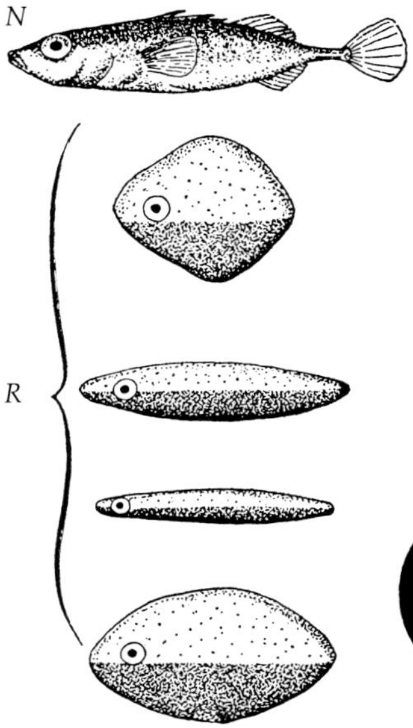

5.25

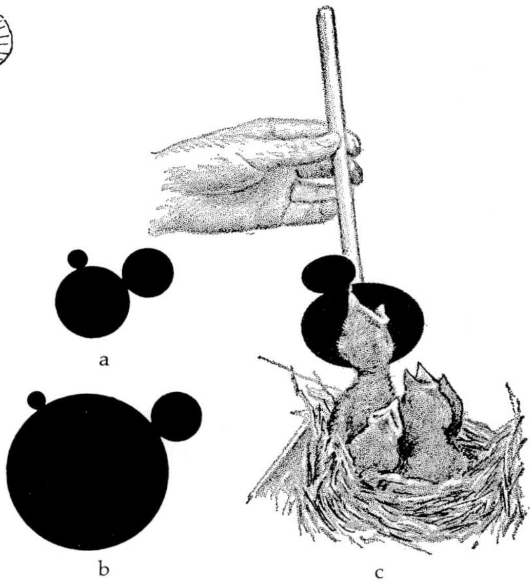

5.26

5.25 Stichlingsattrappen: N = sorgfältige form- und farbgetreue Nachahmung eines Stichlings ohne roten Bauch. Sie wird von den Stichlingen viel weniger angegriffen als die einfachen vier rotbäuchigen Attrappen der Serie R. Nach N. Tinbergen (1951)

5.26 Zweiköpfige Attrappen zur Auslösung der Sperreaktion von Amseljungen: a) und b) Attrappen; c) Versuchsanordnung (Erläuterungen im Text). Aus N. Tinbergen und D. J. Kuenen (1939)

sich keinerlei Unterschiede zu normal aufgewachsenen Tieren nachweisen (E. Cullen 1960).

B. Muckensturm (1969) hat dagegen in Attrappenversuchen keine solche selektive Reaktion erfahrener Stichlingsmännchen nachweisen können. Ihre Versuchstiere reagierten nicht selektiv auf das Merkmal roter Bauch, sondern allgemein besser auf farbige Attrappen als auf graue. Kämpfe treten auch lange vor der Geschlechtsreife und Umfärbung unter den Jungtieren auf. Letzteres würde Tinbergens Befunden nicht widersprechen, da es auch andere kampfauslösende Merkmale (Drohstellung, S. 172) gibt. G. P. Baerends (1985) wies ferner darauf hin, daß man bei solchen Versuchen auch den Motivationszustand der Fische zu beachten habe. Erfahrene Fische würden in einer bestimmten Situation nicht nur aufgrund ihrer angeborenen Auslösemechanismen ansprechen, sondern auch aufgrund der in ihrem Gedächtnis gespeicherten Erfahrungen. Dementsprechend mag das Ausbleiben aggressiver Reaktionen auf Rot darauf zurückzuführen sein, daß ängstliche Fische aufgrund früherer negativer

Erfahrungen mit dominanten Rivalen durch deren Auslöser geängstigt werden und, anstatt anzugreifen, flüchten.

In TINBERGENS Versuchen wirkte das kampfauslösende Merkmal »rote Farbe« erst dann auslösend, wenn es in einer bestimmten räumlichen Beziehung zu anderen Merkmalen, in diesem Fall bauchseits, stand (N. TINBERGEN 1948).

Ein Verhältnis zwischen zwei Merkmalen tritt als Beziehungsmerkmal hinzu. Man spricht in einem solchen Falle von einem *konfigurativen* oder *figuralen* Merkmal. Ein solches, z. B. »roter Fleck an der Schnabelspitze«, löst auch die Futterbettelreaktion der Silbermöwe aus (N. TINBERGEN und A. C. PERDECK 1950). Amseljunge sperren von einem bestimmten Alter an gerichtet nach einer Attrappe des Altvogels, in der Rumpf und Kopf durch zwei verschieden große aneinandergefügte Pappscheiben gekennzeichnet sind. Die kleinere der beiden Pappscheiben wird wie der Kopf des Altvogels angesperrt, wobei die Größe des Kopfes in Beziehung zum Körper der Schlüsselreiz ist. Bietet man zweiköpfige Attrappen, bevorzugen die Vögel einen der Köpfe, wobei sie sich nach einer bestimmten Kopfgröße orientieren. Die beiden abgebildeten Attrappen haben jeweils gleich große Köpfe, die Rümpfe sind jedoch verschieden. In Abb. 5.26 a wird der kleinere Kopf, in b der größere angesperrt, die Tiere beachten demnach ein bestimmtes Größenverhältnis zwischen Kopf und Rumpf als Schlüsselreiz. Wie bei der Gestaltwahrnehmung werden Beziehungen zwischen Reizen erfaßt, und das gilt wohl generell für die Wahrnehmungen: Wenn man einen Vogel auf den helleren von zwei Grauwerten dressiert, dann aber die dunklere Grauattrappe gegen eine austauscht, die noch viel heller ist als die Dressurattrappe, wird der Vogel diese neue hellere Attrappe bevorzugen. Das gilt oft auch für Schlüsselreize. Beim maulbrütenden Cichliden *Haplochromis multicolor* verschwinden die Jungen bei Gefahr im Maul der Mutter. Sie versuchen auch, in einfache Attrappen des mütterlichen Kopfes einzudringen, wobei sie sich nach der Stellung der Augen richten und einen Punkt zwischen diesen ansteuern. Liegen nun die Augenflecken horizontal auf einer Ebene, so ist die Attrappe wirksamer, als wenn je ein Auge oben und unten ist (H. PETERS 1937 a). Bei *Tilapia mossambica* versammeln sich die Jungfische bevorzugt an der Unterseite von scheibenförmigen Attrappen. Sie steuern ferner dunkle Punkte an und versuchen, sich in jede Vertiefung einzubohren. Das führt sie normalerweise ins Maul der Mutter (G. P. BAERENDS 1957; Abb. 5.27).

Puten zeigen vor Raubvögeln eine ausgeprägte Fluchtreaktion, die man auch mit sehr einfachen, über den Himmel bewegten Pappattrappen auslösen kann. Die Form dieser Attrappen ist ohne Bedeutung. Eine kreuzförmige löst ebenso Flucht aus wie ein einfacher Kreis, doch ist es notwendig, daß sich die Attrappe, gemessen in Eigenlängen, nur langsam bewegt.

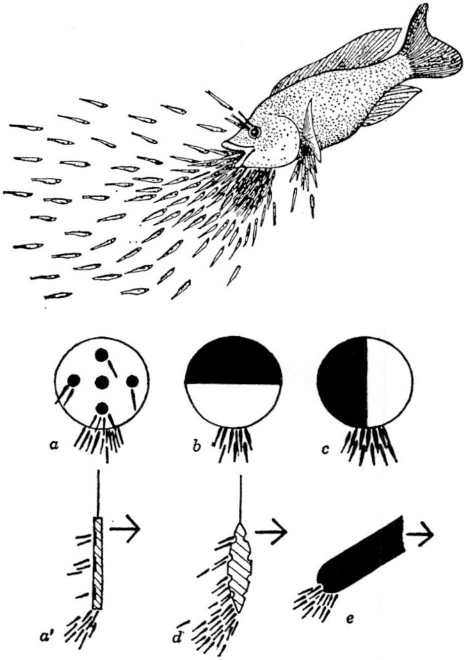

5.27 Attrappenversuche mit *Tilapia mossambica*, einem maulbrütenden Cichliden. Oben Mutter mit Jungen, die nach ihrem Maul streben. Darunter Attrappen in Form flacher Scheiben (a–c und a'), einer Scheibe mit Aushöhlungen (d) und eines dunkel gefärbten Reagenzglases mit einer Öffnung am Grunde. Erschreckt man die Jungfische, schwimmen sie auf diese Attrappen zu. Sie suchen Einlaß an der Unterseite der Attrappe; ferner werden sie durch dunkle Flecken deutlich angezogen. Aus G. P. Baerends (1957)

Durch diese Relativgeschwindigkeit ist aber ein Raubvogel normalerweise genügend gut gekennzeichnet (W. Schleidt 1961 b). Allerdings fliehen die Puten zunächst auch vor Gänsen und anderen, in Eigenlängen gemessen, langsam fliegenden, d. h. großen Vögeln. Sie gewöhnen sich jedoch an die häufigeren Vögel, und zuletzt fliehen sie nur noch die selteneren. Das war auch der Grund, weshalb N. Tinbergens (1951) erfahrene Truthühner vor einer vereinfachten Raubvogelattrappe flohen, nicht aber vor einer Gänseattrappe. In seinem Versuchsgelände lebten viele Gänse. Tinbergen benutzte für seine Versuche eine kreuzförmige Pappattrappe, die, mit dem kurzen Balken voran über den Himmel bewegt, Fluchtreaktionen auslöste. Sie erinnerte dann an einen Raubvogel. Bewegte er sie in der Gegenrichtung, also mit dem langen Balken voran, blieb sie wirkungslos. Sie ähnelte dann einer Gans. Der Schluß lag nahe, in der »Kurzhalsigkeit« der fluchtauslösenden Attrappe ein angeborenermaßen auslösendes Merkmal zu sehen. Die Versuche von Schleidt stellten den Sachverhalt klar. Eine Untersuchung der fluchtauslösenden Reize bei Auerhühnern ergab das gleiche Bild (D. Müller 1961).

Die männlichen Leuchtkäfer *Lampyris noctiluca* reagieren sehr spezifisch auf das konfigurative arteigene Reizmuster des weiblichen Leuchtorgans, das aus zwei hellen, hintereinanderliegenden Balken besteht, hinter denen zwei Punkte liegen. Mit Taschenlampen erhellte Schablonen, die dieses Muster tragen, werden von den Männchen bevorzugt angeflogen.

Einen weit weniger selektiven angeborenen Auslösemechanismus haben die Männchen des Leuchtkäfers *Phausis splendidula*, die sich stets den flächengrößeren Attrappen (bis 4 n) zuwenden, auch wenn diese starke Abwandlungen des arteigenen Musters zeigen (F. Schaller und H. Schwalb 1961; Abb. 5.28).

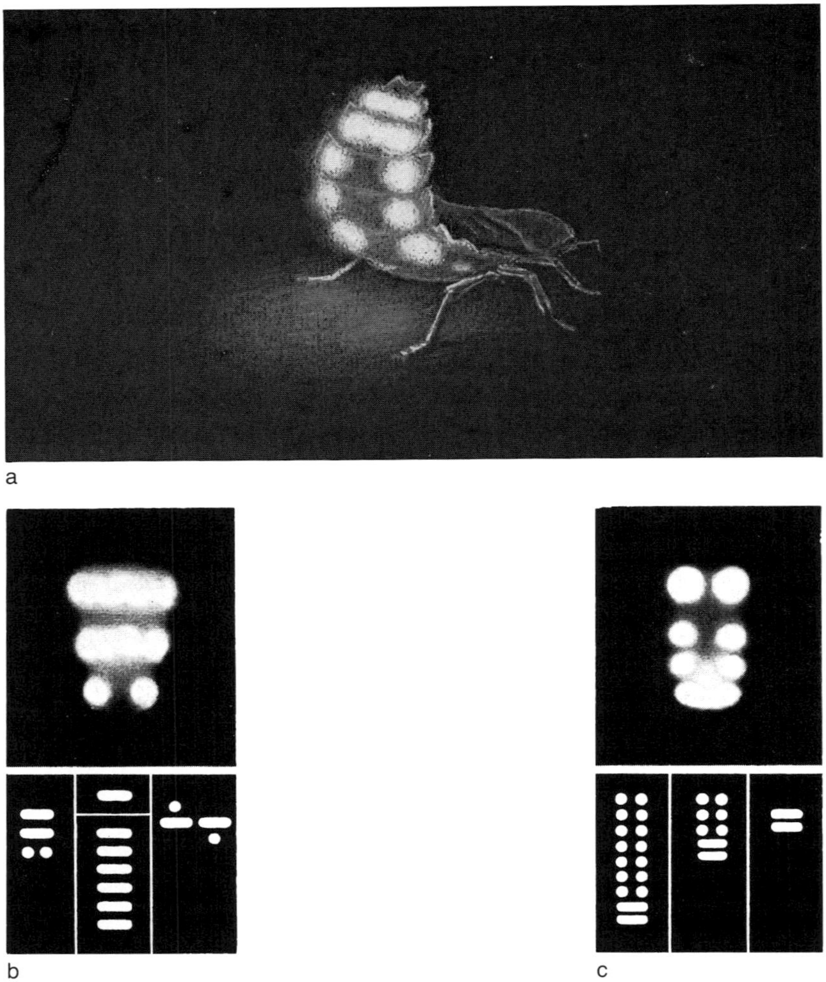

5.28 a) *Phausis*-Weibchen in Leuchtstellung. Meist sitzt das Tier so im Grase, daß die hier dem Beschauer zugewendete Unterseite des Abdomens nach oben weist; b) Leuchtorgan von *Lampyris noctiluca* und c) von *Phausis splendidula* (beide Weibchen). Darunter jeweils in drei Spalten: Attrappen, nach ihrer Wirksamkeit auf die darüber gezeigte Art angeordnet. Links die wirksamste, rechts die am wenigsten wirksame Attrappe. Nach F. Schaller und H. Schwalb (1961). Zeichnung: H. Kacher aus W. Wickler, ›Mimikry‹ (1968 a)

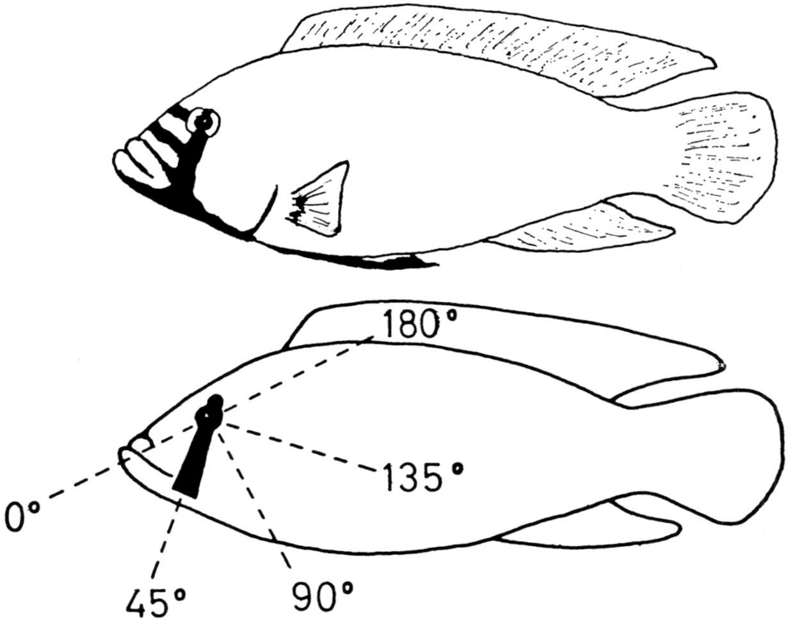

5.29 Die Kopfzeichnung des Buntbarsches *Haplochromis burtoni* und darunter die Attrappe mit dem drehbaren Augenbalken. Aus HEILIGENBERG und Mitarbeiter (1972)

Der Buntbarsch *Haplochromis burtoni* trägt in seiner Kopfzeichnung einen schwarzen, über das Auge laufenden Streifen. Attrappen, die dieses Merkmal zeigen, wirken auf Männchen dieses Buntbarsches aggressionssteigernd (siehe S. 116). W. HEILIGENBERG, U. KRAMER und V. SCHULZ (1972) konstruierten eine Attrappe, deren Augenbalken in eine verschiedene Lage gedreht werden konnten (Abb. 5.29). Drehten sie den ganzen Fisch, ohne die relative Lage des Balkens zum Körper zu ändern, dann blieb die auslösende Wirkung der Attrappe bei den meisten Raumlagen konstant. Drehte man dagegen den Augenstrich, dann ergab sich eine deutliche Abhängigkeit der aggressionsauslösenden Wirkung vom Winkel. Gemessen wurde die Bißrate gegenüber Jungfischen, die im gleichen Aquarium lebten. Sie war nach kurzem Vorzeigen der Attrappe deutlich erhöht. Die Abb. 5.30 zeigt die Bißrate als Funktion des Winkels. Man kann ablesen, daß die Balkenlagen von 0 und 180 Grad am stärksten aggressionsauslösend wirken, und fragt sich daher, weshalb der Streifen am Tier nicht in dieser Lage zum optimalen Aggressionsauslöser entwikkelt wurde. Steht der Fisch auf dem Kopf, dann erhält man die gleiche Charakteristik, allerdings gegen oben verschoben. Dazu paßt, daß die Art beim starken Drohen auf dem Kopf steht.

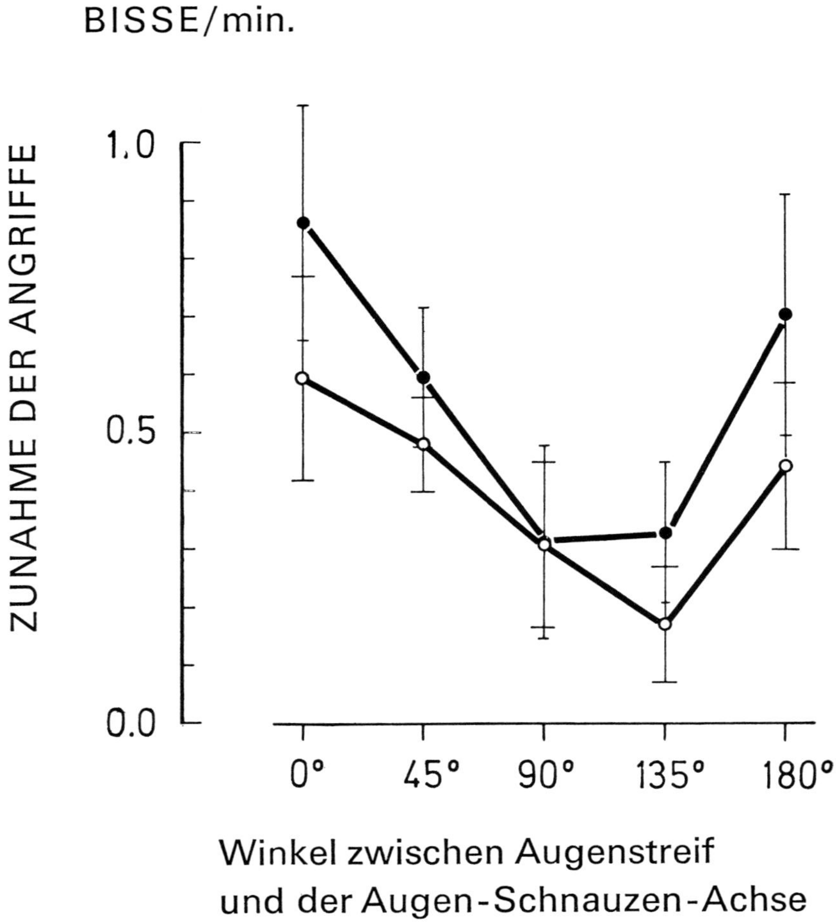

5.30 Die durchschnittliche Zunahme der Angriffsrate als Funktion des Winkels zwischen Augenbalken und Augen-Schnauzen-Achse von Attrappen, die entweder horizontal (offene Kreise) oder vertikal (ausgefüllte Kreise) geboten wurden. Aus HEILIGENBERG und Mitarbeiter (1972)

Während der vertikale Strich in der Kopfzeichnung von *Haplochromis burtoni* im Attrappenversuch die Bißrate gegen die stets im Tank anwesenden Jungfische um 2,79 Bisse/Minute gegenüber dem Ausgangswert steigerte, senkt ein orangeroter Fleck über der Brustflosse die Bißrate um 1,77 Bisse/Minute. Eine Attrappe, die beide Färbungsmerkmale gleichzeitig bot, ließ die Bißrate um 1,08 Bisse/Minute ansteigen. Dies ist die Summe aus den beiden Werten, die jede Komponente für sich allein hervorruft (C. Y. LEONG 1969) (Abb. 5.31). Dieses *Reizsummenphänomen* hat zuerst A. SEITZ (1940) gesehen und benannt. Die Männchen des Bunt-

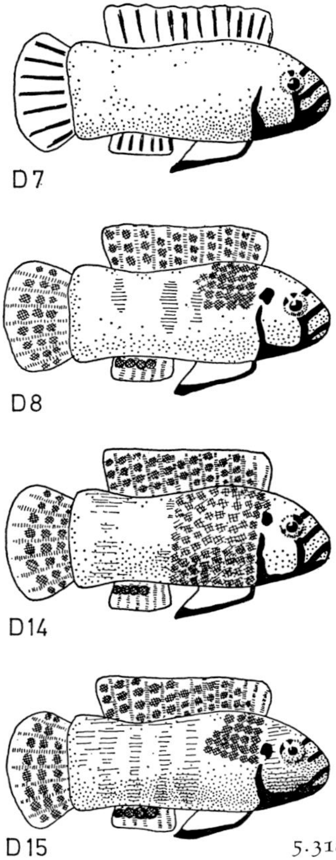

5.31a)

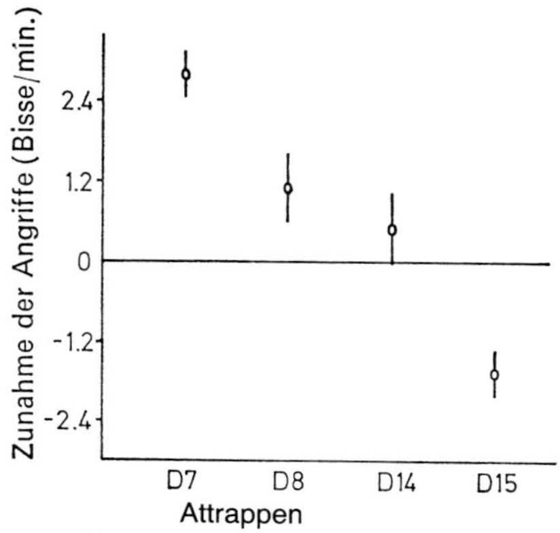

5.31 b)

5.31a) Vier der von LEONG benutzten Attrappen ■ schwarz, ▩ orangerot, ▤ blau. Aus C. Y. LEONG (1969)
5.31b) Durchschnittliche Zunahme der Angriffe nach Darbietung der Attrappen D 7, D 8, D 14 und D 15. Die vertikalen Striche geben die Abweichungen vom Mittelwert an. Aus C. Y. LEONG (1969)

barsches *Astatotilapia strigigena** sind blau mit schwarzen Abzeichen an den Rücken- und Bauchflossen. Diese Merkmale werden beim Imponieren gezeigt, das zugleich die niedrigste Intensitätsstufe der kämpferischen Auseinandersetzung ist. Der imponierende Fisch steht dabei breitseits mit gespreizten Flossen vor dem Gegner. Sein weiteres Verhalten hängt vom Aussehen und Benehmen des Partners ab. Droht dieser ebenso zurück und hat er ein Männchenprachtkleid, dann stellen sich die Gegner nebeneinander auf und spreizen durch Strecken der *radii branchiostegi* die »Kehlhaut«. Daraus entwickelt sich die zweite Stufe der feindlichen Auseinandersetzung. Die Männchen erteilen einander Schwanzschläge. Sie stellen sich dazu vor dem Gegner auf und schlagen mit der Schwanzflosse gegen dessen Gesicht. Darauf folgt als dritte Stufe der eigentliche Kampf, in dessen Verlauf die Männchen einander mit geöffnetem Maul gegen die

* Die Art ist nicht sicher bestimmt. Wahrscheinlich handelt es sich um die Gattung *Hemihaplochromis*.

nächstbeste Körperstelle rammen. Da der Gerammte ausweicht und seinerseits zu rammen sucht, kreisen die Fische schnell umeinander (»Karussell«).

Seitz fand nun, daß sowohl die Blaufärbung, die schwarzen Abzeichen an den Flossen wie auch die Verhaltensweisen Querstellen, Flossenspreizen, Schwanzschlag und Rammstoß jede für sich verschieden intensives Drohverhalten auslösen. Die Reize können sich bis zu einem gewissen Grade vertreten. Schwanzschlagen einer Attrappe ohne Prachtkleid ist so wirksam wie eine Attrappe, die nur Flossenspreizen und Prachtkleid zeigt. Kombiniert man aber alle diese Merkmale in einer Attrappe, erhält man eine stärkere Antwort.

Ein und dasselbe Verhalten kann also oft durch mehrere Schlüsselreize ausgelöst werden. Diese Reize, die auch getrennt geboten auslösend wirken, addieren sich in ihrer Wirksamkeit, wenn man sie kombiniert.

Wir führten bereits aus, daß der rote Bauch des Stichlingsmännchens ein starker kampfauslösender Schlüsselreiz ist. Beobachten wir einander bedrohende Stichlinge, dann wird uns auffallen, daß sich die Rivalen dabei kopfabwärts voreinander aufstellen. Wenn wir diese Drohstellung im Attrappenversuch nachahmen, dann erweisen sich selbst solche Attrappen als kampfauslösend, die in horizontaler Stellung keinerlei Angriffe auslösen, z. B. ungefärbte Stichlingsattrappen. Das Kopfabwärtsstehen, ein Verhaltensmerkmal also, ist demnach ebenfalls ein kampfauslösender Reiz. Zeigt man nun einem Stichling eine rotbäuchige Attrappe, die schon horizontal geboten Angriffe auslöst, kopfabwärtsstehend, dann erhält man viel intensivere Kampfreaktionen (N. Tinbergen 1951).

U. Weidmann (1959) löste die Pickreaktion junger Lachmöwen durch einfache Attrappen aus Pappkarton aus und zählte, wie viele Pickschläge er auf die Attrappen erhielt. Auf diese Weise fand er, daß z. B. eine graue, runde Pappscheibe im Durchschnitt y Pickschläge bekam, gegenüber y' Pickschlägen auf eine rechteckige Attrappe. Bemalte er beide mit roter Farbe*, steigerte sich die Anzahl der Pickschläge auf beide Attrappen um den gleichen Betrag x. Die Wirkungen verschiedener auslösender Reize können sich also addieren, allerdings tun sie das nicht immer in so einfacher summativer Weise (E. Curio 1961, 1963).

Ein Verhalten ist jedoch nicht allein von der Stärke der auslösenden Reize abhängig, sondern, wie wir bereits ausführten, auch von der inneren Handlungsbereitschaft des Tieres. Und dies muß man bei allen Attrappenversuchen stets beachten. Bei hoher innerer Handlungsbereitschaft kann schon ein schwacher auslösender Reiz ein vollintensives Verhalten auslösen, und umgekehrt zeigt ein schwach motiviertes Tier nur dann starke

* Die Altmöwen haben rote Schnäbel, und Rot ist ein pickauslösender Reiz.

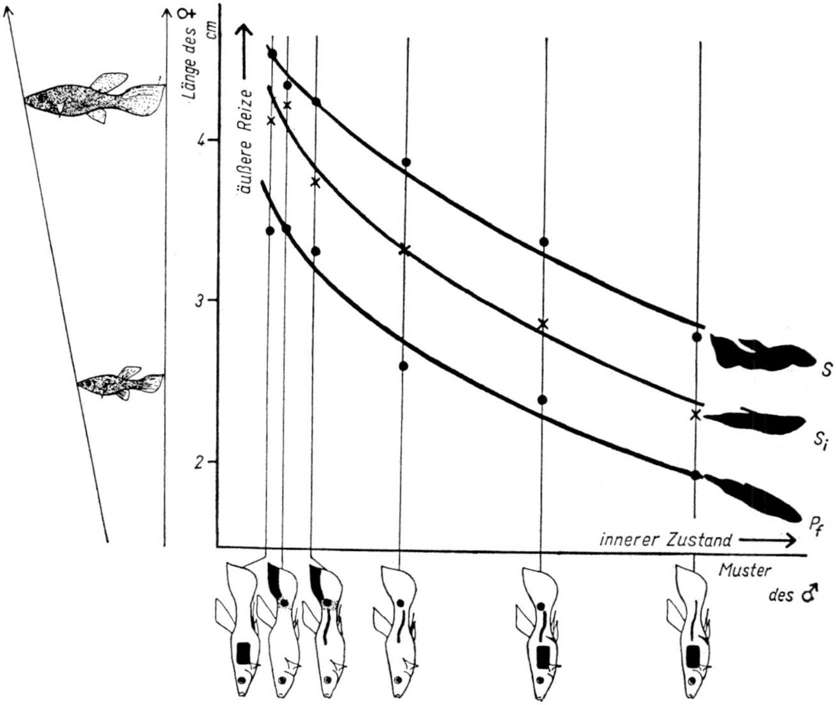

5.32 Das Zusammenwirken innerer und äußerer Faktoren, dargestellt am Balzverhalten von *Lebistes*. Die Stärke des Außenreizes wird durch die Größe des Weibchens bestimmt (Ordinate). Der innere Zustand ist am Melanophorenmuster ablesbar (Abszisse). Durch Messung der Bereitschaft, sexuelle Verhaltensweisen auszuführen, wurde der Maßstab gewonnen, nach dem die Muster in der Abszisse eingetragen sind. Die Kurven geben die Kombinationen an, bei denen das gleiche Verhalten ausgelöst wird, und zwar für die Verhaltensweisen Nachschwimmen (P_f) und S-Biegung des Männchens (zwei Intensitäten, S und S_i). Aus G. P. BAERENDS, R. BROWER und H. T. WATERBOLK (1955)

Reaktionen, wenn die auslösende Reizsituation besonders stark ist. Wie beides zusammenwirkt, haben G. P. BAERENDS, R. BROWER und H. WATERBOLK (1955) gezeigt. Sie stellten zunächst durch sorgfältige Analysen fest, wie die verschiedenen sehr auffälligen Körperzeichnungen der Männchen des Zahnkärpflings *Lebistes* mit ihrer spezifischen sexuellen Handlungsbereitschaft korreliert sind. Damit hatten sie schließlich in der Zeichnung klare Indikatoren der inneren Handlungsbereitschaft, konnten nun verschieden stark auslösende Reize (verschieden große Weibchen) gegen verschieden starke sexuelle Motivation ausspielen und feststellen, daß beides einander in gesetzmäßiger Weise kompensiert (Abb. 5.32).

Um die Wirksamkeit einer Attrappe zu bewerten, muß man wissen, ob das Tier überhaupt reaktionsbereit ist. Dazu prüft man es im Anschluß an den Attrappenversuch mit dem normalen reizauslösenden Objekt – aber nicht vorher, da es sich sonst abreagiert (Methode der doppelten Quantifizierung).

Die Attrappenversuche werden weiter durch das Phänomen der »Adaptation« erschwert. Löst man eine Verhaltensweise wiederholt durch ein und denselben Reiz aus, reagiert das Tier immer schwächer und zuletzt überhaupt nicht mehr. Dieses Absinken der Reaktionsbereitschaft muß jedoch nicht auf einer zentralen Ermüdung der motorischen Mechanismen beruhen. Die Sperreaktion 5–7 Tage alter Buchfinken läßt sich z. B. durch Erschütterung des Nestes, nachgemachte Altvogelrufe und optische Reize auslösen. Löst man die Sperreaktion mit einer Reizsorte aus, hören die Jungen beim 10.–13. Versuch zu sperren auf. Sie sperren jedoch vollintensiv, wenn man unmittelbar darauf einen anderen auslösenden Reiz bietet, und wechselt man die Reize auf diese Weise, sperrt ein Vogel bis zu 46mal hintereinander! H. PRECHTL (1953a) sprach von Adaptation afferenter Mechanismen, die hinter dem Sinnesorgan liegen müssen, denn das Sinnesorgan leitete die Reize nachweislich weiter: Nach wiederholter optischer Sperrauslösung duckten sich die Vögel zuletzt auf den gleichen Reiz hin, sie nahmen ihn also noch wahr.

Beim Puter kann man die Lautäußerung des Kollerns durch Reize einer bestimmten Frequenz auslösen. Zuletzt reagiert das Tier nicht mehr, erweist sich aber als voll reaktionsbereit, wenn man mit einer anderen Frequenz reizt. M. SCHLEIDT (1954) sprach von *afferenter Drosselung.*

Höchst bemerkenswert ist die Entdeckung, daß man künstlich auslösende Reizsituationen herstellen kann, die das natürliche auslösende Objekt an Wirksamkeit übertreffen. Das fanden O. KOEHLER und A. ZAGARUS (1937). Der Halsbandregenpfeifer rollt z. B. weiße, dunkel gesprenkelte Eier lieber ein als die eigenen braun-dunkel gesprenkelten. Noch überraschender ist seine Vorliebe für große Eier. Ein linear viermal so großes Ei zieht er dem eigenen vor, obgleich er auf dem Riesenei gar nicht mehr sitzen und brüten kann (Abb. 5.33). Männliche Samtfalter *(Eumenis semele* L.*)* fliegen schwarze Attrappen häufiger an als natürlich gefärbte

5.33 Übernormale Attrappen: Austernfischer versucht, ein Riesenei einzurollen, das er seinem Gelege vorzieht. Nach N. TINBERGEN (1951)

5.34 Ein dünner Stab mit drei weißen Binden löst beim Silbermöwenküken mehr Pickreaktionen pro Zeiteinheit aus als eine naturgetreue Kopfattrappe aus Gips. Aus N. TINBERGEN (1963)

(N. TINBERGEN und Mitarbeiter 1943). Männliche Kaisermäntel *(Argynnis paphia* L.*)* bevorzugen Attrappen, die die arttypische Braunfärbung der Weibchen zeigen. Man kann jedoch die Leuchtkraft, die Größe der Farbfläche und die Zahl der Reizwechsel in der Zeiteinheit übertreiben. Ein horizontal gelagerter, rotierender Zylinder mit braunen Längsstreifen wurde von den Männchen einem natürlichen Weibchen vorgezogen. Die optimale Zahl der Anflüge erzielte man, wenn der Streifenzylinder so schnell rotierte, daß die Männchen den Wechsel zwischen braunen und dunklen Streifen gerade noch wahrnehmen konnten (D. MAGNUS 1954, 1958).

Die Leuchtkäfermännchen *(Lampyris noctiluca)* bevorzugen stets das Leuchtmuster der eigenen Art, doch ziehen sie, wie erwähnt, eine Attrappe mit größerer Leuchtfläche der artgemäßen Fläche vor. Sie bevorzugen ferner eine Attrappe mit stärkerem Gelbanteil, als in dem von ihren Weibchen erzeugten Lichte enthalten ist (F. SCHALLER und H. SCHWALB 1961).

Beim Silbermöwenküken löst ein spitzer roter Stab mit drei weißen Ringen mehr Pickreaktionen pro Zeiteinheit aus als eine naturgetreue dreidimensionale Attrappe eines Möwenkopfes (N. TINBERGEN 1963; Abb. 5.34).

Von dieser Möglichkeit, »übernormale« Attrappen herzustellen, machen bisweilen Parasiten Gebrauch. Bereits O. HEINROTH nannte den Kuckuck das Laster der Singvögel, weil er mit seinem großen, auffälligen Sperrachen mehr Antworten der Pflegeeltern auslöst als deren eigene Jungen.

Die Übertreibbarkeit der auslösenden Reize zeigt auch, daß die Evolution der vorhandenen Auslöser nicht notwendigerweise abgeschlossen ist. Das mag unter anderem seinen Grund in entgegenwirkendem Selektionsdruck haben. Ein Signal soll ja möglichst auffällig und zugleich eindeutig, d. h. unverwechselbar sein, sonst würde es zu Irrtümern kommen. Vom Signalempfänger wird also ein Selektionsdruck in Richtung Auffälligkeit bei gleichzeitiger Unverwechselbarkeit des Signalsenders ausgeübt. Wer auffällig ist, wird jedoch auch leicht von seinem Freßfeind wahrgenom-

a

b

5.35 a) Schwarm von *Naso tapeinosoma* Bleeker, unauffälliges Schwarmkleid; b) Prachtkleid des werbenden Männchens (hellblaue Lippen, hellblauer Sattelfleck am Vorderrücken, Querstreifen und hellblaue Schwanzflosse). Beispiel für Farbwechsel im Dienste des Signalisierens. Foto: I. Eibl-Eibesfeldt (Malediven) men, von dem demnach ein Selektionsdruck in die gerade entgegengesetzte Richtung ausgeübt wird. Das Ergebnis ist dann oft ein Kompromiß. Viele Knochenfische tragen z.B. ihre Auslöser auf zusammenfaltbaren Flossen. Wenn sie balzen, spreizen sie diese Flossen und winken mit ihnen, so daß die Signale sichtbar werden. Andere Fische können rasch die Farbe wechseln. Der im freien Wasser über dem Korallenriff schwimmende Nashornfisch *(Naso tapeinosoma* Bleeker) ist normalerweise unauffällig düster gefärbt. Wenn das Männchen jedoch um ein Weibchen wirbt, bekommt es in Sekundenschnelle einen hellblauen Sattelfleck am Rücken, ebensolche Querstreifen an den Seiten, blaue Lippen und eine blaue Schwanzflosse (Abb. 5.35). Ebenso schnell, wie es in dieser Buntheit erstrahlt, verdüstert sich seine Färbung wieder, wenn es nicht weiterwirbt (I. Eibl-Eibesfeldt 1962 b). Des physiologischen Farbwechsels sind auch viele Cichliden fähig, die normalerweise ein gestreiftes körperauflösendes Tarnkleid tragen, bei Kampf und Balz jedoch sehr auffällige Muster und Farben bekommen. Sie können sogar mehrere Farbkleider anlegen und so verschiedenes signalisieren (Tafel I).

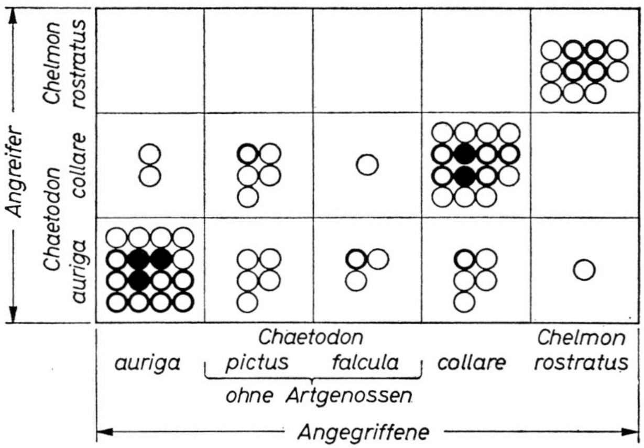

5.36 Die Verteilung inner- und zwischenartlicher Auseinandersetzungen in einer Gruppe zusammen gehaltener Schmetterlingsfische *(Chaetodontidae):* Kämpfe von 2 sec Dauer: dünne Kreise, 3–9 sec: dicke Kreise, 10 sec und mehr: schwarz ausgefüllte Kreise. Gesamtbeobachtungszeit 13 Stunden. Um die ungleiche Anzahl der Tiere verschiedener Arten im Behälter zu kompensieren, wurde die durchschnittliche Zahl der Kämpfe errechnet, die ein Tier jeder Art mit einem anderen jeder Art gekämpft haben würde. Z. B. hatten 6 *Chaetodon collare* 36 Kämpfe mit 3 Exemplaren von *Chaetodon auriga.* 1 *Ch. collare* hatte daher im Durchschnitt 2 Kämpfe mit 1 *Ch. auriga. Chaetodon pictus* u. *Ch. falcula* hatten keine Artgenossen im Tank und kämpften nur gelegentlich mit ihnen sehr ähnlichen Arten. Aus D. Zumpe (1965)

Daß die verschiedenen Kleider auch verstanden werden, zeigte H. ALBRECHT (1966) bei *Haplochromis wingatii*, der in Fluchtstimmung Längsstreifen, in Angriffsstimmung Querstreifen bekommt. Eine Jungfische führende Mutter greift keines ihrer längsgestreiften Jungen an, wohl aber, wenn eines ein Revier gründet und Querstreifen bekommt. Sie attackiert ebenso quergestreifte Attrappen, nicht jedoch längsgestreifte.

5.37

5.38

5.37 Zwei Papageifische bekämpfen ihr Spiegelbild im Korallenriff. Foto: H. HASS (Bonaire), siehe auch H. HASS (1957)

5.38 Beispiel eines täuschenden Signals: Der Schmetterlingsfisch *(Chaetodon auriga)* schützt sich vor den augenangreifenden Säbelzahnschleimfischen *(Runula)*, indem er das Auge durch eine schwarze Binde tarnt und überdies einen ablenkenden Augenfleck am Hinterende der Rückenflosse trägt. Foto: I. EIBL-EIBESFELDT (Malediven)

Bei ortstreuen Fischen des Korallenriffes, die im ausgewachsenen Zustand kaum noch von Raubfischen erbeutet werden können, konnten sich die optischen Auslöser oft »kompromißlos« entwickeln. Viele Korallenfische tragen ihre optischen Signale dauernd zur Schau. Sie gleichen wandelnden Plakaten, sind also sehr auffällig und haben mit den Plakaten auch gemeinsam, daß sie bei aller Einfachheit nicht allzuleicht verwechselt werden; die Muster sind von genereller Unwahrscheinlichkeit (Tafel II), d. h.

es dürfte selten vorkommen, daß ein zweiter Fisch ein ähnliches Muster entwickelt, es sei denn, er tritt als Nachahmer (S. 278) auf. Fische bekämpfen in erster Linie Artgenossen oder, wenn sie dazu keine Gelegenheit haben, ihnen sehr ähnliche Arten (D. ZUMPE 1965, K. LORENZ 1962; Abb. 5.36). Stellt man in einem Korallenriff einen Spiegel auf, dann bekämpfen sehr viele Fische ihr eigenes Spiegelbild (Abb. 5.37). Sehr auffällige optische Signale sind die Sperrachen verschiedener nesthockender Vögel. Bei der in Höhlen brütenden Gouldsamadine entwickelten sich das Licht reflektierende »Leuchtpapillen«. Am Sperrachen erkennen verschiedene Prachtfinken die Artzugehörigkeit der Jungen. Die als Brutparasiten dieser Finken auftretenden Witwenvögel ahmen sie daher in allen Einzelheiten nach (S. 280).

Bei jungen Zebrafinken hat die artspezifische Rachenzeichnung für die Fütterungsreaktion der Eltern erwiesenermaßen Leit- und Auslöserfunktion. K. IMMELMANN und Mitarbeiter (1977) stellten gemischte Nestlingsgruppen aus Zebrafinken mit normaler Rachenzeichnung und solchen einer leuzistischen Mutante zusammen, der diese Rachenzeichnung fehlt. In ihrem Bettelverhalten zeigten die Jungtiere der Normalform und der Mutante weder qualitativ noch quantitativ Unterschiede. Die Jungen mit Rachenzeichnung wurden von den Eltern stets zuerst gefüttert und bekamen auch mehr Futter. Sie wuchsen schneller und hatten größere Überlebenschancen als die Jungen der Mutante. Dies ist sicher nicht in Vitalitätsunterschieden der beiden Formen begründet, sondern einzig auf die unterschiedliche Signalwirkung des Sperrachens zurückzuführen.

Schließlich sei ein Beispiel eines täuschenden Signals erwähnt, das die Funktion hat, einen Freßfeind abzulenken. In den tropischen Meeren gibt es verschiedene Säbelzahnschleimfische *(Runula, Aspidontus* etc.*)*, die sich darauf spezialisiert haben, anderen Fischen Haut- und Flossenstücke abzubeißen (EIBL-EIBESFELDT 1955a, 1959). Sie greifen bevorzugt die Augen an, weshalb diese bei sehr vielen Korallenfischen durch eine schwarze Augenbinde getarnt sind. Überdies entwickelten einige einen nachweislich die Angriffe ablenkenden Augenfleck (W. WICKLER 1961b; Abb. 5.38).

Von T. C. SCHNEIRLA (1965) stammt die Hypothese, daß alle Reaktionen der Zuwendung und der Abkehr nach einem sehr einfachen Prinzip zu erklären seien. Schwache oder in der Reizstärke abnehmende Reize würden ein die Annäherung bewirkendes System aktivieren, starke oder in der Reizstärke zunehmende Reize ein die Abkehr bewirkendes System. Das mag in einigen Fällen zutreffen, kann aber nach all den vorliegenden Befunden nicht als allgemeingültig anerkannt werden. 1990 griff HANNA MARIA ZIPPELIUS das LORENZ-TINBERGENsche Schlüsselreiz-Auslöserkonzept an. Sie begründete die Attacke mit einigen mißglückten Replikationsversuchen ethologischer Experimente. Unter anderem war es einigen Experimentatoren nicht gelungen, die Ergebnisse der TINBERGENschen Versuche zur Signalwirkung des roten Bauches der Stichlingsmännchen zu bestätigen. Mittlerweile weiß man, daß es an Fehlern der Versuchsanordnung lag. Ob ein Männchen mit Angriff auf eine rotbäuchige Attrappe reagiert oder nicht, hängt davon ab, ob er sich in seinem gewohnten Territorium oder in einem »neutralen« Aquarium befindet. Ist er gewissermaßen »zu Hause«, dann attackiert er bei simultaner Darbietung einer hellroten und einer nur mäßig gefärbten Attrappe bevorzugt und über längere Zeit die hellrote. Männchen im neutralen Aquarium verhielten sich genau umgekehrt, wohl weil sie in der ihnen fremden Umgebung ängstlicher waren und sich daher nicht an die farbkräftigen und damit als gesünder und kräftiger ausgewiesenen Rivalen wagten (K. J. BOLYARD und W. ROWLAND 1996, daselbst weitere Lit.; W. ROWLAND et al. 1995). Man kann nicht oft genug wiederholen, wie wichtig es ist, zunächst einmal die Tiere kennenzulernen, bevor man mit ihnen experimentiert (s. a. S. 63). Für weibliche Stichlinge ist der rote Bauch des Männchens ein Signal, das Zuwendung auslöst. Je röter, desto anziehender wirken sie. Das ergaben sowohl Versuche mit sukzessiver als auch mit simultaner Attrappendarbietung (D. A. MCLENNAN 1991, D. A. MCLENNAN und J. D. MCPHAIL 1990, TH. C. M. BAKKER und M. MILINSKI 1991, M. MILINSKI und TH. C. M. BAKKER 1992). Eine Auszählung der Stichlingseier im Freiland bestätigte, daß die hellroten Männchen auch die erfolgreicheren waren, denn sie betreuten mehr Eier als die weniger kräftig gefärbten (TH. C. M. BAKKER und B. MUNDWILER 1994). Zur Polemik von ZIPPELIUS erschienen mittlerweile mehrere Stellungnahmen, so daß wir uns hier eine weitere Auseinandersetzung sparen können (D. FRANCK 1992, P. KUENZER 1994, J. LAMPRECHT 1993).

Nach all dem Gesagten ist wohl klar, daß ein Tier kein angeborenes »Bild« des Artgenossen oder Artfremden gegenwärtig hat. Dieser ist vielmehr ein Objekt, das sehr verschiedene auslösende Reize für verschiedene Antworten sendet. Es gibt jedoch Fälle, in denen z. B. ein Artgenosse arm an Arterkennungssignalen ist; dann lernt sein Partner ihn individuell kennen. K. LORENZ (1935) zeigte das bei den Stockenten, die einen ausgeprägten Sexualdimorphismus aufweisen. Die Männchen sind sehr auffällig gefärbt (z. B. grüner Kopf, abgesetzt durch einen weißen Halsring), die Weibchen dagegen kryptisch. LORENZ zog einen Stockerpel und eine Ente jeweils ohne einen Artgenossen mit Spießenten zusammen auf, und zwar bis zur Geschlechtsreife. Bei Eintritt der Geschlechtsreife reagierte die Stockente jedoch überhaupt nicht auf die mit ihr aufgezogenen balzenden Spießerpel. Sie antwortete aber sogleich auf die Balzbewegungen eines Stockerpels, den sie zum erstenmal durch einen Spalt ihres Käfigs sah. Das mit Spießenten aufgezogene Männchen dagegen balzte, ohne zu unterscheiden, Spießerpel und -enten an, mit denen es aufgewachsen war.

A. SEITZ (1940) bemühte sich lange darum, das Balzverhalten des Buntbarsches *Astatotilapia* auszulösen. Dieselben Tiere, die jederzeit einfache Männchenattrappen bekämpften, beachteten nicht die bis in die Einzelheiten nachgemachten Weibchenattrappen. Alle seine Versuchstiere hatten schon Erfahrungen mit richtigen Weibchen gesammelt. Schließlich gelang es ihm, Männchen isoliert aufzuziehen. Diese balzten überraschenderweise die einfachste Attrappe an, nämlich einen Glasstab mit einer runden Wachskugel. Normalerweise lernen die Männchen dieser Art offenbar, wie ihr Weibchen aussieht, und verwechseln es danach nicht mit einer noch so gut nachgemachten Attrappe. Das Phänomen ist den Gestaltpsychologen schon lange bekannt. In die Komplexqualität einer gelernten Gestalt gehen sehr viele Einzelheiten ein, und die Änderung eines kleinen Details kann die Erscheinung des Ganzen so verändern, daß es nicht wiedererkannt wird. So erschrak ein zahmes Rotkehlchen vor LORENZ, als er zum ersten Male eine Brille trug. K. LORENZ (1943) hat sich mit diesem Fragenkomplex sehr ausführlich auseinandergesetzt und darauf hingewiesen, daß sekundär in einem Prozeß der Abstraktion schließlich auch aus der komplexen Gestalt einzelne Merkmale herausgegriffen werden, auf die das Tier dann wie auf ein auslösendes Signal reagiert. Er erwähnt das Beispiel der Seelöwen, die in den Versuchen von M. SPINDLER und E. BLUHM (1934) einmal die Kokarde an der Mütze des Wärters, ein anderes Mal den Futtereimer als auslösendes Merkmal aus der Gesamtsituation herausgliederten.

Lange Zeit galt die Gestalt, in die viele Einzelmerkmale eingehen, als das Kennzeichen der erworbenen auslösenden Situation, während man das Reizsummenphänomen als damit unvereinbar und als charakteristisch für eine angeborene auslösende Situation ansah. Nach einer neueren Untersuchung von G. P. BAERENDS, K. BRIL und P. BULT (1965) gilt jedoch das Reizsummenphänomen auch für eine erworbene auslösende Situation, so daß ein prinzipieller Unterschied zwischen angeborener und erworbener Verknüpfung von Reizsituationen vielleicht nicht gegeben ist. Im Komplikationsgrad ist jedoch eine angeborene Situation in der Regel viel einfacher als eine erworbene, und insofern gilt die Faustregel von K. LORENZ (1954 b, S. 29): »Wo die Reaktion auf einfache Attrappen ›hereinfällt‹, dort handelt es sich um ein Ansprechen angeborener Auslösemechanismen; wo sie nicht in dieser Weise täuschbar sind, um andressiertes Wiedererkennen der Gestalt.«

Aus diesem Kriterium schließt K. LORENZ (1943), daß auch der Mensch aufgrund angeborener Auslösemechanismen auf bestimmte auslösende Reizkonfigurationen anspricht (S. 727).

Die Evolution von auslösenden Signalen setzt an vorhandenen Strukturen an, wobei der Signalempfänger bzw. dessen Wahrnehmungsapparat die Richtung bestimmt. Dazu einige Beispiele: Bei maulbrütenden Buntbarschen müssen die Eier aufgenommen werden. Es entwickelt sich daher ein Wahrnehmungsapparat, der auf die vom Ei ausgehenden optischen Schlüsselreize anspricht. Seitens der Raubfeinde wird ferner ein Selektionsdruck ausgeübt, der eine immer schnellere Aufnahme der Eier bewirkt. Das führt im Extremfall bei einigen Arten der Gattung *Haplochromis* und *Tilapia* dazu, daß die Weibchen ihre Eier unmittelbar nach der Ablage aufschnappen und den Männchen daher keine Zeit bleibt, die Eier auf der Unterlage zu befruchten. Bei den Eifleckbuntbarschen der Gattung *Haplochromis* wird die Befruchtung des Geleges erreicht, indem das Männchen dem Weibchen auf der Afterflosse befindliche Eiattrappen (Eiflecken, S. 279) vorhält, nach denen das Weibchen schnappt, als wären es Eier. Es nimmt dabei den vom Männchen abgegebenen Samen ins Maul. Diese das Weibchen täuschenden Eiflecken entwickelten sich als Auslöser aus Perlflecken, die fast alle Buntbarsche auf den unpaaren Flossen tragen. Daß auch solche nicht zu Signalen differenzierte Flecken ein Zuschnappen der Weibchen auslösen können, hat WICKLER nachgewiesen, indem er die Eiflecken aus der Afterflosse eines Männchens stanzte. Die Weibchen schnappten in diesem Fall nach Flecken der Schwanzflosse. Das taten sie auch bei einem Männchen von *Haplochromis wingatii*, dem die Afterflosse von vorneherein fehlte. Voraussetzung für die Entwicklung der Perlflecken zu Signalen war allerdings, daß bei den Ausgangsformen der Eifleckcichliden die Männchen bereits ihren Weibchen im Verlaufe des Werbens und beim Ablaichen die Seite zeigten und dabei ihre Flossen spreizten. Das machen heute noch nahe Verwandte, die keine Eiflecken ausbildeten und ihre Eier auf der Unterlage besamen.

Daß die seitliche Präsentierstellung der Männchen wirklich als Voranpassung (»Präadaptation«, S. 325) vorhanden sein mußte, damit sich Eiflekken ausbilden konnten, zeigt die Entwicklung innerhalb der Gattung *Tilapia*. Dort führen die Männchen ihre Weibchen, indem sie ihnen mit abwärts geneigtem Kopf voranschwimmen. Sie zeigen dabei ihre Bauchseite. Auch hier gingen die Weibchen einiger Arten dazu über, die Eier unmittelbar nach dem Ablaichen ins Maul zu nehmen. Es kam jedoch nicht zu einer Ausbildung von Eiattrappen beim Männchen, obgleich deren unpaare Flossen Perlflecken aufweisen. Vielmehr entwickelten sich andere Signale in Form besonderer Anhängsel um die Genitalpapille. Folgende Präadaptationen mußten also zusammenkommen, damit sich Eiflecken als Signale ausbilden konnten:

1) die Bereitschaft der Weibchen, Eier aufzunehmen;
2) das Vorhandensein von Perlflecken auf den unpaaren Flossen der Männchen;

3) das seitliche Präsentieren der Männchen vor den Weibchen während der Balz.

Der auf die Eier ansprechende angeborene Auslösemechanismus der Weibchen lenkte die Entwicklung (W. WICKLER 1962 a).

Daß auch durch Lernprozesse erworbene Auslösemechanismen (S. 419) in analoger Weise die Entwicklung auslösender Signale leiten, zeigen jene Fälle, in denen der Adressat des Signals dieses erst zu verstehen lernen muß. Die Wespenzeichnung wurde als prägnantes Dressursignal entwikkelt. Hat ein Vogel einmal eine schlechte Erfahrung gemacht, dann meidet er fürderhin Wespen und ebenso deren Nachahmer (S. 281). Da es für den Signalsender wichtig ist, daß er vom Empfänger leicht erkannt wird, wird er einprägsame Signale entwickeln.

Ein anderes Beispiel, das uns eine Vorstellung vermittelt, wie sich morphologische Signale ausbilden, verdanken wir N. GRIFFITH-SMITH (1966). Die arktischen Möwen *Larus argentatus* (Silbermöwe), *Larus hyperboreus* (Eismöwe), *Larus glaucoides kumlieni* (Kumliens Polarmöwe) und *Larus thayeri* (Thayers Möwe) sind einander überaus ähnlich. Dennoch sind Kreuzungen dort, wo sich die Verbreitungsgebiete überschneiden, sehr selten. Versuche ergaben, daß die Tiere einander vor allem an dem verschieden gefärbten schmalen Ring um das Auge (orangerot bis hellgelb) und an der verschieden gefärbten Iris (hellgelb bis dunkelbraun) unterscheiden. Übermalt man den Augenring eines Männchens mit einer Farbe, die nicht seiner Art entspricht, dann bekommt er kein artgleiches Weibchen. Die Weibchen wählen ihre Männchen nach dem Augenring. Für die Männchen ist der Augenring ein die Kopulation stimulierendes Signal. Ändert man bei verpaarten Tieren die Farbe des weiblichen Augenrings, dann kommt es nicht zur Kopulation, und das Paar trennt sich nach einiger Zeit.

Nur bei Kumliens Polarmöwe variiert die Färbung der Iris von hellgelb bis dunkelbraun. Wo sie jedoch mit anderen Arten zusammenlebt, ist diese Variation geringer. An der Südküste der Baffin-Insel, wo diese Polarmöwe mit der helläugigen Silbermöwe zusammenlebt, überwiegen Polarmöwen mit dunkler Iris. Wo die Polarmöwe dagegen mit der dunkeläugigen *Larus thayeri* vorkommt, da überwiegen Polarmöwen mit heller Iris. Und nur in solchen Überschneidungsgebieten mit anderen Arten zeigt die Polarmöwe eine deutliche Präferenz in der Partnerwahl, indem die Weibchen bevorzugt Männchen wählen, deren Augen- und Augenringfarbe der eigenen Färbung entsprechen. N. GRIFFITH-SMITH nimmt an, daß die Möwen als Jungtiere auf die spezifischen Augenmerkmale der Eltern geprägt werden. Die artliche Trennung wird bei sympatrischen Möwen um so sicherer sein, je deutlicher sie in ihren Arterkennungszeichen voneinander abweichen und je besser diese Kennzeichen vom Artgenossen erkannt werden. Die bei diesen Möwen erst eingeleitete Entwicklung abweichender Auslöser geht sicherlich divergent weiter, und es ist durchaus vorstellbar, daß sich schließlich auch angeborene Auslösemechanismen zum Signalverständnis entwickeln.

Zusammenfassung 5

Als stammesgeschichtliche Anpassung verfügen Tiere über Detektoren, die es ihnen erlauben, bestimmte Reizsituationen vor individueller Erfahrung zu »erkennen«, d. h. passend im Sinne der Eignung zu beantworten. Die ankommenden Reize werden dabei meist in mehreren Schritten verarbeitet. Sie passieren eine Filterpassage, und jene Reize oder Reizkonfigurationen, auf die der Empfänger spezifisch abgestimmt ist, lösen dann bestimmtes Verhalten, etwa Beutefang oder Flucht, aus. Man bezeichnet daher diese datenverarbeitenden Mechanismen auch als angeborene Auslösemechanismen und die sie aktivierenden Reize als Schlüsselreize; letzteres dann, wenn der Empfänger sich einseitig auf eine bestimmte Umweltgegebenheit, wie die Merkmale einer Beute als Signal, anpaßte. Entwickelte der Signalsender dagegen Strukturen im Dienste der Signalgebung, dann spricht man von Auslösern. Schlüsselreize und Auslöser gibt es für alle Sinnesgebiete; die visuellen sind am besten erforscht. Ihr Studium ergab, daß die Reizsituation durch verschiedene Merkmale (z. B. solche der Färbung, der Form und des Verhaltens) charakterisiert sein kann, wobei jedes Merkmal für sich das Verhalten auslösende Qualitäten besitzt. Die Einzelmerkmale summieren sich in ihrer Wirksamkeit, und man kann durch Übertreibung in bestimmter Richtung übernormale Objekte schaffen. Ein ausgelöstes Verhalten hängt von der Reizstärke und von der jeweiligen Handlungsbereitschaft eines Tieres ab.

Als Sollmuster bezeichnet man jene neuronalen Strukturen, die es als vorgegebene Bezugsmuster dem Tier gestatten, einkommende Meldungen zu vergleichen und danach das Verhalten auszurichten. In diesen Referenzmustern wird vorgegeben, was richtig und was falsch ist, in ihnen sind gewissermaßen Normen des Verhaltens kodiert.

6. Die Auslöser (Ausdrucksbewegungen und andere soziale Signale)

6.1 Die Entstehung von Ausdrucksbewegungen und anderen Auslösern

Ein balzender Vogel benimmt sich recht auffällig. Er spreizt die Federn, nimmt bestimmte Haltungen ein, singt und bietet seinem Weibchen oft Futter und andere Geschenke an. Ein Hund begrüßt einen anderen schwanzwedelnd, wenn er ihn gut kennt, oder er knurrt den Fremden zähnefletschend an. Eine drohende Katze macht einen Buckel und faucht, sie schnurrt dagegen in freundlicher Stimmung.

Verhaltensweisen dieser Art haben eine mitteilende Funktion. Ihre Wirksamkeit wird oft durch das Hinzutreten besonders auffälliger morphologischer Strukturen (Federn, Mähnen) verstärkt. Man nennt die zu Signalen differenzierten Verhaltensweisen *Ausdrucksbewegungen.* Sie entwickelten sich im Dienste der Koordination sozialen Verhaltens und sind demnach ebenso Auslöser wie die zur Signalsendung entwickelten körperlichen Strukturen.

Sicherlich kann der Partner aus vielerlei Anzeichen des anderen lesen. Auch wenn einer zittert, sagt er etwas aus, doch wird man wohl zweckmäßigerweise die zu Signalen differenzierten Ausdrucksbewegungen von solchen undifferenzierten Ausdrucksformen unterscheiden, obgleich letztere durchaus in Ausdrucksbewegungen umgewandelt werden können. Ausdrucksbewegungen können angeboren oder erlernt sein. Es kann sich um sehr einfache Bewegungen oder Stellungen handeln. Oft überlagern einander jedoch mehrere Ausdrücke, was zu einer Mannigfaltigkeit und einer scheinbaren Variabilität des Ausdrucksverhaltens führt, die sich dennoch auf die quantitative Veränderlichkeit einiger weniger Invarianten (Erbkoordinationen) zurückführen läßt.

Das hat manche irregeführt. So schreibt R. SCHENKEL (1947), der Ausdrucksreichtum und die Variabilität der Wolfsmimik sprächen gegen die

6.1 Verschiedene Gesichtsausdrücke des Hundes, die sich aus der Überlagerung von verschiedenen Intensitäten der Kampf- und Fluchtintention ergeben. Von a) nach c) zunehmende Fluchtbereitschaft, von a) nach g) zunehmende Aggression und die entsprechenden Überlagerungen. Aus K. Lorenz (1953)

Gültigkeit des Konzeptes der Erbkoordination bei Säugern. In einer Erwiderung darauf zeigte K. Lorenz (1951), daß in der Hundemimik bereits die Überlagerung der Intentionsbewegungen des Flüchtens und des Kämpfens zu einem großen Ausdrucksreichtum führt. Die Intentionsbewegungen des Flüchtens äußern sich durch Zurückziehen der Mundwinkel und Zurücklegen der Ohren, letztere durch leichtes Maulöffnen, Emporziehen der Oberlippe und Faltenbildung an Schnauze und Stirn. Beide Ausdrücke können einander beliebig überlagern. Da Kampf und Flucht meist gleichzeitig aktiviert werden, sieht man in der Regel solche Überlagerungen und höchst selten den reinen Ausdruck des einen oder anderen (K. Lorenz 1953; Abb. 6.1). P. Leyhausen (1956 b) fand das gleiche in der Mimik der Katze verwirklicht. Je nach der Stärke des gleichzeitig aktivierten Angriffs- und Fluchtdranges zeigt die Lachmöwe verschiedene Imponierhaltungen (Abb. 6.2), die man ebenfalls als Überlagerungen verschiedener

6.2 Die verschiedenen Imponierhaltungen der Lachmöwe mit den jeweils zugeordneten Stärken des gleichzeitig aktivierten Angriffs- und Fluchtdranges. Blockdiagramme neben den Figuren: schraffiert = Angriffsdrang; hell = Fluchtdrang. Nach M. MOYNIHAN (1955)

Intentionsbewegungen deuten kann (M. MOYNIHAN 1955). Der Artgenosse versteht solche Kombinationen, und manche Säuger machen daher durch Kombination verschiedener Ausdrucksbewegungen kompliziertere Mitteilungen. Trächtige Iltisweibchen bedrohen den Rüden durch Abwehrbeißen, sie beschwichtigen jedoch gleichzeitig, indem sie den Ruf der Kontaktbereitschaft (»Muckern«) äußern (I. EIBL-EIBESFELDT 1956c). An indischen Makaken sah M. R. CHANCE (1963), wie Weibchen das Interesse der Männchen erweckten, indem sie sie bedrohten, die aggressionsauslösende Wirkung dieser Gebärde jedoch durch gleichzeitige Demutshaltung neutralisierten. In der Mimik des Menschen werden ganz ähnliche Kombinationen sichtbar. Der Nachtaffe *(Aotes)* macht komplizierte Mitteilungen durch Aneinanderreihen starrer Elemente (M. MOYNIHAN 1964).

Ein Mantelpavian, der mit einem anderen streitet, kann den Beistand eines Ranghohen gewinnen, indem er zu diesem hinläuft. Er beschwichtigt dann die durch seine Annäherung ausgelöste Aggression durch auffälliges Präsentieren (S. 209), droht aber zugleich gegen seinen Widersacher und lenkt damit die Aggressionen des Ranghohen gegen jenen (»gesicherte Drohung«, H. KUMMER 1957). Das tun auch viele Makaken.

Der Reichtum an Ausdrucksbewegungen wechselt selbst bei einander recht nahestehenden Tierarten erheblich. Der Wolf hat im Vergleich zum Fuchs ein wesentlich reicheres Ausdrucksrepertoire (G. TEMBROCK 1954), was mit der Tatsache zusammenhängt, daß Wölfe im Rudel jagen und sich zur Koordination dieser Tätigkeit (Zutreiben der Beute) auch mehr mitteilen müssen, während der Fuchs einzeln seiner Beute nachspürt.

Durch den Vergleich des Verhaltens verwandter Arten hat man in einigen Fällen die stammesgeschichtliche Entwicklung verschiedener Ausdrucksbewegungen rekonstruieren können. Ausdrucksbewegungen entstehen oft aus anderen Verhaltensweisen, sofern diese einen bestimmten Erregungszustand des Partners regelmäßig genug begleiten, so daß sie auch einem anderen Tier (Artgenossen oder Artfremdem) als Kennzeichen dienen können. Soziale Hautpflegehandlungen z. B. sind immer Ausdruck sozialer Kontaktbereitschaft und Verträglichkeit. Ein freundlich gestimmter Hund begrüßt uns durch Belecken und Beknabbern, ebenso ein zahmer Dachs (I. EIBL-EIBESFELDT 1950 a) und viele andere Säuger. Der Artgenosse versteht die »freundliche« Bedeutung dieser Geste durchaus, die auch als Brutpflegehandlung von der Mutter ausgeübt wird. Sie beschwichtigt daher auch eine aggressive Stimmung, wofür O. ANTONIUS (1947) ein eindrucksvolles Beispiel bringt. Er hielt einen wilden Onagerhengst *(Equus hemionus)*, der überaus aggressiv war und ihn jedesmal angriff, wenn er sich ihm näherte. Da der Hengst ANTONIUS nicht erreichen konnte, biß er ins Gitter und reagierte seine Aggressivität auch an einem Insassen des Nachbarkäfigs ab. Als er einmal den Nachbarn anzugreifen trachtete, stand er mit dem Rücken zum Käfiggitter, so daß ANTONIUS mit einem Schlüsselbund die Kruppe des Hengstes kratzen konnte. Der Erfolg war dramatisch. Wie von einem elektrischen Schlag durchzuckt, hielt der Hengst still, und nur einen kurzen Augenblick drehte er sich einmal um, als setze er zum Beißen an, tat es aber nicht, sondern gab sich diesem ihm offensichtlich behagenden Hautreiz hin. Und von da an war das Tier zahm! Wenn ANTONIUS ans Gitter trat, drohte es nicht mehr, sondern kam grüßend herbei und drehte ihm die Kruppe zum Kraulen hin. In ganz ähnlicher Weise konnte ich einen Riesengalago *(Galago crassicaudatus)* zähmen. Das Tier hatte es offensichtlich gern, wenn man es hinter den Ohren und in der Achselhöhle kraulte, und forderte dazu bereits nach kurzer Zeit unter anderem durch Hochheben eines Armes auf. Da die Verhaltensweise der sozialen Hautpflege an sich schon Kontaktbereitschaft ausdrückt, ist es verständlich, daß sie verschiedentlich zur Ausdrucksbewegung ritualisiert wurde. Der Mongozmaki *(Lemur mongoz)* benützt z. B. die Fellkämmbewegung der Halbaffen zum Grüßen. Er macht die Fellkämmbewegung des Unterkiefers in die Luft, wobei er rhythmisch ruft und bei höherer Intensität sogar in die Luft leckt. *Macaca speciosa* macht ähnliche Fellpflegebewegungen zur Begrüßung. Er leckt ebenfalls in die Luft und bewegt die Lippen schnell auf und zu. Durch Nachahmen dieser Bewegung kann man aggressive Tiere beschwichtigen. Viele niedrige Affen »lausen« sich erst, nachdem sie Intentionsbewegungen des Leckens machten (R. ANDREW 1963 a, b). Meerkatzen schmatzen mit den Lippen, bevor sie einander putzen, und klappern auch mit den Zähnen. Das drückt ganz generell friedliche Stimmung aus (TH. STRUHSAKER 1967). Bei der Balz vieler Vögel und Säuger spielen Hautpflegehandlungen eine große Rolle. Sie helfen, die Aggressivität des Partners zu beschwichtigen. Auch das Verhalten eines Angreifers kann in »freundliche« Hautpflege übergeleitet werden. Bei Fischreihern, Kormoranen, Trottellummen und anderen Vögeln beschwichtigt der Angegriffene, indem er dem Gegner den Kopf hinhält. Die Angriffshandlung wird dann in Körperpflegehandlungen übergeleitet (C. HARRISON 1965). Wenn eine Ratte im Spiel eine andere fester beißt, piepst die gebissene, und die andere beginnt sie daraufhin sogleich zu putzen (I. EIBL-EIBESFELDT 1957 a).

Sehr oft wurden Bewegungen, die einem Angriff vorangehen, zu Drohbewegungen. Aus dem Öffnen des Maules als Intention des Zubeißens wurde das drohende Zähnezeigen und Zähnefletschen vieler Säuger (Raubtiere, Nager u. a.).

Bei den Krabben wurde das Drohen mit der Waffe (Schere) in verschiedener Weise ritualisiert. In den nur wenig ritualisierten Fällen werden beide Scheren langsam rhythmisch gehoben und gesenkt. Das tut die Felsenkrabbe *(Grapsus grapsus)* sowohl beim Drohen gegen Artgenossen als auch gegen Artfremde (H. SCHÖNE und I. EIBL-EIBESFELDT 1965). Die Mangrovekrabbe *(Goniopsis cruentata)* droht ganz ähnlich, und in etwas abgeleiteter Form wird die Scherenbewegung als Winken bei der Balz verwendet (H. und H. SCHÖNE 1963). Die Ritualisierung ist schließlich bei den Winkerkrabben *(Uca)* am weitesten gegangen: Eine Schere der Männchen ist zur Winkschere vergrößert, und jede Art entwickelt ihren eigenen Winkmodus (H. HEDIGER 1933, J. CRANE 1943, 1957, R. ALTEVOGT 1955, 1957; Abb. 6.3 und 6.4), wobei nicht alle vom Drohen ausgehen. Bei einer Reihe von Winkerkrabben wurde die Freßbewegung der Schere zur Winkbewegung ritualisiert (J. CRANE 1966).

Viele Drohstellungen entstanden wohl aus Anspringbewegungen. Es bleibt dabei oft bei einem intentionalen Sichaufrichten, oder das Tier springt wirklich noch auf den Gegner zu, aber zu kurz und bremst den Angriffssprung besonders betont ab, wobei es mit den Beinen hart auf die

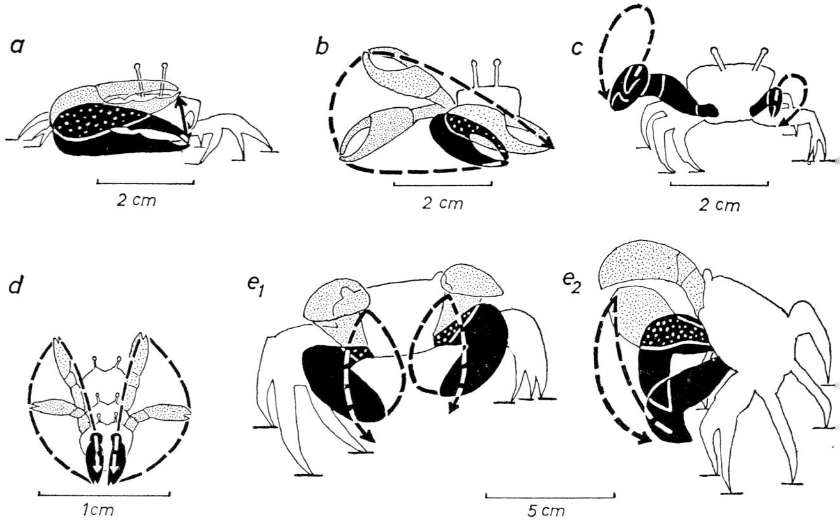

6.3 Verschiedene Winktypen von Krabben: a) *Uca rhizophorae* (vertikales Winken); b) *Uca annulipes* (seitliches Winken); c) *Uca pugilator* (Winktyp mit seitwärts gehaltener Schere); d) *Dotilla blanfordi;* e) *Goniopsis cruentata.* Nach H. und H. SCHÖNE (1963)

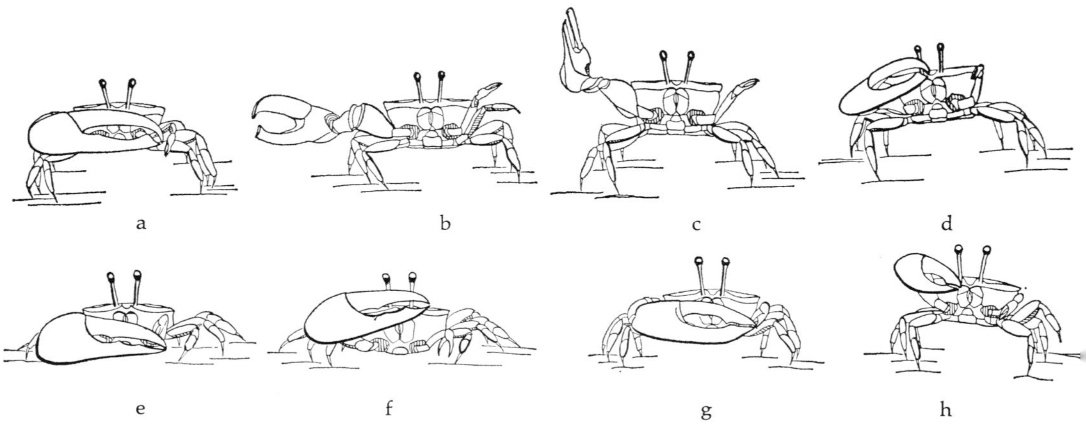

6.4 Verschiedene Winktypen innerhalb der Gattung *Uca:* Oben: *Uca lactea* (Fidschi-Inseln), lateraler Winktyp. Die zunächst angezogen gehaltene Schere (a) wird in einer seitwärts geführten Bewegung gestreckt (b), dann angehoben (c) und im Bogen in die Ausgangsstellung zurückgeführt. e–h: Beispiele für vertikales Winken; e–f: *Uca rhizophorae* (Malaya); g–h: *Uca signata* (Philippinen). Nach J. CRANE (1957)

Unterlage schlägt, oft auch noch gleichzeitig ruft und die Haare aufrichtet (z. B. bei Dachs und Eichhörnchen als sog. »Imponierbremsen«). Unser Aufstampfen mit dem Fuß im Zorn ist wohl gleichfalls eine ritualisierte Angriffsbewegung (I. EIBL-EIBESFELDT 1957 a). Auch Körperschutzbewegungen, wie etwa das Zurücklegen der Ohren zum Schutze der Ohrmuscheln und des Gehörorgans, können zu Ausdrucksbewegungen werden, ja, selbst Begleiterscheinungen der Erregung, gleichgültig, ob es sich um Konfliktbewegungen (Übersprungbewegungen, N. TINBERGEN 1952) oder vegetative Erscheinungen (Erröten, Erblassen, Drüsensekretion) handelt, vorausgesetzt allerdings, daß sie den physiologischen Zustand des Tieres eindeutig genug kennzeichnen (D. MORRIS 1956, I. EIBL-EIBESFELDT 1956 b, 1957). So zittern viele Schlangen bei Erregung mit ihrem Schwanz. Bei einigen Arten wurde das zur Drohgebärde, und es entwikkelten sich eigene Rasselorgane (Klapperschlange). Gleiches gilt für eine entsprechende Drohgebärde vieler Nager. Auch bei vielen anderen Säugern wurden Schwanzbewegungen und ferner auch das Ohrenspiel zu Ausdrucksbewegungen ritualisiert (H. FREYE und H. GEISSLER 1966, R. SCHENKEL 1947, P. BOPP 1954).

Kampfhähne zeigen beim Kämpfen eine Reihe von Verhaltensweisen, die auf den Kampf bezogen funktionell irrelevant sind, wie Putzen, Kopfschütteln und Auf-den-Boden-Picken. Putzen und Picken sind wohl als Übersprungbewegungen zu deuten. Eine weitere Verhaltensweise, die J. P. KRUIJT (1964) als »head-zigzagging« bezeichnete, ergibt sich aus der gleichzeitigen Überlagerung von Picken und Kopfschütteln. Diese Verhaltensweisen treten in einer für Sieger und Verlierer typischen Häufigkeit auf, und sie werden als Ausdruck von den Hähnen bis zu einem gewissen Grade »verstanden« (Abb. 6.5).

Da Verlegenheitsgebärden und andere Epiphänomene der Erregung mit keiner anderen Funktion belastet sind, die einer entsprechenden Selektion entgegenwirken könnte, eignen sie sich in gewisser Hinsicht besonders gut für die Umwandlung in Signale.

Stachelschweine tragen auf dem Schwanz im Dienste der Lauterzeugung stehende umgewandelte Stacheln, was bereits DARWIN auffiel (Abb. 6.6). Ähnlich mag das Aufrichten von Haaren und Federn zur Entwicklung von Mähnen und Schmuckfedern Anlaß gegeben haben, Erröten zur Entwicklung stark vaskularisierter nackter Hautstellen, die als Schwellkörper präsentiert werden können, und anderes mehr. Das bei so vielen Säugern übliche Duftmarkieren mit Harn und anderen Ausscheidungen kann man vielleicht von einem Angstharnen ableiten (I. EIBL-EIBESFELDT 1957 a). In fremder Umgebung setzen Ratten regelmäßig Harntröpfchen ab und legen damit Spuren. Sie tun es auch, wenn sie ihresgleichen überkriechen, und markieren sie dabei. Bei Baumstachlern *(Erethizon)*, Agutis

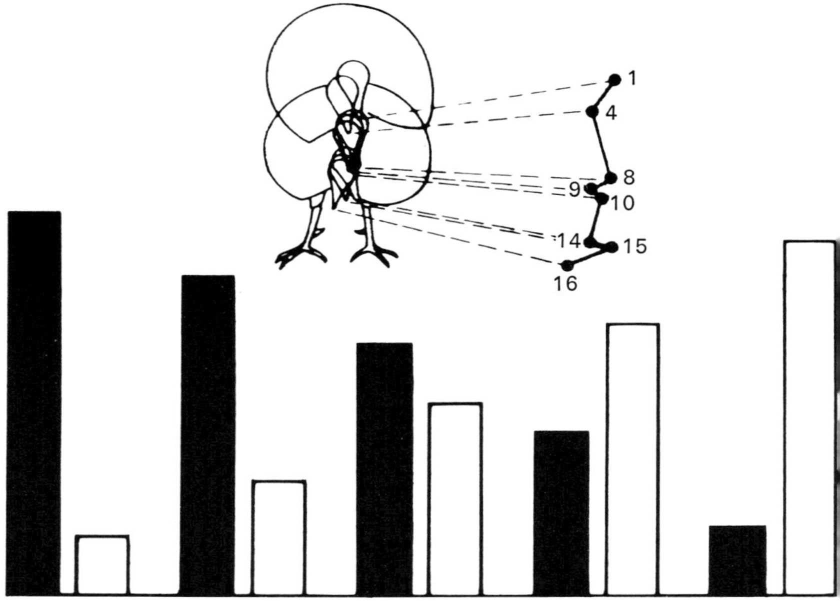

6.5 Die Verteilung verschiedener irrelevanter Verhaltensweisen bei Siegern (schwarz) und Verlierern (weiß) eines Hahnenkampfes. Darüber: Die Rekonstruktion der Bewegung der Schnabelspitze zeigt den ambivalenten Charakter des Head-zigzagging, in dem sich Abwärtspicken und Kopfschütteln überlagern (nach einem 16-mm-Film, 24 Bilder/Sekunde; die Zahlen bezeichnen die Nummer der Einzelbilder der Sequenz). Nach P. J. Kruijt (1964)

(Dasyprocta) und Maras *(Dolichotis)* richten sich die Männchen auf und bespritzen mit erigiertem Penis sowohl Weibchen als auch männliche Rivalen (R. Kirchshofer 1960). Bei Maras genügt jedoch das Zeigen des erigierten Penis als Drohung.

Immer wenn es für den Sender einer Erregungsäußerung vorteilhaft ist, von jemand verstanden zu werden, bewirkt die Selektion die Umgestaltung der betreffenden Verhaltensweise zu einem auffälligen Signal. Die Veränderung der Verhaltensweise im Dienste der Signalbildung nennt man *Ritualisation* (J. Huxley 1923; Abb. 6.7).

Verhaltensweisen wie etwa jene der Brutpflege, der sozialen Körperpflege und der Aggression wurden in verschiedenen Tiergruppen oft unabhängig voneinander zu Ausdrucksbewegungen sozialer Kontaktbereitschaft beziehungsweise Drohsignalen ritualisiert. Bisweilen kommen Ähnlichkeiten auch dadurch zustande, daß eine bestimmte Anforderung an das Signal gestellt wird und dieser Selektionsdruck zu einer konvergen-

Die Farbkleider von *Hemichromis fasciatus* in acht verschiedenen Stimmungen: Links oben: revierlos (neutrale Stimmung); darunter drei Stadien zunehmender Revierbindung und Kampfbereitschaft; links unten: stärkste Kampfbereitschaft. Rechts unten: ablaichendes Tier; darüber: brutpflegend; rechts die beiden obersten Fische: Schreckfärbung eines Fisches, der sich gerne verbergen möchte und einmal (ganz oben) sich zwischen Pflanzen verstecken kann, ein anderes Mal (darunter) kein Versteck hat und ungedeckt stehenbleiben muß. Man beachte, wie die Melanophoren an verschiedenen Körperstellen manchmal übereinstimmend, manchmal entgegengesetzt arbeiten. Die Färbung des stark aggressiven Fisches (links unten) ist geradezu das Negativ zur neutralen Grundstimmung. Aus W. WICKLER 1964 a, H. KACHER pinx.

Pfauenkaiserfisch *(Pygoplites diacanthus)* als Beispiel eines plakatfarbigen Riff-Fisches
Foto: I. EIBL-EIBESFELDT (Rotes Meer)

Balzender Fregattvogel *(Fregata minor)*.
Foto: I. EIBL-EIBESFELDT (Galápagos)

Beim Sperren sichtbare Auslöser
einer jungen Goulds-Amadine.
Foto: I. EIBL-EIBESFELDT

ten Entwicklung führt. Das gilt für viele Drohlaute (Zischen, Brüllen, Fauchen) ebenso wie für die Ähnlichkeiten von Rufen, die die Brandung übertönen, oder solche, die dem Freßfeind die Ortung erschweren sollen (P. MARLER 1956 b, I. EIBL-EIBESFELDT 1957 a).

Abbildung 6.8 zeigt z. B. die einander sehr ähnlichen Rufe, die 5 Singvogelarten beim Überfliegen eines Raubvogels äußern. Die hohen, dünnen und langgezogenen Rufe (»siiit«-Ton des Buchfinken) liefern kaum Ortungsschlüssel für irgendwelche Räuber. Sie sind für den binauralen Phasenvergleich nach P. MARLER (1956 b) zu hoch und für die Wahrnehmung von Intensitätsdifferenzen zu niedrig. Zudem beginnen und enden sie unmerklich, so daß auch Anhaltspunkte für den binauralen Vergleich von Zeitdifferenzen wegfallen. Der Ruf dient dazu, Artgenossen eine Gefahr anzuzeigen; sie eilen dann, ohne den Rufer zu orten, dem nächsten Versteck zu. Buchfinken und viele andere Singvögel reagieren auch auf die sehr ähnlichen Warnlaute anderer Arten.

Dienen die Signale dagegen der Artunterscheidung, dann sind sie sehr deutlich verschieden, vor allem bei ganz nah verwandten Arten, bei denen die Gefahr der Bastardierung besteht (P. MARLER 1957 a). So unterscheiden sich die Revier- und Werbegesänge der drei Laubsängerarten Fitis, Zilpzalp und Waldlaubsänger *(Phylloscopus trochilus, P. collybita, P. sibilatrix)* sehr deutlich voneinander (Abb. 6.9). Auch sind sie durch ihre an Frequenzsprüngen reiche Gliederung leicht zu orten. Auf kleinen Inseln, wo weniger Vögel zusammenleben, werden die Rufe im Vergleich zu den auf dem Festlande lebenden Artgenossen weitaus variabler. Das gilt z. B. für die Rufe der Blaumeise auf Teneriffa und jene des Goldhähnchens auf den Azoren (P. MARLER und D. BOATSMAN 1951). Sympatrisch lebende nah verwandte Heuschrecken haben deutlich verschiedene Rufe (Abb. 6.10) und sympatrische Leuchtkäfer verschiedene Blinksignale (F. MCDERMOTT 1917, J. E. LLOYD 1966). Froscharten mit teilweise überlappendem Verbreitungsgebiet sind dort, wo sie nebeneinander vorkommen, in ihren Rufen auffälliger voneinander verschieden als dort, wo nur eine Art allein vorkommt (W. F. BLAIR 1958, M. LITTLEJOHN 1959). Der Kontrast wird also nur dort, wo es wichtig ist, betont, eine Erscheinung, die man als Kontrastbetonung (engl. »character-displacement«) bezeichnet. Solch ein Selektionsdruck auf Unverwechselbarkeit liegt auch dann vor, wenn im innerart-

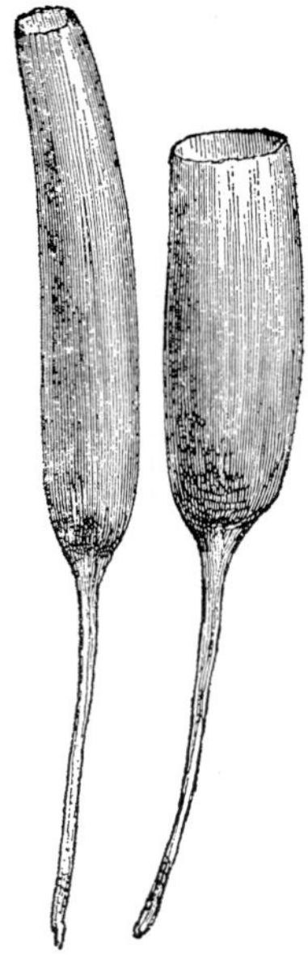

6.6 Zu Klangkörpern umgebildete Schwanzstacheln des Stachelschweins. Aus C. DARWIN (1872)

6.7 *Emblemaria pandionis* durch Winken mit der im Dienste der Signalgebung vergrößerten Rückenflosse vor seinem Wohnloch balzend. Aus W. WICKLER (1966 a)

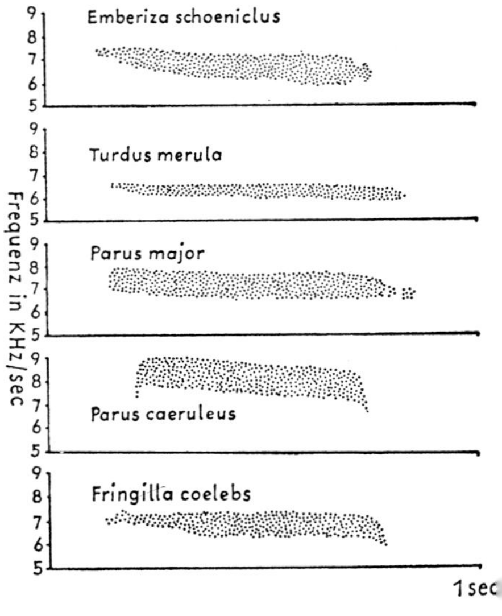

6.8 Rufe von fünf verschiedenen Singvogelarten beim Überfliegen eines Tagraubvogels. Die Rufe liegen zwischen 6 und 9 kHz. Man beachte den engen Frequenzbereich und das Fehlen von Unregelmäßigkeiten.
Aus P. Marler (1956 b)

lichen Verkehr Ausdrucksbewegungen mit entgegengesetzter Bedeutung entwickelt wurden (siehe Darwins Prinzip der Antithese, S. 547).

Alle mit der Ritualisierung einhergehenden Änderungen zielen darauf ab, das Verhalten den Erfordernissen des Signalisierens am besten anzupassen, und das bedeutet, daß das Signal in den meisten Fällen auffällig, prägnant und unverwechselbar wird. Die Selektion erfolgt dabei seitens des Empfängers, der das Signal selektiv aufnimmt und beantwortet. Aus vielen vergleichenden Untersuchungen wissen wir, daß das Verständnis für eine bestimmte Bewegungsweise deren Entwicklung zum Signal vorausging. Das gilt z. B. für die anlockende und stimmungsübertragende Wirkung von Freßbewegungen der Hühnervögel auf Artgenossen, welche Glucken in ritualisierter Form zum Anlocken der Küken und welche Hähne zum Anlocken der Hennen nützen. Innerhalb der Phasianiden wurde dieses Futterlocken, wie gleich gezeigt wird, zu einer wichtigen Balzhandlung ritualisiert.

Im einzelnen können sich bei der Ritualisierung folgende Veränderungen vollziehen:

1. Das Verhalten erfährt einen *Funktionswechsel.* Aus dem Futterlocken wird bei verschiedenen Phasianiden z. B. eine Balzhandlung (S. 198); gleiches gilt für das Hetzen der Enten (S. 205).
2. Die ritualisierte Bewegung kann sich von ihrer ursprünglichen Motivation völlig lösen und eigene motivierende Mechanismen entwickeln. Einen solchen *Motivationswechsel* zeigte W. Wickler (1966 c) am Beispiel der zur Grußgebärde gewordenen weiblichen Präsentierbewegung der Paviane. Eine ähnliche Verselbständigung zur eigenen Instinktbe-

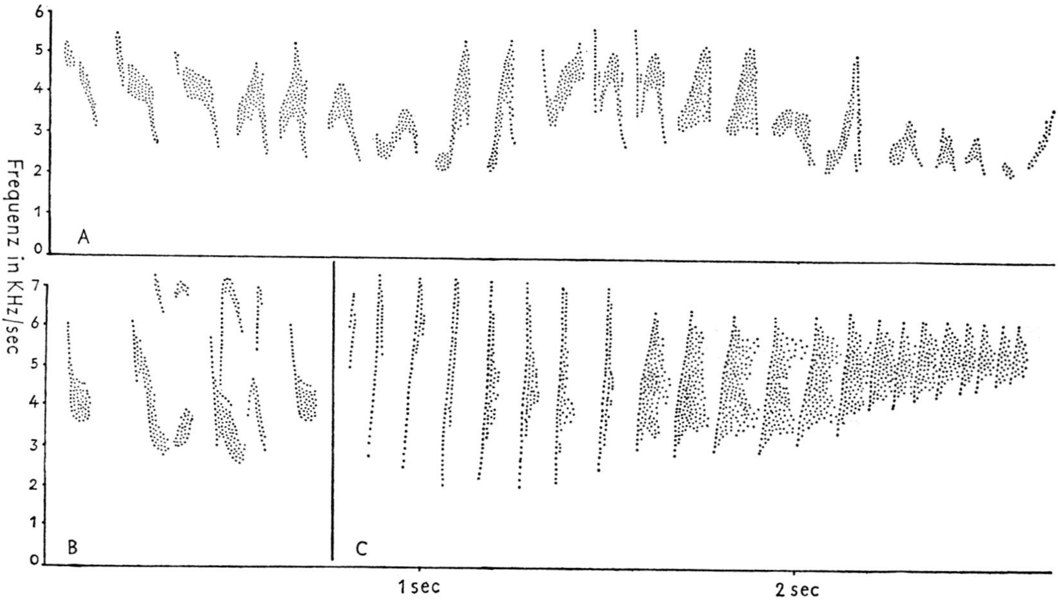

6.9 Die Gesänge des Fitis (A), des Zilpzalp (B) und des Waldlaubsängers (C). B besteht aus vier Gliedern: »tsip-tsap-tsap-tsip«. Man beachte, wie stark die Gesänge dieser nah verwandten Arten in Länge, Tempo und Struktur voneinander abweichen. Aus P. MARLER (1956 b)

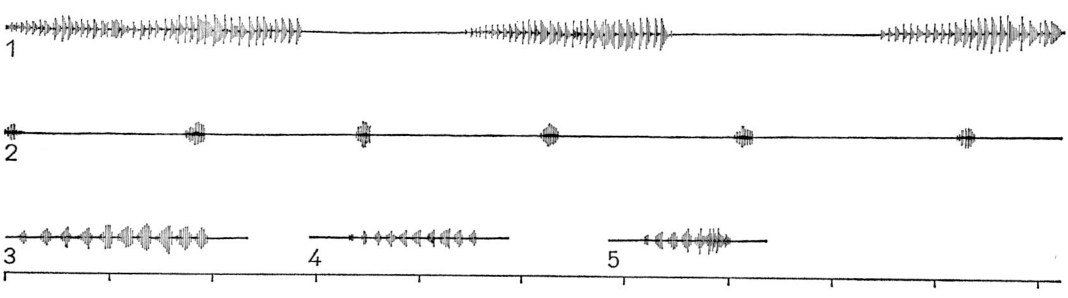

6.10 Lieder von fünf Feldheuschrecken der Gattung *Chorthippus* (nach Oszillogrammen von A. FABER): 1. *Ch. biguttulus*, 2. *Ch. brunneus*; beide Arten sind nahe miteinander verwandt, kommen nebeneinander vor, unterscheiden sich aber stark in den Liedern; 3. *Ch. montanus*; 4. *Ch. longicornis*; 5. *Ch. dorsatus*; die nahe Verwandtschaft spiegelt sich in einer gewissen Ähnlichkeit der Lieder; 3 lebt auf sehr feuchtem, 5 auf mäßig feuchtem, 4 auf ziemlich trockenem Gelände. Da diese drei Arten nicht sympatrisch leben, wirkte kein Selektionsdruck auf Verschiedenheit. Aus W. JACOBS (1966)

wegung kann man im Laufe der fortschreitenden Ritualisierung des Hetzens der Enten verfolgen (K. LORENZ 1941).

3. Die Bewegungen werden nach Frequenz und Amplitude oft *mimisch übertrieben*, zugleich aber auch vereinfacht, indem einzelne Komponenten ausfallen, während andere betont werden. Das erwähnte Winken der Winkerkrabben ist ein Beispiel. Die optische Wirksamkeit dieser Bewegung wurde nicht allein durch die Übertreibung des *Bewegungsausschlages*, sondern auch durch die oftmalige *rhythmische Wiederholung* verstärkt (K. LORENZ 1941, A. DAANJE 1950, W. WICKLER 1963).
4. Die *Schwellenwerte* für auslösende Reize ändern sich oft derart, daß die höher ritualisierte Verhaltensweise im allgemeinen auch leichter auszulösen ist (A. DAANJE 1950, B. OEHLERT 1958).
5. Bewegungen »frieren« häufig zu *Stellungen* ein. So entstanden viele Drohstellungen aus den einander entgegengesetzten Antrieben des Angreifens und Flüchtens, die bei einer Feindbegegnung ja meist gleichzeitig aktiviert werden (K. LORENZ 1951).
6. Es ändern sich die *Orientierungskomponenten* (Beispiel: Hetzen der Ente, S. 205).
7. Eine zuvor in ihrer Intensität nach Trieb- und Reizstärke variable Verhaltensweise kann dahingehend verändert werden, daß sie stereotyp in stets gleichbleibender Intensität (Frequenz und Amplitude) abläuft, selbst wenn das Tier verschieden stark motiviert ist *(typische Intensität«*, D. MORRIS 1957). Dadurch wird die Gebärde eindeutiger (B. DANE und W. VAN DER KLOOT 1964); Beispiele: Spechttrommeln (S. 208). Die meisten Balzhandlungen der Schellente *(Bucephala clangula)* und des Beifußhuhnes *(Centrocercus urophasianus)* laufen mit typischer Intensität ab (B. DANE und W. G. VAN DER KLOOT 1964, R. H. WILEY 1973).
8. Variable Bewegungsfolgen können zu starren, vereinfachten zusammengefaßt werden (siehe Zickzacktanz des Stichlings und Hetzen der Ente, S. 206).
9. Hand in Hand mit diesen Veränderungen entwickeln sich oft besonders auffällige körperliche Strukturen wie Schmuckfedern, Winkscheren, Mähnen, Segelflossen, Schwellkörper und dergleichen.

All das kann sich sowohl in der Phylogenese als auch in der Ontogenese vollziehen, denn auch die gelernte Ausdrucksbewegung wird auf größere Signalwirkung hin verbessert. Wir sprechen dann von ontogenetischer Ritualisierung. Solche läßt sich z. B. an der Entwicklung von Bettelbewegungen bei Zootieren verfolgen (S. 210). Es handelt sich um ein Lernen am Erfolg, wobei der angebettelte Zoobesucher bestimmte ihm gefallende Bewegungen oder Haltungen belohnt und das Tier eben diese übertreibt und Beibewegungen wegläßt.

Abschleifungen von Zeremonien, wie sie etwa zwischen zwei Ehepartnern gelegentlich zu beobachten sind, wollen wir dagegen nicht als ontogenetische Ritualisierung bezeichnen.

Die kulturellen Ritualisierungen des Menschen folgen dem Muster der stammesgeschichtlichen Ritualisierung. Unser Hutlüften beim Gruß hat sich aus dem Helmabnehmen entwickelt. Eine andere mehr militärische Grußform, das Berühren des Kappenrandes mit der Hand, entwickelte sich aus der Bewegung des Visierhochklappens. Beides ist eine Vertrauensbezeugung. Diese traditionsvermittelten Grußformen sind weitgehend ritualisiert, und kaum einer der so Grüßenden kennt heute den Ursprung dieser Gesten. Funktionswechsel, typische Intensität, mimische Übertreibung bei gleichzeitiger Vereinfachung der Bewegungen und redundante Wiederholung zeichnen auch viele der menschlichen Rituale aus. Wir werden uns mit ihnen noch auseinandersetzen.

Die Ähnlichkeiten in der Entwicklung individuell erworbener Ausdrucksbewegungen mit dem phylogenetischen Prozeß der Ritualisierung haben gelegentlich zu lamarckistischen Deutungen geführt. Das Selektionsprinzip allein genügt jedoch, um eine gerichtete Entwicklung zu bewirken. Es scheint ja überhaupt nur bei oberflächlicher Betrachtung so sinnlos, daß die Natur mit »blindem« Mutieren das Rohmaterial für die Selektion herstellt und nicht schon von vornherein mit Hilfe gerichteter Mutationen eine Anpassung bewirkt. Man wird jedoch schnell einsehen, daß in letzterem Fall Organismen Gefahr liefen, in evolutionistischen Sackgassen zu landen. Nur durch das blind-zufällige Mutieren werden auch alle Möglichkeiten abgetastet, die sich bei einer späteren Umweltänderung als nützlich erweisen könnten. So erweist sich bei kurzem Nachdenken gerade die zunächst so unbeholfen erscheinende Methode der Evolution als die zweckmäßigste, d. h. selektionistisch vorteilhafteste. Dem Zufall der Umweltänderungen kann man nur durch das zufallshafte Abtasten aller Möglichkeiten wirksam begegnen. Ausrichtende Zielsetzung gibt es erst in der kulturellen Evolution des Menschen, doch bleibt deren Ergebnis stets der Prüfung der Selektion unterworfen (siehe EIBL-EIBESFELDT 1984, »Humanethologie«).

Wie schon aus der Aufstellung ersichtlich ist, bezieht sich der Begriff Ritualisierung auf die Verdeutlichung eines Signals – auf die Entwicklung von Auslösern –, wobei ursprünglich nur Verhaltensweisen, dann aber auch Organänderungen im Dienste der Signalfunktion unter den Begriff fallen. Die Entwicklungsrichtung wird vom Wahrnehmungsapparat des Empfängers bestimmt. Wir sprachen auch von ontogenetischer Ritualisierung und stellten sie der phylogenetischen gegenüber. Für die ontogenetische Ritualisierung hat man auch den Begriff ›Stilisierung‹ vorgeschlagen (D. MORRIS 1956), doch scheint die Einführung eines weiteren Begriffes vermeidbar. Wichtig ist, daß man sich darüber im klaren ist, daß Verdeutlichung eines Signals nicht immer gleichbedeutend ist mit einem Auffälligerwerden. Verschiedene Tiere haben Verhaltensweisen ritualisiert, die sie unauffälliger machen. Wir erinnern an die Schaukelbewegungen blattbewohnender Insekten, zu denen es zahlreiche Konvergenzen gibt. Auch hier wird signalisiert, doch handelt es sich um ein täuschendes Signal, das die Tiere im Gewoge der Blätter verbirgt.

Nicht im Begriff der Ritualisierung enthalten sind alle jene Änderungen, die eine Verbesserung der Signalempfänger betreffen, also die Entwicklung angeborener oder erworbener Auslösemechanismen (W. Schleidt 1962). W. Wickler (1967 b) hat vorgeschlagen, alle Vorgänge, die der Verbesserung der Verständigung dienen, unter den Begriff Semantisierung zusammenzufassen. Diese kann einseitig vom Sender her erfolgen (senderseitige Semantisierung) und heißt dann weiterhin Ritualisierung. Oft entwickeln sich jedoch Sender und Empfänger in wechselseitiger Anpassung, und schließlich kann auch eine empfangsseitige Semantisierung stattfinden. Das betrifft jede Entwicklung von Auslösemechanismen. So ein Fall liegt z. B. vor, wenn ein Nachtfalter einen angeborenen Auslösemechanismus entwickelt, der auf die Ultraschallaute der Fledermaus anspricht und über den Fluchtreaktionen ausgelöst werden, oder auch, wenn eine Kröte einen angeborenen Auslösemechanismus für eine Beute entwickelt, die an sich gar nicht wahrgenommen werden »möchte«. Die Bedeutungsgebung für ein Zeichen wird ja vom Empfänger zudiktiert.

6.11 Die Entstehung der Phasianidenbalz aus dem Futterlocken: a) Haushahn futterlockend; b) Lockphase beim Jagdfasan; c) »Ekstase« beim Glanzfasan; d) »Ekstase« beim Pfaufasan; e) »Ekstase« beim Pfau. Aus R. Schenkel (1956)

Daher läuft die Entwicklung der Sender nicht spiegelbildlich zur Entwicklung der Empfänger.

Wir wenden uns nach diesem Exkurs wieder der Ritualisierung zu und erörtern den Vorgang an Hand einiger Beispiele.

R. SCHENKEL (1956, 1958) konnte durch den Vergleich verschiedener Fasanvögel die fortschreitende Ritualisierung des Futterlockens in der Balz verfolgen. Die am wenigsten ritualisierte Stufe führt uns der Haushahn *(Gallus)* vor. Er scharrt einige Male mit den Füßen, tritt dann zurück und pickt unter Lockrufen gegen den Boden, auch wenn er kein Futter vorfindet. Er hebt jedoch Steinchen auf, als wären es Futterbrocken, und die Henne läuft herbei und sucht vor dem Hahn nach Futter (Abb. 6.11 a). Hat er wirklich Futter gefunden, frißt sie es, oft sucht sie jedoch vergebens.

Der Jagdfasan *(Phasianus colchicus)* lockt in ganz ähnlicher Weise (Abb. 6.11 b). Der balzende Glanzfasan *(Lophophorus impejanus)* verbeugt sich mit leicht gefächertem Schwanz tief vor der Henne und hackt mit kräftigen Schnabelschlägen in den Boden*. Die Henne läuft herbei und sucht vor ihm, während er nunmehr seine Schwingen und Schwanzfedern maximal spreizt und mit gesenktem Kopf ruhig bleibt. Nur sein gefächerter Schwanz neigt sich während dieser »Ekstase« in langsamem Rhythmus vor und zurück (Abb. 6.11 c).

Ganz ähnlich macht es der Pfaufasan *(Polyplectron bicalcaratum)*. Wenn er ähnlich wie ein futterlockender Haushahn auf dem Boden gekratzt hat, verbeugt er sich unter Flügelanheben und Schwanzfächern (Abb. 6.11 d). Kommt das Weibchen heran, bewegt er den Kopf schnell zu ihm hin und wieder zurück, und gibt man ihm Futter, bietet er es dem Weibchen auch an, was die ursprüngliche Motivation erkennen läßt. Die Bewegungen sind sicher ritualisierte Fütterbewegungen. Normalerweise füttert er aber nicht, dennoch pickt das Weibchen vor ihm auf dem Boden. Die Balzbewegungen des Pfaus *(Pavo)* sind bereits so weit ritualisiert, daß man ohne Kenntnis der Zwischenformen ihren Ursprung nicht erraten würde. Der Pfauhahn spreizt die Schwanzfedern, schüttelt sie und macht einige Schritte zurück. Dann biegt er den gefächerten Schwanz nach vorne und zeigt bei aufgerichtetem Hals mit dem Schnabel nach unten (Abb. 6.11 e). Das Weibchen läuft daraufhin vor ihn hin und pickt suchend im Brennpunkt des vom Schwanzfächer gebildeten Hohlspiegels auf dem Boden. Der Pfauhahn zeigt gewissermaßen mit seinem Rad imaginäres Futter. Junge Pfauhähne futterlocken beim Radschlagen übrigens noch richtig mit Scharren und Picken. Es spiegelt sich also auch hier in der Ontogenese die Phylogenese wider.

---

* Der Glanzfasan legt seine Nahrung nicht durch Scharren, sondern durch Hacken mit dem Schnabel frei.

6.12 a) Junge fütternder Kolkrabe; b) Paar beim Balzfüttern. Foto: E. Gwinner

6.13 Junge fütternder Schabrackenschakal *(Thos mesomelas)*. Foto: W. Wickler (Tansania)

6.14 Pelzrobbenmutter *(Arctocephalus galapagoensis)* begrüßt ihr Junges durch Schnauzenreiben. Foto: I. Eibl-Eibesfeldt (Galápagos)

6.15 Seelöwenmännchen (*Zalophus wollebaeki*), ein Weibchen begrüßend. Foto: I. Eibl-Eibesfeldt (Galápagos)

Dieses Futterlocken tritt auch im Funktionskreis der Brutpflege in Erscheinung. Eine Henne lockt scharrend, pickend und mit besonderen Lockrufen die Küken herbei, und das dürfte wohl die weniger ritualisierte Form sein. Daß Ausdrucksbewegungen sozialer Kontaktbereitschaft sich von Brutpflegehandlungen ableiten, beobachten wir sehr oft (W. WICKLER 1967 b, I. EIBL-EIBESFELDT 1966 a). Bei vielen Singvögeln füttern sich die Erwachsenen gegenseitig bei der Balz, als wäre der Partner ein Junges, und dieser fordert dazu mit infantilem Flügelzittern auf (Abb. 6.12 a, b). Beim Kuckuck *(Clamator jacobinus)*, der nicht mehr füttert, beobachten wir nur mehr das abgeleitete Paarfüttern während der Balz. Viele Raubtiere füttern ihre Jungen. Beim Schabrackenschakal *(Thos mesomelas)* fordern die Jungen ihre Eltern durch Stöße mit der Schnauze auf, Futter vorzuwürgen (Abb. 6.13). Im Verkehr der Erwachsenen gilt dieses Stoßen in die Mundwinkel als Begrüßungsgebärde (W. WICKLER 1966 c). Die »Schnauzenzärtlichkeit« der Wölfe (R. SCHENKEL 1947) hat sich wohl ähnlich entwikkelt. Bei Ohrenrobben, die kein Futter mehr vorwürgen, dienen Schnauzenstöße und Schnauzenreiben ausschließlich zur Begrüßung zwischen Mutter und Kind, aber auch zwischen erwachsenen Tieren (Abb. 6.14 und 6.15). Seelöwenbullen verwenden dieses Grußzeremoniell auch, um ausbrechende Streitigkeiten zwischen ihren Weibchen zu schlichten (I. EIBL-EIBESFELDT 1955 b). Bei Menschenaffen und Menschen ist schließlich ebenfalls Mund-zu-Mund-Fütterung der Jungen durch die Mutter bekanntgeworden (Abb. 6.16 und 6.17). Schimpansen begrüßen einander

6.16 Das einjährige Gorillakind Jambo wird von der Mutter mit einer Kirsche gefüttert. Die Mutter hält ein Stückchen zwischen den Lippen und bietet es dem Kinde an. Foto: P. STEINEMANN (Zoologischer Garten Basel) aus E. M. LANG (1964)

6.17 Sich durch Kuß begrüßende Schimpansen. Foto: Baron und Baroness van Lawick-Goodall (Tansania). Mit freundlicher Genehmigung des ›National Geographic Magazine‹

aber auch als Erwachsene mit einem Kuß (J. van Lawick-Goodall 1967), und bereits M. Rothmann und E. Teuber (1915) meinten, das menschliche Küssen sei ein ritualisiertes Füttern. Wir werden darauf noch näher eingehen (S. 714). S. Freud sah die Ähnlichkeiten, die zwischen den Brutpflegehandlungen und den sexuellen Verhaltensweisen des Menschen bestehen, liest aber die Entwicklungsrichtung verkehrt, wenn er sagt, daß die Mutter das Kind mit Gefühlen bedenke, die aus ihrem Sexualleben stammen, indem sie ihr Kind streichle, küsse und wiege und damit ganz deutlich zum Ersatz für ein vollgültiges Sexualobjekt nehme (S. Freud 1950). In Analogie finden wir ganz ähnliche Ritualisierungen bei Insekten, bei denen die gegenseitige Fütterung ebenfalls eine wichtige gruppenbindende Funktion erfüllt. Für Wespen entwickelte E. Roubaud (1916) die Hypothese, daß der Larvenspeichel attraktiv ein Band zwischen Mutter und Larven herstelle und so zur Aufzucht vieler Jungen führe. Die Fütterung ist gegenseitig. W. M. Wheeler (1928) prägte für dieses Phänomen den Begriff Trophallaxe. Nahrungsaustausch sei auch der grundlegende verbindende Faktor bei Ameisen und Termiten, wobei die Brutpflegebeziehung ins Erwachsenenleben übertragen werde (T. C. Schneirla 1946, W. Wickler 1967 b). Honigbienen, die Anschluß an einen fremden Stock suchen, beschwichtigen die Wächter, indem sie ihnen Futter anbieten.

6.18 Die Balzbewegungen des Stockerpels. Oberste zwei Reihen: die Grundbewegungen der Balz: 1. Schnabelschütteln; 2. Schüttelstrecken; 3. Schwanzschütteln; 4. Grunzpfiff; 5. Kurzhochwerden; 6. Hinsehen zur Ente; 7. Nickschwimmen; 8. Hinterkopfzuwenden; 9. Aufreißen; 10. Auf-ab-Bewegung. Die Bewegungen 1–4 und 10 erscheinen in der geselligen Turnierbalz der Erpel, 5–9 dagegen bei der sexuellen Balz vor dem Weibchen in der Reihenfolge von 5 aufwärts gekoppelt. In den unteren vier Reihen sind vollständige Bewegungsprotokolle wiedergegeben. Nach K. LORENZ (1958)

Durch den Vergleich des Balzverhaltens vieler Entenarten hat K. LORENZ (1941) die Evolution einiger der hochspezialisierten Balzbewegungen (Abb. 6.18) rekonstruiert. Bei manchen Arten fehlt z. B. die Auf-ab-Bewegung. An ihrer Stelle erscheint am selben Platz des Ablaufes ein »Antrinken« des Partners, dem die gleiche beschwichtigende Funktion zukommt. Die Ähnlichkeit in der Form, der Lage und in diesem Fall auch der Funktion weist darauf hin, daß beim Auf-ab eine Trinkbewegung ritualisiert wurde.

Viele Erpel putzen bei der Balz ihre Flügel, was als Konfliktverhalten (Übersprungbewegung, S. 307) gedeutet wird. Die Schwungfedern berühren sie dabei nur flüchtig, als würden sie auf ihren prächtigen Spiegel weisen. Beim Mandarinerpel wurde diese Bewegung wirklich zu einer Demonstrationsbewegung. Er hat besonders auffallende Schmuckfedern entwickelt, die er beim Scheinputzen zeigt (Abb. 6.19). Auch andere Körperpflegehandlungen wie Sichschütteln oder Baden wurden in der Entengruppe zu Ausdrucksbewegungen ritualisiert. Eine sehr ausführliche Darstellung verdanken wir F. MCKINNEY (1965).

Eine andere Verhaltensweise, deren schrittweise Ritualisierung sich schön verfolgen läßt, ist das Hetzen der Enten. Die Bewegungsweise gehört zum Repertoire der Weibchen und dient dazu, ein Männchen aus der gesellig balzenden Gruppe auszusondern, indem sie es gegen seinesgleichen angriffslustig stimmt. Bei den Brandenten tritt uns dieses Verhalten in seiner noch wenig ritualisierten Form entgegen. Wenn hier ein verpaartes Weibchen einem anderen Paar begegnet, greift es mit Drohgebärden an. Aber sobald es sich den Fremden nähert, wird auch der Fluchttrieb

a

6.19 a) Scheinputzen des Knäckerpels. Er putzt die Außenseite der Flügel, wobei die blauen Schulterfedern sichtbar werden; b) Scheinputzen des Mandarinerpels. Er berührt dabei von innen eine segelartig hochragende rostrote Armschwinge. Die Bewegung ist mit dem Antrinken (c, d) fest gekoppelt. Nach K. LORENZ (1941)

b

c

d

6.20 Die Entstehung des Hetzens der Enten. Das Brandentenweibchen (rechts) droht gegen ein benachbartes Paar.

aktiviert, und die Ente läuft zu ihrem Erpel zurück. Dort werden ihre aggressiven Impulse stärker. Sie hält an und droht nun zum fremden Paar zurück, dem sie sich aber meist nicht direkt zudreht. Ihr Körper bleibt ihrem Partner zugewandt, und sie droht dem gegnerischen Paar mit dem Kopf über ihre Schulter zurück (Abb. 6.20). Das ist keine festgelegte Stellung, sondern das Ergebnis des Konfliktes zwischen Angriff und Flucht. Bei der Stockente wurde diese Bewegungsfolge jedoch zu einer Erbkoordination: Die Ente droht immer nur über ihre Schulter zurück, auch wenn der Partner, den sie bedroht, vor ihr steht und sie daher von ihm wegweist. Sie sieht aber zu ihm hin und dreht den Kopf weniger stark nach hinten, als wenn der Partner wirklich hinter ihr stünde (Abb. 6.21). Bei schwachen Intensitätsgraden des Hetzens kann sie sogar direkt auf ihn zeigen, mit zunehmender Erregung jedoch zwingt es ihren Kopf nach hinten.

Das Pendeln zwischen antagonistischen Intentionsbewegungen wurde beim Zickzacktanz des Stichlings zu einer Ausdrucksbewegung ritualisiert. Der Tanz des werbenden Männchens setzt sich aus Bewegungsanteilen zusammen, die abwechselnd auf das Weibchen und das Nest gerichtet sind: Erstere werden vom Kampftrieb, letztere vom Begattungstrieb aktiviert (J. van Iersel 1953).

W. Wickler (1963, 1964b) wies nach, daß das Nickschwimmen des Putzernachahmers *(Aspidontus taeniatus)* aus einem in der ganzen Blenniidengruppe weit verbreiteten Konfliktverhalten entstand. Er filmte und beobachtete eine größere Anzahl von Arten und stellte zunächst fest, daß alle diese Fische den Kopf anheben, bevor sie aus ihrem Unterschlupf schwimmen. Bei Angst und beim Rückwärtskriechen dagegen pressen sie

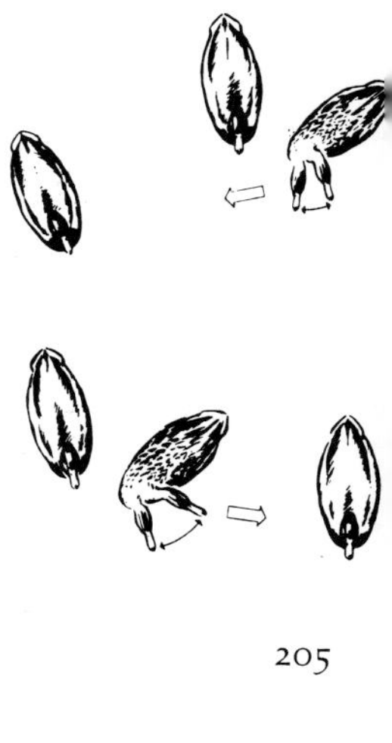

6.21 Das Hetzen der Stockente. Sie droht immer über die Schulter zurück. Steht der angedrohte Partner seitlich hinter ihr, dann schlägt ihr Hals weiter nach rückwärts aus, als wenn er vor ihr steht (nähere Erläuterungen im Text). Aus K. Lorenz (1963 a)

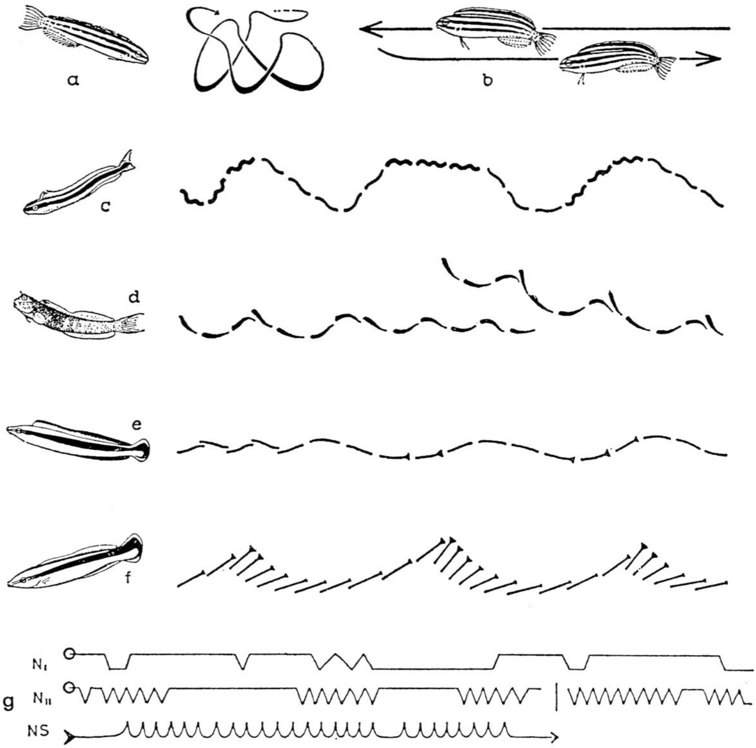

6.22 Formen des Nickschwimmens: a) Balz eines *Petroscirtes*-Männchens; b) drohendes *Petroscirtes*-Weibchen. Beim Vorwärtsschwimmen hebt der Fisch den Kopf leicht an, beim Rückwärtsschwimmen senkt er ihn. Aus diesen Intentionsbewegungen läßt sich das Nicken ableiten; c) *Runula*, Drohschwimmen; d) *Ecsenius*-Männchen, Balz; e) *Aspidontus*, Nickschwimmen; f) *Labroides*, Tanz; g) Vergleich der Bewegungsfrequenzen bei *Ecsenius*. N I: unregelmäßiges Nicken bei Störung (unritualisiert); N II: ritualisiertes Nicken gegenüber Artgenossen; NS: ritualisiertes Nickschwimmen (e–g: Schleimfische; f: Putzerlippfisch). Aus W. WICKLER (1964 b)

den Kopf an den Boden. Halten sich beide Tendenzen die Waage, dann nicken sie. Sie nicken auch schwimmend, wenn sie in den Konflikt zwischen Weiterschwimmen und Umkehren geraten. Ist der Störenfried ein Artgenosse, erfolgt dieses Nicken rhythmisch regelmäßig, also deutlich ritualisiert, sonst dagegen jedoch völlig unregelmäßig (Abb. 6.22). Beim Putzernachahmer ist das Nickschwimmen dem ritualisierten Nicken und Nickschwimmen seiner Verwandten sehr ähnlich, nur zeigt diese Art ausschließlich eine ritualisierte Form sowohl im innerartlichen als auch im zwischenartlichen Verkehr. Diese vergleichende Untersuchung klärt nicht allein erstmals die Evolution mimetischer Verhaltensweisen, sondern belegt sie auch vollständig durch eine Filmreihe. Nach U. WEIDMANN (1955) ist das Wegsehen der Lachmöwe als Fluchtintention zu deuten. Sind die Partner näher miteinander bekannt geworden, dann bettelt sie ihn an und wird gefüttert.

Viele Ausdrucksbewegungen entstehen demnach aus dem Konflikt von Intentionsbewegungen zu Verhaltensweisen, die einander funktionell entgegenstehen, wie etwa Angriff und Flucht. Gegen diese Konflikthypothese erhob man Einwände, mit denen sich G. P. BAERENDS (1975) kritisch auseinandersetzte. Er wies dabei unter anderem darauf hin, daß Konflikte zwischen Systemen auf verschiedenen Niveaus stattfinden können. Auf niederem Niveau wie z. B. dem der Orientierungswendung (rechts-links z. B.), aber auch auf dem Niveau komplexerer Verhaltenssysteme, die auch vegetative Äußerungen beinhalten, können simultane Aktivationen miteinander konfliktieren.

Die Verknüpfung von Verhaltensweisen mit vegetativen Reaktionen kann am Farbwechsel des Buntbarsches *Tilapia mariae* gut festgestellt werden (N. E. BALDACCINI 1973). Bei dieser Art kann man drei Grundmuster unterscheiden: a) Querstreifung, die nichtterritoriale, im Schwarm schwimmende Fische kennzeichnet, b) eine Längsreihe von großen Flecken über die Mitte des vorderen Körperdrittels bis zum Schwanzstiel, kennzeichnend für territoriale aggressionsbereite Fische und c) Dunkelfärbung von Rücken und Körperseiten, die Fluchtneigung mit dem Drang, im Territorium zu bleiben, anzeigen. Kombinationen dieser Muster kennzeichnen einen inneren Konflikt. So kann sich während eines Kampfes Dunkelfärbung oder Querstreifung allmählich entwickeln und die Flecken verdrängen, besonders dann, wenn der Fisch am Verlieren ist.

Die Annahme, daß ein Konflikt zwischen Systemen und nicht bloß von Orientierungsbewegungen vorliegt, wird durch die Tatsache gestützt, daß die Verhaltensweisen der Fortbewegung auch von vegetativen Äußerungen in regelmäßiger Weise begleitet werden. G. P. BAERENDS (1975) weist darauf hin, daß bei der »upright threat« der Lachmöwe stets eine Kombination von gestrecktem Nacken, einer bestimmten Schnabelhaltung und angehobenen Handgelenken der Flügel vorliegt, was sich nicht notwendigerweise aus den Erfordernissen der Lokomotion ableitet. A. W. STOKES (1962) untersuchte an Blaumeisen *(Parus caeruleus)*, die einander an einer Fütterungsstelle begegnen, welche Verhaltensweisen regelmäßig in Kombination auftreten. Er registrierte 9 Verhaltenselemente, die die Orientierung des Körpers, die Stellung von Flügeln, Schwanz, Kopf und Schnabel und das Habitat Federsträuben betrafen. Er fand 18 Kombinationen, die positiv, und 14, die negativ korreliert waren. So waren zum Beispiel das Federsträuben am Nacken und am Körper oder das Schwanzfächern und Flügelheben miteinander positiv korreliert. Aber jedes Element der ersten

Gruppe war mit jedem der zweiten negativ korreliert. Das Federsträuben zeigte die Wahrscheinlichkeit an, daß sich der Vogel zurückziehen wird, das Schwanzfächern und Flügelheben dagegen die Wahrscheinlichkeit eines Angriffes. In ähnlicher Weise hat N. G. BLURTON-JONES (1968) bei der Kohlmeise *(Parus major)* die Verhaltensweisen untersucht, die beim Angriff und Drohen, Weghüpfen und Fressen auftreten.

Vom Nestbauen und Nestausbessern leiten sich sehr viele Ausdrucksbewegungen der Vögel ab; so bei verschiedenen Ruderfüßlern *(Steganopodes)*, wo sie Gruß- und Drohfunktion erfüllen (G. P. VAN TETS 1965; Abb. 6.23).

Beim Schwarzspecht leiten sich zwei Ausdrucksbewegungen vom Nestmuldezimmern ab (H. SIELMANN 1956). Das Trommeln gegen trockene Äste signalisiert einem anderen Männchen, daß das Revier besetzt ist. »Hier zimmert einer« wäre die Übersetzung. Weibchen lockt es an. Die Bewegung ist durch die schnelle rhythmische Wiederholung stark abgewandelt. Eine zweite Ausdrucksbewegung läßt ihren Ursprung vom Zimmern jedoch deutlich erkennen. Wenn ein zimmernder Specht abgelöst werden will, dann fliegt er zum Nisthöhleneingang und pickt nun betont langsam gegen den Rand der Höhle. Sein Partner fliegt dann herbei und löst ab. Dieses »Ablösungsklopfen« wird interessanterweise auch von einem Vogel ausgeführt, der auf den Eiern sitzt, wenn er den anderen zur Nestübernahme auffordert. Er pickt dann gegen die Nisthöhlenwand. Das Verhalten signalisiert demnach nicht speziell die Aufforderung, beim Zimmern abzulösen, sondern bedeutet allgemeiner die Aufforderung zur Ablösung. In einem von uns veröffentlichten Film ist zu sehen, wie erwachsene Spechtfinken *(Cactospiza pallida)* die kindliche Gebärde des Futterbettelns als Gesten bei der Paarbildung verwenden. Das Weibchen bettelt richtig um Futter und wird dann vom Männchen gefüttert. Das Männchen bettelt mit den gleichen Bewegungen am Nesteingang und fordert es zum Nachfolgen auf (I. EIBL-EIBESFELDT und H. SIELMANN 1965). Wir sehen also, daß Ausdrucksbewegungen sehr oft einen Bedeutungswandel, ähnlich dem unserer Sprachsymbole, erfahren (K. LORENZ 1941).

Buntbarsche führen im allgemeinen ihre Jungen mit Lockbewegungen, die man als ritualisierte Schwimmbewegungen auffassen kann. Normalerweise faltet ein wegschwimmender Fisch die Rückenflosse und macht Schlängelbewegungen mit seinem Körper. Der Buntbarsch *Aequidens* schwimmt eine kleine Strecke mit übertrieben starken Schlängelbewegungen und zusammengefalteten Flossen und wartet auf die Jungen. Bei den Zwergcichliden dagegen beobachten wir als Lockbewegung nur mehr ein betontes Kopfschütteln als letzten mimisch übertriebenen Rest der Schwimmbewegung. Beim Blaupunktbuntbarsch *(Herichthys cyanoguttatus)* wurde diese Lockbewegung zu einem reinen Warnsignal bei Gefahr

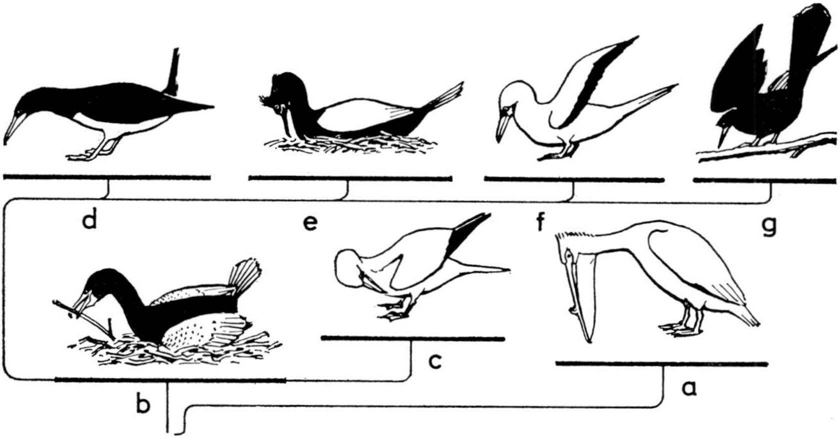

6.23 Mutmaßlicher Stammbaum der vom Nestbauen oder -ausbessern abgeleiteten Haltungen oder Bewegungen mit leichter Drohfunktion gegen Fremde und zur Begrüßung des Partners bei den Ruderfüßlern: a) *Pelecanus erythrorhynchus,* reduziertes Greifen nach Nestmaterial; b) *Phalacrocorax auritus,* Nestausbessern; c) *Morus bassanus,* Verbeugung mit Flügelbugsenken; d) *Sula leucogaster,* Zitterverbeugung; e) *Phalacrocorax aristotelis,* Vorwärtsbeugen; f) *Sula sula,* Vorwärtsbeugen mit Flügelheben; g) *Anhinga anhinga,* Verbeugen mit Schnappen (leer oder nach Gezweig). Nach G. P. van Tets (1965) aus W. Wickler (1967 b)

(Bedeutungseinengung), ebenso beim Juwelenbuntbarsch *(Hemichromis bimaculatus),* bei dem überdies ein schnell wiederholtes Aufrichten und Niederlegen der Rückenflosse dazu dient, die Jungen in die Nestgrube zu locken – eine Bewegung, die K. Lorenz (1951) als Auslöser für das »Schlafenlegen« der Jungen bezeichnet. Bei *Hemichromis* sind also aus der Bewegung des Führungsschwimmens zwei Ausdrucksbewegungen mit getrennter Bedeutung entstanden.

Einige sehr interessante Fälle von Bedeutungswechsel beschrieb W. Wickler (1965 b, e). Die sexuellen Präsentiergebärden weiblicher Mantelpaviane *(Papio hamadryas)* haben zugleich beschwichtigende Wirkung und werden mit dieser Funktion auch von den Männchen benützt, die in weiterer Angleichung an die Weibchen auch deren rote Schwellkörper um die Ano-Genitalregion nachahmten. Bei der Fleckenhyäne *(Crocuta crocuta)* gilt das Präsentieren der männlichen Genitalregion als beschwichtigendes Grußzeremoniell; die Weibchen haben penisähnliche, erigierbare Gebilde entwickelt, womit sie wie die Männchen grüßen. Man kann die Geschlechter äußerlich nicht unterscheiden.

Angeborenes Ausdrucksverhalten kann bei höheren Tieren und beim Menschen der willentlichen Kontrolle unterstellt werden. Jedermann weiß wohl, daß Kinder, die sich leicht verletzt haben, erst angesichts der elterlichen Wohnung laut loszuweinen beginnen. Ein im Basler Zoo geborenes

Gorillaweibchen wimmerte vom 4. Lebensmonat an in gleicher Weise nur, wenn es sicher war, daß es von jemandem gehört wurde (R. SCHENKEL 1964).

Von nachweislich *erlernten Ausdrucksbewegungen* seien zunächst die Bettelbewegungen vieler Haus- und Zootiere genannt, die meist aus Intentionsbewegungen des Greifens und der Annäherung, bisweilen auch durch Nachahmung von Gebärden entstehen (K. WINKELSTRÄTER 1960). Die Tiere lernen dabei am Erfolg, und die Bewegungen werden stereotyp, rhythmisch und oft in ganz ähnlicher Weise mimisch übertrieben wie die angeborenen Ausdrucksbewegungen.

Höhere Säuger können sich auch verstellen. Eine Chow-Chow-Hündin, die ihren Herrn nur ungern auf Radfahrten begleitete, hinkte erbärmlich, wenn sie aufgefordert wurde, mitzukommen. Beim Nachhauseweg lief sie dagegen munter voraus (K. LORENZ 1950c).

Hunde verwenden andressierte Bewegungen wie das »Pfötchengeben« sehr oft als Besänftigungsgebärde, was, wie K. LORENZ (1950c, S. 178) hervorhebt, dem Sprechvermögen schon nahekommt. »Wer kennt nicht den Hund«, schreibt er, »der irgendwas angestellt hat und nun zu seinem Herrn schleicht, sich vor ihn aufrecht hinsetzt und mit zurückgelegten Ohren und extremem ›Demutsgesicht‹ in krampfhafter Weise das Pfötchen zu geben sucht? Einmal sah ich einen Pudel, der diese Bewegungsweise sogar einem anderen Hund gegenüber ausführte, vor dem er Angst hatte.« Hunde verstehen es überdies, sich einsichtsvoll der jeweiligen Situation anpassend, sich durch einfache Gebärden dem Menschen gegenüber verständlich zu machen.

»Wenn dein Hund dich mit der Nase stößt, winselt, zur Tür läuft und daran kratzt oder die Pfoten auf die Muschel des Ausgusses unter der Wasserleitung legt und sich fragend umsieht, dann tut er damit etwas, was dem menschlichen Sprechen unvergleichlich näherkommt als alles, was eine Dohle oder eine Graugans je sagen kann ...« (K. LORENZ 1949, S. 125).

Hier kommuniziert ein Tier mit einer Mischung von Signalen aus dem ihm angeborenen Repertoire mit solchen, die es zweifellos erlernte – sei es durch eigene »Erfindung« oder durch Dressur. Es setzt diese Signale der Situation gemäß ein, und zwar ikonisch beschreibend, so daß auch wir sie verstehen können. Auf entsprechende Leistungen der Menschenaffen werden wir noch eingehen. Wir wollen zunächst festhalten, daß es bei höheren Wirbeltieren Kommunikation mit Hilfe von erworbenen Zeichen gibt. Daneben verfügen sie über die Begabung, Signale aus dem angeborenen Repertoire instrumental in neuartiger Weise einzusetzen. E. RÜPPELL (1969) beobachtete einen Polarfuchs, der es sich angewöhnt hatte, durch einen Alarmruf seine Konkurrenten am Futterplatz in die Flucht zu treiben. Er blieb und konnte sich ungestört vollfressen. Dieses Tier »log«. Es gab vor, Feinde wahrzunehmen, obgleich keine da waren.

Diese Fähigkeiten sind auch bei Vögeln nachzuweisen. Raben haben eine besondere Verhaltensweise, mit der sie sitzende befreundete Artgenossen zum Mitfliegen auffordern. Sie fliegen von hinten dicht über den andern Raben hin, wackeln mit dem zusammengefalteten Steuer und rufen »Krackrackrack«. Ein von K. LORENZ aufgezogener zahmer Rabe *(Corvus corax)*, den er »Roa« rief, tat dies auch seinem Pfleger gegenüber, vor allem, wenn er ihn an Orten erblickte, die er selbst fürchtete, weil er einmal dort erschreckt worden war. Er flog den Pfleger dann wie einen anderen Raben von hinten an, anstatt des angeborenen Rufes rief er jedoch mit Menschenstimme »Roa, Roa, Roa«. Dabei beherrschte er durchaus seinen angeborenen Warnlaut und gebrauchte ihn auch seinem artgleichen Geschlechtspartner gegenüber.

E. GWINNERS (1964) Kolkrabe, der mit »komm!« ans Gitter seines Käfigs gerufen wurde, rief später so sein Weibchen. B. GRZIMEKS (1951) Rabe nannte alle Kinder »Gregor« nach dem ersten ihm bekannten Kind. Die erlernten Laute dienen der Verständigung befreundeter Raben, doch sind die in unmittelbar lebenswichtigen Situationen vorkommenden Rufe (Bettel- und Standortlaute der Jungen, Futter-, Angriffs- und Drohlaute und Laute vor der Kopulation) nicht durch erlernte ersetzbar (E. GWINNER 1964).

O. ZUR STRASSEN (1952) berichtete von einem jung aufgezogenen Graupapagei, der gelernt hatte, stets »bitte« zu sagen, wenn er etwas zu fressen bekam. Er sagte einmal zur Unzeit unausgesetzt »bitte«, als sein Teenäpfchen leer war und er offenbar Durst hatte. Nachdem er Tee bekommen und getrunken hatte, sprach er alles mögliche. Mittlerweile stellten E. GWINNER und J. KNEUTGEN (1962) beim Kolkraben und bei der Schama *(Copsychus malabaricus)* fest, daß Ehepartner einander mit der gelernten Gesangsstrophe des jeweiligen Partners herbeirufen. Sie benennen gewissermaßen den Vogel nach dem ihm eigenen charakteristischen Gesangsmotiv und verwenden dieses einzig und allein, um ihn so herbeizurufen.

Der entscheidende Ansporn, Gesangstrophen eines anderen zu lernen, könnte eine solche Notwendigkeit der »gezielten Anrede« (W. WICKLER 1976) gewesen sein. Auch die sonst unadressierten Territorialgesänge können durch den Einbau eines Teils des Gesanges vom Nachbarn zur gerichteten Aussage werden.

Ist einmal die Lernfähigkeit entwickelt, bilden sich leicht lokale Dialekte aus (F. NOTTEBOHM 1969, G. THIELKE 1969, 1970, W. WICKLER 1986; Auflistung bei D. E. KROODSMA und J. R. BAYLIS 1982). Sie bewirken, daß Vögel einer Population sich bevorzugt miteinander verpaaren. Das fördert lokale Anpassung über Tradition und Erbgut. Kleine Genpools werden durch die Gesänge getrennt, und dies dürfte sympatrische Subspeziation fördern, schon über den Gründereffekt.

Ein Beispiel eines einfachen, von Ort zu Ort wechselnden Gesanges liefert der Weißflankenschnäpper *(Batis molitor;* Abb. 6.24), dessen Männchen entweder einen Dreiklang oder eine lange, fallende Tonleiter singt. Da die ökologischen Bedingungen in allen Gebieten dieselben zu sein scheinen, können die Unterschiede nicht als lokale Anpassungen gedeutet werden. Es handelt sich vielmehr um lokale Gesangstraditionen.

Ein weiteres, ebenfalls von W. Wickler (1986) genauer untersuchtes Beispiel bieten die Dialekte des Waldwebers *(Ploceus bicolor)* (Abb. 6.25). Der Gesang des Waldwebers ist dreiteilig. Auf eine Einleitung folgt ein Schnarrlaut, dem eine Tongruppe folgt. Beim Paarsingen kommt die Einleitung nur einmal am Anfang vor, dann singen beide gemeinsam und synchron Schnarrlaut und Tongruppe in schneller Folge. Die Dialekte unterscheiden sich, wie in der Abbildung schematisch dargestellt, durch

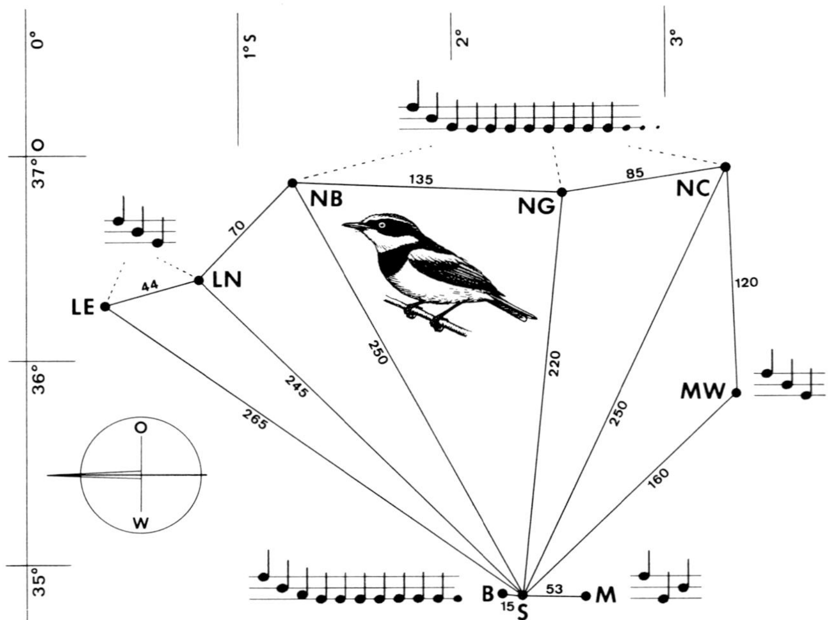

6.24 Der Weißflankenschnäpper *(Batis molitor)* singt in verschiedenen Gebieten Afrikas unterschiedliche Strophen, entweder einfache Dreiklänge oder längere Tonfolgen abwärts. Die schematische Notenschreibweise soll die Unterschiede klarer symbolisieren. Die Orte in Ostafrika sind: NB = Nairobi; NG = Namanga; NC = Ngurdoto Crater; LN = Lake Naivasha; LE = Lake Elmenteita; MW = Mto Wa Mbu; S = Seronera; B = Banagi; M = Moru Kopjes. Die Entfernungen zwischen den Orten sind in km Luftlinie angegeben.

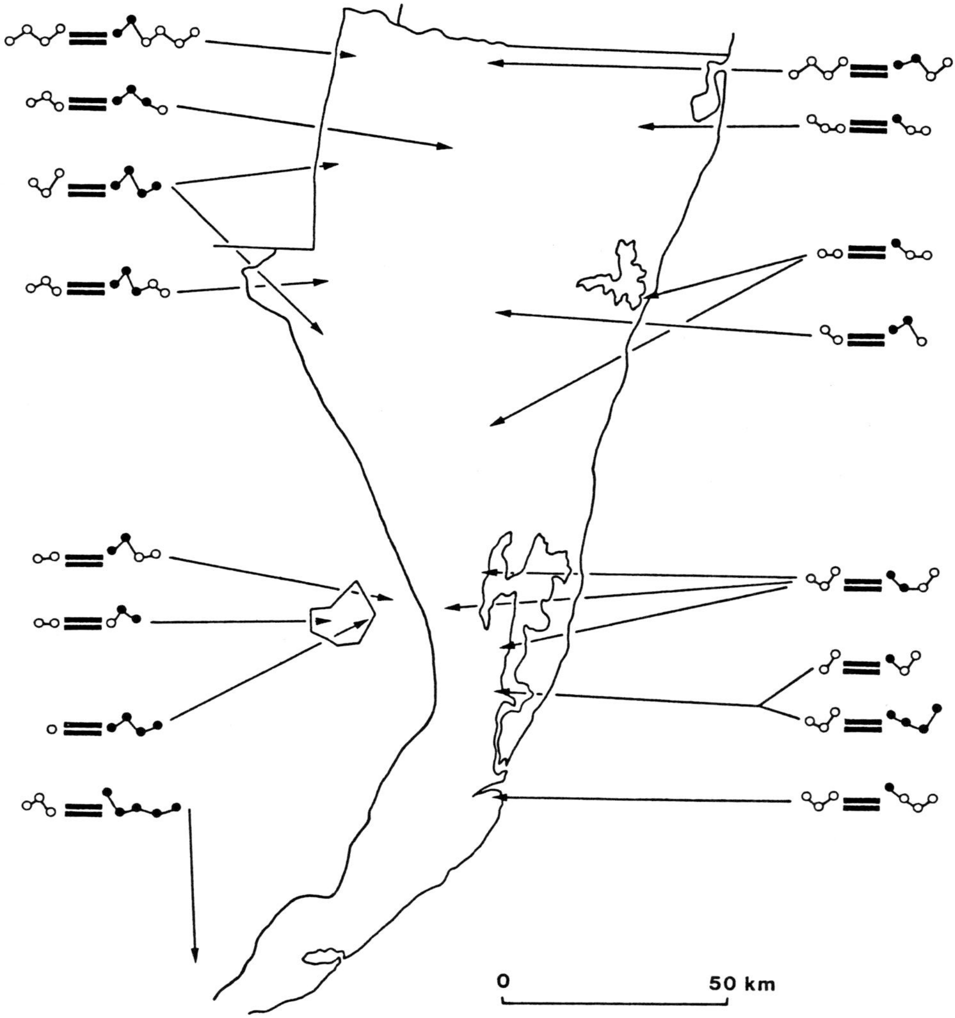

6.25 Eine geographische Dialektkarte vom Waldweber *(Ploceus bicolor)*. Gezeigt sind die schematisierten Gesangstypen (Punkte = Töne). Wichtig: Anzahl und Richtung der Tonsprünge. Doppelbalken = ein geräuschhafter Schnarrlaut. Weiße Punkte: Anfangstöne, die im Hauptgesang (hinter dem Doppelbalken) wiederverwendet werden können. Kartenausschnitt: Nordgrenze: Mozambique, Ost: Meer; West: oben Swaziland, dann die große Straße N2; Südende der Karte: etwa auf der Höhe der Stadt Empangeni. Original von W. Wickler (1986)

die Einleitung und die Tongruppe. Auch hier kann man keine ökologisch unterschiedlichen Anpassungen dahinter vermuten. Bei weiterer Isolation kommt es schließlich dazu, daß sich die Vögel in ihren Gesängen zuletzt so auseinanderentwickeln, daß sie sich nicht mehr verstehen. Krähen der Vereinigten Staaten von Amerika haben andere Alarmrufe, Schreckschreie und Sammelrufe als jene in Frankreich. Spielt man französischen Krähen Tonbänder amerikanischer Krähen vor, reagieren sie darauf nicht oder falsch. Sie versammeln sich z. B., anstatt wegzufliegen, wenn sie den amerikanischen Alarmruf hören. Französische Silbermöwen beachten die Rufe amerikanischer Artgenossen überhaupt nicht (H. FRINGS und M. FRINGS 1959). Duettgesänge dienen der Synchronisation der sexualphysiologischen Prozesse der Partner. Da es lange dauert, bis man sich auf den Partner gesanglich abgestimmt hat, wäre es unökonomisch, den Partner bei einmal erreichter Übereinstimmung zu wechseln.

Menschenaffen erfinden oft spontan kommunikative Zeichen. Das Gorillaweibchen Goma des Basler Zoos begann mit zwei Jahren, durch Vorführen oder andeutungsweises Zeigen dem Pfleger Wünsche mitzuteilen. Wollte sie die Käfigtüre geöffnet haben, steckte sie den Finger ins Schlüsselloch. Später zog sie Personen an einer Hand zur Tür (R. SCHENKEL 1964). Sie blieb auch ungern allein und versuchte, durch allerlei vorgetäuschte Unfälle den Pfleger zu sich zu locken. Eine neue Wärterin fiel auch prompt darauf herein, als das Weibchen vorgab, daß seine Hand zwischen den Käfigstäben verklemmt sei. Als sie den Käfig betrat, um das Tier zu befreien, stürzte das kontaktbedürftige Tier auf die Wärterin zu und hielt sie die ganze Nacht über umklammert (E. M. LANG 1961).

Durch ikonische Gesten fordern männliche Zwergschimpansen *(Pan paniscus)* ihre Weibchen auf, bestimmte Stellungen vor der Kopulation einzunehmen. Sie drehen sie entweder, mit der Hand führend, in diese Position, können das aber auch rein symbolisch durch entsprechende Gesten mitteilen, mit oder ohne Berührung des Partners (E. S. SAVAGE-RUMBAUGH, B. WILKERSON und R. BAKEMAN 1977).

Auch wenn man in den eben besprochenen Leistungen Vorläufer sprachlicher Kommunikation erblicken kann – es werden ja erlernte Zeichen situationsgerecht eingesetzt* –, so gilt doch, daß die Fähigkeit zu sprachlicher Kommunikation spezifisch menschlich ist. Es findet sich zu ihr nichts wirklich Vergleichbares im Tierreich. Selbst die erstaunlichen Leistungen der Schimpansen und Gorillas, auf die wir gleich eingehen, bleiben vorsprachlich. Auch wenn sie das Zeichensystem der Taubstum-

* Das, was man beim Tier dagegen im allgemeinen als »Sprache« zu bezeichnen pflegt, bewegt sich, von den letztgenannten Beispielen abgesehen, ausschließlich auf dem Gebiet der Interjektion, der uneinsichtigen Stimmungsäußerung.

mensprache gelernt haben, können sie einander damit keine Anweisungen zu Handlungen geben, die sie nicht bereits beherrschen. Sie können wohl sagen »komm« oder »gib mir«, aber nicht: »Kartoffeln wäscht man, bevor man sie ißt.« Um das mitzuteilen, müssen sie es vormachen (S. 383). Ebensowenig können sie Aussagen über Zukunft oder Vergangenheit machen. Da ich über die Sprache des Menschen sehr ausführlich in meiner »Humanethologie« (1984) berichte, fasse ich mich hier kurz. Auf die Versuche, mit Menschenaffen zu kommunizieren, gehe ich dagegen ausführlicher ein.

Bei der Wortsprache des Menschen handelt sich um ein weitgehend offenes System, bei dem die bedeutungstragenden Teile nach bestimmten, wie es scheint universalen Regeln zu kombinierten Signalen mit neuer Bedeutung zusammengefügt werden. Nach N. CHOMSKY (1970) und E. H. LENNEBERG (1964, 1967) besitzt der Mensch eine genetisch determinierte Sprechdisposition. Daß es sich bei der Sprache um ein biologisches Grundmuster handelt, schließen die Genannten aus der Tatsache, daß es sich überall um phonetische Systeme handelt, die sich aus einer verhältnismäßig kleinen Zahl von Lauten zusammensetzen. Alle Sprachen kombinieren diese Laute zu Worten und besitzen syntaktische Systeme, mit denen sie diese zu größeren Bedeutungszusammenhängen organisieren – wie CHOMSKY vermutet, nach universalen grammatikalischen Grundregeln. Beim Sprechenlernen zeigen die Kinder überall die gleichen chronologischen und entwicklungsgemäßen Eigentümlichkeiten. Die Reihenfolge ist entwicklungsbedingt wie das Gehenlernen. Dabei erweist sich die kindliche Sprache keineswegs als automatische Wiedergabe der Erwachsenensprache. Kinder artikulieren anders als Erwachsene, sie kombinieren die Worte in einmaliger Weise und erfinden neue Wörter. Vergangenheitsformen wie »erwerbte«, Steigerungsformen wie »guter« und dergleichen mehr zeigen, daß das Kind die Sprachprinzipien erfaßte, und zwar in »frühreifer« Weise, wenn man seine übrigen Fähigkeiten betrachtet. Allein die Tatsache, daß ein Kind von einem Jahr ein gehörtes Wort in die eigene Sprachmotorik übersetzen kann, beweist eine spezifische, angeborene Lerndisposition. Das gleiche Kind kann dann noch lange nicht einen Kreis mit der Hand nachzeichnen, obgleich dies ein recht einfacher motorischer Ablauf ist. Auch dürfte dem Sprechen ein Antrieb zugrunde liegen. In den ersten drei Lebensmonaten unterscheiden sich Kinder taubstummer Eltern in ihren Lautäußerungen nicht von solchen hörender und sprechender Eltern (E. H. LENNEBERG und Mitarbeiter 1965). Taub geborene Kinder beginnen zu lallen und hören erst nach einer Weile damit auf, weil offenbar eine zur Weiterführung notwendige Rückmeldung über das Gehör ausbleibt. Auf der Grundlage dieser Sprachmotorik dürften Kinder sogar in der Lage sein, selbst eine Sprache zu entwickeln. O. JESPERSEN

(1925) beschreibt den Fall zweier dänischer Kinder, die sehr verwahrlost aufwuchsen und nur von einer taubstummen Großmutter betreut worden waren. Sie unterhielten sich ungezwungen in einer eigenen, durchaus unverständlichen Sprache, die nicht die geringste Ähnlichkeit mit dem Dänischen aufwies.

Es liegen ferner empfängerseitige Anpassungen vor, die es dem Kinde erleichtern, Worte zu lernen. Spielt man Personen eine Silbenfolge vor, bei der ›ba‹ über viele Zwischenstufen in ›pa‹ übergeht, dann wird diese Folge nicht als Kontinuum erlebt, sondern man hört abrupt auf einmal ›pa‹ statt ›ba‹. Man nimmt in Kategorien wahr, und das in den verschiedenen Sprachen in ziemlich gleicher Weise. Da kategoriale Wahrnehmung bereits beim einen Monat alten Säugling nachgewiesen werden kann, handelt es sich wohl um eine angeborene Charakteristik (J. E. CUTTING und B. ROSNER 1974, R. E. PASTORE 1976, A. M. LIBERMAN und D. B. PISONI 1977).

Auf der Ebene sprachlicher Interaktion können wir feststellen, daß ein universales Regelsystem die Art und Weise des Sprechens und in gewisser Hinsicht auch den Inhalt der Sprechakte bestimmt. Da die gleichen Regeln auch die nichtverbal abgehandelten Interaktionen strukturieren – es gibt universale Interaktionsstrategien (I. EIBL-EIBESFELDT 1979 b, 1984) –, und da die nichtverbal abgehandelten Interaktionen in allen Kulturen soweit bekannt nach den gleichen Regeln organisiert werden, spreche ich von einer *universalen Grammatik* menschlichen Sozialverhaltens, die verbale wie nichtverbale Interaktionen strukturiert (I. EIBL-EIBESFELDT 1979).

Des weiteren gibt es Universalien in der Begriffsbildung. So gilt z. B. die Hoch-tief-Symbolik in der Kultur der neusteinzeitlichen Eipo West-Neuguineas ebenso wie bei uns. Wir sprechen von »überragenden« Persönlichkeiten, die Eipo von »Gipfelleuten«. Es entwickelt sich eine Ethologie sprachlichen Verhaltens, für die ich den Begriff *Etholinguistik* eingeführt habe (I. EIBL-EIBESFELDT 1979 a, c).

Die Versuche, dem Schimpansen eine Wortsprache anzudressieren, versagten. Der von C. HAYES (1951) aufgezogene Schimpanse lallte bis zum 4. Monat die Silben pu, pwa, bra, bu, wa, io, aho, baho und gurgelte mit Speichel k-k. Mit viel Mühe und nur nach wiederholtem Aufzwingen der Bewegung gelang es, dem Tier die vier Worte Mama, Papa, cup und up beizubringen. Das Tier verwendete sie jedoch oft nicht sinngemäß, obgleich es in der Lage war, 50 Wortbefehle richtig zu befolgen. Allerdings versagte der Schimpanse bei Neukombinationen (»Küß Becher«, »Küß Hund«).

Andere Methoden jedoch zeigten, daß Schimpansen mit Menschenhilfe durchaus ein Kommunikationssystem entwickeln können, das weitgehend »sprachlich« ist. Das Ehepaar R. A. und B. T. GARDNER (1967, 1969,

1971) brachte dem Schimpansenweibchen Washoe eine Handzeichensprache bei, ähnlich wie sie die amerikanischen Taubstummen gebrauchen (Tabelle 1). Washoe lernte zunächst einfache Zeichen für komm, komm umarmen, komm schaukeln. Sie reagierte auf Zeichen: schau, bleib, nein, mehr, süß und die Zeigegeste. Bald darauf signalisierte sie. So bettelte sie mit ausgestrecktem Arm und offener Hand, wenn sie Hilfe suchte. Das ist jedoch wahrscheinlich eine angeborene Verhaltensweise, da sie regelmäßig auch bei freilebenden Schimpansen beobachtet wird (S. 245). Dafür spricht ferner, daß diese Geste spontan bereits in der dritten Woche auftrat. Aus ihr entwickelte sich die Grußgeste des Handschüttelns. Das Weibchen zeigt mit ausgestrecktem Zeigefinger und führt die Hand des Pflegers an jene Stelle, die sie gerne geputzt haben will. Wohl angeboren ist das Ärgerverhalten mit Fußstampfen, Schwingen der geballten erhobenen Faust und Schütteln großer Objekte. Die Schimpansin fordert Menschen auf, ihr den Ball zuzuwerfen, indem sie mit der offenen Rechten auf sich zu winkt, und sie benutzt dazu neuerdings auch die willkürlich angenommenen Zeichen für mehr und süß. Insgesamt hatte das Weibchen 22 Monate nach Beginn der Dressur 30 Zeichen gelernt und war auch in der Lage, diese spontan und richtig anzuwenden. Die ersten Zeichen waren einfache Forderungen wie: komm, kitzle, hinaus. Später kamen Objektbezeichnungen, wie Blume, Decke und Hund, dazu. Die Bezeichnungen wurden als Forderungen und als Antwort auf Fragen gebraucht. Hauptwortbezeichnungen wurden auch für Bilder von bekannten Objekten verwendet.

Die GARDNERS prüften Washoe auch mit der Doppelblindmethode: Zwei unabhängige Beobachter, die die für Washoe projizierten Diapositive nicht sehen konnten, notierten deren Antworten. Die Ergebnisse dieser Tests zeigten, daß Washoe in der Tat den Beobachtern das mitteilen konnte, was sie selbst nicht sahen (R. A. GARDNER und B. T. GARDNER 1974). Der mögliche Einwand, Washoe würde auf unbewußte Zeichengebung reagieren, ist damit ausgeschlossen. Als die Schimpansin bereits 8 bis 10 Zeichen beherrschte, begann sie, diese spontan in Ketten von zweien oder mehreren zu verwenden. »Come open«, »gimme sweet«, viele davon in eigener freier Kombination. »Open flower« verwendete sie als Bezeichnung für ein Gartentor und »listen eat« für einen Wecker, der zu den Mahlzeiten läutete. Als ihre Spielzeugpuppe so hinter eine Mauer fiel, daß sie sie nicht mehr sehen und erreichen konnte, signalisierte sie zu den GARDNERS in spontaner Neuschöpfung »open baby«. Der Begriff »open« = öffnen wurde in diesem Falle zum allgemeinen Wunsch »bitte zugänglich machen« generalisiert. Beim Betrachten von Bilderbüchern führte die Schimpansin Selbstgespräche: Sie signalisierte »Hund«, wenn sie das Bild eines Hundes sah, und »Katze« beim Anblick eines Katzenbil-

Tabelle 1: Die ersten 40 von 85 Zeichen, die die Schimpansin Washoe nach dreijährigem Training beherrschte, in der Reihenfolge, in der sie gelernt wurden. (Nach R. A. und B. T. GARDNER 1971, unter Benutzung der Übersetzung von D. PLOOG 1972)

Zeichen	Beschreibung	Kontext
Komm – gib (come – give)	Bettelbewegung mit ausgestreckter, nach oben geöffneter Hand und Bewegung von Handgelenk und Fingerknöcheln (natürliche Spontangeste der Schimpansen)	Angewandt auf Personen, Tiere, Objekte außerhalb Reichweite. Oft kombiniert mit »Komm kitzeln«
Mehr (more)	Fingerspitzen zusammenbringen, gewöhnlich über dem Kopf	Wunsch nach Fortsetzung oder Wiederholung von Tätigkeiten wie Schaukeln oder Kitzeln; mehr Essen; mehr Saltos usw.
Auf – aufwärts (up)	Arm aufwärts, auch mit gestrecktem Zeigefinger	Will hochgehoben werden, um etwas, z. B. Trauben oder Blätter, zu erreichen; möchte auf die Schulter gehoben werden; möchte den Topf verlassen
Süß (sweet)	Zeige- oder Zeige- und Mittelfinger berühren die wakkelnde Zungenspitze	Für Nachtisch, spontan am Ende der Mahlzeit. Auch für Bonbons
Offen – öffnen (open)	Handflächen nebeneinander nach unten, dann Handflächen nach oben rotiert	Öffnen von Türen (Haus, Zimmer, Auto, Kühlschrank, Wandbord), Gefäßen, Wasserhähnen
Kitzeln (tickle)	Zeigefinger einer Hand über Handrücken des anderen streichen	Für Gekitzeltwerden und Kriegenspielen
Geh/Gehen (go)	Gegenbewegung zu »Komm – gib«	Während an der Hand oder auf der Schulter, gewöhnlich die gewünschte Richtung anzeigend
Raus (out)	Aufwärts gekrümmte Hand greift heruntergehaltene Finger der anderen Hand, die darauf nach oben gezogen werden	Beim Passieren von Gartentüren, lange für »Raus« und »Rein« benutzt. Wunsch, nach draußen gebracht zu werden
Eile (hurry)	Offene Hand am Handgelenk schütteln	Oft »Komm – gib«, »Raus«, »Offen« und »Geh« folgend, besonders, wenn Verzögerungen durch Nichtgehorchen entstehen; beim Zuschauen, wenn ihre Mahlzeit bereitet wird
Höre (hear – listen)	Zeigefinger berührt das Ohr	Für laute, fremde Geräusche: Klingeln, Hupen, Düsenflugzeug-Luftknall usw. Wunsch, daß jemand seine Uhr an ihr Ohr hält

Tabelle 1 (Fortsetzung)

Zeichen	Beschreibung	Kontext
Zahnbürste (tooth-brush)	Reiben der Schneidezähne mit Außenrand des Zeigefingers	Nach Ende der Mahlzeit oder wenn ihr die Zahnbürste gezeigt wird
Trinken (drink)	Der von der Faust abgespreizte Daumen berührt den Mund	Für Wasser, Medizin, Limonade usw. Bei Limonade oft mit »süß« kombiniert
Weh getan (hurt)	Ausgestreckte Zeigefingerspitzen werden aneinandergestoßen. Kann auch zur Bezeichnung einer schmerzhaften Stelle benutzt werden	Bezeichnet Schrammen und blaue Flecke an sich und anderen. Wird auch bei roter Farbe auf der Haut einer Person oder bei Rissen in der Kleidung benützt
Tut mir leid (sorry)	Faust öffnet und schließt sich an der Schulter	Wenn sie jemanden gebissen hat oder wenn sich jemand weh getan hat (nicht notwendigerweise durch Washoe verursacht). Wenn von ihr verlangt wird, sich für angestifteten Unfug zu entschuldigen
Lustig/vergnügt (funny)	Zeigefingerspitze an die Nase gepreßt; Washoe schnauft	Wenn sie jemanden auffordern will, mit ihr zu spielen; während Spiele mit ihr gemacht werden. Manchmal, wenn sie wegen getriebenem Unfug verfolgt wird
Bitte (please)	Die offene Hand wird über die Brust gezogen	Wenn sie nach Gegenständen oder Tätigkeiten verlangt. Häufig kombiniert mit: »bitte gehen«, »raus bitte«, »bitte trinken«
Essen (food – eat)	Mehrere Finger einer Hand werden in den Mund gesteckt	Während der Mahlzeit und bei deren Vorbereitung
Blume (flower)	Zeigefingerspitze berührt ein oder beide Nasenlöcher	Für Blumen
Zudecken (cover – blanket)	Eine Hand wird auf den Körper zu über den Rücken der anderen Hand gezogen	Zur Schlafenszeit, mittags und abends. Wenn sie an kalten Tagen hinaus möchte
Hund (dog)	Wiederholtes Schlagen auf den Schenkel	Für Hunde und für Bellen
Du (you)	Zeigefinger zeigt auf die Brust der Person	Wenn ein anderer beim Spielen drankommen soll. Auch als Antwort auf die Zeichen »Wer kitzeln?«, »Wer bürsten?«
Lätzchen (napkin-bib)	Fingerspitzen reiben die Mundgegend	Für Lätzchen, Waschlappen und Papiertücher

Tabelle 1 (Fortsetzung)

Zeichen	Beschreibung	Kontext
Rein (in)	Gegenbewegung zu »raus«	Möchte rein, möchte, daß jemand mit ihr reinkommt
Bürsten (brush)	Die Faust reibt den Handrücken der anderen Hand	Für Haarbürsten und wenn sie gebürstet werden möchte
Hut (hat)	Mit der flachen Hand auf den Kopf klopfen	Für Hüte, Mützen und Kappen
Ich/mich (I – me)	Zeigefinger deutet auf oder berührt die Brust	Zeigt an, daß Washoe dran ist, wenn sie sich etwas (Essen, Trinken usw.) mit jemandem teilt. Auch in satzartigen Kombinationen, wie »Ich trinken«, oder als Antwort auf die Zeichenfragen »Wer kitzeln?« (Washoe: »Du«), »Wen ich kitzeln?« (Washoe: »Mich«)
Schuhe (shoes)	Die geballten Hände werden Seite an Seite auf die Schuhe oder auf den Boden zu gestoßen	Für Schuhe und Stiefel
Roger	Daumen und Zeigefinger packen das Ohrläppchen und ziehen es abwärts	Name eines Betreuers
Riechen (smell)	Die Handfläche wird vor die Nase gehalten und mehrmals ein wenig aufwärts bewegt	Für riechende und duftende Gegenstände: Tabak, Parfüm, Salbei usw.
Gut, Danke (good, thanks)	Die flache Hand wird an die vorgestreckten Lippen geführt und nach Kontakt wieder wegbewegt. Dazu oft Kußlaut	Abschied, Entschuldigung, Beschwichtigung (me good, sorry good)
Washoe	Die flache Hand streicht in einer Vorwärtsbewegung über ein Ohr	Bezeichnet sich so selbst
Hosen (pants)	Die Flächen der flachen Hände werden am Körper entlang zur Hüfte hin hochgezogen	Für Windeln, Gummihosen und Anzughosen
Kleider (clothes)	Die Fingerspitzen bürsten die Brust hinab	Für Washoes Kittel, Nachthemd und Hemd, auch für Kleidung der Pfleger (Trainer, Kumpane)
Katze (cat)	Daumen und Zeigefinger fassen Backenhaar nahe dem Mund und ziehen es auswärts (die Schnurrhaare der Katze vorstellend)	Für Katzen

Tabelle 1 (Fortsetzung)

Zeichen	Beschreibung	Kontext
Schlüssel (key)	Die Handfläche der einen Hand wird mehrfach mit dem Zeigefinger der anderen berührt	Für Schlüssel und Schlösser. Als Aufforderung, Türen aufzuschließen
Baby (baby)	Ein Unterarm wird in die Armbeuge des anderen gelegt, wie wenn man ein Kind wiegt	Für Puppen einschließlich Tierspielzeug wie ein Pferd und eine Ente
Sauber (clean)	Die offene Handfläche der einen Hand wird über die offene Handfläche der anderen gestrichen	Wenn Washoe sich wäscht oder gewaschen wird oder wenn ein Pfleger (Trainer, Kumpan) sich die Hände oder einen Gegenstand wäscht. Wird auch für »Seife« benutzt
Fangen (catch)	Eine Hand berührt und umfaßt wiederholt den Rücken der geballten anderen	Für Spiele, bei denen Objekte geworfen und gefangen werden, sowie für Verfolgungsspiele
Hinunter (Down)	Die flache Hand berührt, manchmal mit gestrecktem Zeigefinger, den Grund unter Washoe	Zeigt die Lage eines Gegenstandes oder fordert eine Person auf, sich hinzulegen oder etwas herabzulassen
Schauen (Look)	Der ausgestreckte Zeigefinger berührt die Seite des Auges	Für Schauen und für optische Instrumente wie Ferngläser usw.

des. Sie war dabei gern ungestört und ging mit dem Buch fort, wenn man ihr zuschaute. Als sie einmal einen ihr verbotenen Gartenteil betrat, signalisierte sie zu sich »silent« (leise).

Drei Jahre nach Beginn des Trainings beherrschte Washoe 85 Zeichen für Worte. Sie verstand die Zeichen »you« und »me« und sprach Wünsche aus; »you me out«. Sie bezeichnete dabei mit »you« auch Personen, die keiner zuvor so angesprochen hatte, generalisierte also richtig. Auch grammatikalisch waren die »Sätze« richtig. So reihte sie die Zeichen »Greg (Person) tickle« oder »Noami (Person) tickle« aneinander, aber nie sinnlos »Greg Noami«. Die Sätze konnten auch variiert werden: «You me go out, you Roger Washoe out, you me go out hurry.« Washoe signalisierte »key open food«, wenn sie den Eisschrank geöffnet haben wollte, und »open key clean«, wenn der Seifenschrank geöffnet werden sollte. Kombinationen mit dem Wort »sorry« (es tut mir leid) waren häufig und stets im richtigen Zusammenhang als Entschuldigung gebraucht: »Please sorry, sorry dirty, sorry hurt, please sorry good, come hug sorry«. Der

Wunsch nach Sodawasser (sweet drink) wurde auf folgende Weise ausgedrückt: »Please sweet drink, more sweet drink, gimme sweet drink, hurry sweet drink, please hurry sweet drink, please gimme sweet drink« und durch weitere Variationen der Worte dieser Sätze. Trat die Pflegerin auf ihre Spielzeugpuppe, was sie zum Test zu verschiedenen Gelegenheiten wiederholte, so äußerte Washoe auf folgende Weise, daß man die Puppe wieder freigeben solle: »Up Susan, Susan up, mine please up, gimme baby, please shoe, more mine, up please, please up, more up, baby down, shoe up, baby up, please more up und you up.« Zum versperrten Tor signalisierte sie: »Gimme key, more key, gimme key more, open key, key open, open more, more open, key in, open key please, open gimme key, in open help, help key in, open key help hurry.«

Washoe war mit ihrem Vokabular durchaus in der Lage, einfache Dialoge zu führen:

Washoe:	please	Bitte
Person:	What do you want?	Was willst Du?
Washoe:	out	Hinaus

Washoe:	come	Komm
Person:	What do you want?	Was willst Du?
Washoe:	open	Öffnen

Washoe:	more	Mehr
Person:	What more?	Was mehr?
Washoe:	tickle	Kitzeln

Washoe:	out out	Hinaus, hinaus
Person:	Who out?	Wer hinaus?
Washoe:	you	Du
Person:	Who more?	Wer noch?
Washoe:	me	Ich (mich)

Ein anderer bemerkenswerter Dialog fand eines späten Abends statt, als Washoe mit einem ihrer Gefährten im Wohnwagen war. Der schaute aus dem Fenster, kam zurück und begann folgendes mitzuteilen:

»Washoe, draußen ist ein schwarzer Hund mit großen Zähnen, ein Hund, der kleine Schimpansen ißt. Möchtest du jetzt hinausgehen?« Darauf Washoe (betont): »Nein.«

R. S. Fouts (1975) setzte die Arbeiten der Gardners fort und lehrte einige Schimpansen die Taubstummensprache. Auch er beobachtete spontane Zeichenneubildung und Generalisation. Die Schimpansin Lucy bezeichnete Radieschen zunächst als Nahrung. Am vierten Tag nannte sie

Tabelle 2: Vergleich der frühesten Wortkombinationen von Kindern und von Washoe.

R. Browns (1970) Schema für Kinder		Gardners Schema für Washoe	
Typus	Beispiel	Typus	Beispiel
Eigenschaften bezeichnend: A + S	großer Zug, rotes Buch	Objekt Attribut Person Attribut	Getränk rot, Kamm schwarz Washoe sorry, Noami gut
Besitzanzeigend: S + S	Adam Damespiel, Mammi Essen (= Mammis Essen)	Person Objekt Objekt-Attribut	Kleider G., dein Hut Puppe meine, Kleider deine
Ortsumstände bezeichnend: S + V	gehen Straße, gehen Geschäft	Aktion-Ort Aktion-Objekt Objekt-Ort	gehen hinein, Schauen hinaus gehen Blume, Hosen kitzeln[1]) Puppe nieder, in Hut[2])
S + S	Buch-Tisch, Pullover-Sessel	Nur wenige der Hauptwort-Hauptwort-Kombinationen Washoes bezeichneten eindeutig Ortsumstände.	
Person-Tätigkeit: S + V	Adam leg, Eva lies	Person Tätigkeit	Roger kitzle, du trink
Tätigkeit-Objekt: V + S	leg Buch, schlag Ball	Tätigkeit Objekt	kitzle Washoe, öffne (lüfte) Decke
Person-Objekt: S + S	Mammi-Essen (= M. ißt)	auf Washoe nicht anwendbar	
von Brown nicht als eigene Kategorie geführt		Appell-Tätigkeit Appell-Objekt	bitte kitzeln!, umarmen eile! gib Blume!, mehr Frucht

[1]) Antwort auf die Frage: »Wo kitzeln?«
[2]) Antwort auf die Frage: »Wo Bürste?«

ein Radieschen »cry hurt food«, nachdem sie davon abgebissen hatte. Eine Wassermelone lief zunächst unter »drink fruit« und später, ebenfalls aufgrund spontaner Findung, als »candy fruit«. Bemerkenswert im Hinblick auf die Genese der Beleidigung ist schließlich eine Beobachtung, die R. S. Fouts machte, als er dieser Schimpansin das Zeichen »Affe« beibrachte. Er zeigte ihr dazu im Zoo gekäfigte Affen verschiedener Arten. Als sie vor dem Rhesusaffenkäfig stand, wurde sie von den erwachsenen Rhesus-Männchen bedroht. Fouts führte sie weg und zeigte ihr andere Affen. Sie bezeichnete Totenkopfäffchen, Siamangs und andere richtig mit dem Affenzeichen. Die Rhesusaffen dagegen nannte sie hartnäckig »dirty monkeys«, und sie verwendete von da an die Zusatzbezeichnung »dirty« auch als Adjektiv, um den Versuchsleiter zu beschreiben, wenn er ihr einen Wunsch abschlug! Vorher war dieses Zeichen nur dafür benützt worden, um Fäkalien und verschmutzte Gegenstände zu bezeichnen.

D. Premack (1971) dressierte eine Schimpansin Sarah darauf, Plastikstücke wie Wortsymbole zu benützen. Wollte sie einen Apfel, dann mußte sie ein bestimmtes Plastikstück an eine Wandtafel drücken (wo es durch einen Magneten festgehalten wurde), für Banane ein anderes. Das lernte sie schnell. In der nächsten Stufe lernte sie, die Gabe mit dem Spender zu verknüpfen. War Mary gegenwärtig und die Frucht ein Apfel, dann mußte sie »Mary, Apfel« auf der Tafel befestigen. Man achtete dabei auf Einhaltung der richtigen Reihenfolge, da man als ersten Satz »Mary gib Apfel Sarah« aufbauen wollte. Auch das gelang. Bereits früh lehrte PREMACK seine Schimpansin die Zeichen für »gleich« und »verschieden«. Dazu wurden zwei gleiche Gegenstände mit dem Zeichen für »gleich« geboten und entsprechend zwei verschiedene Gegenstände mit dem Zeichen »verschieden«. Die Schimpansin erfaßte auch diesen Zusammenhang und generalisierte, so daß sie zwei beliebige ihr unbekannte, gleiche Gegenstände als »gleich« erkannte. Nun konnte man das Fragezeichen einführen. Man bot z. B. zwei Objekte (A), darunter die Zeichen für »gleich« und »verschieden«, und führte dazwischen ein neues Zeichen für das Fragezeichen ein:

A		A
gleich	?	verschieden

Nachdem sie das verstanden hatte, konnte man weiter mit Hilfe der Frage »ja« und »nein« aufbauen. Dazu wurde die schon bekannte Zeichenreihung »X gleich X« und das Fragezeichen dahinter gesetzt. In ähnlicher Weise konnte man dann »X verschieden von Y?« und ähnliches mehr fragen. Die neuen Antwortzeichen »ja« und »nein« wurden so eingeführt. Es folgten Versuche, bei denen das Zeichen für »Wort« gelehrt wurde. Dazu legte PREMACK einen Apfel neben das Apfelzeichen und zwischen beide das Zeichen für »Wort« (Name). So lernte sie die Kombination »Wort für« und »nicht Wort für«. Man prüfte ihr Vermögen unter anderem, indem man die Zeichen »? Banane Wort Apfel« (Ist Banane das Wort für Apfel?) setzte. Die Schimpansin konnte als Alternative »ja« und »nein« antworten. Auch das brachte sie fertig. Nun konnte man sie fragen: »? Wort für Schlüssel« (Was ist das Wort für Schlüssel?). Sie antwortete, indem sie von den ihr bekannten Wortsymbolen das richtige auswählte.

Das Symbol »Wort von« konnte nur eingeführt werden, nachdem die Schimpansin einige Dinge benennen konnte. Für den Erwerb der Klassenbegriffe »Farbe, Form, Größe« mußte Sarah zunächst einmal bestimmte Farben und die Begriffe »rund, eckig, groß und klein« erlernen. Die Begriffe »rot« und »gelb« lernte sie an Hand von verschiedenen Objekten, deren einzige Gemeinsamkeit die Farbe gelb oder rot war. Dann gab man Sarah eines der roten Objekte und die Worte »gib Mary Sarah« und das neue Plastikstück, welches »rot« bedeutete. Von da fortgehend baute man die Klassenbegriffe auf. Man legte Sarah die Worte »rot ? Apfel« (Was ist

Blauer Paradiesvogel *(Paradisornis rudolphi)*, kopfabwärtshängend balzend. Foto: H. SIELMANN (Neuguinea)

Geschenkkorblaubenvogel *(Chlamydera lauterbachi)*. Das Männchen wirbt mit einer roten Frucht im Schnabel. Foto: H. SIELMANN (Neuguinea)

Seidenlaubenvogel *(Ptilonorhynchus violaceus)*, an der Laube bauend. Foto: H. SIELMANN (Neuguinea)

TAFEL III

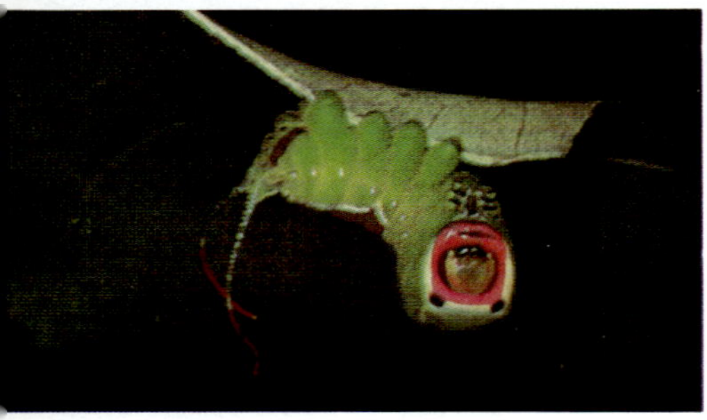

Automeris acutissima, erschreckt die Augenflecken zeigend. Foto: E. PRIESNER

Links: Gabelschwanzraupe *(Dicranura vinula)*. Oben: Ruhehaltung. Unten: erschreckt. Die Raupe hat aus dem erhobenen Abdominalbeinpaar rote Fäden ausgeschleudert und zeigt ihre Gesichtsmaske.
Foto: I. EIBL-EIBESFELDT

Hornisse *(Vespa crabo)* und der sie nachahmende Hornissenschwärmer *(Aegeria apiformis)*.
H. KACHER pinx.

Obere Reihe: Giftige malaiische Falter, deren Raupen sich von giftigen Aristolochiaceen nähren. Von links nach rechts: *Atrophanura varuna, A. coon., A. nox*. Untere Reihe: Drei verschiedene Morphen des ungiftigen Falters *Papilio memmon*. Es handelt sich um Weibchen ein und derselben Art. Jede Morphe ahmt ein anderes Vorbild nach. In dieser Tafel wurden die verschiedenen Morphen des *Papilio memmon* unter die jeweiligen Vorbilder gestellt. Nach Vorlagen von M. TWEEDIE (1966), H. KACHER pinx.

TAFEL IV

die Beziehung zwischen rot und Apfel?) oder »gelb ? Banane« vor. Das einzige ihr richtig bekannte Wort, das sie zur Verfügung hatte, war in beiden Fällen »Farbe«. Sie fügte zusammen: »rot Farbe Apfel«. Und daß dieser Begriff auch wirklich in dem Sinne verstanden wurde, zeigten dann die verschiedensten Rückfragen »? rot Farbe Feder« (Ist rot die Farbe der Feder?). Darauf konnte sie dann »ja« oder »nein« antworten. Mit Hilfe von verschiedenfarbigen Karten, die übereinandergelegt wurden, brachte PREMACK der Schimpansin den Begriff »auf« bei. Die grüne Karte wurde auf rot gelegt und dann auf die Anzeigertafel »grün auf rot« gesetzt, danach bei Umkehrung »rot auf grün«. Nachdem sie auch das Zeichen für »ist« erfaßt hatte, lehrte man sie den Plural (pl.). (rot, gelb ist pl. Farbe; Rot und Gelb sind Farben.) In der Folge lernte die Schimpansin Objektklassen (Früchte, Süßigkeiten usw.) und Zahlworte (alle, keine, eins, mehrere). Sie konnte z. B. die Frage: »? Apfel ist pl. grün« (Wie viele Äpfel sind grün?) mit »mehrere« richtig beantworten. Sie schaffte schließlich sogar die Wenn-dann-Verbindung. Man gab ihr dazu als Belohnung ein Stück Schokolade, wenn sie ein Apfelstück nahm, aber keine Belohnung, wenn sie Banane nahm, und setzte dazu auf die Tafel: »Wenn Sarah nimmt Apfel, dann Mary gibt Sarah Schokolade« »Wenn Sarah nimmt Banane, dann Mary nicht gibt Sarah Schokolade«, wobei »wenn« und »dann« die einzigen neuen Worte waren. Sie verstand das nach einiger Zeit sinngemäß und handelte richtig auf die Anweisungen: »Wenn Sarah nimmt Apfel, dann Mary gibt keine Schokolade« oder: »Wenn Mary nimmt rot, dann Sarah nimmt Apfel« (Abb. 6.26 bis 6.32). Das Sprachtraining förderte Sarahs Fähigkeit, Aufgaben zu lösen.

Schließlich dressierten D. M. RUMBAUGH und Mitarbeiter (1975, 1977) die Schimpansin Lana darauf, die mit Zeichen markierten Tasten eines Sprachcomputers zu bedienen. Bei richtiger Symbolwahl und Folge bekam sie automatisch eine Belohnung, und zwar das Gewünschte (Saft, Kitzeln durch den vorher über den Apparat herbeigerufenen Pfleger etc.). Über dem Tastenschrank waren Schaukästen, auf denen die getippten Symbole aufleuchteten, so daß die Schimpansin kontrollieren konnte, was sie getippt hatte, man konnte ihr über diese Schaukästen auch etwas mitteilen. Lana lernte, Wortsymbole sinngemäß aneinanderzureihen. Machte sie Fehler, was sie auf der Anzeigentafel ablesen konnte, dann drückte sie die Punkttaste und löschte den Satz. Sie bildete auch neue Worte. Für Apfelsine tippte sie die Zeichen »Apfel/orangefarben«. Nachdem sie das Konzept des Benennens verstanden hatte, fragte sie auch einmal nach dem Namen eines noch unbenannten Objektes, das sie gerne haben wollte. (»? Tim gib Lana Name davon« Darauf kam zur Antwort: »Schachtel Name davon«, worauf Lana ihren Wunsch ausdrückte: »? Tim gib Lana Schachtel«)

Die Versuche von GARDNER, PREMACK und RUMBAUGH belegen die

Fähigkeit des Schimpansen zu sprachähnlicher Kommunikation, eine Fähigkeit, die im Freien, soviel uns bekannt ist, wenig genützt wird. Nach A. KORTLANDT (1967) verständigen sich freilebende Schimpansen zwar durch einfache Handgebärden, die regionale Unterschiede aufweisen und die KORTLANDT als Konvention deutet. Von den komplizierten mentalen Konzepten, die das Experiment aufdeckt, machen sie aber offenbar keinen Gebrauch. Es stellt sich die Frage, ob diese Fähigkeit der Schimpansen eine bestimmte Stufe vor der Entstehung der menschlichen Sprache widerspiegelt oder ob es sich etwa gar um Reste von Fähigkeiten handelt, die einst

6.26 Die Begriffe »gleich« und »verschieden« wurden in Sarahs Vokabular eingeführt, indem man sie lehrte, Gegenstände, die gleich waren, paarweise zusammenzustellen (oberes Bild); dann wurden identische Gegenstände, z. B. Äpfel, vor sie gelegt; sie erhielt das Kunststoffzeichen für »gleich« und wurde dazu gebracht, das Wort zwischen die zwei Gegenstände zu legen. Dann lehrte man sie, das Wort »verschieden« zwischen zwei ungleiche Gegenstände zu legen.

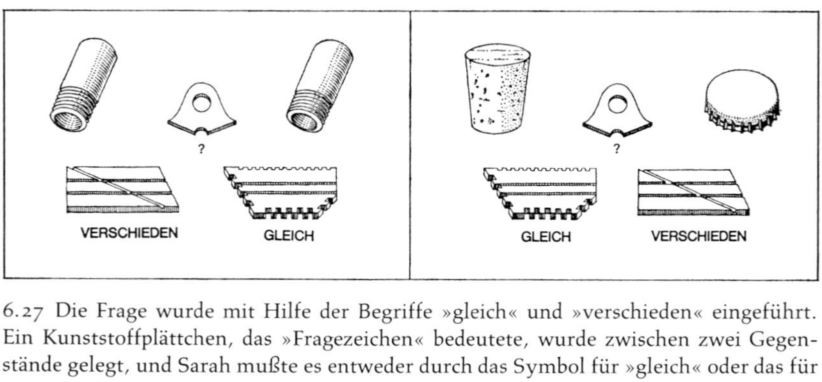

6.27 Die Frage wurde mit Hilfe der Begriffe »gleich« und »verschieden« eingeführt. Ein Kunststoffplättchen, das »Fragezeichen« bedeutete, wurde zwischen zwei Gegenstände gelegt, und Sarah mußte es entweder durch das Symbol für »gleich« oder das für »verschieden« ersetzen.

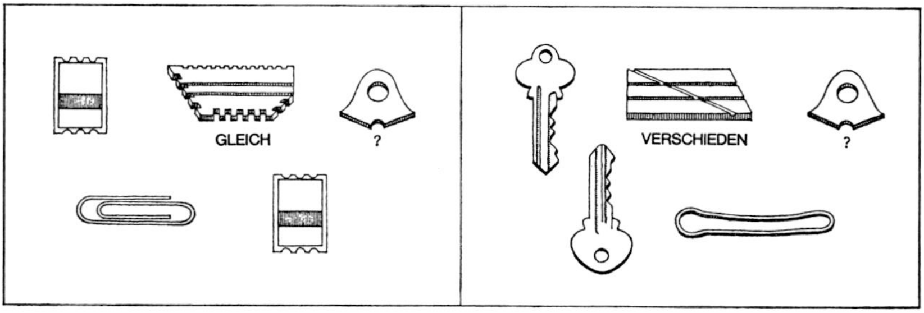

6.28 Eine neue Version der Frage wurde gelehrt, indem man einen Gegenstand und ein Kunststoffsymbol arrangierte, um Fragen zu formen: »Was ist (Gegenstand A) gleich?« oder »Was ist (vom Gegenstand A) verschieden?« Sarah mußte das Fragezeichen durch den entsprechenden Gegenstand ersetzen.

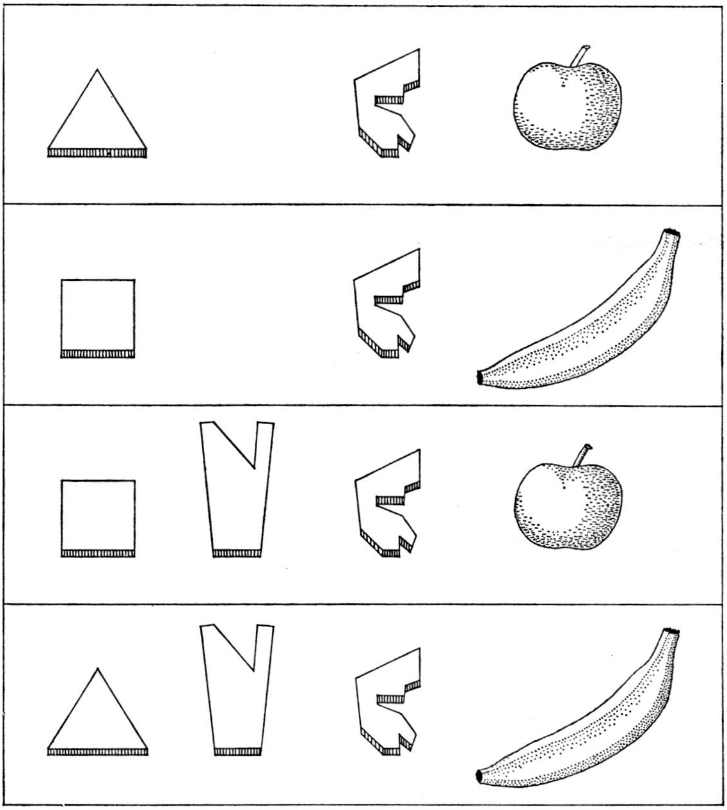

6.29 Das Lehren von Sprache mit Sprache. Man brachte Sarah bei, das Symbol für »Name von« zwischen das Wort für »Apfel« und einen echten Apfel zu legen, ebenso zwischen das Wort für »Banane« und eine Banane. Den Begriff »nicht Name von« lernte sie auf die gleiche Weise. Daraufhin konnte man Sarah neue Wörter beibringen, indem man sie mit »Name von« einführte.

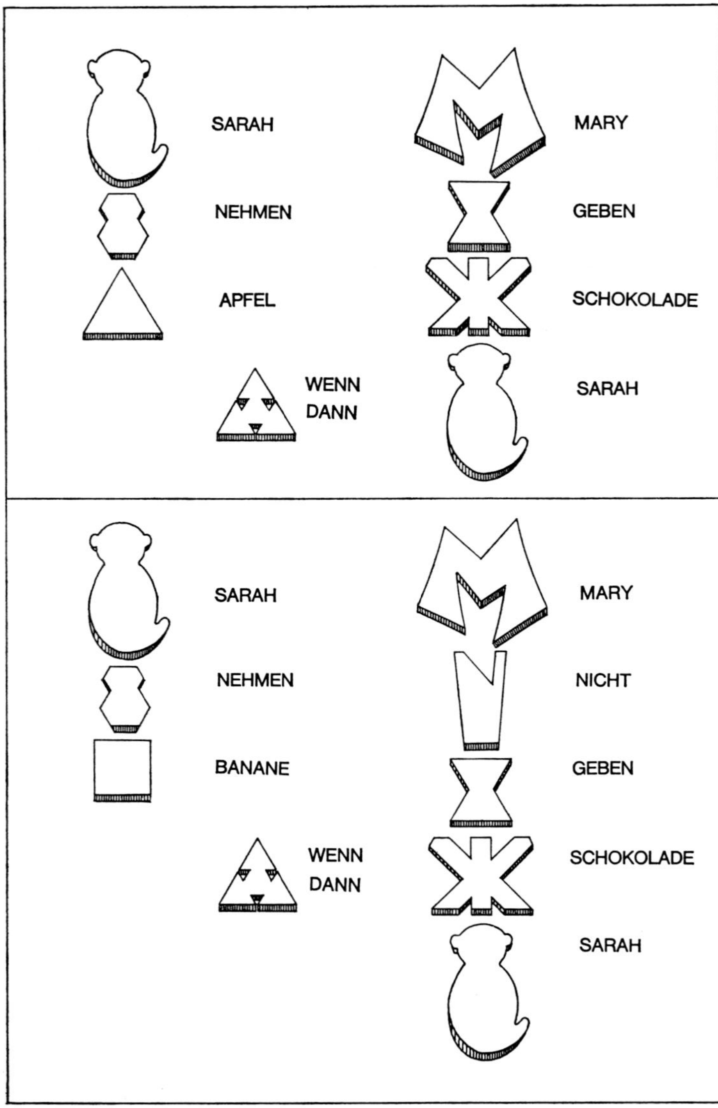

6.30 Die Konditionalisbeziehung, die im Englischen durch »wenn – dann« ausgedrückt wird, wurde Sarah als einziges Wort beigebracht. Das Plastiksymbol für die Konditionalisbeziehung wurde zwischen zwei Sätze gelegt. Sarah mußte die Bedeutung der zwei Sätze sehr genau beachten, um die Wahl treffen zu können, die ihr die Belohnung einbrachte. Als die Schimpansin einmal die Bedeutung mit Hilfe dieser Prozedur gelernt hatte, war sie durchaus in der Lage, sie auch auf andere Situationen anzuwenden.

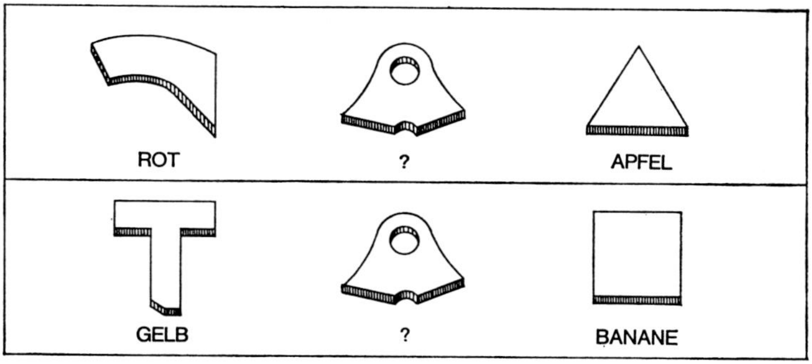

6.31 Klassenbegriffe von Farbe wurden mit Hilfe von Sätzen wie »rot ? Apfel« und »gelb ? Banane« beigebracht. Sarah mußte das Fragesymbol durch »Farbe von« ersetzen.

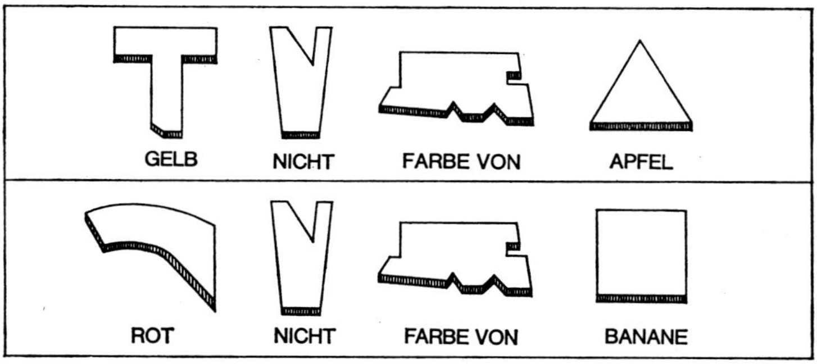

6.32 Negative Begriffe wurden durch »nein – nicht« eingeführt. Wenn Sarah gefragt wurde »gelb ? Apfel« oder »rot ? Banane«, mußte sie das Fragesymbol durch das Symbol für »Farbe von« oder »nicht Farbe von« ersetzen.

zum Zeitpunkt der Trennung von Hominiden und Pongiden weiter entwickelt waren, wie das A. Kortlandt und M. Kooij (1963) in ihrer »Dehominisationshypothese« vermuten.

Mittlerweile hat F. G. Patterson (1977) ein Gorillamädchen, Koko, nach Gardners Vorbild unterrichtet. 30 Monate nach Versuchsbeginn beherrschte sie 100 Zeichen. (Sie war damals etwa 3½ Jahre.) Ein Jahr später verfügte sie über 225 Zeichen. Oft – und offensichtlich intendiert – machte sie genau das Gegenteil dessen, was man forderte, oder signalisierte das Gegenteil. Sie verfügte über das Konzept der Zeit (now, time, finished), fragte in ersten Ansätzen und konnte über ihre Gefühle berichten: »P: What did you do to P.? K: bite. P: You admit it? (Vorher hatte K. die Bißmarke als Kratzer ausgegeben.) K: Sorry bite scratch. (P. zeigt K. die Bißspur an der Hand.) K: wrong bite. P: Why bite? K: Because mad. P: Why mad? K: Don't know.«

Koko kann auch mitteilen, ob sie traurig, lustig oder müde ist. Sie sagt ferner, wovor sie sich fürchtet, und zwar auch dann, wenn sie sich gerade nicht ängstigt. Sie antwortet dann auf die Frage: »What are you afraid of?« mit »Afraid alligator«. Ein von Menschenhand aufgezogener Bonobo *(Pan paniscus)* verstand gesprochene Worte (K. E. Brakke und E. S. Savage-Rumbaugh 1995).

Die sprachartige Kommunikation unterscheidet sich noch in einigen Punkten von der wortsprachlichen Kommunikation des Menschen. So bleibt nach F. Bresson (1975) der semantische Wert jedes Zeichens konstant, die Syntax ist also kontextfrei. Referenzzeichen wie »ich« und »du« fehlen. Ferner verstehen Schimpansen keine hypothetischen Propositionen (Konjunktiv). Sie stellen auch keine Ja- oder Neinfragen. H. S. Terrace und Mitarbeiter (1979) meinen, die Menschenaffen würden keine grammatische Kompetenz erreichen und daher nicht in Sätzen sprechen. Bei den Kombinationen handle es sich um unstrukturierte Aneinanderreihungen von Signalen, deren jedes für sich auf die Situation passe. Dennoch bleibt bemerkenswert, wie frei sie zum Zwecke der Kommunikation über ein gelerntes Zeichensystem verfügen können.

6.2 *Die Einteilung auslösender Signale nach ihrer Funktion*

Die Ausdrucksbewegungen kann man nach ihrer Funktion gruppieren. Es erscheint mir dabei zweckmäßig, von vornherein zwischen Ausdrucksbewegungen, die dem innerartlichen Verkehr, und jenen, die dem zwischenartlichen Verkehr dienen, zu unterscheiden. R. A. Stamm (1964) erhebt den sicherlich berechtigten Einwand, daß gewisse Kontakte mit Artfremden denen mit Artgenossen gleichwertig seien. Oft sind sie es jedoch nicht. Der Freßfeind wird z. B. häufig anders bedroht als der Artgenosse, was oft übersehen wird und uns veranlaßt, die Unterschiede zu betonen. In beiden Fällen können wir Ausdrucksbewegungen der sozialen Kontaktbereitschaft von solchen der Kontaktabweisung (Distanzierung) unterscheiden. Oft wirkt dabei ein und dasselbe Signal auf verschiedene Empfänger verschieden. Der »lange Ruf« der Lachmöwe lockt unverpaarte Weibchen an, weist aber Rivalen ab. Die »Kopf-zu-Boden-Haltung« weist Nachbarn ab und lockt das eigene Weibchen herbei (G. Manley 1960; siehe auch das Spechttrommeln, S. 208).

6.2.1 *Auslöser für den innerartlichen Verkehr*

6.2.1.1 *Signale im Dienste der Bindung (synagonale Signale*)*

a) Vorbemerkung

Zwischen den Mitgliedern einer Art wirken oft sowohl anziehende wie abstoßende Kräfte. Überaus häufig ist nämlich der Artgenosse auch Träger aggressionsauslösender Signale, die der Annäherung eine Barriere entgegensetzen. Diese Barriere muß jedoch zu gewissen Zeiten überwunden werden, so z. B. wenn Männchen und Weibchen zur Paarung zusammenkommen sollen oder wenn aggressive Tiere einer Art vorübergehend oder dauernd in einem Verband leben sollen. Eine Vielfalt von Verhaltensweisen und Signalen spielt in solchen Fällen die Rolle des Aggressivitätspuffers sowohl bei der Neuaufnahme eines Kontaktes als auch zu seiner Aufrechterhaltung. Die den innerartlichen Verkehr regelnden Signale, welche der Artisolierung dienen, sind in der Regel so spezifisch, daß sie nur von der eigenen Art verstanden werden. Das wird dort besonders deutlich, wo nah verwandte Arten sympatrisch vorkommen. Solche Arten unterscheiden sich dann z. B. in ihren den Geschlechtspartner anlockenden Rufen sehr deutlich. Das gilt für Heuschrecken (A. PERDECK 1958a) ebenso wie für Froschlurche (C. BOGERT 1961), Singvögel (P. MARLER 1957a) und andere Tiere. Wir haben dafür bereits einige Beispiele gebracht (S. 193). Eines sei hier nachgetragen. Männliche Zaunleguane nikken beim Werben mit dem Kopf mit von Art zu Art verschiedenem Nickmuster (Abb. 6.33). D. HUNSAKER (1962) imitierte mit künstlichen Plastikeidechsen solche Nickbewegungen vor Weibchen von *Sceloporus torquatus* und *S. mucronatus*. Die Weibchen wendeten sich derjenigen von zwei gleichzeitig gebotenen Attrappen zu, die im arteigenen Rhythmus nickte.

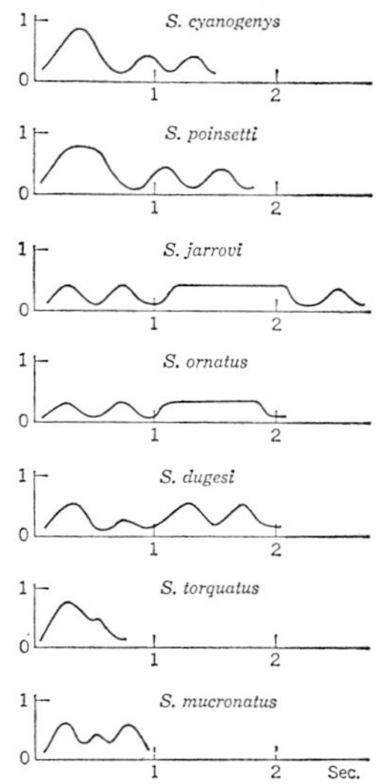

6.33 Nach Filmaufnahmen gezeichnete Nickmuster verschiedener *Sceloporus*-Arten. Die Kurven geben an, wie der Körper gehoben und gesenkt wird. Die Amplitude ist in Inches angegeben (1 Inch = 2,54 cm). Nach D. HUNSAKER (1962)

b) Werbezeremonien

Der Kontaktaufnahme dienen vielerlei Werbezeremonien. Durch besondere Verhaltensweisen und Signale wird der Geschlechtspartner zunächst einmal angelockt, danach seine Kontaktscheu abgebaut, und die Verhaltensweisen der Partner werden aufeinander so abgestimmt, daß die Be-

* Abgeleitet von synago (griechisch: zusammenführen, zusammenbringen, befreunden, Verbindungen stiften, versöhnen).

a b

6.34 Balz des australischen Leierschwanzes *(Menura novaehollandiae)*: a) von der Seite; b) von vorne gesehen. Der Vogel klappt seinen Schwanz gefächert auf den Rücken, so daß die auffällig gezeichnete Unterseite sichtbar wird. Foto: H. SIELMANN

fruchtung ermöglicht wird. Es werben sehr oft Männchen und Weibchen, wobei ein Partner allerdings meist der aktivere ist; in der Regel, aber nicht immer, ist es das Männchen. Bei den Seenadeln wirbt z. B. das Weibchen um die Männchen (K. FIEDLER 1954).

Der Anlockung über größere Distanzen dienen die Duftstoffe verschiedener weiblicher Insekten ebenso wie die Werbegesänge der Vogel- oder Heuschreckenmännchen. Die Vogelmännchen stellen sich oft noch durch ein besonderes Imponiergehabe auffällig zur Schau. Fregattvogelmännchen *(Fregata)* warten mit aufgeblasenem Kehlsack auf vorüberkommende Weibchen (Tafel II). Paradiesvögel entfalten ihr Prachtgefieder in oft ganz absonderlichen Stellungen. Der blaue Paradiesvogel *(Paradisaea rudolphi)* und der weiße Paradiesvogel *(P. guilielmi)* hängen bei der Balz kopfabwärts an den Zweigen (Tafel III). Bei der letztgenannten Art bilden zwei sozial balzende Männchen sogar symmetrische Figuren: Einer sitzt auf dem Zweig, und der andere hängt rückenabwärts unter ihm (H. WAGNER 1938). Der australische Leierschwanz *(Menura novaehollandiae)* säubert einen Balzplatz. Dort wirbt er laut rufend und legt den gefächerten Schwanz auf den Rücken, so daß dessen auffällig gemusterte Unterseite sichtbar wird (Abb. 6.34).

Wohl die eigenartigsten Balzgewohnheiten zeigen die Laubenvögel Australiens und Neuguineas, die besondere Balzplätze säubern, Lauben bauen und schmücken und so gewissermaßen ein ablegbares Prachtkleid schaffen (E. GILLIARD 1963). Der Langschopflaubenvogel *(Amblyornis macgregoriae)*, einer der Maibaumlaubenvögel, wählt einen geraden Schößling und schmückt ihn mit Reisern und Flechten (Abb. 6.35 a). Um

a b

6.35 a) Pärchen des Langschopflaubenvogels *(Amblyornis macgregoriae)* vor dem mit Flechten geschmückten Reiserturm. Foto: H. SIELMANN
b) Männchen des Kurzschopflaubenvogels *(Amblyornis subalaris)* beim Einstecken einer Blüte in die Mooswand. Foto: H. SIELMANN

a b

6.36 Balzender Rosennackenlaubenvogel *(Chlamydera nuchalis)*: a) Zeigen der Gabe. Der Platz vor der Laube ist mit Knochen und anderen hellen Gegenständen geschmückt; b) Das Männchen zeigt dem in die Laube gelockten Weibchen seine bunten Nackenfedern. Ein vorher angebotenes Geschenk hält er noch im Schnabel. Foto: H. SIELMANN

diesen Maibaum tanzt er werbend, wobei er die auffälligen Nackenfedern sträubt. Der Kurzschopflaubenvogel *(Amblyornis subalaris)* baut um einen Schößling eine zeltartige Bühne und schmückt sie mit Früchten, Blumen, Schneckenschalen und bunten Käfern (Abb. 6.35 b). H. SIELMANN (1967), der diese Vögel genauer beobachtete und auch erstmals im Freien gefilmt hat, stellte fest, daß die Männchen beim Ausschmücken sehr wählerisch sind. Sie stecken eine Blüte in die vorbereitete Mooswand, treten zurück und sehen sich die Dekoration an. Dabei kommt es oft vor, daß sie die Blüte wieder herausnehmen und an anderer Stelle einfügen.

Der Geschenkkorblaubenvogel *(Chlamydera lauterbachi)* baut eine Art Kreuzganglaube mit einer zentralen, korbartigen Kabine. Links und rechts davon baut er einen Wall und schafft so zwei zusätzliche Gänge. Die zentrale Kabine schmückt er mit graublauen Kieseln, die seitlichen Gänge mit bläulichen Ficusfrüchten. Auf dem Balzplatz liegen einige rote Früchte verstreut. Nähert sich ein Weibchen, dann nimmt er eine rote Frucht in den Schnabel und präsentiert sie werbend (Tafel III).

Der Rosennackenlaubenvogel *(Chlamydera nuchalis)* baut eine Laube, die er mit Knochen und anderen hellen Gegenständen schmückt (Abb. 6.36a, b). Auch er zeigt dem Weibchen einen solchen Gegenstand als symbolische Gabe, dann dreht er ihm den Nacken zu, dessen gesträubte Federn auffällig gefärbt sind. Einige Laubenvögel, z. B. der Seidenlaubenvogel *(Ptilonorhynchus violaceus)*, malen ihre Laube aus. Sie verwenden dazu mit zerkauten Beeren und Holzkohle gefärbten Speichel und benützen zum Auftragen bisweilen ein Rindenstück oder ein Blatt als »Pinsel«.

Eine interessante Parallele zu den Lauben dieser Vögel kennen wir vom Männchen des Buntbarsches *Tilapia macrochir*, das seine Laichgruben durch radiär in den Sand gegrabene Furchen verziert, so daß das ganze Gebilde ein sternartiges Aussehen erhält. Die Laichgrube wird damit zu einem Signal, das die Weibchen anlockt (M. Huet 1952).

Ist der Geschlechtspartner herbeigerufen oder hat man sich ihm genähert, muß seine meist vorhandene Kontaktscheu abgebaut werden. Selbst gesellige Tiere, und noch viel mehr Einzelgänger, wahren ja oft einen

6.37 Balzende Seeschwalben. Das Männchen wirbt mit einem Fisch. Foto: N. Tinbergen

Abstand zum Artgenossen und reagieren mit Abwehr auf jede Überschreitung ihrer Individualdistanz. Diese Barriere der Aggressivität muß überwunden werden, und das geschieht mit besonderen beschwichtigenden Gebärden. Seeschwalben *(Sterna hirundo)* bieten ihren Weibchen beim Werben einen Fisch an (H. Rittinghaus 1963; Abb. 6.37).

Ähnlich verfahren einige Insekten, z. B. die räuberischen Tanzfliegen *(Empididae)*, bei denen die Männchen Gefahr laufen, während der Paarung von den Weibchen gefressen zu werden. Das versuchen z. B. die Weibchen von *Empis trigramma*, wenn sie nicht gerade etwas zu fressen haben. Die Männchen von *Empis borealis* und *Empis tessellata* entgehen dieser Gefahr, indem sie vor der Paarung eine Beute fangen und diese dem Weibchen überreichen, und damit beginnt eine sehr interessante Ritualisierungsreihe. Die Männchen der Tanzfliegen *Empis poplita* und *Hilaria quadrivittata* spinnen die Gabe vor dem Überreichen mit Hilfe von Spinndrüsen der Vordertarsen ein, so daß sich die Weibchen länger mit ihr beschäftigen müssen. Bei *Hilaria maura* hat die Gabe nur Symbolcharakter: das Männchen spinnt irgendeinen ungenießbaren Gegenstand ein, z. B. ein Blättchen. Am Ende dieser Reihe steht die Tanzfliege *Hilaria sartor*, deren Männchen ballonartige Gewebe spinnen, die als optische Signale der Anlockung dienen (O. Reuter 1913; Abb. 6.38).

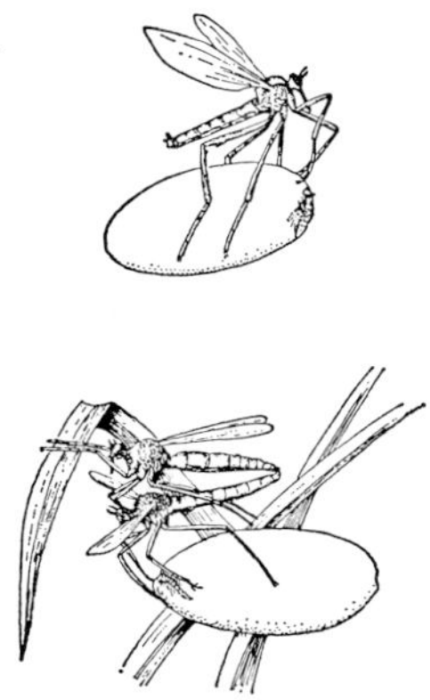

6.38 Das ritualisierte Futterüberreichen bei der Werbung von *Empis*. Das Männchen überreicht ein ballonartiges Gespinst, in dem eine Fliege eingesponnen ist. Aus J. Meisenheimer (1921)

Dieses Futterüberreichen kann bei äußerer Ähnlichkeit jedoch ganz verschiedenen Ursprungs sein. Der Schnabelflirt und das Zärtlichkeitsfüttern des Gimpels (J. Nicolai 1956) und vieler anderer Vögel sind ritualisiertes Füttern, das aus dem Bereich der Brutpflege stammt (siehe S. 200). Das gilt wohl auch für das Zärtlichkeitsfüttern der Schimpansen, die einander von Mund zu Mund Futterbrocken übertragen (M. Rothmann und E. Teuber 1915). Eine Orang-Utan-Mutter ernährte ihren Säugling von Mund zu Mund mit Breikost, ebenso machte es eine Gorillamutter im Basler Zoo. Von-Mund-zu-Mund-Fütterung wurde schließlich auch bis vor kurzem noch in Holstein geübt (D. Ploog 1964 a). Die Kinder reagieren durchaus angepaßt, indem sie bei Annäherung die Lippen vorstrecken und bei Mundkontakt mit der Zunge Leckbewegungen machen. Das Küssen des Menschen ist möglicherweise davon abgeleitet. Bei genauer Beobachtung stellt man auch Zungenstoßbewegungen fest, die an die Futterübergabe-Bewegungen erinnern, und die ebenfalls deutlichen alternierenden Saugbewegungen kann man als Bewegungen der Futterübernahme deuten. Bei der erwähnten Tanzfliege dagegen stammt das Futterüberreichen ganz sicherlich nicht aus dem Brutpflegebereich.

Außer Futter werden auch andere Geschenke gebracht. Die Diamanttäubchen-Männchen überreichen ihren Weibchen Nestmaterial (Abb. 6.39); ähnlich verhalten sich balzende Prachtfinken (S. 345) und viele andere Vögel (P. Kunkel 1959). Ebenso aggressionsbeschwichtigend wirken

6.39 Balzende Diamanttäubchen *(Geopelia cuneata)*. Das Männchen überreicht dem Weibchen gerade einen Halm. Foto: J. Nicolai

Infantilismen, kindliche Verhaltensweisen, deren sich vor allem die Männchen, bisweilen aber auch Weibchen, bei der Balz bedienen (I. Eibl-Eibesfeldt 1957, D. Burkhardt 1958). Die werbende Bartmeise macht mit den Flügeln Bettelbewegungen wie ein Jungvogel (O. Koenig 1951). Der Spechtfinkenmann *(Cactospiza pallida)* lockt so ein Weibchen zum Nest, während es ihn mit der gleichen Bewegung um Futter anbettelt (I. Eibl-Eibesfeldt und H. Sielmann 1962). Hamstermännchen rufen wie Nestlinge, wenn sie werben. Der zärtlich werbende Menschenmann spricht in ausgesprochen kindlicher Weise unter betonter Verwendung von Diminutiven.

Beim afrikanischen Schmuckbartvogel *(Trachyphonus d'arnaudii)* singen beide Ehepartner gemeinsam eine Melodie, und zwar jeder abwechselnd nur bestimmte Teile. Sie singen so perfekt aufeinander abgestimmt, daß man nicht ohne weiteres bemerkt, daß hier zwei Vögel an einer Weise wirken. Bei diesen Duettgesängen mischt das Männchen an einer bestimmten Stelle einen »Schräh«-Ruf in den Gesang, der sich von den Bettellauten der Jungen ableitet (Abb. 6.40, W. Wickler und D. Uhrig 1969). Dazu gibt es ein interessantes Gegenstück. Das Schnabelklappern der Prachtfinkengattungen *Lonchura* und *Spermestes* ist eine ritualisierte Fütterungshandlung, die in der Balz auftritt. Bei den Mövchen *(Lonchura)* wird dieses Schnabelklappern in den Werbegesang eingebaut (H. R. Güttinger 1970). Der gleiche Autor stellte fest, daß die meisten Signalbewegungen der Balz der Prachtfinken sich von Verhaltensweisen der Brutfürsorge ableiten: 2 entstammen dem Funktionskreis des Nestbauens, 3 dem Funktionskreis der Jungenaufzucht und 2 sind als ritualisiertes Bettelverhalten zu deuten.

Die gelben Babuine *(Papio cynocephalus)* grüßen durch »Schmatzen«. Diese in die Luft ausgeübten Bewegungen lassen sich als schnell wiederholte Saugbewegungen deuten und auch in der Ontogenese von den Saugbewegungen der Jungen ableiten. Das Schmatzen wird besonders stark

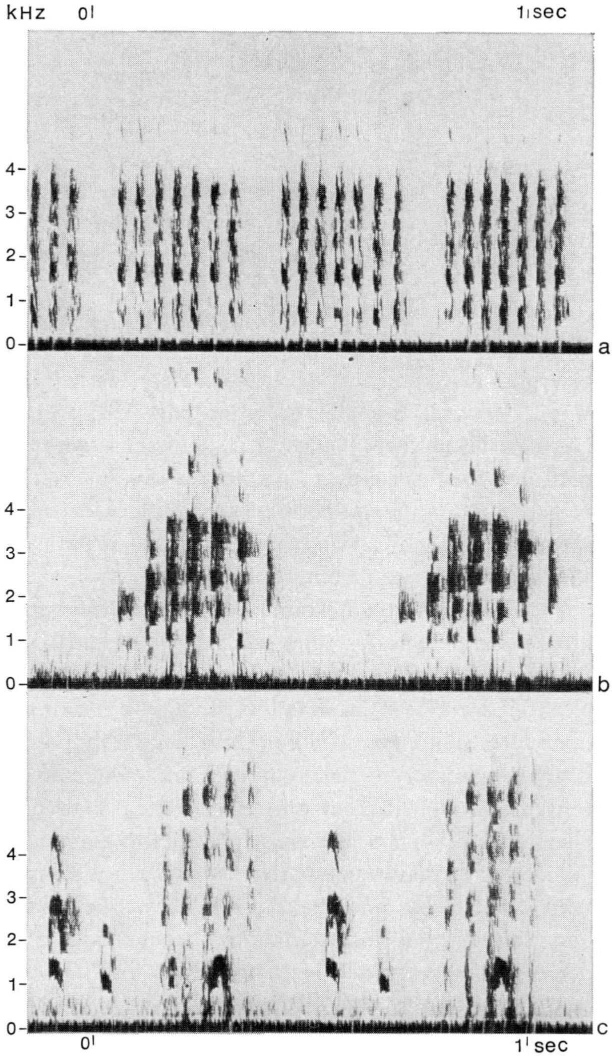

6.40 Rufe des Schmuckbartvogels *(Trachyphonus d'arnaudii).* a) Bettelruf der Jungen, b) Ruf eines jungen Männchens, c) Ausschnitt aus einem Duett. Aus W. WICKLER und D. UHRIG (1969)

durch rosa Körperteile, wie die Brustwarze, den Penis, die weibliche Geschlechtsregion und das Gesicht des Kindes, ausgelöst. Brustwarze, Penis und Gesicht sind auch ähnlich gestaltet. Da diese Körperteile auf andere Paviane anziehend wirken, tragen sie wahrscheinlich auch zum Zusammenhalt der Gruppe bei (T. R. ANTHONEY 1968). Damit aber hat die Brust der Weibchen eine zusätzliche Signalfunktion im Dienste der Gruppenbindung erhalten; das ist interessant, weil sich beim Menschen bis zu einem gewissen Grade eine parallele Entwicklung nachweisen läßt.

6.41 Das Hinterkopfzudrehen, eine Beschwichtigungsgebärde der Lachmöwe. Foto: N. Tinbergen

Schließlich beschwichtigen viele Tiere bei der Balz, indem sie aggressionsauslösende Signale verbergen oder Waffen (Schnäbel) wegwenden. Nach N. Tinbergen (1959) dient das Wegsehen im Paarbildungszeremoniell der Lachmöwe dazu, die aggressionsauslösende schwarze Gesichtsmaske zu verbergen (Abb. 6.41). Küstenseeschwalben verbergen in einer Streckstellung ihre Kopfplatte, und der Kolkrabe beschwichtigt durch Wegsehen und Schnabelhochheben (E. Gwinner 1964).

In einem Balzablauf kommen meist mehrere solcher Ausdrucksbewegungen vor. So beobachten wir bei balzenden Albatrossen Bewegungen, die man als ritualisiertes Futterbetteln, Beschwichtigungsgebärden, Nestplatzzeigen, Hautpflegehandlungen deuten kann, und andere zur Zeit noch nicht deutbare auffällige Gebärden (Abb. 6.42). Das von einem Paar oftmals wiederholte Balzritual beginnt mit einem Tanz. Das Männchen umschreitet den Partner mit angezogenem Hals und wiegt sich dabei im Gleichtakt zu den Schritten sehr auffällig nach den Seiten. Ebenfalls im Gleichtakt zu den Wiegeschritten wenden beide den Kopf abwechselnd zur Seite, so daß der Schnabel die hochschwenkende Schulter berührt. Dem Tanz folgt Schnabelfechten (Abb. 6.42 a). Die einander gegenüberstehenden Vögel strecken den Hals nach vorn und schlagen mit schnellen Seitwärtsbewegungen des Kopfes die Schnäbel gegeneinander, wobei sie auch mit dem Schnabel knabbern. Genauso betteln Jungtiere um Futter. Wahrscheinlich handelt es sich um ein ritualisiertes Betteln. Es können im weiteren Verlauf verschiedene Verhaltensweisen folgen, z. B. Schnabelklappen, wobei sich der Vogel aufrichtet, den Schnabel weit aufreißt und laut zuklappt. Das tun oft beide gleichzeitig (Abb. 6.42 b). Man kann es auch bei Albatrossen beobachten, wenn diese jemanden bedrohen. Dann folgt wieder Schnabelfechten oder eine Präsentierbewegung (Abb. 6.42 d), bei der sie ihre Schnäbel steil zum Himmel heben und rufen. Das erinnert sehr an die von N. Tinbergen (1959) beschriebene Beschwichtigungsgebärde von Tölpeln. Mitunter klappert einer mit vorgestrecktem Schnabel (Abb. 6.42 c) wie ein Storch, und immer dann putzt sich sein Partner die

Schulterfedern; in dem Augenblick, wo der andere zu klappern aufhört und sich aufrichtet, reißt er den Schnabel zur Präsentierbewegung hoch. Dabei klappt er ihn einmal laut zusammen. Die Bewegungen können sich in bunter Folge wiederholen. Gegen Ende eines Balzablaufes verbeugen sich die Tiere voreinander, mit dem Schnabel zu Boden weisend (Abb. 6.42 e). Dabei äußern sie zweisilbige Laute. Das ist wohl ein symbolisches Nistplatzzeigen. Beide setzen sich dann meist nieder und beginnen, sich gegenseitig das Halsgefieder durchzukämmen (Abb. 6.42 f). Nach einer kurzen Pause kann sich das ganze Vorspiel wiederholen (I. EIBL-EIBESFELDT [5]1977, E. MESETH 1975).

Die sehr komplizierte Balz des Albatros mit den vielen sich wiederholenden Phasen ist für den Beobachter nicht aufzulösen. Erst eine computertechnische Auswertung, wie sie für den südlichen Rußalbatros *(Phoebetria fusca)* vorgenommen wurde, läßt eine Ordnung erkennen (P. JOUVENTIN und Mitarbeiter 1981, P. JOUVENTIN und H. WEIMERSKIRCH 1984).

Die Balztänze dieser Art bauen sich aus 15 stereotypen Verhaltensweisen auf, die anderen Arten, wie denen des Galápagos-Albatros, sehr ähnlich sind. Die Stellungen folgen in einem Rhythmus von 5 Sekunden aufeinander, und eine solche Ablauffolge von Stellungen kann bis zu 20 Minuten dauern. Das Vokabular der Tänze verarmt von dem Augenblick an, wo ein Paar sich konstituiert hat. Beide Geschlechter verfügen über die gleichen Verhaltensweisen. Sie unterscheiden sich aber in der Anwendungsfrequenz dieses »Wortschatzes«. Beim Balztanz beachten die Vögel, was der andere macht; es handelt sich um einen interaktiven Austausch von Signalen, einen Dialog. Dabei werden Informationen über Identität und physiologischen Zustand des Partners ausgetauscht, und es kommt zu einer Abstimmung (Synchronisation) der Bewegungen der beiden Partner.

Mit besonderen Gruppierungstechniken konnten JOUVENTIN und Mitarbeiter (1981) die Sequenzen klassifizieren und 4 Typen des Dialogs unterscheiden, die dem fortschreitenden Stadium des Hochzeitstanzes entsprechen. Paare, die in die ersten Klassen eingestuft wurden, vermehrten sich erst nach 2 bis 3 Jahren, Paare, die in der letzten Klasse eingestuft waren, bereits im folgenden Jahr.

Die Abbildung 6.43 zeigt den Ablauf einer Hochzeitsparade schematisiert und stark vereinfacht, so als würde sie sich in einer einzigen Sequenz abspielen, was nie der Fall ist; denn in Wirklichkeit handelt es sich um einen Ablauf, der sich über mehrere Jahre hinzieht. Der Rußalbatros verläßt ja nach dem Flüggewerden zunächst einmal das Brutgebiet und kehrt im Mittel erst nach 8,4 Jahren in seine Geburtskolonie zurück, wo er mit Hochzeitstänzen beginnt, die sich bis zu seiner Geschlechtsreife (im

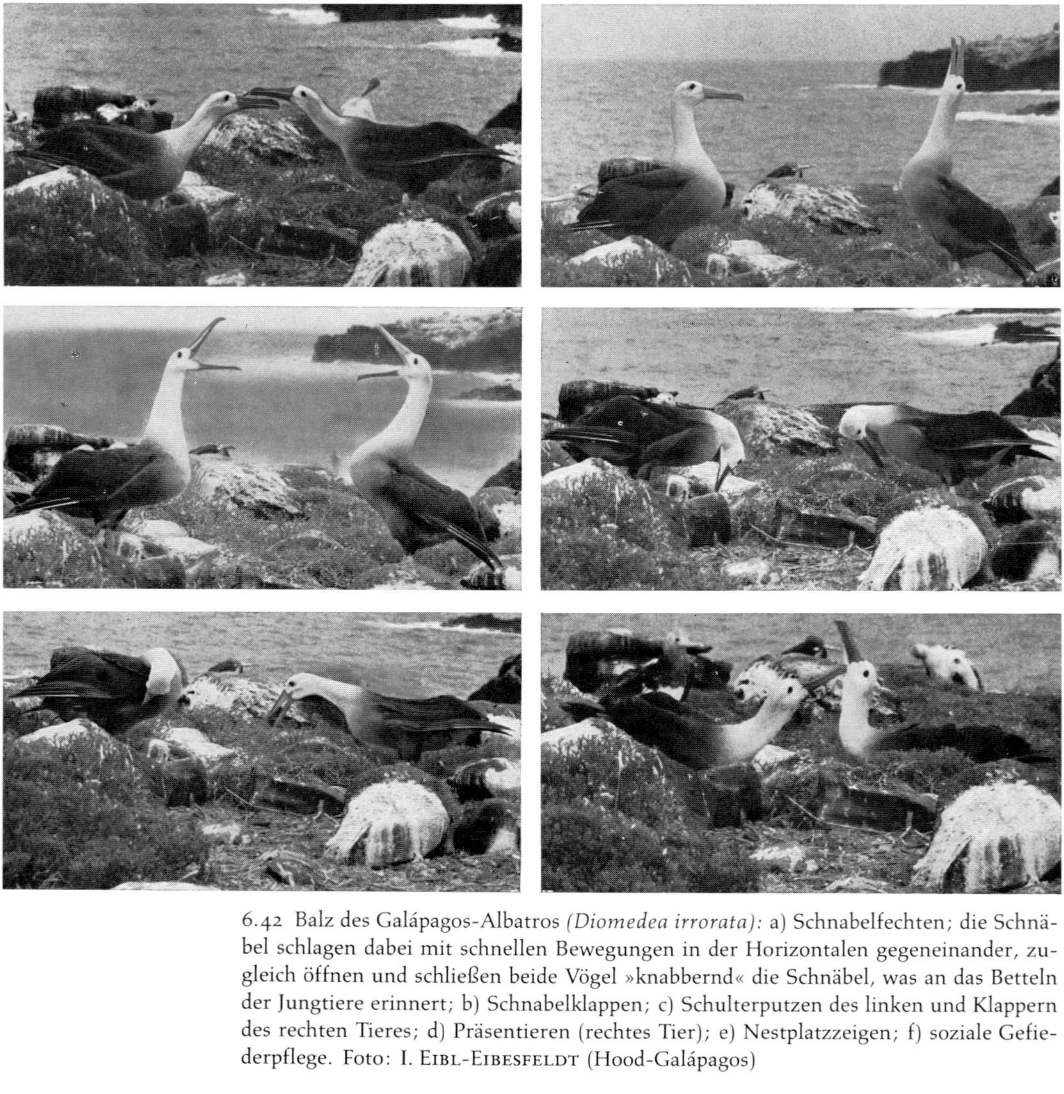

a b c

6.42 Balz des Galápagos-Albatros *(Diomedea irrorata)*: a) Schnabelfechten; die Schnäbel schlagen dabei mit schnellen Bewegungen in der Horizontalen gegeneinander, zugleich öffnen und schließen beide Vögel »knabbernd« die Schnäbel, was an das Betteln der Jungtiere erinnert; b) Schnabelklappen; c) Schulterputzen des linken und Klappern des rechten Tieres; d) Präsentieren (rechtes Tier); e) Nestplatzzeigen; f) soziale Gefiederpflege. Foto: I. Eibl-Eibesfeldt (Hood-Galápagos)

Schnitt mit 11,9 Jahren) hinziehen. Die Abbildung zeigt, wie das Weibchen einen Ufervorsprung überfliegt und das Männchen in der Nähe seines Nestes zu rufen beginnt. Das Weibchen landet, man nimmt sich gegenseitig zur Kenntnis, danach versucht das Männchen, durch Aufforderung zur sozialen Gefiederpflege Kontakt herzustellen. Er beginnt mit Schulterputzen, während sie den Schnabel in seine Richtung streckt – ein Verhalten, das Jouventin als Küssen bezeichnet und das wohl dem entspricht, was ich Schnabelklappern genannt habe. Es könnte sich dabei um

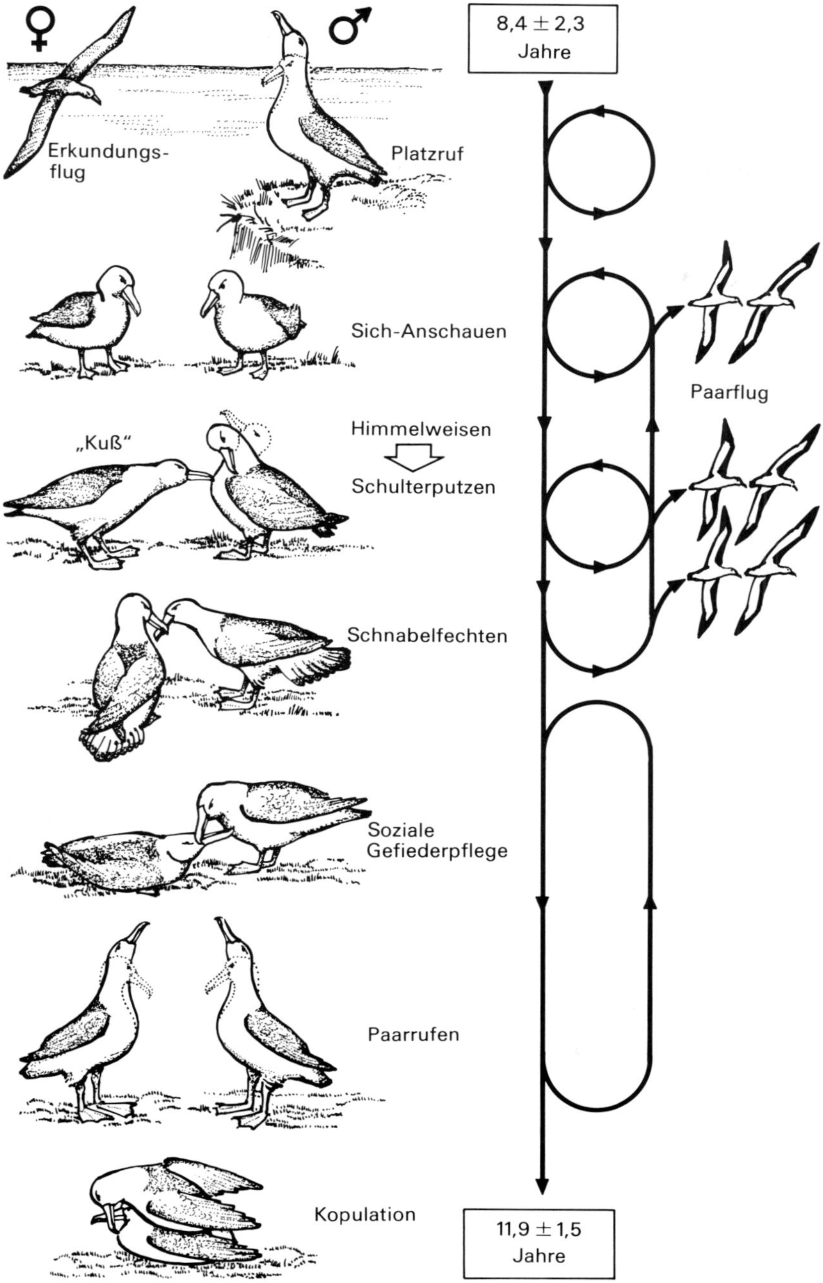

6.43 Idealisiertes Ablaufschema einer Balzparade des Albatros *Phoebetria fusca.* Die sich oftmals wiederholenden Zyklen und Unterbrechungen durch Paarflüge sind im rechten Teil der Graphik eingetragen. Aus P. Jouventin und H. Weimerskirch (1984)

eine ritualisierte Bettel- oder Gefiederpflegebewegung handeln. Am Ende zahlreicher Ansätze dazu, die auch zu Scheinkämpfen führen, berührt das Weibchen mit dem Schnabel das Gefieder des Männchens und beginnt es zu putzen. Das Männchen putzt das Weibchen ebenfalls. Es folgt Paarrufen, und nachdem sie sich an Körperkontakt gewöhnt haben, gestattet sie, daß er aufsteigt und sich mit ihr paart.

In Wirklichkeit ist der Ablauf der Parade keineswegs so regelmäßig. Gewisse Stellungen werden immer wieder wiederholt, man greift auf frühere Stellungen zurück; es ist offenbar die Wiederholung täglicher Sequenzen des Tanzes, der eine allmähliche Synchronisation herbeiführt.

Man fragt sich, weshalb das alles bei Albatrossen so kompliziert und langwierig abläuft. Der Grund dürfte die relativ geringe Nesttreue dieser Vögel sein, die nur alle zwei Jahre zum Brüten kommen und für die daher eine dauerhafte Partnerbindung gesichert werden muß. Die Aggressivität erfordert langes Werben, und die Partner investieren viel ineinander, so daß ein Partnerwechsel sich nicht lohnt. Wir werden für dieses Prinzip noch weitere Beispiele kennenlernen (S. 562).

Bei einigen Säugern nehmen die Männchen das umworbene Weibchen durch Duftmarkieren symbolisch in Besitz, sie schaffen gewissermaßen ein geruchliches Band. So schreiten Baumstachler *(Erethizon dorsatus)*, Agutis *(Dasyprocta aguti)* und Maras *(Dolichotis)* ihren Weibchen auf den Hinterbeinen entgegen und bespritzen sie gezielt mit Harn. Ähnliche Harnzeremonielle kennt man auch von Meerschweinchen und Kaninchen (Lit. bei I. Eibl-Eibesfeldt 1958). Als weibliche Gesten der Kontaktbereitschaft beobachten wir besondere Präsentierbewegungen (S. 209) der oft auffällig veränderten Genitalregion. Man kann schließlich den Partner an sich binden, indem man seine Aggression gegen einen Dritten aktiviert und ablenkt. Das geschieht unter anderem beim »Hetzen« der Enten (S. 205). Auch das Triumphgeschrei der Gänse, eine Grußgebärde im weiteren Sinne (S. 247), dürfte einen ähnlichen Ursprung haben.

c) Demutsgebärden, Grußzeremonien und andere Beschwichtigungsgebärden

Viele der eben besprochenen Werbezeremonielle sind Beschwichtigungsgebärden. Solche spielen auch in anderen Zusammenhängen eine große Rolle. Häufig beschwichtigt der Verlierer nach einem Kampfe den Sieger durch sogenannte Demutsgebärden, die meist das Gegenteil zur Drohstellung darstellen. Die Meerechse unterwirft sich z. B., indem sie sich flach vor den Sieger hinlegt, der daraufhin zu kämpfen aufhört und in Drohstellung wartet, bis der Besiegte das Feld räumt (S. 540). Die beschwichtigende

Funktion submissen Verhaltens hat unter anderem P. MARLER (1956a) für den Buchfinken gezeigt. Tiere, die sich unterwürfig verhalten, dürfen näher an einen Artgenossen heranrücken als solche, die sich in Drohhaltung befinden. Beschwichtigend wirken auch manche Lautäußerungen, etwa das Muckern der Iltisse (S. 187) und das Fiepen der jungen Ratte. Beißt eine Ratte eine andere im Spielkampf zu derb, dann fiept die gebissene, worauf die andere ihr zart das Fell kämmt. Die Paarungsnachspiele vieler Vögel lassen sich oft als Beschwichtigungszeremonien deuten, und schließlich dienen dieser Funktion zahlreiche Grußzeremonielle, aber nicht alle. Ganz allgemein wird durch Grußzeremonien ein Kontakt zu Artgenossen oft beiderlei Geschlechts hergestellt und erhalten.

Kehrt der flugunfähige Kormoran *(Nannopterum harrisi)* zum Nest und zu seinem Partner zurück, bringt er einen Seestern oder ein Büschel Tang als Gabe mit und überreicht sie seinem Partner, der sie ihm mit oft sehr aggressiven Bewegungen entreißt (Abb. 6.44). Man kann schon aus der Heftigkeit dieses Vorganges sehen, daß hier Aggressivität förmlich auf die Gabe gelenkt wird. Ein einfaches Experiment zeigt, daß das in der Tat so ist. Nimmt man dem ankommenden Kormoran unterwegs sein Geschenk weg, was leicht möglich ist, da die Tiere zahm sind, dann wird der ohne Geschenk Ankommende sofort von seinem Partner vertrieben (I. EIBL-EIBESFELDT 1965b).

Beschwichtigende Grußgebärden benützt das Seelöwenmännchen, um seine Herde zusammenzuhalten. Streiten zwei Weibchen, eilt der herrschende Bulle sofort herbei und drängt sich nach beiden Seiten grüßend zwischen die Streitenden, was diese beruhigt (I. EIBL-EIBESFELDT 1955b).

Störche begrüßen ihren Partner, indem sie den Kopf nach hinten auf den Rücken legen und klappern. Das ist wohl als demonstratives Wegkeh-

6.44 Das beschwichtigende Überreichen von Nestmaterial bei der Brutablösung des flugunfähigen Kormorans *(Nannopterum harrisi)*. Foto: I. EIBL-EIBESFELDT (Narborough-Galápagos)

a

b

c

6.45 Schimpansenbegrüßung: a) Das ankommende Weibchen präsentiert und wird vom Männchen zuerst an der Genitalregion, b) nachdem es sich umgedreht hat, am Gesicht berührt; c) es verbeugt sich »lachend«, und das Männchen beginnt mit sozialer Hautpflege. Sie bleibt allerdings auf eine symbolische Geste beschränkt. Foto: I. Eibl-Eibesfeldt (Tansania)

ren der Waffe zu deuten, da beim Drohen die Schnabelspitze auf den Gegner weist. Im Prinzip ist ja auch das Wegsehen der Möwen ein Verbergen der für den Kampf bestimmten Organe. Nur ist es dort in erster Linie ein Drohsignal, während hier die Waffe demonstrativ weggewendet wird. Das kennen wir auch von anderen Vögeln.

Bei Kontakttieren, die sich sehr gut kennen (Familien- und Rudelmitglieder), gilt auch körperliche Berührung als Gruß. Katzen grüßen durch »Köpfchengeben« (O. Antonius 1939, P. Leyhausen 1956). Hautpflegehandlungen drücken die soziale Kontaktbereitschaft sehr deutlich aus; sie wurden deshalb oft zu Grußzeremonien. Wir erinnern an das Grußzere-

6.46 Schimpansenbegrüßung durch Händegeben. Der Rangniedere hält die Hand mit nach oben gekehrter Handfläche bettelnd dem Ranghohen hin. Fotos: Jane und Hugo van Lawick-Goodall. Mit freundlicher Genehmigung des ›National Geographic Magazine‹

moniell des Mongozmaki. Schimpansen verfügen über mehrere Grußgebärden. Nach J. van Lawick-Goodall (1968) umarmen sie einander und küssen sich richtig mit Lippenkontakt, wenn sie einem Bekannten begegnen (S. 202). Die Umarmung ist wohl aus der kindlichen Klammerreaktion abzuleiten und somit infantiles Verhalten im Dienste der Gruppenbindung. Die Geste wirkt auf beide Partner beruhigend, und Goodall berichtet, daß große Männchen bei Angst selbst Schimpansenkinder umklammern und sich dabei beruhigen. Eine weitere beschwichtigende Grußgebärde ist das auch von Pavianen und anderen Affen ausgeübte sexuelle weibliche Präsentieren (Abb. 6.45 a–c), wobei das grüßende Tier dem Part-

6.47 Das Rütteln von *Tropheus moorii*, eine Beschwichtigungsgebärde wahrscheinlich sexuellen Ursprungs. Foto: W. WICKLER

ner das Hinterteil zuwendet. Männchen verwenden diese ursprünglich weibliche Gebärde ebenfalls (S. 209). Schimpansen geben sich ferner die Hände, ähnlich wie wir. Die Initiative geht vom Rangniederen aus, der in einer Bettelbewegung die nach oben offene Hand dem Ranghöheren reicht (Abb. 6.46). Auf diese ursprünglich wohl infantile Geste der Kontaktsuche (S. 583) reicht der Ranghohe seine Hand, was den anderen beruhigt. Rangniedere holen auf diese Weise auch das Einverständnis Ranghöherer ein, wenn sie z. B. in ihrer Gegenwart Futter von einer gemeinsamen Futterstelle holen wollen. Sie verbeugen sich ferner beim Grüßen (J. GOODALL 1965). Der sehr aggressive und dennoch in Gruppen lebende Buntbarsch *(Tropheus moorii)* beschwichtigt, indem er dem Angreifer einen gelben Farbgürtel vorweist, den er auch beim Laichen und Balzen anlegt. Dabei macht er die als »Rütteln« bekannte Bewegung, die auch eine Balz- und Ablaichbewegung ist (W. WICKLER 1965 e; Abb. 6.47).

Interessanterweise können Grußgebärden mitunter auch Elemente des Drohverhaltens enthalten. Nach E. TRUMLER (1959) gilt das für das Begrüßungsgesicht der Pferde; das Maulaufreißen und Mundwinkeldrohen ist deutlich aggressiv. Es wird jedoch durch die aufgerichteten Ohren »widerlegt«, denn diese sind beim wirklichen Drohen zurückgelegt (Abb. 6.48 a, b). Das Rossigkeitsgesicht der Stute ist aus der Drohmimik entstanden. Bei jeder Begegnung mit einem Artgenossen wird ja auch Aggression aktiviert. Umorientierte Drohbewegungen finden wir bei den Graugänsen, die mit Drohhälsen aneinander vorbeidrohen, als hätten sie einen gemeinsamen Feind vor sich (K. LORENZ 1963 a). Bei der Paarbildung kommt dem »Triumphgeschrei« eine besondere Rolle zu. Das Männ-

a b

6.48 a) Drohendes Böhmzebrafohlen; b) Begrüßungsgesicht beim Böhmzebra, Mimik wie beim Drohen, doch sind die Ohren aufgerichtet. Aus E. TRUMLER (1959)

chen führt zunächst Scheinangriffe auf Objekte aus, die es normalerweise meidet. Es kehrt danach »triumphierend« zu seiner Erwählten zurück und droht an ihr vorbei (Abb. 6.49). Stimmt sie in sein Triumphgeschrei ein, dann ist eine Verteidigungsgemeinschaft gegründet – die Voraussetzung für eine erfolgreiche Aufzucht der Brut (K. LORENZ 1943). Dieses Verhalten dient als Grußzeremonie auch weiterhin der Paarbindung. Die Halsbewegung der so grüßenden Gans gleicht formal der Drohbewegung und ist sicher von ihr abgeleitet. Das »Schnattern« des Triumphgeschreis geht jedoch, wie H. FISCHER (1965) zeigte, im Laufe der Jugendentwicklung aus dem Stimmfühlungslaut des Jungtieres hervor (S. 98). Dadurch und durch die Orientierung des Drohhalses wird diese Gebärde gewissermaßen entschärft, ähnlich wie die Drohmimik des Begrüßungsgesichtes der Pferde durch das Ohrenaufrichten. Obgleich sich das Triumphgeschrei sicher zum Teil von aggressiven Verhaltensweisen ableitet, hat es heute eine von der aggressiven Stimmung unabhängige Motivation (H. FISCHER 1965). Im Räb-Räb-Palaver der Enten und im Grußzeremoniell des weiblichen Gimpels steckt heute noch Aggression (K. LORENZ 1941, J. NICOLAI 1956).

6.49 Ablauf eines Triumphgeschreis bei der Graugans: Das Männchen stößt gegen den Feind (F) vor (1 und 2) und vertreibt ihn (3), wendet sich um und kehrt in Imponierhaltung rufend (rollend) zum Weibchen zurück (4), das ihm gleichfalls rollend entgegenkommt. Gemeinsames Rollen und Schnattern (5 und 6). Aus H. FISCHER (1965)

6.50 Aufrechthaltung und Vorwärtshaltung beim Drohgruß der Lachmöwe. Foto: N. Tinbergen

Zwei Drohgebärden, die Aufrechthaltung und die Vorwärtshaltung, sind Teil der Begrüßungszeremonie des Lachmöwenpaares (Abb. 6.50). Sie treten zunächst noch durchaus mit aggressiver Funktion auf. Das Weibchen wird wie ein Eindringling angegriffen und auch vertrieben. Bald jedoch ändert sich das Bild; sie darf bleiben, obgleich er weiterdroht, allerdings mit neuer Orientierung. Landet sie, dann grüßt er mit dem »langen Ruf«. Sie geht mit Vorwärtshaltung (gestrecktem Hals) auf ihn zu, der gleichfalls so antwortet. Aber zuletzt weisen sie nicht mit den Hälsen gegeneinander, sondern sie stehen parallel nebeneinander, ähnlich wie Graugänse beim Triumphgeschrei. Dann richten sie sich auf und sehen weg, eine schon erwähnte Beschwichtigungsgebärde. Das Ritual schleift sich im Laufe der Zeit mit der zunehmenden individuellen Bekanntschaft der Tiere immer mehr ab (G. Manley 1960).

Bei Rhesusaffen ist das Aufreiten des Männchens auf andere gleichen Geschlechtes nicht allein aggressive Drohung und Rangdemonstration, sondern innerhalb der Gruppe für beide Partner Ausdruck einer anerkannten Ordnung, die das Band festigt. Der Ranghöhere reitet meist zuerst auf, wird aber dann seinerseits anschließend oft vom Rangniederen bestiegen. C. Koford (1963 a) vergleicht solche Begrüßungen mit dem militärischen Salut.

Beim Kolkraben wird das Zeremoniell der Paarfütterung (S. 200) zunehmend flüchtiger. Anfangs füttern die Partner einander stets richtig, zuletzt jedoch nur noch gelegentlich, und meist bleibt es bei einem flüchtigen Umfassen des Schnabels. Man hat das auch als ontogenetische Ritualisierung bezeichnet, was mir nicht ganz zutreffend erscheint. Es müßte wohl erst nachgewiesen werden, daß mit der Vereinfachung des Verhaltens eine bessere Kommunikation erreicht und das Signal gewissermaßen verständlicher und wirksamer wird. Eine solche Ritualisierung scheint aber nicht vorzuliegen. Es sieht vielmehr so aus, als würde das Zeremoniell flüchtiger, entritualisierter – wohl weil sich die Tiere besser kennen und daher weniger Aggressionen zu beschwichtigen brauchen.

Der Mensch besitzt im Lächeln einen wichtigen Aggressionspuffer. Ein Lächeln entwaffnet, und es gibt Beispiele in Kriegsberichten, die zeigen, wie ein Lächeln einen Angriff hemmen kann. Jeder Reisende hat erfahren, wie ein Lächeln die Spannung zwischen Fremden löst. Man lächelt auch höflich, wenn man jemandem einen abschlägigen Bescheid erteilen muß, und man lächelt, wenn man sich entschuldigt. Aber das Lächeln hemmt nicht allein die Aggression eines anderen, es löst darüber hinaus auch freundliche Antworten aus. Bereits der Säugling lächelt und verstärkt damit das Band zu den Eltern. Bei Erwachsenen schlägt das Lächeln die Brücke zu völlig fremden Menschen. Man lächelt einander zu im Flirt wie auch beim freundlichen Gruß (S. 687, 694–700, 703–708).

Das Lächeln geht oft in Lachen über, das daher oft als Steigerungsstufe des Lächelns aufgefaßt wird. Es ist aber sicher nicht allein als solches zu deuten. Vielmehr treten weitere Komponenten hinzu. Man öffnet z. B. den Mund und stößt rhythmische Laute aus. J. A. AMBROSE (1963) deutet das Lachen als ein ambivalentes Verhalten, das den gleichzeitig erweckten Tendenzen der Zuwendung und der Abwendung seine Entstehung verdanke. Leichtes Kitzeln löst beim Baby Zuwendung, starkes Kitzeln Abwendung aus. Bei mittelstarken Reizen lacht es. Das gilt auch für andere Reize, wie plötzliche Überraschung, Buh-Rufe und dergleichen mehr, die auch wohldosiert geboten werden müssen, wenn sie ein Kind zum Lachen bringen sollen. Auch sieht AMBROSE im Lachen gewisse Ähnlichkeiten mit dem Weinen, einer abweisenden Gebärde also. K. LORENZ (1963 a) hält das Lachen für eine zur Begrüßungszeremonie gewordene Drohbewegung, wofür ja auch das Zähnezeigen spricht. N. BOLWIG (1964) deutet es als ritualisiertes Zubeißen*. Es ist ziemlich sicher, daß im Lachen Aggression steckt. Die rhythmische Lautäußerung erinnert an ähnliche Lautäußerungen, mit denen viele Primaten einer Gruppe gemeinsam gegen einen Feind drohen (»hassen«). Ein solches gemeinsames Drohen verbindet die Mitglieder einer Gruppe, und es fällt bei einer Untersuchung des Lachens auf, daß hier in ähnlicher Weise zwischen Gruppenmitgliedern ein starkes Band geschaffen wird. Außerhalb der Gruppe Stehende berührt ein solches Lachen eher unangenehm, ja, wenn es den Charakter des Auslachens trägt, wirkt es ausgesprochen aggressiv, herausfordernd. Lachen scheint in seiner ursprünglichen Funktion *gegen* Dritte zu verbinden. Beim Lächeln

* Spielerische Zubeißintention.

a b

6.51 a) Stummes Zähnezeigen (silent bared teeth display) und b) Zähnezeigen mit Kreischen (bared teeth scream) eines unterwürfigen Javaneraffen *(Macaca irus).* Aus J. A. VAN HOOFF (1971)

dagegen ist die aggressive Komponente durch das weniger ausgeprägte Zähnezeigen und den Wegfall der Lautäußerungen zur rein beschwichtigenden Kontaktgebärde geworden. Lächeln und Lachen haben eine gemeinsame Wurzel, scheinen jedoch in verschiedener Weise ritualisiert.

Die Untersuchungen von J. A. VAN HOOFF (1971) haben die Homologa zum Lächeln und Lachen bei verschiedenen Primaten aufgedeckt. Auch er unterscheidet die beiden Ausdrucksbewegungen als nicht nur intensitätsverschieden. Dem Lächeln homolog erweist sich das »silent bared teeth display« (stummes Zähnezeigen), das Submission anzeigt und das bei starker Angst als »vocalised bared teeth display« (lautes Zähnezeigen) auftritt (Abb. 6.51). Letzteres ist alt, da wir in Verteidigungssituationen dieses Verhalten auch bei niederen Säugern beobachten können. Fauchen und Zischen untermalen den Gesichtsausdruck. Beim Schimpansen stellte HOOFF drei Formen des stummen Zähnezeigens (silent bared teeth display = sbt) fest. Ein freundlich gestimmter zeigt einem ebensolchen Partner die Zähne mit offenem Mund (open mouth sbt); (Abb. 6.52a, b). Das vertikale stumme Zähnezeigen (vertical sbt) machen ranghohe, wenn sie kleinere beruhigen wollen. Das horizontale stumme Zähnezeigen (horizontal sbt) ist angstmotiviert. Rangniedere Schimpansen beschwichtigen so ranghohe, die aggressive Neigungen zeigen.

Die Entwicklung des Lachens beginnt mit dem Spielgesicht (play face), das auch beschreibend entspanntes Mundoffengesicht (relaxed open mouth display) genannt wird (Abb. 6.53). Der Ursprung dieses Ausdruckes ist nicht ganz klar. Er kann sich von freundlichen Beißintentionen ableiten, die signalisieren, die Balgerei sei nicht ernst gemeint. Damit wäre eine aggressive Wurzel gegeben. Die Spielbeißintention ist jedoch nur eine Kompo-

6.52 a) Ein Schimpansenweibchen zeigt das Mundoffengesicht (open mouth bared teeth display), bevor es sein Kind umarmt. Aus J. A. VAN HOOFF (1971)

6.52 b) Zwischenartliches Spiel. Der Schimpanse in der aktiven Rolle zeigt das entspannte Mundoffengesicht (relaxed open mouth display), begleitet von Ah-ah-Lauten. Der eher passive Junge lacht. Aus J. A. VAN HOOFF (1971)

a b

6.53 a) Zwei sich spielerisch balgende Javaneraffen. Der dem Beschauer zugewandte zeigt das entspannte Mundoffengesicht; b) zeigt den gleichen Ausdruck in Profilansicht. Aus J. A. van Hooff (1971)

nente des Lachausdruckes. Die rhythmischen Lautäußerungen dürften, wie gesagt, vom Gruppendrohen (Hassen) abzuleiten sein. In Hooffs Übersicht (Abb. 6.54) führen die beiden für Lächeln und Lachen getrennt beginnenden Linien beim Menschen in konvergenter Entwicklung zusammen. Ich glaube jedoch, daß dies nur durch die zahlreichen möglichen Überlagerungen vorgetäuscht ist. Man kann wohl auch reines intensives Lächeln und reines intensives Lachen unterscheiden, und beides sieht dann doch recht verschieden aus.

Sowohl der Kontaktaufnahme als auch der Erhaltung einer Bindung zwischen befreundeten Partnern dient eine ganze Reihe von Grußzeremonien des Menschen, die zu denen der Tiere eine Reihe funktioneller Analogien aufweisen. Von ihrer beschwichtigenden Funktion kann sich jeder leicht selbst überzeugen, indem er etwa eine Woche lang seine nächsten Angehörigen und Freunde nicht grüßt. Es ist überraschend, wie schnell sich die nicht abgepufferte Aggressivität gegen ihn wendet. Als menschliche Grußgebärden dienen u. a. neben dem Lächeln auch Gesten der symbolischen Unterwerfung. Man verbeugt sich oder nickt mit dem Kopf, und zwar in Japan genauso wie hier in Europa. Man entblößt sein Haupt und legt die Waffen ab, bezeugt also Vertrauen, indem man sich seines Schutzes entledigt.

Weit verbreitet ist der Gruß mit der erhobenen offenen Rechten. Die

Schom Pen auf Groß-Nicobar, die noch keinen Kontakt mit Europäern hatten, grüßten uns mit dieser Geste ebenso wie die noch recht unberührten Karamojos in Ostafrika (S. 711).

Gelegentlich grüßt man auch mit der Waffe, die man dann demonstrativ wegwendet bzw. in eine ungefährliche Stellung bringt, z. B. beim Präsentieren des Gewehrs. Wer mit einem Speer grüßt, hält einem nicht die Spitze vor den Bauch. Die vorhandenen kulturellen Unterschiede betreffen nicht das Prinzip. Im übrigen sind die Grußzeremonielle in charakteristischer Weise auch nach Geschlecht und Rang abgewandelt, was noch im einzelnen untersucht werden muß.

Sehr häufig übergibt man Geschenke (Blumenstrauß), und zwar scheint das vor allem dann erforderlich, wenn man als Besucher ein fremdes Revier (Wohnung) betritt. Offenbar bedarf es da stärkerer beschwichtigender Gebärden. Versäumt man diese Formalität, so wird dies als unhöflich ausgelegt, und man spürt die unbeschwichtigte Aggression als Verstimmung.

Auch beim Menschen wurden bisweilen Droh- zu Grußgebärden. Wie beim »Hetzen« (S. 205) steckt auch im Lachen in seiner *ursprünglichen Funktion* ein gemeinsames und daher verbindendes Drohen gegen einen Feind (S. 247). Man bekundet die Bereitschaft, ihn gemeinsam anzugreifen. Der Gruß mit der erhobenen Faust ist dafür ein weiteres Beispiel. Die verbindende Funktion gemeinsamen Drohens wird schließlich bei allen Truppenparaden deutlich.

Zum Grüßen gehört schließlich noch der *Abschied*, der ebenfalls genauer untersucht werden müßte. Seine Funktion liegt wohl in der Bestärkung der Bindung für die Zukunft. Es spielt aber möglicherweise noch eine andere Komponente hinein. Wer sich von jemandem entfernt, begibt sich in Gefahr, durch seine Abkehr die bis dahin gehemmte Aggression des Partners zu enthemmen. Wer unter vielen Bücklingen rückwärtsgehend das Zimmer verläßt, hat wahrscheinlich auch Angst. Eine funktionelle Parallele dazu finden wir in den oft sehr komplizierten beschwichtigenden *Paarungsnachspielen* vieler Vögel, in denen neben Elementen des Imponiergehabens Verhaltensweisen der Beschwichtigung deutlich werden (Abb. 6.55). Nach K. LORENZ (mündl.) neigen Eiderenten dazu, nach der Paarung aggressiv zu werden. Die bis dahin durch den Sexualtrieb unterdrückte Aggression wird offenbar befreit (siehe S. 308) und muß beschwichtigt werden, damit der Paarzusammenhalt nicht gefährdet ist.

Einen richtigen Abschied meinte ich dagegen, würde es bei Tieren nicht geben. Mittlerweile allerdings beschrieb F. DE WAAL (1984) von Schimpansen dem menschlichen Abschied durchaus Vergleichbares: Eine Schimpansin, die als Ziehmutter für ein Gorillababy diente, wurde dazu jeden Nachmittag von ihrer Gruppe weg in einen Raum gerufen, um dem Gorillababy

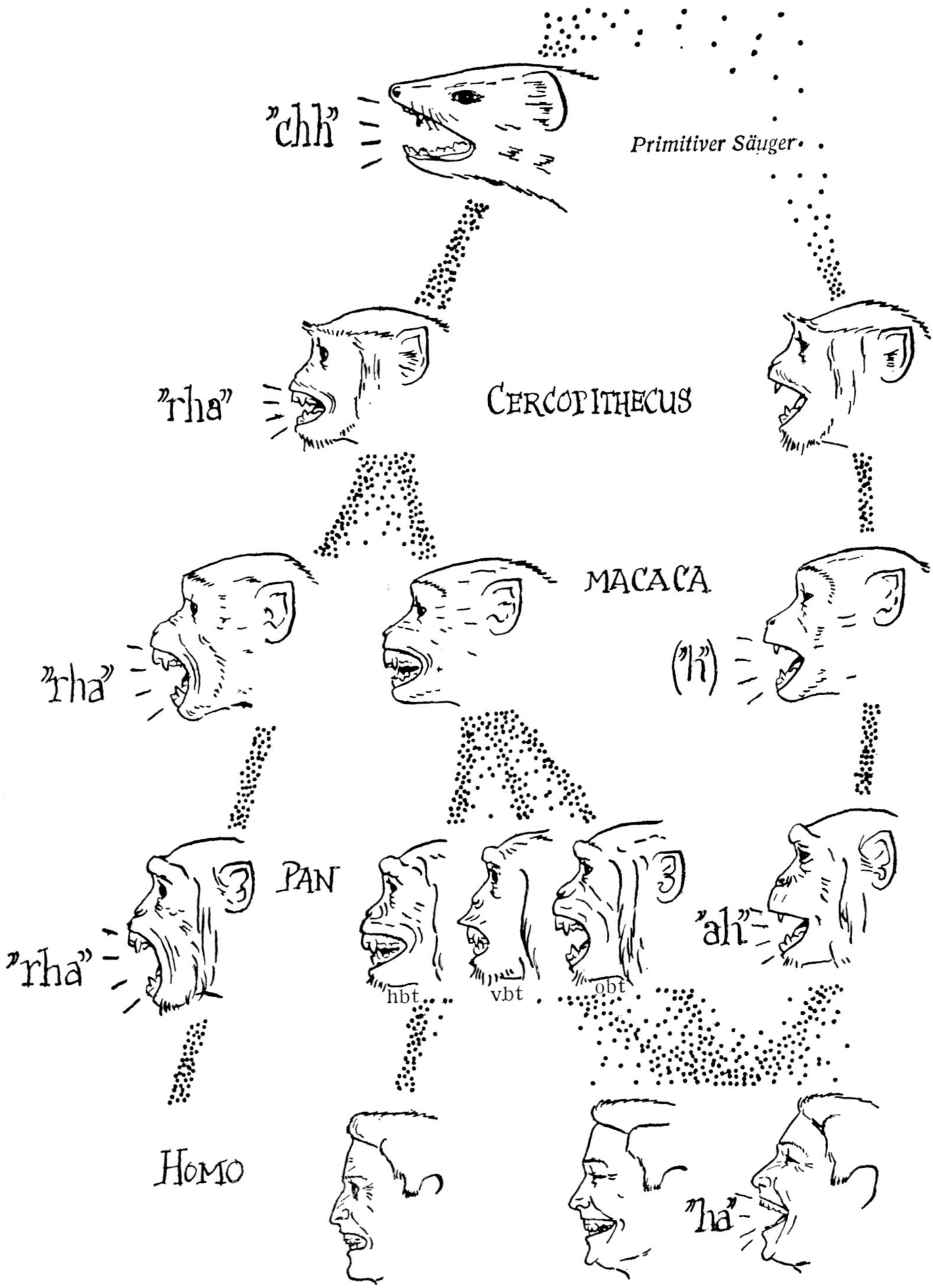
"chh"
Primitiver Säuger
"rha"
CERCOPITHECUS
MACACA
"rha"
("h")
PAN
"rha"
"ah"
hbt
vbt
obt
HOMO
"ha"

6.54 Die stammesgeschichtliche Entwicklung von Lächeln und Lachen nach J. A. VAN HOOFF (1971). Links die Entwicklungslinie, die zum stummen Zähnezeigen (silent bared teeth display) und zum Zähnezeigen mit Kreischen (bared teeth scream) führt. Das stumme Zähnezeigen ist anfangs eine unterwürfige, später eine freundliche Reaktion. hbt = horizontal silent bared teeth display; vbt = vertikal sbt display; obt = open mouth sbt display. Rechte Seite: die Entwicklungslinie, die vom entspannten Mundoffengesicht (play face, relaxed open mouth face) als Spielsignal zum Lachen führt. Aus J. A. VAN HOOFF (1971)

---

das Fläschchen zu geben. Bevor sie ging, umarmte und küßte sie regelmäßig die beiden ranghohen Gruppenmitglieder Yeroen und Mama. Manchmal mußte sie dazu einen größeren Umweg machen. »The only explanation seems to be that she is saying goodbye, because she can see ahead to the separation« (F. DE WAAL 1982, S. 192).

d) Stimmfühlungslaute und andere den Zusammenhalt herstellende und erhaltende Signale

Tiere eines Verbandes stehen untereinander oft in stimmlichem Kontakt, so z. B. die Mitglieder eines Dohlen- oder Bartmeisenschwarms, ebenso Männchen und Weibchen vieler Vogelpaare, des Pincheäffchens oder die Mutterfamilie des Eichhörnchens. Diese im Dienste der Gruppenbindung stehenden Lautäußerungen bezeichnet man als Stimmfühlungslaute. Viele Tiere lernen die Stimme ihres Partners sogar individuell kennen. Wir erwähnten schon die Raben und Schamadrosseln. Seelöwen und Schafe erkennen ihre Jungen individuell an der Stimme, und nur diese

6.55 Paarungsnachspiel der Streifengans. Foto: H. KACHER

individuelle Bekanntschaft bindet sie. Seelöwen greifen jedes Junge an, das nicht ihr eigenes ist (I. EIBL-EIBESFELDT 1955 b). Junge Trottellummen *(Uria aalge)* erkennen ihre Eltern an der Stimme. Sie reagieren nur auf die Lockrufe und nicht auf andere Lautäußerungen der Eltern. Die Lockrufe fremder Altvögel beantworten sie nicht. Die Alten antworten ihrerseits bereits auf das im Ei rufende Junge. Ob sie es bereits in diesem Stadium an der Stimme erkennen, ließ sich nicht feststellen, da sie bereits das Ei am Aussehen erkennen und fremde nicht annehmen (B. TSCHANZ 1965, 1968).

Bei einigen Vögeln entwickelten sich Wechsel- und Duettgesänge, die der Paarbindung dienen, so bei den australischen Honigfressern *(Meliphagidae)* und einigen afrikanischen Würgern. Beim Honigfresser *(Acanthagenys rufogularis)* sitzen die Geschlechtspartner nebeneinander; einer trägt eine Strophe vor, und sowie er endet, setzt sein Partner ein. Andere Arten singen gleichzeitig und überraschend synchron ihre Duette. Ihre höchste Stufe erreichen die Duette in den antiphonischen Gesängen afrikanischer Würger. Bei *Laniarius aethiopicus* beherrschen beide einen Gesang, den jeder auch allein singen kann. Die Ehepartner singen jedoch oft nur bestimmte Teile der Strophen abwechselnd, und zwar so perfekt aufeinander abgestimmt, daß man nicht ohne weiteres bemerkt, daß hier zwei Vögel an einer Melodie zusammenwirken. Wir beobachten solche Duette vor allem bei Vögeln, die in dichten Wäldern leben (K. IMMELMANN 1961, W. THORPE und M. NORTH 1965). Derartige Duette sind konvergent auch bei dauermonogamen Nichtsingvögeln entwickelt worden, z. B. bei Bartvögeln *(Trachyphonus)*, die zur Spechtverwandtschaft gehören (H. ALBRECHT und W. WICKLER 1968). Es gibt also ein Band gemeinsamer gruppenbindender Signale, das keine persönliche Bekanntschaft voraussetzt, und eines, das auf persönlicher Bekanntschaft beruht. Das gilt auch für geruchliche Signale, die bei vielen Säugern als gruppenvereinende Merkmale dienen. Wanderratten, Bienen und viele andere gesellige Tiere erkennen einander an einem Rudel- bzw. Stockgeruch, ohne sich deswegen individuell zu kennen (S. 592). Seelöwen dagegen erkennen einander individuell.

Damit ein Verband auch zusammenbleibt, ist es zweckmäßig, daß seine Mitglieder zur gleichen Zeit auch etwa das gleiche tun. Ein Vogelschwarm könnte z. B. nie zusammenbleiben, wenn jeder etwas anderes täte, der eine etwa schliefe, der andere fräße und wieder andere gerne flögen. Vielfach beobachten wir, daß Fressen ansteckend wirkt: Frißt einer, tun es auch die anderen. Oft sind auch eigene, der Stimmungsübertragung dienende Ausdrucksbewegungen entwickelt worden. Graugänse in Abflugstimmung beginnen zu wandern, schütteln den Kopf bei gestrecktem Hals und rufen dazu. Fangen einige aus einer Schar damit an, fallen alsbald auch andere ein. So kommt es schließlich zum gemeinsamen Aufbruch. Bei uns hat das Gähnen eine ähnlich ansteckende, schläfrig machende Wirkung.

Das hat u. a. KARL VON DEN STEINEN beschrieben, der als erster Europäer den Kontakt mit den zentralbrasilianischen Bakairi aufnahm. »Wurde es ihnen mit dem Geplauder zuviel, so gähnte alles aufrichtig und ohne die Hand vor den Mund zu halten. Daß der wohltuende Reflex auch hier ansteckte, ließ sich nicht verkennen. Dann stand einer nach dem anderen auf, und ich blieb allein mit meinem Dujour« (K. VON DEN STEINEN 1894, Neudruck 1917, S. 183). Die stimmungsübertragende Wirkung des Gähnens hat mittlerweile R. R. PROVINE (1986) genauer untersucht.

Dem Zusammenhalt dienen ferner alle jene Signale, die einen Artgenossen auf der Flucht mitreißen, etwa die Spiegel des Rehwildes und vieler Antilopen.

6.2.1.2 Mitteilungen über die außerartliche Umwelt

a) Warn- und Notrufe

Häufig haben sich Warnrufe entwickelt, die den Artgenossen auf einen Freßfeind aufmerksam machen. Ziesel *(Citellus citellus)* und Murmeltier *(Marmota marmota)* rufen, bevor sie vor einem Freßfeind flüchten, und viele Vögel tun es ebenfalls. Das warnt erwiesenermaßen Artgenossen.

Noch im Ei verstummen Hühnerküken und stellen ihre Kratzbewegungen ein, wenn sie von draußen den Hühnerwarnlaut hören (E. BAEUMER 1955), während Silbermöwenküken alle Rufe von außen lebhaft beantworten, auch den Möwenangstlaut (F. GOETHE 1955). Limicolenküken kennen ebenfalls die Bedeutung des Warnlautes nicht und müssen ihn erst mit dem Flugbild des Luftfeindes verbinden lernen (O. v. FRISCH 1958).

Gesellige Wassertiere warnen auf chemischem Wege durch Schreckstoffe. Nimmt z. B. die Schnecke *Heliosoma nigricans* den Quetschsaft eines Artgenossen wahr, dann vergräbt sie sich im Schlamm (W. KEMPENDORFF 1942). Elritzen und viele andere gesellige Friedfische flüchten, wenn sie einen Stoff aus der Haut verletzter Artgenossen wahrnehmen (K. v. FRISCH 1941, W. PFEIFFER 1960, 1963, F. SCHUTZ 1956). Gleiches gilt für die im Schwarm ziehenden Kaulquappen der Erdkröte (I. EIBL-EIBESFELDT 1949, E. KULZER 1954).

Weißfische (*Pimephales promelas*) assoziieren die Wahrnehmung des Schreckstoffes mit dem Anblick eines ihnen nicht bekannten Fisches, den sie so fürchten lernen. Sie erlernen dabei schneller, einen Hecht als einen Goldfisch zu fürchten, was auf eine angeborene Lerndisposition hinweist

(D. P. CHIVERS und R. J. F. SMITH 1994). (Über Alarmpheromone der Insekten siehe S. 157.)

Oft reagieren die Artgenossen auf den Notschrei eines vom Feind Ergriffenen. Junge werden dabei selbst gegen Artgenossen verteidigt. Mit dem Pfleger befreundete Affen (Paviane, Rhesusaffen, Schimpansen) greifen diesen geradezu blindlings an, wenn ein von ihm ergriffener Artgenosse ruft (W. KÖHLER 1921, S. ZUCKERMANN 1932). Das geht so automatisch, daß z. B. Seeschwalben einem fremden Küken zu Hilfe eilen, es aber dann selbst angreifen (K. LASHLEY 1915).

b) Die Tanzsprache der Bienen

Durch die sorgfältigen und richtungweisenden Untersuchungen von K. v. FRISCH (letzte Zusammenfassung 1965) wissen wir, daß Honigbienen ihren Stockgenossinnen durch besondere Tänze die Richtung und Entfernung einer Futterquelle melden können.

Die heimkehrende Biene beginnt auf der Wabe in ganz bestimmter Weise zu tanzen. Befindet sich die Futterstelle in der Nähe des Stockes, dann macht die Biene einen *Rundtanz*, der keinerlei Richtungsweisung enthält. Neulinge werden durch diesen Tanz alarmiert und suchen dann nach allen Seiten die Umgebung des Stockes ab. Sie suchen nach dem Duft, den die Tänzerin von der Futterstelle mitbrachte. Liegt die Futterstelle dagegen mehr als 25 m vom Stock entfernt, dann tanzt die Biene anders: Mit dem Hinterleib schwänzelnd, läuft sie eine kurze Strecke geradeaus und betont diese Schwänzelstrecke durch ein schnarrendes, mit den Flügeln erzeugtes Geräusch. Dann wendet sie sich nach einer Seite und läuft, ohne zu schwänzeln, im Bogen wieder zum Ausgangspunkt, wo sie mit ihrem geradlinigen Schwänzellauf erneut beginnt. Sie läuft dabei wieder in die gleiche Richtung wie zuvor, nur macht sie die Wendung diesmal nach der Gegenseite (Abb. 6.56) und so fort. Ein Teil der Bienen wird durch diesen *Schwänzeltanz* erregt und folgt der Vortänzerin. Sie nehmen dabei den Geruch der Blüten wahr, die diese gerade besucht hat. Darüber hinaus erfahren sie auch, in welcher Entfernung und in welcher Richtung sie zu suchen haben. Ist die Futterstelle nahe beim Stock, dann ist die gerade und schwänzelnd durchlaufene Strecke nur kurz, und die Schwänzelläufe folgen daher rascher aufeinander. Daraus errechnen die Bienen die Entfernung zum Futterplatz. Einem geübten Beobachter gelingt das mit einer Stoppuhr ebenfalls.

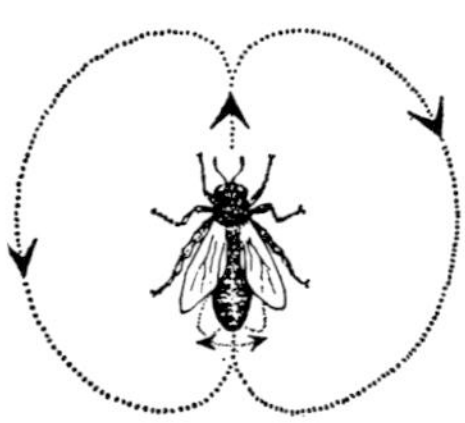

6.56 Der Schwänzeltanz der Honigbiene. Nach K. v. FRISCH (1959)

Auch die Windgeschwindigkeit und Windrichtung gehen in das Tanztempo ein. Bei Gegenwind tanzen die Bienen langsamer, melden also eine

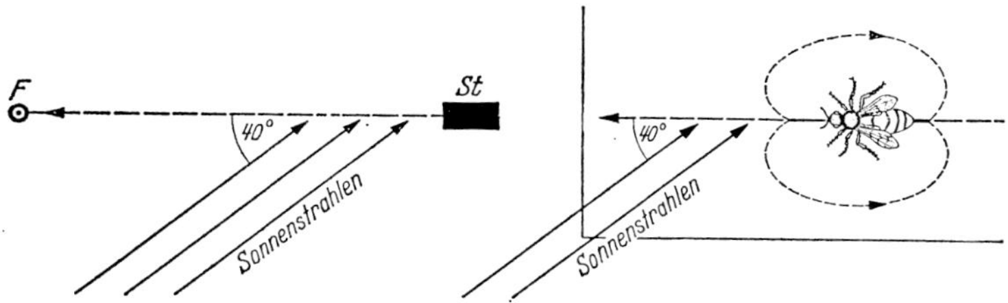

6.57 Die Richtungsweisung nach dem Sonnenstand beim Tanz auf horizontaler Fläche: St = Stock, F = Futterplatz, – – – – = Flugrichtung zum Sammelplatz; rechts: der Schwänzeltanz auf horizontaler Fläche. Aus K. v. FRISCH (1959)

größere Entfernung. Ebenso verhalten sie sich, wenn sie einen Steilhang hinauf zur Futterquelle geflogen sind. Die Entfernungsmeldung bezieht sich offenbar weder auf die wirkliche Entfernung noch auf die Flugdauer, sondern auf den Kraftaufwand, den die Bienen benötigen, um das Ziel zu erreichen. Das geben sie durch die Schwänzelzeit bekannt, die zur besseren Markierung durch die obenerwähnten Lautäußerungen betont wird.

Weitere Untersuchungen von H. ESCH (1967) weisen darauf hin, daß den Lautäußerungen eine etwas größere Bedeutung zukommt, als bisher angenommen wurde. Gelegentlich tanzen heimkehrende Honigbienen auf der Wabe ohne Lautäußerungen. ESCH hat 15 000 solcher Tänze beobachtet, und in keinem Fall führte der stumme Tanz die anderen Arbeiterinnen zur Futterstelle.

Die Richtung wird in Bezug zur Sonnenrichtung mitgeteilt. Tanzt die Biene, was sie nur selten tut, vor ihrem Stock, kann man die Methode der Informationsübermittlung beobachten. Die gerade Strecke des Schwänzeltanzes hält nämlich denselben Winkel zur Sonne ein, den die Biene beim geradlinigen Flug zur Futterquelle eingehalten hat (Abb. 6.57). Das tut die Biene auch, wenn man die Waben des Stockes horizontal legt und sie die Sonne sehen kann. Auch dann weist die gerade durchlaufene Strecke direkt zum Ziel. Verdeckt man aber den Ausblick zur Sonne, sind die Bienen desorientiert, und die alarmierten Neulinge finden dann nur zufällig zum Futterplatz. Hatte K. v. FRISCH bei diesem Versuch vier Duftplatten in jeder Himmelsrichtung um den Stock ausgelegt, dann wurden sie von den Neulingen gleichmäßig besucht. Tanzten die Sammlerinnen dagegen bei Sonnensicht auf den horizontal liegenden Waben, dann konnten sie die Richtung weisen, und die alarmierten Neulinge bevorzugten eine der Duftplatten. Normalerweise tanzt die Biene jedoch auf den vertikalen Waben im dunklen Stock. In diesem Falle wird der Winkel zur Sonne als Winkel zur Schwerkraft übersetzt (Abb. 6.58). Lag der Futterplatz in der Richtung zur Sonne, dann weist der geradlinige Schwänzellauf nach oben. War der Platz genau 50° links von der Sonne, weicht der Schwänzellauf

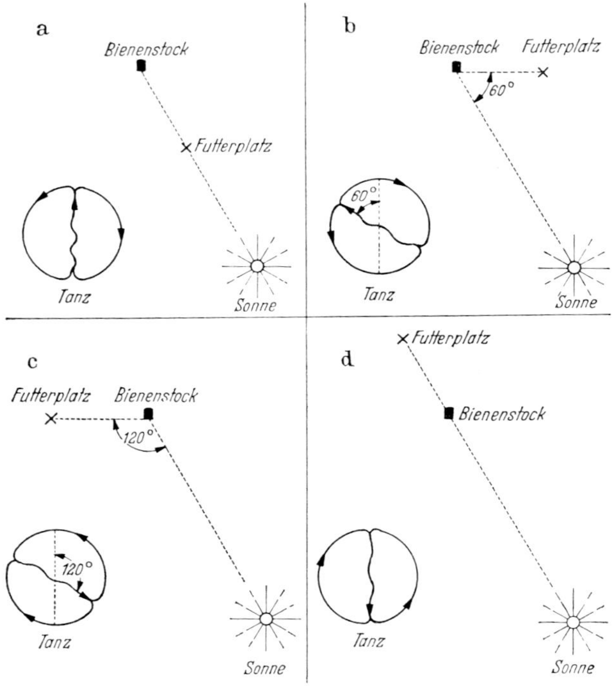

6.58 Die Richtungsweisung nach dem Sonnenstand beim Tanz auf der vertikalen Wabenfläche. Links ist jeweils dargestellt, wie bei der gegebenen Lage des Futterplatzes der Tanz auf der Wabe orientiert ist (nähere Erläuterungen im Text). Aus K. v. FRISCH (1959)

um 50° nach links von der Vertikalen ab. Führte der Kurs von der Sonne weg, läuft die Biene beim Schwänzellauf nach unten. Dieses Transponiervermögen zeigt interessanterweise auch der Mistkäfer, der nicht tanzt. Läßt man ihn auf einer Ebene laufen, hält er einen bestimmten Winkel zur künstlichen Lichtquelle ein; kippt man dann die Ebene, so daß sie vertikal steht, und beleuchtet die Lauffläche nur mehr diffus von oben, so übersetzt der Käfer seinen Laufwinkel genau wie die Biene in einen Winkel zur Schwerkraft (G. BIRUKOW 1953). Wozu er das kann, weiß man nicht. Doch zeigen auch andere Insekten dieses Transponiervermögen.

Ameisen übersetzen ebenfalls den Laufwinkel zum Licht in einen Winkel zum Lot, wenn man den horizontalen Versuchstisch in die Vertikale kippt und gleichzeitig das Licht auslöscht. Allerdings sind sie großzügiger als die Mistkäfer oder Bienen. Betrug ihr Winkel etwa 20° nach rechts von der Sonne, dann halten sie nun einen Winkel von 20° zum Lot ein, allerdings können sie rechts oder links von der Richtung der Schwerkraft laufen und ebenso nach oben oder nach unten. Das Marienkäferchen setzt schon die Richtung zum Licht mit einer Richtung nach oben gleich, kann aber ebenfalls nach links oder rechts laufen, während der Mistkäfer wie die Biene transponiert, mit dem Unterschied, daß er die Richtung zum Licht mit der Richtung nach unten identifiziert. G. BIRUKOW (1956) bemühte sich um eine Deutung dieser Phänomene. Eine Verkettung von Licht und Schwereeinstellung, die unter natürlichen Bedingungen vorkommt und biologisch einleuchtend ist, finden wir bei den Hummeln. Beim Ausflug sind sie positiv phototaktisch gestimmt. Versetzt man sie auf ihrem Weg ins Freie plötzlich in Dunkelheit auf eine vertikale Fläche, dann streben sie nach oben, wie sie aus dem dunklen Erdnest auch ins Freie laufen würden. Umgekehrt sind sie auf dem Heimflug negativ phototaktisch und kriechen ins Dunkle. In Dunkelheit auf eine vertikale Fläche gesetzt, streben sie nach unten. Am Boden werden sie so zum Nest geführt (U. JACOBS-JESSEN 1959).

Würden die Bienen bei ihrer Richtungsweisung stets den zu Beginn angezeigten Winkel zur Sonne anzeigen und einhalten, dann würde sie das schließlich in die Irre führen, da ja die Sonne wandert und sich der Winkel damit in gesetzmäßiger Weise ändert. VON FRISCHS Versuche zeigen nun, daß die Bienen diese Sonnenwanderung auf Grund einer noch nicht näher bekannten Verrechnungsart kompensieren. Voraussetzung für diese Fähigkeit ist jedoch, daß sie die Sonnenwanderung einmal erleben. Aus ihr müssen sie offenbar lernen. Bienen, die in ihrem Leben nur einige Male die Sonnenwanderung an Nachmittagen sehen konnten (die übrige Zeit befand sich der Stock in einem Keller), erfaßten dennoch den vollen Tageslauf. Prüfte man sie danach am Vormittag im Tageslicht, irrten sie sich nicht in der Dressurrichtung.

Bei Umwegen tanzen die Bienen die Luftlinie, geben aber die Länge des Umweges an. Die Tänze sind den Tieren angeboren. Es gibt verschiedene Dialekte. Die ägyptische Honigbiene beginnt bereits mit Schwänzeltänzen, wenn die Futterstelle weiter als 10 m vom Stock entfernt ist, die Krainer Rasse dagegen erst bei 50–100 m. Sie ist zugleich die am schnellsten tanzende Rasse.

Daß dieses Tanzverhalten der Sammelbienen von den anderen Arbeitern (Neulingen) auch verstanden wird, ermittelte K. v. FRISCH durch Stufen- und Fächerversuche. Bei den Stufenversuchen wurden gezeichnete Bienen an einem bestimmten Futterplatz, der mit einem bestimmten Duft gekennzeichnet war, angefüttert. Zum Test wurden dann in gleicher Richtung, aber in verschiedener Entfernung, Duftplatten ohne Futter ausgelegt, und es wurde ausgezählt, wie viele Neulinge sich auf den Duftplatten und an der Futterstelle eingestellt hatten. Die Mehrzahl fand sich richtig am Futterplatz ein (Abb. 6.59), woraus K. v. FRISCH folgerte, daß die Neulinge die Entfernungsangabe im Tanz zu lesen verstanden.

Bei den Fächerversuchen (Abb. 6.60) dressierte v. FRISCH markierte

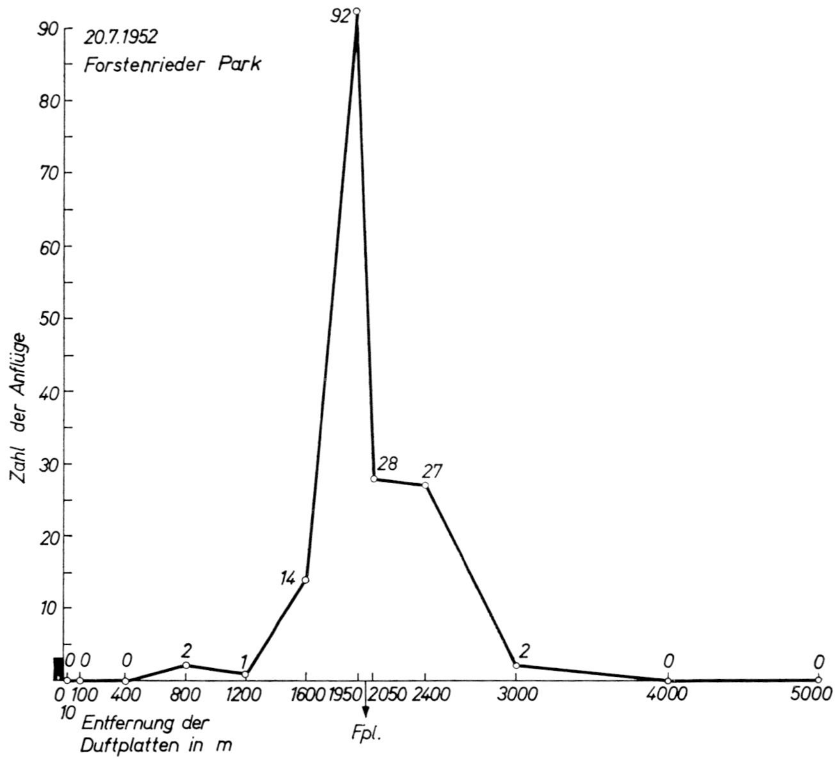

6.59 Ergebnis eines *Stufenversuches.* An einem Duft-Futterplatz (Fpl) 2000 m vom Stock wurden gezeichnete Bienen gefüttert. In gleicher Richtung, aber verschiedener Entfernung waren Duftplatten ohne Futter ausgelegt. Die Höhe der Kurvenpunkte und die beigefügten Zahlen geben an, wie viele alarmierte Bienen (Neulinge) sich während der dreistündigen Versuchszeit auf die betreffende Duftplatte gesetzt haben. Aus K. v. Frisch (1961)

Bienen auf einen 250 m vom Stock entfernten Futterplatz, und zwar mit einer schwachen Zuckerlösung, so daß sie im Stock nicht oder kaum tanzten und daher auch kaum Neulinge alarmierten. Zum Versuch wurden näher am Stock in etwa 200 m Abstand in Winkelabständen von 15° sieben Duftplatten ohne Futter aufgelegt. Nun wurde auch am Futterplatz der Duft der Duftplatten geboten, und zugleich wurde mit starker Zuckerlösung gefüttert. Jetzt tanzten die dressierten Bienen, und die Zahl der Neuankömmlinge an den verschiedenen Duftplatten ließ erkennen, in welcher Richtung sie suchten. Ankömmlinge an der Futterstelle selbst wurden nicht gezählt, weil die gezeichneten Bienen dort von ihrem Duftorgan Gebrauch machen und damit eine zusätzliche Lockwirkung ausüben.

Wie Abb. 6.60 als Beispiel zeigt, fanden sich die meisten Neulinge auf der Duftplatte ein, in deren Verlängerung die Futterstelle lag.

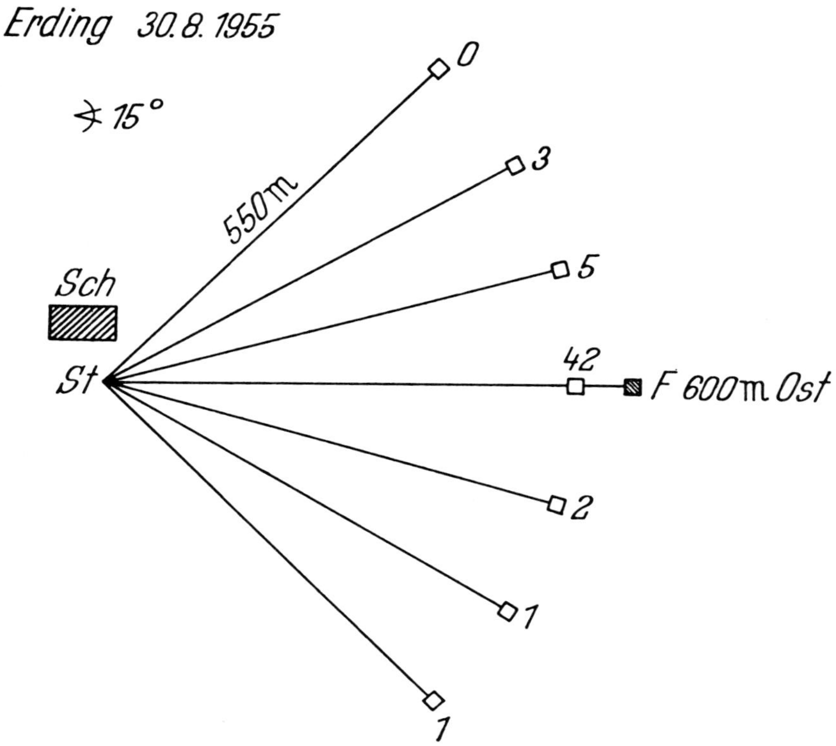

6.60 Ergebnis eines *Fächerversuches* (27. 9. 1949). Am Futterplatz (F) wurden einige gezeichnete Bienen aus dem Stock (St) gefüttert. Näher zum Stock waren 7 Duftplatten ohne Futter fächerförmig ausgelegt. Die beigefügten Zahlen geben an, wie viele alarmierte Neulinge während der 1½stündigen Beobachtungszeit bei ihnen angeflogen sind. Aus K. v. FRISCH (1961)

Gegen diese Versuche haben D. L. JOHNSON (1967) und A. M. WENNER (1967) Einwände erhoben. Sie vertreten die Ansicht, daß der Tanz zwar Richtung und Entfernung zum Ziel anzeige, daß diese Information aber von den anderen Arbeiterinnen nicht ausgewertet würde. Die würden vielmehr auf den Geruch der Tänzerinnen achten und sich geruchlich orientieren. Nun läßt sich diese Aussage nur schwer mit den Ergebnissen der schon erwähnten Umwegversuche in Einklang bringen, bei denen die heimkehrenden Sammlerinnen die Luftlinie zum Ziel hin tanzten, so daß die Neulinge die Luftlinie über das Hindernis hinweg flogen, während die alten Sammler den Umweg machten. Die Rekruten konnten also keiner Duftspur gefolgt sein. JOHNSON und WENNER warfen v. FRISCH vor, er hätte bei den kritischen Tests versäumt, an den Kontrollstellen Futter zu bieten. Folglich sei die Möglichkeit nicht ausgeschlossen, daß die an der Futterstelle sammelnden Bienen durch ihr ausgestülptes Duftorgan die

Rekruten herbeilockten. Außerdem sei nicht ausgeschlossen, daß die Bienen sich nach dem heimgebrachten Geruch der Lokalität des Futterplatzes orientierten. Würden die Bienen die »olfaktorische Landschaft« der Umgebung kennen, dann wäre dies sicher eine Möglichkeit, mit der man rechnen müsse. Ferner könnten sie das Verhalten der an der Futterstelle anlandenden Bienen vielleicht irgendwie wahrnehmen, und schließlich habe v. FRISCH bei seinen Fächerversuchen die Futterplatte immer so aufgestellt, daß sie im geometrischen Zentrum der Geruchsplatten lag, und damit die Wahrscheinlichkeit, sie zu finden, erhöht. JOHNSON wiederholte den Stufenversuch und WENNER den Fächerversuch. Dabei machten beide jedoch entscheidende Fehler, so daß ihre Ergebnisse nicht geeignet sind, jene KARL VON FRISCHS zu entwerten (J. GOULD und Mitarbeiter 1970, M. LINDAUER 1971).

Elegant wäre es natürlich, wenn man Bienen dazu veranlassen könnte, den Rekruten Fehlweisungen anzugeben, quasi zu lügen. Das gelang J. L. GOULD (1975), indem er sich eine sinnesphysiologische Besonderheit der Bienen nutzbar machte. Beleuchtet man den Tanzplatz der Sammlerinnen auf der Wabe, dann orientieren sich die Bienen von einer bestimmten Lichtstärke an nicht mehr nach der Schwerkraft, sondern nach dem Licht. Sammlerinnen, denen man die Ozellen mit Lack übermalt, werden erst bei viel stärkerer Lichtintensität in diesem Sinne umgestimmt als unbehandelte Bienen. Es gibt damit einen Intensitätsbereich des Lichtes, bei dem Sammler mit bedeckten Ozellen und Sammler mit unbedeckten Ozellen den gleichen Futterplatz durch verschieden orientierte Tänze auf der Wabe melden, was angeworbene Neulinge zu verschiedenen Plätzen führen müßte, je nachdem, ob sie sich nach behandelten oder nichtbehandelten Sammlerinnen richten. Unbehandelte Rekruten, die sich nach unbehandelten Sammlerinnen richten, würden die Futterstelle finden, da sie ja in gleicher Weise umgestimmt sind; folgen sie dagegen den Angaben der Sammlerinnen mit lackierten Ozellen, dann müßten sie in die Irre gehen. Läge z. B. die Futterstelle in der Richtung zur Sonne, dann würden die Sammlerinnen normalerweise auf der Wabe nach oben weisen. Beleuchtet man ihren Tanzplatz von links in einem Winkel von 90° zur Vertikalen, dann werden die Tänze der unbehandelten Sammlerinnen nach links ausgerichtet. Sie laufen auf das Licht zu, während bei richtiger Wahl der Lichtstärke Sammlerinnen mit bedeckten Ozellen weiterhin nach oben weisen. Unbehandelte Rekruten, die deren Tanzinformation verwerten, müßten die Tänze demnach so interpretieren, als befände sich die Futterstelle in einem Winkel von 90° rechts von der künstlichen Sonne und damit auch 90° rechts von der Sonne im Feld. Die Versuche von GOULD zeigten, daß Rekruten solchen Mißweisungen in der Tat in der voraussagbaren Weise folgen: ein wirklich eleganter Nachweis dafür, daß die im

Tanz enthaltene Information (Richtungsweisung) verwertet wird. In dieser sehr schönen Untersuchung weist GOULD schließlich darauf hin, daß v. FRISCH und WENNER offenbar mit ihren unterschiedlichen Trainiertechniken zwei verschiedene Stadien des Sammelns von einer reichen Futterquelle untersuchten, v. FRISCH den Beginn, WENNER das fortgeschrittene Stadium, bei dem durch Anreicherung des Futterplatzduftes in der Wabe zunehmend die Duftorientierung an Bedeutung gewinnt.

Zur Stammesgeschichte dieser Tanzsprache geben uns Beobachtungen an anderen Insekten einige Hinweise. V. G. DETHIER (1957) verfütterte Zuckerwasser an Schmeißfliegen *(Phormia regina).* Entzog er es ihnen, führten sie eine Art Rundtanz auf: Sie liefen in kreisenden Suchbewegungen nach links und rechts. Das taten sie auch, wenn man sie an eine andere Stelle brachte. Sie »tanzten« ferner um so schneller, je konzentrierter die verfütterte Zuckerlösung gewesen war. Außerdem waren diese Tänze nach Licht- und Schwerkraft ausgerichtet. Die Fliegen liefen auf die Lichtquelle zu und auf vertikaler Fläche auf- und abwärts, ohne allerdings dabei eine bestimmte Richtung zu weisen.

Ferner würgen die Fliegen Futter aus, wenn sie einer anderen begegnen, und diese sucht dann ebenfalls. Der »Tanz« ist hier immer ein Suchen, aber man könnte sich wohl vorstellen, daß sich der Rundtanz bei den Bienen aus solchen Vorstufen entwickelt hat, also ein ritualisiertes Suchen ist, das zum Mitsuchen auffordert. Mit zunehmender Länge einer Pause werden die Suchbewegungen der Fliege immer weniger intensiv.

Eine Parallele zum Schwänzeln fand A. D. BLEST (1960) bei neuweltlichen Saturniiden. Diese Falter schütteln ihren Körper nach dem Landen, indem sie sich seitlich durch abwechselndes Beugen und Strecken der Beine wiegen. Die Dauer dieses Schüttelns nimmt linear mit der Flugzeit zu.

Einen ähnlichen physiologischen Mechanismus könnten auch die Ahnen der Bienen besessen und dann zur Entfernungsangabe benutzt haben. Schließlich kann die Richtungsangabe als Intentionsbewegung zum Hinfliegen gedeutet werden. Für eine solche Deutung spricht das Verhalten der primitiven Bienenarten. Die stachellose Biene *Trigona postica* führt ihre Stockgefährten. Sie markiert auf dem Heimfluge verschiedene Geländepunkte mit ihren Mandibulardrüsen. Heimgekehrt, läuft sie flügelschwirrend auf der Wabe umher und stößt an ihre Stockgefährten. Sie teilt auch Futterproben aus und fliegt, wenn sie eine Gruppe von Stockgefährten um sich versammelt hat, mit diesen den duftmarkierten Pfad entlang zur Futterquelle (M. LINDAUER 1961). Dieses Führen wird bei einigen fortgeschrittenen Arten der stachellosen Bienen abgekürzt. Mehrere Arten der Gattung *Melipona* benützen auf der Wabe bereits eine Art Morsekode, um die Entfernungen mitzuteilen: Kurze Lautstöße melden nahe, längere Tonsignale fernere Ziele (H. Esch 1967). Die Richtung weisen sie, indem sie wiederholt zuerst im Zickzackkurs, dann geradlinig auf das Ziel losfliegen. Nach solch wiederholter Richtungsweisung brechen einige Arbeiterinnen in diese Richtung auf, als hätten sie die Mitteilung verstanden. Die Zwerghonigbiene *(Apis florea)* tanzt richtig, aber nur bei Sonnensicht und auf horizontaler Unterlage. Hier sind die Schwänzelläufe noch als wiederholte Ansätze zum Abflug zu erkennen. Dazu paßt auch das Fluggeräusch beim Schwänzellauf. So ist es durchaus vorstellbar, daß über die zunächst allgemeine Suchaufforderung der entfernung- und richtungweisende Schwänzeltanz entstand. Das Transponiervermögen von der Sonnen- auf die Schwerkraft dürfte bereits als Voranpassung vorgelegen haben, da wir es bei sehr vielen anderen nichttanzenden Insekten finden.

Die Tanzsprache der Bienen hat einige Züge mit der menschlichen Sprache gemein. Sie ist ein Kommunikationsmittel zwischen Artangehörigen, und es werden Beziehungen zwischen Dingen mitgeteilt. Im Unterschied zur menschlichen Sprache handelt es sich aber um ein starres, angeborenes Kodesystem. Die menschliche Sprache beruht zwar auch auf einer angeborenen Fähigkeit zu bestimmten Lautäußerungen und wohl auch auf dem Drang zu sprechen (S. 215), aber die Sprechsymbole werden vom einzelnen Individuum erlernt und traditionsmäßig weitergegeben. Individuelle Erfahrungen können sprachlich gefaßt und mitgeteilt werden, und das abstrakte Denken erlaubt Mitteilungen über Beziehungen zwischen Beziehungen. Der Bienentanz kommt der menschlichen Sprache insofern nahe, als er eine Symbolsprache ist, bei der Kenntnisse an Unerfahrene weitergegeben werden, ohne daß dabei das vermittelte Objekt vorliegen muß. Die Kenntnisvermittlung ist jedoch unmittelbar an die vorangehende Erfahrung gekoppelt. Keine Biene gibt das ihr Mitgeteilte weiter, ohne vorher selbst mit dem Objekt Erfahrungen gemacht zu haben. Sie ist gewissermaßen gegen »Gerüchtebildung« abgesichert (W. Wickler 1967 b).

O. Koehler (1949, 1952, 1954 b, 1955) hat sich wiederholt zu diesem Thema geäußert, zuletzt 1966 in einem ausführlichen Referat einer Arbeit von Ch. F. Hockett (1960). Dort gibt er eine von ihm ergänzte Tabelle

6.61 Spielerisch kämpfende junge Gorillas nach einer Rauferei: Der Sieger trommelt mit den Händen auf seiner Brust, während der Besiegte davonklettert. Foto: Johnston, aus dem Film ›Afrikanische Affen‹, F. 96 der ehem. Reichsstelle f. d. Unterrichtsfilm

6.62 Die seitliche Vergrößerung beim drohenden Anolis; oben: Männchen, drohend; unten: Normalhaltung. Nach W. KÄSTLE (1963)

HOCKETTS wieder, in der 6 tierische Verständigungsweisen (die Bienentänze inbegriffen) mit unserer Sprache und unserer Instrumentalmusik in Hinblick darauf verglichen werden, welche von 13 unsere Sprache kennzeichnenden Merkmalen ihnen eigen sind bzw. fehlen.

6.2.1.3 Innerartliche Drohsignale (agonale Signale)

Wir verstehen darunter alle jene Einrichtungen, die dazu dienen, den Artgenossen abzuweisen. Dazu gehören z. B. Prachtkleider. K. IMMELMANN (1959) zeigte, daß Zebrafinken, die ein Prachtkleid besitzen, Abstand voneinander halten, während weiß gefärbte Tiere der gleichen Art näher beieinandersitzen. Der Kontaktabweisung dienen auch Lautäußerungen vieler Insekten und Wirbeltiere. Viele Fische bedrohen einander durch Rufe, so Cichliden (A. MYRBERG 1965) und Anemonenfische (I. EIBL-EIBESFELDT 1960 a, H. SCHNEIDER 1963). Bekannt ist der Reviergesang vieler Vögel. Männliche Seelöwen brüllen den Reviernachbarn an. Viele Nager drohen durch Ultraschallaute, um nur einige Beispiele zu nennen. Drohlaute können aber auch anders erzeugt werden.

Viele Affen drohen, indem sie heftig die Äste der Bäume schütteln. Japanische Makaken schlagen überdies auch gegen andere Gegenstände, was sich nach S. KAWAMURA (1963) vom Ästeschütteln ableitet. Gorillas und gelegentlich auch Schimpansen trommeln gegen die Brust (Abb. 6.61), Schimpansen im Freien auch gegen »Trommelbäume« und in Gefangenschaft gegen andere resonierende Gegenstände (G. SCHALLER 1963, J. GOODALL 1965, 1968, B. GRZIMEK 1954). Menschen machen es ähnlich. Makrosmaten versuchen ihren Gegner auch geruchlich einzuschüchtern.

Der Abweisung dienen ferner besondere Stellungen und Bewegungen, die oft ritualisierte Elemente des Angriffsverhaltens (z. B. Beiß- und Anspringdrohen) zeigen. Im allgemeinen macht sich das drohende Tier größer und eindrucksvoller, und es zeigt seine Waffen (Abb. 6.62–6.65). Es

6.63 Drohende Meerechse (Beißdrohen, Breitseitezeigen). Foto: I. Eibl-Eibesfeldt (Narborough-Galápagos)

richtet sich auf, spreizt Mähnen, Hautkämme, Flossen und Federn, die oft auch auffällige Muster oder Farben zeigen. Bisweilen läßt sich aggressives von defensivem Drohen unterscheiden. Das angriffslustige Eichhörnchen legt z. B. die Ohren zurück und reibt die Nagezähne aneinander. Verteidigt es sich dagegen, in die Enge getrieben, droht es durch Aufrichten der durch Haarbüschel vergrößerten Ohren. Gleichzeitig quietscht es (I. Eibl-Eibesfeldt 1957; Abb. 6.66). Drohlaute sind sehr weit verbreitet.

Auch die Reviergesänge der Vögel entwickelten sich im Dienste des »Spacing«. Sie können auch als Duette von einem Paar vorgetragen werden. Das ist nach U. Seibt und W. Wickler (1977) bei dem Bartvogel *Trachyphonus usambiro* und dem Würger *Laniarius funebris* der Fall. Da den Lautäußerungen eine aggressive, auf das Abstandhalten des Nachbarn abzielende Motivation zugrunde liegt, zeigen die Tiere beim Duettieren auf den Ehepartner bezogene beschwichtigende Verhaltensweisen.

Viele Tierarten drohen gegen Artgenossen mit den gleichen Mitteln wie gegen Freßfeinde, z. B. durch Demonstration der Waffen, doch ist dies durchaus nicht immer der Fall. Auf die Bedeutung der Augenflecken als Drohsignal werden wir noch eingehen (S. 281).

6.2.2 Signale im Dienste der zwischenartlichen Auseinandersetzung

6.2.2.1 Signale zwischenartlicher Kontaktbereitschaft

Tiere verschiedener Arten verbinden sich sehr oft zum beiderseitigen Vorteil. Einige Pistolenkrebse *(Alpheus)* leben mit Grundeln zusammen auf deckungsfreiem Meeresboden. Die Krebse schaufeln eine Wohnhöhle, von

6.64 An der Reviergrenze drohender Galápagos-Seelöwe *(Zalophus wollebaeki)*. Foto: I. EIBL-EIBESFELDT

6.65 Durch Heben der geöffneten Scheren gegen den Fotografen drohender Palmendieb *(Birgus latro)*. Im innerartlichen Verkehr drohen Krabben ebenfalls sehr oft mit den Scheren, und das gab Anlaß zu weitgehender Ritualisierung dieser Gebärde (S. 190). Foto: I. EIBL-EIBESFELDT

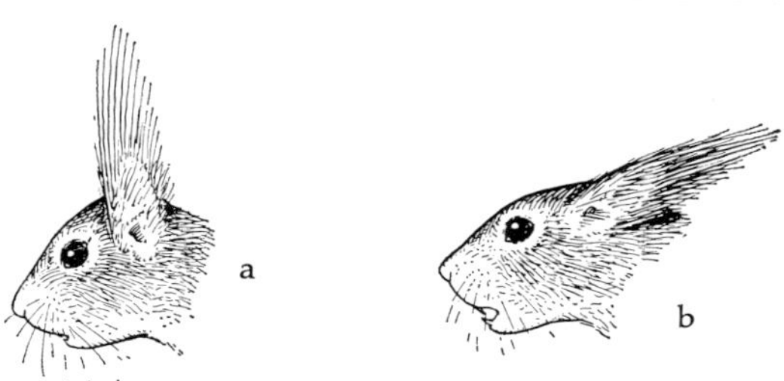

6.66 a) Defensives; b) aggressives Drohen beim Eichhörnchen. Aus I. EIBL-EIBESFELDT (1957 a)

der die schlecht grabende Grundel profitiert. Diese warnt ihrerseits die Krebschen bei Gefahr (S. 510; W. LUTHER 1958, W. KLAUSEWITZ 1961). Anemonenfische *(Amphiprion)* leben in bestimmten Anemonen, ohne daß deren nesselnde Tentakel ihnen etwas zuleide tun (I. EIBL-EIBESFELDT 1960 a, E. ABEL 1960 a). Bei solchen Symbiosen besteht das Problem der zwischenartlichen Verständigung. Es ist bei den »Putzsymbiosen« (I. EIBL-EIBESFELDT 1955, 1959) genauer untersucht worden.

Eine Reihe von Meeresfischen hat sich darauf spezialisiert, andere Fische von Parasiten zu befreien (I. EIBL-EIBESFELDT 1955 a, 1959, J. E. RANDALL 1958, C. LIMBAUGH 1961), unter anderen der Putzerlippfisch *(Labroides dimidiatus*; Abb. 6.67). Dieser Fisch lädt seine Wirte durch ein besonderes Wippschwimmen (Putzertanz) dazu ein, sich putzen zu lassen. Er fordert sie ferner durch Anstoßen mit der Schnauze auf, zusammengefaltete Flossen aufzurichten, den Kiemendeckel abzuheben oder auch das Maul zu öffnen, so daß er hineinschlüpfen kann. Während der Putzerfisch seinen Wirt absucht, betrillert er ihn mit den Bauchflossen, so daß der Wirt stets weiß, wo er gerade geputzt wird. Man sieht deutlich, daß er darauf reagiert, indem er die Flossen stillhält, an die der Putzer stößt.

Umgekehrt laden die Wirte ihre Putzer durch Maulöffnen zum Putzen ein, und sie teilen ihnen auch mit, wann sie genug haben, indem sie das Maul ruckartig halb schließen und gleich wieder öffnen. Auf dieses Signal hin verlassen jene Putzer, die gerade die Mundhöhle säubern, das Maul. Durch Schütteln seines Körpers gibt der Wirt schließlich auch jenen Putzern, die gerade seine Körperoberfläche säubern, kund, daß er weiterschwimmen will. Putzer und Geputzte verständigen sich also durch einige wenige Ausdrucksbewegungen. Der Säbelzahnschleimfisch *(Aspidontus*

a

6.67 a) Putzerlippfisch, eine Dicklippe *(Plectorhynchus diagrammus)* säubernd. Der Putzerfisch schwimmt über dem offenen Maul der Dicklippe, andere Dicklippen warten in der Nähe darauf, geputzt zu werden; b) der Putzerlippfisch verschwindet gerade im Maul der Dicklippe. Foto: I. EIBL-EIBESFELDT (Malediven)

taeniatus), der den Putzer nachahmt und sich so an seine Opfer heranpirscht (S. 180), sieht nicht nur wie ein Putzer aus, sondern macht den Putzertanz bis in alle Einzelheiten nach, obgleich diese Bewegungsweise sonst für Schleimfische nicht typisch ist.

Die Honiganzeiger, Vögel der Savannen Afrikas südlich der Sahara *(Indicator indicator* und *Indicator variegatus)*, führen Honigdachse und Menschen zu Bienenstöcken, die sie selbst nicht ausnehmen können, deren Waben ihnen jedoch als Nahrung dienen. Sie rufen auffällig und fächern den Schwanz, wenn man auf sie zugeht, wobei eine weiße Zeichnung sichtbar wird. Dann fliegen sie ein Stück weiter.

An Artfremde richten sich auch die Bettelbewegungen junger Brutparasiten (Kuckuck), ferner die gelernten Bettelbewegungen der Zoo- und Haustiere.

6.2.2.2 Drohstellungen und andere Signale zur Abwehr Artfremder

Der Abwehr Artfremder dient eine Vielfalt von Drohstellungen und Gebärden, die oft jenen der innerartlichen Auseinandersetzung gleichen, aber keineswegs immer mit ihnen identisch sind. Viele Tiere bedrohen einander mit ihren Waffen. Raubtiere zeigen die Zähne, Krebse heben drohend die geöffneten Scheren (S. 190). Spezifische, gegen den Freßfeind gemünzte Abwehrgebärden finden wir bei Schmetterlingsraupen. Die Gabelschwanzraupe *(Dicranura vinula)* erhebt sich bei Berührung oder bei Erschütterung des Blattes und trägt dann eine auffällige Gesichtsmaske zur Schau, die bei Berührung auch der Reizquelle zugewandt wird (Tafel IV). Außerdem schleudert sie aus ihrem erhoben getragenen, umgewandelten letzten Beinpaar zwei lange rote Fäden heraus, die sich eine Weile ganz auffällig bewegen, indem sie sich wiederholt zur Spirale drehen und wieder erschlaffen, ehe sie eingezogen werden. Ganz allgemein macht sich das abwehrende Tier auffälliger und größer. Manche Arten täuschen wehrhaftere Tiere vor (siehe Mimikry, S. 275). Eine eigene Kategorie von Abwehrgebärden sind die sog. Haßreaktionen, mit denen viele Singvögel im Schwarm Raubvögel bedrängen. Mit besonderen Haßlauten, bisweilen mit Scheinangriffen, dringen sie von allen Seiten auf den Freßfeind ein, der daraufhin meist abzieht. Zur direkten Belästigung kommt wohl hinzu, daß der von allen wahrgenommene Räuber keine Gelegenheit hat, eine Beute zu überraschen (E. Curio 1963). Erwähnt sei, daß auch Fische auf Raubfische hassen. Bei den Malediven beobachtete ich Füsiliere *(Caesio)*, die unentwegt zu einer Muräne herabtauchten und knapp über ihr hinwegschwammen, bis sie den Räuber vertrieben hatten (I. Eibl-Eibesfeldt 1964c).

Als *Verleiten* bezeichnet man Verhaltensweisen, die der Irreführung eines Raubfisches dienen. Viele brütende oder Junge pflegende Vögel flattern beim Herannahen eines Säugers vom Nest und laufen in auffälliger Weise humpelnd mit hängenden Flügeln vom Nest weg, als seien sie verletzt. Das lenkt Räuber ab. Dieses Verhalten zeigt bemerkenswerterweise auch die Galápagos-Taube, die in einer von raubenden Säugern freien Umgebung lebt. Ihr Verleiten ist ein Überbleibsel aus einer Zeit, in der sich die am Festland lebenden Ahnen dieser Taube mit Raubsäugern auseinandersetzen mußten (I. Eibl-Eibesfeldt 1964b).

Spinnen aus den Familien der *Araneidae* und *Uloboridae*, die den Tag überdauernde Netze bauen, spinnen deutlich sichtbare weiße Bänder oder Flecke über das Zentrum ihres Netzes, die man als Stabilimenta bezeichnet. Mit der Stabilität des Netzes haben sie allerdings nichts zu tun. Sie sind vielmehr Signale, durch die visuell orientierte größere Tiere, die das Netz zerstören könnten (z. B. Vögel), von der Existenz des Hindernisses erfahren und dieses vermeiden. Th. Eisner und St. Nowicki (1983) belegten das experimentell. Sie markierten Netze von Spinnenarten, die ihre Netze nicht mit Stabilimenten versehen, künstlich mit stabilimentaartigen Markierungen und verglichen an aufeinanderfolgenden Tagen die Schäden. Markierte waren signifikant weniger oft beschädigt.

Zusammenfassung 6

Als Ausdrucksbewegungen bezeichnet man Verhaltensweisen, die im Dienste der Signalgebung besondere Ausdifferenzierungen erfuhren, in der Regel bei gleichzeitigem Funktionswandel. So werden sexuelle Verhaltensweisen des Weibchens oft zu Beschwichtigungsgebärden, sexuelles Präsentieren der Männchen bei Primaten wird zu Drohgebärden, und Handlungen des Brutpflegefütterns werden zu Balzhandlungen. Jede Verhaltensweise, die regelmäßig genug in einer bestimmten Situation auftritt, um einem Beobachter die spezifische Handlungsbereitschaft des Akteurs anzuzeigen, kann zur Ausdrucksbewegung entwickelt werden. In einem als Ritualisierung bezeichneten Prozeß erfahren die Verhaltensweisen eine Reihe von typischen Änderungen im Dienste der Signalgebung: Sie werden vereinfacht, aber zugleich oft in ihrer Amplitude übertrieben. Oft werden sie rhythmisch wiederholt, und gelegentlich treten sie in typischer Intensität auf. Daneben gibt es nach Intensität abgestufte Signale, die im agonalen Kontext verschiedene Eskalationsstufen ritualisierter Aggression signalisieren und die ganz allgemein differenzierte Mitteilungen gestatten, vor allem auch dann, wenn sich Ausdrücke verschiedener Handlungsbereitschaften überlagern können. Mit der Ritualisierung von Verhaltensweisen zu Signalen geht oft eine Entwicklung unterstützender morphologischer Strukturen (Schmuckfedern etc.) Hand in Hand.

Phylogenetische und kulturelle Ritualisierung phänokopieren einander in vielen Bereichen. Mit der Wortsprache des Menschen sind die tierischen Kommunikationssysteme nur entfernt vergleichbar. Tiere kommunizieren im wesentlichen durch Handlungsintentionen; ihre Ausdrucksbewegungen sind unseren Interjektionen vergleichbar. Wo Lage und Entfernung nicht unmittelbar wahrnehmbarer Objekte mitgeteilt werden, wie in der Sprache der Bienen, geschieht dies mit Hilfe eines vorgegebenen Kodesystems, über das die Tiere nicht frei verfügen. Bienen lügen nicht. Der Mensch kann mit Hilfe des kulturell erworbenen und tradierten Zeichensystems der Wortsprache sachliche Mitteilungen über Vergangenes und Zukünftiges mitteilen, einem Uneingeweihten Informationen über Sachverhalte und Objekte bieten, die nicht im Wahrnehmungsbereich des zu Informierenden liegen, und Anweisungen zu Handlungen geben, ohne zugleich die zu vermittelnde Fertigkeit vormachen zu müssen. Man kann Schimpansen Handzeichen für Objekte und Tätigkeiten, Fragen und einige Abstrakta beibringen, und sie können diese in begrenztem Rahmen sinngemäß verwenden. Sie können auch durch Kombination neue Begriffe bilden, doch kommen sie nicht über Zweiwortsätze hinaus, und ihre Mitteilungen zeigen keine syntaktische Organisation.

Nach ihrer Funktion kann man Signale in mehrere Kategorien einteilen. Agonale Signale stehen im Dienste der Auseinandersetzung mit Feinden, Drohsignale dienen der Einschüchterung oder Vertreibung, Submissionsverhalten der Beschwichtigung von Artgenossen. Beim Drohen macht man sich im allgemeinen größer und auffälliger, und man signalisiert Angriffsbereitschaft. In Antithese dazu macht sich der Unterwerfende kleiner. Oft beschwichtigt er durch infantile oder weibliche Verhaltensweisen. Synagonale Signale dienen der Partnerbindung. Erst mit der Erfindung der Brutpflege kam das Instrumentarium zum Freundlichsein in die Welt: Mutter-Kind-Signale wurden bei Vögeln und Säugern oft in abgewandelter Form in den Dienst der Erwachsenenbindung gestellt.

7. Natürliche Attrappen und Mimikry

Die Einfachheit der Schlüsselreize erlaubt es nicht nur dem Verhaltensforscher und dem Angler, Attrappen herzustellen. Verschiedene Tiere verstehen es, durch Nachahmung auslösender Reize bestimmte Verhaltensweisen anderer Tiere zu eigenem Nutzen auszulösen. Das gilt zunächst für eine Reihe von Räubern. Die nordamerikanische Geierschildkröte *(Macroclemys temminckii)* liegt mit geöffnetem Maul am Boden der Gewässer, Zunge und Maulinneres sind dunkel gefärbt. An der Zungenspitze trägt sie zwei dünne, rote Fortsätze, die frei ins Wasser ragen und sich wie kleine Würmchen bewegen. Das lockt Fische herbei, und die werden geschnappt, sobald sie an den Fortsätzen zupfen. Bereits frisch geschlüpfte können angeln (H. DRUMMOND und E. R. GORDON 1979). Der Großmaulwels *(Chaca chaca)* angelt mit am Mundrand befindlichen Barteln (H. SCHIFTER 1965) und die Anglerfische *(Antennariidae)* mit dem frei beweglichen ersten Rückenflossenstrahl, der an seinem Ende Hautanhänge als Köder trägt. Die tarnfarbigen Tiere liegen ruhig am Boden und lassen nur den Köder spielen, auf den die Tiere hereinfallen (W. WICKLER 1964 a, c). Verschiedene Anglerarten haben sich mit verschiedenen Ködern auf verschiedene Beute spezialisiert (Abb. 7.1).

Die sich in der Bernsteinschnecke als Zwischenwirt entwickelnde Sporocyste des Singvögel als Endwirt parasitierenden Leberegels *Leucochloridium* treibt Ausläufer in die Fühler der Schnecke, die durch pulsierende Bewegungen den Endwirt auf sich aufmerksam machen. Die Auffälligkeit wird durch eine grüngelbe Ringelung, durch einen roten Fleck am Fühlerende und durch starke Schwellung des Fühlers verstärkt. Der Vogel fällt auf diese Attrappe einer Insektenlarve herein und frißt den Fühler samt seinem Inhalt, mit dem er sich so infiziert (C. WESENBERG-LUND 1939).

Der kleine Zwergdrachenflosser *(Corynopoma riisei)*, ein Fisch Venezuelas, lockt sein Weibchen, wenn er es begatten will, mit einer Hüpferlingsattrappe. Am Kiemendeckel trägt er einen langen Fortsatz mit einem dunklen Kopf am Ende, und diese Attrappe bewegt er zitternd vor dem

7.1 Verschiedene Angler: Links oben: Geierschildkröte *(Macroclemys temminckii)*, mit der Zunge angelnd; darunter: mit den Barteln fischender Großmaulwels *(Chaca chaca)*; rechts oben: mit wurmartigem Köder fischender Anglerfisch *(Phrynelox scaber)*. Sein Köder kann nicht nur an seinem Stiel geschwenkt werden, sondern krümmt sich auch selbst wurmartig; darunter: der im Sande versteckte, Beute angelnde *Ogcocephalus* mit seinem abwärts gerichteten Köder. Aus W. WICKLER, ›Mimikry‹ (1968 a). Zeichnung: H. KACHER

Weibchen, das herbeischwimmt und wohl auch hineinbeißt (K. NELSON 1964). Diesen Augenblick nützt das Männchen zur Begattung (Abb. 7.2).

Die Weibchen der Leuchtkäfergattung *Photurus* locken die Männchen der Leuchtkäfergattung *Photinus* herbei, indem sie den Blinkkode dieser Art nachahmen. Sehen sie ein blinkendes Männchen dieser Gattung anfliegen, dann schalten sie sogleich auf deren Blinkkode um. Die so getäuschten Männchen dienen ihnen als Beute (J. LLOYD 1965).

Bolaspinnen der Gattung *Mastophora* locken ihre Beute (Schmetterlingsweibchen der Gattung *Spodoptera*), indem sie die männlichen Sexualpheromone dieser Art imitieren (S. 474; W. G. EBERHARD 1977).

Die Ragwurzorchideen *(Ophrys)* machen mit der Blütenlippe die Weibchen bestimmter Sand- und Langhornbienen nach; ebenso deren Sexuallockduft. Bei den Begattungsversuchen werden die Männchen mit Pollen beladen, den sie auf die nächste Blüte übertragen (F. SCHREMMER 1960, B. KULLENBERG 1965; Abb. 7.3). Bei vielen Arten, unter anderem bei

7.2 Balz des Zwergdrachenflosser-Männchens unter Verwendung der an einer Kiemendeckelverlängerung sitzenden Hüpferlingsattrappe. Aus K. NELSON (1964)

Ophrys fusca, weist die Lippenoberfläche eine pelzige Struktur auf, die an die Rückenbehaarung der nachgeahmten Insektenweibchen erinnert. Die Behaarung ist nach oben gegen den Griffel hin gerichtet, und das veranlaßt die Männchen, sich nach dem Anflug umzudrehen und ihren Hinterleib in die Narbenhöhle zu versenken. Dabei kommen sie mit den Pollenträgern in Berührung (H. BAUMANN und G. HALX 1972).

Die Orchidee *Epipactis consimilis* (Israel) zeigt an der Basis des Labellum schwarze Anschwellungen, die Blattläuse vortäuschen. Diese »Attrappen« locken Schwebfliegen zur Eiablage, die bei dieser Gelegenheit die Blüte bestäuben (Y. IVRI und A. DAFNI 1977). Auf ähnliche Weise lockt die ceylonesische Orchidee *Oberonia thwaitesii* durch Blattlausimitationen Ameisen zur Bestäubung (K. FAEGRI und L. VAN DER PIJL 1979).

In einem ganz anderen Zusammenhang mimen Pflanzen der Gattung *Passiflora* die Eier der *Heliconius*-Schmetterlinge Südamerikas. Die Raupen dieser Arten sind auf bestimmte *Passiflora*-Arten als Fraßpflanze spezialisiert. Treffen sie bei der Nahrungssuche auf Eier der eigenen Art, dann fressen sie diese und schalten so Konkurrenz aus. Daher überprüfen legebereite *Heliconius*-Schmetterlinge, ob bereits von anderen Weibchen Eier abgelegt wurden. Mehrere *Passiflora*-Arten imitieren nun mit den

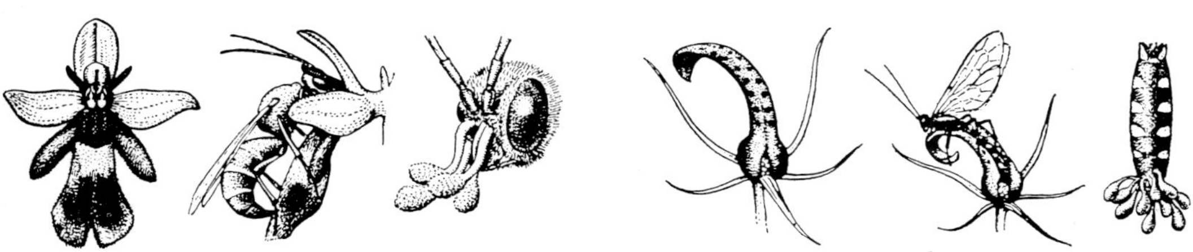

7.3 a) Fliegenragwurz *(Ophrys insectifera)* mit der Wespe *Gorytes mystaceus;* links: Blüte; Mitte: Wespe beim Blütenbesuch; rechts: Wespenkopf mit anhaftenden Staubkölbchen; b) die Schlupfwespe *Lissopimpla semipunctata* auf der Orchidee *Cryptostylis leptochila;* links: Blüte; Mitte: Wespe beim Blütenbesuch; rechts: Hinterkörper der Wespe mit anhaftenden Staubkölbchen. Aus W. WICKLER (1966 d)

7.4 Teufelsblume *(Idolum diabolicum),* in Fangstellung. Nach einer Farbtafel von P. FLANDERKY in ›Brehms Tierleben‹, 4. Aufl., Bd. 2, S. 80

verschiedensten Organen aus der Spitze von Nebenblättern, an Deckblättern oder aus extrafloralen Nektarien Schmetterlingseier und täuschen auf diese Weise die Schmetterlinge, so daß eine Eiablage unterbleibt (K. S. WILLIAMS und L. GILBERT 1981).

Eine große Anzahl von Blütenpflanzen bietet ihren Bestäubern Pollen an. Die Insekten werden durch die Pollenfarbe Gelb angelockt, die dann vermehrt »übernormal« auch auf anderen Blütenorganen zur Schau gestellt wird. Eine Anzahl von Blütenmalen, die das Insekt zum Honig oder Pollen führen, ist so entstanden (G. OSCHE 1979). Eine sehr reizvolle Zusammenstellung von Beispielen zur Signalevolution durch Mimikry bei Pflanzen verdanken wir G. OSCHE (1983), der auch die Bedingungen und Probleme der Koevolution diskutiert, in deren Verlauf die interagierenden Arten Eigenschaften entwickelt haben, die einander entsprechen, wobei der jeweils vom Partner ausgeübte Selektionsdruck über deren Ausbildung entscheidet.

Tiere ahmen oft andere Arten nach, auch Pflanzen, z. B. um sich zu tarnen. Die Teufelsblume *(Idolum diabolicum),* eine Fangheuschrecke, ahmt eine Blume nach und lockt so Insekten an. Sie nutzt auch die Neigung der Fliegen, von ihresgleichen sozial angezogen zu werden, indem ein Teil ihres blütenähnlichen Schauapparates gesprenkelt ist, als wäre er mit Fliegen besetzt (W. WICKLER 1968 a; Abb. 7.4).

Der Säbelzahnschleimfisch *Aspidontus taeniatus* ähnelt dem schon erwähnten (S. 270) Putzerfisch *Labroides dimidiatus* so täuschend, daß er von den Fischen für einen Putzer gehalten wird und leicht an sie herankommt (Tafel V). Er überfällt sie und beißt ihnen Stücke aus den Flossen (I. EIBL-

EIBESFELDT 1959). J. RANDALL und H. RANDALL (1960) fanden, daß der Nachahmer selbst den Rassenmerkmalen seines Vorbildes folgt. Bei den Tuomotus ist der Putzer um die Körpermitte orangerot, ebenso der Nachahmer. In anderen Gebieten tragen Putzer und Nachahmer an der Basis der Brustflosse einen dunklen Strich, der beiden in wieder anderen Gebieten fehlt.

Die afrikanischen Cichliden der Gattung *Haplochromis* haben die Maulbrutpflege so hoch entwickelt, daß die Weibchen die eben gelegten Eier schon zum Bebrüten ins Maul nehmen, ehe das Männchen sie besamen konnte. Nun trägt das Männchen auf der Afterflosse genau den natürlichen Eiern »nachgemalte« Eiattrappen. Hat das Weibchen die Eier aufgeschnappt, so legt sich das Männchen mit gespreizter Afterflosse vor ihm hin. Das Weibchen versucht nun, die Eiattrappen aufzuschnappen, und bekommt dabei die Spermien ins Maul. Bei dieser von W. WICKLER (1962 a) entdeckten innerartlichen Mimikry wird der Artgenosse getäuscht (Tafel V).

Bei *Tilapia macrochir* nimmt das Weibchen die Eier ebenfalls unmittelbar nach der Eiablage auf. Hier sichern die Männchen auf anderem Wege die Befruchtung. Sie setzen fadenförmige Spermatophoren ab, die das Weibchen aufnimmt, sofern es sie findet. Viele der abgesetzten Samenträger gehen jedoch verloren. Daß dennoch alle Eier befruchtet werden, wird wiederum durch eine Signalfälschung ermöglicht. Das Männchen besitzt an der Genitalöffnung lange, fadenförmige Spermatophorenattrappen, die

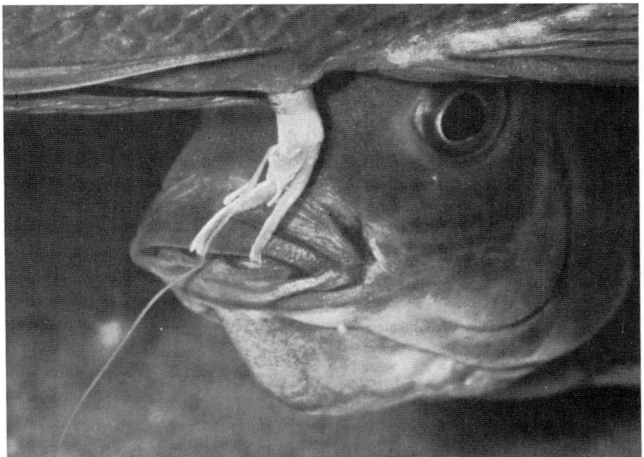

7.5 Spermatophorenattrappen und Spermatophore von *Tilapia macrochir*. Das Weibchen nimmt gerade die spermatophorenähnlichen Genitalanhänge des Männchens samt einer Spermatophore (vorderer langer Faden) ins Maul. Foto: W. WICKLER (1966 b)

ähnlich wie die Eiflecken eine viel stärkere auslösende Wirkung auf das Weibchen haben als die richtigen Spermatophoren. Das Männchen hält dem Weibchen diese Attrappen vor. Sie nimmt diese ins Maul und dabei auch die wirklichen Spermatophoren, die zwischen den Attrappen liegen (R. APFELBACH 1967 b; Abb. 7.5).

Als innerartliche Mimikry hat WICKLER (1965 b) auch einige gruppenbindende Auslöser zu deuten vermocht. Bei Pavianen sind es weibliche Brunstsignale, die sekundär als beschwichtigende Signale auch von den Männchen übernommen wurden. Sie besitzen den Brunstschwellungen der Weibchen sehr ähnliche, stark vascularisierte Hautbezirke, doch handelt es sich im einzelnen nicht um homologe Areale. Sie präsentieren wie Weibchen bei Begegnungen mit Gruppenmitgliedern, was sichtlich beschwichtigt. Die Schwellungen sind in diesem Sinne gar nicht mehr sexuell »gemeint«. Besonders bemerkenswert sind die Verhältnisse beim Dschelada (*Theropithecus gelada*). Bei diesen viel sitzenden Affen tragen die Weibchen auf der Brust eine Kopie der Signale des Gesäßes, nämlich ein rotes, sanduhrförmiges Feld, das wie die Gesäßregion von weißen Warzenbildungen umrahmt ist. Bei den Männchen beschränkt sich die Nachahmung auf einen ähnlich geformten roten Hautbezirk auf der Brust (Tafel VI). WICKLER (1965 e, 1967 a) hat das Prinzip noch bei anderen Affen, ferner bei Raubtieren und bei Fischen verwirklicht gefunden. Männchen der Fleckenhyäne *(Crocuta)* präsentieren mit leicht erigiertem Penis bei jeder Begrüßung. Weibchen halten es ebenso und haben einen so täuschend ähnlichen Pseudopenis entwickelt, daß es auch dem geübten Beobachter kaum möglich ist, Männchen und Weibchen äußerlich zu unterscheiden (siehe S. 209).

Die Männchen der Skorpionsfliege *Hylobittacus apicalis* bieten ihren Weibchen beim Werben andere Insekten als Hochzeitsgabe an. Einige Männchen ersparen sich die Mühe des Beutefangens. Sie mimen erfolgreich Weibchen, so daß ihnen andere Männchen Beute überreichen, mit der sie dann selbst um Weibchen werben (R. THORNHILL 1979). Mimikry ist demnach Signalfälschung im weiteren Sinne und nicht allein schützende Ähnlichkeit (W. WICKLER 1964 c).

Ein ethologisch besonders interessantes Beispiel für Mimikry bringt J. NICOLAI (1964). Die Witwenvögel *(Viduinae)* sind Brutparasiten verschiedener Prachtfinken *(Estrildidae)*. Ihre Jungen sind denen der Wirtsart sowohl im Gefieder als auch in der das Füttern auslösenden Rachenzeichnung täuschend ähnlich und werden von den Wirtseltern zusammen mit ihren eigenen Jungen aufgezogen (Tafel VII). Sie ahmen überdies auch den Werbegesang ihrer Wirtsart bis in die Einzelheiten nach und locken so ihre Weibchen stets zum richtigen Wirt (S. 61). Die Larven der Ameisengäste *Lomechusa strumosa* und *Atemeles pubicollis* mimen das Bettelverhalten der Ameisenlarven und deren Attraktivstoffe. Sie werden von ihren Wirten wie eigene Larven gefüttert (B. HÖLLDOBLER 1967).

Schließlich ist Mimikry im alten Sinne als schützende Ähnlichkeit nachzuweisen. Singvögel, die einmal mit Wespen eine unangenehme Erfahrung gemacht haben, meiden diese, ebenso ihre harmlosen Nachahmer, etwa jene aus der Gruppe der Dipteren und Lepidopteren (siehe Tafel IV). Kröten lernen schnell, einen Mehlwurm von einer Biene zu unterscheiden, und meiden dann auch Bienennachahmer (L. P. BROWER und J. VAN ZANDT 1962). Einige Wespennachahmer ahmen außer der Tracht auch noch den Schwirrton ihres giftigen Vorbildes nach (A. GAUL 1952). Einige widerlich schmeckende Nachtfalter geben sich Fledermäusen gegenüber durch Warngeräusche zu erkennen: Sie klicken in besonderer Weise, wenn sie vom Schallbündel einer Fledermaus getroffen werden. Das tun auch einige genießbare Schmetterlinge; vermutlich handelt es sich um Nachahmer. Im Versuch vermeiden die Fledermäuse genießbare Beute, wenn man sie in Verbindung mit Warngeräuschen anbietet (D. C. CUNNING 1968). Faszinierend ist die Erscheinung, daß der Nachahmer dort, wo er in verschiedenen Morphen auftritt, verschiedenen Vorbildern folgt (Tafel IV; M. TWEEDIE 1966).

Die Raupe des Schwärmers *Leucorampha ornata* erhebt in Schreckstellung ihr schlangenkopfartig verbreitertes Hinterende in S-förmiger Krümmung (Abb. 7.6). Der vorgetäuschte Schlangenkopf trägt unterseits zwei dunkle Augenflecke, die dem Feind zugekehrt werden. Die Raupe des Schwärmers *Pholus labruscae* ahmt sogar mit Vorder- und Hinterende eine Schlange nach. Das Vorderende der Raupe erinnert an einen Schlangenkopf. Am Hinterende schießt das Tier aus einer Spalte in einem schwarz gezeichneten Feld ein kleines schwarzes »Zünglein« hervor, das sich züngelnd wie eine Schlangenzunge vor und zurück bewegt (E. CURIO 1965 a). Der Schwarzkäfer *(Eleodes longicollis)* verteidigt sich gegen Freßfeinde, indem er einen Kopfstand macht und von seiner Hinterleibsspitze dem Angreifer ein Abwehrsekret entgegenspritzt. Dies macht ein anderer Schwarzkäfer *(Megasida obliterata)* nach, der im gleichen Wüstengebiet von Arizona lebt und keine Abwehrsekrete besitzt (TH. EISNER und J. MEINWALD 1966).

Sehr viele Insekten tragen auf den Flügeln auffällige Augenflecke, die sie bei Gefahr plötzlich zeigen. Diese Zeichnungsmuster fürchten verschiedene Singvögel mehr als andere ihnen unbekannte Muster (A. D. BLEST 1957). Das gleiche Prinzip gilt z. B. für die Drohstellung der Brillenschlange *(Naja)*. Man könnte argumentieren, daß die Augenflecke auf den Flügeln von Schmetterlingen, die bei Gefahr plötzlich gezeigt werden, nicht unter den Begriff Mimikry fallen, sondern bloß Schrecktrachten seien, die einen sehr plötzlichen optischen Reiz liefern. Dieser optische

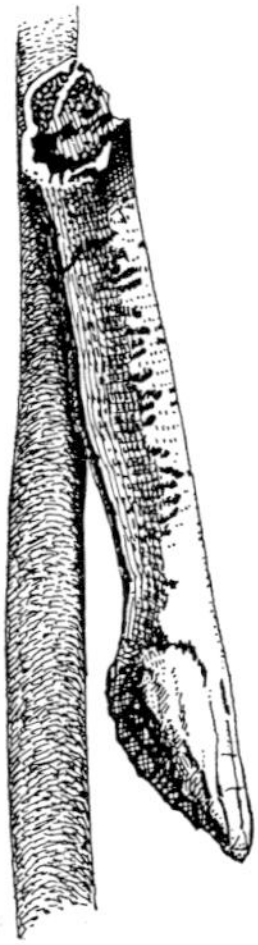

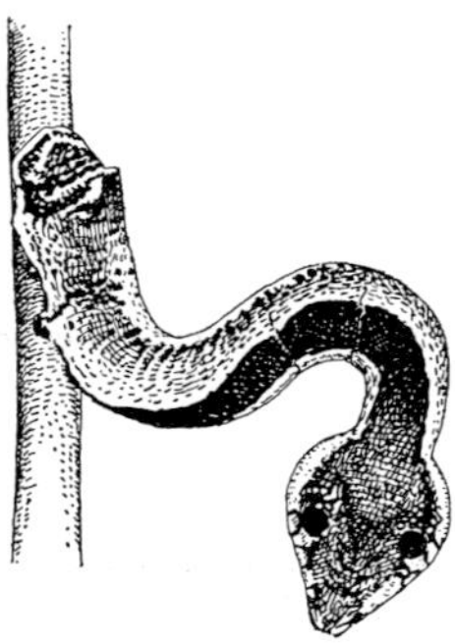

7.6 Schlangenmimikry der Raupe von *Leucorampha ornata (Sphingidae)*; oben: in Ruhe; unten: in Schreckhaltung, die Unterseite dem Beschauer zugekehrt. Nach A. Moss (1920)

Reiz verscheuche den Feind, ganz unabhängig davon, ob das gezeigte Muster eine Ähnlichkeit mit irgendeiner anderen Struktur besitzt. Daß verschiedene Singvögel »Augenflecke« mehr als andere ihnen unbekannte Muster fürchten, könnte daher rühren, daß konzentrische Kreise auf einer gegebenen Fläche das prägnanteste Muster bilden. Sie sind deshalb der stärkste optische Reiz für den gestaltaufnehmenden Mechanismus. Nun gibt es aber Schmetterlinge, deren Augenflecke auch noch unsymmetrische »Glanzlichter« aufweisen (z. B. *Caligo eurylachus*) und damit die Ähnlichkeit mit einem Wirbeltierauge geradezu verblüffend vortäuschen (Tafel IV). Weitere Beispiele in W. Wickler (1968 a).

Fangschreckenkrebse *(Stomatopoda)* bedrohen den Gegner, indem sie vor ihm ihre Fangarme seitlich ausbreiten. Die breiten Basisglieder dieser Fangbeine tragen bei einigen Arten auffällig hell umrandete dunkle Augenflecke, die dabei gezeigt werden. Die Augenflecke sind bei verschiedenen Arten verschieden gut entwickelt. Je deutlicher ausgeprägt der Augenfleck, desto häufiger drohen die Tiere auf die beschriebene Weise: eine schöne Korrelation von Merkmalsausprägung und Verhalten (R. L. Caldwell und H. Dingle 1973, 1976; Abb. 7.7).

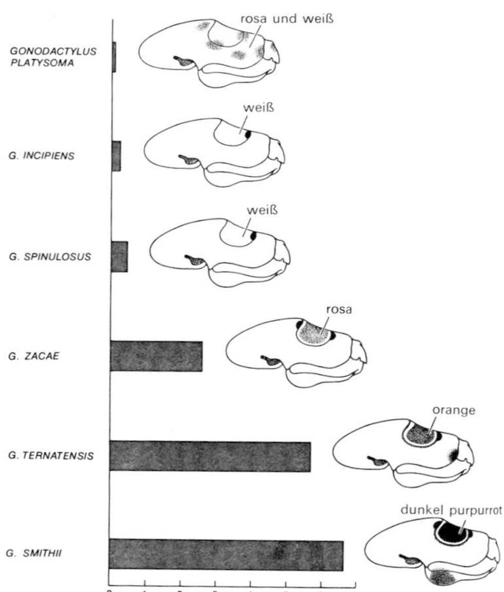

7.7 Anzahl der Drohimponierhandlungen von 6 *Gonodactylus*-Arten. 40 Individuen jeder Art wurden während einer 10-Minuten-Konfrontation mit einem anderen Fangschreckenkrebs der eigenen Art beobachtet. Arten mit auffälligen Augenflecken drohten häufiger als Arten mit unauffälligen Flecken. Aus R. L. Caldwell und H. Dingle (1976)

Zusammenfassung 7

Schlüsselreize und Auslöser einer Art können von einer anderen Art gefälscht werden. Das geschieht z. B. bei verschiedenen Anglern, die mit Beute-Attrappen Fische anlocken, welche sie dann verschlingen. Ähnliche Anpassungen erfolgten dabei konvergent in verschiedenen Tiergruppen.

Die Uniform, das »Gildenzeichen« der Putzerfische, wird z. B. vom Säbelzahnschleimfisch nachgeahmt, der sich so getarnt an seine Opfer heranpirscht. Signalfälschung (Mimikry) dient aber nicht nur der Irreführung von Beutetieren, sondern sie spielt auch in der innerartlichen Kommunikation eine Rolle, so bei der Balz und Eiablage einiger Buntbarsche.

8. Reaktionsketten

Wenn ein Lebewesen auf einen Reiz antwortet, ändert sich oft die auslösende Reizsituation, etwa indem sich das Tier in eine Position bringt, in der nun neue Reize wirksam werden. Wir wissen z. B., daß eine Biene zunächst visuell auch auf ein buntes Papier losfliegt. Sie wird sich aber selten darauf niederlassen, denn wenn sie herankommt, merkt sie am Geruch, daß hier kein Nektar zu erwarten ist. Wenn wir einen entsprechenden Geruch hinzufügen, wird sie landen und weitersuchen. Wieder andere Reize sind dann nötig, um auch die Saugbewegungen auszulösen. Der Bienenwolf *(Philanthus triangulum)* fliegt auf der Suche nach Bienen von Blume zu Blume und reagiert zunächst nur optisch auf bewegte Objekte, selbst auf kleine Fliegen, die er nicht erbeutet. Nimmt er ein bewegtes Objekt wahr, dann stellt er sich leewärts von ihm in 10 bis 15 cm Entfernung in der Luft auf und prüft den Wind. Kommt die entsprechende Witterung – man kann ihm auch eine mit Bienengeruch versehene Attrappe reichen –, stürzt er sich darauf. Allerdings sticht er nur, wenn er wirklich eine Biene vorfindet; mit Attrappen war diese Reaktion noch nicht auszulösen (N. Tinbergen 1935). In allen diesen Fällen bringt sich das Tier handelnd in neue auslösende Reizsituationen.

Das gilt auch für die Verhaltensfolge, die Einsiedlerkrebse bei der Auswahl und beim Aufsuchen von Schneckengehäusen zeigen. E. Reese (1963 a) unterschied dabei acht verschiedene Erbkoordinationen, die in bestimmter Reihenfolge ablaufen. Diese Folge wird ausschließlich von der auslösenden Reizsituation diktiert, und bisweilen kann eine Bewegung auch ausfallen, wenn die auslösende Reizsituation ausbleibt. Findet ein Einsiedlerkrebs z. B. die Öffnung eines Schneckengehäuses beim ersten Zusammentreffen, fallen alle jene Verhaltensweisen aus, mit denen das Tier normalerweise zunächst einmal die Außenseite des Schneckenhauses überprüft. Das Tier geht dann gleich dazu über, das Innere mit den Scheren und dem ersten Schreitbeinpaar zu untersuchen. Erst danach schlüpft es ein und richtet die Schale auf. Ob der Einsiedlerkrebs weiter Schalensuchappetenz zeigt, hängt von der Qualität der aufgefundenen Schale ab (E. REESE 1962 b, 1963 b).

In solchen Fällen kommt das Verhalten normalerweise nicht durch aktionsspezifische Ermüdung (S. 116) zu einem Ende, sondern es wird eine gewissermaßen abschaltende Reizsituation erreicht. Ein Schwarmfisch ist beruhigt, wenn er im Schwarmverband schwimmt, und stellt dementsprechend seine Suche nach Anschluß ein. Bei Eichhörnchen und Agutis kommt die Futterversteckhandlung zu einem Ende, wenn der Futterbrocken wirklich vergraben ist. Tritt der offenbar erwartete Erfolg nicht ein und bleibt der Futterbrocken sichtbar liegen, dann kommt es oft zu

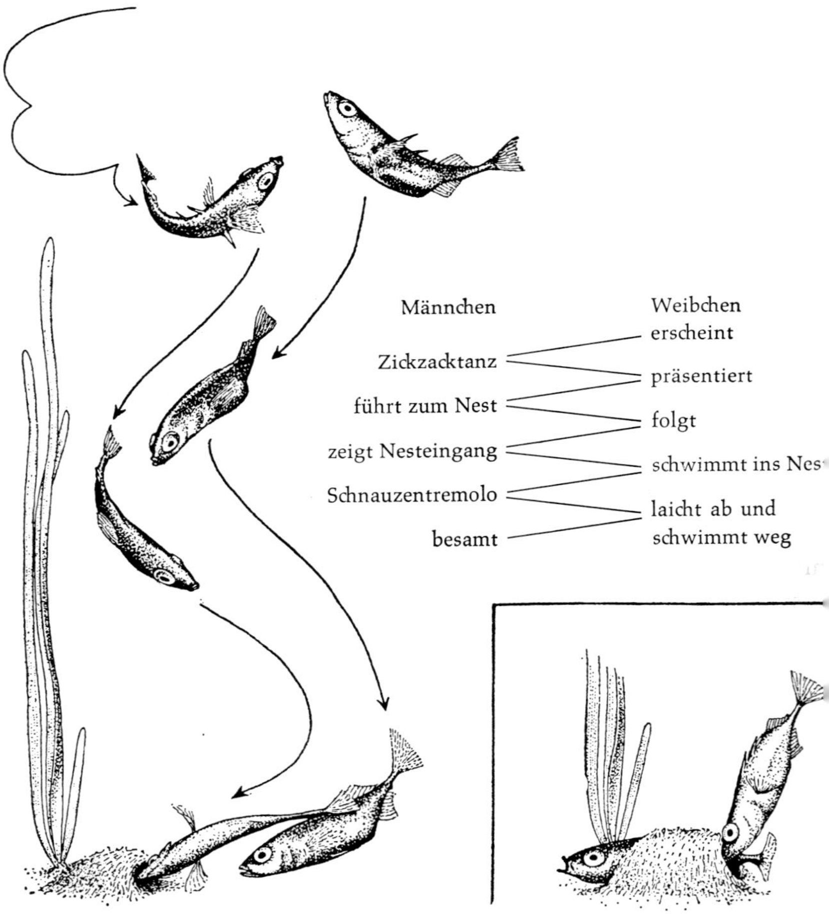

8.1 Das Paarungsverhalten des dreistacheligen Stichlings mit einer Darstellung der einander auslösenden Handlungen des Männchens und Weibchens. Nach N. TINBERGEN (1951)

neuerlichen Versuchen, diesen zu vergraben, oder zu Konfliktbewegungen (S. 308).

Dort, wo zwei aufeinander abgestimmte Partner, etwa Geschlechtspartner, als Spieler und Gegenspieler auftreten, lösen sie wechselseitig bestimmte Antworten des Partners aus, die ihrerseits auslösende Reize darstellen. Ein besonders schönes Beispiel liefert N. Tinbergen (1951). Erscheint ein Stichlingsweibchen im Revier eines Männchens, beginnt er sofort mit dem Zickzacktanz. Dieser löst nun eine besondere Präsentierbewegung des Weibchens aus. Daraufhin führt er sie zum Nest, sie folgt, er zeigt den Nesteingang, und sie schlüpft ein. Nun stößt er in schneller Folge gegen ihren aus dem Nesteingang schauenden Schwanzstiel, worauf sie ablaicht. Sie schwimmt dann weg, und er besamt. Jeden einzelnen dieser Reize kann man im Attrappenversuch nachmachen. Man kann z. B. das Männchen entfernen, nachdem das Weibchen einschlüpfte, und durch Betrommeln ihres Schwanzstiels das Ablaichen auslösen. Unterbleibt dieser Reiz, dann reißt die Kette hier ab, das Weibchen laicht nicht. Wo immer die Verhaltensfolge von auslösenden Reizen bestimmt wird, können Glieder der Kette übersprungen werden. Auch ein bereits abgehandeltes Verhalten kann bei entsprechender auslösender Reizkonstellation rekapituliert werden.

Die Abbildung 8.1 zeigt die beiden Ketten sich wechselseitig auslösender Handlungen. Die Aufeinanderfolge der Handlungen der männlichen und weiblichen Partner ist in dieser Darstellung idealisiert. Die Folge ist im natürlichen Ablauf keineswegs so genau festgelegt. Es gibt viele Abweichungen, doch sind die Folgen nicht zufällig (G. P. Baerends und Mitarbeiter 1955, D. Morris 1958, G. W. Barlow 1962). Wir wollen dies am Beispiel der Stichlingsbalz verdeutlichen. D. Morris zählte aus, welche Reaktionen der Geschlechtspartner einander auslösen, und fand gegenüber der idealen Sequenz Abweichungen, wie sie Abb. 8.2 sichtbar macht. Die Verhaltensweisen der Männchen und Weibchen sind durch Zahlensymbole nach folgendem Schlüssel wiedergegeben:

Verhaltensweisen Nr.	des Männchens	des Weibchens
1	erscheint	erscheint
2	Zickzacktanz	Präsentieren
3	Führen	Zuwendung zum Männchen
4	Nesteingang zeigen	Folgen
5	ritualisiertes Fächeln	Unterschlüpfen des Männchens zum Nesteingang
6	Schnauzentremolo	bohrt Kopf in den Nesteingang
7	Schlüpfen ins Nest	Schlüpfen ins Nest
8	Besamen	Ablaichen
9	Wegschwimmen	Wegschwimmen

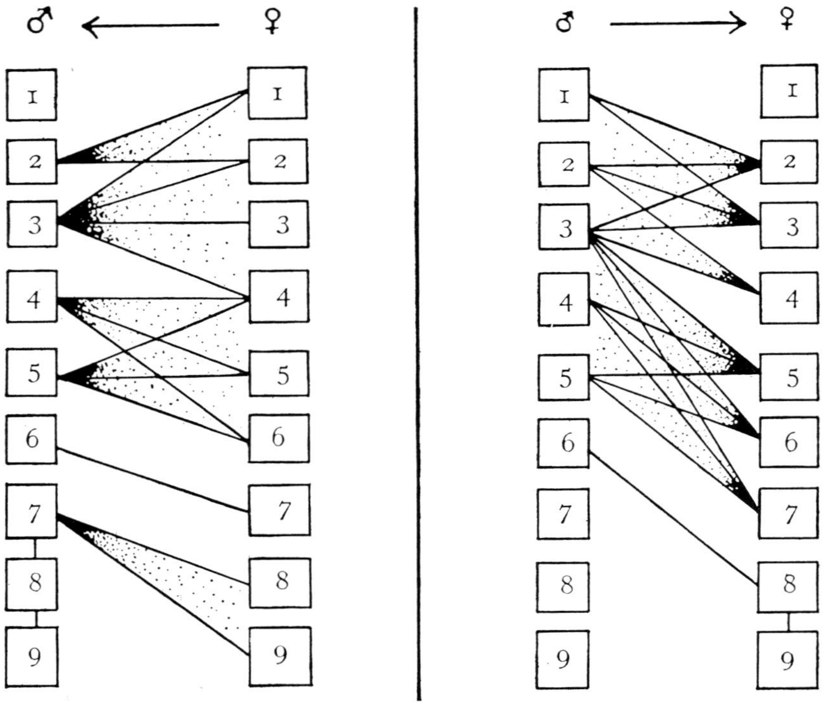

8.2 Beobachtete Handlungsfolgen im Paarungsverhalten des Stichlings. Links: Reaktionen des Männchens auf die Aktionen des Weibchens; rechts: Reaktionen des Weibchens auf die Aktionen des Männchens. Die Zahlen symbolisieren Verhaltensweisen. Schlüssel und nähere Erläuterungen im Text. Aus D. Morris (1958)

Links sind die Reaktionen des Männchens auf die Aktionen des Weibchens und rechts die Antworten des Weibchens auf die Aktionen des Männchens aufgezeichnet. Es wird deutlich, daß die meisten Reaktionen durch mehrere Aktionen des Partners ausgelöst werden können. Man sieht ferner, daß die verschiedenen Aktionen, die ein Verhalten auslösen können, gruppenweise geordnet in der gesamten Ablaufskette liegen. Reaktionen und Antworten überlappen einander. Ein Grund dafür ist, daß Männchen und Weibchen nicht perfekt sexuell synchronisiert sind, ein Partner ist meist mehr motiviert als der andere. Manche Stufen können von einem hochmotivierten Tier sogar übersprungen werden. Keine der Überlappungen geht jedoch über viele Stufen. Auch ergibt die quantitative Auswertung, daß die Handlungen einander mit verschiedener Häufigkeit auslösen, wie das die Abbildung 8.3 darstellt. In diesem Diagramm sind die Handlungen wieder durch Ziffern dargestellt. Schwarze Quadrate beziehen sich auf Verhaltensweisen, die im typischen Falle eine bestimmte Antwort auslösen, punktierte Quadrate zeigen Aktionen an, die es nur

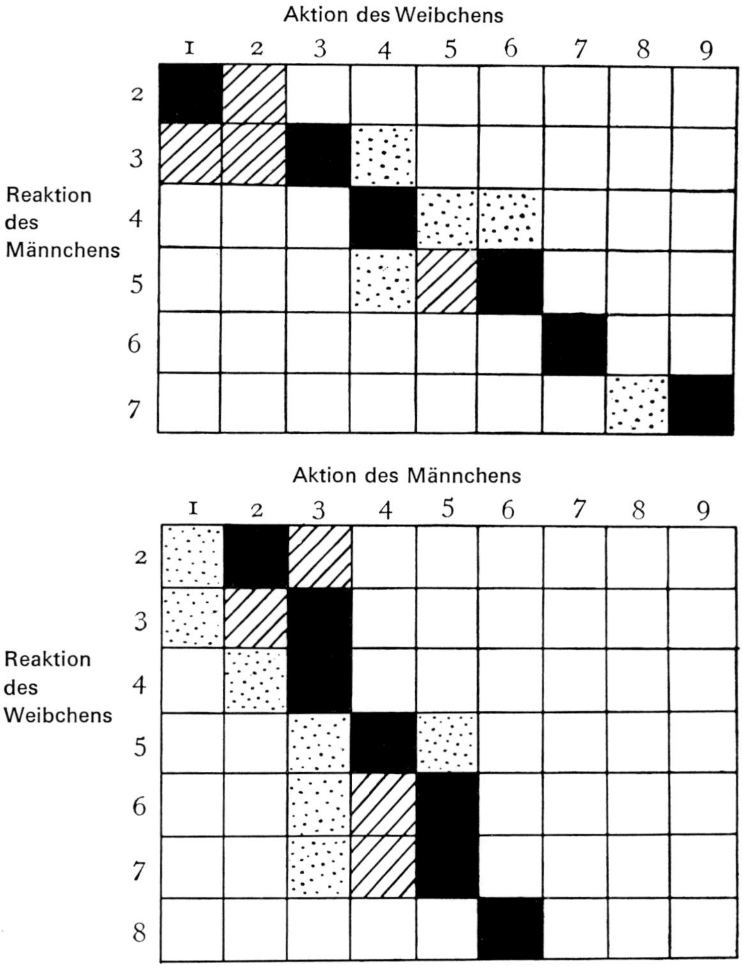

8.3 Diagramm der Handlungsfolgen im Paarungsverhalten des Stichlings. Die Musterung der Quadrate zeigt an, mit welcher Häufigkeit eine Aktion eine bestimmte andere auslöst. Zahlen symbolisieren Handlungen wie in Abb. 8.1. Weitere Erläuterungen im Text. Aus D. Morris (1958)

gelegentlich tun, und strichlierte Quadrate Aktionen, die eine bestimmte Antwort nur selten auslösen. Ähnliche Reiz-Antwort-Überlappungen fand G. W. Barlow (1962) bei *Badis badis.*

Recht übersichtlich sind die Verhältnisse bei Wassermolchen *(Triturus)* und Froschlurchen *(Bufo, Rana, Hyla).*

Bei der Erdkröte *(Bufo bufo* L.*)* wandern Männchen und Weibchen im Frühjahr zu den Laichplätzen, die sie bemerkenswerterweise mit Hilfe ihres Ortsgedächtnisses finden. Schon während der Wanderung reagieren

8.4 Oben: Erdkrötenpärchen kurz vor dem Ablaichen; darunter: Signalstellung des Weibchens und Korbhaltung der Hinterbeine beim Männchen. Nach I. EIBL-EIBESFELDT (1950 b)

die Männchen auf alles Bewegte; sie springen es an und versuchen, es zu umklammern. Ist es ein Krötenmännchen, so protestiert es gegen die Umklammerung mit einer schnellen Folge von Rufen, worauf der Umklammernde losläßt. Weibchen dagegen verhalten sich ruhig und werden umklammert gehalten, ebenso aber auch ruhige Attrappen, wie etwa die Finger des Experimentators (S. 163). Trifft das Männchen unverpaart am Teich ein und regt sich nichts in seiner Nähe, so beginnt es zu rufen, was Weibchen herbeilockt. Nimmt es Bewegungen in seiner Umgebung wahr, schwimmt es wieder unterschiedslos alles Bewegte an und umklammert es. Wie an Land beeinflußt auch hier das Verhalten des Umklammerten die weiteren Reaktionen des Männchens. Es hält das Weibchen hinter den Vorderbeinen umklammert. Die Hinterbeine nehmen eine abschirmende Haltung ein, und die Tiere stoßen mit ihnen gegen jeden Nebenbuhler. Das Paar bleibt so lange vereinigt, bis das Weibchen eine Signalstellung einnimmt, indem es seinen Rücken stark lordotisch durchkrümmt. Daraufhin rutscht das Männchen nach rückwärts und bildet mit seinen Hinterbeinen über der Kloakenöffnung des Weibchens einen Korb, in dem es den nun austretenden Laich auffängt und befruchtet (Abb. 8.4). So folgen mit Pausen, in denen das Weibchen umherschwimmt und das Männchen wieder die Ausgangsstellung einnimmt, mehrere Laichschübe. Zuletzt folgt eine Signalstellung ohne anschließendes Ablaichen. Das Männchen bildet zwar den Korb, da aber kein Laich austritt, löst es bald die Umklammerung und steigt ab. Wird nun das Weibchen erneut umklammert, so

8.5 Das Absetzen der Spermatophore und Führen von unten gesehen. Nach dem Absetzen der Spermatophore öffnet das Männchen seine Kloake weit und führt das Weibchen. Aus wiss. Film C 698, I. EIBL-EIBESFELDT (1955 c). Foto: H. SIELMANN

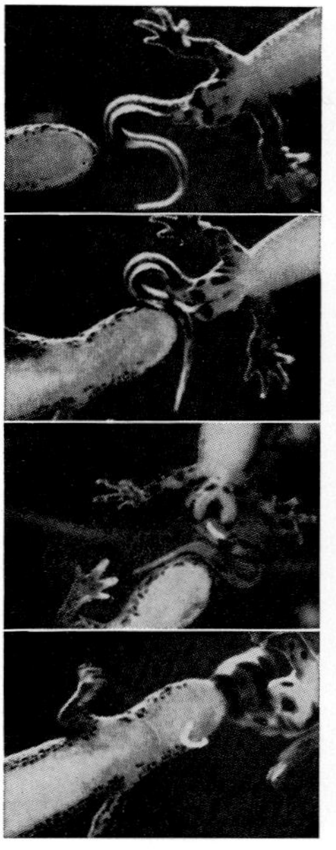

verhält es sich wie ein Männchen: Es macht die entsprechenden Abwehrbewegungen, bleibt aber dabei stumm. Die rhythmischen Bewegungen allein genügen, um ein klammerndes Männchen abzuweisen (I. EIBL-EIBESFELDT 1950 b, 1954, 1956 a, H. HEUSSER 1960).

Bei den Wassermolchen muß das Männchen zunächst durch den artspezifischen Duftstoff der Weibchen in Erregung versetzt werden, damit es überhaupt reaktionsbereit wird. Man braucht nur Wasser aus einem Behälter, in dem sich Weibchen dieser Art befinden, in den des Männchens zu leiten, dann reagiert es auch auf sehr einfache, bewegte Attrappen, die es vorher nicht beachtet hat (H. ZIPPELIUS 1949; H. PRECHTL 1951). Es kontrolliert das Objekt geruchlich; einem arteigenen Weibchen verstellt es den Weg und fächelt ihm, mit dem Schwanze wedelnd, Duftstoffe zu. Kommt es daraufhin auf ihn zu, dreht er sich um und geht watschelnd, den Schwanz kringelnd, langsam von ihm weg. Das Weibchen folgt und stößt mit der Schnauze an seinen Schwanz. Dies ist das Signal zum Absetzen der Spermatophore: Das Männchen hebt den Schwanz, setzt den Samenträger ab, zeigt dem Weibchen die weit geöffnete Kloake und führt es geradlinig über die Spermatophore, die an ihrer Kloakenöffnung festklebt (J. MARQUENIE 1950, H. PRECHTL 1951, I. EIBL-EIBESFELDT 1955 c; Abb. 8.5 und 8.6).

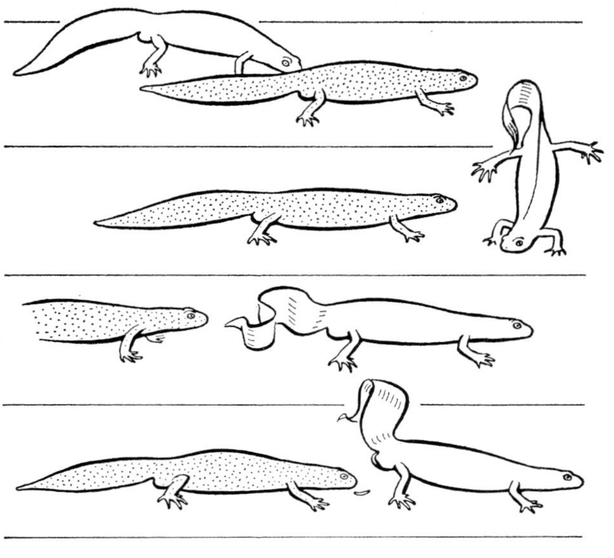

8.6 Balz des Alpenmolches *(Triturus alpestris)* (Weibchen punktiert). Die Folge ist von oben nach unten zu lesen: Geruchliche Kontrolle des Weibchens, Wegverstellen und Schwanzwedeln, Absetzen des Samenträgers und Führen. Zeichnung: H. KACHER nach Angaben des Verf.

Den Botanikern sind durchaus vergleichbare Reaktionsketten bekannt. Beim Pilz *Achlya ambisexualis* beginnen männliche Mycelien mit der Bildung von Antheridienästen, wenn sie einen Stoff A wahrnehmen, den die weiblichen Mycelien bilden. Die Antheridienäste erzeugen ihrerseits einen Stoff B, der das weibliche Mycel zur Ausbildung von Oogonanlagen veranlaßt. Die Oogonanlagen wiederum scheiden einen Stoff C aus, der die Antheridienäste chemotropisch anzieht und nach Vereinigung mit den Oogonanlagen die Abschnürung der Antheridien auslöst. Ein Stoff D schließlich, den die fertigen Antheridien abscheiden, bewirkt die Abschnürung der Oogone, allerdings nur im direkten Kontakt mit den Antheridien (J. R. Raper nach M. Hartmann 1956).

Zusammenfassung 8

Der geordnete Ablauf einer Interaktion zwischen zwei Partnern kommt oft dadurch zustande, daß ein Verhalten des einen Partners für den anderen einen Reiz darstellt, auf den dieser reagiert – was seinerseits ein Signal für die nächste Reaktion des Partners ist, usw. So werden die Tiere über eine Kette sich wechselseitig auslösender Handlungsschritte zur Endhandlung oder abschaltenden Endsituation geführt. In Interaktion mit seiner Umwelt kann auch ein einzelnes Tier eine Reaktionskette durchlaufen, indem es sich durch sein Verhalten in immer neue Reizsituationen bringt, die dann neues Verhalten aktivieren.

9. Der hierarchische Aufbau des Verhaltens

Verhaltensweisen treten in einer bestimmten Ordnung auf. Bei den eben besprochenen Reaktionsketten wurde die geordnete Aufeinanderfolge der einzelnen Handlungen von der jeweiligen auslösenden Reizsituation diktiert. Wie das Beispiel des Nüsse versteckenden Eichhörnchens und der Kokon bauenden Spinne lehrt (S. 51 und 57), gibt es auch innerlich programmierte Handlungsfolgen. Dem Scharren folgen das Ablegen der Nuß und danach das Schnauzenstoßen, Zugraben und Festdrücken, auch wenn das Eichhörnchen gar nichts aufgegraben hat. Jede Einzelbewegung hat hier ihre feste Stellung im Gesamtablauf. Und jede Einzelbewegung ist genaugenommen wiederum ein innerlich programmierter Ablauf verschiedenster Muskelkontraktionen.

Die Ordnung im Verhalten besteht aber nicht nur in einem zeitlichen Nacheinander, sondern auch in einem zeitlichen Nebeneinander. Verhaltensweisen können einander mehr oder weniger streng zugeordnet sein und gleichzeitig auftreten oder auch sich gegenseitig ausschließen. Wir beobachten oft, daß Verhaltensweisen nach Sätzen geordnet sind, wobei jeder Satz sich durch ein gemeinsames Fluktuieren der Reizschwelle für auslösende Reize auszeichnet. Bei einem kampfgestimmten Tier beobachten wir z. B., daß die Verhaltensweisen des Drohens, Angreifens, Beißens etc. insgesamt leichter auszulösen sind als zu anderen Zeiten, etwa wenn das Tier freßgestimmt ist. Andere Verhaltensweisen wiederum, etwa jene des Fressens oder des Nestbauens, erscheinen zur gleichen Zeit gehemmt. Das weist darauf hin, daß die Verhaltensweisen nach Gruppen von übergeordneten koordinierenden Instanzen abhängen, die sich ihrerseits in bestimmter Weise gegenseitig beeinflussen.

So ist das männliche Eichhörnchen zur Fortpflanzungszeit nicht allein gesteigert balzbereit, sondern auch deutlich aggressiver, und welche Verhaltensweisen im einzelnen aktiviert werden, ob jene des Balzens oder jene des Kämpfens, hängt von der auslösenden Reizsituation ab. Aber für beides erweist sich das Männchen gleicherweise schwellenerniedrigt. Wir wissen, daß dies u. a. dem Einfluß des männlichen Geschlechtshormons zuzuschreiben ist. Bei vielen Vögeln sind zur Fortpflanzungszeit die Verhaltensweisen des Nestbauens, Balzens und Kämpfens in ganz ähnlicher Weise einander zugeordnet.

Diese Ordnung nach Folge und Gleichzeitigkeit spiegelt zugleich eine hierarchische Ordnung des Verhaltens wider, die verschiedene Integrationsstufen erkennen läßt. Das mag ein Beispiel erläutern: Die im Frühsommer schlüpfenden Grabwespen *(Ammophila campestris)* kommen in Fortpflanzungsstimmung und sind dann bereit, sich zu paaren und ihre Brut zu pflegen. Der Brutpflegestimmung sind nun eine Reihe von Triebhandlungen untergeordnet: Nestplatzsuche, Nestbau, Raupenjagd, Eiablage, Füttern der Larven und Öffnen und Schließen der Nester. So sucht die Grabwespe zunächst nur einen Nestplatz, und erst, wenn sie einen geeigneten gefunden hat, beginnt sie scharrend und beißend das Nest zu graben, wobei sie den losgegrabenen Sand wegträgt. Ist die Nestkammer fertig, verschließt sie den Eingang mit einem passenden Klümpchen. Nun kommt die Wespe in eine neue Stimmung: Sie sucht ein Raupe, ergreift und tötet sie. Ist dies geschehen, dann löst der Eintragetrieb den Jagdtrieb ab, und es folgen die Instinkthandlungen Transportieren, Ablegen der Raupe vor dem Nest, Nestöffnen, Hineinkriechen, Sichumdrehen, Ergreifen und Hineinziehen der Raupe. Schließlich legt die Grabwespe ein Ei ab und verschließt das Nest. Sie besucht das Nest in der Folge wiederholt, und ist die Larve geschlüpft, wird sie zunächst mit kleinen und später mit größeren Raupen gefüttert; hat sie sich schließlich verpuppt, verschließt die Grabwespe das Nest endgültig. Sie richtet ihr Verhalten dabei situationsgemäß ein, bringt etwa wenige Raupen, wenn schon viele im Nest sind, oder kleine, wenn die Larve noch klein ist (G. P. Baerends 1941; siehe auch S. 376).

Die Beobachtung lehrt, daß es über- und untergeordnete Triebe gibt. N. Tinbergen (1951) hat dies in einem Schema der »Instinkthierarchie« dargestellt. Er entwickelt seine Gedanken am Fortpflanzungsverhalten des Stichlings.

Im Frühling gerät der männliche Stichling als Folge der zunehmenden Tageslänge in Fortpflanzungsstimmung. Er färbt sich jedoch nicht gleich in sein charakteristisches Prachtkleid um, auch zeigt er kein Werbe- oder Kampfverhalten. Die Fische wandern vielmehr verträglich im Schwarm von ihren tieferen Winterquartieren in das warme, seichte Wasser. Dort sucht sich jedes Männchen ein Revier, eine mit Pflanzen bewachsene Stelle. Erst nach der Revierwahl bekommt er sein Prachtkleid und zeigt sich einer Reihe von neuen Reizen gegenüber empfänglich. Er kämpft oder droht, wenn ein fremdes Männchen erscheint, balzt Weibchen an und baut sein Nest, wenn er passendes Material findet. Was er tut, hängt von der auslösenden Reizsituation ab. Er zeigt jedoch die innere Bereitschaft, all diese Verhaltensweisen auszuführen. Die Kampfhandlungen werden durch das Erscheinen eines rotbäuchigen Männchens aktiviert, aber welche der Kampfhandlungen im einzelnen auftreten, hängt wiederum von spezifischeren Reizen ab. Flieht der Eindringling, wird er verfolgt, schlägt er mit seinem Schwanz, schlägt der Revierbesitzer zurück. Das rote Männchen an sich löst nur die Bereitschaft zum Kämpfen aus, nicht aber wirklichen Kampf. Man kann hier also verschiedene Integrationsniveaus feststellen, die von allgemeinem zu immer speziellerem Verhalten führen, wobei bestimmte Schlüsselreize die jeweils nächstspeziellere Handlungsbereitschaft oder Stimmung aktivieren. Fängt man z. B. mehrere Stichlinge auf ihrer Wanderung und setzt sie in ein Becken ohne Einrichtung, dann bleiben sie im Schwarm und färben nicht um, da keiner ein Revier abgrenzen kann. Bepflanzt man jedoch eine Ecke, so wird sich einer dorthin absondern und umfärben; er ist dann auch fortpflanzungsgestimmt, d. h. bereit, mit Balz, Kampf- und Nestbauhandlungen auf die entsprechenden Reize zu reagieren.

TINBERGEN nimmt nun an, daß dieser Ordnung eine Ordnung funktioneller Instanzen im Zentralnervensystem entspricht (Abb. 9.1)*. Die Hormone wirken auf das höchste für die Fortpflanzung verantwortliche Zentrum (Wanderzentrum) und lösen als Appetenzverhalten die Wanderung aus. Besondere Schlüsselreize scheint es dafür nicht zu geben. Das Wandern endet, wenn der Fisch die Schlüsselreize aus einem passenden Biotop empfängt. Diese wirken auf einen angeborenen auslösenden Mechanismus ein, der das bis dahin blockierte Revierzentrum freigibt. Impulse können nun zu untergeordneten Zentren der Brutpflege, des Balzens, Nistens und Kämpfens fließen, doch ist jedes dieser Zentren so lange blockiert, bis spezielle Schlüsselreize die Bahn freigeben, etwa indem ein Rivale erscheint. Der Gegner muß dann noch speziellere Reize senden, damit die spezifischen Kampfhandlungen ausgelöst werden.

Untersuchungen von PH. GUITON (1960) zwingen uns dazu, an dieser Darstellung einige Änderungen vorzunehmen. Nach TINBERGEN folgen Wandern, Reviergründung und Fortpflanzung aufeinander, Kampf, Nisten, Balz und Brutpflege liegen dagegen zeitlich nebeneinander. Nach GUITON folgen Reviergründung, Grubeausheben, Nestbauen, Balz und Brutpflege aufeinander. Nach der Reviergründung gräbt das Männchen eine Grube, und erst diese löst das Eintragen von Nestmaterial und das Leimen aus. Schüttet man die Grube zu, wird das Grubengraben langsam reaktiviert. Allerdings gräbt es dann nicht mehr so lange wie vorher,

* Er spricht auch von einer Zentrenhierarchie, wobei er den Begriff Zentrum rein funktionell definiert.

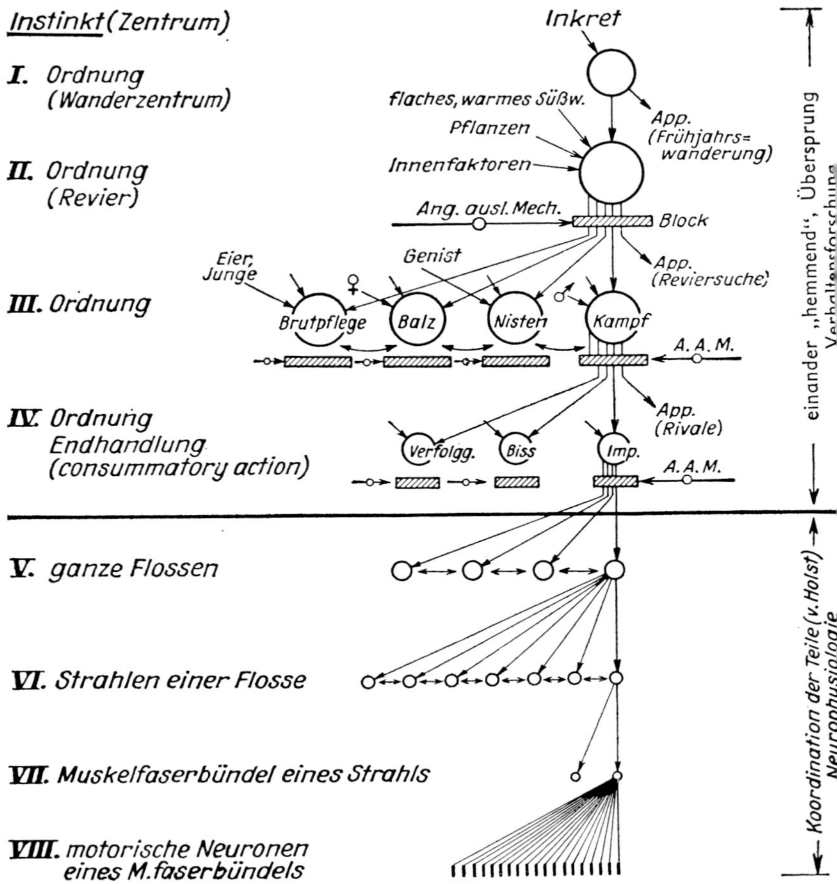

9.1 Zentrenhierarchie des Hauptinstinktes Fortpflanzungsverhalten beim Stichlingsmännchen. Stimmende Impulse sind durch gerade Pfeile dargestellt, die auf Zentren (hier Kreise) zielen. Diese das jeweilige Zentrum aufladenden Impulse können von der Außenwelt und von übergeordneten Zentren kommen, aber auch spontan im Zentrum entstehen, was in diesem Schema nicht berücksichtigt ist. Die Blöcke deuten hemmende Instanzen an, die eine dauernde Entladung der motorischen Impulse verhindern. Diese Blöcke werden erst über angeborene Auslösemechanismen gehoben. Ist das geschehen, zeigt das Tier ein spezifisches Appetenzverhalten, bis speziellere Auslösereize den nächstuntergeordneten Instinkt und damit das nächstspezifischere Appetenzverhalten aktivieren. Die konkav zweispitzigen Pfeile zwischen Zentren gleicher Stufe deuten hemmende Beziehungen und Möglichkeiten von Übersprüngen (S. 310) an. Unter dem Niveau der Endhandlung werden mehrere gleichstufige Zentren gleichzeitig aktiviert. Zwischen ihnen wirken koordinierende Kräfte, die durch horizontale Pfeile angedeutet sind. Weitere Erläuterungen im Text. Nach N. Tinbergen (1951)

sondern beginnt bald wieder mit dem Eintragen. Erst wenn es schließlich den Tunnel ins Nest gestoßen hat, ist es voll paarungsbereit. – Diese Befunde ändern jedoch am Prinzip der TINBERGENschen Darstellung nichts, weshalb wir das Schema schon wegen seiner historischen Bedeutung unverändert übernehmen.

Von neurophysiologischen Erwägungen ausgehend hat P. WEISS (1941 a) unabhängig die Theorie der zentralnervösen Hierarchie entwikkelt, wobei er sechs Integrationsstufen unterscheidet. Die unterste stellt die Stufe der einzelnen motorischen Einheit dar (1), es folgen alle motorischen Einheiten eines Muskels (2), die koordinierte Funktion von Muskelgruppen, die ein Gelenk bedienen (3), die koordinierte Bewegung einer Extremität (4), die koordinierte Zusammenarbeit mehrerer Glieder (5) und schließlich die Bewegung des ganzen Tieres (6). Diese sechste Stufe umfaßt jedoch, wie TINBERGEN zeigt, mehrere Integrationsstufen. In dem von TINBERGEN entworfenen Schema sind drei der WEISSschen Stufen dargestellt. Der waagrechte Strich quer durch dieses Schema soll die Erbkoordinationen der Endhandlungen von noch einfacheren, untergeordneten Bewegungskoordinationen scheiden.

TINBERGEN nennt *Instinkt* einen in dieser Art »hierarchisch organisierten, nervösen Mechanismus, der auf bestimmte vorwarnende, auslösende und richtende Impulse, sowohl innere wie äußere, anspricht und sie mit wohlkoordinierten, lebens- und arterhaltenden Bewegungen beantwortet«. Er unterscheidet Hauptinstinkte und untergeordnete Instinkte.

Ganz übereinstimmend spricht auch W. H. THORPE (1951) vom Instinkt als einem ererbten, angepaßten Koordinationssystem innerhalb des Zentralnervensystems, das sich bei Aktivierung in Erbkoordinationen ausdrückt, hierarchisch organisiert ist, Spontaneität zeigt und die Bereitschaft, auf bestimmte Schlüsselreize anzusprechen.

Das Hierarchieschema von G. P. BAERENDS (1956) knüpft an das von N. TINBERGEN an, doch kommt in ihm die Tatsache deutlicher zum Ausdruck, daß untergeordnete Zentren sehr oft von mehreren übergeordneten Zentren kontrolliert werden. Das entspricht auch den noch zu diskutierenden Befunden von E. v. HOLST, die zeigten, daß Laufen, Picken und dergleichen in verschiedenen funktionellen Zusammenhängen auftreten (Abb. 9.2).

Es gibt verschiedene Möglichkeiten, die Schaltung der einzelnen Verhaltensweisen herauszufinden. Ob z. B. eine Ablauffolge von Außenreizen abhängig ist oder innerhalb des Systems programmiert wird, kann man durch Manipulation der auslösenden Reizsituation herausfinden, so wie das in den eben zitierten Beispielen ausgeführt wurde. Auch das Studium der Ermüdungsphänomene gibt Aufschluß über die Zusammenhänge. Wird z. B. durch Abhandeln einer Verhaltensweise A auch eine

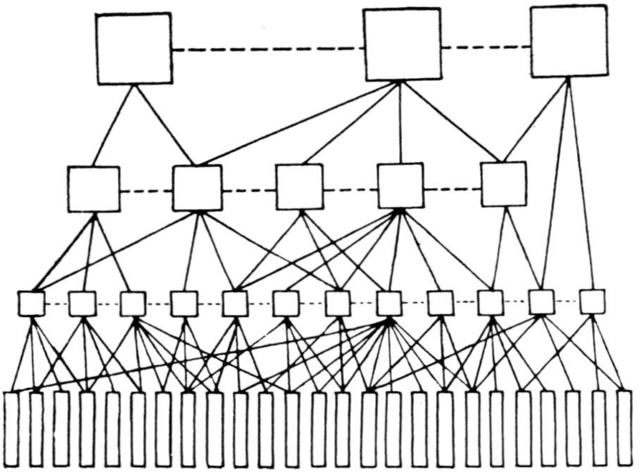

9.2 Das Baerendssche Hierarchieschema. Es zeigt deutlicher die Vernetzung der Zentren, insbesondere die Tatsache, daß untergeordnete Zentren oft von mehreren höheren kontrolliert werden. Gestrichelte Linien symbolisieren hemmende Beziehungen zwischen Mechanismen gleicher Ordnung. Vernetzung und Rückmeldungen über den Verhaltensvollzug könnten es nahelegen, überhaupt von einer Netzstruktur anstatt von Hierarchie zu sprechen. Man kann jedoch darüber hinaus verschiedene verursachende Systeme und Untersysteme innerhalb dieses Netzwerks nachweisen, gekennzeichnet durch Ablauffolge und enge zeitliche Beziehungen zwischen bestimmten Verhaltensweisen, oft auch durch eine selektive Bereitschaft, auf bestimmte Umweltreize zu reagieren. Es läßt sich also neben der Vernetzung auch eine hierarchische Organisation nachweisen.

Handlung B ermüdet, umgekehrt jedoch durch Ermüdung von B die Handlung A nicht weiter beeinflußt, dann spricht dies dafür, daß die Handlungen in der Reihenfolge A–B hintereinandergeschaltet sind, wobei B von A abhängt. Wenn dagegen die Schwellenanhebung von A auch eine Schwellenanhebung von B und umgekehrt Abhandeln von B auch eine Schwellenerhöhung von A bewirkt, besteht keine streng hierarchische Ordnung zwischen beiden Handlungen, doch hängen beide von einer gemeinsamen übergeordneten Instanz ab (A. Kortlandt 1955). Weiteres über die hierarchische Organisation des Verhaltens findet man bei G. P. Baerends (1956), R. A. Hinde (1953) und R. Dawkins (1976). Alle weisen darauf hin, daß die hierarchische Ordnung sich nicht nur in einfachen linearen, sondern in einem Netzwerk von Beziehungen manifestiert. Wie das im einzelnen zu verstehen ist, wird aus den gleich zu besprechenden Experimenten von E. v. Holst und U. v. Saint Paul (1960) deutlich werden.

Daß der eben besprochenen Ordnung im Verhalten intakter Tiere eine Ordnung im Zentralnervensystem entsprechen muß, dürfte einleuchten. Im Bemühen, die Ordnung zu erforschen, experimentierte man zunächst mit chirurgischen Eingriffen. Allerdings kann man aus den Läsionen im allgemeinen nur eine grobe Zuordnung bestimmter Leistungen zu bestimmten Hirnabschnitten erschließen, und widersprechende Ergebnisse führten zu extremen Standpunkten. Während die Zentrenlehre eng umschriebene anatomische Zentren für bestimmte Leistungen annimmt, glaubt die Plastizitätslehre nicht an eine so strenge Zuordnung von Leistungen zu bestimmten anatomischen Strukturen. Für die Vertreter der Zentrenlehre ist das Gehirn ein mehr oder weniger starres Mosaik einzelner Zentren, von denen jedes ganz bestimmte Tätigkeiten steuert. Nach Ansicht der Plastizitätslehre dagegen arbeitet das Gehirn als funktionelle Ganzheit, deren Teile einander bis zu einem gewissen Grade ersetzen können.

K. S. LASHLEY (1929, 1931) fand, daß die Störung von Lernleistungen bei Ratten vom Ausmaß der Cortexläsionen abhing. Er meinte daher, daß es weniger auf den Ort der Verletzung als auf die Masse des zerstörten Gewebes ankam. Heute weiß man allerdings, daß die Lernleistungen doch lokalisiert sind, daß jedoch die Zerstörung bestimmter Orte durch Leistungen anderer kompensiert wird. Für ein Verhalten gibt es ja verschiedene Eingänge und demnach auch die Möglichkeit mehrfacher Assoziation. Ähnlich dürften sich auch andere Befunde, die zunächst für das Lashleysche Massenwirkungsgesetz sprechen, deuten lassen, wie etwa die Ergebnisse von F. BEACH (1937, 1938, 1940), denen zufolge die Zahl der kopulierenden Ratten proportional zur Größe der Hirnläsionen abnahm. Heute weiß man, daß solche Leistungen, ebenso wie jene des Brutpflegeverhaltens und Futterhortens (J. S. STAMM 1954, 1955), doch gut lokalisiert sind (siehe auch H. HARLOW 1953).

Ganz neue Impulse erhielt die Hirnforschung durch die Untersuchungen von W. R. HESS (1954, 1957), der durch elektrische Hirnreizung mit feststehenden Elektroden an freibeweglichen und im wesentlichen intakten Katzen eine Vielfalt von Verhaltensweisen aktivierte. Er lokalisierte im Zwischenhirn der Katze Reizpunkte, von denen er Drohen, Flüchten, Fressen und andere Verhaltensweisen aktivieren konnte. Sie waren an gewissen Orten gehäuft, traten aber auch weit gestreut auf, wie bei einem so kompliziert »verdrahteten« Apparat nicht anders zu erwarten ist (Abb. 9.3). Isoliert aufgezogene Katzen zeigten bei elektrischer Hirnreizung alle Verhaltensweisen des Angreifens, die auch sozial erfahrene Katzen zeigen. Die neurale Organisation, die diesen Verhaltensweisen zugrunde liegt, ist demnach wohl angeboren (W. ROBERTS und E. H. BERGQUIST 1968). F. HUBER (1955) bestimmte durch Hirnreizung die nervösen Zentren einiger Instinkthandlungen der Grillen.

Durch Ableitung von einzelnen Neuronen konnte man bei Ratten eine klare Beziehung zwischen neuronaler Aktivität und beobachtetem Verhalten nachweisen. Die Entladung einzelner Neuronen im limbischen System

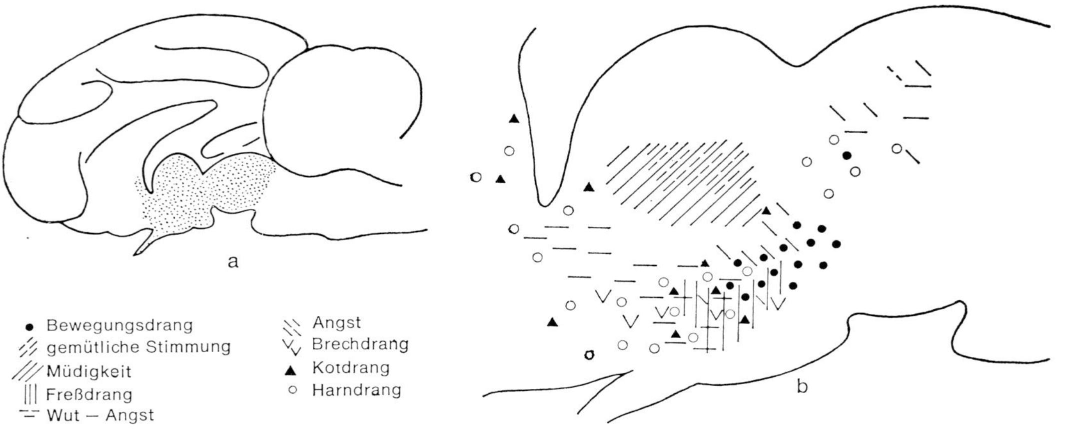

9.3 a) Katzenhirn schematisch, die von W. R. HESS gereizte Gegend des Stammhirns punktiert; b) die gleiche Region vergrößert. Durch die eingetragenen Symbole sind die Orte markiert, von denen aus bestimmte Stimmungen wachgerufen wurden. Nach W. R. HESS, vereinfacht von E. v. HOLST (1957)

und Hypothalamus waren jeweils ganz bestimmten Tätigkeiten (Fressen, Vibrissenzucken, Schnüffeln, Explorieren etc.) zugeordnet. Hörte ein bestimmtes Verhalten auf, dann konnte man von den betreffenden Gebieten auch keine elektrische Aktivität ableiten. In solchen Fällen gelang es jedoch, durch elektrische Reizung dieses Gebietes die betreffende Verhaltensweise künstlich zu aktivieren (B. R. KOMISARUK und J. OLDS 1968).

In der Erforschung der Frage nach der Ordnung im Zentralnervensystem beschritten E. v. HOLST und U. v. SAINT PAUL (1960) einen neuen Weg, indem sie mit den Methoden der elektrischen Hirnreizung die hierarchische Organisation des Verhaltens untersuchten. Mit schrittweise versenkbaren Elektroden, die den daran gewöhnten zahmen Tieren keinerlei Unbehagen bereiten, tasteten sie im Stammhirn der Hühner verschiedene Reizpunkte ab, wobei sie mit mehreren Reizelektroden mehrere Punkte zur gleichen Zeit reizen konnten. Von den vielen ausgelösten Verhaltensweisen war eine Gruppe von komplexeren von besonderem Interesse. Sie zeichnete sich durch folgende Merkmale aus: 1) Die Folge, in der die verschiedenen Einzelakte des zusammengesetzten Verhaltens erschienen, blieb auch bei lang andauernder elektrischer Hirnreizung oder bei Anwendung stärkerer Reizströme dieselbe; 2) Tierkenner empfinden diese Bewegungsfolgen als »natürlich«; 3) es handelt sich um funktionelle Verhaltensmuster von arterhaltendem Wert.

Es scheint, als hätten sie in diesen Fällen einen Instinkt im TINBERGENschen Sinne aktiviert, wobei die verschiedenen Einzelakte in einer ordentlichen Folge erscheinen, die offenbar auf deren verschiedener individueller Reizschwelle beruht.

So löst die Reizung eines bestimmten Hirngebietes bei einem Hahn zuerst Blinzeln des linken Auges aus. Reizt man länger oder mit stärkerer Reizspannung, schüttelt der Hahn den Kopf und reibt bei weiterer Reizung den Kopf an seiner Schulter. Schließlich kratzt er seine linke Wange mit dem Fuß. Kopfschütteln und Kratzen wiederholen sich nun, solange der Hirnreiz währt; es sieht aus, als würde der Hahn von einer unsichtbaren Fliege belästigt.

In ähnlicher Weise gelang es den genannten Autoren, bei Hühnern die gesamte Ekelreaktion auszulösen. Dabei wird zuerst der Hals gerade nach vorne gestreckt und der Kopf so gebogen, daß der Schnabel abwärts weist. Der Schnabel ist leicht geöffnet, und die Zunge bewegt sich. Bei weiterer Reizung wird auch Speichel abgeschieden, als gälte es, ein ungenießbares Objekt auszuwaschen, und schließlich schüttelt das Huhn den Kopf und kratzt sich. Beim Abschalten des Hirnreizes wischt es den Schnabel mit einer abschließenden Säuberungsbewegung am Boden ab (Abb. 9.4). Es gelang, sowohl sehr komplizierte funktionelle Verhaltensabläufe, wie Flucht vor einem Flug- oder Bodenfeind, auszulösen als auch sehr einfache Reaktionen, wie z. B. Gackern. War nur der Gackerdrang aktiviert, blieb das Tier dabei, auch wenn man länger oder mit stärkerer Spannung reizte, bis schließlich eine Art Ermüdung einsetzte und es einer stärkeren Reizspannung bedurfte, um das Verhalten weiterhin auszulösen.

In anderen Fällen ist dieses Gackern nur ein Bestandteil eines komplizierteren Verhaltens. Das Tier beginnt bei Einschalten des Hirnreizes zu gackern, läuft dann bei ansteigender Reizspannung unruhig umher, macht zielende Kopfbewegungen und fliegt schließlich unter Angstlauten ab, genau wie ein Huhn, das durch einen Bodenfeind erschreckt wurde (Abb. 9.4 b, c). In diesem Fall hat man wohl den Fluchtdrang aktiviert, dessen Teilakte nun nach ihren verschiedenen Reizschwellen geordnet in Erscheinung treten. Reizt man gleich mit hoher Reizspannung, dann fliegt das Huhn ohne weitere Einleitung auf. Dieses Fluchtverhalten kann seinerseits wiederum Teilakt eines aktivierten Dranges noch höherer Integrationsstufe sein. VON HOLST und v. SAINT PAUL lösten manchmal durch Reizung nur ein unruhiges Umhergehen aus. In solchen Fällen prüften sie durch Anbieten verschiedener reaktionsauslösender Reize, ob sie bloß allgemeine lokomotorische Aktivität oder ein spezifisches Appetenzverhalten aktiviert hatten. Sie fanden dann in einem bestimmten Fall, daß das Huhn weder fressen noch trinken noch balzen wollte. Bot man ihm aber die Faust, drohte es leicht. Hielt man ihm einen ausgestopften Iltis vor, bedrohte es ihn sofort und griff an. Wurde der Iltis durch diesen Angriff zu Boden geworfen, blieb das Huhn drohend stehen (Abb. 9.5).

Die Annahme liegt nahe, daß man hier den *Angriffsdrang* gegen einen Bodenfeind aktiviert hat. Der folgende Versuch zeigt jedoch, daß dies nicht

9.4 a) Aktivierung einer Handlungsfolge von einem Reizfeld. Das Tun bezweckt die Entfernung von etwas Widerlichem aus dem Schnabel (Ekelreaktion). Mit ● bezeichnete Akte können von anderen Reizfeldern auch isoliert erhalten werden. Der anschwellende horizontale Strich bezeichnet die Reizstärke und -dauer. Einige Sekunden nach Reizende wischt das Huhn den Schnabel ab; b) Verhaltensfolge der Bodenfeindflucht bei langsam und c) bei schnell ansteigender Reizung eines entsprechenden Feldes. Aus E. v. Holst und U. v. Saint Paul (1960)

ganz zutrifft. Montiert man nämlich den ausgestopften Iltis so fest auf den Tisch, daß er nicht heruntergeworfen werden kann, zeigt das Huhn einen bemerkenswerten Verhaltensumschlag. Nach der vergeblichen Attacke wendet sich das weiterhin hirngereizte Huhn schreiend zur Flucht. Man hat demnach das *Bodenfeindverhalten* aktiviert, das Angriff *und* Flucht umschließt. Die Alternativen sind nach ihren Schwellenwerten geordnet. Auch ein starker Hirnreiz kann den Angriff in Flucht umschlagen lassen.

In den drei zuletzt genannten Versuchen war also einmal reines Gackern aktiviert worden, ein andermal Gackern als Teil aktivierten Fluchtdranges und schließlich Flucht als Teil des aktivierten Bodenfeindverhaltens. Das sind nun sicherlich drei Integrationsstufen des Verhaltens, die, in eine logische Ordnung gebracht, eine hierarchische Ordnung ausdrükken (Abb. 9.6). Man kann dies tun und einen richtigen Schaltplan entwerfen, wobei weitere Versuche Einzelheiten über die Art der Schaltung vermitteln. Ein und dasselbe Verhalten läßt sich oft von zwei verschiedenen Reizpunkten aus aktivieren. Durch geeignete Versuche findet man, in welcher Lage zueinander diese Punkte im funktionellen System liegen. Man stellt zunächst einmal fest, ob zwischen den beiden Reizpunkten eine Verbindung besteht, indem man beide gleichzeitig mit einer mittleren Spannung reizt, die von einem Punkt allein nur eine mittelstarke Reaktion auslöst. Ergibt die Doppelreizung eine wesentlich stärkere Antwort, so folgt daraus, daß die Erregungen irgendwo im Zentralnervensystem zusammenfließen. Eine Verhaltensweise läßt sich nun ferner durch wiederholte Reizung von einem Punkt aus ermüden; zur Auslösung bedarf es dann immer stärkerer Reize. Zeigt der betreffende Reizpunkt 1 keine Reaktion mehr und reizt man danach Punkt 2, so ist die Reaktion von dort oft noch vollintensiv auszulösen. In diesem Falle hat man also von Reizpunkt 1 nur eine leitende Struktur, die allein vom ersten Reizfeld benützt wird und nicht das motorische Zentrum ermüdet.

Die eben beschriebenen »Ermüdungserscheinungen« an einer leitenden Struktur nannten v. Holst und v. Saint Paul eine »zentrale lokale Adaptation« und unterschieden diese von einem als »Umstimmung« bezeichneten Vorgang. Wiederholte Reizung vermag nämlich die Grundstimmung eines Tieres zu ändern. Ein Huhn, das z. B. spontan anhaltend schimpfte,

9.5 Zentral ausgelöstes Feindverhalten. Die gereizte Henne zeigt ohne passendes Bezugsobjekt nur Bewegungsunruhe; vor der Faust droht sie leicht (a). Ein ausgestopfter Iltis wird bedroht und angegriffen (b). Endet der Reiz in diesem Augenblick, dann bleibt die Henne leicht drohend stehen. Hält der Hirnreiz dagegen an, dann stutzt sie und flieht schreiend (c), es sei denn, der Iltis fiel durch den Angriff zu Boden. Aus E. v. Holst und U. v. Saint Paul (1960)

konnte durch künstliche Aktivierung des Sitzdranges so umgestimmt werden, daß es auch nach Aufhören des Hirnreizes sitzen blieb. Umstimmung, Adaptation und die Möglichkeit, ein Verhalten von verschiedenen Reizorten her zu aktivieren, beobachteten v. HOLST und v. SAINT PAUL auf den verschiedenen Integrationsniveaus, wie aus ihrem hier wiedergegebenen Schaltbild zu ersehen ist. Hier sind die drei oben besprochenen Versuche, bei denen reines Gackern, Fluchtdrang und Feindstimmung aktiviert wurden, in eine Ordnung gebracht. Der sich ergebende Schaltplan – das »Wirkungsgefüge« – zeigt nicht nur den hierarchischen Aufbau, sondern auch ein Netzwerk von Verbindungen. Zu ein und derselben Endhandlung können verschiedene Wege führen, und wir wissen ja auch aus der Beobachtung, daß z. B. Sitzen einmal vom Schlafdrang und ein andermal vom Brutdrang her aktiviert wird, ebenso wie Laufen oder Fliegen im Dienste verschiedener Dränge stehen können. K. LORENZ nannte solche im Dienste vieler Dränge stehenden Verhaltensweisen daher auch Werkzeughandlungen.

Das v. HOLSTsche Wirkungsgefüge betont die Vernetzung stärker als das TINBERGENsche Hierarchieschema, welches vorwiegend linear ist, obgleich auch hier durch Pfeile Querverbindungen auf verschiedenen Niveaus angezeigt werden. VON HOLST hat sich auch um die histologische Feststellung der verschiedenen Reizorte bemüht. Sein allzu früher Tod unterbrach diese Arbeit.

Hierarchische Ordnungen im Verhalten kann man bei vielen Wirbellosen und in allen Wirbeltierklassen feststellen. Steigt man hier in der phylogenetischen Reihe aufwärts, dann wird diese Ordnung weniger streng linear. Im Beutefangverhalten der Katze kommt eine lineare Ordnung (Lauern, Anschleichen, Fangen, Töten, Fressen) nur vor, wenn ein Tier hungrig ist. Aber auch die satte Katze fängt, ohne zu fressen, und jede Teilhandlung kann, wie erwähnt, dank ihrer Eigenappetenz zur Endhandlung werden. Die übrigen werden dann zu Appetenzhandlungen in ihrem Dienste. P. LEYHAUSEN (1965 a) spricht daher von einer relativen Stimmungshierarchie.

Bei Vögeln und Säugern treten in der Jugendentwicklung zuerst Bewegungen der untergeordneten Integrationsstufen auf. Im wesentlichen über Reifung erfolgt eine aufsteigende Integration der Verhaltensweisen und der ihnen zugeordneten Appetenzen (S. 365). Das präadaptiert aber auch für den Einbau von Erfahrungen.

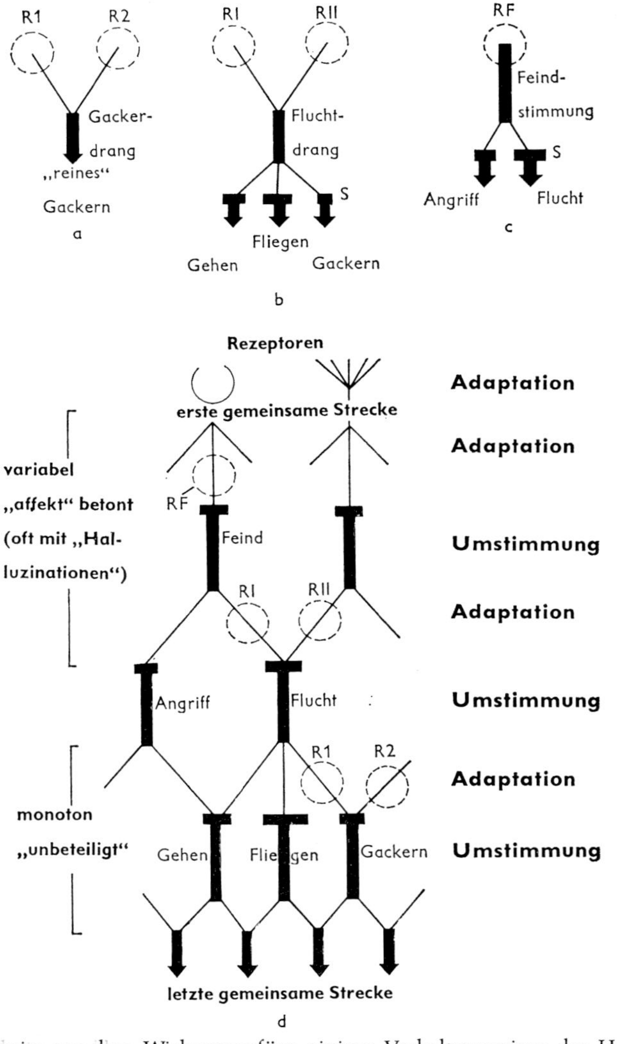

9.6 Ausschnitt aus dem Wirkungsgefüge einiger Verhaltensweisen des Huhns. Zuoberst nebeneinander die im Text erwähnten Verhaltensweisen, die man jeweils von zwei oder mehr Reizorten her aktivieren kann. Darunter sind die Teilakte in eine Ordnung gebracht. Diese Ordnung ergibt einen Schaltplan, dem man entnehmen kann, daß zu einer Endhandlung viele Wege führen. Gehen kann ja einmal Teil des aktivierten Fluchtdranges, ein anderes Mal des Freßdranges und dgl. mehr sein, ebenso wie Sitzen ein sowohl reines Sitzen wie auch vom Schlafdrang oder Brutdrang her aktiviertes Sitzen sein kann. Umstimmung und Adaptation können in verschiedenen Schichten des Zentralnervensystems vorkommen. Aktiviert man Verhaltensweisen eines höheren, näher der Sensorik gelegenen Integrationsniveaus, dann verhält sich das Tier »affektbetont«, z. B. so, als fürchte es sich wirklich. Werden dagegen die Akte eines niederen Integrationsniveaus aktiviert, dann gibt sich das Tier unbeteiligt. Nach E. v. Holst und U. v. Saint Paul (1960)

Zusammenfassung 9

Handlungsbereitschaften folgen einander oft in einer bestimmten Ordnung. Ehe der Stichling bereit ist zu kämpfen oder zu werben, muß er in seichtes Wasser wandern und ein Territorium besetzen. Dann kann er die Verhaltensweisen des Kämpfens oder Werbens zeigen, aber nie beides gemischt. Bestimmte Verhaltensweisen hemmen einander nämlich, andere zeigen ein gemeinsames gleichsinniges Fluktuieren der auslösenden Reizschwelle. N. TINBERGEN erklärte diese Befunde mit der Annahme einer hierarchischen Organisation funktioneller Zentren im Zentralnervensystem. Die Hirnreizversuche E. v. HOLSTs bestätigten dies. Durch punktförmige elektrische Reizung konnte er sowohl stereotype kurze Verhaltensweisen wie Gackern als auch längere funktionelle Handlungsfolgen auslösen. Letztere entsprachen natürlichem Verhalten, wie etwa dem Bodenfeindverhalten, und enthielten als Teilakte auch isoliert – an anderen Reizpunkten – auslösbare Verhaltensweisen wie Gackern oder Umhergehen. Verhaltensweisen dieses unteren Niveaus eines hierarchischen Systems stehen als »Werkzeughandlungen« oft im Dienste verschiedener Funktionskreise.

Als Instinkt definiert TINBERGEN einen hierarchisch organisierten nervösen Mechanismus, der auf innere wie äußere auslösende, richtende und tonisierende Reize anspricht und sie mit eignungsförderndem Verhalten beantwortet. Man kann Instinkte höherer und niederer Ordnung unterscheiden.

10. Konfliktverhalten

Mitunter ist eine auslösende Reizsituation so beschaffen, daß verschiedene Dränge gleichzeitig aktiviert werden, wie etwa der Drang anzugreifen und zu flüchten. Solche einander geradezu entgegengesetzten Verhaltensweisen treten miteinander in Konflikt, und das Ergebnis kann verschieden ausfallen. Mit der Methode der elektrischen Hirnreizung durch zwei Elektroden haben v. HOLST und v. SAINT PAUL (1960) diese Erscheinung am Huhn genauer untersucht, indem sie durch gleichzeitige elektrische Reizung von zwei Reizpunkten aus verschiedene Verhaltensweisen gleichzeitig aktivierten. Im einfachsten Fall *überlagern* die aktivierten Bewegungen einander, wie etwa beim Picken und Kopfwenden. Daß solche Überlagerungen auch normalerweise stattfinden, lernten wir am Beispiel der Hundemimik kennen (S. 186). Beim *Mitteln* überlagern sich die Verhaltensweisen, sie ändern jedoch gleichzeitig ihre Intensität. Überlagern sich Sichern mit ausgestrecktem Nacken und Umherschauen mit weit ausholendem Kopfpendeln, dann ergibt das ein Sichern mit weiter gestrecktem Hals und geringeren Kopfausschlägen beim Umherschauen. Die gleichzeitig aktivierten Verhaltensweisen können jedoch auch abwechselnd in Erscheinung treten, etwa nach dem Muster a-b-a-b-a-b. Ein derart ambivalentes Verhalten bezeichnet man als *Pendeln.* Im Zickzacktanz des Stichlings lernten wir ein solches Verhalten kennen. Man hat in solchen Fällen auch von sukzessiv-ambivalentem Verhalten gesprochen und dieses den Fällen simultaner Ambivalenz gegenübergestellt, bei denen sich beide aktivierten Systeme gleichzeitig durchsetzen. Mir scheint diese Begriffsbildung nicht glücklich, da sie verschiedene Dinge zusammenfaßt. »Sukzessiv« bzw. »simultan« beziehen sich auf die Erscheinungsform, »ambivalent« auf die beiden gleichzeitig aktivierten inneren Antriebe. Es könnte jemand glauben, der Begriff »sukzessive Ambivalenz« beziehe sich auf sukzessive innere Antriebe. E. v. HOLST und U. v. SAINT PAUL erhielten Pendeln, wenn sie gleichzeitig Sichern und Fressen auslösten. Komplementäre Verhaltensweisen, wie Rechtswendung und Linkswendung, löschen sich aus.

Beispiele für Überlagerung und sukzessive Ambivalenz lassen sich auch beim Menschen nachweisen, z. B. im Verlegenheitsverhalten (S. 703).

Ein besonders interessantes Verhalten ist das *Verwandeln*. Aktiviert man durch elektrischen Hirnreiz gleichzeitig Angriff und Flucht, so kommt ein völlig neues Verhaltensmuster zum Vorschein: Das Huhn läuft laut rufend mit gesträubtem Gefieder umher, und das ist genau das Verhalten der brütenden Henne, wenn man sich ihrem Nest nähert. Mit der Anwendung des Begriffs Verwandeln muß man jedoch vorsichtig sein. Was man bei oberflächlicher Betrachtung als Verwandlung bezeichnen könnte, kann auf andere physiologische Ursachen zurückgehen. Löst man z. B. den Fluchtdrang eines hungrigen Tieres aus und aktiviert nun gleichzeitig den Schlafdrang, der den Fluchtdrang unterdrückt, so frißt das Huhn vor dem Einschlafen. Formal ergibt a + b = c, aber genau besehen wird c von a unterdrückt und a von b und dadurch c befreit.

Von *Unterdrückung* spricht man nur, wenn ein Verhalten ein anderes unterdrückt, ohne es nachweislich auszulöschen. Gibt man einem auf Hirnreiz hin gackernden Huhn einen Sitzreiz, dann setzt es sich hin und hört zu gackern auf. Schaltet man beide Reize ab, gackert das Huhn kurz, die unterdrückte Handlung kommt nun zum Vorschein. Der unterdrückte Trieb existierte latent, war aber auf dem Wege zur Motorik blockiert. Bleibt jedoch bei einem ähnlichen Versuch die Nachentladung aus, dann sprechen v. HOLST und v. SAINT PAUL vom *Verhindern* (Abb. 10.1).

Welche Verhaltensweise eine andere unterdrückt, hängt im allgemeinen von der Reizstärke ab, aber nicht allein davon. Einige dominante Aktivitäten unterdrücken andere, selbst wenn sie in geringen Intensitätsgraden aufscheinen. Das gilt für verschiedene Fluchtreaktionen, insbesondere das aufmerkende Erstarren.

In einigen Fällen wurde der Effekt, den die verschiedenen Verhaltensweisen aufeinander ausüben, quantitativ gemessen. Dabei stellte sich heraus, daß die Ekelreaktion die Schwelle für das Kopfwenden nur leicht, diejenige des Pickdranges, der ja dem Fressen zugeordnet ist, dagegen scharf anhebt. Dementsprechend mischt sich das Kopfwenden leichter mit dem Ekelverhalten als das Picken. Schließlich kann ein aktiviertes Verhalten ein anderes so beeinflussen, daß es verschwindet. Gibt man einem spontan schimpfenden Huhn einen genügend langen Sitzreiz, dann kann man es damit beruhigen (Abb. 10.2).

Die Verhaltensforscher haben ganz ähnliche Phänomene bei der Beobachtung intakter Tiere gesehen und oft auch richtig gedeutet. Ein Phänomen, das in den eben besprochenen Experimenten nicht auftrat, sei hier noch besonders erörtert. A. KORTLANDT (1940) und N. TINBERGEN (1940, 1952) entdeckten unabhängig voneinander, daß Tiere in Konfliktsituatio-

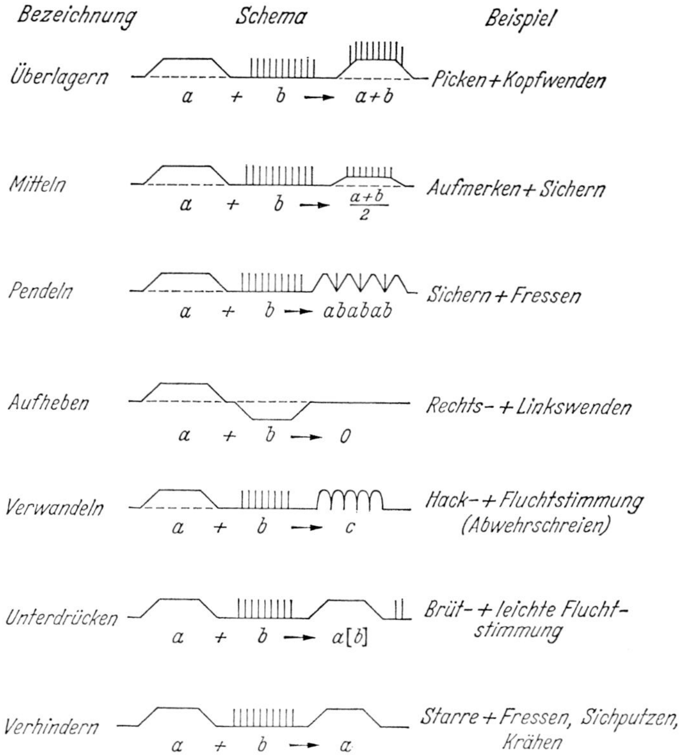

10.1 Typen der Kombination verschiedener Verhaltensweisen. Nach E. v. Holst und U. v. Saint Paul (1960)

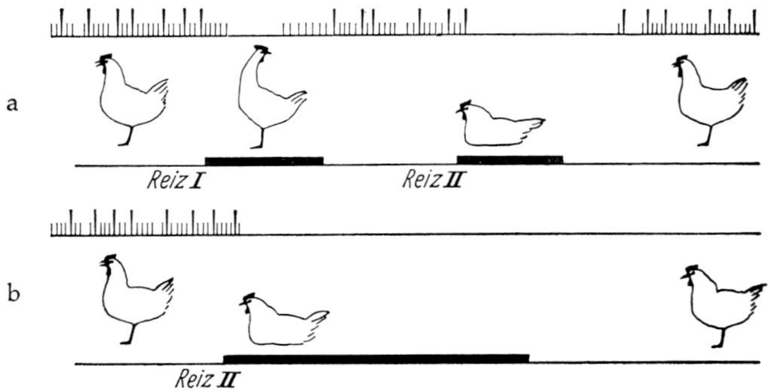

10.2 Huhn, das infolge vorheriger Fluchtreize anhaltend spontan schimpft (»pock, pock, goläh, pock, pock, goläh« – angedeutet durch das obere Kurvenbild). Reiz I bewirkt Sichern, Reiz II Sichsetzen. Gibt man den zweiten Hirnreiz lange genug, dann ist das Huhn umgestimmt. Aus E. v. Holst und U. v. Saint Paul (1960)

nen häufig Bewegungen zeigen, die keiner der einander widerstreitenden Stimmungen zuzuordnen sind. Sie nannten diese Verhaltensweisen »Übersprungbewegungen«. Dem Begriff liegt die erregungsdynamische Vorstellung zugrunde, daß die Bewegungen nicht von der ihr normalerweise zugeordneten Erregungsquelle, also autochthon, aktiviert werden, sondern allochthon von den Erregungsquellen der in ihrem Ablauf gehemmten Verhaltensweisen. Die gestaute Erregung springt gewissermaßen auf ein anderes Geleise über und findet hier ihren Ausfluß. Wir werden auf diese Vorstellung noch zurückkommen, zunächst aber sei das Phänomen beschrieben. Kämpfende Hähne, die durch vom Gegner gleichzeitig aktivierte Fluchttendenzen im Angriff gehemmt sind, beginnen, gegen den Boden zu picken, desgleichen Puter (H. RÄBER 1948). Rehe scheinäsen, wenn der Drang zu bleiben mit leichtem Fluchtdrang streitet (D. MÜLLER-USING 1952). Sehr häufig treten Putzbewegungen, Sichschütteln, Schnabelwetzen, Badebewegungen und andere Verhaltensweisen der Körperpflege als Übersprungbewegungen auf. Kämpfende Stare putzen sich heftig zwischen den Kampfpausen, und gleiches gilt für viele Säuger, die sich in Konfliktsituationen kratzen. Stichlinge graben im Übersprung, wenn sie einander an den Reviergrenzen, kopfabwärts stehend, bedrohen, so daß hier zuletzt tiefe Gruben entstehen. Die Fische befinden sich an dieser Stelle nachweislich in einem Konflikt zwischen Angriff und Flucht, wobei beide Triebe einander etwa die Waage halten. Tiefer in seinem Revier greift ein Stichling stets an, außerhalb seines Reviers flüchtet er. Mit einer Attrappe, die den Attacken eines Stichlingsmännchens widersteht, kann man allerdings auch einen Stichling in seinem Revier besiegen und zum Flüchten bringen. Er versteckt sich dann zwischen den Pflanzen. Hält man nun die Attrappe eine Weile still, dann kommt der Verscheuchte mit neu aufquellender Aggression langsam wieder aus seinem Versteck hervor, und vor dem erneuten Angriff gräbt er im Übersprung (N. TINBERGEN 1952). Die Übersprungdeutung ist allerdings in diesem Falle nicht zwingend. Es kann sich auch um ein Beißen in den Sand, also um eine umorientierte Aggressionshandlung, handeln.

Kormorane scheinbrüten in Kampfpausen (A. KORTLANDT 1940). Säbelschnäbler nehmen im Übersprung sogar die Schlafstellung ein und stecken den Schnabel zwischen das Gefieder (G. F. MAKKINK 1936). Fischreiher machen Beutefangbewegungen bei geschlechtlicher Erregung (J. VERWEY 1930). Da ganz bestimmte Übersprungbewegungen in ganz bestimmten Konfliktsituationen auftreten, wurden sie oft zu Ausdrucksbewegungen ritualisiert (Scheinputzen der Enten, S. 204). N. TINBERGEN (1952) deutet unter anderem das Ablösezeremoniell der Lachmöwen und Silbermöwen als Übersprunghandlung. Die Vögel bringen ihrem Partner

Nestmaterial. Sie sind in Brütestimmung, aber die Brutstelle ist besetzt. Im Konflikt hebt das Tier Nestmaterial auf*.

Auch der Mensch zeigt vergleichbare Konfliktbewegungen. R. Seiss (1964) hat in einer sehr ausführlichen Untersuchung das Verhalten von Referenten analysiert. Da sich die vortragende Person vor der Gruppe der Zuhörer exponiert, fühlt sie sich isoliert. Es werden in ihr auch Fluchttendenzen aktiviert, die jedoch keinen Auslaß finden, da sich der Vortragende ja Bedingungen unterwarf, die ein Ausweichen nicht gestatten. Diese Fluchtmotivation kann im Extrem zu neuroseähnlichen Erscheinungen führen (Schwitzen, Zittern, motorische Unruhe). Meist jedoch paßt sich der Vortragende an die Situation an. Es stehen ihm dazu verschiedene Wege offen. Er kann sich z. B. extrem sachlich verhalten und damit den Umweltbezug einschränken oder auch ganz ins Referat flüchten, indem er gewissermaßen zu sich selbst spricht. Er kann auch sein Exponiertsein nivellieren, indem er seine Leistung herabsetzt, bescheiden auftritt und Verhaltensweisen der Kontaktbereitschaft, wie freundliches Lächeln und Demutsverhalten, zeigt. Man beobachtet ferner autochthon aktivierte Verhaltensweisen der Zufluchtsuche (Sich-am-Pult-Festklammern und dgl.). Schließlich führen die Konfliktspannungen aber doch zu einer großen Anzahl von Übersprungbewegungen. Sie entstammen dem Bereich der Körperpflege, der Nahrungsaufnahme und des Schlafverhaltens.

Zur ersten Gruppe gehören Wisch-, Reib- und Kratzbewegungen mit der Hand (Umfahren von Hals und Nacken mit der flachen Hand, Reiben der Augen, Wischen über den Mund, Bartstreichen, auch wenn kein Bart vorhanden ist [!], Haarezurückstreichen, Sichkratzen am Kopf etc.). Aus dem Bereich der Nahrungsaufnahme beobachtet man Beißen, Kauen und Saugen an Gegenständen (Federhalter), spontane Kaubewegungen, Lecken und Schlucken. In die dritte Gruppe fallen Gähn- und Streckbewegungen. Schließlich kommen beim Menschen auch erlernte Bewegungen als Übersprungbewegungen vor, z. B. das Nesteln an der Krawatte, rhythmisches Betätigen des Druckknopfes eines Kugelschreibers und dgl. mehr. Übersprungbewegungen treten nicht nur bei Aktivierung antagonistischer Triebe auf, sondern auch, wenn in einem Verhaltensablauf das »Ziel« zu schnell erreicht wird, etwa weil der bekämpfte Rivale vorzeitig flieht, wenn ein offenbar erwarteter Reiz ausbleibt oder wenn ein Weibchen einem führenden Männchen nicht folgt. Tinbergen erklärte, wie gesagt, die Übersprungbewegung nach dem Konzept der zentralnervösen Energie (S. 117) damit, daß ein Energieüberschuß, der seinen normalen Ausfluß

* Gegen diese Deutung spricht allerdings, daß viele Vögel, wie z. B. der flugunfähige Kormoran der Galápagos-Inseln, die Gabe, die sie dem Partner vor Ablösung am Nest überreichen, von weit her bringen und nicht erst in der Konfliktsituation am Nest aufnehmen.

nicht findet, zentral auf eine andere Bahn überspringt und sich so in einer irrelevanten Bewegung entlädt. Die gestaute Energie springt, TINBERGEN zufolge, gewissermaßen zentral von einem Zentrum zu einem anderen. Gegen diese Deutung wurden Einwände erhoben. P. SEVENSTER (1961) wies darauf hin, daß beim Stichling das Übersprungfächeln auch durch Befreiung, ganz analog wie in dem S. 308 geschilderten Falle, zustande kommen kann. Zwei Triebe, deren jeder für sich einen dritten hemmt, hemmen sich im Konflikt gegenseitig und verlieren damit die hemmende Wirkung auf den dritten, der dadurch frei wird.

Sicherlich war man mit der Anwendung des Begriffes »Übersprung« zu voreilig, man bezeichnete z. B. eine Zeitlang jedes in Konfliktsituationen auftretende Putzen gleich als »Übersprungputzen«. Dabei werden ja gerade beim Drohen in Konfliktsituationen Federn oder Haare in Unordnung gebracht und damit auch die adäquaten Reize für die Hautpflegehandlungen gesetzt.

Prinzipiell können alle Übersprungbewegungen mit der Enthemmungshypothese erklärt werden. Die TINBERGENsche Hypothese des zentralen Übersprungs ist bis heute weder widerlegt noch bewiesen. Als interessantes Phänomen verdienen die Übersprungbewegungen unsere besondere Beachtung, ganz unabhängig von der Interpretation.

Wenn ein auslösender Reiz eine Verhaltensweise gleichzeitig aktiviert und hemmt, muß es nicht immer zu einer Konfliktbewegung kommen (B. GRZIMEK 1949 a). Von einem Ranghöheren angegriffene oder bedrohte Tiere begehren zwar nicht gegen den Ranghohen auf, reagieren die aktivierte Aggression jedoch an einem Rangniederen ab, der sie seinerseits weitergeben kann. B. GRZIMEK (1949 a) sprach von »Radfahrerreaktion«. M. BASTOCK und Mitarbeiter (1953) schlugen den Begriff »objektübertragene Handlung« vor. Die Übersetzung »umorientiertes Verhalten« bezeichnet den Sachverhalt besser. Ein Beispiel für umorientiertes Verhalten ist auch das Grasrupfen der Silbermöwen bei Grenzdisputen, das TINBERGEN ursprünglich als Übersprungverhalten deutete.

Zusammenfassung 10

Verhaltensweisen, die verschiedenen Instinkten zuzuordnen sind, geraten miteinander häufig in Konflikt. Ist die Motivation für die eine stärker als die Handlungsbereitschaft einer konkurrierenden Verhaltensweise, dann setzt sich im »Parlament der Instinkte« (K. LORENZ) die Verhaltensweise mit der stärkeren Motivation durch; die andere wird unterdrückt. Wenn zwei gleich stark motivierte Verhaltensweisen konkurrieren, kommt es entweder zu Überlagerungen, zum Alternieren, oder beide unterdrücken einander, und es tritt eine Verhaltensweise auf, die nicht zum Funktionskreis der beiden einander hemmenden Verhaltensweisen gehört. TINBERGEN deutete dies als Überspringen von – durch die Hemmung – zentral gestauter Erregung auf eine andere Bahn (Übersprungbewegung mit allochthoner Aktivierung). Dafür gibt es bisher keinen Nachweis, wohl aber weiß man, daß bis dahin unterdrückte Verhaltensweisen befreit werden können, wenn die bisher dominanten einander hemmen (autochthone Aktivierung).

11. Genetik von Verhaltensweisen

Was mit Vererbung gemeint ist, haben wir bereits ausführlich erörtert. Von Generation zu Generation werden in den Erbanlagen Entwicklungsrezepte weitergegeben. Sie bestimmen die prospektiven Potenzen, von denen keineswegs alle verwirklicht zu werden brauchen. Was geschieht, ist bis zu einem gewissen Grade von der Umwelt beeinflußbar, jedoch keineswegs nach allen Richtungen in jeder Größenordnung. Es werden vielmehr Modifikationsbreiten ererbt. Der Biologe kann Erblichkeit auf verschiedene Weise nachweisen (S. 54 und S. 325). Einer dieser möglichen Wege ist die Feststellung des Erbganges. Der Erbgang einzelner Erbkoordinationen ist nur ungenügend erforscht. Mehr ist über die Genetik der Bewegungsanomalien von Tanzmäusen, Scheuheit und Aggression von Mäusen und Hunderassen, Kampfbereitschaft von Ratten und dgl. bekannt. Das mag daran liegen, daß sich leicht kreuzbare Arten oder Unterarten im allgemeinen nicht qualitativ in ihren Instinktbewegungen unterscheiden. Die beobachtbaren Unterschiede sind vielmehr quantitativer Art. Ein Mäusestamm mag etwas eher zur Kampfbereitschaft neigen als ein anderer (S. 552), ein Rattenstamm schneller lernen als jener (S. 426) (R. C. Tryon 1940), eine Vogelpopulation größere Zugunruhe zeigen als eine andere (S. 634). Es sind vor allem jene Beispiele, die J. Fuller und W. Thompson (1960) sowie J. P. Scott und J. L. Fuller (1965) in ihren Büchern zur Verhaltensgenetik zusammenstellten. Mehr ethologiebezogen ist die ausgezeichnete Monographie von J. Hirsch (1967). Die Untersuchung menschlichen Verhaltens hat bisher auch nur quantitative Rassenunterschiede ergeben. In den USA geborene Chinesen-Amerikaner unterschieden sich als Neugeborene von Amerikanern der europäischen Rassen durch ihre geringere Unruhe. Die den europäischen Rassen angehörenden Neugeborenen zeigten eine größere motorische Unruhe, neigten mehr zum Schreien und waren weniger leicht zu beruhigen (D. G. Freedman und N. C. Freedman 1969). Auch die im Vergleich zu Europäerkindern raschere Entwicklung der motorischen Fertigkeiten bei afrikanischen

Kindern im ersten Lebensjahr (M. GEBER 1958) ist vermutlich genetisch begründet. Gleiches gilt wohl auch für die vieldiskutierten Unterschiede, die man bei Intelligenztests bei verschiedenen ethnischen Gruppen feststellte. Neger in den USA brachten es bei diesen Tests zu schlechteren Leistungen als Weiße, Amerikaner mongolischer Rasse, Indianer und Eskimos, die alle etwa gleich gut abschnitten. In Amerika geborene Japaner hatten sogar einen durchschnittlich höheren IQ als die Weißamerikaner. Da diese Japaner eine Geschichte der Diskriminierung hinter sich hatten und ihr Pro-Kopf-Einkommen niedriger war als das der Weißamerikaner, wäre nach der Milieutheorie eher zu erwarten, daß sie schlechter abschneiden würden. Gerade das Gegenteil ist der Fall. Man darf wohl annehmen, daß hier genetische Unterschiede zum Ausdruck kommen. Auch die Zwillingsforschung stützt diese Interpretation (A. R. JENSEN 1969, 1975 a, b; H. EYSENCK 1967, 1982 a, b, 1983; W. F. BODMER und L. CAVALLI SFORZA 1970). Es wäre auch schwierig, sich vorzustellen, welche Selektionsdrucke ausgerechnet die getestete Begabung in allen Populationen auf gleichem Niveau gehalten haben sollten – bei der Unterschiedlichkeit der Umweltbedingungen, unter denen die verschiedenen Menschengruppen leben. Der Mensch hat sich sicher an seine Umwelt angepaßt, wie die körperlichen Rassenunterschiede wohl eindringlich zeigen, und diese Umwelten haben auch unterschiedliche Anforderungen an das menschliche Verhalten gestellt. Die feststellbaren Unterschiede beziehen sich auf die Häufigkeit, mit der Individuen mit einem bestimmten IQ auftreten. Die IQ-Kurven verschiedener Populationen überlagern einander jedoch, und Individuen mit überdurchschnittlichen Werten sind überall anzutreffen. Außerdem sind die Tests trotz gegenteiliger Beteuerung nicht »Culture fair«, denn sie messen Leistungen, die wir gerade in unserer Kultur besonders hoch einschätzen, und legen dann Leistungen in diesem Bereich einer allgemeinen Wertung zugrunde. Für unsere Kultur und für die Erhaltung der technischen Zivilisation sind die gemessenen Begabungen von Bedeutung, doch sollte man dabei nicht übersehen, daß es noch andere Begabungen gibt; es gilt – wie für die kulturelle Vielfalt –, die Vielfalt anzuerkennen und sie zu schätzen.

Die Feststellung einer erblichen Komponente bei der Bestimmung der Begabung bedeutet nicht, daß es sich um eine für das Individuum unveränderliche Konstante handelt. Umwelteinflüsse können entscheidend, fördernd oder hemmend, auf die Entwicklung Einfluß nehmen, denn vorgegeben ist eine Modifikationsbreite, die der Erziehung viel Spielraum läßt.

Chromosomenanomalien, z. B. ein zusätzliches Y-Chromosom bei Männern, konnte man mit bestimmten Verhaltensdispositionen korrelieren. Auch hierüber existiert eine erhebliche Kontroverse (L. JARVIK, V. KLODIN und S. S. MATSUYAMA 1973).

Weniger umstritten sind dagegen die Ergebnisse der Zwillingsforschung. Monozygote Zwillinge ähneln einander auch dann in vielen Merkmalen ihres Verhaltens, wenn sie unter recht unterschiedlichen Umweltbedingungen aufwuchsen (J. SHIELDS 1962).

Bis zu einem gewissen Grade besteht die Neigung, Verhaltenseffekte auf genetische Effekte an den Erfolgs- und Sinnesorganen zurückzuführen. Das ist sicher oft zutreffend. Die verschiedene Vorzugstemperatur verschiedener Mäuserassen konnten K. HERTER und K. SGONINA (1938) mit der unterschiedlichen Hautbeschaffenheit dieser Tiere erklären. Sicherlich gibt es viele pleiotrope Wirkungen auf Sinnes- und Motororgane, aber vom Standpunkt der Verhaltensgenetik können solche Feststellungen, wie E. CASPARI (1964) sich ausdrückt, eher als »trivial« bezeichnet werden. Interessant wird es, wenn wir den Erbgang von qualitativ verschiedenen Erbkoordinationen nah verwandter Arten verfolgen können.

W. DILGER (1962) kreuzte die Papageien *Agapornis roseicollis* und *A. fischeri*, die sich in ihrem Verhalten beim Nestmaterialtransport deutlich unterscheiden. *A. roseicollis* steckt die zuvor aus Blättern oder Papier gebissenen Nestmaterialstreifen unter die Rückenfedern, die es mit ihren Häkchen festhalten. *A. fischeri* dagegen trägt das Nestmaterial einfach im Schnabel. Die F_1-Hybriden schneiden Nestmaterialstreifen nach Art der Eltern aus Blättern und bemühen sich, diese unter ihre Federn zu stecken, was aus mehreren Gründen stets mißlingt. Sie machen zwar die üblichen Unterschiebebewegungen, lassen aber den Streifen nicht aus. Nach wiederholten vergeblichen Versuchen lassen sie ihn schließlich fallen und schneiden einen neuen. Sie führen die Einsteckbewegungen überdies häufig am falschen Platz aus, z. B. gegen die Brust, und pressen die Federn nicht fest genug gegen die eingeschobenen Streifen. Die Bewegungen des Nestmaterialeinsteckens gehen schließlich oft in gleitendem Übergang in Bewegungen der Gefiederpflege über, oder das Tier trägt die Streifen im Schnabel ein und gibt im Laufe der Zeit die vergeblichen Bemühungen, sie im Gefieder zu tragen, ganz auf. Die Bastarde zeigen also ein Mischverhalten. Leider sind sie unfruchtbar.

G. OSCHE (1952) kreuzte die Nematodenrassen *Rhabditis inermis inermis* und *Rh. i. inermoides.* Nur letztere zeigen das sogenannte »Winken« mit über dem Substrat erhobenem Vorderkörper, eine Verhaltensweise, die den Kontakt mit Trägerinsekten herbeiführt. In der F_1-Generation zeigen es alle, das Winken ist also dominant. Rückkreuzung mit dem rezessiven Elternteil ergaben teils winkende, teils nichtwinkende Tiere, was für monofaktorielle Vererbung spricht.

E. CLARK, L. ARONSON und M. GORDON (1954) kreuzten den Platy *(Xiphophorus maculatus)* mit dem grünen Schwertträger *(Xiphophorus helleri)* – zwei Fische, die sich in einigen Punkten ihres Fortpflanzungsverhaltens unterscheiden. Die Ergebnisse sprechen für eine polygene Vererbung. Das gilt wohl auch für das Verhalten der Finkenbastarde von R. A. Hinde (1956).

S. v. Hörmann-Heck (1957) gelang es, zwei nah verwandte Grillenarten *(Gryllus campestris* und *G. bimaculatus)*, die sich in mehreren Verhaltensweisen quantitativ und qualitativ voneinander unterscheiden, miteinander zu kreuzen und den Erbgang der Verhaltensweisen durch F_1, F_2 und bei Rückkreuzungen zu verfolgen. Vier Verhaltensweisen wurden untersucht: Das Fühlerzittern während der Nachbalz und der Larvenkampf sind nur quantitativ gestuft. *Gryllus bimaculatus* kämpft in seiner Jugendzeit kaum oder nur schwach, *Gryllus campestris* dagegen sehr intensiv. Dieses Merkmal zeigt einen monofaktoriellen Erbgang, ebenso das Fühlerzittern bei der Nachbalz, in dem sich beide Arten ebenfalls nur quantitativ unterscheiden. Die Pendelbewegungen des Vorderkörpers bei der Paarung kommen einzig und allein bei *campestris* vor. In bezug auf dieses Merkmal spricht ein Teil der Rückkreuzungen für polygene Vererbung. Dagegen dürften die Anstreichlaute vor Balzbeginn, die nur bei *bimaculatus* vorkommen, auf die Wirksamkeit *eines* Genpaares zurückzuführen sein.

D. R. Bentley (1971) kreuzte die Grillen *Teleogrillus commodus* und *T. oceanicus* und untersuchte die Hybriden und Rückkreuzungsprodukte. Die Grillengesänge eignen sich für eine solche Untersuchung deshalb ganz besonders gut, weil die Bewegungen, die den Gesängen zugrunde liegen, von einem relativ kleinen Nervennetz kontrolliert werden und von Außenreizen praktisch unabhängig sind. Selbst nach Desafferentierung produziert das Nervensystem der Grillen ein Gesangsmuster, das vom normalen Gesang nicht zu unterscheiden ist. Die Versuche bestätigen, daß dieses Verhalten neuronalen Ursprunges fast ausschließlich vom Genotyp bestimmt wird, und zwar polygenisch und multichromosomal. Einzelne Merkmale des Gesangs werden von Genen bestimmt, die im X-Chromosom lokalisiert sind.

Bastardweibchen von *Teleogrillus commodus* und *T. oceanicus* bevorzugen den Gesang von Hybridenmännchen dieser beiden Arten gegenüber Gesängen ihrer Elternarten. Der auf die Gesänge abgestimmte Empfänger unterliegt demnach ebenfalls einer genetischen Kontrolle (R. R. Hoy und R. C. Paul 1973).

Anders ist dies bei den Feldheuschrecken. Das Lautschema von Bastarden zwischen *Chorthippus biguttulus* und *Ch. mollis* glich entweder einer der beiden Elternarten, oder es setzte sich aus dem unverändert übernommenen Lautschema beider Elternarten zusammen. Gesang und Lautschema sind nicht funktionell gekoppelt. Vielmehr gab es *mollis*-ähnlich singende Bastardweibchen, die aber bevorzugt auf *biguttulus*-Gesang ansprachen und umgekehrt (D. und O. v. Helversen 1975). Die verschiedentlich ausgesprochene Vermutung, daß Gesang und Lautschema bei Heuschrecken in irgendeiner Weise gekoppelt sein könnten (Lit. bei Helversen), hat sich bei diesen Arten nicht bestätigt. Hier muß die Koevolution von Gesang und AAM ohne funktionelle oder genetische Koppelung stattgefunden haben.

Die Präferenz weiblicher Marienkäfer der Art *Adalia bipunctata* für melanistische Männchen hängt von einem einzigen dominanten Gen ab. Fehlt es, dann wählen die Weibchen sowohl rote als auch schwarze Männchen. Damit ist erwiesen, daß ein einziges Gen die Partnerwahl steuern kann (M. E. N. Majerus und Mitarbeiter 1986).

W. Rothenbuhler (1964) kreuzte zwei verschiedene Bienenrassen, die sich in ihrem »hygienischen« Verhalten deutlich voneinander unterschieden. Die hygienischen Bienen öffneten Waben, in denen sich abgestorbene Puppen befanden, und entfernten die Toten. Die nichthygienischen ließen die abgestorbenen Larven in den verschlossenen Waben. Als Rothenbuhler die beiden Rassen kreuzte, erhielt er eine aus lauter nichthygienischen Bienen zusammengesetzte F_1. Eine Königin der F_1 erzeugt vier verschiedene Drohnensorten. Bei Rückkreuzung der F_1 mit der hygienischen Form erhielt Rothenbuhler eine F_2 mit vier Bienengruppen. Eine Gruppe war hygienisch, eine öffnete die Waben, entfernte aber die Puppen nicht, eine öffnete die Waben nicht selbst, entfernte aber die Puppen, wenn man die Waben aufmachte, und eine Gruppe schließlich erwies sich als unhygienisch. Die vier Gruppen traten ungefähr im Verhältnis 1 : 1 : 1 : 1 auf.

Man nahm daher zunächst an, daß die Vererbung der Verhaltensweisen Wabenöffnen (u = »uncapping«) und Entfernen der Larven (r = »remove«) jeweils vom homozygoten Auftreten je eines rezessiven Gens abhängen würde. Rückkreuzungsversuche konnten diese Annahme allerdings nicht bestätigen, so daß wir eine komplexere genetische Situation annehmen müssen.

	♀ (Königin)	×	♂ (Drohne)
P	hygienisch		nichthygienisch
	(öffnen und entfernen)		(lassen Puppe verrotten)
	uu rr		U R
	F_1	nichthygienisch	
		Uu Rr	

Die Rückkreuzung der vier entstandenen Drohnensorten (U R, u r, U r, u R) mit einer Königin der hygienischen Rasse (uu rr) ergab folgende F_2:

		öffnen, aber	nicht öffnen,	
F_2:	hygienisch	nicht entfernen	aber entfernen	nichthygienisch
	1:	1:	1:	1
	uu rr	uu Rr	Uu rr	Uu Rr

Es ist natürlich nicht zu erwarten, daß die komplizierten neuronalen Strukturen, die diesen Verhaltensweisen zugrunde liegen, in ihrer Entwicklung von je einem einzigen Gen abhängen. Tatsächlich zeigen Arbeiterinnen der unhygienischen Rasse gelegentlich hygienische Aktivitäten, wenn die auslösende Reizsituation sehr stark ist. Die Schwellen für das Wabenöffnen und Reinigen sind jedoch praktisch nach dem Alles-oder-nichts-Gesetz durch die Allele U und u bestimmt.

Die Untersuchung männlicher F_2-Hybriden von Stockenten und Spießenten zeigte eine positive Korrelation in der Vererbung von Gefiedermerkmalen und Verhaltenseigentümlichkeiten, was darauf hinweist, daß beides von den gleichen wenigen Genen kontrolliert wird (R. S. SHARPE und P. A. JOHNSGARD 1966).

Die Puppen der marinen Fliege *Clunio* schlüpfen an den Tagen der Springflut bei Niedrigwasser. Die Zeit der Ebbe wechselt lokal, und dementsprechend die Schlupfzeit. D. NEUMANN (1966) fand, daß es sich hier um genetische Anpassungen handelte. Kreuzte er Populationen, die normalerweise keine Überlappungen der Schlüpfzeiten aufwiesen, dann erhielt er eine F_1 mit einer intermediären Schlüpfzeit. Auch bei der F_2 lag das Maximum in der Mitte, doch gab es größere Abweichungen in den Bereich der Elterngenerationen hinein, was dafür spricht, daß die unterschiedlichen Schlupfzeiten auf die Wirkung einiger weniger Gene zurückzuführen sind (Abb. 11.1).

R. J. KONOPKA und S. BENZER (1971) isolierten drei Mutanten von *Drosophila melanogaster,* bei denen der normale 24-Stunden-Rhythmus verändert war. Eine Mutante war arhythmisch, die andere hatte eine Periodendauer von 19 Stunden und die dritte eine Periodendauer von 28 Stunden (S. 661). Alle diese Mutationen scheinen das gleiche Gen im X-Chromosom zu betreffen. Die Genannten bestimmten den Genort der Mutation.

Unter bestimmten Umständen kommen bei den Taufliegen *(Drosophila)* Mosaikindividuen zustande, und zwar dann, wenn in dem *Drosophila*-Stamm ein abnormes Ring-X-Chromosom vorkommt. Dieses geht oft schon bei den ersten Zellteilungen verloren. Wenn eine *Drosophila* zwei X-Chromosomen hat, dann wird sie ein Weibchen, wenn nur ein X-Chromosom vorhanden ist, ein Männchen. Starten wir nun mit einem Weibchen, das zwei X-Chromosomen hat, von denen eines ein Ring-X-Chromosom ist, dann werden zu einem bestimmten Prozentsatz Embryo-

ne Dicklippe *(Plectorhynchus*
ıgrammus) wird von Putzern
säubert. Ein Putzernachahmer
eift die Schwanzflosse der im
ordergrund angeschnittenen
cklippe an. Im Saum der
hwanzflosse sind bereits zwei
ßstellen zu sehen.
KACHER pinx.

Der Putzer *Labroides dimidiatus* und unter ihm sein Nachahmer *Aspidontus taeniatus.*
H. KACHER pinx.

Eifleckcichliden *(Haplochromis burtoni).* Das Männchen zeigt dem Weibchen bei der Balz seine Eiflecken auf der Afterflosse. Darunter: Das absamende Männchen zeigt seine Ei-Attrappe, die das Weibchen aufzunehmen versucht. Aus W. WICKLER 1964a, H. KACHER pinx.

TAFEL V

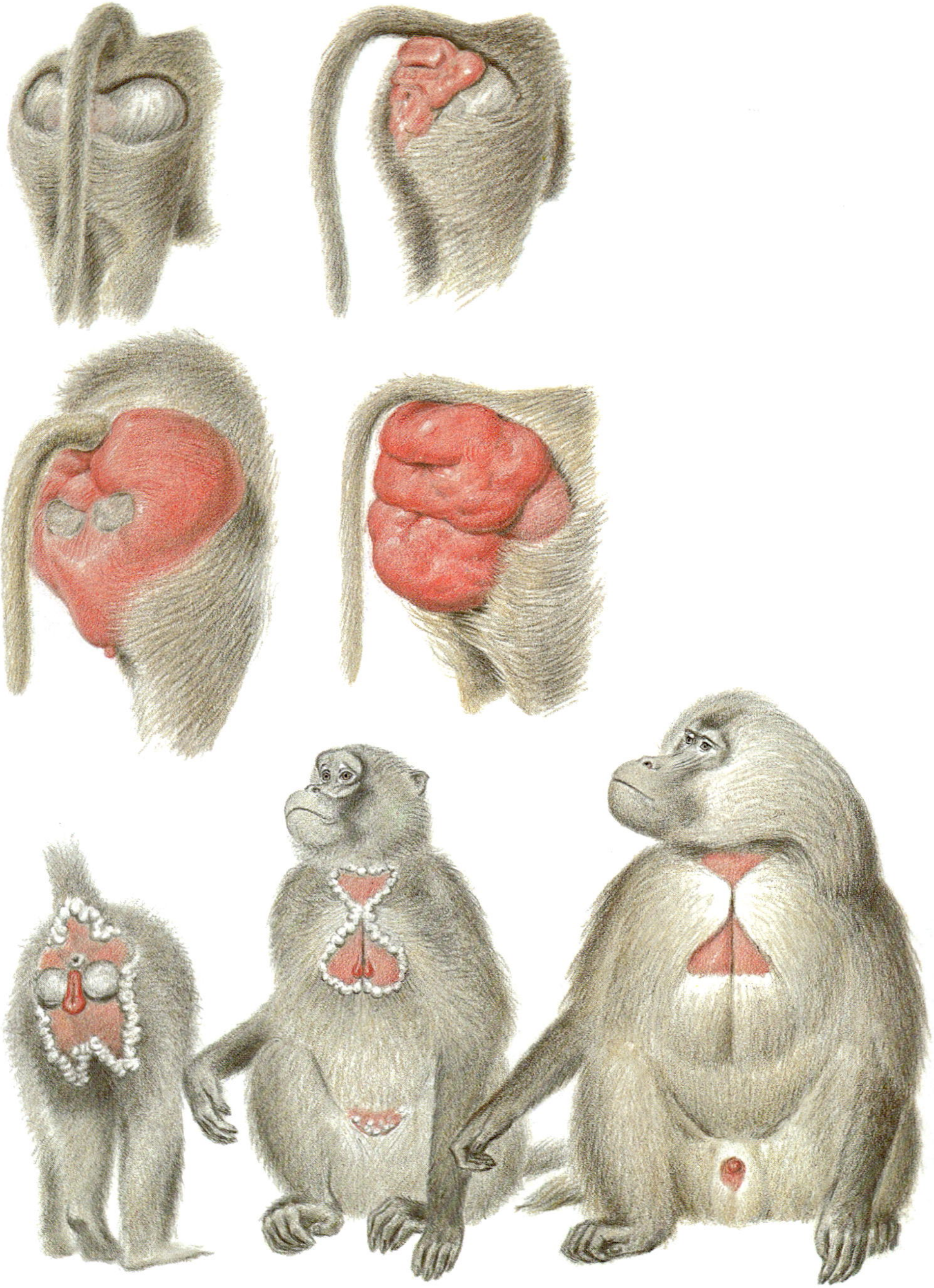

Von links nach rechts: Zuoberst: *Papio anubis*-Männchen und -Weibchen im Oestrus. Mitte: *Papio hamadryas*-Männchen und -Weibchen im Oestrus. Zuunterst: Die Gesäßregion eines brünstigen Dschelada-Weibchens. Die Imitation dieser Region auf der Brust des sitzenden Weibchens und sitzender Dschelada-Mann. Nähere Erläuterungen im Text.

TAFEL VI

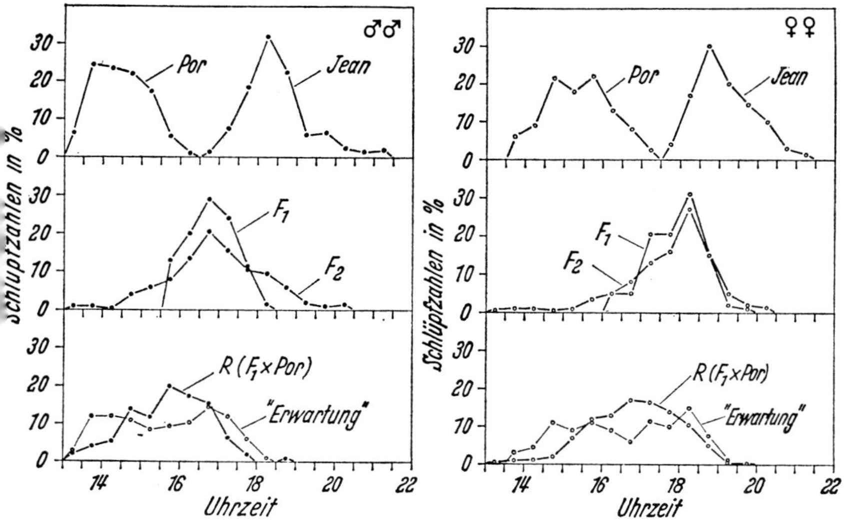

11.1 Die Kreuzung zweier Populationen (Por und Jean) der marinen Fliege *Clunio*, die sich als Lokalrassen (Normandie und Baskenküste) durch verschiedene, genetisch fixierte Schlupfzeiten unterscheiden. Die Kurven zeigen die tägliche Schlüpfverteilung der F_1- und F_2-Generation sowie der Rückkreuzung im Vergleich zu den Elternstämmen. Neben der Rückkreuzungskurve ist die Erwartungskurve für den Fall eines monohybriden Erbganges eingetragen. Bedingungen: Licht-Dunkel-Wechsel 12 : 12 Stunden. Lichtzeit 6–18 Uhr bei 20 °C. Aus D. NEUMANN (1966)

nen bei einem Zellteilungsschritt das Ring-X-Chromosom verlieren und von nun an männliche Gewebe erzeugen. Es entsteht auf diese Weise ein gynandromorpher Organismus, der zu einem bestimmten Teil aus weiblichem, zum anderen aus männlichem Gewebe zusammengesetzt ist (Abb. 11.2). Man kann nun experimentieren und feststellen, welche Teile des Mosaiktieres die Mutantengene aufweisen müssen, damit ein Verhalten sich manifestiert. Man geht dabei so vor, daß man zunächst unter Ausnützung der natürlichen Rekombination einen *Drosophila*-Stamm erzeugt, der sowohl ein besonderes Verhaltensgen als auch ein Markierungsgen enthält, das sich in besonderen körperlichen Eigenschaften ausdrückt, etwa in Körper- oder Augenfärbung. So kann man z. B. eine nichtphototaktische Fliege mit weißen Augen und braunem Körper züchten. Hat man ein solches Tier, dann kreuzt man es mit dem Weibchen eines Ring-X-Stammes. Die Kreuzungsprodukte werden dann ein Ring-X und ein Mutanten-X enthalten. Davon wird ein Teil der Embryonen in einem frühen Zellteilungsstadium ein Ring-X verlieren, und die resultierende Fliege wird ein Mosaikorganismus. Jene Körperteile, die nur das Mutantengen haben, wird man an der Färbung schon äußerlich erkennen. Eine Fliege mit einem

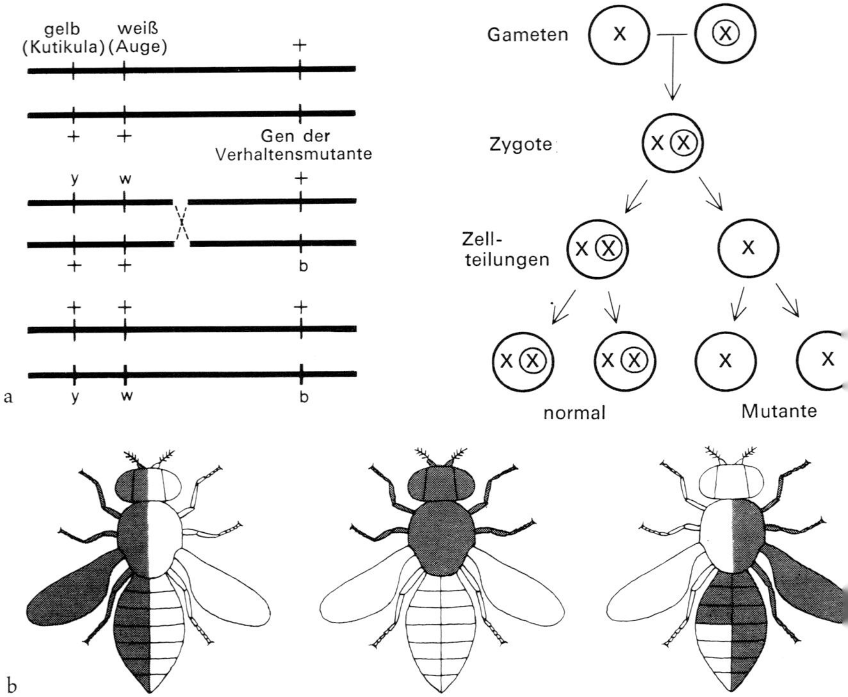

11.2 (a) Die Herstellung einer Mosaikfliege setzt zunächst voraus, daß sich auf einem X-Chromosom der Verhaltensmutante auch Gene befinden, die auffällige körperliche Merkmale, wie Farbe, bestimmen. Durch Rekombination beim crossing over kommt es gelegentlich zum Austausch von Segmenten zweier homologer Chromosomen. Männchen, die die gewünschte Genkombination auf ihrem X-Chromosom tragen, werden mit einem Weibchen verheiratet, das das instabile Ring-X-Chromosom trägt (Ⓧ). Die Zygote enthält ein X- und ein Ring-X-Chromosom. Bei den folgenden Zellteilungen geht das Ring-X-Chromosom häufig verloren, und die Abkömmlinge dieser Zellen tragen dann nur das Mutantengen, während die übrigen Körperzellen weiterhin das X- und Ring-X-Chromosom tragen. Sie bleiben weiblich, während die Mutantenzellen männlich sind. Die fertigen Fliegen (b) sind Mosaikfliegen, die aus weiblichen und männlichen Zellen zusammengesetzt sind (weibliche Gewebeteile in der Abb. dunkel, männliche hell). Wie sich diese Gewebeverteilung beim fertigen Tier ausprägt, hängt von der Verteilung der Zellen bei den ersten embryonalen Teilungsschritten ab. Aus S. Benzer (1973)

Mutantenkopf läuft z. B. im Rhythmus der Mutante, auch wenn ihr übriger Körper nicht der Mutante angehört, sondern normal ist. Ist der Kopf in eine Mutanten- und eine normale Hälfte geteilt, dann kommt ein komplexer Rhythmus zustande, der keiner der beiden Ausgangsformen entspricht (R. J. Konopka nach S. Benzer 1971, S. Benzer 1973). Mit der Methode des »mosaic fate mapping« haben Y. Hotta und S. Benzer (1976) unter anderem auch herausgefunden, daß einige typische männliche Verhaltensweisen, wie dem Weibchen folgen und Flügelschwirren, nur erfordern, daß ein kritischer Ort des Gehirns männliches Gewebe ist. Die Sinnesorgane des Kopfes, die Beine, die Flügel und die Thorakalganglien können dabei weiblich ausgeprägt sein. Damit es zur Kopulation kommt, muß ein zweiter Ort in der Brustregion männlich sein. Mit der Entwicklung dieser Methode hat die Verhaltensgenetik einen entscheidenden Durchbruch erzielt.

Ganz neue Wege der genetischen Verhaltensanalyse eröffnen sich mit der Entdeckung des Fadenwurmes *Coenorhabditis elegans* als Versuchstier. Von den 959 Körperzellen dieses zellkonstanten Nematoden sind 302 Nervenzellen, die man nach Art ihrer Verzweigung und Verbindung 118 Typen zuordnen kann. Aus elektronenmikrographischen Aufnahmen von Querschnitten erarbeitete man einen genauen anatomischen Atlas dieser Fadenwürmer. Man kennt alle synaptischen Kontakte und neuronalen Verzweigungen und erarbeitete danach einen genauen Schaltplan des Nervensystems. Von etwa der Hälfte der Neuronen ist die Funktion bekannt. Man erschloß sie aus dem Schaltplan und testete sie danach durch ihre Zerstörung mittels Laser und durch das Studium von Mutanten (genetische Ausschaltung). Für drei Viertel der Neuronen kennt man einen Neurotransmitter. Von den 5000 wichtigen Genen wurden 150 identifiziert, die die Entwicklung des Nervensystems und damit das Verhalten beeinflussen. Für die genetische Zuordnung bestimmter Funktionen und damit für die Entschlüsselung der genetischen Blaupause dienten Verhaltensmutanten (Näheres dazu bei E. Wolinsky und J. Way, 1990, dort auch weiterführende Literatur).

Man ist allgemein der Ansicht, daß es relativ lange Zeit braucht, um eine genetische Anpassung zu vollziehen. Neuere Untersuchungen zeigen, daß dies jedoch nicht immer der Fall ist. R. C. Tryon (1940) züchtete aus einer unausgelesenen Stichprobe von Ratten innerhalb von nur sieben Generationen durch Auslese zwei deutlich unterschiedene Stämme von dummen und intelligenten Ratten heran (s. S. 425).

Im Freien kann man solche mikroevolutionären Schritte ebenfalls beobachten. Schon die Tatsache, daß der Strandfloh *Talitrus* in größeren Mittelmeerbuchten unterschiedliche angeborene Fluchtrichtungen zeigt, weist darauf hin, daß derartige Anpassungen schnell erfolgen. Das belegen neuere Beobachtungen an Mönchsgrasmücken (*Sylvia atricapilla*), die bisher aus dem Raum zwischen Straßburg und Linz ins Mittelmeer flogen. In den letzten 25 Jahren flog eine zunehmende Zahl zum Überwintern nach England. Offenbar streut die genetisch fixierte Wanderrichtung, so daß immer wieder ein geringer Prozentsatz in einem ständig laufenden Experiment der Evolution in andere Richtungen zieht. Erweist sich das einmal über längere Zeit vorteilhaft, dann nimmt diese genetische Variante zu. Wenn nicht, wird sie ausgemerzt, aber nicht völlig, da sie in Mischlingen überlebt. Das gilt auch für die Varianten innerhalb einer Teilzieher-Population von Grasmücken. Einige überwintern, andere ziehen. Man kann das gleiche Phänomen bei Störchen in Spanien beobachten. Die meisten ziehen, aber einige überwintern. Kommen sie durch, dann sind sie die ersten am Brutplatz und gewinnen damit einen Vorteil.

Die Grundfinken der Gattung *Geospiza*, die auf den kleineren Inseln des Galápagos-Archipels leben, passen sich sehr schnell als Ergebnis gerichteter Auslese an das veränderte Nahrungsangebot an. Nach extrem trockenen Jahren verringert sich die Streuungsbreite der Schnabelstärke bei *G. conirostris* und *magnirostris*, und die Unterschiede zwischen beiden Arten nehmen zu (B. R. GRANT und P. R. GRANT 1989, P. GRANT 1986).

Zusammenfassung 11

Durch Züchtung mit scharfer Auslese, durch Kreuzungsexperimente und durch Experimente mit Mosaikindividuen der Taufliege konnte man die Erblichkeit und in einigen Fällen auch den Erbgang von Verhaltensmustern, Aktivitätsrhythmen, die Partnerwahl steuernde Präferenzen und Richtungspräferenzen bei der Wanderung nachweisen. Verhaltensgenetische Studien sind deshalb schwierig, weil sich nah verwandte Arten oder Unterarten, die sich kreuzen lassen, selten qualitativ – etwa durch eine besondere Verhaltensweise oder Präferenz – voneinander unterscheiden. Meist handelt es sich nur um quantitative Unterschiede. Die wenigen gut untersuchten Beispiele belegen mono- und polygene Vererbung. Letzteres ist häufiger der Fall.

Unter scharfen Selektionsbedingungen kann eine genetische Anpassung schnell erfolgen. Das belegen unter anderem Beobachtungen über die Änderung der genetisch festgelegten Wanderrichtung bei Mönchsgrasmücken.

12. Die stammesgeschichtliche Entwicklung von Verhaltensweisen

12.1 *Allgemeine Vorbemerkungen*

Damit eine Evolution von Verhaltensweisen stattfindet, muß es zunächst einmal eine genetische Variation des Verhaltens geben, an der die Selektion angreifen kann. A. MANNING (1961) änderte durch Auslese in Inzuchtstämmen der Taufliege *(Drosophila melanogaster)* die Zeit, die zwischen erster Begegnung von Männchen und Weibchen und ihrer Kopula verstreicht. Er erzeugte so stammtypische Balzzeiten von 80 Minuten und 3 Minuten. Indem er die Mischlinge zwischen diesen beiden Stämmen systematisch vernichtete, errichtete er eine Kreuzungsbarriere zwischen diesen beiden Stämmen, deren Vertreter schließlich ihresgleichen bevorzugten. Bei *Drosophila pseudoobscura* kann man durch gezielte Auslese positiv oder negativ geotaktische Stämme züchten (weitere Beispiele A. MANNING 1965, 1967, J. HIRSCH 1967). J. HIRSCH und J. C. BOUDREAU (1958), J. HIRSCH und L. ERLENMEYER-KIMLING (1961) lasen aus einer heterozygoten *Drosophila*-Population die stark und schwach phototaktischen Fliegen aus und züchteten mit den ausgelesenen getrennt weiter. Nach 48 Generationen strenger Auslese hatten die Genannten zwei in ihren phototaktischen Reaktionen deutlich unterschiedene Stämme herangezüchtet (Abb. 12.1). Durch Auslese gelang es, aggressive und friedliche Mäusestämme heranzuzüchten (K. LAGERSPETZ 1964; Abb. 12.2; zum Einfluß selektiver Züchtung auf das Lernvermögen von Ratten siehe S. 426).

Jedes Verhalten, das den Selektionswert einer Art ändert, kann eine stammesgeschichtliche Entwicklung einleiten und dabei selbst adaptive Änderungen erfahren. Das müssen durchaus nicht immer neue mutativ aufgetretene Verhaltensweisen sein. Auch solche, die zunächst selektionistisch neutral, etwa als Begleiteffekt, existieren, können z. B. dann der Selektion Ansätze bieten, wenn das Tier seinen Lebensraum wechselt oder

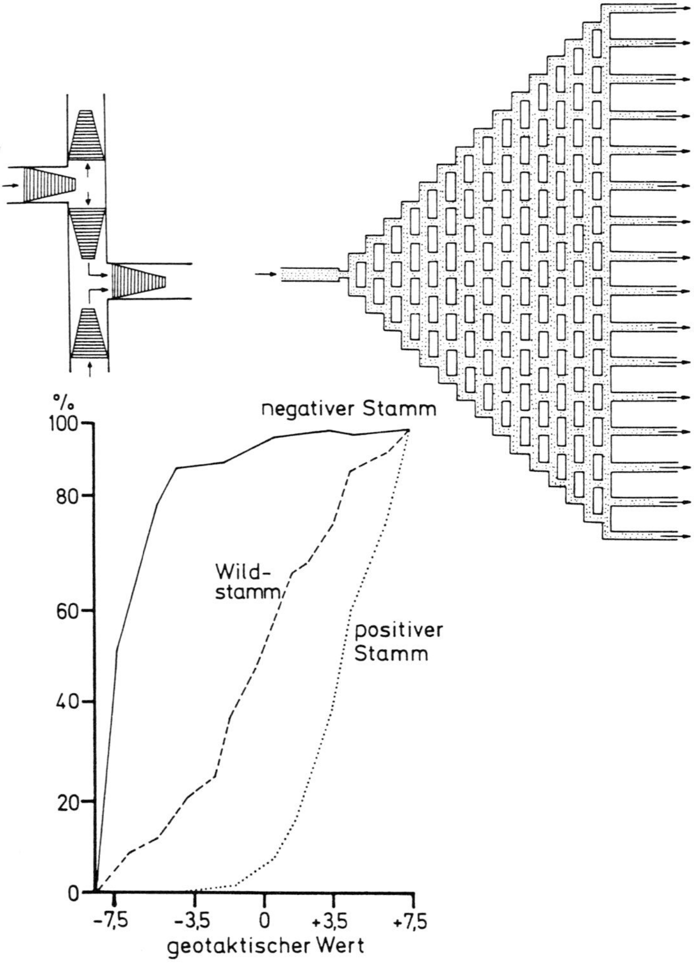

12.1 Selektion von *Drosophila melanogaster* in einem senkrecht angeordneten Labyrinth. Reusenartige Vorrichtungen verhindern, daß die Fliegen sich im Labyrinth rückwärts bewegen können. Der geotaktische Wert errechnet sich nach der Anzahl positiver und negativer Reaktionen. Nach 48 Generationen strenger Auslese wurde das im Diagramm wiedergegebene Ergebnis erreicht: Aus einem Wildstamm entstanden zwei Stämme mit deutlich unterschiedenen phototaktischen Reaktionen. Nach J. Hirsch und L. Erlenmeyer-Kimling (1961) aus D. Franck (1984)

dieser sich ändert. Bis dahin Bedeutungsloses kann dann zur Entwicklung neuer Anpassungen führen. Man sagt dann oft rückschauend, es habe als »Präadaptation« bereit gelegen.

B. F. Skinner (1966) schreibt, Angepaßtheit sei nicht immer der unabweisbare Beweis dafür, daß ein Prozeß der Anpassung stattgefunden habe. Neue Verhaltensweisen könnten sich ja auch als vorteilhaft erweisen, wenn

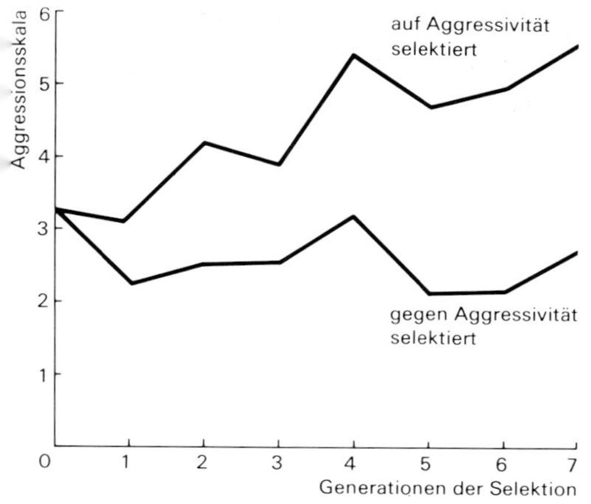

12.2 Die Ergebnisse der Selektionsexperimente von K. LAGERSPETZ: Durch entsprechende Auslese erhielt sie in wenigen Generationen aggressive und wenig aggressive Mäusestämme. Nach K. LAGERSPETZ (1964) etwas verändert aus D. P. BARASH (1977)

sie zufällig und nicht eigens für eine bestimmte Aufgabe entwickelt wurden. Diesem Argument liegt ganz offensichtlich die Vorstellung zugrunde, der Prozeß der Anpassung vollziehe sich immer in vielen Anpassungsschritten und ziele auf den Zustand einer bestimmten Passung. Passungen liegen jedoch immer dann vor, wenn sich aus ihrem Vorhandensein ein noch so geringer selektionistischer Vorteil ergibt. Sie kann, an diesem gemessen, besser oder schlechter sein, und sie ist in ihrem ersten Auftreten in bezug auf die Passung immer zufällig. Angepaßtheit ist am selektionistischen Vorteil definiert und meßbar. Wie sie zustande kam, ist dafür irrelevant.

Witwenvögel ahmen den Gesang ihrer Wirtsvögel nach und binden sich so an diese. Das führt zur rassischen Aufsplitterung dieser Gruppe (J. NICOLAI 1964). Auch die wiederholt nachgewiesenen Gesangsdialekte verschiedener Singvögel führen zu einer gewissen ethologischen Isolierung der verschieden singenden Vogelpopulationen und leiten damit eine subspezifische Entwicklung ein (C. W. BENSON 1948, G. THIELCKE 1961, 1965, P. MARLER und M. TAMURA 1964, W. WICKLER 1986, siehe auch S. 212). Auf ähnliche Weise kann die Prägung auf einen bestimmten Biotop oder auf eine bestimmte Wirtspflanze eine neue Entwicklung einleiten. Die Schlupfwespe *Nemeritis canescens* legt ihre Eier normalerweise auf die Raupen von *Ephestia*-Motten, die sie geruchlich erkennt. Zieht man die Schlupfwespenlarven jedoch künstlich auf Raupen von *Meliphora* auf, dann reagieren die aus solchen Larven gezogenen Wespen später, wenn sie eiablagebereit sind, auf *Meliphora*-Geruch und ziehen ihn anderen Gerüchen vor, obgleich sie noch immer auf *Ephestia*-Duft ansprechen (W. H. THORPE und F. JONES 1937, W. H. THORPE 1938). Die Taufliege läßt sich in bestimmten Entwicklungsperioden in ganz ähnlicher Weise auf Pfefferminzgeruch prägen (W. H. THORPE 1939).

Die beiden nordamerikanischen Florfliegen *Chrysocapa carnea* und

Chrysocapa downesi leben nebeneinander. Sie sind kreuzbar, unterscheiden sich jedoch im Freien durch ihre verschiedenen jahreszeitlichen Fortpflanzungsperioden. Kreuzungsexperimente von C. A. TAUBER und Mitarbeitern (1977) ergaben, daß diese Verschiedenheiten von zwei Genen kontrolliert werden, die große Unterschiede in der Photoperiodik dieser beiden Arten bewirken. Diese Unterschiede rufen eine Asynchronie der jahreszeitlichen Fortpflanzungszyklen hervor und schaffen damit eine zeitliche Fortpflanzungsbarriere zwischen den beiden sympatrischen Arten; ein interessanter Befund, der zeigt, wie geringfügige genetische Unterschiede eine sympatrische Evolution einleiten können, indem sie eine Kreuzungsbarriere aufrichten.

Seit DARWIN diskutiert man die Rolle der sexuellen Zuchtwahl durch die Weibchen. Experimentelle Nachweise dafür liegen vor. Wir erwähnten, daß die Weibchen des Marienkäfers, die ein bestimmtes Gen aufweisen, dunkle Männchen bevorzugen. Weibchen des Dreistacheligen Stichlings (*Gasterosteus aculeatus*) legen, wenn sie die Wahl haben, ihre Eier bevorzugt in die Nester rotbäuchiger Männchen. Daß dabei nicht Verhaltensunterschiede der verschiedenen Männchen den Ausschlag geben, prüfte D. E. SEMLER (1971), indem er den nichtroten Männchen künstlich den Bauch färbte. Diese wurden dann ebenfalls den ungefärbten Männchen vorgezogen. Da die künstlich rot gefärbten Männchen genetisch den ungefärbten glichen, müssen wir annehmen, daß es das Farbmerkmal ist, welches für die Bevorzugung durch die Weibchen den Ausschlag gibt. Bei der langschwänzigen Witwe (*Euplectes progne*) sind die Weibchen kurzschwänzig und braun gesprenkelt. Die schwarzen Männchen haben auffallend lange Schwänze. M. ANDERSSON (1982) veränderte die Schwanzlänge freilebender Männchen. Er schnitt mehreren Männchen die Schwanzfedern ab und befestigte diese abgeschnittenen Enden an anderen, die dadurch extrem lange Schwänze bekamen. Anschließend registrierte er den Fortpflanzungserfolg, indem er auszählte, wie viele Nester die Weibchen in den Revieren der Männchen bauten. Er fand, daß die Männchen mit den künstlich verlängerten Schwänzen den größten Fortpflanzungserfolg aufwiesen. Durch die sexuelle Zuchtwahl kommt es zur exzessiven Ausbildung von Schauorganen. Der Entwicklung sind allerdings durch entgegenwirkende Selektionsdrucke, z. B. durch Freßfeinde, Grenzen gesetzt.

Wie die Selektion vorhandene Bewegungen zu Ausdrucksbewegungen differenziert, besprachen wir bereits. Verhaltensweisen dürften sehr oft als »Schlüsselcharaktere« (G. v. WAHLERT 1957) eine neue Entwicklung eingeleitet haben. Das geht auch daraus hervor, daß in vielen Fällen nah verwandte Arten auffälliger in ihrem Verhalten voneinander unterschieden sind als in ihrem Körperbau, weshalb man mitunter Verhaltensmerkmale zur Arterkennung benützt. Man kann Libellen der Familie *Libellulidae*

z. B. leicht daran erkennen, daß sie nur auf den beiden hinteren Beinpaaren sitzen, die Vorderbeine aber an den Prothorax anlegen (A. HEYMER 1969). Zwei sehr ähnliche *Nereis*-Arten kann man leicht nach ihrer Fortpflanzungsweise (R. I. SMITH 1958), zwei Schmetterlingsarten am Kokonspinnen ihrer Raupen, an der Paarungszeit und Nahrungswahl (C. P. HASKINS und E. F. HASKINS 1958) und zwei Gallwespen nach ihren Futterpflanzen (B. STOKES 1955), all diese aber nur schwer morphologisch bestimmen. Man nennt solche vor allem durch ihr Verhalten unterschiedenen Arten »Ethospezies« (A. E. EMERSON 1956). G. v. WAHLERT (1962) beschrieb das unterschiedliche Verhalten von Mittelmeerfischen ein und derselben Art, die sich in einem Gebiet als Putzer betätigen, in anderen Gebieten dagegen nicht. Im Roten Meer lebt der Riffbarsch *Dascyllus trimaculatus* als Anemonenfisch zwischen den Tentakeln der Riesenanemonen. Bei den Malediven und den Nikobaren leben nur Jungfische in der Nachbarschaft von Anemonen, meiden jedoch die Berührung mit den Tentakeln. Morphologisch sind die Vertreter dieser sich so verschieden verhaltenden Populationen nur ganz geringfügig unterschieden (Färbung), als Ethospezies jedoch deutlich (I. EIBL-EIBESFELDT 1964c).

Verhaltensweisen sind sicherlich oft »Schrittmacher« der Evolution (E. MAYR 1970, K. R. POPPER 1973). Mutativ oder durch Lernen prägungsähnlich fixierte neue Gewohnheiten können neue Entwicklungen einleiten, da sich die Tiere dadurch neuen Selektionsbedingungen unterwerfen, etwa wenn ein bisher im Gebüsch brütender Vogel dazu übergeht, seine Nester in Wiesen zu bauen, oder wenn eine Insektenlarve durch Umprägung ihre Wirtspflanze wechselt.

Beim Menschen führen Sprache und Brauchtum zur häufig kontrastbetonten Absetzung der Gruppen voneinander. E. ERIKSON (1966) sprach von Pseudospeziation. So binden die durch Tätowierung hervorgerufenen Stammesnarben der Afrikaner das Individuum lebenslänglich an seine Gruppe. Es ist äußerst schwierig auszuwandern, da der Betreffende ja in einer anderen Gruppe stets als Fremder erkannt würde (P. FUCHS 1967). Solche Entwicklungen leiten schließlich Subspeziation ein.

Für die Großevolution sind Verhaltensweisen, die mit Balz, Brutpflege und anderen innerartlichen Beziehungen zu tun haben, von beschränkter Bedeutung. Als Isolationsmechanismen spielen sie bei der Artbildung eine wichtige Rolle. Die Makroevolution, bei der neue ökologische Nischen erschlossen werden (Übergang vom Wasser zum Land, vom Baum- zum Bodenleben usw.), beginnt mit Verhaltensumstellungen, die die Biotopwahl oder Nahrungswahl ändern (E. MAYR 1970). »Es ist wahrscheinlich kein Zufall, daß – um nur ein Beispiel zu nennen – bei den Säugetieren die Klassifikation so eng mit der Nahrungsspezialisierung verbunden ist: Alle Huftiere sind reine Pflanzenfresser, fast alle Carnivoren sind vorwiegend oder ausschließlich Fleischfresser, die Nagetiere sind nagende Pflanzenfresser usw. Es ist diese Einheitlichkeit der Umweltausnutzung innerhalb der größeren Säugetiergruppen, die den Typusbegriff der idealistischen Morphologen zu unterstützen scheint. Die Umstellung – hier auf eine bestimmte Nahrung – führte in allen Fällen zu einer Spezialisierung, die Struktur, Familienleben, Wanderungen, Überwinterung und viele andere Dimensionen der Biologie dieser Tiere maßgebend beeinflußt hat. Besonders interessant sind die relativ seltenen Ausnahmen: Der große Panda unter den Carnivora hat sich auf rein vegetarische Nahrung (Bambus) umgestellt. Fast alle Fledermäuse *(Chiroptera)* sind Insektenfresser, aber die Flughunde *(Megachiroptera)* ernähren sich von Baumfrüchten . . . Solche Umstellungen innerhalb relativ homogener Gruppen stellen uns vor neue Fragen. Wie häufig kommen sie vor? Wie verbreitet sich solch ein neues Verhalten von dem Individuum, das es zuerst erfunden hat, auf andere Mitglieder der Population? . . . Wie führt eine solche Verhaltensumstellung zu einer Nischenerweiterung im Sinne von Ludwigs Annidation?« (E. MAYR 1970, S. 334 und 335).

12.2 Der Homologiebegriff

Man kann Verhaltensweisen wie körperliche Strukturen vergleichen und erhält auf diese Weise Reihen abgestufter Ähnlichkeit, nach denen man die stammesgeschichtliche Entwicklung rekonstruieren kann. Wir haben so bereits die Stammesgeschichte verschiedener Ausdrucksbewegungen zu rekonstruieren versucht (S. 185 ff.). Allerdings muß man dazu Analogien von Homologien unterscheiden können. Da Verhaltensweisen im allgemeinen keine Fossilien hinterlassen, sind wir bei allen Rekonstruktionen auf den Vergleich lebender Arten angewiesen. In ganz seltenen Fällen lassen sich jedoch auch Produkte tierischer Tätigkeit (Bauten, Fraßspuren und dgl.) durch Vergleich in einer phylogenetischen Reihe ordnen. Das gelang R. SCHMIDT (1955, 1958) mit verschiedenen Termitennestern.

Man bezeichnet im allgemeinen Strukturen als homolog, die ihre Ähnlichkeit einer gemeinsamen Abstammung verdanken. Abstammung bedeutet dabei in den meisten Fällen direkten genetischen Zusammenhang, wobei Information, die Angepaßtheit der fraglichen Verhaltensweise betreffend, über das Genom weitergereicht wird. Die unten angeführten Homologiekriterien erlauben jedoch nur die Feststellung, daß überhaupt Information weitergereicht wurde. Sie leisten nicht mehr und sind insbesondere ungeeignet, angeborene Merkmale von erworbenen Merkmalen zu unterscheiden, wie die Sprachhomologien hinlänglich zeigen. Homologien, die über das Gedächtnis weitergereicht werden, nennt W. WICKLER (1965 a) *Traditionshomologien* zum Unterschied von den über das Genom als Informationsträger weitergereichten *phyletischen Homologien.* Da man im Tierreich bis vor kurzem nichts dergleichen kannte, hat man auf diese Möglichkeit nicht weiter geachtet. J. NICOLAI (1964) hat jedoch Gesangstraditionen festgestellt (S. 61), von denen manche sogar die Artengrenze überspringen (Gesangsmimikry, S. 280). Für die Homologieforschung ist es nur wichtig, daß Information weitergegeben wird, die aus einem Speicher stammt. Dabei braucht kein Zeugungszusammenhang vorzuliegen. Der von den Witwenvögeln nachgeahmte Wirtsgesang ist diesem genauso homolog, wie etwa das von einem Europäer gelernte Chinesisch dem des Chinesen homolog ist. Wichtig für die Feststellung von Homologien ist nur, daß ein Informationsspeicher angezapft wird und das Tier die Informationen nicht selbst erst in dialogischer Auseinandersetzung mit der Umwelt erwerben muß. Nehmen wir an, einem Raubtier wäre der Nackenbiß zum Beutetöten angeboren, dann kann man ihn mit dem Nackenbiß der Mutter ebenso wie mit dem seiner Geschwister und anderen Artgenossen homologisieren. Das ist aber auch möglich, wenn die Mutter die Informationen auf irgendeine Weise den Nachkommen mitteilt. Erwirbt das Jungtier dagegen regelmäßig diese Informationen selbst, ohne einen Informationsspender anzuzapfen, redet man nur von erworbenen individuellen Anpassungen. Ähnlichkeiten bei verschiedenen Individuen sind dann Analogien. Die Begriffspaare homolog/konvergent und angeboren/erworben überschneiden sich in der in Abb. 12.3 dargestellten Weise. Erst wenn sich eine Verhaltensweise als homolog und angeboren (S. 55) erweist, spricht dies für eine gemeinsame Ahnenform. Bei der Verwendung der Begriffe analog und homolog stützen wir uns im wesentlichen auf G. P. BAERENDS (1958) und W. WICKLER (1961 a, 1967 b), die die Homologiekriterien der Morphologie (A. REMANE 1952) in die Verhaltensforschung übernahmen (siehe auch K. GÜNTHER 1956).

REMANE unterscheidet drei Hauptkriterien. Beim *Kriterium der Lage*

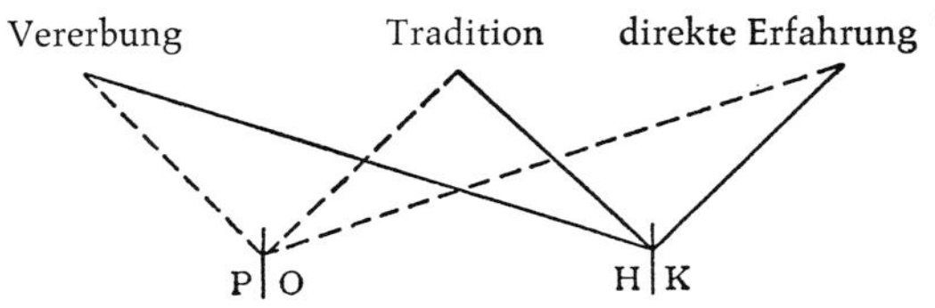

12.3 Schematische Darstellung des Zusammenhangs der Begriffspaare Phylogenie/Ontogenie (P/O) und Homologie/Konvergenz (H/K) mit der Herkunft der Informationen. Aus W. WICKLER (1965 a)

weist die gleiche relative Lage im Gefügesystem auf Homologie hin (Beispiel Schädelknochen). Bei Verhaltensweisen ist die Lage im zeitlichen Ablauf ein wichtiges Kriterium. Finden wir bei zwei nahe verwandten Arten eine regelmäßige Ablauffolge von einander ähnlichen Bewegungsweisen a b c d e f g und erscheint bei einer Art eines dieser Elemente stärker abgewandelt, so macht die spezifische Lage im zeitlichen Ablauf dennoch eine Homologie wahrscheinlich.

Das Kriterium der *speziellen Qualität* betrifft die formale Ähnlichkeit. Sie weist um so eher auf Homologie hin, in je mehr Einzelmerkmalen die Übereinstimmung vorliegt. Allerdings wissen wir ja schon aus der Morphologie, daß unabhängig voneinander erworbene Anpassungen an bestimmte Umwelten letztlich große Ähnlichkeiten hervorbringen können, die dann natürlich analog sind, wie etwa die Fischgestalt von Fischen, Meeresreptilien und Meeressäugern. Das Kriterium allein wird also selten ausreichen, am ehesten noch beim Studium von Ausdrucksbewegungen, deren spezifische Form sich ja nicht als Anpassung an die unbelebte Umwelt ergibt. Hier argumentiert der Verhaltensforscher ähnlich wie der Völkerkundler, der die Ähnlichkeit des Steinbeils eines europäischen, afrikanischen oder asiatischen Steinzeitvolkes nicht ohne weiteres als Zeichen eines kulturellen Zusammenhangs deutet. Die Form erklärt sich ja aus der Funktion, und daher ist Konvergenz kaum auszuschließen.

Findet er aber die Worte *mère, mater, mother, Mutter, matka* und *madre* in gleicher Bedeutung in den Sprachen verschiedener Völker, so deutet dies auf einen gemeinsamen Ursprung hin. In ähnlicher Weise sind die Ausdrucksbewegungen vieler Tiere phylogenetisch gewachsene »Konvention«.

Die Balzbewegungen der Enten bieten dafür überzeugende Beispiele (Abb. 12.4), siehe auch S. 203. Aus der Verteilung der verschiedenen Balzbewegungen in den verschiedenen Gruppen der Entenvögel kann man einen Stammbaum rekonstruieren, wobei man davon ausgeht, daß die am weitesten in der Gruppe verbreiteten Merkmale auch die ältesten sind. Die Verwandtschaft der verschiedenen Gruppen der Entenvögel läßt sich aus der so gewonnenen graphischen Darstellung (Abb. 12.5) unmittelbar ablesen.

Allerdings entstehen einfachere Ausdrucksbewegungen des öfteren konvergent (S. 200), wie z. B. die Untersuchungen WICKLERS zum Nickschwimmen von Putzer und Nachahmer (S. 206) zeigten.

Das Kriterium der *Verknüpfung durch Zwischenformen* hilft, wo verbindende Übergangsformen vorhanden sind. In solchen Fällen lassen sich selbst sehr unähnliche Verhaltensweisen homologisieren. Die Zwischenformen können in der Ontogenese auftreten, dann läßt sich die allmähliche Umwandlung einer Verhaltensweise verfolgen. Wo nicht, müssen die Zwischenformen von systematisch nahestehenden Formen stammen.

12.4 Vergleichende Analyse einer Verhaltensfolge aufgrund von Filmbildauswertungen bei drei Entengattungen (von oben nach unten): Sichelente *(Anas falcata)*, Stockente *(Anas platyrhynchos)*, Schopfente *(Lophonetta specularioides)* und Schnatterente *(Chaulelasmus streperus)*. Während bei *Anas* die zwei Komponenten Eintauchen (bzw. Spritzen) und Aufbäumen sich etwas überschneiden, sind bei *Lophonetta* und *Chaulelasmus* beide Phasen voneinander getrennt und lassen sich deutlicher erkennen. Die senkrechte Linie bezeichnet Bewegungsstellungen gleicher Phase, das Schnabeleintauchen. *Anas* beginnt noch während des Spritzens mit dem Aufbäumen. *Lophonetta* dagegen beendet erst das Eintauchen, holt dann zum Schüttelstrecken aus und beginnt danach erst mit dem Aufbäumen (3. Skizze nach dem Strich); *Chaulelasmus* zeigt den gleichen Verhaltensablauf. Nach K. LORENZ und W. VAN DE WALL (1960 und 1963), kombiniert nach G. TEMBROCK (1977)

R. SCHENKEL (1956) nützte u. a. dieses Kriterium zur Deutung der Fasanenbalz (S. 198).

Als *Hilfskriterium* kann man die Aussage nützen, daß auch einfache Verhaltensweisen dann wahrscheinlich homolog sind, wenn sie bei einer großen Zahl nahe verwandter Arten auftreten, bzw. zunehmend wahrscheinlich nicht homolog sind, wenn sie bei sicher nicht verwandten Arten vorkommen.

Seriale Organe lassen sich ebenfalls vergleichen, so etwa die Freßwerkzeuge und die Schreitbeine der Krebse; die abgestufte Ähnlichkeit spricht dafür, daß die Freßwerkzeuge wirklich abgewandelte Beine sind. Man bezeichnet solche Fälle als seriale Homologie oder *Homonomie*. Für das Verhalten gibt es nach W. WICKLER (1961 a) zwei Möglichkeiten der Homonomie: 1. die serial homologen Bewegungen der Beine und der von

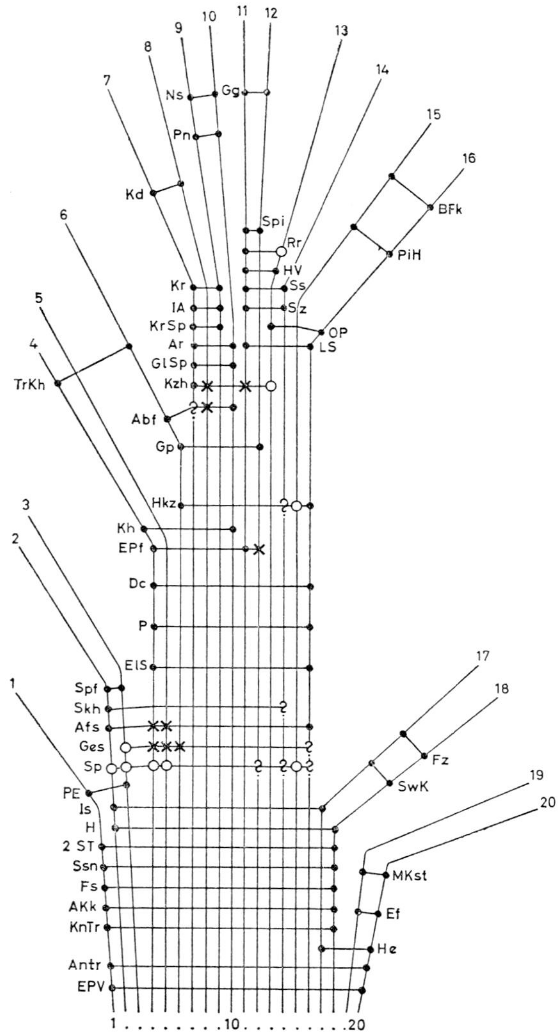

12.5 Die *senkrechten Linien* stellen Arten, die *waagrechten* die diesen gemeinsamen Merkmale dar. Ein *Kreuzchen* bedeutet das Fehlen des Merkmals bei der an der betreffenden Stelle von der Merkmallinie gekreuzten Art. Ein *Kreis* bedeutet besonderes Hervortreten und Differenzierung des Merkmals, ein *Fragezeichen* Unwissenheit des Verfassers. Nach K. LORENZ (1941)

Artenliste

1 *Cairina moschata*, Türkenente
2 *Lampronessa sponsa*, Brautente
3 *Aix galericulata*, Mandarinente
4 *Mareca sibilatrix*, Chilenische Pfeifente
5 *Mareca penelope*, Pfeifente
6 *Chaulelasmus strepera*, Schnatterente
7 *Nettion crecca*, Krickente
8 *Nettion flavirostre*, Chilenische Krickente
9 *Virago castanea*, Kastanienente
10 *Anas* als Gattung, Stock-, Fleckschnabel-, Madagaskarente u. a. m.
11 *Dafila spinicauda*, Südamerikanische Spießente
12 *Dafila acuta*, Spießente
13 *Poecilonetta bahamensis*, Bahamaente
14 *Poecilonetta (?) erythrorhyncha*, Rotschnabelente
15 *Querquedula querquedula*, Knäckente
16 *Spatula clypeata*, Löffelente
17 *Tadorna tadorna*, Brandente
18 *Casarca ferroginea*, Rostgans
19 *Anser* als Gattung
20 *Branta* als Gattung

Merkmale

EPV	einsilbiges Pfeifen des Verlassenseins
Antr	Antrinken
KnTr	Knochentrommel an der Trachea des Männchens
AKk	Anatinen-Kükenkleid
Fs	Flügelspiegel
Ssn	Seihschnabel mit Hornlamellen
2 ST	zweisilbiger Kükenstimmfühlungslaut
H	Hetzen der Ente
Is	Schütteln als Balz- bzw. Imponiergeste
PE	zielende Kopfbewegung als Paarungseinleitung
Sp	Scheinputzen des Erpels hinter dem Flügel
Ges	Gesellschaftsspiel der Erpel
Afs	Aufstoßen
Skh	seitliche Kopfbewegung der Ente beim Hetzen
Spf	besondere, dem Scheinputzen dienende Federdifferenzierungen
ElS	einleitendes Sichschütteln
P	Pumpen als Paarungseinleitung
Dc	Decrescendoruf der Ente
EPf	Erpelpfiff
Kh	Kinnheben
Hkz	Hinterkopfzudrehen des Erpels
Gp	Grunzpfiff
Abf	Abaufbewegung
Kzh	Kurzhochwerden
GlSp	nach Geschlechtern gleiche Flügelspiegel
Ar	Aufreißen
KrSp	schwarzgoldgrüner Krickentenspiegel
TrKh	an das Triumphgeschrei erinnerndes Kinnheben
IA	isoliertes, nicht an Kurzhochwerden gekoppeltes Aufreißen
Kr	Krickpfiff
Kd	*küdick* der eigentlichen Krickenten
Pn	Paarungsnachspiel mit Aufreißen und Nickschwimmen
Ns	Nickschwimmen der Ente
Gg	*geeeeegeeeee*-Laut der echten Spießerpel
Spi	spießartig verlängerte mittlere Steuerfedern
Rr	R-Laute der Ente beim Hetzen und Stimmfühlungslaut
HV	Hetzen mit hoch erhobenem Vorderkörper
Ss	stufiges Steuer
Sz	Schnabelzeichnung mit Firstfleck und hellen Seiten
OP	Fehlen des Pfiffs der Erpel
LS	lanzettförmige Schulterfedern
BFk	blaues Flügelkleingefieder
PiH	Pumpen als Hetzbewegung
Fz	schwarzweiße und rotbraune Flügelzeichnung der Casarcinen
Swk	schwarzweißes Kükenkleid
MKst	mehrsilbiger Kükenstimmfühlungslaut der Anserinen
Ef	einfarbiges Kükenkleid
He	Halseintauchen als Paarungseinleitung

ihnen abgeleiteten Freßwerkzeuge, 2. verschiedene auseinander abgeleitete Bewegungen eines Organes. Das auf S. 208 erwähnte Zimmern, Ablösungsklopfen und Trommeln des Spechtes sind homonome Bewegungen.

Analogien liegen dagegen dann vor, wenn die Verhaltensweise bei Tieren mit einer bestimmten Lebensweise (Aasfresser, Räuber) oder bei Bewohnern eines bestimmten Biotops (Klippenbrüter, Baumbewohner, Wüstenbewohner) gehäuft auftreten, und zwar unabhängig von ihrer systematischen Zusammengehörigkeit. Für eine Analogie spricht vor allem, wenn die Stammformen der verglichenen, Ähnlichkeiten aufweisenden Arten, die heute ähnlich leben, früher eine andere Lebensweise führten und die entsprechenden Ähnlichkeiten nicht zeigten.

Eine Reihe von Bodenfischen aus verschiedenen Familien entwickelte konvergente Anpassungen im Verhalten (W. Wickler 1957, 1958, 1959, 1965 c). Ganz besonders eindrucksvoll sind die Konvergenzen bei Sturzbachfischen *(Gastromyzonidae* und *Homalopteridae).* Erstere stammen von Schmerlen, letztere von Karpfenfischen im engeren Sinne ab, aber die Konvergenzen in Form und Verhalten gehen so weit, daß man die Vertreter beider Familien lange Zeit in einer zusammenfaßte. Beide Tiere haben großflächige, morphologisch zweigeteilte Brustflossen, mit denen sie sich an der Unterlage festsaugen können. Das beim Atmen von der starken Gegenströmung unter den Kopf gepreßte Wasser pumpen sie durch sehr schnelles Fächeln der Brustflossen bzw. des rhythmisch schlagenden hinteren Brustflossenabschnittes unter sich weg, so daß das Wasser unter den Fischen schneller strömt als darüber und sie durch den erzeugten Unterdruck weiter auf der Stelle haften. Das haben einige *Cypriniden, Homalopteriden, Gastromyzoniden* und einige *Siluriden*-Welse unabhängig voneinander »erfunden«, obwohl sie von Fischen abstammen, denen die rhythmische Bewegung der Brustflosse fehlt (W. Wickler 1960 b). Auch das vielfach als Homologie gedeutete Saugtrinken der Tauben, Sandflughühner *(Pterocles)* und Steppenhühner *(Syrrhaptes)* hat sich als analoge Anpassung an das Leben in Trockengebieten erwiesen (W. Wickler 1961 c). Die gleiche »Erfindung« wurde auch in anderen Vogelgruppen gemacht, unter anderem bei den Prachtfinken. Es ist daher unzulässig, Sandflughühner und Steppenhühner weiterhin auf Grund ihres Saugtrinkens zur Taubenverwandtschaft zu rechnen.

Homoiologien sind schließlich Analogien, die sich auf der Grundlage einer homologen Struktur entwickelten. So ist die Vorderextremität eines Wales mit dem Flügel eines Pinguins homolog – in bezug auf Vertebratenextremität. Ihre Anpassung als Flosse ist jedoch eine Analogie, denn sie wurde unabhängig erworben.

Wüstenmäuse *(Gerbillidae),* Wüstenspringmäuse *(Dipodidae),* Hasen *(Leporidae),* einige Mäuse *(Muridae)* und andere Nager trommeln bei

Erregung (Aggression und Flucht) mit den Hinterbeinen kräftig gegen den Boden, wohl eine ritualisierte Absprungintention (I. EIBL-EIBESFELDT 1951 b, 1957 a). Das haben diese Tiere unabhängig voneinander, aber auf der ihnen sicherlich homologen Grundlage der Absprungbewegung entwickelt. Auch viele andere Drohgebärden erlangten konvergent ihre Ähnlichkeit. Igeltanreks *(Echinops telfairi)*, Spitzhörnchen *(Tupaia glis)*, Eichhörnchen *(Sciurus vulgaris)*, Siebenschläfer *(Glis glis)* und Igel *(Erinaceus europaeus)* drohen, wenn man sie plötzlich aufweckt, indem sie mit den Vorderbeinen in einer plötzlichen Streckbewegung nach dem Störenden schlagen und gleichzeitig fauchend-kreischend rufen. Beim Spitzhörnchen und Eichhörnchen drohen bereits die nackten Jungtiere so. Die Ähnlichkeit der Bewegungen erklärt sich sowohl aus der Funktion (Erschrecken des Angreifers) als auch aus der Tatsache, daß gleiches (homologes) Ausgangsmaterial (Abwehr- und Atembewegungen) unabhängig voneinander ritualisiert wurde.

Fauchende und zischende Drohlaute haben sich bei sehr vielen Wirbeltieren konvergent auf der Grundlage der ihnen homologen Atembewegungen entwickelt. In analoger Weise wurden Brutpflegehandlungen (soziale Körperpflege, Fütterung und dgl.) sowie Infantilismen wiederholt zu Verhaltensweisen im Dienste der Gruppenbindung abgewandelt (siehe S. 200).

Berücksichtigt man die hier erörterten Homologiekriterien, dann sind die Verhaltensweisen von großem taxonomischem Wert und helfen, die natürlichen Verwandtschaftsverhältnisse aufzuklären. Wir erinnern in diesem Zusammenhang an die Anatidenstudien von K. LORENZ (1941) und verweisen weiter auf die Untersuchungen von A. FABER (1953 a, b) und W. JACOBS (1953 a, b) an Heuschrecken, U. WEIDMANN (1951) an Taufliegen *(Drosophila)*, J. CRANE (1949, 1952) an Neuweltmantiden und Springspinnen *(Salticidae)*, W. F. BLAIR (1957 a, b, 1958) an Fröschen, G. K. NOBLE (1927, 1931) an Schwanzlurchen, J. NICOLAI (1959 b) an Girlitzen, VAN TETS (1965) an Pelikanen und P. LEYHAUSEN (1956) an Katzen. Die genaue ethologische Untersuchung der Spitzhörnchen *(Tupaia)* ergibt, daß diese bisher zu den Primaten gestellten Tiere als getrennte Ordnung der *Tupaioidea* geführt werden sollten (R. MARTIN 1966 a, b, 1968). Man kann sie schwer an eine der bestehenden Ordnungen anschließen, da sie sowohl Merkmale mit den Primaten wie auch mit Nagern, Kaninchen und Beuteltieren teilen. Weitere Beispiele bei W. WICKLER (1961 b, 1967 b). In der Bewertung von Körperform und Verhalten gibt es gegensätzliche Standpunkte. D. STARCK (1959, S. 47) schreibt: »Evolutive Beziehungen auf Grund von Verhaltensweisen anzunehmen ist nicht berechtigt, wenn derartige Befunde morphologischen Ergebnissen klar widersprechen. Die morphologische Methode wird also auch in Zukunft Grundlage des natürlichen Systems bleiben. Ihre fundamentale Bedeutung ergibt sich weiterhin aus der Tatsache, daß sie für fossiles Material das einzig anwendbare Verfahren ist.« Demgegenüber vertritt E. Mayr (1958, S. 345) die Ansicht: »Wenn die aus morphologischen Merkmalen und die aus dem Verhalten gezogenen [systematischen, Ref.] Schlüsse einander widersprechen, neigt der Taxonom mehr und mehr dazu, den Verhaltensmerkmalen das größere Gewicht beizumessen.« Es dürfte sich empfehlen, zwischen diesen beiden Standpunkten die Mitte zu halten. Grundsätzlich müßten sich die aus der morphologischen Untersuchung gewonnenen Stammbäume mit den aus der Verhaltensforschung gewonnenen decken, sonst ist einer von beiden oder sind beide falsch (N. Tinbergen 1951). Man wird sich bei der Bewertung der Zusammenhänge von größeren systematischen Einheiten wohl im allgemeinen der Meinung von D. Starck anschließen und den morphologischen Merkmalen ein größeres Gewicht beimessen als dem Verhalten, zumal dann, wenn auch paläontologische Befunde vorliegen. Für die Aufdeckung feinsystematischer Zusammenhänge erweisen sich dagegen Verhaltensmerkmale oft als geeignet. Auf den Tier-Mensch-Vergleich greifen wir in diesem Buch vielfach zurück. Weiteres Grundsätzliches dazu finden wir in dem von M. v. Cranach (1976) herausgegebenen Sammelband.

12.3 Konvergenzforschung

Die Homologieforschung ermöglicht es uns wie gesagt, die stammesgeschichtliche Entwicklung (und beim Menschen die kulturgeschichtliche) des Verhaltens zu rekonstruieren, und sie vermittelt darüber hinaus einen Einblick in Möglichkeiten, die in einer Gruppe stecken. Ihre adaptive Radiation ist Ausdruck dieser Potentialität. Der Homologieforschung wird daher besondere Bedeutung zugemessen. Den Menschen betreffend hört man daher auch oft die Ansicht, nur Primatenstudien könnten wirklich Entscheidendes zum besseren Verständnis menschlichen Verhaltens beitragen, weniger dagegen die Verhaltensforschung an Buntbarschen und Gänsen, da hier vorgefundene Ähnlichkeiten zu menschlichem Verhalten bloße Analogien seien. Wir betonen daher ausdrücklich, daß die Analogieforschung nicht minder wichtige Aufschlüsse liefert als die Erforschung der Homologien. Wir erhalten vielmehr gerade durch die Erforschung der Konvergenzen Aufschluß über Gesetze weit allgemeinerer Geltung, die sich unabhängig von der systematischen Stellung der Organismen aus der

Funktion der analogen Verhaltensweisen ergeben. W. WICKLER (1965, 1967, 1972), der darauf wiederholt hinwies, spricht sehr treffend von »Funktionsgesetzen«. Ist zum Beispiel jemand an den Konstruktionsprinzipien interessiert, die Flugorganen zugrunde liegen, dann ist er durchaus gut beraten, wenn er sich Flügel von Insekten, Vögeln und Fledermäusen ansieht, obgleich diese Organe ganz verschiedenen Ursprunges sind und völlig unabhängig voneinander entwickelt wurden. Ja, es kann durchaus aufschlußreich sein, auch Kulturprodukte des Menschen in den Vergleich einzubeziehen. Für die Flügel eines Flugzeuges gelten ja die gleichen Funktionsgesetze. In ähnlicher Weise kann man sich fragen, welche Gesetzmäßigkeiten etwa dem Phänomen Rangordnung oder Monogamie zugrunde liegen, und dazu viele nichtverwandte Arten, bei denen diese Merkmale auftreten, untersuchen. Auch für den Bereich des Verhaltens gilt, daß der Vergleich stammesgeschichtlich und kulturell entwickelter Verhaltensmuster Aufschluß über zugrundeliegende Funktionsgesetze geben kann. Weiteres zur Konvergenzforschung bei R. D. MASTERS (1976) und I. EIBL-EIBESFELDT (1984) (»Humanethologie«).

12.4 Historische Reste

Verhaltensweisen können bei grundsätzlicher Änderung der Lebensweise ihre alte Funktion verlieren. Sie können dann umgewandelt eine neue Aufgabe übernehmen oder auch als *Rudimente* in der alten oder wenig abgewandelten Form beibehalten werden, solange das nicht von direktem Nachteil für den Merkmalsträger ist. Die stummelschwänzigen Makaken *(Macaca speciosa, M. arctoides, M. fuscata* und *M. maura)* machen mit ihrem winzigen Schwanzstummel Balancierbewegungen, die natürlich keinerlei Funktion erfüllen. Bei Straußenvögeln *(Nandus)* kann man noch Flugbewegungen auslösen, obgleich diese Tiere seit vielen Millionen Jahren nicht mehr fliegen (I. KRUMBIEGEL 1940).

Rusa-, Dybowski- und Rothirsche drohen durch Vorzeigen eines rudimentären Organs. Die ältesten Hirsche (unteres Oligocaen) hatten keine Geweihe, ganz ähnlich wie das Moschustier *(Moschus)*, der urtümlichste heute lebende Hirsch. Sie alle und ebenso der bereits geweihtragende Muntjak *(Muntiacus)* haben hauerartig verlängerte obere Eckzähne, die Moschustier und Muntjak zum Kämpfen benützen. Sie zeigen diese Waffen ferner beim Drohen: Hocherhobenen Hauptes, langsam nickend, laufen sie vor dem Gegner auf und ab, knirschen mit den Zähnen und rümp-

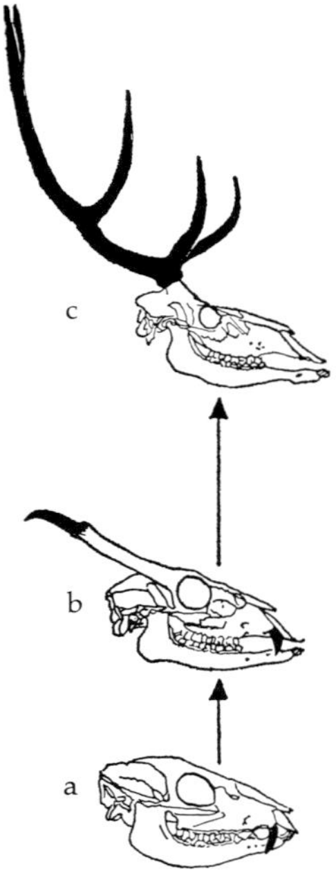

12.6 Morphologische Reihe der rezenten Hirsche, den schrittweisen Ersatz des Eckzahnes als Waffe durch das Geweih zeigend. a = *Moschus*; b = *Muntiacus*; c = *Cervus* (Erläuterungen im Text). Aus G. TEMBROCK (1964)

fen die Lippen, so daß die dolchartigen Zähne deutlich zu sehen sind. So drohen aber auch Rusa-, Dybowski- und Rothirsch, bei denen die Eckzähne zu winzigen Gebilden verkümmert sind und die heute nur mehr ihr Geweih zum Kampf verwenden (O. ANTONIUS 1939; Abb. 12.6). Am Vorgang der Ritualisierung im Balzverhalten der Prachtfinken kann man schon Funktionswechsel und Rudimentation verfolgen (K. IMMELMANN 1962b, M. F. HALL 1962). Aus dem Herbeitragen von Nestmaterial zum Nestbau entwickelte sich die Halmbalz der Männchen, die dann bei einigen Arten sekundär wieder abgebaut wurde und zunehmend rudimentierte, während gleichzeitig der ursprünglich der Revierbehauptung dienende Gesang bei diesen geselligen Tieren, die kaum territorial sind, einen Funktionswechsel durchmachte. Die Männchen singen statt der Halmbalz leise dicht neben dem Weibchen. Bei den Gattungen *Bathilda* und *Aegintha* können die Männchen nicht ohne einen Halm im Schnabel balzen. Sie

12.7 Werbender Maskentölpel *(Sula dactylatra)*. Das Männchen bietet dem Weibchen einen winzigen Stein an. Foto: I. EIBL-EIBESFELDT aus I. EIBL-EIBESFELDT ([7]1977)

halten ihn die ganze Zeit und machen abgewandelte Nestbaubewegungen, ohne wirklich zu bauen. Schließlich überreichen sie den Halm der Umworbenen. Die Männchen von *Neochmia* benutzen bei der Halmbalz ein anderes Material, als zum Nestbau verwendet wird, was die Verselbständigung der Halmbalz zur eigenen Triebhandlung gut demonstriert. Die *Lonchura*-Arten tragen nur vor der Balz einen Halm herum, balzen aber ohne, während *Aidemosyne* noch die Balzeinleitung mit Halm absolviert. *Emblema* pickt nur noch nach Halmen, und *Poephila* beachtet sie überhaupt nicht mehr, doch taucht die Halmbalz gelegentlich als Verhaltensrudiment auf, ferner des öfteren bei jungen Männchen. Meerechsen drohen durch Aufreißen des Maules, obgleich sie einander normalerweise nicht mehr beißen. Sehr viele Vögel sperren drohend den Rachen auf, auch solche, die in Abwehr mit geschlossenem Schnabel zustoßen. Sie verwenden also die stammesgeschichtlich alte Beißintention als Drohgeste. Die blaufüßigen Tölpel der Galápagos-Inseln überreichen einander im Paarbildungszeremoniell Nestmaterial (Steinchen, Halme), obwohl sie kein Nest mehr bauen. In allen diesen Fällen überlebte eine Verhaltensweise als Ausdrucksbewegung ihre ursprüngliche Funktion (Abb. 12.7 und 12.8). Es gibt jedoch auch funktionslose Rudimente.

Die Rotkopfamadine *(Amadina erythrocephala)* ist ein Nestparasit, der die Nester anderer Vögel benützt und nicht mehr selbst baut. Aber wenn er auf einem Nest sitzt, macht er noch alle Nestbaubewegungen in ungeordneter Folge. Er greift über den Nestrand hinweg, packt Nichtvorhandenes und zieht es zu sich herein, als würde er bauen (J. Nicolai mündlich). Bodenbewohnende Vögel rollen vor dem Nest liegende Eier ein. Das tun auch einige auf Bäumen brütende Vögel, die sich jedoch von Bodenbrütern ableiten und diese Anpassung nur als historischen Rest besitzen (H. Poulsen 1953). Flügellose *Drosophila*-Mutanten machen Flügelputzbewegungen gleich jenen der geflügelten Wildform (H. Heinz 1949). Manche Termiten legen Gänge an, die blind enden und gar nicht gebraucht werden. In ähnlicher Lage findet man bei nahen Verwandten durchführende Gänge, die eine Funktion erfüllen (R. Schmidt 1957, 1958).

Wir haben schon kurz darauf hingewiesen (S. 197), daß die kulturelle Ritualisierung des Menschen zur stammesgeschichtlichen erstaunliche Parallelen aufweist. So beobachten wir, daß gewisse Dinge ihre alte Funktion völlig verlieren und eine andere Funktion übernehmen oder sogar als Rudiment mitgeschleppt werden. Wir tragen heute Zierknöpfe am Rockärmel, die ursprünglich zum Einknöpfen gebraucht wurden. Ebenso dienten die Schnüre und Bänder am Hut einst zum Festbinden; heute sind sie Verzierung (L. Schmidt 1952). Zu diesem überaus interessanten Thema hat O. Koenig (1968) mehrere aufschlußreiche Dokumentationsreihen erarbeitet (Abb. 12.9).

12.8 Werbender Blaufußtölpel *(Sula nebouxi)*. Das Männchen bietet beim Aufsteigen zur Kopulation seinem Weibchen einen Halm an. Obgleich diese Art kein Nest mehr baut, spielt das Ritual des Nestmaterialüberreichens weiterhin eine große Rolle. Foto: I. Eibl-Eibesfeldt aus I. Eibl-Eibesfeldt (^{7}1977)

12.9 Wandel der Befestigungsschnur an den Kopfbedeckungen ungarischer Husaren: a) Kalpak mit Mützenbeutel und Befestigungsschnur (1700); b) Filzmütze um 1750. Die Schnur ist nur noch dekorativ um die Mütze geschlungen; c) Husarentschako vor 1914. Die Schnur hat ihre ehemalige Funktion verloren. Zur Befestigung dient jetzt ein Sturmriemen. Aus O. Koenig (1968)

Die Galápagos-Taube *(Nesopelia galapagoensis)* verleitet, obgleich diese gegen Raubsäuger gemünzte Verhaltensweise auf den ursprünglich raubfeindfreien Galápagos-Inseln keine Aufgabe erfüllt. Wohl aber war dies bei der Festlandsform der Fall, von der sie abstammt. Auf der gleichen Inselgruppe gelang E. CURIO (1965 b) der Nachweis, daß Darwinfinken entlegener, feindfreier Inseln, die viele Generationen lang nicht mit einer bestimmten Reizsituation (Raubvogel, Schlange) konfrontiert wurden, sinngemäß antworten, d. h. so wie Finken aus Populationen der größeren Inseln, die ständig mit dieser Reizsituation potentiell Erfahrungen sammeln können.

Bisweilen gibt uns auch die Ontogenese einen Hinweis auf die Phylogenese, doch gilt das biogenetische Grundgesetz, nach dem die Ontogenese die Phylogenese widerspiegelt, selbst in der Morphologie nur in 60 % der Fälle. Einige gute Beispiele kennt man auch aus dem Bereich des Verhaltens. Die junge Bartmeise kriecht zunächst im Kreuzgang auf allen vieren (O. KOENIG 1951). Die von hüpfenden Vögeln abstammenden Lerchen hüpfen als Jungtiere und laufen später. Der junge Pfauhahn zeigt Radschlagen und Futterlocken, später nur das Radschlagen allein. Junge Meerechsen beißen einander beim Kämpfen, erst später stoßen sie sich mit dem Kopfe.

Die frisch verwandelte Glaucothoë des Palmendiebes *(Birgus latro)* sucht wie ein Einsiedlerkrebs Schneckengehäuse auf und zeigt dann die gleichen Erbkoordinationen des Schalenprüfens und Einschlüpfens wie die Glaucothoë des Einsiedlerkrebses *Pagurus longicarpus* (E. REESE 1968). Die Schale schützt die Glaucothoë beim Übergang zum Landleben vor dem Austrocknen. Findet sie keine Schale, dann stirbt sie schließlich, ohne sich in das erste Krabbenstadium zu verwandeln. Das in Rückbildung begriffene Verhalten erfüllt im Jugendstadium also noch eine Funktion. Ältere Krabben bedürfen der Schale nicht mehr. Weitere Beispiele für historische Reste bringen E. CURIO (1960) und W. WICKLER (1961 a).

Bei künstlichen Eingriffen in Hummelnester aktivierte A. HAAS (1962, 1965) ältere, normalerweise nicht mehr in Erscheinung tretende Verhaltensweisen, die aber in verschütteter Form allen Vertretern der Gattung eigen sind (daher »generisches Verhalten«).

Historische Reste gibt es nicht allein im motorischen Bereich. Mitunter können angeborene Auslösemechanismen das Signal überleben, auf das sie abgestimmt sind. Ein Beispiel dafür beschrieb J. D. MCPHAIL (1969). Im Gebiet des Cephalisflusses (westliches Nordamerika) ernährt sich der Hundsfisch *(Novumbra hubbsi)* von Stichlingen. In Anpassung daran verloren die männlichen Stichlinge dieser Region das auffällige rote Prachtkleid. Sie sind schwarzbäuchig. Gibt man nun den Weibchen, die sich normalerweise mit schwarzbäuchigen Männchen verpaaren, im Versuch rot- und schwarzbäuchige Männchen zur Wahl, dann kann man feststellen, daß sie die rotbäuchigen Männchen 5:1 bevorzugen. Die schwarze Stichlingspopulation hat also in den 6000–8000 Jahren ihrer Existenz das ursprüngliche Auslöseschema nicht abgebaut (siehe dazu auch I. Eibl-Eibesfeldt 1984, »Humanethologie«).

12.5 Haustierforschung und Domestikation

Über die stammesgeschichtliche Entwicklung von Erbkoordinationen gibt uns auch die Haustierforschung wertvolle Hinweise. Die Stammform unserer Haustaubenrassen – die Felsentaube *(Columba livia)* – verfügt über einige sehr charakteristische Balzbewegungen: Beim Imponierflug klatscht der Täuber betont mit den Flügeln, die er über dem Rücken hörbar zusammenschlägt. Danach gleitet er mehrere Meter mit über die Horizontale angehobenen Flügeln durch die Luft. Diese Verhaltensweise ist nach J. Nicolai (1965b) von verschiedenen Haustaubenrassen unter der Zuchtwahl des Menschen weiterentwickelt und verändert worden. Bei mehreren Kröpferrassen (Kropftauben), so besonders beim Steller-Kröpfer, ist das Klatschen so heftig und ausgedehnt – er schlägt heftiger und macht 30 Schläge statt 4–5 der Ausgangsform –, daß die Fahnen der Handschwingen vom distalen Ende her im Laufe des Frühjahrs und Sommers mehr und mehr verschleißen. Kurz vor der Mauser sind oft nur noch am letzten Drittel der Schwingen die Fahnen vorhanden, so daß der Vogel schwer behindert ist. Auch die Stellung der Flügel beim Gleitflug ist hypertrophiert: Die Schwingenspitzen berühren sich oben, und der Vogel verliert daher sehr schnell an Höhe. Hier wurde durch menschliche Auslese eine Verhaltensweise extrem ritualisiert, da kein Freßfeind dagegen selektierte. Bei den Rollertaubenrassen, etwa beim orientalischen Roller und beim Birminghamroller, ist aus dem imponierenden Gleitflug ein mehrmaliges Überschlagen nach rückwärts entstanden. Die Überschläge können bei einzelnen Individuen so schnell aufeinander folgen, daß der Vogel aus mehreren hundert Metern Höhe wie ein Wirbelball herabstürzt und sich erst kurz über dem Boden wieder fängt. Das ist aber eine ganz neue Verhaltensweise, die bei der Felsentaube nicht vorkommt. Bei der Bodenbalz der Felsentaube dreht sich das Männchen gurrend um die Hochachse und macht einen kleinen Sprung, wenn die Täubin voranschreitet. Dabei schlägt er auch gelegentlich ein- bis zweimal mit den Flügeln. Beim rheinischen Ringschläger ist diese Verhaltensweise hypertrophiert; der

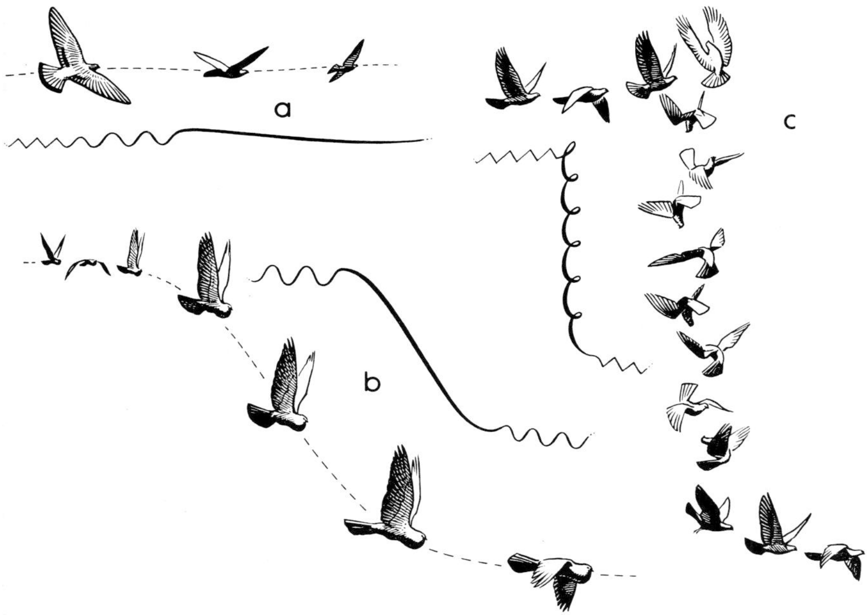

12.10 Die Ableitung des Flügelstellens (Stellerkröpfer = b) und Rollens (Birminghamroller = c) aus der Gleitphase des Imponierfluges der Felsentaube (a). Die Zackenlinie symbolisiert Ruderflug, die Wellenlinie die Schlagphase und die verdickte Linie die Gleitphase und ihre Abwandlungen. Aus J. NICOLAI (1976). Zeichnung: H. KACHER

Täuber fliegt laut klatschend auf, dreht in etwa 1 m Höhe über der Täubin zwei bis drei kleine Kreise und fällt wieder ein. Das Auffliegen wird zum neuen Imponierflug. Drehen und Folgen mit Klatschen wurden zu einer neuen Verhaltensweise vereint (Abb. 12.10–12.12).

Dergestalt entstanden vermutlich auch unter natürlichen Bedingungen neue Verhaltensweisen. Beim Diamantfinken ist das Verhalten der Geschenkübergabe mit der infantilen Bettelbewegung (Abb. 12.13) zu einer Balzhandlung gekoppelt worden. Das Männchen balzt zuerst, aufgerichtet wippend, mit einem Halm im Schnabel. Kommt das Weibchen heran, dann beugt er sich mit der dieser Gruppe eigenen Futterbettelbewegung vor ihr nieder, ohne dabei den Halm loszulassen (J. NICOLAI 1965 a; Abb. 12.14).

Die Haustierforschung liefert noch eine Reihe weiterer interessanter Beispiele von Verhaltensänderungen. Kampfhähne hat man z. B. auf Aggressivität gezüchtet, Hunde auf ganz verschiedene Eigenschaften für jeweils verschiedene Zwecke.

Unsere Haustiere haben unter den veränderten Bedingungen der Gefangenschaft eine ganze Reihe von Änderungen im Verhalten und im

12.11 Das Ringschlagen (unten) ist aus einer Kombination der beiden Varianten der Bodenbalz der Felsentaube (oben) entstanden. Oben links: Drehen des Täubers vor der stehenden Täubin; oben rechts: Flügelschlagsprung des Täubers hinter der davoneilenden Täubin. Aus J. NICOLAI (1976). Zeichnung: H. KACHER

Erscheinungsbild erlitten. Diesen Domestikationserscheinungen der Tiere entsprechen solche des Menschen (K. LORENZ 1940, 1943, 1950 a), sie gehen auf ähnlich veränderte Auslesebedingungen zurück.

Unter dem Schutz der vier Wände kommt es bei Haustieren z. B. weniger auf Sinnesschärfe und körperliche Tüchtigkeit an als auf hohe Vermehrungsquoten. Das hat u. a. einen Zerfall der fein differenzierten sozialen Verhaltensweisen zur Folge. Monogamie und hohe Selektivität bei der Partnerwahl erschweren ja eher die Zucht und sind daher unter den Bedingungen der Haustierhaltung von selektionistischem Nachteil. »Wo bei den wilden Tieren, etwa bei Graugänsen, eine Unzahl von Bedingungen erfüllt sein müssen, damit sich ihr hochdifferenziertes Geschlechts- und Familienleben entwickeln kann, dort genügt beim Haustier das einfache Zusammensperren zweier beliebiger, ungleichgeschlechtlicher Exemplare, um die Zucht zu sichern.« (K. LORENZ 1950 a). Die Selektivität angebore-

12.12 Im Ansatz steckenbleibender Rollversuch einer Mischlingstaube. Dieses Stadium bleibt bei Bastarden zeitlebens erhalten. Aus J. NICOLAI (1976). Zeichnung: H. KACHER

a b

12.13 a) Finkenvögel *(Carduelinae)* sperren den fütternden Altvogel in aufrechter Körperhaltung unmittelbar an. Sie werden in kleinen Portionen gefüttert. Hier sperrt ein 21 Tage alter Jungvogel des westafrikanischen Graugirlitz *(Ochrospiza leucopygia)* seinen Vater an, der bereits Hirsekörner hochwürgte; b) die meisten Prachtfinken verdrehen beim Betteln den Kopf in der dargestellten Weise und machen damit Pendelbewegungen. Es werden ihnen vom Altvogel größere Futtermengen auf einmal hineingepumpt, ohne daß der Schnabelkontakt dazwischen gelöst wird. Hier bettelt ein 19 Tage alter Granatastrild *(Granatina granatina)* den Vater an. Nach J. NICOLAI (1965 a). Zeichnung: H. KACHER

12.14 Die Balz des Diamantfinken-Männchens *(Staganopleura guttata):* Das Männchen sitzt mit einem langen Halm auf einem Zweig und lockt durch seinen Gesang und Balztanz ein Weibchen herbei. Diesem bietet er dann in der Stellung des bettelnden Jungvogels (siehe vorhergehende Abb.) den Halm an. Nach J. NICOLAI (1965 a). Zeichnung: H. KACHER ner Auslösemechanismen ist bei Haustieren sehr deutlich herabgesetzt. Domestizierte Zebrafinken füttern auch Nestlinge, die nicht die arttypische Rachenzeichnung zeigen (während wilde sehr selektiv sind), und balzen auch sehr einfache Attrappen an (K. IMMELMANN 1962 a).

Die Wildform unseres Haushuhnes, das Bankiva-Huhn, spricht mit ihren Brutpflegereaktionen nur auf Küken an, die ein ganz bestimmtes Zeichnungsmuster auf Oberkopf und Rücken aufweisen. Abweichend gezeichnete Küken tötet sie. Ein solches selektives Verhalten finden wir hin und wieder auch noch bei den relativ wildformnahen Phoenix-Kämpfern und Zwerghühnern. Unsere Landhühner nehmen dagegen Küken jeder Farbe an, reagieren jedoch noch selektiv auf die Rufe von Küken der eigenen Art, so daß man ihnen gewöhnlich keine Enten unterschieben kann. Das ist jedoch bei den am weitesten domestizierten Hühnerrassen, wie etwa Plymouth Rock, ohne weiteres möglich (K. LORENZ 1950 a).

Graugänse paaren sich erst nach langem Werben und bleiben dann monogam an einen Partner gebunden. Hausgänse paaren sich wahllos und sind keineswegs monogam. Während der Aggressionstrieb vielfach als störend weggezüchtet wurde, hypertrophierten Fortpflanzungstrieb und Freßtrieb in vielen Fällen. Das Verhalten vergröbert sich gewissermaßen. Zu diesen Verhaltensänderungen kommt eine Reihe von körperlichen Domestikationserscheinungen. K. LORENZ weist auf die Neigung zur Extremitäten- und Schnauzenverkürzung, zu Fettansatz und allgemeiner Muskel- und Bindegewebeschwäche hin (Abb. 12.15). Alle diese körperlichen Domestikationserscheinungen können wir auch bei vielen Zivilisationsmenschen beobachten. Ferner sind bei diesen viele der »edlen« Tugenden, wie Treue zur Familie, Mannesmut und moralisches Handeln, gefährdet. Wer eben noch Erlaubtes tun kann, also weniger Skrupel hat, gewinnt gewisse Vorteile. Wer wahllos Nachkommen erzeugt, hat zwar eine höhere Vermehrungsquote, doch kann eine Gesellschaft nur bestehen, solange die sozial Verantwortlichen überwiegen. Vielleicht sind einige der alten Zivilisationen letztlich einer solchen Degeneration zum Opfer gefallen; denn bei uns Menschen setzt die Selektion nicht nur am Individuum, sondern auch an der Gruppe an (siehe S. 461). Den domestikationsbedingten Verfallserscheinungen wirkt unser angeborenes ästhetisches und ethisches Werturteil entgegen, dem zufolge wir eben jene angeführten Erscheinungen negativ bewerten. Es ist wohl so, daß wir Involutionserscheinungen, also alle Entwicklungen, die mit einem Differenzierungsverlust einhergehen, negativ bewerten. Objektiv ist z. B. der parasitische Krebs *Sacculina*, der wie ein Wurzelgeflecht den Wirtskörper durchwächst, ein perfekt angepaßter Organismus. Dennoch hat es für uns etwas beinahe Abstoßendes, wenn wir beobachten, wie eine Krebslarve mit differenzierten Sinnesorganen, Zentralnervensystem und Fortbewegungsorganen sich

12.15 Domestikationserscheinungen: links jeweils Wildtiere; rechts jeweils eine aus ihnen entstandene Haustierform. a) Wildhuhn–Haushuhn; b) Wildgans–Hausgans; c) Wolf–Haushund. Die Größenverhältnisse sind in der Abbildung nicht richtig wiedergegeben. Die Hausgans wird größer als die Wildgans. Der Mops dagegen ist kleiner als der Wolf. Aus K. LORENZ (1965 a)

nach der Festsetzung am Wirt aller Differenzierungen entledigt und zu einem wurzelartigen Gebilde involuiert. Die Bewertung solcher Vorgänge ist nicht objektiv. Sie ist irgendwie in uns verankert und führt dazu, daß wir von höheren und niederen Organismen, gemessen an ihrer Differenzierung, sprechen, und das ist vielleicht insofern als Anpassung zu deuten, als es Verfallserscheinungen entgegenwirkt (K. LORENZ 1973).

Man muß jedoch vorsichtig sein und klar zwischen domestikationsbedingten Verfallserscheinungen und Domestikationserscheinungen unterscheiden. Erstere sind von negativem Selektionswert, letztere von positivem Selektionswert und somit echte Anpassungen an bestimmte Umweltbedingungen. Das gilt z. B. für die im Gefolge der Domestikation aufgetretene, gelegentlich als Verfallserscheinung gedeutete Hypersexualisierung des Menschen. Es spricht sehr vieles dafür, daß eben dieser Hypersexualisierung im Dienste der Partnerbindung eine große Bedeutung zukommt. Durch den Abbau instinktiver Verhaltensweisen hat die Domestikation ferner freie Bahn für Lernen und Erziehung geschaffen, und sie ist damit sicherlich eine der Voraussetzungen zur Menschwerdung gewesen (K. Lorenz 1943).

Kulturfolger zeigen gegenüber der Wildform ebenfalls Verhaltensänderungen, die an Domestikationsmerkmale erinnern. So sind die Unterarten der Hausmaus *(Mus musculus)* zwar kaum morphologisch, in ihrem Verhalten dagegen um so deutlicher voneinander unterschieden. In ihrem ursprünglichen Areal zwischen Kaspisee und Neusiedlersee lebt die als Ährenmaus *(Mus musculus spicilegus)* bekannte Rasse ganzjährig im Freien. Im Herbst legen die Mäuse Vorräte an. Zwei bis sechs Tiere sammeln 5–7 kg Samen, die sie zu einem Vorratshügel aufhäufen und mit Erde bedecken. Die Hügel werden bis zu 50 cm hoch, und die Mäuse leben in einem Nest darunter. Die Ährenmäuse sind Pflanzenfresser; es fehlt ihnen der starke Hausmausgeruch. Die Hausmaus *(Mus musculus domesticus)* lebt ganzjährig als Kommensale des Menschen und zeigt auffällige Verhaltensänderungen gegenüber der Wildform. Sie hat den Speicherbauinstinkt eingebüßt, ist in ihrer Aktivität polyphasisch und zeichnet sich durch einen ganzjährigen Östruszyklus aus. Zwischen beiden Formen steht die halbkommensale Ährenmaus Mitteleuropas *(Mus musculus musculus)*, die im Sommer wild, im Winter beim Menschen wohnt (A. Festetics 1961).

12.6 Verhaltensfossilien

Aus den fossilen Lebensspuren der Organismen kann man bisweilen auf bestimmte Verhaltensmuster ihrer Erzeuger schließen, aus Fraßspuren z. B. auf bestimmte Weidemethoden (R. Richter 1927, W. Schäfer 1965). Untersucht man die Weidespuren mariner Organismen in verschiedenen Erdzeitaltern, dann kann man gewisse Fortschritte in der Technik feststellen. Die Kriechspuren der kambrischen Schnecken und Trilobiten sowie der Würmer des frühen Silur erinnern an Kritzelmuster der Kinder.

Die Tiere folgten offenbar nur dem Kommando, einen seitlichen Kurs zu halten und die gleiche Spur zu meiden. Eine wirkungsvollere Nutzung der Weidefläche liegt dagegen vor, wenn man in einer engen Spirale weidet oder in einem engen Mäandermuster. Damit eine solche Spirale entsteht, muß das weidende Tier zusätzlich den Kontakt mit der vorangegangenen Spur halten. Soll es mäandern, muß es überdies regelmäßig die Richtung wechseln. Wir können nun feststellen, daß im Laufe der Erdgeschichte die Kritzelmuster völlig verschwinden und von Weidespuren im Spiral- und Mäandermuster abgelöst werden. Komplizierte Mäandermuster und dichte Doppelspiralen treten erst gegen Ende des Mesozoikums auf (A. SEILACHER 1967).

An den Weidegängen des Sedimentfressers *Dictyodora* konnte man sogar über die Erdzeitalter Änderungen der Weidetechnik feststellen, die Hand in Hand mit morphologischen Änderungen einhergingen. Vom Kambrium bis zum Devon (600–350 Millionen Jahre) weidete *Dictyodora* unmittelbar unter der Sedimentoberfläche in losen Mäandern. Offenbar unter dem Druck zahlreicher Konkurrenten wich die Art vor 350 Millionen Jahren schließlich in tiefere Sedimentschichten aus, wobei ihr Atemrohr, dessen Spur sich im Sediment abzeichnet, immer länger wurde. Zuerst bohrten sie sich in die Tiefe und fraßen erst dann in losen Mäandermustern. Später jedoch begannen sie, auch ihren Weg in die Tiefe zu fressen, wobei sie ein korkenzieherartiges Muster zurückließen. In der Tiefe begannen sie dann zu mäandern, wobei sich im Laufe der Zeit das Muster so änderte, daß sich die Mäandergänge eng um die korkenzieherartige Anfangsspirale legten. Schließlich gaben sie das Mäandern ganz auf und fraßen statt dessen ihre korkenzieherartige Spirale tiefer in den Boden hinein (Abb. 12.16; A. SEILACHER 1967).

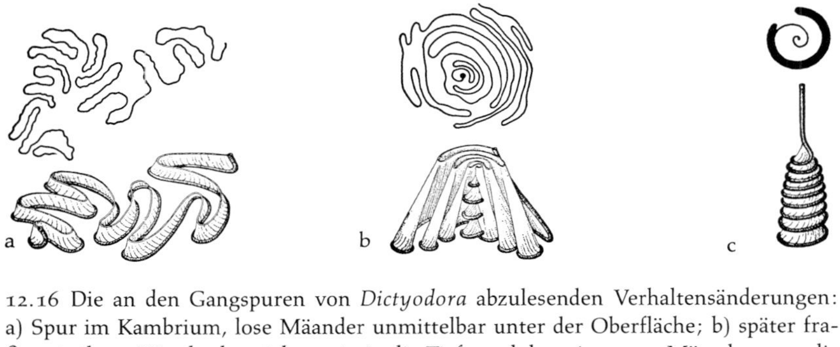

12.16 Die an den Gangspuren von *Dictyodora* abzulesenden Verhaltensänderungen: a) Spur im Kambrium, lose Mäander unmittelbar unter der Oberfläche; b) später fraßen sie ihren Weg korkenzieherartig in die Tiefe und dann in engen Mäandern um die Anfangsspirale; c) im unteren Karbon schließlich fraßen sie ihren Weg nur mehr tief in den Schlick. Aus A. SEILACHER (1967)

Zusammenfassung 12

Durch natürliche Zuchtwahl kann man aus natürlichen Populationen bestimmte Stämme mit speziellen Eigenschaften herauszüchten. In der Natur sind Verhaltensweisen oft Schrittmacher der Evolution. Die Prägung auf den Wirtsvogelgesang bindet die brutparasitischen Witwenvögel an ihre als Wirtsart dienenden Prachtfinken und sichert so auch weitere Anpassungsvorgänge. Viele Vogelpopulationen isolieren sich voneinander mit Hilfe eines von den Eltern tradierten, gelernten Gesanges. Bei der Rekonstruktion der Stammesgeschichte von Verhaltensweisen sind wir auf den Vergleich rezenter Arten angewiesen. Verhaltensweisen lassen sich dabei wie körperliche Strukturen vergleichen und nach den in der Morphologie erarbeiteten Homologiekriterien nach Ähnlichkeit der speziellen Qualität, der Lage im Gefügesystem und der Verbindung durch Übergangsformen bewerten. Insbesondere dieses letzte Kriterium erlaubt es, über abgestufte Ähnlichkeitsreihen Entwicklungsabläufe zu rekonstruieren. Die Homologieforschung informiert uns überdies über die bisher verwirklichten Entfaltungsmöglichkeiten einer Gruppe. Die Konvergenzforschung informiert über allgemeingültige verwandtschaftsunabhängige Gesetze, wie sie sich z. B. aus bestimmten ökologischen Zwängen ergeben. Wir erfahren aus ihnen etwa, unter welchen Umständen sich Rangordnungen entwickeln, wann ehige Partnerbindung auftritt und dergleichen mehr. Die Haustierforschung führt uns im Modell vor, wie sich unter entsprechender Zuchtwahl aus vorhandenen Instinkthandlungen durch Hypertrophie einzelner Komponenten, durch Neukombinationen und Ausmerze neue Verhaltensmuster bilden können. So wurde aus dem Balzflug der Haustaube bei den Kröpfertauben das Flügelschlagen bis zur Hypertrophie herausgezüchtet, bei den Rollern dagegen die Gleitflugphase dieser Balz. Bei einigen Haustieren kommt es unter dem Einfluß der Haltung zu Veränderungen in Körperbau und Verhalten, die man als Domestikationserscheinungen beschrieb. Insbesondere im Sozialverhalten sind ein Abbau feiner Differenzierungen und eine Vergröberung des Antriebslebens bemerkenswert.

Rechts oben: Buntastrild *(Pytilia melba)*; daneben: Paradieswitwe *(Steganura paradisea)*; darunter: 30tägige Jungvögel (rechts: Buntastrild, links: Paradieswitwe); daneben die Sperrachen eintägiger Jungvögel: oben Paradieswitwe, unten Buntastrild. Während die erwachsenen Vögel sehr verschieden aussehen, ist der Sperrachen der Nestlinge fast identisch, und die Jungvögel ähneln einander weitgehend. Nach J. Nicolai (1964), H. Kacher pinx.

Tafel VII

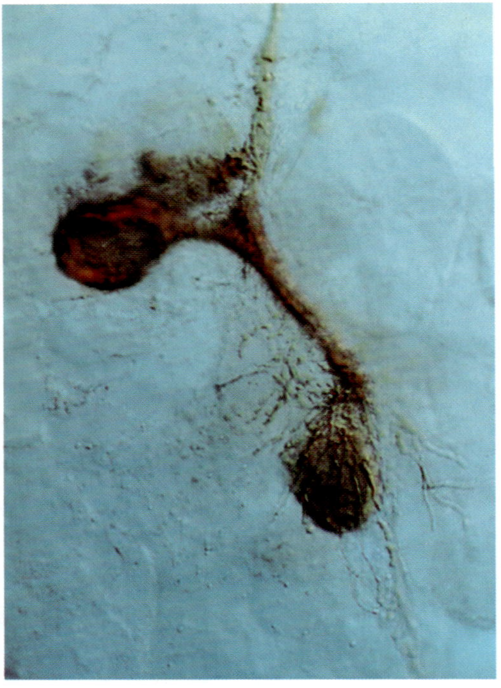

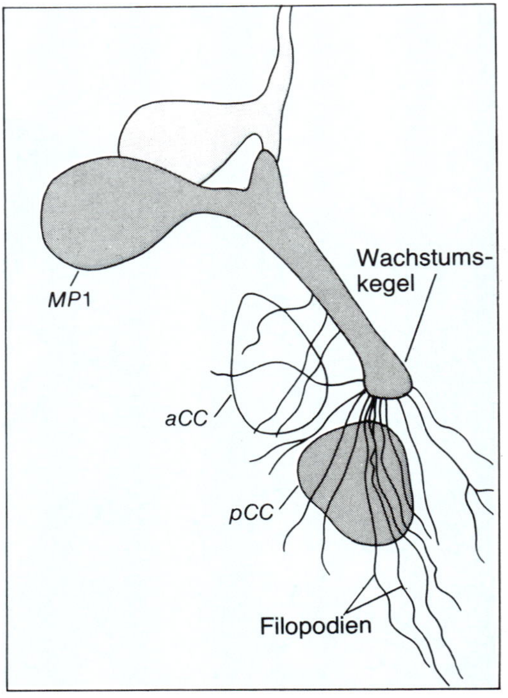

MP1
Wachstums-
kegel
aCC
pCC
Filopodien

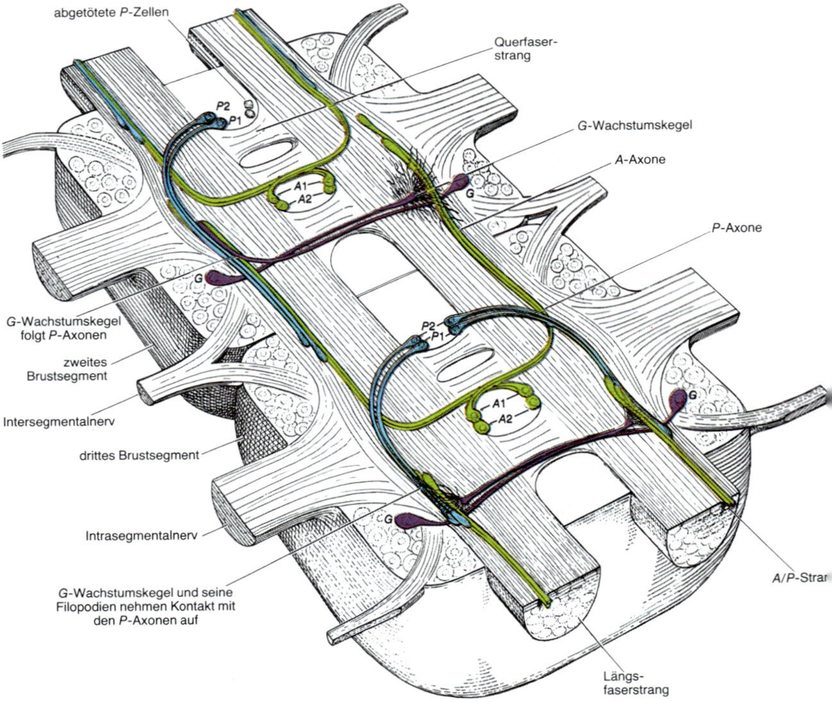

abgetötete P-Zellen
Querfaser-
strang
G-Wachstumskegel
A-Axone
P-Axone
P2
P1
A1
A2
G
G-Wachstumskegel
folgt P-Axonen
zweites
Brustsegment
Intersegmentalnerv
drittes Brustsegment
Intrasegmentalnerv
G-Wachstumskegel und seine
Filopodien nehmen Kontakt mit
den P-Axonen auf
A/P-Stra
Längs-
faserstrang

Beim Heuschreckenembryo wandert der Wachstumskegel des sogenannten *MP1*-Neurons an einer anderen, mit den Buchstaben *aCC* gekennzeichneten Nervenzelle vorbei: Er sucht und erkennt die Oberfläche eines dritten Neurons, nämlich *pCC*. Damit sich diese Ereignisse verfolgen und beobachten ließen, wurde dem *MP1*-Neuron der Fluoreszenzfarbstoff Luzifergelb injiziert. Ein dagegen gerichteter braun färbender Antikörper hebt hier das *MP1*-Neuron hervor. Die Mikrophotographie – sie wird auf der nebenstehenden Zeichnung erläutert – zeigt die fadendünnen Filopodien, die vom Ende des Wachstumskegels ausgehen und den richtigen Weg erkunden. Sie haben selektiv mit dem *pCC*-Neuron Verbindung aufgenommen, es also dem *aCC*-Neuron und vielen anderen benachbarten Neuronen vorgezogen. Vermutlich stellen die Filopodien engen Kontakt zu *pCC* her, weil sie es an einem Markierungsmolekül auf seiner Oberfläche erkennen. Der selektive Kontakt zeigt sich auch daran, daß der in das *MP*-Neuron injizierte Farbstoff in *pCC* eingedrungen ist und es braun färbt. Aus C. S. Goodman und M. Bastiani (1984). Courtesy: Spektrum der Wissenschaft und Scientific American

Der *G*-Wachstumskegel schließt sich selektiv mit dem *A/P*-Bündel – bestehend aus den beiden *A*- und *P*-Axonen – zu einem Faserstrang zusammen. Der Vorgang ist für zwei aufeinanderfolgende Brustsegmente dargestellt, wobei hier das obere etwas weiter entwickelt ist. Im unteren Segment haben die Wachstumskegel des rechten und linken *G*-Neurons das Neuropil durchquert und den Punkt erreicht, wo sie sich für das richtige Längsbündel entscheiden müssen. Ihre Filopodien haben die Oberflächen von rund 100 zu 25 Strängen zusammengefaßten Axonen erkundet und selektiv zu den *P*-Axonen Kontakt hergestellt. Zehn Stunden später in der Entwicklung hat der *G*-Wachstumskegel den *A/P*-Strang erklommen und wandert an ihm nach vorn (links oben). Er schließt sich dabei spezifisch den *P*-, nicht aber den *A*-Axonen an. Die Vermutung, daß er ein nur auf den *P*-Neuronen vorhandenes Oberflächenmolekül erkennt, wurde durch Experimente von J. A. Raper bestätigt. Dabei wurden das *A*- und das *P*-Paar getrennt oder beide zusammen abgetötet, so daß sie keine Axone entwickelten. Ohne die *A*-Axone verhielt sich der *G*-Wachstumskegel normal und bildete mit den beiden verbliebenen *P*-Axonen einen Faserstrang. Ohne die beiden *A*-Axone jedoch streckte der *G*-Wachstumskegel abnorm viele Filopodien aus, ohne eine Affinität zu irgendeinem anderen Faserstrang zu zeigen (rechts oben). Aus C. S. Goodman und M. Bastiani (1984). Courtesy: Spektrum der Wissenschaft und Scientific American

13. Ontogenese von Verhaltensweisen

13.1 *Embryologie des Verhaltens*

Ein Tier hat im allgemeinen seine Verhaltensweisen zur Verfügung, wenn es sie braucht; so wie die Organe heranwachsen und -reifen, so reift auch die Funktion. Viel seltener reift eine Verhaltensweise vor dem sie ausführenden Organ heran. Junge Graugänse machen beim Kampf mit Artgenossen bereits den Flügelschlag mit den winzigen Flügelstummeln; sie können damit den Gegner nicht treffen (K. LORENZ 1943). In der Ontogenese entwickeln sich die Verhaltensweisen allmählich und einander überschneidend. Sinnesorgan, Koordinationszentrum und Effektoren können dabei unabhängig voneinander und verschieden schnell heranreifen, wie in dem eben gezeigten Beispiel. Auch die Verschränkung von Erbkoordinationen mit den zugehörigen Taxien kann nacheinander erfolgen. So kratzen neugeborene Mäuse und Ratten mit dem Hinterbein zunächst spontan in der Luft, ohne die Haut zu berühren (I. EIBL-EIBESFELDT 1950c). Einiges reift heran wie ein Organ, anderes verdankt seine spezifische Angepaßtheit einer dialogartigen Auseinandersetzung des Jungtieres mit seiner Umwelt oder seinem eigenen Körper (S. 55). Die Entwicklung des Verhaltens beginnt schon im Embryonalstadium, so daß bereits bei der Geburt oder beim Schlupf eine Reihe von Verhaltensweisen voll funktionstüchtig ist. Allerdings weiß man über die Embryologie des Verhaltens noch sehr wenig. Zwar hat bereits W. PREYER (1885) ein Pionierwerk über dieses Gebiet geschrieben, doch lag das Feld danach lange brach. G. COGHILL (1929) kam auf Grund zahlreicher und sehr sorgfältiger Studien zu dem Schluß, daß ein Verhalten immer bereits als wohlgeordnetes Muster auftrete und auf einer spontanen Aktivität des Zentralnervensystems beruhe. Bei der *Ambystoma*-Larve tritt die Schlängelbewegung zunächst nur als einseitiges Seitwärtskrümmen des Kopfes auf. Bei Fischen ist es oft ganz ähnlich. Bei Vogel- und Säugerembryonen beobachten wir ebenfalls ein vom Kopf- zum Körperende voranschreitendes Heranreifen der Bewegungen; das erste feststellbare Verhalten besteht in einem Krümmen des Kopfes. Danach folgt aber bald ein Stadium, in dem der ganze Körper, Beine, Flügel, Kopf und Rumpf, anscheinend recht unabhängig voneinander aktiv sind. Bei diesen Massenbewegungen (»mass action«) handelt es sich um regelmäßig wiederkehrende, von kurzen Ruhepausen unterbrochene Bewegungsausbrüche. Wie sie zu wohlkoordinierten Bewegungen integriert werden, muß noch im einzelnen untersucht werden. Sicher ist aber, daß das Verhalten eines Tieres nicht aus larvalen Reflexen aufgebaut wird, die als primäre Elementareinheiten des Verhaltens sekundär zu höheren funktionellen Einheiten integriert werden, wie das u. a. W. Windle (1940, 1944) behauptet, denn die ersten Bewegungen sind stets spontaner Natur (V. Hamburger 1963, und Mitarbeiter 1966). Das Huhn bewegt sich bereits als dreieinhalb Tage alter Embryo, aber erst am siebten Bebrüttag kann man auf taktile Reizung eine Antwort erhalten. Bereits Preyer hat auf dieses lange Intervall zwischen Beweglichkeit und Sensibilität hingewiesen.

Entscheidende Einblicke in den Prozeß der Reifung von Verhaltensweisen verdanken wir den Untersuchungen von P. Weiss und R. W. Sperry. In Hinblick auf diesen Prozeß der Selbstdifferenzierung kann man auf dem Gebiet der Neurophysiologie einen bemerkenswerten Meinungswandel feststellen. Um 1930 herrschte unter den Neurophysiologen die Ansicht, es bestehe eine fast unbegrenzte funktionelle Plastizität des Wirbeltiergehirns. Die Neurochirurgen arbeiteten in dem Glauben, daß sich die Verdrahtung des Nervensystems in jede erwünschte Richtung neu arrangieren lasse. Solange man nur irgendwelche Verbindungen herstellte, sollte eine funktionelle Neuanpassung stattfinden. Man nahm an, daß man sogar einen Armnerv mit einem Beinnerv verbinden könne, um ein gelähmtes Bein zu reinnervieren.

»Having the wires crossed was no challenge to the brain of the 1920's and 1930's. In his review of 1939 Kurt Goldstein concluded that it seemed immaterial what particular nerve connection exist; so long as any connections are present correct function follows . . . Such was the thinking of the 1930's (If you hadn't been there, you wouldn't believe it!). On the above terms, where the nerve fiber connections seemed to be functionally plastic and interchangeable, there was no problem in the developmental prewiring of the nervous system to provide for selective growth of proper connections. The general motto of the day was ›Let function do it‹« (R. W. Sperry 1971, S. 28).

Die Versuche von P. Weiss und R. W. Sperry erzwangen eine Revision dieser Ansichten. Nach chirurgischer Transplantation von Nerven-Muskel-Verbindungen und anderen Änderungen von Nerven-Endorgan-Beziehungen stellte sich die erwartete funktionelle Neuanpassung nicht ein. P. Weiss (1941 a) trennte bei Molchen die Beinmuskeln von ihren Sehnen und ließ sie mit jenen ihrer Antagonisten verwachsen, und zwar bei unversehrter, ursprünglicher Innervation. Es stellte sich heraus, daß jeder Muskel im Sinne seiner ursprünglichen Funktion weiterreagierte, was zu durchwegs verkehrten Beinbewegungen führte. Die Molche lernten nicht um. Entsprechende Muskeltranspositionen und künstliche Nervenkreuzungen bei Ratten und Affen führten ebenfalls zu keiner Korrektur.

Beim Menschen kann man nach Muskeltranspositionen eine beschränkte Reorganisation feststellen (R. W. Sperry 1958). Beim Austausch rechter und linker Vorderbeinknospen zu einem Zeitpunkt, zu dem die Vorne-Hinten-Achse bereits festgelegt war, liefen Molche mit den nunmehr nach hinten gerichteten Vorderbeinen den Hinterbeinen entgegen, so daß sie nicht vom Fleck kamen. Und daran änderte sich im Laufe eines ganzen Jahres nichts. Die Molche konnten nicht lernen, die Vorderbeine auf Rückwärtsgang zu schalten und auf diese Weise nach vorne zu kriechen; die Meldungen der Peripherie stimmten die zentrale Koordination nicht um, und die Beine bewegten sich so, wie sie es am alten Ort getan haben würden. Viele der Funktionen des Zentralnervensystems sind also als stammesgeschichtliche Anpassungen festgelegt (S. 67) und oft ziemlich resistent gegen Modifikationen. P. Weiss (1939, S. 558) drückt dies in einem Vergleich aus. »Das Nervensystem«, sagt er, »erinnert uns an ein industrielles Werk, nicht allein wegen der Vielfalt zusammenarbeitender Agenturen und der harmonischen Koordination ihrer Aktivitäten, sondern auch wegen der Tatsache, daß die Konstruktion in ihren Grundzügen ohne vorangegangene Erfahrung und in der Tat sogar vor Beginn der Funktionen in ihren Grundzügen fertig ist. Der Zustand des Zentralnervensystems, wenn es zum erstenmal funktionell aktiv ist, kann am besten mit einem Schiff zum Zeitpunkt des Stapellaufs verglichen werden. Obgleich noch viel vervollkommnet werden muß, kann es doch schon schwimmen, fahren und steuern. In ähnlicher Weise kann das Nervensystem, wenn es zum erstenmal in Aktion gerufen wird, bereits Impulse leiten, koordinieren und die Muskulatur zumindest in groben Zügen kontrollieren.«

Das Plastizitätskonzept hielt also einer Überprüfung nicht stand (R. W. Sperry 1945 a). Der Austausch der Nervenverbindungen verursachte vielmehr Funktionsstörungen, die sich als gegen Umerziehung resistent erwiesen.

»The new picture that we emerged with implied a functionally specified system of wired-in behavioral nerve circuits, relatively implastic of rearrangement by function. The whole problem of developmental organization and the question of how a brain gets itself wired for adaptive function was, of course, markedly changed. We were now confronted with the question of how the proper nerve connections get established correctly in the first place: was this achieved through selective fiber growth or by early irreversible training, or by some combination of the two?« (R. W. SPERRY 1971, S. 29).

In den dreißiger Jahren nahm man an, daß das Auswachsen der Nerven zu den Erfolgsorganen nicht selektiv erfolge. R. W. SPERRY (1945 b, 1951) prüfte jedoch die Selektivität des Nervenwachstums im Hirn von Amphibien und Reptilien und kam dabei zu entgegengesetzten Schlüssen. Das Nervenwachstum erfolgt mit großer Präzision und Selektivität nach genau vorgegebenen Rezepten. In einem entscheidenden Versuch drehte SPERRY Amphibienaugen um 180°. Das Gesichtsfeld der Tiere war damit auf den Kopf gestellt. Danach zerschnitt SPERRY den Sehnerv und brachte die Fasern durcheinander. Die Verbindung Auge–Gehirn regenerierte, ohne daß es zu einem normal orientierten Sehen kam. Von einer funktionellen Neuanpassung war nicht die Rede. Vielmehr blieb das Gesichtsfeld um 180° verdreht, und zwar in einer gegen Erziehungsversuche erstaunlich resistenten Weise. Erst als SPERRY die Augen in ihre ursprüngliche Stellung zurückdrehte, stellte sich die normale Orientierung des Gesichtsfeldes wieder ein.

Noch ein anderer Versuch bewies die strenge Selektivität, mit der die Nerven zu den Erfolgsorganen auswachsen. W. SPERRY (1959) verpflanzte in einem frühen embryonalen Stadium ein Stück Bauchhaut auf den Rükken eines Froschembryos und ein Stück Rückenhaut auf den Bauch. Beim erwachsenen Frosch waren diese Hautstücke durch ihre unterschiedliche Färbung deutlich auszumachen. Kitzelte er nun den Frosch auf dem sich nunmehr am Rücken befindlichen Stück Bauchhaut, dann kratzte sich der Frosch am Bauch, und umgekehrt geschah es, wenn er das bauchseitig gelegte Rückenhautstück reizte.

Man nimmt nunmehr an, daß ein präzises und präfunktionell geordnetes Wachstum der Neuronennetze und Nerven stattfindet, auf der Basis chemischer Anweisungen und unter genetischer Kontrolle. Man nimmt an, daß selektiv chemische Affinitäten bestimmen, welche Zelle mit welcher anderen Kontakt aufnimmt. Die wachsenden Nervenfasern sind selektiv auf bestimmte chemische Eigenschaften ihrer Endorgane abgestimmt und suchen sie (R. W. SPERRY 1963, 1965).

»Each fiber in the brain pathways has its own preferential affinity for particular prescribed trails in the differentiating surround. Both pushed and pulled along these trails, the probing fiber tip eventually locates and connects with certain other neurons, often far distant, that have the appropriate molecular labels. The potential pathways and terminal connection zones have their own individual biochemical constitution by which each is recognized and distinguished from all others in the same half of the brain and cord. Indications are that right and left halves are chemical mirror maps . . . in general outline at least, one could now see how it would be entirely possible for behavioral nerve circuits of extreme intricacy and precision to be inherited and organized prefunctionally solely by the mechanisms of embryonic growth and differentiation« (R. W. SPERRY 1971, S. 31/32).

Das ist in völliger Übereinstimmung mit den Befunden der Ethologen, die, wenn sie von angeborenem Verhalten sprechen, Selbstdifferenzierungsprozesse dieser Art im Auge hatten. In den biologischen Wissenschaften hat man diese Tatsachen durchaus akzeptiert, nicht allerdings in allen Humanwissenschaften, in denen oft ideologische Gründe die Sicht verschleiern.

Untersuchungen zur Embryogenese des Nervensystems der Heuschrecke *(Schistocerca americana)* bestätigen die Chemoaffinitätshypothese von SPERRY (C. S. GOODMAN und M. J. BASTIANI 1984, J. A. RAPER und Mitarbeiter 1983, M. J. BASTIANI und C. S. GOODMAN 1984, C. S. GOODMAN und Mitarbeiter 1984). Von den Wachstumskegeln der Nervenzellen wachsen zahlreiche haarartige Fäden (Filopodien) aus, die ihre Umgebung nach allen Richtungen hin untersuchen und mit anderen Zellen oder Faserbündeln Kontakt aufnehmen (Tafel VIII). Sie dehnen sich innerhalb weniger Minuten aus, bewegen sich, ziehen sich zurück. Stellt so ein Filopodium nur leichten Kontakt mit einer anderen Zelle her, dann zieht es sich zurück. Wenn es jedoch stark haftet, dann bewirkt die folgende Kontraktion, daß der Wachstumskegel in die Richtung des haftenden Filopodiums gezogen wird. So wird der Wachstumskegel durch unterschiedliches Haften der Filopodien in eine bestimmte Richtung geführt. Hat er sein Ziel erreicht, dann stellen Filopodien der Zielzelle ihrerseits Kontakt mit dem Wachstumskegel her, was vermutlich chemische Veränderungen und damit Veränderungen der Affinität bewirkt.

J. A. RAPER, M. J. BASTIANI und C. S. GOODMAN (1983) verfolgten das Embryonalwachstum mehrerer Heuschreckenneuronen, deren Wachstumskegel zunächst gemeinsam in eine Richtung ziehen, dann aber verschiedenen Faserbündeln folgen. Am Entscheidungspunkt treiben die Wachstumskegel der G-Neuronen zahlreiche Filopodien aus, die mit etwa 25 verschiedenen Bündeln von Axonen Kontakt aufnehmen. Aus diesen wählen sie stets ein ganz bestimmtes Bündel, das aus den Axonen der 4 Neuronen A1, A2 und P1 und P2 besteht. Von diesen wiederum unterscheiden die G-Filopodien die P-Axonen, mit denen sie engen Kontakt aufnehmen. Die Wachstumskegel der G-Neuronen wachsen selektiv entlang der Faserbündel der P-Neuronen. Trifft die Annahme zu, daß ein durch Erkennungsmoleküle markierter Pfad der P-Axonen die Wachstumskegel der G-Neuronen führt, dann müßte sich deren Wachstumskegel nach Zerstörung der P-Neuronen desorientiert verhalten. Diese Voraussage trifft zu. Nach Zerstörung der P-Neuronen entwickeln sich alle etwa 100 Neuronen des Halbsegments normal, nur die G-Neuronen verzweigen sich abnorm und ungerichtet, wobei sie den Kontakt mit vielen Faserbündeln so aufnehmen, als suchten sie (Tafel VIII). In weiteren Untersuchungen gelang der immunologische Nachweis, daß bestimmte Faserbündel in ihren antigenischen Reaktionen von anderen unterschieden und demnach chemisch in spezifischer Weise markiert sind. Man weiß mittlerweile, daß eine Reihe von Stoffen an der Führung der auswachsenden Nervenfasern zu ihren Endorganen beteiligt sind. Semaphorine wirken auf auswachsende Nervenfasern abstoßend, die Netrine wirken auf einige Axone abstoßend, auf andere anziehend. Collapsin läßt den gesunden Wachstumskegel eines Axons schrumpfen. Besondere Anheftungsmoleküle bewirken, daß verschiedene Axone miteinander Kontakt aufnehmen und sich bündeln, andere wieder bewirken die selektive oder völlige Aufspaltung der Axonenbündel. Da man diese Vorgänge heute in Zellkulturen studieren kann, sind viele dieser Stoffe nach Funktion und chemischer Zusammensetzung bekannt. Ein ausgezeichnetes Referat zu diesem Themenkomplex verdanken wir MARC TESSIER-LAVIGNE und COREY S. GOODMAN (1996).

13.2 Frühontogenetische Anpassungen (Kainogenesen)

Wenn ein Lebewesen aus dem Ei schlüpft oder geboren wird, kann es verschieden weit entwickelt sein. Manchmal ist es eine verkleinerte Ausgabe der Eltern und lebt auch weitgehend so wie diese. Das gilt für die meisten Reptilien, aber bis zu einem gewissen Grade auch für manche »nestflüchtende« Vögel und Säuger (Abb. 13.1). In vielen anderen Fällen ähnelt das Junge den Eltern nicht und lebt auch ganz anders. Bekannt ist ja die vom Imago abweichende Lebensweise vieler Insektenlarven oder der Froschlurchlarven. Viele dieser Larven verfügen über hochspezifische Verhaltensweisen, wie etwa des Nahrungserwerbs oder der Feindvermeidung, die bei der Verwandlung völlig verlorengehen. Wir erwähnen hier nur einige Beispiele: Ameisenlöwen bauen Trichter und werfen Sand nach

a b

13.1 a) Nestflüchter: neugeborener Hase; b) Nesthocker: neugeborenes Kaninchen. Aus F. BOURLIERE (1955)

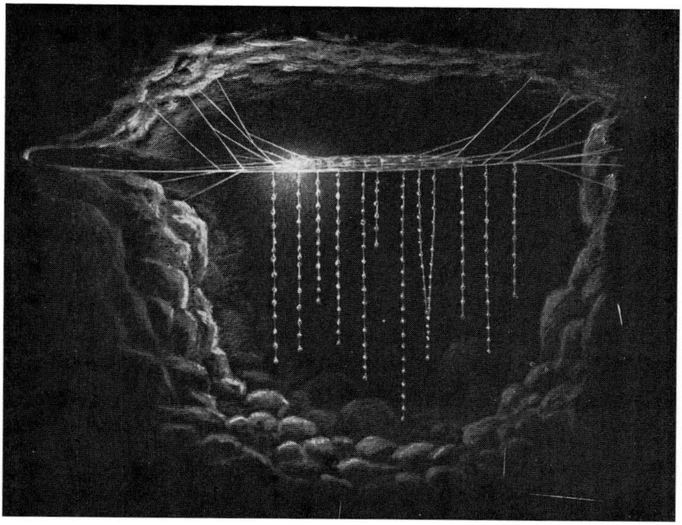

13.2 Die Larve von *Arachnocampa (Bolithophila) luminosa* liegt auf einem horizontalen Gespinst, von dem die mit Leimtröpfchen versehenen Fangfäden herabhängen. An diesen bleiben durch das vom Hinterende der Larve abgestrahlte Licht angelockte Insekten hängen und werden gefressen. Bei Gefahr zieht sich die Larve in Schlupfwinkel in der Höhlenwand zurück. Nach J. B. GATENBY (1960) aus W. WICKLER ›Mimikry‹ (1968 a). Zeichnung: H. KACHER

Beute (H. NIEBOER 1960). Die Larve der Pilzmücke *Arachnocampa luminosa* lebt an den Decken neuseeländischer Höhlen. Sie leuchtet und spinnt lange, herabhängende Seidenfäden, die in kurzen Abständen eine klebrige Schleimperle tragen. Insekten, die von dem Licht angelockt werden, bleiben an diesen Angeln kleben und werden mit ihnen aufgefressen (J. B. GATENBY und S. COTTON 1960, V. WIGGLESWORTH 1964; Abb. 13.2). Die Schmetterlingsraupe von *Aethria carnicauda* baut vor der Verpuppung aus ihren langen Haaren vor und hinter sich auf dem Zweig mehrere quirlartige Haarzäune, die die Puppe vor Angreifern schützen (Abb. 13.3). Zu den larvalen Verhaltensweisen gehören auch »Vorausleistungen« wie die der im Holz lebenden Bockkäferlarven *(Cerambycidae)*, die kurz vor der Verpuppung ihre Gänge gegen die Holzoberfläche hin richten und sich dicht unter ihr verpuppen. Der Käfer selbst besitzt nicht die Fähigkeit, im Holz zu bohren, und wenn sich die Larve im Inneren des Holzes verpuppen würde, stürbe er in seinem Gefängnis. Der Erbsenkäfer *(Bruchus pisi)* macht seine Verwandlung in der Erbse durch. Auch hier hat der ausgebildete Käfer keine Werkzeuge, um sich den Weg ins Freie zu nagen. Das besorgt darum die Larve, indem sie kurz vor der Verpuppung einen Gang zur dünnen Oberhaut nagt. In diese beißt sie noch eine runde Furche, so

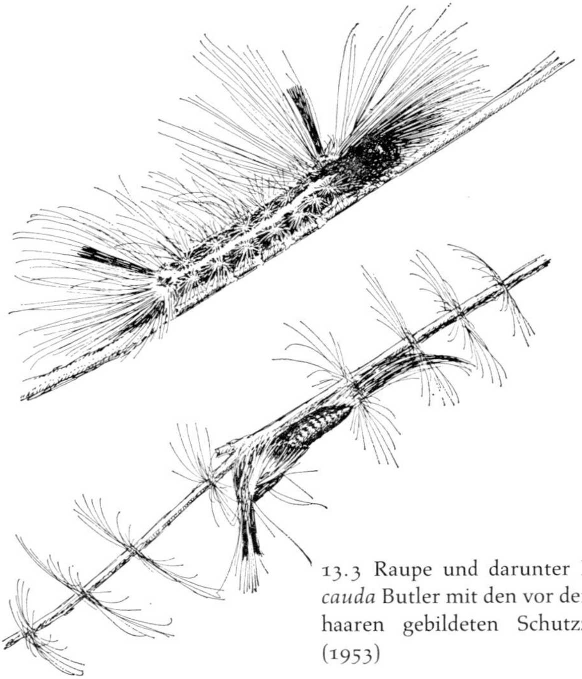

13.3 Raupe und darunter Puppe von *Aethria carnicauda* Butler mit den vor der Verpuppung aus Raupenhaaren gebildeten Schutzzäunen. Nach W. BEEBE (1953)

daß der Käfer sie beim Schlüpfen wie einen Deckel von innen her aufstoßen kann (J. H. FABRÉ 1879).

Selbst die Larven niedriger Wirbelloser vollbringen bisweilen ganz überraschende Leistungen. Der Nematode *Dictyocaulus viviparus* lebt in der Lunge der Rinder. Die in der Luftröhre schlüpfenden Larven kommen über den Darmkanal mit den Faeces auf die Weide. Da Kühe den näheren Umkreis der Faeces beim Weiden meiden und die Larven selbst nicht weit wandern können, geschieht die Übertragung auf sehr eigenartige Weise. Die Larven erklimmen, positiv phototaktisch orientiert, die auf den Faeces reichlich wachsenden *Pilobolus*-Pilze, die dafür bekannt sind, daß sie bei Belichtung ein am Ende ihres schlauchförmigen Sporangienträgers befindliches Sporenpaket abschießen. Auf diesen Sporenpaketen warten die Larven darauf, in die weitere Umgebung hinausgeschleudert zu werden. Man hat auf einem Sporenpaket über 50 Larven gefunden (J. ROBINSON 1962).

Die Larven (Zerkarien) des Lanzettegels *(Dicrocoelium dendriticum)* dirigieren sogar das Verhalten ihres letzten Zwischenwirtes, der Ameisen. Während sich die meisten Zerkarien in der Leibeshöhle der Ameise befinden, sitzt eine stets im Unterschlundganglion in der Nähe der Nerven für die Mundgliedmaßen. Dieser abweichend aussehende »Hirnwurm« ändert offenbar das Verhalten der Ameisen, so daß sie die Grashalme hinaufklettern und sich dort mit ihren Mandibeln festbeißen. Das erleichtert die

Aufnahme durch Schafe und bringt den Parasiten sicher zu seinem Ziel (W. HOHORST und G. GRAEFE 1961).

Die larvalen Anpassungen im Verhalten sind also äußerst vielfältig und gehen bei der Verwandlung verloren. Ob etwas davon in umgebauter Form erhalten bleibt, wissen wir nicht, wohl aber, daß im Larvenstadium Gelerntes die Verwandlung überdauern kann. Mehlkäferlarven *(Tenebrio)*, die BORELL DU VERNAY (1942) in einem T-Labyrinth dressierte, hatten noch als Käfer das als Larve Gelernte behalten. Essigfliegen *(Drosophila)* bevorzugen Düfte, die der Larvennahrung beigemengt waren (W. THORPE 1939, J. CUSHING 1941).

Eine zu weiteren Untersuchungen anregende Beobachtung stammt von E. FISCHER (zitiert nach R. FLETCHER 1948). Die Puppen von *Hoplitis milhauseri* sind in sehr harte Kokons eingeschlossen, die sie mit einem seidenspaltenden Enzym aus ihrem reduzierten Rüssel auflösen. Sobald der Kopf aus der Puppenhülle frei ist, macht er kreisförmige Bewegungen und sondert dabei das seidenstofflösende Enzym ab. So wird ein rundliches Stück aus dem Gehäuse gelöst, und der Falter kann ins Freie. Zwei Puppen, die FISCHER aus dem Kokon nahm, machten diese Bewegungen nicht, absolvierten diese jedoch danach. Sie blieben, den Kopf gegen eine Behälterwand gerichtet, stehen und machten die Kreisbewegungen, als müßten sie ein Loch lösen. Sonst pflegen diese Schmetterlinge gleich nach dem Schlüpfen die Flügel zu entfalten. Bei Wirbeltieren finden wir frühontogenetische Anpassungen im Verhalten der Fisch- und Amphibienlarven, deren Lebensweise oft sehr von der der aufwachsenden Tiere abweicht. Eine frühontogenetische Anpassung ist wohl auch die spezifische Bewegungskoordination des Schlüpfaktes der Vögel (V. HAMBURGER und R. OPPENHEIM 1967), ebenso die Sperreaktion und die Bettelbewegungen der Jungvögel, die bisweilen als Infantilismen im Verhaltensrepertoire der Erwachsenen auftauchen (S. 236). Spezielle Anpassungen verhindern die Verschmutzung des Nestes. Bei Schwarzspechten wird die Kotabgabe ausgelöst, wenn der Altvogel die Analregion mit dem Schnabel berührt; er nimmt das Kotpäckchen auf (H. SIELMANN 1956). Junge Bienenfresser trippeln zur Kotabgabe rückwärts bis zur Nestwand und halten die Nestmitte sauber (L. KOENIG 1951). Andere Jungvögel koten über den Nestrand. Der junge Kuckuck schiebt seine Nestgeschwister aus dem Nest, der Trieb dazu erwacht zehn Stunden nach dem Schlüpfen und erlischt vier Tage später.

Eine Reihe frühontogenetischer Anpassungen besitzen auch Jungsäuger, die z. T. in sehr frühen Entwicklungsstadien geboren werden. Das Junge des Riesenkänguruhs kommt als 2 cm langer Embryo zur Welt, kann aber mit Hilfe der Vorderbeine allein bis in den Brutbeutel krabbeln. Der Jungsäuger hat oft einen Suchautomatismus, ein rhythmisches Kopfpendeln, das ihn zur Zitze führt, er saugt und verfügt über einen Milchtritt oder stößt mit dem Kopf (H. PRECHTL und W. SCHLEIDT 1950, 1951, H. PRECHTL 1958, J. ADLER, G. LINN und A. MOORE 1958). Er äußert besondere Notrufe, kann sich bisweilen bei Gefahr anklammern und anderes mehr. Menschliche Frühgeburten können sich aus eigener Kraft sowohl mit allen vieren greifend als auch mit den Händen allein an einer Leine festhalten. Diese Fähigkeit geht später verloren und entwickelt sich wohl erst wieder sekundär (A. PEIPER 1951, 1963).

Sehr oft besitzen Jungtiere besondere Laute, die den Kontakt mit der Mutter nach Art einer Rückfrage aufrechterhalten. Eine junge Graugans ruft selbst im Schlafe von Zeit zu Zeit ein leises zweisilbiges wi wi, das die Mutter beantwortet. Hält man solche Tiere allein, dann hört man, wie die unbeantwortete Rückfrage immer dringender wird. Das Tier ruft lauter und unentwegt wi wi wi. Solche Rufe des Verlassenseins sind weit verbreitet und auch dem Menschensäugling eigen. Die nächtliche Unruhe des Kindes entspringt dem stammesgeschichtlich sehr alten Bedürfnis, sich von der Gegenwart der Mutter zu überzeugen. Allein gelassen zu werden bedeutete für den Brustsäugling ehemals größte Gefahr, und das Weinen half als die Mutter alarmierender Kontaktruf, das verlorene Kind wiederzufinden. Wir legen heute die Kinder in Betten ab, aber der alte Mechanismus arbeitet noch, das Kind sucht durch sein Geschrei den beruhigenden Kontakt mit der Mutter herzustellen. Es kann sich allerdings mit Surrogaten begnügen. Man kann das Kind durch Wiegen beruhigen oder auch, indem man ihm einen Schnuller als Brustattrappe in den Mund steckt (A. PEIPER 1951).

13.3 Das Reifen von Verhaltensweisen und die »Instinkt-Dressur-Verschränkung«

Neue Verhaltensweisen bilden sich auf Grund von Reifungs- und Lernvorgängen (S. 54) heran, während infantile und larvale ganz oder teilweise abgebaut werden. Sie können völlig verschwinden oder als Ausdrucksbewegung im Repertoire des Erwachsenen aufscheinen (siehe Futterbetteln bei der Balz, S. 236). Manchmal tauchen infantile Verhaltensweisen als *Regressionen* bei erwachsenen Tieren und Menschen auf (M. HOLZAPFEL 1949, J. ADLER, G. LINN und A. MOORE 1958, D. PLOOG 1964a). Dies beweist, daß sie latent fortbestanden, d. h. daß die ihnen zugrundeliegenden Mechanismen erhalten blieben. Bei erwachsenen Menschen, die an degenerativen Prozessen des Zentralnervensystems leiden, hat man ein

Wiederauftreten des infantilen Suchautomatismus, der oralen Einstellung und Saugbewegungen beobachtet (H. PRECHTL und W. SCHLEIDT 1950, S. WIESER und T. ITIL 1954, S. WIESER 1955, G. PILLERI 1960 a, b, 1961, D. PLOOG 1964 a, b).

Die Reifung neuer und der Abbau alter Erbkoordinationen können einander überschneiden. Nesthockende Sperlinge picken schon, wenn sie noch sperren. Sie tun das vor allem dann, wenn sie satt sind, also nach der Fütterung. Sind sie dagegen hungrig, dann sperren sie wieder. Sperren hemmt anfangs das Picken. K. LORENZ (1935) berichtet von jungen handaufgezogenen Staren, die während einer mehrtägigen Abwesenheit des Pflegers selbst Futter aufpickten, nach dessen Heimkehr jedoch nur sperrten. Da sie bis dahin selbst gefressen hatten, hielt er es nicht für nötig, sie zu füttern, bis er bemerkte, daß die Tiere matt wurden. Der durch den Anblick des Pflegers ausgelöste Sperrtrieb blockierte die Pickreaktion, (siehe auch M. HOLZAPFEL 1949).

Verfolgt man die Entwicklung der Verhaltensweisen der Nahrungsaufnahme beim Kormoran, dann wird man eine Ablösung der infantilen Verhaltensweisen und eine aufsteigende Integration der Einzelakte mit den dazugehörigen Appetenzen feststellen. Bis zur 3. Woche bettelt und sperrt das Junge. Zwischen 3. und 5. Woche beginnt es, Fische zu walken, von der 6. Woche an fängt es sie. Das Betteln erlischt mit 6 Monaten. Auch in der Ontogenese des Nestbauverhaltens ergibt sich ein ähnliches Bild. Der Endakt des Zitterns tritt zuerst auf, es folgt das Befestigen des Zweiges, das Bringen und so fort (A. KORTLANDT 1940, 1955). Diese Integration ist kein Ergebnis individuellen Lernens. In diesem Zusammenhang ist bemerkenswert, daß eine Desintegration bei Erwachsenen in der umgekehrten Reihenfolge im jahreszeitlichen Ablauf nach Ende der Paarungszeit stattfindet.

Die mit den Handlungen verbundenen Appetenzen reifen ebenfalls vom niederen Integrationsniveau aufwärts heran. Die Appetenz zum Zitterschieben tritt zuerst auf. Danach reift etwa gleichzeitig die Appetenz, Zweige zu bringen und Zweige zu befestigen, und erst danach die Appetenz, auch ein Nest zu besitzen (Abb. 13.4). Daß Jungtiere oft dissoziierte Verhaltensfragmente zeigen, die erst im Laufe der Entwicklung zu höheren funktionellen Einheiten integriert werden, hoben auch andere Forscher hervor, so R. HINDE (1982) und J. C. FENTRESS (1982, 1984). Beim Menschen stellt man ähnliches fest (C. TREVARTHEN 1979), wobei allerdings manche Geschicklichkeiten, wie z. B. Koordinationen der Fortbewegung, Handgreifreflex und anderes, die bei Geburt bereits ausgereift, jedoch reflexhaft automatisch erscheinen, danach verlorengehen, später offenbar erneut und dann willkürlich abrufbar sind (Einzelheiten in meiner »Humanethologie«, 1984).

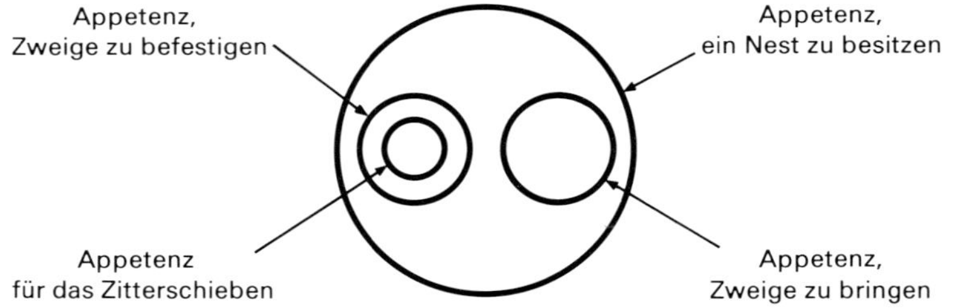

13.4 Das Schema des in der Hierarchie aufsteigenden Heranreifens von Verhaltensmustern und der dazugehörigen Appetenzen im Verhalten des männlichen Kormorans. Die inneren Zirkel geben die Verhaltensweisen niedriger Integrationsstufen an, die zuerst heranreifen. Nach A. KORTLANDT (1955)

Das Entwicklungsmuster der stufenweisen Integration dürfte vor allem für die höheren Wirbeltiere typisch sein. Es gestattet und präadaptiert die Mitberücksichtigung von Erfahrungen, den Einbau von Gelerntem bzw. das Lernen neuer Verknüpfungen der elementaren Bewegungsmuster. Ich bin der Ansicht, daß diese Offenheit als Embryonal- und Jugendmerkmal auch eine Voranpassung ist, auf deren Basis sich das Spielen als eigener Verhaltenstypus (siehe S. 401) entwickelte.

Bei Arten mit vollkommener Verwandlung erfolgt zugleich mit der Metamorphose eine völlige Umorganisation des Verhaltens, und es tauchen Verhaltensweisen auf, die zuvor nicht einmal in Andeutungen vorhanden waren. Daß Falter nach dem Schlüpfen nicht erst das Fliegen lernen müssen, wußte bereits RÖSEL V. ROSENHOF. Bei Arten mit unvollkommener Verwandlung ist der Unterschied weniger kraß, und imaginale Verhaltensweisen treten schon im Larvenstadium auf (W. JACOBS 1953). Die Larven der Feldheuschrecken machen bereits frühzeitig Singbewegungen mit den Hinterbeinen, allerdings ist ihr »Gesang« zunächst stumm, da die zur Bewegung gehörende morphologische Struktur sich erst später entwickelt (A. WEIH 1951; siehe auch S. 355). Die fertige Grille dagegen beginnt nicht unmittelbar nach dem Erhärten der Elytren mit ihrem Gesang, sondern erst einige Tage später. Hier ist also das Organ vor der Bewegung herangereift (S. V. HÖRMANN-HECK 1957). Auch den umgekehrten Fall lernten wir kennen (Flügelbugschlag des Gössels). Verhaltensweisen können durch Hormongaben frühzeitig aktiviert werden. Junge Hunderüden heben nach Injektion von Testosteron beim Urinieren ein Hinterbein nach Art der erwachsenen (J. FREUD und J. UYLERT 1948). 14 Tage alte Rattenmännchen reiten nach Testosterongaben auf Weibchen auf, und bei 21 Tage alten Rattenweibchen läßt sich nach Follikulingaben die Paarungsstellung (Lordosis) auslösen (F. BEACH 1947). Demnach dürfte der solchen Verhaltensweisen zugrundeliegende neuromotorische Mechanismus weitgehend fertig sein, bevor normalerweise das Verhalten auftritt. Interessant ist in diesem Zusammenhang auch IMMELMANNS Beobachtung, daß Zebrafinkenweibchen nach Verabreichung männlicher Geschlechtshormone den Gesang singen, den sie in ihrer Jugend hörten (S. 395).

Bei Weißlingen *(Pieris napi)* steigt die Flugfähigkeit genau in dem Maße, wie die Flügel erhärten. Bis dahin werden offenbar spontane Flüge unterdrückt (B. PETERSEN, L. LUNDGREN und L. WILSON 1957). Die Heuschrecke *Schistocerca gregaria* ist erst einige Tage nach dem Beginn des Erwachsenenstadiums voll flugfähig. Erst dann ist die Kutikula der Flügel und des Thorax erhärtet (J. KENNEDY 1951).

In sehr vielen Fällen muten die sich neu heranbildenden Verhaltensweisen ungeschickt an. Erst nach und nach verliert sich diese mangelnde Koordination, was auf Reifungsprozessen, Lernvorgängen oder einer Kombination von beiden beruhen kann. Ob die Verbesserung auf Lernen oder auf Reifung zurückzuführen ist, kann nur das Experiment entscheiden. Äußerlich sieht ja beides gleich aus. Frischgeschlüpfte Hühnerküken picken bereits nach kleinen Gegenständen, sie zielen aber anfangs nicht gut. Läßt man sie nach einem in weichen Lehm eingebetteten Nagel pikken, streuen die Eindrücke der Pickschläge anfangs stärker um den im Mittelpunkt liegenden Nagelkopf, später weniger. Am 4. Tage liegen sie ganz eng um den Nagelkopf. Daß es sich dabei um keinen Lernprozeß handelt, zeigte E. HESS (1956), indem er den Küken Prismenbrillen aufsetzte, die das Objekt nach links versetzten. Die stark streuenden Pickmarken lagen dann am 1. Tag in einer Wolke nach links vom Nagelkopf versetzt. Am 4. Tag lagen sie alle eng an einem Fleck, aber noch immer so nach links verschoben, daß der Nagel rechts außerhalb der Pickmarken lag (Abb. 13.5 und 13.6). Hier handelt es sich also nicht um ein durch Lernen

13.5 Die Brillenversuche von E. H. HESS: Hühnerküken mit Prismenbrille. Foto: E. H. HESS

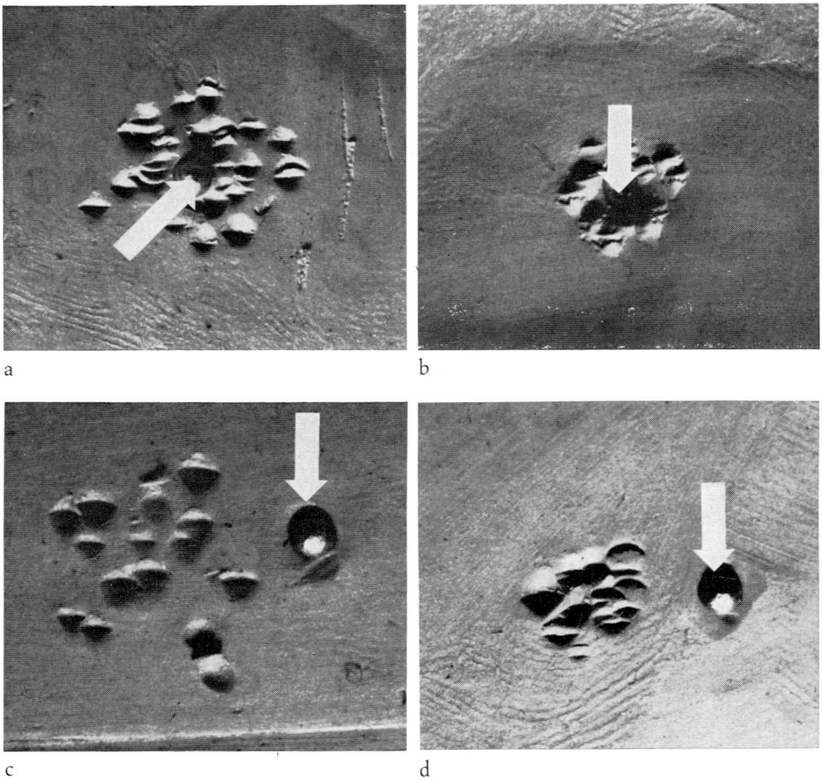

13.6 Die Brillenversuche von E. H. HESS: a) Beim eintägigen Hühnerküken liegen die Eindrücke der Pickschläge etwas weiter um das Ziel (Nagelkopf) gestreut als beim viertägigen (b). Eine ähnliche Streuung, allerdings neben den Nagelkopf versetzt, zeigen die Pickspuren von eintägigen (c) und viertägigen (d) Brillenküken (nähere Erläuterungen im Text). Foto: E. H. HESS

verbessertes Zielen, sondern um das Reifen eines Zielmechanismus. Die Tiere lernten dabei nie, den Nagel zu treffen. Bei einigen Buntbarschen *(Cichlidae)* reift die Selektivität des angeborenen Auslösemechanismus der Nachfolgereaktion (E. und P. KUENZER 1962).

Schon K. LORENZ (1935) sprach von Instinkt-Dressur-Verschränkung, wenn angeborene und erworbene Anteile im Verhalten zusammenwirken. Wie man beides experimentell unterscheidet, haben wir auf S. 54 erörtert.

Einwände, die von der Behauptung ausgehen, ein Verhalten sei ganz allgemein und bis in die letzten Einheiten modifizierbar (T. C. SCHNEIRLA 1956), haben sich nicht als stichhaltig erwiesen. Es läßt sich keineswegs alles beliebig formen, und die vielen Fälle, in denen sich ein Verhalten gegen modifikatorische Einflüsse geradezu erstaunlich resistent erwies, widerlegen die Hypothese von der allgemeinen Modifizierbarkeit auch phylogenetisch angepaßter Verhaltensmechanismen.

Wie starr die einzelnen Verhaltensweisen durch stammesgeschichtliche Programmierung festgelegt sind, das hängt einerseits von der Artzugehörigkeit ab. Höhere Säuger lernen im allgemeinen viel dazu; sie wurden auf adaptive Modifikabilität ihres Verhaltens selektiert. Die modifikatorische Anpassungsfähigkeit wechselt ferner mit den Funktionskreisen. Wir wollen einige Beispiele für das, was Konrad Lorenz »Instinkt-Dressur-Verschränkung« nannte, bringen.

Eichhörnchen *(Sciurus vulgaris)* verfügen über die Bewegungen des Nagens und Sprengens, sie lernen aber, wie man diese Erbkoordinationen beim Nüsseöffnen erfolgreich einsetzt. Erfahrene Eichhörnchen tun dies mit dem geringsten Arbeitsaufwand. Sie nagen auf der Breitseite der Haselnuß eine Furche zur Spitze und nötigenfalls eine zweite auf der gegenüberliegenden Seite, setzen dann die unteren Nagezähne hebelnd ein und sprengen die Nuß in zwei Hälften (Abb. 13.7). Unerfahrene Eichhörnchen dagegen nagen regellos viele überflüssige Nagespuren, bis die Schale an irgendeiner Seite durchbricht (Abb. 13.8 a, b). Sie versuchen aber schon von Anfang an zu sprengen und setzen ihre Nagezähne immer wieder

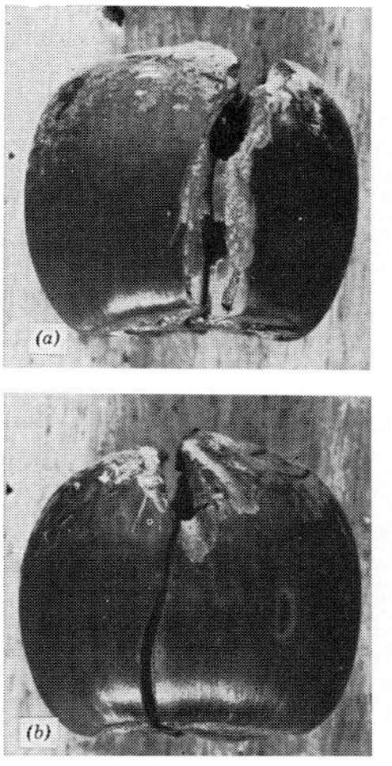

13.7 Von erfahrenem Eichhörnchen mit Sprengtechnik geöffnete Haselnuß. Foto: I. Eibl-Eibesfeldt

13.8 Sicht auf a) die Basis, b) die Spitze einer von einem unerfahrenen, 66 Tage alten Eichhörnchenmännchen geöffneten 4. Haselnuß. Zahlreiche Nagespuren haben die Nuß regellos zerfurcht. c) 13. und d) 14. Haselnuß desselben Tieres mit bereits parallel ausgerichteten Nagefurchen. Foto: I. Eibl-Eibeseldt hebelnd ein, doch erst bei der richtigen Lage der Nagespuren führt dies zum Erfolg. Den ersten Lernfortschritt erkennt man an einer Parallelausrichtung der Nagespuren zur Faserung der Nuß. Außerdem sind sie auf die Breitseite der Nuß konzentriert (Abb. 13.8 c, d). Das Eichhörnchen folgt dabei dem Wege des geringsten Widerstandes, denn quer zur Faser nagt es sich schwerer, und auf der stärker gewölbten Seite der Nuß gleiten die Nagezähne ab. So wird die Aktivität des Tieres durch die Struktur der Nuß in eine bestimmte Richtung gelenkt. Dazu kommt, daß das Eichhörnchen immer wieder zu sprengen versucht und das Erfolgbringende behält. Auf diese Weise gelangen schließlich die meisten zur gleichen arbeitspa-

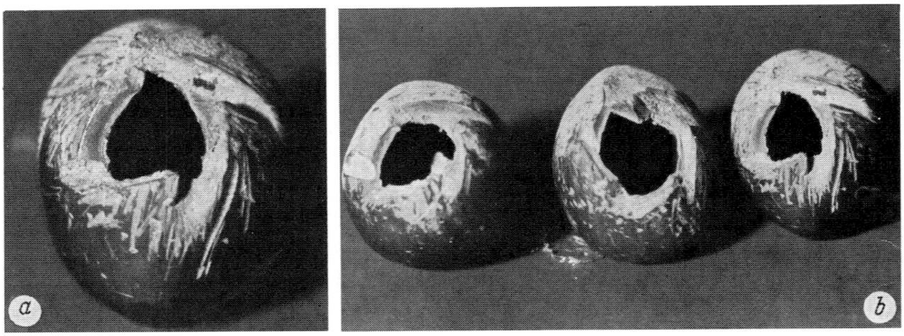

13.9 Lochsprengtechnik erfahrener Eichhörnchen. Foto: I. Eibl-Eibesfeldt

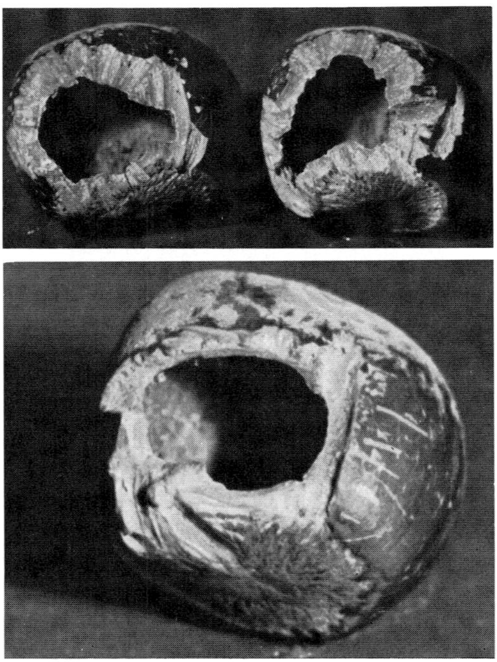

a

b

13.10 a) Lochnagetechnik; b) die aus ihr entwickelte Lochsprengtechnik. Foto: I. Eibl-Eibesfeldt renden Sprengtechnik (I. EIBL-EIBESFELDT 1963). Es gibt jedoch individuelle Abweichungen. So lernten einige Eichhörnchen, mit wenigen aufeinanderstehenden Furchen ein Loch aus der Nuß zu sprengen (Abb. 13.9). Eines kam zu einem schnellen Erfolg, indem es an der Basis der Nuß ein Loch nagte; es blieb zunächst bei dieser Technik, lernte aber im Laufe der Zeit, das Loch mit wenigen aufeinanderstehenden Furchen zu nagen (Abb. 13.10). Schließlich ging es dazu über, mit dieser Technik die dünnere Nußspitze zu bearbeiten. Ähnlich entwickeln sich die Bewältigungstechniken bei anderen Nagern, die hartschalige Früchte öffnen (E. PETERSEN 1965). Bemerkenswert ist, daß Eichhörnchen auch von der Beobachtung anderer lernen können. Eine Gruppe isoliert aufgezogener Eichhörnchen *(Tamiosciurus hudsonicus)*, die erfahrene Artgenossen beim Öffnen und Fressen von Hickorynüssen beobachten durften, brauchten zum Öffnen und Fressen von Nüssen halb so viel Zeit wie ebenfalls isoliert aufgezogene Kontrolltiere ohne die Erfahrung mit sozialen Modellen (P. D. WEIGL und E. V. HANSON 1980).

In anderen Bereichen lernen Eichhörnchen weniger. Wir erinnern in diesem Zusammenhang an die Versuche über das Futterverstecken der Eichhörnchen (S. 57), die ergaben, daß eine ziemlich starre Kette angeborener Verhaltensweisen weitgehend erfahrungsunabhängig heranreift. Das Tier lernt relativ wenig dazu, es ist in diesem Funktionskreis mit einem weitgehend stammesgeschichtlich angepaßten Verhaltensprogramm ausgerüstet, und es ist ganz offensichtlich, daß hier ein Selektionsdruck gegen adaptive Modifikabilität wirkt. Sie ist unnötig, da ein Verhaltensrezept für die Bewältigung der Aufgabe ausreicht. Jede modifikatorische Abweichung vom Bewährten birgt ein Risiko in sich. Anders ist dies dagegen beim Nüsseöffnen. Die Vielfalt angebotener Nüsse erfordert jeweils verschiedene Bewältigungstechniken und damit individuelle Anpassung.

In England lernten die Meisen, Milchflaschen zu öffnen. Durch neue Kombinationen ihrer angeborenen Verhaltensweisen des Nahrungserwerbes entwickelten sie verschiedene Bewältigungsmethoden. Die Gewohnheit des Flaschenöffnens breitete sich geographisch aus, was für Traditionsbildung spricht (J. FISHER und R. HINDE 1949). Solche erlernten Bewegungsfolgen kann man als Erwerbkoordinationen bezeichnen, obgleich in ihnen Erbkoordinationen als Elemente enthalten sind. Sie sind jedoch zu neuen funktionellen Einheiten zusammengefaßt worden. Weitere Beispiele für Erwerbkoordinationen führten wir bei der Behandlung des Vogelgesanges und der Bettelbewegungen an. Bei den höheren Säugern beobachten wir ganz allgemein, daß die Erbkoordinationen nur kurze Bewegungsfolgen umfassen, die durch Lernen zu Erwerbkoordinationen zusammengefaßt werden.

Der Ratte sind ebenfalls alle Nestbaubewegungen angeboren; sie lernt jedoch die zweckmäßigste Reihenfolge der Bewegungen (I. EIBL-EIBESFELDT 1963). In ähnlicher Weise zeigt der unerfahrene Kanarienvogel alle Bewegungsweisen des Nestbauens, er muß aber erst lernen, sie zu einem funktionellen Ganzen zu integrieren (R. HINDE 1958).

Einem Tier kann eine Verhaltensweise angeboren sein, ihre Anwendung muß es aber erst lernen. Der Spechtfink der Galápagos-Inseln *(Cactospiza pallida)* benützt ein Werkzeug, um Insekten aus dem Holz zu stochern. Hat er den Bohrgang eines Insekts freigelegt, holt er einen Kaktusstachel oder ein gerades Hölzchen, das er sich selbst zurechtbrechen kann, und stochert damit das Insekt aus dem Bohrloch (S. 476; I. EIBL-EIBESFELDT und H. SIELMANN 1962, 1965). Ein Männchen, das ich als Jungtier erhielt, beherrschte diese Technik nicht ganz. Es suchte zwar Hölzchen und stocherte damit in Ritzen und Löchern, aber nur spielerisch nach der Sättigung. Erspähte es ein Insekt in einer Spalte, ließ es sein Werkzeug fallen und versuchte, direkt mit dem Schnabel an die Beute zu kommen. Es lernte erst nach und nach, das Werkzeug dazu zu benützen.

D. MORRIS erzählte mir, daß in Gefangenschaft geborene Schimpansen des Londoner Zoos gerne spielerisch mit Stöckchen in Ritzen und Löchern herumstochern. Im Freien benützen sie dünne Zweiglein, um damit Termiten aus Erdlöchern zu fischen (S. 444). Wahrscheinlich liegt diesem Verhalten ebenfalls die angeborene Disposition, ein Werkzeug zu benützen, zugrunde, doch müssen die Tiere die Anwendung erst lernen.

Der unerfahrene Rabe beherrscht eine bestimmte Nestbaubewegung, er muß aber lernen, womit sich bauen läßt. Er versucht es mit allen möglichen Dingen, mit Glasscherben, Dosen, Ästchen, ja sogar mit Eisstückchen. Diese Gegenstände schiebt er am prospektiven Nestplatz unter schnellen Schüttelbewegungen seitlich über die Unterlage. Die Schüttelfrequenz steigert sich, wenn der geschobene Gegenstand auf Widerstand stößt. Hat er sich verhakt, dann hört der Rabe auf. Daß sich Glasscherben und Dosen schlecht verhaken, Hölzchen dagegen gut, lernt der Rabe schnell. Dem Nachtreiher wiederum ist die Kenntnis des Nestmaterials angeboren, er muß aber lernen, wo man am besten ein Nest baut (K. LORENZ 1954b).

Oft wird auch eine Orientierungskomponente erlernt. Iltisse *(Putorius putorius)* und andere Marder töten wehrhafte Nager, etwa Ratten, indem sie ihre Beute im Nacken ergreifen und totbeißen (Abb. 13.11). Diese Orientierung des Tötungsbisses nach dem Nacken des Opfers lernen sie durch Erfolg und Mißerfolg. Isoliert aufgezogene Iltisse, die nie eine Beute töten durften, greifen eine Ratte an, wenn sie davonläuft. Sie beißen sie aber in die nächstbeste Körperstelle. Die Ratte wehrt sich, worauf der Iltis losläßt und neuerlich zupackt. Er lernt sehr schnell, wie man die Beute

13.11 Iltisweibchen, eine Ratte tötend (Nackenbiß). Foto: H. SIELMANN, aus wiss. Film C 697, Göttingen (I. EIBL-EIBESFELDT 1955 e)

ergreifen muß, damit sie sich nicht zur Wehr setzen kann. Iltisse mit Spielerfahrung lernen das schneller (I. EIBL-EIBESFELDT 1955 e, 1963). Der Iltis lernt überdies seine Beutetiere kennen. Anfangs verfolgt er nur flüchtende Tiere. Zu einer ruhig sitzenden Ratte läuft er wohl hin, beschnuppert sie aber nur neugierig. Läuft ihm die Ratte entgegen, weicht er aus. Erst nachdem er eine Ratte getötet hat, erkennt er sie, auch wenn sie stillsitzt oder ihm entgegenläuft, als Beute. Zieht man Iltisse von früher Jugend an mit Ratten auf, dann sind sie diesen gegenüber deutlich beißgehemmt; sie akzeptieren den Artfremden als sozialen Kumpan (S. 577). Im übrigen bleibt jedoch das Repertoire der Beutefanghandlungen unverändert, es bedarf nur anderer Objekte, um sie zu aktivieren. Z. Y. KUO (1930, 1967) hat gleiches von Katzen beobachtet, die er mit Ratten aufzog. Er interpretiert allerdings seine Beobachtung dahingehend, daß es offenbar keine Beutefanginstinkte gebe, sonst könnte man ja nicht die »Natur« der Katze in so auffälliger Weise ändern. Er schließt, der Körperbau allein erkläre, weshalb eine Katze sich wie eine Katze verhalte; man brauche nicht zusätzlich Instinkte in Form besonderer vorgegebener Strukturen des Zentralnervensystems anzunehmen: »The behavior of an organism is a passive affair. How an animal or a man will behave in a given situation depends on how it has been brought up and how it is stimulated« (KUO 1930; S. 37). Das stimmt nicht. Selbst die rattenfreundlichen Katzen töteten ja fremde Ratten und verfügten demnach über das arteigene Repertoire. Nach J. M. BAERENDS VAN ROON und G. P. BAERENDS (1979) brauchen Katzen nur ihre Beutefanghandlungen richtig anzuwenden, wobei ihnen Spielerfahrungen nützen. Die Bewegungen selbst reifen.

Iltisse fassen ihre Weibchen bei der Paarung im Nacken, und das immobilisiert sie. Isoliert aufgezogene Tiere ergreifen Weibchen auch an ande-

a b

13.12 a) Iltispaarung. Das Männchen hält sein Weibchen im Nacken fest. Foto: H. SIELMANN, aus wiss. Film C 697, Göttingen; b) sich spielerisch balgende Iltisse. Einer hält den anderen im Nacken fest. Die Tiere lernen so im Spiel den später zum normalen Ablauf des Paarungsgeschehens wichtigen Nackenbiß. Foto: I. EIBL-EIBESFELDT (1955 e)

ren Stellen und lernen erst aus deren Abwehr, sie richtig zu fassen. Iltisse, die bis zum zweiten Lebensmonat mit Geschwistern spielen durften und erst danach isoliert wurden, fassen ihre Weibchen richtig. Sie lernten beim spielerischen Sichbalgen, daß ein Artgenosse stillhält, wenn man ihn im Nacken packt (Abb. 13.12). Die Verhaltensweisen der Paarung sind im übrigen bei erfahrenen wie unerfahrenen Tieren gleich. (I. EIBL-EIBESFELDT 1963). F. BEACH (1958) und K. LARSSON (1959) fanden, daß unerfahrene Rattenmännchen fast ebenso gut kopulierten wie erfahrene. Auch Meerschweinchen *(Cavia)*, Hamstern *(Cricetus)*, Goldhamstern *(Mesocricetus)* und Ratten *(Rattus)* sind die Verhaltensweisen der Paarung angeboren; Unerfahrene steigen jedoch oft falsch orientiert auf und umklammern z. B. den Kopf der Weibchen (E. VALENSTEIN, W. RISS und W. YOUNG 1955, F. DIETERLEN 1959, I. EIBL-EIBESFELDT 1953 a, 1963, F. BEACH 1942).

Isoliert aufgezogene männliche Rhesusaffen geraten durch Weibchen im Oestrus in Erregung und versuchen zu kopulieren, doch steigen sie nicht in der richtigen Weise auf (Abb. 13.13). Sie lernen das auch nicht mehr im späteren Leben (W. A. MASON 1965, H. HARLOW und M. HARLOW 1962), im Unterschied zu isoliert aufgezogenen Schimpansenmännchen, denen insbesondere mit Hilfe erfahrener Weibchen bei anfänglichen Schwierigkeiten die Einführung glückt. Hier hat die soziale Isolierung weniger dauerhafte Folgen, weil wahrscheinlich normalerweise das Paarungsverhalten variabler ist als bei den niedrigerstehenden Affen (R. M. YERKES und J. ELDER 1936).

In der normalen Ontogenese beobachtet man nicht allein Lernen und Reifung im motorischen Bereich. Es reifen auch angeborene Auslösemechanismen, und sie gewinnen durch Lernen an Selektivität, wie wir auf

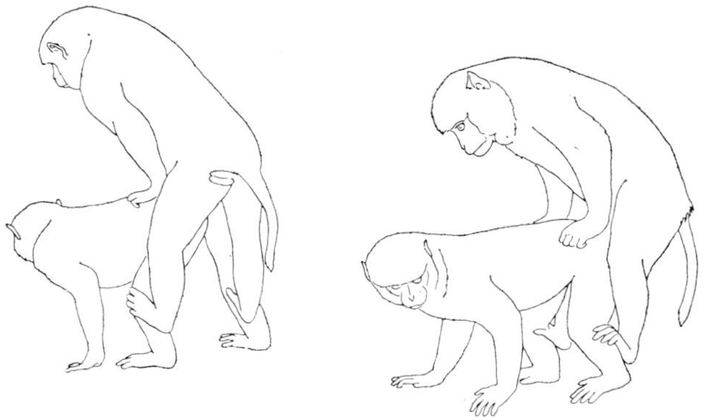

a

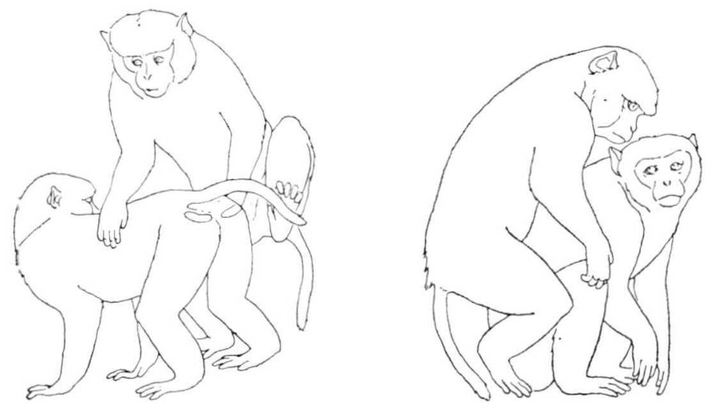

b

13.13 Das Sexualverhalten männlicher Rhesusaffen, die a) mit Artgenossen aufwuchsen; b) von Affen ohne solche soziale Erfahrung. Diese isoliert aufgewachsenen Tiere werden durch die Gegenwart eines Weibchens im Oestrus ebenfalls erregt und versuchen aufzureiten, doch mißlingt die Einführung, da sie sich nicht richtig an den Hinterbeinen der Weibchen festhalten. Nach W. A. MASON (1965) aus I. DEVORE ›Primate Behavior‹

S. 143 am Beutefangverhalten der Kröten und Krallenfrösche erörterten. Ja, es werden sogar neue Auslösemechanismen erworben, so wenn ein Tier durch Dressur einen bis dahin wirkungslosen Reiz mit einer Reaktion verknüpft (Einzelheiten bei W. SCHLEIDT 1962).

Schon aus den bisher angeführten Beispielen dürfte zu ersehen sein, daß verschiedene Tierarten mit verschiedenen angeborenen Lerndispositionen ausgestattet sind. Diesen angeborenen Lernbegabungen werden wir uns im folgenden Abschnitt besonders zuwenden. Das Lernen kommt ferner keineswegs durch passive Einwirkung auf einen Organismus zustande. Die Beobachtungen sprechen vielmehr für die Existenz von oft sehr spezifischen Lerntrieben, inneren Antriebsmechanismen also, die sich in Neugier- und Spielverhalten äußern (S. 401).

13.4 *Die angeborene Lerndisposition*

13.4.1 *Artspezifische Lernbegabungen*

Tiere sind in artlich verschiedener Weise lernbegabt. Bei vielen Arten ist das Verhalten weitgehend durch stammesgeschichtliche Anpassungen in Form von Erbkoordinationen und angeborenen Auslösemechanismen festgelegt, und es wird nur sehr wenig gelernt. Die so ausgerüsteten Lebewesen haben zweifellos den Vorteil, daß sie nicht erst durch risikobehaftetes, zeitraubendes Lernen die Angepaßtheit erwerben müssen. Die Yucca-Motte *(Pronuba yuccasella)* »weiß« dank ihrer phylogenetisch gewordenen Konstruktion, daß sie, bevor sie die Eier in den Fruchtknoten der Yucca-Palme ablegt, Pollen sammeln und bei der Eiablage auf den Narben abstreifen muß. Nur so entwickeln sich die Samen, von denen die Larve lebt. Anpassungen dieser Art sind vorteilhaft, wenn die Umweltsituation, auf die diese Anpassungen zugeformt sind, kaum variiert. Je variabler die Umwelt ist, desto weniger genau kann das Verhalten als Anpassung vorgezeichnet sein. Wechselnde Umweltanforderungen verlangen individuelle Anpassungsfähigkeit. Stenöke Formen können es sich leisten, als »Schienenfahrzeuge« auf vorgezeichneten Geleisen zu fahren. Euryöke sind dagegen geradezu auf adaptive Modifikabilität des Verhaltens spezialisiert; sie sind »Spezialisten auf Unspezialisiertsein«, wie K. Lorenz (1959) so treffend sagt.

Bei vorgezeichneter Einpassung des Verhaltens muß jede Änderung die Angepaßtheit stören. Das hat schon J. H. Fabré in sehr vielen Versuchen mit Insekten gezeigt. Die Grabwespe *(Ammophila)* öffnet und inspiziert die von ihr gegrabene Höhle, bevor sie die zur Ernährung der Larven dienende Raupe in die Höhle schleppt. Sie kommt mit der Raupe an, legt diese am Eingang ab, gräbt die Höhle auf, schlüpft ein, inspiziert, erscheint dann Kopf voran im Eingang und zieht die Raupe herein (Abb. 13.14). Nimmt man nun, während sie inspiziert, die Raupe und legt sie etwas weiter vom Baueingang weg, dann sucht die Wespe, bis sie die Raupe findet, schleppt sie wieder zum Baueingang, und es wiederholt sich der ganze Ablauf mit Ablegen, Inspizieren etc. noch einmal. Dies wiederholt sich, bis nach vielen Versuchen die Grabwespe die Raupe doch direkt, ohne sie wegzulegen, in den Bau trägt (G. P. Baerends 1941). Das Tier kann sich nur schwer an die neue Situation anpassen, sein Verhalten läuft nach einem strengen Programm ab. Da normalerweise keine Störungen eintreten, kommt die Grabwespe damit gut zum Ziele. Jedoch gilt diese Starrheit eines Tieres nicht notwendigerweise für alle Funktionskreise. So wie das Eichhörnchen beim Futterverstecken wenig und beim Nüsseöffnen viel lernt (S. 369), so gibt es auch Bereiche des Verhaltens, in denen die Grab-

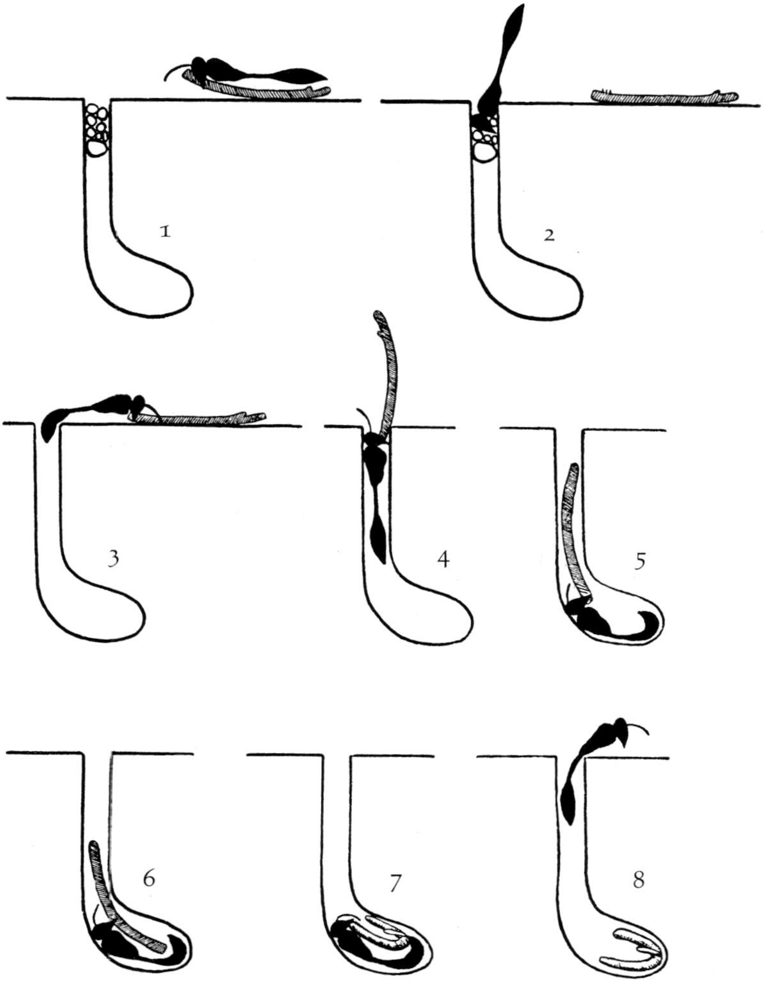

13.14 Beispiel für einen starren Handlungsablauf, zu dem nicht viel hinzugelernt wird: Das Verproviantieren der Höhle mit Raupen bei *Ammophila campestris*. Die Handlungen in der natürlichen Reihenfolge: 1 Hinlegen der Raupe, 2 Aufgraben der Höhle, 3 Umdrehen und Einziehen (4–6) der Raupe, 7 Eiablage, 8 Hinauskriechen. Aus G. P. BAERENDS (1941)

wespe geradezu erstaunliche Lernleistungen vollbringt. Sie lernt z. B. im Fluge den Weg, den sie mit ihrer Beute nach Hause läuft! Diese Grabwespen betreuen in der Phase der Brutpflege (S. 294) oft auch mehrere Nester gleichzeitig und in der jeweils dem Entwicklungsstadium der Larve gemäßen Weise. Was die Grabwespe den Tag über an einem bestimmten Nest tut, entscheidet sie bei einem einmaligen Inspektionsbesuch am Morgen.

Ehe sie zur Jagd fliegt, besucht sie alle noch nicht endgültig verschlossenen Nester und kontrolliert ihren Inhalt. BAERENDS (1941) konnte durch Wegnahme von Raupen aus einem Nest die Wespe veranlassen, mehr Raupen einzutragen als im Normalfall. Sie trug weniger ein, wenn er Raupen hinzufügte. Solche Eingriffe beeinflußten jedoch das Verhalten der Wespe nur, wenn sie vor dem morgendlichen Inspektionsbesuch stattfanden. Spätere Eingriffe blieben wirkungslos. Das bedeutet, daß die Wespe bei ihrer morgendlichen Kontrolle das Verhalten für den ganzen Tag festlegt und sich den Zustand der verschiedenen Nester bis zu 15 Stunden merkt.

Das ist eine Merkfähigkeit, die mit der üblichen Methode der aufgeschobenen Handlung gar nicht erfaßt würde. Bei dieser ursprünglich von W. S. HUNTER (1913) entwickelten und bis heute gebräuchlichen Methode wird ein Tier z. B. in einem Vielfachwahlapparat darauf dressiert, eine von mehreren Türen zu wählen, die durch ein bestimmtes Merkmal (z. B. ein aufleuchtendes Lämpchen) gekennzeichnet ist. Beherrscht es die Aufgabe, dann hindert man das Tier daran, zu handeln, solange das positive Dressursignal sichtbar ist. Erst eine Weile danach darf es wählen, und die Höchstzeit solchen Handelnsaufschubs gilt als Maß für die Erinnerungsfähigkeit. Bereits N. R. F. MAIER und T. C. SCHNEIRLA (1935) bezweifelten den Wert dieser Methode, der zufolge ein Gorilla mit 48 Stunden Aufschub 576mal gedächtnisstärker sein sollte als der Orang-Utan mit nur 5 Minuten. N. TINBERGEN (1951), der dieses Beispiel anführt, schloß sich diesen Zweifeln an.

Diese Beobachtungen lehren uns bereits, daß standardisierte Lernmethoden zur vergleichenden Erforschung der Lernleistungen verschiedener Tierarten vielfach wenig sinnvoll sind. Wer die Lernfähigkeit eines Reihers, einer Ratte und eines Frosches prüfen will, ist sicherlich schlecht beraten, wenn er jedes dieser Tiere etwa durch ein Labyrinth laufen läßt. Die Ratte schneidet dann als normalerweise in Ganglabyrinthen beheimatetes Wesen ganz unverhältnismäßig besser ab als der Reiher oder der Frosch. Prüfen wir andererseits den Frosch mit vergällten Beuteattrappen, können wir auch bei ihm ein schnelles Lernvermögen feststellen.

Nach der Theorie des klassischen Bedingens sollte jedes Verhalten durch Strafreize gelöscht werden können. A. EULER (1972 und Manuskript) bestrafte Hähne immer dann, wenn sie einem Artgenossen gegenüber Imponiergehabe zeigten. Sie gewöhnten sich das dadurch schnell ab und nahmen als Folge zuletzt eine niedere Rangstellung ein. In einer anderen Reihe von Versuchen bestrafte EULER einen Hahn immer dann, wenn er unterwürfiges Verhalten zeigte. Das allerdings verstärkte das submissive Verhalten, anstatt es abzudressieren. Submissives Verhalten ist eine der vorgegebenen Antwortmöglichkeiten. Es ist im Programm vorgegeben, so daß Strafe es bekräftigt. In ähnlicher Weise bekräftigen Strafreize die

Flucht zur Mutter und zu Ranghohen bei einigen Vögeln und bei Rhesusaffen (S. 583). Auch was womit assoziiert wird, ist vorgegeben (S. 418).

So gibt es artspezifische Lernbegabungen in ganz verschiedenen Funktionszusammenhängen. Raubtiere erweisen sich im Funktionskreis des Beutefanges lernintelligent, ortstreue Tiere beim Wegelernen. Einige gesellige Halbaffen zeigen eine hohe Sozialintelligenz (A. Jolly 1966), die auffällig von dem ansonsten niedrigen Intelligenzniveau absticht. Wer Aufschluß über den Grad adaptiver Modifikabilität einer Tierart erhalten will, beobachtet seine Tiere am besten zunächst einmal unter möglichst natürlichen Bedingungen. Die Lernbegabungen sind, wie schon gesagt, auf die Anforderungen des Lebensraumes und seiner Mitbewohner zugeschnitten.

Die meisten jener Arten, die einen festen Wohnplatz oder sonst einen bestimmten Geländepunkt wiederholt aufsuchen, erwerben Ortskenntnis. Die Napfschnecke *Patella* läuft noch, einfach wie ein Schienenfahrzeug ihrer Schleimspur folgend, zu ihrem Festheftungsplatz zurück (W. Funke 1965). Der Bienenwolf *(Philanthus triangulum)* merkt sich Geländemarken in der Nähe des Nestes und findet so wieder zurück. Legt man einen Kranz von Kiefernzapfen oder Steinchen um das Nestloch, während die Wespe im Loch arbeitet, und versetzt diesen Zapfenkranz um 1 m, nachdem die Wespe das Nest verließ, so sucht sie nach ihrer Rückkehr am falschen Ort in der Mitte des Zapfenkreises den Nesteingang (N. Tinbergen und W. Kruyt 1938; Abb. 13.15; siehe auch I. A. Chmurzynski 1967).

Wenn Hummeln eine der kleinblütigen Hundszungen *(Cynoglossum)*

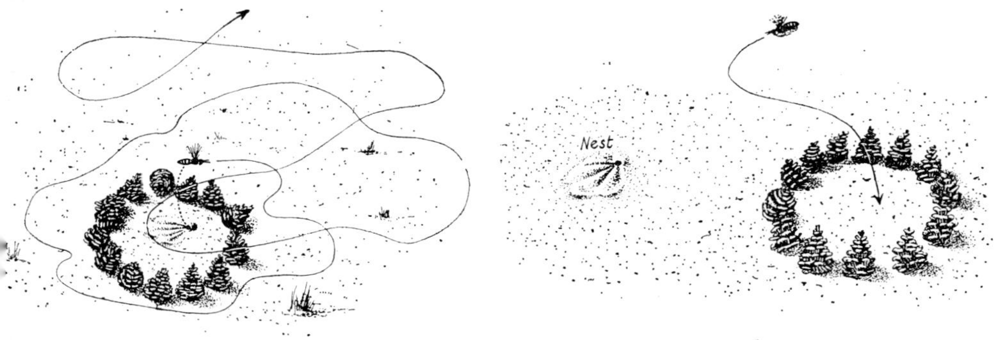

13.15 a) Nach dem Verlassen des Nestes macht die Bienenwölfin einen Orientierungsflug und prägt sich die Umgebung des Eingangs ein; b) hat man einen Kranz aus Kiefernzapfen um den Eingang gelegt und versetzt man diesen Kranz nach dem Ausflug, dann sucht die Bienenwölfin bei ihrer Rückkehr im Zentrum des Kreises am falschen Ort. Aus N. Tinbergen (1951)

finden, machen sie einen kurzen Erkundungsflug, wohl um sich den Standort genau einzuprägen. Finden sie dagegen einen großblütigen Fingerhut *(Digitalis)*, der weithin sichtbar ist, dann verzichten sie auf eine Erkundung der näheren Umgebung (A. MANNING 1956).

Bienen merken sich den Platz, an dem sie eine reiche Tracht vorfanden, über eine lange Zeit. Dauertänzerinnen der Honigbiene reproduzieren aus dem Gedächtnis Entfernung und Sonnenwinkel (unter Einrechnung der Sonnenwanderung), auch wenn sie viele Tage nicht an der von ihnen angezeigten Futterstelle waren. In einem von M. LINDAUER (1963) angeführten Falle tanzte eine Dauertänzerin, die am 1. 11. 1959 zum letztenmal an der Futterstelle war, bei verschlossenem Flugloch noch am 8. 12. richtig. Besuchten solche Dauertänzerinnen zwei Futterstellen zu verschiedenen Tageszeiten, zeigen sie im verschlossenen Stock jenen Futterplatz an, dessen Besuchszeit der Tanzzeit am nächsten liegt (M. LINDAUER 1957).

Der Jungsäuger, der zum erstenmal seinen Erdbau verläßt, lernt zunächst einmal den Fluchtweg zum Nest. Überrascht man die in der Gezeitenzone lebende Meergrundel *(Bathygobius soporator)* bei Ebbe in einem Gezeitentümpel, dann springt sie aus ihrem Tümpel heraus in Richtung Meer zum nächsten und so durch die Luft von Tümpel zu Tümpel, bis sie das Meer erreicht, oft über Strecken von 10 Metern und eine Kette von 11 Tümpeln nützend. Setzt man sie in ein Aquarium, dann springt sie nicht, wohl aber, wenn man sie in ihren Gezeitentümpel zurücksetzt, und zwar selbst nach einer Gefangenschaft von 14 Tagen. Hat man aber unterdessen Änderungen am Weg vorgenommen, z. B. einen Tümpel trockengelegt, dann springt sie ins Trockene. Sie lernen ihren Weg bei Flut, was L. R. ARONSON (1951) in schönen Versuchen nachwies. Sie lernten es selbst in der Dunkelheit und behielten das Gelernte 40 Tage.

Erstaunliche Lernleistungen beweisen viele Tiere, die zu ihren Laichplätzen zurückkehren (z. B. Lachse, S. 640).

Sehr viel lernen die verschiedenen Arten im Zusammenhang mit dem Nahrungserwerb, und zwar sowohl Objektkenntnis als auch besondere Bewältigungsmethoden. Den schon erwähnten Beispielen (Nüsseöffnen des Eichhörnchens, S. 369, Beutefang des Iltis, S. 373, Beutefang des Frosches, S. 143) seien einige hinzugefügt.

Schnappschildkröten *(Chelydra serpentina)*, die man nach dem Schlüpfen 12 Tage lang entweder mit Würmern, mit Fischen oder mit Fleisch fütterte, zeigten in der Folge deutlich, daß sie die verabreichte Nahrung bevorzugten (G. M. BURGHARDT und E. H. HESS 1966). Viele Säuger, aber auch einige Vögel, lernen von der Mutter, was man frißt, und es entwickeln sich auf diese Weise auf bestimmte Gruppen beschränkte lokale Traditionen. Junge Eichhörnchen, Ratten und andere Nager entreißen den

13.16 Junge Wanderratte (Albino), der Mutter einen Futterbrocken entreißend. Foto: I. EIBL-EIBESFELDT

Mutter, wenn sie gerade selbständig zu fressen beginnen, Futterbrocken, was diese duldet (I. EIBL-EIBESFELDT 1958; Abb. 13.16). Ringeltauben müssen erst lernen, daß man Eicheln fressen kann. Die Pflückbewegung ist ihnen zwar angeboren, doch wagen sie sich ohne entsprechendes Vorbild nicht an die großen Früchte, sondern erst, nachdem sie erwachsene Artgenossen beim Eichelfressen beobachten konnten (O. und M. HEINROTH 1928). Ratten lernen auf Grund schlechter Erfahrungen sehr schnell, vergifteten Köder zu meiden. Wird ein neuer Köder ausgelegt, dann kosten zunächst nur wenige Tiere des Rudels subletale Mengen davon. Sie überleben die Vergiftung und meiden den Köder fürderhin. Das tun dann interessanterweise auch andere Gruppenmitglieder, die sich nach dem Verhalten der Erfahrenen richten. So kommt es zur Ausbildung lokaler Traditionen, denen zufolge bestimmte Ködersorten in bestimmten Stadtbezirken abgelehnt werden, und zwar über Generationen. Auf der Hallig Norderoog spezialisierten sich die Wanderratten auf Vogelfang, was keine Festlandratte tut. Sie überwanden die angeborene Scheu vor auffliegenden Vögeln und lernten das Anschleichen und Lauern (F. STEINIGER 1950).

Die Weibchen des Erdmännchens *(Suricata)* halten den Jungen das Futter richtig vor, diese schnappen es von ihnen weg und lernen so, das zu fressen, was auch die Mutter frißt. Auf diese Weise entwickeln sie Futterbevorzugungen. So nahmen die Jungen eines Wurfes ihnen unbekannte Bananen, die der Pfleger ihnen vorlegte, nicht an, sie schnappten aber sogleich nach diesen Früchten, als sie die Mutter im Maule hielt. Von diesem Zeitpunkt an verzehrten sie Bananen auch ohne diesen Anreiz (R. F. EWER 1963).

Viele Singvögel führen mit besonderen Haßlauten Scheinangriffe gegen Raubfeinde durch. Durch dieses Hassen lernen junge Amseln *(Turdus merula)* von erfahrenen Artgenossen, aber auch von anderen Singvögeln das Objekt dieser Triebhandlung, d. h. gegen wen sie hassen müssen (E. CURIO und Mitarbeiter 1978). Präsentiert man unerfahrenen Amseln einen ausgestopften Honigvogel *(Philemon corniculatus)*, dann regt sie

13.17 Die Gewohnheit, auf Bäumen zu schlafen, ist eine lokale Tradition der Löwen des Gebietes um den Lake Manyara (Tansania). Foto: I. Eibl-Eibesfeldt

dieser nicht weiter auf. Spielt man dann bei der Präsentation des Vogelbalges Tonbandaufnahmen hassender Amseln, aber auch anderer hassender Singvögel ab, dann beginnen die unerfahrenen Amseln, ebenfalls gegen den bisher kaum beachteten Balg zu hassen, und zwar auch später, wenn er stumm, ohne begleitende Tonbandaufnahmen hassender Vögel, gezeigt wird (W. Vieth und Mitarbeiter 1980). Im Manyara-Tierpark (Tansania) haben die Löwen die Angewohnheit, auf Bäumen zu schlafen – eine lokale Tradition (Abb. 13.17).

An richtige Unterweisung erinnert das Verhalten der Berggorillas. G. Schaller (1963) sah, wie ein Weibchen einem Jungen ein ungenießbares Hageniablatt aus dem Mund nahm, als es daran herumkaute. Ein anderes half einem Jungen, eine Wurzel auszugraben. Die Gorillamutter Achilla im Basler Zoo leistete ihrem Sohn ebenfalls Unterrichtshilfe. Sie lockte ihn z. B. durch allmähliches Wegrücken durch den ganzen Käfig und regte ihn so an, sich selbständig fortzubewegen. Als er etwas älter war, führte sie seine Hand ans Käfiggitter, damit er sich dort festhalte. Sie veranlaßte ihn auch, aktiv das Gitter zu erklettern, und bewachte ihn dabei. Indem sie ihn in der Kreuzgegend zupfte, forderte sie ihn auf, bestimmte Dinge zu unterlassen. Sie war also deutlich an den verschiedenen Aktivitäten des Kindes interessiert und förderte bzw. begrenzte deren Richtungen (R. Schenkel 1964). Beim japanischen Stummelschwanzmakaken *(Macaca fuscata)* konnte man verfolgen, wie sich neue Ernährungsgewohnheiten bildeten und in der Gruppe ausbreiteten. Ein Affentrupp auf der Koshima-Insel wurde ab 1952 regelmäßig mit Süßkartoffeln gefüttert. 1953 sah man zum erstenmal, daß das anderthalbjährige Weibchen Imo die Kartoffeln am Ufer eines Süßwasserbaches wusch. Sie hielt die zu waschende Kartoffel in einer Hand und putzte den Sand mit der anderen

13.18 Stummelschwanzmakaken der Koshima-Insel beim Süßkartoffelwaschen: Gruppe am Ufer

13.19 Aufrecht gehender Makake, der in den Händen Kartoffeln trägt

a b c

13.20 a, b) Weibchen, Kartoffel waschend; c) Jungtier, das einem Weibchen beim Kartoffelwaschen zusieht. Fotos: M. KAWAI

Hand im Wasser ab. Diese »Erfindung« breitete sich im Laufe der Jahre in der Gruppe aus, und zwar zunächst innerhalb der engeren Familien und innerhalb der Gruppen von Spielgefährten. Später wurde die Gewohnheit immer von der Mutter auf die Kinder übertragen. 1962 wuschen bereits drei Viertel aller über zwei Jahre alten Affen Kartoffeln (Abb. 13.18–13.20). Zuerst wuschen die Affen ihre Kartoffeln nur im Süßwasser. Allmählich benützten sie auch Meerwasser dazu, wobei einige offensichtlich Geschmack am Salz fanden und dazu übergingen, ihre Kartoffeln zu würzen, indem sie diese während des Fressens immer wieder ins Salzwasser tauchten.

Man fütterte die Tiere im gleichen Gebiet auch mit Weizen, den man am Ufer ausstreute. Die Affen lasen zunächst stets sorgfältig Korn für Korn auf, bis 1956 das mittlerweile vier Jahre alte Weibchen Imo, das auch das Kartoffelwaschen erfunden hatte, dazu überging, das Sand-Weizen-Gemisch zusammenzuraffen und ins Wasser zu werfen, wo sich der Sand schnell vom leichteren Weizen trennte. Bisher haben diese Erfindung 19 der insgesamt 49 Affen übernommen (M. KAWAI 1965, S. KAWAMURA 1963, J. ITANI 1958). Auch die Gewohnheit, im Meer zu baden und mit bestimmten Gebärden um Futter zu betteln, entwickelte sich bei diesen Affen als gruppenspezifisches Verhaltensmuster, das sich nunmehr durch Tradition erhält. Bei Kyoto lernten japanische Makaken, sich nach dem Vorbild der Wärter am offenen Feuer zu wärmen; 1958 begann ein Weibchen damit, jetzt tun es alle. Auch freilebende Makaken zeigen gruppenspezifische Gewohnheiten. Die Affen von Mount Takasaki in Kyushu spucken die Kerne der Früchte des Aphananthebaumes aus. Die Affen von Mount Arashi bei Kyoto zerbeißen die Kerne und fressen den Keimling. Die Affen von Mount Minoo fressen Eier, die von Shodoshima tun das nicht. Eine Gruppe in der Okayama-Präfektur (Gagyusan-Gruppe) gräbt die Wurzeln von *Cardiorinum cordatum* aus. Sie erkennen die Pflanzen an den Blättern und Stengeln, die über den Boden ragen. Ja, selbst gewisse Züge des Sozialverhaltens scheinen tradiert zu werden. Die ranghohen Männchen der Takasaki-Gruppe tragen kleine Affenkinder mit sich, wenn die Weibchen diese nicht mehr betreuen können, weil sie neue Junge gebaren. Das beobachtet man in anderen Gruppen höchst selten oder gar nicht (D. MIYADI 1965, 1967). Weitere Beispiele für gruppenspezifische Verhaltensweisen des japanischen Makaken bringt M. KAWAI (1975).

R. YERKES (1948) beschrieb, daß er einem Schimpansen nur ein einziges Mal zeigen mußte, wie man den Druckknopf einer neuen Wasserleitung bedient. Auf dem Wege der sozialen Tradition wurde das weitergegeben.

Auch die Kenntnis von Gefahren wird bei Primaten gelegentlich tradiert. K. R. HALL (1965) erschreckte eine Husarenaffenmutter, indem er vor ihr in Gegenwart der Jungen ein Kistchen öffnen ließ, in dem sich – für die Jungen auch nach dem Öffnen des Deckels unsichtbar – eine Schlange befand. Die Mutter erschrak beim Anblick der Schlange, was die Jungen beobachten konnten, ohne selbst die Schlange zu sehen. Sie mieden fortan die Schachtel, die sie bis dahin oft und ohne Zögern geöffnet hatten. P. H. KLOPFER (1957) dressierte Enten durch elektrische Strafreize darauf, ein mit Wasser gefülltes Gefäß zu meiden. Enten, die im gleichen Käfig anwesend waren und bloß zusahen, genügte das Vorbild, um das Gefäß ihrerseits zu meiden. Weiteres zum Lernen durch Beobachtung bei P. H. KLOPFER (1962).

Sehr viel lernen die Tiere im Bereich ihres Sozialverhaltens, viele Vögel z. B. ihre Gesänge. Bereits bei den Tieren beobachten wir also die Fähigkeit nachzuahmen, und zwar als Nachahmung des Gesehenen und bei Vögeln auch als Nachahmung des Gehörten. Diese Fähigkeit ist bei uns Menschen in ganz besonderem Maße entwickelt. Sie stellt bei Tier und Mensch die Grundlage der Traditionsbildung dar. Säuglinge sind bereits in den ersten Lebenstagen fähig, Gesichts- und Handbewegungen nachzuahmen (A. N. MELTZOFF und M. K. MOORE 1977). Auch die Fähigkeit des Einjährigen, Gehörtes in eigene Sprechbewegungen umzusetzen, erfordert eine hochspezifische Begabung des Imitationslernens (Einzelheiten in meiner »Humanethologie«, 1984). Gesellige Tiere, die in individualisierten Verbänden leben, lernen die Mitglieder ihrer Gruppe und ihre eigene Rangstellung kennen sowie schließlich die Bindung an einen Platz, den sie als Territorium auch verteidigen. J. P. SCOTT (1963) spricht in diesem Zusammenhang von »primärer Sozialisation« des Jungtieres. Sie ist zugleich ein Mechanismus der Aggressionskontrolle.

An einmal gebildeten Gewohnheiten halten Tiere zäh fest, und das ist sicherlich bis zu einem gewissen Grade vorteilhaft, da sie ja so beim »Bewährten« bleiben. Dieses Festhalten an der Gewohnheit wird offenbar dadurch erreicht, daß jede Abweichung von Unlust- bzw. Angstgefühlen begleitet ist. Dazu bringt K. LORENZ (1963 a) einige interessante Beispiele. Eine seiner Graugänse, die in seinem Zimmer wohnte, hatte sich einen Umweg angewöhnt. Sie lief immer zunächst einmal an einer Stiege vorbei zum Fenster der Halle und dann erst zur Stiege zurück, über die sie zu ihrem Zimmer im oberen Stockwerk gelangen konnte. Später verkürzte sie den Umweg, aber es blieb insofern ein Gewohnheitsrest, als die Gans nie direkt auf die Stiege zulief, sondern stets geradlinig das Fenster ansteuerte, ohne ganz hinzulaufen. In der Höhe der Stiege bog sie vielmehr rechtwinklig ab. Einmal vergaß LORENZ, die Gans zur gewohnten Zeit ins Haus zu lassen. Es war bereits dämmrig, und sie lief entgegen ihrer Gewohnheit beim Öffnen der Tür ganz eilig direkt auf die Treppe zu und einige Stufen hinauf. »Alsbald aber geschah etwas Erschütterndes: Auf der fünften Stufe angekommen, machte die Wildgans plötzlich halt, bekam, wie dies bei größerem Schrecken der Fall ist, einen langen Hals und nahm die Flügel fluchtbereit aus den Tragfedern. Zugleich stieß sie den Warnlaut aus und wäre bei einem Haare aufgeflogen. Dann verhielt sie einen Augenblick, kehrte um, stieg eilig die fünf Stufen wieder herab und durchlief eifrigen Schrittes, wie jemand, der eine sehr nötige Pflicht erfüllt, den ursprünglichen, weit zum Fenster führenden Umweg, bestieg die Treppe aufs neue, diesmal vorschriftsmäßig ganz auf der linken Seite, und begann aufwärtszuklettern. Wiederum auf der fünften Stufe angekommen, blieb sie stehen, sah sich um, schüttelte sich und grüßte, beides Verhaltensweisen, die man an Graugänsen regelmäßig sieht, wenn ein erlittener Schrecken der Beruhigung Platz macht. Für mich besteht kein Zweifel, wie das eben geschilderte Geschehen zu interpretieren ist. Die Gewohnheit war zum Brauch geworden, gegen den die Graugans nicht verstoßen durfte, ohne von Angst ergriffen zu werden« (S. 112). MARGARET ALTMANN (zitiert nach K. LORENZ) mußte ihr altes Pferd wiederholt symbolisch kurz abladen und wieder aufladen, wenn sie an einem Platz vorbeikam, an dem sie zuvor einige Male hintereinander gezeltet hatte. Unterließ sie das, dann ging das Tier nicht weiter. Der Hund eines Bekannten hatte einmal beim Kohlenholen im Schuppen eine Maus aufgestöbert. Seitdem macht er jedes Mal beim Kohlenholen einen Mäusesprung. Ein anderes Mal hatte er im Scheinwerferkegel des Wagens ein Kaninchen erspäht. Seither jagt er immer wie wild vor dem Scheinwerferkegel los, wenn der Wagen abends ankommt. Die Macht der Gewohnheit ist beim Menschen keineswegs geringer.

Diese Beispiele mögen genügen, um die Lerndispositionen verschiedener Tierarten zu illustrieren. Sicherlich wurde unser Wissen um Lernvorgänge durch die behavioristische Lernpsychologie enorm gefördert, nur muß man die Gültigkeit gewisser zunächst für allgemeingültig gehaltener Lerngesetze etwas einschränken. So gilt nicht, daß alles, was räumlich und zeitlich zusammenfällt, automatisch miteinander assoziiert wird, was GUTHRIES Gesetz der »contingency« postuliert (siehe dazu das über die Versuche von J. GARCIA auf S. 418 Gesagte). Auch gilt die Aussage, daß primär nur das belohnend sei, was ein physiologisches Bedürfnis erfülle und damit eine gestörte Homöostase wiederherstellen helfe, nur mit Einschränkung. Tiere z. B. lernen auch, wenn ihnen dafür etwas geboten wird, was ihre Neugier befriedigt (S. 427). Schließlich wird durch Strafreize nicht generell abdressiert. Manche Disposition, wie etwa jene, zur Mutter zu flüchten, wird durch Strafreize sogar bekräftigt (S. 583). Eine besondere Gruppe von Lernvorgängen, die durch stammesgeschichtliche Anpassungen sehr weitgehend determiniert ist, stellen die im folgenden zu besprechenden *Prägungen* dar. Weitere Beispiele bei K. und M. BRELAND (1966).

13.4.2 Prägung und prägungsähnliche Lernvorgänge

Ein Lernvorgang kann in sehr verschiedener Weise durch stammesgeschichtliche Anpassungen determiniert werden. Wir hörten bereits, daß Buchfinken auf Grund einer ihnen angeborenen Kenntnis des zu erlernenden Artgesanges im Wahlversuch den arteigenen Gesang zum Nachahmen bevorzugen. Schimpansen wissen angeborenermaßen, daß man durch Lärmen droht, müssen die Methode jedoch lernen.

Etwas anderes ist es beim Zebrafinken, der seinen Gesang von demjenigen lernt, der ihn füttert. Füttert ihn ein Mövchen, dann lernt er den Mövchengesang, auch wenn im Nachbarkäfig ein Artgenosse singt. Wird er dagegen von Mövchen und Zebrafinken gefüttert, dann lernt er den Zebrafinkengesang. Eine Präferenz des Artgesanges als Vorbild wird dann auch hier deutlich (K. IMMELMANN 1967).

In sehr vielen Fällen ist das Lernen genetisch so programmiert, daß die Tiere in ganz bestimmten sensiblen Perioden und nur in dieser Zeit spezifisch lernbegabt sind. Ist diese Periode auf eine Entwicklungszeit beschränkt, nach der das Tier nicht mehr lernt, dann spricht man von einer kritischen Periode. Sie endet, auch wenn kein Lernen stattfand, auf Grund innerer Umstimmungsprozesse. Vor dem 35. Tag isolierte Zebrafinkenmännchen können Männchen und Weibchen der eigenen Art nicht unterscheiden. Zwischen dem 35. und dem 38. Tag werden sie vom Vater verjagt, und damit werden Männchen zum Ziel ihrer Aggressionen. Versäumten sie, dies in der kritischen Periode zu lernen, dann lernen sie es nicht mehr (K. IMMELMANN, mündl.).

Hat ein Tier in einer sensiblen oder kritischen Phase etwas Bestimmtes gelernt, dann endet seine Lernbereitschaft, und es hält im allgemeinen zäh am einmal Gelernten fest. Man kennt viele Beispiele dafür, daß Tiere in einer bestimmten Entwicklungsperiode Einzelheiten des Objektes einer Triebhandlung lernen und danach in bezug auf diese Triebhandlung an das gelernte Objekt fixiert zu sein scheinen *(Objektprägung)*. Später entdeckte man in ähnlicher Weise auf sensible Perioden beschränkte fixierende Lernvorgänge im motorischen Bereich.

Ein Tier kann auf einen Artgenossen als »Kumpan« in verschiedenem Funktionszusammenhang geprägt werden. Jungtiere werden zum Beispiel bei vielen Arten auf den »Elternkumpan« geprägt. Ferner gibt es viele Beispiele für sexuelle Prägungen (S. 393) und Prägungen, die sich auf Merkmale der außerartlichen Umwelt beziehen. Wir erwähnten bereits einige Beispiele für geprägte Nahrungspräferenzen (S. 327). Lachse werden geruchlich auf ihre Laichgewässer geprägt. Beim Sturmtaucher *(Puffinus tenuirostris)*, der zum Brüten immer wieder auf die gleichen Pazifikinseln zurückkehrt, fand man durch Verfrachten der Eier heraus, daß die Jungvögel auf den Brutort geprägt werden (D. L. SERVENTY 1967). Auch Erdkröten dürften auf ihren Laichplatz geprägt werden (I. EIBL-EIBESFELDT 1950). Eine Reihe von Arbeiten weist darauf hin, daß es auch Prägungen auf bestimmte Umwelten (Biotope) gibt. Nestparasitische Vögel wie unser Kuckuck werden auf ihre Wirtsarten geprägt. Daß solche Prägungen Schrittmacher der Evolution sein können, diskutierten wir bereits. Gute Übersichten mit vielen Beispielen finden wir bei E. H. HESS (1973), K. IMMELMANN (1974, 1975), K. IMMELMANN und C. MEVES (1974), P. B. BATESON (1966) und W. SLUCKIN (1965).

13.4.2.1 *Die Objektprägung und Verwandtes*

Viele angeborene Verhaltensweisen werden durch unspezifische Schlüsselreize ausgelöst. Rhythmische Rufe und die verschiedensten bewegten Objekte lösen beim Graugansgössel kurz nach dem Schlüpfen die Folgereaktion aus. Es läuft ebensogut einem Menschen wie einer Gans oder einem vor ihm hergezogenen Kistchen nach. Folgt es einem solchen Objekt auch nur kurze Zeit, so bleibt es dabei. Lief das Gössel z. B. einem Menschen nach, konnte man es später nicht mehr dazu bringen, der wirklichen Mutter nachzulaufen (K. LORENZ 1935). Es ist bezüglich seiner Folgereaktion auf den Menschen geprägt. Für Hühner- und Entenküken gilt ähnliches, allerdings nur im optischen Bereich. Akustisch reagieren sie sehr selektiv auf die Lockrufe der eigenen Art (S. 147; G. GOTTLIEB 1965 a, b). Durch diese angeborene Präferenz verringert sich die Wahrscheinlichkeit von Fehlprägungen.

Die Aussage, ein Tier sei auf etwas geprägt, bezieht sich immer nur auf eine bestimmte Reaktion, deren auslösende Reizsituation festgelegt wird. Im eben genannten Beispiel war es die Nachfolgereaktion. Buntbarsche unterscheiden oft artfremde von arteigenen Jungen und fressen die fremden auf. *Hemichromis bimaculatus*-Paare bevorzugen jedoch fremde Brut vor der eigenen, wenn man ihnen beim ersten Brutzyklus statt der eigenen fremde Eier unterschiebt (A. MYRBERG 1964). Hier werden also Brutpflegereaktionen auf ein Objekt geprägt, und das gilt auch für Verhaltensweisen anderer Funktionskreise, wie etwa der Fortpflanzung oder des Nahrungserwerbs. Eine Dohle, die man als Nestling aufzieht, wird sich beim Flüggewerden wohl einem Dohlenschwarm anschließen, wenn sie dazu Gelegenheit hat. Im folgenden Jahr wird sie jedoch zur Balzzeit den Menschen anbalzen, auch wenn Artgenossen zur Verfügung stehen. Sie ist in bezug auf ihre geschlechtlichen Reaktionen auf den Menschen geprägt und zieht ihn ihresgleichen vor (K. LORENZ 1931). Dies ist um so erstaunlicher, als hier die Prägung offensichtlich zu einem Zeitpunkt stattfindet, zu dem das Tier noch gar keine sexuellen Verhaltensweisen zeigt (Abb. 13.21 und 13.22).

13.21 Beispiele sexuell geprägter Tiere: Der auf Stockenten geprägte Hahn watete regelmäßig zu den Enten ins Wasser. Besonders häufig tat er dies an diesem Entenkäfig, weil er hier besonders nahe an die Enten herankommen konnte. Oft schwammen sie nämlich weg, wenn er sich näherte.

13.22 Noch in ihrem 7. Lebensjahr verhielten sich diese drei zusammen aufgewachsenen Brauterpel homosexuell, obgleich zahlreiche Weibchen vorhanden waren. Nistplatzsuchend inspizieren sie eine Brutkiste. Foto: F. Schutz (1965 a, b)

Die Triebhandlungen selbst erfahren bei den geprägten Tieren keinerlei wesentliche Änderungen. Ein menschengeprägter Lachtäuber *(Streptopelia risoria)* wirbt mit den gleichen Verhaltensweisen um die menschliche Hand, mit denen er normalerweise um ein Weibchen wirbt, und menschengeprägte Täubinnen fordern die Hand zum Paarungsfüttern auf und ducken sich vor ihr in Paarungsstellung (E. Klinghammer 1967).

K. Lorenz (1935) führte die Bezeichnung Prägung ein, und er stellte zum erstenmal die kennzeichnenden Kriterien dieses Vorganges zusammen, den bereits O. Heinroth und D. A. Spalding kannten.

1. Eine Prägung findet immer nur in einer bestimmten *sensiblen Periode* statt. Verstreicht diese Zeit, kann das Tier nicht mehr geprägt werden. Diese sensible Periode muß aber nicht unbedingt auf die ersten Lebenstage oder Wochen beschränkt sein, Zeitpunkt und Dauer können nach Art der auf ein Objekt geprägten Reaktion bei ein und demselben Tier unterschiedlich sein. Für die Folgereaktion der Enten liegt die sensible Periode zwischen der 13. und 16. Stunde nach dem Schlüpfen. E. H. Hess (1959) bestimmte sie, indem er die bis dahin dunkel gehaltenen Entenküken in einer besonderen Prägungsapparatur 1–35 Stunden nach dem Schlüpfen prägte (Abb. 13.23). Sie durften dabei eine Stunde lang einer Stockerpelattrappe folgen, die mit eingebautem Mikrophon lockte. Dann kamen sie wieder ins Dunkel. Zur Prüfung setzte Hess die Entchen noch einmal in die Apparatur, wo sie zwischen einer Männchenattrappe und einer Weibchenattrappe wählen konnten. Beide Attrappen waren zunächst ruhig, nach einer Minute riefen beide, und zwar die Männchenattrappe ein künstliches »go go go go«, die Weibchenattrappe dagegen den auf Tonband aufgenommenen natürlichen Lockruf. Beim dritten Test rief nur die Weibchenattrappe, und beim vierten schließlich bewegte sie sich auch noch, während die Männchenattrappe ruhig blieb. Wenn in allen diesen Versuchen das auf die Männchenattrappe geprägte Entchen auf die Männchenattrappe zulief, dann galt die Prägung als 100 %ig. Das Ergebnis ist aus den Kurven ersichtlich (Abb. 13.24). Die Stärke der Prägung nimmt proportional der gefolgten Strecke zu. Das erklärt wohl Beginn und Zunahme der Prägbarkeit. Das Jungtier ist

13.23 Die Prägungsversuche von E. H. HESS. Die Versuchsanordnung: Die vom Schlüpfen bis zum Versuch (1–35 Stunden nach dem Schlüpfen) in einer Schachtel dunkel gehaltenen Küken werden direkt aus dieser Schachtel in die Kreisbahn gesetzt, wo eine Stockerpelattrappe mit eingebautem Lautsprecher durch einen von einem Uhrwerk getriebenen Arm im Kreis geführt wird. Jedes Tier blieb eine Stunde bei der Attrappe. Nach einer Pause im Dunklen wurden sie, wie im Text beschrieben, geprüft.

anfangs zu schwach zum Folgen. Je älter es wird, desto besser kann es das. Für das Aufhören der Prägbarkeit könnten heranreifende Fluchtreaktionen verantwortlich sein (E. FABRICIUS 1951, E. H. HESS 1959).

2. Die erworbene Kenntnis des auslösenden Objektes wird zeitlebens behalten, während sonst gerade das Vergessen ein wesentliches Merkmal alles Erlernten ist. Das Gelernte wird aber nicht nur behalten, sondern das Objekt der Prägung auch zeitlebens bevorzugt; die Prägung ist *therapieresistent* bis *irreversibel.* Man kann zwei menschengeprägte Wellensittiche in einem verhängten Käfig dazu bringen, miteinander zu balzen und zu brüten. Zeigt man sich aber den Tieren, dann balzen beide den Menschen an, die Paarbindung zerbricht, und die Brut wird vernachlässigt (HELLMANN, zitiert nach K. LORENZ 1954 b). F. SCHUTZ (1965) zog Entenerpel verschiedener Artzugehörigkeit mit Hühnern, Gänsen und Erpeln anderer Arten auf und entließ sie nach einigen Wochen des Beisammenseins auf einen See, auf dem auch Artgenossen umherschwammen, die sie bis dahin nicht gesehen hatten. Nun hatten sie die Wahl. Es stellte sich heraus, daß die Erpel im folgenden Frühjahr meist die Prägungsart anbalzten, und zwar in den meisten Fällen nicht das Stiefgeschwister, sondern ein anderes Individuum der Prägungsart.

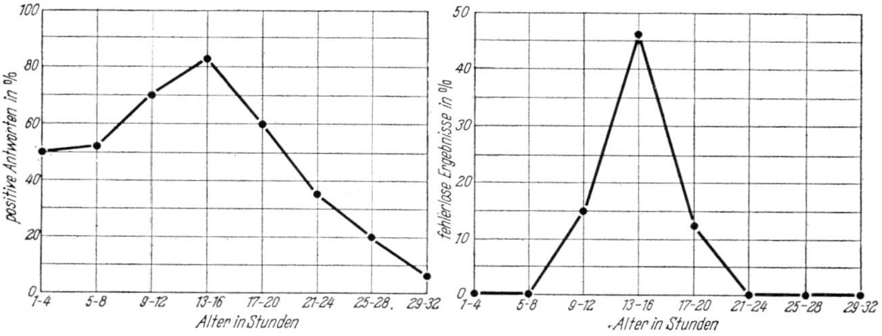

13.24 Die sensible Periode wird durch die Kurvengipfel um die 13.–16. Stunde nach dem Schlüpfen angezeigt. Links: Durchschnitt der positiven Antworten; rechts: Prozentsatz der Tiere, die in allen vier Testsituationen fehlerlos wählten. Abszisse: Alter in Stunden. Aus E. H. HESS (1959)

In zahlreichen Fällen zeigte sich Prägung erst *nach* einer Verpaarung mit einem Weibchen der eigenen Art, wenn sie dieses durch Unfall verloren oder von ihm künstlich getrennt wurden. Selbst erst nach ein- oder zweijähriger artgemäßer, ganz normaler Verpaarung kann die prägende Wirkung der Jugendeindrücke erstmals in Erscheinung treten (SCHUTZ 1968). In weiteren Versuchen hat SCHUTZ (1965 b) Erpel auf gleichgeschlechtliche Artgenossen geprägt und sie dann dazu gebracht, sich mit Enten ihrer Art zu verpaaren. Aber die geprägte homosexuelle Bevorzugung blieb großenteils bestehen. W. M. SCHEIN (1963) prägte drei Putenhähne auf Menschen und drei auf Artgenossen. Alle waren gleich zahm. In Abwesenheit paarungsbereiter Puten balzten später alle den Menschen an, und wenn sie andererseits in Abwesenheit des Menschen paarungsbereite Puten sahen, warben sie alle um diese und paarten sich mit ihnen. Sowie aber gleichzeitig Menschen und Puten zur Auswahl standen, warben die menschengeprägten Hähne um den Menschen und die putengeprägten um Puten. Diese Präferenz zeigten die Puter noch im Alter von 5 Jahren. K. IMMELMANN (1966) zog männliche Zebrafinken *(Taeniopygia guttata castanotis)* mit Weibchen der Mövchen *(Lonchura striata f. domestica)* auf. Danach balzten alle nur vor Mövchenweibchen. Jedes Männchen wurde nun zwangsweise mit einem Zebrafinkenweibchen gehalten. Sie balzten, brüteten und zogen Junge auf. Als man danach im Wahlversuch ihre Präferenz prüfte, zogen sie Mövchen den arteigenen Weibchen vor.

3. Als Merkmale des Prägungsobjektes greift das geprägte Tier nur überindividuelle, artkennzeichnende Merkmale heraus. Ein auf Branderpel geprägter Stockerpel balzt alle Branderpel an, und eine menschengeprägte Graugans folgt allen Menschen.

4. Geprägt wird immer nur eine bestimmte Reaktion auf ein bestimmtes Objekt. Für eine von K. LORENZ (1935) aufgezogene Dohle war der Mensch Eltern- und Geschlechtskumpan*. Sie flog jedoch mit Nebelkrähen (Flugkumpan) und nahm schließlich junge Dohlen als Kindkumpane an.
5. Die Festlegung des Objektes einer Triebhandlung kann, wie im oben erwähnten Fall sexueller Prägung, zu einem Zeitpunkt erfolgen, zu dem die betreffende Triebhandlung noch gar nicht ausgereift ist.
6. Bei der Prägung der Nachfolgereaktion der Enten erwies sich die in einen kurzen Zeitraum zusammengedrängte Übung als wirksamer, beim Assoziationslernen dagegen eine Verteilung der Übungen über einen längeren Zeitraum. Strafreize verstärken die Prägung, während sie sonst die Ablehnung des assoziierten Reizes bewirken (E. H. HESS 1959).

Von den hier aufgezählten Merkmalen der Prägung gelten einige auch für andere Lernvorgänge, so die sensible Periode und das Erlernen überindividueller Merkmale, das außerdem keineswegs bei allen prägungsähnlichen Lernvorgängen stattfindet. Für die Prägung scheinen in erster Linie die unter Punkt 2 genannten Merkmale kennzeichnend, vor allem der von E. H. HESS bemerkte Vorrang der ersten während der sensiblen Periode gemachten Erfahrungen vor solchen, die danach gesammelt werden. Aus dieser Tatsache folgt die Irreversibilität.

Die unter 5 angeführte Feststellung, derzufolge eine Objektprägung auch für eine Handlung stattfinden kann, die sich erst später nach Reifung manifestiert, kann nicht als erwiesen gelten. Beim erwähnten Beispiel sexueller Prägung könnte man die Zuwendung des Jungtieres zu einem Objekt zunächst durchaus als erstes bereits vorhandenes Glied der Kette sexueller Verhaltensweisen auffassen. Es könnte durchaus selbstbelohnend und vom eigentlichen Paarungsakt relativ unabhängig sein. Die Motivation einer solchen Zuwendung muß also zunächst einmal erforscht werden, bevor wir Aussagen über das Vorhandensein oder Nichtvorhandensein sexuell motivierten Verhaltens beim Jungtier machen können.

Wie bei allen »injunktiven« Begriffen (B. HASSENSTEIN 1955) ist eine scharfe Abgrenzung der Prägung gegen andere Lernvorgänge nicht immer möglich. Auch sind Übergänge zum normalen Assoziationslernen zu erwarten (E. KLINGHAMMER 1967).

Eine Objektprägung findet vor allem dann statt, wenn das Objekt der Triebhandlung arm an auslösenden Signalen ist. Die Entenweibchen verschiedener Arten sehen einander oft recht ähnlich. Sie sind tarnfarbig und zeigen kaum auffällige Signale. Die Erpel hingegen besitzen sehr auffällige

* Kumpan = Partner in einem bestimmten Funktionskreis.

Auslöser (grüner Kopf und weißer Halsring). Dementsprechend unterscheidet sich auch die Prägbarkeit der verschiedenen Geschlechter. Der Stockerpel muß sein unscheinbares Weibchen kennenlernen, er wird in seiner normalen Entwicklung darauf geprägt. Zieht man ihn mit anderen Arten auf, nimmt er diese als Geschlechtskumpane. Die Ente dagegen ist in ihren geschlechtlichen Verhaltensweisen nicht so prägbar. Sie kennt angeborenermaßen die auslösenden artspezifischen Signale des Männchens. Selbst wenn man sie mit anderen Arten aufzieht, wird sie später nur die arteigenen Erpel anbalzen (K. LORENZ 1935, F. SCHUTZ 1964; S. 180).

Wildfarbene und weiße Zebrafinken *(Taeniopygia guttata castanotis)* beiderlei Geschlechts wurden je zur Hälfte von Zieheltern der eigenen und der anderen Farbvariante aufgezogen und ihre Paarbildung in großen Volieren beobachtet. Alle Männchen balzten unabhängig von ihrer eigenen Gefiederfarbe Weibchen der Farbe ihrer Aufzuchteltern an. Entsprechend reagierten die Weibchen nur auf das Werben von Männchen in der Farbe der Aufzuchteltern. Die Prägung auf die Gefiederfarbe der Aufzuchteltern führte so zu einer sexuellen Isolierung zwischen Individuen mit unterschiedlicher sozialer Früherfahrung. Die natürliche Gefiederfarbe wurde in diesen Versuchen nicht bevorzugt (K. IMMELMANN und Mitarbeiter 1978).

Sexuelle Objektprägungen bewirken Kreuzungsbarrieren zwischen nah verwandten Arten, was bei sich rasch entwickelnden Artengruppen wichtig ist. Da in die erworbene Objektkenntnis mehr Merkmale eingehen als über einen angeborenen Auslösemechanismus, werden Verwechslungen zwischen einander ähnlich sehenden verwandten Arten eher vermieden. Das trifft unter anderem für die afrikanischen und australischen Estrildiden zu (K. IMMELMANN 1970).

Auf prägungsähnliche Fixierungen auf die Nahrungswahl und auf Wirtspflanzen wiesen wir bereits hin, und wir vermerkten, daß eine solche gelernte Fixierung Schrittmacher in der Evolution sein kann. Es gibt ferner so etwas wie Heimatprägungen. A. T. SCHOLZ und Mitarbeiter (1976) wiesen experimentell nach, daß Lachse auf den Geruch ihrer Heimatgewässer geprägt sind (S. 640).

13.4.2.2 Motorische Prägung (die Bildung persistenter Motorschablonen oder motorischer Sollmuster)

Während bei der Objektprägung das eine Instinkthandlung auslösende Objekt gelernt wird, erwirbt das Tier bei der motorischen Prägung während einer sensiblen Periode ein Erinnerungsbild, das durch spätere Eindrücke nicht gelöscht wird; nach ihm lernt es schließlich eine Bewegungsfolge. Buchfinken lernen ihren Gesang nur während der ersten 13 Lebensmonate. Gegen Ende der sensiblen Periode nimmt die Lernfähigkeit für einige Wochen besonders zu. Es genügt aber, wenn sie den Gesang zu einem Zeitpunkt zu hören bekommen, an dem sie selbst nicht singen. Buchfinken, die W. THORPE im September, also lange bevor sie selbst sangen, von den Eltern trennte und isolierte, sangen im nächsten Frühjahr ein normales Lied. Das Gehörte wird nicht vergessen (W. H. THORPE 1958 a). O. HEINROTH (zitiert nach K. LORENZ 1954 b) machte einmal Tonaufnahmen von Schwarzplättchen *(Sylvia atricapilla)*. Im gleichen Raum hielt er 12 Tage alte Nachtigallen *(Luscinia megarhynchos)*, die damals nur den Bettellaut von sich geben konnten. Insgesamt konnten diese Tiere etwa eine Woche lang den Schwarzplättchengesang hören. Als sie im folgenden Frühjahr zu singen begannen, überraschten sie HEINROTH mit dem kompletten Schwarzplättchengesang, der in jeder Einzelheit mit dem aufgenommenen Gesang übereinstimmte. Der Weißkopfammer *(Zonotrichia leucophrys)*, der örtlich verschiedene Gesangsdialekte besitzt, lernt diese in einer sensiblen Lernphase. Zwischen dieser kriti-

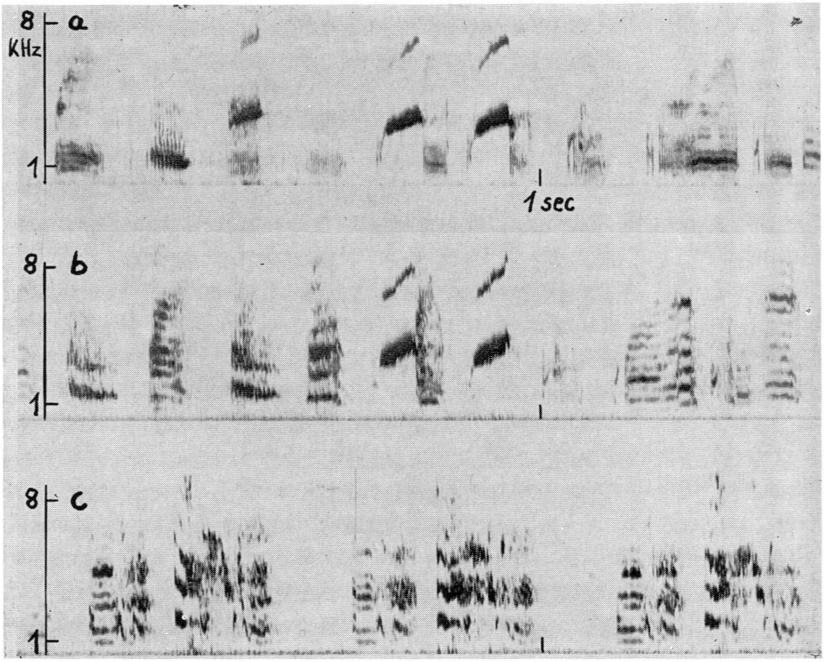

13.25 Klangspektrogramme: a) eines japanischen Mövchens; b) eines von a aufgezogenen Zebrafinken; c) eines normal aufgewachsenen Zebrafinken (natürlicher Vater von b). Ordinate: Frequenzspektrum in kHz; Abszisse: Zeit in sec. K. IMMELMANN (1965)

schen Periode und dem Gesangsbeginn liegen einige Monate. Die Tiere müssen also das Gehörte im Gedächtnis behalten (P. MARLER und M. TAMURA 1964). Von Mövchen aufgezogene Zebrafinken-Männchen lernen den Gesang des Stiefvaters, den sie während der Aufzuchtzeit hören. Der Erwerb ist bereits vor dem eigenen Sangbeginn abgeschlossen. Auch wenn ein Zebrafink nur die ersten 35 Tage den Mövchengesang hörte und danach immer nur Artgenossen, singt er später wie ein Mövchen und bleibt dabei (Abb. 13.25). Aber auch Weibchen merken sich das, was sie als Jungvögel hörten. Sie singen es nur normalerweise nicht. Verabreicht man ihnen jedoch männliche Geschlechtshormone, singen sie den Gesang der Prägungsart (K. IMMELMANN 1965). Nach M. KONISHI (1965 b) gilt gleiches für die Weibchen des Weißkopfammers. Bei der motorischen »Prägung« wird bisweilen offenbar zu einem Zeitpunkt gelernt, an dem das zu lernende Verhalten nicht einmal in Ansätzen vorhanden ist.

13.4.2.3 Prägungsähnliche Lernvorgänge bei Säugern – Dauerfolgen sozialer Entbehrung

Über Prägung bei Säugetieren gibt es Beobachtungen (U. GRABOWSKI 1941, B. GRZIMEK 1949 b, H. H. SAMBRAUS 1973). Huftiere (Schafe, Fohlen, Ziegen) lassen sich in bezug auf ihre Nachfolgereaktion ähnlich wie Graugänse auf den Menschen prägen, wenn er kurz nach deren Geburt die Elternstelle einnimmt. Hunde durchleben zwischen ihrer 4. und 6. Woche eine kritische Periode der Entwicklung sozialer Beziehungen. Sie knüpfen in dieser Zeit ein enges soziales Band zu Artgenossen oder zum Menschen als deren Vertreter, gleich, ob man sie bestraft, füttert oder indifferent behandelt. Wie J. P. SCOTT und J. L. FULLER (1965) hervorheben, scheint der innere Prozeß, der dieser Anschlußbereitschaft zugrunde liegt, entscheidender zu sein als die äußeren Faktoren.

Säugermütter entwickeln zu ihren Jungen ebenfalls oft prägungsartige Fixierungen. Ziegen sind nur während einer 5 Minuten dauernden Periode unmittelbar nach der Geburt bereit, ihr Junges zu akzeptieren. Läßt man ein Jungtier gleich nach seiner Geburt 5 Minuten lang bei der Mutter, dann kann man es anschließend für 2 Stunden entfernen. Die Mutter wird es bei seiner Rückkehr als das ihre erkennen und annehmen. Fremde Zicklein lehnt sie dagegen ab. Entfernt man das Zicklein jedoch unmittelbar nach der Geburt, dann wird die Mutter es verstoßen, wenn man es ihr nach zwei Stunden bringt. Sie sieht es als fremd an (P. KLOPFER 1971). Die sensible Periode findet möglicherweise ihre physiologische Erklärung im Hormonhaushalt der Mutter. S. J. FOLLEY und G. S. KNAGGS (1965) wiesen darauf hin, daß der Oxytocinspiegel der Mutter unmittelbar nach der Geburt etwa 5 Minuten lang sehr hoch ist; danach sinkt er auf ein niedrigeres Niveau. Die Ausschüttung des Hormons wird durch eine mechanische Erweiterung des Cervix ausgelöst. Man kann das auch bei jungfräulichen Tieren bewirken (E. B. KEVERNE und K. M. KENDRICK 1992, LEVY und Mitarbeiter 1992).

Man kennt mittlerweile eine ehige Wühlmaus der Gattung *Microtus*. Zum Unterschied von einer ihr nahverwandten promisken Art geraten Männchen und Weibchen der ehigen Art bei erster sexueller Begegnung in eine Art Begattungsrausch. Sie paaren sich mehrere Dutzend Male hintereinander, wobei es zu massiven Oxytocinausschüttungen kommt. Danach erweisen sie sich als unzertrennlich, putzen sich gegenseitig, sitzen beieinander. Und werden die Jungen geboren, dann beteiligt sich das Männchen an der Brutpflege (H. N. WINSLOW und Mitarbeiter 1993).

Beim Menschen kommt es beim Gebären, beim Stillen und in beiden Geschlechtern beim Orgasmus zu einer Oxytocinausschüttung (A. LABHARD 1978). Das mag vergleichbare Bindebereitschaften zwischen Mutter und Kind und zwischen den Geschlechtspartnern induzieren. Näheres dazu in I. EIBL-EIBESFELDT (1984), »Humanethologie«.

Beim Trinken assoziieren junge Ratten bestimmte Gerüche, die später auch das Saugen auslösen. Da bestimmte geruchliche Reize, die das Paarungsverhalten auslösen, denen, die Saugen auslösen, ähneln, prüften TH. J. FILLION und E. M. BLASS (1986), ob frühkindliche geruchliche Erfahrungen Reizschlüssel für die Auslösung späteren sexuellen Verhaltens liefern. Sie parfümierten die Region des Gesäuges und des Umfeldes der Vagina säugender Weibchen mit Citral. Nach dem Abstillen wurden die von parfümierten Müttern aufgezogenen Männchen von den Müttern getrennt – und im Alter von 100 Tagen mit sexuell rezeptiven Weibchen verpaart, von denen eine Gruppe perivaginal mit Citral parfümiert worden war. Die Männchen ejakulierten schnell, wenn sie mit citralbehandelten Weibchen verpaart wurden, waren aber langsam, wenn sie mit normalen Weibchen zusammenkamen. Das Phänomen möglicher geruchlicher Prägung bei Säugern einschließlich des Menschen verdient weitere Beachtung.

Soziale Deprivation führt bei höheren Säugern oft zu dauerhaften Störungen des adulten Sozialverhaltens. H. und M. HARLOW (1962 a, 1962 b) zogen Rhesusaffen ohne Mütter auf. Die Tiere hatten nur Mutterattrap-

---

* MARIA MONTESSORI benützte bereits den Begriff der sensiblen Periode in der Beschreibung menschlicher Entwicklung. »Es handelt sich um besondere Empfänglichkeiten, die in der Entwicklung, d. h. im Kindesalter, der Lebewesen auftreten. Sie sind von vorübergehender Dauer und dienen nur dazu, dem Wesen die Erwerbung einer bestimmten Fähigkeit zu ermöglichen . . .« (M. MONTESSORI 1952, S. 61).

pen, die entweder mit Stoff bespannt waren oder nur aus einem Drahtgeflecht bestanden. An den Attrappen war ein Sauger befestigt, aus dem die Äffchen Milch saugen konnten. Die so aufgezogenen Affen erwiesen sich später als schlechte Mütter. Sie ließen sich die Jungen ohne Widerstand wegnehmen, säugten die Kleinen nicht oder erst nach einiger Zeit und mißhandelten sie sogar (Abb. 13.26). Die frühkindliche Entbehrung führt zu empfindlichen Störungen des späteren Sozialverhaltens.

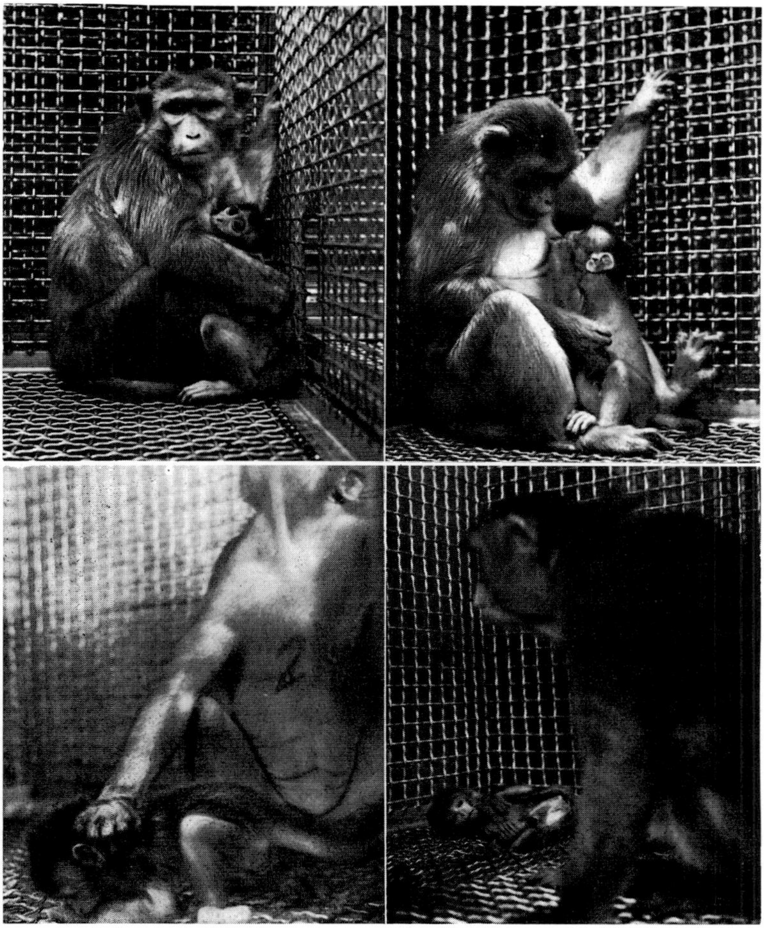

13.26 a) und b): Normale Rhesusaffenmütter betreuen ihre Jungen auch in der Gefangenschaft sehr sorgfältig; c) und d): isoliert aufgewachsene Rhesusaffen dagegen verhalten sich ihren eigenen Jungen gegenüber gleichgültig, ja bisweilen sogar ablehnend oder aggressiv. Foto: SPONHOLZ, University of Wisconsin, Primate Laboratory, H. HARLOW und M. HARLOW (1962 a, b)

Auch das Gedeihen des menschlichen Säuglings ist nicht allein von der körperlichen Hygiene und Ernährung abhängig, vielmehr ist der persönliche Kontakt als Entwicklungsanreiz von ausschlaggebender Bedeutung. Im ersten Lebensjahr kann bereits eine kurze Trennung von der Mutter schwere Störungen hervorrufen, die sich zunächst im rapiden Absinken des Entwicklungsquotienten äußern. Mehrmonatige Trennung führt dann oft zu irreparablen Schädigungen, auch die Kindersterblichkeit ist in solchen Fällen hoch (R. SPITZ 1945, 1946, 1951, W. GOLDFARB 1943, J. BOWLBY 1952, A. DÜHRSSEN 1960). Besonders in der zweiten Hälfte des ersten Lebensjahres geht das Kind eine persönliche Bindung mit der Mutter oder Pflegemutter ein. Diese Bindung ist die Voraussetzung für die Entwicklung des »Urvertrauens« (E. H. ERIKSON 1953), einer ganz grundsätzlichen Einstellung zu sich selbst und zur Welt. Das Kind lernt, daß man sich auf einen Partner verlassen kann, und diese positive Grundeinstellung ist ein Eckpfeiler der gesunden Persönlichkeit. Wird die Beziehung gestört, dann entwickelt sich ein Urmißtrauen. Zu einer solchen Entwicklung kann u. a. ein längerer Spitalaufenthalt in der zweiten Hälfte des ersten Lebensjahres führen. Das Kind wird dort zwar ebenfalls versuchen, engen Kontakt mit einer Ersatzmutter herzustellen, aber keine Schwester kann sich so intensiv um einen Säugling kümmern, daß eine solche Bindung auch ermöglicht würde. Die Schwestern wechseln zu oft, so daß angebahnte Kontakte immer wieder unterbrochen werden. Das in seinen Kontaktwünschen enttäuschte Kind verfällt nach kurzer Rebellion in Apathie. Im ersten Monat des Spitalaufenthaltes klammert es sich an einen Pfleger und ist weinerlich. Im zweiten Monat schreit es viel und verliert an Gewicht. Im dritten Monat der Trennung schließlich wimmern solche Kinder nur noch leise und werden zuletzt ganz apathisch. Holt man sie nach drei- bis viermonatiger Trennung nach Hause, dann erholen sie sich wieder. Nach noch längerem Spitalaufenthalt können dauerhafte Schäden entstehen. Die Kinder bleiben dann trotz bester hygienischer Wartung und guter Ernährung in ihrer Entwicklung zurück; es scherzt eben niemand mit ihnen, und keiner wiegt sie auf den Armen. Von den 91 Kindern eines Findelhauses, die R. SPITZ (1945, 1965) untersuchte und die schon vom dritten Lebensmonat an von den Müttern getrennt lebten, starben 34 bis zum Ende des zweiten Jahres. Der Entwicklungsquotient der Überlebenden betrug 45 % des Normalen. Die Kinder standen praktisch auf dem Niveau von Idioten. Noch mit vier Jahren konnten viele von ihnen weder stehen noch laufen oder sprechen. In diesem Findelhaus hatte eine Schwester 10 Kinder zu betreuen. In einem anderen Heim, in dem die Mütter ihre Kinder viel selbst betreuen durften, starb keines, und die Kinder entwickelten sich normal. Überleben diese »Kaspar Hauser der Liebe«, wie man sie wohl nennen könnte, dann erweisen sie sich im späteren Leben oft als gemütsarm und kontaktgestört. Sie sind entweder nur zu sehr oberflächlichen Kontakten fähig oder gänzlich kontaktscheu und verschlossen. Viele Delinquenten rekrutieren sich aus dieser Gruppe. Diese Beobachtungen von R. SPITZ bedürfen noch weiterer sorgfältiger Prüfung. Das betrifft insbesondere die Frage, wieweit die Schädigungen irreversibel sind und wieweit sie allein auf emotionelle Faktoren (fehlende Partnerbindung) zurückzuführen sind. W. DENNIS (1960) hat dem widersprechende Angaben veröffentlicht.

Da heute die Bedeutung einer festen Bezugsperson für das Kind gerne heruntergespielt wird und oft auch die Meinung vertreten wird, frühkindliche Verwahrlosungsschäden wären stets reparabel, sei auf eine Untersuchung von W. TRESS (1986) hingewiesen, der 40 Personen, die eine schwere Kindheit hatten, untersuchte, von denen ein Teil psychisch krank, der andere dennoch gesund blieb. Wichtigster Faktor für eine gesunde Weiterentwicklung trotz schwerer Belastung in der Kindheit war eine verläßliche Bezugsperson!

Beim Menschen ist der Hospitalismus sicher das krasseste Resultat von Liebesentzug, aber in der normalen Entwicklung des Menschen gibt es verschiedene Grade frühkindlicher Erfahrung dieser Art, die sich wohl oft erst später äußert. So ist der Säugling sicherlich an einen engen körperlichen Kontakt mit der Mutter angepaßt, und er erlebt ihn auch bei allen jenen Völkern, die ihre Kinder mit sich tragen. Diese Geborgenheit vermißt das in den Kinderwagen oder ins Bett abgelegte Kind unseres Kulturbereiches. Was das für die spätere Entwicklung bedeutet, wissen wir keineswegs, aber die uns eigene nüchterne, sachlich-kritische Einstellung der Welt gegenüber kann, ebenso wie manche Neurosen, hier ihre Wurzel haben. M. MEAD (Neudruck 1965) hat einige Eigentümlichkeiten verschiedener Kulturen mit unterschiedlichen frühkindlichen Erfahrungen zu deuten versucht. Allerdings muß man bei dem heute noch recht lückenhaften Stand des Wissens mit der Interpretation sehr vorsichtig sein und eine plausible Deutung nicht einer kausalen Erklärung gleichsetzen. M. MEAD schreibt z. B., daß die Mundugumor, ein Stamm Neuguineas, ihre Kinder nur unwillig stillen, heftig von der Brust reißen, schreien lassen und auch sonst unsanft behandeln. Darin liege die Wurzel ihrer späteren Aggressivität. Die Arapesh Neuguineas dagegen, die schon als Kinder eine innige und warme, gewährende Beziehung zur Mutter haben, sind als Erwachsene freundlich und friedlich. So besehen, paßt das alles gut zusammen, aber ob in dieser Säuglingsbehandlung wirklich die Ursache des späteren Erwachsenenverhaltens liegt, ist noch nicht erwiesen. Es gibt eine ganze Reihe extrem kriegerischer Stämme, die ihre Kinder durchaus liebevoll und freundlich behandeln. Dazu gehören die Nilotohamiten, von denen ja insbesondere die Masai extrem aggressiv sind. Von einer Mißhandlung der Kinder ist aber dort keine Rede. Im Gegenteil, die Kinder werden am Leib der Mutter getragen, gehätschelt und gepflegt und von den kriegerischen Vätern lieb umsorgt (Näheres bei I. EIBL-EIBESFELDT 1984).

Auch die weitere Entwicklung des Menschenkindes weist auf sensible Perioden hin. Im europäischen Rassenkreis beginnt das Kind im zweiten und dritten Lebensjahr, sich handelnd und untersuchend mit seiner Umwelt auseinanderzusetzen. Wird diese Selbstentfaltung im Übermaß behindert und das Kind wegen seines anfangs zerstörerischen Experimentierens allzuviel bestraft und nicht geführt, dann werden die Impulse zu selbsttätiger Handlung abgedrosselt. Es kommt dann auch nicht zu gestaltender Betätigung. Fürs ganze spätere Leben können diese Kinder die Fähigkeit, den eigenen Vorstellungs- und Gedankenstrom frei zu lenken, einbüßen und sich in Initiative und Arbeitshaltung als gestört erweisen (A. DÜHRSSEN 1960).

Um das fünfte Jahr erlebt das Kind eine kritische Periode (»ödipale Phase«, S. FREUD), die für sein ganzes späteres Geschlechtsleben von Bedeutung ist. Es reifen die sexuellen Antriebe, und das geschlechtsspezifische Verhalten wird festgelegt. Dabei wird das Gegengeschlecht zum Übungsobjekt für partnerschaftliches Verhalten. Ein Knabe sucht in diesem Alter den körperlichen Kontakt mit der Mutter, kriecht in ihr Bett und ist zärtlich. Zur gleichen Zeit identifiziert er sich mit dem Vater, der als Vorbild dient. Verhält sich nun die Mutter zu stark abweisend, dann kann dies manchmal zur homosexuellen Entwicklung führen. Aber auch zu nachgiebiges oder gar verführerisches Verhalten der Mutter leitet gelegentlich Fehlentwicklungen ein. Der Knabe kann sich zu stark sexuell an die Mutter binden, was zu Schuldgefühlen dem Vater gegenüber führt. So werden zumindest die nachweisbaren sexuellen Antriebsstörungen psychoanalytisch gedeutet.

Mädchen suchen beim Vater Anschluß, der damit das Übungsobjekt für partnerschaftliches Verhalten wird, gleichzeitig übernehmen sie die Rolle der Mutter. Klagt diese jedoch über ihre Frauenrolle und tritt sie betont männlich auf, dann erschwert dies die Identifizierung. Man sieht darin eine Wurzel der weiblichen Homosexualität. Im gleichen Sinne kann auch ein abstoßender Vater das Verhalten eines Mädchens beeinflussen.

Es handelt sich hier im wesentlichen um Annahmen. Sie klingen plausibel, aber der Nachweis für ihre Richtigkeit ist noch nicht erbracht worden. Manches an den psychoanalytischen Deutungen ist sicher falsch. Das gilt insbesondere für den oft postulierten Inzestwunsch und die angeblich damit verbundene Kastrationsfurcht der Knaben, die angeblich fürchten, auf diese Weise vom Vater für ihre inzestuösen Wünsche der Mutter gegenüber bestraft zu werden (zur Inzesthemmung siehe S. 593).

Die Erfahrungen aus der ödipalen Phase wirken über einen Prozeß der Identifikation. Sie dürften zunächst nur die Bereitschaft bewirken, eine bestimmte Sexualrolle zu übernehmen. Objektfixierungen für die sexuellen Triebhandlungen dürften erst später stattfinden. Aus der Sexualpathologie kennt man so merkwürdige Fehlprägungen wie Taschentuch- oder Schuhfetischismus, und in manchen Fällen kann man sie auf frühe sexuelle Erlebnisse zurückführen (R. v. KRAFFT-EBING 1924). Auch Homosexualität könnte letztlich auf eine Objektprägung zurückzuführen sein, wobei eine bestimmte Prädisposition für eine bestimmte Geschlechtsrolle in der ödipalen Phase erworben werden kann. Allerdings gibt es auch veranlagungsbedingte hormonale Bereitschaften für Homosexualität (siehe dazu ausführlich meine Humanethologie 1984). Die Parallelen zu geprägter Homosexualität bei Tieren sind aber oft auffällig. Dies gilt insbesondere auch für die erstaunliche Therapieresistenz. Ob echte Heilung überhaupt möglich ist, könnte noch mit dem Pupillentest von E. H. HESS (1965) geprüft werden.

In der Pubertät dürfte es schließlich eine sensible Periode geben, in der der Jugendliche besonders empfänglich für neue Werte ist. Er neigt dazu, sich mit einer sozialen Gruppe zu identifizieren, und ist dann oft in seiner politischen oder religiösen Grundeinstellung für sein späteres Leben festgelegt.

13.4.3 Neugierverhalten und Spiel

Eine sehr auffällige angeborene Lerndisposition der Tiere drückt sich in Neugier und Spiel aus. Stellen wir in einen von Ratten befallenen Raum irgendeinen neuen Gegenstand, dann wird dieser alsbald von allen Ratten erkundet. Sehr vorsichtig wird eine nach der anderen an den Gegenstand heranschleichen, anfangs immer wieder ein Stück zurückflüchtend. Schließlich werden die Ratten den Gegenstand, zuerst wohl zögernd, beschnuppern, benagen, dann erklettern und markieren. Haben sie ihn erkundet, dann verlieren sie das Interesse daran. Und ähnlich untersuchen alle höheren Säuger schnuppernd, schauend, nagend, beißend, scharrend oder sonst irgendwie manipulierend einen ihnen neuen Gegenstand. Was ist nun das Typische an diesem Erkunden?

Beobachten wir es genauer, dann stellen wir fest, daß das erkundende Tier sich abwechselnd dem Gegenstand des Interesses nähert und sich von ihm wieder entfernt. Es nimmt mit seinen Sinnes- und Erfolgsorganen den Kontakt auf und setzt sich nach einer Weile wieder ab, um sich von neuem in etwas anderer Weise – quasi unter neuem Gesichtswinkel – mit dem Gegenstand auseinanderzusetzen. Das Tier wird von dem Objekt angezogen, klinkt aber nicht starr in ein bestimmtes Verhalten ein, sondern hat die Fähigkeit, sich wieder von ihm zu lösen. Und diese Fähigkeit zur Distanzierung ist die Voraussetzung für jede dialogartige Auseinandersetzung. Sie ist typisch für das Neugiererkunden und das Spielen. In der Ontogenese des Menschenkindes kann man gut verfolgen, wie sich diese Fähigkeit erst nach und nach entwickelt. Beginnt das Kind, nach Gegenständen zu greifen, dann klinkt es zunächst in eine starre Handlungsfolge ein, es packt zu, führt den Gegenstand zum Mund und beginnt dann zu lutschen; dabei bleibt es dann anfangs. Bald darauf kann das Kind das Objekt bereits vom Munde wegführen, es betrachten, neuerlich belutschen, dann vielleicht ablegen und mit der anderen Hand ergreifen. Nun ist die starre Handlungsfolge aufgebrochen, und das Kind ist fähig zu erkunden. Wir werden noch erörtern, daß in dieser Fähigkeit, neuen Abstand zu nehmen, eine der Wurzeln der menschlichen Freiheit liegt.

Die meisten Säugetiere sind zumindest in ihrer Jugend ausgesprochene »Neugierwesen«, die einem inneren Antrieb folgend aktiv neue Situationen aufsuchen und erkunden. Im Neugierverhalten unterscheiden sich die Tiergruppen qualitativ und quantitativ. Primaten und Raubtiere sind z. B. neugieriger als Nager, und innerhalb der Nager sind die Stachelschweinartigen neugieriger als die Mäuseartigen. Die Eichhörnchenartigen halten etwa die Mitte. Nager benagen ihnen neue Objekte und horten sie gelegentlich. Affen betrachten die Gegenstände und probieren verschiedenes mit den Händen, die *Cercopithecinae* mehr als die *Colobinae.* Aber auch manche Fische und Vögel sind neugierig. Ist ein Gegenstand genauer erkundet, dann erlischt das Interesse allmählich (St. E. Glickmann und R. W. Sroges 1966, A. Wünschmann 1963; Abb. 13.27).

Offenbar existiert ein Lerntrieb, den man als »Neugier« bezeichnet. Es läßt sich nachweisen, daß sowohl der Drang besteht, neue motorische Fertigkeiten zu erlernen als auch Eindrücke zu empfangen und auf diese Weise Kenntnisse zu erwerben. Das haben z. B. Dressurversuche ergeben. Rhesusaffen lernten ein Zusammensetzspiel ohne irgendeinen anderen Anreiz als den der Aufgabe (H. Harlow, M. Harlow und D. Meyer 1950). Sie lernten ferner eine bestimmte Aufgabe, wenn sie als Belohnung dafür aus ihrem Käfig schauen durften (R. Butler 1953, weitere Beispiele bei E. R. Hilgard 1956).

Dem Explorierverhalten scheinen eigene Neuronen zugeordnet zu sein. B. R. Komisaruk und J. Olds (1968) leiteten von einzelnen Neuronen im lateralen Hypothalamus und in der preoptischen Region der Ratten elektrische Aktivität ab, wenn die Tiere explorierten. Elektrische Reizung dieser Orte ist lustbetont, denn Ratten lernen, einen Hebel zu drücken, wenn sie sich dadurch in dieser Region selbst reizen können.

Der Trieb zu explorieren unterdrückt unter bestimmten Bedingungen,

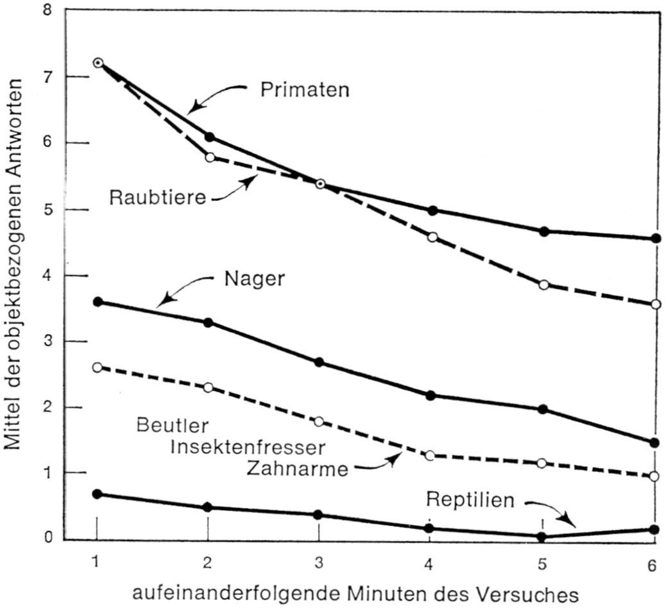

13.27 Die mittlere Reaktionsbereitschaft gegenüber Testobjekten im Verlauf einer 6-Minuten-Periode. Um die Zuwendung zu einem Objekt zu messen, teilten die Autoren die 6 Minuten in 72 5-Sekunden-Perioden. Beschäftigte sich ein Tier während einer solchen 5-Sekunden-Periode mit dem Objekt, dann wurde dies vermerkt. So erhielt man die Wertskala, die in der Ordinate eingetragen ist. Die Kurven geben die durchschnittlichen Werte der Kontaktdauer an. Sie wurden aus je vier Begegnungen mit verschiedenen Objekten errechnet. Zweierlei wird deutlich: 1. Höhere Säuger beschäftigen sich mit neuen Objekten intensiver als niedere Säuger und Reptilien; 2. bereits innerhalb einer 6-Minuten-Periode flaut das Interesse am neuen Gegenstand ab. Aus St. E. Glickmann und R. W. Sroges (1966)

z. B. wenn ein Tier in eine neue Umgebung versetzt wird, die meisten übrigen Triebe, die hohe Fluchtbereitschaft ausgenommen. Daß die Nichtbeachtung dieser Tatsache zu Fehlern bei der Deutung von Versuchen führte, besprachen wir am Beispiel des Nestbauverhaltens der Ratte.

Dieser Trieb zu lernen liegt sicherlich auch den Spielen der Tiere zugrunde. Jeder kann im allgemeinen erkennen, wann ein Tier spielt und wann es ernsthaft tätig ist, dennoch ist eine Definition des Spieles nicht leicht zu geben. »Das Tier arbeitet«, schreibt F. Schiller, »wenn ein Mangel die Triebfeder seiner Tätigkeit ist, und es spielt, wenn der Reichtum an Kraft diese Triebfeder ist.« Diese Bemerkung kennzeichnet eine Wurzel des Spieles sehr treffend. Ein Tier spielt wirklich nur dann, wenn es satt, nicht durstig und auch sonst von keinen anderen Aufgaben in Anspruch genommen ist. Das Spiel ist gewissermaßen von keiner unmittelbaren Notwendigkeit diktiert. Es hat jedoch für die normale Entwicklung des Tieres eine große Bedeutung. Was spielen ist und wozu es dient, wird uns klar, wenn wir die Verbreitung dieses Verhaltens und die verschiedenen Spielformen genauer untersuchen. Da wird zunächst einmal auffallen, daß nur die höchststehenden Lerntiere wirklich spielen, jene, die aus eigener Initiative neue Situationen aufsuchen, also neugierig sind und neue Verhaltensweisen erproben, um daraus zu lernen. Insekten spielen ebensowenig wie Fische oder Lurche. Dagegen spielen sehr viele Säuger, vor allem als Jungtiere, und einige Vögel. Das weist darauf hin, daß das Spielen mit dem Lernen zu tun hat, und wir werden im folgenden sehen, wie sich das Tier im Spiel mit seiner Umwelt auseinandersetzt. Es experimentiert mit den Umweltdingen und lernt so deren Eigenschaften kennen. Es sammelt Erfahrungen im Spiel mit seinesgleichen (siehe S. 520, explorative Aggression) und lernt auch die Möglichkeiten seines eigenen Bewegungskönnens kennen. Spielen heißt immer, einen Dialog mit der Umwelt führen, und dieser Dialog findet aus innerem Antrieb statt. Man könnte einen eigenen Spieltrieb annehmen. Ich neige jedoch mehr zur Ansicht, daß der auch aller Neugier zugrundeliegende Trieb zu lernen zusammen mit einem starken motorischen Antriebsüberschuß zur Erklärung des Spielphänomens ausreicht. Gelernt wird bei spielerischen Experimenten ebenso wie etwa bei den unermüdlich wiederholten Bewegungsspielen. Es ist in diesem Zusammenhang bemerkenswert, daß Tiere beim Spielen richtige Moden entwickeln, d. h. sie spielen zu bestimmten Zeiten ein ganz bestimmtes Spiel besonders häufig, und zwar, bis sie das dabei Geübte auch wirklich gut können; dann verlieren sie das Interesse daran und wenden sich neuen Spielen zu (I. Eibl-Eibesfeldt 1950a).

Ein Tier kann im Spiel mit seinesgleichen kämpfen, jagen oder vor einem Raubfeind flüchten, um nur einige Beispiele zu erwähnen, aber meist wird sich sein Spiel sehr deutlich vom entsprechenden Ernstverhalten unterscheiden: Es fehlt der spezifische Ernstbezug. Ein fluchtspielendes Tier flieht nicht wirklich. Die ernsthaft flüchtende Ratte kommt nicht so bald und dann nur zögernd wieder aus dem Bau hervor. Die fluchtspielende Ratte dagegen kommt unvermittelt wieder. Verfolgen zwei Iltisse einander spielerisch, dann wechseln häufig die Rollen von Verfolger und Verfolgtem, was ebenfalls im Ernstfalle nicht vorkommt. Balgen sie sich spielerisch, sind sie beißgehemmt, es fehlt das den Ernstkampf begleitende Drohgehaben. Das gilt für kampfspielende Ratten oder Eichhörnchen ebenso wie für irgendein spielerisch kämpfendes Raubtier. Totenkopfäffchen piepsen unentwegt, wenn sie sich spielerisch balgen. Hört dieses Spielpiepsen auf, dann wird aus dem Spiel Ernstkampf (P. Winter, D. Ploog und J. Latta 1966) (Abb. 13.28).

Das Verhalten kann ferner viele Male wiederholt werden, was besonders

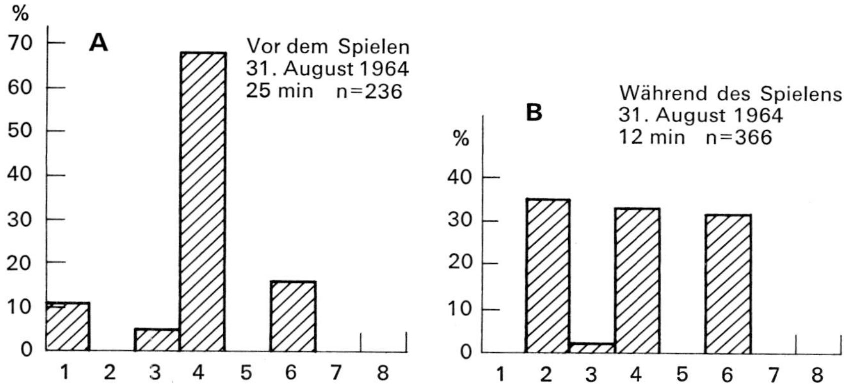

13.28 Vokalisationsspektrum von Totenkopfäffchen kurz vor und während des Spiels. Der Laut Nr. 2, das sog. Spielpiepen, tritt nur während des Spiels auf. Die Spiele haben in bestimmten Lebensaltern einen rauhen Charakter. Der Laut gehört zu den Besänftigungssignalen. Die enge Verflechtung von Verhaltensanalyse und zugehöriger Vokalisation ist eine der Methoden zur Ermittlung des Informationsgehaltes eines Signals.
1) Piepen und Tschirpen 4) Kakeln 7) Keckern
2) Spielpiepen 5) Bellen 8) Schreien
3) Zwitschern/Trillern 6) Tschörr/Quarren
Aus P. Winter, D. Ploog, J. Latta (1966)

auffällt, da sich Instinkthandlungen im allgemeinen recht schnell erschöpfen. Ein Hund apportiert ein Stück Holz viele Male, er kann sich so lange mit einem anderen Hund im Spiel balgen, bis körperliche Ermüdung oder ein neuer ablenkender Umweltreiz dem ein Ende setzt.

Wie ist das zu deuten? Zunächst könnte man daran denken, daß es sich bei den im Spiel gezeigten Verhaltensweisen um unreifes Instinktverhalten handle. Das trifft aber häufig nicht zu. Tiere balgen sich auch dann noch spielerisch mit allen sozialen Hemmungen, wenn sie bereits ernsthaft miteinander kämpfen können, was jeder an Hunden beobachten kann. Es erscheinen zwar im Spielkampf eine Reihe von Erbkoordinationen, die auch dem Ernstkampf zugeordnet sind, die Bewegungen treten jedoch von ihrer eigentlichen Funktion unabhängig auf. Sie kommen auch nicht in der Ordnung, in der sie im Ernstfalle aufzutreten pflegen, und es werden sogar Verhaltensweisen verschiedener Funktionskreise miteinander kombiniert, die sich im Ernstfalle gegenseitig ausschließen (z. B. sexuelles Verhalten mit Kampfverhalten und Beutefangverhalten). Es sieht so aus, als würden diese Bewegungen nicht von den ihnen normalerweise vorgesetzten Instanzen in Gang gebracht. Die Bewegungen untergeordneter Integrationsniveaus werden vielmehr einzeln und für sich aktiviert und nicht der ganze Instinkt im Tinbergenschen Sinne (I. Eibl-Eibesfeldt

1951c, 1953a, M. Meyer-Holzapfel 1956). Das würde auch erklären, weshalb die subjektiven Korrelate, die im Ernstfall einen Kampf begleiten, beim Spielkampf meistens fehlen. Sie klingen, wie auch die Hirnreizversuche von E. v. Holst und U. v. Saint Paul (S. 305) zeigen, nur dann an, wenn die Bewegungen von höheren Integrationsniveaus aus aktiviert werden. Erst durch diese Unabhängigkeit von den ihnen normalerweise vorgeschalteten Stellen vermag das spielende Tier über seine Bewegungen frei zu verfügen. Es kann sie in immer neuer Weise mit anderen kombinieren und so mit seinem eigenen Bewegungskönnen experimentieren.

Vom unausgereiften Auftreten dissoziierter Verhaltensmuster in der Ontogenese niedrigen Integrationsniveaus (S. 366) ist das Spielen zu unterscheiden. Ein kampfspielender Hund kann ja, wie gesagt, durchaus auch ernsthaft kämpfen. Dennoch vermute ich, daß die Fähigkeit, Handlungen vom hierarchischen System abzukoppeln, mit dieser aufsteigenden Integration stammesgeschichtlich zu tun hatte, indem sie diese gewissermaßen als Präadaptation zur Voraussetzung hatte.

Bemerkenswert ist, daß in der Ontogenese auch derjenigen Tiere, die nicht spielen, zunächst eine spielerische Selbständigkeit der Bewegungen festgestellt werden kann. Das beobachtete J. P. Kruijt (1964) in der Ontogenese der Kampfhandlungen von Bankiva-Hühnern. Sobald es jedoch bei diesen Tieren einmal zu einer geschlossenen Folge von Kampfhandlungen kam, bleiben diese in einer Art linearer Hierarchie miteinander verschweißt, anders als bei Säugern, wie etwa den Katzen, bei denen die Beutefanghandlungen immer auch spielerisch aus der Ablauffolge der Ernstsituation herausgelöst werden können (P. Leyhausen 1965a).

Es ist erwiesen, daß Tiere im Spiel wirklich für das spätere Leben Nützliches lernen. Iltisse z. B. lernen im Spiel die Orientierung des für die Paarung notwendigen Nackenbisses (S. 374), und der Spechtfink lernt die Anwendung des Werkzeuges (S. 476). Schimpansen, denen das Handhaben von Stöcken fremd ist, kommen nicht darauf, daß man eine außerhalb des Käfigs liegende Banane mit einem Stock heranholen kann. Nach dreitägigem Spiel mit Stöcken lösen sie diese Aufgabe jedoch innerhalb von 20 Sekunden (H. G. Birch 1945). Voraussetzung für diese Freiheit des Spielens ist, daß das spielende Tier nicht durch die adäquate auslösende Reizsituation und innere Motivation wirklich kampf-, flucht- oder jagdgestimmt ist. Das Spiel vollzieht sich, wie G. Bally (1945) so treffend sagt, im »entspannten Feld«. Es bedient sich zwar angeborener Verhaltensweisen, doch erfahren die »instinktiven Nötigungen« (Bally) eine Lockerung. Das entspannte Feld wird dem Jungtier zunächst durch den Brutschutz der Eltern gewährt, der die Tiere der Notwendigkeit enthebt, selbst Nahrung zu suchen, und sie vor Feinden bewahrt. Erwachsene Tiere spielen ebenfalls nur in Sicherheit und vor allem dann, wenn sie satt sind. Meine

Spechtfinken spielten regelmäßig nach dem Fressen. Sie nahmen die übriggebliebenen Mehlwürmer, steckten sie in Spalten und Löcher und stocherten sie wieder heraus. Besonders gerne schoben sie einen Mehlwurm in einen gespaltenen Ast; auf jeder Seite stand dann ein Fink und schubste seinem Partner den Mehlwurm zu, der ihn wiederum mit seinem Hölzchen zurückstieß. Außerhalb der Fortpflanzungszeit singen die Singvögel ihre an Variationen reichsten und damit schönsten Lieder. Sie »dichten«, wie der Vogelliebhaber sagt. Meine jungen Iltisse balgen sich regelmäßig spielerisch nach der Fütterung, und so hielt es auch mein Dachs (I. Eibl-Eibesfeldt 1950a, 1956c).

Die Spielhandlungen werden zwar aus einem inneren Antrieb ausgeführt, doch ist dieser Antrieb offenbar nicht mit jenem identisch, der den Verhaltensweisen im Ernstfalle zugrunde liegt. Die Spielhandlungen sind davon gewissermaßen »abgehängt«. Die »Abhängbarkeit der Handlungen von den Antrieben« ist nach A. Gehlen (1940) etwas für das menschliche Verhalten ungemein Charakteristisches. Durch sie wird ein Leerraum (Hiatus) zwischen den Bedürfnissen und den Erfüllungen geschaffen, in dem sich das planende menschliche Denken sachlich und nicht antriebsgestört entfalten kann. Die Wurzel zu dieser spezifisch menschlichen Freiheit finden wir jedoch bereits im tierischen Spiel.

Spiel und Ernst sind also in ihrer Ausgangsstimmung verschieden. Das Spiel ist im Idealfall zunächst ungerichtet. Das Tier kann kampfspielen, jagdspielen oder spielerisch experimentieren, je nach dem Aufforderungscharakter der Umwelt. Dieser Gegensatz ist jedoch nur die Regel, und oft tendiert ein Spiel deutlich nach der Seite eines bestimmten Funktionskreises; es gibt also Übergänge zwischen Spiel und Ernst. Mein Dachs wollte bisweilen, besonders gegen den Zeitpunkt seines Selbständigwerdens, nur kampfspielen und ging aus diesem Spiel manchmal sogar zu einer groben, sichtlich ernst gemeinten Beißerei mit Drohlauten über. Fehlte ihm ein Spielpartner, dann suchte er sich gelegentlich auch ein Ersatzobjekt. Ich beobachtete z. B. mehrmals, wie er einen Strauch androhte, dann die Zweige anstupste und zauste. Er forderte in durchaus typischer Weise den Strauch zum Kampfspiel auf. Bei jungen Kaninchen kann echtes Fluchtspiel, das mit einigen Quersprüngen und Haken begann, mit »ernstgemeinter« Flucht enden; das Tier drückt sich in einen dunklen Winkel.

Die Formen des Spieles sind sehr verschiedenartig, wir finden in den Zusammenfassungen von M. Meyer-Holzapfel (1956), K. Groos (1933), F. Buytendijk (1933), E. Inhelder (1955), O. Aldis (1975) und R. Fagen (1981) viele Beispiele. Bei Meyer-Holzapfel und C. Allemann (1951) sind die verschiedenen Spieltheorien ausführlich behandelt.

Wir können also folgende Kriterien des Spieles festhalten:

1. Im Spiel beobachten wir zwar Instinkthandlungen neben Erwerbkoordi-

nationen, beide laufen aber ohne Ernstbezug ab, obgleich es fließende Übergänge zwischen Spiel und Ernst gibt.

2. Im Spiel aufscheinende Instinkthandlungen sind offenbar von den ihnen vorgesetzten Antriebsmechanismen abgehängt, was ich dahingehend deute, daß nicht der gesamte Instinkt im TINBERGENschen Sinne aktiviert wird, sondern die verschiedenen Verhaltensweisen des unteren Integrationsniveaus einzeln für sich.
3. Das bringt unter anderem die freie Kombinierbarkeit dieser Verhaltensweisen mit sich, die selbst Verhaltensweisen verschiedener Funktionskreise mit einschließt, und erlaubt darüber hinaus einen beliebigen Rollenwechsel der Spielpartner. Ferner liegt darin wohl die Fähigkeit des *Abstandnehmens* begründet, die eine Voraussetzung für jede Art Dialog ist. Das ändert sich sogleich, wenn Ernstappetenzen anklingen.
4. Das Tier lernt im Spiel erwiesenermaßen für das spätere Leben Anwendbares, und in die Entwicklung mancher Verhaltensweisen ist die Spielerfahrung mit den Geschwistern geradezu »eingeplant« (Beutefang des Iltis, S. 374). Wir werden auf diesen Lernaspekt noch bei Besprechung der »Moden« zurückkommen (Bewegungsspiele, S. 410).
5. Es gibt eine deutliche Spielappetenz, der ein Neugiertrieb zugrunde liegt, d. h. einen Mechanismus, der das Tier dazu drängt, neue Situationen aufzusuchen und mit neuen Dingen zu experimentieren. Ein starker motorischer Antrieb kommt dazu. Spielappetenz und Lernappetenz haben wohl eine gemeinsame Wurzel, Spiel ist eine Form des aktiven Lernens.

Legt man diese Kriterien zugrunde, dann ist wirkliches Spielen nur bei höheren Säugern und einigen Vögeln nachgewiesen, so beim Kolkraben (E. GWINNER 1966) und beim Turm- und Heuschreckenfalken (O. KOEHLER 1966a). Ob Fische wirklich spielen, wenn sie sich mit dem Durchlüftungsstrom wiederholt hochtragen lassen, müßte noch genau geprüft werden. Das gilt auch für den Tapirrüsselfisch, der Gegenstände auf der Schnauze balanciert (M. MEYER-HOLZAPFEL 1956). Es spielen ja nicht einmal alle Säuger. Bei den meisten Mäusearten kann man z. B. kein Spielen beobachten (I. EIBL-EIBESFELDT 1958).

Tiere, die mit ihresgleichen als Erwachsene kämpfen, üben sich in Kampfspielen (Abb. 13.29 und 13.30). Diese unterscheiden sich deutlich vom Ernstkampf durch das Erhaltenbleiben aller sozialen Hemmungen (Beißhemmung), durch das Fehlen von bestimmten Drohhandlungen und den raschen Rollenwechsel. Beißt z. B. ein spielender Iltis oder eine Ratte eine andere einmal zu derb, so ruft der Gebissene und hemmt so den Partner. Zwischen Spielraufereien sind Verfolgungsjagden eingeschaltet, bei denen sich Verfolger und Verfolgter in rascher Folge ablösen. Iltisse springen dabei katzbuckelnd hin und her, das Gesicht zum Partner ge-

13.29 Sich spielerisch balgende Jungiltisse. Foto: I. EIBL-EIBESFELDT

wandt, ein Verhalten, das wohl als Spielaufforderung zu deuten ist. Ähnliches beobachtet man bei Dachsen. Hunde spielen Überholen und Wegabschneiden (J. LUDWIG 1965). Hier ist es schwer, zwischen Kampf- und Beutejagdspielen eine Grenze zu ziehen. Bei den Verfolgungen ist immer der Verfolger mehr bei der Sache, indem er den anderen einzuholen sucht. Dies steht im Gegensatz zu den Fluchtspielen vieler Pflanzenfresser, die tunlichst zu entkommen trachten. Eichhörnchen laufen beim Fluchtspiel seitlich um Baumstämme, wobei jedes versucht, den Baumstamm zwischen sich und seinen Spielgefährten zu bringen. Dabei bemüht sich keines, das andere einzuholen, sondern flitzt in Deckung, sobald es das andere auftauchen sieht. Im Ernstfall laufen die Eichhörnchen so vor einem Raubvogel in Deckung. Sehr verbreitet sind Versteckspiele und spielerisches Verteidigen eines Ortes. Meine zahmen Iltisse verkrochen sich gerne unter Tüchern und schauten nur mit dem Kopf heraus. Kam ein anderer in die Nähe, griffen sie ihn an. So verteidigten sie auch den von ihnen besetzten Papierkorb und anderes mehr. Hirschkälber verteidigen gerne spielerisch kleine Hügel (F. DARLING 1937); ähnliches kann man auch bei jungen Ziegen beobachten.

Bei Jagdspielen werden Beutefanghandlungen wie Einholen und Umwerfen der Beute, Totschütteln, Anschleichen und dergleichen mehr geübt. Oft bedienen sich die Tiere dazu verschiedener Ersatzobjekte, die sie wie Beute behandeln. Die Katze spielt mit einem Wollknäuel, ein Löwe behandelt seine Geschwister, der Hund einen Ball wie Beute. Es kommt dabei zu erstaunlichen Leistungen. Ein mir bekannter Pudel trug einen Ball wiederholt eine Böschung hinauf, legte ihn dort ab und schubste ihn die Böschung hinunter, dann lief er nach und fing ihn wieder. Seelöwen der Galápagos-Inseln tauchen nach Steinen, werfen sie in die Luft und fangen sie wieder auf. Im Ausdrucksverhalten sind solche Jagdspiele von den Balgereien und Verfolgungen spielerisch kämpfender Tiere meist deutlich unterschieden. Es fehlen z. B. die Gebärden der Spielaufforderung. Oft aber gibt es Mischformen zwischen beiden.

13.30 Miteinander und mit Erwachsenen spielende Junglöwen (Amboseli, Ostafrika). Foto: I. Eibl-Eibesfeldt

O. Aldis (1975) beschreibt in seiner ausgezeichneten Monographie über Kampfspiele, wie Hunde einen anderen einladen, sich an einem Wettstreit um ein Objekt zu beteiligen. Sie zeigen einem anderen etwa einen Ball, indem sie ihn auffällig in die Luft heben oder auf den Boden ablegen, und fordern ihn so heraus. Versucht der, das Objekt wegzunehmen, dann läuft der andere schnell damit davon, und es entwickelt sich ein spielerischer Wettstreit. Bei freilebenden Hyänenhunden hat man ähnliches beobachtet (W. Kühme 1965).

Quantitative Untersuchungen der Kampfspiele von Pavianen *(Papio anubis)* ergaben, daß Männchen mehr und derber miteinander spielen als Weibchen und daß ältere häufiger ein Kampfspiel initiieren. Gleichgeschlechtliche Partner werden als Spielgefährten bevorzugt, ferner gibt es Freundschaften. Kampfspielende drohen nie (N. W. Owens 1975 a, b).

Von besonderem Interesse sind die Bewegungsspiele und das spielerische Experimentieren mit Objekten. Bei den Bewegungsspielen experimentiert das Tier mit seinem eigenen Bewegungskönnen. Es springt umher, wechselt häufig die Richtung, wälzt sich am Boden und erfindet dabei auch neue Bewegungskoordinationen. Seelöwen vergnügen sich in freier Wildbahn mit Wellenreiten. Mein schon erwähnter Jungdachs lernte einmal zufällig das Vorwärtsrollen und übte diese Fertigkeit so lange, bis er in ganzen Purzelbaumserien einen Wiesenabhang hinunterrollen konnte.

Ein anderes Mal begann er auf einer abschüssigen vereisten Straße zu schlittern. Er war ganz zufällig darauf gekommen, aber kaum hatte er es entdeckt, übte er es unermüdlich. Die Tiere verhalten sich bei diesen Bewegungsspielen nicht anders als Kinder, die alle Arten der Fortbewegung, auf den Hacken gehend, balancierend und dgl. mehr, durchprobieren und dabei Neues lernen (Abb. 13.31). Wahrscheinlich lernen viele Tiere im Spiel auch ihren eigenen Körper kennen. Sie spielen mit ihren Gliedmaßen ebenso wie mit ihrem Schatten.

Neue Erfindungen werden bei Tier und Mensch als Moden eine Weile beibehalten. W. Köhler (1921) berichtet, daß seine Schimpansen neu erfundene Spiele eine Zeitlang beibehielten. Einmal angelten sie mit Stökken verschiedene Gegenstände herbei, ein anderes Mal hatten sie entdeckt, daß man Hühner anlocken und dann verscheuchen kann; die Moden wechselten. Als mein aufgezogener Jungdachs das Vorwärtsrollen erfunden hatte, konzentrierte er sich eine Zeitlang fast ganz auf dieses Spiel.

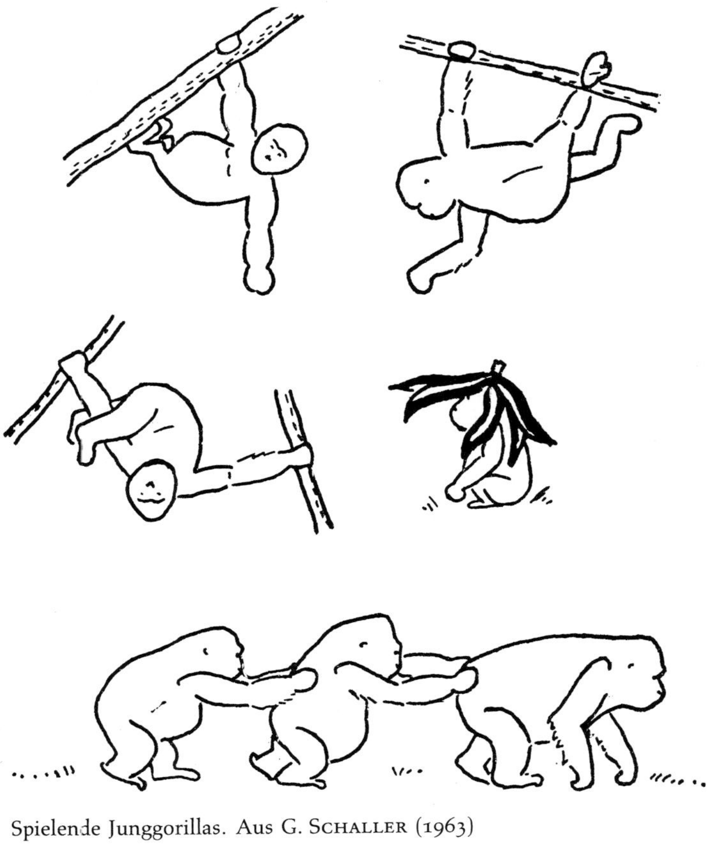

13.31 Spielende Junggorillas. Aus G. Schaller (1963)

Dasselbe Tier suchte stets den Kontakt mit dem Pfleger und versuchte, wenn man es ausgesperrt hatte, mit großer Ausdauer, zu ihm zu gelangen. Dabei erkletterte es einmal das niedere Zimmerfenster; als ihm das geglückt war, verlor es eine Zeitlang das Interesse am Pfleger, lief sogleich durch die diesmal offene Tür hinaus und kletterte von neuem durch das Fenster herein. Das wiederholte es viele Male. Bei einem Steinmarder beobachteten wir wiederholt ein ganz ähnliches Verhalten. Wenn wir auf einem erhöhten Eßplatz speisten, pflegte uns der Marder über eine Treppe zu besuchen, um Futter zu betteln und mit uns zu spielen. Als es ihm einmal nach wiederholten vergeblichen Versuchen glückte, einen kürzeren Kletterweg zum Eßplatz zu besteigen, vergaß er uns völlig und lief die Stiege abwärts, um seinen Kletterweg von neuem zu probieren. Das wiederholte er mehrmals. Beim spielerischen Experimentieren manipuliert das Tier mit den verschiedensten Dingen. Es nagt an ihnen und erwirbt Materialkenntnis, wirft die Dinge umher und bringt sie in die verschiedensten Lagebeziehungen zu anderen Objekten, nimmt sie auseinander und fügt sie wieder zusammen. Bei Tieren überwiegt allerdings das Zerlegen, doch kennt man von Affen echte Konstruktionsspiele. Wie schon erwähnt, erregt jeder neue Gegenstand das Interesse des Tieres, vor allem des jugendlichen. Ist ein Gegenstand erkundet, sinkt das Interesse des Tieres allmählich ab, und es spielt weniger mit ihm (E. INHELDER 1955, A. WÜNSCHMANN 1963).

Beim spielerischen Experimentieren machen die Tiere Erfindungen, die ihnen nützlich sind. Das klassische Beispiel bringt W. KÖHLER (1921). Sein Schimpanse Sultan war vor die Aufgabe gestellt, mit zwei ineinandersteckbaren Stöcken eine weit vor dem Käfiggitter liegende Banane herbeizuangeln. Nachdem er vergeblich versucht hatte, mit einem der dazu zu kurzen Stöcke die Banane heranzuholen, wandte er sich von der Aufgabe ab. Nach einer Weile begann er, sich spielerisch mit den Stöcken zu beschäftigen, und steckte sie dabei zufällig ineinander. Nun wandte er sich gleich wieder der liegengebliebenen Aufgabe zu und angelte die Banane herbei. INHELDER (1955) beschreibt, wie ein Wanderu *(Macaca silenus)* darauf kam, einen Ball in einen Eimer zu stecken, wie er das Spiel dann wiederholte und andere es ihm nachmachten.

Auch beim Menschen ist das Spielen ein Experimentieren mit den eigenen Fähigkeiten, sowohl in der Auseinandersetzung mit der außerartlichen Umwelt als auch mit dem Artgenossen. Als wesentliches neues Element kommt das konstruktive, oft von Vorbildern geleitete Spielen hinzu (Abb. 13.32). Es wäre noch zu untersuchen, wieweit diesen Konstruktionsspielen des Menschen spezifische angeborene Dispositionen zugrunde liegen. Es fällt auf, daß Kinder in einem bestimmten Alter Vorliebe z. B. für das Hüttenbauen entwickeln. Stadtkinder, die nie vorher Gelegenheit

13.32 Das Konstruktionsspiel von El-Molo-Kindern. Oben die Szenerie am Lake Rudolf (Kenia) mit einer der typischen Hütten. Darunter die »Hüttenbauen« spielenden Kinder. Foto: I. Eibl-Eibesfeldt

hatten, Erwachsene dabei zu beobachten, kommen auf dem Lande spontan darauf, Baumnester oder Laubhütten zu bauen.

Vorzügliche Beschreibungen der im natürlichen Kontext beobachteten Buschmannspiele legt H. Sbrzesny (1976) vor. Neben dem körperlichen Übungswert der Spiele und ihrer Bedeutung bei der Vermittlung technischer Fertigkeiten hebt sie deren große sozialisierende und bindende Funktion hervor. Von besonderer Bedeutung ist dabei das Experimentieren im sozialen Bereich. Kinder fordern einander in explorativer Aggression heraus und lernen dabei aus den Reaktionen ihrer Spielpartner, wie weit sie gehen können, was provoziert und was Aggressionen beschwichtigt und abblockt. So erwerben sie soziales Geschick (siehe I. Eibl-Eibesfeldt 1984, »Humanethologie«).

Der Mensch kann auch in seiner Phantasie spielen. Schon Kinder teilen den Umweltdingen verschiedene Bedeutungen zu und übernehmen wohl selbst auch wechselnde Rollen. So überlagert die Phantasie die Realität (A. GEHLEN 1940). Wie jeder ferner aus Selbstbeobachtung weiß, spielen wir schließlich auch mit unseren Vorstellungen, wenn wir vor uns hinträumen. Auf die biologische Bedeutung dieser Fähigkeit werden wir im letzten Kapitel noch hinweisen.

Obwohl angeborene Dispositionen verschiedenster Art dem Ablauf von Spielen, etwa als Kampf- oder Jagdspielen, einen bestimmten Rahmen abstecken, ist das Spielen in erster Linie ein freies Handeln (G. BALLY 1945, J. HUIZINGA 1956). Das heißt, die Unabhängigkeit von Ernstantrieben erlaubt ein exploratives Wechselspiel von Distanzierung und Annäherung, wie wir es bereits eingangs besprachen. Bemerkenswert ist ferner, daß im Spiel sogar Potenzen der Tiere aktiviert werden, die sonst nicht zu beobachten sind. Schimpansen malen sogar spielerisch, wenn sie dazu Gelegenheit haben, und erzeugen dabei ansprechende Gebilde, die ein ästhetisches Grundempfinden für Symmetrie und Ausgewogenheit dokumentieren (D. MORRIS 1963). Darüber hinaus sind diese Bilder individueller Ausdruck. Von drei verschiedenrangigen Schimpansen einer Gruppe, die wir zum Malen anregten, hatte jeder seinen eigenen Stil, in dem sich die Ranghöhe widerspiegelte. Das ranghohe Männchen bemalte das ganze Blatt und kam dabei darauf, den Pinsel nach jedem Pinselstrich umzudrehen und in der Malspur Kurvenlinien zu zeichnen. Das ranghohe Weibchen füllte ebenfalls den gegebenen Raum großzügig mit Malspuren von der Mitte her. Bot man ihm mehrere Farben, so malte es regenbogenartige Gebilde. Das rangniedere Weibchen dagegen beschränkte sich darauf, einen engbegrenzten Fleck am unteren Bildrand zu bemalen. Es drückte dabei so fest auf, daß es das Papier aufrauhte (Tafel IX). Gab man ihm mehr Farbe, dann wich es nicht in den noch freien Raum aus, sondern malte im Zentrum des schon beschmierten Fleckes weiter, als würde es sich nicht weiter hinauswagen. Dies erinnert an den Baumtest der Psychologen: Gesunde Kinder malen bekanntlich nach allen Richtungen hin schön entfaltete Bäume, psychisch gestörte dagegen bringen nur unharmonisch entfaltete oder verkrüppelte Gebilde zustande.

Von den tierisches und menschliches Spielverhalten vergleichenden Monographien verdienen die von O. ALDIS (1975), R. FAGEN (1981) und H. SBRZESNY (1976) besondere Anerkennung. Sie sind ethologisch ausgerichtet und liefern dementsprechend sorgfältige, durch Bildbelege ergänzte Beschreibungen.

Zusammenfassung 13

Der Prozeß der Selbstdifferenzierung, in dem Neuronennetze bis zur Funktionsreife heranwachsen können, ist in einigen Teilbereichen aufgeklärt. So weiß man, daß von den auswachsenden Nervenenden viele lange Moleküle nach verschiedenen Richtungen hin auswachsen und Kontakt mit anderen Zellen und Zellstrukturen herstellen. Zu manchen zeigen sie Affinitäten, heften sich an und kontrahieren sich; sie ziehen so das mit ihnen verbundene Nervenende in eine bestimmte Richtung. Das entspricht genau den Vorstellungen, die R. SPERRY bezüglich des selektiven Nervenwachstums entwickelt hat.

In der Ontogenese treten oft besondere Verhaltensweisen auf, die bei Erwachsenen nicht wiederzufinden sind. Manche werden nur ein einziges Mal gebraucht, z. B. bei der Verpuppung oder beim Schlüpfen. Neben motorischen Fertigkeiten reifen auch Zielmechanismen und andere Verknüpfungen von Wahrnehmung und Verhalten, wie E. H. HESS elegant mit Hühnerküken nachwies, die Prismenbrillen trugen.

Höhere Wirbeltiere lernen viel; so das Eichhörnchen die Technik des Nüsseöffnens. Einige vorgegebene einfache Verhaltensmuster werden dabei über Versuch und Irrtum zu einem funktionellen Ganzen integriert. Beim Futterverstecken dagegen wird nur gelernt, wo man vergraben kann, nicht aber die Handlungsfolge, mit der dies geschieht. Zudem ist es den Eichhörnchen angeboren, bevorzugt an vertikalen Hindernissen zu verstecken.

Angeborene Lerndispositionen kanalisieren das Lernen, indem sie festlegen, was wann bevorzugt gelernt und was womit assoziiert wird. Galt früher die Annahme, daß alles, was räumlich und zeitlich in Verbindung auftritt, miteinander assoziiert werde, so wissen wir heute, daß es auch Assoziationen mit zeitlich zurückliegenden Ereignissen gibt. Körperliche Übelkeit assoziieren Ratten mit dem, was sie eine bestimmte Zeit vorher verzehrten. Strafreize wirken bei ein und demselben Tier in einem Funktionskreis abdressierend, im anderen bekräftigend. So wird bei vielen Vögeln und Säugern die Flucht zur Mutter durch Strafreize bekräftigt. Bei vielen höheren Wirbeltieren wird Wissen tradiert, so bei Vögeln die Feindkenntnis und der Gesang. Bei Säugern lernen die Jungen die ortsübliche Nahrung kennen, indem sie bei der Mutter mitfressen. Selbst individuelle Erfindungen, wie das Kartoffelwaschen der japanischen Makaken, halten sich durch Tradieren als protokulturelles Erbe in der Gruppe, in der die Erfindung gemacht wurde.

Unter dem Begriff Prägung faßt man Lerndispositionen zusammen, die sich dadurch auszeichnen, daß sich das Lernen auf eine kritische Periode beschränkt. Das einmal in dieser Zeit Gelernte behält Priorität und ist gegen Löschung therapieresistent. Im Falle der Objektprägung lernt ein Tier das Objekt bestimmter Triebhandlungen (z. B. das Sexualobjekt), und zwar in der Regel lange bevor die zu dem Objekt passenden Triebhandlungen ausgereift sind. In kritischen Perioden können auch Soll-Muster erworben werden, nach denen das Tier später ohne weiteres Vorbild lernt. So erwerben manche Singvögel in einer kritischen Periode die Referenzmuster, nach denen sie später ihren Gesang lernen. Auch hier gilt, daß eine spätere, aber noch vor Gesangsbeginn stattfindende Darbietung von weiteren Gesängen das in der kritischen Phase erworbene Bezugsmuster nicht löschen kann. Frühkindliche Deprivation kann bereits bei höheren Säugern zu bleibenden Verhaltensstörungen führen, da als obligat in die Entwicklung »eingeplante« Lernerfahrungen ausbleiben.

Vögel und Säuger lernen nicht nur passiv von sozialen Modellen und Ereignissen. Sie sind vielmehr neugiermotiviert und suchen von sich aus neue Situationen auf, um daraus zu lernen. Das Spielen ist ein eigener, im wesentlichen auf höhere Säuger und einige Vögel beschränkter Verhaltenstypus, der offenbar im Dienste des Lernens entwickelt wurde. Dadurch, daß im Spiel die Handlungen von den ihnen normalerweise vorgesetzten Instanzen (Antrieben) abgehängt werden können, schafft sich das Tier ein entspanntes Feld, und es versetzt sich in die Lage, mit seinem Bewegungskönnen zu experimentieren und sich dialogisch mit seiner Umwelt auseinanderzusetzen. Diese Fähigkeit, sich distanzieren zu können, steht an der Wurzel dessen, was wir als spezifische menschliche Handlungsfreiheit erleben.

14. Mechanismen des Lernens

Im täglichen Gebrauch versteht man unter Lernen den Erwerb neuer Fertigkeiten und Kenntnisse. Man kann den Begriff wissenschaftlich wohl immer dann anwenden, wenn sich die Wahrscheinlichkeit des Auftretens bestimmter Verhaltensweisen in bestimmten Reizsituationen änderte, und zwar als direkte Folge früherer Begegnungen mit dieser oder nur ähnlichen Reizsituationen und nicht etwa aufgrund von Reifungs- oder Ermüdungsvorgängen (E. R. HILGARD 1956, P. HOFSTÄTTER 1959).

In der Regel sind die durch Lernprozesse bewirkten Verhaltensänderungen adaptiv, sie tragen zum Überleben des Individuums bei. Lernen kann man daher im weiteren Sinne als adaptive Modifikation des Verhaltens bezeichnen (K. LORENZ 1969, 1973). Die Modifikationen reichen von einfachen Prozessen, wie jenen der Sensibilisierung und Gewöhnung, bis zu den mehr komplexen Mustern der Bildung bedingter Reaktionen und des Lernens am Erfolg.

Aus der Tatsache, daß die durch Umwelteinflüsse bedingten, mehr oder minder dauerhaften Modifikationen des Verhaltens adaptiv sind, folgt, daß es artspezifische Lernbegabungen geben muß, denn was eignungsfördernd ist, wechselt ja von Art zu Art. Das war ein Punkt, den Behavioristen lange Zeit nicht beachteten. Doch kamen die Anstöße zum Umdenken durchaus auch aus dem eigenen Lager (K. und M. BRELAND 1966; siehe auch S. 23).

Zunächst allerdings bemühte man sich, Gesetze des Lernens allgemeinster Gültigkeit zu erarbeiten, Lerngesetze, die für alle lernenden Tiere gelten, gleich, ob es sich um Wirbellose oder Wirbeltiere handelt. Das ist auch bis zu einem gewissen Grade gelungen und findet wohl seine Erklärung in der Tatsache, daß die neuronale Grundlage allen Verhaltens – also auch aller Verhaltensänderung durch Lernen – bei allen Vielzellern grundsätzlich die gleiche ist. Die Nervenzellen sind gleich gebaut, verfügen über einen ähnlichen Chemismus und arbeiten nach den gleichen Prinzipien. Das heißt nicht, daß es keine weiteren Wirkungsprinzipien geben könnte, durch die sich die Funktionsweise der Nervenzelle von Wirbellosen und Wirbeltieren oder höheren und niederen Wirbeltieren unterscheiden könnte. So legen G. LYNCH und M. BAUDRY (1984) eine biochemische Theorie des Säugergedächtnisses vor. Sie soll auf einem nur Säugern eigenen synaptischen Prozeß des Großhirns beruhen, in dessen Verlauf eine durch wiederholte Reizung bewirkte Ausschüttung bestimmter Überträgersubstanzen Calcium in der subsynaptischen Zone freisetzt, was die Proteinase Calpain aktiviere, die das Eiweiß Fodrin zerstöre und dadurch bisher verdeckte Glutamatrezeptoren freisetze. Das wiederum erhöhe die Stärke der postsynaptischen Antwort auf Transmittersubstanzen. Der Prozeß beschränkt sich auf das Großhirn der Säuger und könnte höheren Lernleistungen zugrunde liegen. Aber das ist, wie gesagt, zunächst eine interessante Annahme. Wir können gleich an dieser Stelle betonen, daß wir auch heute noch nicht wissen, wie das Gedächtnis zentralnervös gespeichert wird. Es herrschen da verschiedene Vorstellungen, die wir noch besprechen werden.

Zum Thema Lernen gibt es umfangreiche Literatur. Gute Übersichten findet man bei K. FOPPA ([6]1970), G. RAZRAN (1971), B. MCLAUGHLIN (1971), R. HINDE und J. STEVENSON-HINDE (1973) und M. E. P. SELIGMAN und J. L. HAGER (1972).

Diese Modifikabilität des Verhaltens setzt besondere Anpassungen der Organismen voraus. Das Lebewesen muß sich zunächst einmal etwas merken können. Es muß ferner so programmiert sein, daß es im Sinne seiner Eignung positive von negativen Erfahrungen unterscheiden kann und sein Verhalten dementsprechend adaptiv ändert. Das bedeutet unter anderem auch, daß ein Tier nicht jeden Umweltreiz unterschiedslos mit bestimmten Wahrnehmungen assoziiert. Dies ist ja auch nicht der Fall. Eine Ratte, die einmal von einem vergifteten Köder gekostet hat, meidet künftig den Köder, nicht den Ort, an dem sie ihn fand (F. STEINIGER 1950). Daß Geschmacks- und Geruchseindrücke einerseits mit visceralen Zuständen, Schmerzreize dagegen mit Gehörs- und Gesichtsreizen assoziiert werden, zeigten auch die Versuche von J. GARCIA und F. R. ERVIN (1968) und J. GARCIA, B. K. MCGOWAN und Mitarbeitern (1968).

Induziert man durch Röntgenbestrahlung Übelkeit, dann assoziieren die Ratten diesen Zustand mit dem, was sie einige Zeit zuvor verzehrten, und nicht mit den zum Zeitpunkt des Eintretens der Übelkeit gegenwärtigen Umständen. Bestraft man sie dagegen mit elektrischen Reizen, dann assoziieren sie das mit den zu diesem Zeitpunkt auftretenden Gesichts- und Gehörseindrücken. In diesem Sinne sind in ihre Wahrnehmung durchaus bewährte Hypothesen über kausale Beziehungen eingebaut. Entsprechend assoziieren wir bei Seekrankheit die Übelkeit mit bestimmten Gerüchen oder Speisen, nicht aber mit dem Anblick des Schiffes. Daß diese angeborene Programmierung von Art zu Art verschieden ist, erläuterten wir bereits anhand der angeborenen Lerndispositionen im Kapitel über die Ontogenese. Und gemäß diesen unterschiedlichen Dispositionen verhalten sich verschiedene Arten auch in künstlich uniformen Versuchssituationen oft recht unterschiedlich (K. GROSSMANN 1967). Was bei einer Dressur im Sinne einer Belohnung andressierend und was abdressierend wirkt, muß ein Tier vor aller Erfahrung »wissen«. Wie schließlich aus dem Spielkapitel klargeworden sein dürfte, kann ein Organismus so konstruiert sein, daß er nicht nur passiv an stattfindenden Ereignissen lernt, sondern aktiv – *neugierig* – Unbekanntes erkundet. Das setzt entsprechende motivierende Mechanismen voraus. Wir wollen im folgenden die Lernvorgänge, die ihnen zugrundeliegenden Motivationen und die Natur des Gedächtnisses diskutieren.

14.1 Die experimentelle Untersuchung der Lernvorgänge und ihrer Motivation

Als einfachsten Lernvorgang bezeichnet man im allgemeinen die Gewöhnung. Das Tier lernt, völlig passiv, gleichmäßig wiederholte Reize, denen keine weiteren biologisch bedeutungsvollen Ereignisse als positive oder negative Verstärkung folgen, nicht mehr weiter zu beantworten. Ein Krallenfrosch zuckt zusammen, wenn man an die Scheibe seines Behälters klopft. Wiederholt man das jedoch einige Male hintereinander, zeigt er keine Fluchtreaktionen mehr. Als weiteres Beispiel erwähnten wir bereits (S. 167) die Gewöhnung der Puten an häufig wahrgenommene Vogelflugbilder.

B. HASSENSTEIN (1973) hat eine sehr klare Unterscheidung der verschiedenen Lernvorgänge vorgenommen und sie jeweils auch durch Funktionsschaltbilder erläutert. Er beschreibt bedingte Reflexe, bedingte Appetenzen, bedingte Aktionen, bedingte Aversionen, bedingte Hemmungen, kombinierte Lernformen aus guter und schlechter Erfahrung, Prägung, motorisches Lernen und soziales Imitationslernen. Wir haben bereits einige dieser Lernvorgänge besprochen.

Bedingte Reaktionen (bedingte Reflexe)* = *classical conditioning:* Bläst man einen dünnen Luftstrahl gegen die Cornea, dann löst dies den Lidschlagreflex aus. Kündigt man das Ereignis durch einen un-

* bedingt = erfahrungsbedingt

mittelbar vorangehenden Summerton an, dann wird dieser Ton, der normalerweise keinen Lidschlag auslöst, zuletzt, auch wenn er allein geboten wird, einen Lidschlag hervorrufen. Das Nervensystem hat einen neuen Reflexzusammenhang hergestellt. Beleuchtet man die Pupille eines Säugers, dann verengt sie sich. Verbinde ich mit diesem »unbedingten« Reiz ein Glockensignal, dann wird dieser Reiz mit jenem assoziiert, und die Pupille verengt sich schließlich allein auf das Geräusch hin. Von Zeit zu Zeit muß man eine solche Assoziation allerdings wieder durch gleichzeitiges Darbieten von unbedingten und bedingten Reizen auffrischen, sonst erlischt die bedingte Reaktion allmählich, und das Tier reagiert nicht mehr auf den bedingten Reiz. Die Bildung bedingter Reaktionen wurde vor allem von I. P. Pawlow und seiner Schule genau untersucht.

Auch kompliziertere angeborene Verhaltensweisen kann man nach entsprechender Dressur durch bedingte Reize auslösen. Japanische Wachtelmännchen *(Coturnix coturnix japonica)* zeigen das arttypische Balzverhalten auf ein Summergeräusch allein, wenn dieses zuvor das Erscheinen eines Weibchens begleitete. Die einzelnen Komponenten des Balzverhaltens werden in einer bestimmten Ordnung, die ungefähr ihrem Auftreten in der Ontogenese entspricht, mit dem bedingten Reiz verknüpft und erlöschen in genau der umgekehrten Reihenfolge (H. E. Farris 1967).

Bei Zirkusdressuren wird sehr oft eine unbedingte Reaktion mit neuen bedingten Auslösereizen verbunden. So werden bei Zirkuspferden angeborene Verhaltensweisen durch bedingte Reize jederzeit auslösbar und verfügbar gemacht. Die Levade kommt z. B. auch im natürlichen Repertoire der Hengste als Hochsteigen beim Rivalenkampf vor (K. Zeeb 1964).

Bedingte Appetenz (auf eine Wahrnehmung folgt eine gute Erfahrung): B. Hassenstein hat darauf hingewiesen, daß man bedingtes Verhalten im Appetenzbereich von bedingten Reaktionen unterscheiden müsse. Es handelt sich dabei um zwei Reaktionsweisen, die den zwei Phasen der Appetenz entsprechen, das ja bekanntlich aus einem ungerichteten Suchen und aus einer orientierenden Einstellung besteht.

K. v. Frisch pfiff, wenn er seinen Zwergwels fütterte. Gab er anschließend das Tonsignal ohne Fütterung, dann suchte der Fisch nach Nahrung. Der Reiz löste also keine unbedingte Reaktion, sondern ein Suchverhalten aus. Man kann hier von einer bedingten Appetenz sprechen. Etwas anders liegt der Fall bei der Biene, die bei blauen Blüten keinen Honig fand, wohl aber bei gelben. Sie wird künftig gelbe Blüten anfliegen, wenn sie in Sammelstimmung ist. Ihr Appetenzverhalten wird ausgerichtet. In beiden Fällen haben die Tiere die Antriebsbefriedigung mit einer bestimmten Reizsituation assoziiert.

Bedingte Aktionen (Lernen am Erfolg, Dressur durch Eigentätigkeit) = *instrumental conditioning, trial-and-error-learning* oder *condi-*

tioned reflex type II: Folgt auf ein Verhaltenselement – eine durchgeführte Bewegung also – eine gute Erfahrung, dann setzt das Tier diese Bewegung auch künftig ein, um Bestimmtes zu erreichen, etwa aus einem Käfig freizukommen, Nahrung zu erhalten und dergleichen mehr. Das Tier behält die erfolgbringenden Aktionen.

Die amerikanischen Behavioristen gehen im Unterschied zu Pawlow bei der Untersuchung der Lernprozesse von der spontanen Aktion des Tieres aus. Sie untersuchen das Lernen am Erfolg (Versuch-und-Irrtum-Lernen). Man steckt die Tiere dazu in einen verriegelten Käfig, aus dem sie sich durch Betätigen der Verriegelungsvorrichtung befreien (K. S. Lashley 1935) oder durch Drücken einer Taste Futter erhalten können (B. F. Skinner 1938; Abb. 14.1). Man kann aber auch jede andere Bewegung des Tieres belohnen, ihm z. B. jedesmal, wenn es sich nach rechts wendet, Futter geben und so etwa einer Taube in mehreren Dressurschritten beibringen, sich im Kreise zu drehen, und zwar, wie Skinner oft demonstrierte, in kürzester Zeit. Belohnt man die Taube immer dann, wenn sie ihren Kopf über eine bestimmte Marke erhebt, so läuft sie zuletzt mit hocherhobenem Kopf umher. Will man eine Taube dazu bringen, auf eine Murmel zu picken, belohnt man sie zunächst immer dann, wenn sie sich der Kugel nähert, später erst, wenn sie auch auf die Murmel schaut, und schließlich nur mehr, wenn sie darauf pickt. Auf die gleiche Weise dressierte man in Kalifornien Wale. Die dressierten Grindwale *(Globicephala)* von Marineland (Kalifornien) schlagen z. B. auf Befehl so lange mit dem Schwanz auf die Wasseroberfläche, bis man das Zeichen zum Aufhören gibt. Man belohnte die Tiere immer, wenn sie zufällig einmal mit dem Schwanz schlugen, und sie erfaßten mit ihrem hochentwickelten Hirn

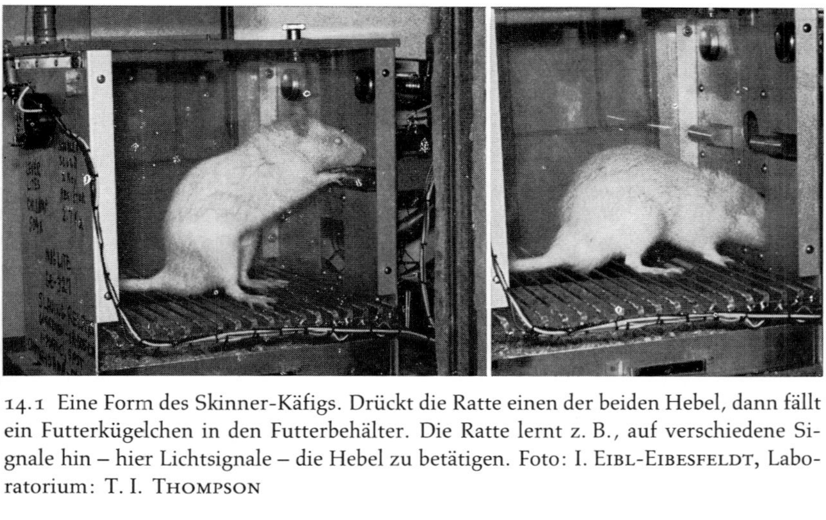

14.1 Eine Form des Skinner-Käfigs. Drückt die Ratte einen der beiden Hebel, dann fällt ein Futterkügelchen in den Futterbehälter. Die Ratte lernt z. B., auf verschiedene Signale hin – hier Lichtsignale – die Hebel zu betätigen. Foto: I. Eibl-Eibesfeldt, Laboratorium: T. I. Thompson

sehr schnell, worauf es ankam. Andere Zahnwale lernten auf ähnliche Weise den Simultanhochsprung in Gruppen, senkrecht eingetaucht und auf dem Wasser stehend rückwärts zu gehen und noch manches andere (H. HEDIGER 1963; Abb. 14.2).

14.2 Dressierter Grindwal *(Globicephala)* bei seiner Vorführung in Marineland (Kalifornien). Foto: I. EIBL-EIBESFELDT

Verfolgt man die Lernkurve etwa des Hebeldrückens bei einer Ratte, dann zeigt sie im allgemeinen, daß die ersten erfolgreichen Antworten offenbar ohne Wirkung bleiben. Nach einigen wenigen Erfolgen steigt jedoch die Rate des Hebeldrückens steil an (Abb. 14.3). Die SKINNERsche Methode hat sich zur Untersuchung der Lernvorgänge sehr bewährt. SKINNER (1953) hat sogar vorgeschlagen, Schüler nach dieser Methode durch in kleine Schritte geteilte Lernprogramme zu führen, wobei die Belohnung darin besteht, daß der Schüler bei richtiger Antwort auf gestellte Fragen im Programm vorrücken kann. Die unmittelbare Erfolgskontrolle und Erfolgsbelohnung steuert und festigt den Lernvorgang. Das Ergebnis solch programmierten Lernens hängt natürlich in diesem Falle von der Fähigkeit des Programmierers ab. Man muß sich ferner wohl darüber im klaren sein, daß man bei solcher Art zu lehren die individuelle Meinungsbildung ausschaltet.

Bedingte Aversionen: Folgt auf eine Wahrnehmung schlechte Erfahrung, dann meidet der Organismus künftig die Reizsituation, ja, er flieht sie unter Umständen sogar. Das erfahrungsbedingte Meiden ähnelt in manchem den bedingten Schutzreflexen. Doch wird nach HASSENSTEIN beim bedingten Reflex der Verhaltensanteil der Reaktion nicht verändert, sondern nur zusätzlich auch durch den bedingten Reiz ausgelöst, während bei der bedingten Aversion das gesamte Vermeideverhalten an die abstoßend gewordenen Reize geknüpft wird, auch solche, die in der Lernsituation nicht vorkamen. Bei Besprechung der angeborenen Lerndispositionen erwähnten wir, daß Ratten eine vegetative Schädigung durch Röntgenkater rückwirkend mit Geschmackseigenschaften assoziieren.

Bedingte Hemmung: Folgt einem Verhaltenselement schlechte Erfahrung, dann wird es schließlich unter Hemmung gesetzt. Eine Aktion, die zu schmerzhaften oder schreckhaften Erlebnissen führte, wird z. B. seltener oder gar nicht mehr ausgeführt. Jeder weiß, daß man durch Strafreize einem Tier ein Verhalten abdressieren kann, vorausgesetzt, die Bestrafung erfolgt sofort.

Lernen aus guter und schlechter Erfahrung (kombinierte Lernformen): Bedingte Appetenz, bedingte Ausrichtung einer Appetenz, bedingte Aktion, bedingte Aversion und bedingte Hemmung kombinieren sich oft miteinander. Die in der Skinner-Box hebeldrückende Katze hat zunächst gelernt, durch eine Bewegung (Hebeldrücken) Futter zu erhalten. Blockiert man nach gefestigter Dressur den Hebel, dann drückt die Katze auf alle möglichen Dinge, die sich im Käfig befinden, etwa auf

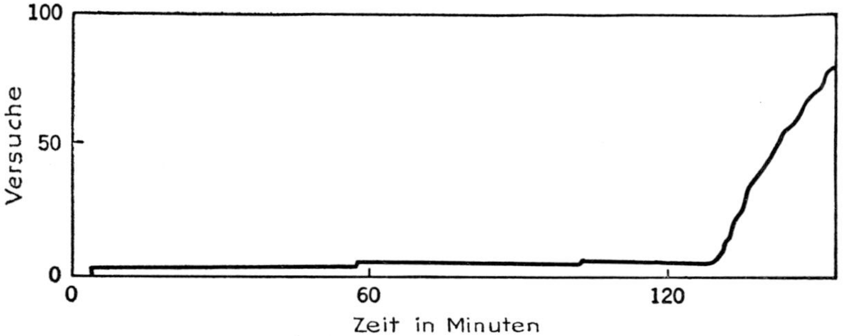

14.3 Das Lernen des Hebeldrückens in einer Skinner-Box-Anordnung. Jede erfolgreiche Antwort ist durch ein Ansteigen des Kurvenniveaus gekennzeichnet. Man sieht, daß die ersten drei Erfolge offenbar ohne jede Wirkung blieben. Nach dem vierten Erfolg steigt jedoch die Zahl der richtigen Antworten (Hebeldrücken) steil an. Ordinate: Zahl der Antworten; Abszisse: Zeit in Minuten. Nach B. F. Skinner aus N. Munn (1950)

Futterschalen, Kästchen und dergleichen. Sie hat also nicht nur eine Bewegung gelernt, sondern auch, daß etwas von oben zu berühren ist. Bei diesem Lernen am Erfolg liegen also eine bedingte Aktion und eine bedingte Ausrichtung einer Appetenz vor.

Bei der Differenzdressur *(discrimination learning)* verknüpft man zwei verschiedene Reize, die das Tier unterscheiden soll, mit Belohnung und Strafe. Gelingt die Dressur, dann hat man es mit einer Kombination von bedingter Appetenz und bedingter Aversion zu tun.

Motorisches Lernen *(kinästhetisches Lernen):* Wiederholt ein Tier oft die gleiche Handlungsfolge – sei es, daß sie ihm wie bei Zirkusdressuren aufgezwungen wird, sei es als Ergebnis einer wiederkehrenden Folge von auslösenden Reizen –, dann verkoppeln sich die Einzelhandlungen. Mäuse lernen auf diese Weise ihre Fluchtwege. Diese Disposition hat W. S. Small (1900) zum Studium der Lernvorgänge in Labyrinthen genützt. Seither sind Labyrinthversuche in vielen Variationen durchgeführt worden.

Das Tier muß dazu in einer Versuchsanordnung den Weg zu einem Ziel lernen, das es vom Startpunkt aus nicht wahrnehmen kann. Komplizierte Labyrinthe haben viele Sackgassen, und das Tier lernt mit der Zeit den kürzesten Weg zum beköderten Ziel. Sehr einfache Labyrinthe sind in Y- oder T-Form angelegt. Die Tiere können in offenen oder geschlossenen Gängen laufen (Tieflabyrinthe) oder frei auf erhöhten Stegen (Hochlabyrinthe). Abb. 14.4 zeigt einige der gebräuchlichen Labyrinthe (siehe auch N. L. Munn 1950). Bei der Bewertung der Labyrinthversuche muß man die Biologie der geprüften Tierart berücksichtigen. Ratten, die normaler-

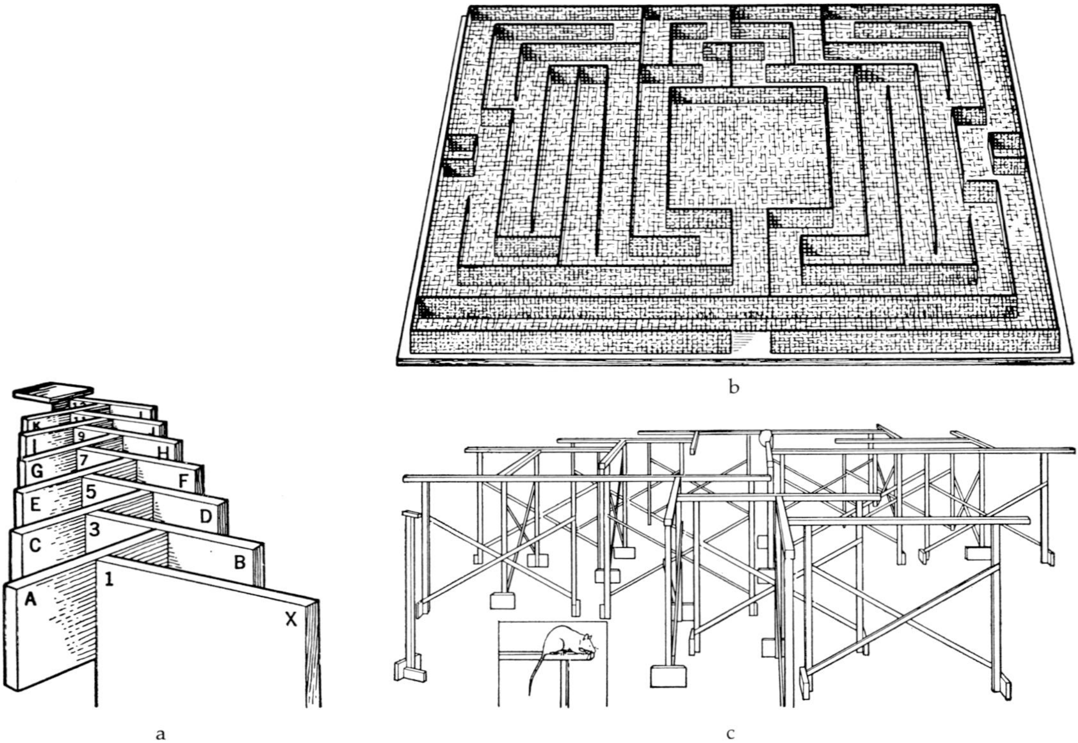

14.4 a) Zusammengesetztes T (Hochlabyrinth); b) das Hampton-Court-Labyrinth von Small (Tieflabyrinth); c) Hochlabyrinth aus schmalen Stegen. Aus N. Munn (1950)

weise in Gangsystemen leben, bringen eine spezielle Lerndisposition für das Labyrinthlernen mit, die vielen anderen Arten fehlt.

Insbesondere die Labyrinthversuche haben gezeigt, daß die Ergebnisse des Lernens am Erfolg nicht auf die konkrete Situation beschränkt bleiben, in der sie erlernt wurden. Beherrschen Mäuse ein Labyrinth, dann finden sie sich, ohne erst umlernen zu müssen, auch zurecht, wenn man alle Winkel des Labyrinthes von bisher 90 Grad auf 45 Grad oder 135 Grad verändert oder wenn man alle Wegstrecken doppelt so lang macht. Selbst ein spiegelbildlich gebautes Labyrinth meistern sie ohne Schwierigkeiten. Nur bei den ersten Wendungen stutzen sie kurz, dann durchschauen sie offenbar das Prinzip und transponieren. Bei der Hausmaus bleibt dieses Transponiervermögen auch nach Blendung erhalten; zerstört man jedoch die optische Rindenregion, dann geht es verloren (O. Koehler 1953, W. Dinger und N. Heimburger, zitiert nach O. Koehler). Ratten, die ein Labyrinth zu durchlaufen lernten, finden ihren Weg auch schwimmend, ohne daß weiteres Dazulernen nötig wäre (D. A. MacFarlane

1930). E. C. TOLMAN (1932) hat in diesem Zusammenhang darauf hingewiesen, daß Tiere nicht Bewegungen, sondern Bedeutungen lernen. Ein Tier, das durch ein Labyrinth laufe, lerne nicht ein Bewegungsmuster, sondern gewissermaßen ein Konzept der Route, während es ein Ziel anstrebe. Daß ein höheres Tier von gewissen Zielvorstellungen geleitet wird, kann man auch nachweisen, etwa indem man vor den Blicken eines Rhesusaffen eine Banane unter einem Topf versteckt, diese aber dann heimlich gegen ein von ihm weniger begehrtes Salatblatt austauscht. Der Affe sucht dann ausdauernd, offenbar von einer gewissen Erwartung erregt. Bei neuen Lernaufgaben setzen die Tiere oft ein früher erfolgreiches Verhalten ein. Ratten in einem Labyrinth versuchen z. B., zum Ziel zu gelangen, indem sie nur rechts oder links wählen, je nachdem, was zuletzt Erfolg brachte. Oder sie laufen abwechselnd nach links und rechts. Ihr Verhalten ist zu Dressurbeginn also keineswegs ein planloses Probieren, die Tiere verhalten sich vielmehr so, als arbeiteten sie aufgrund einer »Hypothese« (I. KRECHEVSKY 1932). Fortschritte erzielen die Ratten erst, wenn sie von den falschen Hypothesen ablassen.

Mit Hilfe von Labyrinthversuchen untersuchte R. C. TRYON (1940) den Einfluß selektiver Züchtung auf die Lernleistungen und lieferte damit einen klassischen Nachweis für die erbliche Grundlage solcher Leistungen. Er ließ 142 Ratten den Weg durch ein Labyrinth lernen und registrierte die Häufigkeit, mit der die Tiere in Sackgassen liefen (= falsche Reaktion). Danach paarte er sowohl die Tiere, die die wenigsten Fehler gemacht hatten, als auch jene, die die meisten falschen Reaktionen gemacht hatten, jeweils mit ihresgleichen und ließ deren Nachkommen wieder laufen. Wiederum wählte er die mit den besten und die mit den schlechtesten Lernleistungen für die Nachzucht aus. Das wiederholte er bis in die siebente Tochtergeneration. Die Fehlerkurven der begabten und weniger begabten Ratten fielen zunehmend auseinander und waren zum Schluß klar voneinander unterschieden.

Aus Lernversuchen der im Vorhergehenden geschilderten Art hat man eine Reihe von Lerntheorien entwickelt. Man diskutierte vor allem die Frage, welche Voraussetzung gegeben sein muß, damit ein Tier überhaupt lernt. C. L. HULL (1943) betonte in seiner Theorie der Verstärkung von Reaktionstendenzen im Anschluß an E. L. THORNDIKE (1911), daß Lernen nur dann stattfinde, wenn die richtige Antwort irgendwie belohnt werde, wobei die Belohnung in der Verringerung einer Bedürfnisspannung – etwa des Hungers – besteht. Eine solche Befriedigung führt zu einer Verstärkung *(reinforcement)* der Reaktionstendenz, die sie herbeigeführt hat.

Demgegenüber behauptet die Kontiguitätstheorie von E. R. GUTHRIE (1952), daß ein solcher Erfolg keineswegs die Voraussetzung von Lernvorgängen ist. Aufgrund der Gleichzeitigkeit von Reiz und Bewegung werden

Assoziationen gebildet*. Das Verhalten würde durch eine Belohnung nicht verstärkt, sondern nur vor dem Zerfall bewahrt. Befreie sich ein Tier z. B. aus einem Aufgabenkäfig, dann vergesse es das nur deshalb nicht, weil es sich damit aus der Umgebung entferne und damit keine Gelegenheit habe, neue Assoziationen zu bilden. Daß eine Befriedigung physiologischer Bedürfnisse nicht die Voraussetzung von Lernen ist, glauben F. D. SHEFFIELD und T. B. ROBY (1950) nachgewiesen zu haben: Sie belohnten die Ratten mit Saccharin. Es hat sich ferner herausgestellt, daß Ratten nicht nur aus Anreiz einer besonderen Belohnung ein Labyrinth lernen. Läßt man sie ohne Belohnung frei im Labyrinth umherlaufen, dann lernen sie dieses später, wenn man das Ziel beködert, viel schneller als Kontrolltiere ohne solche Erfahrung. Beim Erkunden wird gewissermaßen »latent« gelernt (M. H. ELLIOTT 1930, H. C. BLODGETT 1929, E. C. TOLMAN und C. H. HONZIK 1930). Auch dieses latente Lernen hat man gegen HULLS Theorie der Verstärkung ins Feld geführt. Man kann jedoch darauf antworten, daß in einem solchen Fall z. B. die »Neugier« eines Tieres befriedigt werde. Sicherlich ist die von C. L. HULL (1943) und B. F. SKINNER (1938) vertretene Ansicht, daß Hunger, Geschlechtstrieb und Schmerzvermeidung die einzigen Faktoren seien, die das Lernen primär motivieren, nicht zutreffend. Eigene Versuche mit Eichhörnchen ergaben z. B., daß unerfahrene die Technik des Nüsseöffnens auch dann lernen, wenn sie nur Haselnüsse erhalten, die man vorher entkernte und wieder zusammenklebte (I. EIBL-EIBESFELDT 1967). Aktiviert man durch elektrische Hirnreizung den Nagetrieb von Ratten, so lernen sie eine Aufgabe, wenn sie dafür zur Belohnung Karton- oder Holzstückchen benagen dürfen (W. W. ROBERTS und R. J. CAREY 1965). Waren die Ratten bei jenem Versuch gerade beim Fressen, so stellten sie auf den Hirnreiz hin diese Tätigkeit ein und suchten nach den Nageobjekten, was zeigt, daß wirklich ein Nagetrieb und nicht etwa der Freßtrieb aktiviert worden war. Offenbar ist also der Ablauf von Instinkthandlungen an sich bereits belohnend, was ja von ethologischer Seite auch oft betont wurde (S. 111). In Skinner-Käfigen lernen Ratten, einen Hebel zu drücken, wenn sie sich auf diese Weise selbst einen elektrischen Hirnreiz erteilen können. Bei einer bestimmten Elektrodenlage stieg die Frequenz der Selbstreizung schnell an. Der selbst erteilte Reiz wirkte offensichtlich belohnend. Die Tiere waren sogar bereit, ein elektrisch geladenes Gitter zu überqueren, um die Taste zu erreichen, deren Betätigung ihnen zum Hirnreiz verhalf. Bei einer anderen Elektrodenlage sank die Frequenz der Selbstreizung, stieg aber sogleich nach Testosterongaben. An wieder anderen Reizorten stieg die Selbstreizfre-

* Die schon zitierten Versuche von GARCIA (S. 418) belegen jedoch, daß eine solche Nachbarschaft nicht immer gegeben sein muß.

quenz, wenn die Ratte hungrig war. Offenbar handelt es sich um die Aktivierung von Mechanismen, die den Lustempfindungen zugrunde liegen und die normalerweise bei der Paarung und beim Fressen aktiviert werden (J. OLDS 1958). Schließlich gibt es auch sekundäre Motivationen. Man gewöhnt sich an eine bestimmte Kost und hat dann nach ihr ein ganz spezifisches Bedürfnis. Man gewöhnt sich an eine Umgebung und bekommt Heimweh, wenn man fort ist. Bezieht man all diese verschiedenen Möglichkeiten der Motivation mit ein, dann ist die Theorie der Reaktionsverstärkung durch Belohnung im Bereich des Lernens am Erfolg sicherlich meist zutreffend. Einfache bedingte Reaktionen und einige andere Lernweisen kann man aber auch nach GUTHRIES Prinzipien erklären: Auch eine zeitliche oder räumliche Nachbarschaft von Dingen und Vorgängen wird oft ohne nachweisliche Belohnung oder Strafe gemerkt. Man bringt Tieren oft neue ungewöhnliche Haltungen oder Bewegungen bei, indem man sie einfach wiederholt passiv erzwingt (kinästhetisches Lernen). Zirkustiere lehrt man auf diese Weise Kopfstehen. Meist fördert man den Lernfortschritt durch zusätzliche Belohnungen (H. HEDIGER 1954). Die Balinesinnen lernen ihre komplizierten Tänze ebenfalls unter der Führung einer Lehrerin auf kinästhetischem Wege (G. BATESON und M. MEAD 1942; Abb 14.5 und 14.6).

Bis zu einem gewissen Grade eignen sich visuelle Zweifachwahlen zum Vergleich von Lernleistungen verschiedener Tiergruppen, vorausgesetzt, sie sehen etwa gleich gut. Man zeigt dem Tier zwei Zeichen, etwa ein Kreuz und einen Kreis, nebeneinander und läßt es wählen. Bei einem Merkmal bekommt es Futter, beim anderen nichts oder sogar einen elektrischen Strafreiz. Die Zeichen werden in einem unregelmäßigen Wechsel der Seiten vertauscht. In dieser Situation lernen die Tiere, das belohnende Muster zu wählen. Ein Tintenfisch beherrschte zuletzt drei Aufgaben und kannte damit 6 verschiedene Zeichen (J. Z. YOUNG 1961). Forellen *(Trutta iridea)* beherrschen bis zu 6 Aufgaben, Leguane *(Iguana iguana)* 5, große Haushühner bis zu 7, ein indischer Elefant und ein Pferd bis zu 20 (B. RENSCH 1962). Das Gedächtnis hat man bei vielen Arten geprüft. Der Tintenfisch wählte noch nach einer Pause von 27 Tagen in 83 % der Fälle richtig. Ein Karpfen konnte noch nach einem Jahr und 8½ Monaten ein Kreuz von einem Kreis unterscheiden und wählte signifikant richtig das Dressurmerkmal. Eine Forelle beherrschte eine Dressur noch nach 150 Tagen, eine Ratte nach einem Jahr und 3 Monaten, ein Elefant von 13 optischen Aufgaben nach einem Jahr noch 12 und ein Pferd von 20 Aufgaben nach einem Jahr noch 19. Die quantitativen Maximalleistungen dieser Tiergruppen ähneln einander sehr und entsprechen nicht der großen Differenz hinsichtlich der stammesgeschichtlichen Organisationshöhe (B. RENSCH 1962).

a b c d

14.5 (a), 14.6 (b–d) Auf Bali lernen die Mädchen die komplizierten Tänze (a) durch das Vorbild und durch unmittelbares Führen seitens der Lehrerin (kinästhetisches Lernen, b–d). Foto: I. Eibl-Eibesfeldt

Es gibt ganz offensichtlich recht verschiedene Lernvorgänge. Monistische Erklärungsversuche nach einer Theorie gehen daher sicherlich an der Wirklichkeit vorbei.

14.2 Die Natur des Engramms

Voraussetzung jeder höheren Leistung ist das Gedächtnis, und ein solches hat man bei allen Tiergruppen mit einem zentralisierten Nervensystem nachgewiesen, selbst bei Planarien. Über das Lernvermögen der Protisten gehen die Ansichten noch auseinander (W. H. Thorpe 1963). Nach B. Gelber (1965) versammeln sich Pantoffeltierchen um einen Platindraht, der wiederholt beködert wurde. H. Machemers (1966) Versuche, hypotriche Ciliaten zu dressieren, verliefen dagegen negativ. Die prinzipielle Möglichkeit, daß Protisten lernen, hält er jedoch für gegeben.

Bei Wirbeltieren sind die Lernleistungen deutlich mit der Gehirngröße korreliert, wobei die absolute Gehirngröße und die Anzahl der Ganglienzellen oft von größerer Bedeutung sind als die systematische Stellung (B. Rensch 1962). Sicherlich sind viele Schichten des Zentralnervensystems lernbegabt (R. Hernandez-Peon und H. Brust-Carmona 1961). Der Tintenfisch hat ein visuelles und ein taktiles Gedächtnis. Beide sind in verschiedenen Hirnteilen lokalisiert (J. Z. Young 1965). Frösche lernen auch mit dem Rückenmark (L. Franzisket 1955). Bei den Säugern werden die meisten, aber nicht alle Erfahrungen im Neocortex gespeichert. Durch elektrische Reizung verschiedener Regionen des temporalen Neocortex von Epileptikern rief W. Penfield (1952) bei seinen Patienten akustische und optische halluzinatorische Erinnerungsbilder wach. Die Patienten erinnerten sich jedoch auch nach Exzision der gereizten Stelle an die wachgerufene Szene. Man kann daher annehmen, daß die Gedächtnisspur auch im temporalen Feld der Gegenseite niedergelegt ist. Daß tatsächlich Gedächtnisinhalte von einer Hirnhälfte auf die andere übertragen werden, haben Versuche von R. W. Sperry (1964) und R. Myers (1956) gezeigt.

Durchtrennt man das Chiasma opticum einer Katze oder eines Affen in sagittaler Richtung, so werden die auf ein Auge treffenden Reize immer nur zur homolateralen Hirnhälfte weitergeleitet. Nach dieser Operation läßt sich das Tier darauf dressieren, mit nur einem Auge zwei einfache Figuren (Kreis – Quadrat) zu unterscheiden. Hat es z. B. mit dem rechten Auge gelernt, verdeckt man dieses Auge mit einer Augenklappe und prüft, ob es mit dem bisher abgedeckten linken Auge die Dressur beherrscht. Dies ist nun tatsächlich der Fall, was beweist, daß während des Lernens eine Übertragung der Information von einer Hemisphäre zur anderen stattfand. Halbiert man jedoch vor Versuchsbeginn auch noch das die Hirnhälften verbindende Corpus callosum (Abb. 14.7), so beherrscht das Tier seine Aufgabe nur mit dem geübten Auge und versagt vollkommen mit dem ungeübten; ja, es verhält sich geradezu so, als hätte es zwei Hirne. Man kann nämlich, da jedes Auge getrennt lernt, auch jedem Auge etwas anderes beibringen. Trennt man dagegen die verbindende Brücke des Corpus callosum nach einer einäugigen Dressur, dann erinnert sich das Tier auch bei Prüfung mit dem anderen Auge an das Gelernte. Die Kopie ist allerdings nicht so scharf. Für schwierige Probleme reicht die Übertragung der Gedächtnisspuren nicht aus, die direkte sensorische Information ist wirksamer.

Das trifft auch für Menschen zu, denen man das Corpus callosum durchgetrennt hat (M. S. Gazzaniga 1967, R. W. Sperry und B. Preilowski 1972). Man tut das bei Fällen schwerer Epilepsie. Nur unmittelbar nach der Operation beobachtet man Störungen. Die Patienten können zwar z. B. mit ihrer Linken gewisse Verrichtungen aus eigenem Antrieb unternehmen (Deckehochziehen, Sichkratzen), sie können aber nicht auf

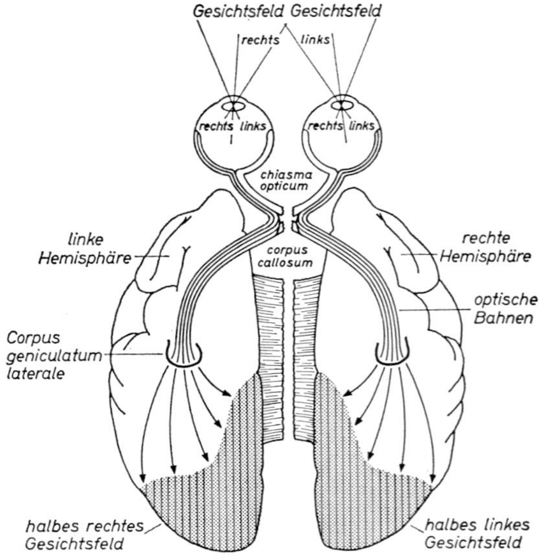

14.7 Nach Durchschneidung des Chiasma opticum und des Corpus callosum kommt die Information von einem Auge nur mehr in eine Hirnhälfte (nähere Erläuterungen im Text). Nach R. SPERRY (1964)

einen ihnen gegebenen Befehl mit der Linken handeln. Das ist verständlich, denn die Linke wird von der rechten Hirnhälfte gesteuert (entsprechend die Rechte von der linken Hirnhälfte). Die rechte Hirnhälfte besitzt aber kein Sprachzentrum, und daher kann sie die gesprochenen Befehle auch nicht verstehen. Die linke Hirnhälfte dagegen versteht die Sprache, weshalb die Rechte auf Befehl handeln kann. Manchmal handeln die beiden Hände unabhängig voneinander im entgegengesetzten Sinne, als würden zwei Personen tätig sein. Die eine Hand mag z. B. das Hemd aufknöpfen, die andere es wieder schließen, sehr zur Verwirrung des Patienten. Das gibt sich allerdings, nur können die Patienten nie mit den Händen zwei verschiedene Dinge zur gleichen Zeit tun. Auch durch Prüfung der Sehfunktionen kann man nachweisen, daß Patienten mit den zwei Gehirnhälften getrennt wahrnehmen. Da das Chiasma opticum bei den Patienten intakt ist, muß die Darbietung des optischen Reizes jeweils in das linke oder rechte Gesichtsfeld erfolgen, damit der Reiz nur in eine der beiden Hemisphären geschickt wird. Sehobjekte, die in der linken Gesichtshälfte auftauchen, werden dann in der rechten Hemisphäre wahrgenommen und umgekehrt. Dabei ergibt sich, daß die Patienten bei einer Reizprojektion in die linke Hemisphäre vorgeben, durchaus normal zu sehen, bei einer Projektion in die rechte Hemisphäre sehen sie dagegen subjektiv nichts. In Wirklichkeit handelt es sich allerdings nur um die Unfähigkeit, das gesehene Objekt sprachlich zu bezeichnen, da ja die rechte Hirnhälfte von den Sprachfunktionen der linken getrennt ist. Die Personen können nämlich das in die rechte Hirnhälfte projizierte Objekt unter mehreren Tastobjekten herausfinden, also nichtverbal erkennen. Projiziert man den Gegenstand zuerst in die eine und dann in die andere Hirnhälfte, dann verhält sich die Person so, als würde sie den Gegenstand beide Male neu sehen. Eine sehr klare Darstellung der zerebralen Repräsentation der Funktionsweisen verdanken wir D. PLOOG (1973).

Wir lernen und memorieren verschiedene Dinge mit verschiedenen Teilen unseres Hirns, die dafür auf bestimmte Leistungen spezialisiert sind. So lernen wir die Bedeutung von Worten und erkennen sie, wenn wir sie hören oder lesen. Wir lernen sie auszusprechen, rufen sie dazu automatisch aus unserem Gedächtnis ab und produzieren sie in der grammatischen und auch nach der unserer Intention entsprechenden sinngemäßen Ordnung. Diesem semantischen und motorischen Lernen liegen in der Form des WERNICKE- und BROCAschen Zentrums hochspezialisierte Hirnregionen zugrunde. Wir sind ferner hochbegabt, Gesichter zu erkennen. Zunächst auf Grund uns angeborener Schemata, die wir durch Erfahrungen weiter ausbauen und typisieren (s. I. EIBL-EIBESFELDT [3]1995). Wir sind ferner in besonderer Weise begabt, Personen individuell zu erkennen. RALPH HABER (zit. nach RICHARD F. THOMPSON 1994) führte im Rahmen einer Vorlesung seinen Studenten über 1000 Diapositive von Personen vor, jedes im Abstand von einer Sekunde. Zwei Tage danach zeigte er dieselben Bilder gepaart mit anderen, die sie noch nicht gesehen hatten. Die Position der Bilder (links, rechts) wechselte. Die Studenten hatten die Aufgabe, anzugeben, welches der Bilder sie bereits gesehen hatten. Die Trefferquote lag bei 90%. Bei Ausfall einer eng begrenzten Hirnregion geht diese Fähigkeit, Gesichter individuell zu erkennen, verloren, nicht jedoch das Vermögen, Gesichter ganz allgemein als solche wahrzunehmen. Man nennt diesen Ausfall »Prosopagnosie«.

Wir erinnern uns an Ereignisse und sind in der Lage, sie uns visuell vorzustellen und nach Ort und Zeit einzuordnen. Wir lernen eine Fülle von Fertigkeiten und assoziieren Ereignisse nach vermuteten kausalen Beziehungen, für die wir gewissermaßen mit stammesgeschichtlichen Vorurteilen ausgestattet sind. In welcher Weise sind jedoch all die Erinnerungen und Fertigkeiten als Gedächtnisspuren (Engramme) festgeschrieben? Welche neuronalen und biochemischen Prozesse spielen dabei eine Rolle? Über die Natur der Gedächtnisspuren war man sich lange im unklaren. Nach J. C. ECCLES (1953) sollte das Gedächtnis aus elektrischen Schwingkreisen bestehen, die, einmal angestoßen, über Rückkoppelung weiterlaufen. Die Schwingkreishypothese könnte das flüchtige Kurzzeitgedächtnis erklären, das beim Tintenfisch auch in anderen Hirngebieten lokalisiert ist als das stabile Langzeitgedächtnis (B. BOYCOTT 1965). Für die Schwingkreishypothese würde sprechen, daß das Kurzzeitgedächtnis durch Unterkühlung bis zum Aufhören der elektrischen Hirnaktivität, ebenso wie durch Elektroschock ausgelöscht wird. Dieses Kurzzeitgedächtnis geht dem Langzeitgedächtnis voran; je mehr Zeit nach einem Training verstrich, desto weniger leicht ist das Gelernte auszulöschen.

Ratten und Hamster zeigen einen völlig normalen Verlauf der Lernkurve, wenn man sie jeweils 4 Stunden nach einem Satz von Übungsläufen einem Elektroschock oder einer Unterkühlung unterwirft. Macht man dasselbe je eine Stunde danach, lernen die Tiere ein wenig schlechter. Bei 15 Minuten Abstand zwischen Training und Schock ist das Lernen bereits erheblich behindert, und schockt man sie 5 Minuten nach jedem Training, dann kann man keinerlei Lernfortschritt feststellen. Injiziert man einem Goldfisch, der eben etwas lernte, ein Medikament ins Hirn, das die Eiweißsynthese verhindert, dann vergißt er das Gelernte; es bildet sich also kein Langzeitgedächtnis (B. W. AGRANOFF 1967).

Es ist durchaus möglich, daß durch die Erregung zunächst einmal elektrische Schwingkreise angestoßen werden, deren Aktivität über einen längeren Zeitraum zu strukturellen und biochemischen Änderungen führt (R. GERARD 1961, D. HEBB 1949). Dieser Theorie entsprechend hat man das Kurzzeitgedächtnis auch als dynamisches Gedächtnis dem auf strukturellen und biochemischen Änderungen beruhenden Langzeitgedächtnis gegenübergestellt.

Aber worin bestehen die langzeitlichen biochemischen und strukturellen Änderungen, über die Gedächtnisspuren festgeschrieben werden? Darüber wurde in den sechziger Jahren viel spekuliert. Durch Injektion von Hirnextrakten glaubte man Gedächtnisinhalte von einem Tier auf ein anderes übertragen zu können. Man verfütterte auch dressierte Planarien an nichtdressierte (J. MCCONNELL 1962) in der gleichen Absicht, stellte aber bald fest, daß auch die Verfütterung nichtdressierter die Lernergebnisse verbesserte (A. HATRY und Mitarbeiter 1964).

Heute kennt man die elementaren neuronalen und biochemischen Vorgänge, die bei Gewöhnung und Sensibilisierung, also einfachen Formen des Lernens, ablaufen. Berührt man die Kiemen der marinen Nacktschnecke *Aplysia*, dann zieht diese in einer Schreckreaktion ihre Kiemen zurück. Bei wiederholter Berührung gewöhnt sie sich daran und reagiert nicht mehr. Paart man allerdings die taktile Reizung mit einem am Schwanzende der Schnecke applizierten elektrischen Strafreiz, dann reagiert die Schnecke auf Berührung der Kiemen sensibilisiert zunehmend heftiger mit Kiemenretraktion.

Bei einer solchen Gewöhnung handelt es sich bei Wirbellosen wie bei Wirbeltieren gleichermaßen um eine präsynaptische Anpassung. Wiederholte Reizung einer vor einer motorischen Nervenzelle liegenden sensorischen Synapse führt zu einem zunehmend verminderten Ca^{2+}-Einstrom in deren synaptische Endknöpfchen und damit zu einer verminderten Transmitterausschüttung an deren Synapse. Eine Sensibilisierung erfolgt an derselben Synapse aber über Vermittlung der Aktivität einer anderen Nervenendigung. Ein elektrischer Reiz am Schwanz der *Aplysia* aktiviert Interneuronen, die einen Neurotransmitter, wahrscheinlich Serotonin, entlassen. Dies bewirkt über sekundäre Botenstoffe* einen vermehrten Einstrom von Ca^{2+} in die synaptischen Endknöpfchen der vor der motorischen Nervenzelle liegenden sensorischen Zelle, wenn diese ihrerseits auch über die Berührung der Kiemen aktiviert wird (E. R. KANDEL und J. H. SCHWARZ 1991).

Die Effekte sind zunächst nicht von langer Dauer. Aber wenn sich die Erfahrungen der Gewöhnung und Sensibilisierung über längere Zeit wiederholen, kommt es, wie die Arbeiten von CRAIG BAILEY und MARY CHENG (1983) zeigen, zu morphologischen Änderungen an den für den Kiemenschutzreflex verantwortlichen sensorischen Synapsen. Bei langzeithabituierten Nacktschnecken war die aktive Zone der Synapse, an der die Transmitter abgegeben werden und die bei nicht trainierten Tieren 40% der Synapsenoberfläche ausmacht, auf 10% reduziert. Bei Langzeit-Sensitivierten dagegen war sie auf 65% erhöht.

ERIC KANDEL und SAM SCHACHER (zit. nach WADE ROUSH 1996) ließen am Kiemenschutzreflex von *Aplysia* beteiligte Nerven- und Muskelzellen in Kulturen heranwachsen, wo sie sich zu funktionellen Einheiten verbanden. Sie setzten diese dann kleinen Gaben des Neuotransmitters Serotonin aus und konnten damit den Reflex aktivieren. Wiederholte Aktivierung veranlaßte die Neuronen, neue Axone zu sprossen und mehr Synapsen mit den Muskelzellen zu bilden. Die Serotoningaben aktivierten einen sekundären Botenstoff, das schon erwähnte zyklische Adenosinmonophosphat (cAMP), das auf das membrangebundene *Aplysia* cell adhesion Molekül (apCAM) so einwirkt, daß dieses Protein sich von der Membran zurückzieht. Ist das geschehen, dann können von der Zelle neue Axone aussprossen und neue Synapsen sich bilden. Normalerweise besteht die Funktion von apCAM darin, das Synapsenwachstum zu verhindern, indem sie die Nervenfortsätze zusammenbindet.

Nun hat COREY GOODMAN (zitiert nach ROUSH) bei *Drosophila* ein dem apCAM entsprechendes adhäsives Protein (FAS II) gefunden, das die auf längere Distanzen zu den Muskeln auswachsenden Axone in Bündeln zusammenhält. War also das Fas II dem apCAM wirklich äquivalent, dann bot sich die *Drosophila* mit ihrer gut erforschbaren Genetik als ideales Objekt

* Serotonin wirkt auf die Adenylcyclase, die Adenosintriphosphat (ATP) in Adenosinmonophosphat (AMP) und weiter in zyklisches Adenosinmonophosphat (cAMP) verwandelt. Letzteres verhindert den repolarisierenden Kalium-Strom und verlängert damit die Dauer des Aktionspotentials.

für die weitere kausale Aufklärung der Beziehungen an. Tatsächlich zeigten Mutanten, die nur halb soviel Fasciculin II produzierten, bei Fliegenlarven einen 50prozentigen Zuwachs an Synapsen. Genmanipulierte Fliegen mit hoher Fas-II-Produktion zeigten dagegen eine starke Verminderung der Synapsenzahl. Eine andere, »dunce« genannte Mutante mit außerordentlich hohem cAMP-Spiegel hatte weniger Fasciculin II und dementsprechend auch weniger Synapsenköpfchen, ganz wie die Fas-II-Mutanten. Die Synapsen waren allerdings funktionell stärker, weil sie pro Synapse einen erhöhten Transmitterausstoß aufwiesen, wenn sie gereizt wurden. Das war auf ein anderes Protein, das »cAMP-response element binding Protein« (CREB) zurückzuführen, das auf erhöhte cAMP-Spiegel auf bestimmte Gene im Zellkern einwirkt und die Bildung neuer Neurotransmitter-Strukturen auslöst. Experimente mit transgenischen Fliegenlarven, die sowohl das Gen der Fas-II-Mutante als auch das CREB-Gen hatten, erzeugten erwartungsgemäß mehr Synapsen mit mehr Neurotransmitter-Mechanismen.

Damit sich diese Verstärkung auch funktionell auswirkt, bedarf es auch auf der Empfängerseite ausreichender Neurotransmitterrezeptoren. Man fand im Disk-Large-Protein, das vom Neuron erzeugt wird, die Synapse überquert und dort das subsynaptische Reticulum, auf dem sich die Rezeptoren befinden, vergrößert. Es wäre überraschend, meint GOODMAN, wenn die Feinabstimmung der neuromuskulären Synapsenverbindungen und die Mechanismen des Lernens nicht einige der molekularen Prozesse gemeinsam hätten. Soweit der anregende Bericht von WADE ROUSH.

Wir haben damit verschiedene Möglichkeiten synaptischer Plastizität aufgezeigt. Die Kontaktzone der Synapsen kann vergrößert, die Kanäle können vermehrt werden, die Anzahl der Synapsen kann zunehmen, und es können sich die Transmittervesikel vermehren. Die Möglichkeit synaptischer Plastizität ist den chemischen Synapsen in besonderer Weise gegeben, da die verschiedenen Transmitterstoffe eine Vielzahl von hemmenden und fördernden chemischen und synaptischen Schaltungen ermöglichen. Diese Möglichkeiten synaptischer Anpassungsfähigkeit sind zur Zeit die aussichtsreichsten Kandidaten der Gedächtnisspeicherung.

Neu ist schließlich die Einsicht, daß im Falle der Prägung auch ein Lernen von einer Synapsenreduktion begleitet sein kann. Hier werden mit der Prägungserfahrung viele der an den Dendriten befindlichen Synapsenköpfchen eingeschmolzen, andere erfahren eine Verstärkung. Damit wird die Nervenzelle auf den Empfang ganz bestimmter Signale abgestimmt.

Seit kurzem wissen wir auch über die bei der Prägung stattfindenden neuronalen Änderungen Bescheid. In diesem Zusammenhang sind vor allem die Arbeiten von HENNING SCHEICH und seiner Arbeitsgruppe zu nennen (W. WALLHÄUSER und H. SCHEICH 1987, J. BOCK, H.-J. BISCHOF und

K. BRAUN 1998, K. BRAUN und Mitarbeiter 1999). Sie prägten frischgeschlüpfte Hühnerküken auf rhythmische 400-Hz-Tonimpulse in Verbindung mit einer Huhnattrappe. Die Küken wurden verschieden starken Prägungserlebnissen ausgesetzt, am 7. Tag getötet, und jene assoziativen Regionen im Vorderhirn, die bei der Prägung eine Rolle spielten, wurden histologisch untersucht und mit den entsprechenden Hirnregionen unerfahrener, gleichaltriger Küken verglichen. Es stellte sich heraus, daß die Prägung mit einem deutlichen Synapsenverlust bei den an der Prägung beteiligten Typ-I-Neuronen verbunden ist. Während die zuführenden Äste bei den ungeprägten Küken zahlreiche potentielle Kontaktstellen mit anderen Neuronen aufweisen, die man als Fortsätze erkennen kann, sind bei den geprägten Küken bis zu 40% dieser »spines« eingeschmolzen. Sie sind damit auf den Empfang eines ganz bestimmten Signals abgestimmt. Es genügen zwei Prägungserfahrungen am Schlüpftag von je 15 Minuten, um einen Synapsenverlust von 17% herbeizuführen. Dürfen die Küken auch an den folgenden Tagen kurz der Attrappe folgen, dann steigert sich der Synapsenverlust mit den zunehmenden Erfahrungen auf 40,5%.

Die beim Prägungslernen nicht aktivierten Synapsen werden offenbar eingeschmolzen, die aktivierten dagegen verstärkt. Die Verstärkung besteht in einer erhöhten Aktivierbarkeit des Synapsen-Stoffwechsels. Das kann postsynaptisch durch Vermehrung der Transmitterrezeptoren geschehen, was eine größere Empfindlichkeit der Synapse bewirken würde. Das scheint bei der visuellen Prägung von Hühnerküken der Fall zu sein, bei der MCCABE und HORN (1998) eine bis zu 59prozentige Vermehrung der N-Methyl-D-Aspartat-Rezeptoren bei den Nervenzellen der dem Prägungslernen zugeordneten Regionen feststellten. Aber auch präsynaptisch könnte durch das Lernen die Menge der ausgeschütteten Neurotransmitter erhöht werden, was zu einer verstärkten Reaktion der nachgeschalteten Zelle führen würde. Dazu hat KATHARINA BRAUN (1997) ein Modell vorgelegt. Die Befunde der genannten Gruppe tragen Grundsätzliches zum Verständnis der Lernprozesse bei.

Auch andere Fälle blitzartigen Lernens aus einmaliger Erfahrung, für die besondere angeborene Lerndispositionen vorliegen, könnten von einer solchen festlegenden Synapsenreduktion begleitet sein.

Nach Untersuchungen von SABINE OETTING und Mitarbeitern (1995) und H.-J. BISCHOF und A. ROLLENHAGEN (1999) handelt es sich bei der sexuellen Prägung des Zebrafinkenmännchens um einen Zweistufen-Prozeß. In der klassischen sensiblen Phase der frühen Jugendentwicklung entwickeln die Jungen ein soziales Band zu den Eltern bzw. Stiefeltern. Das leitet die jungen Männchen bei ihrer ersten Balz. Diese sexuellen Erfahrungen stabilisieren die Prägung. Stehen ihnen in dieser Phase jedoch nur Weibchen zur Verfügung, die nicht dem Prägungsvorbild (eigene Art oder artfremde Zieheltern) entsprechen, dann nehmen sie die ihnen als Ersatz gebotenen Weibchen und erweisen sich in der Folge als Ergebnis der sexuellen Erfahrung auf jene geprägt. Versuche mit radioaktiver Glukose erlaubten es, die Hirnregionen, die bei der Balz aktiviert sind, zu bestimmen. Histologische Untersuchungen der vier überdurchschnittlich aktivierten Hirnareale zeigten, daß in zweien die Dornenzahl an den Dendriten vermehrt, in den beiden weiteren dagegen deutlich reduziert war.

Junge Rhesusaffen zeigen keine angeborene Furcht vor Schlangen. Es braucht einer aber nur einmal zu sehen, wie seine Mutter vor einer Schlange erschrickt, so wird er von dem Augenblick an Schlangen meiden. Es genügt auch, wenn er in einem Videofilm sieht, wie ein Rhesusaffe vor einer Schlange erschrickt. Nun kann man durch technische Kniffe in einem Video, der einen vor einer Schlange erschreckenden Rhesusaffen zeigt, die Schlange gegen eine Blume austauschen. Zeigt man einen solchen Film einem unerfahrenen Rhesusaffen, dann sieht dieser einen vor einer Blume erschreckenden, was ihn nicht weiter beeindruckt (S. Mineka und M. Cook 1987). Hier geht offenbar ein stammesgeschichtlich erworbenes Vorwissen in die Bewertung der Situation ein, das festschreibt: Vor Blumen braucht man nicht zu erschrecken. Die schnelle und dauerhafte Fixierung des Gelernten erinnert an das Prägungslernen.

14.3 *Abstraktion, averbale Begriffsbildung und Einsichtverhalten*

Ein bemerkenswertes Ergebnis der Dressurversuche ist die Erkenntnis, daß bereits Tiere zu Leistungen fähig sind, die man als spezifisch menschliche »höhere Hirnleistungen« einzustufen pflegt.

Das gilt zunächst für die Fähigkeit der Abstraktion und Generalisation. Bei den schon erwähnten (S. 428) optischen Zweifachwahlen lernt ein Tier zwei gleichzeitig dargebotene Figuren, Muster oder Farben voneinander zu unterscheiden, indem die Zuwendung zu einem dieser Muster belohnt (positives Dressurmerkmal), zum anderen dagegen bestraft wird (negatives Dressurmerkmal). Im Verlaufe einer solchen Dressur stellt sich dann oft heraus, daß die Tiere in der Lage sind, Übereinstimmungen in ähnlichen Figuren zu sehen. Sie abstrahieren und kommen dabei gewissermaßen zu dem averbalen Urteil: »Dies ist jenem gleich« (B. Rensch 1965). Zu solch einer averbalen bildlichen Begriffsbildung sind bereits einige Fische befähigt. Elritzen, die man ein Dreieck als positives Dressurmerkmal von einem Quadrat als negativem Dressurmerkmal zu unterscheiden lehrte, reagierten auf einen spitzen Winkel gegen eine waagrechte Linie im Dressursinne, d. h. sie wählten den spitzen Winkel. Sie hatten offenbar das Merkmal »Spitzigkeit« als positives Dressurmerkmal »abstrahiert«. Ein Elefant, der ein Kreuz gegen einen Kreis als positives Futtermerkmal zu unterscheiden gelernt hatte, betrachtete alles, was gekreuzte Linien zeigte, später als positives Merkmal. In diesen Fällen haben sich die Tiere nicht alle Merkmale der Dressurzeichen eingeprägt, sondern die sinnfälligsten. Das spielt sich ja wohl auch im natürlichen Leben so ab. Erdkröten, die man ungenießbare Beuteattrappen zu vermeiden lehrt, »abstrahieren« ganz verschiedene Merkmale. Anfangs neigen sie dazu, sehr spezifisch zu reagieren, um erst allmählich zu verallgemeinern. Kröten, die ich dressierte, erkannten die negative Attrappe zunächst nur, wenn sie in einer bestimmten Umgebung in ganz bestimmter Weise vorbeigezogen wurde, und mußten erst lernen, sie auch in anderer Umgebung wiederzuerkennen. Manche lernten, Attrappen nach der Farbe zu unterscheiden, wobei die abdressierte Farbe auch an kleineren Attrappen wiedererkannt wurde. Einige Tiere mieden nach wenigen negativen Erfahrungen mit einer Attrappe alles, außer den ihnen gut bekannten Mehlwürmern. Sie lehnten auch Heuschrecken ab. Ein Weibchen, das so reagierte, lernte aber dann das Bewegungsbild der vorbeigezogenen Attrappen von Beutetieren, die selbst krochen, zu unterscheiden. Es fraß dann auch Heuschrecken, mied aber am Faden vorbeigezogene Mehlwürmer. Angebundene Mehlwürmer, die selbst krochen, schnappte es (I. Eibl-Eibesfeldt 1951 a).

Rhesus- und Kapuzineraffen erkennen durch Generalisation relativ gut Bilder von Insekten und Blüten (E. Lehr 1967).

Die Tiere lernen im allgemeinen nicht absolut die Merkmale des positiven oder negativen Musters, sondern die Beziehung der Muster zueinander. Bietet man dickere gegen dünnere vertikale Streifen, so lernt das Tier meist nicht eine bestimmte Dicke, sondern das Dickere (oder Dünnere) von den beiden als Dressurmerkmal. Hat es z. B. das Dünnere gelernt und tauscht man die dickeren Streifen nun gegen solche aus, die dünner sind als die erlernten, dann wird es nun die schmalsten Streifen wählen und nicht die ursprünglich gewählten. In ähnlicher Weise lernen Tiere, die man zwischen zwei Graustufen unterscheiden läßt, meist das im Verhältnis hellere oder dunklere Grau. Abstraktionen dieser Art gibt es natürlich nicht nur auf optischen, sondern auch auf akustischen und anderen Sinnesgebieten, doch sind die optischen am besten untersucht.

Abstraktionsvorgänge sind zugleich Verallgemeinerungen (Generalisationen). Wie weit dabei die »averbale Begriffsbildung« gehen kann, haben B. Rensch und G. Dücker (1959) gezeigt. Sie brachten eine Zibetkatze dazu, das Begriffspaar »gekrümmt–gerade« zu entwickeln, indem sie sie zunächst darauf dressierten, zwei parallele Halbkreise als positive Dressurmerkmale und zwei parallele senkrechte Gerade als negative zu erkennen. Als sie das konnte, erschienen die Muster in zunehmend abgewandelter Form; zuerst um 90 Grad gedreht, danach in anderer Anordnung der Komponenten, so daß das Tier gezwungen war, die gleichbleibende Komponente »kreisförmig–gebogen« zu beachten. Es zog schließlich generell gekrümmte Linien den geraden vor, wenn sie in ganz anderen Figuren aufschienen. In ähnlicher Weise gelang es Rensch und Dücker, der Zibetkatze das Begriffspaar »gleich–ungleich« anzudressieren (Abb. 14.8).

14.8 Zibetkatze bei der Wahl zwischen zwei Mustern. Foto: B. Rensch

In diesem Zusammenhang verdienen auch die Untersuchungen über den »Wertbegriff« der Primaten Beachtung. Schimpansen erlernten den unterschiedlichen symbolischen Wert von Spielmarken verschiedener Farbe und Größe (J. B. Wolfe 1936 und J. T. Cowles 1937). Sie konnten z. B. blaue, weiße und Messingmarken in einen Automaten werfen und dafür 2, 1 oder 0 Weinbeeren eintauschen. Sie zogen bald die höchstbelohnten blauen Marken vor. Man konnte sie auch dazu bringen, bestimmte Arbeiten zu verrichten, wenn sie dafür Marken als Belohnung bekamen, die sie danach eintauschen konnten. Diese Versuche wurden weiter variiert, indem man den Tieren beibrachte, daß sie für bestimmte Marken Futter bekamen, für andere sich aus ihrem Käfig befreien und für wieder andere mit dem Pfleger spielen konnten. Einige nützten diese Marken den Bedürfnissen entsprechend. Ein Weibchen verwendete hellblaue Marken, mit denen es durch Einwurf in einen Schlitz die Käfigtür öffnen konnte, immer dann, wenn der von ihm gefürchtete Kameramann den Käfig betrat, um es zu filmen. Die Schimpansen hatten ganz offenbar den Wert dieser verschiedenen Spielmarken erfaßt. Dieses Vermögen hat T. Kapune (1966, daselbst weiterführende Literatur) auch für einige niedere Affen nachgewiesen. Eine Rhesusäffin beherrschte zuletzt sechs Wertstufen.

Die Spitzenleistungen der Generalisation hat wohl O. Koehler (1943, 1949, 1952, 1954 b und 1955) bei der Untersuchung des Zählvermögens verschiedener Tiere entdeckt. Tauben, Papageien, Rabenvögel und Eichhörnchen lernten, aus einer größeren Zahl von Körnern oder Futterbrokken nur eine bestimmte Anzahl herauszunehmen. Rabenvögeln brachte man bei, auch nach einer Anweisertafel zu handeln. Waren darauf zwei Punkte zu sehen, dann wählten sie entsprechend der Anweisung das Schüsselchen, dessen Deckel mit zwei Punkten markiert war. Nach längerer Dressur mußten die Punkte auf den Deckeln nach Größe und Anordnung nicht mehr mit der der Anzeigertafel übereinstimmen. Die Vögel wählten allein nach der Zahl, ja, ein Graupapagei lernte, nach dem Erklingen von 2, 3 oder 4 Signaltönen von 7 verdeckten, Futterkörner enthaltenden Schälchen so viele zu öffnen, bis er die dem Kommando entsprechende Körnerzahl entnommen hatte. Er lernte auch, auf zwei oder drei Lichtsignale hin, die entsprechende Anzahl von Körnern zu nehmen, und übertrug das spontan ohne weitere Dressur auf vorgespielte Tonsignale.

Solche Vorgänge, bei denen in averbalen Schlüssen spontan, d. h. ohne Versuch-und-Irrtum-Lernen, Zusammenhänge erfaßt werden, sind bereits *einsichtige Leistungen.*

Als einsichtig lassen sich alle jene Leistungen definieren, bei denen ein Individuum Beziehungen zwischen Objekten erkennt, die es in diesem Kontext noch nie erfahren hat. Dennoch spielen gesammelte Erfahrungen auch bei einsichtiger Problemlösung eine große Rolle. Die Fähigkeit zu einsichtiger Aufgabenlösung läßt sich durchaus trainieren. K. Pryor (1973) belohnte einen Kleinen Schwertwal (*Pseudorca crassidens*) und einen Gill-Tümmler *(Tursiops gillii)* für jedes neue Verhalten, das sie zeigten, und förderte damit ihren Einfallsreichtum, der allerdings dann nicht immer begrüßt wurde. Die beiden Tiere mochten einander, und der mobilere Tümmler sprang oft ins Becken zu seinem größeren Freund. Das mochten die Pfleger nicht – wohl weil es beim Versuch störte –, und sie errichteten eine verschiebbare Gitterbarriere über der Trennwand. Die schob der stärkere Schwertwal auf die Seite, damit sein beweglicher Freund zu ihm hinüberspringen konnte. Das taten sie allerdings nur, wenn sie glaubten, daß niemand zusah, denn offenbar wußten sie, daß es nicht gestattet war.

Einsichtige Leistungen liegen auch vor, wenn ein Tier einen räumlichen Umweg spontan meistert und dabei verschiedene unabhängig voneinander gemachte Erfahrungen zusammenfaßt (Abb. 14.9). Als ich einmal meinem Dachs den Einlaß in die Wohnbaracke verweigerte, stellte dieser bald seine vergeblichen Kratzversuche an der Türe ein, lief um die Baracke herum und erkletterte auf der anderen Seite das niedere Fenster des Raumes, in den er hineinwollte. Spontan einsichtiges Verhalten bewies auch ein Hund, der, eine Tür selbst öffnend, in einen bisher gemiedenen Vorgarten eindrang, als er einmal seinen gefürchteten Rivalen dort angebunden sah (W. Gnadenberg 1962).

H. Hsiao (1929) baute ein Labyrinth, in dem eine Ratte auf drei verschiedenen Wegen zu einem Ziel (Futterstelle) gelangen konnte. Zwei kürzere Wege führten zu einem gemeinsamen Durchlaß, den man durch ein Gitter blockieren konnte, der dritte Weg war wesentlich länger. Alle drei Wege waren den Tieren gut bekannt, und sie hatten gelernt, die kürzesten zu benutzen. Versperrte man allerdings den für die beiden kurzen Wege gemeinsamen Durchlaß, dann probierten es die meisten Ratten sogleich mit dem dritten langen Umweg, ohne es erst auf der zweiten Route zu versuchen. Sie verhielten sich, als hätten sie ein räumliches Bild des Labyrinths gegenwärtig und wüßten daher, daß mit dem Abschluß des Tores auch die zweite Route versperrt war. Ein ganz ähnliches Labyrinth verwendeten E. C. Tolman und C. H. Honzik (1930 a; Abb. 14.10).

Richtiges Einsichtverhalten im Sinne eines Erfassens von Zusammenhängen beobachtet man oft beim Werkzeuggebrauch. Hier sind W. Köhlers (1921) Versuche an Menschenaffen richtungweisend gewesen. Seine Schimpansen benützten Stöcke zum Herbeiangeln von Bananen, die außerhalb des Käfigs lagen. Sie konnten zwei kurze Stöcke ineinanderstekken und verlängern oder Kisten aufeinandertürmen, um eine sonst unerreichbar hoch am Käfigdach angebrachte Banane zu erlangen (Abb. 14.11 und 14.12). Aus den Beschreibungen geht hervor, daß sie diese Hand-

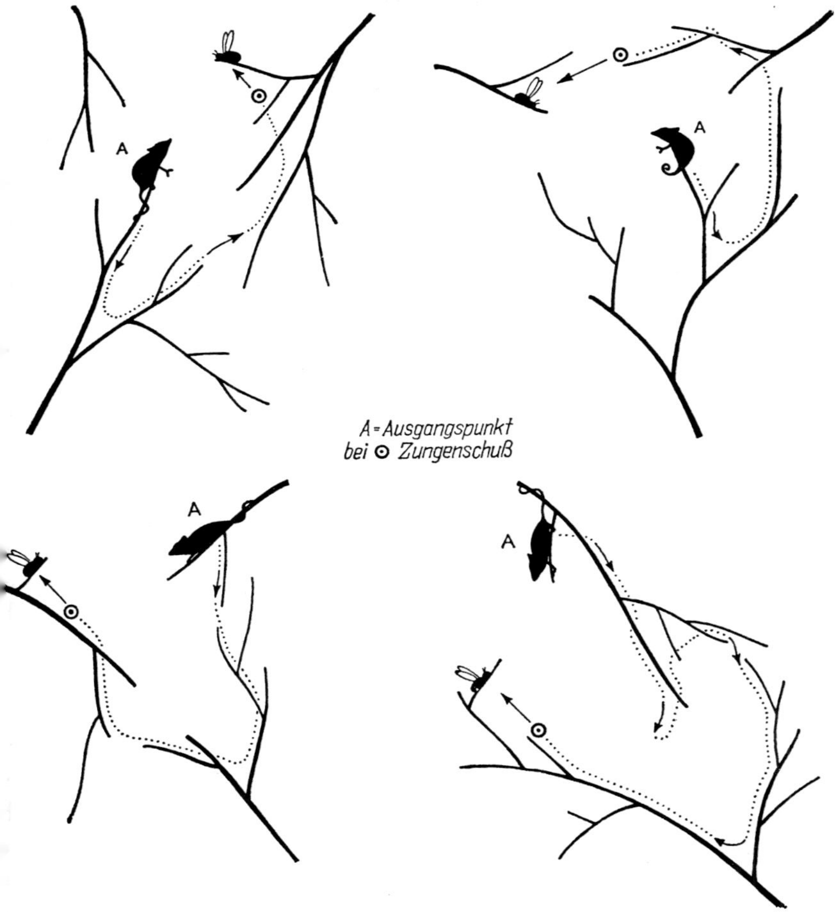

14.9 Beispiele für Umweglösungen des Zwergchamäleons beim Beschleichen der Beute. Aus O. v. FRISCH (1962)

lungsfolge nicht durch Herumprobieren erlernten. Vielmehr konnte ein Schimpanse ruhig dasitzen und bloß umherschauen – zur Kiste, zum Platz unter der Banane, zur Banane usf. –, bis ihm die Lösung einfiel. Die Handlungsfolge ist in solchen Fällen erdacht, das Probieren nach innen verlegt. Ein Schimpanse, der gelernt hatte, mit einem Magneten ein Eisenstück durch ein Labyrinth zu führen, das mit einer Glasplatte abgedeckt war, konnte neue Labyrinthe überblicken und führte dann den Magnet auf dem kürzesten Weg sicher zum Ziel. Selbst bei komplizierten Labyrinthen kam er ohne Probieren, allein durch zentrales Abwägen, zurecht (B. RENSCH und J. DÖHL 1968).

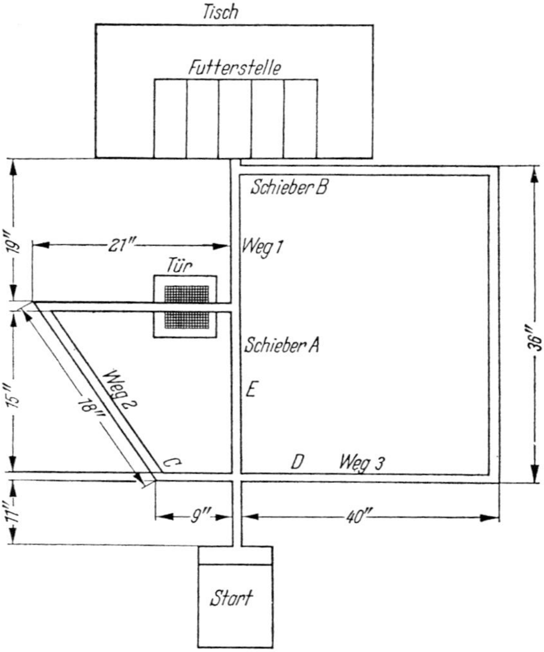

14.10 Das von TOLMAN und HONZIK zum Nachweis einsichtigen Verhaltens benützte Labyrinth. Ratten lernten jeden der drei zum Ziel führenden Wege kennen. War der kürzeste geradeaus führende Weg 1 bei A verschlossen, dann konnten die Tiere über den Weg 2 oder 3 zum Ziel gelangen. War der Weg 1 durch den Schieber B blockiert und wählten die Ratten sogleich den einzig richtigen Weg 3, den sie normalerweise nicht bevorzugten, dann galt dies als einsichtige Leistung. Nur einige Ratten konnten dies in dem hier gezeigten Hochlabyrinth. Nach E. C. TOLMAN und C. H. HONZIK (1930 a)

Voraussichtig planendes Handeln beschrieb u. a. auch M. CRAWFORD (1937). Er stellte zwei Schimpansen die Aufgabe, eine Kiste an Stricken heranzuziehen. Die Tiere mußten dabei zusammenarbeiten, denn für eines allein war die Kiste zu schwer. Zuerst versuchte wohl eines allein, am Strick zu ziehen. Glückte es ihm nicht, die Kiste zu bewegen, forderte es

14.11 Stöcke ineinandersteckender Schimpanse

14.12 Schimpansen beim Versuch, durch Aufeinandertürmen von Kisten und mit Hilfe eines Stockes einen hochhängenden begehrten Futterbrocken zu erreichen. Nach W. KÖHLER (1921)

das andere durch Anstoßen und Gesten auf, den Strick zu ergreifen und mitzuhelfen. Weiteres über einsichtiges Handeln und Werkzeuggebrauch gefangener Schimpansen finden wir bei N. KOHTS (1935) und R. M. YERKES (1948).

Aus dem Freiland liegen neuere Beobachtungen von J. VAN LAWICK-GOODALL (1968, 1970) vor. Ihre Schimpansen holten mit dünnen Zweigen oder Halmen Termiten aus den Bauten. Sie öffneten dazu einen der verschlossenen Ausgänge, den die Termiten zum Schwärmen benützten, und führten das Werkzeug ein, an dem sich die Termiten mit ihren Mandibeln festbissen (Abb. 14.13). Das wiederholten sie viele Male. In der Wahl ihrer Werkzeuge sind sie sehr sorgfältig. Im gleichen Gebiet benutzen die Schimpansen Blätter, um Wasser aus Baumlöchern aufzutunken, das sie nicht mit den Lippen erreichen können. Sie benutzen die Blätter wie einen Schwamm, indem sie mit ihnen die Flüssigkeit auftunken und sie danach aussaugen. Sie verwenden auch Blätter, um sich zu säubern. In einem der Filmprotokolle des Ehepaars VAN LAWICK-GOODALL sieht man, wie ein

a

b

14.13 Termiten fischender Schimpanse: a) Auswahl des Werkzeugs; b) Einführen des Werkzeugs in ein geöffnetes Termitenloch. Freilandaufnahme: BARON UND BARONESS VAN LAWICK-GOODALL. Mit freundlicher Genehmigung des ›National Geographic Magazine‹; c) der Schimpanse Fifi fischt mit einem Grashalm Termiten. Man beachte den konzentrierten Ausdruck. Foto: HUGO VAN LAWICK, Courtesy National Geographic Society

c

Schimpanse, der an Durchfall leidet, Blätter pflückt und sich damit säubert. In Gefangenschaft wischte eine Schimpansin ihr Kind nach jeder Entleerung mit einem Tuch ab (K. HEINROTH-BERGER 1965). Werkzeuggebrauch an sich ist noch kein Kriterium für Intelligenz, wohl aber ein so vielfältiger und individuell modifikabler Werkzeugeinsatz, wie wir ihn bei den Schimpansen finden.

In der Savanne gefangene und in einer großen Freianlage in Guinea gehaltene Schimpansen schlugen gut gezielt und von oben herab mit einem Prügel auf einen ausgestopften Leoparden, wobei sie aufrecht standen (Abb. 14.14). Im Freien geprüfte waldbewohnende Schimpansen aus dem Kongo erwiesen sich in der gleichen Situation als viel ungeschickter. Sie schlugen zwar auch mit Stöcken um sich und warfen sie wohl auch in die Richtung des Raubtieres, doch zielten sie schlecht, und nie führten sie einen Schlag von oben herab. Keiner traf den ausgestopften Leoparden (A. KORTLANDT 1962, 1965, 1967). KORTLANDT meint, daß sich der Gebrauch von Stöcken als Waffe einst in der freien Savanne entwickelt hat. Bei den erst sekundär durch Wettstreit mit den Menschenahnen aus diesem Raum in den Wald abgedrängten Schimpansenahnen sei dieser Waffengebrauch verkümmert.

14.14 Savannen-Schimpanse schlägt mit einem Prügel auf einen ausgestopften Leoparden ein. Foto: A. KORTLANDT

Auffällige lokale Unterschiede im Werkzeuggebrauch verschiedener Schimpansengruppen weisen auf lokale Traditionen hin. Die Schimpansen der Reservate Tai (Elfenbeinküste) und Boussou (Guinea) verwenden Steine oder Holzprügel sowohl als Unterlagen wie auch als Hämmer, um Nüsse aufzuknacken (T. T. STRUHSACKER und P. HUNKELER 1971, C. BOESCH und H. BOESCH 1983). Die Schimpansen des Gombe-Reservats beherrschen diese Technik nicht. Sie beißen Nüsse auf. Beim Termitenfischen erweisen sie sich als geschickte Werkzeuggebraucher (J. GOODALL 1986, I. EIBL-EIBESFELDT und J. GOODALL 1992). Beim Termitenfischen zeigen die Schimpansen großes manipulatorisches Geschick und auch große Geduld. Störende Affekte sind ausgeschaltet. Die bereits im Spiel beobachtete Abkoppelung des emotionalen Bereichs von der Motorik scheint hier weiter perfektioniert, und mit der Händigkeit und der mit ihr einhergehenden Lateralisation der Großhirnhemisphären kam es zu einer weiteren Trennung emotionaler und willkürmotorikgesteuerter »rationaler« Bereiche, die es uns Menschen erlaubt, selbst soziale Probleme »distanziert« und »objektiv« zu erörtern. Wir gewannen damit eine Freiheit, die eine Voraussetzung für die vernunftgesteuerte Lösung unserer vielfältigen sozialen Probleme ist (I. EIBL-EIBESFELDT 1995, 1996).

Der in Hinblick auf Lernkapazität und manipulatorisches Geschick bisher als wenig begabt eingestufte Orang-Utan erweist sich nach neueren Untersuchungen in bezug auf die Fähigkeit zur abstrakten Konzeptbildung sowie zur Werkzeugherstellung und zum Werkzeuggebrauch als erstaunlich begabt und darin dem Schimpansen keineswegs nachstehend (Lit. bei J. Lethmate 1977 a, b).

Zusammenfassung 14

Die experimentelle Erforschung des Lernens hat zur Unterscheidung mehrerer Typen von Lernvorgängen geführt:

Geht einem auslösenden Reiz ein sonst neutraler unmittelbar voran, dann kann der ankündigende Reiz mit dem auslösenden assoziiert und schließlich zu einem auslösenden (bedingten) Reiz werden.

Eine bedingte Appetenz liegt vor, wenn auf eine Wahrnehmung eine gute Erfahrung folgt und das Tier in der Folge bei neuerlicher Wahrnehmung derselben Situation das Appetenzverhalten zeigt, das beim vorhergehenden Mal befriedigt wurde.

Wird Eigentätigkeit durch eine gute Erfahrung belohnt und wiederholt das Tier als Folge diese Tätigkeit, um wieder die gleiche Belohnung zu erhalten, dann spricht man von einem Lernen am Erfolg oder von einer bedingten Aktion. Bedingte Aversionen liegen vor, wenn einer Wahrnehmung eine schlechte Erfahrung folgt, so daß der Organismus künftig diese Reizsituation meidet. Folgt auf Eigentätigkeit eine schlechte Erfahrung, dann wird erstere schließlich gehemmt (bedingte Hemmung). Oft wiederholte Bewegungsfolgen schleifen sich ein (kinästhetisches Lernen). Lernleistungen kann man experimentell durch Zuchtwahl verbessern.

In welcher Weise das Gedächtnis als »Engramm« im Zentralnervensystem abrufbar gespeichert wird, ist noch unbekannt. Wir haben eine Reihe von Änderungen an den Synapsen und die sie verursachenden biochemischen Prozesse erörtert. Sie betreffen die Vergrößerung der Kontaktzone der Synapsen, die Vermehrung von Kanälen, der Transmittervesikel und der Synapsen, aber auch, wie im Falle der Prägung, deren Reduktion. Setzt man für das Langzeitgedächtnis strukturelle und biochemische Veränderungen voraus, so ist davon das Kurzzeitgedächtnis zu unterscheiden, das auf einem Weiterschwingen einmal angestoßener Neuronenkreise beruhen dürfte. Vögel und höhere Säuger sind der Abstraktion, der averbalen Begriffsbildung und des einsichtigen Verhaltens fähig. Zu offensichtlich

»einsichtigen« Umwegleistungen sind sogar einige Reptilien befähigt. Die höchsten Leistungen einsichtigen Werkzeuggebrauchs führen uns die Schimpansen vor, die auf diesem Gebiet Erfindungen machen und situationsgemäß nutzen. Sie dürften allerdings für bestimmte Manipulationen stammesgeschichtlich vorbereitet sein, so für das Schlagen und Stochern mit Stöcken.

15. Ökologie und Verhalten

In den vorangegangenen Kapiteln haben wir bereits mehrmals von der Funktion verschiedener Verhaltensweisen gesprochen, doch stand bisher der kausale und historische Gesichtspunkt im Vordergrund der Betrachtung. In diesem Abschnitt sei nun ergänzend erörtert, mit welchen Faktoren seiner Umwelt sich ein Organismus auseinandersetzen muß und wie sein Verhalten diesen verschiedenen Anpassungsfronten gerecht wird, also bestimmte Funktionen erfüllt und damit zur Eignung beiträgt.

Jeder Organismus ist ein Energie erwerbendes System (»Energon«) (H. HASS 1970, H. HASS und H. LANGE-PROLLIUS 1978). Er existiert einzig dank seiner positiven Energiebilanz. An Kosten gehen in die Rechnung ein jene des Aufbaues, der Integration, des Schutzes gegen Störeinflüsse einschließlich des Feindschutzes, der Unterhaltung, des Erwerbsaktes einschließlich der Markterschließung und Neuanpassung, um nur das Wichtigste zu nennen. Dabei kommt es zu Funktionskonflikten, denn die verschiedenen Selektionsdrucke wirken keineswegs gleichsinnig, sondern vielfach sogar im entgegengesetzten Sinne. Das Ergebnis ist dann ein Kompromiß im Sinne einer Kosten-Nutzen-Rechnung, natürlich ohne intendierte Kalkulation. Ein illustratives Beispiel, zugleich ein eindrucksvoller experimenteller Nachweis der Funktion eines Verhaltens, verdanken wir N. TINBERGEN und seinen Mitarbeitern (1962). Zerbrochene Eierschalen in der Nähe des Nestes verraten Nest und Brut an Räuber. Es ist daher vorteilhaft, wenn die Lachmöwe die Eierschalen unmittelbar nach dem Schlüpfen ihrer Jungen entfernt. In bezug auf Räuber wäre sofortige Entfernung am besten. Dem steht entgegen, daß die Nachbarmöwen zum Kannibalismus neigen und sich vor allem über frischgeschlüpfte, noch nasse Junge machen. Dieser im Gegensinne wirkende Selektionsdruck bewirkt eine Verzögerung des Eischalenwegtragens um ein bis zwei Stunden. Die Alttiere bewachen zunächst die Jungen und verlassen sie zum Wegtransport der Eischalen erst, wenn sie trocken sind.

Die Überlebensstrategien, die verschiedene Organismen in der inner-

und zwischenartlichen Konkurrenz entwickelten, seien hier nach Funktionskreisen geordnet anhand ausgewählter Beispiele illustriert.

Die reizvollen Details zeigen, welche Potentialität den Organismen gegeben ist, mit Hilfe welcher Erfindung sich Tiere ökologische Nischen erschließen und wie analoge Entwicklungen zustande kommen. Der Lebensstrom als rätselhaftes energetisches Phänomen strebt nach rücksichtsloser Vermehrung der Biomasse. Jede auch nur vorübergehend sich bietende Möglichkeit dazu wird opportunistisch genützt. Feldmäuse und Lemminge vermehren sich in Jahren günstigen Angebotes maßlos, bis der unvermeidliche Bevölkerungszusammenbruch nach der Massenvermehrung zur Abwanderung zwingt – mit allen Risiken, aber auch mit der Chance, Neuland zu besiedeln oder in Varianten neue ökologische Nischen zu erschließen, unter der schöpferischen Geißel der Selektion. Der Fluß des Lebensstromes wird selbst durch das Massensterben nicht behindert, das sich als Folge einer Massenvermehrung einstellt. Im Gegenteil: Dadurch, daß der Lebensstrom bildlich über die Ufer tritt und weite Gebiete überschwemmt, findet er auch in Nebenarmen neue Wege. Populationsdruck und Konkurrenz erzwingen neue Anpassungen. Möglich, daß eine vernunftgesteuerte kulturelle Evolution sich aus dem recht aufwendigen und unserer planenden Vernunft zuwiderlaufenden Prinzip einmal lösen kann. Bis jetzt lief es anders. Und wenn uns auch der Weg erschrecken mag, das Ergebnis ist jene bunte Vielfalt der organischen Welt, die wir täglich bestaunen. Auch wir Menschen werden unsere weitere kulturelle und biologische Evolution nur in Grenzen planen können, da wir ja die künftigen Bedingungen, an die wir uns als angepaßt erweisen müßten, nicht kennen. Wir können aber Zielsetzungen vornehmen und dabei unter anderem auf die Erhaltung unserer Universalität und Individualität achten, auf der letztlich unsere Aussichten auf weitere Entwicklung begründet sind (S. 779). Im übrigen werden wir uns auch für Experimente offenhalten müssen. Bei gezielter Anpassung besteht die Gefahr, über eine Einengung der Variationsbreite in Sackgassen zu landen.

Vergleicht man, was verschiedene Tiergruppen an Anpassungstypen hervorbrachten, dann erweisen sich manche als recht eng determiniert, andere wiederum füllen in bunter adaptiver Radiation die verschiedensten ökologischen Nischen. Recht einheitlich ist etwa die Unterordnung der Schlangen, wenn man sie mit der Unterordnung der Echsen vergleicht. Die Schlangen scheinen sich in einseitiger Anpassung den Weg zu neuen Strategien des Nahrungserwerbs weitgehend verbaut zu haben. Auch in den Knorpelfischen scheinen weniger Entfaltungsmöglichkeiten zu stekken als in den Knochenfischen, obgleich man hier zu berücksichtigen hat, daß letztere die ersteren möglicherweise durch Konkurrenz an der Entfaltung behindern. Vor der Entfaltung der Knochenfische gab es Knorpelfische in größerer Arten- und Formenfülle als heute. In der adaptiven Radiation der Darwinfinken werden wir die Möglichkeiten und Grenzen der Neuanpassung einer kleinen Vogelgruppe vorführen, die vom Kernbeißertypus bis zum Kleinspecht recht verschiedene Singvogeltypen entwickelte. Nur: eine Spechtzunge war nicht drin. Die Aufgabe wurde durch Erfindung des Werkzeuggebrauchs gelöst (S. 476).

Tiere verfügen für den Einsatz ihrer Organe vielfach über fertige Verhaltensrezepte. Bei höheren Wirbeltieren wird aber im Laufe der Jugendentwicklung auch viel dazugelernt. Aber nicht nur für den instrumentellen Einsatz des Körpers und seiner Organe müssen Verhaltensrezepte vorliegen oder erworben werden. Der Körper selbst bedarf der Pflege. Fell und Gefieder müssen z. B. in Ordnung gehalten, gesäubert und eingefettet werden, wofür in der Regel Verhaltensprogramme bereitliegen.

Bemerkenswert ist schließlich, daß viele Tiere in der Lage sind, sich »künstliche Organe« (H. Hass 1968) zu schaffen, wie Nester und Werkzeuge. Auch das ist ihnen vielfach angeboren. So nimmt bereits die Grabwespe ein Steinchen als Werkzeug zwischen die Mandibeln, um nach dem Zugraben der verproviantierten Höhle den losen Sand über dem Eingang festzustampfen. Auch der Spechtfink lernt das Stochern mit dem Werkzeug nicht immer wieder neu, wohl aber viel Dazugehöriges. Einsichtiger, erfinderischer Werkzeuggebrauch ist im wesentlichen eine Leistung der Anthropoiden (S. 443).

Die folgenden Erörterungen erheben keinerlei Anspruch auf nur annähernde Vollständigkeit. Es sollen nur einige Grundprobleme der Verhaltensökologie erörtert werden und ein Einblick in die erstaunliche Fülle reizvoller Anpassungen vermittelt werden. Eine vergleichende Darstellung der verschiedenen Lokomotionsweisen (Schwimmen, Klettern, Laufen, Schlängeln, Fliegen etc.), die als »Werkzeughandlungen« im Dienste der verschiedensten Funktionskreise stehen, wollen wir uns hier ebenso ersparen wie eine Erörterung der Körperpflegehandlungen. Vorzügliche Beispielsammlungen zu unserem Thema finden wir zunächst in dem bisher unübertroffenen Werk von R. Hesse und F. Doflein (1943), H. Böker (1935, 1937), A. Kaestner (1965), G. Tembrock (1964), W. Kühnelt (1965) und E. O. Wilson (1971, 1975).

Um den Stoff zu gliedern, fassen wir die Beziehungen zur außerartlichen Umwelt und die Beziehungen zum Artgenossen in je einem Unterkapitel zusammen. Wir müssen uns allerdings darüber im klaren sein, daß sehr viele Verhaltensweisen nicht streng nur der einen oder anderen Gruppe zuzuordnen sind. Viele stehen im Dienste sehr verschiedener Funktionskreise, man denke etwa an die Lokomotionsbewegungen. Ein Tier kann z. B. laufen, um einen Rivalen einzuholen oder um einem Feßfeind zu entkommen.

Verschiedentlich wurde den Ethologen vorgeworfen, sie würden von Anpassungen und Funktionen sprechen, ohne diese experimentell nachzuweisen. Dem ist zu entgegnen, daß sich die Ethologen verschiedentlich durchaus um solche Nachweise bemüht haben; wir brachten TINBERGENS Untersuchung über das Wegtragen von Eierschalen als Beispiel. Allerdings trifft zu, daß in vielen Fällen die Funktion nicht nachgewiesen, sondern erschlossen wurde. Das genügt jedoch in vielen Fällen. Findet einer ein Kameraauge mit Linse, Akkomodationsapparat, Glaskörper und einem netzhautartigen Gewebe im Augenhintergrund, dann darf er daraus schließen, daß er ein Kameraauge eines offenbar sehenden Organismus gefunden hat. Und er dürfte sich selbst dann zu diesem Schluß durchringen, wenn er ein solches Organ als Fossil in einem Meteoriten fände. Im übrigen bemüht sich ein Zweig der Ethologie – die Soziobiologie – seit Mitte der siebziger Jahre erfolgreich um die experimentelle Erforschung der Frage, wie ein Verhalten im einzelnen zur Eignung beiträgt. Gute Beispiele für die soziobiologische Vorgehensweise finden wir bei N. R. KREBS und N. B. DAVIES 1984, W. WICKLER und U. SEIBT 1991, E. VOLAND 1993 und M. TABORSKY 1994.

15.1 Der Beitrag der Soziobiologie zur Verhaltensökologie

15.1.1 Optimalitätsmodelle

Die klassische Ethologie basiert auf der induktiven Methode. Sie beschreibt Phänomene, stellt dann die Frage nach deren Verursachung und bildet schließlich aufgrund ihrer Induktionsbasis unter anderem auch Hypothesen, die den Überlebenswert- die Funktion – eines Verhaltens betreffen.

Mit der Entwicklung der Soziobiologie entstand ein ökologisch ausgerichteter Zweig der Ethologie, der sich in einer Synthese ethologischer und populationsgenetischer Ansätze um den Nachweis von Angepaßtheit bemüht. Aus der Evolutionstheorie entwickeln die Soziobiologen dazu mathematische Modelle, die konkrete Voraussagen ein bestimmtes Verhalten betreffend erlauben. Ihre Vorgehensweise ist dabei im wesentlichen deduktiv, und in einer Art Überschwang tendierte die Soziobiologie anfangs dazu, die induktive Methode der klassischen Ethologie abzuwerten. Dabei verlor sie gelegentlich den Boden unter den Füßen, und ihr Bemühen, für alles und jedes eine funktionelle Erklärung zu liefern – für Vergewaltigung und *Ejaculatio praecox* ebenso wie für Homosexualität –, trieb gelegentlich groteske Blüten (L. BARON 1985, L. K. HONG 1984).

Ausgangspunkt aller Überlegungen ist die Annahme, daß die natürliche Auslese Organismen heranzüchtete, die so handeln, daß sie ihre Gene am besten fortpflanzen. Allerdings muß einschränkend gesagt werden, daß Anpassungen den Anforderungen durchaus nachhinken müssen; auch verhindert die »historische Belastung« oft technisch bessere Lösungen. Daß Landwirbeltiere von im Wasser lebenden abstammen, ist eine solche historische Belastung. Sie machte Umkonstruktionen im Blutkreislauf der Wirbeltiere erforderlich, die erst bei den Vögeln und Säugern gelungen sind. Bei Amphibien sind der arterielle und der venöse Blutkreislauf noch unvollkommen getrennt, was die Leistungsfähigkeit dieser Tiere mit »gepanschtem Blut« einschränkt. Beim Menschen ist unter anderem das venöse System der unteren Extremitäten überlastet; die mit der Aufrichtung notwendigen Umkonstruktionen sind keineswegs abgeschlossen. Auch in anderen Bereichen bastelt die Selektion noch am *Homo sapiens*, und bessere Lösungen sind für viele Organbereiche und Verhaltensbereiche denkbar, die wegen der historischen Belastung nicht gangbar waren oder sind*. Mit diesen Einschränkungen kann man davon ausgehen, daß alle Tätigkeiten des Organismus letzten Endes möglichst effizient im Dienste der Verbreitung der Gene des betreffenden Merkmalsträgers eingesetzt werden und so zu seiner Eignung beitragen. Wir betonen die Einschränkungen, da sie nicht selten übersehen werden.

Wir erinnern ferner daran, daß häufig verschiedene Anforderungen an den Organismus gestellt werden, die miteinander in Konflikt geraten, was dann zu Kompromissen führt. So sind visuelle Auslöser als Signale auch für den Raubfeind auffällig, was deren Entwicklung in gewisser Weise behinderte oder die Einrichtungen des Farbwechsels und anderer Methoden, die Signale auch wieder abzuschalten, erzwang (S. 176). Das Entfernen der Eischalen vom Möwennest wird verzögert, weil frischgeschlüpfte Junge den Nachbarn zur Beute fallen, wenn sie nicht bewacht werden (S. 433).

Die Soziobiologen versuchen nun, für solche Fälle *Optimalitätsmodelle*

---

* Auf ein reizvolles Detail dazu machte S. J. GOULD (1980) aufmerksam. Der Panda *(Ailuropoda melanoleuca)* besitzt einen opponierbaren »Daumen«, der kein Finger ist, sondern als 6. Glied aus dem radialen Sesambein neu entwickelt wurde. Offenbar waren die anderen richtigen Finger bereits weitgehend in ihrer Funktion spezialisiert. Auch die den neuen »Daumen« betätigende Muskulatur stammt von jener, die das Sesambein bewegte. Noch ein weiteres Detail: Beim Pandabären ist auch das Sesambein des Fußes vergrößert – allerdings findet man dafür keine funktionelle Erklärung. Vielmehr werden seriale Organe nicht durch die Aktion von einzelnen Genen kontrolliert. Es dürfte kein Gen für den Daumen und ein anderes für die große Zehe geben, sondern beiden dürften gemeinsame Gene zugrunde liegen. Es scheint also schwerer zu sein, d. h. mehr Mutationsschritte zu erfordern, nur das Sesambein der Hand, nicht aber das des Fußes zu vergrößern, als beide gemeinsam in der gleichen Richtung zu verändern.

zu erarbeiten, die quantitative Voraussagen gestatten. TINBERGEN und seine Mitarbeiter konnten in dem zitierten Beispiel nur die qualitative Aussage der vorteilhaften Verzögerung experimentell bestätigen. Aber welche Verzögerung nun eigentlich optimal wäre, darüber geben ihre Versuche keinen Aufschluß. Die Optimalitätsmodelle der Soziobiologen bemühen sich nun gerade darum, genau vorauszusagen, durch welchen Kompromiß zwischen Kosten und Nutzen der maximale Gewinn für ein Individuum erreicht wird. Ein einfaches Beispiel möge diesen Ansatz erläutern. Die Krähen an der Küste Westkanadas ernähren sich unter anderem auch von Wellhornschnecken, die sie bei Ebbe suchen. Sie lassen die Schnecken zerschellen, indem sie etwa 5 m hochfliegen und sie auf Felsengrund fallen lassen. Das muß sich energetisch rentieren, und R. ZACH (1979), der das Problem studierte, stellte fest, daß die Krähen nur große Wellhornschnecken annehmen. Sie wählen überdies eine Abwurfhöhe, die den Flugaufwand minimalisiert und bei der eine Schnecke bereits nach wenigen Versuchen aufbricht. Bei Würfen aus geringer Höhe würden dazu viele Versuche benötigt, und jeder Aufflug kostet Energie. ZACH ließ Schnecken aus verschiedener Höhe fallen und berechnete danach den durchschnittlich benötigten Flugweg und damit den Energieaufwand, der nötig ist, um ein Gehäuse zu öffnen (Abb. 15.1 a). Die berechnete Abwurfhöhe, bei der der Flugaufwand für das Schneckenöffnen minimal ist, liegt recht nahe bei der beobachteten durchschnittlichen Abwurfhöhe von 5,2 m (Abb. 15.1 b). Optimal wäre es allerdings, wenn die Krähe ihre Schnecke aus etwas größerer Höhe abwerfen würde, da sie dann weniger Würfe bräuchte, um ein Schneckengehäuse zu öffnen. Aber da dürfte die Gefahr bestehen, daß das Gehäuse wegspringt und verlorengeht.

In vergleichbarer Weise wählen Strandkrabben *(Carcinus maenas)* Miesmuscheln mittlerer Größe, bei denen der Energiegewinn im Verhältnis zum Zeitaufwand, den das Tier für das Öffnen investieren muß, optimal ist (R. W. ELNER, R. N. HUGHES 1978; Abb. 15.2).

Optimalitätsmodelle lassen sich für die verschiedensten Funktionszusammenhänge erarbeiten, z. B. für die Frage, ab wann es sich für ein Individuum rentiert, Ressourcen (Reviere) zu verteidigen. Jede Verteidigung kostet Energie und birgt überdies ein Verletzungsrisiko in sich. Daß der Nutzen daher größer sein muß als die Kosten, klingt trivial. Und doch ist es reizvoll und lehrreich, genau nachzurechnen und nachzumessen, ab wann sich ein bestimmter Aufwand lohnt bzw. welche Veränderungen des Verhaltens durch weitere Zusatzbedingungen bewirkt werden: etwa was sich bei Erhöhung der Kosten in einem Sektor als Antwort anderswo ändern muß und wie sich solche Voraussagen mit der Wirklichkeit vergleichen lassen. Entspricht die Antwort nicht dem Modell, dann wurden offensichtlich entscheidende Faktoren übersehen.

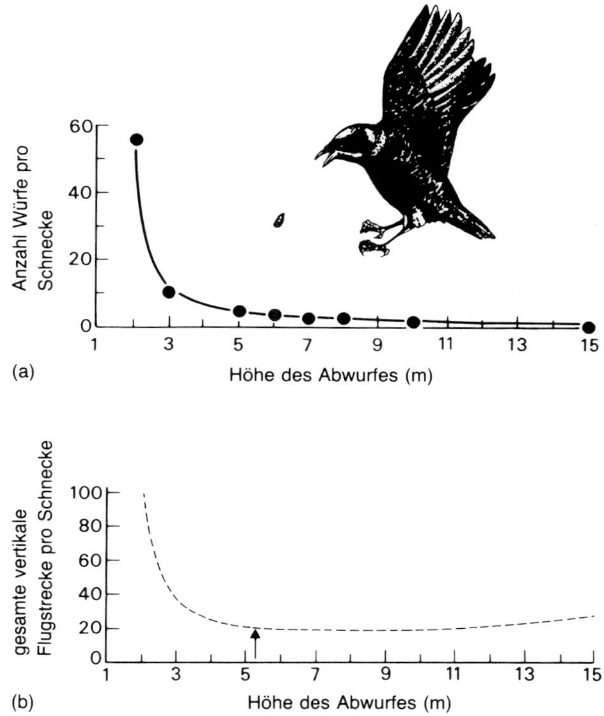

15.1 Ergebnisse von Abwurfversuchen mit Schnecken aus unterschiedlichen Höhen. (a) Wird die Schnecke aus größerer Höhe abgeworfen, sind durchschnittlich weniger Würfe notwendig, um das Gehäuse zu öffnen. (b) Die gesamte vertikale Flugstrecke, die zur Öffnung eines Schneckengehäuses zurückgelegt werden muß (Anzahl Abwürfe × Abwurfhöhe), wird bei einer Höhe minimiert, die nahe an der von den Krähen am häufigsten benutzten (Pfeil) liegt. R. Zach (1979) aus J. R. Krebs und N. B. Davies 1984

F. B. Gill und L. L. Wolf (1975) berechneten, ab wann es sich für den Sichelnektarvogel *(Nectarinia reichenowi)* lohnt, ein Revier zu verteidigen. Sie berechneten den Energiebedarf für die Aktivitäten Nektarsuche (1000 cal/h), Sitzen (400 cal/h) und Revierverteidigung (3000 cal/h). Da revierbesitzende Vögel weniger Zeit für die Nahrungssuche aufwenden müssen, lohnt sich Revierverteidigung nur, wenn die Tiere im verteidigten Gebiet eine lohnende Nektarquelle haben, von der sie die Konkurrenten fernhalten. Um die Rentabilität zu errechnen, bestimmten die Genannten zunächst den Zeitaufwand, den ein Vogel zur Erlangung eines bestimmten Energiebetrages aufwenden muß, und kamen zu folgendem Ergebnis:

Nektargehalt pro Blüte (µl)	Zeitaufwand zur Erlangung eines bestimmten Energiebetrages (h)
1	8
2	4
3	2,7

Findet der Vogel größere Nahrungsmengen vor, was der Fall ist, wenn er sein Gebiet verteidigt, dann muß er weniger lang Futter suchen und kann

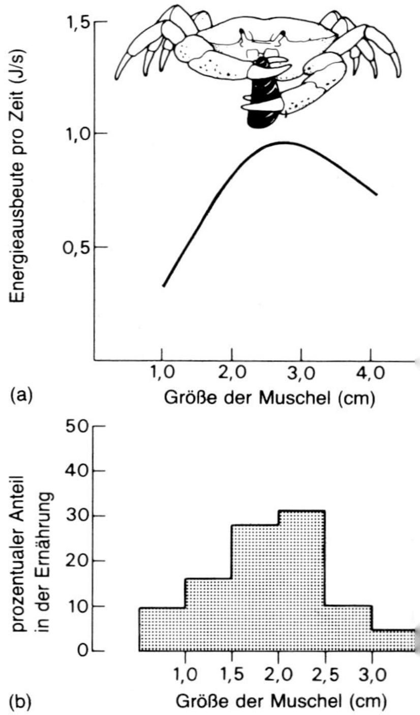

15.2 Strandkrabben *(Carcinus maenas)* bevorzugen Muscheln einer Größe, die den höchsten Nettoenergiegewinn je Zeiteinheit ergeben. (a) Die Kurve gibt den Energiebetrag pro Zeiteinheit wieder, den die Krabbe beim Öffnen von Muscheln unterschiedlicher Größe erzielt. (b) Das Histogramm stellt die Häufigkeiten dar, mit der Muscheln, die in gleichen Anzahlen angeboten wurden, von Krabben in einem Aquarium verspeist wurden. R. W. ELNER und R. N. HUGHES (1978) aus J. R. KREBS und N. B. DAVIES (1984)

für die eingesparte Zeit auf einem Zweig sitzen. Wird durch die Revierverteidigung der durchschnittliche Nektargehalt der Blüten von 2 µl auf 3 µl erhöht, dann spart der Vogel 1,3 Stunden an Zeit für die Futtersuche pro Tag. Das bedeutet einen Energiegewinn von

$$\underset{\text{Futtersuche}}{(1000 \times 1{,}3)} - \underset{\text{Sitzen}}{(400 \times 1{,}3)} = 780 \text{ Kalorien}$$

Von dieser Einsparung muß man den Aufwand für die Revierverteidigung abziehen. Er nimmt nach Beobachtungen pro Tag durchschnittlich 0,28 Stunden in Anspruch – eine Zeit, die der Vogel sonst sitzend verbringen könnte. Es entsteht demnach folgender zusätzlicher Aufwand:

$$(3000 \times 0{,}28) - (400 \times 0{,}28) = 728 \text{ Kalorien}$$

Die Verteidigung von Blüten ist demnach ökonomisch, wenn dadurch der durchschnittliche Nektargehalt von 2 auf 3 µl gesteigert wird. Eine solche Ökonomie wurde von GILL und WOLF für die Nektarvögel nachgewiesen.

J. R. KREBS und N. B. DAVIES (1984), aus deren Buch wir die eben angeführten Beispiele entnahmen, bringen eine Fülle von weiteren instruktiven Modellrechnungen dieser Art. Sie alle belegen, daß Tiere bei ihrem Handeln Kosten und Nutzen situationsgemäß abwägen. Das geschieht sicherlich nicht in bewußter Entscheidung. Die natürliche Auslese erzwang die Entwicklung von Tieren, die auf diese Weise effizient handeln.

15.1.2 *Einheiten der Selektion*

Darüber, was eigentlich die Einheiten der Selektion sind, wurde viel diskutiert. Sind es die Gene, sind es die Individuen oder gar auch die Gruppen? Die Diskussionen waren temperamentvoll, aber keineswegs klar. Die Konfusion rührt daher, daß man anfangs nicht klar unterschied, ob man mit der »Einheit« das meinte, woran die Selektion ansetzt, oder das, was letztlich ausgelesen wird. Genau dies muß man aber tun. Ausgelesen werden sicher immer die Gene als die eigentlichen Replikatoren. Den Ansatzpunkt für die Selektion stellen aber die Individuen und oft auch Gruppen, die beide als Vehikel der Gene wirken.

Nur jene Organismen überleben, die sich so verhalten, daß möglichst viele ihrer Gene in den folgenden Generationen repräsentiert sind*. Ein Individuum handelt daher zunächst einmal richtig, wenn es seine unmittelbaren Nachkommen fördert; denn die Wahrscheinlichkeit, daß sich in seinen Kindern Kopien jener Erbanlagen befinden, die das Individuum selbst als Individualität auszeichnen, beträgt 50 Prozent. Jedes Kind bekommt ja von jedem Elternteil jeweils 50 Prozent seines Erbgutes. Die Wahrscheinlichkeit, daß Elter und Kind dieselbe Kopie eines Gens besitzen, ist 0,5. Diese Zahl ist das Maß für den Verwandtschaftsgrad (r). Für die Enkel beträgt die Wahrscheinlichkeit, Kopien der Erbanlagen eines Großelters zu besitzen, 25 Prozent. Der Verwandtschaftsgrad, der die Wahrscheinlichkeit ausdrückt, daß zwei Individuen aufgrund gemeinsamer Abstammung identische Kopien eines bestimmten Gens aufweisen, ist also in diesem Falle 0,25. Dennoch können Geschwister mehr als 90 Prozent ihrer Gene gemeinsam haben, da ja der Genbestand der Individuen einer Population weitgehend übereinstimmt. Jene seltenen Gene jedoch, die ein Individuum charakterisieren, werden von ihm nur mit 50 Prozent Wahrscheinlichkeit auf seine Kinder übertragen. Und auf sie kommt es konkret an, da sie ja die Varianten ausmachen, an denen die Selektion ansetzen kann. Auf die evolutionistisch relevante Wahrscheinlichkeit ihrer Weitergabe beziehen sich daher sämtliche Modellrechnungen, die mit dem Verwandtschaftsgrad (r) operieren.

Den Kosten-Nutzen-Rechnungen der Soziobiologen zufolge rentiert es sich, vereinfacht ausgedrückt, wenn ein Elterntier sein Leben aufs Spiel setzt, wenn es dadurch zwei seiner Kinder oder vier seiner Enkel rettet – vorausgesetzt natürlich, daß diese zur Fortpflanzung gelangen. Da sie jünger sind, ist zu erwarten, daß sie potentiell mehr Junge in die Welt setzen können als das sich opfernde Alttier. Es kommt aber darauf an, daß zumindest so viele Junge gerettet werden, daß zwei sicher zur Fortpflan-

* Seine Eignung wird daran gemessen.

zung gelangen. Rettet eine Wolfsspinne unter Einsatz ihres Lebens zwei Jungtiere, dann hat sich ihr Einsatz nicht gelohnt; denn die Wahrscheinlichkeit, daß die beiden Jungtiere bis zur Geschlechtsreife durchkommen, ist sehr gering. Bei der Aufstellung der Kosten-Nutzen-Rechnungen werden die vielen anderen Variablen selten in Rechnung gestellt. Es heißt meist vereinfacht, daß ein Gen, das ein Individuum veranlaßt, sein Leben zur Rettung eines Verwandten zu opfern, zwar durch den Tod des Altruisten verlorengehe, daß seine Häufigkeit innerhalb des Genpools aber dennoch zunehme, »wenn die altruistische Handlung das Leben von mehr als zwei Geschwistern (r = 0,5), von mehr als vier Enkeln (r = 0,25) oder mehr als acht Vettern und Kusinen (r = 0,125) gerettet hat. Es geht die Anekdote um, daß HALDANE, nachdem er diese Überlegungen im Laufe eines langen Kneipenabends angestellt hatte, prompt verkündete, er sei nun bereit, sein Leben für zwei Brüder oder acht Vettern zu opfern« (J. R. KREBS und N. R. DAVIES 1984, S. 25–26). Wenn man so argumentiert, dann vereinfacht man stark; der rechnerische Ansatz stimmt jedoch im Prinzip. W. D. HAMILTON (1964) hat ihn entwickelt und auch den Begriff der »*Gesamteignung*« eingeführt, der den gesamten Beitrag wiedergibt, den ein Individuum zum Genpool leistet – einschließlich des Anteils, der über den Fortpflanzungserfolg seiner Verwandten geleistet wird. Es folgt außerdem aus den Berechnungen, daß es neben der *Individualselektion* auch eine *Verwandtschaftsselektion* (J. MAYNARD-SMITH 1964) gibt, die ein Verhalten fördert, das auf Kosten der Fortpflanzungswahrscheinlichkeit eines Individuums jene der Verwandten erhöht und damit auf indirektem Wege den Beitrag der Gene des Altruisten in den Folgegenerationen*.

Einseitiger Altruismus bewährt sich nach all dem nur bei naher Verwandtschaft des Altruisten mit den Geförderten. Man hört daher häufig auch die Formulierung, daß Altruismus »aus dem Egoismus der Gene resultiere« (J. R. KREBS und N. R. DAVIES 1984, S. 28). Diese Ausdrucksweise mag zwar didaktisch dem Verständnis dienen; sie leitet aber auch in die Irre, da sie Vergleichsebenen verwechselt und man in der Tat lesen kann, es würde so etwas wie ein altruistisches Verhalten gar nicht geben. Natürlich gibt es altruistisches Handeln, und selbstverständlich hat es die Selektion herangezüchtet: Es trägt zur Eignung des Altruisten bei. Sprechen wir auf der Verhaltensebene von Altruismus und Egoismus, dann beziehen wir uns auf konkrete Verhaltensmuster, die Bestimmtes bewirken und bei uns Menschen sogar von konkreten, deskriptiv erfaßbaren Motivationen begleitet sind, welche den Genen fehlen.

---

* Manche Autoren sprechen nur von Verwandtschaftsselektion (»Kin Selection«), da ja bereits Kinder zu Verwandten gezählt werden können.

Reziproker Altruismus kann sich auch zwischen genetisch nicht näher verwandten Tieren entwickeln, selbst zwischen Mitgliedern verschiedener Arten, z. B. in Fällen von Symbiose (S. 497) (R. L. Trivers 1971).

Geht man davon aus, daß die Einheiten der Selektion Individuen oder nahe Blutsverwandte sind, dann gibt es kein Art- oder Gruppeninteresse, sondern nur Individual- und Sippeninteressen. Die auch von mir früher oft gebrauchte Formulierung, eine Struktur habe sich »im Dienste der Arterhaltung« entwickelt, sollte daher der Formulierung »im Dienste der Eignung oder Gesamteignung« weichen, obgleich wir damit nicht ausschließen wollen, daß es auch höhere Einheiten gibt, an denen die Selektion ansetzt. Für den Menschen gilt dies sogar mit Sicherheit (I. Eibl-Eibesfeldt 1982).

Für viele Tiere gilt jedoch, daß sie ihr Eigeninteresse oft recht rücksichtslos gegen das Interesse von anderen Artmitgliedern durchsetzen. So werden frischgeschlüpfte Heringsmöwenküken von erwachsenen Nachbarmöwen sofort verschlungen, wenn sie nicht von den Eltern bewacht werden. Bei den Löwen sollen Männchen, die ein Rudel übernehmen, die Jungen ihrer Vorgänger regelmäßig umbringen. Dann geraten die Weibchen in Oestrus, und die Usurpanten können ihr Erbgut unterbringen (B. C. R. Bertram 1975). Die Kindstötung entwickelte sich, weil sie für die ausführenden Männchen offenbar profitabel ist. Früher hätten wir hier eine Pathologie vermutet, da es sich ja um ein offensichtlich gegen Artgenossen gerichtetes Verhalten handelt – eine Pathologie allerdings, die nicht zur Selbstausrottung führt. Es ist allerdings nicht auszuschließen, daß Löwen besser fahren würden, wenn sie keine Kindstötung begingen. Zunächst einmal müssen wir jedoch akzeptieren, daß Kindstötung bei dieser Art üblich ist, vorausgesetzt, Bertram* hat richtig beobachtet.

Man hat auch bei Languren *(Presbytis entellus)* und später noch bei anderen Affen Kindstötung durch Männchen festgestellt, die einen Harem von einem Vorgänger übernahmen (S. B. Hrdy 1974, 1977). C. Vogel (1979) meldete dagegen aufgrund eigener Beobachtungen Zweifel an, daß es sich um ein regelmäßig auftretendes Verhalten handle, stellte aber dann bei weiteren Erhebungen ebenfalls Kindstötung fest und schloß sich damit der Meinung Hrdys, es handle sich hier um eine Reproduktionsstrategie der Männchen, an (C. Vogel und H. Loch 1984, H. Loch 1984, V. Sommer 1984). Das Verhalten beschränkt sich jedoch nach wie vor auf einige Gruppen, und dort auf nur wenige Männchen, so daß ich noch bezweifle, daß es sich wirklich um eine Strategie, also adaptives Verhalten, und nicht um Pathologie handelt. Es müßte zunächst einmal nachgewiesen werden,

---

* Bertrams Aussagen sind allerdings mit Vorsicht zu genießen (siehe H. Hediger, Tiere verstehen, Kindler, München 1980).

daß die Männchen mit dieser Strategie wirklich Eignungsvorteile einhandeln. Man muß bedenken, daß in diesen Populationen die meisten Individuen im Grunde genommen mehr oder weniger blutsverwandt sind. Ein Männchen, das Kinder tötet, bringt demnach auch Träger der Kopien seiner Gene um. Des weiteren muß es damit rechnen, daß die von ihm gezeugten Kinder von denen, die ihn später entthronen, umgebracht werden. Das scheint mir rechnerisch alles noch nicht ganz aufzugehen (siehe dazu auch meine Diskussion in der »Humanethologie« 1984). Und wie schließlich ein Kurzvorteil auf individueller Ebene sich mit einem Langzeitnachteil verrechnen würde, wenn das mörderische Verhalten die eigene Population anderen konkurrierenden Populationen gegenüber schwächt, müßte ebenfalls erwogen werden. Gruppenselektion wird von soziobiologischer Seite als Möglichkeit zu gering eingeschätzt – ein Punkt, auf den wir noch zu sprechen kommen werden.

Gerade bei den höheren Primaten gibt es Beobachtungen über Jungetöten, die sich gar nicht zwanglos in das Konzept einer männlichen Fortpflanzungsstrategie fügen. So berichtet JANE GOODALL (1977), daß die Angriffe männlicher Schimpansen, bei denen Kinder umkamen, eigentlich darauf abzielten, das fremde Weibchen zu töten und weniger deren Kind. Das bestätigten T. NISHIDA und M. HIRAIWA-HASEGAWA (1985), die zugleich eine starke Variabilität im Verhalten der Männchen ihrer Gruppe fremden Weibchen gegenüber feststellten. Manche wechselten zwischen Angreifen und sozialer Körperpflege. JANE GOODALL (mündliche Mitteilung) erzählte mir sogar von einem Männchen, das im Zustand hoher Erregung, möglicherweise als Reaktion am Ersatzobjekt, ein Weibchen der eigenen Gruppe angriff und dabei ein Kind verletzte. Das scheint nicht gerade adaptiv, die Wahrscheinlichkeit, daß eigene Kinder bei solchen Aggressionsausbrüchen zu Schaden kommen, ist immerhin gegeben. Nimmt man zur Kenntnis, daß die lokalen Gruppen der Schimpansen mit anderen Lokalgruppen territoriale Konflikte austragen, die bis zur Vernichtung der Nachbargruppe gehen können (J. GOODALL und Mitarbeiter 1979; siehe auch S. 614), dann muß jede Schwächung der Gruppe, auch wenn ein Individuum dabei kurzfristig Vorteile gewinnt, als Langzeiteffekt für die Gruppe von Nachteil sein, und zwar für jedes der Mitglieder.

Mir fiel bei JANE GOODALLS Schimpansen auf, daß diese in ihrer Emotionalität höchst ausgeglichen sind. Ich meine damit, daß sie bei Erregung leicht zur aggressiven Eskalation neigen. Vor allem Männchen schlagen und treten dann selbst nach Weibchen der eigenen Gruppe. Mir kam dabei der Gedanke, ob nicht bei diesen offenbar jungen, sich – evolutionistisch gesehen – schnell entwickelnden Primaten die Auslese nicht ganz mit der notwendigen Absicherung kritischer Punkte im Sozialleben dieser Tiere Schritt hielt. Sich durch Lernen anzupassen gewährt Freiheit, bedingt aber auch Gefahren des Entgleisens ins Pathologische, die sich z. B. im Innergruppen-Kannibalismus äußern. Die Pathologieanfälligkeit dürfte sich übrigens nicht nur auf die Schimpansen und auf den Menschen erstrecken. In einer Paviangruppe in JANE GOODALLS Untersuchungsgebiet lebte im Herbst 1984 ein Weibchen, das von einem Männchen der eigenen Gruppe so schwer verletzt worden war, daß es für immer den Gebrauch einer Hand einbüßte.

Im soziobiologischen Schrifttum wird fast nur mit der Annahme der Individual- und Verwandtschaftsselektion operiert, und man tut so, als wäre Gruppenselektion ganz zu vernachlässigen, da die Bedingungen, unter denen sie auftreten könnte, angeblich höchst selten verwirklicht seien. Die Gruppen wären angeblich nicht wirksam voneinander isoliert und würden auch in der Natur nicht schnell genug ausgelöscht. Das stimmt aber nicht ganz; denn wir wissen, daß viele Singvögel sich z. B. über Dialekte schnell in kleinen Gruppen voneinander isolieren (S. 213) und damit die geforderten Vorbedingungen schaffen. Sicherlich spielt die Individual- und Sippenselektion bei Tieren zunächst die größere Rolle, aber man sollte mit der gleichen Sorgfalt, mit der man die anderen soziobiologischen Thesen testet, auch jene der Gruppenselektion prüfen. Sie steht ja nicht als Alternative zur Diskussion, sondern als zusätzlicher, auf anderer Ebene wirkender Mechanismus.

Ganz gewiß spielt die Gruppenselektion bei uns Menschen eine wichtige Rolle. Individual- und verwandtschaftsselektionistisch entwickelte Merkmale erweisen sich bei uns als Anpassungen, über die Gruppen so fest gebunden werden, daß sie als Einheiten in der Selektion auftreten (I. EIBL-EIBESFELDT 1982). Das gilt z. B. für das auf biologischer Basis zunächst individualselektionistisch, weiter aber kulturell ausgestaltete Ethos des Teilens und für die ursprünglich auf familialen Beistand zurückzuführende Bereitschaft zur Gruppenloyalität und Gruppenverteidigung mit deren weiterer kultureller Ausdifferenzierung zum Gruppen- und Kriegsethos. Dabei werden biologische Dispositionen sogar kulturell unterdrückt und überwunden, etwa wenn das familiale Ethos zum Gruppenethos erweitert und dabei die Treue zum offiziellen Repräsentanten der Gruppe als höherer Wert eingestuft wird als die Loyalität zur Familie. In diesem Zusammenhang wird dann auch einem Nepotismus entgegengewirkt. Da es sich hier um kulturelle Aufprägungen handelt, müssen diese kulturellen Werte stets durch Indoktrination neu bekräftigt werden.

All dies bewirkt, daß Menschengruppen als Einheiten auftreten, und die Geschichte lehrt, daß sie einander auch in Gruppen bekämpfen und daß die Verlierer dabei oft untergehen. Daß dies aber nicht allein bei uns Menschen so ist, daß auch Schimpansen in Gruppen geschlossen gegeneinander auftreten, daran sei nochmals erinnert.

Geht man nur von der Annahme der Individual- und Sippenselektion aus, dann folgt natürlich zwingend, daß jedes Verhalten, das einem Individuum zur Fortpflanzung verhilft, wie etwa der schon besprochene Infantizid, als Anpassung zu werten ist. Mörderische und betrügerische Mutanten, die sich bis zu einem gewissen Prozentsatz in einer Population halten, sind dann eben genetische Varianten der Art, für die man die Begriffe normal und pathologisch nicht anwenden kann. Sie sind nichts anderes als Vehikel zur Verbreitung ihrer selbstsüchtigen Gene und verfolgen dazu bestimmte Strategien. So kann man es allerdings nur betrachten, wenn man nicht Langzeitfolgen mit in Erwägung zieht. Man müßte wissen, ob der Betrüger sich nicht letztlich dadurch, daß er die Gruppe schädigt, auch selbst schädigt. Dann wäre er wohl Repräsentant einer Ausfallsmutante, die deshalb nie ganz verschwindet, weil sie sich entweder immer wieder neu bildet, weil sie sich als rezessives Gen hält, oder weil aus anderen Gründen die Gegenselektion nicht ausreicht, das Gen oder die Gene ganz aus der Population zu entfernen.

15.1.3 Evolutionsstabile Strategien (ESS)

In Populationen setzen Individuen oft verschiedene Strategien in der Konkurrenz mit Artgenossen ein, um bei Kampf und Paarung ihr Ziel zu erreichen. Durch Rechenmodelle konnte gezeigt werden, daß unter bestimmten Bedingungen ein ausgewogener Verhaltenspolymorphismus zu erwarten ist. Man spricht von evolutionistisch stabilisierten Strategien (EES) (J. MAYNARD-SMITH und R. PRICE 1973). So gibt es neben Tieren, die ihre Kämpfe turnierhaft austragen, solche der gleichen Art, die einander im Kampfe beschädigen. Es stellt sich damit die Frage, wie sich Turnierkämpfer, also Rücksichtsvolle, überhaupt in einer Population neben Beschädigungskämpfern halten, ja, wie sie überhaupt entstehen konnten. Denn es wäre ja zu erwarten, daß eine turnierhaft kämpfende Mutante, die in einer Population von Beschädigungskämpfern auftaucht, von den Rücksichtslosen schnell verdrängt wird. J. MAYNARD-SMITH und G. R. PRICE (1973) haben das durchgerechnet und gezeigt, daß sich unter Zugrundelegung individualselektionistischer Prinzipien Turnierkämpfer entwickeln können. Dabei stellt sich ein bestimmtes Gleichgewicht zwischen Turnierkämpfern und Beschädigungskämpfern ein.

Die Modellrechnung basiert auf folgenden Annahmen:

1. Jeder Kampf soll eine Entscheidung bringen.
2. Wer aufgibt, hat verloren, und der andere wird Sieger.
3. Wer nicht getötet wird, hat Gelegenheit zu mehreren Kämpfen.

4. Es wirkt sich auf die folgenden Kämpfe nicht aus, ob einer gewann oder verlor.

Es werden ferner nur die Strategien Beschädigungskampf und Kommentkampf im Modell berücksichtigt, wobei Beschädigungskämpfer (B) mit allen Mitteln kämpfen, bis einer aufgibt, weil er ernsthaft verwundet oder tot ist, während Kommentkämpfer (K) nur drohen und daher den Gegner nie beschädigen. Damit ergeben sich folgende Kampfkombinationen: 1. B trifft auf B: Der Kampf endet, wenn einer tot oder ernstlich verletzt ist. 2. K trifft auf B. K läuft sogleich davon. Keiner wird verletzt. 3. K trifft auf K. Wer zuerst aufgibt, hat verloren, keiner wird verletzt.

Verteilt man nun Punkte als Meßzahlen für den Vor- und Nachteil, der einem Individuum aus dem betreffenden Kampf erwächst, dann kann man rechnerisch darstellen, daß auch bei Annahme der Individualselektion Kommentkämpfer bestehen können, allerdings in einem bestimmten Mischverhältnis mit Beschädigungskämpfern. WICKLER und SEIBT geben dazu dem Verlierer 0 Punkte, dem Sieger 50 Pluspunkte, dem, der im Kampfe schwer verletzt wird, minus 100 Punkte und dem, der im Kampf Zeit und Energie verbraucht, 10 Minuspunkte. Diese Werte drücken die Fortpflanzungschance der Individuen aus. Kämpfen nun nur Kommentkämpfer, dann dauert das lange. Beide investieren Zeit und Energie und werden mit − 10 Punkten belastet. Der Sieger bekommt + 50 Punkte und schließt mit einem Saldo von + 40 Punkten ab. Der Verlierer bekommt 0 Punkte und schließt demnach mit − 10 Punkten ab. Stehen die Chancen zu verlieren und zu gewinnen gleich, was WICKLER und SEIBT der Einfachheit halber annehmen, dann erwartet jeder Rivale aus einem solchen Kampf

$$\text{K gegen K}\ \frac{+\,40-10}{2} = +\,15\ \text{Punkte.}$$

Gibt es nur Beschädigungskämpfer (B gegen B), dann gibt es einen Gewinner, der + 50 Punkte erhält und einen stark verwundeten Verlierer mit − 100 Punkten. Jeder erwartet damit im Durchschnitt beim Kampf

$$\text{B gegen B}\ \frac{+\,50-100}{2} = -\,25\ \text{Punkte.}$$

Beschädigungskämpfe bringen also bei diesem rechnerischen Ansatz mehr Nachteile als Kommentkämpfe. Was geschieht aber, wenn unter Kommentkämpfern ein Beschädigungskämpfer auftaucht?

Trifft B auf K, dann läuft K weg und bekommt 0 Punkte. B dagegen kann, da er regelmäßig ohne Aufwand als Sieger hervorgeht, immer + 50 Punkte erwarten. Das heißt aber nicht, daß B K vollkommen verdrängen würde, denn in einer reinen B-Gruppe wäre K im Vorteil, da er ja weder verletzt wird noch Zeit ins Kämpfen investiert und daher mit 0 Punkten abschließt, während die B untereinander mit einem Punkteverlust von

–25 rechnen müssen, also geringere individuelle Fortpflanzungsaussichten hätten.

Daraus ergibt sich, daß unter den geschilderten Voraussetzungen weder die Strategie des Kommentkampfes noch die des Beschädigungskampfes in der Evolution als Reinkultur stabil ist. Die erste abweichende Mutante setzt sich rasch durch, was aber zur Folge hat, daß sie schließlich immer häufiger auf ihresgleichen trifft. Das ist für K vorteilhaft, denn je häufiger K auf K trifft, desto häufiger hat er + 15 Punkte statt 0 Punkte zu erwarten. Je häufiger jedoch B auf B trifft, desto häufiger hat B – 25 zu erwarten. Mit der zunehmenden Häufigkeit von B nimmt die Chance, daß B auf K trifft und 50 Pluspunkte gewinnt, ab. Es muß demnach in einer Mischpopulation ein bestimmtes Häufigkeitsverhältnis zwischen B und K geben, bei dem beide im Durchschnitt die gleichen Punktzahlen zu erwarten haben. Dieses kann man berechnen. Wir setzen dazu für die Häufigkeit von B und K [B] beziehungsweise [K].

B erwartet im Kampf mit B im Mittel – 25 Punkte. Diese Erwartung trifft in einer Population so oft ein, wie es B gibt, also $-25 \cdot [B]$.

K erwartet 0 Punkte aus Kämpfen mit B und im Durchschnitt + 15 aus Kämpfen mit K, und zwar beides so häufig, wie B und K vertreten sind. Damit errechnet sich die Gesamterwartung von K in einer Mischpopulation nach der Formel $0 \cdot [B] + 15 \cdot [K]$.

Da Mischpopulationen nur stabil sind, wenn die Gesamterwartungen von B und K gleich sind, errechnet sich das Häufigkeitsverhältnis von [B] : [K] aus der Erwartungsgleichung:

$$-25 \cdot [B] + 50 \cdot [K] = 0 \cdot [B] + 15 \cdot [K]$$
$$25 \cdot [B] = 35 \cdot [K]$$

Das Verhältnis [B] : [K] beträgt demnach 7 : 5. Bei diesem Verhältnis ist die mittlere Punkterwartung für Beschädigungskämpfer und Kommentkämpfer gleich. Vor- und Nachteile der beiden Kämpfertypen halten sich die Waage, und die Selektion findet keine Angriffsfläche, eine der beiden Kämpfertypen zu bevorzugen.

Natürlich handelt es sich bei dieser Darstellung um eine Vereinfachung der Verhältnisse. Ändert man die Annahmen, dann kommt man zu ganz anderen Zahlen. Werden zum Beispiel die Beschädigungskämpfe nicht schnell, sondern erst nach zeitaufwendigen Kämpfen entschieden, dann muß man dafür Sieger und Verlierer mit einem zusätzlichen Minus belasten, und dann errechnet man ein anderes Verhältnis B : K.

Bei meiner Untersuchung der Kommentkämpfe der Meerechsen (S. 540) fiel mir zum Beispiel auf, daß Meerechsen, die normalerweise kommentkämpfen, beschädigend angreifen, wenn der in ihr Revier eindringende Rivale nicht das normalerweise den Kampf einleitende Drohgebaren zeigt. Ein Kommentkämpfer beißt ferner regelmäßig zurück, wenn der Angreifer beißt. Mit anderen Worten, er wird regelmäßig zum Beschädigungskämpfer, wenn er auf einen Beschädigungskämpfer trifft. Und damit sieht die Mathematik schon ganz anders aus. Der Beschädigungskämpfer, der auf einen Kommentkämpfer trifft, kann bei den Meerechsen nicht mit den 50 Pluspunkten rechnen – um bei unserem Rechenexempel zu bleiben. B erwartet auch im Kampf mit K im Durchschnitt – 15, und demnach bleibt nur K gegen K wirklich erfolgreich. Da ich keinen Kommentkämpfer kenne, der nicht auf Beschädigungskampf umschalten kann, wenn er beschädigend angegriffen wird, haben wir damit auch die Antwort auf die Frage, warum ein Beschädigungskämpfer, der als Mutante in einer Turnierkämpfergruppe auftreten würde, sich nicht schnell durchsetzt. Er hat keine Chance. Er wird sogleich von den Kommentkämpfern als Nichtkommentkämpfer entdeckt – so wie wir Menschen die von den kulturellen Konventionen abweichenden Übeltäter entdecken und rücksichtslos bekämpfen. Ein Rücksichtsloser mag dabei wohl ein oder das andere Mal siegen, auf lange Sicht kann er sich nicht durchsetzen. Ich nehme an, daß sich aus einem ähnlichen Grund die sogenannten Mörderhirsche nicht vermehren. Diese Hirsche kämpfen zwar nach Komment. Durch Geweihanomalien verletzen sie dabei jedoch ihre Gegner, da sich die Geweihe nicht richtig in die des Partners verhaken und die Sprossenspitzen den Gegner forkeln. Wenn sich der Geforkelte daraufhin mit allen Mitteln, also auch beschädigend wehrt, dann hätte auch ein Mörderhirsch keine Chance. Die Ausgangssituation ist zwar asymmetrisch, und wir wissen, daß Mörderhirsche Artgenossen töten. Da jeder Kampf für sie als Beschädigungskampf abläuft, sind sie insgesamt einem größeren Risiko ausgesetzt.

Maynard-Smith und Price sind sich dieser Problematik auch durchaus bewußt. Sie sprechen auch von einem »Retaliator«, der als Kommentkämpfer beginnt, aber dann auf Beschädigungskampf umschaltet, wenn er beschädigend angegriffen wird. Und sie errechnen auch, daß diese Strategie sich in einer Gruppe durchsetzen wird. Das kann durchaus individualselektionistisch erfolgen und wird sich auch so in offenen Populationen durchsetzen.

Eine evolutionsstabile Strategie kann also vorliegen, wenn die Population aus Individuen besteht, die reine Strategien anwenden, also entweder Beschädigungskämpfer oder Kommentkämpfer sind. Dann entwickelt sich zwischen ihnen, wie die Modellrechnung zeigt, eine Mischung aus Beschädigungskämpfern und Kommentkämpfern in einem bestimmten stabilen Verhältnis. Die Population kann aber auch aus Tieren bestehen, die beide Strategien beherrschen, und das dürfte der häufigere Fall sein. Die Strategie des Vergelters (»retaliator«) ist nämlich für sich selbst stabil.

Beim Laubfrosch *Hyla cinerea* gibt es Männchen, die rufen, und solche, die stumm darauf warten, daß durch die Rufer angelockte Weibchen ankommen, um sich mit ihnen zu verpaaren (S. A. PERILL und Mitarbeiter 1978). Man nennt diese Männchen Satellitenmännchen, spricht aber auch von ihnen als »Betrügern«. Letzteres impliziert, daß die Arbeitsersparnis (Kostenersparnis) und damit die Ausbeutung des Rufers der entscheidende Faktor sei, der die Entwicklung dieses Verhaltens bewirkte. Die Verhaltensmorphen könnten sich aber auch als Antwort auf Freßfeinde (oder Parasiten) entwickelt haben, die rufende Männchen gefährden (siehe S. 146, Grillenbeispiel). Hier stört die vorschnelle wertende Interpretation der Soziobiologen, da sie das Wahrnehmungsfeld einengt und dazu neigt, die Natur eher aus der Sicht gegenseitiger Ausbeutung wahrzunehmen.

Die Strategien zum Erreichen eines bestimmten Zieles können im Laufe der Ontogenese wechseln. Beim Ochsenfrosch *(Rana catesbeiana)* rufen die alten Männchen, die jungen, kleinen und nicht wehrhaften Männchen verhalten sich dagegen still und versuchen, angelockte Weibchen zu begatten (P. D. HOWARD 1978). Der Geschlechtswechsel der Lippfische, die zuerst als Weibchen, dann als Männchen fungieren, oder der Anemonenfische, bei denen es gerade umgekehrt ist (H. FRICKE 1979), wäre hier ebenfalls zu nennen. Weitere Beispiele werden wir in den folgenden Kapiteln anführen.

15.2 Beziehungen zur außerartlichen Umwelt

15.2.1 Anpassungen an abiotische Faktoren

Daß jede Tierart ihre bestimmte Vorzugstemperatur hat, bewies K. HERTER (1943, 1952, 1953) in zahlreichen Untersuchungen. Tiere, die man in einer Temperaturorgel frei zwischen Aufenthaltsräumen verschiedener Temperatur wählen läßt, versammeln sich im Raum, dessen Temperatur dem Temperaturoptimum der Art entspricht. Und ganz entsprechend wählen sie ihre bestimmte Luftfeuchtigkeit, meiden das Trockene oder suchen es, setzen sich der Sonnenbestrahlung aus oder meiden sie. Kurz, es sind ihnen eine Reihe von Verhaltensmechanismen angeboren, dank deren sie den ihnen gemäßen Biotop (Klippen, Lößwände, Wiesen, Gebüsch etc.) aufsuchen. Die Neuweltmaus *Peromyscus maniculatus bairdi* bewohnt Wiesen, *Peromyscus maniculatus gracilis* dagegen Waldland. Beide Unterarten kommen in benachbarten Geländestreifen vor, sie sind aber nach Biotopen so streng getrennt, daß sie sich im Freiland nicht kreuzen, obgleich sie das in der Gefangenschaft häufig tun. T. VAN HARRIS (1950) zog Mäuse beider Rassen in Gefangenschaft auf und ließ sie zwischen verschieden eingerichteten Terrarien wählen. In einem waren kleine Bäume gepflanzt, im anderen war eine Wiese durch Büschel dünner Papierstreifen vorgetäuscht worden. *Peromyscus maniculatus bairdi* bevorzugte angeborenermaßen dieses Grasland, während *P. m. gracilis* den Waldteil aufsuchte. In einem Raum, der je zur Hälfte mit Kiefernzweigen und Eichenzweigen ausgestattet war, wählten Sperlinge *(Spizella passerina)* die Seite mit den Kiefernzweigen, obgleich auf beiden Seiten gleich viele Sitzstangen angebracht waren. Die Wahl entsprach der natürlichen Biotopbevorzugung (P. KLOPFER 1963, P. KLOPFER und J. P. HAILMAN 1965).

Blaumeisen *(Parus caeruleus)* halten sich im Freien bevorzugt auf Bäumen mit breiten Blättern auf, Tannenmeisen *(Parus ater)* dagegen hauptsächlich auf Nadelhölzern. Diese Präferenz zeigen auch handaufgezogene Tiere (L. PARTRIDGE 1981; Abb. 15.3).

Zu den Umweltanpassungen gehören auch alle jene Verhaltensweisen,

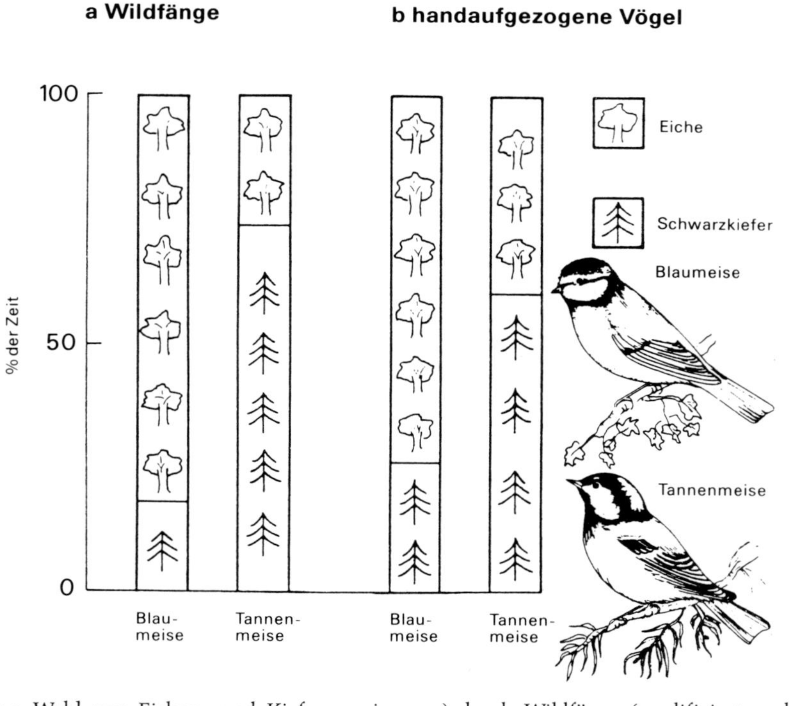

15.3 Wahl von Eichen- und Kiefernzweigen: a) durch Wildfänge (modifiziert nach J. A. GIBB, 1957), b) durch handaufgezogene Blau- und Tannenmeisen. Blaumeisen zeigen für Eiche eine höhere Präferenz als Tannenmeisen. Aus L. PARTRIDGE (1981)

durch die sich ein Tier eine witterungsgeschützte Zuflucht schafft, also Bauten und Nester, die sowohl gegen Hitze als auch gegen Kälte schützen. Bekanntlich können viele Wüstenmäuse nur in ihrem Bau die heiße Mittagszeit überleben (F. Bourliere 1955). Besondere Zusatzeinrichtungen, wie die Erdwälle um die Präriehundbauten, sichern das Nest vor Überflutungen. Biber graben Erdhöhlen in die Uferböschung. Ist diese aber so niedrig, daß kein Erdbau gegraben werden kann, dann verlegt der Biber seine Höhle in einen großen Reisighaufen. Er schichtet bis zu 4 m lange Holzknüppel kreuz und quer auf, verstopft die Lücken mit Schlamm, Erde und Schilf und fügt schließlich die Höhle ein. Die Wohnkammer polstert er mit fein zersplissenen Spänen. Die Einfahrt zum Bau liegt unter Wasser. Der Biber sichert sich den zu seinem Schutze und zum Nahrungstransport benötigten hohen Wasserstand, indem er fließende Gewässer durch Dämme aufstaut. Die Dammbautätigkeit wird durch ein plötzliches Absinken des Wasserstandes sofort aktiviert (G. Hinze 1950). Beim Dammbau nützt der Biber geschickt natürliche Erhebungen als Stützpfeiler. Er schichtet Zweige und Knüppel mit dem dickeren Ende stromaufwärts auf. Die Seitenäste verhaken sich ineinander, und an der steiler abfallenden, stromaufwärts gerichteten Dammseite setzt sich Schlamm ab. Der Damm kann durch quer über den Wasserlauf gefällte Bäume und durch senkrecht in den Boden gesteckte Pflöcke auf dem Ufer verankert werden (P. B. Richard 1955, 1964; Abb. 15.4). Die Dämme sind selten höher als 1,50 m. Sie können mehrere hundert Meter lang werden und sind dann das Werk vieler Generationen. So schafft sich der Biber bis zu einem gewissen Grade die ihm gemäße Umwelt.

Termiten, um noch ein weiteres Beispiel anzuführen, regulieren den Feuchtigkeitsgehalt und die Temperatur innerhalb ihres Baues auf das ihnen gemäße Optimum von 30 Grad Celsius und 98–99 Prozent Luftfeuchtigkeit. Wasserträger holen dazu das Wasser aus Gängen, die bis zum Grundwasserspiegel reichen. Von den starken Tagesschwankungen der Temperatur machen sich die Termiten unabhängig, indem sie sich in gewaltigen Bauten mit dicken, harten Außenmauern von der Umwelt abschirmen. Die hoch über die Erdoberfläche ragenden, mit Graten versehenen Bauten werden aus einem Lehm-Speichel-Gemisch zementiert. Die Grate dienen der Ventilation. In ihnen führen Luftschächte von oben nach unten. Die verbrauchte Luft steigt von dem zentralen Nest in eine zentrale Dachkammer und von dort durch die Luftschächte der Grate nach unten. Durch Poren der Außenwand wird hier das Kohlendioxyd abgegeben und neuer Sauerstoff aufgenommen. Die frische Luft sammelt sich in einer Kammer unter dem Nest und streicht von dort aus nach oben. Die Termiten regulieren die Ventilation durch Verengen und Erweitern der Luftdurchlässe je nach Sauerstoffbedarf und Temperatur (Abb. 15.5).

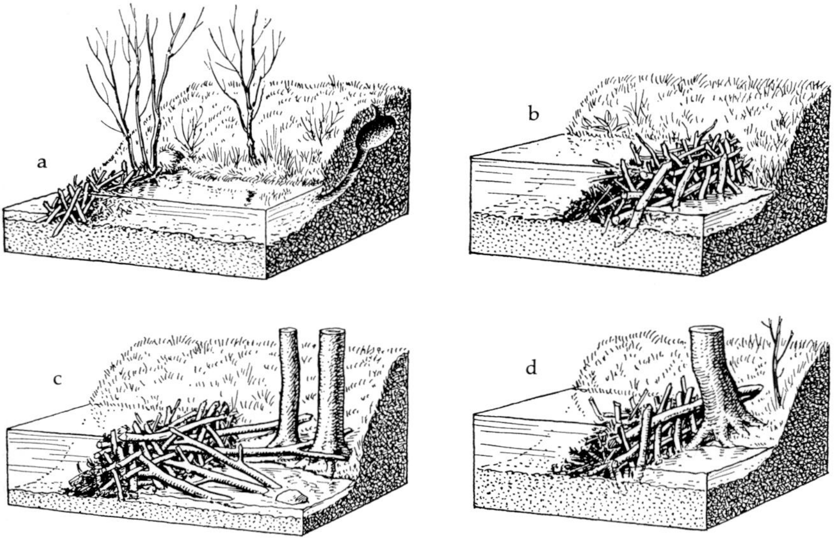

15.4 a) Biberbau in der Uferböschung mit der unter Wasser liegenden Einfahrt. Ein Damm staut das Wasser; b–d) verschiedene Dammtypen mit einbezogenen Uferbäumen als Stütze und mit in den Boden gerammten Stützpfählen. Nach P. B. RICHARD (1955)

Besondere Verhaltensweisen der Fell- und Gefiederpflege erhalten die wärmeisolierende und wasserabstoßende Funktion dieser Organe. Wassergeflügel, dessen Gefieder verklebt ist, geht bekanntlich schnell zugrunde. Körperpflegehandlungen sind somit Anpassungen an klimatische Faktoren (H. DATHE 1964, M. BÜRGER 1959). Die Kaiserpinguine *(Aptenodytes forsteri)*, die im antarktischen Winter balzen und brüten, wenn es drei Monate lang Nacht ist und Stürme mit einer Geschwindigkeit von durchschnittlich 80 km/Stunde und gelegentlich 140 km bei Temperaturen von minus 60 Grad über das Land brausen, überdauern diese Zeit, indem sie sich eng gedrängt zu Schilddachformationen zusammenschließen (J. PRÉVOST 1961). So halten sie ihre Körpertemperatur bei 35,7 Grad, während sie bei Einzeltieren auf 27,9 Grad sinken würde. Hier werden extreme Umweltbedingungen durch Anpassungen im sozialen Verhalten gemeistert. Weitere Beispiele S. 565.

Reptilien nehmen besondere Sonnenbadestellungen ein, damit sie sich rascher erwärmen, ebenso die bei uns im Herbst balzenden Feldheuschrekken *(Chorthippus dorsatus)*, die die Breitseite der Sonne entgegenhalten und den Schenkel herabklappen, so daß dunkel pigmentierte Felder am Abdomen bestrahlt werden.

Viele Tiere der Brandungsregion suchen vor dem Trockenliegen bestimmte Nischen auf, in denen sie die Trockenstunden überdauern kön-

15.5 Bau der Termite *Macrotermes natalensis*. Ein Sektor des Nestes wurde herausgeschnitten, um die Durchlüftungsanlagen zu zeigen.

nen. Die Napfschnecke *(Patella)* und die zu den Lungenschnecken gehörende falsche Napfschnecke *(Siphonaria)* haben unabhängig voneinander Ortstreue in konvergenter Anpassung erworben. Beide kehren nach ihren Weidegängen zu ihren Sassen zurück, in die sie mit der Schale genau passen (Abb. 15.6). Es gibt gewissermaßen *lebensformtypische Verhaltensweisen*, und wenn ein Tier aus welchem Grunde auch immer einen bestimmten Lebensraum aufsucht, dann hat dies eine ganze Reihe von Änderungen im Körperbau und im Verhalten zur Folge. Wir erinnern hier nur an die parallelen Anpassungen von Fischen in schnell fließenden Gewässern, von Bodenfischen und von Klippenbrütern (W. WICKLER 1957, 1958, 1959, E. CULLEN 1957; weitere Beispiele bei W. WICKLER 1961 a). Fische der Hochsee, die normalerweise nie einem Hindernis begegnen, rennen unbelehrbar gegen die Wand des Aquariums, ähnlich wie manche Steppenhühner gegen die Käfigwände (K. LORENZ 1959). Bewohner reich strukturierter Biotope (Wald, Riff) verhalten sich vergleichsweise viel intelligenter.

Die Kulturfolger Wanderratte und Hausratte *(Rattus norvegicus* und *R. rattus)* stammen aus verschiedenen Biotopen, was sich in ihrem Verhalten deutlich widerspiegelt. Die von baumbewohnenden Formen abstammende Hausratte, die in südlichen Ländern auch heute noch im Freien viel auf Bäumen nistet, besiedelt vorzugsweise die oberen Etagen von Gebäuden (Dachratte), sie klettert gut, neigt in Panik dazu, an Gegen-

15.6 Ortstreue von *Siphonaria gigas*. Die Jungen passen genau in Sassen, die in die Schale erwachsener Tiere eingefräst sind. Links: ein Tier auf seinem Ruheplatz; rechts: die leere Sasse einer anderen Schnecke, die eingefräste Schalenkontur und den Fußabdruck zeigend. Foto: I. EIBL-EIBESFELDT ständen hochzuklettern, auch wenn sie dort keine Deckung findet, und ist vorzugsweise Vegetarier. Die Wanderratte, die im Freien oft in der Nähe von Gewässern wohnt und in Uferböschungen ihre Gänge gräbt, hält sich gerne in den unteren Etagen menschlicher Bauten auf (Kellerratte). Sie lebt auch im Kanalsystem, wo sie mit besonderen Seihbewegungen der Vorderbeine Futterbrocken aus dem Wasser fischt. Bisweilen führt sie eine räuberische Lebensweise (I. EIBL-EIBESFELDT 1953 d).

Zu den Anpassungen an die abiotischen Umweltfaktoren gehören schließlich alle Anpassungen, die periodische Umweltänderungen (Gezeiten, Tagesablauf, Mondphasen, Jahreszeiten) betreffen (S. 655).

15.2.2 Nahrungserwerb

Daß die Kosten nicht den Nutzen überschreiten dürfen, gilt – wie in allen Funktionskreisen – als Grundregel. Wir haben das bereits erörtert (Optimalitätsmodelle, S. 454). Hier gilt es, die oft sehr reizvollen Anpassungen im Dienste des Nahrungserwerbes anhand von Beispielen aufzuzeigen. Der Konkurrenzkampf verschiedener Arten führt oft zu erstaunlich einseitigen Anpassungen und auch zu vielen Analogien. Der kleine Feilenfisch *(Oxymonacanthus longirostris)* hat sich darauf spezialisiert, einzelne Korallenpolypen abzubeißen. Viele Korallenfische entwickelten Schnepfenschnauzen und picken damit Kleintiere auf, die sich im Korallengeklüft verkrochen haben (Abb. 15.7). Sie zeigen nicht nur die entsprechenden morphologischen Anpassungen, sondern auch im Verhalten die deutliche Appetenz, in Spalten und Klüften nach Nahrung zu suchen, auch wenn sie in einem Aquarium gehalten werden und dort nichts in Spalten vorfinden. Substratbeweider sind gelegentlich so stark auf das Abweiden von Felsen

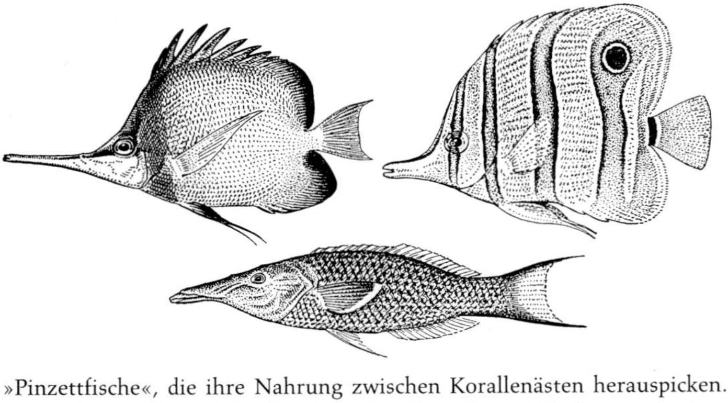

15.7 »Pinzettfische«, die ihre Nahrung zwischen Korallenästen herauspicken. Oben: die beiden Schmetterlingsfische *Forcipiger longirostris* und *Chelmon rostratus;* darunter: der Lippfisch *Gomphosus*

spezialisiert, daß man sie nur mit Mühe dazu bringt, auch lose auf dem Boden Liegendes aufzunehmen. Das gilt z. B. für den Halfterfisch *(Zanclus cornutus)*, dessen Haltung K. LORENZ glückte, indem er nach vielen vergeblichen Fütterungsversuchen gehackte Muscheln auf Steine strich, leicht antrocknen ließ und den Fischen diese »Butterbrotsteine« vorlegte. Die festgeklebte Nahrung weideten die Fische sogleich ab.

Die Säbelzahnschleimfische *Runula* und *Aspidontus* stanzen anderen Fischen Stückchen aus den Flossen (S. 278). Trompetenfische *(Aulostomus maculatus)* beschleichen ihre Beute, indem sie sich über den Rücken großer Friedfische, z. B. Papageifische, legen und mitschwimmen. Die Friedfische locken beim Weiden kleine Fische herbei, die von aufgestöberten Kleintieren profitieren. Dann gleitet der Trompetenfisch vom Rücken herab und schnappt die Kleinen (H. HASS 1951, I. EIBL-EIBESFELDT 1955 a; Abb. 15.8). Der Schützenfisch *(Toxotes jaculatrix)* schießt mit einem Wasserstrahl nach über dem Wasser auf Pflanzen ruhenden Insekten. Knapp unter der Oberfläche stehend, zielt er genau und reißt gegen Ende des Schusses den Kopf hoch, so daß der Spritzstrahl zu einer Garbe ausgefächert wird, was die Wahrscheinlichkeit, die Beute zu treffen, erhöht (Abb. 15.9; H. LÜLING 1958). Erstaunlich sind auch verschiedene Methoden, die Spinnen zum Fangen ihrer Beute verwenden (A. KAESTNER 1965), seien es nun besondere Netzfangeinrichtungen, direktes Beschleichen oder der Fang mit einer Bola: Die Bolaspinne *Mastophora* schleudert einen Faden mit einer klebrigen Endkugel nach einem vorbeifliegenden Insekt. Andere Bolaspinnen wie *Cladomelea* und *Dicrostichus* hängen nachts an einem waagrechten Spinnfaden, an dem ein mit einem Leimtropfen endender Faden hängt. Dieses Pendel schwingen sie mit den Krallen eines Beines im Kreise; anstoßende Insekten bleiben daran kleben (Abb. 15.10). Bekannt sind die überaus komplizierten Fangnetze der Radnetzspinnen (Abb. 15.11), die unter anderem von H. M. PETERS (1939, 1953) und G. MAYER (1952) genauer untersucht wurden. Die Spinne spannt zunächst eine Fadenbrücke

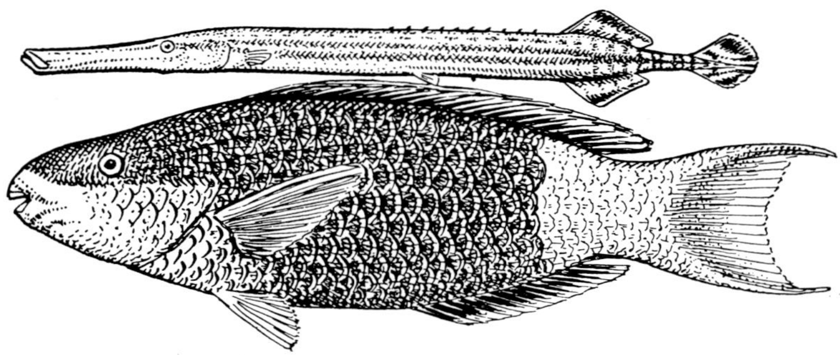

15.8 Reitender Trompetenfisch *(Aulostomus maculatus)*

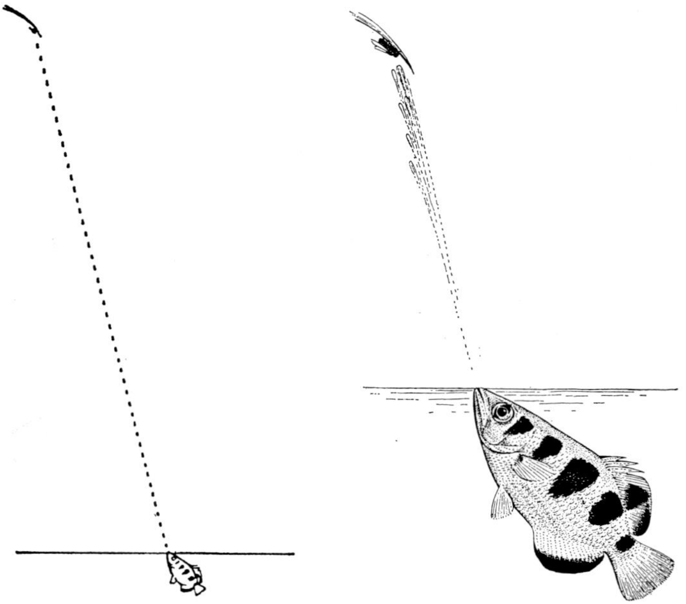

15.9 Spritzender Schützenfisch *(Toxotes jaculatrix)*. Der Fisch soll noch auf die zehnfache Körperlänge gezielt spucken können. Alles aus I. EIBL-EIBESFELDT (1964 c)

von einem Gegenstand zu einem anderen. Sie erreicht dies, indem sie den Hinterleib in die Luft reckt und einen langen Seidenfaden ausstößt, den der Wind erfaßt. Bleibt er nirgends hängen, dann holt ihn die Spinne wieder ein und versucht es noch einmal. Klebt er z. B. an einem anderen Ast fest, dann befestigt ihn die Spinne auch diesseits. Nun beschreitet sie diesen Steg, wobei sie allerdings den Faden durchbeißt und beide Enden mit Vorder- und Hinterbeinen festhält, so daß ihr Körper eine Brücke bildet (Abb. 15.12 a). Sie hangelt sich nun vorwärts, das Fadenende vor sich mit den Beinen aufhaspelnd und hinten neue Fadensubstanz abscheidend. In der Mitte angekommen, klebt sie die Enden zusammen, läßt sich nun an einem Faden zu Boden sinken und befestigt dort das Ende (Abb. 15.12 b). Die drei ersten Radien des Netzes sind damit entstanden. Nun spinnt die Spinne, von der Mitte ausgehend, neue Speichen und den primären Rahmen (Abb. 15.12 c). So entsteht ein Speichennetz, in das die Spinne, vom Zentrum zur Peripherie fortschreitend, die sogenannte sehr weite Hilfsspirale anlegt, die die Radien in großen Abständen miteinander verbindet. Sie liefert der Spinne ein Halteseil, wenn sie sich anschickt, von außen nach innen die engere Fangspirale einzuspinnen, die mit klebrigen Tröpfchen versehen ist. Bei diesem Arbeitsgang wird die Hilfsspirale abgebrochen (Abb. 15.12 d).

Jäger, die wendige Beute fangen, beschleichen diese häufig. Meine handzahmen Kielschwanzleguane *(Tropidurus)* beschlichen auch Fliegen,

15.10 Die australische Bolaspinne *(Dicrostichus)* beim nächtlichen Insektenfang. Die Spinne hängt an einem horizontalen Faden und schwingt mit einem Bein einen weiteren herabhängenden Faden im Kreis, an dessen Ende ein klebriges Tröpfchen hängt. Daran bleiben Insekten kleben. Aus D. BERGAMINI, ›Life Nature Library‹, Australia 1964. – Die Bolaspinne *Mastophora* lockt weibliche Schmetterlinge *(Spodoptera frugiperda)* herbei, indem sie die männlichen Sexualpheromone dieser Art nachahmt (W. G. EBERHARD 1977).

die sie aus der Hand nahmen, und lernten nie, daß ein Anschleichen nicht nötig war. Sahen sie die Hand mit der Fliege, liefen sie schnell auf etwa 30 cm heran, schlichen dann, ganz flach an den Boden gedrückt, bis unmittelbar an die Fliege heran und packten sie zuletzt in blitzschnellem Vorstoß. Über die Technik des Fangens wehrhafter Beute durch Iltisse berichteten wir bereits (S. 373). Andere Raubsäuger verhalten sich ähnlich (vgl. P. LEYHAUSEN 1956).

Der kalifornische Seeotter *(Enhydra)* öffnet *Mytilus*-Muscheln, indem er sie gegen einen Stein schlägt, den er, rücklings auf dem Meere treibend, auf der Brust balanciert (K. R. HALL und G. B. SCHALLER 1964). Der afrikanische Schmutzgeier *(Neophron percnopterus)* zerschlägt Straußeneier mit Steinen, die er eigens im Umkreise von mehreren Metern sucht und herbeiträgt. Er stellt sich beim Ei auf, hebt den Kopf mit dem bis 300 Gramm schweren Stein so hoch wie möglich und schleudert ihn abwärts auf das Ei. Das wiederholt er so lange, bis das Ei zerbricht (J. und H. VAN LAWICK-GOODALL 1966). Der nordamerikanische Kleiber *(Sitta pusilla)* benutzt Rindenschuppen einer Föhre als Hebel zum Losbrechen von Rindenstücken, unter denen sich Insekten versteckt haben (D. H. MORSE 1968).

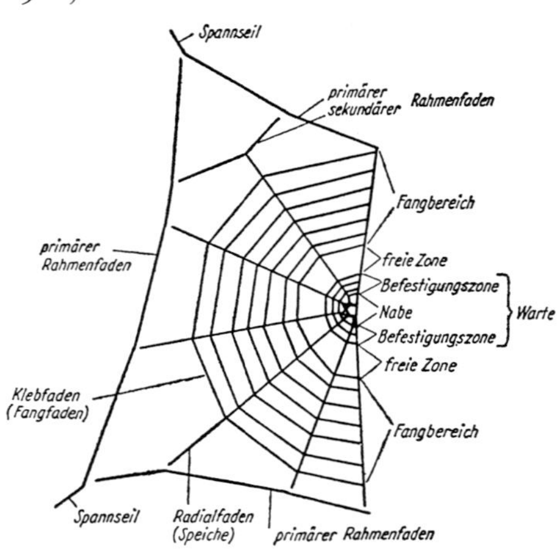

15.11 Aufbau eines Kreuzspinnennetzes. Nach H. M. PETERS (1939)

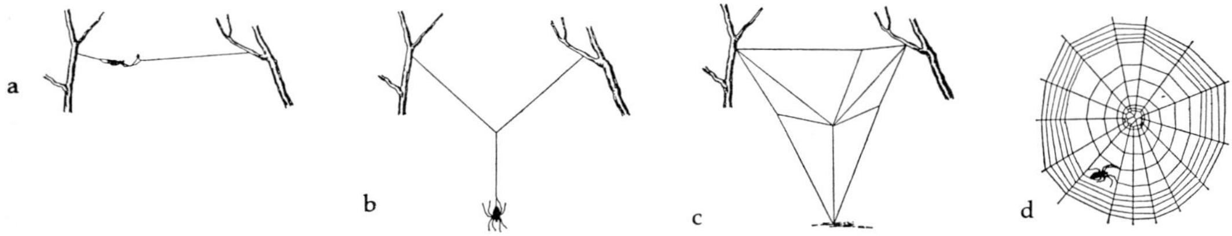

15.12 Die Herstellung eines Kreuzspinnennetzes (Erläuterungen im Text).

Es dürfte aus diesen Schilderungen hervorgehen, daß Tiere, die sich von anderen Tieren ernähren, die vielfältigsten Anpassungen entwickelt haben. Diese Anpassungen sind reicher als jene, die reine Weidegänger in ihrem Verhalten entwickeln mußten, offenbar weil auch die Beutetiere mannigfachere Abwehrmaßnahmen entwickelten. Dazu paßt auch, daß Pflanzenfresser im allgemeinen etwas weniger intelligent sind als Räuber, Früchtefresser und Allesfresser, die ein variationsfähigeres Appetenzverhalten zeigen, viel lernen und räumlich einsichtige Leistungen vollbringen (S. 441). Eine hervorragende Monographie zur Ethologie des Beuteerwerbs und der Raubfeindvermeidung verdanken wir E. Curio (1976).

Alle diese vielfältigen Spezialisierungen sind das Ergebnis des Wettlaufes mit Konkurrenten. Die adaptive Radiation der Knochenfische im Korallenriff zeigt dies ebenso deutlich wie etwa die der Darwinfinken, die, von einer Stammform ausgehend, die verschiedensten ökologischen Nischen füllten. Ihre unterschiedliche Ernährungsweise drückt sich sowohl in der Schnabelform (Abb. 15.13) als auch in ihrem Verhalten aus. Der spitzschnäblige Kaktusfink *(Cactospiza scandens)* stochert in den Blüten und Früchten der Kakteen, der kleinschnäblige Meisenfink *(Camarhynchus parvulus)* sucht Insekten.

15.13 Drei Darwinfinken als Beispiel adaptiver Radiation. Man beachte die verschiedenen Schnäbel: a) kleiner Grundfink *(Geospiza fuliginosa)*; b) mittlerer Grundfink *(Geospiza fortis)*; c) Kaktusfink *(Cactospiza scandens)*. Die ersten beiden Arten sind vorwiegend Körnerfresser, die auf verschiedene Sämereien spezialisiert sind. Der Kaktusfink frißt mit seinem Stocherschnabel die Kakteenfrüchte aus und bohrt die saftigen Kakteen an. Die Arten leben nebeneinander im gleichen Biotop. Foto: I. Eibl-Eibesfeldt (Indefatigable, Galápagos)

15.14 Werkzeuggebrauch beim Spechtfinken *(Cactospiza pallida):* a) Einführen des Werkzeugs (Kaktusstachel); b) Stochern; c) Hochheben einer Larve. Foto: I. Eibl-Eibesfeldt

15.15 Anpassung von Vögeln, die Insekten aus dem Holze holen: Der Specht (1) sondiert mit seiner langen Zunge. Der Sichelschnabel (2) *(Heterorhynchus)* meißelt mit dem Unterschnabel und sondiert mit dem Oberschnabel. Der Spechtfink (3) *(Cactospiza)* verwendet einen Kaktusstachel oder ein Hölzchen als Werkzeug. Beim Hopflappenvogel *(Heteralocha)* meißelt das Männchen (4 a) und sondiert das Weibchen (4 b). Aus D. Lack (1947)

Der Spitzschnäblige Grundfink *(Geospiza difficilis)* repräsentiert den Universalisten. Er ist sehr anpassungsfähig und frißt verschiedenes. Er stellt Krabben nach, frißt Kakteen an, raubt Vogeleier, putzt Zecken von Meerechsen und betätig sich sogar als »Vampirfink«: Auf der Wenman-

Insel lernte er, Tölpeln und anderen Seevögeln Blut abzuzapfen. Er beißt dazu die Haut an der Basis der Federkiele an und trinkt den heraustretenden Blutstropfen (R. L. Bowman und S. C. Billeb 1965). Jungvögel können am Blutverlust sogar eingehen (Tafel IX).

Der Spechtfink *(Cactospiza pallida)* schließlich füllt die ökologische Nische eines Kleinspechts. Mit seinem kräftigen Schnabel reißt er die Rinde von den Zweigen und öffnet die Bohrgänge von Insektenlarven. Es fehlt ihm aber die lange Zunge, mit der unsere Kleinspechte anschließend die Insekten aus den Gängen holen. Er löst das Problem, indem er sich eines Werkzeuges bedient. Hat er einen Bohrgang geöffnet, dann sucht er sich einen Kaktusstachel, nimmt diesen der Länge nach in den Schnabel und stochert das Insekt heraus. Er kann auch dünne Zweiglein zurechtbrechen, sich also das Werkzeug gewissermaßen selbst herstellen (I. Eibl-Eibesfeldt und H. Sielmann 1962; Abb. 15.14).

Eine vergleichbare adaptive Radiation kann man bei den Kleidervögeln Hawaiis feststellen. Auch dort gibt es unter anderem einen Vogel *(Heterorhynchus)*, der die Nische eines Kleinspechts füllt. Er meißelt mit seinem geraden Unterschnabel und holt mit dem hakig gebogenen Oberschnabel die Beute heraus. Auf Neuseeland wird die Nische des Kleinspechts arbeitsteilig besetzt: Das Männchen des Hopflappenvogels *(Heteralocha acutirostris)* hat einen geraden, kurzen Meißelschnabel, mit dem er zimmert; das Weibchen einen gebogenen Sondierschnabel, mit dem es die Insektenlarven aus den Spalten und Gängen holt (Abb. 15.15).

Die Hufeisennase *(Rhinolophus)* hat sich durch die Ausbildung einer

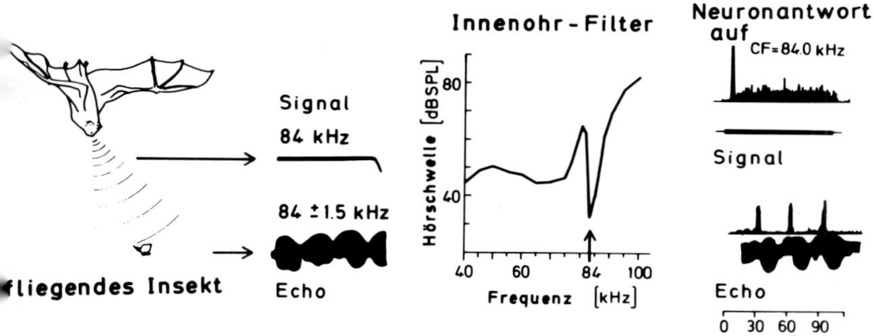

15.16 Das auf Bewegungsdetektion spezialisierte Ortungssystem der Hufeisennasen. – Die flügelschlagende Beute prägt einen Reinton-Ortungssignal (84 kHz) unter anderem Frequenzmodulationen im Rhythmus des Flügelschlags der Beute auf (Echo 84 ± 1,5 kHz). Dieses Echo wird von einem schmalbandigen Filter des Innenohrs empfangen, das genau auf die Trägerfrequenz des Echos (84 kHz) abgestimmt ist. Im Gehirn (*colliculus inferior*) gibt es Neurone, die besonders empfindlich auf modulierte 84 kHz-Echos antworten und damit den Flügelschlag der Beute kodieren und detektieren. Aus G. Neuweiler (1984)

»akustischen Fovea« auf die Wahrnehmung von Insekten spezialisiert, die zwischen dem Laubwerk der Bäume fliegen. Da die cochleare Repräsentation des engen Frequenzbandes ihres Echorufes stark expandiert ist, können die Tiere das flatternde Insekt von anderen, nicht modulierten Echos der Hindernisse unterscheiden (Abb. 15.16; G. Neuweiler 1984). Sympatrisch lebende Fledermäuse suchen ihre Nahrung in verschiedenen ökologischen Nischen des gemeinsam bewohnten Gebietes. In ihren Echorufen zeigen sie daran spezialisierte Anpassungen (Abb. 15.17 a und b).

Viele Tiere legen Vorräte an; wir erwähnten als Beispiel das Futterverstecken des Eichhörnchens. Faszinierend sind die verschiedenen Ernährungsweisen der Insekten. Wir erinnern etwa an die Pilze züchtenden

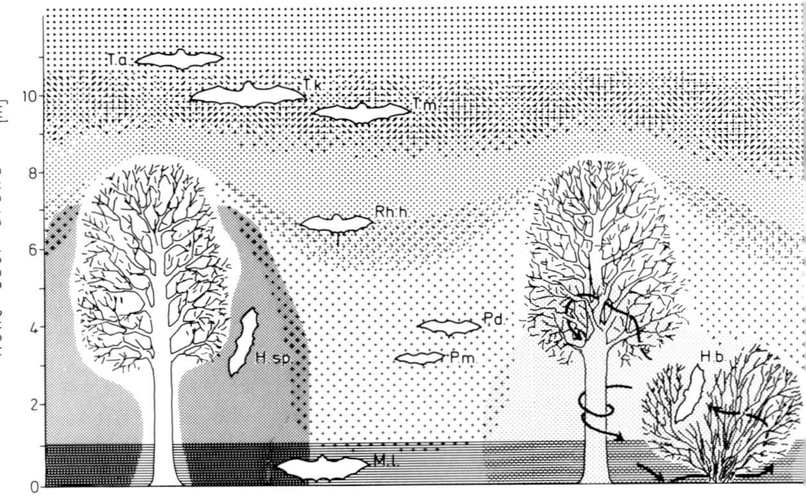

15.17 a) Jagdgebiete einer Fledermausgemeinschaft von 9 sympatrisch lebenden Arten in Südindien.
Drei Arten jagen bevorzugt im freien Luftraum über den Wipfeln der Bäume. Es sind dies die langflügeligen und schnellfliegenden und auf weite Distanz ortenden Arten *Tadarida aegyptiaca* (T. a.), *Taphozous kachhensis* (T. k.) und *Taphozous melanopogon* (T. m.).
Ebenfalls im freien Luftraum, aber in geringerer Höhe zwischen Bäumen und Büschen jagen drei langsamere und kleinere Arten: *Rhinopoma hardwickei* (Rh. h.) *Pipistrellus dormeri* (P. d.) und *Pipistrellus mimus* (P. m.).
Die unglaublich manövrierfähigen Hipposideriden jagen nur dicht an der Vegetation oder im Blattwerk. Die größere *Hipposideros speoris* jagt bevorzugt um das Blattwerk, während die kleinere *Hipposideros bicolor* bevorzugt im Blattwerk jagt. Diese Tiere sind spezialisiert auf die Echodetektion fliegender Beute.
Megaderma lyra (M. l.) ist ein Bodenjäger, der den Grund nach allem Freßbaren abhorcht: Frösche, Eidechsen, Vögel, Mäuse und große Insekten. Diese Art fliegt dicht über dem Boden oder hängt an niederen Zweigen und horcht die Umgebung ab. *Megaderma* entdeckt ihre Beute nicht durch Echoortung, sondern nur durch die Bewegungsgeräusche der Beute. Aus G. Neuweiler (1984)

Ameisen *(Atta)*, die in ihren Bau geschleppte Blätter zu Dünger verarbeiten. Sie kultivieren einen Pilz und ernähren sich von dessen kugeligen Anschwellungen. Allein mit der Beschreibung der überaus reizvollen Ernährungsgewohnheiten der Hymenopteren ließe sich ein stattliches Werk füllen (H. BISCHOFF 1927). Besondere Anpassungen in Körperbau und Verhalten bildeten schließlich jene Tiere, die als Parasiten von anderen Tieren leben. Wir werden darauf noch gesondert hinweisen (S. 512).

Es gibt schließlich sehr reizvolle Verhaltensanpassungen, die es Tieren der Trockengebiete erlauben, an Wasser zu kommen. Die in der Namib lebenden Schwarzkäfer der Gattung *Lepidochora* wühlen an der Oberfläche der Sanddünen quer zur Richtung des Nebelwindes verlaufende Furchen, an deren aufgeworfenen Graten sich die Feuchtigkeit niederschlägt. Sie wird von den Käfern aufgesogen. Die drei dabei beobachteten Arten tun dies in verschiedenen Dünenabschnitten (M. K. SEELY und W. J. HAMILTON 1966). Ein anderer Schwarzkäfer des gleichen Gebietes *(Onymacris unguicularis)* »nebelbadet«, indem er sich bei nächtlichem Nebel auf dem Dünenkamm kopfabwärts gegen den Wind aufstellt. Der Nebel kon-

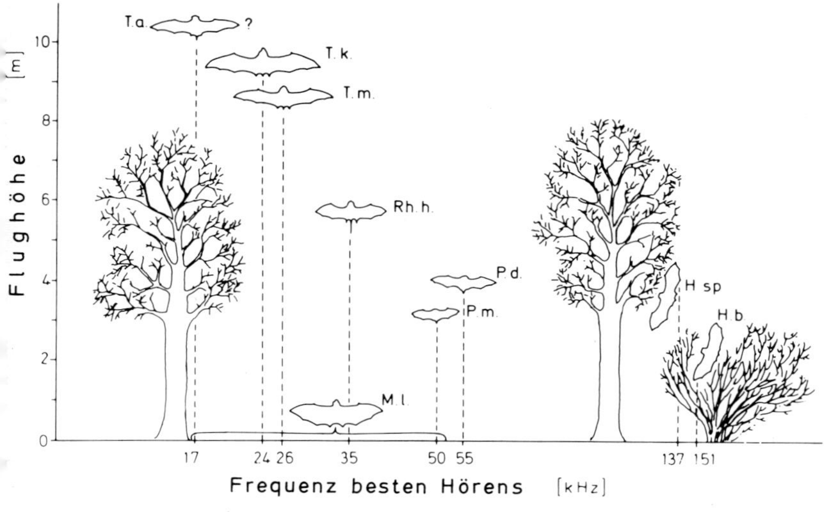

15.17 b) Echoortung über weite und nahe Distanzen. – Die für die Ortung benutzten Frequenzen (Frequenzen besten Hörens) verschiedener Fledermausarten sind um so niederer, je höher das Jagdgebiet (Flughöhe) der Art liegt. Dies ist eine Anpassung an die Reichweite der Ortung. Schallenergie niederer Frequenz wird in Luft weniger absorbiert als die hoher. Wer nur auf kurze Entfernung ortet kann sich hohe Ortungsfrequenzen mit guten Abbildungseigenschaften leisten. Wer dagegen im offenen »Luftmeer« auf weite Distanzen jagt, muß niedere Frequenzen größerer Reichweite verwenden. Ta, *Tadarida aegyptiaca*. – Tk, *Taphozous kachhensis*. – Tm, *T. melanopogon*. – Rhh, *Rhinopoma hardwickei*. – Ml, *Megaderma lyra*. – Pm, *Pipistrellus mimus*. – Pd, *P. dormeri*. – Hsp, *Hipposideros speoris*. – Hb, *H. bicolor*. Aus G. NEUWEILER (1984)

densiert am Körper des im übrigen tagaktiven Käfers in großen Tropfen und wird durch den Mund aufgenommen (W. J. HAMILTON und M. K. SEELY 1976, M. K. SEELY 1979) (Abb. 15.18).

15.2.3 Feindanpassungen und zwischenartliche Konkurrenz

Tiere sichern, um sich vor Überraschungen zu schützen. Bei allen unseren Kleinsäugern kann man sehen, daß sie sich von Zeit zu Zeit aufrichten, in die Runde schauen und unter Heben und Senken des Kopfes Luftproben aus verschiedenen Luftschichten nehmen (»Winden«). Sie unterbrechen dazu mit großer Regelmäßigkeit ihre Tätigkeiten, etwa Fressen oder Graben. Ein grabender Hamster hält immer wieder sichernd inne.

Treten Vögel und Säuger in Gruppen auf, dann blickt der einzelne weniger häufig auf. Das hat man für Strauße, Haussperlinge und Gabelböcke ausgezählt (Abb. 15.19 a, b; B. C. R. BERTRAM 1980, C. J. BARNARD 1980, M. A. ELGAR und C. P. CATTERALL 1981, V. E. LIPETZ und M. BEKOFF 1982). Entsprechende Ergebnisse erbrachte eine Untersuchung über das Sichern essender Menschen*: Einzelne blicken signifikant häufiger auf als in Gruppen Speisende. Die Aufblicksdauer nimmt mit zunehmender Gruppengröße ab (Abb. 15.20). Dennoch steigt insgesamt die Gesamthäufigkeit des Umherblickens in der Gruppe bei geringerem Sicheraufwand für den einzelnen, der dann ruhiger seinem Nahrungserwerb nachgehen kann. Mehr Augen sehen mehr. Gruppenbildung ist auch in dieser Beziehung eine Feindanpassung. Tauben im Schwarm entdecken einen Habicht auf größere Entfernung. Daher haben die Raubvögel bei Angriffen auf große Taubenschwärme geringere Erfolge (Abb. 15.21; R. E. KENWARD 1978).

Bei paarweise oder in Gruppen lebenden Tieren übernehmen häufig einzelne arbeitsteilig das Sichern. Bei den Drosslingen *(Turdoides* sp.) sitzt

a 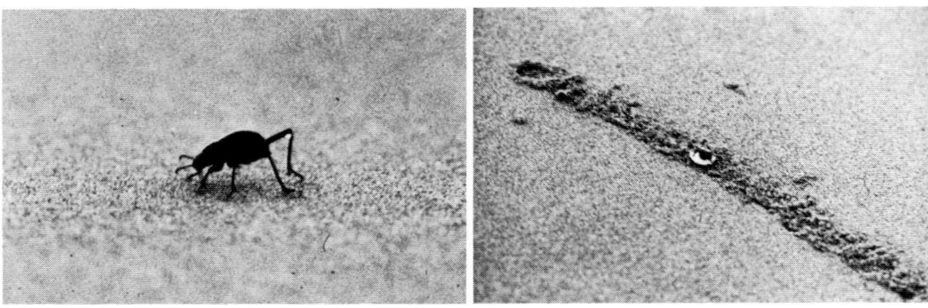

15.18 a) *Onymacris unguicularis*, auf einer Sanddüne nebelbadend. An einem Bein sieht man deutlich einen Kondenswassertropfen; b) *Lepidochora sp.* in seiner zum Wassersammeln angelegten Furche. Fotos: R. D. PIETRUSZKA

* H. HASS (1968) entdeckte bei der Auswertung unbemerkt aufgenommener Filmaufnahmen, daß Essende in regelmäßigen Abständen geradezu automatisch hoch- und in die Runde blicken, und deutete dies ganz richtig als Sichern.

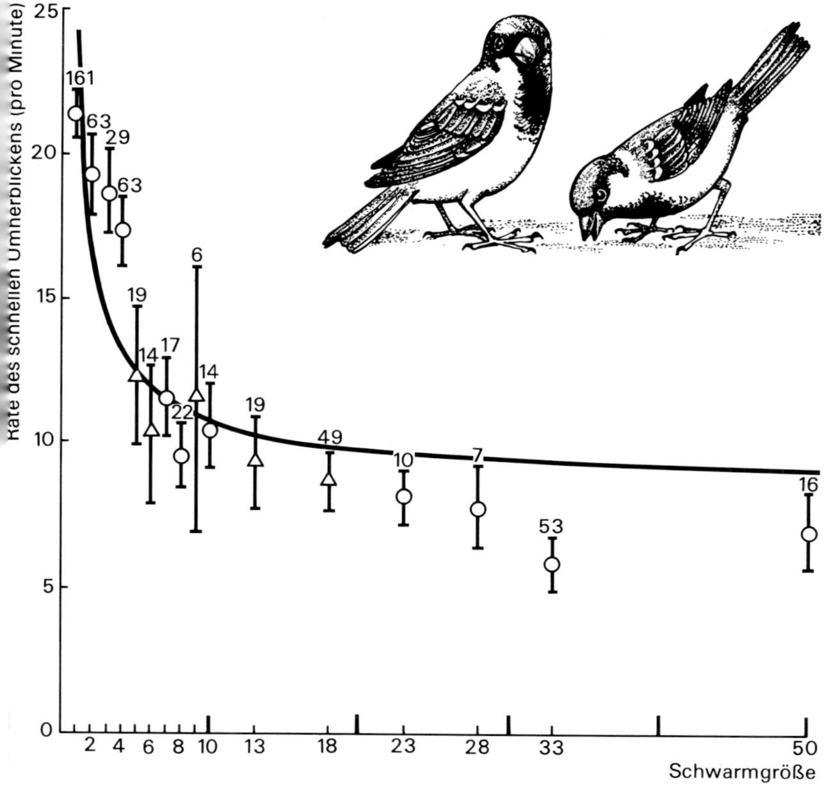

15.19 a) Der Zusammenhang zwischen Gruppengröße und Sichern (Aufblicken beim Haussperling). Die Zahlen in der Graphik geben an, wie viele Gruppen der jeweiligen Größe beobachtet wurden. Aus M. A. ELGAR und C. P. CATTERALL (1981)

immer ein Vogel auf einem Baum oder Busch auf Wache, während die anderen am Boden fressen. Der Wache haltende wird alle paar Minuten abgelöst. Während er wacht, singt er leise, gerade so, daß ihn seine Gruppenmitglieder hören. W. WICKLER (1985) meint, der Wächter informiert damit die anderen über seine Wachsamkeit – ähnlich wie dies wohl die regelmäßig ausrufenden Nachtwächter in den mittelalterlichen Städten taten. Im Wettlauf mit dem Verfolger entwickelten die Verfolgten immer neue Anpassungen in Körperbau und Verhalten, mit deren Hilfe sie sich wehren oder entkommen können.

Sehr verbreitet ist die Flucht vor dem Freßfeind, wobei es, wie H. HEDIGER (1934) betont, eine artspezifische Fluchtdistanz gibt, die durch individuelle Erfahrung variiert werden kann. Kleine Arten haben dabei im allgemeinen eine kleinere Fluchtdistanz als größere. Je weniger eine Art durch andere Mittel geschützt ist, desto größer ist die Fluchtdistanz. An einen gut sichtgeschützten Zackenbarsch kann man ganz nahe herankommen,

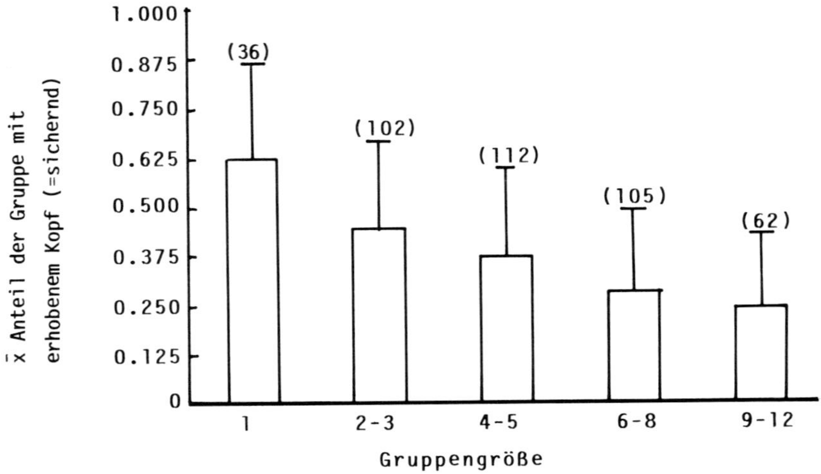

15.19 b) Mittlere Anzahl und Standardabweichung von sichernden Gabelböcken *(Antilopa capra americana)*, nach Gruppengröße zusammengefaßt. Die Anzahl der jeweils beobachteten Gruppen steht in Klammer über den Säulen. Aus V. E. Lipetz und M. Bekoff (1982)

ebenso an einen Feldhasen, der sich in die Sasse drückt. Bunte Fische verstecken sich dagegen viel früher, wenn man an sie heranschwimmt. Dagegen lassen einen die giftigen Rotfeuerfische oder gepanzerten Kofferfische ganz nahe herankommen. Solcherart geschützte Fische neigen weniger zum Flüchten und gewöhnen sich wegen ihrer Zahmheit auch schneller an die Gefangenschaft. Der dreistachelige Stichling *(Gasterosteus)* ist durch seine langen, starken Stacheln besser geschützt als der zehnstachelige *(Pygosteus)*. Letzterer ist auch dementsprechend scheuer (R. Hoogland, D. Morris und N. Tinbergen 1957).

Fluchtrichtung und Fluchtziel sind ebenso häufig durch stammesgeschichtliche Anpassungen festgelegt wie die Kenntnis der fluchtauslösenden Reize. Das Eichhörnchen flieht in die Baumkronen, die Maus in ihr Loch, der Biber taucht weg, und der Fasan fliegt auf. Bei zwei nah verwandten Geckos von Neubritannien fiel H. Hediger (1934) auf, daß eine Art immer die Stämme hinauf flüchtete, die andere dagegen nach unten, wo sie sich in Ritzen versteckte (siehe auch S. 301).

Im Korallenriff kennen sehr viele Fische genau ihren Zufluchtsort. Von den in großen Schwärmen über den Riffen des Indischen Ozeans stehenden Rotzahndrückerfischen *(Odonus niger)* flüchtet jeder in ein bestimmtes Loch am Riff, wenn man heranschwimmt. Viele Riffbarsche *(Chromis)* stehen in Schwärmen über Korallenstöcken, zwischen deren Äste sie flüchten. Bricht man den Stock ab, kann man den ganzen Fischschwarm mit nach oben nehmen, so fest sind sie an ihren Zufluchtsort gebunden.

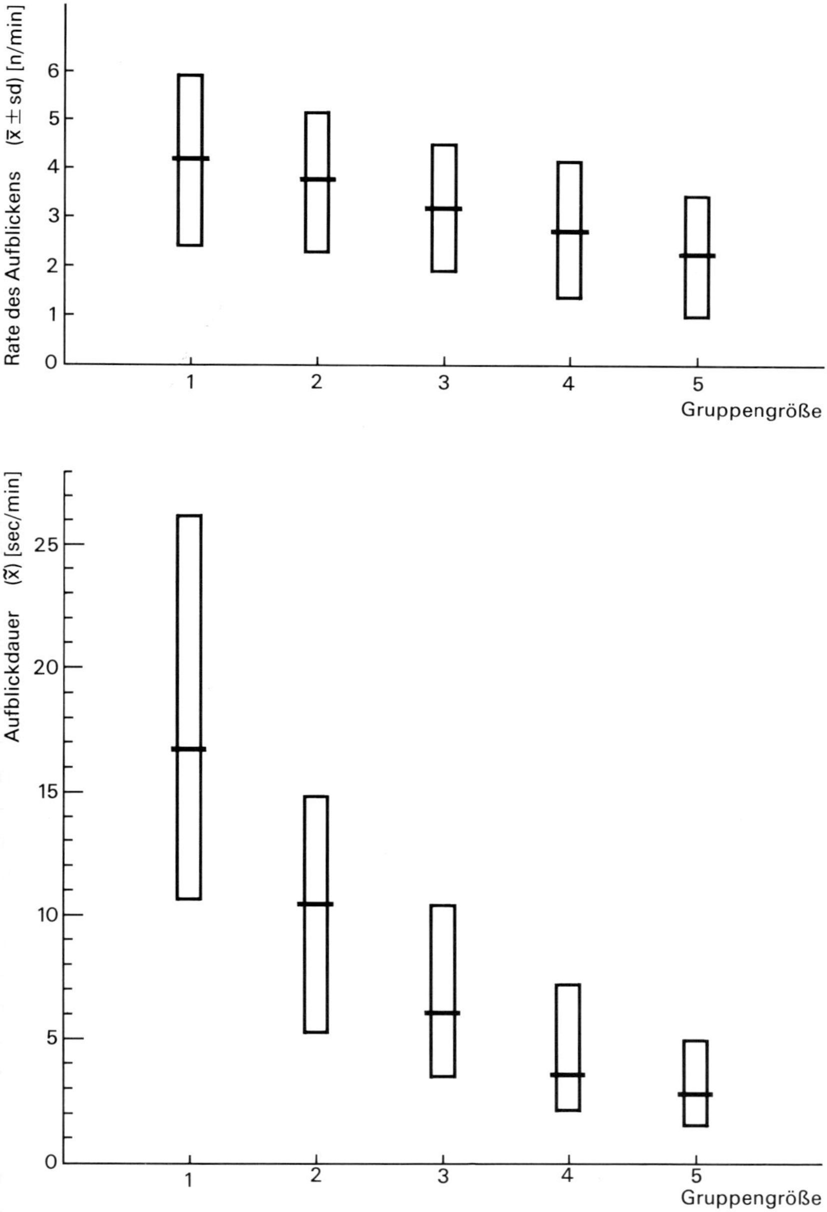

15.20 Rate des Aufblickens (a) und der Aufblickdauer (b) von Personen beiderlei Geschlechts, die in einer Mensa speisen, in Abhängigkeit von der Gruppengröße. Nach M. Wawra (1985)

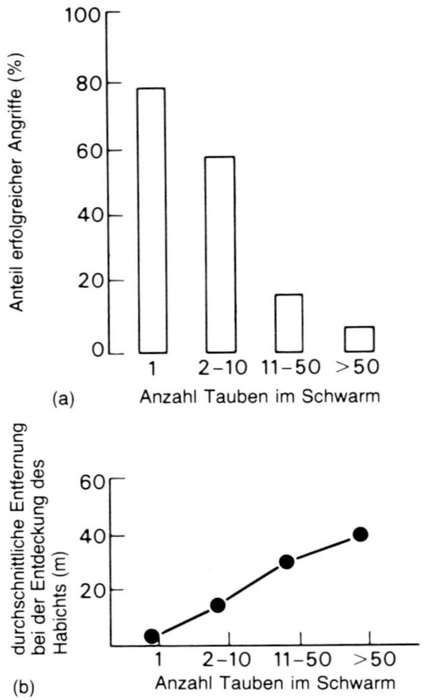

15.21 a) Habichte *(Accipiter gentilis)* haben wenig Erfolg, wenn sie große Schwärme von Ringeltauben *(Columba palumbus)* angreifen; b) dieser Effekt beruht im wesentlichen darauf, daß größere Schwärme den Habicht schon in weiter Entfernung wahrnehmen und auffliegen. Die Experimente wurden mit einem gezähmten Habicht durchgeführt, der aus standardisierten Entfernungen losgelassen wurde. Aus R. E. Kenward (1978)

Manche Fische entwickelten besondere Verspreizeinrichtungen, mit deren Hilfe sie sich in ihrem Schlupfwinkel festhalten, so die Pelzgroppen *(Caracanthus)*, die sich mit ihren stachelbewehrten Kiemendeckeln festklemmen (Abb. 15.22). Besondere Fluchtanpassungen besitzen Fische, die über freien Sandflächen wohnen; sie können sich in selbstgefertigte Bauten zurückziehen (Abb. 15.23) oder blitzschnell eingraben (I. Eibl-Eibesfeldt 1964c, W. Klausewitz und I. Eibl-Eibesfeldt 1959).

Die auf dem Sande ruhenden Eidechsenfische *(Synodus)* schaufeln bei Gefahr mit den Brust- und Bauchflossen den Sand unter sich weg, so daß sie in Sekundenschnelle bis auf die Augen im Sand versinken. Die Röhrenaale *(Heterocongridae)* stecken in durch ihren Körperschleim gefestigten Röhren im Sand (Abb. 15.24a, b). Sie verstehen es, sich in Sekundenschnelle schwanzvoran in den Sand einzugraben, wenn man sie aus den Röhren holen will. Fische, die ohne Deckung im freien Wasser leben, springen beim Flüchten sehr häufig über die Wasseroberfläche hinaus und entziehen sich so der Sicht des Verfolgers. Viele dieser Fische, wie etwa die Meeräschen *(Mugilidae)*, tauchen nach dem Sprunge kopfvoran wieder ein, nehmen neuerlich Anlauf und springen erneut in die Luft. Es gibt jedoch eine Reihe von Fischen, die nach dem Sprunge schwanzvoran ins

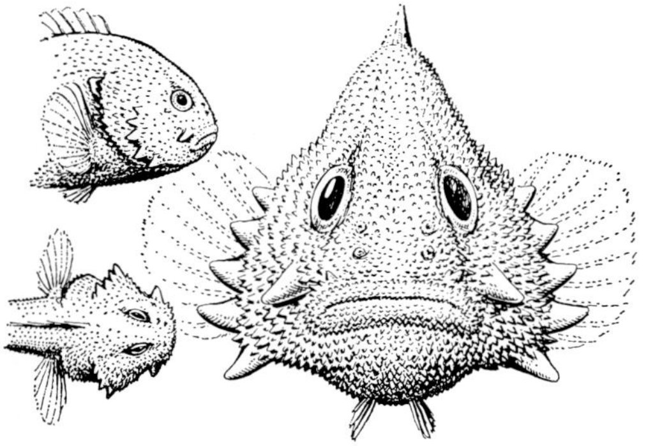

15.22 Die mit Dornen bewehrten Kiemendeckel der Pelzgroppe *(Caracanthus maculatus)* als Beispiel eines Verspreizmechanismus. Aus I. EIBL-EIBESFELDT (1964 c)

Wasser eintauchen und dann durch sehr schnelle Schläge mit der nach unten verlängerten Schwanzflosse diesen Unterstützungspunkt so rasch vorwärtstreiben, daß er den Schwerpunkt des schräg in die Luft ragenden Körpers fast einholt. Solche Oberflächenläufer waren der Ausgangspunkt für die Entwicklung der fliegenden Fische, wie die Differenzierungsreihe innerhalb der *Synenthognathi* sehr deutlich zeigt (Abb. 15.25; K. LORENZ 1963 b). Am Anfang steht etwa der Hornhecht *(Belone belone)*, am anderen Ende stehen die verschiedenen Gattungen der fliegenden Fische (Abb. 15.26 a), die mit Hilfe ihrer zu Tragflächen verbreiterten Brustflossen zu richtigem Gleitflug befähigt sind. Sie beschleunigen ihr Tempo, mit eingetauchtem Schwanz auf der Wasseroberfläche laufend, bis sie sich schließlich im Gleitflug in die Luft erheben. Sie können viele Meter weit dahinsegeln, wobei ihr Kopf höher steht als der Schwanz, mit dem der allmählich abwärts gleitende Fisch zuerst die Wasseroberfläche berührt. Er kann dann sogleich wieder Anlauf nehmen und sich erneut in die Luft erheben.

Der südamerikanische Beilbauchfisch *(Carnegiella vesca)*, ein Süßwasserbewohner, soll sogar zum aktiven Schwirrflug fähig sein. BREDER und

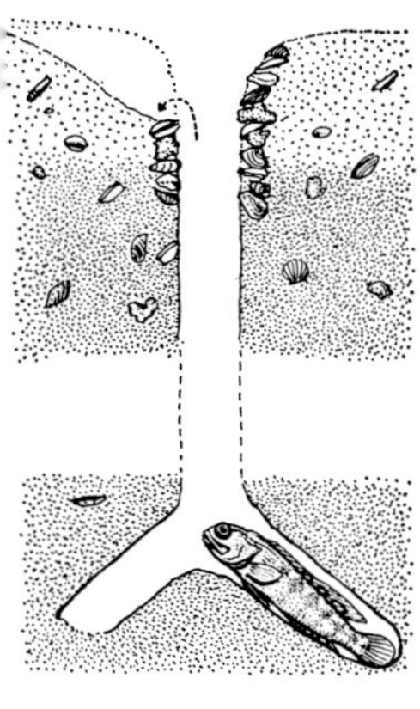

15.23 Der Kieferfisch *(Gnathypops rosenbergi)* baut senkrechte Wohnröhren in den Sand-Schlick-Boden, die bis zu einem Meter tief und gelegentlich unten verzweigt sind. Den oberen Teil festigt er durch eingebaute Korallen-, Muschel- und Seeigelstücke. Aus I. EIBL-EIBESFELDT und W. KLAUSEWITZ (1961)

15.24 a) Röhrenaale *(Gorgasia maculata)* (Nikobaren). Foto: I. EIBL-EIBESELDT

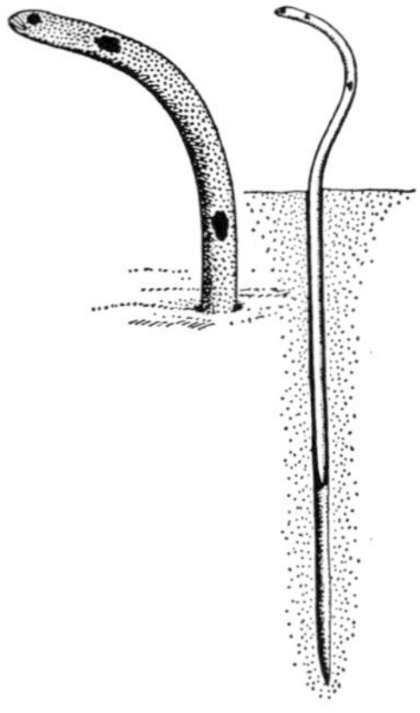

15.24 b) Röhrenaal *(Xarifania hassi)*. Aus I. EIBL-EIBESFELDT (1964 c)

EIGEMANN vom American Museum of Natural History beobachteten, daß sich die Fische in die Luft erhoben, wenn sie mit dem Zugnetz gegen das Ufer gedrängt wurden (zitiert nach K. LORENZ 1963 b; Abb. 15.26 b).

Verfolgte Tiere zeigen oft irreguläre Verhaltensmuster, die es dem Feind erschweren, sein Verhalten vorauszusehen und damit den Kontakt aufrechtzuerhalten: Kaninchen schlagen Haken, Taumelkäfer schwimmen unter ständigem Richtungswechsel schnell durcheinander, manche Nachtschmetterlinge fliegen im Zickzackkurs oder machen unberechenbare Loopings, Fasane stieben nach allen Richtungen auseinander und verstecken sich anschließend; Fische exerzieren im Schwarm. Gelegentlich gibt es auch Ablenkungsmanöver. Eine vom Räuber ergriffene Eidechse wirft oft ihren Schwanz ab, der sich dann heftig am Boden ringelt und so die Aufmerksamkeit auf sich lenkt, während sich die Eidechse versteckt. Man

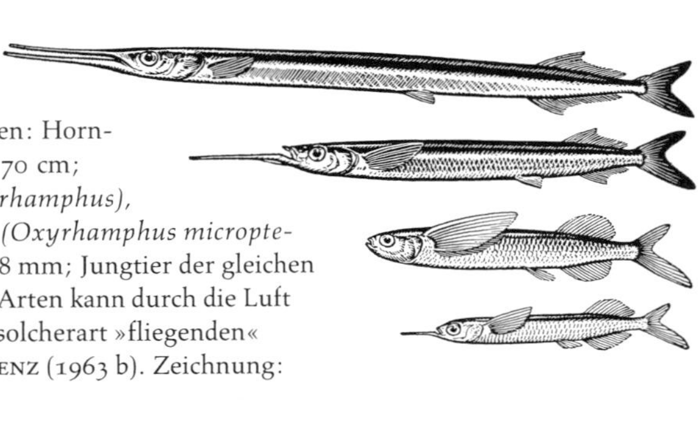

15.25 Die Differenzierungsreihe oberflächenlaufender Meeresfische. Von oben nach unten: Hornhecht *(Belone belone)*, ca. 70 cm; Halbschnabelhecht *(Hemirhamphus)*, 40 cm; Flughalbschnäbler *(Oxyrhamphus micropterus)*, erwachsenes Tier, 138 mm; Jungtier der gleichen Art, 40 mm. Keine dieser Arten kann durch die Luft gleiten, doch leiten sie zu solcherart »fliegenden« Fischen über. Aus K. LORENZ (1963 b). Zeichnung: H. KACHER

15.26 a) Kalifornischer fliegender Fisch *(Cypselurus californicus)*, von der Oberfläche startend und gleitend. Aus K. LORENZ (1963 b). Zeichnung: H. KACHER

hat diese verschiedenen Täuschungsmanöver auch unter dem Begriff »proteanisches Verhalten« zusammengefaßt (M. R. CHANCE und W. M. RUSSELL 1959), nach dem Proteus der griechischen Sage, der durch dauernden Gestaltwechsel seinen Verfolgern entkam.

Die Fluchtreaktionen sind häufig auf eine ganz bestimmte Kategorie von Feinden gemünzt. Wir haben auch erwähnt, daß bestimmte Gastropoden den Geruch ganz bestimmter fleischfressender Seesterne mit Fluchtreaktionen beantworten (S. 88). Unser Haushuhn zeigt je einen Satz von Verhaltensweisen der Raubvogelflucht und der Bodenfeindflucht, und zwar jeweils mit bestimmten Warnlauten. Vor Raubvögeln flieht es in Deckung, vor Bodenfeinden (Iltis, Katze) auf Bäume. Im Hirnreizversuch lassen sich diese Verhaltenssysteme von verschiedenen Reizpunkten her aktivieren (E. v. HOLST und U. v. SAINT PAUL 1960). Fällt eine Kategorie von Feinden sekundär weg, können die entsprechenden Feindreaktionen ausfallen. Auf den Galápagos-Inseln, wo raubende Säugetiere fehlen, läßt sich der Bussard *(Buteo galapagoensis)* vom Menschen berühren (Abb.

15.26 b) Zum aktiven Flügelschlag befähigte Süßwasserfische. Links *Carnegiella vesca*, der Beilbauchfisch Südamerikas; rechts: eine möglicherweise flugfähige, zu *Carnegiella* überleitende Form: *Triportheus elongatus*. Aus K. LORENZ (1963 b). Zeichnung: H. KACHER

15.27 Beispiel sog. »Inselzahmheit«: Der Galápagos-Bussard läßt sich von Menschen berühren. Foto: I. Eibl-Eibesfeldt (Duncan-Insel, Galápagos)

15.27). Ähnlich zahm sind die Meerechsen *(Amblyrhynchus cristatus)* und die Galápagos-Pinguine *(Spheniscus mendiculus)* an Land. Im Wasser dagegen, wo sie von Haien bedroht werden, flüchten sie vor einem heranschwimmenden Menschen (I. Eibl-Eibesfeldt 1960 b, 1964 b). Die Dreizehenmöwe *(Rissa tridactyla)* flieht auf ihren Brutklippen nicht vor dem Menschen, wohl aber, wenn sie ihm beim Nestmaterialsammeln auf dem Festland begegnet (E. Cullen 1957).

Besondere Anpassungen an das Fluchtverhalten zeigt die kleine Krabbe *Dotilla.* Sie legt die nach Nahrung durchgesiebten Sandpillen nach einem bestimmten Muster ab, so daß um das Wohnloch Ringwälle aus abgelegten Sandkugeln entstehen. Außerdem werden ein oder mehrere Radiärstraßen von Pillen freigehalten. Auf diese Weise sichert sich die Krabbe freie Fluchtgassen, auf denen sie entweder direkt oder über den Umweg einer Radiärstraße zum Bau laufen kann (H. Hass und I. Eibl-Eibesfeldt 1964; Abb. 15.28).

Ein Fluchtverhalten wird sicher in erster Linie durch Außenreize aktiviert, doch wies K. Lorenz (1943) darauf hin, daß diesem Verhalten auch ein innerer Antrieb zugrunde liegen dürfte. Entenvögel fluchttauchen sehr oft im Leerlauf, und lange Zeit nicht erschreckte Tiere neigen dazu, auf immer geringere Anlässe hin zu flüchten, zeigen also eine deutliche Schwellenerniedrigung der Fluchtreaktionen.

Nimmt man einem Tier die Fluchtmöglichkeit, etwa indem man es in die Enge treibt, dann greift es an, wenn man bis auf die kritische Distanz (H. Hediger 1942) heranrückt. Das muß unter anderem ein Zirkusdompteur genau beachten. Ein Tier greift auch an, wenn man es plötzlich überrascht und dabei die kritische Distanz unterschreitet. Bevor es zum Angriff übergeht, droht es. Oft sind Flucht und Abwehr in einem Verhalten kombiniert, etwa beim Tintenfisch, der im Augenblick des Fluchtstarts eine Tintenwolke ausstößt, oder beim Bombardierkäfer *(Brachynus)*, der

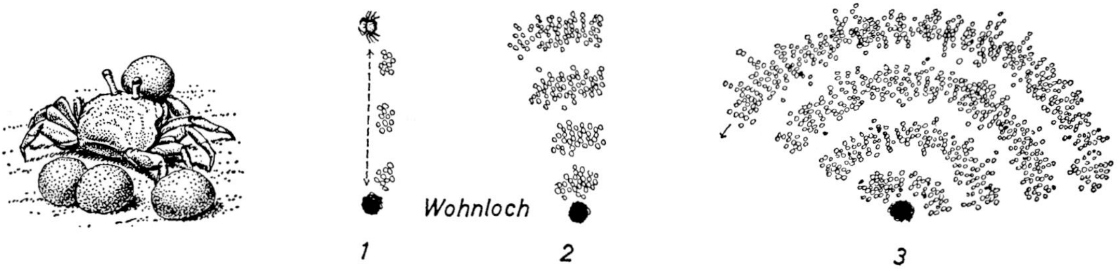

15.28 Die in den Ringwällen um das Wohnloch abgelegten Fraßpillen der Kugelkrabbe *(Dotilla sulcata)*, von links nach rechts bei fortschreitender Freßtätigkeit. Ganz links die fressende Krabbe. Aus H. Hass und I. Eibl-Eibesfeldt (1964)

aus den Analdrüsen ein Sekret absondert, das sich explosionsartig an der Luft verflüchtigt.

Viele Tiere suchen Schutz bei wehrhaften Arten. Wir gehen darauf im Abschnitt über die Symbiosen ein. Tiere ohne gewachsenen mechanischen Schutz schaffen sich häufig einen, indem sie z. B. Gehäuse bauen, die sie mit sich tragen. Bekannt sind die Gehäuse der Köcherfliegenlarven *(Trichoptera)*, deren Anfertigung und Reparatur C. Wesenberg-Lund (1943) beschrieb. Die Raupen der *Psychidae* fertigen in Konvergenz ganz ähnliche Gebilde an. Leere Schneckengehäuse werden von den Einsiedlerkrebsen nach sorgfältiger Prüfung bezogen. Der Tintenfisch *Octopus aegina* zieht sich in leere Muschelschalen zurück, deren beide Hälften er nach Bedarf öffnen und schließen kann (Abb. 15.29). Die Blattwespenraupe *Lygaeonematus compressicornis* umgibt ihren Freßplatz auf einem Espenblatt mit einem Zaun aus Schaumpalisaden, und manchmal versperrt sie bereits den Zugang zu ihrem Weideblatt, indem sie solche Schaumpalisaden am Blattstiel errichtet. Der Schaum ist klebrig und enthält Salicylsäure.

Sehr viele Tierarten schützen sich, indem sie sich tarnen. Viele dieser

15.29 Der Tintenfisch *Octopus aegina* in der von ihm bewohnten Herzmuschel. Der Tintenfisch hat ein Gelege, das er verteidigt. Foto: I. Eibl-Eibesfeldt

Arten sind schon in ihrem Aussehen einem bestimmten Untergrunde angeglichen. Sie müssen aber auch das entsprechende Verhalten zeigen, den richtigen Untergrund aussuchen und in bestimmten Stellungen verharren können, damit dieser Schutz wirksam wird. So suchen Raupen mit Gegenschattierung nicht nur die zu ihrer Färbung passende Umgebung auf, sondern sie nehmen auch die Stellung ein, in der sie am wenigsten auffallen (W. Herrebout und Mitarbeiter 1963, H. B. Cott 1957). E. Curio (1966 a) fand auf Galápagos eine Schwärmerart mit drei verschiedenen Raupenformen, deren jede das ihrem Farbkleid am besten angepaßte Verhalten in der Wahl ihres Rastortes zeigte (Abb. 15.30). Manche Spannerraupen mimen täuschend tote Ästchen. Viele Tiere tarnen sich, indem sie ihren Körper mit Fremdstoffen bedecken, so die Rückenfüßler unter den Krabben *(Dromia)*, die mit dem dritten und vierten Beinpaar Muscheln und Schwämme über dem Rücken festhalten. Bei den Majiden ist der Carapax mit Angelhaaren zum Festhalten von Fremdkörpern bewehrt. Wie alle diese Beispiele zeigen, ist Tarnung das Ergebnis eines komplizierten Zusammenspiels von Struktur und Verhalten.

Weit verbreitete Methoden der Feindabwehr sind die des Warnens und Täuschens. Die Gabelschwanzraupe *(Dicranura vinula)* stellt, wenn sie gestört wird, zunächst einmal das Fressen ein und verharrt mit leicht angezogenem Kopf in sonst gestreckter Haltung ruhig. Die grüne Raupe

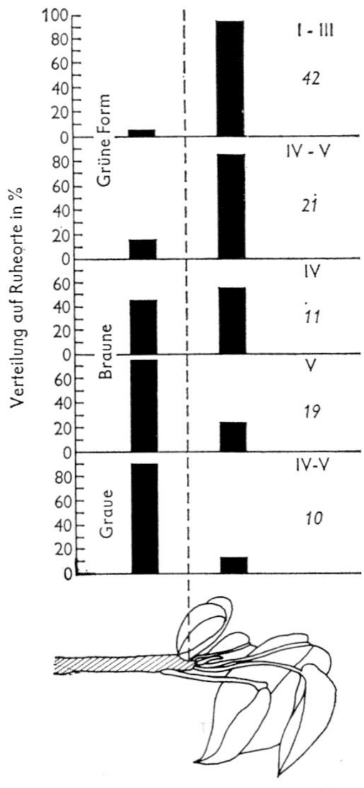

15.30 Ruheorte (Zweig oder Blatt) der drei Raupen von *Erinnyis ello* in allen fünf Stadien (I–V); kursiv = Anzahl der Beobachtungen. Aus E. Curio (1966 a)

ist in dieser Stellung gut sichtgetarnt. Berührt man sie oder erschüttert man das Blatt, auf dem sie sitzt, dann richtet die Raupe ihren Vorderkörper auf und wendet dem Angreifer eine sehr auffällige »Gesichtsmaske« zu. Der braune Kopf der Raupe ist nämlich rot und gelb umrahmt, und in dieser Umrahmung befinden sich zwei dunkle Pigmentflecken, die wohl Augen vortäuschen sollen. Zugleich stülpt das Tier aus dem umgewandelten und hochgetragenen letzten Paar der Bauchfüße rote Drüsenschläuche, die sich einige Sekunden korkenzieherartig ringeln, ehe sie wieder eingezogen werden (I. EIBL-EIBESFELDT 1966 b; siehe Tafel IV). Aus einer stark entwickelten prothorakalen Bauchdrüse kann die Raupe ein widerlich riechendes, scharfes Sekret spritzen. Weitere Beispiele bei O. M. REUTER (1913).

Über die chemischen Abwehrmittel der Insekten berichten TH. EISNER und J. MEINWALD (1966). Sie werden jedoch nicht selten durch besondere Angriffsaktionen der Freßfeinde außer Gefecht gesetzt. So überrumpelt die Maus *Onychomys torridus* die Käfer *Eleodes* und *Chlaenius*, die ein Abwehrsekret von der Hinterleibspitze absondern, indem sie die Käfer packt und mit dem Hinterleib in den Boden rammt.

Sehr oft sind schlecht schmeckende Insekten sehr auffällig gezeichnet und gefärbt. Ein bekanntes Beispiel sind die Wespen. Wurde ein Singvogel einmal von einer Wespe gestochen, dann merkt er sich das oft über mehrere Monate und meidet künftig auffällig geringelte Objekte. Dieser Freßschutz erstreckt sich auch auf eine Reihe von Insekten, die diese Wespentracht nachahmen. Viele widerlich schmeckende Schmetterlinge werden von schmackhaften nachgeahmt (Tafel IV). Sie täuschen ihre Verfolger. Einige besonders bemerkenswerte Fälle von Mimikry hat E. CURIO (1966 c) zusammengestellt, und wir erwähnten weitere auf S. 275 (siehe auch O. SEXTON 1960).

Die von den Blattläusen *Prociphilus tesselatus* lebenden Larven der Florfliege *Chrysopa slossonae* tarnen sich als Blattlaus, indem sie sich mit deren wollartigen Wachsausscheidungen bedecken. Das schützt sie gegen Angriffe der Ameisen, die diese Blattläuse betreuen. Nimmt man ihnen die Bedeckung, werden sie sogleich angegriffen und fortgeschleppt (T. EISNER und Mitarbeiter 1978).

Eine sehr auffällige Anpassung an Freßfeinde ist der Fischschwarm. Zunächst einmal nehmen die Tiere sicherlich im Schwarm eine Gefahr schneller wahr, nach dem Prinzip, daß mehr Augen mehr sehen, aber dies ist keineswegs der wesentliche Faktor bei einem solchen Zusammenschluß. Man kann vielmehr zeigen, daß ein Fisch auch ohne Warnung durch andere im Schwarm besser geschützt ist als einzeln. Während der einzelne im freien Wasser sehr schnell von einem Raubfeind fixiert und gefangen wird, hat dieser beim Fischen aus dem Schwarm Schwierigkeiten, weil im Gewoge vieler Zielpunkte einer nur schwer auszusondern und zu verfolgen ist. Der Zielmechanismus des Raubfisches wird verwirrt (Konfusionseffekt). Ein genaues Zielen ist aber die Voraussetzung für erfolgreiches Jagen (I. EIBL-EIBESFELDT 1962b, G. v. WAHLERT 1963). Raubfische versuchen daher, mit Hilfe besonderer Techniken einzelne Fische von einem Schwarm abzusondern. Dabei sind im Schwarm jagende Raubfische der Hochsee erfolgreicher als einzeln jagende. Bei der Jagd auf Sardellen *(Stolephorus purpureus)* erbeuten Stachelmakrelen *(Caranx ignobilis)* mehr in der Gruppe, als wenn sie einzeln jagen. Die Fische an der Spitze des Trupps sind dabei am erfolgreichsten (P. F. MAJOR 1978). Bei über dem Riff kreisenden Fischschwärmen beobachtete ich, daß Zackenbarsche zum Erfolg kamen, indem sie regungslos inmitten eines Fischschwarmes lauerten, bis einer auf Schnappdistanz herankam (Abb. 15.31 und 15.32). Falken, die einem im Schwarmverband fliegenden Vogel nach-

15.31 Etwa einen Meter lange Zackenbarsche *(Mycteroperca olfax)*, Füsiliere *(Xenocys jessiae)* jagend. Die Fische bilden eine Vakuole um die Räuber. Foto: I. EIBL-EIBESFELDT (Galápagos)

15.32 *Xenocys jessiae* im Fluchtverband knapp über dem Meeresboden. Foto: I. EIBL-EIBESFELDT (Galápagos)

stellen, bemühen sich zunächst, durch Scheinangriffe einen aus der Gruppe auszusondern (N. TINBERGEN 1951). Jagt ein Habicht einen Taubenschwarm, dann nimmt er mit großer Regelmäßigkeit die am meisten abweichende Taube aufs Korn. Aus einem Flug weißer fängt er die einzige schwarze Taube oder umgekehrt die weiße aus einem Flug schwarzer, denn die stark abweichende Taube kann er im Auge behalten.

Eine ganze Reihe von Brutfürsorgehandlungen ist direkt als Anpassung an Freßfeinde zu verstehen, so das schon erwähnte Verleiten (S. 272) oder die Maulbrutpflege der Buntbarsche (Abb. 15.33). Lachmöwen *(Larus ridibundus)* entfernen nach dem Schlüpfen der Jungen die Eischalen aus der Nestnähe. Versäumen sie das, so kann ein Raubfeind das Nest leichter entdecken (N. TINBERGEN, G. J. BROEKHUYSEN und Mitarbeiter 1962). Als Feindanpassungen sind auch die Brutplatzwahl und das Brüten in Kolonien anzusehen. Große Möwen und Krähen können von vielen Lachmöwen vertrieben werden. H. KRUUK (zitiert nach N. TINBERGEN 1965)

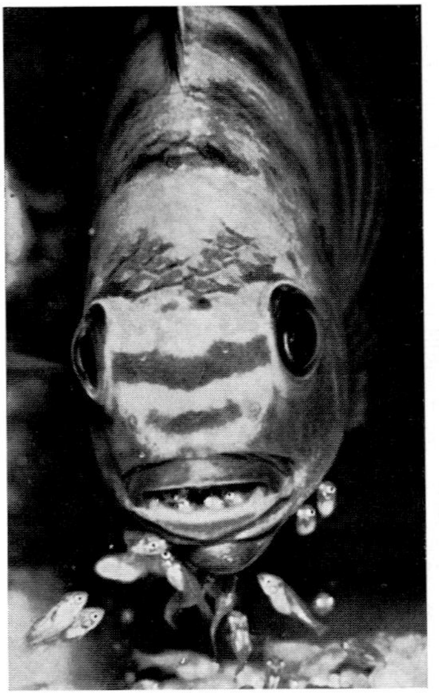

15.33 Brutpflegendes *Tilapia-nilotica*-Weibchen, die Jungen ins Maul aufnehmend. Foto: R. Apfelbach

wies nach, daß es den Räubern wegen der Angriffe der Lachmöwen schwerer fällt, Eier aus der Mitte der Brutkolonie zu stehlen als von der Peripherie. Ferner ist bei den Lachmöwen die gute Synchronisation der Eiablage ein Schutz vor Räubern. Durch die gleiche Legezeit wird der »Markt« für den Raubfeind gewissermaßen überschwemmt, das Überangebot schützt (I. J. Patterson nach N. Tinbergen 1965).

Um zu illustrieren, welche Vielfalt von Brutfürsorgehandlungen selbst innerhalb einer im übrigen recht einheitlichen Gruppe der Froschlurche entwickelt wurde, seien hier einige brutpflegende Frösche angeführt (Abb. 15.34 und 15.35). Weitere Literatur bei W. Klingelhöffer (1956), R. Mertens (1959) und H. u. L. Zimmermann (1981). Bei der mitteleuropäischen Geburtshelferkröte *(Alytes obstetricans)* übernimmt das Männchen die Laichschnüre vom Weibchen und trägt sie um die Beine gewickelt mit sich herum, bis die Larven in den Eihüllen zappeln. Dann sucht die Geburtshelferkröte ein Gewässer auf, und die Larven schlüpfen. Auf diese Weise schützt sie den Laich vor den zahlreichen Räubern der Gewässer. Beim mittelamerikanischen Baumsteiger *(Dendrobates auratus)* werden die Eier auf ein Blatt außerhalb des Gewässers abgelegt. Das Männchen bewacht sie und setzt sich schließlich zu den freigewordenen Kaulquappen, die dann aktiv den Rücken des Vaters besteigen, sich dort festsaugen und so zum nächsten Tümpel transportiert werden.

Bei *Dendrobates histrionicus* übernimmt das Weibchen die Brutfürsorge. Es befeuchtet und bewacht zunächst das Gelege. Ist dieses geschlüpft, dann setzt es sich über die Larven und wartet, bis einige auf ihren

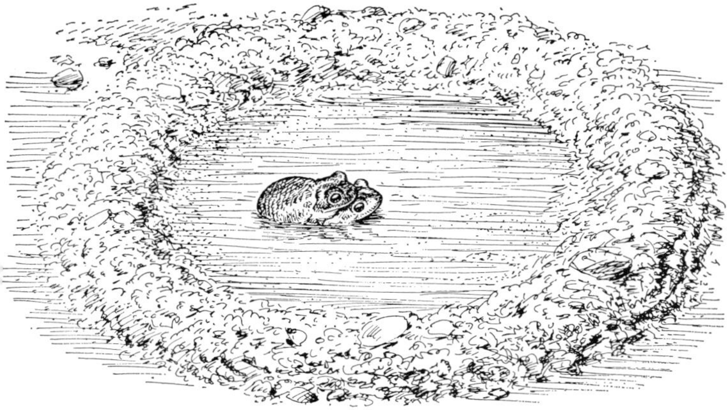

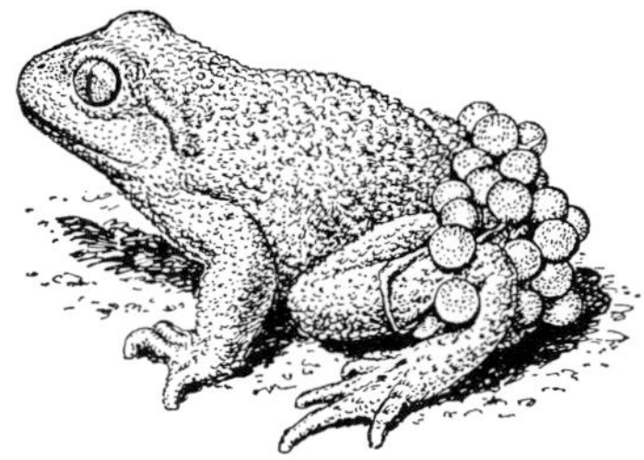

15.34 Brutpflegende Frösche: Geburtshelferkröte (oben rechts); darunter: Schüsselrückenlaubfrosch; daneben: Kolbenfußpaar in dem aus Schlamm gebauten Bassin, das das Gelege vor Raubfischen schützt. Nach Aufnahmen gezeichnet von H. KACHER

Rücken kriechen. Mit diesen klettert das Weibchen zu einer Bromeliaceae und setzt die Kaulquappe in einer wassergefüllten Blattachsel ab. Dann holt sie die nächste Larve, die sie in eine andere Blattachsel absetzt. So verteilt sie die Kaulquappen auf die verschiedenen »Kleinstgewässer«. Drei Tage danach beginnt sie, die Kaulquappen zu füttern, indem sie in jede Blattachsel einige unbefruchtete Nähreier legt. Sie wiederholt das in Abständen von einigen Tagen (H. und L. ZIMMERMANN 1981, 1982, 1985).

Der Kolbenfuß *(Hyla faber)* des tropischen Südamerika baut am Rande der Tümpel flache Brutbassins, indem er den Schlamm zu Ringwällen aufwirft. In diesen kleinen Bassins laicht er ab. Die Larven werden später bei steigendem Wasserstand befreit. Beim chilenischen Nasenfrosch *(Rhi-*

15.35 Männchen von *Phyllobates terribilis* beim Jungentransport. Vier Kaulquappen haben sich auf seinem Rücken festgesaugt. Foto: H. ZIMMERMANN

noderma darwini) bewachen die Männchen die an Land abgelegten Eier. Sobald die Larven in den Eihüllen zappeln, schnappen die Männchen sie auf und tragen sie bis zur Verwandlung im reichdurchbluteten Kehlsack. *Rheobatrachus- silus*-Weibchen schlucken ihre Eier nach der Besamung. Die Larven entwickeln sich in dem zu einer Art Uterus umgewandelten Magen bis zum fertigen Frosch. Die fertigen Jungfrösche werden ausgespuckt (M. J. Tyler und D. B. Carter 1981). In wabenartigen Wucherungen der Rückenhaut entwickeln sich die Eier der südamerikanischen Wabenkröte *(Pipa americana)* bis zur Verwandlung. In Bruttaschen am Rücken schützen die Beutelfrösche *(Nototrema)* ihr Gelege, und der Schüsselrückenlaubfrosch *(Hyla goeldii)* trägt es frei in einer schüsselartigen Vertiefung auf dem Rücken. Viele Froscharten legen ihre Eier schließlich in Schaumnester ab, die sie an übers Wasser hängenden Pflanzen befestigen, so daß die frisch geschlüpften Kaulquappen in den Tümpel fallen; so z. B. der graue Baumfrosch Afrikas *(Chiromantis xerampelina)*, dessen Weibchen auch das Schaumnest bis zum Schlüpfen der Larven umklammert hält und es dadurch vor allzu großer Austrocknung bewahrt. Beim Pfeiffrosch *(Leptodactylus labialis)* werden die Schaumnester in selbstgegrabenen Höhlen der Uferböschung abgelegt und die Larven durch das während der Regenzeit steigende Wasser schließlich befreit. Eine vergleichbare Vielzahl an Brutpflegehandlungen beobachten wir in vielen anderen Tiergruppen, man denke nur an die faszinierenden Anpassungen der Insekten. Wir wollen es mit den angeführten Beispielen aus der Gruppe der Froschlurche bewenden lassen. Daß diese so einheitliche Gruppe bereits so verschiedenartige Brutpflegemaßnahmen entwickelte, weist ja eindringlich genug darauf hin, was an reizvollen Anpassungen in anderen Tiergruppen zu erwarten ist.

Der Artfremde tritt schließlich sehr oft als mächtiger Konkurrent auf und erzwingt die verschiedensten Anpassungen seitens der Bedrängten. Auf den Galápagos-Inseln haben sich die Fregattvögel (vor allem *Fregata minor*) darauf spezialisiert, Seevögeln ihre Nahrung abzujagen. Sie kreisen über den Meeresbuchten und warten, bis sie irgendwo einen fischenden Tölpel oder einen anderen Seevogel erspähen. Dann stürzen sie sich auf diesen, bedrängen ihn in der Luft so lange mit Schnabelhieben, bis er seine Beute auswürgt, die sie dann geschickt erhaschen. Einmal sah ich, wie ein Tropikvogel von einem Fregattvogel erschlagen wurde. Diese starke räuberische Konkurrenz hat wohl zur Folge, daß die Gabelschwanzmöwe *(Creagrus furcatus)* nur nachts fischt. Die tagsüber fischende Möwe *Larus fuliginosus* ist durch ein graues Gefieder gut sichtgetarnt, was ich ebenfalls als eine Anpassung an die konkurrierenden Fregattvögel deute. In diesem Zusammenhang ist schließlich bemerkenswert, daß auf Galápagos die Rotfußtölpel *(Sula piscator websteri)* zu einem erheblichen Prozentsatz auch als Erwachsene ein dem Jugendgefieder sehr ähnliches braunes Federkleid tragen.

Die Konkurrenz mit anderen Arten erzwingt schließlich Verhaltensanpassungen in den verschiedensten Bereichen. Wir erwähnten die Spezialisierungen im Ernährungsverhalten der Darwinfinken. Dazu noch ein weiteres Beispiel aus einem anderen Funktionskreis: Maskentölpel *(Sula dactylatra granti)* und Rotfußtölpel *(Sula piscator websteri)*, die auf den Galápagos-Inseln nebeneinander vorkommen, haben verschiedene Brutgewohnheiten. Der Maskentölpel brütet auf dem Boden, der Rotfußtölpel auf Bäumen (Abb. 15.36).

Besondere Abwehrmaßnahmen erfordern die Parasiten. Grasfrösche, Erdkröten und Alpenmolche befreien sich von festgesaugten Pferdeegeln, indem sie sich in die Sonne setzen, was der Egel nicht verträgt. Von Parasiten befallene Fische lassen sich von Putzern (S. 500) säubern. Bei den Blattschneiderameisen *(Atta cephalotes)* schützen die kleinen Minima-Arbeiterinnen die großen Arbeiterinnen vor den Angriffen parasitischer Fliegen aus der Gruppe der *Phoridae*. Während die großen Arbeiterinnen die Blätter schneiden und dann wehrlos sind, stellen sich die Minima-Arbeiterinnen mit offenen Mandibeln um sie auf und schnappen nach den sich nähernden Fliegen. Sie reiten auch als Wächter auf den abgeschnittenen Blattstücken mit nach Hause (I. und E. EIBL-EIBESFELDT 1967).

15.2.4 Symbiosen

Im deutschen Fachschrifttum spricht man im allgemeinen dann von Symbiose, wenn zwei Tierarten sich zu beiderseitigem Vorteil zusammen-

15.36 Maskentölpel (Bodenbrüter) und Rotfußtölpel (Baumbrüter). Foto: I. EIBL-EIBESFELDT (Galápagos)

15.37 Sich am Rücken eines Haies scheuernde Regenbogenmakrelen. Foto: I. EIBL-EIBESFELDT (Malediven)

schließen. Profitiert nur eine davon, ohne daß die andere deswegen Schaden erleidet, spricht man von Kommensalismus. Im englischen Schrifttum heißt das, was wir Symbiose nennen, Mutualismus; der Begriff Symbiose dient als Oberbegriff für die Erscheinungen des Parasitismus, Kommensalismus und Mutualismus.

Ausgangspunkt sowohl parasitischer wie symbiotischer Partnerschaften ist sicher oft ein Kommensalismus. Viele Hochseefische suchen in der Nähe von großen Fischen Schutz. So beobachtete ich in der Karibischen See die Stachelmakrelen *Caranx ruber*, die Pfeilhechte *(Sphyraena barracuda)* begleiteten. Sie schwammen knapp über deren Rücken oder unter deren Bauch und machten jede Wendung der Pfeilhechte mit. Bei der Cocos-Insel beobachtete ich *Caranx chrysos* als Begleitfisch von Haien und Rochen und im Indischen Ozean eine ganz nah verwandte Stachelmakrele als Begleiter des riesigen Lippfisches *Cheilinus undulatus*. Auch die Regenbogenmakrele *(Elagatis bipinnulatus)* ist gelegentlich ein Begleiter von Haien und anderen Großfischen. Sie ist dort vor Verfolgern geschützter als allein im freien Wasser. Gelegentlich scheuern sie sich an der Haut der Haie (Abb. 15.37), die im übrigen keinerlei Vorteil von den Begleitern haben. Aus solchen nur losen fakultativen Vergesellschaftungen entwikkelten sich sicher die obligatorischen Begleitfische. Lotsenfische *(Naucrates ductor* L.*)* sieht man fast nie allein. Nach unseren Beobachtungen verhalten sie sich verschieden, je nachdem, ob sie räuberische Haie oder Riesenrochen *(Manta)* und harmlose Walhaie *(Rhincodon)* begleiten. Bei räuberischen Arten schwammen die Lotsenfische meist in der Höhe der Rücken- und Bauchflossen, nur kurze Zeit dagegen auch vor deren Maul, als sie den Hai überholten und zum Taucher hinschwammen, den sie umkreisten. Walhaie und Mantas begleitende Lotsenfische schwammen dagegen vor deren Maul, in das sie bei Gefahr flüchteten (Abb. 15.38 und 15.39). H. HASS (1954) beobachtete, daß die Lotsenfische das Maul der Mantas säubern. Damit hat sich bereits eine Partnerschaft zu beiderseitigem Vorteil herausgebildet. Auch die Schiffshalter *(Echeneis)* putzen ihre Haie.

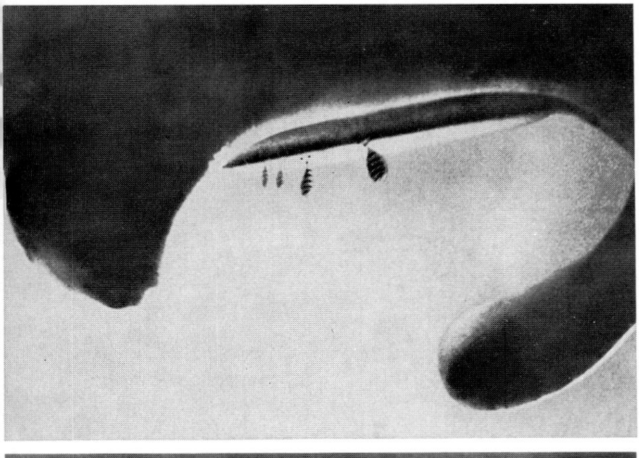

15.38 Manta mit Lotsenfischen. Foto: H. HASS (Rotes Meer)

15.39 Hai mit Lotsenfischen. Foto: H. HASS (Azoren)

Bei echten Symbiosen entwickelten sich zwischen den Symbionten Signale im Dienst der Kommunikation. Sie wurden bei den »Putzsymbiosen« (I. EIBL-EIBESFELDT 1955) genauer untersucht. Wir erwähnten den Putzertanz sowie die Aufforderungs- und Ablehnungsgesten der Kunden, die oft sogar die Farbe wechseln, wenn sie geputzt werden. *Naso tapeinosoma* wird z. B. hellblau, wenn ihn einer putzt. Dann heben sich die Parasiten deutlich von der Unterlage ab. Während des Putzens betrillert der Putzer seinen Wirt mit den Bauchflossen; er teilt ihm auf diese Weise mit, wo er tätig ist, und der Wirt richtet sich danach: Er hält die Flossen still, die gerade geputzt werden (Abb. 15.40), richtet sie auf oder öffnet das Maul, wenn der Putzer gegen die Mundwinkel stößt, und gewährt ihm Einlaß. Will er umgekehrt durchatmen, dann zeigt er dies zuerst durch intentionales Maulschließen an, und der Putzer verläßt dann die Mundhöhle (S. 270). Weitere vorwarnende Bewegungen sind das Kiemendeckelklappen und Körperschütteln des Wirtsfisches. Diese Verhaltensweisen haben sich in Konvergenz bei den verschiedensten Fischen entwickelt.

G. LOSEY (1971) fand, daß der taktilen Reizung des Wirtes durch den Putzer besondere Bedeutung zukommt. Sie wirkt verstärkend auf die Beziehung, da sie offenbar positiv empfunden wird. In vielen Fällen lernt der Wirt erst dadurch den Putzer kennen und merkt sich sein Aussehen. Der Putzerlippfisch *(Labroides dimidiatus)* putzt seine verschiedenen Wirte mit verschiedenen Techniken und zeigt für bestimmte Wirtsarten deutliche Präferenzen. Junge Putzerlippfische bewohnen andere Riffbezirke als Erwachsene (G. W. POTTS 1973 a). In den Riffen der Malediven beobachtete ich die jungen Putzerlippfische vor allem in Höhlen, wo sie den Putzergarnelen Konkurrenz machten.

Die verschiedenartigsten Fische lassen sich von Putzern säubern: Raubfische in gleicher Weise wie Friedfische und Riffbewohner ebenso wie Fische des freien Wassers. Wir sahen manchmal ganze Fischschwärme aus dem tiefen Blau auftauchen und über einer Putzstation wie auf ein Kommando in Putzaufforderungsstellung kopfabwärts kippen. So warteten sie auf die Putzer, die bald emsig dem Geschäft nachgingen. Nach wenigen

15.40 Putzerlippfisch *(Labroides dimidiatus)*, einen Rotzahndrückerfisch *(Odonus niger)* säubernd. Foto: I. EIBL-EIBESFELDT

Minuten verschwand der Fischschwarm dann wieder in den Meeresabgründen.

Selbst Mantas besuchen Putzstationen im Korallenriff, um sich dort säubern zu lassen (Abb. 15.41). In einem Riffkanal des Addu-Atolls (Malediven) sahen wir in 15 m Tiefe vier Mantas einen Korallenfelsen langsam umkreisen. Sie wurden unterdessen von zahlreichen Lippfischen *(Labroides dimidiatus* und *Thalassoma sp.)* geputzt. Sie öffneten ihre Kiemenspalten und gewährten den Putzern Einlaß.

Die Putzer spielen im Leben der Riff-Fische eine außerordentlich große Rolle. Wie wichtig sie für das Wohlergehen der Fische sind, hat C. LIMBAUGH (1961) nachgewiesen. Er fing von zwei Riffen der Bahamas alle Putzer weg. Daraufhin wanderte ein großer Teil der Riff-Fische ab, und von den übriggebliebenen zeigten viele nach zwei Wochen Haut- und Flossenschäden. Erst nachdem neue Putzer zugewandert waren, kamen wieder Kunden. Ein Putzer wird in sechs Stunden von über 300 Kunden verschiedenster Arten besucht.

Auch E. S. HOBSON (1971), der vor der kalifornischen Küste beobachtete, stellte fest, daß die Putzer – hier ganz andere Arten als bei den Bahamas – den Parasitenbefall der geputzten Fische deutlich reduzieren. Die Tatsache, daß Putzer und Wirte im Verhalten so gut aufeinander abgestimmt handeln, also kommunizieren, belegt die Bedeutung des Phä-

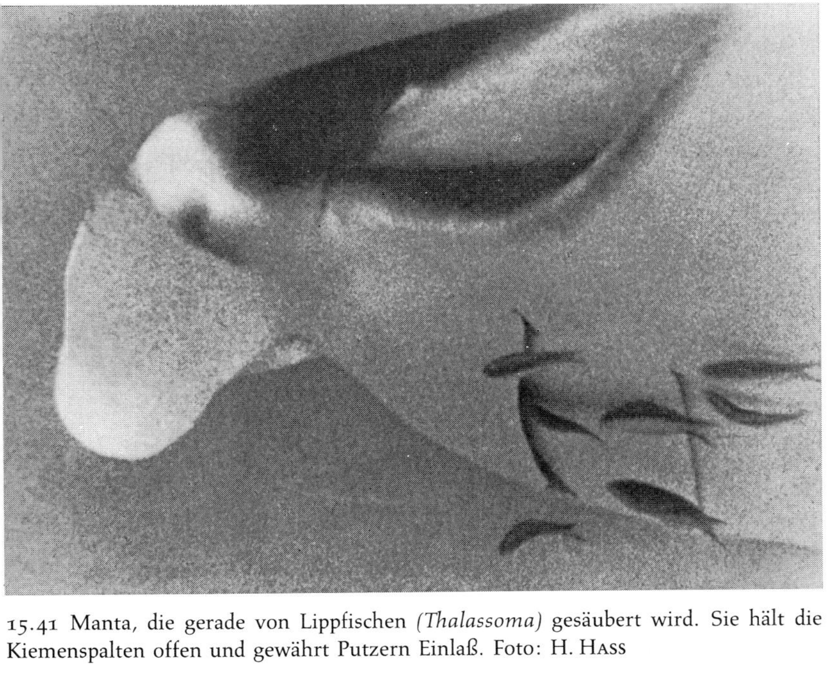

15.41 Manta, die gerade von Lippfischen *(Thalassoma)* gesäubert wird. Sie hält die Kiemenspalten offen und gewährt Putzern Einlaß. Foto: H. HASS nomens, denn um solche differenzierten Verständigungsweisen zu entwickeln, bedarf es eines Selektionsdruckes. Bei vielen Riff-Fischen entwikkelte sich sogar eine ausgesprochene Appetenz, sich putzen zu lassen. Im Aquarium gehaltene Riffbarsche und Schmetterlingsfische der verschiedensten Arten, die völlig parasitenfrei waren, drängen sich um Putzerlippfische *(Labroides dimidiatus)*, als sie von ihnen einige Zeit getrennt waren. Die ökologische Bedeutung mag jedoch gebietsweise wechseln (G. LOSEY 1974).

In den Riffen der Malediven beobachteten wir Putzstationen, an denen sich die Wirtsfische gelegentlich geradezu danach drängten, geputzt zu werden. Dicklippen, Barsche, Seebader und viele andere warteten dort darauf, an die Reihe zu kommen. Und so unverträglich sie an anderen Orten waren, so friedfertig verhielten sie sich hier. Die Putzstation war gewissermaßen eine Barbierstube im Riff, Allgemeinbesitz und damit neutraler Grund.

Putzsymbiosen hat man mittlerweile in den verschiedensten Meeresgebieten beobachtet, auch im Mittelmeer und in der Nordsee (G. und H. v. WAHLERT 1962, G. W. POOTS 1973). Nicht überall sind die Fische gleich gut auf dieses Gewerbe spezialisiert.

Im indopazifischen Bereich, wo vor allem die Putzerlippfische der Gattung *Labroides* tätig sind, findet man relativ wenig andere Putzer. Im tropischen Atlantik gibt es dagegen eine Vielzahl verschiedener Fische, die gelegentlich oder regelmäßig andere putzen. Bei Bonaire (Karibische See) beobachteten wir 1955 *Elacatinus* oceanops (Gobiidae)*, *Gramma hemichrysos (Hemichromidae)*, *Thalassoma bifasciatum* und *Bodianus rufus (Labridae)* und *Anisotremus virginicus (Haemulidae)*; bei den Bermudas *Chaetodon striatus (Chaetodontidae)* und *Abudefduf saxatilis (Pomacentridae)*. Es sieht so aus, als wäre die ökologische Nische des Putzers dort noch nicht fest besetzt und als würden noch mehrere Arten um diese Planstelle wetteifern. Die am meisten als Putzer spezialisierte Art ist die Neongrundel *(Elacatinus oceanops)*, welche im Farbkleid dem Putzerlippfisch *(Labroides dimidiatus)* ganz erstaunlich ähnelt. Nur diese Art schwimmt auch in das Maul der großen Zackenbarsche, um zu säubern (I. EIBL-EIBESFELDT 1955). Die verschiedene, fortgeschrittene Spezialisierung der karibischen Grundeln und Lippfische als Putzer bestätigten G. H. DARCY, E. MAISEL und C. OGDEN (1974). Sie fanden in Aquarienversuchen, daß *Thalassoma bifasciatum* ihre Putzaktivitäten nur auf Friedfische beschränken. Fischfresser meiden sie aus guten Grund. Sie nehmen die Lippfische gerne als Beute. Die Putzergrundeln werden dagegen von ihnen als Putzer erkannt und nicht gefressen (Abb. 15.42).

---

* Der Gattungsname *Gobiosoma* ist ebenfalls gebräuchlich.

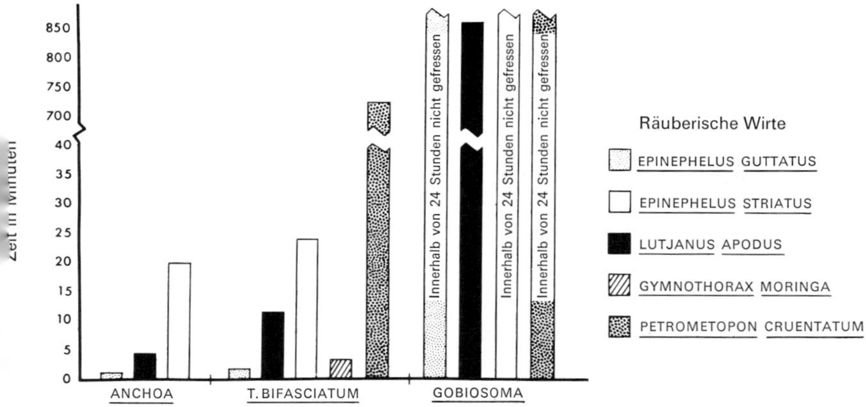

15.42 Die Ergebnisse von Aquarienversuchen, die anzeigen, wie lange es dauerte, bis eine mit einem fischfressenden Raubfisch zusammengesperrte Sardelle und ein Lippfisch *(Thalassoma bifasciatum)* gefressen wurden. Vier Raubfischarten wurden geprüft. Ebenfalls zugesetzte Putzergrundeln *(Gobiosoma = Elacatinus)* wurden nicht gefressen. Aus G. H. DARCY, E. MAISEL und J. C. OGDEN (1974)

Seit der ersten Beschreibung der Putzsymbiosen (I. EIBL-EIBESFELDT 1955) sind viele Arbeiten zu diesem Thema erschienen (Übersichten bei H. M. FEDER 1966, G. S. LOSEY 1974a, 1978). Die Arbeiten bestätigen, daß Wirt und Putzer über Signale kommunizieren (G. S. LOSEY 1971) und daß dem Putzen eine ökologische Bedeutung zuzuschreiben ist, die allerdings nach Gebieten wechselt (G. S. LOSEY 1972, 1974a, D. L. GORLICK und Mitarbeiter 1978). Auch dem Putzernachahmer (*Aspidontus taeniatus*, S. 278) wurde weiter Aufmerksamkeit gewidmet. Daß er als Nachahmer von *Labroides dimidiatus* auftritt, wurde bestätigt. T. KUWAMURA (1983) meint allerdings, er profitiere dabei in erster Linie vom Schutz des Vorbildes vor Raubfischen. Das mag nach Gebieten wechseln. In manchen Riffen ist der Putzernachahmer so zahlreich, daß die Wirtsfische sehr schnell Vorbild und Nachahmer zu unterscheiden lernen (G. S. LOSEY 1974b). Dann erweist sich die Tarnung des Nachahmers für den Nahrungserwerb als unwirksam. Er kommt nicht unerkannt an Opfer heran, muß daher seine Strategien wechseln und z. B. als Laichräuber auftreten.

Nicht nur Fische sind als Putzer tätig. Verschiedene Garnelen der Gattungen *Stenopus* und *Periclimenes* sind als Putzer von Fischen bekanntgeworden. Durch Winken mit ihren langen Antennen erregen sie die Aufmerksamkeit ihrer Kunden. *Periclimenes pedersoni* besteigt die Fische und kriecht unter deren Kiemendeckel oder in deren Maul, wozu die Fische einladen. Erschreckt spucken die Fische die Putzergarnele aus oder warnen sie, bevor sie weiterschwimmen. Die Putzergarnelen beseitigen auch unter der Haut liegende Parasiten (C. LIMBAUGH, H. PEDERSON und F. A. CHACE 1961; Abb. 15.43).

15.43 Putzergarnelen *(Lysmata californica)*, eine Muräne säubernd. Man sieht die hellen parasitischen Copepoden mit den paarigen Eisäcken auf Schnauze und Kinn der Muräne. Foto: A. GIDDINGS, Courtesy National Geographic Magazine

Auf einer kubanischen Insel beobachtete D. KÜHLMANN (1966), wie Zahnkarpfen *(Gambusia)* das Maul eines Spitzkrokodils putzten.

An Land gibt es den Putzsymbiosen durchaus Vergleichbares. Vom Krokodilwächter *(Pluvianus aegyptius)* berichtet schon Herodot, daß er in das Maul der Krokodile schlüpfe und Egel fresse. Genau hat man diese Symbiose nicht untersucht. Ebensowenig weiß man Näheres über die Madenhacker *(Buphagus africanus)*, jene wie Kleinspechte auf Großtieren umherkletternden Starverwandten, die Dasselbeulen aufhacken und die das Großwild peinigenden Insekten und deren Larven verzehren. Sie sind darauf spezialisiert und möglicherweise gelegentlich auch selbst Parasiten. Ich beobachtete in Ostafrika (Amboseli), wie sie bei Nashörnern und in Südafrika (Krüger Nationalpark) bei Giraffen Wunden aufhackten und das Blut, ja sogar den Nasenschleim tranken. Der Nutzen dürfte aber den Schaden überwiegen. Ob die beiden Arten sich irgendwie, vergleichbar der Art der Putzerfische, verständigen, ist nicht bekannt. Eine eigene Zufallsbeobachtung weist in diese Richtung. Ein Madenhacker, der im Amboseli-Nationalpark an einer von Dasseln befallenen Hautstelle eines Nashorns arbeitete, wurde wiederholt dadurch gestört, daß sich das Nashorn auf die Seite wälzte. Nachdem es wieder aufgestanden war, zeterte der Vogel mit schnellen Rufen, ehe er wieder auf das Tier flog. Und so rief er, bereits auf dem Nashorn sitzend, noch eine Weile, bevor er sich an die Wundstelle begab. Das Nashorn wälzte sich danach nicht mehr. Zebras stellen sich breitbeinig auf, lüften den Schwanz und lassen die Ohren hängen, so daß die Madenhacker auch an verborgenen Stellen die Zecken erreichen können (H. KLINGEL 1967).

Die Madenhacker sind bereits völlig von ihren Wirten abhängig. Es gibt jedoch eine ganze Reihe von gelegentlichen und lockeren Vergesellschaftungen, die Modelle für die Entstehung solcher Putzsymbiosen abgeben. Unsere Stare *(Sturnus vulgaris)* sieht man sehr häufig in der Nähe von Weidevieh Insekten fangen. Bachstelzen sieht man gelegentlich auf Schweinen nach Insekten jagen. Die Kuhreiher *(Ardeola ibis)*, die so häufig auf Elefanten reiten, sind in erster Linie hinter den von den Großtieren beim Weiden aufgestöberten Insekten her.

Auf den Galápagos-Inseln betätigen sich der kleine und etwas weniger häufig auch der mittlere Grundfink *(Geospiza fuliginosa* und *G. fortis)* als Putzer der Meerechsen, Landleguane und Schildkröten. Die Landleguane und Schildkröten nehmen oft bereits beim Ansichtigwerden des Finken eine Putzaufforderungsstellung ein: Sie stellen sich hochbeinig (Stelzenstellung) auf, die Schildkröten strecken auch ihren Hals weit vor, so daß die Finken alle Hautfalten absuchen können (C. MacFarland und W. G. Reeder 1974, I. Eibl-Eibesfeldt 1964, 1977; Abb. 15.44).

Auf den Inseln Wenman und Culpepper des Galápagos-Archipels fängt der Spitzschnäbelige Grundfink *(Geospiza difficilis)* Lausfliegen von den Tölpeln, und er hat wohl bei dieser Gelegenheit gelernt, die Haut um die Federbasis aufzubeißen und den austretenden Blutstropfen seines Wirtes zu trinken (R. I. Bowman und S. C. Billeb 1965; Tafel IX).

Die Partner können einander sehr verschiedene Vorteile bieten, und entsprechend mannigfaltig sind die Erscheinungsformen der Symbiosen. Nachdem wir am Beispiel der Putzsymbiose die reizvollen Einzelheiten partnerschaftlichen Verhaltens erörtert haben, seien einige weitere Beispiele erwähnt. Im Roten Meer und im tropischen Indopazifik leben Riesenanemonen (Gattungen: *Stoichactis, Radianthus, Discosoma*), zwischen deren nesselnden Tentakeln sich ziemlich oft Anemonenfische der Gattungen *Amphiprion* und *Premnas* aufhalten (Abb. 15.45). Die Fische trifft man kaum je ohne Anemone an, und der Vorteil, den der Zusammenschluß ihnen bietet, ist leicht einzusehen: Zwischen den nesselnden Tentakeln der Anemonen sind sie vor Verfolgern gut geschützt. Kein Raubfisch kann sie dort erhaschen, ohne selbst genesselt zu werden.

In einigen Fällen hat man beobachtet, daß die Anemonenfische ihren Wirt säubern: Sie tragen seinen Auswurf weg und fegen Sand von seiner Oberseite (I. Eibl-Eibesfeldt 1960a). Im Aquarium füttern einige Anemonenfische ihre Anemone, doch ist ungewiß, ob sie es auch im Freien tun.

Auf jeden Fall sind die Anemonenfische eindeutig im Vorteil. Wie kommt es nun, daß sie selbst nicht genesselt werden? Hier liegen einander widersprechende Ansichten vor, da verschiedene Autoren verschiedene Arten untersuchten, die in ihrem Verhalten voneinander abweichen.

15.44 Galápagos-Landleguan *(Conolophus subcristatus)*. Bei Annäherung eines Grund-finken geht der Leguan in Stelzenstellung und wird dann vom Finken abgesucht. Aus einem 16-mm-Film, Fotos: I. EIBL-EIBESFELDT

Wir haben bei den Nikobaren mit *Amphiprion akallopisus, A. xanthurus* und *A. percula* experimentiert und gefunden, daß diese Fische durch einen Schutzstoff in der Haut geschützt sind (I. EIBL-EIBESFELDT 1960 a 1964 c). Entfernt man nämlich den Hautschleim, dann werden die Fische von ihren Anemonen genesselt und von den Tentakeln festgehalten. Einen intakten Fisch kann man dagegen grob gegen die Tentakeln der Anemone stoßen, ohne daß ihm etwas geschieht. Das gilt auch, wenn der Fisch in atypischer Weise passiv über die Tentakel der Anemone bewegt wird, und widerlegt damit die von anderer Seite vertretene Ansicht, die Anemone erkenne ihren Fisch ganz allgemein an seiner Bewegung. Untersuchungen von D. DAVENPORT und K. NORRIS (1958) sowie auch von M. BLÖSCH (1965) haben ebenfalls bewiesen, daß Anemonenfische einen Schutzstoff besitzen. Es gibt dabei Anemonen, die alle Anemonenfische annehmen, andere, die spezifisch nur eine bestimmte Anemonenfischart tolerieren,

während sie eine andere Art nesseln. Blösch fand schließlich aber auch Anemonen, die zunächst alle Anemonenfische nesselten, sich aber dann allmählich an sie gewöhnten. Aber auch hier gelingt es nur den mit Schutzstoffen versehenen Anemonenfischen, eine anfangs nesselnde Anemone an sich zu gewöhnen.

Der Anemonenfisch *Amphiprion bicinctus* übernimmt aktiv den Schleim der Anemone. Er imprägniert sich gewissermaßen mit ihm und wird damit Teil der Anemonenoberfläche (D. Schlichter 1968). *Amphiprion xanthurus (= A. clarkii)* produziert dagegen den Schutzstoff selbst, und zwar bereits vor dem Kontakt mit seiner Wirtsanemone. K. Miyagawa und T. Hidaka (1980) zogen Anemonenfische dieser Art 17 Tage isoliert auf und erzwangen dann den Kontakt mit Wirtsanemonen und nichtsymbiontischen Anemonen. Die Fische konnten sich unbeschadet in den Wirtsanemonen aufhalten. Von den anderen Anemonen wurden sie

15.45 Der Anemonenfisch *(Amphiprion akallopisus)* zwischen den Tentakeln einer *Radianthus*-Anemone. Foto: I. Eibl-Eibesfeldt

genesselt und getötet. Kontrollversuche zeigten, daß alle Anemonen Fische nesselten und töteten, auch jene, die die Anemonenfische verschonten. In weiteren Versuchen wiesen die Genannten außerdem nach, daß die unerfahrenen Anemonenfische ihre Wirtsanemone auch angeborenermaßen erkannten, und zwar mit Hilfe ihres chemischen Sinnes. Auch wenn sie die Anemonen nicht sehen konnten, weil sie in einem Stoffsack verborgen waren, schwammen sie auf diese zu.

Im Mittelmeer beobachtete E. Abel (1960 a) die Grundel *(Gobius bucchichii)* als »Anemonenfisch« der Wachsrose *(Anemonia sulcata)*. Außer den typischen Anemonenfischen gibt es schließlich noch eine Reihe von Fischen, die in der Nähe der Anemonen Schutz suchen, deren nesselnde Tentakel jedoch meiden. Von besonderem Interesse ist z. B. das Verhalten des Riffbarsches *Dascyllus trimaculatus*. Bei den Malediven und den Nikobaren sahen wir die Fische, vor allem Jungtiere, oft in unmittelbarer Nähe der Riesenanemonen, deren Tentakel sie jedoch nicht berührten. Im Roten Meer dagegen beobachteten wir kleine Schwärme von 1–2 cm langen Tieren zwischen den Tentakeln der Anemonen. Hier läßt sich also die Entwicklung zum Anemonenfisch innerhalb einer Art verfolgen.

Mit Anemonen haben sich noch andere Tiere zusammengetan. Bekannt sind die Einsiedlerkrebse der Gattung *Eupagurus*, auf deren Schneckengehäuse man Anemonen findet, die den Krebs schützen (Abb. 15.46 und 15.47). Man hat beobachtet, daß Tintenfische beim Versuch, einen Einsiedlerkrebs zu überfallen, sich nesselten und sofort von ihrem Opfer

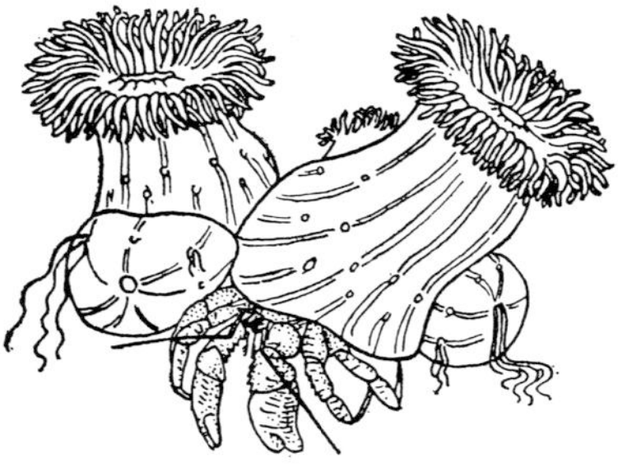

15.46 Der Einsiedlerkrebs *Pagurus arrosor* in Symbiose mit *Calliactis parasitica.*

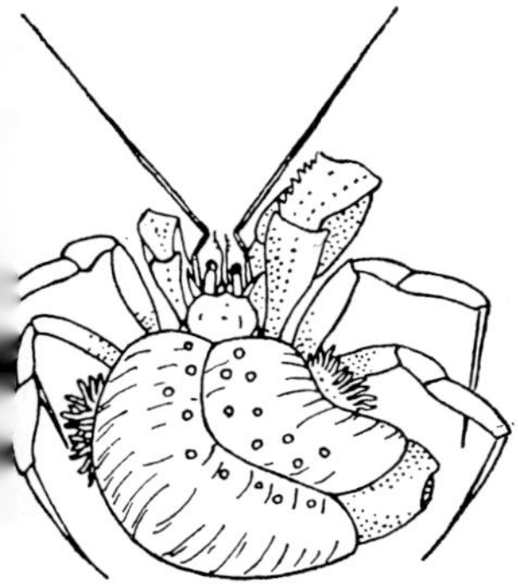

15.47 Der Einsiedlerkrebs *Eupagurus prideauxi* in einer von *Adamsia palliata* überwachsenen Schneckenschale. Nach L. Faurot aus H. Füller (1958)

ıbließen. Aber auch die Anemone dürfte von dem Zusammenschluß profiieren, indem sie z. B. bei der Mahlzeit des Krebses mitfrißt. Auf jeden Fall zeigt auch sie sich deutlich an den Krebs angepaßt. Die Initiative, auf Schneckengehäuse von Einsiedlern zu kriechen, dürfte sogar ursprünglich von den Anemonen ausgegangen sein. Bei England erklettert die Anemone *(Calliactis = Sagartia parasitica)* ohne weitere Hilfe seitens des Einsiedlerkrebses *(Eupagurus bernhardus)* das Schneckengehäuse (D. M. Ross 1960). Eine genauere Untersuchung des Anemonenverhaltens zeigte, daß die klassische Auffassung der Nesselzellen als unabhängige Effektoren nicht ganz zutreffend ist. Sitzt die Anemone auf dem Meeresboden und berührt sie die hornige Außenschicht einer Schneckenschale, erkunden ihre Tentakel die Schale sehr aktiv, und viele kleben durch Entladung der Nesselzellen daran fest. Die Anemone löst sich dann von der Unterlage ab und besteigt das Schneckengehäuse. Hat sie dort einmal Fuß gefaßt, ändert sich ihr Verhalten. Die Tentakel bleiben nicht mehr kleben, wenn man sie mit einem Stück einer Schneckenschale berührt. Die Entladungsschwelle der Nesselkapseln wechselt also je nach der Unterlage, auf der die Anemone sitzt (D. Davenport, D. M. Ross und L. Sutton 1961).

Im Mittelmeer hilft der Einsiedlerkrebs *Pagurus arrosor* seiner Anemone *(Calliactis parasitica)* beim Besteigen der Schneckenschale. Stößt der umherwandernde Krebs auf eine festsitzende Anemone, so versucht er zunächst, sie von der Unterlage abzulösen, indem er sie mit den Scheren und den ersten Schreitbeinen beklopft und bestreicht, worauf sich die zusammengezogene Anemonenrose entfaltet und schließlich vom Stein ablösen läßt. Ohne dieses »Einverständnis« der Anemone kann ein Ablösen nie gelingen, da die Fußscheibe sehr fest an der Unterlage haftet. Die abgelöste Anemone klebt mit den Tentakeln am Schneckengehäuse fest und krümmt sich allmählich U-förmig, bis auch die Fußscheibe am Gehäuse Halt findet. Übersiedelt der Krebs in eine neue Schale, nimmt er die Anemone mit (F. Brock 1927).

Die beiden bisher genannten Fälle illustrieren zwei Entwicklungsstufen dieser zwischenartlichen Beziehung, da bei der erstgenannten Vergesellschaftung der Krebs noch relativ unbeteiligt erscheint, bei der zweiten jedoch deutliche Anpassungen im Verhalten an den Symbionten zeigt. Immerhin können beide noch ohne einander auskommen. Bei dem Krebs *Eupagurus prideauxi* und der Anemone *Adamsia palliata* ist die Beziehung dagegen so eng, daß die Anemone ohne den Krebs nicht leben kann. Man findet die erwachsenen Partner nie allein. Die Anemone setzt sich unter der Mundöffnung des Krebses an der Schale fest, die sie mit der Fußscheibe allmählich umwächst. Dabei scheidet sie über der Mündung des Schneckengehäuses eine hornige Substanz aus und bewirkt auf diese Weise, daß das Schneckengehäuse größer wird. Damit verhindert sie ein öfteres Übersiedeln ihres Krebses, auf den sie als Ernährer angewiesen ist. Weiteres über Symbiosen mit Nesseltieren bei H. Füller (1958).

So gibt es Schutz- und Trutzbündnisse der verschiedensten Art. Eine kleine Koralle, die den Sand bewohnt *(Heteropsammia)*, kann nur mit Hilfe eines Sternwurms *(Aspidosiphon)*, der an der Basis ihres Kalkskelettes wohnt, existieren. Der Wurm bewegt die Koralle über den Sand, verhindert, daß sie einsinkt, und richtet sie auch auf, wenn sie umfällt. Umgekehrt genießt der Wurm den Schutz der Koralle (H. Feustel 1966). Mit Garnelen der Gattung *Alpheus* haben sich verschiedene Grundeln *(Cryptocentrus lutheri* u. a.*)* zusammengeschlossen. Die Garnele schaufelt der Grundel im Sand einen Bau, die Grundel bewacht sie dafür (W. Luther 1958, W. Klausewitz 1961; Abb. 15.48). Die Grundel warnt bei Gefahr durch schnelle Schläge der Flossen, die die Garnele mit ihren langen Antennen aufnimmt. Außerhalb des Baues hält die Garnele immer Berührungskontakt mit der Grundel. Ohne diesen nimmt sie keine Warn-

a b

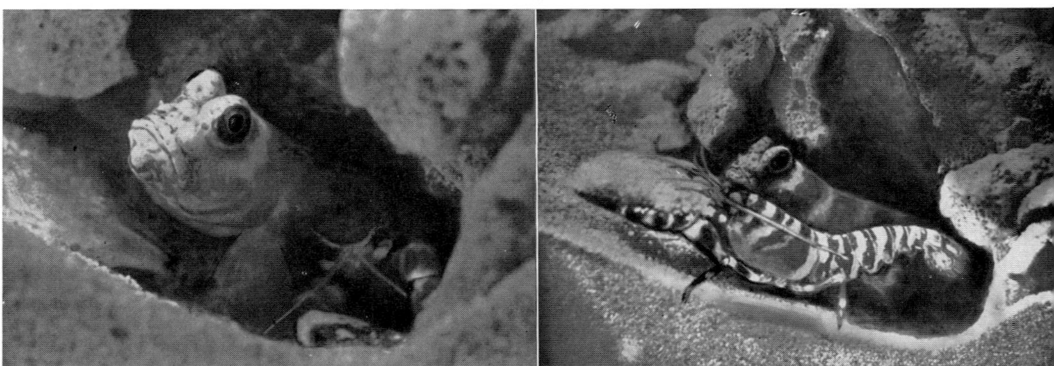

15.48 a) und b): Während die Grundel *Cryptocentrus lutheri* im Baueingang wacht, schaufelt die Garnele *Alpheus djiboutensis* eifrig den Sand aus dem Bau. Foto: W. Luther signale wahr. Die Stärke des Warnens hängt von der Reaktion der Garnele ab. Reagiert sie nicht, verstärkt die Grundel ihre Warnung. Zieht sich die Garnele zurück, nimmt die Warnintensität ab. Ganz offensichtlich handeln die Partner aufeinander abgestimmt (I. Karplus, M. Tsurnamal, R. Szlep und D. Algom 1979; siehe auch J. L. Preston 1978). Kardinalfische suchen Schutz bei Seeigeln, so *Siphamia versicolor* bei *Diadema*-Seeigeln. Die Fische säubern als Gegenleistung ihren Wirt (I. Eibl-Eibesfeldt 1961c; Abb. 15.49). Weitere Beispiele bei E. Abel (1960b) und D. Magnus (1964).

Überaus fesselnd sind die zahlreichen Symbiosen, die man von Insekten kennt. Wir erwähnen hier nur als Beispiel die Symbiosen zwischen Ameisen und Blattläusen. Die Blattläuse scheiden bekanntlich große Mengen zuckerhaltiger Exkremente aus und werden deshalb von den Ameisen besucht, die sie durch Betrommeln mit den Fühlern zur Kotabgabe veranlassen. Das Verhalten der Ameisen gleicht dabei durchaus dem einer Ameise, die einen Artgenossen um Futter anbettelt, und es wurde der Gedanke geäußert, die Blattläuse täuschten mit ihrem runden Hinterleib einen Ameisenkopf vor, zumal sie die Hinterbeine wie Fühler hochheben (Abb. 15.50). Die Verbindung zwischen Ameise und Blattlaus kann sehr eng sein. Die Blattläuse *Lachnus taeniatoides, Anuraphis farfarae, Pemphigus caerulescens* und die *Stomachis*-Arten können ohne Hilfe der Ameisen ihren Kot nicht mehr vom Körper entfernen, da ihn ein um die Analgegend liegender Haarkranz für diese zurückhält. Diese Blattläuse werden von ihren Ameisen nicht allein vor Feinden geschützt, sondern auch wie Nutzvieh gehegt und gepflegt. Die Ameisen überdachen deren Aufenthaltsorte mit Erdgewölben und bringen sie ebenso wie die Wintereier in die tiefergelegenen Teile des Baues zum Überwintern. Im Frühjahr

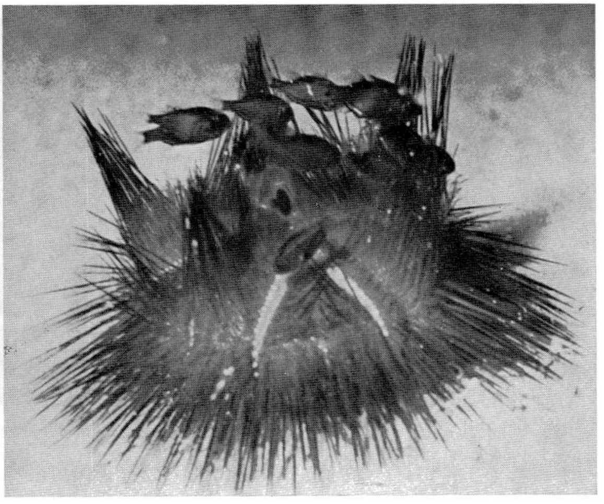

15.49 Seeigelfische *(Siphamia versicolor)* zwischen den Stacheln eines *Diadema*-Seeigels. Foto: I. Eibl-Eibesfeldt (Nikobaren)

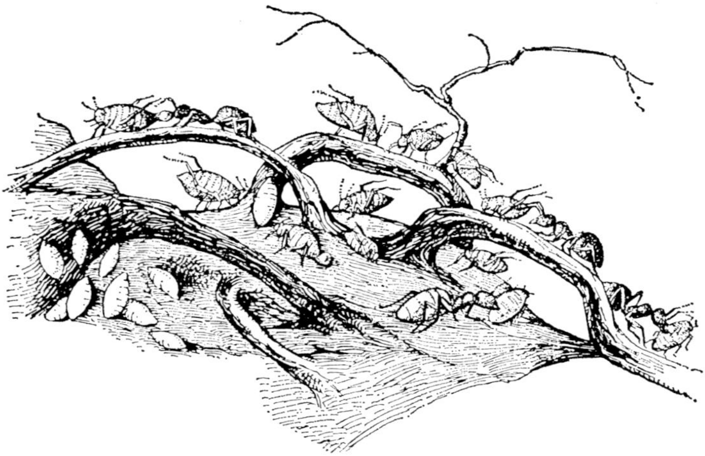

15.50 Die Stallhaltung der Pflanzenlaus *Tramaradicis* auf *Artemisia*-Wurzeln durch *Lasius umbratus*. Nach A. FOREL

werden die auskriechenden Larven auf die Nährpflanzen gebracht, in kalten Nächten jedoch wieder geborgen. Auch die Ameisen sind gelegentlich auf die Blattläuse angewiesen, so *Lasius brunneus*, die ausschließlich vom Blattlauskot der *Stomachis*-Arten lebt. Auf die Symbiosen zwischen Insekten und Blumen wollen wir hier nur hinweisen.

15.2.5 Parasitismus

Die verschiedenartigen Beziehungen zwischen Parasiten und ihren Wirten beinhalten auch für den Verhaltensforscher eine Reihe ganz besonders reizvoller Probleme, unter anderem jene der Wirtsfindung, der Wirtswahl und der Abwehrreaktionen des Wirtes (G. OSCHE 1962, 1966). Wir erörterten bereits, wie die brutparasitischen Witwenvögel ihre Wirtsart mimen und die Larven gewisser Leberegel durch Signalfälschung in ihren Endwirt gelangen, während die Zerkarien des Lanzettegels das Verhalten der Ameisen so ändern, daß diese sich an den Enden von Grashalmen festbeißen, so daß sie von den Schafen als Endwirt leicht aufgenommen werden (S. 362). Auch Kratzer *(Acanthocephala)* verändern das Verhalten der Zwischenwirte so, daß sie leicht von ihrem Endwirt erbeutet werden (J. MOORE 1984). Die Zwischenwirte zeigen z. B. größere motorische Unruhe, verlassen ihre Verstecke und streben dem Licht oder der Wasseroberfläche zu.

Zwischen Symbionten, Kommensalen, Räubern und Parasiten gibt es Übergänge. Das läßt sich an Ameisen und ihren Gästen gut verfolgen

Schimpansenmalerei. Links: Malerei eines ranghohen Weibchens. Reihenfolge der gebotenen Farben: rot, blau, grün. Das Tier füllte den Raum. Rechts: Malerei eines rangniederen Weibchens. Farbfolge: rot, schwarz, blau, gelb. Das Tier malte übereinander. Foto: I. EIBL-EIBESFELDT (Tierpark Hellabrunn)

Der spitzschnäblige Grundfink (*Geospiza difficilis*) ist der Generalist unter den Darwin-Finken. Auf Wenman zapft er als Vampirfink Tölpeln und anderen Seevögeln das Blut ab (siehe S. 477). Man sieht in a) und b) Finken auf den Schwanzfedern eines Maskentölpels. Er hat die Basis der Federkiele aufgebissen und saugt das austretende Blut. Auf der gleichen Insel betätigt sich der Fink auch als Eiräuber. Er rollt die Eier so lange aus den Nestern, bis sie schließlich zerbrechen, dann schlürft er den Inhalt c) und d). Fotos: F. KÖSTER

b

d

Rituelles Füttern spielt als bindende Verhaltensweise auch bei uns Menschen eine große Rolle. Zum Abschluß des Initiationsrituals der balinesischen Zahnfeilzeremonie (»mapandes«) füttern die Initianten einander. Die Geschwister werden dazu mit einem Schal verbunden und stecken einander abwechselnd Leckerbissen in den Mund. Das soll symbolisch auf die eheliche Partnerschaft vorbereiten, die ja auch auf Freundlichkeit im wechselseitigen Geben und Nehmen basiert. Foto: I. Eibl-Eibesfeldt

(E. Wasmann 1920, 1925, K. Escherich 1906, H. Bischoff 1927, R. Hesse und F. Doflein 1943). Eine Reihe dieser »Gäste« sind echte Räuber (Synechtren), die den Ameisenstaat durch Auffressen der Brut schädigen und den Verfolgungen seitens der Ameisen dadurch entgehen, daß sie sich in schmale Spalten zurückziehen. In diese können ihnen die Wirte nicht folgen. Andere sind so gepanzert und können sich so einrollen, daß sie den Ameisen keine Angriffspunkte bieten. Neben solchen Räubern bevölkern auch harmlose Mitbewohner (Synöken) einen Ameisenbau. Sie fressen nur den Abfall und werden daher geduldet, doch verstehen es einige von ihnen, auch als Mitfresser (Kommensalen) bei der sozialen Fütterung der Ameisen einen Anteil zu bekommen. Das gelingt z. B. dem Silberfischchen *Atelura* (Abb. 15.51). Die Ameisengrille *(Myrmecophila acervorum)* beraubt nahrungbringende Arbeiter und gefütterte Larven. Die Gastameise *Formicoxenus* bettelt Arbeiter an und läßt sich füttern. Echte Ameisengäste (Symphyle) gewähren für Fütterung und Schutz Gegenleistungen in Form besonderer aromatischer Drüsenausscheidungen, die von den Wirtsameisen aufgeleckt werden. Solange den Wirten daraus kein Schaden erwächst, kann man von Symbiose sprechen; oft fügen jedoch solche Symphylen ihren Wirten erheblichen Schaden zu. Die Kurzflügler *Lomechusa strumosa* leben bei den roten Waldameisen *(Formica rufa)*, die sie pflegen und füttern und dafür das aromatische Drüsensekret dieser Kurzflügler aufnehmen (Abb. 15.52). Darüber vernachlässigen sie jedoch weitgehend ihre Brut, die bei starkem Symphylenbefall verkümmert. Außerdem fressen der Gast und seine Larven einen erheblichen Teil der Ameisenlarven.

In anderer Weise wurde die Milbe *Antennophorus* zum Parasiten. Sie sitzt auf der Unterseite des Ameisenkopfes und streicht und kitzelt mit dem fühlerartig vorgestreckten ersten Beinpaar die Kehlregion und die Kopfseiten der Wirtin, bis diese einen Futtertropfen auswürgt, den der Ektoparasit aufleckt (Ch. Janet 1897, zitiert nach K. Escherich 1906; Abb. 15.53). Die Ameisen versuchen oft, aber vergeblich, ihren lebenden Maulkorb abzustreifen. Auf den Ameisenlarven der Gattung *Pachycondyla* sitzt gelegentlich als lebendes Halsband eine Phoridenlarve. Sie frißt mit, wenn die Ameisenlarve gefüttert wird. Ist die dargereichte Nahrung aufgefressen, dann manipuliert die Fliegenlarve das Verhalten der Larve

15.51 Das Silberfischchen *Atelura* nimmt an einer Ameisenfütterung teil. Nach Ch. Janet aus K. Escherich (1906)

15.52 Der als Ameisengast parasitierende Kurzflügler *Atemeles* wird von einer Ameise gefüttert. Nach A. FOREL aus K. ESCHERICH (1906)

ihres Wirtes, indem sie diese in die Haut zwickt, so daß sie unruhig wird und die Aufmerksamkeit der fütternden Arbeiter neuerlich auf sich lenkt (Abb. 15.54).

Sehr merkwürdige Formen zwischenartlicher Vergesellschaftung, bei der eine Art zum Parasiten einer anderen wird, finden wir bei den sklavenhaltenden Ameisen. Das Weibchen dieser Sklavenhalter verzichtet darauf, einen eigenen Staat zu gründen. Findet das Weibchen der roten Waldameise *(Formica rufa)* keinen Bau der eigenen Art, so dringt es in den der verwandten *Formica fusca* ein. Es wird dort adoptiert, wenn keine eigene Königin vorhanden ist. Im Laufe der Zeit wird dann dieser Staat zu einem *Formica-rufa*-Staat. Die befruchtete Königin von *Formica sanguinea* dringt immer in den Bau von *Formica fusca* ein, raubt einige Puppen, die sie gegen ihre Wirtsameisen verteidigt und aufzieht. Die ausschlüpfenden Arbeiter pflegen die artfremde Königin und ihre Brut, und so wächst innerhalb des Wirtsstaates ein *Formica-sanguinea*-Staat heran, der schließlich vom Wirtsstaat adoptiert wird. Da die Wirtsameisen zuletzt auch ihre eigene Königin töten, stirbt der Wirtsstaat aus. Bei Mangel an Arbeitern rauben die *Formica-sanguinea*-Arbeiter *Formica-fusca*-Arbeiter von Nachbarbauten. Auch die amerikanische *Formica rubicunda*, die in *Formica-subserica*-Bauten lebt, holt sich bei Bedarf neue Sklaven. Die Amazonenameisen *(Polyergus)* sind völlig von ihren Sklaven abhängig, da sie mit ihren säbelartigen Mandibeln selbst keine Nahrung verarbeiten können. Sie müssen von ihren Sklaven gefüttert werden, und ihre Hauptbeschäftigung ist der Sklavenraub. Die kleine Ameise *Solenopsis fugax* baut ihre Gänge in den Bau von *Formica rufa*, so daß sie diese der Nahrung berauben kann. Entsprechende Beuteschmarotzer gibt es auch bei höheren Tieren, wir erinnern an die Fregattvögel, z. B. *Fregata minor* der Galápagos-Inseln, die anderen Vögeln ihre Beute abjagen (I. EIBL-EIBESFELDT 1964b).

Die Pelikane der Galápagos-Inseln werden beim Fischen sowohl von

15.53 Die parasitische Milbe *Antennophorus*, die an der Unterseite des Ameisenkopfes *(Lasius)* sitzt und die Ameise durch Kitzeln mit den Beinen zum Futterauswürgen bringt. Nach CH. JANET aus K. ESCHERICH (1906)

Seeschwalben als auch von Kugelfischen bedrängt, die ihnen Beute wegzuschnappen trachten (Abb. 15.55).

Die Anpassungen der Witwenvögel an den Brutparasitismus erwähnten wir bereits. Während diese die Jungen ihrer Wirtsvögel nachahmen, arbeitet der Kuckuck mit einem übernormalen Sperrauslöser und stemmt vorher die Nestgeschwister aus dem Nest. Der Trieb dazu erlischt wenige Tage nach dem Schlüpfen.

Sehr häufig siedeln Tiere zeitlebens oder vorübergehend auf anderen. Einige benützen Tiere fremder Arten regelmäßig als Transportmittel, eine Erscheinung, die man als Phoresie bezeichnet. So beobachtete ich unter der an der Meeresoberfläche treibenden Veilchenschnecke *(Janthina)* als Mitreisenden sehr oft eine ebenso blaue Ruderkrabbe *(Planes minutus)*. Der Bücherskorpion klammert sich gelegentlich an Fliegenbeinen fest und läßt sich an günstige Orte verschleppen. Solche phoresischen Beziehungen können sowohl zu einem symbiotischen als auch zu einem parasitischen Verhältnis führen. Die Larven des Maiwurms *(Meloë)* erklettern die Blüten von Anemonen, Hahnenfuß und Löwenzahn und lauern dort auf Bienen, von denen sie sich in die Nester tragen lassen. Dort verzehren sie deren Larven und Vorräte. Mit diesen ausgewählten Beispielen wollen wir die Besprechung der zwischenartlichen Beziehungen beschließen und uns den innerartlichen Beziehungen zuwenden.

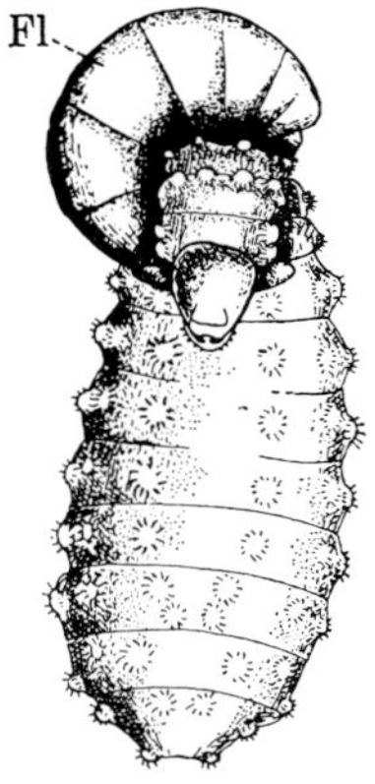

15.54 Eine Phoridenlarve sitzt als lebendes Halsband auf der Ameisenlarve *(Pachycondyla)*. Auch sie versteht es, das Verhalten der Larve zu ihren Gunsten zu steuern (siehe Text).

15.55 Wenn der braune Pelikan der Galápagos-Inseln gefischt hat, bedrängen ihn Kugelfische und Seeschwalben, um ihm etwas davon wegzuschnappen. Aus I. EIBL-EIBESFELDT ([5]1977). Zeichnung: H. KACHER

15.3 Beziehungen zum Artgenossen

Die Beziehungen zum Artgenossen sind bei den meisten vielzelligen Tieren von einander entgegengesetzten Verhaltenstendenzen gekennzeichnet. Zum einen ist der Artgenosse Konkurrent, zum anderen Partner. Die Konkurrenz ergibt sich aus der beschränkten Verfügbarkeit bestimmter lebenswichtiger Ressourcen, aber auch der Geschlechtspartner. Die Selektion förderte die Entwicklung von agonalen (gegnerischen) Verhaltensweisen und Signalen, die bewirken, daß Artgenossen bestimmter Kategorien (z. B. Männchen) einander räumlich oder sozial auf Abstand bringen. Territorialität und Rangordnung sind die Manifestationen dieser Verhaltenstendenzen. In beiden Fällen erwirkt der Dominante den Vortritt zu den umstrittenen Ressourcen.

Der Artgenosse ist jedoch auch Partner. Zur geschlechtlichen Fortpflanzung müssen die Geschlechtspartner ihr Verhalten so aufeinander abstimmen, daß der Austausch der Geschlechtsprodukte möglich wird. Nur wenige Arten sind sozial indifferent in dem Sinne, daß sie keinerlei Kontakt suchen. Solche Tiere treffen sich nicht einmal zur Fortpflanzung. Viele Meerestiere entleeren ihre Geschlechtsprodukte in das sie umgebende Wasser. Sie tun das wohl auch synchronisiert auf einen chemischen Reiz hin, und wenn sie einander auf diese Weise das Signal geben, dann ist dies bereits ein Kontaktnehmen einfachster Art. Viele männliche Bodenarthropoden setzen einfache Samenträger ab, die die Weibchen beim Umherwandern zufällig finden. Die Pinselfüßermännchen *(Polyxenus)* verfertigen eine zusätzliche Signalanlage in Form einer doppelten Fadenstraße, die das Weibchen zu den Spermatophoren führt (F. Schaller 1962).

Besondere motovierende Mechanismen sorgen dafür, daß Tiere auch aus innerem Antrieb den sozialen Kontakt mit Artgenossen erstreben.

Geschlechtspartner suchen einander aktiv auf, Jungtiere streben zu ihrer Mutter und diese aus Brutpflegemotivation und angezogen von bestimmten Signalen zu ihren Jungen. Die Mechanismen, die Partner zueinander führen und beieinander halten, wechseln mit den Arten. Die Nähe des Partners wirkt im Sinne der Befriedigung einer Appetenz nach Ruhe (Sicherheit) für sich befriedigend, als appetenzbefriedigende, abschaltende Reizsituation. Man spricht deshalb auch davon, der Partner besitze für solche Arten »Heimcharakter«. Darüber hinaus erlaubt es der Partner, bestimmte Verhaltensweisen ablaufen zu lassen. Man kann z. B. mit ihm Duettsingen (S. 256), man kann ihn putzen und umgekehrt von ihm geputzt werden.

K. Lorenz meinte, das Triumphgeschrei der Graugänse würde die Paare zusammenbinden: als Endhandlung, die ohne den Partner nicht möglich wäre. Bindende Triebe und andere Bindemechanismen entwickelten sich in verschiedenen Tiergruppen oft unabhängig voneinander, und sie dürften demnach oft verschieden konstruiert sein (W. Wickler 1976).

Die Bindung über in der Brutpflege entwickelte Mechanismen erwies sich in der Evolution als besonders erfolgreich. Sie eröffnete bei den Insekten den Weg zur Eusozialität und ist auch bei höheren Wirbeltieren die Voraussetzung für die Entwicklung höherer Formen der Geselligkeit. Mit der Brutpflege kamen das Instrumentarium zum Freundlichsein und die persönliche Bindung in die Welt, also das, was wir Liebe nennen.

Viele Tiere leben in Gruppen. Aufbau und Größe dieser Gemeinschaften wechseln von Art zu Art, ja, sogar innerhalb einer Art, nach Jahreszeiten (vgl. Stichling, S. 284). Konvergenzen sind zahlreich. Wie es einehige Vögel und Säuger gibt, so gibt es auch einehige Fische. Tiere, die in offenen exponierten Räumen (Steppe, Hochsee) leben, neigen im allgemeinen dazu, sich zu großen Verbänden zusammenzuschließen. Bewohner deckungsreicher Biotope leben dagegen in kleineren Gruppen, doch gibt es überall Ausnahmen, man denke nur an die Hausmaus, die in Großfamilien die an Deckung sicherlich reichen Bauten besiedelt. Über die Vielfalt der sozialen Verbände berichtete P. Deegener (1918) sehr ausführlich. Ausgezeichnete Übersichten finden wir bei W. C. Allee (1938), E. Armstrong (1947), G. P. Baerends (1950), F. Bourliere (1950), I. DeVore (1965), J. Eisenberg (1965, 1981), R. F. Ewer (1968), W. Goetsch (1940), F. Lehmann (1958), G. LeMasne (1950), H. M. Peters (1956), A. Portmann (1953), A. Remane (1960), E. Stresemann (1934), N. Tinbergen (1953), J. H. Crook (1970) und E. O. Wilson (1971, 1975).

15.3.1 Die innerartliche Aggression

Wir verwenden die Begriffe Aggression und aggressives Verhalten als sinnverwandte Worte. Aggression versuchte man auf verschiedene Weise zu definieren. Psychologen definieren den Begriff häufig nach der Intention, zu verletzen oder zu schädigen, und setzen ihn damit gegen nicht beabsichtigte Schädigung oder Schmerzzufügung mit der Intention zu heilen ab. Mit einer solchen Definition wäre bei Tieren nichts anzufangen, da man deren subjektive Intention nie feststellen kann. Es hilft auch nicht, die Verletzung als Kriterium einer erfolgten Aggression heranzuziehen, denn gerade diese unterbleibt häufig bei den Turnierkämpfen. Sollte man deswegen etwa den Turnierkampf zweier Antilopen nicht als eine aggressive Begegnung bezeichnen? Man würde dann in der Tat eine künstliche Trennlinie ziehen, wenn man nur jene Akte als aggressiv bezeichnen wollte, bei denen ein Gegner körperlich zu Schaden kommt, zumal die Verhaltensmuster eines Turnierkampfes sich oft von solchen eines Beschädigungskampfes ableiten. Man kann dennoch eine operationale Definition nach dem Erfolg der Auseinandersetzung vornehmen: Gewisse Verhaltensweisen führen dazu, daß einer von zwei oder mehreren Opponenten schließlich weicht oder Abstand hält. Mitunter kommt es sogar zur Beschädigung oder Tötung des oder der Verlierer. Bei geselligen Tieren wird statt einer räumlichen Distanz auch eine soziale Distanz erreicht. Der Verlierer einer Auseinandersetzung nimmt eine niedere Rangstufe ein. In allen Fällen erlangt der Sieger den Vortritt zu begehrten Ressourcen. Die Aggression verschafft ihm eine Position der Dominanz und damit einen Freiraum zum Handeln. Der Sieger in einer Auseinandersetzung fördert so seine Eignung auf Kosten des Besiegten. Danach kann man Aggression auch als Konkurrenzverhalten um fitnessbegrenzende Ressourcen definieren: »Aggressiv in diesem Sinne ist jedes Verhalten, das geeignet und darauf ausgerichtet ist, die Fitness eines Konkurrenten zu mindern, indem ihm ein fitnessbegrenzendes Gut weggenommen oder vorenthalten wird, das dadurch der Steigerung der Fitness des Aggressors zugute kommt« (H. Markl 1982, S. 28, 29).

Alle Verhaltensweisen, durch die eine solche Dominanzbeziehung erreicht wird, können als aggressiv bezeichnet werden, auch wenn keinerlei physische Beschädigung erfolgt. Der Begriff ist damit funktionell bestimmt, ohne allerdings zu implizieren, daß es sich bei allen Tierarten und bei allen beobachteten Formen der Aggression stets um eine homologe Äußerung handelt. Oft sind z. B. innerartliche und zwischenartliche Aggression bei ein und derselben Art etwas Verschiedenes (S. 534). Auch hat sich Aggression als Mittel der Distanzierung sicherlich wiederholt unabhängig in verschiedenen Tiergruppen entwickelt.

Man könnte, um den Begriff einzuengen, vorschlagen, nur dort, wo physische Gewalt zur Erreichung des Distanzierungseffektes eingesetzt wird, von Aggression zu sprechen, also nur dann, wenn Beschädigungskämpfe und Turnierkämpfe mit physischem Kontakt vorliegen. Dann würden reine Drohkämpfe nicht mehr darunter fallen, was eine ganz künstliche Trennung ergäbe, denn zwischen Drohen und Kämpfen gibt es alle Übergänge, und die unterliegenden physiologischen Mechanismen decken sich weitgehend. Drohen zählen wir deshalb ebenfalls zum Repertoire der aggressiven Akte. Tiere drohen geruchlich, akustisch, optisch, ja sogar durch elektrische Signale. Beispiele für über Pheromone vorgetragene Aggressionen erwähnten wir S. 157. Ein Beispiel für akustisches Distanzieren: Bei den Grillen *Acheta domesticus* und *Gryllus pennsilvanicus* ist das Singen positiv mit Aggression korreliert und kann als dessen ritualisierte Form betrachtet werden, denn es unterdrückt Aggression bei rangniederen Artgenossen. Zerstört man die Tympanalorgane einer niederrangigen Grille, so daß sie taub ist, dann erweist sie sich als aggressionsenthemmt und greift an (L. H. PHILLIPS und M. KONISHI 1972).

Ob man verschiedene Formen innerartlicher Aggression unterscheiden kann, wird gegenwärtig diskutiert. Der territorialen Aggression könnten andere physiologische Mechanismen unterliegen als etwa der durch Rangstreben motivierten. K. E. MOYER (1971 a, 1971 b) hat die innerartliche Aggression nach auslösender Reizsituation und nach erreichtem Ziel in verschiedene Kategorien geteilt. Ich habe die verschiedenen Definitionen und Einteilungsversuche an anderer Stelle ausführlich diskutiert (I. EIBL-EIBESFELDT 1975).

Funktionell bilden die Verhaltensweisen der Aggression mit jenen der Submission und Flucht eine übergeordnete Einheit. J. P. SCOTT (1960) drückt dies durch den Begriff *agonales Verhalten* aus*. Daß mit dem Begriff wirklich Zusammengehöriges beschrieben wird, geht unter anderem aus den Hirnreizversuchen von E. v. HOLST und U. v. SAINT PAUL (1960) hervor. Bei Haushähnen kommt es bei länger anhaltendem oder stärkerem Hirnreiz zu einem Verhaltensumschlag von Angriff zu Flucht. R. W. HUNSPERGER (1954) fand im Mittelhirn und Hypothalamus der Katze ein zusammenhängendes funktionelles System für Angriffsverhalten, Abwehr und Flucht.

Oft wird zwischen aggressivem und defensivem Verhalten unterschieden (nicht selten mit Wertung). Die in beiden Fällen auftretenden Verhaltensmuster sind oft identisch, gelegentlich aber verschieden, so daß die Möglichkeit besteht, ein aggressives und ein defensives System zu unterscheiden, allerdings sicher nicht in allen Fällen. Die folgende Übersicht faßt das Gesagte zusammen.

Die innerartliche Aggression erfüllt verschiedene Funktionen. Tiere grenzen mit ihrer Hilfe Territorien ab. Sie fördert die Bildung exklusiver Verbände (S. 592), erzwingt als Bestrafung die Erwiderung altruistischen Verhaltens und die Angleichung an die Gruppennorm (siehe Außenseiterreaktion, S. 530), selektiert über Rivalenkämpfe die Sieger für die Fortpflanzung und führt zur Bildung von Rangordnungen. Muttertiere erzwingen gelegentlich durch aggressive Akte das Selbständigwerden der Jungtiere. Bei vielen Säugern steht die elterliche Aggression im Dienste der Erziehung. Schließlich verteidigen viele Tiere und auch der Mensch ihre Bindung an den Partner gegen Konkurrenz. Beim Menschen ist das als Geschwisterrivalität und eheliche Eifersucht ein durchaus vertrautes Phänomen.

---

* »Agonistic behavior«. Wir übersetzten den Begriff ursprünglich als agonistisch. Agonal ist jedoch die sprachlich bessere Übersetzung. Sie erlaubt überdies die Bildung des Gegenbegriffes »synagonal«.

Agonales Verhalten (Feindverhalten)
Kampfsystem 1. Verhaltensweisen der Aggression Drohen Kämpfen 2. Verhaltensweisen der Verteidigung Drohen Kämpfen
Fluchtsystem 3. Verhaltensweisen der Submission 4. Fluchtverhalten

In erster Linie ist die Aggression ein Mittel, sich im Wettstreit um die Mittel zur Lebenserhaltung (Nahrung, Revier) und Fortpflanzung (Geschlechtspartner) durchzusetzen, Besitz (auch Bindungen an den Partner) zu verteidigen und sich einen Existenzspielraum (MICHAELIS 1976) zu sichern.

Die Aggression steht als Werkzeughandlung im Dienste sehr verschiedener Aufgaben. Sie wird allgemein instrumental eingesetzt, um Hindernisse zu überwinden, die sich einer zielstrebigen Handlung entgegenstellen, dient aber auch, als Mittel sozialer Exploration, dazu, den sozialen Handlungsspielraum auszutasten, letzteres vor allem beim Menschen (B. HASSENSTEIN 1982, I. EIBL-EIBESFELDT 1984). Die territoriale Funktion sei gesondert besprochen. Auf die anderen Aufgaben kommen wir in den späteren Abschnitten zurück.

15.3.1.1 Territorialität

Nach ROUSSEAU war der Erbauer des ersten Zaunes der Begründer der Zivilisation. Seit H. E. HOWARD (1920) wissen wir jedoch, daß sehr viele Tiere einen bestimmten Ausschnitt ihres Lebensraumes als ihr Revier oder Territorium gegen Artgenossen verteidigen und in bestimmter Weise abgrenzen. Das Revier kann Besitz eines einzelnen Tieres sein, das keinen anderen Artgenossen oder nur keine gleichgeschlechtlichen Artgenossen duldet, es kann aber auch Besitz einer Gruppe sein, die nur gruppenfremde Artgenossen abweist.

Ethologisch kann man als Territorium jenen Raum bezeichnen, in dem ein Tier oder eine Tiergruppe über eine andere dominiert, die wiederum an einem anderen Ort dominant auftreten kann (E. O. Willis 1967). Die Dominanz kann auf verschiedene Weise erreicht und erhalten werden, etwa durch Drohen, Kampf, Reviergesänge oder Duftmarken.

Bei Hamstern sind Männchen und Weibchen Einzelgänger, die nur zur Fortpflanzungszeit vorübergehend gemeinsam einen Bau bewohnen. Auch die Weibchen leben mit ihren Jungen nur eine kurze Zeit zusammen. Bei vielen Vögeln, aber auch bei einigen Säugern (Gibbon *(Hylobates lar)*; J. Ellefson 1968) verteidigt ein Pärchen ein Revier, es gibt aber auch viele Tiere, die in größeren Verbänden als Rudel, Herde oder Großfamilie ein Gebiet besetzen und gegen rudelfremde Artgenossen verteidigen. Das ist so bei Wölfen, Mantelpavianen und Ratten, um nur einige Beispiele zu nennen. Hausmäuse, Haus- und Wanderratten *(Mus musculus, Rattus rattus, R. norvegicus)* leben in Verbänden, die aus dem Familienverband erwachsen, weil immer mehrere Generationen beieinanderbleiben. Die Tiere verteidigen ihr Gebiet gemeinsam gegen Gruppenfremde. Diese an einen bestimmten Raumbezirk gebundene Intoleranz hat in den letzten Jahren besondere Aufmerksamkeit gefunden, da gewisse Parallelen zum menschlichen Besitzverhalten unverkennbar sind.

Wie Tiere ihr Gebiet durch territoriales Verhalten parzellieren, haben vor allem die Ornithologen gründlich untersucht. Die M. M. Nice (1937) entnommene Abbildung zeigt, daß Singammermännchen über mehrere Jahre an ihrem Territorium festhalten können (Abb. 15.56). Bei der Reviergröße handelt es sich keineswegs um eine artspezifische Konstante. Bei größerer Dichte der Bevölkerung schrumpft das Revier der territorialen Gruppen, allerdings in einer für die Art vorgegebenen Variationsbreite.

Ist die Sterberate der Revierinhaber gering, dann helfen junge Männchen des Buschblauhähers ihren Eltern bei der Brutpflege und Reviervergrößerung. Ist das Revier groß genug, dann kann es ein eigenes Revier davon abspalten (G. E. Woolfenden und J. W. Fitzpatrick 1978).

Territorialität ist bei manchen Tieren auf eine bestimmte Jahreszeit beschränkt, bei Schwalben und Staren z. B. auf die Brutzeit. Danach ziehen die Tiere in großen Schwärmen in die Überwinterungsgebiete. Sie sind dann geselliger, meiden aber zu engen Kontakt. Sitzen sie auf einem Draht, dann halten sie eine gewisse Individualdistanz ein. Die territoriale Intoleranz läßt sich offenbar nicht immer ganz unterdrücken.

Territoriales Verhalten sichert einem Tier oder einer Tiergruppe einen bestimmten Lebensraum oder bestimmte Zufluchtsstätten. Es ist ja z. B. für ein Rotkehlchen von großer Wichtigkeit, daß in seinem engeren Umkreis kein Artgenosse brütet, nur so findet es auch die nötige Nahrung für seine Brut. Darüber hinaus geht es aber auch um den Besitz von Nisthöhlen oder Zufluchtsstätten. Die Anemonenfische verteidigen z. B. ihre

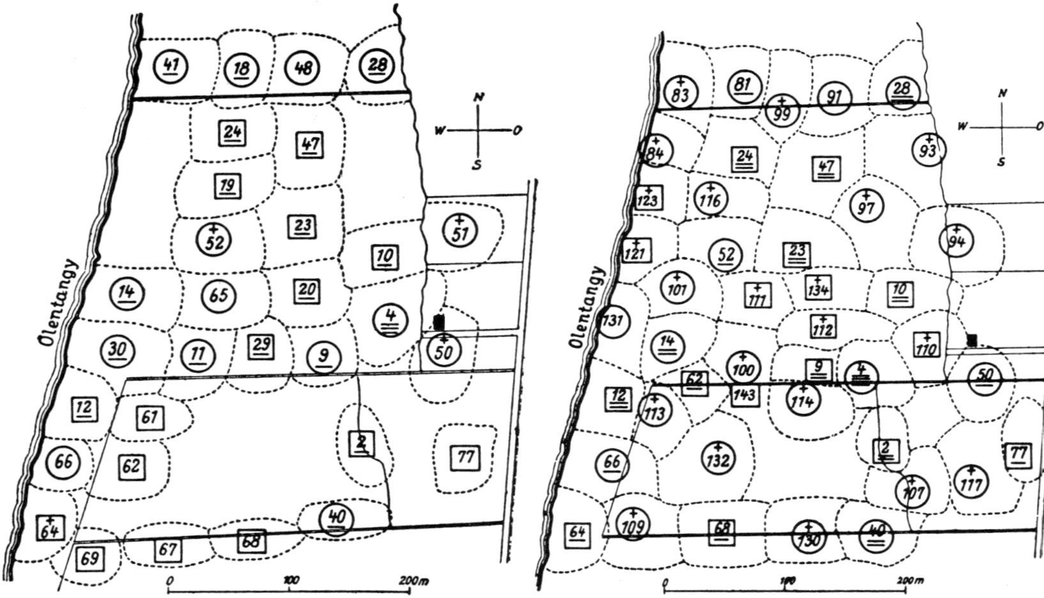

15.56 Die Territorien männlicher Singammern in einem bewohnten Gebiet in aufeinanderfolgenden Jahren. Kreis bedeutet: das Jahr über fest ansässig; Viereck: Sommergast; Kreuz: Vogel, das erste Jahr anwesend. Vögel, die bereits im Vorjahr vorgefunden wurden, sind unterstrichen. Mit jedem weiteren Jahr wird ein Strich hinzugefügt. Nach M. M. Nice (1937)

Anemone nicht als Weidegrund, sondern als ihren Zufluchtsort, und das gilt für viele andere Riff-Fische. Durch territoriales Verhalten verteilen sich die Tiere gleichmäßiger. Es wird Druck auf den Nachbarn ausgeübt, und das dient letztlich auch der Verbreitung. Schließlich ist territoriales Verhalten ein Mittel, die Ausbeutung eines Raumes etwa durch Überbeweidung zu verhindern (M. Nice 1941, N. Tinbergen 1957, V. Wynne-Edwards 1962, F. S. Tompa 1962). Das gilt, ob einzelne Tiere, Paare oder größere Gruppen einander als intolerante Einheiten gegenüberstehen. Üben Gruppen aufeinander einen Druck aus, dann führt dies ebenfalls zu deren Verteilung. Bei freilebenden Affen ist Gruppenterritorialität ein sehr weit verbreitetes Merkmal, und die Analogien zu menschlichem Verhalten sind sehr auffällig (C. R. Carpenter 1942, J. Goodall und Mitarbeiter 1979). Gruppenfremde bedrohen und bekämpfen einander, wobei sich richtige Gruppenkämpfe entwickeln können. Gruppenkämpfe bei Wanderratten beschrieb F. Steiniger (1951), von Ameisen A. A. Mabelis (1979).

Männchen und Weibchen können sich gleichermaßen an der Revierverteidigung beteiligen. Oft aber ist es in erster Linie oder sogar ausschließlich das Männchen, das ein Revier besetzt. Das geschieht dann meist zur Fortpflanzungszeit, außerhalb derer die Tiere durchaus verträglich sein können. Hier geht es allein um den Besitz des Weibchens. Der selektionistische Vorteil solcher Rivalenkämpfe besteht darin, daß der Stärkere und damit Gesündere zur Fortpflanzung kommt und bei manchen Tieren auch den Brutschutz übernimmt. Beim Uganda Kob *(Adenota kob thomasi)* finden wir ausgewählte Paarungsgründe (Arenen), die aus einer Gruppe eng nebeneinander liegender Territorien bestehen. Jedes ist von einem Männchen besetzt. Im Zentrum dieser Arenen, die 200–400 m Durchmesser erreichen, liegen die Territorien am engsten gedrängt, 10 bis 20 an der Zahl. Die Weibchen suchen die Männchen dort zur Paarung auf. Daneben gibt es auch Männchen in weiter verstreut liegenden Einzelterritorien. Worin der eigentliche Vorteil der Arenen gegenüber den Einzelterritorien besteht, weiß man nicht. Sie sind nur bei dieser Antilope beschrieben worden (H. K. BUECHNER 1961, W. LEUTHOLD 1966). F. WALTHER (1966) meint, es könnte sich um eine Anpassung gegen Freßfeinde handeln. Wenn viele Nachbarn eng nebeneinander stehen, sehen sie eine Gefahr leichter.

Um Mißverständnissen vorzubeugen sei betont, daß territoriale Arten nicht immer jeden von ihnen besuchten Ort gegen ihresgleichen verteidigen. In dem von einem Tier regelmäßig besuchten Gebiet kann es durchaus neutrale Zonen geben. Diesen vom Tier nicht verteidigten Bezirk nennt man seinen Aktionsraum. Beim Galápagos-Seelöwen *(Zalophus wollebaeki)* verteidigen die Männchen z. B. einen bestimmten Uferstreifen sowohl an Land als auch unmittelbar davor im Wasser. Die Fischgründe im Meer verteidigen sie dagegen nicht. Der Hamster *(Cricetus cricetus)* verteidigt und kennzeichnet seinen Bau und die nähere Umgebung, weicht aber auf den Feldern anderen Hamstern aus. Es gibt also neutrale Gründe und Gebiete, die verteidigt werden. Beim Babuin *(Papio ursinus)* besucht der Trupp allabendlich einen bestimmten Schlafplatz auf Bäumen, den er gegen Truppfremde verteidigt. Jeder Trupp hat überdies seine bestimmten Weidegründe, auf denen er den Kontakt mit anderen Gruppen meidet. An Wasserstellen dagegen geraten sie mit anderen Gruppen in Berührung, ohne daß es zu Auseinandersetzungen kommt (I. DEVORE 1965). Mitunter verteidigt ein Tier sein gesamtes, dann meist kleines Wohngebiet (Abb. 15.57). Die Reviergrenzen von vier markierten Wimpelfischpaaren *(Heniochus intermedius)*, die H. FRICKE (1976) im Freien aufzeichnete, blieben über Jahre dieselben. Stirbt ein Fisch, dann breiten sich die Nachbarn aus, oder ein Neuankömmling besetzt das Revier. Das Revier muß keineswegs immer ein geschlossenes Gebiet mit festen Grenzen sein, es kann sich auch um ein Wegesystem mit einigen Fixpunkten handeln. Die Wanderratten verfolgen revierfremde Artgenossen nur auf den markierten

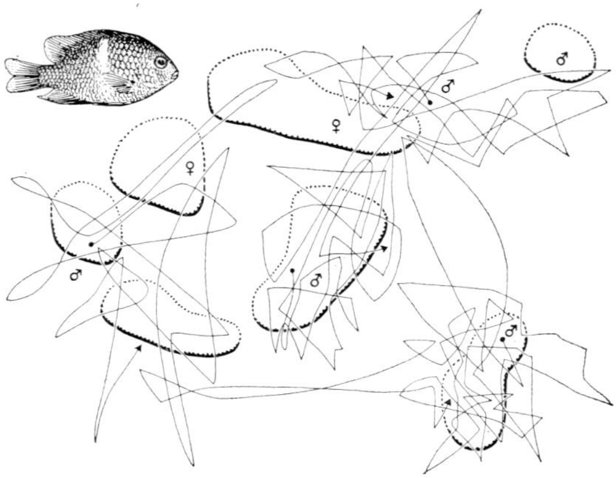

15.57 Reviere von vier Männchen des Riffbarsches *Abudefduf leucozona* (links oben), zu erkennen an den eingetragenen Schwimmwegen. Man sieht, daß die Fische in einem engen Gebiet bleiben. Weitere Exkursionen kamen bei der Verfolgung eines eindringenden Nachbarn zustande. Jeder Fisch wurde 5 Minuten lang beobachtet. Das im Bild gezeigte Areal umfaßt einen Ausschnitt von 5 mal 6 m, der Fisch ist ca. 12 cm lang. Aus I. EIBL-EIBESFELDT (1964 c)

Wechseln, die Hausratten tun dies dagegen im ganzen von ihren Wegen durchzogenen Gebiet (H. TELLE 1966). Größere Vögel haben oft getrennte Brut- und Nahrungsreviere. Während die baumbrütenden Reiher, wie Seidenreiher *(Egretta garzetta)*, Rallenreiher *(Ardeola ralloides)*, Nachtreiher *(Nycticorax nycticorax)* und Fischreiher *(Ardea cinerea)*, in den schmalen Galeriewäldern der Donau- und Theißufer in engen, dichten Kolonien zusammen brüten und die Individualdistanz sich hier auf Hackweite reduziert, verteilen sich die Vögel dieser vier Arten in den Altwässern und Reisfeldern der weiteren Umgebung einzeln auf größeren Flächen und halten hier vielfach größere Einzelreviere ein. Der tägliche Strich (Nahrungsflüge) zwischen diesen beiden örtlich getrennten Gebieten folgt aber noch dicht gedrängt; erst über den Nahrungsfeldern bewirkt die verstärkte Aggressivität ein Abstandhalten (A. FESTETICS 1959).

Irrig ist die Ansicht, revierbesitzende Tiere müßten andauernd im Streit mit ihren Nachbarn liegen. Tiere kämpfen im allgemeinen bei der Reviergründung und dann nur noch gelegentlich beim Eindringen Fremder, höchst selten jedoch mit dem Nachbarn. Diese kennen vielmehr einander und respektieren ihr Gebiet. So beobachtet man beim Galápagos-Seelöwen kaum je einen Kampf zweier Nachbarn, wohl aber sehr heftige Auseinandersetzungen mit fremden Eindringlingen. Revierinnehabende Männchen des Riffbarsches *Pomacentrus partitus* zeigen ihre Gegenwart durch Lautäußerungen an. Das hält Nachbarn davon ab einzudringen. Die Nachbarn kennen einander auch an den Lautäußerungen und meiden den Konflikt. Spielt man einem Männchen aus dem Nachbarrevier Tonaufnahmen eines Fremden vor, dann löst dies intensives Imponierschwimmen aus; nicht hingegen, wenn man die Lautäußerungen des ihnen bekannten Nachbarn aus dessen Revier sendet (A. A. Myrberg und R. J. Riggio 1985).

R. Schenkel (1966) will nur dann von einem Territorium sprechen, wenn das Tier über den betreffenden Raumabschnitt kontinuierlich orientiert ist und wenn die Möglichkeit besteht, jeden Eindringling innerhalb kurzer Zeit zu stellen und zu vertreiben. Ein Vielfraß sei zwar gleichgeschlechtlichen Artgenossen gegenüber intolerant, könne aber nie sein riesiges Wohngebiet überwachen und von Artgenossen freihalten. Man dürfe hier also nicht von Territorialität sprechen. Wir schlagen vor, jede raumgebundene Intoleranz als Territorialität zu bezeichnen, wobei »Gebietsbesitzer« immer derjenige ist, der den Artgenossen verdrängt. In diesem Zusammenhang verdient die interessante Beobachtung von P. Leyhausen (1965 b) Beachtung, derzufolge Katzen Territorien auf Zeit besitzen. Verschiedene Kater können das gleiche Wechselgebiet benützen, aber zu verschiedenen, genau festgelegten Tageszeiten, und jeder ist nur in diesem Zeitraum vorübergehender Besitzer des Gebietes, d. h., die anderen weichen ihm aus. Das bedeutet keine Gleichsetzung von Territorialität und Intoleranz, etwa wie man sie bei Rangauseinandersetzungen beobachten kann. Eine derartige Intoleranz mag zwar das Ausweichen des Rangniederen bewirken, aber sie führt selten zu dessen Verdrängung. Zur territorialen Verteidigung vereinigen sich die Rangrivalen sogar häufig in gemeinsamer Aktion gegen einen fremden Eindringling. Das zeigt deutlich, daß auch der Niederrangige Gruppenmitglied ist und seinen Anspruch auf das Gruppenterritorium erhebt. Rangstreitigkeiten sind ferner nicht an den territorialen Besitz einer Gruppe gebunden. Man kann sie gelegentlich auch im wandernden Vogelschwarm oder Säugerrudel beobachten.

Mit diesen zusätzlichen Bemerkungen schließen wir uns grundsätzlich R. Schenkel an und sprechen dann von einem Territorium (syn. Revier), wenn ein Gebiet von einem Tier oder einer Tiergruppe gegen bestimmte Mitglieder der gleichen Art (fremde oder bloß gleichgeschlechtliche Artgenossen) verteidigt wird, wobei die Besitzerschaft sich auf eine bestimmte Tageszeit beschränken kann. Auf das Konzept der ökonomischen Verteidigung von Ressourcen wiesen wir bereits hin (S. 456).

Natürliche Landmarken werden häufig als Reviergrenzen angenommen. Beim dreistacheligen Stichling kann man die Reviergrenze experimentell verschieben. Eine frisch gepflanzte *Elodea*-Reihe wird von einem territorialen Stichling sofort als Grenze angenommen, auch wenn sie ein Stück des alten Territoriums abschneidet, ebenso eine Reihe von in 3–4 cm Abstand in den Sand gesteckten Fahrradspeichen (J. J. van Iersel 1958). Allerdings wird die neue Grenze nur dann akzeptiert, wenn dort das Revier eines anderen Nachbarn angrenzt und wenn die Reihe nicht näher als 30 cm an das Nest herangerückt ist.

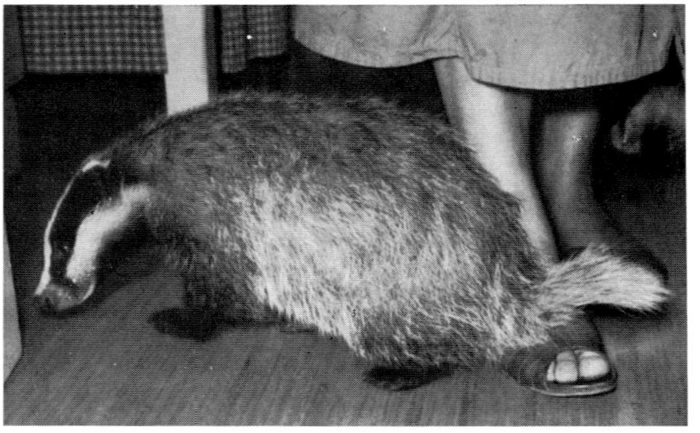

15.58 Zahmer Dachs, den Schuh des befreundeten Pflegers markierend. Foto: I. EIBL-EIBESFELDT

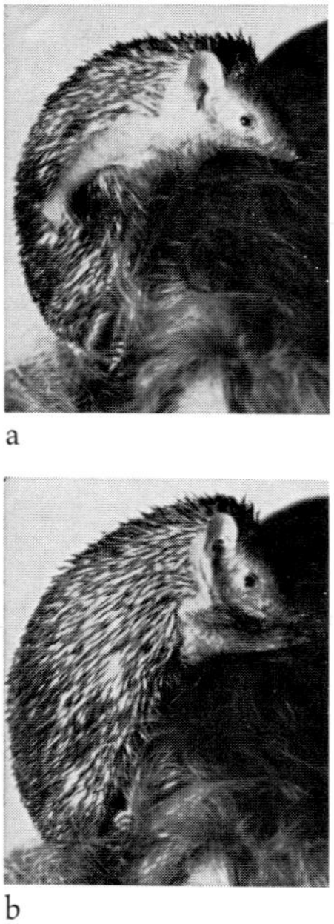

a

b

15.59 a) und b): Duftmarkieren des Igeltanreks *(Echinops telfairi)*. Das Tier markiert den Kopf des Pflegers. Foto: I. EIBL-EIBESFELDT

Das von einem Tier oder Rudel besetzte Gebiet wird oft in besonderer Weise gekennzeichnet, bei Säugern beispielsweise durch Duftmarken, indem Drüsensekrete oder auch Harn und Kot an bestimmten Punkten des Revieres abgesetzt werden. Die Methode des Duftmarkierens wechselt von Art zu Art. Der Hamster verschmiert das Sekret seiner Flankendrüsen, indem er seine Seiten an den Bauwänden, Grasbülten und Steinen der näheren Bauumgebung reibt. Dachse und Marder markieren Gegenstände mit dem Sekret einer unter der Schwanzwurzel liegenden Drüsentasche (Abb. 15.58), Antilopen mit dem Sekret ihrer Voraugendrüsen, das sie an Sträuchern und Gräsern verschmieren (H. HEDIGER 1949, F. WALTHER 1964). Der Igeltanrek *(Echinops telfairi)* bespeichelt den zu markierenden Gegenstand und überträgt dann mit einer Pfote seinen Körpergeruch, indem er abwechselnd in der Speichelpfütze und an seinen Körperseiten kratzt (Abb. 15.59). Der Riesengalago und der Senegalgalago *(Galago crassicaudatus* und *G. senegalensis)* harnen auf ihre Handflächen und reiben sich damit ihre Fußsohlen ein. Beim Klettern hinterlassen sie deutliche Duftmarken, die man auch als dunkle Flecken sieht. Hausmäuse und Ratten markieren ihre Wege mit Harn und laufen diese Duftstraßen wie Schienenfahrzeuge entlang (I. EIBL-EIBESFELDT 1950c, 1953c, 1965c). Diese Markierungen können aber auch von gebietsfremden Mäusen und Ratten benützt werden. Als eine Hausmauspopulation, die eine Baracke bewohnte, gegen eine andere ausgetauscht wurde, benutzten die Gebietsfremden gleich die vorhandenen duftmarkierten Pfade und fanden sich so schnell zurecht (I. EIBL-EIBESFELDT 1950c). H. TELLE (1966) vergiftete eines von zwei aneinandergrenzenden Rattenrudeln, deren jedes ein eigenes markiertes Wegesystem benutzte und die nur durch schmale Gegenstände voneinander getrennt waren. Als er in den nun freien Bezirk neue Ratten aussetzte, benutzten diese alle Wechsel einschließlich der des Nachbarrudels. Sie lernten schnell, daß sie dort angegriffen wurden, und beschränkten ihre Aktivität bald auf den durch die Vergiftung freigewordenen Bezirk. Männliche Kaninchen markieren ihr Gebiet mit Hilfe besonderer Kinn- und Analdrüsen. Die Kinndrüsen sind beim Männchen schwerer als beim Weibchen, wobei die Drüsengröße mit dem Einsetzen der Geschlechtsreife zu divergieren beginnt. Sie sind bei ranghöheren Männchen stärker entwickelt, und zwar nicht in direkter Abhängigkeit von der Körpergröße. Gelegentlich kann ein leichteres dominantes Männchen eine größere Kinndrüse besitzen als ein schwereres, sexuell inaktives Tier. Das Sekret dieser Kinndrüsen wird an der Unterlage, Ästchen, Steinen und dgl. abgerieben. Aber auch Weibchen werden markiert. Ranghohe Kaninchen markieren öfter als rangniedere (R. MYKYTOWYCZ 1955, 1966).

Das Sekret der Analdrüsen verleiht den Kotpillen der Kaninchen einen bestimmten Duft. Die verstreut abgelegten Kotpillen riechen weniger stark als jene, die die Männchen offenbar zu Markierungszwecken auf künstlich aufgeworfenen Erdhaufen, den sogenannten Dunghügeln, ablegen (R. MYKYTOWYCZ 1966).

Die Duftmarken sind gewissermaßen chemische Hausschilder (F. GOETHE 1938). Sie dienen dem Revierbesitzer zunächst einmal als Bekanntheitsmarken. Als solche helfen sie ihm bei der Orientierung und machen ihm das Gebiet vertraut. Man kann einen Dachs, der sich im fremden Gebiet erschreckt, damit beruhigen, daß man ihm einen von ihm duftmarkierten Gegenstand vor die Nase hält (I. EIBL-EIBESFELDT 1950a). Ein Hamstermännchen, das in das Gebiet eines Weibchens zur Paarungszeit eindringt, markiert zunächst einmal das ihm fremde Gebiet, bevor es um das Weibchen wirbt. Darüber hinaus ist gelegentlich eine abweisende Funktion wahrscheinlich. Auf Hamster wirken fremde Duftmarken herausfordernd; sie drohen deshalb beim Beschnuppern fremder Duftmarken (I. EIBL-EIBESFELDT 1953a). Künstlich in das Revier eines Kaninchens gebrachte Dunghügel mit fremder Losung erregen den Revierbesitzer hochgradig. Er markiert dann mit den Kinndrüsen und setzt signifikant mehr Kotpillen ab, als er tun würde, wenn bloß ein Erdhaufen in sein Gebiet gebracht worden wäre. Er greift auch zu seiner Gruppe gehörende Tiere an, hält aber ein, wenn er nahe genug herangekommen ist. Es sieht so aus, als würde er, wenn er in dieser Stimmung ist, in jedem Kaninchen einen Eindringling vermuten (R. MYKYTOWYCZ 1966). Die Duftmarken der Flugbeutler *(Petaurista)* wirken auf Gruppenfremde nicht abschrekkend, doch erhöhen sie die Aggressivität der Revierinhaber, während sie jene der Revierfremden dämpfen (TH. SCHULTZE-WESTRUM 1974). Weitere Beispiele bei D. THIESSEN und Mitarbeitern (1971, 1973, 1976) sowie R. E. BROWN und D. W. MACDONALD (1985).

Bei männlichen Spitzhörnchen *(Tupaja belangeri)* kann man drei Markierungssituationen unterscheiden (D. v. HOLST 1985): Territoriales Markieren tritt bei Kämpfen und an der Grenze zum benachbarten Rivalen auf. Für diese häufigste Markierform verwendet das Männchen das Sekret seiner Sternal-, Bauch- und Perinealdrüsen sowie Harn. Die Sternaldrüsen scheiden Sekrete mit individuell unterschiedlichen Duftprofilen aus. Bei dominanten Männchen ist das 2,5-Dimethylpyrazin wichtigster Bestandteil. Markieren dient ferner zum Vertrautmachen mit einem Areal (etwa 10 Prozent der Markieraktivität). Schließlich markieren die Männchen mit dem Sekret der Sternal- und Bauchdrüsen weibliche und junge männliche Gruppenmitglieder (10 Prozent der Markieraktivität). Weibchen markieren ihr Gebiet, um sich mit ihm vertraut zu machen. Sie markieren ferner ihre neugeborenen Jungen, was sie vor dem Gefressenwerden schützt, und ihre Sozialpartner (R. D. Martin 1968, D. v. Holst 1985).

Beide Geschlechter beginnen mit Einsetzen der Pubertät zu markieren. Bei Männchen führt Kastration zum Absinken der Markieraktivität. Testosterongaben lassen sie wieder ansteigen. Das Markierverhalten der Männchen in Käfigen, die von fremden Duftmarken frei sind, unterscheidet sich vom Markierverhalten in Käfigen, in die man Duftmarken eines anderen Männchens plazierte. Unter anderem ist die Markieraktivität generell erhöht. Für dieses unterschiedliche Markierverhalten dürften zwei verschiedene Untersysteme verantwortlich sein. Dasjenige, das für das Markieren in nichtmarkierten Käfigen verantwortlich ist, spricht auf Östrogen, Progesteron und adrenale Androgene fast genauso stark an wie auf Testosteron. Das Untersystem, das für das Markieren in bereits fremd duftmarkierten Käfigen verantwortlich ist, spricht dagegen nicht auf Östrogen, nur schwach auf adrenale Androgene, jedoch stark auf Testosteron an (D. v. Holst 1985).

Beide Geschlechter können Geschlecht, Individualität, Artzugehörigkeit und hormonalen Status eines Tieres an dessen Duftmarken erkennen. Der die Steigerung des Markierverhaltens der Männchen bewirkende Stoff ist, wie erwähnt, das 2,5-Dimethylpyrazin. Die Duftmarken der Männchen üben auf andere keine abstoßende Wirkung aus. Und sie wirken erst dann generell erregend, wenn das Männchen durch vorhergehende Interaktionen mit dem Erzeuger der Marken bekannt wurde. In Gegenwart eines dominanten Männchens hört ein subdominantes zu markieren auf. Nach einer Niederlage unterdrückt allein eine Duftmarke des Siegers die Markieraktivität des Unterlegenen, während Duftmarken anderer Männchen weiterhin die Markieraktivität anregen.

Es gibt außer dem Duftmarkieren noch andere Möglichkeiten, Revierbesitz anzuzeigen. Man kann ihn z. B. durch Rufe und auffälliges Gebaren melden. Der männliche Seelöwe ruft unentwegt, während er vor seinem Uferstreifen auf- und abschwimmt. An den Reviergrenzen steigt er gelegentlich ans Ufer und ruft zum Nachbarn hinüber, der ebenso handelt, ohne daß es deswegen zum Kampf kommt. Männliche Alaska-Pelzrobben *(Callorhinus ursinus)*, die ein Revier besitzen, laufen auf den Reviernachbarn los, werfen sich auf den Bauch und rutschen gegeneinander vor, bis sie etwa an der Reviergrenze mit den Schnauzen zusammenstoßen. Auf diese Weise zeigen sie die Reviergrenze an, ohne daß es zu einem Kampf kommt (G. A. Bartholomew 1953). Brüllaffen *(Alouatta palliata)* markieren ihr Gebiet durch Brüllkonzerte der zusammengehörenden Gruppe, und zwar vor allem in den Morgenstunden (C. R. Carpenter 1965). Bekannt ist schließlich der Reviergesang der Singvögel.

Viele Tiere stellen sich in ihrem Revier auffällig zur Schau. Sie sind dann meist auch auffällig gefärbt. Als optische Revierkennzeichnung ist das Genitalpräsentieren verschiedener Primaten (S. 724) zu deuten.

Der Besitz eines Reviers ist meist die Voraussetzung für das Auftreten aggressiven Verhaltens. Stichlinge schwimmen so lange verträglich ohne Prachtkleid im Schwarm, bis sie geeignete Plätze zur Reviergründung finden. Sobald einer einen Platz besetzt hat, verfärbt sich sein Bauch rot, und er greift andere Männchen an, die ihm zu nahe kommen. Seine Angriffsbereitschaft sinkt aber mit der Entfernung von seinem Revier, was sich leicht zeigen läßt, indem man zwei Reviernachbarn in je ein kleines Glasgefäß setzt. Man kann sie dann nach Belieben einander nähern und im Aquarium umherführen. Beläßt man nun das Männchen a in seinem Gebiet und bringt ihm b näher, versucht es, durch das Glas b anzugreifen, während b zu flüchten trachtet. Führt man beide in das Revier von b, dann beobachtet man einen Verhaltensumschlag: b greift an, und a versucht zu flüchten (Abb. 15.60). Als Platzvorteil spielt diese Erscheinung bei Wettkampfspielen des Menschen eine gewisse Rolle.

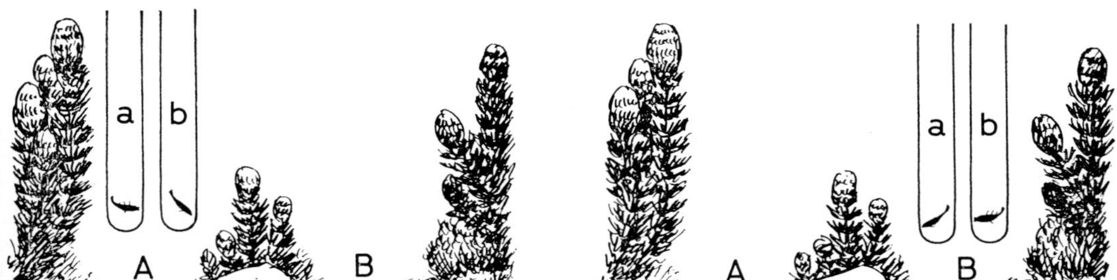

15.60 Zwei Stichlingsmännchen (a und b), die in den Revieren A bzw. B zu Hause sind, werden in Glasröhren zwischen den beiden Revieren bewegt. Ist a in seinem Revier, greift er an, b flieht. Bewegt man beide zum Revier von b, bekommt Männchen b Mut und greift an, während a flieht. Aus N. Tinbergen (1951)

15.61 In Hackdistanz brütende flugunfähige Kormorane. Einer bedroht den Nachbarn. Foto: I. Eibl-Eibesfeldt

Aggressivere Individuen erobern im allgemeinen günstiger gelegene und größere Territorien. Pflanzt man einem revierbesitzenden Moorschneehahn *(Lagopus)* einen Kristall männlichen Geschlechtshormons unter die Haut und steigert man auf diese Weise seine Aggressivität, dann weitet dieser sein Revier auf Kosten der Nachbarn erheblich aus (A. Watson 1966).

Mitunter sind die verteidigten Raumbezirke sehr klein. Viele der in Kolonien brütenden Vögel nisten genau in Hackdistanz vom Nachbarn (Abb. 15.61).

Selbst außerhalb ihres Reviers sind viele Tiere bereit, einen Artgenossen anzugreifen, wenn er zu nahe herankommt. Sie tragen gewissermaßen ein kleines Hoheitsgebiet mit sich (Abb. 15.62). Die »Individualdistanz«, bei deren Überschreitung durch ein Individuum der gleichen Art ein Kampf ausgelöst wird, wechselt nach Art und Geschlecht. Buchfinkenmännchen gestatteten Weibchen, näher heranzukommen als Männchen, wobei das männliche Prachtkleid als Kennzeichen dient, denn Weibchen, deren Bauch man künstlich rot färbte, werden nicht so nahe herangelassen wie normal gefärbte, sondern wie Männchen auf größere Distanz attakkiert (P. Marler 1956 a).

15.3.1.2 Xenophobie und Außenseiterreaktion

Daß gerade bei geselligen Tieren der fremde Artgenosse Flucht oder Angriff auslöst, also das agonistische Verhalten aktiviert, ist ein nahezu durchgehendes Prinzip im Tierreich. Dieses Verhalten bewirkt eine zwar nicht absolute, aber doch eine ziemliche Geschlossenheit der Gruppen, was Subspeziation und beim Menschen die kulturelle Pseudospeziation fördert.

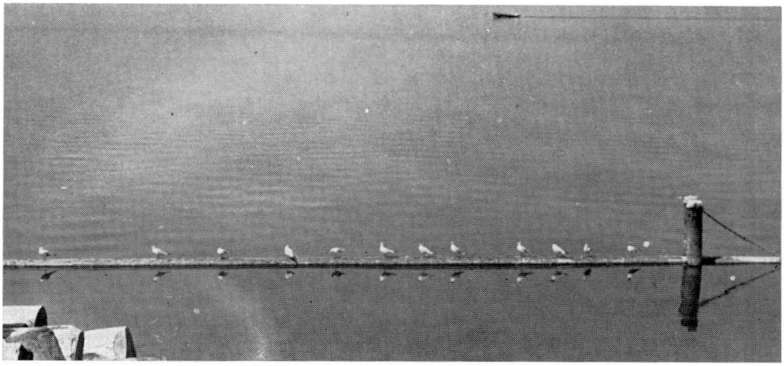

15.62 Die Individualdistanz der Lachmöwen am Zürichsee. Foto: H. HEDIGER

Gerade bei gruppenlebenden Primaten, die Pongiden und den Menschen inbegriffen, ist dieser Zug besonders ausgeprägt (R. L. HOLLOWAY 1974, J. GOODALL und Mitarbeiter 1979, I. EIBL-EIBESFELDT 1984). Schimpansenjunge zeigen im Alter von sechs Monaten Fremdenfurcht auf Annäherung. Im Alter von sieben Monaten reagieren sie bereits auf Blickkontakt gegenüber fremden Artgenossen mit Flucht, und auf weitere Annäherung kreischen sie (F. X. PLOOIJ 1984). Schimpansenweibchen stellen ihre Neugeborenen – die ja als Gruppenfremde zunächst gefährdet sind – in besonderer Weise den übrigen Gruppenmitgliedern vor. Nachdem eine Schimpansenmutter allein geboren hat, kehrt sie zur Gruppe zurück. Sie wendet sich dann bettelnd, eine offene Hand ausstreckend, an die einzelnen Gruppenmitglieder und zeigt dabei ihr Kind. Dabei verhält sie sich zunächst deutlich ängstlich, ist aber sogleich beruhigt, wenn der Aufgeforderte seinerseits die Hand reicht (J. VAN LAWICK-GOODALL 1965; Abb. 15.63). Die Gorillamutter Achilla des Basler Zoos präsentierte ihr dort geborenes Kind schon in den ersten Tagen nach der Geburt am Gitter den ihr befreundeten Menschen. »Sie preßte ›Jambo‹ mit dem linken Arm an sich, hielt mit der linken Hand seinen Arm und streckte diesen durch das Gitter, gleichzeitig ihre rechte Hand daneben haltend. In die anerzogene Kontaktform des Handbietens wollte sie offenbar auch ihr Kind einbeziehen, und sie war augenscheinlich befriedigt, wenn man nun ihr und dem Kind die Hand zum Gruß reichte« (R. SCHENKEL 1964, S. 243). Bemerkenswert ist, daß sie ganz ähnlich wie die Schimpansenmutter ihre Hand ausstreckt, eine Geste, die SCHENKEL für anerzogen hält, die möglicherweise aber jener der Schimpansen homolog ist. Achilla versuchte sogar gelegentlich, ihr Kind unter dem Gitter durchzuschieben, was man ihr dadurch abgewöhnte, daß man dann den Kontakt abbrach. Löwenmütter stellen ihre Jungen ebenfalls den Rudelgefährten vor (R. SCHENKEL 1966).

Wir Menschen entwickeln bereits sehr früh Fremdenfurcht, ohne daß es

15.63 Die Schimpansin Melissa stellt ihr Neugeborenes anderen Gruppenmitgliedern vor. Durch Ausstrecken der Hand sucht sie beruhigenden Kontakt. Nach einer Aufnahme von J. GOODALL aus R. PASSINGHAM (1982)

dazu schlechter Erfahrungen mit Fremden bedarf. Kinder entwickeln sie im Alter von 6 bis 9 Monaten, und zwar in allen bis dahin darauf untersuchten Kulturen. Der Mitmensch ist demnach auch Träger von Signalen, die Furcht und Aggression auslösen. Den Augen kommt dabei besondere Bedeutung zu (S. 733). Die bedrohliche Wirkung dieser Signale wird durch persönliche Bekanntheit neutralisiert. Xenophobie kann unabhängig von territorialer Gebundenheit auftreten, z. B. bei wandernden Gruppen. Sie ist nicht ortsgebunden. So verteidigen Languren ihre Gruppe gegen Fremde, nicht jedoch ein Gebiet (C. VOGEL 1965).

Eine wenig untersuchte, aber überaus bemerkenswerte Aggressionsform ist die Ausstoßreaktion, die sich nicht gegen gruppenfremde Tiere, sondern ausschließlich gegen Gruppenmitglieder richtet. T. SCHJELDERUP-EBBE (1923) fand, daß Hühner ein Gruppenmitglied heftig angreifen und unter Umständen sogar töten, wenn es von der Norm abweicht, sei es durch Schwäche oder durch ein körperliches Gebrechen. Er konnte die Reaktion auch auslösen, wenn er den Kamm eines Huhns mit einem Farbfleck markierte oder in eine andere Richtung band. C. KEARTON (1935) beschreibt, wie drei abweichend gefärbte Pinguine ständig von ihresgleichen angegriffen wurden. Junge Silbermöwen attackierten eines ihrer Geschwister, das einen verklebten After hatte (F. GOETHE 1939). J. VAN LAWICK-GOODALL (1971) sah, daß Schimpansen ihre durch Kinderlähmung im Verhalten veränderten Gruppenmitglieder fürchteten, sie verließen und gelegentlich sogar angriffen.

Die vorher voll in die Gruppe integrierten Männchen Pepe und McGregor lösten nunmehr aufgrund ihres veränderten Verhaltens Aggressionen aus. Wenn Pepe sich seiner Gruppe näherte – er konnte nur mehr auf dem Gesäß rutschen und schleppte einen Arm nach –, dann umarmten sich die anderen Schimpansen mit Angstgrinsen und starrten den Krüppel an, der selbst nicht wußte, daß er der Anlaß ihrer Furcht war und ängstlich nach rückwärts über die Schulter blickte. – Alle mieden ihn. McGregor, der noch schlimmer gelähmt war, löste durch seine Annäherung an die Gruppe Imponiergehabe und den Angriff der Männchen aus. Später gewöhnten sich die Gesunden an die Kranken, sie verweigerten ihnen jedoch weiter den Anschluß an die Gruppe.

Menschen neigen ebenfalls dazu, von der Norm abweichende Gruppenmitglieder zu verstoßen (K. SCHLOSSER 1952a, G. H. NEUMANN 1977, 1981). In einer gemilderten Form beobachtet man dies auch in Schulklassen oder beim Militär. Ein Dicker, ein Schielender oder einer mit abweichenden Gewohnheiten wird gehänselt, ausgelacht und gelegentlich auch mißhandelt. Diese Aggression gegen abweichende Gruppenmitglieder bewirkt sicherlich eine gewisse Homogenität der Gruppe, die unter gewissen Bedingungen von selektionistischem Vorteil ist. Es ist z. B. wichtig, daß das Verhalten eines Gruppenmitgliedes für die anderen voraussagbar ist. Das wird durch eine Gleichschaltung erreicht. Außerdem verringern sich bei der Angleichung soziale Spannungen. Beim Menschen kann die leichte Form der Ausstoßreaktion, das Hänseln, als eine Art Erziehungsmechanismus den Außenseiter der Gruppe angleichen, indem ihm auf diese Weise abweichende, »asoziale« Gewohnheiten abdressiert werden. Wo das nicht gelingt, kann es zu einer sehr heftigen Ausstoßreaktion kommen. Die Aggression äußert sich dann viel stärker und grausamer als bei einer Auseinandersetzung mit Feinden, die man weniger kennt, vielleicht weil das gemeinsame, die Gruppenmitglieder auch mit dem Außenseiter verbindende Band zerstört werden muß. Diese normerhaltende Funktion der Ausstoßreaktion ist in der heutigen menschlichen Gesellschaft nicht durchwegs von selektionistischem Vorteil; sind doch gerade »Außenseiter« oft besonders hochbegabte und wertvolle Menschen (zur explorativen Aggression siehe S. 413).

15.3.1.3 *Das innerartliche Kampfverhalten*

Sowohl beim Rivalenkampf als auch beim Kampf um die Reviere beobachten wir Aggression, d. h. Angriffsverhalten, das allein durch das Erscheinen des Artgenossen, noch vor jedem physischen Kontakt, ausgelöst wird. Dieses aggressive Verhalten ist Gegenstand zahlreicher Diskussionen, wobei oft recht gegensätzliche Ansichten geäußert werden. Die Gegensätze entzünden sich insbesondere an der Frage, in welchem Ausmaße stammesgeschichtliche Anpassungen das Verhalten determinieren, und vor allem, ob innere Antriebsmechanismen für einen spontanen Aggressionstrieb sorgen.

Das intraspezifische Kampfverhalten ist durch einige sehr bemerkenswerte Züge ausgezeichnet und bei den meisten Arten sehr deutlich vom zwischenartlichen Kampfverhalten unterschieden. Eine *Oryx*-Antilope wird ihr Gehörn nie dazu verwenden, einen Artgenossen aufzuspießen, sie ficht vielmehr damit nach genauen Regeln (Abb. 15.64). Wohl aber spießt sie einen Löwen auf (F. WALTHER 1958). Eine Giraffe benützt ihr kurzes Gehörn zum Kampf mit Rivalen, aber die Hufe zur Verteidigung gegen Raubtiere (D. BACKHAUS 1961). Ein Raubtier kämpft mit einem Artgenossen ganz anders als mit einer Beute. Bei Katzen konnte ferner durch elektrische Hirnreizung nachgewiesen werden, daß die beiden Typen von Aggression ein verschiedenes neurales Substrat haben: Reizung im lateralen Hypothalamus bewirkt Fressen und bei stärkerem Reiz Beutefang, Reizung im ventralen und medialen Teil des Hypothalamus dagegen den Typ der innerartlichen Aggression mit allen emotionalen Begleiterscheinungen (B. KAADA 1967). Diese Verschiedenheit inter- und intraspezifischer Aggression muß man betonen, da sie nicht immer klar genug erkannt wird. So führt R. ARDREY (1962) die Aggressivität des Menschen

15.64 Kampf zweier Bullen von *Oryx gazella beisa:* a) Ausgangsstellung (Kopf-hoch-Drohen); b) der erste Hieb, bei dem die Hörner einander im oberen Drittel berühren; c) Kampfpause; d) zweiter Hieb, der das Stirn-an-Stirn-Drängen einleitet. Nach F. WALTHER (1958)

auf die räuberische Lebensweise seiner australopithecinen Vorfahren zurück. Er übersieht dabei die Tatsache, daß beides gar nicht notwendigerweise zusammenhängt. Schließlich sind Pflanzenfresser keineswegs friedlicher gegen ihresgleichen. Stiere bekämpfen sich nicht weniger heftig als Kaninchen, Sperlinge, Hamster oder Katzen. Auch Z. Y. Kuo (1961) behandelt intra- und interspezifische Aggressivität, als wäre es dasselbe. Wir wollen keineswegs behaupten, daß es überhaupt keine phylogenetischen Zusammenhänge zwischen Aggression und Nahrungserwerb gibt, sondern nur, daß die räuberische Lebensweise nicht notwendigerweise zu einer gesteigerten innerartlichen Aggression führt. Im übrigen haben W. Wickler (1961 a) und H. Albrecht (1966 a) gezeigt, daß Kampfbewegungen sich sehr oft von Freßbewegungen ableiten lassen. Fische, die Algen von der Unterlage abraspeln, kämpfen und drohen auch mit diesen Bewegungen. Andere wieder, die große Beute fangen, drohen mit Bewegungen und Stellungen, die sie vor dem Zuschnappen einnehmen. Auch ist die Bereitschaft zum Fressen und zum Kämpfen oft positiv korreliert: Kampfauslösende Reize fördern Freßbewegungen; Fressen erhöht die Bereitschaft zu kämpfen. Das Phänomen des Futterneides, das wir auch bei Säugern beobachten, findet darin vielleicht seine Erklärung.

Wir können in diesem Zusammenhang darauf hinweisen, daß die Kampfesweisen einer Tierart natürlich auch noch von einer Reihe von Faktoren mitbestimmt werden, die an sich mit dem aggressiven Verhalten wenig zu tun haben.

R. Apfelbachs (1967 a) Untersuchungen an Maulbrütern und Substratbrütern innerhalb der Gattung *Tilapia* förderten deutliche Verschiedenheiten im Maulkampf zutage. Substratbrüter packen einander fest an den Lippen und ermitteln im Schiebekampf den Sieger. Maulbrüter verbeißen sich nie in dieser Weise, sondern klatschen im Kampf mit den offenen Mäulern gegeneinander. Das Maulklatschen wird mit zunehmender Spezialisierung auf die Maulbrutpflege immer mehr ritualisiert. Die Maulbrutpflege erfordert ein empfindliches Maul, was sich mit der derben Kampfform des Maulzerrens nicht vereinbaren läßt (Abb. 15.65).

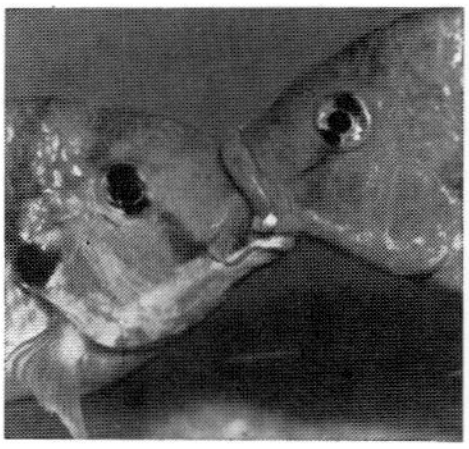

a

b

15.65 a) Der Cichlide *Tilapia zillii* ist Substratbrüter und packt den Gegner beim Kampf fest mit dem Maul; b) der maulbrütende *Tilapia nilotica* kämpft dagegen durch Maulklatschen. Fotos: R. Apfelbach

Nach einer weitverbreiteten Auffassung zielt aggressives Verhalten letztlich auf die Vernichtung des Gegners ab. Das ist leicht zu widerlegen. Wo eine Art mit so gefährlichen Waffen (Zähnen, Klauen und dgl.) ausgestattet ist, daß bei ihrem Einsatz der Gegner leicht getötet werden könnte, haben sich meist bestimmte Hemmechanismen ausgebildet, die den Mord am Artgenossen verhindern; oft ist sogar der ganze Kampf zu einem Turnier umgewandelt (K. Lorenz 1943, 1963 a). Man spricht in solchen Fällen von Kommentkämpfen*. Nur selten setzen wehrhafte Tiere ihre Waf-

* Comment = franz. »wie«, bezieht sich auf die studentischen Regeln des Fechtens.

fen einem Artgenossen gegenüber ohne Hemmung ein. Das gilt u. a. für einige Nager, wie z. B. die Hamster *(Cricetus)*, die sich nach kurzem Bißwechsel schnell voneinander absetzen können. Das gute Fluchtvermögen schützt den Verfolgten, und normalerweise dürfte wohl kaum ein Hamster den anderen umbringen.

In diesem Falle ist ganz offensichtlich kein Selektionsdruck vorhanden, der die Ausbildung von differenzierten Aggressionshemmungen oder gar Turnierkämpfen erzwingt. Es gibt sogar Fälle, in denen offensichtlich wird, daß das Töten des Artgenossen unter bestimmten Umständen vorteilhaft ist. Die Larven einiger parasitischer Wespen entwickeln, wenn sie in ihrem Wirt heranwachsen, ein vorübergehendes Kampfstadium mit sklerotisiertem Kopf und großen Mandibeln. In diesem Stadium kämpfen die Larven, die sich in einem Wirt befinden, bis nur eine überbleibt. Bei der Schlupfwespe *Poecilogonalos thwaitesii* bilden sich dann Kiefer und Kopfpanzerung wieder zurück (C. P. Clausen 1940). Ich vermute, daß mehr Larven in einem Wirt nicht heranwachsen könnten. Daß Löwen, Languren und noch einige andere Säuger gegen fremde Artgenossen wenig Hemmung zeigen, erwähnten wir (S. 459).

Honigameisen verschiedener Gruppen kämpfen turnierhaft. Die Königin der besiegten Gruppe wird dann getötet und damit der Verlierer genetisch ausgeschaltet. Diese Ameisen haben ein so empfindliches Abdomen, daß bei Beschädigungskämpfen auch der Sieger nur mit schweren Schäden davonkommen würde (B. Hölldobler 1976).

Daß man die Entstehung von Turnierkämpfen individualselektionistisch erklären kann, führten wir bereits aus (S. 462). Die Berufung auf ein Interesse der Art* ist dazu nicht notwendig. Die Kosten-Nutzen-Berechnungen ergeben für Kommentkämpfer eindeutige Vorteile. Beschädigungskämpfer können sich bestenfalls zu einem bestimmten niedrigen Prozentsatz in einer Population halten. Wo Kommentkämpfer auch über die Strategie des Beschädigungskampfes verfügen und auf Beschädigungskampf umschalten, wenn sie auf einen Beschädigungskämpfer treffen, wird scharf gegen letztere selektiert (S. 465).

Dennoch sollte man auch mit der Möglichkeit rechnen, daß gewisse Anpassungen, wie z. B. die Tötungshemmungen, einer Gruppe Vorteile in Konkurrenz mit anderen bieten. Schon die bereits bei vielen Wirbeltieren so ausgeprägte Unterscheidung zwischen In- und Outgroup mit der Beschränkung aggressionsgehemmten altruistischen Verhaltens auf Gruppenmitglieder spricht ganz deutlich dafür. Insbesondere beim Men-

* Bis in die Mitte der siebziger Jahre sprachen Ethologen oft davon, eine Struktur oder ein Verhalten habe sich im Dienste der Arterhaltung entwickelt oder stehe im Dienste der Arterhaltung.

schen kommt zu den Individualinteressen sicher auch ein Gruppeninteresse, da Gruppen Nahverwandter als Einheiten in der Selektion oft destruktiv kriegerisch gegen Gruppen vorgehen (I. EIBL-EIBESFELDT 1982).

Beispiele von Turnierkämpfen kennt man mittlerweile in großer Zahl. Von den Wirbellosen hat man insbesondere die Turnierkämpfe der Winkerkrabben gründlich studiert (R. ALTEVOGT 1957, J. CRANE 1966). Bei niedriger Kampfintensität stoßen die Tiere mit den nur wenig geöffneten Winkscheren aufeinander. Kleine Höcker an der Außenseite der Scheren verhindern, daß diese aneinander abgleiten. Erst bei höherer Kampfintensität fassen die Krabben einander mit den Scheren. Die Luftkämpfe der Libellenmännchen der Gattung *Calopteryx* laufen ebenfalls nach einem ritualisierten Schema ab, zu Beschädigungen kommt es dabei nie (A. HEYMER 1973).

Kommentkämpfe sind bei vielen Fischen zu beobachten. Bei Buntbarschen *(Cichlidae)* bedrohen die Rivalen einander entweder von vorne oder von der Seite, wobei sie die Flossen und beim Frontaldrohen vor allem die Kiemenhaut und Kiemendeckel spreizen (Abb. 15.66). Gleichzeitig erstrahlen die Kämpen in einem besonderen Prachtkleid. Bevor es zu Kämpfen kommt, kreisen sie wohl auch umeinander. Dann beginnt einer, mit seinem Schwanz nach dem Gegner zu schlagen. Durch diesen Schwanz-

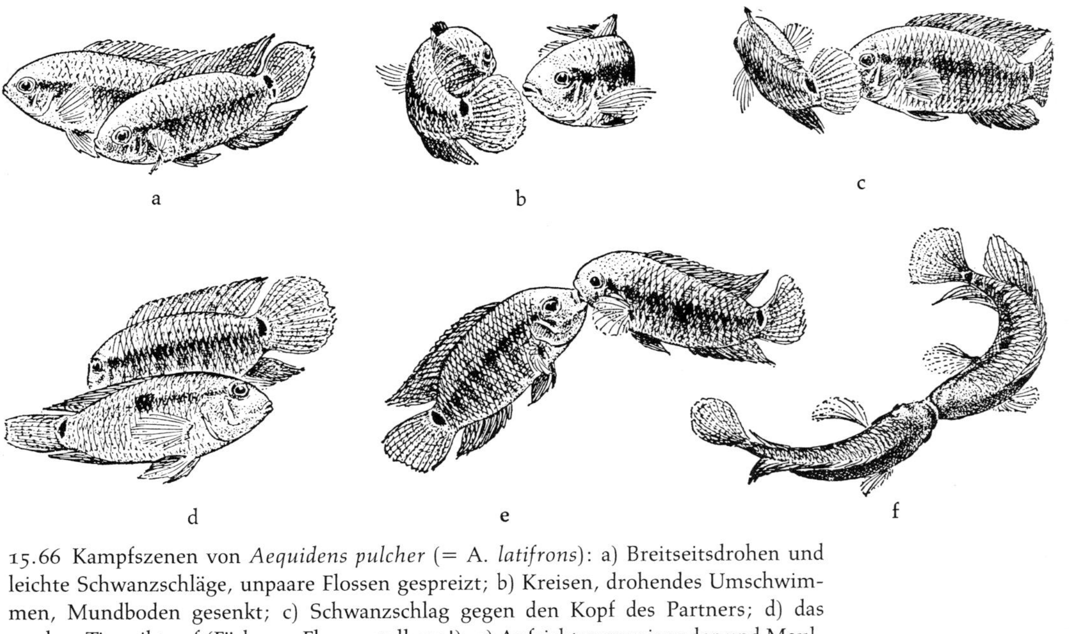

15.66 Kampfszenen von *Aequidens pulcher* (= A. *latifrons*): a) Breitseitsdrohen und leichte Schwanzschläge, unpaare Flossen gespreizt; b) Kreisen, drohendes Umschwimmen, Mundboden gesenkt; c) Schwanzschlag gegen den Kopf des Partners; d) das vordere Tier gibt auf (Färbung, Flossenstellung!); e) Aufrichten voreinander und Maulfassen; f) Maulzerren. Aus W. WICKLER (1962 b)

schlag wird ihm eine Druckwelle zugeschickt, aus der der Gegner die Stärke seines Kampfpartners ablesen kann. Der Buntbarsch *Apistogramma wickleri* hat sich geradezu auf das Schwanzschlagen spezialisiert. Indem er beim Schwanzschlag unter den Gegner zielt, erzeugt er einen Wassersog, so daß dieser absackt (W. WICKLER 1962 b). Nach dem Austausch der Schwanzschläge gehen die meisten Arten zu einem Maulzerren oder Maulschieben über, wobei sie einander am Ober- oder Unterkiefer packen. Schließlich gibt einer auf, faltet die Flossen und schwimmt weg. Kann er sich nicht zurückziehen, ist er in der Folge dauernden Angriffen des Gegners ausgesetzt, der nunmehr ohne weitere Hemmung mit Rammstößen Seiten und Flossen des Gegners beschädigt und ihn dann schnell tötet. Dazu kommt es allerdings nur bei Aquarienhaltung.

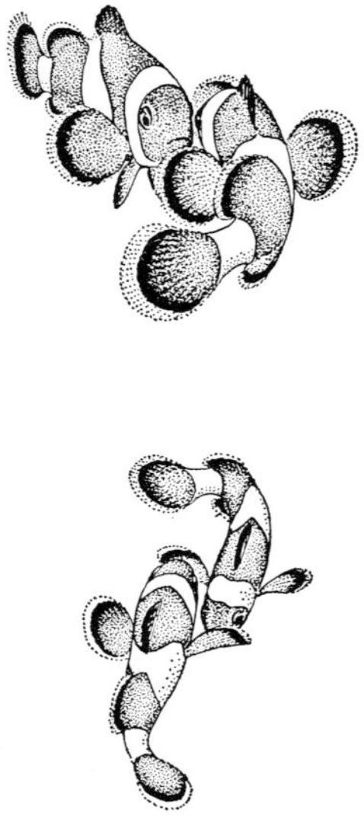

15.67 Die Pariertechnik kämpfender Clownfische *(Amphiprion percula)*. Aus I. EIBL-EIBESFELDT (1960 a)

Rotmaulbarsche *(Haemulon)* kämpfen, indem sie einander Maul gegen Maul vom Platz zu schieben trachten. Turnierkämpfe tragen auch die Anemonenfische *(Amphiprion percula)* aus, die durch eine Pariertechnik mit den Brustflossen die Vorstöße des Gegners abfangen (I. EIBL-EIBESFELDT 1960 a, 1965 a; Abb. 15.67). Schmetterlingsfische *(Chaetodon, Chelmon, Heniochus)* ringen miteinander beim Rivalenkampf, indem sie Stirn gegen Stirn drücken (D. ZUMPE 1965; Abb. 15.68). Der Schleimfisch *Emblemaria pandionis* packt seinen Rivalen nach einleitendem Drohduell am Kopf und versucht, ihn festhaltend, rückwärts in seine Wohnröhre zu kriechen. Gelingt ihm das, ist er Sieger, denn der hilflos vor der Röhre des Gegners Festgehaltene gibt schnell auf (W. WICKLER 1964 e).

Bei den Giftschlangen ringen die rivalisierenden Männchen nach genau festgelegten, von Art zu Art leicht abgewandelten Regeln (E. THOMAS 1961, CH. SHAW 1948). Klapperschlangen *(Crotalus ruber)* umschlingen einander mit ihren Schwänzen und erheben die vorderen Körperdrittel. In dieser Stellung schlägt jede mit dem Kopf nach dem Kopf des Gegners (Abb. 15.69). Das tun sie abwechselnd, bis eine erschöpft aufgibt. Bei den Meerechsen *(Amblyrhynchus cristatus)* kämpfen die Männchen, indem sie nach einleitendem Drohzeremoniell aufeinander losstürzen und Schä-

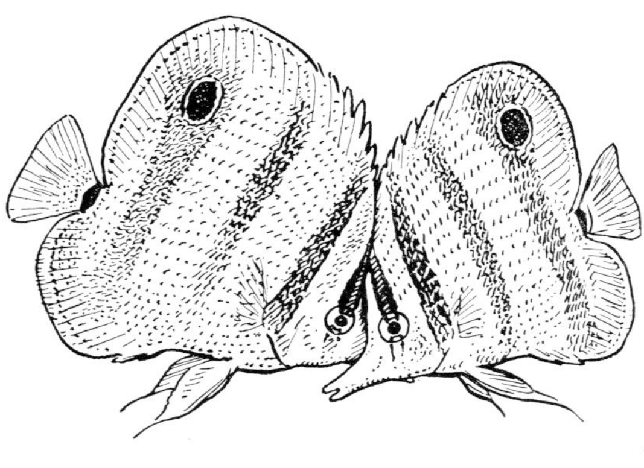

15.68 Kämpfende Pinzettfische *(Chelmon rostratus)*. Nach D. ZUMPE (1964)

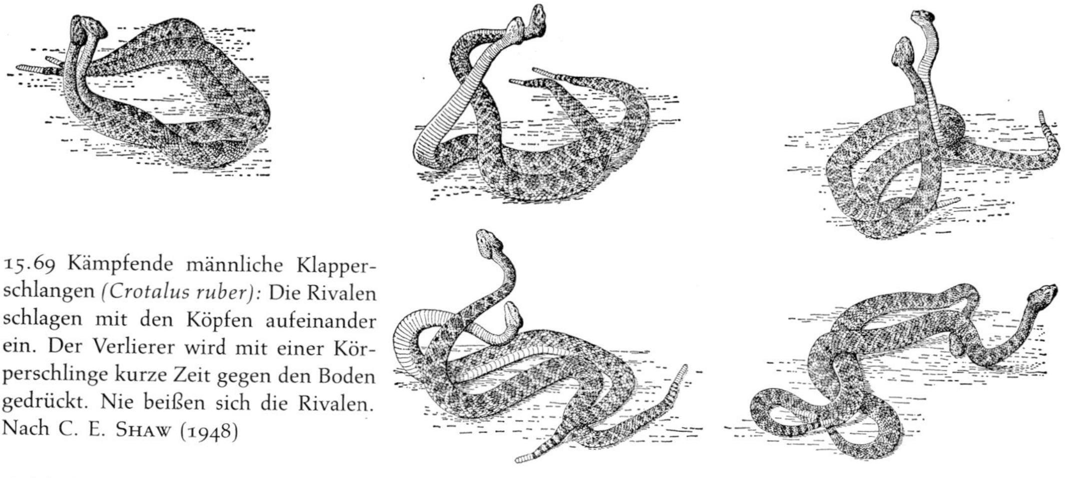

15.69 Kämpfende männliche Klapperschlangen *(Crotalus ruber)*: Die Rivalen schlagen mit den Köpfen aufeinander ein. Der Verlierer wird mit einer Körperschlinge kurze Zeit gegen den Boden gedrückt. Nie beißen sich die Rivalen. Nach C. E. SHAW (1948)

deldach gegen Schädeldach schlagen. Jeder versucht, den anderen vom Platz zu schieben. Merkt einer nun im Kampfverlauf, daß er unterlegen ist, gibt er auf und legt sich ganz flach vor den Sieger hin. Der respektiert die Demutsgebärde des Sichunterwerfenden und wartet in Drohstellung darauf, daß der Besiegte das Feld räumt (Abb. 15.70). So wird verhindert, daß die stärkeren Männchen mit ihrem kräftigen Gebiß die schwächeren, meist jüngeren töten und damit die Art ihrer Reserve an nachwachsenden Männchen berauben (I. EIBL-EIBESFELDT 1955).

Kämpfende Männchen der Lava-Eidechsen *(Tropidurus)* peitschen einander mit ihren Schwänzen (Abb. 15.71). Unter besonderen Umständen kommt es aber bei diesen Echsen auch zu Beschädigungskämpfen. Ein *Tropidurus*-Männchen, das durch einen Unfall seinen Schwanz verloren hatte, versuchte sich zunächst vergeblich mit Schwanzschlägen gegen seinen Nachbarn zu verteidigen, als wäre ihm der Verlust des Schwanzes nicht bewußt. Schließlich jedoch wehrte es sich erfolgreich mit Bissen (I. EIBL-EIBESFELDT 1966; Abb. 15.72). Meerechsenmännchen beißen und schütteln einen Rivalen, den man ihnen unvermittelt ins Gebiet setzt. Der Eingesetzte hat in einem solchen Fall keine Gelegenheit, das normalerweise einen Kampf einleitende Drohzeremoniell zu zeigen. Er verstößt damit gegen die Regeln. Und das ist wohl der Grund, weshalb er sofort angegriffen wird (Strategie des Vergeltens S. 465).

Bei den Zauneidechsen *(Lacerta agilis)* gestattet einer der Rivalen, daß ihn der andere am Nacken packt. Das tun sie abwechselnd, bis einer merkt, daß ihm der andere überlegen ist. Er kann dies am festen Griff seines Partners erkennen. Manchmal gibt jedoch ein kleinerer auch auf, wenn er beim Zubeißen merkt, daß er an einen besonders großen Rivalen geraten ist. Der Verlierer legt sich flach auf den Boden, tretelt (ritualisierte Flucht) und läuft davon (G. KITZLER 1942).

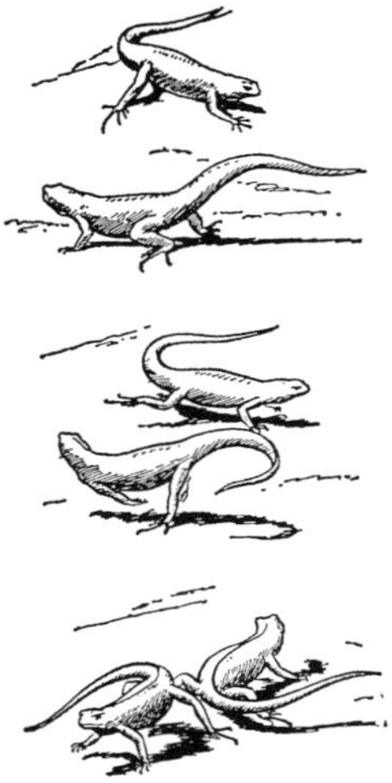

15.71 Mit Schwanzschlag kämpfende Lava-Eidechsen (Kielschwanzleguane; *Tropidurus delanonis*). Aus I. Eibl-Eibesfeldt (1964 a, 1966 a)

a

b

c

15.70 Der Kommentkampf der Meerechse: a) Revier eines Männchens (Bildmitte) mit mehreren Weibchen; b) zwei kämpfende Meerechsen (Schädelstoßen); c) der Schwächere gibt auf und legt sich flach vor den Sieger hin, der daraufhin zu kämpfen aufhört. Fotos: I. Eibl-Eibesfeldt

15.72 a–c): Beschädigungskampf einer Lava-Eidechse *(Tropidurus albemarlensis)* nach dem Verlust ihres Schwanzes. Das Tier hatte zunächst erfolglos versucht, den Angreifer durch Schwanzschlag zu bekämpfen. Als das nicht ging, flüchtete es zunächst auch aus seinem Revier, wenn der Nachbar eindrang. Nach einigen Tagen wehrte es sich, indem es den Gegner am Schwanz packte, und besiegte ihn. Fotos: I. Eibl-Eibesfeldt

Truthähne versuchen, den Rivalen durch Drohlaute oder durch Anspringen und Schlagen mit den sporenbewehrten Läufen zu vertreiben. Stellt sich der Gegner zum Kampf, dann kommt es zu einer turnierartigen Auseinandersetzung, wobei jeder bemüht ist, den anderen an der auffällig rot gefärbten Hals- und Kopfhaut zu packen, ihn wegzuschieben oder gegen den Boden zu drücken. Die äußerst widerstandsfähige Haut verträgt diese rauhe Behandlung viel besser als jedes Gefieder, und nach W. M. Schleidt (1966) liegt die Bedeutung der roten Signalfarbe darin, daß sie die Schnabelhiebe auf sich zieht und das Gefieder dadurch unbeschädigt bleibt. Hennen und besiegte Hähne, die kein Rot zeigen, werden nicht zum Kämpfen aufgefordert. Haushähne hacken und treten einander nach einleitendem Drohzeremoniell. Der Verlierer unterwirft sich schließlich.

Birkhähne *(Lyrurus tetrix)* besetzen zur Paarungszeit Territorien und verteidigen diese gegen ihre Nachbarn meist recht ritualisiert, ohne daß es zum wirklichen Kampf kommt (I. Hjorth 1966, 1970; Abb. 15.73).

Viele Säuger gehen nach einleitendem Drohzeremoniell zu einem Beschädigungskampf über. Angreifende Wanderratten schieben sich mit gesträubtem Fell und gekrümmtem Rücken zähnewetzend mit der Breitseite an den Gegner heran (Abb. 15.74). Sie meiden dabei plötzliche Bewegungen, die das Abwehrbeißen auslösen könnten, und beginnen, den Gegner vom Platz zu schieben. Soweit ist der Kampf unblutig, und er kann auch damit enden, daß der Bedrängte aufgibt und sich mit einem Sprung einer

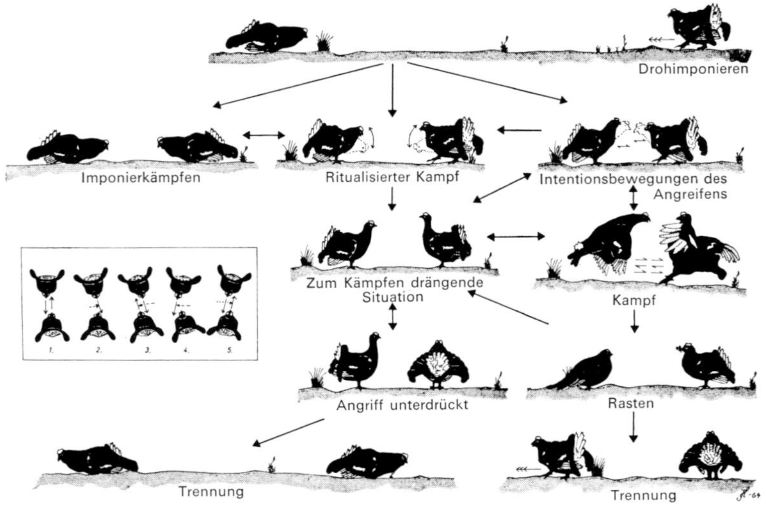

15.73 Verhaltensweisen der innerartlichen Aggression des Birkhahnes an der Reviergrenze. Aus I. HJORTH (1966)

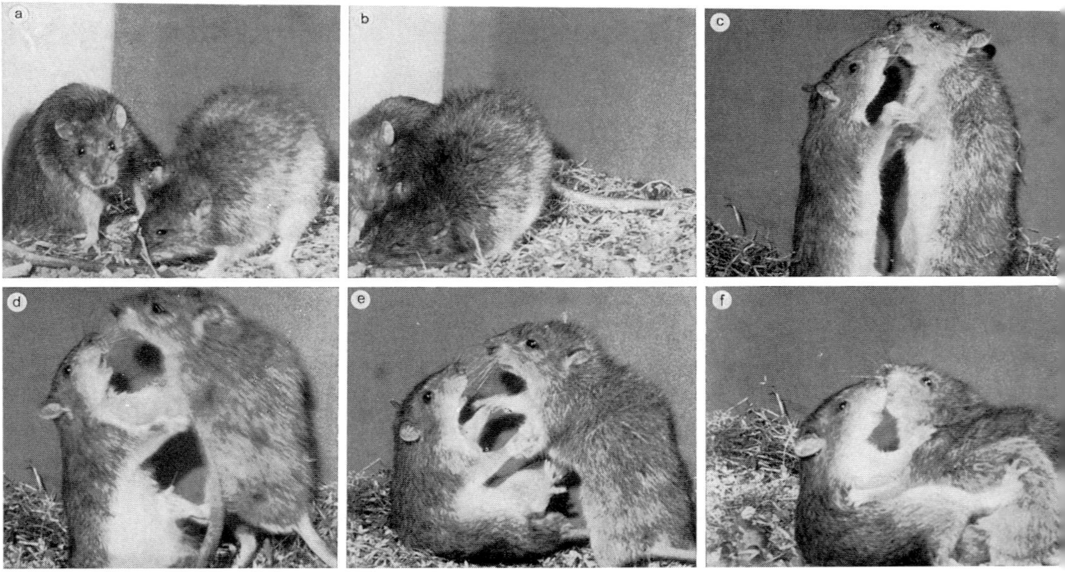

15.74 Kampf zweier männlicher Wanderratten (Wildform): a) und b): Der Angreifer schiebt sich mit der Breitseite an seinen Gegner heran; c) die Gegner bekämpfen einander gegenüberstehend. Der stärkere Angreifer wirft seinen Gegner dabei auf den Rücken und tritt mit dem Hinterfuß; d) bis f): die Gegner erstarren in »Ringerstellung«. Aus wiss. Film E 131. Fotos: I. EIBL-EIBESELDT (1957 b)

weiteren Auseinandersetzung entzieht. Nach dieser Einleitung betrommeln sich die Ratten, einander aufgerichtet gegenüberstehend, oft mit den Vorderbeinen und treten den Gegner mit dem Hinterbein. Fällt der Gegner um und liegt der Angreifer auf ihm, dann erstarren beide und drohen nur durch Zähnewetzen und Fiepen. Zuletzt kommt es zu einem Beschädigungskampf, in dessen Verlauf sich die Tiere ineinander verbeißen (Abb. 15.75). Nach wenigen Sekunden gibt eines auf und flieht (I. EIBL-EIBESFELDT 1958, 1963).

Ratten haben eine deutliche Hemmung, ihren Gegner in den Bauch zu beißen. Die meisten Angriffe richten sich gegen den Rücken des Gegners. Fixiert man eine betäubte Ratte mit dem Bauch nach oben im Territorium einer anderen Ratte, dann beißt sie diese gelegentlich in die Beine, nicht aber in den Bauch (R. J. BLANCHARD und D. BLANCHARD 1977).

Auch Wölfe beißen sich heftig so lange, bis einer Demutsverhalten zeigt, indem er sich kleiner macht und ähnlich wie ein Jungtier um Futter bettelt oder auf den Rücken rollt und stillhält. Auch diese Haltung leitet sich wohl vom Welpenverhalten ab und kann als ritualisierte Darbietung zur Reinigung gedeutet werden. Oft uriniert der sich so Unterwerfende und löst damit wirkliche Säuberung seitens seines Gegners aus (Abb. 15.76). Hunde verhalten sich ähnlich (K. LORENZ 1963 a, R. SCHENKEL 1967). Demutsverhalten durch Darbieten der Halsseite beschrieben D. BACKHAUS (1960) vom Zebra und H. KUMMER (1968) vom Pavian. K. LORENZ (1963) beschrieb dieses Verhalten von Wolf und Haushund, doch meinte R. SCHENKEL (1967), daß es sich hier um eine Fehlinterpretation handle, denn nur Dominante würden dies Verhalten zeigen. Das ist nach M. W. FOX (1969) jedoch nicht der Fall. Das Kopfwegwenden ist eine beschwichtigende Gebärde. Hyänenhunde beschwichtigen ebenfalls durch ritualisiertes Futterbetteln und passive Unterwerfung, bei der sie sich, ähnlich wie Hunde, wehrlos dem Gegner preisgeben.

Sehr weitgehend ritualisiert sind die Kämpfe horn- und geweihtragender Huftiere. Dickhornschafe gehen einander aufrecht auf den Hinterbeinen entgegen und schlagen von oben herab mit den Köpfen zusammen

15.75 Beschädigungskampf bei Wanderratten: Die Tiere sind ineinander verbissen.

a b

15.76 Demutsverhalten des Wolfes: a) Aktives Beschwichtigen durch Futterbetteln; b) passive Unterwerfung. Nach R. SCHENKEL (1967)

(H. BRUHIN 1953). Bei Nilgaubullen kommt neben dem üblichen Stirn-gegen-Stirn-Stoßen ein hochritualisierter Halskampf vor (F. WALTHER 1958; Abb. 15.77).

Hornartige Organe haben sich im Dienste der innerartlichen Aggression wiederholt in Konvergenz ausgebildet (V. GEIST 1966 a). Die Formenmannigfaltigkeit der Hornbildungen innerhalb der horntragenden Huftiere zeigt sehr deutlich, daß diese Organe primär im Dienste der innerartlichen Auseinandersetzung stehen und an die spezifische Kampfesweise einer Art angepaßt sind. Würden sie Waffen gegen Freßfeinde darstellen, dann wären sie wohl meist dolch- und säbelförmig, aber sicherlich nicht eingerollt wie das Gehörn des Wildschafes. Bei den Rammern ist die Stirn mit den massiven Gehörnansätzen zu einem Rammschild ausgebildet (Beispiel Büffel). Bei den Ringern sind die Gehörne so beschaffen, daß sie sich in jene des Gegners verhaken beziehungsweise einander eingabeln (Kudu und Impala). Fechter schlagen mit der Längsseite der Hörner aufeinander, wobei der Mittelteil des Horns besonders beansprucht wird. Er ist daher gebogen, und Querleisten aus Horn verhindern ein Abgleiten (Steinbock, Rappenantilope) (F. WALTHER 1966). Bei Arten mit seitlich stark ausladendem Gehörn decken die Gehörne die Flanken ab und verhindern den Flankenangriff. Der Gegner kann den verteidigungsbereiten Rivalen nur frontal angreifen. In einem solchen Fall ergibt sich die Turnierregel aus der Struktur der beim Kampf eingesetzten Organe. Aber interessanterweise ist eben das meist nicht der Fall. Die Thomsongazelle hat keineswegs ein seitlich ausladendes Gehörn, Flankenangriffe wären hier möglich, und die Rivalen stehen auch manchmal in solcher Position zueinander, daß man solche

Meerkatze *(Cercopithecus aethiops)*, beim Sitzen die bunten Genitalien zeigend. Foto: I. Eibl-Eibesfeldt (Tsavo National Park, Kenia)

Tafel XI

a

b

c

Der Krieg kam nicht erst mit dem Ackerbau in die Welt. Auch Jäger- und Sammlervölker praktizierten ihn, wie die Felsmalereien der Buschleute in den Drakensbergen belegen, die aus der Periode vor dem Kontakt mit dem Europäer stammen. Die Felsmalereien befinden sich auf der Farm Godgegeven bei Warden in Südafrika. Die Aufnahmen a) und c) zeigen jeweils zwei einander bekämpfende Buschmanngruppen, die Aufnahme b) wohl eine interethnische Auseinandersetzung. Die Buschleute kämpfen hier gegen einen dunkleren, gedrungeneren Menschentypus. Einer trägt in der Hand eine Waffe (Faustkeil?). Fotos: I. Eibl-Eibesfeldt

15.77 Das Kampfzeremoniell verschiedener Antilopen: a) Zwei Nilgaubullen *(Boselaphus tragocamelus)* beim Halskampf. Die Tiere versuchen, einander gegen den Boden zu drücken. Die Art kämpft überdies auch durch Stoßen mit den Hörnern; b) Elenantilopen *(Taurotragus oryx)* richten ihren Angriff immer nach dem Kopfpol des Gegners. Das tun auch andere Antilopen mit gut entwickeltem Gehörn. Aus F. WALTHER (1961)

geradezu erwarten würde. Dennoch hat F. WALTHER in mehr als 1000 Kämpfen nicht einen Flankenangriff gesehen. Die Rivalen machten ausschließlich Frontalangriffe gegen den Kopfpol beziehungsweise das Gehörn des anderen. Hier liegt also eine echte Ritualisierung vor. Besondere zentralnervöse Strukturen müssen diesen Kampfregeln zugrunde liegen.

Neben solchen Ritualisierungen des Kampfverhaltens gibt es auch bei den Antilopen angriffshemmende Unterwerfungshaltungen, bei denen die Tiere den Kopf abwenden, das Gehörn in den Nacken legen oder sich gänzlich abwenden. Immer wird dabei das Gehörn vom Gegner abgewendet, und man macht sich auch kleiner (F. WALTHER 1966).

In vergleichbarer Weise sind die Geweihe an die Kampfesweise ihrer Träger angepaßt. Hier kommt es mit dem alljährlichen Geweihwechsel auch zu einem Wechsel der Kampfesweise. Nach dem Stangenabwurf und solange das Geweih im Bast ist, kämpfen die Hirsche mit den Hufen, und zwar ohne es erst mit dem Kopf zu probieren.

Geweihe und Gehörne sind bei manchen Arten auch visuelle Rangzeichen (S. 598).

Die Stirnstoßtechnik der horn- und geweihtragenden Huftiere dürfte sich aus dem Beißen entwickelt haben (G. TEMBROCK 1960). Man kann annehmen, daß der Beißangriff durch soziale Beißhemmungen abgebremst wurde, wobei die Tiere den Kopf senkten und, von der Wucht des Angriffs vorangetragen, mit der Stirne zustießen. Dafür spricht unter anderem, daß hornlose Weibchen beim Stirnstoßen noch Schnappbewegungen machen, ebenso ferner die Beißdrohgebärde der Hirsche (S. 339). Hornlose Weibchen stoßen den Gegner in 50 Prozent der Fälle in die Seite, was horntragende Männchen und Weibchen fast nie tun (F. Walther 1961; Abb. 15.78). Auch die Turniere der Meerechsen könnten auf diese Weise entstanden sein. Brüllaffen verteidigen das Gebiet ihrer Gruppe durch lautstarkes Rufen. C. R. Carpenter (1942) und C. H. Southwick (1963) sprechen von richtigen stimmlichen Kämpfen, durch die eine blutige Auseinandersetzung verhindert wird. Beim Menschen gibt es unter anderem Gesangsduelle (Beispiele in I. Eibl-Eibesfeldt 1975, 1984). Weitere Beispiele von Turnierkämpfen bei B. Oehlert (1958), W. Schleidt und M. Schleidt (1962), K. Fiedler (1964), D. Ohm (1964), I. Eibl-Eibesfeldt (1961 b) und J. Crane (1966).

Bei den Demutsstellungen, die einen Kampf beenden, werden – wie schon bei den beschwichtigenden Grußgebärden ausgeführt – kampfauslösende Signale abgewendet. Man macht auch genau das Gegenteil des Drohens, indem man sich verkleinert, ein Prinzip, das Darwin als das der Antithese ausführlich besprach (Abb. 15.79). Viele Fische falten die Flossen zusammen und ändern die Färbung (Abb. 15.80). Der Buntbarsch *Tilapia mariae* wechselt z. B. vom Prachtkleid ins Jugendkleid. Er bekommt deutliche Querstreifen, die ihn zwischen den Pflanzen gut tarnen (H. Albrecht 1966). Oft beschwichtigt infantiles Verhalten. Der Hund, der sich in Rückenlage vor einem anderen unterwirft, uriniert häufig, und dann beleckt ihn der Angreifer wie die Mutter ihr Junges. Daß viele Tiere (z. B. Hamster) bei der Balz durch infantiles Verhalten beschwichtigen, haben wir schon erwähnt (S. 235). Gelegentlich wird auch die weibliche Präsentierbewegung (Pavian, S. 209) als Demutsgebärde angewandt. Auf

15.78 Hornlose Weibchen – hier Nilgau-Antilopen – stoßen im Kampf in mindestens 50 % der Fälle mit der Stirn nach der Flanke des Gegners, was die Männchen und die Weibchen horntragender Arten kaum tun. Nach F. Walther (1961)

15.79 Das von DARWIN entdeckte Prinzip des Gegensatzes (Antithese): a) Drohgebärde des Hundes; b) Demutsgebärde. Aus CH. DARWIN (1872)

die aggressionsbeschwichtigenden Verhaltensweisen des Menschen gehen wir noch näher ein (Kapitel 18).

Bei Auseinandersetzungen mit Artgenossen wäre es für das schwächere Individuum günstig, sich zurückzuziehen, wenn es sich selbst als schwächer einschätzt. Und es sollte sich das Bluffen entwickeln, wenn bereits einfache Signale des Drohens eine Auseinandersetzung entscheiden könnten. Die Signale müßten aber Indikatoren der Kampfbereitschaft sein; denn wenn man lernt, daß der andere trotz schönsten Drohens nicht zu kämpfen bereit ist, würde ja das Signal unwirksam. Signale, welche leicht von Schwachen nachgeahmt werden können, sollten im Laufe der Evolution ihre Wirkung verlieren, während zuverläßliche Merkmale, wie z. B. Körpergröße, größere Bedeutung gewinnen. Allerdings konnte man auch hier Größe vortäuschen. Nur kostet das auch etwas, daher bleibt Größe im allgemeinen ein guter Indikator. Da tiefe Töne auf Körpergröße hinweisen, finden sie häufig als Drohlaute Verwendung (Brüllen, Röhren). In der innerartlichen Auseinandersetzung scheint daher Bluff schwerer möglich, wohl aber in der zwischenartlichen Begegnung; denn hier ist das Risiko, den unbekannten Drohenden durch Test auf Kampffähigkeit zu prüfen, zu groß. Wird eine Auseinandersetzung allein durch Imponieren entschieden, dann sollte bis zum letzten Moment keiner signalisieren, daß er bereit ist aufzugeben. Signale typischer Intensität (S. 196) wären also vorzuziehen. Was man allerdings in der Regel bei aggressiven Auseinandersetzungen innerhalb einer Art beobachtet, ist die Verwendung von nach Intensität abgestuften Signalen.

Warum viele Tiere auf so unzweckmäßige Weise ihre wirklichen Intentionen verraten, ist nicht klar. Als Erklärung bieten R. DAWKINS und J. KREBS (1981) an, daß abgestufte Signale im wesentlichen abgestufte Formen der Eskalation des Kämpfens darstellen. Und wenn einer eine starke Drohgeste benützt, dann muß entweder die Ressource, um die es

15.80 Drohstellung (oben) und Demutsstellung (unten links) von *Blennius fluviatilis*. Foto: W. Wickler

geht, für den so Drohenden besonders wertvoll sein, oder er muß wirklich einen hohen Kampfwert besitzen. Aber wie verhindert man, daß ein Schwacher durch starkes Drohen Stärke nur vortäuscht? Vielleicht sind die Signale hoher Intensität selbst teuer. Und vielleicht geben abgestufte Signale die Abstufung der Kosten kund, die einer aufzuwenden bereit ist, um die Auseinandersetzung zu gewinnen.

»Das Tier verhält sich wie ein Mann auf einer Auktion: Der beste Weg zum Gewinnen einer Ressource mit so wenig Kosten wie nur möglich ist der, mit einem geringen Angebot anzufangen und nur höher zu gehen, wenn dies notwendig ist. Für das Tier könnten ›Kosten‹ entweder die energetischen Kosten zum Ausführen einer Verhaltensweise sein oder wahrscheinlicher das Risiko einer Vergeltung durch den Rivalen in einem eskalierten Kampf. Man kann intuitiv sehen, warum eine starke Drohgeste zu einem höheren Risiko des Auslösens eines Angriffs durch einen Rivalen führen sollte. Keines der Individuen weiß, wie weit das andere zu gehen bereit ist, aber wenn A die kostspieligste Bewegung unter dem eskalierten Kampf ausspielt, und B bereit ist weiterzugehen, besteht für B nur noch die Möglichkeit zu eskalieren. Wenn jedoch A eine Bewegung von geringeren Kosten ausspielt, kann B A überbieten, ohne zu eskalieren« (R. DAWKINS und J. KREBS 1981, S. 236). Die Genannten fügen noch hinzu, daß es dennoch eigentlich rätselhaft sei, weshalb ein Tier durch abgestufte Signale seine wirklichen Intentionen verrate.

Die Existenz der Kommentkämpfe macht ersichtlich, wie stark der aggressionsfördernde Selektionsdruck ist. Sonst hätte die Gegenselektion aggressives Verhalten dort weggezüchtet, wo es zur Selbstgefährdung führt. Statt dessen wurden jedoch die kompliziertesten Kampftechniken entwickelt, die unblutiges Kämpfen gestatten.

15.3.1.4 Das dynamische Instinktkonzept der Aggression

Um die Erklärung der Genese und Motivation aggressiven Verhaltens bemühen sich viele Autoren. Die Standpunkte werden zum Teil mit Emotionen vertreten, da man Aggression vielfach mit »böse« gleichsetzt, was ein Biologe nicht unbedingt so sieht. Aggressionen erfüllen, wie wir ausführten, durchaus Aufgaben im Dienste der Eignung. Mehrere Modelle zur Erklärung aggressiven Verhaltens liegen vor:

1. Die Vertreter der Lerntheorie nehmen an, daß aggressives Verhalten gelernt werde. Ein Kind sammelt die Erfahrung, daß es gewisse Wünsche auf aggressive Weise durchzusetzen vermag, und setzt demnach aufgrund dieser Erfahrungen Aggressionen instrumental ein. Das gleiche gilt wohl auch für viele höhere Wirbeltiere. Neben diesem Lernen am Erfolg spielt ferner das Modellernen eine große Rolle (K. SCHERER und Mitarbeiter 1975). A. BANDURA und R. H. WALTERS (1963) führten Kindern im Versuch aggressive und friedliche Modelle vor und beobachteten anschließend in einer freien Spielsituation das Verhalten der Kinder gegenüber Puppen. Die Modelle beeinflußten die Kinder eindeutig. Die aggressiven und friedlichen Vorbilder wurden nachgeahmt. Daß man das aggressive Verhalten der Tiere durch Lernerfahrungen beeinflussen kann, ist durch zahlreiche Versuche belegt.

   J. P. SCOTT (1960) machte Mäusemännchen durch Kampferfolge zu sehr aggressiven Kämpfern und bekam friedfertige Männchen, wenn er sie mit Weibchen aufzog und überdies täglich am Schwanz hochhob und streichelte. Auch aggressive Welpen, die er hochhob, so daß sie mit den Beinen in der Luft zappelten, wurden schließlich friedlich. B. GINSBURGH und W. ALLEE (1942), J. SCOTT und E. FREDERICSON (1951), M. KAHN (1951) und J. UHRICH (1938) bewiesen experimentell, daß Kampferfolge Mäuse aggressiv stimmen, Niederlagen dagegen die Aggressivität dämpfen.

Diese Nachweise eines wichtigen Lernanteils führten zu monistischen Erklärungsversuchen. Sowohl J. P. Scott (1960) als auch Z. Y. Kuo (1960) und A. Bandura (1973), um nur einige zu nennen, vertreten die Ansicht, daß Aggression etwas Erworbenes sei. Scott * ist der Ansicht, daß schmerzliche Erfahrungen in der Jugend dabei eine entscheidende Rolle spielen. Junge Hunde und Mäuse würden z. B. solche Erfahrungen beim Drängeln ums Gesäuge sammeln. Schmerz sei ein primärer Auslösereiz für defensives Kämpfen. Nicht durch Schmerz provozierte Attacken seien jedoch das Ergebnis von Erfahrungen.

2. Die Frustrations-Aggressions-Hypothese vertritt ein reaktives Modell. Aggression tritt nach ihr immer auf, wenn das Tier im zielstrebigen Verhalten an der Erreichung eines Ziels gehindert – frustriert – wird, so z. B., wenn ein Trieb nicht ausgelebt werden kann, weil ihm ein Hindernis entgegensteht. Aggression wird in diesem Sinne als Mittel zur Überwindung von Hemmnissen angesehen und steht damit sekundär im Dienste anderer Triebe. Die Hypothese wurde von J. Dollard und Mitarbeitern (1939) entwickelt.

   L. Berkowitz (1962) und M. F. A. Montagu (1962) schließen sich dieser Hypothese an, die sich auch in erzieherischen Programmen niederschlug, so bei J. P. Scott, der rät, Kinder in einem Milieu aufzuziehen, in dem alle jene Reize fehlen, die aggressives Verhalten durch Frustration auslösen könnten. W. Craig (1928) meint, daß es kein Appetenzverhalten für das Kämpfen gebe, ein Tier verteidige nur seine Interessen, kurz, auch für ihn ist die Aggression ein reaktives Verhalten. Ähnlich äußert sich P. Marler (1957 b). Er betont allerdings, daß endogene Einflüsse (z. B. Hormone) eine Sensibilisierung des Tieres bestimmten Kategorien von Außenreizen gegenüber bewirken können.

   Die Aggressions-Frustrations-Hypothese ist durch viele Versuche gestützt und hat in der Humanpsychologie viele Anhänger. A. Plack (1968) führt z. B. alle Aggression des Menschen auf sexuelle Frustrationen zurück, und er verspricht sich von einer auf diesem Gebiet permissiven Gesellschaft eine friedliche Welt.

3. Diesem Konzept der Aggression steht das dynamische Instinktkonzept der Aggression von S. Freud und K. Lorenz gegenüber (siehe auch A. Mitscherlich 1957, 1959). Freud postulierte allerdings einen mystischen Todestrieb, eine Auffassung, von der moderne Psychoanalytiker abrückten (H. Hartmann und Mitarbeiter 1949). K. Lorenz (1943, 1963) dagegen sah sowohl die triebhafte Grundlage der Aggres-

---

* »From a more general viewpoint, the experiments with mice show us that aggression has to be learned. Defensive fighting can be stimulated by the pain of an attack, but aggression in the strict sense of an unprovoked attack can only be produced by training« (Scott 1960, S. 20).

sion als auch ihre arterhaltende Funktion. Die Aggression ist nach seinen Schlußfolgerungen ein echter Instinkt mit eigener endogener Erregungsproduktion und dem entsprechenden Appetenzverhalten. Bestimmte Schlüsselreize können ihn aktivieren. Dieses Konzept der Aggression steht den eingangs genannten Thesen entgegen, ist jedoch durch experimentelle Befunde mittlerweile erhärtet worden.

4. Das ethologische Interaktionsmodell berücksichtigt ebenfalls die Triebdynamik der Aggression, gewichtet sie jedoch etwas anders, da es sicherlich auch Arten gibt, deren Kampfverhalten reaktiv ist. Der Antrieb ist ferner nur eine der stammesgeschichtlichen Determinanten; andere liegen im motorischen, rezeptorischen und als Lerndispositionen sogar im Lernbereich. Auch wird im ethologischen Interaktionsmodell die Interaktion von Angeborenem und Erworbenem mehr betont.
   Damit wird dieses Modell der Tatsache gerecht, daß alle unter 1. bis 3. angeführten Meinungen zur Entwicklung aggressiven Verhaltens auf gut fundierten Beobachtungen und Experimenten beruhen. Einzig ihr monistischer Erklärungsanspruch ist abzulehnen. Das gilt vor allem für die Lerntheorien, deren ausschließliche Gültigkeit durch die Befunde der Ethologen widerlegt ist. Durch Aufzucht unter Erfahrungsentzug kann man nachweisen, daß Tiere mit Bewegungen ausgerüstet sind, die im Dienste der innerartlichen Aggression stammesgeschichtlich entwickelt wurden.

Isoliert aufgezogene Ratten und Mäuse greifen zugesetzte Artgenossen an, wobei sie alle für die Art typischen Verhaltensweisen des Drohens und Kämpfens zeigen (E. M. Banks 1962, J. A. King und N. L. Gurney 1954, I. Eibl-Eibesfeldt 1963). Die von Banks isoliert aufgezogenen Mäuse waren sogar aggressiver als die mit Artgenossen aufgewachsenen. Interessant sind in diesem Zusammenhang auch die Beobachtungen von G. A. Hudgens, V. H. Denenberg und M. X. Zarrow (1968), denen zufolge Mäuse, die vor dem Abstillen keine Gelegenheit hatten, mit Geschwistern zu spielen, kampfbereiter waren als Mäuse, die mit Geschwistern aufwuchsen. Die genannten Autoren vermuten, daß die Mäuse bei ihren Spielbalgereien lernen, ohne Aggression miteinander auszukommen. Beim Spiel verletzen sich die Kleinen gegenseitig nicht, da ihre Kiefer und Zähne noch unentwickelt sind. Die isoliert aufgezogenen Mäuse von King und Gurney griffen einen Artgenossen weniger schnell an als gesellig aufgewachsene, wohl weil ihre angeborene Aggressivität durch die Vielheit der neuen Reize zunächst unterdrückt wurde. Nach K. Lagerspetz und S. Talo (1967) reift das aggressive Verhalten der Albinomäuse spontan um den 28. Tag. Die Reifung wird durch Strafreiz (Schmerz) verzögert, durch Nahrungsentzug dagegen beschleunigt. Gruppenerfahrung ist für die Entwicklung des Kampfverhaltens jedoch nicht notwendig. Eine genetische Kontrolle aggressiven Verhaltens wiesen K. LAGERSPETZ und K. WORINEN (1965) nach, indem sie Würfe von Müttern aggressiver und nicht aggressiver Mäusestämme austauschten. Die von friedlichen Müttern aufgezogenen Mäuse aggressiver Abstammung erwiesen sich dennoch als deutlich aggressiver als die von aggressiven Müttern aufgezogenen Tiere friedlichen Stammes (K. LAGERSPETZ 1964). Durch systematische Auslese kann man aggressive und friedliche Mäusestämme heranzüchten (S. 327). J. P. KRUIJTS (1964) isoliert aufgezogene Wildhähne waren aggressiver als im Verband aufgezogene und zeigten die arttypischen Verhaltensweisen des Drohens und Kämpfens. Allein gelassen, bekämpften sie sogar ihren eigenen Schwanz! Isoliert aufgezogene Kampffische *(Betta splendens)* bekämpften mit den arttypischen Verhaltensweisen erstmals zugesetzte Artgenossen oder ihr eigenes Spiegelbild (H. LAUDIEN 1966).

Sicherlich beeinflussen Erfahrungen mit Artgenossen die Aggressivität (E. MCNEIL 1959, F. MERZ 1965). Rhesusaffen, die ausschließlich mit ihrer Mutter aufwuchsen, sind später gleichaltrigen Spielgefährten gegenüber zurückhaltender und aggressiver, wahrscheinlich weil sie eine Phase der primären Sozialisierung vermißten. Sie passen sich aber im allgemeinen schnell an. In allen übrigen Verhaltensbereichen sind so aufgezogene Affen durchaus normal (B. K. ALEXANDER und Mitarbeiter 1966). Die starke Beeinflußbarkeit aggressiven Verhaltens durch Erfahrungen gestattet jedoch nicht den Schluß, es sei überhaupt erlernt.

Damit aggressives Verhalten in Erscheinung tritt, muß das Tier jedoch im allgemeinen in seinem vertrauten Territorium sein, sonst flüchtet es, anstatt anzugreifen (S. 529; N. TINBERGEN 1951). Das nützt jeder Dompteur, der zuerst den Käfig betritt und erst dann die Löwen zu sich läßt. So nämlich tritt er als Revierinhaber auf, und die Löwen sind von vornherein in ihrer Aggression gedämpft.

Über die das Kampfverhalten auslösenden Schlüsselreize haben wir bereits gesprochen (S. 185). Sie sind oft sehr einfacher Art. Zaunleguanmännchen *(Sceloporus undulatus)* greifen Weibchen an, deren Bauchseiten blau bemalt sind, ignorieren dagegen Männchen, deren blaue Bauchseiten man grau färbte (G. K. NOBLE und H. T. BRADLEY 1933), und unerfahrene Stichlinge greifen, wie oben erwähnt, rotbäuchige Attrappen an. Man kann durchaus nachweisen, daß Erbkoordinationen, Auslösemechanismen und Auslöser als stammesgeschichtliche Anpassungen »im Dienste« der innerartlichen Aggression entwickelt wurden. Die neuralen Substrate aggressiven Verhaltens sind in verschiedenen Fällen recht gut bekannt (B. KAADA 1967, J. M. R. DELGADO 1967, W. R. HESS 1954). Die Bereitschaft der Tiere, aggressiv zu reagieren, zeigt ferner deutliche Schwankungen, die nicht ausschließlich auf entsprechende Schwankungen der Umweltbedingungen zurückgeführt werden können. Wir wissen, daß das männliche Geschlechtshormon bei Wirbeltieren dabei eine entscheidende Rolle spielt, und zwar sowohl bei der Induktion der Handlungsbereitschaft (J. G. VANDENBERG 1971) als auch bei der Organisation der neuralen Strukturen in der frühen Entwicklung (D. EDWARDS 1968; siehe auch S. 68). Über weitere biochemische Prozesse, die ebenfalls eine Rolle spielen, berichtet A. B. ROTHBALLER (1967). Daß sich echte Kampfappetenz auch spontan beim sozial isoliert aufgezogenen Tier entwickelt und nach Entladung drängt, zeigen die schon erwähnten Versuche von J. P. KRUIJT (1964). Die Aggression ist keineswegs bloß reaktiv. Die Schwankungen der Aggressionsbereitschaft eines Tieres weisen auf motivierende Mechanismen im Organismus hin. Der Einsiedlerkrebs *Pagurus samuelis* zeigt nach längerer sozialer Isolierung deutlich gesteigerte Aggressivität, und zwar nehmen selektiv die Verhaltensweisen des eigentlichen Kämpfens zu, während die lokomotorische Aktivität unbeeinflußt bleibt (E. COURCHESNE und G. W. BARLOW 1971).

Durch elektrische Hirnreizung kann man beim Huhn echte Kampfappetenz auslösen (E. v. HOLST und U. v. SAINT PAUL 1960).

Die Ergebnisse von Isolierversuchen an Fischen, die Aggressionsstau und -abreaktion belegen, besprachen wir bereits im Kapitel 4: Motivierende Faktoren (S. 95). Interessant sind in diesem Zusammenhang die Versuche von M. JOUVET (1972). Während des REM-Schlafes (S. 657) zeigen bestimmte Bezirke des Katzenhirns eine gesteigerte elektrische Aktivität. Zur gleichen Zeit bewegen die Tiere Augen, Ohren, Schnurrhaare und die Pfoten, als würden sie träumen. Zerstört man bei diesen Katzen eine kleine Region im Nachhirn, dann kommen während des REM-Schlafes aggressive Verhaltensweisen zum Durchbruch, und zwar in etwa 80 Prozent aller Fälle. Das läßt auf die Existenz spontan tätiger Neuronengruppen schließen, die normalerweise durch Hemmzentren des Nachhirns unter Kontrolle gehalten werden.

Bei der Hausmaus führt längerwährende Isolation zu einem Aggressionsstau (L. VALZELLI 1969). T. I. THOMPSON (1963, 1964, 1969) fand, daß Kampfhähne und Kampffische *(Betta splendens)* eine Aufgabe lernen, wenn sie zur Belohnung mit einer Reizsituation konfrontiert werden, die Kampf- und Drohverhalten auslöst. Hier wird das Verhalten über eine angeborene Disposition zusätzlich in aggressive Richtung kanalisiert. Nach K. M. LAGERSPETZ (1964, 1969) wirkt die Gelegenheit zu Kämpfen als Dressuranreiz. Kampferregte Mäuse überqueren sogar ein elektrisch geladenes Gitter, um an den Gegner zu kommen. Nach A. TELLEGEN, J. M. HORN und R. G. LEGRAND (1969) lernten Mäuse, ein Labyrinth zu durchlaufen, wenn sie in der Zielkammer eine Maus vorfanden, die sie bekämpfen konnten. N. H. AZRIN, R. R. HUTCHINSON und R. MCLAUGH-

LIN (1965) provozierten durch elektrische Strafreize Aggression bei Totenkopfäffchen. Die Tiere lernten kurz nach einem Schock eine Aufgabe, wenn sie dafür kurze Zeit einen Ball angreifen durften. In diesem Fall haben wir es nicht mit spontaner Aggression zu tun. Die Experimente zeigen aber, daß bei Provokation ein physiologischer Zustand erreicht wird, der eine aggressive Appetenz bewirkt. Der Zustand ist wahrscheinlich jenem ähnlich, den wir bei den isolierten Kampfhähnen und Buntbarschen beobachten können. Daß ein solcher durch Provokation aufgebauter Aggressionsdrang auch durch aggressive Akte abreagiert werden kann und daß damit eine Entspannung herbeigeführt wird, zeigten Versuche an Menschen.

J. E. HOKANSON und S. SHETLER (1961) verärgerten durch einen rangniederen Versuchsleiter Studenten, worauf deren Blutdruck anstieg. Eine Gruppe der Verärgerten hatte anschließend die vorgetäuschte Gelegenheit, dem Versuchsleiter elektrische Strafreize zu erteilen, wann immer er bei einer Aufgabe einen Fehler machte. Die andere Gruppe dagegen durfte es ihm nur durch Aufblitzen eines Lämpchens mitteilen. Bei denjenigen, die ihren Versuchsleiter zu schocken glaubten, sank der Blutdruck schnell ab, während er in der anderen Gruppe lange hoch blieb. Auch die Möglichkeit zu Verbalinjurien führt eine Abreaktion herbei (J. E. HOKANSON und M. BURGESS 1962). Auch die Versuche von S. FESHBACH (1961) sowie J. THIBAUT und J. COWLES (1952) zeigen, daß man aggressive Impulse abreagieren kann.

Die Versuche wurden viel diskutiert und auch verschiedentlich in Frage gestellt, doch haben auch die neuen, sehr kritischen Versuche von V. C. KONEČNI und A. N. DOOB (1972) und von V. C. KONEČNI und E. B. EBBESEN (1976) Abreaktion von Aggression nachgewiesen, was ja auch mit unseren subjektiven Erfahrungen durchaus in Einklang steht. Allerdings handelt es sich immer nur um eine relativ kurzfristige Entspannung, wie dies ja auch bei anderen Instinkthandlungen der Fall ist. Auf lange Sicht bewirkt die regelmäßige Möglichkeit, aggressive Impulse zu entladen, eine Art Training der Aggression. Das Tier wird aggressiver. Ebenso kann ein Aggressionstrieb verkümmern, wenn dem Tier lange genug keine Gelegenheit zur Abreaktion gegeben wird (W. HEILIGENBERG 1964). Dies wollen wir hervorheben, da verschiedentlich die Meinung vertreten wird, man müsse dem Kind Gelegenheit geben, die aggressiven Impulse abzureagieren, damit es später als Erwachsener friedfertiger würde. Für derartige, lang anhaltende kathartische Wirkungen gibt es keinerlei Hinweise.

Sicher liegen auch beim Menschen angeborene aggressive Dispositionen vor, die von individuellen Erfahrungen gefördert oder unterdrückt werden können (D. FREEMAN 1971). Das männliche Geschlechtshormon scheint wie bei vielen anderen Wirbeltieren die Bereitschaft zur Aggression zu fördern. Beim Menschen wurden ferner spontane neurogene Wutanfälle beobachtet, die auf das spontane Feuern von Zellen im Schläfenlappen und Hirnstamm zurückgehen (F. A. GIBBS 1951, K. E. MOYER 1969, W. H. SWEET 1969). In diesen pathologischen Fällen liegt erwiesenermaßen spontane Aggression vor. Das beweist noch nicht das Vorhandensein eines primären Aggressionstriebes beim Gesunden, legt aber doch die Annahme nahe, daß auch der gesunde Mensch, der ja schließlich über die gleichen neuronalen Strukturen verfügt, von einem solchen bis zu einem gewissen Grad aktiviert wird (siehe auch V. H. MARK und F. R. ERVIN 1970). Bezugnehmend auf diese Befunde schreibt K. E. MOYER (1971, S. 50): »Das hydraulische Modell für aggressive Verhaltenstendenzen von LORENZ (1966) basiert auf einigen physiologischen Tatsachen. Wenn die neuralen Systeme für aggressives Verhalten durch Veränderungen in der chemischen Zusammensetzung des Blutes sensitiviert werden, so daß sie eher Erregung aussenden, dann kann der ›Druck‹ in Richtung auf aggressives Verhalten ansteigen. Daraus folgt, daß das Individuum immer mehr geneigt ist, feindseliges Verhalten zu zeigen. Die Vorstellung, daß dieser Druck zur Aggression nur dadurch verhindert wird, daß Aggression gezeigt wird, ist allerdings ein bißchen zu einfach.«

Ich möchte hinzufügen, daß eine solche einfache Lösung von Ethologen gar nicht vorgeschlagen wird. Ebenso wie andere Verhaltensweisen kommen auch die aggressiven nicht nur deshalb zu einem Ende, weil eine aktionsspezifische Energie verbraucht wurde, sondern in der Regel beendet die abschließende Situation ›Feind nicht mehr da‹ die Auseinandersetzung. Die Entfernung aggressionsauslösender Reize ist sicher ein Mittel, um Aggressionen zu steuern, wenn auch gewiß nicht das einzige und vielleicht auch nicht immer das allein ausreichende. Man kann ferner der Aggression durch Aktivierung bindender Mechanismen entgegenwirken. Auch scheinen gewisse Strategien der Beschwichtigung umstimmend zu wirken (I. EIBL-EIBESFELDT 1972, 1975). Energiemodell und Modelle der Kontrolltheorie ergänzen hier einander. Von Untersuchungen über den Katecholaminstoffwechsel, über den erregende und hemmende Einflüsse auf Neuronenpopulationen bewirkt werden (siehe S. 118), dürfen wir uns für die kommenden Jahre Einblicke in die Physiologie der Aggressionsdynamik erwarten (P. MANDEL und Mitarbeiter 1982, B. EICHELMAN und Mitarbeiter 1981).

Der Widerstand gegen das Instinktkonzept der Aggression beruht in erster Linie auf weltanschaulichen Gründen. So schreibt L. BERKOWITZ (1962, S. 4): »Aber ganz abgesehen von der theoretischen Bedeutung hat die FREUDsche Hypothese auch einige bedeutsame Folgerungen für die menschliche Führung. Ein angeborener Aggressionstrieb kann weder durch soziale Reformen noch durch Beseitigung jeglicher Frustration zum

Verschwinden gebracht werden. Weder völlige elterliche Nachgiebigkeit noch die Erfüllung jedes Wunsches wird diesem Konzept zufolge den Konflikt zwischen Personen völlig beseitigen können. Die Folgerungen für eine Sozialpolitik sind offensichtlich: Zivilisation und moralische Ordnung müssen letzten Endes auf Gewalt und nicht auf Liebe und Güte basieren.« (Übers. d. Verf.*)

Diese Schlußfolgerung ist jedoch nicht zwingend. Schon die Beobachtung aggressiver Tierarten lehrt, daß die geselligen Formen aufgrund vorgegebener Programme durchaus in der Lage sind, ihre Aggression zu neutralisieren, was ja eine Voraussetzung der Gruppenbildung ist (S. 588). Individuelle Bekanntheit hemmt im allgemeinen Aggressionen. Die Löwen, die nach R. SCHENKEL (1966) keine sozialen Angriffshemmungen fremden Artgenossen gegenüber haben, sind gegenüber ihnen bekannten Rudelmitgliedern absolut beißgehemmt. Das gilt für viele andere Tiere und wohl auch für den Menschen, was die Notwendigkeit von Fraternisierungsverboten im Kriege klar bezeugt. Als die im Westen Serans beheimateten Patasiwa noch Kopfjäger waren, erforderte es die Sitte, daß sie ihr Opfer von hinten überfielen und töteten. Einen Menschen von vorne anzufallen, um ihm den Kopf zu rauben, galt als Mord. Nur solange der Kopfjäger dem anderen nicht ins Antlitz schauen kann, ist dieser Jagdbeute, mit der ihn keine persönliche Fühlung verbindet. Dieser Kontakt wird jedoch hergestellt, wenn ein Mensch dem anderen ins Antlitz blickt. Dann noch zu töten galt als Verbrechen (O. D. TAUERN 1918). In anderen Fällen gilt das Band als gestiftet, wenn man mit einer Person etwas gegessen hat. Bei einigen Stämmen Neuguineas darf man danach auch einen Fremden nicht mehr töten.

Die Tötungshemmungen sind jedoch abgestuft. Gegenüber Mitgliedern eines individualisierten Verbandes sind sie stärker als gegenüber Fremden. Frauen und Kinder sind besser geschützt als Männer. Besonders stark ist die Angriffshemmung gegenüber kleinen Kindern. Es gibt zwar genug verbürgte Berichte von Kindermorden in Kriegszeiten; wo derartiges geschah, vermerkt es der Chronist als schreckliche Besonderheit, als Abweichung von der Norm. Für das Vorhandensein einer starken Tötungshemmung Kindern gegenüber spricht auch die Tatsache, daß man in den verschiedensten Kulturen über ein Kind das Band zu Fremden zu stiften sucht. Masai in Ostafrika schoben häufig ein kleines Kind vor, dessen

---

* »But aside from its theoretical significance FREUDS hypothesis has some important implications for human conduct. An innate aggressive drive cannot be abolished by social reforms or the alleviation of frustrations. Neither complete parental permissiveness nor the fulfillment of every desire will eliminate interpersonal conflict entirely, according to this view. Its lessons for social policy are obvious: Civilisation and moral order ultimately must be based upon force, not love and charity.«

Hand sie aufhielten, wenn sie uns um Süßigkeiten anbettelten. H. BASEDOW (1906) berichtet, daß die Australier sich einem Weißen in einer ganz formalen Weise näherten. Ein oder zwei ranghohe Männer führten vor sich ein kleines Kind her und legten ihre Hand auf dessen Schultern. Sie verließen sich darauf, daß man einem kleinen Kind nichts tun würde. Der gleiche Forscher erwähnt, daß eine eingeborene Frau, die er einmal in Zentralaustralien überraschte, in ihrem Schrecken ihre Brüste packte und Milch gegen die Ankömmlinge spritzte. Auf Befragen erklärte sie später, sie habe damit zeigen wollen, daß sie Mutter sei, in der Hoffnung, daß man ihr unter diesen Umständen doch nichts zuleide täte (siehe auch Brustweisen, I. EIBL-EIBESFELDT 1984). Man kann also wohl annehmen, daß es eine angeborene Tötungshemmung gibt, zumal ja auch deren subjektives Korrelat bei allen Völkern als Mitleid empfunden wird. Bereits im Alter von drei Monaten reagieren Säuglinge auf Weinen, indem sie mitweinen. Die Stimmung wird unmittelbar übertragen, und das ist sicher eine unbedingte Wurzel der Sympathie. In diesem Sinne sind angeborene und damit auch verbindliche Normen ethischen Verhaltens gesetzt.

Als weitere Sicherung gegen eventuell durchbrechende Aggression eines Gruppenmitglieds verfügen Tiere wie Menschen über ein Repertoire an aggressionspuffernden Verhaltensweisen (Grußzeremonien und andere Beschwichtigungsgebärden, S. 231). Wenn Tiere größere Gruppen bilden, deren Mitglieder einander nicht mehr individuell erkennen können, dann entwickeln sie verbindende Signale, z. B. Gruppendüfte. Der vertraute Gruppenduft hemmt die Aggression gegenüber einem Gruppenmitglied. Der Mensch ist ebenfalls mit dieser zusätzlichen Fähigkeit ausgestattet, sich mit einem ihm persönlich Unbekannten zu identifizieren, und da dies oft über sehr abstrakte Ideen und verbindende Symbole geschieht, liegt es durchaus im Rahmen seiner Möglichkeiten, selbst Symbole zu schaffen, die die ganze Menschheit verbinden.

Um seine Aggression zu steuern, muß man die dem Menschen eigenen aggressionsbeschwichtigenden und gruppenbindenden Mechanismen fördern – ein Gedanke, den bereits S. FREUD ausgesprochen hat. Auch ihm erscheint es aussichtslos, die Aggression abzuschaffen, doch meint er, daß die Störung des menschlichen Zusammenlebens durch eine Förderung der libidinösen Kräfte behoben werden könne, durch Aktivierung aller Kräfte, die Gefühlsbindungen unter Menschen herzustellen vermögen. FREUD schreibt dazu 1932: »Wenn die Bereitwilligkeit zum Krieg ein Ausfluß des Destruktionstriebes ist, so liegt es nahe, gegen sie den Gegenspieler dieses Triebes, den Eros, anzurufen. Alles, was Gefühlsbindungen unter den Menschen herstellt, muß dem Krieg entgegenwirken. Diese Bindungen können von zweierlei Arten sein. Erstens Beziehungen wie zu einem Liebesobjekt, wenn auch ohne sexuelle Ziele. Die Psychoanalyse braucht sich nicht zu schämen, wenn sie hier von Liebe spricht, denn die Religion sagt dasselbe: Liebe deinen Nächsten wie dich selbst. Das ist nun leicht gefordert, aber schwer zu erfüllen.«

»Die andere Art von Gefühlsbindung ist die durch Identifizierung. Alles, was bedeutsame Gemeinsamkeiten unter den Menschen herstellt, ruft solche Gemeingefühle, Identifizierungen, hervor. Auf ihnen ruht zum guten Teil der Aufbau der menschlichen Gesellschaft.« (Zitiert nach ›Gesammelte Werke‹, Band 16, London 1950, S. 20).

Gelegentlich geäußerten Bedenken, daß der Mensch doch einen Feind brauche, um seinen Aggressionstrieb abzureagieren, steht das Ergebnis aller jener Versuche gegenüber, die zeigen, daß Aggression auch ohne Tätlichkeiten abreagiert werden kann. Es muß sich dabei keineswegs immer um Verbalinjurien und dergleichen handeln. Sportlicher Wettstreit hilft ebenso wie das passive Betrachten eines Filmes. S. FESHBACH (1961) ließ verärgerte und nicht verärgerte College-Studenten entweder einen 10 Minuten dauernden Boxfilm oder einen neutralen Film ansehen. Die verärgerten Studenten erwiesen sich bei der Prüfung nach dem Boxfilm weniger verärgert als nach dem neutralen Film. Bei den nicht verärgerten Studenten waren dagegen keine nennenswerten Unterschiede festzustellen. Das Filmbeispiel weist darauf hin, daß auch die Zuschauer im Sinne einer Entspannung von der aggressiven Filmhandlung profitieren können. Das ist im einzelnen noch zu untersuchen, und die Forschung wird uns sicher noch weitere mögliche Aggressionsventile zeigen. Bei Naturvölkern sind »Ventilsitten« bereits verschiedentlich beschrieben worden. Von einigen australischen Stämmen wird berichtet, daß sie zu bestimmten Zeiten zusammenkamen, um sich zu beschimpfen und auch nach bestimmten Regeln miteinander zu raufen. Eskimos erledigen viele ihrer Dispute in Gesangsduellen. Weitere Beispiele für Ventilsitten bei P. BOHANNAN (1966). K. LORENZ (1963) schlägt vor, die Kampfsportarten als mögliche Ventile der Aggression zu pflegen.

Eine andere Möglichkeit, die Aggression zu steuern, wäre die radikale Abdressur. E. MCNEIL (1959) hat aber die Gegenfrage aufgeworfen, in welchem Maße eine solche Erziehung auf Kosten der Initiative des so Erzogenen stattfinde. Es ist sicherlich gefährlich, sich auf erzieherische Experimente einzulassen, bevor nicht geklärt ist, welche Eigenschaften mit Aggression korreliert sind. Wir sprechen davon, daß wir uns in eine Aufgabe verbeißen, sie in Angriff nehmen, kurz, es deutet mancherlei darauf hin, daß z. B. der Explorierdrang positiv mit der Aggression korreliert ist. Dies wäre zu untersuchen, bevor man daran denkt, den Menschen von seiner Aggression zu kurieren. Das gilt gleicherweise für eine gegen die Aggression gerichtete Eugenik der Chemotherapie.

Solche Maßnahmen sind auch nicht notwendig; denn schließlich können wir Menschen uns auch beherrschen und damit sogar gegen unsere erste – die biologische – Natur handeln. Das gelingt um so besser, je mehr wir uns über die Motive unseres Handelns im klaren sind. In diesem Sinne trägt die Ethologie zu unserem besseren Selbstverständnis bei und wirkt damit, im Sinne einer Emanzipation von triebgebundenen Aktionsnormen, aufklärend.

Die Aggression hat überdies durchaus ihre positiven Seiten. Der unblutige Wettstreit ist ein bedeutsamer Motor der Kulturentwicklung. Bereits I. KANT (1784) hat diese positive Seite der Aggression klar erkannt: »Ohne jene, an sich zwar eben nicht liebenswürdige Eigenschaften der Ungeselligkeit, woraus der Widerstand entspringt, den jeder bei seinen selbstsüchtigen Anmaßungen notwendig antreffen muß, würden in einem arkadischen Schäferleben, bei vollkommener Eintracht, Genügsamkeit und Wechselliebe, alle Talente ewig in ihren Keimen verborgen bleiben: Die Menschen, gutartig wie die Schafe, die sie weiden, würden ihrem Dasein kaum größeren Wert verschaffen, als dieses ihr Hausvieh hat; sie würden das Leere der Schöpfung in Ansehung ihres Zwecks, als vernünftige Natur, nicht ausfüllen. Dank sei also der Natur für die Unvertragsamkeit, für die mißgünstig wetteifernde Eitelkeit, für die nicht zu befriedigende Begierde zum Haben, oder auch zum Herrschen! Ohne sie würden alle vortrefflichen Naturanlagen in der Menschheit ewig unentwickelt schlummern. Der Mensch will Eintracht; aber die Natur weiß besser, was für seine Gattung gut ist: sie will Zwietracht. Er will gemächlich und vergnügt leben; die Natur will aber, er soll aus der Lässigkeit und untätigen Genügsamkeit hinaus, sich in Arbeit und Mühseligkeiten stürzen, um dagegen auch Mittel auszufinden, sich klüglich wiederum aus den letzteren herauszuziehen. Die natürlichen Triebfedern dazu, die Quellen der Ungeselligkeit und des durchgängigen Widerstandes, woraus so viele Übel entspringen, die aber doch auch wieder zur neuen Anspannung der Kräfte, mithin zu mehrerer Entwicklung der Naturanlagen antreiben, verraten also wohl die Anordnung eines weisen Schöpfers, und nicht die Hand eines bösartigen Geistes, der in seine herrliche Anstalt gepfuscht oder sie in neidischer Weise verderbt habe« (I. KANT, ›Ideen zu einer allgemeinen Geschichte‹, 6, 1960, S. 38).

Allerdings, und das sei noch einmal betont, bedarf es zur Kontrolle der Aggression der Pflege freundschaftlichen, altruistischen Verhaltens. Nur dann gibt es friedlichen Wetteifer. Unkontrolliert wird die Aggression uns weiter zu mörderischen Gruppenstreit verleiten, der unsere Existenz gefährdet. Die Einsicht in die kausalen Zusammenhänge soll uns bei der Steuerung unserer aggressiven Impulse helfen. Unsinnig ist der gelegentlich geäußerte Einwand, die FREUD-LORENZsche Instinkttheorie der Aggression hätte nur eine entlastende Funktion und sei deshalb abzulehnen.

Wer so argumentiert, hat nicht aufmerksam gelesen. Es gibt überhaupt erschreckend viele Mißverständnisse in der Diskussion um die menschliche Aggression. So unterstellt A. PLACK (1968), LORENZ erkläre die Aggressivität zum eigentlichen Grundtrieb alles Lebendigen, was jener an keiner Stelle je ausgesprochen hat. Geselligkeit und Bereitschaft zur Zusammenarbeit gehören genauso zur menschlichen Natur wie gelegentliche Unverträglichkeit.

Die Diskussion der menschlichen Aggression leidet darunter, daß nicht klar genug zwischen individualisierter Aggression zwischen Mitgliedern einer Gruppe und zwischen Intergruppenaggression unterschieden wird. Während erstere im Prinzip ähnlich konstruiert ist wie die Aggression der meisten übrigen Säuger und unter anderem durch stammesgeschichtliche Anpassungen in Teilbereichen vorprogrammiert ist, Aggressionshemmungen inbegriffen, ist die Zwischengruppenaggression im Ansatz destruktiv. Dies ist jedoch, wie ich ausführlich diskutierte (I. EIBL-EIBESFELDT 1975, 1984), das Ergebnis der kulturellen Evolution. Der Krieg als destruktive Intergruppenaggression ist ein kulturell entwickelter Mechanismus der Verdrängung. Er kann daher auch kulturell beherrscht werden. Wir gehen darauf noch näher ein.

15.3.2 Das Leben in Gruppen (Kontaktverhalten, Bindung)

15.3.2.1 Die selektionistischen Vorteile des Zusammenschlusses

Die meisten Tiere – aber durchaus nicht alle – kommen zumindest zum Zwecke der Paarung vorübergehend mit einem Artgenossen zusammen. Offenbar ist dies die sicherste Methode, eine Befruchtung und damit den die Evolution vorantreibenden Austausch der genetischen Rezepte zu gewährleisten. Gegenüber der traditionellen Ansicht, derzufolge beide Geschlechter dabei gemeinsame Interessen verfolgen würden und über diese verbunden seien, betonen die Soziobiologen die Interessengegensätze. Männchen und Weibchen werden als Partner einer »unbequemen Allianz« betrachtet, in der jeder den eigenen Erfolg bei der Weitergabe seiner Gene zu maximieren versucht. »Sie arbeiten zusammen, weil beide ihre Gene über dieselbe Nachkommenschaft verbreiten und deshalb jeder zu 50 Prozent an den Kindern beteiligt ist. Doch die Wahl des Partners, die Versorgung der Zygote mit Nährstoffen, der Schutz der Eier und der Jungen sind sämtlich Angelegenheiten, über die beide Elternteile verschiedener Meinung sein können. Die Folge dieses sexuellen Konfliktes ähnelt häufig eher einer Ausbeutung des einen Geschlechtes durch das andere als einer gegenseitigen Kooperation« (J. R. KREBS und N. B. DAVIES 1984, S. 143).

Ein Verhalten gegen die Interessen des anderen Geschlechts dürfte selten adaptiv sein. Die vielzitierten Beispiele des Infantizids bei Languren sind kein Beleg fürs Gegenteil, handelt es sich hier doch eher um eine Pathologie (J. BOGGESS 1984 und Diskussion S. 457). Männchen und Weibchen sind sicherlich auf die Maximierung ihres Fortpflanzungserfolges hin selektiert, und das führt zu Gegensätzen, aber auch zur Partnerschaft. Als ideales Leben könnte man sich nach J. KREBS und N. B. DAVIES (1984) für Männchen und Weibchen etwa folgendes Muster vorstellen: Die Männchen wandern auf der Suche nach Kopulationspartnern ungebunden umher und überlassen den begatteten Weibchen die weitere Sorge um die Nachkommenschaft. Umgekehrt wäre es für die Weibchen wahrscheinlich ideal, den Männchen die Brutfürsorge zu überlassen und unterdessen neue Reserven für Eier zu sammeln.

Weibchen erzeugen im allgemeinen wenige hochwertige, d. h. an Reservestoffen reiche Eier, für deren Produktion sie mehr Zeit und Energie brauchen als die Männchen für die Erzeugung der zahlreichen kleinen Spermien. Männchen sind daher in der Lage, schneller Eier zu besamen, als Eier von den Weibchen erzeugt werden. Sie könnten daher ihren Fortpflanzungserfolg erhöhen, indem sie viele Weibchen besamen. Weibchen werden damit zur Ressource, um die Männchen konkurrieren. Da Weibchen viel in ihre Keimprodukte investieren, sollten sie in der Akzeptanz ihrer Geschlechtspartner wählerisch sein. Bereits Taufliegenweibchen *(Drosophila)* wählen den Partner nach Eignung; die aus freier Partnerwahl der Weibchen hervorgegangenen Larven erwiesen sich als vitaler als jene einer Vergleichsgruppe ohne Wahlmöglichkeit (L. PARTRIDGE 1980). Es gibt offenbar Indikatoren der Fitness, die in den Verhaltensweisen der Balz die Kraft und Ausdauer dokumentieren und in den dabei zur Wahrnehmung präsentierten Organen dem Weibchen vorgestellt werden. Man kann sich vorstellen, daß so die auffälligen Prachtgefieder vieler Vogelmännchen entwickelt wurden (S. 232). Beim Teichrohrsänger *(Acrocephalus scirpaceus)* dürfte die Größe des Gesangsrepertoires ein Indikator der Vitalität sein. Die Männchen mit dem größten Gesangsrepertoire sind im Frühjahr zuerst verpaart (C. K. CATCHPOLE 1980; Abb. 15.81). Bei Männchen ist auch die Rangstellung ein Indikator für Fitness. Dementsprechend ziehen bei geselligen Vögeln Weibchen oft ranghohe Männchen als Geschlechtspartner vor. Das ist z. B. beim Augenring-Sperlingspapagei *(Forpus conspicillatus)* der Fall. Die Weibchen wählten bevorzugt die Ranghohen, die sich anfangs gegen die zugesetzten Weibchen besonders offensiv agonal verhielten. Das schreckte sie keineswegs ab, sondern verstärkte ihr Interesse. Die Männchen dagegen wählten nicht nach dem Rang (Abb. 15.82).

Die Männchen investieren durch die zur Balz aufgewendete Zeit und Energie, und je länger eines von einem Weibchen hingehalten wird – bis

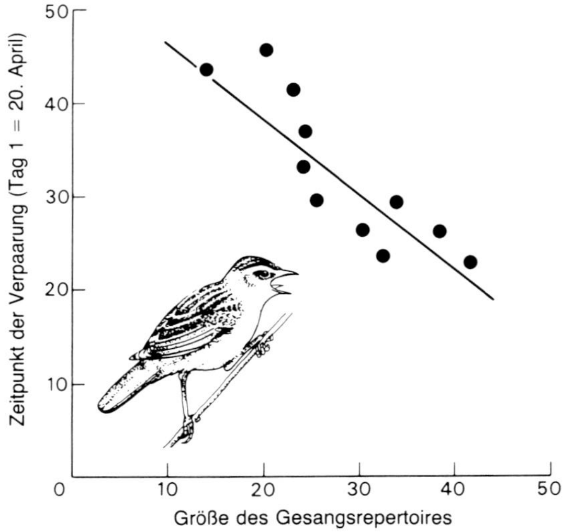

15.81 Der männliche Teichrohrsänger imponiert mit einem »akustischen Pfauenschwanz«. Die Männchen mit dem größten Gesangsrepertoire verpaaren sich am schnellsten. Nach C. K. Catchpole (1980). Aus J. R. Krebs und N. B. Davies (1984)

zu einer gewissen Grenze natürlich – desto kostbarer wird für es der weibliche Partner. Vogelweibchen, die einen verläßlichen Partner für die Jungenaufzucht brauchen, geben sich spröde, vor allem am Beginn der Saison. Die Sprödigkeit eines Partners vor der Paarung zwingt den Partner zu Vorleistungen (Balzen, Nestbauen etc.). Solche Vorleistungen stellen eine Investition dar und bewirken damit eine Tendenz zur Partnertreue, wenn das Individuum später einmal vor der Wahl steht, den Partner zu wechseln und erneut zu investieren oder ohne solchen Aufwand beim Partner zu bleiben. Die durch das längere Balzen bewirkte sexuelle Bereitschaft des Partners, ebenso wie ein angefertigtes Nest oder andere Vorleistungen, kann sich allerdings ein Rivale stehlen. Handelt es sich bei der Investition dagegen um das Erlernen individueller Gesänge, dann locken diese Vorleistungen keinen Rivalen an. Die partnerbezogene Investition bewirkt dennoch wie die anderen die Neigung zur Partnertreue, denn Umlernen kostet Zeit (W. Wickler 1980).

Ökologische Erfordernisse bedingen die spezielle Ausgestaltung sexueller Partnerschaften. Die meisten Vögel sind monogam, da das begehrte Nahrungsangebot es notwendig macht, daß beide Eltern Nahrung herbeischaffen. Auf diese Weise können sie doppelt so viele Junge aufziehen. Die Zusammenarbeit lohnt sich also. Ist das Nahrungsangebot während der Brutsaison dagegen reichlich, dann beobachten wir, daß die Weibchen allein brutpflegen, so bei Hühnervögeln und Webervögeln, die Körner- beziehungsweise Fruchtfresser sind. Daß in solchen Fällen das Weib-

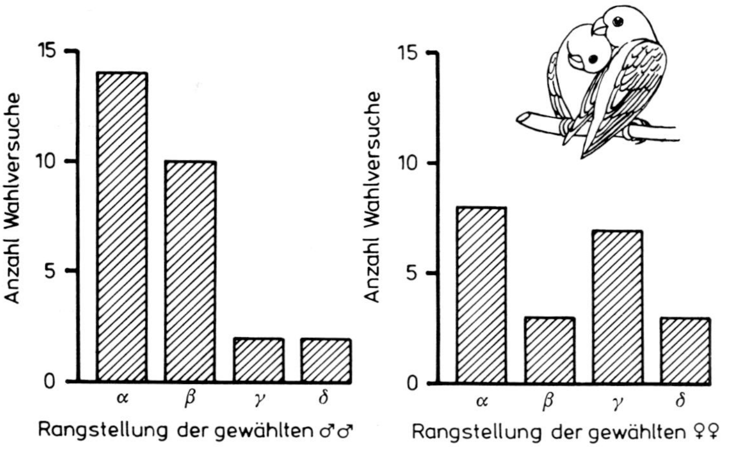

15.82 Die Weibchen des Augenring-Sperlingspapageis *(Forpus conspicillatus)* wählten in Paarbildungsversuchen bevorzugt ranghohe Männchen (links). Die Männchen dagegen (rechts) wählten ihren Partner nicht nach dem Rang. Aus D. Franck (1984)

chen die Brutpflege übernimmt, erklärt sich aus der Tatsache, daß es die Eier ausbrütet, das Nest also gar nicht verlassen kann. Außerdem gewinnt das Männchen mehr durch sein Wegziehen, da sein Fortpflanzungserfolg von der Anzahl der Paarungen abhängt.

Bei den Säugern ist das Weibchen physiologisch besonders darauf vorbereitet, für die Jungen zu sorgen. Die Männchen werden bei den meisten Arten nicht für deren Ernährung benötigt. Polygamie und Mutterfamilien herrschen daher vor. Eine Ausnahme bilden Schakale (P. Moehlmann 1979, 1983) und einige andere Carnivoren, bei denen sich beide Geschlechter, monogam verbunden, an der Jungenaufzucht beteiligen. Bei den ebenfalls monogamen Krallenäffchen (Marmosetten – *Callithrix, Oedipomidas*) tragen die Männchen die Jungen (H. Wendt 1964). Ausschließlich väterliche Brutpflege ist selten. Wir finden sie bei einigen Vögeln, z. B. dem Wassertreter *(Phalaropus)*, und bei Wachtelhühnchen *(Turnices)* und bei einigen Fischen (Seenadeln, Seepferdchen, Labyrinthfische, Stichlinge, Groppen).

Bei einer Reihe von Arten helfen Jungtiere ihren Eltern bei der Aufzucht der nächsten Brut. Wir erwähnten bereits den Buschblauhäher *(Aphelocoma coerulescens)*. Die Helfer erhöhen die Jungenproduktion ihrer Eltern um 0,32 Nachkommen, und da in jedem Jungtier der Eltern auch 50 Prozent der Allele des Helfers stecken, kann er ein genetisches Äquivalent von 0,16 verbuchen. Das ist weniger, als ein erstmals allein brütendes Paar gewinnt, das durchschnittlich 1,36 Junge hochbringt und damit einen Gewinn von 0,68 erzielt. Dennoch lohnt es sich, als Helfer aufzutreten, wenn keine Reviere frei sind – zumal noch anderes als Gewinn zu Buche schlägt, z. B. die Übung in Brutpflege und die Chance, einen Teil des elterlichen Reviers zu erwerben. Das Helfen ist eine Strategie, die sich bei Übervölkerung eines Lebensraumes lohnt (G. E. Woolfenden und J. W. Fitzpatrick 1978).

Beim Graufischer *(Ceryle rudis)* Kenias gibt es primäre und sekundäre Helfer. Die primären helfen den eigenen Eltern und damit ihrem eigenen Erbe. Die sekundären helfen dagegen fremden Paaren bei der Jungenaufzucht. Hier liegt der Nutzen für den Helfer in erster Linie darin, daß er die Chancen, einen Brutplatz und ein Weibchen zu übernehmen, erhöht. Er hält sich ja als Rivale des Männchens, dessen Jungen er hilft, in dessen Revier auf, und dies scheint die Übernahme zu erleichtern. Von 19 ehemaligen sekundären Helfern waren 17 (89,5 Prozent) im folgenden Jahr verpaart. Davon übernahmen 15 (78,9 Prozent) den Brutplatz, an dem sie geholfen hatten und 7 (36,8 Prozent) auch das Weibchen, dem sie geholfen hatten. Die brütenden Männchen dulden die Konkurrenz durch die sekundären Helfer dort, wo sie allein nur schwer ihre Jungen hochgebracht hätten, wie es z. B. am trüben Viktoriasee der Fall ist. Am klaren, fischreichen Naivashasee dagegen vertreiben sie solche Helfer (H. U. Reyer 1984).

Unter den Säugern helfen Schakale *(Canis mesomelas)* ihren Eltern bei der Jungenaufzucht (P. Moehlmann 1983), ferner Zwergmungos *(Helogale undulata rufula;* A. E. Rasa 1984). Beim Zwergmungo *(Helogale parvula)* helfen auch fremde Weibchen, die sich damit in eine Gruppe eindienen (J. P. Rood 1978).

Tiere bilden jedoch nicht nur zum Zweck der Fortpflanzung und Brutpflege Verbände. Alpensalamander *(Salamandra atra)* versammeln sich im Herbst in Erdhöhlen unter Felsen, um den Winter zu verschlafen. Normalerweise solitäre Landasseln ballen sich bei Trockenheit zu Klumpen zusammen und schützen sich so vor übermäßiger Austrocknung (W. C. Allee 1926). Das tun auch einige Weberknechtarten Mexikos, die sich in der regenarmen Zeit an günstigen Orten in dichten Klumpen zusammenballen. Eine solche Massenansammlung des Weberknechtes *Leiobunum cactorum* fand H. O. Wagner (1954) in der untersten Astgabelung eines Kandelaberkaktus (Abb. 15.83). Er schätzt, daß etwa 70 000 Tiere sich dort zusammengefunden hatten. Die über den Rücken geschlagenen Beine sämtlicher Tiere wiesen nach außen, so daß die ganze Masse pelzig aussah. Wie ein Pelz hielten sie die durch Transpiration vom Kaktus abgegebene feuchte Luft fest. Ein Duftstoff aus einem Drüsenpaar am Vorderrand des Kopf-Brust-Stückes lockte weitere Artgenossen heran. Von der Gruppe künstlich ferngehaltene Tiere strebten noch aus 30 m Entfernung auf die Ansammlung zu. Hier dient der Zusammenschluß dem Schutz gegen klimatische Unbilden (siehe auch S. 469). Die Tiere wer-

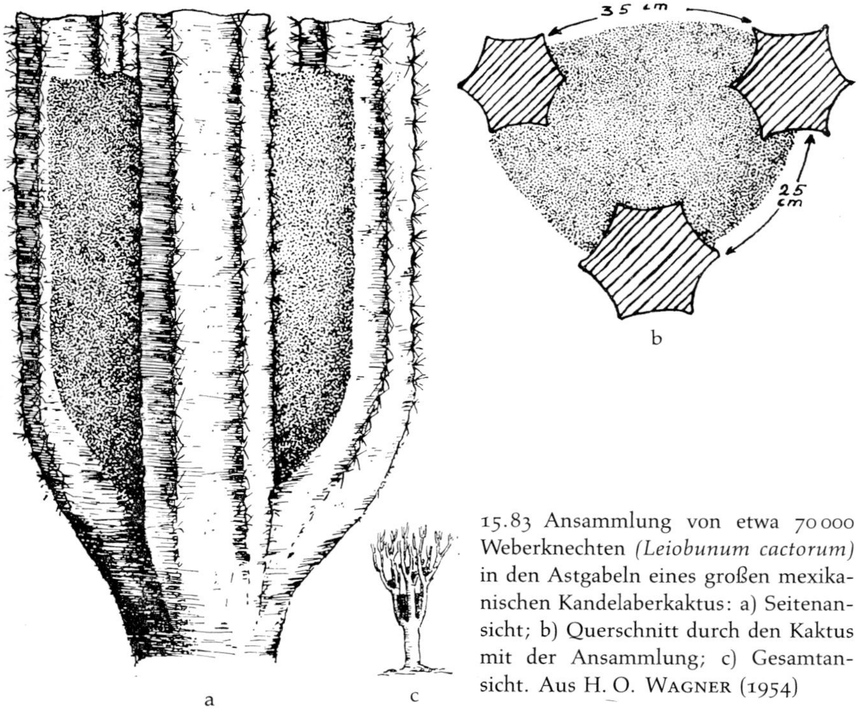

15.83 Ansammlung von etwa 70 000 Weberknechten *(Leiobunum cactorum)* in den Astgabeln eines großen mexikanischen Kandelaberkaktus: a) Seitenansicht; b) Querschnitt durch den Kaktus mit der Ansammlung; c) Gesamtansicht. Aus H. O. WAGNER (1954)

den dabei nicht nur durch eine günstige Lokalität angelockt, sie nehmen vielmehr aufeinander Bezug und koordinieren in gewisser Weise ihr Verhalten.

Zum Schutze vor Freßfeinden bilden viele Fische und Vögel Schwärme, und Großsäuger der deckungsarmen Savannen finden sich zu Herden zusammen. Diese Schutzverbände können vorübergehend sein (Wanderschwärme, Jungfischschwärme) oder zeitlebens beibehalten werden (der Heringsschwarm). Bei Fischschwärmen ist der einzelne durch den Konfusionseffekt (S. 492) geschützt. Vögel einer Brutkolonie stehen einander dagegen, ebenso wie viele Familien- oder Herdenmitglieder, aktiv bei, wenn sie von einem Freßfeind bedroht werden. Rhesusaffen greifen z. B. selbst den Pfleger an, wenn er ein Tier aus der Gruppe fängt und dieses den Notruf ausstößt. Dohlen greifen jeden an, der einen Artgenossen in der Hand trägt, auch den Pfleger, der eine zahme Dohle hält (K. LORENZ 1935). Die Reaktion wird durch Tragen von etwas Schwarzem, Baumelndem ausgelöst; es genügt eine schwarze Badehose. Delphine stehen verwundeten Artgenossen bei und heben sie zur Wasseroberfläche empor, damit sie atmen können, sie umkreisen Gebärende und schützen sie vor Haien (J. SIEBENALER und D. CALDWELL 1956; Abb. 15.84). Verschiedene Räuber bilden Jagdverbände. Stachelmakrelen *(Caranx)* kreisen Fisch-

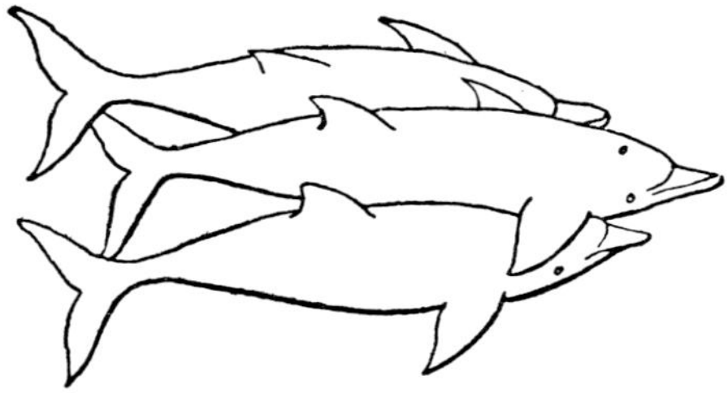

15.84 Zwei Delphine tragen einen Verletzten zur Oberfläche. Nach J. Siebenaler und D. Caldwell (1956)

schwärme ein, Wölfe hetzen das Wild im Rudel, wobei einzelne das Opfer überholen und ihm den Weg abzuschneiden trachten, während es die anderen hetzen (A. Murie 1944). Auch die Hyänenhunde *(Lycaon pictus)* hetzen gemeinsam ihre Beute. Zunächst läuft jeder der ihm nächsten Gazelle nach, sieht sich aber dabei nach seinen Rudelgefährten um. Bemerkt nun einer, daß ein anderer bereits näher an eine Gazelle herankam als er selbst, schwenkt auch er auf dieses Opfer ein (W. Kühme 1965).

Weitere Vorteile des Gruppenlebens liegen bei höheren Wirbeltieren auch darin, daß Erfahrungen und Erfindungen einzelner an Gruppenmitglieder weitergegeben werden können. Sie breiten sich daher schneller aus, als wenn nur in der Generationenfolge tradiert würde (japanische Makaken, S. 382).

Arbeitsteilung wird erst durch partnerschaftlichen Zusammenschluß möglich. Bei den eusozialen Insekten ist diese wohl am weitesten fortgeschritten. Hier spezialisieren sich einige wenige Weibchen – oft pro Gemeinschaft nur eines – auf die Erzeugung von Nachkommen. Zahlreiche sterile Helfer, die einer besonderen »Kaste« angehören, helfen bei der Jungenaufzucht und erfüllen noch andere wichtige Aufgaben zur Erhaltung der Gemeinschaft. In den Gemeinschaften leben mehrere Generationen nebeneinander, und die Volkszahl kann viele Millionen Individuen betragen – bis zu 22 Millionen bei der afrikanischen Treiberameise *(Dorylus wilverthi)*. Solche Staaten, Völker oder Kolonien – die Terminologie wechselt – sind exklusive Verbände. Die Mitglieder dieser Gemeinschaften erkennen einander nicht individuell, sondern an einem gemeinsamen Duft (Stockduft der Bienen). Eusoziale Arten finden wir vor allem in den Ordnungen der Hautflügler (Hymenoptera – Ameisen, Bienen, Wespen) und Termiten (Isoptera). 1977 entdeckte S. Aoki auch eine eusoziale Blattlaus *(Colophina clematis)*. Die Festlegung der verschiedenen Kasten geschieht in der Regel durch Umwelteinflüsse während der Entwicklung. Bei der Honigbiene verhindern bestimmte Pheromone der Königin, daß die Arbeiterinnen an Larven Königinfutter verfüttern, welches notwendig wäre, um Königinnen zu erzeugen. Es entstehen daher sterile Arbeiterinnen, die nach vorgegebenem Programm in ihren verschiedenen Lebensabschnitten verschiedene Aufgaben erfüllen. Vom 1. bis zum 10. Lebenstag arbeiten sie als Hausbiene im Stockinneren. Sie säubern zunächst die Waben und wärmen die Brutzellen. Nach einigen Tagen entwickelt sich die Futtersaftdrüse, die Biene wird zur Amme und füttert die Jungen. Gegen Ende des ersten Lebensabschnittes macht sie kurze Erkundungsflüge ins Freie. Im zweiten Lebensabschnitt (10.–20. Tag) bilden sich die Futtersaftdrüsen zurück, während sich die Wachsdrüsen mächtig entwickeln. Die Biene baut nun, sie übernimmt ferner Nektar von anderen Arbeiterinnen, füllt ihn in die Vorratszellen und säubert den Bau. Gegen Ende des zweiten Lebensabschnittes sitzt manche als Wächterin am Stockeingang. Vom 20. Tag bis zu ihrem Tode ist sie als Sammlerin tätig. Diese auf die Untersuchungen von G. A. Rösch (1925) zurückgehenden Daten treffen im Mittel zu. Die sehr ausführlichen Untersuchungen M. Lindauers (1952) zeigen jedoch, daß die meisten der eben angeführten Tätigkeiten nicht so streng getrennt aufeinanderfolgen. Sie greifen vielmehr weit ineinander über, und Futter- und Wachsdrüsen sind bei einer Biene oft gleichzeitig aktiv. Nur der Übergang zum Sammeln liegt altersmäßig ziemlich fest um den 21. Tag.

Bienen nehmen zwar vorrangig den altersmäßig zuständigen Arbeitsplatz ein, sie sind aber in ihrer Arbeitsteilung weniger starr altersgebunden und können daher auch anderweitig aushelfen, wenn dies notwendig ist. Nimmt man einem Volk alle Brutbienen oder alle Baubienen weg, dann unterziehen sich jüngere Sammelbienen einer Verjüngungskur, indem sie Pollen aus den Pollentöpfen fressen. Durch diese eiweißreiche Nahrung regenerieren in wenigen Tagen die Ammendrüsen und Wachsdrüsen, und sie können ein Arbeitsprogramm ihrer früheren Lebensstufe wieder aufnehmen: Sie bauen Waben und füttern Junge. Fängt man umgekehrt alle Sammelbienen weg, dann wagen sich jene Stockbienen, die gerade erst ihre Orientierungsflüge absolvierten, an das Sammeln. Keine Biene erhält dazu Anweisung von übergeordneter Instanz. Sie informiert sich auf Patrouillengängen im Stock über den Bedarf (M. Lindauer 1952, 1975).

Bei anderen staatenbildenden Insekten sind die verschiedenen Kasten von Anbeginn in Morphologie und Verhalten auf verschiedene Aufgaben spezialisiert, und das in oft extremer Weise. Bei manchen Arten der Familie der *Termitidae* ist bei den Soldaten der Vorderkopf zu einer langen Schnauze ausgezogen. Von der Spitze dieser Nase sondern die »Nasuti« genannten Tiere eine klebrige und vielleicht auch giftige Substanz ab, die sie zur Abwehr benützen. Die Mandibeln sind bei ihnen soweit zurückgebildet, daß sie nicht mehr ohne fremde Hilfe fressen können. Sie müssen gefüttert werden. Bei der tropischen Ameise *Colobopsis* hat eine Kaste die Aufgabe des Türhüters. Sie schließt mit einem abgeflachten, rindenfarbigen Kopfaufsatz die in die Pflanze gebohrten Gänge der Kolonie nach außen ab. Will ein Arbeiter das Nest verlassen oder wieder dorthin zu-

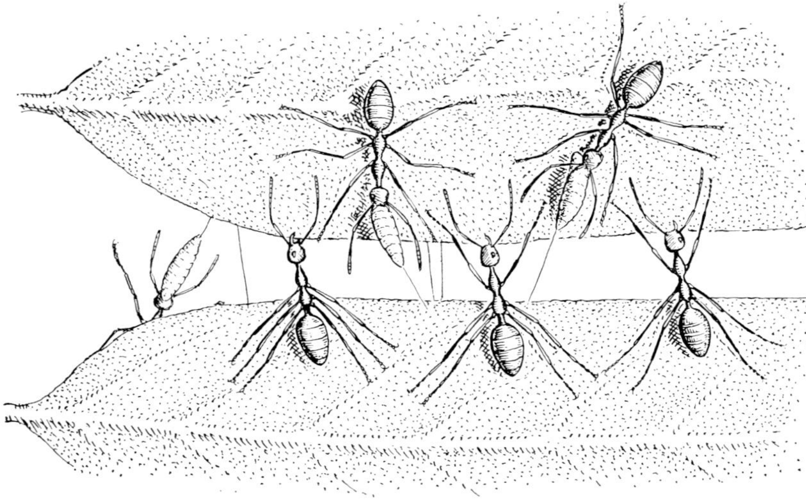

15.85 Beispiele von Spezialisierungen verschiedener kastenbildender Insekten: Arbeitsteilung und Zusammenarbeit bei der Weberameise *(Oecophylla longinoda):* Während eine Gruppe von Arbeitern die Blattränder aneinanderzieht und hält, vernähen andere Arbeiter die Blattränder, indem sie die Spinndrüsen ihrer Larven gegen die Blattränder drücken und so Spinnfäden hin und her weben. Nach F. DOFLEIN

rückkehren, muß er den Türhüter durch besondere Zeichen um Einlaß bitten (A. FOREL, zitiert nach K. ESCHERICH 1906; Abb. 15.85 bis 15.87). Den verschiedenen Kasten der Blattschneiderameisen obliegen verschiedene Aufgaben (S. 497, Abb. 15.88).

Zur Entwicklung der Eusozialität gibt es zwei Theorien. Die eine geht davon aus, daß sterile Kasten sich aus Töchtern entwickelten, die bei ihrer Mutter blieben, um ihr bei der Jungenaufzucht zu helfen. Hatte sich die Mutter nur einmal verpaart und speicherte sie den Samen, wie das ja oft der Fall ist, in einem Rezeptaculum, dann verlieren die Helfer genetisch nichts, auch wenn sie sich selbst nicht fortpflanzen, da sie ja Geschwister hochziehen, die ebensoviel gemeinsames Erbe mit ihnen teilen, wie es eigene Nachkommen tun würden (Verwandtschaftsgrad 0,5).

Voraussetzung für eine solche Entwicklung sind natürlich ökologische Zwänge, die z. B. gemeinsamen Nestbau, gemeinsame Brutverteidigung und -versorgung vorteilhaft erscheinen lassen. Die zweite Hypothese geht davon aus, daß Weibchen sich zunächst einmal in Kolonien zusammenschlossen und bei Nestbau und Verteidigung zusammenarbeiteten, daß schließlich aber eines dominierte und darüber den anderen die Möglichkeit

15.86 Türhüter von *Colobopsis,* den Eingang mit seinem Kopf abschließend. Nach A. FOREL aus ESCHERICH (1906)

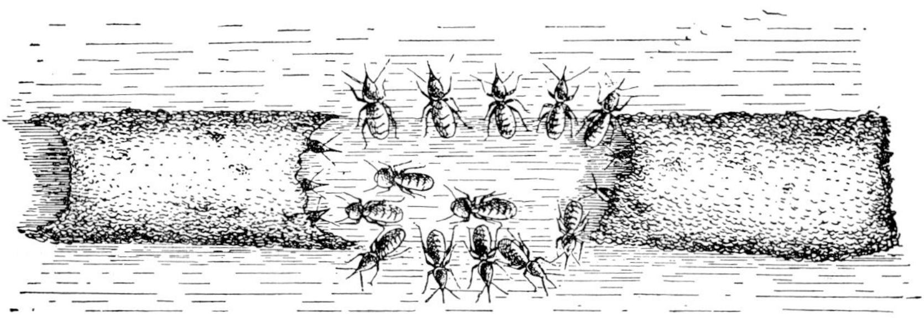

a

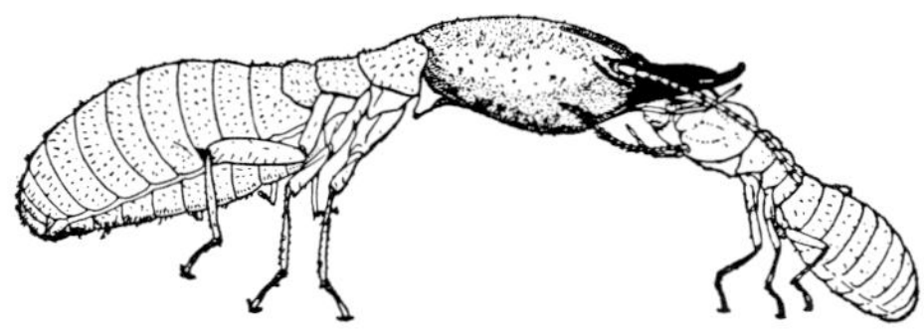

b

15.87 a) Termitensoldaten *(Eutermes)*, sog. »Nasuti«, bewachen die Öffnung einer zerstörten Galerie, während Arbeiter mit der Reparatur beginnen; b) Arbeiter der Termite *Bellicositermes natalensis* füttert Soldaten. a) Nach P. GRASSE (1949); b) nach BEAUMONT aus E. HEGH (1922)

nahm, sich fortzupflanzen. Bei der südamerikanischen Wespe *Metapolybia actecoides* bauen tatsächlich mehrere Weibchen – es dürfte sich um Geschwister handeln – ein Nest und legen Eier, aus denen sich helfende Arbeiterinnen entwickeln. Am Ende der gemeinsamen Aufbauphase bekämpft jedoch ein Weibchen die anderen und vertreibt sie. Durch die Zusammenarbeit haben zunächst alle Weibchen die Chance, sich fortzupflanzen, und da die Gewinnerin ein Geschwister ist, haben auch die anderen auf jeden Fall einen Nutzen. Ja, selbst wenn sie nicht näher verwandt wären, könnte es vorteilhaft sein, nach dieser Strategie zu verfahren, dann nämlich, wenn wegen eines starken ökologischen Druckes sich nur bei gemeinschaftlicher Koloniegründung überhaupt eine Fortpflanzungschance eröffnete (M. J. WEST-EBERHARD 1978).

Bei der Feldwespe *(Polistes metricus)* werden Nester sowohl von Einzeltieren als auch von zwei Schwestern bewohnt. Im letzteren Fall übernimmt ein Weibchen die Eiproduktion, das andere hilft und überlebt genetisch in den Nachkommen seiner Schwester. Es fährt dabei besser als Weibchen, die allein ein Nest begründen und schlechter gegen Parasiten und Räuber geschützt sind (R. A. METCALF und G. S. WITT 1977).

Daß Hymenopteren häufiger eusoziale Gemeinschaften bilden, erklärt sich aus der Tatsache, daß die Männchen sich aus unbefruchteten Eiern entwickeln, also haploid sind, während die Weibchen aus besamten Eiern entstehen, also diploid sind (Haplodiploidie). Daraus folgt, daß sämtliche

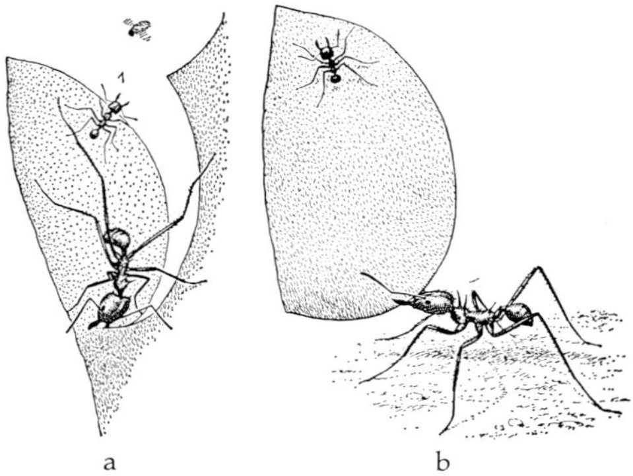

15.88 Die Parasitenabwehr durch die Kaste der Minima-Arbeiterinnen bei der Blattschneider-Ameise *(Atta cephalotes)*. a) Blattschneidende Ameise: Die Minima-Arbeiterin wehrt den Angriff einer Fliege *(Phoridae)* ab; b) Blatt-Transport: Die Minima-Arbeiterin bewacht die Trägerin. Aus I. und E. EIBL-EIBESFELDT (1967)

Töchter eines Männchens von diesem den gleichen vollen Satz von Genen erhalten, der 50 Prozent ihres Genbestandes ausmacht. Bei den zweiten 50 Prozent, die sie dagegen von ihren Müttern erhalten, deckt sich die Hälfte der Allele. Das ergibt einen Verwandtschaftsgrad der Vollschwestern von 0,75. Dank der Haplodiploidie sind Vollschwestern miteinander näher verwandt als normal diploide Eltern – also auch die Hymenopteren-Königinnen – mit ihren Nachkommen. Wenn eine sterile Arbeiterin fortpflanzungsfähige Schwestern aufzieht, hat sie demnach einen höheren Nutzen, als wenn sie sich selbst fortpflanzen würde. Haplodiploidie fördert die Entwicklung der Eusozialität, sie ist aber nicht Voraussetzung dafür. Termiten bilden ja ebenfalls sterile Kasten.

Bei Wirbeltieren gibt es zunächst keine Entwicklungen in dieser Richtung. Erst beim Menschen bahnt sich kulturell eine Entwicklung zur Hypersozialität an, bei der Individualitäten in einem höheren Ganzen aufgehen und dabei sogar auf Fortpflanzung verzichten. Außerdem kommt es über kulturelle Anpassungen zu einer differenzierten Arbeitsteilung, die vielleicht auch bestimmte Konstitutionstypen fördert. Daß Menschen erbfeste Formen ausbilden, die als Umweltanpassungen zu verstehen sind, betont unter anderem I. SCHWIDETZKY (1950). Hirten und Hirtenkrieger sind schlankbeinig und hochgewachsen, Pflanzertypen mehr gedrungen, kurzbeinig. Es fällt nun auf, daß in den seßhaften, stadtbildenden Völkern verschiedene Konstitutionstypen nebeneinander vorkommen und Berufsneigungen bis zu einem gewissen Grade mit bestimmten Konstitutionstypen verknüpft scheinen (Beispiele bei SCHWIDETZKY). Vielleicht liegt in dieser Prädestination zu verschiedenen Berufen der selektionistische Vorteil dieses auffälligen Polymorphismus.

Beim Zusammenleben beeinflussen sich die Partner in vielfältiger Weise. Stimmungsübertragung führt z. B. dazu, daß Hühner, die in der Gruppe gehalten werden, mehr fressen als das einzeln gehaltene Tier, und das gilt für Ratten, Affen, Fische und viele andere Tiere ebenso (J. C.

WELTY 1934, H. F. HARLOW 1932). Daß die Gegenwart eines Männchens die Gonadenreife beim Weibchen anregen kann, erwähnten wir (Partnereffekt, S. 105). Schaben *(Blatella germanica)* wachsen in Gemeinschaft besser als isoliert. Die Wirkung geht einerseits über die Sinnesorgane (Fühler), denn fühleramputierte Schaben wachsen wie isoliert gehaltene. Außerdem besteht eine stoffliche Beeinflussung, denn die Beigabe pulverisierten Kotes zur Nahrung isoliert gehaltener Schaben bewirkt zunächst eine Wachstumssteigerung, in höheren Konzentrationen eine Wachstumshemmung (R. CHAUVIN 1952). Hausmausweibchen zeigen einen regelmäßigeren Brunstzyklus, wenn Exkrete bekannter Männchen gegenwärtig sind. Der Geruch fremder Männchen dagegen bewirkt Absorption der Embryonen oder vorzeitigen Abgang (H. M. BRUCE 1961). Dieser »Bruce-Effekt« wird von den Soziologen als eine Art pheromonalen Infanticids gedeutet. Als Massensiedlungseffekt bezeichnet man Erscheinungen wie herabgesetzte Fruchtbarkeit, die bei Übervölkerung eines Raumes zu beobachten ist. Bei starker Bevölkerungsdichte fressen z. B. die Mehlkäfer *(Tribolium confusum)* ihre Eier auf. Weitere Beispiele zur Beeinflussung von Gruppenmitgliedern über Pheromone brachten wir S. 157.

Bei Säugern führt Übervölkerung zu einem Streß, der schließlich einen Populationszusammenbruch herbeiführt, noch lange bevor sich Nahrungsmangel bemerkbar macht. Auf der 14 Meilen von Cambridge (Maryland) entfernten James-Insel (280 acres) setzte man 1916 4 oder 5 Sikahirsche *(Cervus hippon)* aus. 1955 waren es 300 gesunde Tiere. 1958 starb etwa die Hälfte, obgleich genügend Nahrung vorhanden war, und der Bestand reduzierte sich auch in den folgenden Jahren bis auf etwa 80 Individuen. Die in den Jahren des Zusammenbruchs untersuchten Tiere zeigten histologische Änderungen in der Nebenniere, die darauf hinweisen, daß allein der durch die Übervölkerung verursachte Streß den Zusammenbruch herbeiführte (J. J. CHRISTIAN 1959, 1963).

Dichteabhängige Streßerscheinungen hat man beim Spitzhörnchen *(Tupaia belangeri)* beobachtet und sorgfältig untersucht (H. AUTRUM und D. v. HOLST 1968, D. v. HOLST 1969, 1975). Sie führen zu einer Verzögerung des Jungenwachstums und zu auffälligen Änderungen im Verhalten und in der Physiologie der Alttiere. Bei Weibchen ist die Funktion der Milchdrüsen gestört. Ferner scheidet die Sternaldrüse kein Sekret mehr ab, so daß die Weibchen nicht mehr wie üblich ihre Jungen duftmarkieren können. Ohne diesen Markierungsschutz werden die Jungen von der Mutter wie auch von anderen Käfiginsassen gefressen (Kronismus). Bei starkem Streß werfen die Weibchen schließlich gar keine Jungen mehr, und sie zeigen eine Vermännlichung in ihrem Verhalten, indem sie auf andere Tiere aufreiten. Bei männlichen Jungtieren ist unter Streß der *Descensus testiculorum* verzögert, und bei erwachsenen Männchen wandern die Hoden sogar in die Bauchhöhle zurück. Der Streß wird vor allem durch die aggressiven Auseinandersetzungen der Käfigbewohner hervorgerufen (Dominanzeffekt), ferner auch ohne Aggression durch die Anzahl der Tiere, die sich in einem Gehege befinden. Hier sind es die Duftmarken gleichgeschlechtlicher Artgenossen, die belasten (Dichteeffekt). Der Streß führt zu einer Aktivierung des sympathischen Nervensystems und der Nebenniere. Unter Streß sträuben die Spitzhörnchen die Schwanzhaare, und drückt man die Zeit des Schwanzsträubens (SST) in Prozenten der Gesamtaktivität aus (12-Stunden-Tag), dann erhält man ein Maß für den Grad des Stresses, unter dem das Tier steht. Die deutliche Abhängigkeit der SST-Werte und der anderen schon besprochenen Erscheinungen von der Bevölkerungsdichte mag aus der Abb. 15.89 ersehen werden. All dies führt dazu, daß sich die Tiere nicht weiter vermehren (D. v. HOLST 1969).

Dieser soziopsychische Effekt ist ferner zu beobachten, wenn nach einem Sieg eine Dominanzbeziehung besteht, ohne daß der Verlierer weiter belästigt wird. Innerhalb der Familie herrscht zunächst Verträglichkeit. Die Jungtiere lecken oft zu mehreren den Speichel vom Mund der Mutter – ein bindendes, wohl vom Brutpflegefüttern abgeleitetes Ritual –, und sie bilden mit ihr Schlafpyramiden. Wird ein Weibchen geschlechtsreif, dann steigt der SST-Wert der Mutter steil an und entsprechend der des Vaters, wenn ein männliches Jungtier geschlechtsreif wird.

Die Aktivierung des sympathischen Nervensystems und der Nebenniere stellt an sich eine adaptive Reaktion des Organismus auf eine erwar-

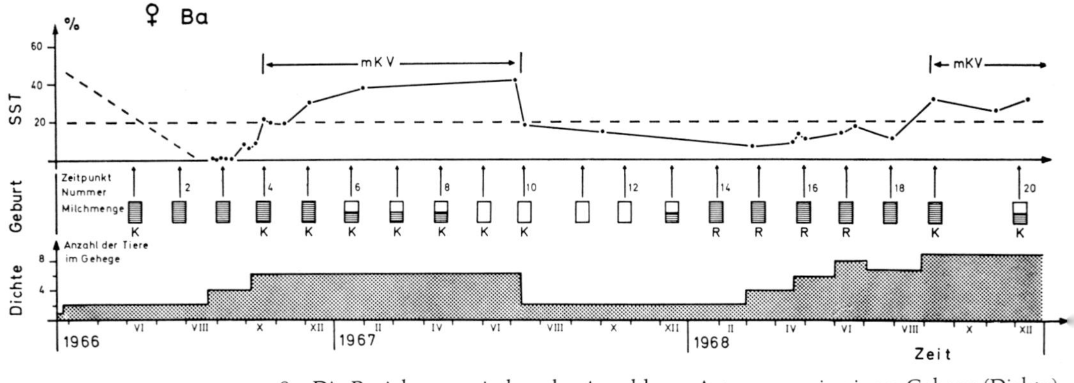

15.89 Die Beziehung zwischen der Anzahl von Artgenossen in einem Gehege (Dichte), dem SST-Wert, der Fortpflanzung und dem Auftreten von männlichem Kopulationsverhalten bei einem Weibchen von *Tupaia belangeri*. Abkürzungen: mKV = männliches Kopulationsverhalten; K = Kronismus (Jungenfressen); R = Störung des Fütterungsrhythmus. Voll schraffierte Kästchen = Junge normal gesäugt; halb schraffierte Kästchen = Junge wenig gesäugt; weiße Kästchen = Junge nicht gesäugt. Aus D. v. HOLST (1969)

tete akute Belastung dar, z. B. durch Kampf und Flucht. Aus dem Mark der Nebenniere werden Adrenalin und Noradrenalin und aus der Rinde Corticoide ausgeschüttet. Das bewirkt schnell einen beschleunigten, kräftigen Herzschlag und ein Ansteigen des Blutdruckes. Die Skelettmuskulatur wird besser durchblutet, Haut, Magen-Darm-Trakt und Nieren dagegen weniger. Aus der Leber wird Blutzucker freigesetzt. Der Aufbau von Körpersubstanz und die Tätigkeit der Keimdrüsen werden gehemmt. Das Tier wird so in gesteigertem Maße bereit, sich mit Feinden auseinanderzusetzen. Verhängnisvoll wird diese einseitige Aktivierung des Systems erst, wenn die dauernde Anwesenheit von streßerzeugenden Artgenossen zu einer ständigen Erregung führt. Dann wird der Artgenosse zu einer Belastung, an der die Tiere schließlich auch sterben können, vor allem durch Nierenversagen.

Die unterlegenen Spitzhörnchen zeigten zwei unterschiedliche Verhaltensmuster. Aktiv die Situation meisternde Subdominante vermieden Situationen, die sie in weitere Kämpfe verwickelt hätten, indem sie sich zurückzogen und versteckten. Submissive Tiere dagegen blieben passiv in einer Ecke des Käfigs sitzen und reagierten kaum auf Außenreize. Sie flohen nicht und verteidigten sich nicht gegen Angriffe.

Die aktiven Subdominanten konnten im Käfig eines dominanten Männchens längere Zeit überleben. Ihre adrenocortikalen Funktionen waren nicht verändert, doch war ihr Herzschlag auch während der Nacht, wenn sie sich in ihrem Nistkästchen aufhielten, dauernd deutlich erhöht (Abb. 15.90). Bei den passiv Submissiven war das adrenocortikale System stark aktiviert. Die Tiere verloren schnell an Gewicht, erkrankten und starben

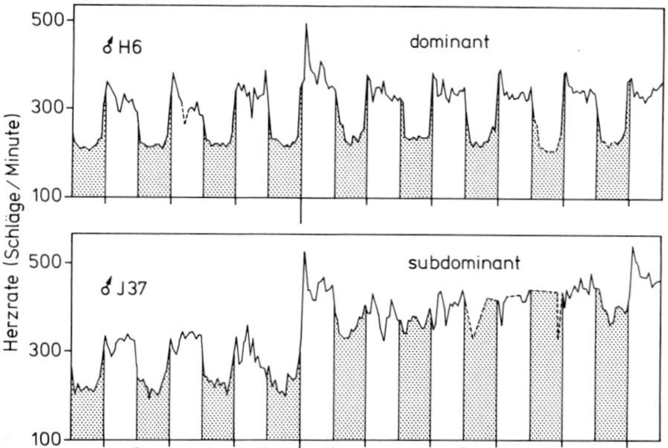

15.90 Herzschlagfrequenz eines dominanten Spitzhörnchens (oben) sowie eines subdominanten vor der Konfrontation mit einem dominanten (links) und danach (rechts). Während vor der Konfrontation die Pulsrate nachts absank, bleibt sie nun Tag und Nacht fast gleich hoch. Aus D. v. Holst (1985 b)

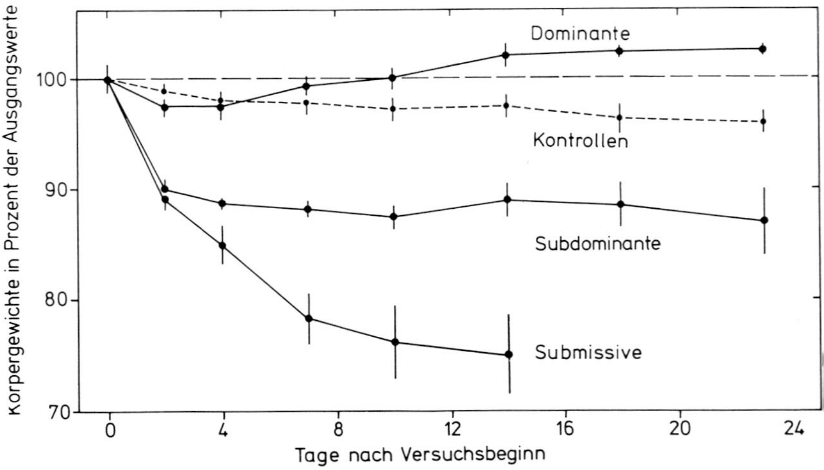

15.91 Der dramatische Gewichtsverlust submissiver Spitzhörnchenmännchen nach Konfrontation mit einem dominanten Männchen. Aus D. v. HOLST (1985 b)

innerhalb kurzer Zeit (Abb. 15.91). D. v. HOLST (1985 b) vergleicht ihren Zustand mit dem der Depression beim Menschen. Es handelt sich wohl auch um einen Fall erlernter Hilflosigkeit.

Brachte D. v. HOLST (1986) Tupajas paarweise zusammen, die dann harmonisch gemeinsam ein Nest zum Schlafen benützten, dann hatten sie gegenüber vorher eine deutlich herabgesetzte adrenocortikale Aktivität und eine verringerte Pulsrate. Bei »disharmonischen«, getrennt schlafenden Paaren war beides gegenüber dem Ausgangspunkt erhöht.

Hält man eine Gruppe von Ratten mit stets genügend reichem Nahrungsangebot in einem begrenzten Raum und vermehren sich die Tiere bis zu einer bestimmten Dichte, dann entwickeln sie ein abnormes Verhalten. Sie betreuen ihre Jungen nicht mehr richtig und bauen keine guten Nester; dementsprechend wächst die Jungensterblichkeit in solchem Maße, daß keine weitere Vermehrung eintritt, obwohl sie in dem zur Verfügung stehenden Raum theoretisch durchaus noch viel mehr Platz gehabt hätten und auch genügend Nahrung vorhanden gewesen wäre. Durch den ständigen engen Kontakt stören sich die Tiere gegenseitig (J. CALHOUN 1962). Bei Feldmäusen fand F. FRANK (1953) ganz ähnliche Verhältnisse. Die Tiere vermehren sich bei günstigem Nahrungsangebot, bis die optimale Dichte überschritten wird. Als Folge der ständigen Reibereien mit dem Artgenossen kommt es zu den verschiedensten Störungen, u. a. auch endokriner Natur, an denen die Tiere schließlich zugrunde gehen. Lemminge vermehren sich dagegen in nahrungsreichen Sommern offenbar ungehemmt. Sie werden schließlich durch Nahrungsmangel zur Massenabwanderung gezwungen, die für die meisten Tiere mit einer Katastrophe endet. Hier mangelt es an Einrichtungen der Geburtenbeschränkung. In manchen Fällen hat man jedoch Anpassungen im Sozialverhalten gefunden, die dazu dienen, die Übervölkerung eines Raumes zu verhindern. V. C. WYNNE-EDWARDS (1962) erklärte ihr Zustandekommen gruppenselektionistisch. Die Modellrechnungen der Soziobiologen zeigen jedoch, daß individual- und sippenselektionistische Modelle zur Erklärung hinreichen. Damit ist allerdings nicht gesagt, daß keine Selektion auf Gruppenebene stattfand.

In Schottland überleben abgeschlagene Moorschneehähne *(Lagopus lagopus scoticus)* eine Zeitlang versteckt in den Revieren der Sieger. Sie kommen aber kaum ans Futter heran und sterben meist in den späten Wintermonaten. Wird jedoch durch den Tod eines Revierbesitzers ein Gebiet frei, dann kann einer der Abgeschlagenen das Revier übernehmen und überleben. Im Durchschnitt gehen jedoch etwa 60 Prozent des männlichen Nachwuchses zugrunde. Vielen Säugern mangelt es an Mechanismen, die eine dichteabhängige Reduzierung der Vermehrungsrate vor dem Zusammenbruch des Sozialsystems ermöglichen. Dieser Umstand dürfte, wie H. AUTRUM (1966), E. T. HALL (1966), TH. SCHULTZE-WESTRUM (1967) und D. v. HOLST (1975) betonen, insbesondere auch für den Menschen zutreffen. »Nicht die Gefahr des Hungers«, schreibt AUTRUM, »sondern die Gefahr der Zersetzung der tragenden und ordnenden sozialen Strukturen durch die Übervölkerung bedroht unsere Zukunft.«

15.3.2.2 Mechanismen der Gruppenbindung

Sozial indifferente Arten bilden gelegentlich Ansammlungen, wenn sie durch ein gemeinsames Ziel, etwa einen günstigen Übernachtungsort, zusammengeführt werden. Aber erst wenn die Tiere auch von ihresgleichen angezogen werden, also bei sozialer Attraktion, bilden sie einen echten Verband. Es genügt im allgemeinen, daß sie irgendein Signal besitzen, das den Partner anlockt, etwa einen Duft, Gesang oder einen optischen Auslöser. Solche einfachen Signale halten den Fischschwarm zusammen (S. 161), rufen die Weberknechte zu einem Versammlungsort (S. 564) oder den Geschlechtspartner zur Stelle (S. 231), um nur an ein paar Beispiele zu erinnern.

Bei einigen Duett singenden Vögeln kann der Drang zu singen nur befriedigt werden, wenn ein Partner vorhanden ist, der im präzisen Wechsel mitsingt (W. WICKLER 1972).

Beim Buntbarsch *Tilapia mariae* wird das Elternpaar über die Jungen zusammengehalten. Die Geschlechtspartner ziehen sich nur zu Beginn der Paarbildung an. Nach dem Ablaichen stoßen sie einander ab, sie bleiben aber beieinander, da sie durch das Gelege und die Jungen am Ort gehalten werden. Das geht unter anderem aus der Tatsache hervor, daß beide Fische unruhig suchend umherschwimmen, wenn man die Brut entfernt, nicht aber, wenn man nur den Gatten wegfängt (J. LAMPRECHT 1972).

In vielen Fällen wird jedoch eindeutig die Nähe eines Partners gesucht. Dem können verschiedene Motive zugrunde liegen. Auf der Flucht suchen viele Tiere beim Artgenossen Schutz. Sie suchen ferner dessen Nähe aus sexueller oder aggressiver Motivation. Es gibt jedoch auch anders motivierte Partnersuche, gewissermaßen autochthone Bindetriebe (siehe auch S. 100). So sitzt bei der Harlekingarnele *Hymenocera picta* das Männchen gerne in der Nähe eines bestimmten Weibchens, aber ohne körperlichen Kontakt. Entfernt man das Weibchen, dann sucht das Männchen nach ihm, und es nimmt kein anderes Weibchen als Ersatz. Diese Suche ist nicht sexuell motiviert, denn unter sexueller Motivation besteigt das Männchen jedes ihm gebotene Weibchen. Das Paarsitzen ist nicht mit irgendwelchen anderen Aktivitäten korreliert, und man muß annehmen, daß ihm ein eigener Bindetrieb zugrunde liegt (W. WICKLER und U. SEIBT 1972).

Sind die Arten von Natur aus nicht weiter aggressiv, dann stellt sich ihrem Zusammenschluß auch kein weiteres Hindernis entgegen. Anders ist dies dagegen bei aggressiven Tieren. Dennoch fanden auch sie verschiedene Möglichkeiten, Gruppen zu bilden. Das kann z. B. durch periodische Unterdrückung der aggressiven Impulse geschehen. Der dreistachelige Stichling zieht im Frühjahr durchaus verträglich im Schwarm zu den Paarungsgründen im Seichten. Dort gründet er ein Revier, und erst dann färbt er in sein Prachtkleid um und ist unverträglich. Bei anderen Arten beschränkt sich die Aggressivität nur auf eine bestimmte Kategorie von Artgenossen. Männliche Zaunleguane *(Sceloporus undulatus)* greifen nur Männchen der eigenen Art an, die sie an den blauen Seitenstreifen erkennen (S. 161). Den Weibchen fehlt dieses provozierende Signal, sie werden deshalb geduldet, es sei denn, man malt ihnen blaue Streifen an die Seiten. Engelfische *(Pomacanthidae)* sind territorial und greifen jeden erwachsenen Artgenossen an. Jungfische können sich jedoch im Revier aufhalten, da sie eine von den Erwachsenen völlig abweichende Färbung besitzen. Sie tarnen sich gewissermaßen als andere Art (H. FRICKE 1976; Tafel III).

Viele Jungtiere sind durch besondere Kindchenmerkmale geschützt. Das ist aber keineswegs immer so. Begegnet ein Hamster *(Cricetus cricetus)* einem anderen in seinem Revier, dann bekämpft er ihn, gleich welchen Geschlechts der Eindringling ist. Nur wenn ein Weibchen brünstig ist, duldet es vorübergehend die Anwesenheit eines Männchens. Was hemmt dann die Aggressivität des Weibchens? Die in Sippenverbänden lebende Hausmaus *(Mus musculus)* greift jede sippenfremde Maus an, die sich in ihr Rudelgebiet verirrt. Innerhalb der Gruppe vertragen sich die Mäuse jedoch ausgezeichnet. Sie putzen einander und liegen nicht einmal im Wettstreit um die Gunst eines brünstigen Weibchens. Wieso kommt innerhalb der Gruppe keine Aggressivität zum Durchbruch? Eine Graugans ist zu ihren Jungen und zu ihrem Ehepartner durchaus kontaktfreundlich. Fremde Junge oder Erwachsene greift sie dagegen an. Ebenso betreut ein Seelöwe nur sein Junges; das gleiche gilt für das Hausschaf und das Mufflon (B. Tschanz 1962).

In diesen zuletzt angeführten Fällen wird die Aggression des Weibchens durch die individuelle Bekanntschaft mit seinem Jungen gehemmt. Diese enge Bindung findet unmittelbar nach der Geburt bzw. nach dem Schlüpfen der Jungen statt, und man kann in dieser Zeit durchaus auch fremde Junge adoptieren lassen. Später ist dies nur selten möglich (H. Blauvelt 1964, P. H. Klopfer und J. Gamble 1966, W. Leuthold 1967; S. 395). Das Band individueller Bekanntschaft vereint auch die Geschwister. Man kann es künstlich selbst zwischen Mitgliedern verschiedener Arten stiften. Ich zog Iltisse mit jungen Ratten auf. Beide Arten vertrugen sich über zwei Jahre hin bis zum Alterstod der Ratten ausgezeichnet. Sie putzten einander und balgten sich spielerisch. Faßten die Iltisse zu derb zu, dann fiepten die Ratten, und das hemmte weitere Attacken.

Fremde Ratten, die ich den Iltissen später zugesellte, beschnupperten sie eingehend, ohne ihnen etwas zu tun. Für das gute Zusammenleben der Ratten mit den ihnen befreundeten Iltissen war wohl die Tatsache von entscheidender Bedeutung, daß beide über ähnliche gruppenbildende und aggressionsbeschwichtigende Mechanismen verfügten und sich daher in wesentlichen Punkten ihres Ausdrucksrepertoires durch diese ähnlichen Rufe »verstanden«. Iltisse quietschen, wenn ein Artgenosse sie zwickt, Ratten fiepen in gleicher Situation, und bei beiden werden dadurch weitere Aggressionen gehemmt. Hautpflegehandlungen verstehen beide Arten als freundliche Geste. Wenn Tiere einander individuell kennen, wird die vom Partner ausgelöste Aggression häufig auf andere Objekte umorientiert und auf diese Weise sogar zu einem gruppenbindenden Zeremoniell (S. 247; K. Lorenz 1963 a).

Innerhalb einer solchen Gruppe wird die Aggression oft auch durch die Ausbildung einer Rangordnung neutralisiert. Es werden dadurch ständige Reibereien der Gruppenmitglieder vermieden. Erst wenn es zu einer Störung dieser Ordnung kommt, beobachtet man bisweilen sehr heftige Ausbrüche von Aggression innerhalb einer vordem verträglichen Gruppe. Das gilt, wie Revolutionen lehren, auch für die menschliche Gesellschaft. J. P. Scott sprach wiederholt davon, daß »social disorganization« die Ursache aggressiven Verhaltens sei. Das ist dahingehend zu präzisieren, daß soziale Unordnung Aggression gegen Gruppenmitglieder freimacht. Als generelle Aussage gilt Scotts These nicht, denn wir wissen, daß gerade das Gruppenbewußtsein einer wohlgeordneten Gruppe die Aggressivität gegen Gruppenfremde steigert (H. D. SCHMIDT 1960, I. EIBL-EIBESFELDT 1975, 1982).

Wächst eine Gruppe zu einem so großen Verband heran, daß ein individuelles Erkennen der Gruppenmitglieder die Kapazität des einzelnen übersteigt, dann wird der Bekanntheitseffekt oft auf anderem Wege hergestellt. Ratten und Hausmäuse markieren einander geruchlich (S. 592), und an diesem Geruchsabzeichen erkennen sich die Gruppenmitglieder. Nimmt man eine Ratte nur für wenige Tage aus der Gruppe, dann verliert sie den Gruppenduft und wird von allen früheren Gruppengenossen angegriffen (I. EIBL-EIBESFELDT 1950c).

Außer solchen verbindenden Kennzeichen verfügen aggressive, im Verband lebende Tiere noch über eine Reihe verschiedenartiger Beschwichtigungszeremonien, die gewissermaßen als Aggressivitätspuffer dienen. Wir erwähnten diese Verhaltensweisen im Kapitel über die Ausdrucksbewegungen und erinnern hier nur an die Grußzeremonien des flugunfähigen Kormorans, dessen beschwichtigende Funktion auch experimentell erhärtet wurde (S. 243). Bei den Schwarzköpfchen *(Agapornis personata)* beobachtet man ein kurzes Verzahnen der Schnäbel als beschwichtigende und kontaktbestärkende Gebärde. Ein Pärchen begrüßt sich so bei Begegnung und beendet so auch gelegentliche Streitereien. Schließlich bekräftigt es durch solche Schnabelberührung die Paarbindung, wenn Gefahr von außen droht, so z. B. wenn ein fremder Papagei sich nähert. Die Bewegung könnte sich sowohl vom Kraulen als auch vom Füttern ableiten (R. A. STAMM 1960, 1962). Die Befriedungsgesten allein halten zwar die Gruppe nicht zusammen, sie ermöglichen aber das Beisammenbleiben der Gruppenmitglieder.

Beschwichtigend wirken Präsentierbewegungen, bei denen eine Waffe weggewendet wird (S. 238), ferner eine Reihe von Verhaltensweisen des Jungtieres (Bettelbewegungen und andere Infantilismen, S. 236) und vor allem Verhaltensweisen der Brutpflege (ritualisiertes Füttern; soziale Hautpflege, S. 188), die sowohl beschwichtigen als auch auf der Basis der Belohnung binden. Über die Bedeutung sexueller Verhaltensweisen als Befriedungsgesten s. S. 209.

In individualisierten Verbänden (S. 595) erfüllt oft der Ranghöchste eine wichtige gruppenbindende Funktion. Seelöwenbullen schlichten mit besonderen Beschwichtigungszeremonien Streitigkeiten ihrer Weibchen. Bei einigen Tieren üben die Jungen gruppenbindende Einflüsse aus, so bei Lemuren *(Propithecus verreauxi* und *Lemur catta)*, bei denen die anziehende Kraft der Jungen die Erwachsenen zusammenhält. Wird in einer *Propithecus*-Gruppe ein Junges geboren, dann putzen sich die Erwachsenen gegenseitig viermal so häufig wie sonst. Sie übertragen gewissermaßen die aktivierte Brutpflegehandlung der sozialen Hautpflege auf erwachsene Gruppenmitglieder (A. JOLLY 1966).

Die bandstiftende Wirkung des Affenkindes beruht auf den freundlichen Reaktionen, die seine Signale auslösen. Männliche Berberaffen *(Macaca sylvana)* nutzen das bei sozialen Interaktionen mit ihresgleichen. Will sich ein Rangniederer ungestraft einem Ranghöheren nähern, dann leiht er sich ein Jungtier aus und präsentiert dies dem Ranghohen (J. M. DEAG u. J. H. CROOK 1971). H. KUMMER (1957) berichtet, daß subadulte männliche Mantelpaviane, wenn sie sich von einem Erwachsenen bedroht fühlen, ein Junges ergreifen und mütterliches Verhalten zeigen, während sie sich langsam entfernen. Parallelen gibt es im menschlichen Verhalten (S. 744). An weiteren Einrichtungen, die zur Harmonisierung des Gruppenlebens beitragen, wäre auf die Entwicklung von Normen hinzuweisen, die kritische Stellen im Sozialleben absichern. So kann man bei einer Reihe von Säugern das Wirken einer Objektbesitznorm nachweisen.

Bei einigen sozialen Raubtieren (Wölfen, Hyänenhunden) und beim Schimpansen können niederrangige Tiere, die Beute machten, diese auch in der Gegenwart von Ranghohen unangefochten behalten, so als gäbe es die Regel, daß Besitz zu achten sei. Nur ganz am Anfang wird für wenige Minuten darum gestritten. Diese Regel der Priorität des Erstbesitzers verhindert sicherlich den Gruppenzusammenhalt störende Streitereien und auch die Monopolisierung hochwertiger Nahrung durch die höchstrangigen Männchen (J. GOODALL 1968, 1971, L. D. MECH 1970). Teilen verpflichtet bereits bei den Schimpansen den Nehmenden zur Reziprozität. Es muß aber nicht mit Gleichem vergolten werden. Hat ein Schimpanse einen anderen gelaust, dann erhält er von diesem später öfter Nahrung, und umgekehrt kann auch Lausen gegen Nahrung oder auch Beistand ausgetauscht werden (F. B. M. DE WAAL 1989).

Beim Schimpansen teilt der Besitzer der Beute, während er ißt, mit den anderen Gruppenmitgliedern. Er gibt in kleinen Portionen an alle, die bettelnd und geduldig um ihn sitzen, ab. Das erinnert in manchem an die Rituale des Beuteteilens der auf der Jäger- und Sammlerstufe stehenden Naturvölker. Das Abgeben von Nahrung stiftet sicherlich ein starkes Band zwischen Gebenden und Nehmenden, und ranghohe Schimpansen verstehen es geschickt, jeden mit einer Gabe zu bedenken und nie zuviel auf einmal wegzugeben, so daß sie lange etwas zu teilen haben. G. TELEKI (1973) beobachtete, daß der hochrangige Mike seine Beute mit 13 der 16 erwachsenen und subadulten Gruppenmitglieder teilte. Er war damit von 8 Uhr morgens bis 17.30 Uhr beschäftigt (Abb. 15.92).

»Besitz« wird auch von anderen Primaten in einem ganz anderen Zusammenhang respektiert. Männliche äthiopische Mantelpaviane *(Papio hamadryas)* achten ihren gegenseitigen Weibchenbesitz aufgrund einer sozialen Hemmung. Das wurde im Freiland experimentell geprüft (H. Kummer, W. Götz und W. Angst 1974). Setzt man zwei Männchen mit einem ihnen unbekannten Weibchen zusammen, dann nimmt eines das Weibchen in Besitz, das andere Männchen zieht sich zurück. Der Besitzentscheidung kann ein Kampf vorausgehen. Hat jedoch einer eindeutig Besitz ergriffen, dann wird das vom anderen akzeptiert. Hatte ein Männchen, bevor es zu einem anderen Männchen mit Weibchen gesetzt wurde, 15 Minuten Zeit, dem Paar zuzuschauen, dann kam es nach dem Zusammensetzen nie zu einem Kampf, selbst wenn der Zugesetzte ein eindeutig ranghöheres Gruppenmitglied war. Diese Weibchenstehlhem-

Fleischverteilung Zeit

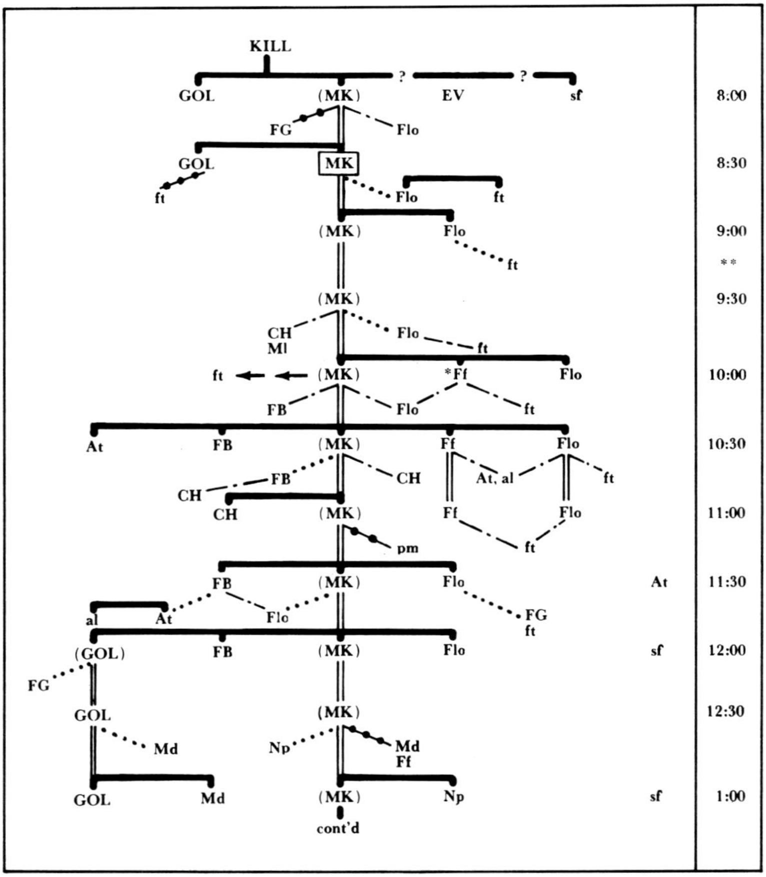

* Weibchen im Oestrus-Ff, mit beinahe voller Schwellung

** Die Schimpansen kehren 30 Minuten lang ins Lager zurück

*** FG stiehlt Fleisch von GOL in überraschendem Angriff

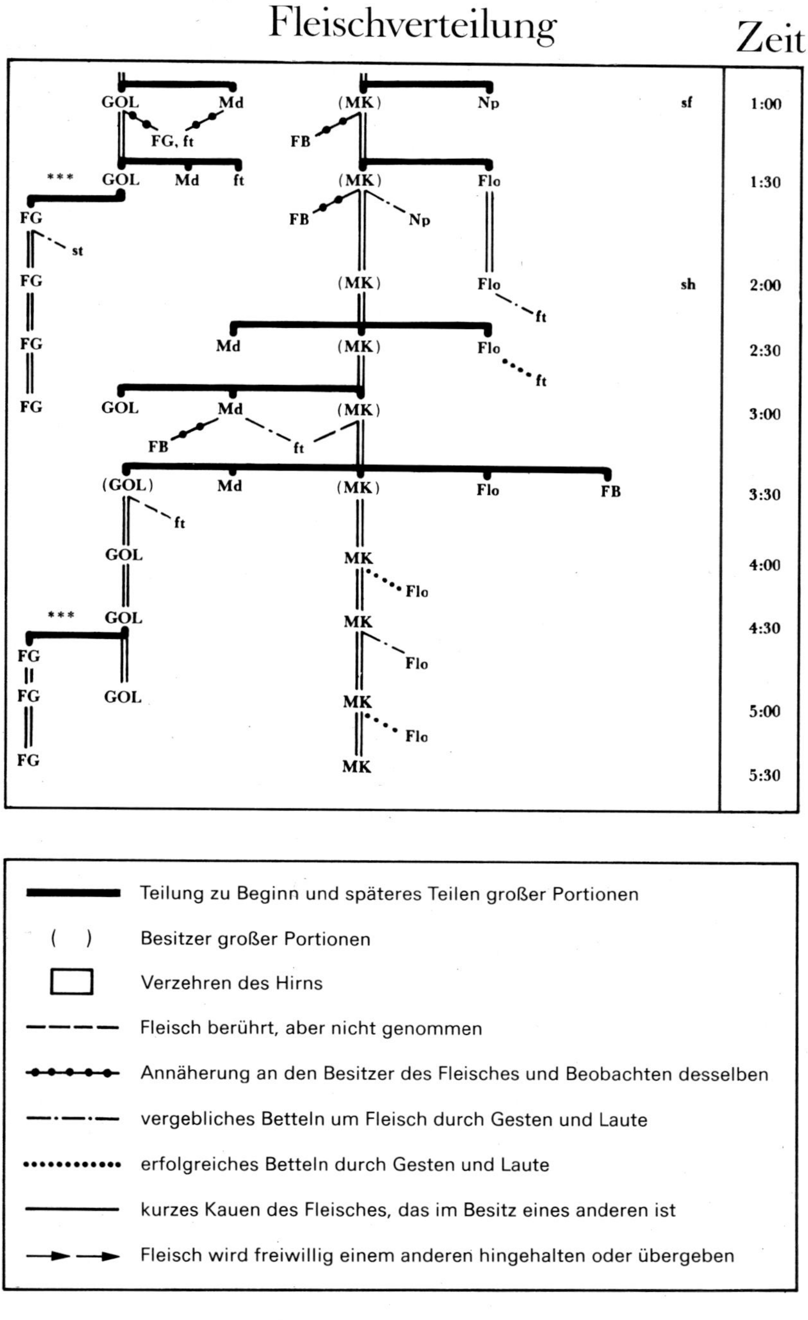

15.92 Muster der Fleischverteilung durch ein hochrangiges Männchen. Aus G. TELEKI (1973)

mung stabilisiert sicherlich die Mantelpaviangesellschaft, da sie dauernde Auseinandersetzungen verhindert. Interessant ist, daß das besitzende Männchen gegenüber dem neu zugesetzten Männchen statt einer Verteidigungshaltung eine beschwichtigende Haltung einnimmt. Der Respekt vor der Partnerbindung des Rivalen wird jedoch aufgegeben, wenn das andere Männchen die Bindung des Weibchens an den Rivalen als schwach einschätzt. Dann greift es an, weil es das Weibchen dadurch von der Dominanz seines Rivalen befreien kann, mit der Möglichkeit, es anschließend zu erwerben. Die Fähigkeit dieser Affen, Beziehungen zwischen zwei Mitgliedern einer Gruppe einzuschätzen, ist bemerkenswert (CH. BACHMANN und H. KUMMER 1980).

Alle geselligen Tiere zeigen ein deutliches Anschlußbedürfnis: Trennt man sie von ihrer Gruppe und hält sie zwangsweise einzeln, gedeihen sie schlecht. Ein vom Schwarm abgetrennter Fisch sucht eilig hin und her schwimmend wieder den Anschluß an seine Gruppe. Gesellige Säuger verfallen einzeln gehalten in eine Apathie der »Vereinsamung« (M. MEYER-HOLZAPFEL 1958). Bei höheren Tieren bemühen sich überdies die Gruppenmitglieder darum, jene, die in Gefahr sind, für die Gruppe verlorenzugehen, wieder in den Verband zurückzuholen. Das hat K. LORENZ (1931) besonders gut an Dohlen beobachtet. Im Jahre 1929 ließ sich ein großer Schwarm ziehender Krähen und Dohlen ganz in der Nähe einer Kolonie zahmer Dohlen nieder. Die Jungdohlen jenes und des vorhergehenden Jahres dieser Kolonie hatten sich unter die Fremdlinge gemengt, und es war zu befürchten, daß sie in dieser Wanderschar aufgehen würden, mitgerissen vom starken auslösenden Reiz der vielen auffliegenden Vögel. Dies wäre wohl auch geschehen, wenn nicht zwei alte, erfahrene Männchen der Kolonie die Jungvögel einzeln zurückgeholt hätten. Sie flogen vom Haus zur Wiese, spürten dort in dem Schwarm die Jungtiere der eigenen Kolonie auf und lockten sie vom fremden Schwarm weg, indem sie mit gefächertem Schwanz von hinten knapp über die Jungen hinwegflogen und den Fluglockruf äußerten. So haben sie in vielen Stunden alle bis auf zwei Jungtiere zurückgebracht.

Bei Buntbarschen wird der Zusammenhalt der Familie sowohl durch die Nachfolgereaktion der Jungtiere als auch durch das Brutpflegeverhalten der Eltern gesichert. Die Mutter führt die Jungen, sobald sie frei schwimmen, schnappt jene, die sich zu weit vom Schwarm entfernen, und spuckt sie zu den anderen zurück (E. und P. KUENZER 1962).

Wo beide Eltern ein Paar bilden, erfolgt der Paarzusammenhalt mitunter auch über die Jungen. Beim Buntbarsch *Tilapia mariae* üben die Partner zunächst aufeinander eine anziehende Wirkung aus. Nach dem Ablaichen dagegen dominiert eine abstoßende Wirkung. Daß es dennoch nicht zu einer räumlichen Trennung kommt, ist auf die anziehende Wirkung der Eier und Jungen zurückzuführen. Die Bindung erfolgt über die Brut. Die Partner folgen einander nicht mehr in der bei Bindung zu erwartenden Häufigkeit. Der Wert liegt sogar unter dem nach Zufall zu erwartenden, was man als ein Meiden interpretieren kann. Nimmt man einem Elternfisch die Jungen weg, dann ist seine Schwimmaktivität deutlich erhöht, er ist offensichtlich beunruhigt und sucht. Nimmt man ihm dagegen seinen Partner weg und beläßt man ihm die Jungen, dann bleibt der Fisch ruhig, ja, er ist sogar ruhiger als zuvor. Sein Partner geht ihm also nicht ab, im Gegenteil: Seine Gegenwart war ein Faktor der Beunruhigung (J. LAMPRECHT 1972).

Trotz dieses Anschlußbedürfnisses kann aber das Einzeltier durchaus kontaktscheu sein, d. h. den körperlichen Kontakt meiden. Das sieht man bei vielen geselligen Vögeln. Für Stare *(Sturnus vulgaris)* wirkt der Artgenosse einerseits deutlich anziehend – die Tiere bilden bekanntlich außerhalb der Fortpflanzungszeit große Schwärme –, andererseits meidet jeder Star den körperlichen Kontakt mit Schwarmgenossen. Sitzen sie auf einem Telegraphendraht, dann halten sie einen Abstand zwischen sich und dem Nachbarn. Ebenso machen es die Schwalben *(Hirundo rustica)*. Schwanzmeise *(Aegithalos caudatus)* und Goldhähnchen *(Regulus regulus)* dagegen halten nach dem Ausfliegen der Jungen familienweise zusammen und übernachten aneinandergeschmiegt im engsten körperlichen Kontakt. Allein würden sie erfrieren. Man kann Tiere also in gesellige und ungesellige (solitäre) einteilen und die geselligen wiederum in *Kontakt-* und *Distanztiere*. Daß die ungeselligen extreme Distanztiere sind, versteht sich von selbst.

Ein Kontakttier sucht mit deutlichem Appetenzverhalten den körperlichen Kontakt mit einem Artgenossen. Das gilt z. B. für Schimpansen, Gorillas und viele andere Primaten, die, allein gehalten, oft verfallen, es sei denn, der Pfleger gewährt ihnen den Kontakt, indem er mit ihnen spielt, sie krault und streichelt. Dieses Kontaktbedürfnis hat eine seiner Wurzeln wahrscheinlich im Bindungstrieb des Jungtieres, denn das Verhalten der kontaktsuchenden und -gewährenden Partner zeigt deutliche Ähnlichkeiten mit dem Brutpflegeverhalten und dem kindlichen Verhalten (Abb. 15.93). Schimpansen umarmen sich, und Ranghohe klammern sich im Schreck selbst an einem Rangniederen fest. Im allgemeinen ist jedoch das ranghohe Männchen Fluchtziel. Paviane flüchten selbst dann zum Ranghohen, wenn sie von ihm mißhandelt wurden. Der körperliche Kontakt beruhigt, rangniedere Schimpansen betteln darum (S. 245; Abb. 15.94). Gorillajunge und -weibchen suchen den körperlichen Kontakt der alten Männchen, wenn sie ruhen (Abb. 15.95; G. SCHALLER 1963), so wie die Jungen der meisten Säuger Kontakt mit der Mutter suchen.

15.93 Das Kontaktbedürfnis hat seine Wurzeln in der triebhaften Bindung an die Mutter: a) Rhesusaffenmutter mit kleinem und b) mit älterem Jungen. Foto: I. Eibl-Eibesfeldt (Cayo Santiago, Puerto Rico); c) zwei Sonjo-Kinder, ängstlich aneinandergeklammert. Foto: I. Eibl-Eibesfeldt

Bei Kontakttieren ist soziale Hautpflege überaus weit verbreitet. Wir finden sie z. B. bei Wanderratten, Agutis, Hausmäusen, Meerkatzen, Schimpansen und vielen anderen Primaten (Abb. 15.96 und 15.97). Dieses Verhalten hat ganz sicherlich eine starke eigene Motivation, denn gekäfigte Tiere laden notfalls sogar den Pfleger ein, sich von ihnen putzen zu lassen, so z. B. Agutis, indem sie ihn belecken und die Haut beknabbern, als würden sie Fell durchkämmen. Zahme Meerkatzen und andere Affen »lausen« das Haar ihres Pflegers und fordern umgekehrt ihn dazu auf, dasselbe bei ihnen zu tun, auch wenn sie völlig parasitenfrei gehalten werden. Man kann sich auf diese Weise mit scheuen Kontakttieren anfreunden (S. 188). Solche Verhaltensweisen wirken gewissermaßen auf der Basis der Belohnung gruppenbindend.

Auch über die Aggression kann eine Partnerbindung gefestigt und hergestellt werden. Allerdings entwickelte sich diese Bindung über Aggression sekundär über den Umweg der Brutpflege (S. 591). Das Grauganspaar ist als Kampfgemeinschaft über die Aggression gebunden, und sein Grußzeremoniell ist vom Drohen abzuleiten (K. Lorenz 1963 a; siehe auch S. 247). Ein gemeinsamer Kampf gegen Dritte stiftet bei Rhesusaffen

a b

15.94 Die schützende Hand – eine betreuende Geste, die sich vom Brutpflegerepertoire herleitet: a) Etwa vierjähriges Weibchen unter der Hand eines alten Schimpansenmännchens. Foto: VAN LAWICK-GOODALL. Mit freundlicher Genehmigung des ›National Geographic Magazine‹; b) Menschenpaar. Foto: I. EIBL-EIBESFELDT

a

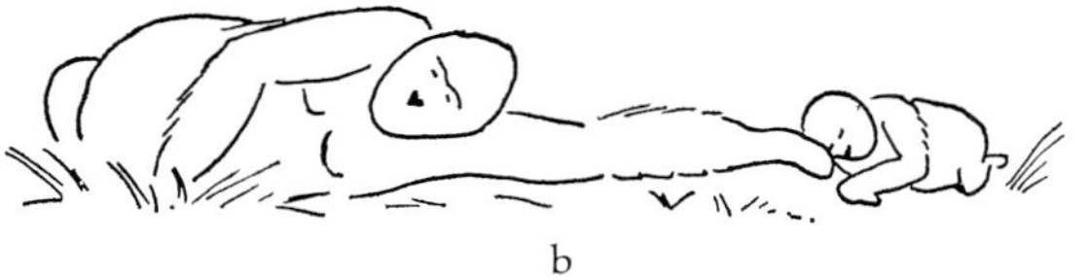

b

c

d

15.95 Raststellungen von Gorillaweibchen und Jungen, die den Kontakt mit einem silberrückigen Männchen suchten: a) Weibchen und Junges sitzen beim liegenden Männchen, dessen Hand auf der Schulter des Jungen ruht; b) Junges ruht mit dem Kopf auf der Hand eines Männchens; c) Weibchen und Junges rücken eng an ein sitzendes Männchen; d) zwei Junge rasten gegen die Beine eines Männchens gelehnt. Aus G. SCHALLER (1963)

15.96 Löwinnen, sich gegenseitig ableckend. Die Tiere säubern einander Körperstellen, die sie selbst nicht erreichen können. Foto: W. KÜHME (1966)

Freundschaften; bei uns Menschen festigt kollektive Aggression ebenfalls die Gruppe. Das ist bereits der Fall, wenn Personen gemeinsam jemanden auslachen.

15.3.2.3 Zur stammesgeschichtlichen Entwicklung der Gruppenbindung

Bindung kann man als längeranhaltende Bereitschaft definieren, von den Signalen eines anderen Individuums angezogen zu werden (W. WICKLER 1976). Es gibt auch Bindungen an andere Objekte und an Orte, die uns in diesem Zusammenhang weniger interessieren. Gemeinsame Bindung an einen Ort kann Bindung an einen Partner vortäuschen. Räumliche Nachbarschaft ist demnach zwar ein Hinweis auf, aber kein Nachweis einer Bindung. Diese äußert sich vielmehr darin, daß gewisse Verhaltensweisen ausschließlich oder bevorzugt an den Partner gerichtet sind, wobei wechselseitige Bindung (Partnerschaft) die Regel ist. Das unterscheidet soziale Bindung von der einseitigen Bindung an einen Ort. Besonders eindrucksvolle Beispiele dafür sind die von W. WICKLER und seiner Gruppe genauer untersuchten Duettgesänge (Lit. bei W. WICKLER 1976).

Die sehr verschiedenen Mechanismen der Bindung, die wir in dem vorangegangenen Kapitel erörterten, weisen bereits auf einen heterogenen Ursprung der Geselligkeit hin. Bei vergleichender Betrachtung lassen sich in der Tat verschiedene Wurzeln nachweisen.

a) Angstbindung

Bei sehr vielen Tieren ist der Artgenosse Fluchtziel. Das gilt bereits für jene Fische, die in Schwärmen schwimmen. Eine vergleichbare Zufluchtsvalenz des Artgenossen kann man selbst beim Menschen nachweisen. In

15.97 Soziale Hautpflege bei Meerkatzen *(Cercopithecus aethiops)* und bei Menschen (Bali). Foto: I. Eibl-Eibesfeldt

Not schließen wir uns selbst wildfremden Menschen an. Die Mutter ist stets Fluchtziel des Kindes. Das gilt für viele Säuger und Vögel ebenso. Oft ist der Ranghohe einer Gruppe Fluchtziel (S. 612). Man könnte in diesen Fällen von einer Bindung über die Angst sprechen. Diese ist sicher sehr alt und spielt als Motivationswurzel vom Schwarmfisch bis zu uns Menschen hinauf eine bedeutende Rolle (Eibl-Eibesfeldt 1970).

Strafreize bekräftigen diese Fluchttendenzen. Straft man Rhesusaffen immer dann, wenn sie zur Mutter flüchten, dann flüchten sie um so intensiver zu ihr. Beim Menschen wird die Angstbindung durch Strafe ebenfalls bekräftigt, was Tyrannen zu allen Zeiten zu nützen wußten (Weiteres dazu bei I. Eibl-Eibesfeldt 1984, »Humanethologie«).

b) Sexuelle Bindung

S. Freud leitet bekanntlich alle Sozialbeziehungen des Menschen von Sexualbeziehungen ab. Wie wir ausführten, las er die Entwicklungsrichtung verkehrt, wenn er sagte, daß die zärtlichen Verhaltensweisen, mit denen eine Mutter ihr Kind betreut (Herzen, Küssen, Streicheln), sexuelle seien. Es handelt sich hier ja primär um Verhaltensweisen des Mutter-Kind-Bereiches, die erst sekundär in den Dienst der Erwachsenenbindung gestellt werden (S. 199). Dennoch liegt der Gedanke, daß eine Bindung über den Geschlechtstrieb erfolgen könnte, sehr nahe, handelt es sich doch um einen der ältesten, zum Partner führenden Antriebe. Um so überraschender ist es, daß gerade dieser Antrieb nicht sehr oft in den Dienst der Partnerbindung gestellt wird. Bei einigen gruppenlebenden Affen leiten sich einige Beschwichtigungsgebärden (Präsentieren, S. 209) aus dem Repertoire sexueller Handlungen ab. Kopulationsverhalten wurde dort zum Grußritual erhoben, und beim Mantelpavian gibt es Bindungskopulationen ohne Ejakulation. Schließlich spielt die geschlechtliche Bindung beim Menschen eine hervorragende Rolle (S. 758 und I. Eibl-Eibesfeldt 1984).

c) Von der Brutpflege abgeleitete Bindungsfähigkeiten

In ihren sozialen Potenzen unterscheiden sich die verschiedenen Tiergruppen sehr auffällig voneinander. Bei Reptilien findet man z. B. keine Gruppen, deren Mitglieder in irgendeiner Weise zusammenarbeiten. Meerechsen etwa scheinen gesellig zu sein, denn man sieht oft viele Hunderte von ihnen eng gedrängt auf den Uferfelsen rasten, ja, gelegentlich sogar übereinanderliegen (Abb. 15.98). Sie tolerieren einander, zeigen aber keinerlei altruistische, »freundliche« Verhaltensweisen. Sie putzen sich nicht gegenseitig und füttern einander auch nicht. Ihr soziales Verhalten beschränkt sich auf das Repertoire des Kampf- und Drohverhaltens. Auch das Werben ist davon abgeleitet.

Das ist ein sehr auffälliger Unterschied zu den meisten Vögeln und Säugern, die oft in altruistischer Weise zusammenarbeitende Verbände bilden, deren Vertreter etwa gemeinsam mit Arbeitsteilung jagen oder ein Gebiet verteidigen. Und solche Tiere verfügen über ein reiches Repertoire von Freundschaftsgesten wie Hautpflegehandlungen, Fütterungszeremonielle und davon abgeleitete Grußzeremonielle. Diese Verhaltensweisen stammen zumeist aus dem Bereich der Brutpflege, einige auch aus dem Repertoire kindlichen Verhaltens (I. Eibl-Eibesfeldt 1966 a, W. Wickler 1967 b).

Offenbar wurden mit der Entwicklung des Brutpflegeverhaltens Verhaltensweisen verfügbar, die sich besonders gut eigneten, auch erwachsene Artgenossen aneinanderzubinden. W. Wickler (1967 b) weist in diesem Zusammenhang darauf hin, daß nur jene Insekten Staaten bilden, die auch eine hochentwickelte Brutpflege betreiben, und daß ihr Brutpflegeverhalten auch die Erwachsenen bindet. Bienen, Ameisen und Termiten füttern nicht nur ihre Jungen, sondern einander auch gegenseitig.

Ich nahm ursprünglich an, daß nur Tiere, die Brutpflege betreiben, exklusive (geschlossene) Verbände bilden. Zumindest einige Korallenfische machen da eine Ausnahme. Über die territoriale Ortsbindung bilden

a

b

15.98 a) Meerechsenansammlung auf Narborough (Galápagos); b) Meerechsengruppe. Trotz des engen körperlichen Kontakts beobachtet man bei diesen Echsen keinerlei altruistische Verhaltensweisen. Foto: I. EIBL-EIBESFELDT sie exklusive Gemeinschaften mit deutlicher Rangordnung, ohne daß Brutpflege nachgewiesen werden kann. H. W. FRICKE (1975) meint, daß in diesen Fällen die Ortsbindung die Sozialevolution einleitete und nachträglich zur Entwicklung sozialer Mechanismen der an einen Ort gebundenen Tiere führte. Ein Hinweis dafür wäre, daß sich das partnerbezogene Verhalten in der Tat im wesentlichen auf Verhaltensweisen der Dominanz und bestimmte, nicht von Brutpflege abgeleitete Balzhandlungen beschränkt. Sie tun einander ebensowenig Freundliches wie die oben genannten Meerechsen. Der Partner gehört bei diesen Fischen gewissermaßen zum »Heim«. Seine Nähe beruhigt, ähnlich wie bei Schwarmfischen.

Bei den höheren geselligen Wirbeltieren gehen die geschlossenen Verbände sicher in der Regel auf den Familienverband zurück. So wachsen die individuenreichen Verbände der Hausmäuse und Wanderratten aus dem Familienverband (»Großfamilie«, I. EIBL-EIBESFELDT 1950c, 1958a).

Auch die individualisierte Bindung und die damit verknüpfte aggressionshemmende Wirkung persönlicher Bekanntschaft entwickelten sich wohl im Zusammenhang mit der Brutpflege. Bei Müttern, die ihre Jungen führen und über einen längeren Zeitraum betreuen, ist es sicher zweckmäßig, wenn sie nicht jedes Junge unterschiedlos annehmen. Es bestünde Gefahr, daß die Weibchen einander Junge wegnehmen oder weglocken und eines dann mehr um sich sammelt, als es versorgen kann. Dagegen sichert die wechselseitige individualisierte Bindung ab. Jungtiere sind individuell an die Mütter gebunden und meiden aktiv fremde Weibchen, oft mit allen Anzeichen der Furcht. Die frühkindliche Fremdenfurcht ist in diesem Sinne durchaus adaptiv, da sie auch von seiten des Kindes gegen Jungenvertauschung absichert. Ebenso sind die Weibchen, mitunter auch beide Eltern, vielfach individuell an ihre Jungen gebunden. Wir beobachten oft sogar eine ausgesprochen feindliche Haltung gegenüber fremden Jungtieren. Seelöwenweibchen greifen fremde Junge an, packen sie derb und schleudern sie zur Seite, wenn sie an ihnen saugen wollen (I. EIBL-EIBESFELDT 1955b). Silbermöwen bringen fremde Küken sogar um (N. TINBERGEN 1963). Das Muster: bekannt = Freund, fremd = Feind, bestimmt bei dieser Art und bei vielen anderen auch das Leben der Erwachsenen.

Diese individualisierte Bindung zwischen Mutter (Eltern) und Jungen beobachten wir allerdings in der Regel nur dort, wo die Gefahr eines Jungenaustausches potentiell gegeben wäre, also vor allem bei Nestflüchtern und dort, wo Eltern ihre Jungen tragen. Näheres über diese Zusammenhänge bei I. EIBL-EIBESFELDT (1970).

d) Bindung über Aggression

K. Lorenz (1963) meint, daß der freundschaftliche Zusammenschluß zweier oder mehrerer Tiere zu einer Verteidigungsgemeinschaft der Ausgangspunkt der Entwicklung individualisierter Beziehungen war. »Das persönliche Band der Liebe«, schreibt er, »entstand zweifellos in vielen Fällen aus der intraspezifischen Aggression, in mehreren bekannten auf dem Wege der Ritualisierung eines neu orientierten Angriffs oder Drohens« (S. 327). Wir erwähnten auch Beispiele für bandstiftende Rituale, die sich vom Drohen ableiten (S. 247).

Da außerdem die Aggression stammesgeschichtlich viel älter als individualisierte Bindung ist, meint Lorenz, daß diese ein Kind der Aggression sei: »Es hat durch lange Epochen der Erdgeschichte Tiere gegeben, die ganz sicher außerordentlich böse und aggressiv waren. Fast alle Reptilien, die wir heute kennen, sind es, und es ist nicht anzunehmen, daß die der Vorzeit es weniger waren. Ein persönliches Band aber kennen wir nur bei Knochenfischen, Vögeln und Säugern, bei Gruppen also, von denen keine vor dem späteren Erdmittelalter auftauchte. Es gibt also sehr wohl intraspezifische Aggression ohne ihren Gegenspieler, die Liebe, aber es gibt umgekehrt keine Liebe ohne Aggression« (S. 327).

Das stimmt zweifellos, doch spricht sehr vieles dafür, daß die bindende Wirkung der Aggression erst im Zusammenhang mit der Brutverteidigung zustande kam. Die meisten Arten, die auch über Aggression gebunden werden, betreiben Brutpflege. Es gibt keine Freundschaft ohne Brutpflege, und es ist mir kein Fall bekannt, demzufolge Tiere allein über Aggression gebunden werden, was zu erwarten wäre, würde die Aggression eine der Hauptwurzeln der Geselligkeit sein (I. Eibl-Eibesfeldt 1970).

15.3.2.4 Die Verbandsformen

a) Die Aggregationen

Gelegentlich kommt es zu Ansammlungen von Tieren einer oder mehrerer Arten, wobei der Grund für das Zusammenkommen allein in der anziehenden Wirkung gewisser Umweltgegebenheiten liegt. Schmetterlinge können sich so an Tränken versammeln. Liegt keine soziale Attraktion vor, dann spricht man von Aggregationen.

b) Die anonymen Verbände

Werden die Tiere durch soziale Attraktion zusammengeführt, ohne daß sich in der Folge das Band individueller Bekanntschaft entwickelt, dann spricht man von anonymen Verbänden (G. KRAMER 1950). Sie können offen oder geschlossen sein.

Zum *offenen anonymen Verband* kann jederzeit ein Artgenosse stoßen. Die Einzeltiere sind beliebig gegen andere austauschbar. Ein Beispiel für einen solchen Verband ist der Fischschwarm (I. EIBL-EIBESFELDT 1962 b). Der Schwarm wird durch sehr einfache artspezifische Signale zusammengehalten. In die Schwärme der Elritzen *(Phoxinus)* werden neue Fische der eigenen Art nur dann aufgenommen, wenn sie nicht viel mehr als 1 cm von der durchschnittlichen Länge der Schwarmmitglieder abweichen (BERWEIN, zitiert nach A. REMANE 1960). Vom Schwarm abgesprengte Einzeltiere zeigen eine deutliche Appetenz, wieder zu dem Schwarm von Fischen der eigenen Art zu stoßen.

Anonyme Verbände können sich aus Gruppen zusammensetzen, deren einzelne Vertreter sich individuell kennen. Das gilt z. B. für die Brutkolonien vieler Vögel, wo viele Paare einen übergeordneten Verband bilden. Sie vertreiben gemeinsam einen Raubfeind und sind deutlich durch soziale Anziehung und nicht etwa nur durch die Geländebedingungen zusammengeführt. Die Ehepartner kennen einander persönlich. Bei den Heringsmöwen grenzt jedes Paar in der Kolonie seinen eigenen Nestbezirk ab und duldet nur den Ehepartner und seine Jungen in unmittelbarer Nähe. Benachbarte Brutpaare bedrohen und bekämpfen einander, sie zerstören sich gegenseitig die Eier, wenn diese gerade unbewacht sind, und fressen die Jungen des Nachbarn, wenn sie ihrer habhaft werden (N. TINBERGEN 1963).

In *geschlossenen anonymen Verbänden* kennen die Mitglieder der Gruppe einander zwar nicht individuell, sie erkennen aber an gewissen Merkmalen, ob ein Tier zu ihrer Gruppe gehört oder nicht. Nur Gruppenmitglieder werden toleriert, Gruppenfremde dagegen heftig angegriffen. In diese Kategorie fallen die schon erwähnten Ratten- und Mäuseverbände. Es fehlt das Band individueller Bekanntschaft, doch bindet der Gruppengeruch, der dadurch zustande kommt, daß sich die Tiere gegenseitig mit Harn markieren. Da sie einander nicht individuell kennen, gibt es keine Rangordnung. Die Weibchen werden ohne Rivalität von allen Männchen gedeckt. Auseinandersetzungen um Futterbrocken verlaufen unblutig. Die Tiere putzen einander, bisweilen dominiert ein besonders starkes Individuum.

Reibt man eines von zwei zusammenlebenden Hausmausmännchen mit dem Harn einer fremden Hausmaus ein, dann löst dieses markierte Männchen aggressive Verhaltensweisen bei dem bis dahin verträglichen Partner aus. Umgekehrt kann man die Heftigkeit einer Auseinandersetzung zweier einander fremder Männchen mildern, wenn man eines der beiden mit dem Harn eines Männchens einreibt, den das andere Männchen kennt (J. H. Mackintosh und E. C. Grant 1966). Auch die Mitglieder eines Bienenstockes verbindet ein stockspezifischer Duft. Sie erkennen sich aber erst dann als zusammengehörig, wenn unter ihnen ein Futteraustausch stattfand. Trennt man Arbeiterinnen eines Stockes durch ein doppeltes Gitter, dann befeinden sie einander, obgleich sie dem gleichen Stockduft ausgesetzt waren (J. Lecomte 1961).

15.3.2.5 Inzesttabu, Familienauflösung, Großfamilie

Bei einigen Wirbeltieren gibt es starke Verpaarungshemmungen zwischen Eltern und Nachkommen sowie zwischen Geschwistern. Das gilt z. B. für die Graugans. Beim japanischen Makaken gibt es ein Mutter-Sohn-Inzesttabu, und J. Goodall (1968) berichtet, daß sie zweimal sah, wie ein brünstiges Schimpansenweibchen von allen Männchen der Gruppe begattet wurde, nur nicht von ihren beiden geschlechtsreifen Söhnen. Ein junges Weibchen ließ sich bei seiner ersten unvollständigen Schwellung vom Bruder begatten. Als es seine erste richtige Schwellung bekam, wies es ihn zurück. Verpaarungshemmungen scheinen sich dort entwickelt zu haben, wo eine Familie über längere Zeit zusammenhält, wohl als Absicherung gegen Inzucht, die unvorteilhaft ist. Das lehrt uns ja auch die Botanik. Pflanzen entwickeln oft recht komplizierte Einrichtungen, um Selbstbestäubung zu verhindern.

G. K. Beauchamp und Mitarbeiter (1985) fanden, daß sich Mäuseweibchen bevorzugt mit Männchen verpaaren, die ihnen genetisch nicht gleichen. Sie verpaaren sich bevorzugt mit solchen, die sich wenigstens in einigen Allelen unterscheiden. Das erkennen sie am Geruch, und zwar selbst dann, wenn sie nur in einer chromosomalen Region (Major Histocompatibility Complex) verschieden sind. Es handelt sich hier um jenen Abschnitt, in dem die Gene liegen, die die immunologischen Funktionen kontrollieren. Es gibt Hinweise dafür, daß die Paarungspräferenzen, die dazu führen, daß Inzest vermieden wird, durch chemosensorische Prägung in der Familie zustande kommen.

Ob das Inzesttabu auch beim Menschen eine biologische Basis hat, war lange umstritten (F. David und Mitarbeiter 1963, K. Kortmulder 1968, F. B. Livingstone 1969). N. Bischofs (1972, 1985) Untersuchungen sprechen für eine angeborene Grundlage. Zwischen verschiedengeschlechtlichen Personen, die während einer kritischen Phase in ihrer kindlichen Entwicklung miteinander aufwuchsen, entwickeln sich deutliche Verpaarungshemmungen (J. Shepher 1971).

Im Kibbuz wachsen die Kinder in gemischtgeschlechtlichen Gruppen mit Gleichaltrigen auf. Bei den kleinen Kindern kann man oft sexuelle Spiele beobachten. Wenn die Kinder ungefähr zehn Jahre alt werden, entwickeln sie jedoch Hemmungen, und die Beziehungen zum anderen Geschlecht werden gespannt. Diese Spannung löst sich nach der Pubertät, und es entwickeln sich starke Bindungen nach Art der Bruder-Schwester-Beziehung. Obwohl die Kinder nicht verwandt sind, kommt es trotz aller Zuneigung nicht zu sexuellen Bindungen. Von den 2769 Heiraten, die Shepher untersuchte, hatte keine zwischen Mitgliedern stattgefunden, die miteinander aufgewachsen waren. Das ist um so bemerkenswerter, weil die Meidung absolut freiwillig war. Es gab keinerlei sozialen Druck in dieser Richtung. Shepher ermittelte schließlich 13 Fälle von Heiraten zwischen Kibbuzmitgliedern, die miteinander aufgewachsen waren. Bei genauerer Untersuchung ergab sich, daß bei all diesen Ausnahmen eine längere Unterbrechung des Zusammenlebens vor dem sechsten Lebensjahr nachzuweisen war. Es scheint demnach eine kritische Periode vor dem sechsten Lebensjahr zu geben, in der ein Mensch darauf festgelegt wird, in wen er sich nicht verliebt. Weitere Indizien für eine angeborene Inzesthemmung werden in der »Humanethologie« diskutiert (I. Eibl-Eibesfeldt 1984).

Das alles paßt gut zu den bei einigen Tieren festgestellten Inzesthemmungen. Kulturell können die Verbote auch auf Gruppenmitglieder ausgedehnt werden, gegenüber denen keinerlei Verpaarungshemmungen bestehen würden.

Familienverbände lösen sich mit dem Heranwachsen der Jungen häufig auf, einmal, weil die Jungen sich untereinander nicht mehr vertragen (Beispiele: Iltis, Hamster), zum anderen, weil die Mutter die Jungen verjagt. Eichhörnchenmütter werden z. B. kurz nach dem Abstillen unverträglich und weisen herandrängende Junge aktiv durch Drohlaute, Bisse und Stöße mit den Pfoten ab. Sind solche Einrichtungen, die der Auflösung des Familienverbandes dienen, nicht ausgebildet, dann wächst der Familienverband zum größeren Sippenverband; erreicht dieser aber eine bestimmte Größe, dann können die Verbandsmitglieder einander schließlich nicht mehr individuell erkennen. Zerfällt der Verband dennoch nicht, dann entsteht eine anonyme geschlossene Gemeinschaft (S. 592).

Schimpansenmütter trainieren ihre Jungen richtiggehend auf Unabhängigkeit. Kleine Säuglinge werden von der Mutter an der Brust getragen. Sind die Säuglinge etwa 5 Monate alt, dann lehnen die Mütter oft recht aggressiv den Brustkontakt ab und zwingen die Jungen dadurch, auf dem Rücken zu reiten. Die Ablehnung ist keineswegs generell, sie beschränkt sich auf den ventroventralen Kontakt zwischen Mutter und Kind. Sie zielt darauf ab, diesen zu unterbrechen und zur Einübung neuer Fertigkeiten anzuspornen. »By demanding more from the infant as soon as it is able to, the mother pushes the infant so to speak to the edge of its ability. As soon as the infant reaches a next stage in its development, the conflict disappears again. Thus, mother-infant conflict and even maternal aggression has its positive effects in that it enhances the infant's development« (H. H. C. VAN DE RIJT-PLOOIJ und F. X. PLOOIJ 1986).

15.3.2.6 Die individualisierten Verbände

a) Rangordnung

Wird eine Tiergruppe durch das Band individueller Bekanntschaft zusammengehalten, dann liegt ein individualisierter Verband vor. Seine soziale Organisation kann durch die Ausbildung einer *Rangordnung* recht kompliziert sein. Eine solche entwickelt sich innerhalb einer Gruppe aufgrund gelegentlicher Kämpfe. Jedes Gruppenmitglied merkt sich im Laufe der Auseinandersetzungen, wer ihm über- und wer ihm unterlegen ist, und richtet sein Verhalten danach. Sind die Verhältnisse einmal festgelegt, dann wird im allgemeinen nur noch selten gekämpft, es genügt meist ein kurzes Drohen eines Ranghohen, um einen Rangniederen in die Schranken zu weisen.

Ist eine Rangordnung allein auf Aggression begründet, dann spricht man von einer Dominanzbeziehung. Im einfachsten Falle ist ein dominantes Tier allen anderen überlegen. Bei geselligen höheren Säugern, insbesondere bei in Gruppen lebenden Menschenaffen, Makaken, Pavianen und beim Menschen, zählen jedoch noch andere Eigenschaften. Der Ranghohe wird unter anderem aufgrund seiner Fähigkeit, Streit zu schlichten, Schwache zu schützen, Feinde abzuweisen, die Initiative zu ergreifen und Aktivitäten organisieren zu können, gewählt und erst in zweiter Linie auf Grund seiner Aggressivität. Diese Leistungen setzen neben Durchsetzungsvermögen Intelligenz und Erfahrungen voraus. Ranghohe sind daher zumeist auch ältere Tiere. Der Rang wird in diesen Fällen dem Ranghohen von den Mitgliedern der Gruppe zugeteilt. Statt einer Dominanzbeziehung liegt ein Führungsverhältnis vor. Menschenkinder neigen in der Ontogenese zunächst dazu, Dominanzbeziehungen aufzubauen. Aber bereits in Gruppen Fünf- bis Sechsjähriger entwickeln sich Führungsbeziehungen (B. HOLD 1974).

Der Ranghohe genießt nicht nur besondere Vorteile, etwa durch Vortritt am Futterplatz oder Schlafplatz; er übernimmt gelegentlich auch den

Schutz der Gruppe vor Freßfeinden und schlichtet Streit zwischen Gruppenmitgliedern. Er sorgt so für den Gruppenzusammenhalt und übernimmt gewisse Führungsfunktionen, indem er etwa den Zeitpunkt des Aufbruchs oder die Wanderrichtung bestimmt oder als Kundschafter auftritt. Als eine Gruppe Wollaffen (*Lagothrix*) zum erstenmal in ein großes Freigehege entlassen wurde, stieg nur das Alphamännchen in die Bäume und prüfte aufs sorgfältigste alle Kletterwege. Tote Äste brach es ab. Mitglieder der Gruppe, die ihm folgen wollten, verjagte es zunächst. Erst nach zwei Tagen sorgfältigsten Erkundens gestattete es ihnen den Zutritt (L. WILLIAMS 1967). Die Beschützerrolle macht die Ranghohen zu einem Zentrum, um das sich die Gruppe schart.

Rangniedere suchen häufig die Nähe der Ranghohen bei Gefahr, meiden aber zu engen Kontakt – wohl aus Scheu, was sich bei uns Menschen auch im Begriff »Ehrfurcht« ausdrückt. Beim Rhesusaffen lausen sich jene Gruppenmitglieder bevorzugt, die nicht zu große Abstände im Rang haben. Gibt man ihnen Tranquilizer, dann werden alle kontaktfreudiger, und selbst ganz Niedrigrangige putzen Hochrangige. Eine starke soziale Vernetzung tritt ein (J. JAECKEL 1986).

Der Ranghohe steht, wie M. R. A. CHANCE (1967) feststellte, im Zentrum der Aufmerksamkeit der anderen Gruppenmitglieder. Er ist das Gruppenmitglied, das am häufigsten zur gleichen Zeit von mehreren anderen Gruppenmitgliedern angesehen wird. B. HOLD (1974) hat die Gültigkeit dieses Kriteriums in Kindergruppen nachgewiesen. Ranghohe verstehen es auch, sich in den Blickpunkt der Aufmerksamkeit zu stellen, etwa durch besonderes Imponiergehabe (siehe S. 599, Schimpansen), beim Menschen unter anderem durch besondere Sitzordnungen (siehe auch M. R. A. CHANCE und R. R. LARSEN 1976).

Eine Rangordnung setzt nicht allein voraus, daß einige Mitglieder der Gruppe sich Autorität verschaffen, sei es durch Rangkämpfe oder besondere Leistungen, sondern auch, daß die Untergeordneten diese Ordnung anerkennen. Erst eine solche Fähigkeit und Bereitschaft zur Unterordnung schafft stabile Sozietäten. Das fällt erst dann deutlich auf, wenn man ein höheres solitäres Säugetier erziehen will. Meinem durchaus intelligenten zahmen Dachs fehlte die Fähigkeit zur Unterordnung so gut wie völlig. Er blieb ausgesprochen eigenwillig und ließ sich nichts verbieten. Versuchte man ihn z. B. für irgendeine Untat durch einen Klaps zu bestrafen, dann wurde er sogleich ernstlich aggressiv. Ein Hund dagegen paßt sein Verhalten an und ordnet sich auch unter. Er ist von Natur ein Gruppenwesen.

Die Gegenwart eines Ranghohen beeinflußt das Verhalten eines Rangniederen in sehr vielen Bereichen seines Verhaltens. So hat E. DIEBSCHLAG (1940) festgestellt, daß rangniedere Tauben in Gegenwart einer ranghohen Farben und Seiten schlechter zu unterscheiden lernen als ein

Spitzentier. Allein lernen sie die Aufgabe jedoch genauso gut wie das ranghohe Tier. Er hat ferner solche rangniederen Tauben in Einzelhaft an Attrappen gewöhnt, die er zurückweichen ließ, wenn der Rangniedere in Kampfintention zu ruksen begann. Auf diese Weise machte er die rangniedere Taube allmählich kampflustiger, so daß sie, schließlich in die alte Umgebung zurückgesetzt, die ihr früher überlegene besiegte. Sie war ihr dann auch in ihren Lernleistungen überlegen, wenn beide bei einer Dressur zugegen waren.

Ranghohe beeinflussen auch auf vielfältige Weise das Fortpflanzungsverhalten der Rangniederen. Viele Fische, unter anderem die Lippfische der Art *Thalassoma bifasciatum* beginnen ihren Lebenslauf als Weibchen. Sie bilden Weibchenschwärme, die von einem Männchen geführt werden. Fängt man das Männchen weg, dann färbt sich das stärkste Weibchen um; es wird daraus ein Männchen, das zur Besamung fähig ist und nunmehr die Gruppe dominiert (D. R. ROBERTSON 1972, D. R. ROBERTSON und J. H. CHOAT 1974). Bei den Anemonenfischen der Gattung *Amphiprion* ist es genau umgekehrt. Hier dominiert pro Gruppe ein Weibchen. Das im Rang ihm nachfolgende ist ein Männchen und sein Ehepartner. Die anderen zur Gruppe gehörenden Anemonenfische sind kleiner, als würde ihr Wachstum durch das ranghohe Pärchen unterdrückt. Fängt man das Weibchen weg, dann wandelt sich das bisherige Männchen in ein Weibchen um, und aus der bisher undifferenzierten Gruppe der kleineren Fische wächst schnell ein neues Männchen heran (H. W. FRICKE 1976).

Das Phänomen der Rangordnung hat als erster TH. SCHJELDERUP-EBBE (1922 a, 1922 b, 1935) an Hühnern untersucht. An einem Futterplatz genießen einige Hennen gewisse Vorrechte. Sie dürfen zuerst zur Futterstelle und hacken andere, rangniedere Hennen, die ihnen zuvorkommen oder zu nahe kommen. Dabei ist genau festgelegt, wer wen hacken darf. Das Huhn a darf das Huhn b, c, d, e hacken, das Huhn b seinerseits alle außer a, und c alle außer a, b und so fort. Die rangunterste Henne muß alles einstecken, wird aber im allgemeinen von den ranghöchsten in Ruhe gelassen, da diese ihre Aufmerksamkeit immer auf die in der Rangreihe Nächstniederen richten, die ja die gefährlichsten Rivalen sind. Setzen wir einander fremde Hühner zusammen, so beginnen sie zunächst heftig zu kämpfen. Jedes Tier kämpft reihum in der Schar, und Sieg oder Niederlage bestimmen seine künftige Stellung. Wer einmal im Kampf unterlag, merkt sich den Sieger und geht ihm künftig aus dem Wege. Der Sieger ist meist das stärkere Tier, aber auch Gewandtheit, Ausdauer und Aggressivität sind entscheidend. Es kann auch vorkommen, daß eine ranghohe Henne a, die über b und c siegte, einer anderen Henne d, die ihrerseits von b und c besiegt wurde, unterliegt, etwa weil die ranghohe Henne gerade von einem vorangegangenen Kampf erschöpft oder bei einer Auseinandersetzung durch irgend etwas erschreckt worden war. Dann ist zwar a den Hennen b und c übergeordnet, steht aber unter der Henne d, obgleich diese b und c untergeordnet ist. Es gibt also neben einfachen linearen Rangordnungen auch komplizierte *Dreiecksverhältnisse*.

Der Unterlegene wird nur wenige Tage vom Sieger verfolgt, dann aber meist in Ruhe gelassen. Ist einmal die Rangliste einer Hühnerschar zurechtgehackt, geht es im allgemeinen friedlich zu. Der Ranghohe wird notfalls auf ein kurzes Drohen hin respektiert. Hähne sind Hennen im allgemeinen übergeordnet, doch müssen sie sich ihren Weg nach oben erst erkämpfen. Mehrere Hähne in einer Schar bilden ebenfalls eine Rangordnung. Auch in Dohlenkolonien herrscht eine strenge Rangordnung. Sehr ranghohe Dohlen erweisen sich gegen sehr rangtiefe als ausgesprochen verträglich. Gegen die ihnen im Range nahestehenden sind sie dagegen äußerst angriffslustig. Sie mischen sich auch in die Streitigkeiten zweier Untergeordneter ein, wobei sie immer den ranghöheren der beiden angreifen. Dohlenmännchen verpaaren sich immer nur mit Weibchen, die in ihrer Rangstufe tiefer stehen (K. LORENZ 1931, 1935).

Das Prachtkleid der Männchen spielt bei den Rangstreitigkeiten der Vögel eine große Rolle. Weibliche Buchfinken, deren Unterseite man wie jene der Männchen rot färbte, dominierten in der sozialen Hierarchie, wenn man sie mit normal gefärbten Weibchen zusammensperrte. Sie waren ihnen auch im Kampfe überlegen und gewannen zumeist, was die einschüchternde Wirkung des Männchenprachtkleides auch auf das andere Geschlecht gut demonstriert. Man konnte sogar ganz rangniedere Weibchen einer lange zusammengewöhnten Gruppe durch künstliche Färbung im Rang heben. Selbst handaufgezogene Weibchen, die noch nie ein Männchen gesehen hatten, wichen vor rotbrüstigen Weibchen aus. Die Reaktion wird also nicht durch soziale Erfahrungen erworben (P. MARLER 1955 a, b).

Viele geweih- und horntragende Huftiere schließen von der Geweihbzw. Horngröße auf den Kampfwert des Artgenossen. Bei Rothirschen kämpfen nur Tiere mit etwa gleich stark entwickeltem Geweih miteinander. Nach dem Abwurf der Stangen sinken ranghohe Hirsche schlagartig in ihrem Rang, und zwar erfolgen die Angriffe der rangniederen immer erst unmittelbar nach dem Abwurf der Stangen, obgleich diese durch Osteolyse schon einige Zeit vorher keinen Kampfwert mehr haben. Das zeigt, daß die Hirsche nur durch den Symbolwert des Geweihs in dieser Zeit geschützt sind (H. HEDIGER 1954; siehe auch A. BUBENIK 1968). Wildschafe schätzen ihren Artgenossen nach der Horngröße ein, und fremde Hinzukömmlinge können sich kampflos in eine bestehende Schafgruppe rangmäßig einreihen (V. GEIST 1966 b).

Eine Rangordnung ist jedoch keineswegs stabil. Es gibt ständig kleinere

Wechsel. Eine Junge führende Henne rückt in ihrer Rangstellung auf; auch Ranghohe dulden sie. Rangniedere Pavianweibchen steigen im Range auf, wenn sie brünstig sind oder wenn sie kleine Junge haben (I. De Vore 1965); ähnliches gilt für viele andere Tiere. Bei ehigen Tieren kann sich die Rangstellung eines Weibchens in geradezu dramatischer Weise ändern. Ein rangniederes Dohlenweibchen rückt durch Verpaarung mit einem ranghohen Männchen sofort in der Rangliste höher und ändert dementsprechend sein Verhalten (K. Lorenz 1935). Es weiß um seine neue Stellung, die auf dem Schutz des ranghohen Gatten basiert.

Einer der von J. Goodall (1965) beobachteten freilebenden Schimpansen nützte eine zufällige Entdeckung und verbesserte damit seine Rangstellung erheblich. Schimpansen fürchten Lärm. Der niederrangige Mike kam nun darauf, daß man mit leeren Petroleumkanistern viel Lärm machen kann, indem man sie über den Boden zieht und hinwirft. Das nützte er aus. »Wenn eine Gruppe von Schimpansen friedlich in der Nähe ruhte, ging Mike oft zum Zelt, suchte sich einen Kanister auf der Veranda und trug ihn hinaus. Dann fing er plötzlich an, tief rufend, sich seitlich hin und her zu wiegen. Sobald sich diese Rufe zu einem Crescendo erhoben, ging er los, seinen Kanister vor sich her wirbelnd. Er konnte bis zu drei Kanister hintereinander einsetzen« (S. 813, Übers. v. Verf.). J. Goodall versteckte später die Kanister, aber da brauchte Mike sie auch nicht mehr. Wann immer er sich den anderen Schimpansen seiner Gruppe näherte, verbeugten sich diese bis zum Boden, seine Dominanz anerkennend.

Bei Schimpansenweibchen wird die Rangstellung unter anderem auch vom Östruszyklus bestimmt. In den Zeiten der Brunst sind die Weibchen den Männchen in der Rangstellung übergeordnet, in den Zeiten dazwischen dagegen stehen sie unter ihnen (R. Yerkes 1948). Bei höheren Säugern entscheiden aber zunehmend soziale Intelligenz und soziales Geschick über die Rangstellung eines Tieres. Schimpansen unterstützen andere im Streit und gewinnen dabei selbst an Macht. Während ranghohe Tiere in gesicherter Position im allgemeinen Schwächere schützen, verbünden sich Schimpansen der oberen Ränge, die nach Dominanz streben, mit Stärkeren: Sie stehen Gewinnern bei. Sie entscheiden sich dabei nicht allein nach persönlicher Sympathie, sondern handeln auch neutral opportunistisch und erhöhen damit ihre Macht. F. de Waal (1984) spricht sehr treffend von »chimpanzee politics«. Weibchen unterstützen Männchen durch ihren Beistand. Ihre Interventionen begründen sich aber ausschließlich auf Sympathie. De Waal erwähnt in diesem Zusammenhang Untersuchungen an Menschen, die ergaben, daß Männer spielen, um zu gewinnen, während es Frauen vor allem auf eine entspannte, freundliche soziale Atmosphäre ankommt, so daß sie eher bereit sind, schwache Spieler zu unterstützen (J. Bond und W. Vinacke 1961, J. Dearden 1974).

Herrscht in einer Schimpansengruppe eine stabile Hierarchie, dann gibt es wenig aggressive Auseinandersetzungen. Jungtiere prüfen die Rangpositionen der Älteren durch explorative Aggression (O. M. J. ADANG 1985). Die Rangniederen bestätigen durch submissives Grüßen* die Rangstellung der Dominanten. Sie verbeugen sich dazu tief, äußern »panting grunts« und blicken dabei zum Rangoberen hoch. Der richtet sich dann auf den Hinterbeinen hoch auf, was den Unterschied betont. Eine Steigerung dieses Sichüberhebens besteht darin, daß der Ranghohe über den Rangniederen hinwegsteigt oder -springt (»bluff-over«), der dann seinen Kopf schützend in seinen Armen birgt (Kopfschutzreaktion, siehe auch I. EIBL-EIBESFELDT 1984).

In Zeiten instabiler Hierarchie entfällt dieses rangbestätigende Grüßen, und es gibt viel Streit. Zwischen 1976 und 1978 beobachtete F. DE WAAL in einer Schimpansengruppe, die im großen Freigehege gehalten wurde, 37 Kämpfe. Davon entfielen 22 auf die grußlose Zeit, die nur ein Viertel der Gesamtzeit ausmachte. Demnach war die Aggression in dieser Zeit fünfmal so hoch. Die nicht am Rangdisput beteiligten Mitglieder der Gruppe sind daher an stabilen Rangbeziehungen interessiert. Weibchen vermitteln, um Eskalationen zu verhindern. Aber selbst die im Rangstreit verwickelten Männchen bemühen sich um freundliche Beziehungen. Im Disput zwischen dem zunächst noch ranghohen Schimpansenmännchen Yeroen und dem aufstrebenden Männchen Luit, den DE WAAL sehr eindrucksvoll schildert, wurde dies deutlich. Trotz gelegentlich heftiger Aggressionsausbrüche gaben sich beide Mühe, freundliche Beziehungen wiederherzustellen und zu erhalten. Sie lausten einander oft, und nach Konflikten kam es stets zu einer Versöhnung. Die Gegner wurden nach einem Streit voneinander wie von einem Magnet angezogen, gingen aufeinander zu und umarmten und küßten einander; dann präsentierte einer, und man begann, sich gegenseitig zu lausen. Steine oder Stöcke wurden zuvor abgelegt. Nie trugen sie in dieser Situation eine Waffe. Manchmal waren sie in der Annäherung etwas zurückhaltender. Dann saßen sie einander eine Viertelstunde gegenüber, ehe sie mit der sozialen Fellpflege begannen. Vor dem Schlafengehen wurde regelmäßig zwischen Yeroen und Luit eine Art »Waffenstillstand« geschlossen. Der wurde durch ein bemerkenswertes Imponierverhalten eingeleitet: Luit hatte in einem seit Wochen währenden Rangdisput Yeroen nicht mehr gegrüßt. Das Fehlen der Submission forderte Dominanzverhalten bei Yeroen heraus, der am Ende eines Konfliktes und vor der eigentlichen Versöhnung mit erhobenen Armen und mit gesträubtem Fell Luit überschritt (»bluff over«). Danach erst küßten oder putzten sich die beiden.

* Es grüßen immer die Rangniederen auf diese Weise. Es gibt jedoch auch ein Drohgrüßen (S. 247).

Luit rebellierte später gegen das Überstiegenwerden, indem er sich ebenfalls hoch aufrichtete, so daß die beiden einander aufrecht gegenüberstanden. Als Luit sogar in einem versuchten »bluff over« die Arme hochhob, lief Yeroen in einem Wutanfall kreischend davon. Schließlich kam es zu einer Umkehr der Rollen, und Yeroen unterwarf sich grüßend, allerdings nicht ohne anfänglichen Protest, indem er z. B. mit dem Kopf gegen den ihn übersteigenden Luit stieß. Nach dieser Imponiereinleitung kam es regelmäßig zu einer freundlichen Annäherung: Der Überstiegene grüßte submissiv, man umarmte sich, küßte sich oder ging ohne weiteres Zeremoniell zur sozialen Fellpflege über. Erst danach begab man sich in die Schlafboxen.

Manchmal hatten die Kontrahenten Schwierigkeiten, nach einem Streit den ersten Schritt zur Versöhnung zu tun (Annäherung, Handausstrekken, Hinschauen und freundliches »panting«), so als wäre jeder bemüht, sein Gesicht zu wahren. Dann traten ranghohe Weibchen als Vermittler auf, indem sie z. B. einen der beiden zu lausen begannen, daraufhin zum anderen Männchen gingen und dieses ebenfalls lausten. Das zuerst angesprochene Männchen pflegte dem Weibchen in der Regel zu folgen; es diente quasi als Ausrede zur Annäherung an den Rivalen. Beide Männchen lausten nur eine Weile das Weibchen, das sich schließlich diskret entfernte, so daß die beiden Männchen am Ort blieben und sich lausten, als wäre nichts gewesen.

Schimpansen verstehen es also, über soziale Manipulation einflußreiche, d. h. ranghohe Positionen zu erreichen und zu erhalten. Die Fähigkeit, soziale Beziehungen, die zwischen anderen bestehen, zu erkennen und Gruppenmitglieder instrumental einzusetzen, ist dafür Voraussetzung. Ein harmonisches Gruppenleben könnte sich jedoch nicht entwikkeln, hätten nicht auch die Streitenden die Fähigkeit und das Bedürfnis, sich zu versöhnen, und gäbe es nicht die Fähigkeit dritter, Streit zu schlichten.

Die hierarchische Organisation erfüllt bei Schimpansen eine Funktion im Dienste des Gruppenzusammenhalts, da sie den Konflikten und dem Wettstreit Grenzen setzt. »Childcare, sex and cooperation depend on resultant stability. But underneath the surface the situation is constantly in a state of flux. The balance of power is tested daily and if it proves to weak it is challenged and a new balance established. Consequently chimpanzee politics are also constructive« (F. DE WAAL 1982, S. 213).

Entwicklungen in dieser Richtung sind bei Makaken und Pavianen nachgewiesen. Beim japanischen Makaken suchen Rangniedere die Freundschaft Ranghoher, indem sie ihnen bei Kämpfen beistehen. Greift ein Ranghoher einen anderen Affen an, dann läuft der Rangniedere mit und führt sogar laut schreiend den Angriff. Durch dieses Verhalten stiftet und festigt er das Band zum Ranghohen und steigt dabei selbst im Range auf (S. KAWAMURA 1963). Bei Pavianen ist normalerweise das stärkere Männchen das ranghöchste. Bisweilen aber tun sich zwei oder drei ältere Männchen zusammen, die einzeln jüngeren Männchen der Gruppe unterlegen wären. Durch den Zusammenschluß beherrschen sie die Gruppe. Innerhalb der zentralen Hierarchiegruppe gibt es eine gewisse Reihung nach Rang. Die Männchen außerhalb dieser zentralen Gruppe können jedoch das ranghöchste Einzeltier stellen. In einem der von I. DEVORE (1965) beschriebenen Fälle bestand die zentrale Hierarchiegruppe aus den Männchen Dano, Pua und Kovu. Als ranghöchstes Individuum erwies sich jedoch das vierte Männchen, Kula, das jedem einzelnen Männchen der zentralen Dreiergruppe überlegen war. Wenn ein Männchen der Dreiergruppe ihm allein begegnete, war es unterlegen. Kula mußte nur dann ausweichen, wenn die drei einander beistanden, was sie meist taten. Bei der Wahl des Schlafplatzes, der Wanderrichtung und in Gefahrensituationen bestimmten die Rangoberen das Verhalten der Gruppe. Die Beziehung zum Ranghohen bestimmt schließlich auch den Rang eines Tieres gegenüber Dritten. Das hat K. LORENZ ebenfalls bei Graugänsen festgestellt.

Über die Entwicklung der sozialen Beziehungen in einer Gruppe von Totenkopfäffchen im Laufe eines Jahres berichten D. PLOOG und W. BLITZ (1963; Abb. 15.99). Die Verschmelzung zweier Gruppen von Totenkopfaffen führte zunächst zu einer kollektiven Aggressionsentladung, in deren Verlauf die ranghöchsten Weibchen Schrei- und Beißkämpfe ausfochten. Die Männchen ergingen sich in Imponierduellen. Die unterlegene Gruppe zog sich schließlich in eine Ecke zurück, und es bildete sich eine neue Rangordnung der Männchen, wobei einem der unterlegenen Gruppe die Rolle des Prügelknaben zufiel. Auf ihn entluden sich allen Aggressionen, und bisher durch die kollektive Aggression gehemmte sexuelle Verhaltensweisen wurden freigesetzt. Über zunehmende Sozialkontakte verschmolz die Gruppe, und dabei flaute schließlich auch die Aggression gegen den Prügelknaben ab (R. CASTELL und D. PLOOG 1967).

Die Rangordnung eines Tieres wird bisweilen auch von der Rangstellung der Mutter bestimmt, also über den Weg der Tradition vermittelt, wie man bei Rhesusaffen und bei japanischen Makaken nachgewiesen hat (M. KAWAI 1958, C. KOFORD 1963 a, D. S. SADE 1967, S. KAUFMANN 1967, S. B. DATTA 1983, M. BERMAN 1983).

b) Beispiele individualisierter Verbände

Die meist geschlossenen individualisierten Verbände gibt es in verschiedenen Ausbildungsformen. Die Partner eines Paares kennen einander oft individuell (K. LORENZ 1963 a). Das gilt bereits für viele Fische, vor allem

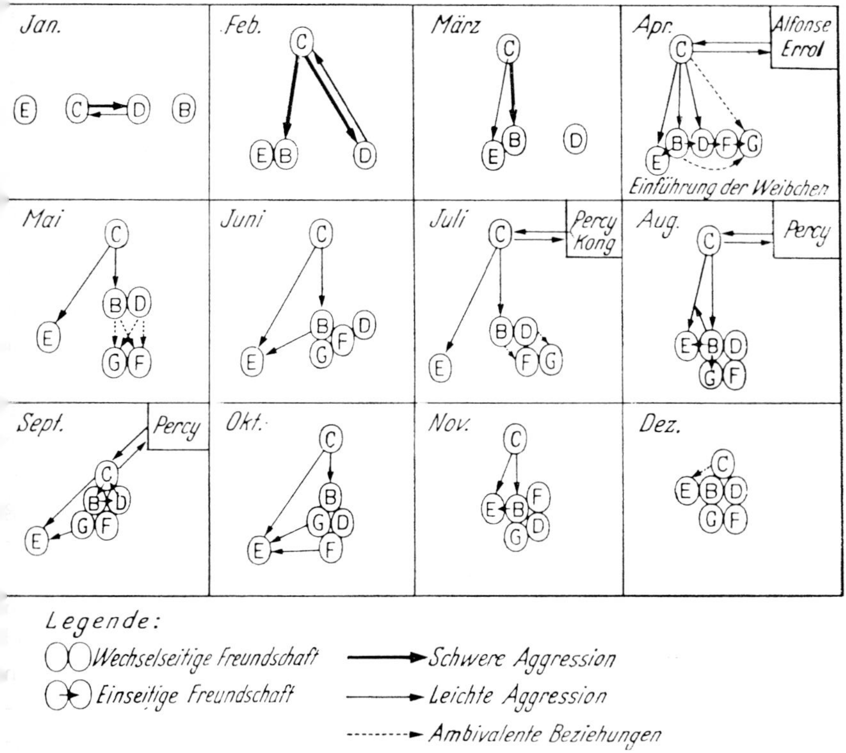

15.99 Beispiele für die soziale Entwicklung einer Kolonie des Totenkopfaffen. Aus D. PLOOG und Mitarbeiter (1963)

aus der Gruppe der Buntbarsche *(Cichlidae)* und Riffbarsche *(Pomacentridae)*, wo die Eltern einander individuell erkennen, die Jungen allerdings nur als Gruppe (W. WICKLER 1967 b). Auch bei vielen Vögeln, wie z. B. den Graugänsen, kennen die Ehepartner einander und ihre Jungen individuell. Bei Säugern ist die einehige individualisierte Familie seltener, doch kommt sie gelegentlich vor (z. B. beim Gibbon). Meist bilden Säuger Mutterfamilien oder größere Rudel und Sippenverbände, die auf der Basis individueller Bindung zusammenhalten können.

Der Flugbeutler *(Petaurus breviceps)* lebt in solchen Sippenverbänden. Man konnte sowohl verbindenden Sippenduft als auch Individualdüfte nachweisen (TH. SCHULTZE-WESTRUM 1965). Die Flugbeutler halten als Gruppe zusammen, bilden aber innerhalb derselben Rangordnungen. Auch bei dieser Art markieren die Gruppenmitglieder einander und bekämpfen Sippenfremde. Will man sie aneinander gewöhnen, läßt man sie zwangsweise längere Zeit einen gemeinsamen Nistkasten mit zwei nur durch ein Gitter voneinander getrennten Abteilen benützen.

Der Präriehund *(Cynomys ludovicianus)* lebt in exklusiven Familienverbänden, die aus einem Männchen, mehreren Weibchen und den dies- und vorjährigen Jungen bestehen. Die Familienmitglieder kennen einander individuell (J. King 1955). Das dominierende Männchen paßt auf, daß kein Fremder eindringt, es läuft jedem Artgenossen entgegen und beschnuppert ihn. Zur Paarungszeit werden die herangewachsenen Männchen dieser Familien unverträglich und wandern ab. Sie gründen neue Kolonien, zwischen denen die Weibchen zunächst frei hin und her wechseln, bis sie sich einem bestimmten Männchen anschließen.

Zwergmungos *(Helogale undulata rufula)* leben in Familiengruppen, die aus einem dominanten Elternpaar und deren Würfen bestehen, die auch nach Eintritt der Geschlechtsreife noch beisammen bleiben. Allerdings pflanzt sich nur das dominante Weibchen fort. Jüngere Geschwister sind den älteren im Rang überlegen. Das ranghöchste Paar einer solchen Gruppe ist monogam, und nur das ranghöchste Weibchen pflanzt sich fort. Bemerkenswert sind ein hohes Maß an Arbeitsteilung in der Gruppe und das stark ausgeprägte altruistische Verhalten bei gemeinschaftlicher Abwehr von Fremden und Freßfeinden. An der Jungenbetreuung beteiligen sich nicht allein die Eltern, sondern auch ältere Geschwister, Männchen inbegriffen. Kranke Tiere werden von den Gruppenmitgliedern betreut. Einzelheiten über die sehr reizvollen Sozialbeziehungen der Zwergmangusten sind bei O. A. E. Rasa (1977, 1984) nachzulesen.

Hyänenhunde *(Lycaon pictus)* leben in Rudeln mit hochentwickeltem Gemeinschaftsleben. Die Rudelmitglieder füttern sich gegenseitig, wobei jeder jeden anbetteln darf und auch etwas bekommt. So verteilt sich, was wenige Geschickte erjagen, gleichmäßig auf alle Rudelmitglieder (W. Kühme 1965). Kühme schloß aus der Verträglichkeit der Tiere bei Jagd und Beuteverteilung auf einen Mangel an Rangordnung. Das stimmt jedoch nach den neueren Untersuchungen von H. und J. van Lawick-Goodall (1971) nicht; vielmehr gibt es zwei getrennte Hierarchien, eine männliche und eine weibliche.

In den Wolfsrudeln herrscht ebenfalls eine deutliche Rangordnung (A. Murie 1944, L. Crisler 1962, R. Schenkel 1947, E. Zimen 1971).

Beim Edelhirsch und Wapiti finden wir von einem älteren Weibchen angeführte Weibchengruppen. Die führende Stellung hat immer ein Weibchen mit Kalb inne; sie ist das wachsamste Mitglied der Gruppe. Erst wenn die Leitkuh aufbricht, folgen die anderen. Die übrigen Weibchen bilden mit den älteren Jungtieren Untergruppen, die nur bei der Geburt eines Kälbchens vorübergehend weggetrieben werden. Die erwachsenen Hirsche formen außerhalb der Brunftzeit lockere Verbände ohne klare Führung, die sich zur Fortpflanzungszeit auflösen. Dann gesellt sich der Hirsch zur Weibchengruppe, übernimmt aber nicht deren Führung. Die führende Hindin warnt weiterhin bei Gefahr, das Männchen hält die Herde durch Umkreisen zusammen (F. DARLING 1937, M. ALTMANN 1952).

Bei den Pferden gibt es Großherden, denen ein Hengst das ganze Jahr über als Leittier vorsteht. Er lebt in der Mitte des Verbandes, die Junghengste an der Peripherie. Mit 4–5 Jahren trennen sich diese mit einigen Stuten vom Verband. Unter den Stuten herrscht eine Rangordnung. Nach H. EBHARDT (1958) gibt es jedoch auch Pferdearten, bei denen ein Leithengst mit nur wenigen Stuten und deren Fohlen in einem Familienverband lebt. Steppenzebras *(Equus quagga)* leben in dauerhaften Familien und in Hengstgruppen. Die Familien bestehen aus einem erwachsenen Hengst und ein bis sechs Stuten sowie deren Fohlen. Diese Stuten bleiben bis an ihr Lebensende bei der Familie, kranke und alte Hengste werden dagegen ersetzt. Jungstuten im Alter von 1–2½ Jahren können während des Oestrus von fremden Hengsten entführt werden. Junghengste verlassen im Alter von 1–4½ Jahren die Familie freiwillig und schließen sich Hengstgruppen an. In der Familie führt eine Stute als Leittier. Der ranghöchste Hengst geht am Schluß der Gruppe (H. KLINGEL 1967).

Viele männliche Ohrenrobben beherrschen einen bestimmten Uferbezirk als ihr Revier und versammeln die Weibchen um sich. Sie dulden dort keine anderen Männchen. Die Galápagos-Seelöwenbullen beteiligen sich an der Brutpflege; sie drängen Jungtiere, die zu weit hinausschwimmen, ins Seichte zurück und schützen sie so vor Haifischen. Die Weibchen sind im allgemeinen verträglich; zwischen ihnen aufkeimende Streitigkeiten schlichtet der Bulle.

Halbaffen *(Lemur catta* und *Propithecus verreauxi)* leben in exklusiven Gruppen. Als Gruppenkitt dienen in erster Linie wie bei den meisten Primaten Verhaltensweisen der sozialen Hautpflege und die anziehende Kraft der Jungen. Zwischen den Gruppenmitgliedern herrscht eine Rangordnung, und A. JOLLY (1966), die diese Verhältnisse beschreibt, entwikkelt die interessante Hypothese, daß dieses komplizierte Sozialleben die Entwicklung der Primatenintelligenz vorangetrieben habe. Zur Paarungszeit kommt es zu schweren Störungen des sozialen Gefüges, da unter den Männchen heftige Kämpfe ausbrechen, die auch zu Verletzungen führen.

Die sorgfältig ausgearbeitete Übersicht von CH. VOGEL (1975) zeigt, daß die meisten catarrhinen Primaten in individualisierten geschlossenen Verbänden leben, die an ein bestimmtes Revier gebunden sind. Im übrigen gibt es keine primatentypische Sozialeinheit (CH. WELKER 1985). Meist besteht zwischen den Gruppenmitgliedern eine Rangordnung. Das gilt auch für den Menschen (S. 762). Man kann in diesem Rahmen mehrere soziale Organisationstypen unterscheiden. Sie sind in VOGELs graphischen Darstellungen wohl am übersichtlichsten beschrieben (Abb. 15.100–15.106, 15.107–15.108). Einige Beispiele seien genauer besprochen.

Organisationstyp I

H. Kummer (1968) beschrieb diesen Organisationstyp vom Mantelpavian *(Papio hamadryas)*. Erwachsene Männchen sammeln um sich einen Harem. Kontakte der einem Männchen zugehörenden Weibchen mit anderen Männchen und Weibchen werden aktiv unterbunden. Insofern sind die Harems geschlossene Systeme. Mehrere Harems bilden einen lockeren Großverband (»Band«), innerhalb dessen Männchen nicht um den Besitz der Weibchen kämpfen. Dank eines Hemm-Mechanismus respektieren sie den Weibchenbesitz anderer. Junge Männchen bilden eigene der »Band« angeschlossene Trupps. An Felsschlafplätzen können sich mehrere Bands zu einem übergeordneten Verband zusammenschließen. Der Dschelada *(Theropithecus gelada)* hat einen sehr ähnlichen Organisationstyp (J. H. Crook 1966).

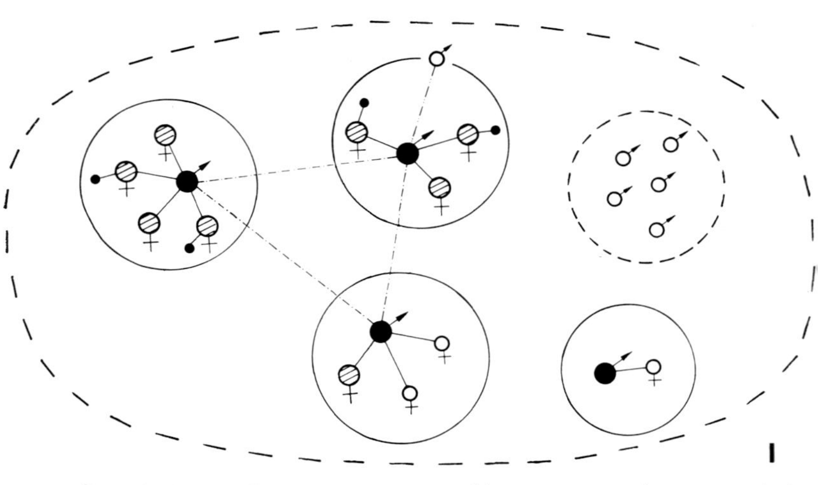

15.100 *Organisationstyp I:* »Haremtypus«. Geschlossene »one-male-units« in lockerem Großverband, der außer »Harems« auch angegliederte ♂♂-Trupps enthält. Aus Ch. Vogel 1975

Organisationstyp II

Bei diesem Organisationstyp nimmt das Männchen keine zentrale Position innerhalb der geschlossenen Gruppe ein, die sonst nur aus Weibchen und deren Jungen besteht. Er hält vielmehr an der Peripherie Ausschau nach männlichen Konkurrenten und Raubfeinden. Unter den Weibchen herrscht eine strenge Rangordnung, wobei das ranghöchste die anderen Weibchen vom adulten Männchen fernzuhalten sucht. Neben diesen bisexuellen Gruppen gibt es reine Männchentrupps und solitäre Männchen.

Dieser Organisationstyp ist vom Husarenaffen *Erythrocebus patas* bekannt, der in offener arider Landschaft lebt (K. R. L. HALL 1965, J. S. GARTLAN 1970).

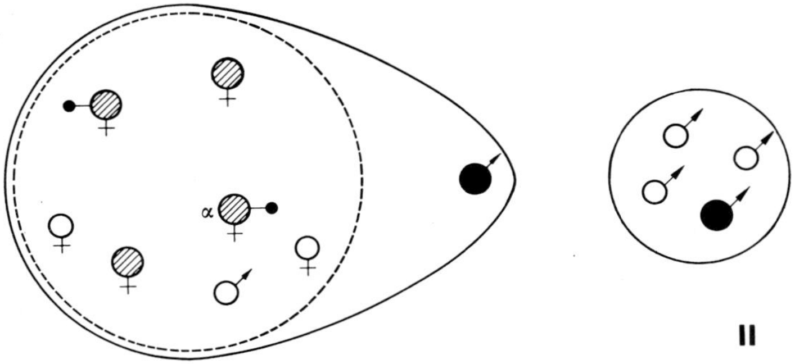

15.101 *Organisationstyp II:* »exzentrische« Ein-♂-Gruppe. Neben diesen bisexuellen Gruppen leben separate ♂♂-Trupps.

Organisationstyp III: Monogame Paarbildung

Diesen Organisationstyp finden wir bei den Gibbons *Hylobates lar* (C. R. CARPENTER 1940, J. O. ELLEFSON 1968) und *Symphalangus syndactylus* (D. J. CHIVERS 1971). Die territorialen Gruppen bestehen aus einem dauerhaften Paar und den infantilen und subadulten Jungen.

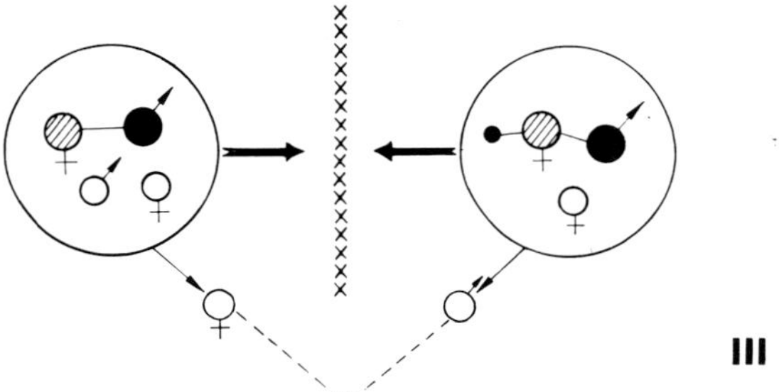

15.102 *Organisationstyp III*: monogame Paarbildung. Die dicken Pfeile symbolisieren aggressive Tendenz, xxx = Territoriumsgrenze. Die Jungen wandern bei Eintritt der Geschlechtsreife ab.

Organisationstyp IV

In diesen geschlossenen Gruppen befinden sich nur ein dominantes Männchen und mehrere Weibchen, die ausschließlich seine Geschlechtspartner sind. Dieses Männchen steht im Zentrum der Gruppe. Heranwachsende Männchen werden verdrängt und leben einzeln oder in Männchentrupps. Hemm-Mechanismen gegen Weibchenraub fehlen zum Unterschied von Typus I. Auch haben die Männchengruppen eigene Wohngebiete. Dieser Organisationstyp ist vor allem bei waldbewohnenden Catarrhinen verbreitet. Man stellte ihn fest bei *Cercopithecus mitis, C. campbelli, C. nictitans, C. L'hoesti, Cercocebus albigena, Colobus guereza, Nasalis larvatus, Presbytis cristatus, P. senex, P. johnii* und *P. entellus* (J. S. GARTLAN und C. K. BRAIN 1968, J. S. GARTLAN 1968, 1973, F. P. G. ALDRICH-BLAKE 1970, C. JONES und P. J. SABATER 1968, P. MARLER 1969, A. LESKES und N. H. ACHESON 1971, J. KERN 1964, I. BERNSTEIN 1968, R. RUDRAN 1973, J. TANAKA 1965, F. E. POIRIER 1969a, PH. C. JAY 1965, Y. SUGIYAMA 1964, K. YOSHIBA 1968, S. M. MOHNOT 1971, CH. VOGEL 1971, 1976).

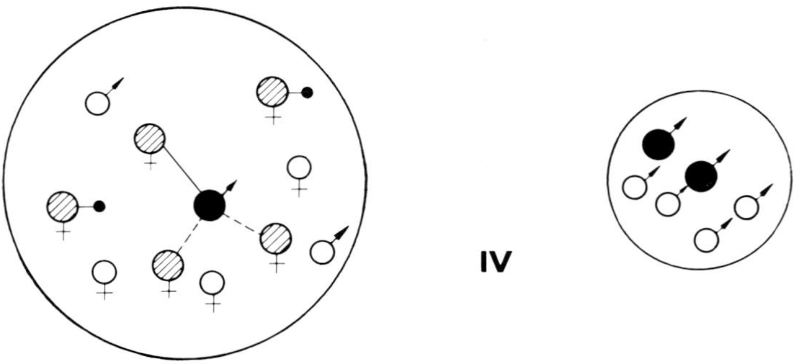

15.103 *Organisationstyp IV:* auf das adulte ♂ zentrierte Ein-♂-Gruppe. Neben diesen bisexuellen Gruppen können separate ♂♂-Trupps leben.

Organisationstyp V

Es handelt sich um geschlossene Gruppen mit wenigen adulten und subadulten Männchen und mehreren Weibchen. Unter den Männchen herrscht eine lineare Rangordnung. Die Weibchen haben auch Kontakte mit jüngeren Männchen, die sich aber zur Verpaarung an die Gruppenperipherie begeben müssen, um nicht von den dominanten Männchen gestört zu werden. Die Gruppe ist um ein dominantes Männchen zentriert. Heranwachsende Weibchen bleiben bei der Stammgruppe, Männchen wandern ab und bilden dann oft eigene Trupps. Dieser Typus geht oft aus dem Typ IV hervor. Er wurde beschrieben von *Cercopithecus mona, C. erythrotis, C. aethiops, C. campbelli, Cercocebus albigena, C. torquatus, Macaca radiata, M. speciosa, M. sinica, Colobus guereza, Presbytis cristatus, P. senex, P. johnii, P. entellus, Nasalis larvatus* und *Gorilla gorilla* (J. S. GARTLAN 1966, 1973, T. T. STRUHSAKER 1967, J. S. GARTLAN und C. K. BRAIN 1968, F. BOURLIERE, M. BERTRAND und C. HUNKELER 1969, N. CHALMERS 1967, 1968, C. JONES und P. J. SABATER 1968, P. E. SIMONDS 1965, Y. SUGIYAMA 1964, 1971, M. BERTRAND 1968, J. F. EISENBERG, N. N. MUCKENHIRN und R. RUDRAN 1972, W. ULLRICH 1961, R. SCHENKEL und L. SCHENKEL-HULLIGER 1966, PH. C. JAY 1965, K. YOSHIBA 1968, S. RIPLEY 1967, 1970, J. KERN 1964, G. B. SCHALLER 1963).

Die Gorillas leben in kleinen Gruppen, die 2 bis 30 Tiere umfassen. Einzelgänger sind unter den Männchen häufig. Die typische Gruppe besteht aus einem silberrückigen, etwa zehnjährigen oder älteren voll ausgewachsenen Männchen, 0 bis 2 schwarzrückigen Männchen, die ebenfalls erwachsen, aber weniger alt sind, etwa 6 ausgewachsenen Weibchen und einer gleichen Zahl von halbwüchsigen Jungtieren. Es gibt ferner Junggesellengruppen. Innerhalb der Gruppen gibt es vor allem unter den Männchen eine deutliche Rangordnung, die sich auf sehr subtile Weise ausdrückt. Rangniedere weichen aus, ohne daß es im allgemeinen zu Auseinandersetzungen kommt. Rangkämpfe werden unblutig durch Brusttrommeln ausgetragen (G. SCHALLER 1963). Das jeder Gruppe vorstehende silberrückige Männchen bestimmt Aufbruchzeiten und Wanderrichtung der Gruppe und schlichtet Streitigkeiten unter den Weibchen. Aggressive Auseinandersetzungen sind nach dem Bericht von G. SCHALLER (1963) sehr selten. Die verschiedenen Gruppen meiden einander. Bei Begegnung bedrohen sie sich auf Distanz. DIAN FOSSEY (1972, 1977, 1983) hat allerdings aufgrund ihrer langjährigen Freilandbeobachtungen Korrekturen am

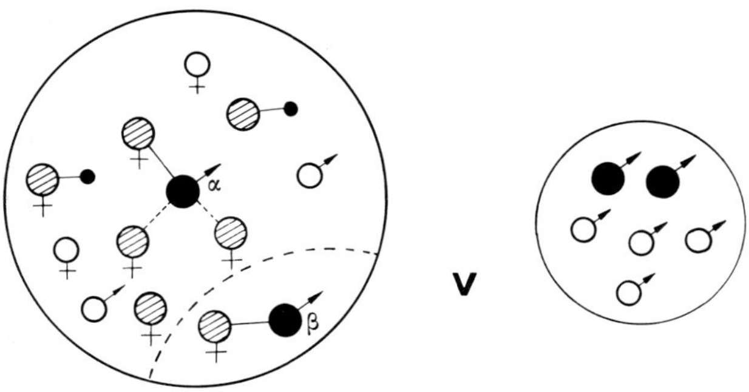

15.104 *Organisationstyp V:* »age-graded-male group«. Auch neben diesen bisexuellen Gruppen können separate ♂♂-Trupps leben.

Bilde des friedlichen Gorilla angebracht. Gorillas greifen einander im Freien gar nicht so selten an wie bisher angenommen. Sie sind außerdem territorial. M. KAWAI und H. MIZUHARA (1959) berichten von einem Kampf, in dessen Verlauf ein Männchen das andere erwürgte. Das haben sie jedoch nicht selbst beobachtet, sondern von einem Gewährsmann erfahren. Die Geschichte klingt nicht überzeugend.

Organisationstyp VI

In den geschlossenen Gruppen befinden sich oft zahlreiche Männchen, die Zugang zu den Weibchen haben, ohne daß es aus sexueller Rivalität zu heftigen Kämpfen kommt. Ranghohe Männchen kopulieren allerdings bevorzugt mit Weibchen im Oestrus. Der Typus ist von zahlreichen Pavianen der Babuingruppe bekannt *(Papio cynocephalús, Papio anubis* und *Papio ursinus);* ferner bei *Cercopithecus aethiops, Macaca mulatta, Macaca fuscata, Macaca radiata, Macaca sinica* und *Presbytis entellus* (S. A. ALTMANN und J. ALTMANN 1970, I. DEVORE und S. L. WASHBURN 1963, I. DEVORE und K. R. L. HALL 1965, T. E. ROWELL 1966, F. P. G. ALDRICH-BLAKE, T. K. BURN, R. I. M. DUNBAR und P. M. HEADLEY 1971, K. R. L. HALL 1963, L. P. STOLTZ und G. S. SAAYMAN 1970, J. S. GARTLAN 1966, T. T. STRUHSAKER 1967, C. H. SOUTHWICK, M. A. BEG und M. R. SIDDIQI 1965, M. KAWAI 1964, J. E. FRISCH 1968, P. E. SIMONDS 1965, J. F. EISENBERG, N. N. MUCKENHIRN und R. RUDRAN 1972, CH. VOGEL 1976).

Über die Soziologie der Rhesusaffen *(Macaca mulatta)* weiß man durch die langjährigen Beobachtungen auf der Insel Cayo Santiago, wo mehrere Gruppen frei leben, gut Bescheid. Auch sie bilden exklusive Gruppen, zwischen denen eine Rangordnung herrscht. Nähert sich eine ranghohe Gruppe einem Futterplatz, dann weicht eine rangniedere aus, selbst wenn die ankommenden Tiere innerhalb ihrer Gruppe nur eine niedere Rangstellung einnehmen. Die Rangstellung innerhalb der Gruppe wird bei den Weibchen von der Abstammung bestimmt. Ranghohe Weibchen haben im allgemeinen ranghohe Töchter, und diese durch Abstammung Zusammengehörenden bilden über mehrere Generationen Untergruppen im Verband, den Weibchen auch nie verlassen (D. S. SADE 1967). Wohl aber wechseln die Männchen gelegentlich zu fremden Gruppen über. Sie assoziieren sich mit Fremden, indem sie zunächst an der Peripherie der Gruppe ihrer Wahl bleiben und gelegentlich versuchen, eines der Männchen zu putzen. Sie beginnen ihr Leben in der fremden Gruppe auf niederer Rangstufe, können aber aufsteigen. Die Rangstellung der Männchen wird von der Fähigkeit, Allianzen einzugehen, bestimmt. Ranghohe schlichten Streitigkeiten der Gruppenmitglieder. Bei Gruppenkämpfen überlassen sie

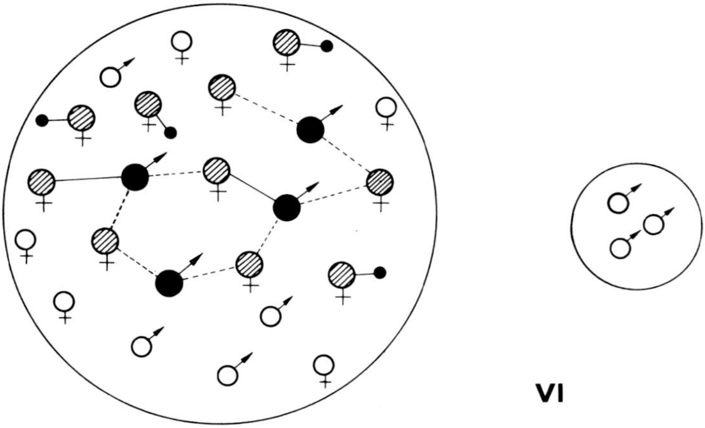

15.105 *Organisationstyp VI:* Viel-♂♂-Gruppe mit weitgehender Promiskuität. Auch hier können separate oder lose attachierte ♂♂-Trupps auftreten.

die Kampftätigkeit den ihnen im Range Nächstfolgenden, und ist die fremde Gruppe überlegen, ziehen sie sich als erste zurück. Die Paarungszeit wirkt sich nicht negativ auf den Gruppenzusammenhang aus. Die Tiere sind promisk, doch paart sich nur etwa die Hälfte der fortpflanzungsfähigen Männchen. Die Rangniederen kopulieren äußerst selten oder gar nicht, offenbar auf Grund einer sozialen Hemmung (C. KOFORD 1963). Auch rangniedere Paviane paaren sich nicht (I. DEVORE 1965). Das erinnert an manche Fälle psychisch verursachter Impotenz beim Menschen. Im übrigen bindet die sexuelle Aktivität die Rhesusaffengruppe, zum Unterschied zu den Lemuren. Nach C. R. CARPENTER (1942) gilt das auch für Brüllaffen, Paviane, Schimpansen und Gibbons. Bei Rhesusaffen sind die Brunstzeiten, während deren sich die Weibchen begatten lassen, relativ lange. Sie nehmen mit 9,2 Tagen im Durchschnitt fast ein Drittel des weiblichen Sexualzyklus ein. Das deutet CARPENTER als Anpassung im Dienste der Gruppenbindung.

Beim Babuin *(Papio ursinus)* bestehen die Gruppen aus zahlreichen Jungtieren, Halbwüchsigen, erwachsenen Weibchen und Männchen. Eine 80 Köpfe zählende Gruppe umfaßte z. B. 54 Jungtiere, 18 erwachsene Weibchen und 8 erwachsene Männchen. Von diesen Männchen ist meist das stärkste dominant, zwischen den anderen herrscht eine abgestufte Rangordnung. Es kommt jedoch vor, daß sich zwei oder drei ältere Männchen zur zentralen Hierarchiegruppe verbünden und die Gruppe beherrschen (S. 602; I. DEVORE 1965).

Die ranghöchsten Männchen gehen bei Gefahr Feinden und fremden Pavianmännchen entgegen. Im übrigen halten sie sich im Zentrum der Gruppe auf, und die Weibchen mit ganz kleinen Jungen scharen sich um sie und werden von ihnen vor Übergriffen anderer Gruppenmitglieder geschützt. Hochbrünstige erwachsene Weibchen werden ausschließlich von ihnen begattet, die jüngeren rangniederen Männchen dürfen sich nur mit nicht hochbrünstigen Weibchen paaren. Sie haben ferner freien Zugang zu den jüngeren Weibchen. Raufen zwei Rangniedere, dann flüchtet einer davon bisweilen zum Ranghohen, kehrt diesem beschwichtigend seine Kehrseite zu und droht gegen seinen Widersacher. Bei Mantelpavianen ergreift der Ranghohe die Partei des zu ihm Geflüchteten und verjagt den anderen (H. Kummer 1957). Wandernde Babuine halten eine gewisse Marschordnung ein. Einer Vorhut kräftiger Männchen folgen kinderlose Weibchen und junge Männchen, dann eine Gruppe starker Männchen, die ranghöchsten eingeschlossen, und die Weibchen mit den Jungen. Kräftige junge Männchen bilden schließlich die Nachhut (Abb. 15.106). Junge Paviane suchen bei Angst anfangs bei der Mutter Schutz, später beim Alphamännchen, auch wenn dieses die Ursache der Angst ist. Bis zum zweiten Lebensjahr sind die Jungen von den harten Regeln des Erwachsenenlebens befreit. Sie werden erst nach und nach in die sozialen Spannungen einbezogen. P. Maxim und J. Buettner-Janusch (1963) und J. Patterson (1973) beschrieben territoriale Zwischengruppenkämpfe. Erwach-

15.106 Die »Marschordnung« einer Paviangruppe: Die dominanten erwachsenen Männchen begleiten die Weibchen mit den kleinen und größeren Kindern im Zentrum der Gruppe. Eine Gruppe von Jugendlichen am unteren Bildrand. Andere Männchen und Weibchen gehen vor und hinter der Gruppe. Zwei Weibchen im Oestrus (dunkel gezeichnete Schwellung) werden von je einem Männchen begleitet. Aus I. DeVore (1965). Mit freundlicher Genehmigung von Holt, Rinehart & Winston Inc.

sene und subadulte Männchen beider Gruppen kämpften truppweise gegeneinander. Wegen einer außergewöhnlich langen Trockenzeit herrschte zur Beobachtungszeit Nahrungsmangel.

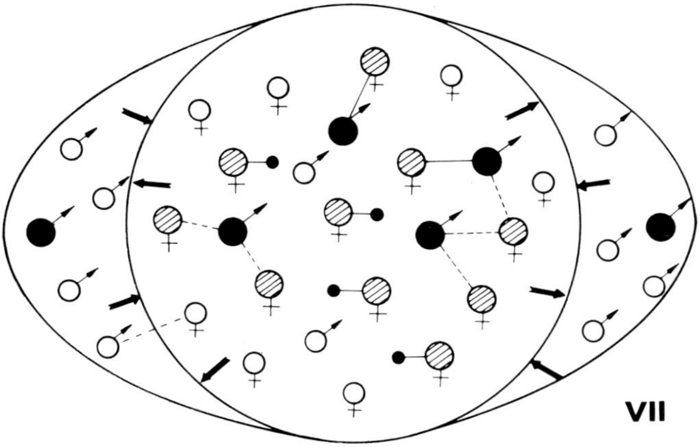

15.107 *Organisationstyp VII:* Gruppe mit bisexuellem Gruppenzentrum und peripherem ♂♂-Ring bzw. fest attachierten ♂♂-Untergruppen.

Organisationstyp VII

Die großen geschlossenen Gruppen haben ein bisexuelles Gruppenzentrum und periphere Männchenpulks. Im Zentrum gibt es entweder ein dominantes Männchen oder mehrere ausgewachsene Männchen, zwischen denen eine Rangordnung besteht. Diesen Männchen sind die Weibchen ähnlich wie beim Typ VI zugänglich, wobei Ranghohe oft die brünstigen Weibchen in Beschlag nehmen. Die Männchen der Peripherie suchen ins Zentrum einzudringen, werden aber von den dort herrschenden Männchen abgewiesen. Wir finden diesen Organisationstyp bei *Macaca fuscata, M. mulatta* neben dem Typus VI und bei *Presbytis entellus* (J. Itani 1954, M. Kawai 1964, J. E. Frisch 1968, M. Chance und C. J. Jolly 1970, C. H. Southwick, M. A. Beg und M. R. Siddiqi 1965, Y. Sugiyama 1971, Ch. Vogel 1976).

Die Schimpansengemeinschaft

Als Organisationstyp VIII beschrieb Ch. Vogel die offene Gemeinschaft mit wechselseitigem Mitgliederaustausch. Man glaubte, die Schimpansen würden in solchen flexiblen Sozietäten mit frei wechselnden Individuen in weitgehender Promiskuität leben. Diese Ansicht mußte jedoch bei genauerer Kenntnis der Schimpansen revidiert werden, und es ist uns auch kein anderer Primate bekannt, der in solchen offenen nichtterritorialen Verbänden lebt.

Die Ansicht, Schimpansen seien nicht territorial und würden in offenen Verbänden leben, geht auf V. REYNOLDS und F. REYNOLDS (1965) zurück. Auch JANE GOODALL (1965) glaubte das zunächst, revidierte aber bald ihre Ansicht. 1975 schrieb sie: »In the early days of my study at Gombe I formed the impression that chimpanzee society was less structured than it actually is. I thought that, within a given area, the chimpanzees formed a chain of interacting units with the intent of an individuals interactions with other chimpanzees limited only by the extent of his wanderings (GOODALL 1965). Subsequent observations showed that this was not the case« (J. VAN LAWICK-GOODALL 1975). Nach J. ITANI und A. SUZUKI (1967) leben sie in Westtansania in 30–50 Tiere zählenden Gruppen, die sich klar voneinander absetzen. Die Genannten nennen einen solchen Verband »preband« (Vorhorde). Die Beobachtungen von K. IZAWA (1970), Y. SUGIYAMA (1969) und T. NISHIDA (1968) bestätigen den im wesentlichen geschlossenen Aufbau der Schimpansengruppen. JANE GOODALL (1975) beobachtete 5 Schimpansengemeinschaften, die zwischen 15 und 40 Individuen umfaßten. Die Wohngebiete überlappten sich an den Grenzen, aber man hielt sich dort nur auf, wenn der Nachbar abwesend war. T. NISHIDA und K. KAWANAKA (1972) beobachteten zwei Gruppen. Die 60 Individuen zählende Gruppe wanderte einmal im Jahr in ein Gebiet einer 20 Kopf starken Gruppe, die sich daraufhin stets in den 20 Meilen entfernten äußersten Zipfel ihres Gebietes absetzte.

Die Männchen bilden ein kooperatives Team, dessen gemeinsames Anliegen die Verteidigung des gemeinsamen Territoriums ist. Sie kontrollieren dazu in Trupps die Reviergrenzen und greifen Einzeltiere – Männchen, Jungtiere und nichtbrünstige Weibchen – mit großer Heftigkeit an, so daß diese oft tödlich verletzt werden (J. GOODALL 1979, R. W. WRANGHAM 1975, 1979, 1986, T. NISHIDA 1979, T. NISHIDA und Mitarbeiter 1985). An den Angriffen gegen Weibchen und Jungtiere beteiligen sich auch die Weibchen einer Gruppe.

Schimpansenmännchen bleiben in der territorialen, geschlossenen Gruppe, in der sie geboren wurden. Heranwachsende Weibchen im Oestrus wechseln zu anderen Gruppen. Meist bleiben sie dort, gelegentlich wandern sie auch zurück (T. NISHIDA und K. KAWANAKA 1972, T. NISHIDA 1979, A. E. PUSEY 1980). Das ist anders als bei Pavianen und Rhesusaffen, wo die jungen Männchen vereinzelt auswandern, Anschluß an andere Gruppen suchen und damit für einen Genaustausch sorgen.

Die Sozialintelligenz der Schimpansen ist hoch entwickelt, und sie verstehen, wie andere zueinander stehen (»triadic awareness«, F. DE WAAL 1983). Daher können sie ihre Gefährten für ihre Zwecke instrumental einsetzen. F. DE WAAL (1983) spricht von sozialer Anwendung der Vernunft. Es gibt dazu einige bemerkenswerte Beispiele: Die Kinder zweier Weibchen stritten, und dies erregte beide Weibchen und konnte sie, für ihre Kinder Partei ergreifend, in den Streit hineinziehen. Schimpansen sind jedoch um innere Harmonie bemüht und trachten daher, Konflikte zu meiden. In diesem Fall stupste eine der beiden Mütter das ranghöchste schlafende Weibchen, das daraufhin kurz die Kinder bedrohte, worauf diese ihren Konflikt beendeten. Dann schlief es weiter. Die Ranghohe wurde dazu benutzt, Frieden zu stiften. In einem anderen Fall schloß eine Mutter mit der Hand den Mund ihres schreienden Sohnes und verhinderte so einen Angriff Dritter. Die Fähigkeit, im sozialen Bereich mit Einsicht und Voraussicht zu handeln, äußert sich noch auf manche andere Weise. So tarnte ein junges Männchen seine Erektion, als es von einem Ranghohen überrascht wurde, indem es seine Hand vorhielt und auch sonst durch sein Gebaren vorgab, am nahen Weibchen nicht weiter interessiert zu sein.

Bemerkenswert ist das Vorkommen einer Objektbesitznorm. Der Besitz der selbst erjagten Beute wird von anderen Mitgliedern der Gruppe respektiert. Es jagen in erster Linie die Männchen. Anschließend geben sie von ihrer Beute an die anderen Gruppenmitglieder ab, an Männchen und Weibchen gleicherweise, und zwar in kleinen Portionen. Dabei entwickeln ranghohe Männchen großes Geschick, allen und über eine längere Zeit zu geben (S. 579). Weibchen geben von gesammelter pflanzlicher Kost nur an ihre Kinder ab. Wenn ein Schimpansenmann einen fruchtenden Baum findet, auf dem nur wenige Früchte sind, dann frißt er still allein. Sind allerdings viele Früchte vorhanden, also mehr, als er alleine nützen kann, dann ruft er durch »hooting« andere herbei – Männchen wie Weibchen.

Das Repertoire der beschwichtigenden und zur Gruppenharmonie beitragenden Verhaltensweisen ist reich (Abb. 15.108). Wir berichteten bereits über die dramatischen Versöhnungsbemühungen nach Rangstreitigkeiten (S. 600). Dennoch neigen Auseinandersetzungen zur Eskalation. Schimpansen erscheinen emotionell unbalanciert, ähnlich wie der Mensch in Affektausbrüchen – möglicherweise eine Folge rascher Evolution, bei der die Absicherung kritischer Stellen im Sozialverhalten durch entsprechende Strukturen im Hirn nicht Schritt hielt (S. 460).

Zwischen den Männchen besteht eine deutliche Rangordnung. Weibchen sind den Männchen im Rang unterlegen. Unter ihresgleichen bilden sich ebenfalls Ränge aus, doch ziehen Weibchen mit Jungen häufig für sich in einem Kerngebiet innerhalb des Gemeinschaftsterritoriums umher. Auch Weibchen bilden Koalitionen (S. 599). Die Mutter-Kind-Bindung

a b

15.108 Die Versöhnungsbereitschaft des Schimpansen ist bemerkenswert: a) Das erwachsene Männchen Goliath bedrohte den adoleszenten Figan, der daraufhin submissiv präsentiert und wimmert. Goliath beruhigt ihn durch Berührung; b) zeigt den Effekt: Figan richtet sich wieder auf und wendet sich Goliath zu. Foto: H. van Lawick-Goodall, Courtesy National Geographic Magazine

bleibt auch nach dem Selbständigwerden der Kinder über viele Jahre erhalten. Erwachsene Söhne stehen noch ihren Müttern bei.

Männchen rivalisieren um den Zugang zu brünstigen Weibchen, allerdings nicht besonders heftig und in Gefangenschaft mehr als im Freien, wo man beobachten kann, daß mehrere Männchen ein Weibchen hintereinander begatten. Diese Verträglichkeit findet eine soziobiologische Erklärung in der meist nahen Verwandtschaft der patrilokalen Männchen. Schimpansen leben also in großen, lockeren, aber komplex organisierten und gegen Revierfremde geschlossenen Gruppen, zwischen denen nur brünstige Weibchen ungefährdet wechseln können. »Die Tiere die diese Gemeinschaft bilden, ziehen in ständig sich verändernden Verbänden umher, aber obwohl das alles so zwanglos wirkt, kennt jedes einzelne Tier genau den Platz, der ihm in der Gemeinschaft zukommt – seinen Status im Verhältnis zu jedem anderen Schimpansen, der ihm im Laufe des Tages über den Weg laufen mag. Unter diesen Umständen kann die breite Skala der Begrüßungsgesten ebensowenig verwundern wie der Umstand, daß die meisten Schimpansen einander tatsächlich begrüßen, wenn sie sich nach einer Trennung wiederbegegnen« (J. Goodall 1971, S. 103).

Der Reichtum an beschwichtigenden Verhaltensweisen und die Häufigkeit ihres Auftretens weist auf eine große potentielle Aggressivität hin, die dauernd unter Kontrolle gehalten werden muß. Tatsächlich haben Schimpansen vor Fremden große Angst. In Tiergehegen einer Gruppe Zugesetzte flüchteten sogar in den Wassergraben und wären wohl ertrunken, hätte man ihnen nicht geholfen. J. Goodall (1971) beobachtete im Freiland, wie zwei Weibchen ein fremdes Weibchen angriffen und vertrieben:

»Als wir gerade dabei waren, ein paar Bananen für die Fremde auszulegen, bemerkten wir, daß Flo und Olly mit wild gesträubtem Fell zu ihr hinaufstarrten. Es war Flo, die sich als erste in Bewegung setzte. Olly folgte ihr. Sie gingen ruhig und langsam auf den Baum zu, und ihr Opfer nahm sie erst wahr, als sie bereits ganz nahe waren. Unter ängstlichem Quieken und Keuchen kletterte die Verfolgte höher in die Zweige hinauf . . . Dann sprang Flo wie ein Blitz in den Baum, packte mit beiden Händen den Ast, an dem sich das – inzwischen laut schreiende – Weibchen festklammerte, und schüttelte ihn mit zornig aufgeworfenen Lippen heftig hin und her. Halb abgeschüttelt, halb springend flüchtete die Bedrohte in den nächsten Baum . . . Die Jagd ging so lange weiter, bis Flo das fremde Weibchen vom Baum heruntergescheucht und eingeholt hatte und mit beiden Fäusten bearbeitete. Dann jagte sie, mit den Füßen stampfend und von der noch immer bellenden Olly gefolgt, ihr Opfer davon« (J. GOODALL, S. 107).

Die oft kolportierte Nachricht, Schimpansen wären gar nicht aggressiv und nicht territorial, ist ganz offensichtlich falsch. J. VAN LAWICK-GOODALL (1975) beschrieb auch die allmähliche Spaltung einer Gemeinschaft, die aus etwa 60 Individuen bestand. Zwischen 1965 und 1967 kamen alle der heute auf zwei Gruppen verteilten Tiere zur Futterstelle, aber bereits von Anfang an neigten einige Individuen dazu, mehr nach Süden, andere mehr nach Norden zu streifen. Als man schließlich weniger fütterte, trennten sich die Gruppen ganz in eine Süd- und eine Nordgruppe. Die Südgruppenmitglieder mieden die Futterstelle seit Ende 1972. Seit dieser Zeit waren die Beziehungen der Männchen der beiden Gruppen ausgesprochen feindlich, obgleich sie mit den Weibchen der anderen Gruppe gelegentlich – aber selten – noch freundlich interagierten. Die Männchen der größeren nördlichen Gruppe patrouillierten an den Grenzen ihres Gebietes, und sie griffen Schimpansen der anderen Gruppe an, meist gleich, ob es sich um Männchen oder Weibchen handelte. Die Mitglieder der kleineren Südgruppe wichen im allgemeinen aus, wenn sie Mitglieder der Nordgruppe hörten. In der ersten Jahreshälfte 1974 wurden im Abstand von einem Monat zwei Männchen der Südgruppe von Mitgliedern der Nordgruppe angegriffen und so schwer verletzt, daß beide wohl kurze Zeit darauf ihren Wunden erlagen. Als man sie zuletzt sah, waren sie durch ihre Wunden recht geschwächt. Man sah sie danach nicht wieder. 1975 war der mittlerweile auch altersgeschwächte Goliath das Opfer, und im gleichen Jahr auch ein altes, verkrüppeltes Weibchen. Im Frühjahr 1977 hörte die Kigoma-Arbeitsgruppe den Lärm einer heftigen Auseinandersetzung. Sie eilten hin und fanden 5 Männchen der Nordgruppe und den toten Körper des ranghöchsten Männchens der Südgruppe. Demnach sind heute nur mehr 1 oder 2 Männchen der Südgruppe am Leben. Bemerkenswert ist, daß alle diese Angriffe auf die Südgruppenmitglieder in deren zentralem Wohngebiet stattfanden. Die Angriffe waren demnach *offensiv* und nicht defensiv! Zusätzlich zu diesen Angriffen auf dem Beobachterteam bekannte Schimpansen registrierte man 10 heftige Angriffe auf fremde Weibchen von anderen Nachbargruppen. Die Angegriffenen trugen schwere Verletzungen davon, und es ist wahrscheinlich, daß einige daran starben. Drei Jungtiere wurden bei dieser Gelegenheit getötet und zwei davon teilweise verzehrt (J. GOODALL und Mitarbeiter 1979, J. D. BYGOTT 1972, J. GOODALL 1986).

Bonobos

Mittlerweile hat man auch über das Freilandverhalten der Zwergschimpansen (Bonobos, *Pan paniscus*) mehr erfahren. Diese im Vergleich zum gewöhnlichen Schimpansen (*Pan troglodytes*, früher *Pan satyrus*) grazilere Art lebt ähnlich wie jener in territorialen Gruppen aus Männchen und Weibchen. Zwischen den Gruppen gibt es Auseinandersetzungen, die auch gewaltsam ausgetragen werden, doch scheinen die Bonobos im allgemeinen etwas weniger gewalttätig. Ein auffälliger Unterschied zum Verhalten der Schimpansen besteht im stärkeren Gruppenzusammenhalt der Weibchen. In diesem Zusammenhang ist der nach Streit, zur Begrüßung und Aufrechterhaltung eines längeren Miteinander häufig beobachtete Genitalkontakt zwischen Weibchen auffällig, bei dem sie in ventroventraler Position ihre Genitalien aneinanderreiben. Das sexuelle Verhalten scheint bandstiftend und beschwichtigend zu wirken. Erwachsene Männchen grüßen ihresgleichen und Weibchen durch ventroventrale Kontakte oder Aufreiten ohne Intromission, letzteres wohl auch dominanzmotiviert. Weibchen setzen Sex auch instrumentell ein, indem sie sich Männchen anbieten, von denen sie eine Frucht, die einer besitzt, haben wollen. Weitere Angaben bei B. FRUTH (1999) und bei R. W. WRANGHAM und Mitarbeitern (1994).

Bemerkenswert ist, daß Schlafnester, die erwachsene Tiere für sich allein beziehungsweise Weibchen auch für sich und die noch nicht abgestillten Jungen errichten, von Gruppenmitgliedern so stark respektiert werden, daß Weibchen symbolische Nester als Tabu-Zeichen bauen, wenn sie einen von ihnen entdeckten Ast mit Früchten für sich behalten wollen. Sie bauen dann mit ein paar Zweigen ein nur angedeutetes Nest und können dann ungestört fressen (B. FRUTH 1993).

Der Organisationstyp des Orang Utan

Hier handelt es sich um einen ungeselligen Typus, bei dem nur Mutter und Kind einen Verband bilden, während Erwachsene nur gelegentlich zusammenkommen. Wir kennen diesen Typus unter den Catarrhinen nur vom Orang Utan *(Pongo pygmaeus)*. Dort lebt je ein Weibchen mit einem eigenen Jungen in einem Revier, doch überlappen sich die Reviere mehrerer Weibchen. Die adulten Männchen haben Reviere, die untereinander nicht überlappen und die größer sind als jene der Weibchen (P. S. RODMAN 1973).

Zusammenfassung 15

Organismen sind energieerwerbende Systeme, die von der Erwirtschaftung einer positiven Energiebilanz leben. Ihre Organisation wurde von der Selektion erzwungen; dadurch unterscheiden sich Organismen ganz entscheidend von physikalischen Systemen. Die Konkurrenz erzwang vielfältige Anpassungen, die den Nahrungserwerb wie auch andere der prinzipiell stets gleichen Anpassungsfronten betreffen. So muß sich ein Organismus nicht nur auf eine Energiequelle einstellen, sondern auch auf Störfaktoren verschiedenster Art – seien es Feinde, klimatische Faktoren oder Konkurrenten. All dies bedingt sowohl beim Aufbau als auch beim Betrieb vergleichbare Kosten.

Richtiges Verhalten muß mit geringsten Kosten den höchsten Nutzen, gemessen an der Eignung, d. h. am genetischen Überlebenserfolg des Merkmalsträgers, einbringen. Eine als Soziobiologie profilierte Richtung der Öko-Ethologie hat sich auf solche Fragen spezialisiert und für Anpassungen eine Reihe von Optimalitätsmodellen errechnet, die durch Beobachtung und Experiment geprüft werden können. Allen Überlegungen liegt die Einsicht zugrunde, daß das genetische Überleben letztlich entscheidet: Wer sein Erbgut nicht weitergeben kann, stirbt aus. Um genetisch zu überleben, braucht man jedoch nicht unbedingt eigene Nachkommen zu haben. Man überlebt auch in den Nachkommen der Verwandten. Grundsätzlich handeln Organismen richtig, wenn sie durch ihr Verhalten ihre genetische Repräsentation in nachfolgenden Generationen maximieren.

Die Diskussion um die »Einheiten der Selektion« wurde durch den Umstand belastet, daß man anfangs nicht zwischen den Einheiten, an denen die Selektion ansetzt, und denen, die letztlich ausgelesen werden, unterschied. Man sprach von den Genen als Einheiten der Selektion, dann wieder von Individuen und Sippen. Man muß aber differenzieren zwischen den Genen als den Replikatoren, die letzten Endes ausgelesen werden, und den Individuen, aber auch Gruppen von Individuen, die Träger der Gene sind und an denen die Selektion ansetzt.

Bei höheren Tieren, die in geschlossenen Gruppen leben, setzt die Selektion an verschiedenen Ebenen an. Das hat man zunächst übersehen, und die einseitige Betonung der Individual- und Sippenselektion führte dazu, daß man nur auf den Erfolg in der Folgegeneration, nicht aber auf Langzeitfolgen achtete. Das führte auch zu einer Verwischung der Grenzen zwischen pathologischem und angepaßtem Verhalten.

Das Wirken der schöpferischen Auslese spiegelt sich in der Fülle der überaus reizvollen Anpassungen der Organismen wider. Sie betreffen die biotopmäßige Einnischung, die Strategien des Nahrungserwerbes, die Feindanpassungen und die verschiedenen Formen symbiontischer Vergesellschaftung und des Gruppenlebens.

Der Artgenosse tritt als Konkurrent und Partner auf. Territoriale Abgrenzung gegen Artgenossen als Mittel der Ressourcensicherung finden wir sowohl bei Wirbellosen als auch bei Wirbeltieren. Territorialität (»raumgebundene Intoleranz«) entwickelte sich offenbar unabhängig in verschiedenen Tiergruppen. Das territoriale Individuum oder die territoriale Gruppe ist in ihrem Gebiet dominant und zeigt sich fremden Eindringlingen gegenüber im allgemeinen intolerant. Die Präsenz der Revierinhaber wird häufig durch Lautäußerungen, Duftmarken oder visuell verkündet.

Aggressiv ist alles Verhalten, über das ein Tier einem anderen gegen dessen Widerstand Dominanz aufzwingt. Bei innerartlichen Auseinandersetzungen muß es dabei nicht zu Kämpfen kommen. Oft führt bereits Drohen zu einer Entscheidung. Die Kämpfe zwischen Artgenossen werden häufig als Turniere ausgefochten. Aggressives Verhalten wird instrumental eingesetzt, um den Zutritt zu Ressourcen verschiedenster Art (Wasser, Nahrung, Weibchen, Schlafplätze etc.) zu erlangen oder zu sichern. Gesellige Tiere setzen es ferner explorativ ein, um den sozialen Handlungsspielraum auszuloten (»explorative Aggression«). Zurechtweisung als erzieherische Aggression spielt bei Menschenaffen und beim Menschen eine große Rolle. Innere und äußere Faktoren bewirken Schwankungen der aggressiven Handlungsbereitschaft.

Viele Tiere leben in Gruppen. Fische der Hochsee ziehen z. B. in Schwärmen. Es handelt sich dabei um offene, anonyme Verbände. Über den Konfusionseffekt wird dem einzelnen relativer Schutz vor Raubfischen zuteil. Höhere Stufen der Sozialität erreichten unter den Wirbellosen die staatenbildenden Insekten und unter den Wirbeltieren die Vögel und Säuger. Entscheidenden Anstoß dazu lieferte die Entwicklung der Brutpflege. Mit ihr kam das Instrumentarium zum Freundlichsein in die Welt: Die meisten der im Dienste der Erwachsenenbindung zu beobachtenden Verhaltensweisen leiten sich vom Repertoire der betreuenden mütterlichen Verhaltensweisen und der sie auslösenden kindlichen Signale ab.

Auch die Fähigkeit zur persönlichen Bindung entwickelte sich mit der Brutpflege. Angst, Sex und Aggression vermögen zu binden, doch reichten diese Motive allein nicht zur Ausbildung differenzierterer Gesellschaftsformen aus. In Gruppen von Vögeln und Säugern bilden sich oft Rangordnungen aus. Sie können als »Hackordnung« rein auf Dominanz basieren. Bei höheren Säugern werden die Anführer zunehmend auf Grund positiver sozialer Führungseigenschaften (Fähigkeit, Streit zu schlichten, Teilen, Brutschutz etc.) gewählt. Die Ausbildung von Rangordnung setzt persönliche Bekanntheit voraus. Gruppen dieser Art sind meist geschlossen; gruppenfremde Artgenossen werden in der Regel abgelehnt. Bei einigen Nagern (Hausmaus) kommt es zur Entwicklung geschlossener anonymer Verbände. Ein gemeinsamer Gruppengeruch, bewirkt durch gegenseitiges Duftmarkieren, sichert den Zusammenhalt.

Primaten zeigen in ihrem Sozialverhalten große artliche Variationen. Schimpansen leben in territorialen, geschlossenen Verbänden. Diese sind patrilocal. Weibchen wechseln die Gruppe bei Geschlechtsreife. Rangordnungen sind ausgeprägt, und die Individuen verstehen es, andere instrumental für ihre Zwecke beim Rangdisput einzusetzen. In Krisenzeiten bemühen sich ranghohe Weibchen aktiv um die Erhaltung der sozialen Harmonie (F. B. M. de Waal 1989). Xenophobie ist ausgeprägt, und zwischen verschiedenen territorialen Gruppen beobachtete man aggressive Auseinandersetzungen auf Gruppenebene, die auch zum Tod von Artgenossen führten.

Zum Abschluß dieses Kapitels ein paar kritische Worte zu neueren Entwicklungen in der Soziobiologie, deren Verdienste ja voll gewürdigt wurden. William Charlesworth (1995) registrierte bei den Soziobiologen eine zunehmende Abkehr von der Empirie. Er analysierte den Inhalt der Zeitschrift »Ethology and Sociobiology« und stellte von den späten siebziger Jahren an bis 1995 einen zunehmenden Trend von empirischen zu theoretischen Arbeiten fest. Des weiteren sank der Anteil empirischer Arbeiten, die sich auf Beobachtungen gründen, von 39% in der ersten Hälfte dieses Zeitraums auf 18% in der zweiten. In der gleichen Periode nahmen Studien auf der Basis von Interviews und Fragebögen von 14 auf 37% zu, ebenso wie der Anteil archivarischer Studien, die sich auf bereits existierende Datenerhebungen anderer stützten. Charlesworth findet das bedenklich – ich schließe mich seiner Meinung an. Dietrich von Holst pflegt in Vorträgen kritisch anzumerken: »In der Soziobiologie weiß man, was herauskommen muß, und sucht die Bestätigung.« Man vergißt den Wert der unvoreingenommenen Beobachtung.

16. Die Orientierung im Raum

Mit Hilfe ihrer Sinnesorgane stehen Tiere in einem dauernden Kontakt mit ihrer Umwelt. Sie sind stets so programmiert, daß sie unter natürlichen Bedingungen ungünstige Lebensbedingungen meiden und in günstigen verweilen, ja diese meist sogar gerichtet aufsuchen. Ein Wasserfloh schwimmt nahe an der Oberfläche, wenn das Wasser viel Kohlendioxyd enthält, was zweckmäßig ist, denn dort ist das Wasser auch sauerstoffreicher. Zwei Reize spielen bei dieser Reaktion eine Rolle: Kohlendioxyd als auslösender und Licht als richtender Reiz. Beleuchtet man das Glasaquarium von unten, dann schwimmt der Wasserfloh nach unten, sobald man Kohlendioxyd hinzufügt (A. KÜHN 1919).

Ein günstiges Milieu kann allerdings auch auf einfachere Weise erreicht werden, indem sich die Tiere in der für sie günstigen Umgebung langsamer, in ungünstigem Milieu dagegen schneller fortbewegen. Solche ungerichteten Bewegungen bezeichnet man als Kinesen. Gegenüber diesen sind alle gerichteten oder taxischen Reaktionen ein Fortschritt. Sie setzen voraus, daß die wahrgenommenen Umweltreize so verarbeitet werden, daß eine winkelgesteuerte Änderung der Fortbewegungsrichtung das Ergebnis ist. Mit diesen Orientierungshandlungen (Taxien) und den ihnen zugrundeliegenden Prozessen wollen wir uns im folgenden befassen.

Wie bereits besprochen (S. 52), sind die Orientierungsbewegungen von der dauernden Gegenwart richtender Reize abhängig.

Man hat die Taxien nach der erzielten Einstellung oder nach dem Weg, auf dem diese erreicht wird, in verschiedener Weise benannt. KÜHN (1919) unterschied Phobotaxien (Schreckbewegungen) und vier Arten von Topotaxien: a) Tropotaxis (Symmetrieeinstellung): Das Tier stellt sich mit Hilfe von zwei Sinnesorganen so ein, daß beide gleich starke Reize empfangen. Wird ein Rezeptor zerstört, dann dreht sich das Tier im Kreise. b) Menotaxis (Kompaßorientierung): Nicht symmetrische Orientierung nach einer Reizquelle; etwa indem ein konstanter Winkel zu den Lichtstrahlen eingehalten wird. c) Telotaxis (Zieleinstellung): Das Ziel wird direkt fixiert. d) Mnemotaxis: Orientierung nach dem Gedächtnis. Später wurde diese Nomenklatur noch um viele weitere Namen bereichert. So benannte man nach der Natur des Orientierungsmerkmals (Phototaxis, Rheotaxis, Phonotaxis, Geotaxis, Chemotaxis, Galvanotaxis). Übersichtliche Zusammenfassungen findet man bei O. KOEHLER (1950), G. S. FRAENKEL und D. S. GUNN (1961), M. LINDAUER (1963) und H. SCHÖNE (1978).

Eine Art kann mehrere Orientierungsmechanismen besitzen. Nach N. TINBERGEN und Mitarbeitern (1942) flieht der Samtfalter *(Eumenis semele)* vor einem Feind, indem er sonnenwärts fliegt. Da er sich nach einseitiger Blendung im Kreise bewegt, ist dies eine Tropotaxis. Die Männchen fliegen ferner, optisch orientiert, vorbeifliegende Weibchen an. Und das können sie auch noch nach einseitiger Blendung. Sie orientieren sich also in diesem Funktionskreis telotaktisch. Wir werden auf die Orientierung im Raume noch näher eingehen.

Orientierungsvorgänge sind nicht von einer starren Reiz-Reaktions-Beziehung beherrscht. E. v. HOLST (1950 a) wies nach, daß auch der spezifische physiologische Zustand des Organismus – seine Gestimmtheit (S. 100) – einen entscheidenden Einfluß hat. Viele Fische orientieren sich gleichzeitig nach der Schwere und nach dem Licht. Im horizontalen Seitenlicht versucht die Lichtrückenreaktion, den Fisch um 90 Grad zu neigen, während die statolithenbedingten Gleichgewichtsreaktionen ihn in der senkrechten Normallage zu halten suchen. Der Fisch stellt sich in einer Resultierenden ein, die man bei hochrückigen Formen (z. B. *Pterophyllum)* genau messen kann. Je stärker die Lichtintensität, desto geneigter steht der Fisch. Vergrößert man dagegen das Statolithengewicht, indem man die ganze Versuchsanlage zentrifugiert, dann wird der Neigungswinkel kleiner. Bis jetzt mag der Fisch als eine Gleichgewichtsmaschine nach Art einer gleicharmigen Waage erscheinen, an deren einem Waagebalken die Schwerkraft und an deren anderem Balken die Lichtkomponente angreift. Es ist jedoch noch eine weitere Komponente im Spiel: Nimmt der hungrige Fisch eine Beute wahr, dann neigt er sich stärker zum Lichte, er bewertet die optische Komponente stärker. Dies ist ein Beispiel dafür, daß Orientierungsreaktionen von instinktiven Bereitschaften (»Stimmungen«), hier dem Hunger, abhängig sein können (E. v. HOLST 1950 a). Beim Menschen bewirkt eine subjektive Vertikale eine Drehtendenz in Richtung der Körperlängsachse. Fällt diese nicht mit der von den Schweresinnesorganen gemeldeten Lotrechten zusammen, dann verrechnen sich die beiden Vektoren zu einer Resultanten. Fallen beide zusammen, verstärken sie sich in ihrer Wirkung (H. MITTELSTAEDT 1983).

Der Begriff Orientierung wurde verschieden definiert. O. KOEHLER (1950) und N. TINBERGEN (1951) verstehen darunter nur die orientierende

Wendung. N. BISCHOF (1966) faßt die Orientierung viel weiter, nämlich als sinngemäße Einordnung des Organismus in ein räumliches Bezugssystem. H. SCHÖNE (1978) hat diese und die anderen gebräuchlichen Definitionsbemühungen kritisch durchleuchtet und hält es danach für zweckmäßig, »alle Bewegungen und Zustände, die von Tieren oder Menschen aktiv räumlich geordnet werden und wurden, als raumorientiert zu bezeichnen«. Demnach beschreibt der Begriff »Orientierung im Raum« die Fähigkeit der Organismen, Lage und Bewegungen des Körpers, seiner Teile sowie auch von Objekten auf Größen räumlicher Art beziehen zu können. Dazu gehört sowohl die Fähigkeit, eine räumliche Beziehung herzustellen, als auch eine solche festzuhalten und über diesen Zustand orientiert zu sein. In einer Art Kurzdefinition schreibt SCHÖNE: »Orientierung nennen wir die Vorgänge, mit denen Lebewesen ihr Verhalten im Raum und zum Raum, das ist zu räumlichen Merkmalen, ordnen.«

Raumgeometrisch lassen sich die Bewegungen der Orientierung in Bewegungen der Drehung und der Ortsveränderung (Rotation und Translation) einteilen. Rotatorische Änderungen werden in Winkeln gemessen, Ortsveränderungen nach Richtung (Winkel) und Entfernung. Die Organismen können sich grundsätzlich in allen drei Dimensionen fortbewegen und drehen. Auf die Körperhauptachsen bezogen nach vor- und rückwärts, seitwärts rechts oder links und schließlich auf- und abwärts. Drehungen um die Körperlängsachse (X-Achse) nennt man Rollen (engl. roll), Drehung um die Querachse (Y-Achse) Nicken (engl. pitch) und Drehung um die Hochachse (Z-Achse) Gieren (engl. yaw).

Für rein *rotatorische* Orientierungsbewegungen (Drehung am Ort) haben sich nach SCHÖNE die Bezeichnungen *Rotations*orientierung, *Winkel*orientierung, *Richtungs*orientierung und *Lage*orientierung eingebürgert. Der letztgenannte Ausdruck ist jedoch nicht eindeutig, da auch eine translatorische Ortsbeziehung – die geographische Lage eines Ortes gekennzeichnet durch Abstand und Richtung – und nicht nur die rotatorische Ausrichtung (etwa in Bezug zur Schwerkraft) darunter verstanden wird. Soll ein bestimmter Raumbezug (zur Sonne, zum Magnetfeld etc.) betont werden, spricht man von *Kompaß*orientierung.

Bei *Ortsveränderungen* kann die Richtung, die Länge der zu durchmessenden Strecke und oft auch beides orientiert werden. Dementsprechend spricht man von *Distanz-* oder *Entfernungsorientierung*, wenn es um die Streckenlänge zum Ziel geht. Von *Vektororientierung* empfiehlt SCHÖNE dann zu sprechen, wenn der Organismus die Ortsveränderung sowohl nach Entfernung als auch nach Richtung der Fortbewegung kontrolliert. Geht es nur um die Richtung, spricht er von *Kursorientierung*. Das kann ein Kompaßkurs sein, wenn das Tier eine bestimmte Kursrichtung zu einer Bezugsrichtung einhält.

Betrachtet man die *Leistungen* der Orientierungsvorgänge, dann kann man drei Gruppen von solchen unterscheiden:

1. Die Einstellung des Körpers in *bevorzugte Raumlagen.* Für viele Tiere ist zum Beispiel eine bestimmte *Normallage* des Körpers kennzeichnend. Viele der sich auf dem Boden fortbewegenden Arten orientieren sich dabei nach der Schwerkraft, Wassertiere auch nach dem Lichte, so zum Beispiel, daß der Rücken oben beziehungsweise der Lichtquelle zugekehrt ist. Oft geht beides in den Orientierungsprozeß ein, und stimmen die Richtungen nicht überein, dann stellt sich das Tier in eine Resultierende zwischen Schwerkraft und Licht. Ein Spezialfall der Normallage ist die *Gleichgewichtslage:* Landtiere mit kleiner Stellfläche müssen ihren Körper balancieren.
2. Die *Ausrichtung des Verhaltens auf ein bestimmtes räumliches Ziel* hin. Je nach der Distanz der angestrebten Ziele spricht man von *Fern-* und *Nahorientierung.* Eine besondere Leistung der Fernorientierung ist die noch zu besprechende *Navigation.* Durch Prozesse der Nahorientierung nehmen Sozialpartner aufeinander Bezug, etwa Frösche durch Vermittlung ihres Gehörs. Eine besondere Kategorie von Nahorientierungsvorgängen sind die Schlag- und Fanghandlungen, mit denen Räuber ihre Beute erwerben, Frösche durch orientierten Zungenschlag, Gottesanbeterinnen durch gezieltes Zuschlagen mit den Fangbeinen (S. 651). Man spricht von *Trefforientierungen.* Sie verlangen eine präzise Richtungs- und Entfernungsmessung.
3. Die räumliche *Stabilisierung der Körperlage* in der *gegebenen Ausrichtung.* Läßt man einen Zylinder, an dessen Innenseite schwarze und weiße vertikale Streifen angebracht sind, um einen Frosch kreisen, dann stellt man fest, daß der Frosch bemüht ist, der Bewegung zu folgen (optomotorische Reaktion). Er hält sich gewissermaßen optisch an den Streifen fest. Der sich darin ausdrückende Orientierungsmechanismus ist darauf angelegt, die Lage des Tieres im visuellen Umfeld konstant zu halten. Die Bogengangsysteme der Wirbeltiere leisten ähnliches.

Wir wollen im folgenden die Arbeitsweise der Orientierungsmechanismen an Hand einiger ausgewählter Beispiele besprechen, wobei insbesondere auch die aktive Rolle des Organismus bei den Orientierungsvorgängen berücksichtigt werden soll. Ausführliche Darstellungen zu diesem Thema haben M. LINDAUER (1963), S. GERLACH (1965), B. HASSENSTEIN (1966) und H. SCHÖNE (1978) veröffentlicht. Die Phylogenie der Orientierungsleistungen, insbesondere der Lichtorientierung der Arthropoden, diskutierte R. JANDER (1966a, 1966b).

16.1 Die Kontrolle der Lage und Fortbewegung im Raum

Wir beginnen mit der raumbezogenen Kontrolle der Ausrichtung und behandeln zunächst Beispiele für die Oben-unten-Orientierung mit Hilfe von Schwere- und Lichtsinnesorganen. Viele Fische und Wasserkäferlarven *(Dytiscidae)* orientieren sich mit Hilfe ihrer Augen nach dem einfallenden Lichte, wie man im Versuch leicht feststellen kann (Abb. 16.1). Die Wasserkäferlarven schwimmen z. B. zum Luftholen nach oben. Beleuchtet man nun das Becken von unten, dann schwimmen die Tiere bodenwärts und drehen sich mit dem Rücken zum Boden, als sei dies die Wasseroberfläche. Greift man nicht ein, dann ersticken die Tiere dort. Es ist jedoch keineswegs so, daß dem Lichtreiz jeweils ganz starr eine bestimmte Bewegung zugeordnet ist. Das Tier richtet seine Schwimmrichtung zwar am Licht aus, aber welche spezielle Richtung zum Licht es jeweils einschlägt, hängt von seinem inneren Zustand ab. Will das Tier z. B. atmen, schwimmt es lichtwärts, danach wieder abwärts vom Lichte weg. Je nach der inneren Handlungsbereitschaft wird ein anderes Kommando an den Orientierungsmechanismus ergehen, so daß es verschiedene Richtungen von sich aus aufsuchen und einstellen kann. Es besteht also keine feste, reflexartige Reiz-Reaktions-Beziehung, der Organismus kann vielmehr aktiv die Sollrichtung verändern. Das hat H. SCHÖNE (1962) sehr elegant bewiesen.

Die Dytiscidenlarven haben jederseits 6 Stemmata, deren Eingänge so

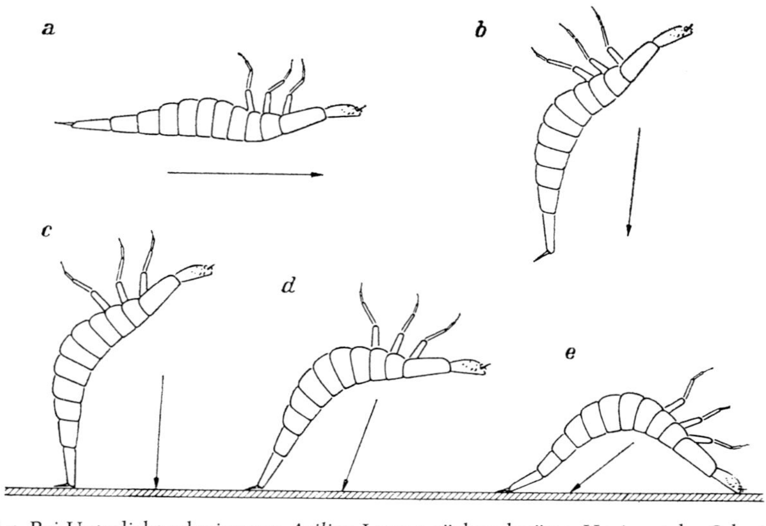

16.1 Bei Unterlicht schwimmen *Acilius*-Larven rückenabwärts. Horizontales Schwimmen und Versuche, Luft zu holen. Aus H. SCHÖNE (1951)

verrechnet werden, daß das Tier, auf den Lichteinfall bezogen, eine bestimmte Richtung einhalten kann. Im Versuch lassen sich Lichteinfallwinkel dem Tier dadurch aufzwingen, daß man einzelne dieser Augen überdeckt und das Aquarium allseitig diffus beleuchtet. Dann schwimmt das Tier rücken- oder bauchwärts in Kreisbahnen, sofern es sich um symmetrische Blendung handelt, in dem Bestreben, die Soll-Lage zum Lichte einzunehmen. Stimmt der Lichtwinkel mit dem Sollwinkel überein, dann kreist die Larve nicht. Man zeichnet die Drehtendenzen, die sich aus dem Kreisen bestimmen lassen, in Abhängigkeit vom Lichtwinkel auf und erhält eine sinusähnliche »Drehstärkekurve« für jede Sollrichtung.

Nun zeigt eine normale Larve, wie gesagt, verschiedene Verhaltensweisen, bei denen sie verschiedene Raumlagen (Soll-Lagen) einnimmt (Abb. 16.2). Nachdem sie an der Wasseroberfläche geatmet hat, schwimmt sie schräg voran abwärts und bald darauf beim Jagen in horizontaler Bahn, oder sie lauert ruhig sitzend auf Beute. Danach schwimmt sie schräg voran nach oben. Kurz vor der Oberfläche kehrt sie die Bewegungsrichtung um und schwimmt rückwärts, bis die Abdomenspitze den Wasserspiegel be-

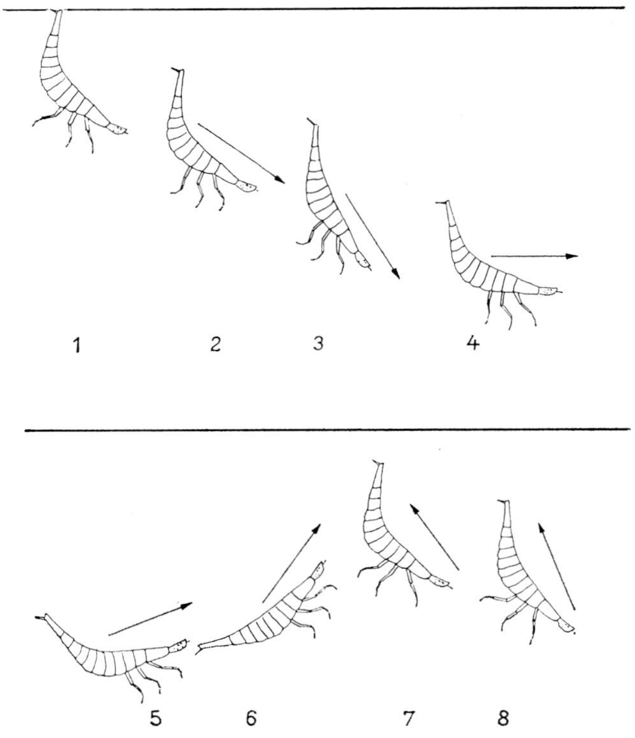

16.2 Die für acht Verhaltensweisen der *Acilius*-Larve charakteristischen Stellungen im Oberlicht. Aus H. SCHÖNE (1962)

rührt. Für jede dieser verschiedenen Verhaltensweisen gilt ein anderer Sollwert. H. SCHÖNE (1962) bestimmte die Drehstärkekurven für verschiedene Soll-Lagen und fand, daß bei jeder Veränderung der Soll-Lage die Drehstärkekurve nach oben oder unten in der Ordinatenrichtung verschoben wird. Die Lage der Extremwerte der Kurve bleibt unverändert (Abb. 16.3).

Die Lageorientierung mit Hilfe von Statolithenorganen haben E. v. HOLST (1950) und H. SCHÖNE (1959) genauer untersucht. Die Schwere-

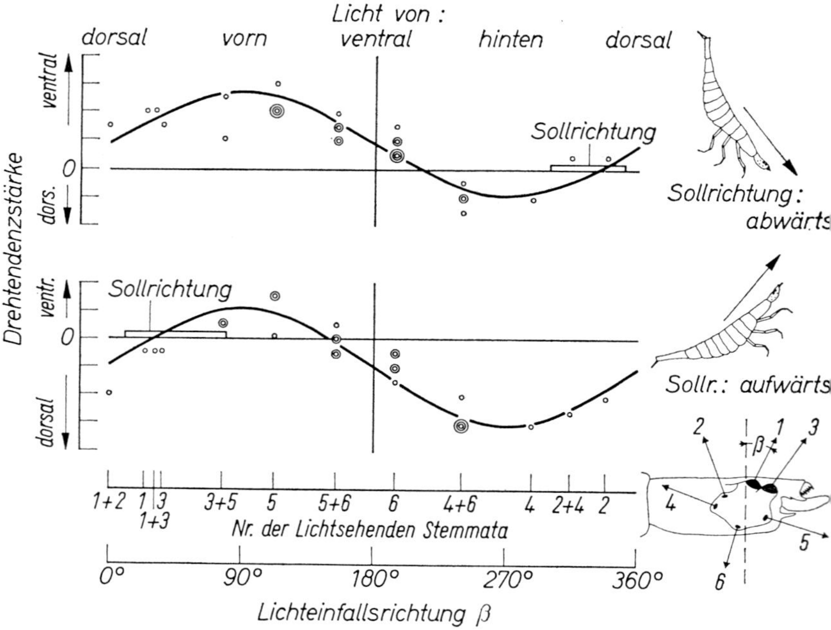

16.3 Beispiel einer Orientierung mit veränderbarer Sollrichtung: Auf- und Abwärtsschwimmen bei den Larven des Wasserkäfers *Acilius sulcatus*. Versuchstechnik: Die Lichtrichtung wird jeweils an das Versuchstier gekoppelt: Alle Stemmata bis auf die mit der gewünschten Einfallsrichtung werden geschwärzt, dann wird die Larve in einem von allen Seiten gleichmäßig beleuchteten Gefäß beobachtet. Wenn die »eingestellte« Lichtrichtung mit der Sollrichtung übereinstimmt, schwimmt das Tier geradeaus, andernfalls dreht es sich bauch- oder rückenwärts. Der Durchmesser der dabei vollführten Kreise dient als Maß für die Stärke der Drehtendenz. Ergebnis: Auf diese Weise gewonnene Werte für die Drehtendenzen sind in Abhängigkeit von den Lichteinfallsrichtungen aufgetragen, in der oberen Kurve für aufwärts-, in der unteren für abwärtsführende Sollrichtungen (Schwimmen in die Atemstellung und Verlassen der Atemstellung). Folgerung: Die Kurve für die Abwärtsrichtung ist gegenüber der Kurve für die Aufwärtsrichtung parallel nach oben verschoben. Bei der Sollwertverstellung werden durch zentralnervöse Schaltvorgänge die den Lichtrichtungsmeldungen zugeordneten Drehtendenzen verändert: Alle Drehtendenzen werden in gleicher Richtung um den gleichen Betrag erhöht. Aus H. SCHÖNE (1962)

sinnesorgane der Krebse und Wirbeltiere bestehen aus Statozysten mit Sinnesepithelien. Auf den Haaren der Sinneszellen ruhen Statolithen. Druck in Auflagerichtung und Zug in der Gegenrichtung lösen keinerlei Erregung aus, wohl aber eine parallel zur Auflagefläche wirkende Scherung. Biegt man z. B. die Sinneshaare der linken Krebsstatozysten nach außen, löst man beim Tier eine Drehtendenz um die Längsachse nach rechts aus. Verbiegung nach innen bewirkt eine entgegengerichtete Drehtendenz. Bei einseitiger Entfernung der ganzen Statozyste drehen sich Fische und Krebse um die Längsachse nach der verletzten Seite. E. v. HOLST führt das auf eine Daueraktivität des Sinnesepithels der Statozysten zurück. Normalerweise heben sich die Daueraktivitäten der rechten und der linken Seite auf; nach Ausschaltung einer Seite wird die von der Gegenseite bewirkte Drehtendenz sichtbar. Diese Deutung wird durch Versuche untermauert, denen zufolge Haie, die man einseitig entstatete, ohne die Sinnesepithelien zu verletzen, keinerlei Drehtendenzen zeigten (S. MAXWELL 1923). Statolithenlose Krebse, denen man eine der leeren Statozysten nahm, drehten sich nach der verwundeten Seite (H. SCHÖNE 1959).

Die Ruheentladungen der Sinnesepithelien beider Seiten bewirken also gegensinnige, sich aufhebende Drehtendenzen. Scherende Kräfte in den Statozysten, die bei der Drehung eines Tieres von den Statolithen ausgehen, verstärken die Entladungen in einer Richtung und schwächen sie in der anderen nach dem in Abb. 16.4 dargestellten Prinzip ab.

Viele Tiere orientieren sich zusätzlich nach dem Lichteinfall. Bei Fischen hat E. v. HOLST dieses Zusammenspiel zweier Orientierungsmechanismen genauer untersucht. Fische drehen ihren Rücken einer Lichtquelle zu und nehmen bei seitlicher Beleuchtung eine resultierende Schrägstellung ein, die sich aus den Meldungen von Auge und Statolithenapparat errechnet. Änderungen des endogenen Zustandes ändern das Bewertungsverhältnis von optischem zu statischem Anteil (Abb. 16.5).

16.2 Fernorientierung und Wanderung

Besonderes Interesse haben von jeher die Leistungen der Fernorientierung erregt (G. KRAMER 1961). Sehr viele Tiere sind imstande, ein Zielgebiet aufzufinden, das sie nicht direkt wahrnehmen können, und die Leistungen, die sie bei diesen Wanderungen vollbringen, sind mitunter wirklich erstaunlich. So zieht der an der Nordküste Alaskas brütende Goldregen-

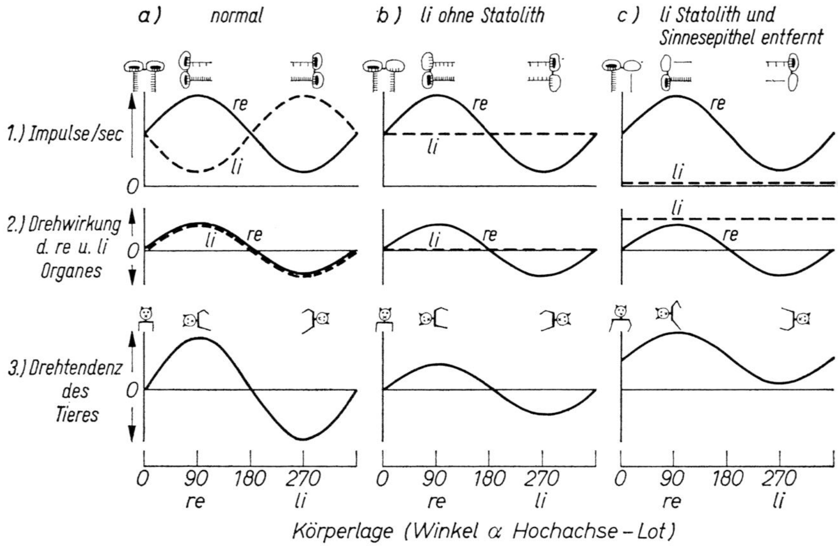

16.4 Beispiel eines einfachen Orientierungsvorganges: Prinzip der Lageorientierung mit Hilfe von Statolithenorganen bei Wirbeltieren. Die Normallage ($\alpha = 0^\circ$) ist Solllage: Alle Drehtendenzen führen in diese Lage zurück. Die Diagramme der ersten Reihen (1) zeigen die Erregungshöhen in den Statolithenorganen, wie sie in elektrophysiologischen Versuchen von Einzelfasern abgeleitet werden können; die Figuren über den Kurven symbolisieren die beiden Statolithenorgane mit Sinnesepithelien, Statolithenmassen und abfließenden Erregungsströmen. Die scherende Kraft des Statolithengewichtes modifiziert die Entladungsrate der von den Sinneszellen ausgehenden Impulse. In der mittleren Reihe von Diagrammen (2) ist eine hypothetische Möglichkeit der Beziehung zwischen den Erregungen der beiden Einzelorgane und den resultierenden Drehwirkungen dargestellt. Die Drehwirkungen der beiden Seiten *addieren* sich zur Drehtendenz des ganzen Tieres (Diagramme 3). Die über den Kurven gezeichneten Figuren veranschaulichen die den Drehtendenzen entsprechenden Lagereaktionen am Beispiel eines stehenden Säugers. Die jeweils vorn stehenden Diagramme (a) gelten für ein normales Tier. Die in der Mitte (b) stehenden gelten für ein Tier, dem links die Statolithenmasse fehlt, dessen Sinnesepithel aber noch intakt ist. Die am Ende stehenden Diagramme (c) gelten für ein Tier, dem links auch das Sinnesepithel entfernt wurde; die Kurven zeigen die Zusammenhänge unmittelbar nach dem Eingriff; später einsetzende Kompensationsvorgänge bedingen eine Verschiebung der Drehtendenzkurve nach unten; sie schneidet dann die Null-Linie: Die anfänglich ununterbrochen ablaufenden Rotationen kommen in dieser Lage zur Ruhe. Aus H. SCHÖNE (1965/66)

pfeifer *(Pluvialis dominicus)* im Herbst über Labrador hinweg bis nach Argentinien, wobei er den Ozean von Neuschottland bis Guyana in einem Fluge überquert. Der Rückflug geht über das Festland, Mittelamerika, den Mississippi aufwärts nach Norden zurück. Die große Achse dieser Wanderellipse hat eine Länge von 11000 km. Der Mongolen-Regenpfeifer zieht von Sibirien bis nach Australien und Südafrika. Abb. 16.6 gibt einen Überblick über einige außerordentliche Zugleistungen amerikanischer

16.5 Husarenfische *(Myripristis murdjan)* im Inneren einer Höhle des Miladummadulu-Atolls (etwa 30 m Tiefe). Ein Teil der Fische schwimmt rückenabwärts. Sie orientieren sich mit Hilfe des Lichtrückenreflexes nach dem vom Höhlengrund (Sandboden) reflektierten Licht. Foto: I. EIBL-EIBESFELDT

Zugvögel. E. STRESEMANN (1934) berechnete die Arbeitsleistung eines solchen Zugvogels. Er geht von der Annahme aus, daß ein mittelgroßer Watvogel, wie der Goldregenpfeifer, 26 Metersekunden fliegt und je Sekunde zwei Flügelschläge macht. Für die Strecke von 3300 km (das ist die kürzeste Verbindung von den Aleuten nach Hawaii) würde er 35 Stunden brauchen und die Flügel 252 000 mal auf und nieder schlagen. Der amerikanische Goldregenpfeifer braucht zu seinem pausenlosen Flug von Neuschottland nach Südamerika etwa 48 Stunden.

Die europäischen Störche wandern in zwei Gruppen. Die Störche, die westlich der durch Deutschland führenden Linie von Leiden über Gießen, Würzburg und Kempten leben, ziehen westwärts über Gibraltar nach Afrika. Die Oststörche dagegen fliegen über den Bosporus, Jordangraben und den Golf von Suez in das tropische Afrika. Die allgemeine Zugrichtung ist den Tieren angeboren, denn ostpreußische Störche, die man nach Westdeutschland verfrachtete, zogen nach Südosten ab, also in die Richtung, in die sie von ihrem Heimatort losgezogen wären, um über den Bosporus nach Afrika zu gelangen. Hatten die ostpreußischen Jungstörche dagegen am neuen westdeutschen Auflassungsplatz Anschluß an die dort lebende Storchenpopulation gefunden, dann flogen sie mit jenen in südwestlicher Richtung davon. Sie richteten sich also dann nach dem Vorbild. Die baltischen Stare überwintern in England und Nordfrankreich. Sie müssen dazu etwas südwestwärts ziehen. Diese generelle Richtung ist den Staren angeboren, denn Jungtiere, die man in die Höhe von Genua ver-

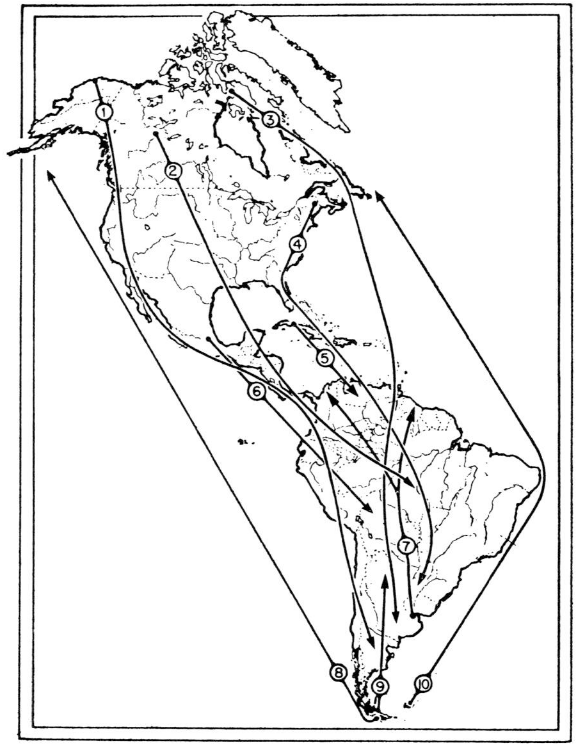

16.6 Wanderungen einiger amerikanischer Vögel nach der Brutzeit: 1. Sanderling *(Calidris alba)*. Von Nordalaska nach Südargentinien; 2. Rotaugenvireo *(Vireo olivaceus)*. Von Makenzie nach Mato Grosso; 3. Amerikanischer Goldregenpfeifer *(Pluvialis dominicus)*. Von der Melville-Halbinsel nach Argentinien; 4. Bobolink *(Dolichonyx oryzivorus)*. Von Maine nach Brasilien; 5. Grauer Tyrann *(Tyrannus dominicensis sequax)*. Von Kuba nach Venezuela; 6. Gelbbauchtyrann *(Myiodynastes l. luteiventris)*. Von Südmexiko nach Bolivien; 7. Schwalbe *(Phaeoprogne tapera fusca)*. Von Argentinien nach Guyana; 8. Dunkler Sturmtaucher *(Puffinus griseus)*. Von den Magellan-Inseln zur Küste Alaskas; 9. Tyrann *(Lessonia rufa)*. Von Feuerland nach Nordargentinien; 10. Buntfüßige Sturmschwalbe *(Oceanites oceanicus)*. Von den Falkland-Inseln nach Neufundland. Nach VAN TYNE und BERGER (1959) aus G. DIESSELHORST (1965)

frachtete, zogen südwestwärts nach Spanien. Machte man den gleichen Versuch jedoch mit erfahrenen Staren, die schon einmal vom Baltikum nach England gezogen waren, dann korrigierten sie ihren Kurs der Versetzung entsprechend und flogen nordwärts von Genua nach England (A. C. PERDECK 1958 b, E. SCHÜTZ 1952).

Die Gartengrasmücken *(Sylvia borin)* Mitteleuropas fliegen zunächst nach Südwesten über Frankreich nach Spanien, drehen dort auf Süd bis Südost und erreichen so ihr zentralwestafrikanisches Überwinterungsge-

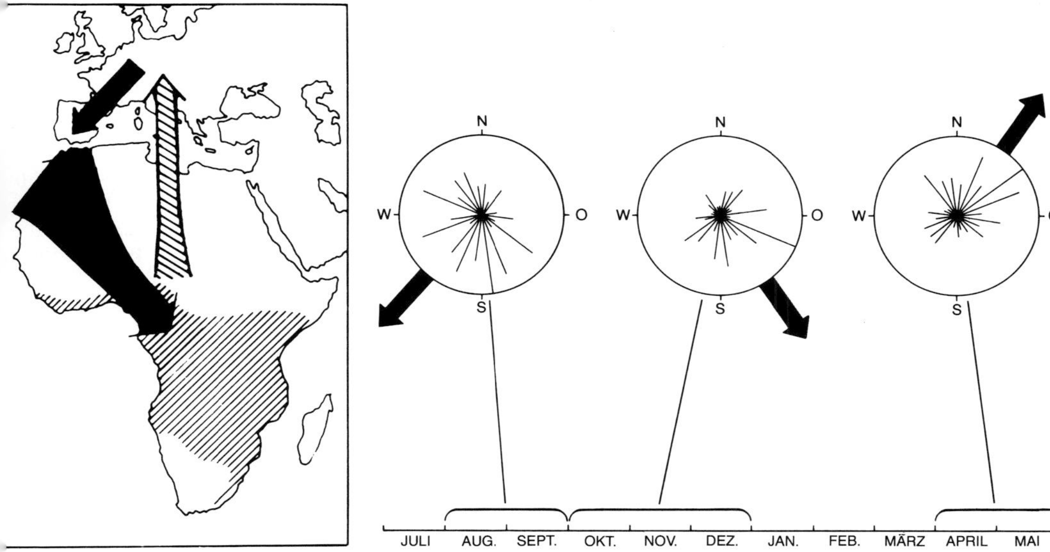

ı6.7 Linke Graphik: Wechsel der Wanderrichtung ziehender Gartengrasmücken *(Sylvia borin).* Rechte Graphik: Vorzugsrichtungen der Gartengrasmücken im Orientie-ungskäfig unter konstanten Bedingungen. Die drei Kreisdiagramme fassen die Ergebnisse für August und September (links), Oktober bis Dezember (Mitte) und April bis uni (rechts) zusammen. Die großen Pfeile geben die Richtung des mittleren Vektors eder Testserie an. Die Graphik an der Basis zeigt den Gang der nächtlichen Zugunruhe ınd die Fluktuation des Körpergewichts an. Aus E. GWINNER (1986)

biet. Im Frühjahr fliegen sie genau nach Norden zurück. Zugunerfahrene Gartengrasmücken, die ein Jahr unter konstanten Bedingungen bei einem regelmäßigen Wechsel von 12 Stunden Tageslicht und 12 Stunden Dunkelheit gehalten worden waren, zeigten im Herbst spontane Zugunruhe, wobei sie zunächst bevorzugt nach Südwesten, dann nach Südosten und schließlich nach einer Pause in den Monaten Dezember bis Februar nach Norden strebten (Abb. 16.7). Die Tiere hatten keine Himmelssicht, sie orientierten sich nach dem erdmagnetischen Feld (E. GWINNER und W. WILTSCHKO 1978, 1980). Die Experimente belegen, daß der jahreszeitliche Wechsel der Wanderrichtung bei dieser Art Ergebnis stammesgeschichtlicher Anpassung ist.

Unter natürlicher Tageslichtdauer zeigen verschiedene Grasmückenarten deutlich verschiedene Muster der Zugunruhe, die zu den normalerweise von den betreffenden Arten zurückgelegten Wanderstrecken passen. Bei der bis zu 5000 km wandernden Gartengrasmücke *(Sylvia borin)* ist die tägliche Wanderunruhe hoch, und sie hält über viele Tage an. Bei der nur kurze Strecken wandernden Sardengrasmücke *(Sylvia sarda)* ist sie dagegen gering und nur von kurzer Dauer (Abb. 16.8; B. BERTHOLD 1979,

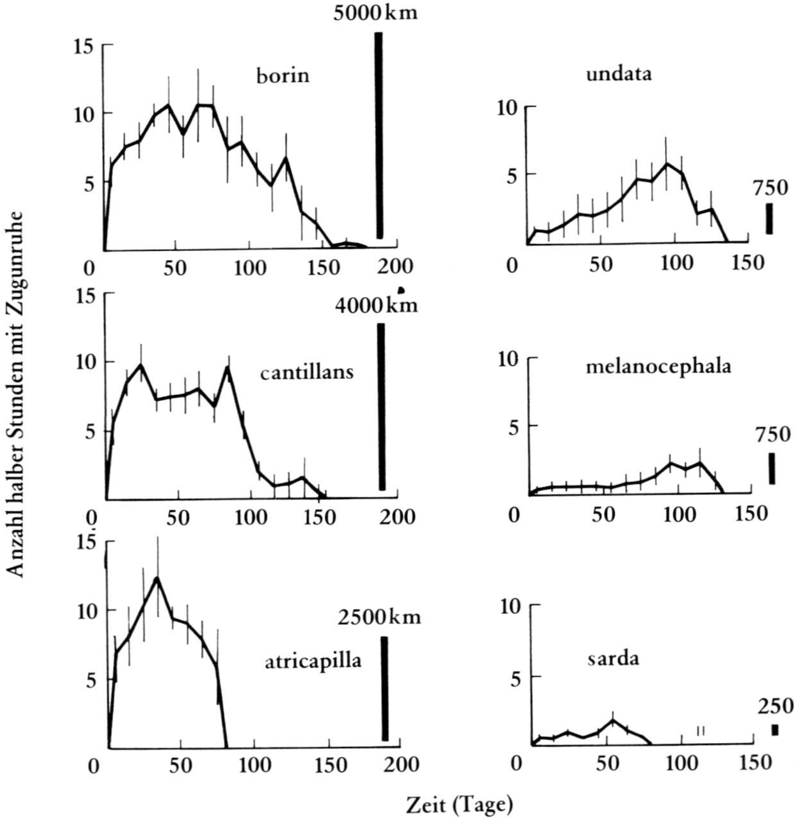

16.8 Muster der Zugunruhe (Mittelwerte für 10-Tage-Abschnitte) von sechs Grasmückenarten *(Sylvia)* unter natürlicher Tageslichtdauer. Die schwarzen Säulen mit Zahlen geben die durchschnittliche Entfernung zwischen Brutgebiet und Winterquartier an. Die Artnamen stehen neben den Kurven. Aus B. Berthold (1984)

1984). Verschiedene Populationen einer Grasmückenart unterscheiden sich außerdem in diesem Punkt. So zeigen deutsche Schwarzplättchen *(Sylvia atricapilla)* eine höhere und länger anhaltende Zugunruhe als Schwarzplättchen von den Kanarischen Inseln. Kreuzt man Tiere dieser verschiedenen Populationen, dann zeigen die Hybriden eine Zugunruhe, die etwa in der Mitte der Werte der beiden Ausgangspopulationen liegt (Abb. 16.9). Die Unterschiede sind offenbar genetisch bedingt. Die normalerweise durchflogene Distanz basiert auf einem endogenen Zeitprogramm. Während die genannten Arten dank ihrer ihnen angeborenen Programme auch ohne elterliche Führung ihr Zielgebiet erreichen, sind andere Arten auf eine solche angewiesen. So lernen Graugänse den Zugweg nach Süden, indem sie mit ihren Eltern ziehen. Ohne Vorbild bleiben sie am Aufzuchtsort.

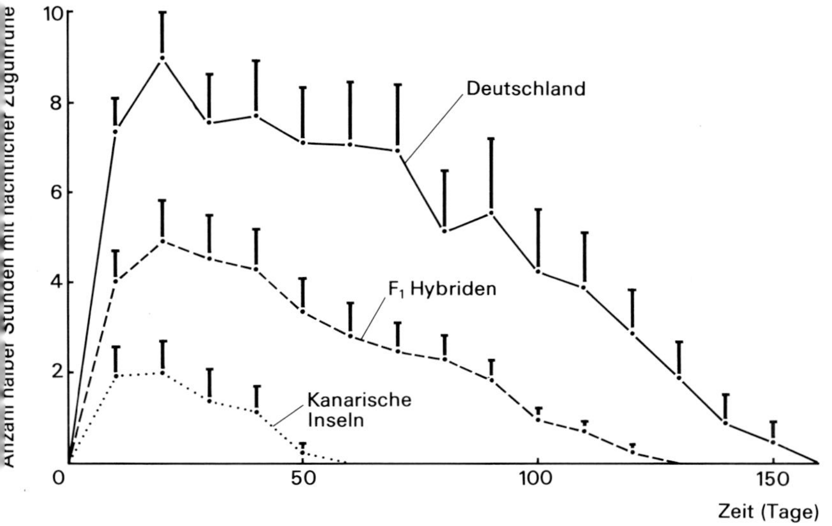

6.9 Muster der nächtlichen Zugunruhe von Populationen des Schwarzplättchens aus Deutschland und von den Kanarischen Inseln sowie von F1-Hybriden dieser beiden Populationen. Nach B. Berthold und U. Querner (1981) aus E. Gwinner (1986)

Erstaunliche Zugleistungen sind auch von anderen Tiergruppen bekannt. Lachse kehren aus dem Meer bis in die kleinen Flüsse zurück, in denen sie aus den Eiern schlüpften. Dabei schwimmen sie Hunderte von Kilometern gegen starke Strömungen an. Die Suppenschildkröten *(Chelone mydas)* suchen regelmäßig kleine Inseln in den Weltmeeren auf, um ihre Eier im Ufersand zu vergraben. Markierungsversuche ergaben, daß die an der brasilianischen Küste Nahrung suchenden Schildkröten zur Eiablage zu der über 2000 km entfernten Ascension-Insel schwimmen (A. Carr 1965).

In allen diesen Fällen erhebt sich die Frage, wie sich die Tiere auf ihrer Reise orientieren. Vögel können offensichtlich bestimmte Kompaßrichtungen wählen und über längere Zeit beibehalten. Sie richten sich dabei nach astronomischen Orientierungsmarken (Sonne, Sterne) und nach dem Erdmagnetfeld. Mit diesen verschiedenen Weisen der Kompaßorientierung wollen wir uns zunächst befassen. Grundsätzlich müssen wir dabei eine Kompaßorientierung, bei der nur ein bestimmter Kurswinkel eingestellt wird, von Navigation unterscheiden, bei der der Kurswinkel zu einem gegebenen Ziel ermittelt wird.

Zusammenfassende Darstellungen zur Fernorientierung findet man bei S. T. Emlen (1975), W. T. Keeton (1974), K. Schmidt-Koenig (1974), H. G. Wallraff (1972, 1974, 1984) und J. D. McCleave und Mitherausgeber (1984).

16.2.1 Kompaßorientierung

Der Sonnenkompaß: Sehr viele wandernde Tiere benützen die Sonne als Orientierungshilfe. G. KRAMER (1952, 1957, 1959) wies als erster die Fähigkeit der Sonnenkompaßorientierung bei einem Zugvogel nach*. Seine gekäfigten, zugunruhigen Stare flatterten unabhängig von optischen Landmarken oder erdmagnetischen Einflüssen stets in ein und dieselbe Richtung, im Herbst nach Süden, im Frühjahr nach Norden. Sie richteten sich dabei nach der Sonne; wenn KRAMER die Sonnenstrahlen durch Spiegelung um einen bestimmten Betrag in der Horizontalen ablenkte, änderte sich die Richtungstendenz der Vögel um den gleichen Winkelbetrag (Abb. 16.10). Die Stare können überdies die langsame Sonnenwanderung im Laufe des Tages kompensieren. Stare, die gelernt hatten, zu immer derselben Tageszeit in einer bestimmten Richtung ihr Futter zu holen, wählten, wenn man sie zu anderen Tageszeiten bei anderem Sonnenstand prüfte, dennoch die richtige Kompaßrichtung. Drei dieser richtungsdressierten Stare prüfte KRAMER in einem Kellerraum unter einer feststehenden künstlichen Sonne. Jetzt wechselte die Wahlrichtung in gesetzmäßiger Weise mit der Prüfzeit. Die Vögel verhielten sich dank ihres zentralen Umrechnungsmechanismus jeweils so, als wäre die Sonne um einen bestimmten Betrag gewandert (Abb. 16.11).

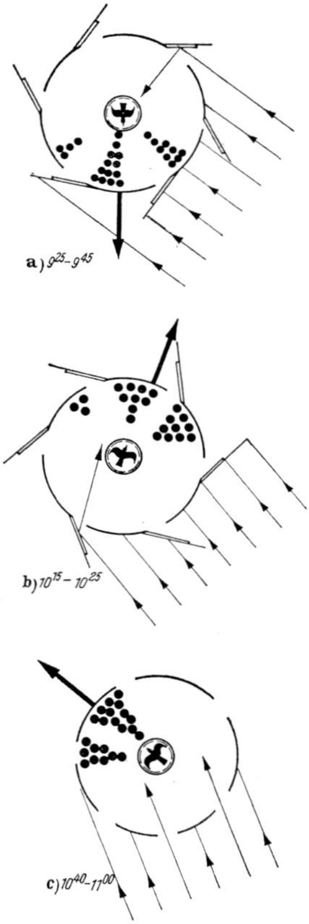

16.10 Der Spiegelversuch von G. KRAMER (1952): Die Punkte repräsentieren in gleichen Zeitabständen gewonnene Einzelbestimmungen.

Diese Fähigkeit setzt eine sehr genau gehende innere Uhr voraus, und die Versuche von K. HOFFMANN (1954, 1960) zeigen, daß es sich offenbar um den gleichen Mechanismus handelt, der auch der circadianen Periodik zugrunde liegt. Man kann diese für die Orientierung so wichtige innere Uhr durch einen künstlichen Licht-Dunkel-Wechsel verstellen (S. 661). Bei einem richtungsdressierten Star verschiebt sich dann auch die Wahlrichtung entsprechend. War der Vogel etwa vor dem Verstellen der inneren Uhr auf eine Südrichtung dressiert worden, dann wird er um 9 Uhr morgens in einem Winkel von etwa 45 Grad rechts von der Sonne und um 15 Uhr im selben Winkelbetrag links von der Sonne wählen. Verschiebt man nun den Tag so, daß er für den Vogel sechs Stunden später beginnt, dann ist zu erwarten, daß der Vogel um 15 Uhr so wählt, wie er ohne Verstellung der inneren Uhr um 9 Uhr gewählt hätte, denn der frühe Nachmittag ist nunmehr ein subjektiver Morgen (Abb. 16.12). Genau dieser Erwartung entsprach das Ergebnis der HOFFMANNschen Versuche, bei denen die eben beschriebene sechsstündige Verstellung der Uhr durchgeführt wurde.

Auch bei einer Rückverschiebung des Tages auf die ursprüngliche Zeit wählen die Stare wieder situationsgerecht (Abb. 16.13). Das zeigt, daß die

* Unabhängig von KRAMER hat K. v. FRISCH (1950) Sonnenkompaßorientierung bei der Honigbiene nachgewiesen.

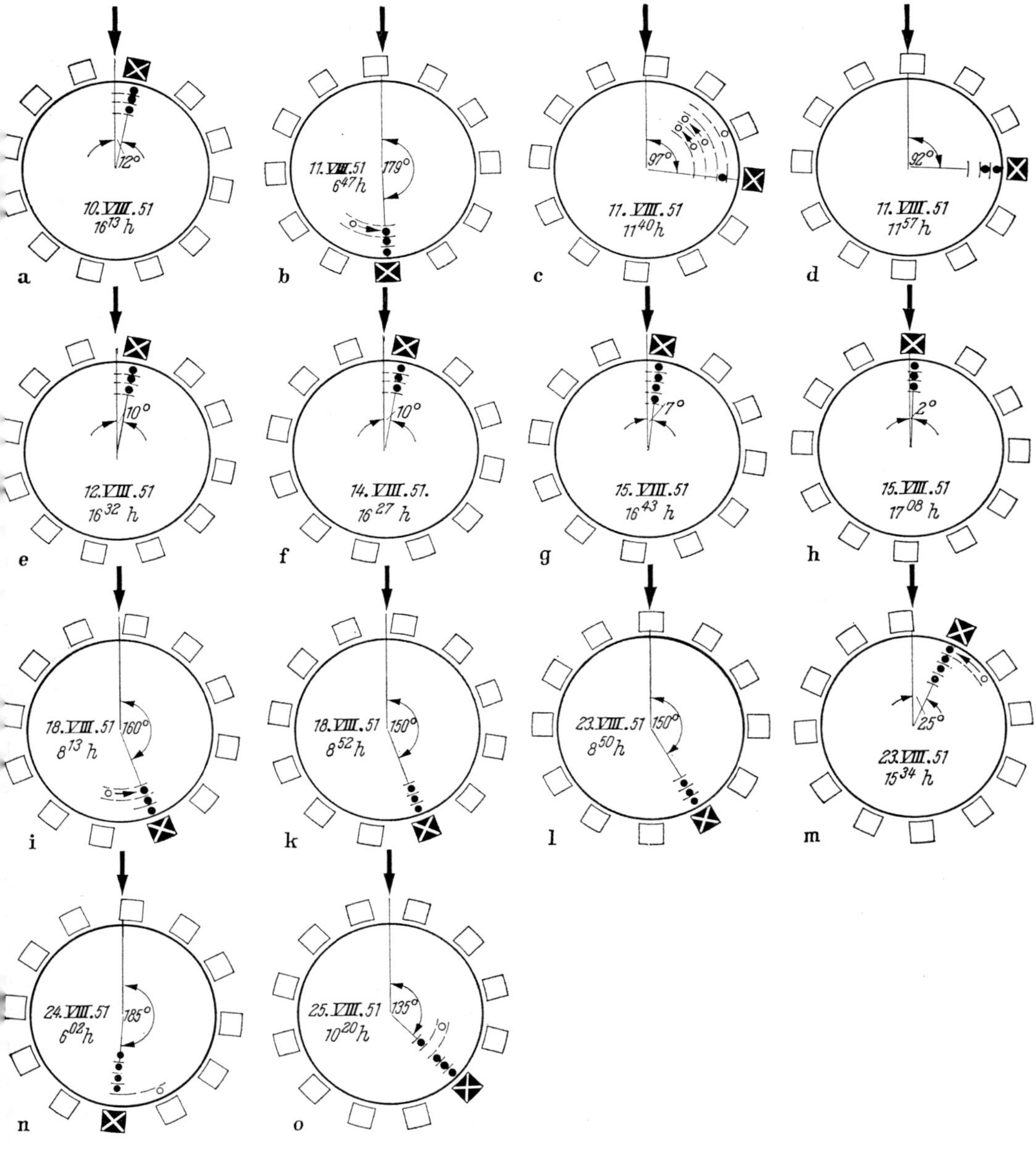

16.11 Wahlserie eines auf West dressierten Stars unter der künstlichen Sonne. Pfeil: Einfall des Lichtes der künstlichen Sonne. Volle Punkte: Wahlen, die zur Futteraufnahme führen. Leere Punkte: Wahlen ohne Futteraufnahme. Durchkreuzter Block in der Kreisperipherie: beköderter Schlitzkorken in der Sollrichtung. Zwei Punkte durch einen Pfeil verbunden: Wahl durch Nachwählen korrigiert. Aus G. KRAMER (1952)

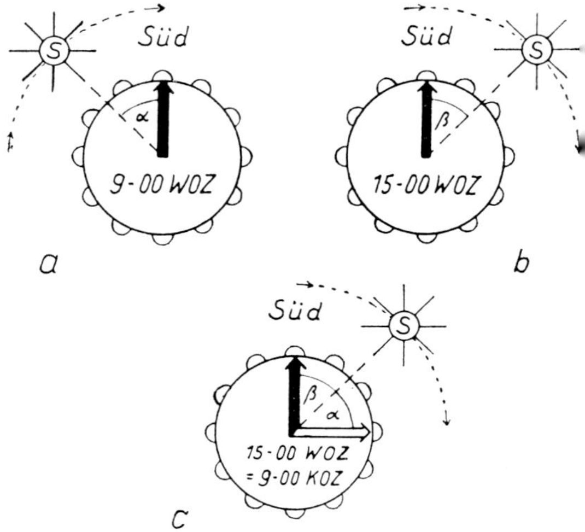

16.12 Erwartetes Ergebnis bei Umstimmungsversuchen: S = Sonne; schwarzer Pfeil = Dressurrichtung; offener Pfeil = erwartete Wahlrichtung nach der Umstimmung; die Kreise symbolisieren die Wahlanordnung, die kleinen Halbkreise die Futterbehälter. WOZ = wahre Ortszeit; KOZ = künstliche Ortszeit.

Kompensation der Sonnenwanderung bei der Orientierung auf einer endogenen physiologischen Uhr beruht, die mit der Lokalzeit durch den Tag-Nacht-Wechsel synchronisiert wird. Unter konstanten Bedingungen (Dauerlicht) läuft dieser Orientierungsmechanismus weiter. Er wird also nicht durch einen äußeren Zeitgeber nach dem Sanduhrprinzip angestoßen. Die Uhr zeigt unter den konstanten Bedingungen eine eigene circadiane Frequenz (S. 659), die von der durch die Erdrotation angegebenen Zeit etwas abweicht. Wartet man lange genug, erhält man Abweichungen, vergleichbar jenen, die man durch künstliche Verschiebung des Tages erhält (Abb. 16.14).

Daß die Vögel bei ihren Wanderungen den Sonnenkompaß benutzen, läßt sich indirekt aus Versetzungsversuchen erschließen, die nur bei klarem Wetter Erfolg brachten. Bei bedecktem Himmel konnten sich die Vögel nicht orientieren (J. CARTHY 1956, G. KRAMER 1961, G. MATTHEWS 1955). Allerdings gibt es auch Beobachtungen über gerichteten Zug unter Wolkendecken (P. STEIDINGER 1968). Möglicherweise orientierten sich die Vögel nach dem Magnetfeld der Erde (s. unten). Nach den Befunden von W. BRAEMER (1960), A. D. HASLER und H. O. SCHWASSMANN (1960), H. WINN und Mitarbeitern (1964) können Fische die Sonne als Kompaß benützen.

Smaragdeidechsen können es nach K. FISCHER (1961), Land- und Wasserschildkröten nach E. GOULD (1957) und K. FISCHER (1963). Eine interessante angeborene Programmsteuerung ihrer Orientierungshandlungen hat C. GROOT (1965) beschrieben, der die Wanderung des Lachses *(Oncorhynchus nerka)* von den Brutstätten im Babine-See-System (British Columbia) zum Meer untersucht hat. Da das Seensystem verzweigt ist, wan-

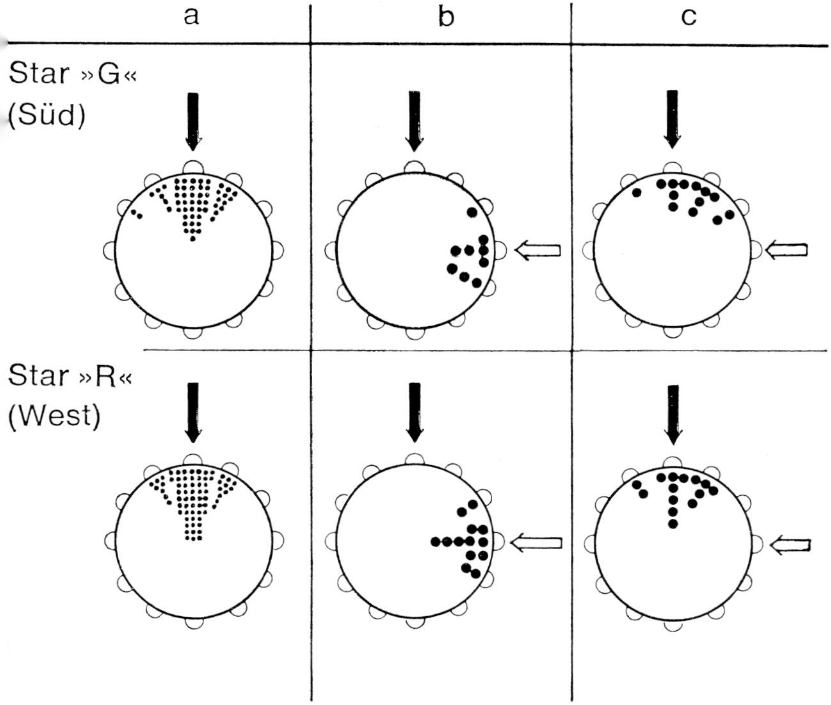

16.13 Ergebnis von Umstimmungsversuchen richtungsdressierter Stare: Die Stare waren darauf dressiert worden, im Süden bzw. Westen ihre Nahrung zu suchen. a) Wahlen während des Trainings im Naturtag; b) Wahlen nach 12–18 Kunsttagen, die 6 Stunden gegenüber dem Naturtag verschoben waren; c) Wahlen 8–17 Tage nach der Rückkehr zum Naturtag. Die Wahlrichtung verschob sich in b) erwartungsgemäß und kehrte in c) wieder in die ursprüngliche Richtung zurück. – Die großen Kreise symbolisieren die Wahlanordnung, die kleinen Halbkreise die Futterbehälter, die während der Wahlversuche leer waren. Jeder Punkt zeigt eine Wahl an. Die schwarzen Pfeile geben die ursprüngliche Dressurrichtung an, die weißen Pfeile die erwartete Dressurrichtung nach der künstlichen Verschiebung des Tages. Aus K. Hoffmann (1965)

dern die Jungtiere aus verschiedenen Seengebieten anfangs in verschiedener Richtung, bis sie schließlich den gemeinsamen Fluß zum Meer erreichen (Abb. 16.15). Sie orientieren sich dabei nicht nach der Strömung, sondern nach der Sonne und bei bedecktem Himmel nach anderen, noch unbekannten Faktoren. Ein Stamm aus einem Seearm (Morrison-See) muß, um den Seeausgang zu erreichen, zuerst in SSO-Richtung wandern und dann um mehr als 180 Grad nach NNW drehen, andere Stämme aus dem Seengebiet können die allgemeine NW-Wanderrichtung beibehalten. Aus verschiedenen Seengebieten am Beginn der Wanderung gefangene Jungfische, die in runden oder oktogonalen Aquarien ohne Horizontsicht unter freiem Himmel gehalten wurden, stellten sich in der dem Her-

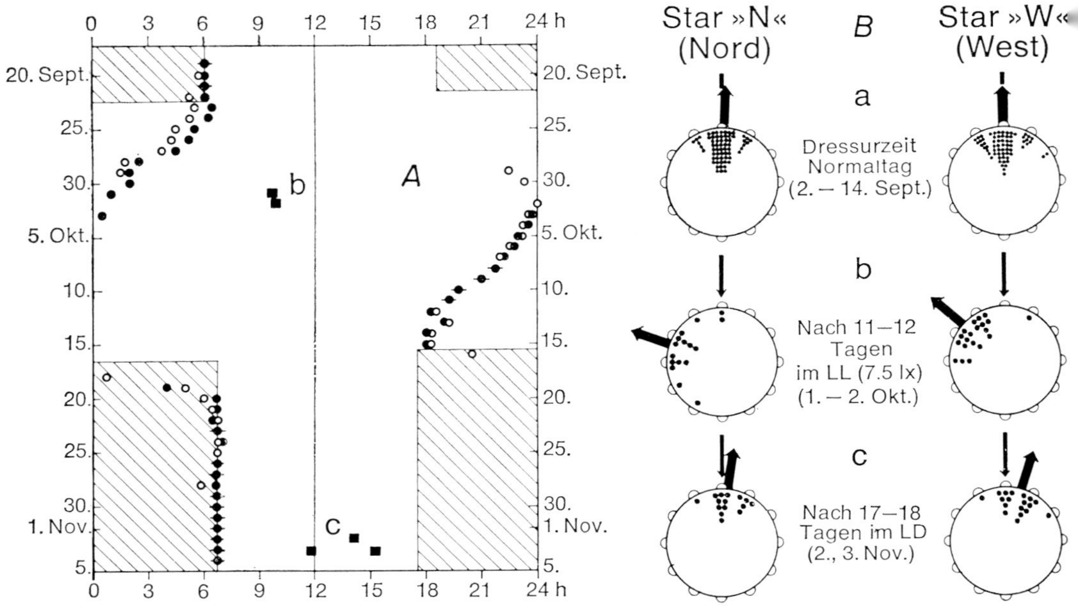

16.14 Vergleich der Rhythmen lokomotorischer Aktivität (links) und der Richtungsfindung nach der Sonne bei Haltung unter konstanten Licht- und Temperaturbedingungen. A: Für den Star N wird der Aktivitätsbeginn durch einen offenen, für den Star W durch einen geschlossenen Kreis angedeutet. Fällt der Aktivitätsbeginn beider zusammen, dann teilt ein Querstrich den schwarzen Kreis. Schraffiert: Zeiten der Dunkelheit. Schwarze Quadrate geben die Zeiten der Wahlversuche an, die in b und c wiedergegeben sind. B: Wahlversuch während der Dressurzeit im normalen Tag (a), nach 10 bis 11 Tagen unter konstanten Bedingungen (b) und im Kunsttag, der mit den natürlichen Tagen synchronisiert war (c). LL = Dauerlicht, LD = künstlicher Licht-Dunkel-Wechsel, der dem des Normaltages entspricht. Zentripetale Pfeile geben die Dressurrichtung, zentrifugale die mittlere Wahlrichtung an. Weitere Erklärungen siehe Abb. 16.13. Man kann der Abb. entnehmen, daß der Aktivitätsrhythmus täglich etwa eine halbe Stunde früher einsetzt und sich die Wahlrichtung entsprechend verschiebt. Aus K. Hoffmann (1965)

kunftsort entsprechenden Wanderrichtung ein, jene aus dem Morrison-Seearm z. B. in die südöstliche, jene aus dem Hauptsee dagegen in nordwestliche Richtung. Mit fortschreitender Jahreszeit änderte sich die Orientierungsrichtung der Fische aus dem Morrison-Seearm. Eine ähnliche Drehung der Vorzugsrichtung mit fortschreitender Zugzeit beobachtete Groot auch bei Lachsen eines anderen Sees. Auch hier entsprach die Drehung genau dem natürlichen Wanderweg, den keiner der Fische je zuvor geschwommen war. Das Heimfinden lernen die Lachse dagegen, indem sie sich den Geruch der Heimatgewässer merken (A. D. Hasler 1960).

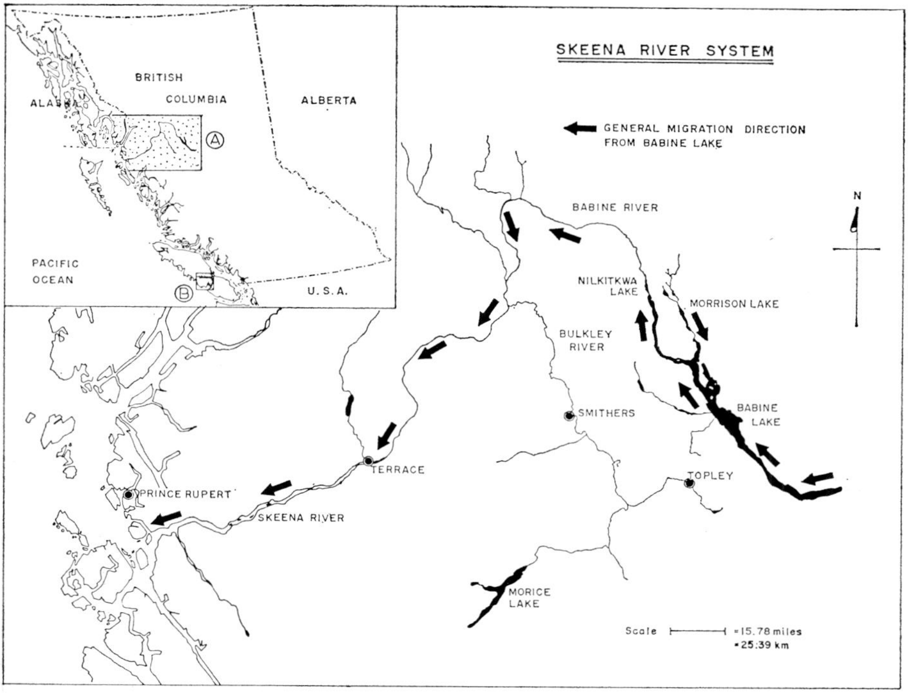

16.15 Das Skeena-Fluß-System. Die Pfeile geben die Wanderrichtung der Lachse vom Babine-See zum Meer an. Aus C. Groot (1965)

Bienen orientieren sich mit Hilfe des Sonnenkompasses. Sie lernen ihre Flugrichtung oder bekommen sie vom Artgenossen mitgeteilt (S. 258). Um die Sonnenwanderung verrechnen zu können, müssen sie sie erst einmal beobachtet haben. Bei verschiedenen Wolfsspinnen, Ameisen und Wasserläufern wies man ebenfalls eine Sonnenkompaßorientierung nach (G. Birukow und E. Busch 1957, F. Papi 1959, R. Jander 1966).

Bei verdeckter Sonne können Bienen sich auch nach dem Polarisationsmuster eines Flecks blauen Himmels orientieren (K. v. Frisch 1950), ein Vermögen, das man mittlerweile auch bei vielen anderen Arthropoden nachwies (K. v. Frisch, M. Lindauer und K. Daumer 1960).

Bemerkenswert ist schließlich die Orientierung des Strandflohs *(Talitrus saltator)*, der sich immer am Spülsaum des Strandes aufhält. Setzt man ihn landeinwärts, dann flieht er zur Küste, wobei er sich kompaßgetreu nach der Sonne orientiert, also unter Einrechnung der Sonnenwanderung. Die kompaßgerechte Fluchtrichtung ist für die Tiere verschiedener Populationen ortsgemäß angeboren (L. Pardi 1960). Im Laboratorium unter künstlichem Licht gezüchtete Nachkommen von Strandflöhen verschiedener Gebiete, deren Eltern jeweils verschiedene Fluchtrichtungen zur Küste hatten, wählten spontan unter freiem Himmel die Fluchtrichtung ihrer Elternpopulation, also jene Richtung, die auch ihre Eltern vom Binnenland geführt hätte. Nachts orientieren sie sich nach dem Mond (F. Papi und L. Pardi 1959, J. T. Enright 1961).

Der Sternenkompaß: Einige nächtlich ziehende Zugvögel (verschiedene Grasmücken, Schwarzstirnwürger, Laubsänger) orientieren sich nach dem Sternenhimmel. Sie sind bei bedecktem Himmel desorientiert, können aber im Planetarium mit Hilfe des künstlichen Sternenhimmels eine Zugrichtung einhalten. Sie orientieren sich dabei wahrscheinlich nach dem Muster der Fixsterne. Mondlicht stört sie (F. Sauer und E. Sauer 1955, 1960).

Mittlerweile wissen wir aus Planetariumsversuchen, daß auch der Indigofink *(Passerina cyanea)* und die Stockente einen künstlichen Sternenhimmel zur Orientierung benützen können. Die Zugunruhe der Indigofinken verläuft im Planetarium deutlich gerichtet, solange die künstlichen Sterne angeschaltet sind. Sie läßt sich durch Umpolung des Planetariumhimmels ebenfalls umpolen und verteilt sich gleichmäßig nach allen Richtungen, wenn der Himmel ausgeschaltet wird (Abb. 16.16). Das Muster des Kunsthimmels muß nicht dem des natürlichen Sternenhimmels entsprechen (S. T. Emlen 1967, H. G. Wallraff 1969). Die Versuche am Indigofinken ergaben ferner, daß die Vögel die Verteilung der Sterne auf dem Himmel nicht nur lernen können, sondern lernen müssen (S. T. Emlen 1970). Sauers nicht himmelserfahrene Grasmücken stellten sich dagegen spontan unter dem Sternenhimmel richtig ein. Allerdings hatte er nur wenige Versuchstiere. H. G. Wallraffs (1966) unerfahrene Grasmücken verhielten sich desorientiert.

Woran die Vögel die Muster von jeweils über tausend Lichtpunkten erkennen, ist unbekannt. Ausblendversuche zeigten, daß sie verschiedene Teile des Himmels alternativ verwenden können. Bei ihrer Orientierung richten sich die Indigofinken nach der Rotationsachse des Sternenhim-

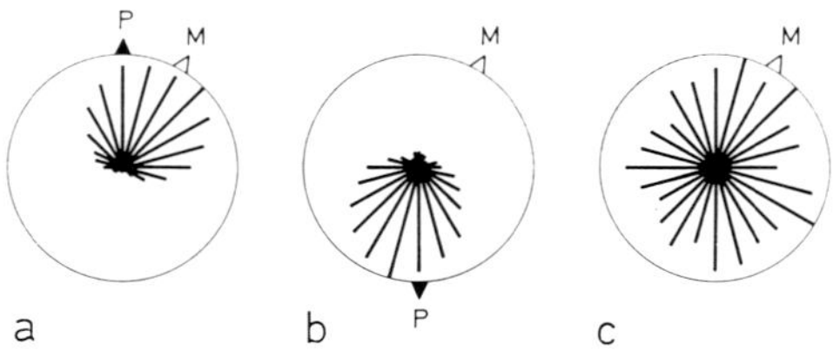

16.16 Richtungskomponenten in der Zugunruhe eines Indigofinken *(Passerina cyanea)* im Planetarium. a) und b): Sternprojektor angeschaltet; P = Nordrichtung des künstlichen Planetariumhimmels; c): Kuppel diffus ausgeleuchtet, ohne Sterne; M = Nordrichtung des Erdmagnetfeldes. Nach S. T. Emlen (1970)

mels, deren Lage sie aus der verschieden schnellen Bewegung der polnahen und polfernen Sterne empirisch ermitteln (S. T. Emlen 1970).

Der Magnetkompaß: Daß Tiere Magnetfelder wahrnehmen können, hat man zuerst bei Wirbellosen entdeckt. Die Kriechrichtung der Schnecke *Nassalia obsoleta* kann man durch die Intensität des magnetischen Feldes beeinflussen (A. W. Brown und H. M. Webb 1960). Durch Veränderung der gegenseitigen Lage von Magnetfeld und elektrischem Feld konnte F. Schneider (1961) die Aktivität von Maikäfern beeinflussen. Nach G. Becker (1965) reagieren Dipteren auf Änderungen des Magnetfeldes. Daß einige Vögel, wie längere Zeit vermutet, das Erdmagnetfeld zum Richtungfinden während des Zuges benutzen, wurde durch Versuche von F. W. Merkel und W. Wiltschko (1965) und W. Wiltschko (1968) nachgewiesen. Den Genannten gelang es, die Zugrichtung von Rotkehlchen im künstlichen Magnetfeld zu beeinflussen.

Allerdings hat die visuelle Orientierung Priorität. Der Magnetkompaß wird erst benützt, wenn die Sicht des Himmels, etwa durch Wolken, verwehrt ist. Tatsächlich haben Radarbeobachtungen gezeigt, daß Zugvögel auch bei dicker Wolkendecke gerichtet wandern. Die Vögel nehmen dabei nicht die Polarität des Magnetfeldes, sondern nur den axialen Verlauf der magnetischen Feldlinien wahr, der in ihrem Bezugssystem eine Nord-Süd-Achse festlegt (W. Wiltschko 1973, 1976).

Über das Organ der magnetischen Wahrnehmung ist man sich noch nicht im klaren, doch gibt es interessante Hinweise. M. Leask (1978) stellte zur Diskussion, ob nicht die Magnetrezeption in der Netzhaut mit Hilfe des angeregten Sehpurpurs zustande kommen könne. Tatsächlich können unerfahrene Jungtauben eine Verfrachtung nicht wahrnehmen, wenn man sie in absoluter Dunkelheit (verdunkelter Kasten) transportiert. Es genügt aber, daß man den Dunkelkasten durch zwei batteriegespeiste Lämpchen erhellt; die Tauben finden dann nach Verfrachtung heim. Dunkelheit während des Transports stört also wie in anderen Versuchen die Störung des Magnetfeldes. In weiteren Versuchen stellte P. Semm (1982, 1983) fest, daß bestimmte Neuronen des visuellen Systems auf Richtungsänderungen des Magnetfeldes spezifisch reagierten, einige sogar richtungsspezifisch und für einen eng begrenzten Bereich des Magnetfeldes. Auch diese Reaktionen unterbleiben, wenn man die Versuche in völliger Dunkelheit macht. Damit könnte ein Teil des Magnetkompasses aufgespürt sein. Da der Kompaß ein Inklinationskompaß ist, muß die magnetische Information irgendwie mit jener über die Lage der Taube relativ zur Schwerkraft verglichen werden. Semm fand Zellen im Hirnstamm, die sowohl visuell als auch magnetisch erregbar waren, die aber erst dann ansprachen, wenn man die Tauben aus ihrer Normallage brachte.

Andere Forscher (Ch. Walcoot und Mitarbeiter 1979) bringen dagegen die in der Keilbeinhöhe der Tauben (*Sinus sphenoides*) aufgefundenen Gewebe, die Magnetitkristalle enthalten, mit der Fähigkeit, Magnetfelder wahrzunehmen, in Verbindung. Die Hinweise, daß Magnetitkristalle (Fe_3O_4) beim Navigieren und Heimfinden eine Rolle spielen könnten, mehren sich (R. Wiltschko und W. Wiltschko 1995, J. L. Kirschvink 1997).

16.2.2 Navigation

Vor besondere Probleme stellt uns die echte *Navigation*, d. h. das Vermögen, aus unbekannter Gegend heimzufinden. Mehrere hundert Kilometer weit verfrachtete Brieftauben, die keinerlei Sinneskontakt mit dem Heimatort haben können, finden wieder zu ihrem Schlag zurück, allerdings nur bei Sonnensicht (G. Kramer 1952, 1957, H. G. Wallraff 1960 b). Das können selbst Tauben, die bis zum Versuch in Flugkäfigen gehalten wurden, allerdings nur, wenn der Käfig an offener Stelle stand und aus Drahtgeflecht konstruiert war (H. G. Wallraff 1967). Wie die Tiere die geographische Lage des Auflassungsortes bestimmen und dann aus dem Vergleich mit der Lage des Heimatortes die kompaßgerechte Zugrichtung festlegen, ist noch völlig ungeklärt. Es gibt zwar verschiedene Hypothesen, doch sind diese nach H. G. Wallraff (1959, 1960 a, b) nicht überzeugend. G. Matthews (1955) entwickelte eine Sonnennavigationshypothese, der zufolge der Vogel den Bogen der Sonnenwanderung am Heimatort genau kennt. Beim Kreisen über dem Auflassungsort soll der Vogel eine Teilstrecke des Sonnenbogens beobachten und daraus den Gipfelpunkt errechnen. Durch Vergleich der Gipfelpunkte errechne er die geographische Breite des Standortes. Da der Vogel sich überdies die Ortszeit des Heimatortes genau gemerkt haben soll, kann er aus dem Sonnenstand auch die Längenversetzung errechnen. Mit einigen Modifikationen sprach sich C. J. Pennycuick (1960) für diese Hypothese aus, die jedoch eine äußerst präzise innere Uhr voraussetzt und schon aus diesem Grunde unwahrscheinlich ist.

Eine Überraschung brachten die Untersuchungen von F. Papi (1976) und seinen Schülern. Sie fanden, daß Brieftauben nicht mehr heimfanden, wenn man sie des Geruchssinnes beraubte (durch Verstopfen der Nasenlöcher oder Durchtrennung der Riechnerven) oder wenn man stark duftende Substanzen in der Nähe der Nasenlöcher applizierte. Er entwickelte daraufhin die Hypothese, daß die Tauben am Heimatort sowohl den Geruch ihres Schlages lernen als auch, aus welcher Richtung ihnen Gerüche anderer Orte durch den Wind zugetragen werden. Auf diese Weise bilden sie gewissermaßen eine geruchliche Landkarte. Zu einem neuen Ort verfrachtet, würden sie dessen Geruch erkennen und daher wissen, in welcher Richtung zum Schlag der Ort liegt; folgerichtig würden sie die Richtung wählen, die entgegengesetzt zu der liegt, aus der ihnen der Geruch am Schlag bisher zugetragen wurde. Hätten sie etwa den Geruch, den sie am Auslassungsort vorfinden, z. B. immer von Süden zugeweht bekommen, dann würden sie nun nach Norden fliegen. Weitere Experimente stützten diese Annahme. Tauben, die man am Heimschlag daran hinderte, bei Wind durch die Nase zu atmen, waren nicht in der Lage, beim Auslassen am neuen Ort die richtige Anfangsorientierung vorzunehmen. Tauben, die am Heimatort in Käfigen gehalten wurden, an denen Schirme angebracht waren, die die Richtung des Windes, der durch den Käfig blies, ablenkten, zeigten am Auslassungsort eine entsprechende Ablenkung ihrer Anfangsorientierung. Setzte man den Heimschlag einem Luftstrom aus einer bestimmten Richtung aus, der künstlich parfümiert worden war, und applizierte man den Tauben am Auslassungsort den gleichen Duftstoff auf den Schnabel, dann zogen sie in die Gegenrichtung los, von der normalerweise der Duft gekommen war, als glaubten sie sich wegen der hohen Duftkonzentration an den Herkunftsort des Duftes versetzt.

Tauben, deren Luft am Heimatort während der Haltung vor dem Verfrachtungsversuch gefiltert wurde, erwiesen sich ebenfalls als desorientiert, da man ihnen ja eine geruchliche Heimbindung unmöglich gemacht hatte. Wie im einzelnen die Ortsbestimmung durch atmosphärische Duftstoffe über größere Distanzen erfolgt, ist nicht bekannt. Sicher riechen die Tauben nicht über Hunderte von Kilometern ihren Heimschlag. Vermutlich gibt es Stoffe in der Atmosphäre, deren Konzentration oder Mischungsverhältnis sich über große Distanzen stetig verändert. Gäbe es zwei oder mehrere solcher Gradienten verschiedener Ausrichtung, dann könnten sie als Koordinaten zur Ortsbestimmung dienen (F. Papi 1982, H. G. Wallraff 1983, 1984). Aus vertrauter Umgebung finden Tauben auch ohne ihren Geruchssinn heim.

Nach F. Sauer (1956, 1957, 1961) können Klapper-, Mönchs- und Gartengrasmücke nach dem Sternenbild navigieren, was Wallraff auf Grund statistischer Bearbeitung der Daten von Sauer jedoch für nicht erwiesen hält. Die Arbeiten von Sauer (1961) bringen aber weitere Belege für eine Astronavigation, die Sternenorientierung scheint demnach nicht bloß eine einfache Kompaßorientierung zu sein. Während wir über die Kompaßorientierung der Tiere schon relativ gut unterrichtet sind, wissen wir über die der echten Navigation (Heimfinden aus unbekannter Umgebung) zugrundeliegenden Mechanismen nur wenig.

In der Regel sind an der Orientierung eines Tieres mehrere Mechanismen beteiligt. Die Lachse können den Sonnenkompaß nützen, aber auch

Strömungsreize, und schließlich richten sie sich nach dem Geruch des Heimatflusses (A. D. HASLER 1954, 1956, 1960). Aallarven lassen sich bei Flut in die Estuarien einschwemmen. Bei Ebbe gehen sie zu Boden und verhindern so, ausgespült zu werden. Sie reagieren dabei angeborenerweise auf den Geruch spezifischer Substanzen des Inlandwassers, der sie am Boden hält, bis Seewasser sie wieder losschwimmen läßt (F. CREUTZBERG 1961).

16.3 Heimfinden durch Wegintegration

Eine Maus kann auf ihrer Exkursion vom Nest viele gewundene Wege durchlaufen und dann doch, wenn es eilt, geradlinig zum Nest zurückflüchten. Ebenso kann eine Trichterspinne *(Agelena labyrinthica)* von jedem beliebigen Ort des Nestes, den sie aktiv aufsuchte, geradewegs zur schützenden Wohnröhre zurücklaufen. Versuche mit Trichterspinnen, Gänsen und Wüstenmäusen ergaben, daß diese Tiere offenbar in der Lage sind, jede Abweichung vom Ausgangskurs sowie die Laufaktivität während ihrer Exkursion so zu verrechnen, daß sie jederzeit über die Richtung zu ihrem Heim informiert sind (H. MITTELSTAEDT 1985, H. und M. L. MITTELSTAEDT 1982, 1980, U. v. SAINT PAUL 1982).

Weibliche Wüstenmäuse *(Meriones unguiculatus)* sind stark motiviert, Jungtiere einzutragen, die man aus dem Nest verfrachtet hat. Das nützten M. L. und H. MITTELSTAEDT (1980) für ihre Versuche, die darauf abzielten, den Mechanismus der Heimfindeorientierung dieser Mäuse zu erkunden. Sie nahmen Junge aus dem Nest und legten sie in eine flache Schale in einer runden Arena, und zwar in verschiedenen Entfernungen und Richtungen vom Nest. Wüstenmausweibchen beginnen daraufhin, nach den Jungen zu suchen. Haben sie ein Junges gefunden, nehmen sie es auf und tragen es heim. Dabei laufen sie auch bei völliger Dunkelheit geradlinig zum Nest. Hat man nun, während die Maus unterwegs ist, das Nest an einen anderen Ort verfrachtet, dann sucht die Maus dennoch am alten Ort. Sie achtet zunächst nicht auf den Geruch und auf das Piepsen der im Nest befindlichen Jungen, sondern verläßt sich auf die Heimrichtung. Wie errechnet sie diese?

Stellt man das Schälchen mit den Jungen in die Mitte der Arena und dreht man diese schnell um einen bestimmten Betrag, während die Maus auf dem Schälchen bei den verfrachteten Jungen sitzt, dann kehrt die Maus dennoch geradewegs zu ihrem Nest zurück. Das gleiche gilt, wenn man nur das Schälchen mit der Maus schnell dreht. Offenbar nimmt die Maus die Drehung über die Bogengänge wahr und verrechnet sie entsprechend. Dreht man dagegen die Schale mit der Maus mit sanfter Beschleunigung und Dezelleration um einen bestimmten Betrag, dann läuft die Maus genau um den Winkelbetrag der Drehung in die Irre; sie hat die Drehung nicht wahrgenommen.

Verfrachtet man die Schale mit der Maus nach der Seite, dann läuft die Maus einen Parallelkurs zu der Linie, die das Nest mit dem Platz vor der Verfrachtung verband. Sie verfehlt daher den Nestplatz um den Betrag der seitlichen Versetzung. Versetzt man dagegen die ganze Arena mit dem Nest, dann behindert dies das Heimfindevermögen der Maus in keiner Weise, gleich ob diese nun gerade unterwegs war oder auf dem Schälchen saß.

Aus all dem kann man folgern, daß die Wüstenmaus zunächst einmal Nachrichten über die rotatorische Beschleunigung – wohl über die Bogengänge – in bezug auf den Newtonschen Raum verrechnet, ferner translatorische Information aus der Eigenbewegung des Tieres relativ zu seiner Unterlage. Ob dabei propriozeptorisch oder über Efferenzkopien (S. 649) Zahl und Amplitude der Schritte oder der Energieaufwand dafür gemessen werden, ist noch offen. Lineare Beschleunigungsmesser (Otolithen) spielen, wie der seitliche Versetzungsversuch lehrt, offenbar keine Rolle.

16.4 Die Sollwertverstellung bei aktiver Bewegung (»Reafferenzprinzip«)

Eine orientierte Bewegung im Raum ist nur dann möglich, wenn ein Tier aktiv verschiedene Raumlagen einnehmen kann. Dies erfordert besondere Mechanismen. Ein passiv aus seiner Gleichgewichtslage oder Wanderrichtung gebrachtes Tier wird sich mit Hilfe der schon beschriebenen Orientierungsmechanismen wieder in seine Normalhaltung zurückbringen. Bewegt es sich aber aktiv frei im Raum, dann wird es nicht immer wieder in diese Normalsollhaltung zurückgezwungen, vielmehr kann es die verschiedensten Positionen einnehmen, selbst solche, die von seiner normalen Gleichgewichtslage erheblich abweichen. Man nahm ursprünglich an, daß die Lagekorrekturreflexe bei Willkürbewegungen ausgeschaltet würden. Das ist jedoch nicht der Fall, wie z. B. ein Versuch an der Schwebfliege *Eristalis* zeigt. Diese Fliege orientiert sich optisch, indem sie bei Ruhe ihr Blickfeld festzuhalten trachtet. Dreht man um ein ruhendes Tier

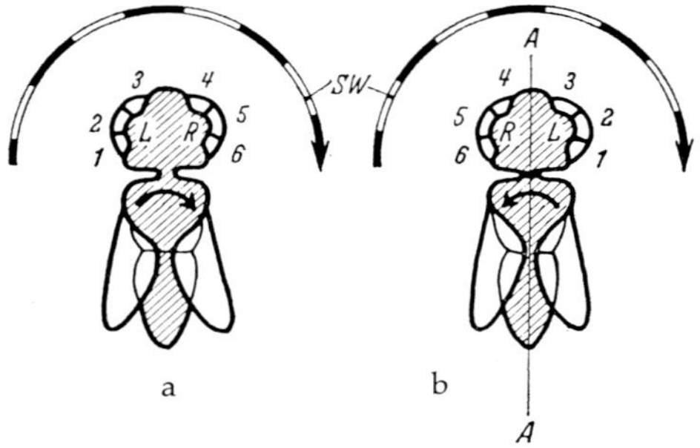

16.17 Schema einer Fliege mit normaler (a) und mit 180° um die Längsachse (A–A) gedrehter Kopfstellung (b). Es sind 6 Augensektoren, (1–3) für das linke Auge (L) und (4–6) für das rechte Auge (R), eingezeichnet. Dreht man eine Streifenwand (SW) rechts herum um das Tier, dreht es sich bei normaler Kopfstellung (a) mit der Streifenwand nach rechts, bei invertierter Kopfstellung (b) nach links gegen die Streifenwand (weitere Erläuterungen im Text). Aus E. v. HOLST und H. MITTELSTAEDT (1950)

einen Streifenzylinder, dann dreht es sich daher mit (optomotorischer Reflex). Bei spontaner Bewegung macht es jedoch alle Wendungen, ohne daß die Verschiebung der Umweltbilder auf der Retina das Tier gleich wieder in die alte Lage zurückzwingen würde. H. MITTELSTAEDT (1954) drehte nun den Kopf einer *Eristalis* um 180 Grad und fixierte ihn in dieser Stellung auf dem Thorax (Abb. 16.17). Bei dieser nun umgekehrten Reihenfolge der Sehelemente drehte sich das Tier bei Rechtsdrehung des Streifenzylinders nach links. Würde nun aktive Bewegung die optischen Reflexe hemmen, müßte sich das Tier ungehindert im unbewegten Streifenzylinder bewegen können, genau wie eine Fliege mit normal gehaltenem Kopf. Das ist aber nicht der Fall. Bei spontaner Bewegung im Streifenzylinder läuft sie in immer schnelleren Kreisen und bleibt schließlich geduckt stehen.

Bei spontaner Aktivität werden also die Reize, die sonst Gleichgewichtsreflexe in Gang bringen, nicht inaktiviert, sie müssen vielmehr auf andere Weise neutralisiert werden. Weitere Experimente ergaben, daß dies durch Sollwertverstellung nach dem »Reafferenzprinzip« geschieht (E. v. HOLST und H. MITTELSTAEDT 1950). Das Wirkungsgefüge läßt sich als Regelkreis darstellen. Wir unterscheiden bei diesem Schaltschema Afferenzen, die dem Zentralnervensystem zufließen, und Efferenzen, die vom Zentralnervensystem zur Motorik gehen. Die Afferenzen wiederum können wir in solche einteilen, die von durch Eigenbewegung verursachten Rezeptorerregungen stammen (Reafferenz), und solche, die passiv durch von Umwelteinflüssen verursachte Rezeptorerregungen entstehen (Exafferenz). Reafferenz und Exafferenz werden im Zentrum verrechnet. VON HOLST und MITTELSTAEDT nehmen an, daß bei jeder Eigenbewegung des Orga-

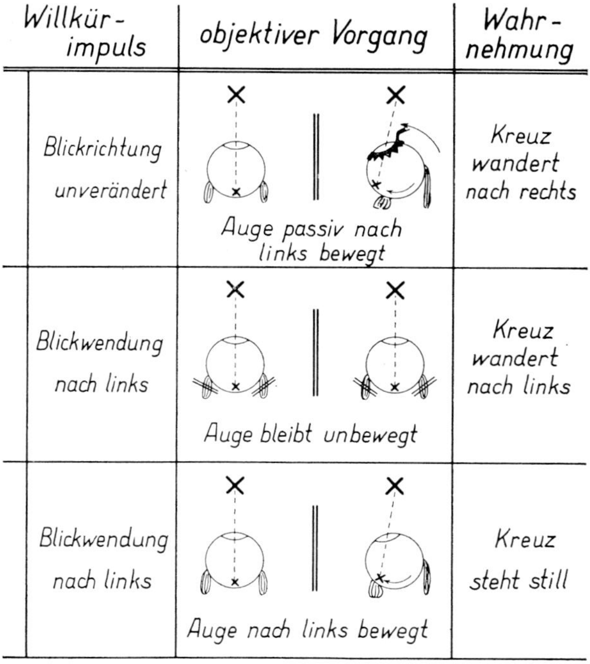

16.18 Augenbewegung und Wahrnehmung. Versuche zur Ermittlung des Funktionsschemas (Wirkungsgefüges) der Raumkonstanz (nähere Erläuterungen im Text). Aus E. v. HOLST (1956)

nismus eine Kopie des motorischen efferenten Impulses als Efferenzkopie abgezweigt und in einem dem Motorzentrum untergeordneten Zentrum, Z 1, aufbewahrt wird. Der efferente Impuls fließt zum Effektor, und die Sinnesorgane melden den Bewegungserfolg als Reafferenz. Sie wird zentral mit der Efferenzkopie verglichen und gelöscht. Ist auf Grund äußerer Reizeinwirkung die Gesamtafferenz zu groß oder zu klein, bleibt im Zentrum Z 1 ein Plus oder Minus, das nach oben gemeldet wird und das anfängliche Kommando verstärkt oder abschwächt.

VON HOLST und MITTELSTAEDT haben dieses Prinzip an der Richtungskonstanz erläutert (Abb. 16.18 und 16.19). Wir verstehen darunter die Tatsache, daß wir Ruhendes als ruhend und Bewegtes als bewegt sehen, gleichgültig, ob wir uns selbst als Ganzes oder mit unseren Körperteilen (Augen) bewegen. Blickt man z. B. einen Zug entlang, der sich in Bewegung setzt, wandert dessen Bild genauso über die Netzhaut, wie wenn man seinen Blick aktiv an einem stehenden Zug entlanggleiten läßt. Dennoch weiß man genau, wann der Zug steht und wann er fährt. Drei einfache Versuche belehren uns über den dieser Fähigkeit zugrundeliegenden Mechanismus.

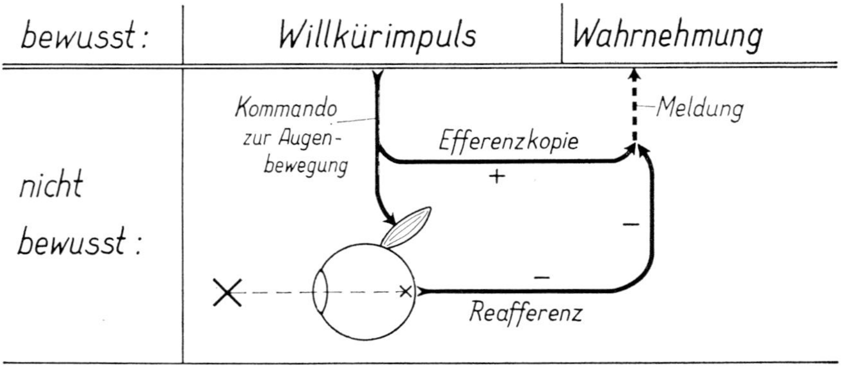

16.19 Funktionsschema der Raumkonstanz. Aus E. v. HOLST (1956)

Fixieren wir mit einem Auge einen Gegenstand und bewegen wir es dann passiv nach links, indem wir etwa mit dem Finger ganz leicht gegen den Augapfel drücken, dann haben wir den Eindruck, als ob der Gegenstand nach rechts wandere. In diesem Falle fehlt ein Willkürkommando und dementsprechend die bei aktiver Bewegung vorhandene Efferenzkopie. Die retinale Bildverschiebung steigt als Meldung nach oben, und wir unterliegen dem falschen Schluß, der Gegenstand würde sich bewegen.

Nun lähmen wir vorübergehend die Augenmuskeln und erteilen der Versuchsperson die Aufgabe, eine Blickwendung nach links zu intendieren. Diese Wendung kann nicht durchgeführt werden, aber die Person nimmt interessanterweise eine Bewegung wahr. Sie sieht, daß der fixierte Gegenstand nach links wandert. In diesem Fall tritt also eine Bewegungswahrnehmung auf, ohne daß es zu einer Bildverschiebung auf der Retina kommt. Nach dem Reafferenzprinzip ist dies auch zu fordern, da ja durch das Willkürkommando eine Efferenzkopie erzeugt wird, die ungelöscht zu den übergeordneten zentralen Instanzen gemeldet wird.

Wir können schließlich beide Versuche in einem kombinieren, indem wir einer Person den Auftrag erteilen, das vorher gelähmte, auf das Objekt gerichtete Auge nach links zu bewegen. Gleichzeitig bewegen wir das Auge passiv in die gleiche Richtung, am besten mit Hilfe eines am Auge befestigten Klemmringes. Führt man diesen Versuch richtig aus, sieht die Versuchsperson keine Bewegung. Die beiden Meldungen Reafferenz und Efferenzkopie, die im vorhergehenden Versuch getrennt Sinnestäuschungen verursachten, heben sich auf. Wir sehen daher wie bei aktiver Blickbewegung die Umwelt ruhig. Die Arbeitsweise der bisher besprochenen Orientierungsmechanismen läßt sich also nach systemtheoretischen Prinzipien am besten verstehen (vgl. auch die ausgezeichneten Darstellungen von B. HASSENSTEIN 1966 und N. BISCHOF 1966a, 1966b).

16.5 Die Objektorientierung

Den Beispielen für die Kontrolle der Ausrichtung und Stabilisierung des Lage- und Bewegungszustandes bei der Bewegung im Raum soll nun eines für die *Objektorientierung* folgen. Greifen wir nach einem Gegenstand, dann wird diese Greifbewegung automatisch über die Augen kontrolliert, die jede Abweichung nach links und rechts feststellen und über komplizierte Schaltvorgänge im Gehirn die Korrekturbewegungen durch die Hand bewirken. Während hier die Greifbewegung unter der dauernden korrigierenden Kontrolle der Augen steht, ist bei der sehr schnell erfolgenden Fangbewegung der Fangheuschrecken *(Mantiden)* der Handlungsablauf selbst der Kontrolle der Augen entzogen, denn ein nachträglicher Korrekturbefehl käme bei dem schnellen Bewegungsablauf immer zu spät.

Die optische Zieleinstellung erfolgt vor dem Zuschlagen in einer von H. Mittelstaedt (1953, 1954) besonders sorgfältig untersuchten Art und Weise. Die Fangheuschrecke fixiert die Beute zuerst mit dem Kopf und schlägt dann mit den am Prothorax eingelenkten Fangbeinen gezielt nach ihr, notfalls nach der Seite, wenn die Beute nicht in der Symmetrieebene des Prothorax liegt. Die Instanz, die die Einstellung der Fangbeine bewirkt, muß über die optische Meldung der Lage der Fliege in Beziehung zum Kopf und auch über die Stellung des Kopfes zum Rumpf informiert sein.

Nun besitzt die Fangheuschrecke Polster von Sinnesborsten (»Halsorgane«) an den Außenflächen des Kopfgelenkes, deren Abbiegung den Grad der Kopfwendung registriert. Durchtrennt man den vom linken Halsorgan kommenden Nerv, dann schlägt das Tier eine Zeitlang rechts an der Beute vorbei. Beidseitige Desafferentierung erzeugt keine Seitentendenz, doch werden nur Fliegen getroffen, die in der Prothoraxrichtung sitzen. Sitzen sie rechts davon, geht der Schlag links daneben und umgekehrt. Folglich greifen die Halsorgane irgendwie in den Richtprozeß ein.

Man könnte daran denken, daß die Information, die die Richtung des Fangschlages bestimmt, sich additiv aus der optischen und dieser propriozeptiven Information zusammensetzt, etwa folgendermaßen: Fixiert die Fangheuschrecke eine direkt vor ihr sitzende Fliege, bildet sie sich symmetrisch in beiden Augenhälften ab, und auch die Meldung der Halsorgane ist symmetrisch; die Fangbeine schlagen geradeaus. Sitzt die Fliege dagegen rechts von der Fangheuschrecke, dann melden die Augen wie vordem symmetrisch, im Halsapparat überwiegt dagegen die Erregung des rechten Polsters, und um einen dieser Erregungsdifferenz entsprechenden Betrag wird der Fangschlag nach rechts gerichtet (Abb. 16.20). Wenn diese Hypothese zutrifft, dann müßte der Mechanismus der Ortung auch funktionie-

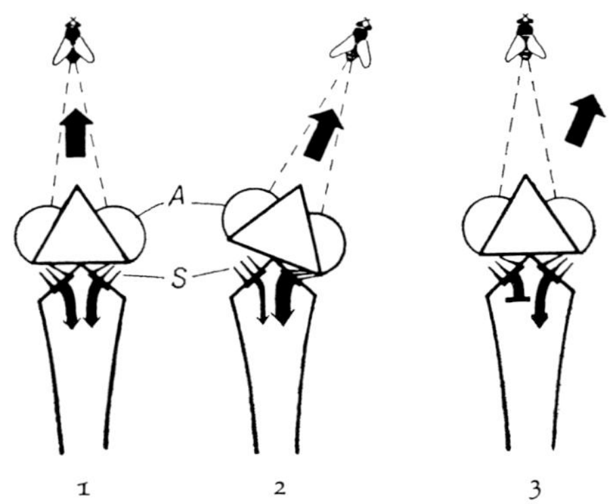

16.20 Schema zur Arbeitsweise der Halsorgane einer Fangheuschrecke: 1 und 2: intakte Tiere; 3: linker Nerv durchschnitten. → Richtung der Schläge. A: Augen; S: Sinnesborsten. Aus H. Mittelstaedt (1953)

ren, wenn man den Kopf der Fangheuschrecke mit einem Leimtröpfchen schief am Prothorax befestigt. Die erzwungene Kopflage wird ja von den Halsorganen weitergemeldet. Die so behandelten Tiere können auch die Beute fixieren, indem sie die mangelnde Beweglichkeit des Kopfes durch Rumpf- und Beinbewegungen ausgleichen. 60–80 Prozent aller Fangschläge gehen jedoch im Gegensinn zur erzwungenen Kopfstellung vorbei, als wüßte die Fangheuschrecke nicht, daß ihr Kopf schief steht. Die eben dargestellte Hypothese kann folglich nicht zutreffen. Offenbar gibt es im Ortungsprozeß der Fangheuschrecken eine nervöse Information, die eine richtige Meldung über den Grad einer Kopfbewegung nur bei frei beweglichem Kopf liefert. Da Fangheuschrecken, deren gesamte propriozeptive Afferenz der Halsregion ausgeschaltet war, ihre Beute wohlkoordiniert fixierten und gezielt schlugen, darf man annehmen, daß das Erregungsmuster der optischen Zentralstelle, die die Halsmuskeln leitet und damit die Kopfstellung bestimmt, auch die Richtung des Fangschlages festlegt. Die Haarpolster der Halsorgane signalisieren wohl die augenblickliche Kopfstellung. Diese Information wird jedoch nicht zum Richten der Fangbeine benützt, sondern zur Steuerung der Kopfstellungsmuskulatur. Die Aufgabe dieser Einrichtung ist es, jede einmal von den Augen befohlene Kopfstellung von äußeren Störungen (passiven Auslenkungen) unabhängig zu machen. Die Halsorgane kontrollieren also die Halsmuskeln (Abb. 16.21).

»An einem Beispiel erläutert heißt dies: Die Mantis, die eine rechts vor ihr sitzende Fliege fixiert, richtet ihre Fangbeine nach Maßgabe desjenigen Innervationsaufwandes nach rechts, der notwendig war, um diese Kopfstellung zu erreichen. Oder ganz anthropomorph ausgedrückt: Die Gottesanbeterin schlägt in diejenige Richtung, in der sie glaubt ihren Kopf gerichtet zu haben. Das Wissen über ihre tatsächliche Kopfstellung, das in ihren Halsorganen bereit liegt, erfährt nicht der Lokalisationsapparat, sondern ein niederes motorisches Zentrum, das die Aufgabe hat, die Normallage (Nullstellung) des Kopfes und den Grad seiner Auslenkung von der

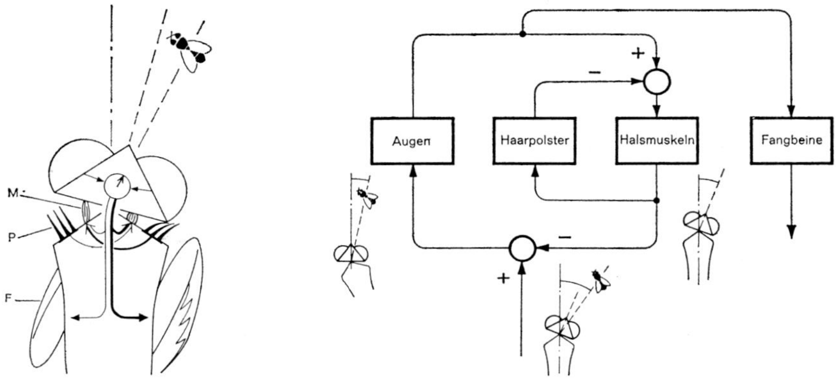

a b

16.21 Das Wirkungsgefüge des Richtprozesses bei Fangheuschrecken: a) Übersicht über die Zuordnung der beteiligten Organe: M Halsmuskeln, P Haarpolster, F Fangbeine; b) abstrahiertes Blockschaltbild. Beim Zielen geben die Augen ein Drehkommando an die Halsmuskeln, die den Kopf und die darin festsitzenden Augen in Zielrichtung drehen. Die dadurch gereizten Haarpolster scheinen ein Gegenspieler dieser Fixierreaktion zu sein, denn sie arbeiten auf eine Rückdrehung des Kopfes hin und bewirken, daß der Kopf immer ein Stückchen hinter der Fliege zurückbleibt. Dieser Haarpolstereinfluß ist im System jedoch berücksichtigt. Die Aufgabe des Haarpolsterregelkreises ist vielmehr, äußere, die Kopfstellung verändernde Einflüsse durch Gegenbefehl an die Halsmuskulatur auszuschalten. Nach H. MITTELSTAEDT aus G. WENDLER (1966)

mechanischen Belastung der Halsmuskeln unabhängig zu machen. Auch hierfür gibt es experimentelle Belege. So kann man z. B. den Kopf mit erheblichen Drehmomenten (durch Anhängen kleiner Gewichte) belasten, bevor die Treffsicherheit sich verringert« (H. MITTELSTAEDT 1953, S. 106).

Zusammenfassung 16

Mit Hilfe ihrer Sinnesorgane halten die Organismen Kontakt mit ihrer Umwelt und orientieren sich in ihr. Sie halten bestimmte Lagen im Raum ein und orientieren sich direkt nach bestimmten Objekten, etwa nach ihrer Beute. Bei ihrer Fortbewegung im Raum können sie Landmarken als Bezugspunkte für ihre Orientierung verwenden, aber auch die Sonne oder das erdmagnetische Feld als Kompaß.

Die Kontrolle der Lage oder Bewegung im Raume wird keineswegs von starren Reiz-Reaktions-Mechanismen beherrscht. Die Sollwerte der Körperlage, die ein Tier einnimmt, wechseln mit seinem motivationalen Zustand. Und eine Bewegung im Raum könnte nicht stattfinden, würden alle Tiere durch ihre Körperstellreflexe wieder in ihre Normalhaltung gezwungen. Ein Fisch muß seinen Körper neigen können, etwa um eine Beute aufzunehmen. Die Körperstellreflexe werden dazu nicht einfach ausgeschaltet, wenn sich das Tier aktiv bewegt. Die Kontrolle geschieht vielmehr aktiv über Regelkreise, indem z. B. von den efferenten Bewegungskommandos eine Kopie abgezweigt, zentral gespeichert und mit der Rückmeldung von der Bewegungsausführung (Reafferenz) verglichen wird.

Die Mechanismen der Distanzorientierung hat man bei vielen wandernden Tieren untersucht. Lachse merken sich den Geruch des Flusses, in dem sie ihr Larvenstadium verbrachten, und kehren bei Geschlechtsreife, dem Geruch folgend, in die Flüsse zurück, in denen sie ihre ersten Jugendstadien durchmachten. Zugvögel orientieren sich an Landmarken, an der Sonne, am Sternenhimmel, am erdmagnetischen Feld und nach dem Geruch. Wenn sie die Sonne als Kompaß benützen, kompensieren sie mit Hilfe einer inneren Uhr die Sonnenwanderung. Die allgemeine Wanderrichtung ist manchen Singvögeln angeboren, einschließlich allfälliger Richtungswechsel, andere wiederum lernen den Zugweg durch elterliche Führung. In der Zugunruhe gibt es artliche Unterschiede. Das Vermögen der Tauben, aus unbekanntem Gebiet heimzufinden (Navigation), basiert auf dem Vermögen, eine Art geruchlicher Landkarte zu erwerben und sich am Auflassungsort geruchlich zu orientieren.

17. Die zeitliche Ordnung im Verhalten

Regelmäßig wiederkehrende Ereignisse wie der Wechsel von Nacht und Tag, Ebbe und Flut, Mond- und Jahreszeitenwechsel und dgl. mehr sind für die Organismen von größter Bedeutung. Die Organismen haben sich an diese vier physikalischen Zyklen angepaßt, unter anderem indem sie auch endogene Rhythmen entwickelten, während äußere Reize als synchronisierende Zeitgeber fungieren. Durch die endogene Rhythmik werden die Tiere von den Ereignissen, etwa des Gezeiten- oder Tag-Nacht-Wechsels, nicht unvorbereitet getroffen, sondern eingestimmt und suchen z. B. rechtzeitig eine Zuflucht oder einen Nächtigungsplatz.

Jeder Tierkenner weiß, daß verschiedene Tierarten zu verschiedenen Tageszeiten aktiv sind. Es gibt Tiere, die vor allem in den Morgen- und Abendstunden unterwegs sind, andere sind tagaktiv und verschlafen die Dunkelstunden, während nachtaktive sich tagsüber zur Ruhe zurückziehen. Das gilt für Wassertiere ebenso wie für Landbewohner (Abb. 17.1). Gelegentlich wechselt ein Tier im Laufe seiner Entwicklung von der Tag- zur Nachtaktivität oder umgekehrt. Die Schildkröten der Galápagos-Inseln suchen als Jungtiere in den kühleren Abend- und Nachtstunden ihre Nahrung. Dann können sie selbst das dürre Gras fressen, da es vom Tau befeuchtet ist. Umgekehrt spielen Jungdachse tagsüber gerne vor ihrem Bau in der Sonne. Erst allmählich werden sie dämmerungs- und nachtaktiv. Dabei ändert sich auch ihr Verhalten. Ein vordem tagsüber durchaus zutraulicher Jungdachs wird während der Tagesstunden scheu. Nachts dagegen ist er viel weniger schreckhaft (I. EIBL-EIBESFELDT 1950 a). W. KÜHME (1966) stellte eine ähnliche Nachtvertrautheit bei Löwen in freier Wildbahn fest; tagsüber zeigten sie eine größere Fluchtdistanz.

Die Ruhezeiten sind nicht einfach als Erschöpfungspausen der Tiere anzusehen. Die motorische Aktivität ruht zwar bei Ruhe und Schlaf, die Hirnaktivität ist verändert, und die Reizschwellen sind allgemein angehoben. Wiederkäuer kauen jedoch im Schlafe, und viele Tiere nehmen aktiv gewisse Schlafstellungen ein. M. HOLZAPFEL (1940) wies darauf hin, daß

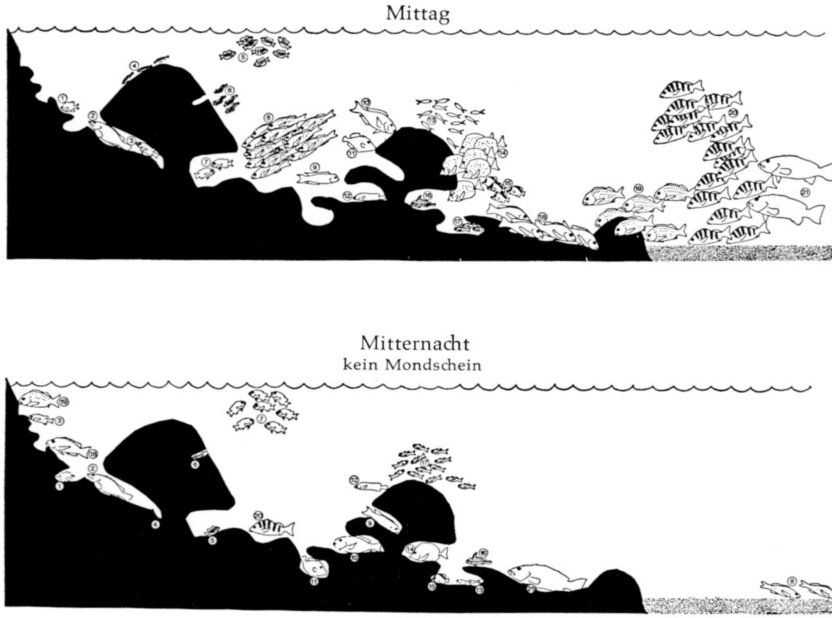

17.1 Die Fischfauna an einer Felsküste des südlichen Golfes von Kalifornien (Baja California, Mexiko), oben bei Mittag, unten um Mitternacht ohne Mondschein. Die aufgezeichneten Arten: 1) *Eupomacentrus rectifraenum*, 2) *Epinephelus labriformis*, 3) *Holocentrus suborbitalis*, 4) *Thalassoma lucasanum*, 5) *Abudefduf troschelii*, 6) *Runula azalea*, 7) *Myripristis occidentalis*, 8) *Microlepidotus inornatus*, 9) *Bodianus diplotaenia*, 10) *Scarus californiensis*, 11) *Balistes verres*, 12) *Rypticus bicolor*, 13) *Chromis atrilobata*, 14) *Prionurus punctatus*, 15) *Heniochus nigrirostris*, 16) *Pareques viola*, 17) *Apogon retrosella*, 18) *Lutianus argentiventris*, 19) *Anisotremus interruptus*, 20) *Haemulon sexfasciatum*, 21) *Mycteroperca rosacea*. Aus E. S. Hobson (1965)

der Schlaf als Instinkthandlung zu deuten sei. Eigene Antriebssysteme würden eine Schlafappetenz induzieren, die das Aufsuchen bestimmter Schlafplätze und andere den Schlaf vorbereitende Handlungen bewirke. Als Funktion des Schlafes wird angegeben, daß er den Organismus für bestimmte physiologische Erholungsvorgänge ruhiglegt. Das leuchtet ein. Es gibt allerdings Organismen, wie manche Spitzmäuse und möglicherweise auch die Mauersegler, die nicht schlafen. Es geht also auch ohne. R. Meddis (1975) zweifelt daher daran, daß die Stillegung zur Erholung der primäre Selektionsdruck war, der den Schlaf entwickelte. Es gibt auch andere Gründe, die es vorteilhaft erscheinen lassen, einen Organismus stillzulegen. Sicher wäre es z. B. für einen tagaktiven, mit allen Sinnen auf den Tag eingestellten Organismus unzweckmäßig, wenn er auch nachts die Neigung verspüren würde, umherzulaufen. Er würde sich unnötig einer Gefahr aussetzen und unnötig Energie ausgeben, ohne Nennenswertes zu gewinnen. Stillegung zu solchen Zeiten ist daher sicher zweckmäßig.

Bei Katzen und Hühnern konnte man durch punktförmige elektrische Hirnreizung Schlaf und Wachsein induzieren (W. R. HESS 1957, E. v. HOLST und U. v. SAINT PAUL 1960). Der durch Hirnreizung ausgelöste Schlaf unterscheidet sich nicht vom Normalschlaf. Er überdauert das Abschalten des Hirnreizes, was belegt, daß das Tier echt eingeschlafen ist. Schlafende Säuger produzieren Schlafhormone. Man kann diese Stoffe von einem schlafenden Tier auf ein waches übertragen und dieses so zum Einschlafen bringen (J. R. PAPPENHEIMER 1976, G. A. SCHOENENBERGER und M. MONNIER 1974).

Der Schlaf des Menschen hat eine sehr charakteristische Rhythmik. Zwei Phasen lösen sich dabei in regelmäßiger Folge ab. Auf eine Phase des Tiefschlafes folgt eine Schlafphase, die man wegen der für sie sehr charakteristischen schnellen Augenbewegungen REM-Schlafphase (von ›Rapid Eye Movement‹) nennt. In dieser Phase träumt der Mensch, aber er läßt sich paradoxerweise leichter in der Tiefschlafphase wecken. Atem- und Herzfrequenz sind in der REM-Phase erhöht, und man beobachtet auch mehr Körperbewegungen als im Tiefschlaf. – Daß auch Katzen einen REM-Schlaf zeigen, erwähnten wir (S. 553). – Wenn der Mensch einschläft, dann ändert sich sein Elektroenzephalogramm. Die den Wachzustand kennzeichnenden Alphawellen (8–12 Hz) enden, ein niederamplitudiges gemischtes Frequenzbild wird sichtbar, in dem vermehrt sogenannte Betawellen auftreten (13–40 Hz). Dieses Stadium 1 wird schnell durchlaufen, und über weitere Stadien (2,3) zunehmender Schlaftiefe erreicht der Schläfer nach 10 bis 20 Minuten den sogenannten Tiefschlaf (Stadium 4), der durch Bewegungsarmut, insbesondere Ruhe der Augen, und durch langsame, größere Deltawellen mit einer Frequenz von 3 Wellen/Sekunde gekennzeichnet ist. In diesem Tiefschlaf verweilt die Person etwa 30 Minuten, dann schwingt der Zyklus wieder zurück vom Stadium 4 über 3 und 2 nach 1, und die erste REM-Schlafphase beginnt. Sie dauert im Durchschnitt etwa 10 Minuten. Gelegentlich erwacht der Schläfer. In der Regel gleitet er jedoch wieder in den Tiefschlaf zurück, und so schwingt er in einer zunehmend sich verflachenden Wellenbewegung von einer Phase zur anderen bis zum Morgen, wobei die REM-Schlafphase immer länger wird und gegen Morgen 30 bis 60 Minuten betragen kann. Das Tiefschlafstadium 4 wird dagegen bereits in der dritten Periode meist nicht mehr erreicht. Im Durchschnitt erlebt man während einer 8stündigen Schlafperiode 5 REM-Schlafphasen (Abb. 17.2). Während der Erwachsene einen ausgeprägten 24-Stunden-Tag-Nacht-Rhythmus hat, ist dem Säugling ein Vierstundenrhythmus angeboren.

Welche Aufgaben den verschiedenen Schlafphasen beim Menschen zu-

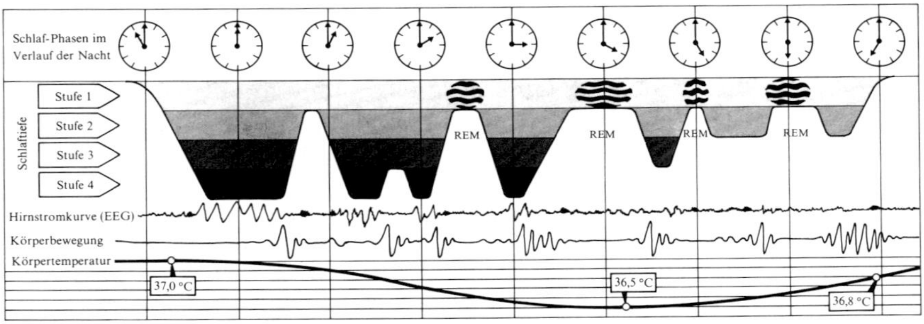

17.2 Schematische Darstellung der Schlafzyklen. Aus W. MIRAM (1978)

kommen, weiß man keineswegs gewiß, doch gibt es Hinweise, daß im Tiefschlaf physiologische Regenerations- und Wachstumsprozesse stattfinden. Unter anderem ist der Serumspiegel von Wachstumshormonen in dieser Phase erhöht. Über die Funktion des REM-Schlafes wird viel spekuliert. Es fällt auf, daß in dieser Phase das Hirn besonders stark durchblutet und die elektrische Hirnaktivität hoch ist. Man hat unter anderem darüber spekuliert, daß sich in dieser Schlafphase jene Prozesse der Eiweißsynthese abspielen könnten, durch die ein Kurzzeitgedächtnis in ein Langzeitgedächtnis umgewandelt wird. Das ist jedoch alles Annahme. Über die Physiologie des Schlafes siehe W. BAUST (1970); zur Ethologie siehe G. TEMBROCK (1964).

Durch die Spezialisierung auf verschiedene Tageszeiten füllen tag- und nachtaktive Tiere (z. B. Tagraubvögel und Nachtraubvögel) verschiedene ökologische Nischen. Viele Gezeitenbewohner müssen vor dem Trockenliegen ihres Lebensraumes für einige Stunden einen Ort aufsuchen, an dem sie vor dem Austrocknen geschützt sind. Die kalifornischen Ährenfische *(Leuresthes tenuis)* müssen bei jeder Springflut laichbereit sein, denn sie vergraben ihre Eier an der obersten Springflutgrenze in den Sand. Tagaktive Tiere müssen rechtzeitig einen Übernachtungsplatz aufsuchen, Frösche bei der Schneeschmelze paarungsbereit sein, kurz, der Wechsel darf die Tiere nicht unvorbereitet treffen. Wie wir heute durch zahlreiche Untersuchungen wissen, haben sich viele Tierarten in ihren endogenen Aktivitätszyklen an diese periodischen Umweltänderungen angepaßt. Besonders gut erforscht sind die 24-Stunden-Rhythmen (J. ASCHOFF 1962, 1964, 1965, J. ASCHOFF und R. WEVER 1962 a). Registriert man die Aktivität von Tieren in Versuchskäfigen, dann stellt man im allgemeinen eine deutliche 24-Stunden-Periodik fest. Sie ist normalerweise genau mit dem Sonnentag synchronisiert. Hält man die Tiere unter konstanten Bedingungen (Dauerlicht oder Dauerdunkel bei gleichbleibender Temperatur etc.), dann verhalten sie sich weiterhin periodisch, doch weicht dann die

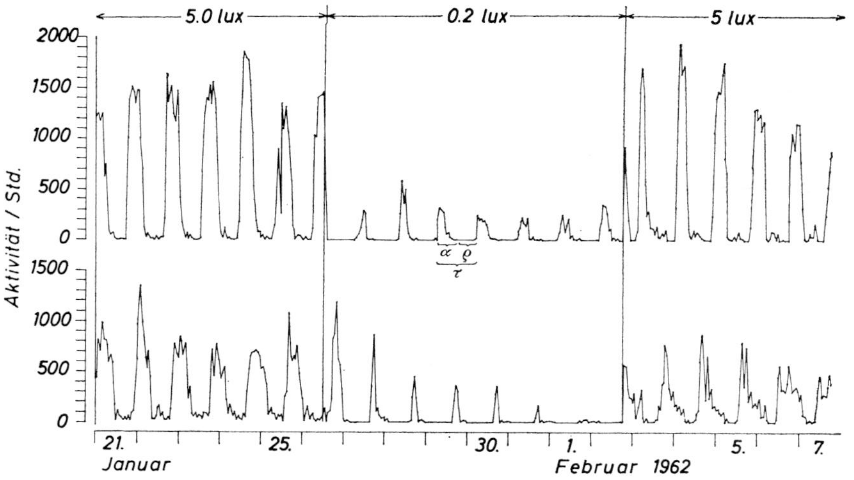

17.3 Aktivitätsperiodik zweier Buchfinken *(Fringilla coelebs)* unter konstanten Bedingungen bei 5, 0.2 und 5 Lux Dauerlicht. Periode, Aktivitätszeit und Ruhezeit mit τ bezeichnet. Aus J. ASCHOFF und R. WEVER (1962)

Periodenlänge etwas von der natürlichen 24-Stunden-Periodik ab, was beweist, daß diese Periodik endogen ist und nicht durch irgendwelche Umweltfaktoren induziert wird. Da der Rhythmus nicht genau, sondern nur annähernd dem 24-Stunden-Rhythmus entspricht, spricht man von »circadianen« Rhythmen. Sie sind auch beim Menschen nachgewiesen worden (J. ASCHOFF und R. WEVER 1962 b).

Die Beleuchtungsstärke bestimmt aber nicht nur die Frequenz, sondern auch die Höhe der Gesamtaktivität und das Verhältnis von Aktivitätszeit zur Ruhezeit. Beim Buchfinken zum Beispiel nimmt mit ansteigender Beleuchtungsstärke die Periodenlänge ab, gleichzeitig verlängert sich aber die Aktivitätszeit, und die Aktivitätsmenge nimmt zu (Abb. 17.3 und 17.4).

Der circadiane Rhythmus ist in vielen Fällen angeboren. Unter konstanten Bedingungen erbrütete und gehaltene Hühnerküken (J. ASCHOFF und J. MEYER-LOHMANN 1954) zeigen ihn ebenso wie Eidechsen und über mehrere Generationen gezüchtete Mäuse (J. ASCHOFF 1955 b, K. HOFFMANN 1959; Abb. 17.5). Eidechsen, die im Brutschrank bei einer Temperatur und Lichtperiodik erbrütet wurden, welche einem 16- bzw. 36-Stunden-Tag entsprach, zeigten nach dem Schlüpfen unter konstanten Bedingungen eine gegenüber den im normalen 24-Stunden-Rhythmus erbrüteten Kontrolltieren unveränderte circadiane Periodik (K. HOFFMANN 1959).

Einen besonders eleganten Nachweis angeborener Periodik erbrachten R. J. KONOPKA und S. BENZER (1971), die drei Mutanten von *Drosophila melanogaster* isolierten, von denen eine arhythmisch war, eine kurze

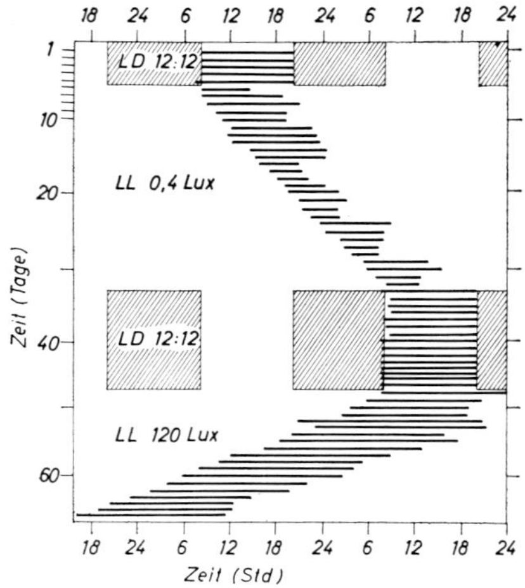

17.4 Aktivitätsperiodik eines Buchfinken im Dauerlicht (LL) verschiedener Intensität und bei periodischem Licht-Dunkel-Wechsel (LD) bei je 12 Stunden Helligkeit und 12 Stunden Dunkelheit. Aus J. Aschoff (1965)

Periodik von 19 und eine lange Periodik von 28 Stunden zeigte (Abb. 17.6).

Schirmt man einen Menschen in einem unterirdischen Bunker sorgfältig von allen Umwelteinflüssen ab, dann wird auch bei ihm eine Spontanfrequenz sichtbar (J. Aschoff und R. Wever 1962 b, J. Aschoff 1966). Auch seine Periodik ist circadian, d. h. sie weicht etwas von der normalen 24-Stunden-Periodik ab, was ihren endogenen Ursprung beweist (Abb. 17.7). Zudem stellt man fest, daß verschiedene physiologische Prozesse ihre eigene circadiane Rhythmik aufweisen, jede mit einer etwas anderen Frequenz, die bei längerer Zeitdauer auseinanderlaufen (Abb. 17.8). Außer diesem circadianen Rhythmus hat man beim Menschen auch einen 7-Tage-Rhythmus (circaseptan) nachgewiesen (F. Halberg und Mitarbeiter 1965).

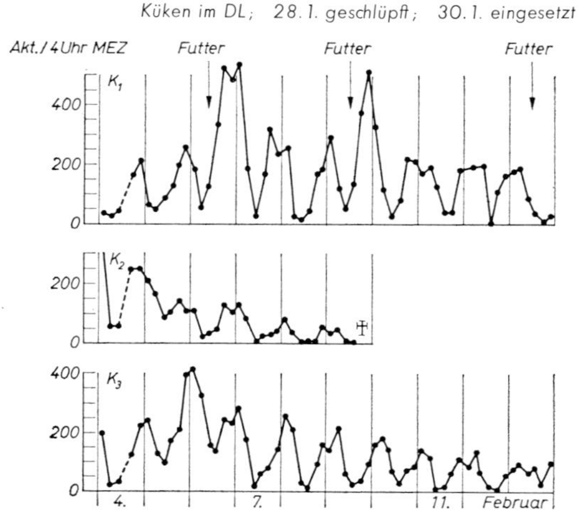

17.5 Aktivitätsperiodik von Küken im Dauerlicht. Aus J. Aschoff und J. Meyer-Lohmann (1954)

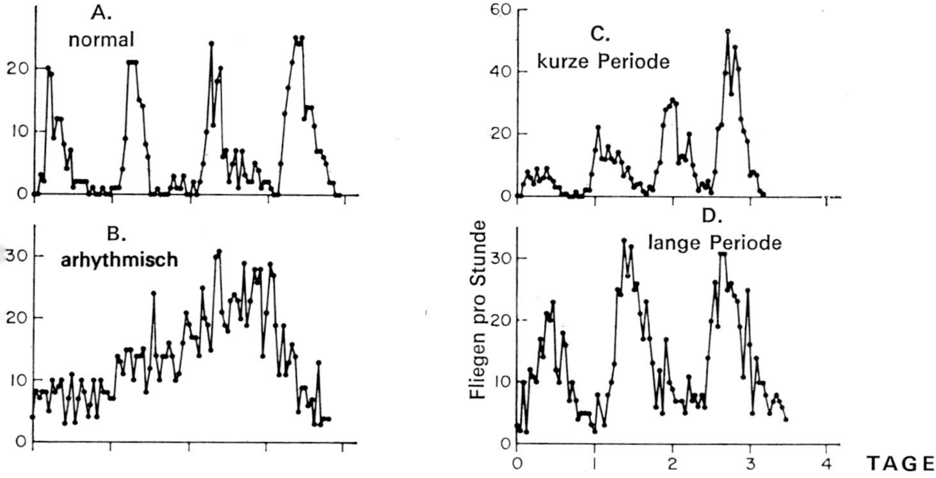

17.6 Schlüpfrhythmus bei Dauerdunkel für normale *Drosophila* und deren Mutanten. Die Populationen waren vorher einem periodischen Licht-Dunkel-Wechsel von 12 Stunden Helligkeit und 12 Stunden Dunkelheit ausgesetzt gewesen. Aus R. J. Konopka und S. Benzer (1971)

Neugeborene lassen noch keine 24-Stunden-Periodik erkennen. Sie entwickelt sich erst während der ersten Lebenswochen. Die Annahme, daß es sich dabei um Reifungsprozesse handelt und die Periodik demnach angeboren ist, wird durch die Beobachtung gestützt, daß sich zuerst eine circadiane Periodik von 25 Stunden entwickelt, die erst langsam mit dem Heranreifen der Sinnesorgane auf 24 Stunden synchronisiert wird (Th. Hellbrügge 1967).

Der innere circadiane Rhythmus wird durch äußere Zeitgeber wie Licht, Wärme, Geräusche mit dem Umweltrhythmus synchronisiert (Abb. 17.4). Licht ist dabei der hauptsächliche synchronisierende Reiz. Allerdings darf dieser Zeitgeber vom endogenen Rhythmus nicht allzusehr abweichen. Vögel werden z. B. durch Lichtzeitgeber auf einen Tag von 23 bis 25 Stunden synchronisiert. Bei 22 und 26 Stunden laufen sie jedoch frei.

Auch die menschliche circadiane Periodik wird durch künstlichen Licht-Dunkel-Wechsel nur dann auf Perioden synchronisiert, wenn diese dicht bei 24 Stunden liegen (J. Aschoff, E. Pöppel und R. Wever 1969). Das Licht wird nicht nur über die Augen wahrgenommen. Blendet man Eidechsen, dann werden sie dennoch durch Licht synchronisiert, auch wenn man ihnen das Pinealorgan nimmt. Wird dagegen der Kopf lackiert, dann kann man sie nicht mehr durch Licht synchronisieren. Das gilt auch für Vögel. Bei Säugern dagegen geht es ohne Augen nicht.

Ruineneidechsen *(Lacerta sicula)* kann man noch durch Temperaturzyklen sehr geringer Schwingungsbreite synchronisieren. Beträgt diese

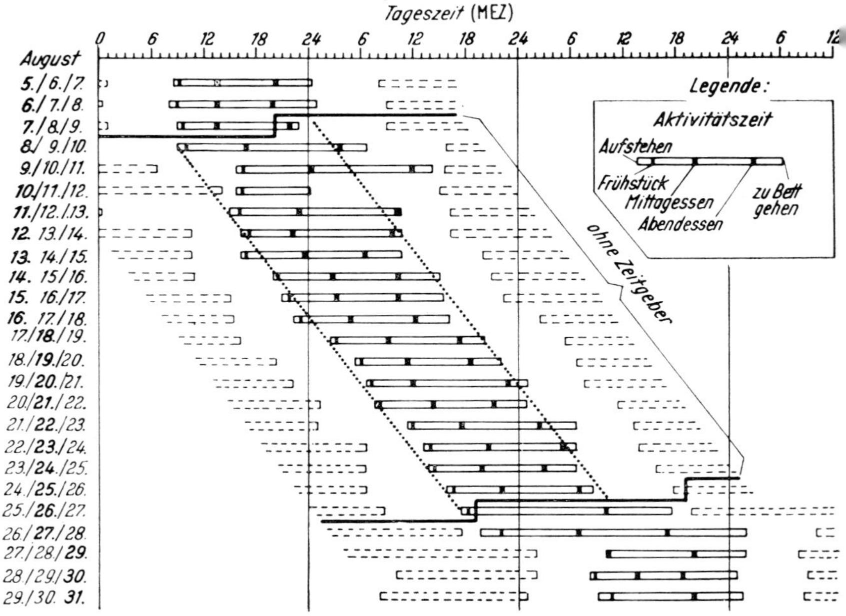

17.7 Periodisches Verhalten einer Versuchsperson in einem von der Außenwelt abgeschlossenen Bunker. Das fett gedruckte Datum am linken Bildrand gilt jeweils für den Beginn einer Wachzeit (dick gezeichneter horizontaler Balken). Aus J. Aschoff und R. Wever (1962 b)

1,6 Grad C, dann sind noch 75 Prozent der Tiere, bei 0,9 Grad C noch 33 Prozent voll synchronisiert (K. Hoffmann 1968). Beim Menschen hat sogar ein schwaches elektromagnetisches Feld Einfluß auf die Circadianperiodik. Bei eingeschaltetem 10-Hz-Feld wird die Periode kürzer als bei ausgeschaltetem Feld. Die als »interne Desynchronisation« bezeichnete Erscheinung, bei der die Aktivitätsperiode abnorm verlängert ist (30–40 Stunden), während die gleichzeitig registrierten vegetativen Funktionen mit einer 25–26-Stunden-Periodik normal weiterlaufen, kann man nur bei Ausschaltung des Magnetfeldes beobachten. Schließlich kann man durch periodisches Ein- und Ausschalten des Feldes nachweisen, daß der Feldzeitgeber in der Lage ist, den inneren Rhythmus bei einer bestimmten Phasenlage für einige Tage nahezu synchron zu halten (R. Wever 1968, 1970 a, 1970 b). Beim Menschen reichen ferner soziale Wechselwirkungen zur Synchronisation circadianer Rhythmen (E. Pöppel 1968).

Unter den Bedingungen einer strengen Isolation zeigten sich 8 Versuchspersonen unter dem Einfluß eines künstlichen Licht-Dunkel-Wechsels nicht mit dem Zeitgeber synchronisiert, obgleich dieser eine 24-Stunden-Periodik anzeigte. Sie hatten vielmehr eine freilaufende Periodik. Da-

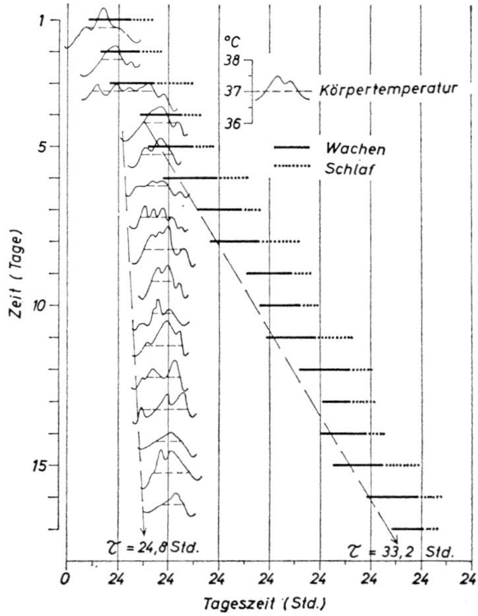

17.8 Desynchronisation der circadianen Rhythmen bei einer isoliert und ohne Uhr lebenden Versuchsperson. Horizontale Balken und Punktlinien: Wach- bzw. Schlafzeiten. Gestrichelt: Die 37°-Linie der Skala für die Körpertemperaturkurve. Aus J. ASCHOFF (1966)

gegen waren 16 Personen unter den gleichen Bedingungen mit dem Kunsttag synchronisiert, wenn sie zusätzlich durch Gongsignale zu verschiedenen Verrichtungen aufgefordert wurden. Die Gongsignale empfangen sie als sozialen Kontakt; über ihn wurden sie synchronisiert (R. WEVER 1970). Weitere Angaben über Zeitgeber bei K. HOFFMANN (1969, 1970).

Die Organismen sind also, wie wir bereits im Orientierungskapitel besprachen, in der Lage, Zeiten zu messen, sie verfügen über eine innere Uhr, deren Mechanismus noch nicht bekannt ist (E. BÜNNING 1963). Nach Exstirpation der Zirbeldrüse zeigen Sperlinge und Eidechsen, die unter konstanten Bedingungen gehalten werden, keine circadiane Aktivitätsperiodik mehr, wohl aber noch bei Wechsel von Hell und Dunkel (S. GASTON und M. MENAKER 1968).

Die Zirbeldrüse scheidet in Abhängigkeit von den Lichtverhältnissen das Hormon Melatonin aus. Bei Dunkelheit ist die Produktion erhöht, bei Dauerlicht unterdrückt. Blinde Sperlinge können ihre Aktivität nach dem Hell-Dunkel-Wechsel synchronisieren. Die Lichteinwirkung geht durch die Schädeldecke. Rasiert man bei einer Lichtintensität, bei der ein blinder Vogel nicht mehr synchronisiert ist, die Federn des Oberkopfes weg, dann synchronisiert sich der Sperling wieder mit dem Hell-Dunkel-Wechsel. Injiziert man Tinte in die Schädelhaut, ist er wieder unsynchronisiert, nach Entfernung der Tinte jedoch wieder synchronisiert. Das Gonadenwachstum ist von der Photorezeption abhängig, und zwar von jener im

Hirn; die Augen sind dazu nicht notwendig. Für den freilaufenden circadianen Rhythmus sind dagegen die Augen zuständig. Blinde Sperlinge sind im Dauerlicht arhythmisch. Nach Entfernung der Zirbeldrüse sind blinde Vögel bei Hell-Dunkel-Wechsel arhythmisch. Der die Synchronisation bewirkende Faktor der Zirbeldrüse ist hormonal. Wenn man das Pinealorgan in die vordere Augenkammer verpflanzt, ist das Verhalten des Vogels ebenfalls wieder rhythmisch mit dem Tag-Nacht-Wechsel. Bei einer Verpflanzung der Zirbeldrüse von einem Vogel auf einen anderen wird die individuelle Synchronisationsphase des Spenders übertragen (M. Menaker 1981).

Auch bei Säugern ist die Melaninausschüttung der Zirbeldrüse für die Übertragung photoperiodischer Wirkungen wichtig. Der Eingang erfolgt jedoch stets über das Auge. Versuche am Goldhamster *(Mesocricetus auratus)* und am Djungarischen Hamster *(Phodopus sungonus)* ergaben, daß die Melatoninausschüttung von bestimmten Faktoren abhängig ist. Dauerlicht unterdrückt die Ausschüttung. Die Jahresperiodik dieser Tiere wird über die Photoperiode (Länge der täglichen Lichtzeit) gesteuert. Die beiden Hamsterarten pflanzen sich im Sommer fort. Setzt man sie im Winter einem künstlichen Langtag aus, dann induziert man Hodenwachstum. Die kritische Photoperiode beträgt beim Goldhamster 12½ Stunden Lichttag, beim Djungarischen Hamster 13 Stunden. Die Grenze ist sehr scharf, die Tiere können also die Lichtzeit gut messen. Führt man im Sommer Kurztage ein, dann schrumpfen die Hoden. Die Exstirpation der Zirbeldrüse verhindert eine solche Kurztagwirkung, ebenso eine operative Unterbrechung aller Stationen, die vom Auge zur Zirbeldrüse führen. Die Wirkung der Pinealektomie erstreckt sich aber nicht nur auf die Gonadenfunktionen, sondern auf alle von der Photoperiode beeinflußten Funktionen, z. B. auch auf die Fellumfärbung des Djungarischen Hamsters, die normalerweise auch bei kastrierten Hamstern erfolgt, also von den Keimdrüsenfunktionen unabhängig ist. Das Pinealorgan ist also an der Übertragung der Wirkung der Photoperiode entscheidend beteiligt. Über die Photoperiode steuert es die Jahresperiodik (K. Hoffmann 1981 a, 1981 b, 1979).

Circadiane Periodik hat man nicht nur von intakten Organismen vom Einzeller bis zum Menschen hinauf beschrieben. Man wies sie auch an isolierten Organen und Geweben nach.

In der Gezeitenzone lebende Tiere zeigen einen Aktivitätsrhythmus, der dem täglichen Gezeitenrhythmus entspricht. Der Isopode *Excirolana chiltoni* zeigt unter konstanten Bedingungen, die keinerlei Gezeitenrhythmus aufweisen, einen Rhythmus der täglichen Schwimmaktivität, die dem Gezeitenrhythmus entspricht. Die freilaufende Periode betrug 24 Stunden 55 Minuten und war damit um etwa 5 Minuten länger als die normale Gezeitenperiodik. Diesem Rhythmus ist ein monatlicher Rhythmus überlagert, der die Gesamtaktivität pro Aktivitätsschub beeinflußt (J. T. ENRIGHT 1972). K. RAO (1954) beobachtete bei den Muscheln *Mytilus edulis* und *M. californianus* Schwankungen der Filteraktivität im Rhythmus der Gezeitenschwankungen. Sie hielten über Wochen im Laboratorium an, ohne sich nachweisbar gegenüber den Gezeiten zu verschieben. Nach F. A. BROWN (1965) deutet das auf das Mitwirken noch unbekannter Zeitgeber hin, da ein endogener Rhythmus mit dieser Präzision schwer denkbar sei. J. T. ENRIGHT (1963) hat Zweifel an dieser Deutung angemeldet. E. NAYLOR (1958) fand einen sehr genauen Gezeitenrhythmus der Laufaktivität bei der Krabbe *Carcinus maenas*. Unter konstanten Bedingungen verliert sich dieser Rhythmus bis zum 6. Tag. Der Flohkrebs *Synchelidium* zeigt an der Sandküste Südkaliforniens einen Aktivitätsrhythmus von Schwimmen und Eingraben, der dem Muster des lokalen Gezeitenrhythmus genau entspricht. In Gefangenschaft hält er wenige Tage mit abnehmender Präzision an. Als Zeitgeber dürfte die Turbulenz des Wassers in Frage kommen (J. T. ENRIGHT 1963).

Unter konstanten Bedingungen hat man bei vielen Wirbellosen (Gastropoden, Decapoden, Isopoden, Acariden, Coleopteren, Dipteren) und bei einigen Fischen einen circatidalen freilaufenden Rhythmus festgestellt, der allerdings meist nur wenige Tage anhielt, am längsten bei der Winkerkrabbe *(Uca pugnax)* – mehr als 30 Tage – und beim Isopoden *Excirolana chiltoni* – mehr als 60 Tage – (Übersicht bei D. NEUMANN 1981). Zur Zeit sprechen die Experimente dafür, daß der circatidale Rhythmus auf dem circadianen Oszillator basiert, der mit den Gezeiten synchronisiert ist, was nicht ausschließt, daß es bei einigen Arten auch angeborene circatidale Oszillatoren gibt.

Bei Meerestieren hat man verschiedentlich eine deutliche Lunarperiodik festgestellt. Bekannt sind vor allem monatliche und 14tägige Fortpflanzungszyklen (P. KORRINGA 1957). Wir erwähnten bereits den Ährenfisch *Leuresthes*, der an der kalifornischen Küste überaus präzise bei Springflut laicht (B. WALKER 1952). Ein anderes bekanntes Beispiel bietet der Palolowurm *Eunice viridis* (H. CASPERS 1961). Beim nah verwandten Polychaeten *Platynereis dumerilii* bleibt dieser monatliche Fortpflanzungsrhythmus unter konstanten Bedingungen über mindestens zwei Zyklen erhalten (C. HAUENSCHILD 1960). Neuerdings hat man bei der Bachplanarie, einem Süßwasserbewohner also, lunarperiodische Schwankungen des Lichtpreferendums nachgewiesen (E. MAY und G. BIRUKOW 1966).

Die Larven der marinen Fliege *Clunio marinus* leben in der unteren Gezeitenzone, die nur bei Springniederwasser für jeweils zwei Stunden freiliegt. Das flügellose Weibchen schlüpft um diese Zeit aus der Puppe und wird sogleich von den Männchen befruchtet. Niedrigwasser gibt es kurz nach Voll- und Neumond, und nur während der Springzeiten schlüp-

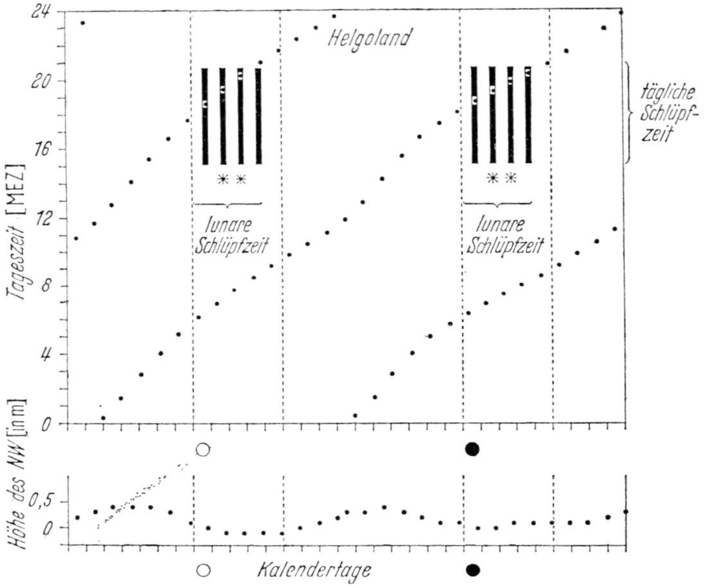

17.9 Schlüpfzeiten der Imagines von *Clunio marinus* und Niedrigwasserbedingungen an der Insel Helgoland im August 1960. – Oben: Niedrigwasserzeiten (Punkte) und Schlüpfzeiten (Rechtecke). Tage mit hohen Schlüpfzahlen sind mit * gekennzeichnet. Unten: Höhe des 2. Tagesniedrigwassers (NW) über Kartennull während desselben Monats. Aus D. NEUMANN (1966)

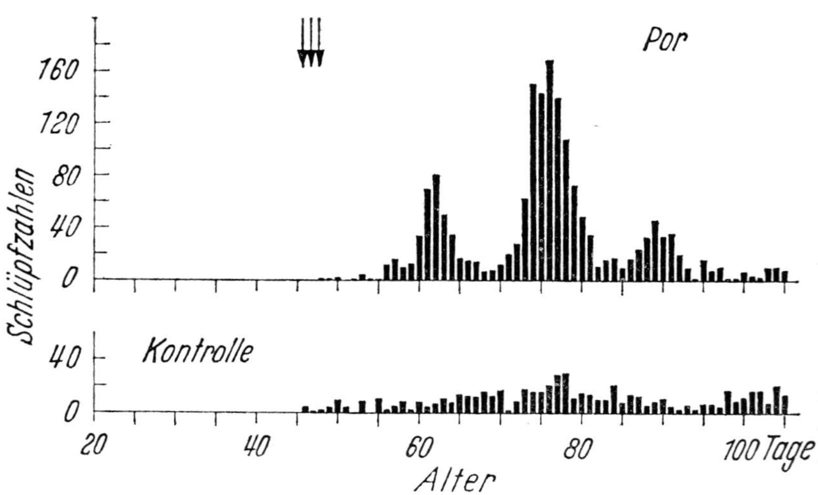

17.10 Schlüpfverlauf der Imagines von *Clunio marinus* des Por-Stammes (Normandie) nach einmaliger Behandlung mit künstlichem Mondlicht (3 aufeinanderfolgende Nächte, s. Pfeile), Summendiagramme von 6 Kulturschalen aus 3 Versuchsserien (Licht-Dunkel 16 : 8, 20° C). Unten: Kontrolle ohne künstliches Mondlicht. Aus D. NEUMANN (1966)

fen die Puppen. Obgleich die untere Gezeitenzone dann morgens und abends trocken liegt, schlüpfen die Puppen nur in den Abendstunden, was zeigt, daß nicht die Gezeiten die Schlüpfzeit bestimmen (Abb. 17.9). Im Laboratorium unter einem künstlichen Licht-Dunkel-Tag gehaltene Larven schlüpfen stets gegen Ende der Lichtphase. Der Rhythmus ist circadian und folgt einer Verschiebung des Licht-Dunkel-Zyklus. Während die Springzeiten an der Küste der Nordsee und des Nordatlantik auf das gleiche Datum fallen, wechselt die Uhrzeit der Tiefebbe an verschiedenen Orten und dementsprechend der Schlüpfrhythmus der lokalen Populationen. D. NEUMANN (1966) hielt Fliegen verschiedener lokaler Populationen unter identischen Bedingungen und fand, daß es sich hier um lokale genetische Anpassungen handelte. Kreuzte er Populationen, die normalerweise keine Überlappungen der Schlüpfzeiten aufwiesen, dann zeigte die F 1 eine intermediäre Schlüpfzeit (S. 321). Beim täglichen Licht-Dunkel-Wechsel war kein Halbmonatsrhythmus festzustellen. Gab NEUMANN jedoch in 30-Tage-Intervallen an 4 bis 6 Nächten ein schwaches Licht von 0,4 Lux, dann induzierte er damit einen semilunaren Rhythmus. Es genügte eine einmalige Periode künstlichen Mondlichtes, um einen Zyklus über drei Perioden weiterlaufen zu lassen; folglich war der induzierte Rhythmus endogen (Abb. 17.10).

Viele physiologische Prozesse, wie jene der Fortpflanzung oder der Mauser bei Vögeln, zeigen eine deutliche jahreszeitliche Periodik. Daß die Mauser auf endogenen Prozessen beruht, wurde verschiedentlich nachgewiesen; so von P. BERTHOLD (1978), der ein handaufgezogenes Schwarzplättchen *(Sylvia atricapilla)* und eine Gartengrasmücke *(S. borin)* ab der 6. Lebenswoche unter konstanten Bedingungen etwa 10 Jahre hielt. Die Vögel durchliefen in dieser Zeit Mauserzyklen mit einer Periodenlänge von 9.4 bzw. 9.7 Jahren. Die Phase der Periode verschob sich dabei zweimal um 360 Grad gegenüber dem natürlichen Jahr (Abb. 17.11). Wir können daher von einer freilaufenden endogenen circannualen Periodik sprechen, die den Mauserzyklus bestimmt. Schon vorher hatte E. GWINNER (1967) eine freilaufende Jahresperiodik für Mauser und Zugunruhe des Fitislaubsängers *(Phylloscopus trochilus)* nachgewiesen (Abb. 17.12). Zur Jahresperiodik der Wanderaktivität verschiedener Grasmückenarten siehe S. 635. Eine circannuale Periodik der Hodengröße und der Mauser zeigten auch unter konstanten Bedingungen gehaltene Stare. Goldmantelziesel *(Citellus lateralis)* verfallen unter konstanten Bedingungen im Zyklus von etwa einjähriger Dauer in Winterschlafbereitschaft (E. T. PENGELLEY und K. FISHER 1963, E. T. PENGELLEY 1974). Die Synchronisation der circannualen Periodik mit dem natürlichen Jahr erfolgt durch die jahresperiodischen Änderungen der Tageslichtdauer. Versuche mit künstlichen sinusförmigen Photoperiodezyklen zeigen, daß die circannuale

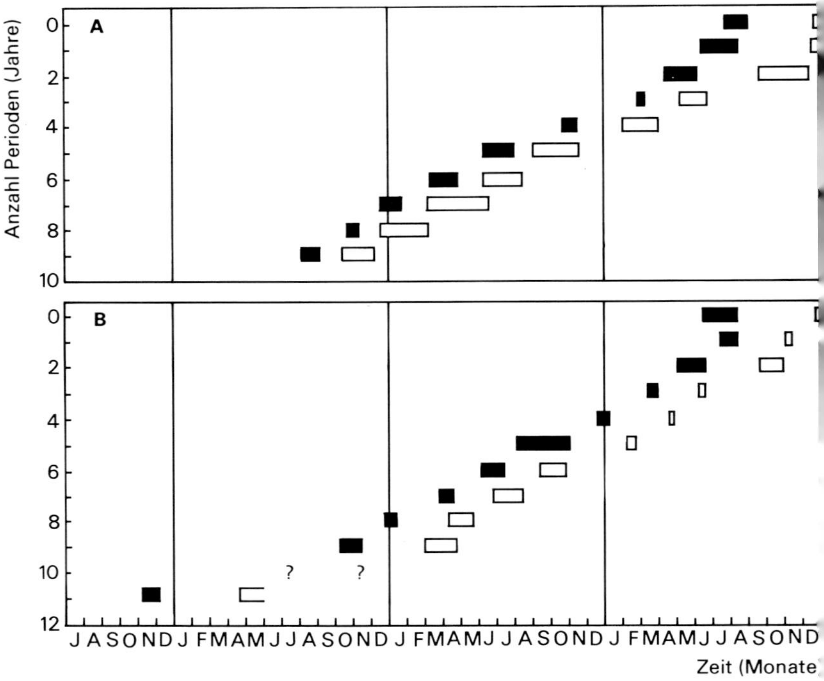

17.11 Circannuale Periodik der Mauser eines Schwarzplättchens (oben) und einer Gartengrasmücke (unten) bei acht- bzw. zehnjähriger Haltung unter konstanten Bedingungen (LD 10 : 14). Schwarze Balken: »Sommer«-Mauser. Weiße Balken: »Winter«-Mauser. ?: vermutliche Mauserzeit, in der eine Mauser ausfiel. Da die Periodenlängen weniger als 12 Monate betragen, beginnen die nachfolgenden Mausern kontinuierlich früher im Jahr. Aus P. Berthold (1978)

Rhythmik des Geweihwechsels der Sikahirsche sowie des Hodenwachstums und der Mauser der Stare sich photoperiodisch synchronisieren läßt. Der Mitnahmebereich ist dabei viel größer als bei der Tagesperiodik, bei der die künstliche Periodik nicht mehr als ungefähr 30 Prozent vom natürlichen Stundentag abweichen darf. Der Geweihwechsel des Sikahirsches läßt sich auf eine Periode festlegen, die nur 30 Prozent eines Jahres beträgt. Noch größer ist der circannuale Mitnahmebereich beim Star, bei dem Hodenwachstum und Mauser noch bei einer künstlichen Photoperiode von nur eineinhalbmonatiger Periodendauer mitgehen (E. Gwinner 1981). Zur Jahresperiodik menschlichen Verhaltens siehe J. Aschoff (1983).

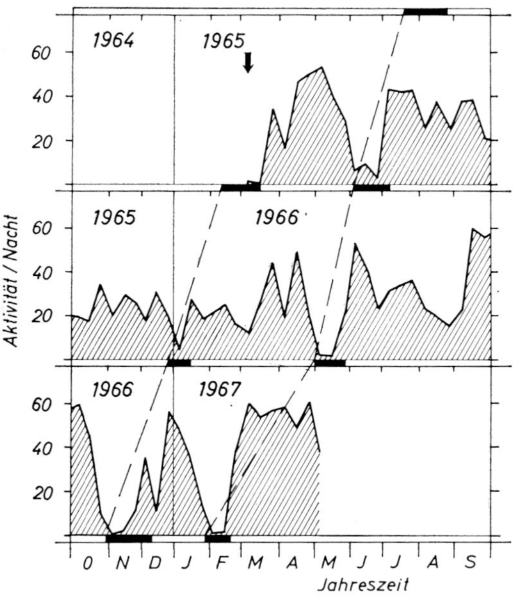

17.12 Mauserzeiten und nächtliche Zugunruhe eines Fitislaubsängers, der 27 Monate bei 21° C (± 2°) im künstlichen 12 : 12-Std.-Tag (200 : 0,2 Lux) lebte. Ordinate: Anzahl der 10-Min.-Intervalle, in denen der Vogel pro Nacht aktiv war, gemittelt über jeweils ein Monatsdrittel. Schwarz: Mauser. Der Vogel lebte nach dem Verlassen des Nestes im Juni 1964 zunächst in einem geheizten Raum im natürlichen Licht-Dunkel-Wechsel und wurde Anfang März (Pfeil) in die Versuchsbedingungen überführt. Aus E. Gwinner (1967)

Zusammenfassung 17

Die Aktivität von Organismen, einzelnen Organen, ja, selbst von isolierten Zellen folgt einem rhythmischen Muster. Die dem normalen Tag entsprechenden 24-Stunden-Rhythmen sind bisher am besten untersucht. Es zeigte sich, daß eine sogenannte Innere Uhr die Organismen in einem etwa 24-Stunden-Rhythmus antreibt (»circadian«). Dieser Rhythmus wird durch äußere Zeitgeber (z. B. Licht-Dunkel-Wechsel) in Phase gezogen. Auch Tiere, die unter konstanten Bedingungen erbrütet und aufgezogen wurden, zeigen diese circadiane Periodik. Andere den Tieren angeborene Rhythmen sind der jahreszeitliche Rhythmus der Mauser einiger Vögel oder der Gezeitenrhythmus einiger Bewohner des Litoral. Bei einigen Vögeln und Säugern wird die Synchronisation der Aktivität mit dem Naturtag (Hell-Dunkel-Wechsel) über das durch die Zirbeldrüse ausgeschüttete Hormon Melatonin bewirkt.

18. Zur Ethologie des Menschen

Die Humanethologie ist als Biologie menschlichen Verhaltens zu definieren. Und getreu ihrem Ursprung aus der Biologie fächert ihr Interesse in den gleichen Hauptrichtungen Morphologie, Ökologie, Genetik, Entwicklungsbiologie und Physiologie auf. Die Selektionstheorie bildet eine ihrer Grundlagen. Wir fragen sowohl bei Betrachtung stammesgeschichtlicher als auch kulturell entwickelter Anpassungen in Struktur und Verhalten nach dem Selektionsdruck, der hinter ihrer Ausbildung stand, oder kurz, in welcher Weise das zur Diskussion stehende Merkmal zum Fortpflanzungserfolg und damit zum Überleben der Gene des Merkmalsträgers beiträgt. Die Fragestellung ist also im Grunde die der Tierethologie, angepaßt und ausgedehnt auf die spezifisch den Menschen als rationales Kulturwesen betreffenden Fragen. Das gilt auch für die Methodik der Humanethologie, die aus der Tierethologie übernommen, aber auf den Menschen in besonderer Weise angepaßt und um die in anderen Verhaltenswissenschaften (Psychologie, Soziologie, Völkerkunde) entwickelten Methoden bereichert wurde. Fragestellung, Theorie, Methode und Ergebnisse humanethologischer Forschung habe ich ausführlich in meinem Werk »Die Biologie des menschlichen Verhaltens. Grundriß der Humanethologie« erörtert (I. EIBL-EIBESFELDT 1984).

In den Pionierjahren der Humanethologie ging es grundsätzlich um die Klärung der Frage, wieweit sich die durch das Studium tierischen Verhaltens erarbeiteten Hypothesen für das Verständnis menschlichen Verhaltens als nützlich und tragfähig erweisen. Daher stand auch die nach wie vor wichtige Frage nach den als stammesgeschichtliche Anpassungen vorgegebenen Programmen im Brennpunkt des Interesses.

In den frühen sechziger Jahren galt es für weite Kreise der traditionellen Psychologie – insbesondere des amerikanischen Behaviorismus – sowie der Soziologie und kulturellen Anthropologie (Völkerkunde) noch als ausgemacht, daß dem Menschen außer einigen basalen Reflexen nichts angeboren sei. Über Lernprozesse würden einfachste vorgegebene Verhaltensmuster zu komplexeren funktionellen Einheiten integriert. Wir sind ja auf den Nature-Nurture-Streit bereits eingegangen (S. 54). Der Mensch, so meinte man, komme als unbeschriebenes Blatt zur Welt, er sei nicht autonom, sondern gänzlich von seiner Umwelt bestimmt (B. F. SKINNER 1971). Bezeichnend ist etwa die Äußerung von M. F. A. MONTAGUE (1968): »Es gibt in der Tat nicht die geringste Evidenz oder einen Grund für die Annahme, daß das vermeintlich ›stammesgeschichtlich angepaßte instinktive Verhalten‹ anderer Tiere in irgendeiner Weise für die Diskussion der motivierenden Kräfte im menschlichen Verhalten relevant sei. Tatsache ist, daß mit Ausnahme einiger instinktähnlicher Reaktionen des Säuglings auf das plötzliche Wegziehen der Unterlage oder auf starke Geräusche der Mensch gänzlich instinktlos ist.«

Heute wird eine solche Meinung bestenfalls in einigen populärwissenschaftlichen Gazetten vertreten. Es geht jetzt mehr um den Stellenwert des Angeborenen. So behaupten einige Vertreter der »Kritischen Psychologie«, der Mensch habe sich durch seine gesellschaftliche Entwicklung der Selektion und damit den Gesetzmäßigkeiten der biologischen Evolution entzogen. Im Schutze der Gesellschaft gedeihe auch, wer weniger fit ist (U. HOLZKAMP-OSTERKAMP 1976). Nun kann sich der Mensch gewiß Ziele setzen und dadurch seine kulturelle Evolution ausrichten. Er begibt sich damit aktiv unter bestimmte Selektionsbedingungen, aber immer bleibt er diesen letztlich unterworfen. Wählt er die Ziele schlecht und unterliegt er deshalb der Konkurrenz, indem er weniger Nachkommen zur Welt bringt als Gruppen mit anderen Zielsetzungen, dann erweisen sich die Vorstellungen eben als fehlangepaßt, mögen sie noch so gut gemeint sein. Selektion entscheidet letztlich auch über den Gang der kulturellen Evolution (ausführlicher dazu I. EIBL-EIBESFELDT 1984).

Gelegentlich hört man, die Humanethologie sei nur für die Erforschung primitiver tierhafter Verhaltensweisen des Menschen zuständig, nicht aber für die Erforschung von dessen höheren kulturellen und geistigen Leistungen. »What human ethologists take as their legitimate domain . . . are the ›primitive animal like‹ design features of behavior, which still exists in us, but superviently to higher levels of organization not to be approached by ethological methods« (A. SHAFTON 1976, S. 15).

Das ist, wie ich in meiner »Humanethologie« ausführlicher begründe, in mehrfacher Weise falsch. Zunächst einmal beschränkt sich unser Interesse am Angeborenen nicht allein auf das tierhafte Erbe. Es gibt stammesgeschichtliche Anpassungen, die arttypisch für uns Menschen sind; man denke etwa an jene, die dem Sprechen zugrunde liegen, oder an spezifisch menschliche Auslöser. Man gewinnt oft den Eindruck, als würde man fälschlicherweise »angeboren« mit »Tiererbe« gleichsetzen. Das ist nicht statthaft. Des weiteren gilt, daß wir auch die kulturellen und geistigen

Leistungen des Menschen biologisch, z. B. auf Funktion und Werdegang, hinterfragen können. Unter anderem hat die ethologische Erforschung des sprachlichen Verhaltens auf einige bemerkenswerte Universalien in der Begriffsbildung hingewiesen, die universale Denk- und Wahrnehmungsweisen spiegeln. Auf der Ebene sprachlichen Verhaltens wurde entdeckt, daß verbal wie nichtverbal abgehandelte Interaktionen von einem universalen Regelsystem gleicherweise strukturiert werden, daß es also eine universale Grammatik menschlichen Sozialverhaltens gibt. Eine »Etholinguistik« ist im Werden (I. Eibl-Eibesfeldt 1979, 1984).

Wie die Konzepte der Tierethologie unser Verständnis menschlichen Verhaltens förderten, das wollen wir in diesem Kapitel aufzeigen und damit die Brücke zur Humanethologie schlagen, die in dem schon genannten Werk ausführlich behandelt wird.

18.1 Die biologische Programmierung

Der Mensch wird häufig als »Instinktreduktionswesen« bezeichnet, und wir haben im vorhergehenden Kapitel ausgedrückt, daß er ein Kulturwesen ist, allerdings mit einer biologischen Geschichte, in der sich durch Schlüsselerfindungen wiederholt neue Potentialitäten eröffneten. Viele unabhängig voneinander und unter verschiedenen Selektionsbedingungen entwickelte Anpassungen kamen zusammen und ermöglichten zuletzt in einem bestimmten Lebensraum die Menschwerdung. Dabei wurde auf individuelle und kulturelle Modifikabilität des Verhaltens selektiert. Es wäre allerdings falsch, darüber den Reichtum biologisch vorgegebener Programme und deren Bedeutung zu übersehen. Im Vergleich zu den Tieren ist dem Menschen sogar mehr an Angeborenem mitgegeben als irgendeinem Lebewesen. Und ohne diese Vorprogrammierungen könnte er wohl ebensowenig überleben wie ohne Kultur. Wir wollen im folgenden Beispiele für solche Vorprogrammierungen bringen, müssen uns aber dabei auf weniges beschränken. Alle jene, die sich weiter in die Humanethologie vertiefen wollen, seien auf meine »Humanethologie« verwiesen, in der eine Fülle von neuen Forschungsergebnissen ausgebreitet und diskutiert wird.

18.2 Erbkoordinationen beim Säugling

Der neugeborene Mensch verfügt über eine Reihe von funktionstüchtigen Verhaltensweisen (A. PEIPER 1951, 1953, 1961, J. BOWLBY 1969, P. MUSSEN 1970). Es handelt sich im wesentlichen um Leistungen des Stammhirns und des Rückenmarks. Die Großhirnrinde ist noch nicht ausgereift. Man hat das Neugeborene daher vielfach als Stammhirnwesen bezeichnet und darauf hingewiesen, daß anenzephale Kinder in den ersten beiden Lebensmonaten in ihrem Verhalten nur wenig von dem gesunder Kinder abweichen, obgleich sie ohne Großhirnrinde leben (M. MONNIER und H. WILLI 1953, E. GAMPER 1926). Diese Aussage kann sich allerdings nur auf die elementaren Verhaltensmuster (Saugen, Suchautomatismus, Körperschutzreflexe etc.) beziehen. Wir wissen heute, daß der Säugling bereits in den ersten Lebenstagen lernt und daß er z. B. den Geruch seiner Mutter bereits nach einer Woche erkennt. Seine soziale Kompetenz nimmt ferner bereits in den ersten Lebenswochen bemerkenswert zu.

Zwei Verhaltensweisen, die im Dienste der Nahrungsaufnahme stehen, sind altes Säugererbe. Es handelt sich um den Suchautomatismus und um das Saugen. Der Suchautomatismus – auch rhythmisches Brustsuchen genannt – äußert sich als seitliches Hin- und Herdrehen des Kopfes, das spontan oder nach Berührungsreizen in der Mundregion auftritt (H. F. R. PRECHTL und W. SCHLEIDT 1950). Dieses Suchverhalten endet, wenn der Säugling die Brustwarze in den Mund bekommt und seine Lippen sich fest um den Saugzapfen schließen. Dieses rhythmische Brustsuchen beobachtet man nur in den ersten Tagen nach der Geburt (Abb. 18.1). Es wird schnell von einem gerichteten Brustsuchen abgelöst: Wenn seine Mundregion berührt wird, dreht sich der Säugling räumlich orientiert so der Reizquelle zu, daß er das Reizobjekt zu fassen bekommt. Diese räumlich orientierte Bewegung hat zunächst noch eine rhythmische Komponente (Einpendeln), die aber schnell verschwindet (H. F. R. PRECHTL 1958). Auch die Saugmotorik ändert sich innerhalb der ersten Lebenswochen. Während sich die Lippen zunächst fest um den Warzenhof schließen und

18.1 Rhythmisches Brustsuchen (Suchautomatismus). Nach H. F. R. PRECHTL (1953 c)

der Sog durch einen Unterdruck in der Mundhöhle erzeugt wird (Pumpsaugen), leistet später die Zunge allein die Saugarbeit, indem sie die Brustwarze mit dem Gaumen als Gegenlager ausmelkt. Bei diesem Lecksaugen bleiben die Mundwinkel offen.

Eine sehr charakteristische Reaktion des neugeborenen Säuglings ist der Handgreifreflex. Berührt man die Handfläche, dann schließen sich die Finger fest um den berührenden Gegenstand, und zwar, wie H. F. R. PRECHTL (1955) durch Filmanalysen belegte, in einer geordneten Abfolge von Fingerbewegungen (Abb. 18.2). Dieses reflektorische Greifen ist während des Saugens besonders stark. Quantitative Untersuchungen zeigen, daß Kinder am stärksten auf Haare reagieren. Der Greifreflex diente wohl ursprünglich dem Säugling dazu, sich am Fell der Mutter festzuhalten. Er wird oft als Rudiment gedeutet, da der Mensch kein Fell besitze und der Reflex daher funktionslos sei. Völlig funktionslos dürfte das Verhalten jedoch nicht sein. Man kann beobachten, wie Kleinkinder am Körper der Mutter schlafen und sich dabei an ihren Kleidern festhalten. Der Handgreifreflex ist bei Frühgeburten gelegentlich so stark ausgebildet, daß sich das Kind im Handhang an einer aufgespannten Wäscheleine festhalten kann. Diese Fähigkeit verliert es später, was auf eine beginnende Rudimentation hinweist (Abb. 18.3).

Sichere Rudimente sind die Kletterbewegungen, die man bei Frühgeborenen beobachtet: Auf den Rücken gelegt, führen sie alternierend wohlkoordinierte Arm- und Handbewegungen aus. Ein Arm wird dabei mit geschlossener Hand abwärts, der andere aufwärts bewegt, wobei sich die Hand immer mehr öffnet.

Schwimmbewegungen kann man bei wenige Wochen alten Säuglingen auslösen, indem man sie bäuchlings in die Wanne legt und nur am Kinn festhält. Sie paddeln koordiniert mit Händen und Beinen. Das Verhalten verschwindet mit 3 bis 4 Monaten.

Bereits beim Neugeborenen kann man unreife Schreit- und Kriechbewegungen auslösen. Legt man ein Neugeborenes auf den Bauch, dann macht es Kriechbewegungen in der Kreuzgangkoordination. Hält man es

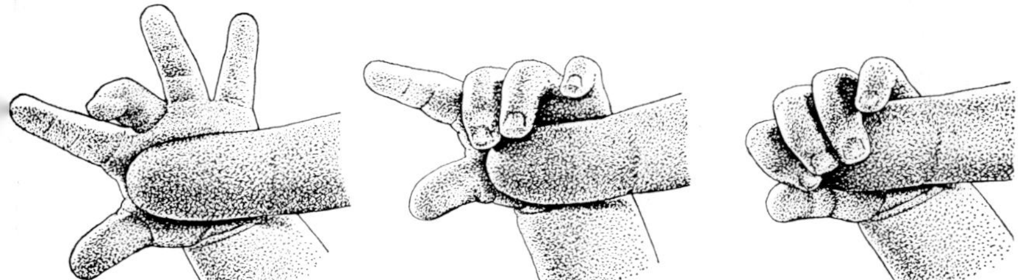

18.2 Der Handgreifreflex des Säuglings. Zuerst greift der Mittelfinger, dann folgen die anderen, zuletzt der Daumen. Nach H. F. R. PRECHTL (1953 c)

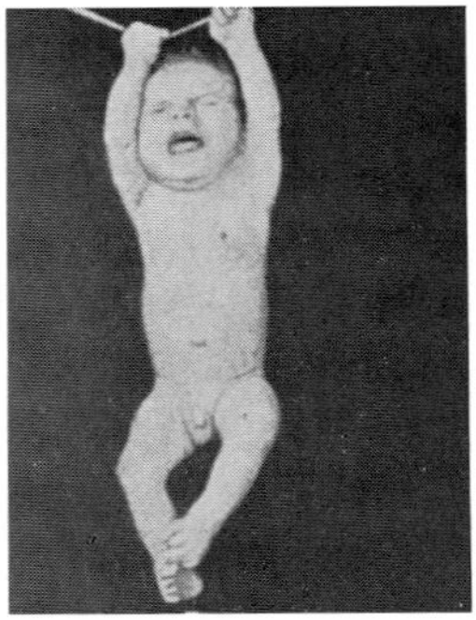

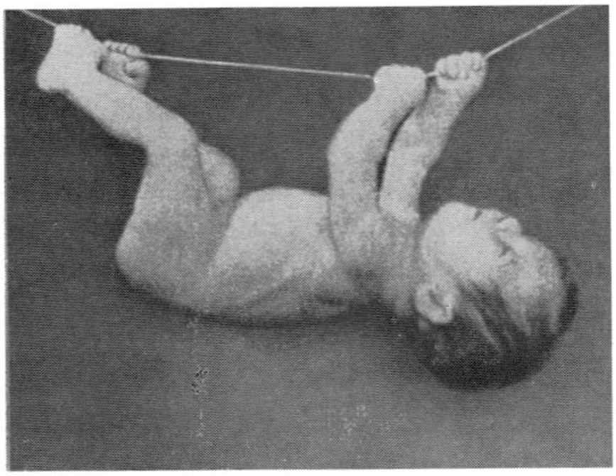

18.3 Handhang und Hand-und-Bein-Hang einer menschlichen Frühgeburt (7-Monate-Kind). Foto: A. PEIPER (1961/63)

aufrecht und stellt es auf die Unterlage, so beginnt es zu gehen und setzt ein Bein vor das andere (A. PEIPER 1953, H. F. R. PRECHTL 1965; Abb. 18.4). Darüber hinaus kann man beim Säugling eine Reihe von Körperschutzbewegungen beobachten.

Als Ausdrucksbewegungen des Neugeborenen wären das Schreiweinen und das Lächeln zu nennen. Ersteres ist eine Art »Ruf des Verlassenseins«; ein Kind ist leicht zu beruhigen, wenn man es auf den Arm nimmt oder ihm durch geeignete Attrappen die Gegenwart der Mutter vortäuscht (S. 365). Das Lächeln hat in erster Linie die Funktion, freundlich zu stimmen und zu beschwichtigen (S. 249). Kypselos, der spätere Herrscher von Korinth, entging der Sage zufolge als Neugeborener der Tötung, weil er die Schergen anlächelte.

Tatsächlich löst das Lächeln bei der Mutter, ja selbst bei primär Unbeteiligten Entzücken aus und stellt eine starke emotionelle Bindung an das Kind her. Dem Säugling selbst ist es zunächst gleichgültig, wer ihn be-

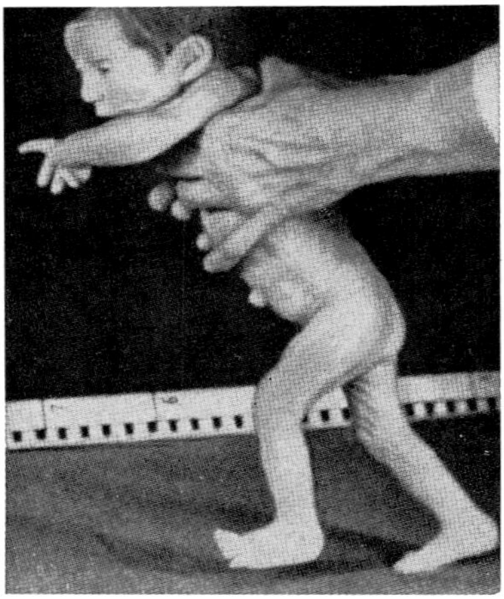

18.4 Schreitender Neugeborener. Foto: A. PEIPER

treut. Er orientiert sich aber bereits frühzeitig nach dem Gesicht der Mutter, und dieser Blickkontakt wird ebenso wie das Lächeln von ihr als ungemein positiv erlebt. Sie antwortet mit freundlichen Spielchen, spricht zu dem Kind in hoher Tonlage und nähert dabei ihr Gesicht auf eine Entfernung von etwa 30 cm, so daß der Säugling, der in diesem Alter zunächst noch nicht gut akkommodieren kann, das Gesicht scharf wahrnimmt (H. PAPOUŠEK und M. PAPOUŠEK 1977). Stark ritualisiert sind die rhythmischen Nickbewegungen der Mutter, verbunden mit Brauenheben, und die hohe Tonlage ihrer Rede, die vom Kind ebenfalls als freundlich wahrgenommen wird. (Im Alter von 6 Monaten, wenn Fremde bereits beim Kind Angst auslösen, können diese durch Sprechen in hoher Tonlage die Angst des Kindes unterdrücken.) Der Säugling verfügt auch über eine Reihe von Lautäußerungen, die die Mütter durchaus richtig interpretieren, ohne dabei zu wissen, auf welche Signale sie ansprechen. H. PAPOUŠEK und M. PAPOUŠEK (1977) betonen die Bedeutung dieser auf subtilem Signalaustausch basierenden, völlig unbewußten Interaktionen und raten den Müttern zu weniger reflektiertem, spontanem Verhalten, wohl weil es sich hier um angeborene Programme handelt, bei denen Bewußtmachung eher stören würde.

Der Zeitpunkt des ersten Lächelns variiert. Man kann es gelegentlich bereits bei Neugeborenen, mitunter sogar bei Frühgeburten beobachten. Es tritt spontan im Schlafe auf, ferner vor allem nach dem Trinken, Trokkenlegen und dem Abgang von Blähungen (O. KOEHLER 1954a, J. A. AMBROSE 1961). Lachen und Jauchzen (ein Jubelschrei aus weitgeöffnetem Mund) reifen um den 4. Lebensmonat. »Sowohl Lachen als auch Jauchzen treten zu einer Zeit auf, wo das Lachen Erwachsener das Baby nicht etwa ansteckt, sondern eher erschreckt und selbst dann noch zum Weinen bringen kann, wenn es selber gerade lacht. Mit der alten Nachahmungsthese ist es nach allem schlecht bestellt« (D. PLOOG 1964a, S. 321). In den ersten drei Lebensmonaten unterscheiden sich Kinder taubstummer Eltern in ihren Lautäußerungen nicht von Kindern hör- und sprechbegabter Eltern (E. H. LENNEBERG und Mitarbeiter 1965). Sogar taubgeborene Kinder beginnen zu lallen.

Das zunächst spontane Lächeln wird im Laufe der Entwicklung von einem Antwortlächeln abgelöst. Ersteres wird gelegentlich als »Grimassieren« dem »echten« Lächeln gegenübergestellt. Dieses liege also erst vor, wenn eine gegenseitige Beziehung herrsche, wenn das Lächeln als Antwort auf das Lächeln eines Mitmenschen auftrete (A. NITSCHKE 1953). Eine solche Unterscheidung legt in einen kontinuierlichen Reifungsprozeß einen völlig willkürlichen Schnitt. Das läßt sich gerade am Antwortlächeln besonders gut zeigen, das weitgehend unabhängig von der Mimik des Partners heranreift und erst viel später zu einer persönlichen

Begrüßung wird. R. SPITZ und K. M. WOLF (1946) konnten bei 3 bis 6 Monate alten Kindern mit Vogelscheuchen und verzerrten Fratzen ein Lächeln ebensogut auslösen wie mit einem menschlichen Gesicht. In diesem sehr weiten Rahmen wurde alles angelächelt, was sich über das Bett beugte. R. AHRENS (1953) hat die Entwicklung des Mimikerkennens genauer verfolgt. Bis zum Beginn des 2. Monats lösen etwa augengroße, gut abgegrenzte schwarze Punkte auf einer eckigen oder runden, zweidimensionalen, etwa kopfartigen Pappattrappe das Lächeln besser aus als ein gemaltes Gesicht oder ein rechteckiger Balken auf gleichem Grund. Es war gleichgültig, ob ein Punktpaar in waagrechter oder senkrechter Stellung oder drei Paare nach Art eines Dominosteins geboten wurden. Ein einzelner Punkt hingegen war unwirksam. Um den Beginn des 2. Monats werden Punkte in waagrechter Anordnung wirksamer als in senkrechter, und bald beachtet das Kind die ganze Augenpartie, aber noch nicht die untere Gesichtshälfte. Diese wird erst im 3. Monat allmählich einbezogen. Mit 4 Monaten reagiert es auf Mundbewegungen, ohne allerdings zu differenzieren, aber erst mit 5 Monaten wirkt das Breitziehen des Mundes spezifisch lachauslösend und besonders stark beim 6 Monate alten Kind. Die Ansprechbarkeit auf Attrappen läßt nun nach. Das Kind unterscheidet nun deutlich zwischen Attrappen und Erwachsenengesichtern, aber erst mit 7 bis 8 Monaten versteht es die Lachmimik und reagiert adäquat auf eine lachende Person.

Auf die Stirnmimik sprachen die von AHRENS untersuchten Kinder erst mit 14 Monaten an. Senkrechte Drohfalten stimmten die Heimkinder ängstlich, sie wandten sich ab, liefen weg, weinten und schrien. AHRENS betont, daß die Kinder zuvor kaum eine Drohmiene gesehen haben können. Auf weitere Fähigkeiten der Wahrnehmung und Datenverarbeitung werden wir im Abschnitt über die angeborenen Auslösemechanismen des Menschen hinweisen. Der Gesichtsausdruck auf süßen, sauren und bitteren Geschmack hin ist bereits beim Neugeborenen und selbst bei Anenzephalen nachzuweisen (J. E. STEINER und R. HORNER 1972).

Während die Auslösemechanismen, Ausdrucks- und Lokomotionsbewegungen weiter heranreifen und auch in zunehmendem Maße ein Einbau individueller Erfahrungen stattfindet, werden andere Verhaltensweisen im Laufe der Entwicklung überlagert und treten nur unter besonderen Umständen in Erscheinung, z. B. bei hirnatrophen Prozessen (S. 365). Einige frühkindliche Verhaltensweisen werden als Ausdrucksbewegungen in das Repertoire der Erwachsenen übernommen (S. 235).

Der Menschensäugling ist bei aller lokomotorischen Hilflosigkeit doch, anders als Nesthocker, seiner sozialen Umwelt bereits früh sehr aufmerksam zugewandt. B. HASSENSTEIN prägte für ihn den Begriff »Tragling«, womit seine besondere Art der Abhängigkeit von der Mutter gut charakterisiert ist.

Der Rhythmus der Nahrungsaufnahme ist dem Säugling angeboren. In den ersten 8 Wochen erwacht er alle 4 Stunden (TH. HELLBRÜGGE 1967). Dieser Rhythmus ist kein Vorläufer oder Bestandteil der späteren Circadianperiodik, sondern beide laufen unabhängig voneinander. Die Nachtpausen entstehen durch sukzessives Auslassen einer und später zweier Mahlzeiten (M. MORATH 1974). Über angeborene Fähigkeiten der Wahrnehmung siehe S. 727.

18.3 Das Verhalten blind und taubblind Geborener

Sehr aufschlußreich in Hinblick auf die Frage nach den angeborenen Anteilen im menschlichen Verhalten ist das Verhalten blind oder taub und blind Geborener. Hier liegen Zufallsexperimente der Natur vor, die wie ein Kaspar-Hauser-Versuch (S. 54) ausgewertet werden können. Unter diesen Gesichtspunkten hat J. THOMPSON (1941) die Mimik blinder und blindgeborener Kinder untersucht und mit jener sehender Kinder verglichen. Die Ergebnisse ergänzen die bereits im vorhergehenden Abschnitt erörterten Beobachtungen an Säuglingen. Lächeln, das später auftretende Lachen und Weinen, aber auch die Mimik des Ärgers, Schmollens, der Angst und der Trauer waren ebenso bei blindgeborenen Kindern zu beobachten, obgleich sie das niemandem nachgemacht haben konnten. Blindgeborene lächelten allerdings mit zunehmendem Alter weniger als sehende oder späterblindete Kinder, während beim Weinen kein vergleichbarer Abfall festzustellen war. Beim Lächeln spielt also eine gewisse soziale Rückmeldung eine noch nicht näher erforschte Rolle. Fehlt sie, verkümmert die Reaktion. Eigene Beobachtungen an einem taubblind geborenen, damals 7 Jahre alten Mädchen weisen darauf hin, daß diese Anregung allgemeiner Natur ist. Als sich Lehrer und Schwester intensiv um dieses Mädchen bemühten und mit ihm auch spielten, lachte es häufiger als zuvor.

D. G. FREEDMAN (1964) veröffentlichte das Bild eines blindgeborenen Säuglings: Er lächelt, wenn seine Mutter zu ihm spricht. Dann hört auch der Blindennystagmus (ein unentwegtes Augenrollen) auf, und die Augen fixieren ruhig die Schallquelle, obgleich sie nichts sehen können (Abb. 18.5). Dies erfolgt offenbar auf Grund eines zentralen Fixiervorganges.

Unterschiede in der Mimik blinder und sehender Kinder betreffen nicht das Grundmuster, sondern das gehäufte Auftreten von unkontrollierten Nebenbewegungen bei Blinden (»Grimassieren«), eine Erscheinung, auf die u. a. G. MACKENSEN (1965) hinweist.

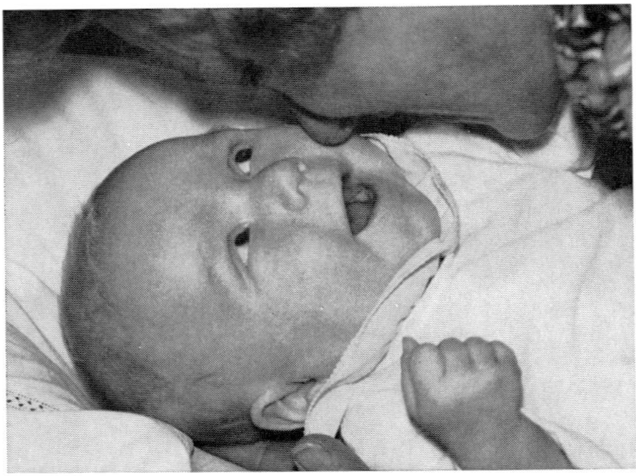

18.5 Von Geburt an blindes, 2 Monate 20 Tage altes Mädchen, lächelnd. Obgleich das Kind nichts sieht, blicken die Augen, die sich sonst unruhig bewegen, ruhig nach oben, offenbar aufgrund eines zentralen Fixiervorganges. Foto: D. G. FREEDMAN (1964, 1965 b)

Ganz besonders interessant ist das Verhalten taub und blind Geborener. Diese bedauernswerten Kinder wachsen in ewiger Nacht und Stille heran. Sie haben keine Möglichkeit zur Nachahmung, und die erzieherische Unterweisung ist äußerst schwierig. Dennoch zeigen diese Kinder auch ohne formale Unterrichtung eine Reihe von Fertigkeiten. F. L. GOODENOUGH (1932) teilt mit, daß ein zehnjähriges, taubblind geborenes Mädchen, das ohne Unterrichtung unter ärmlichen Verhältnissen herangewachsen war, herzlich lachen konnte, wenn es z. B. seine verlorene Puppe fand. Es lachte auch, wenn es auf den Zehenspitzen stehend tanzte, was es sich übrigens selbst beigebracht hatte. Ärgerte es sich, dann wandte es den Kopf ab, runzelte die Stirn und schürzte die Lippen. Bei starkem Ärger warf es den Kopf zurück, schüttelte ihn heftig und zeigte die zusammengebissenen Zähne.

Im Rahmen einer noch laufenden Untersuchung* filmte ich unter anderem das Lachen und Lächeln eines 7jährigen, taubblind geborenen Mädchens und eines 5jährigen, taubblind geborenen Jungen, beide ohne sonstige schwere Hirnschäden. Die Lachmotorik entspricht in allen Einzelheiten der gesunder Kinder. Die beiden Taubblinden werfen bei hoher Lachintensität in der typischen Weise den Kopf zurück und öffnen dann auch den Mund (Abb. 18.6 und 18.7). Die rhythmischen Lautäußerungen sind ebenfalls deutlich, doch klingt das Lachen etwas verhalten, etwa wie ein Kichern. Das Mädchen zeigt auch sonst eine Reihe von typischen Ausdrucksbewegungen, z. B. das Weinen. Bei Ärger stampfte es mit einem Bein auf oder strampelte am Ort. Es lehnte durch Kopfschütteln oder

---

* Dem Taubblindenlehrer der Landesblindenanstalt Hannover, Herrn KARL HEINZ BAASKE, danke ich für die entgegenkommende Unterstützung meiner Beobachtungen.

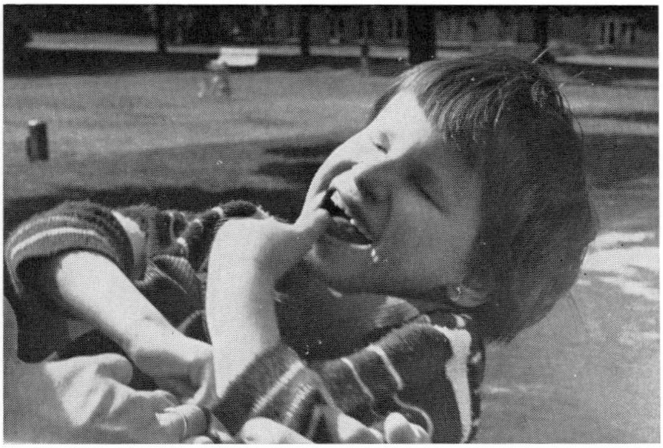

18.6 Taubblindes, 7 Jahre und 2 Monate altes Mädchen, lachend. Bei vollem Lachen wirft es den Kopf zurück, öffnet den Mund und lacht hörbar, wenn auch verhalten. Foto: I. Eibl-Eibesfeldt

durch Wegstoßen mit der Hand ab, wobei es oft auch die Hand schüttelte. Stolperte es, streckte es beide Arme vor. Auf den Schoß oder auf die Schultern genommen, schmiegte es sich gerne an den Pfleger an und umarmte ihn. Das Mädchen, das einen durchaus aufgeweckten Eindruck machte, vor allem wenn es aktiv tastend seine Umgebung erforschte, unterschied fremde von ihm bekannten Personen, indem es kurz die dargereichte Hand beroch. Fremde stieß es weg und wendete meist auch selbst das Gesicht ab. Es fremdelte also, ähnlich wie das gesunde Kinder tun; kurz, eine ganze Reihe von zum Teil recht komplizierten Verhaltensweisen, die für den Menschen typisch sind, haben sich auch bei diesen Taubblinden entwickelt und liegen somit als stammesgeschichtliche Anpassung vor. Einige Besonderheiten sozialen Verhaltens entwickelten sich sogar gegen die erzieherischen Anstrengungen, so die Furcht vor Fremden. Ähnlich entwickelten sich bei einem Jungen der gleichen Anstalt, der sich der Pubertät näherte, aggressive Neigungen (I. Eibl-Eibesfeldt 1973).

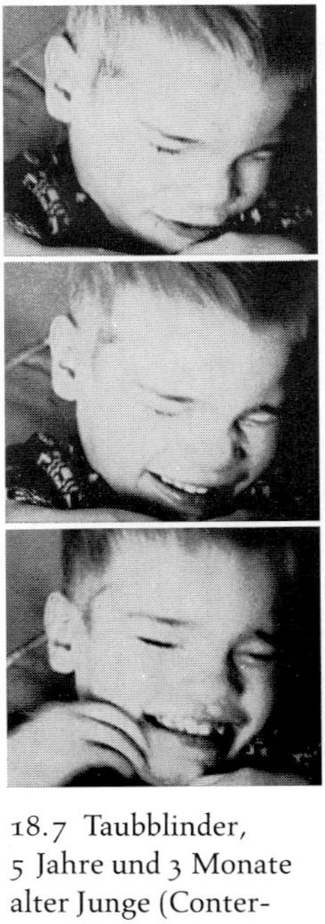

18.7 Taubblinder, 5 Jahre und 3 Monate alter Junge (Contergan-Kind), lachend. Foto: I. Eibl-Eibesfeldt

Dem möglichen Einwand*, das taubblinde Kind könnte diese komplizierten Bewegungskoordinationen des Weinens und Lachens auf dem Wege schrittweiser Verstärkung durch Belohnung erwerben, ist folgendes entgegenzuhalten: Lägen keinerlei phylogenetische Anpassungen vor, dann wären zum Erwerb so komplizierter Bewegungsmuster sehr viele Einzelschritte notwendig. Die Mutter müßte zuerst das Kind belohnen, wenn es nur die Mundwinkel leicht anhöbe, nicht aber bei jeder anderen Lippenbewegung. Sie müßte die rhythmischen Lautäußerungen des Lachens durch schrittweise Belohnung der entsprechenden Aus- und Einatembewegungen bis zum Erwerb des typischen Rhythmus führen, bis zuletzt eben das typische Lachen produziert würde. Und wieder ganz an-

* Der Einwand wurde in einer Diskussion, an der ich in Minneapolis teilnahm, von R. Birdwhistell vorgebracht.

dere Schritte müßten zur Andressur des Weinens unternommen werden. Die besten Skinneraner stünden vor großen Schwierigkeiten, würde von ihnen verlangt, ein solches Bewegungsmuster einem höheren Säugetier beizubringen. Die taubblinden Kinder sollen das aber durch das rein zufällig adäquate Verhalten der Mutter gelernt haben, und das, obgleich diese Kinder meist größte Schwierigkeiten haben, selbst so einfache Fertigkeiten wie das Halten und Führen eines Löffels zu lernen. So kann eine schwer hirngeschädigte 12jährige, taubblind Geborene, die in der gleichen Anstalt lebt, lachen und weinen. Weinerlich versucht sie, den Pfleger zu umklammern und wie ein Kleinkind an ihm hochzuklettern. So einfache Tätigkeiten wie das Führen eines Löffels beim Essen hat sie jedoch trotz aller Bemühungen nicht gelernt. Die Hypothese, daß die komplizierten Ausdrucksbewegungen solcher Kinder gelernt würden, entbehrt daher jeder Stütze. Wollte man sie dennoch vertreten, müßte man wohl besondere angeborene Lernbegabungen annehmen und damit erst recht auf das ethologische Konzept der stammesgeschichtlichen Anpassungen im Verhalten zurückgreifen.

Eine Reihe von komplizierteren Ausdrucksbewegungen, wie etwa jene der Verlegenheit, konnten wir bei den Taubblinden nicht beobachten. Das könnte wohl auf mangelnde Erfahrungen zurückzuführen sein oder auch allein auf die Tatsache, daß die Eingangskanäle, über die dieses Verhalten normalerweise ausgelöst wird, bei diesen Kindern verschlossen sind. Daß dies zum Teil wohl so sein dürfte, lehrt die Beobachtung Blindgeborener, die eine viel differenziertere Mimik haben als die Taubblinden. Ein zehnjähriges, blindgeborenes Mädchen zeigte verschämtes Lächeln mit Kopfsenken, Erröten und leicht angedeutetem Kopfpendeln, als ich sein Klavierspiel lobte. Blindgeborene sind etwas ausdrucksärmer, gleichen aber sonst in ihrem spontanen Ausdruck weitgehend den Sehenden. Sie können interessanterweise aber nur unvollkommen einen Ausdruck vorspielen (F. DUMAS 1932, M. MISTSCHENKO 1933).

18.4 Ergebnisse der vergleichenden Betrachtungsweise

Die Beobachtungen an Blinden und Taubblinden sind von beschränktem Aussagewert. Es gibt kompliziertere Verhaltensabläufe, die einen Dialog der Mimik und der Rede voraussetzen, und diese Möglichkeit der Kommunikation fehlt hier. Will man die für unser normales menschliches Leben charakteristischen, sehr komplexen Verhaltensweisen daraufhin untersuchen, ob und inwieweit Angeborenes in ihnen steckt, dann bleibt als wichtige Informationsquelle im wesentlichen nur der Vergleich des Verhaltens möglichst vieler Menschen sehr verschiedener Kulturen. Es geht dabei um das Auffinden von Universalien. Allerdings darf man aus der universellen Verbreitung einer Verhaltensweise oder einer Interaktionsstrategie noch nicht gleich auf eine gemeinsame stammesgeschichtliche Grundlage des Verhaltens schließen. Zunächst kann ein Verhalten aus funktionellen Gründen überall seine gleiche Ausgestaltung erfahren, und wo so eine funktionelle Erklärung möglich ist, würden wir ebensowenig auf einen genetischen Zusammenhang schließen, wie ein Archäologe aus der ähnlichen Form einer Steinbeilklinge in zwei Kulturen auf deren früheren Zusammenhang schließen würde. Die Form erklärt sich aus der Funktion des Beiles und wird daher mit hoher Wahrscheinlichkeit auch unabhängig zustande kommen. Dagegen werden ähnliche Ornamente, vor allem kompliziertere, weniger leicht unabhängig erfunden.

Im Bereich des Verhaltens können ferner ähnliche frühkindliche Erfahrungen, die Säuglinge überall in gleicher Weise sammeln, gleichsinnig formen. Ch. Darwin vermutet, daß unser verneinendes Kopfschütteln aus einer Ablehnbewegung des Säuglings entsteht. Hat er genug getrunken, dann wendet er den Kopf zur Seite, und bietet man ihm die Brust weiter an, dann bewegt er den Kopf ablehnend hin und her, ähnlich wie wir beim Kopfschütteln. Tatsächlich findet man Kopfschütteln in einer Streuverteilung bei so verschiedenen Kulturen wie Papuas, Buschleuten, Yanomami-Indianern und Mitteleuropäern. Da alle als Säuglinge die gleichen Erfahrungen machen, könnte sich das Verhalten auch unabhängig bei diesen verschiedenen Menschengruppen entwickelt haben. Ob das wirklich so ist, muß allerdings noch geprüft werden. Mit der Möglichkeit muß man rechnen. Das schließt natürlich nicht aus, daß auch dem Ablauf nach funktionell Determiniertes eine angeborene Grundlage hat, etwa das Saugen, Kauen, Beißen oder Greifen. Nur kann das aus der Universalität allein nicht wahrscheinlich gemacht werden. Um die Frage zu entscheiden, müssen noch andere Kriterien herangezogen werden, etwa solche, die man aus dem Studium der Ontogenese erarbeitet hat. Kann man gleichsinnig formende Einflüsse der Umwelt ausschließen, dann weist Universalität eines Verhaltens auf angeborene Grundlagen hin. Das gilt unter anderem für die Ausdrucksbewegungen, deren besondere Form sich ja meist nicht funktionell erklärt. Sie beruht vielmehr auf Konventionen. Gemeinsamkeiten in der Mimik und Gestik sind um so wahrscheinlicher auf eine gemeinsame erbbedingte Wurzel zurückzuführen, je spezifischer die betreffende Verhaltensweise ist und je weiter sie bei Menschen mit verschiedenster Lebensweise und verschiedenster rassischer und kultureller Geschichte anzutreffen ist. Für diese Annahme spricht auch die Tatsache, daß

Menschen außerordentlich dazu neigen, kulturell abzuwandeln, was wandelbar ist – man denke an die rasche Evolution der Sprachen. Vielfach kann man schließlich auch feststellen, daß sich gewisse Verhaltensweisen sogar gegen den erzieherischen Druck entwickeln, z. B. aggressive Interaktionsstrategie in Kulturen mit friedlichen Idealen – was nur die Erklärung zuläßt, daß sich hier stammesgeschichtliche Anpassungen gegen den erzieherischen Druck durchsetzen. Auch die Tatsache, daß sich Fremdenfurcht bei Säuglingen aller Kulturen und unabhängig von schlechten Erfahrungen mit Fremden entwickelt (S. 530), dürfte lerntheoretisch kaum zu erklären sein.

Die Universalität der meisten menschlichen Ausdrucksbewegungen hat bereits Ch. Darwin (1872) herausgefunden, und sie ist auch vielen modernen Ausdruckspsychologen durchaus geläufig, die auf grundsätzliche Übereinstimmung in der menschlichen Mimik hinweisen: »Soweit die Zuverlässigkeit der Daten diese Folgerung zuläßt, scheinen die den genannten Zuständen zugehörigen mimischen und pantomimischen Bewegungen bei jedem Volk und jeder Rasse mit gleicher Bedeutung aufzutreten oder wenigstens auch mit dieser Bedeutung (man lacht vielleicht ohne Freude, aber auch wegen der Freude). Es ist wahr, daß es wichtige kulturelle Unterschiede im Ausdrucksverhalten gibt. Das tut aber der Konstanz dieser primären Ausdrucksformen keinen Abbruch« (N. H. Frijda 1965, S. 376). Ähnlich äußert sich auch S. Asch (1952): »Die Befunde der Ethnologen stimmen darin überein, daß es eine Grundlage von Ausdrücken gibt, die ausnahmslos bei allen menschlichen Gesellschaften vorkommen. Schmerzschreien und Weinen vor Kummer findet man universell verbreitet; bei Furcht erbleicht man ganz allgemein und zittert, und Lachen und Lächeln sind ganz allgemein Ausdruck der Freude und des Glücksgefühls. Es ist wahrscheinlich, daß die Übereinstimmungen noch umfassender sind und Reaktionen wie etwa Überraschung, Langeweile und Erstaunen einschließen. Wir können daher von bestimmten Invariablen in unseren Gemütsbewegungen sprechen, obgleich diese noch nicht ausreichend beschrieben wurden.« (S. 195, Übers. d. Verf.)

Einige Aufnahmen mögen das belegen (Abb. 18.8–18.11).

Um so überraschender ist, wenn man dann bei W. LaBarre (1947) liest, es gebe keine natürliche Sprache der Emotionen, und bei R. L. Birdwhistell (1963, 1968, 1970), keine Ausdrucksbewegung habe universale Bedeutung; alle seien sie das Produkt der Kultur und nicht angeboren. Heute würde man solche Aussagen nicht mehr riskieren können. Bis in die frühen siebziger Jahre war aber die Dokumentation über menschliches Ausdrucksverhalten höchst mangelhaft. Suchte man in den großen Filmarchiven nach Filmdokumenten ungestellter sozialer Interaktionen, dann fand man so gut wie nichts vor. Handwerkliche Fertigkeiten wie Töpfern,

Mattenweben und andere dem Aufnehmenden vorgeführte Aktivitäten waren reichlich vorhanden. Wollte man aber nachsehen, wie Mütter in verschiedenen Kulturen ihre Kinder herzen, wie Väter sich verhalten oder wie zwei Personen einander begrüßen, dann mußte man feststellen, daß es kaum ungestellte Dokumente der Wirklichkeit gab. Das hat sich mittlerweile grundlegend geändert.

Dank großzügiger Förderung durch die Max-Planck-Gesellschaft konnten wir in den sechziger Jahren ein kulturvergleichendes Dokumentationsprogramm starten, das mittlerweile sieben Kulturen in Longitudinalstudien erfaßt hat. Es handelt sich um Menschengruppen, die verschiedene Subsistenzstrategien verfolgen und die uns im Modell verschiedene Stufen der kulturellen Evolution vorführen*. Dazu kommen weitere, von denen Stichproben erarbeitet wurden. Für die Aufnahme verwenden wir die HASSsche Spiegeltechnik – eine Methode der unbemerkten Aufnahme, die H. HASS entwickelte und die von uns beiden in verschiedenen Erdgebieten erprobt wurde (I. EIBL-EIBESFELDT und H. HASS 1966, 1967). Ein vor dem Objektiv der Kamera angebrachter Vorsatz mit einem Spiegelprisma erlaubt es, nach der Seite zu filmen (Abb. 18.12). Mit dieser Technik gelang es, Menschen selbst aus nächster Nähe unbemerkt aufzunehmen. Sie sehen zwar, daß gefilmt wird, doch da das Objektiv der Kamera und die Aufmerksamkeit des Kameramannes in eine andere Richtung weisen, kümmern sie sich bald nicht weiter darum.

Bei diesen Aufnahmen wurde die Technik der Zeittransformation (Zeitraffer und Zeitlupe) verwendet, um Gesetzmäßigkeiten des Ablaufs sichtbar zu machen, die dem Beobachter normalerweise entgehen. Da die Zeitrafferaufnahme (1–7 Bilder pro Sekunde) bisher zur Erforschung des Verhaltens höherer Wirbeltiere nicht verwendet wurde, sei auf ihre Vorzüge besonders hingewiesen.

Zunächst kann man durch die Zeitraffertechnik Protokolle über länger dauernde Verhaltensabläufe gewinnen, die den Gesamtablauf eines Vorganges dokumentarisch festhalten. Sind wir etwa an der Technik des Töpferns interessiert, dann sind die bisher aufgenommenen völkerkundlichen Filme insofern unbefriedigend, als sie nie den gesamten Ablauf zeigen. Aus diesem sind vielmehr immer nur einzelne Episoden herausgegriffen, etwa wie der Lehm herbeigeschafft, dann geknetet und wie dann ein Boden geformt wird. Und es folgen vielleicht noch verschiedene Etappen des

---

* Es handelt sich um die !Kó- und G/wi-Buschleute der Kalahari, die als Jäger und Sammler eine altsteinzeitliche Entwicklungsstufe modellhaft repräsentieren; die Yanomami des oberen Orinoko, die Jäger und beginnende Pflanzer sind; die Eipo Westneuguineas als Repräsentanten einer neolithischen Gartenbauerkultur; die Himba als Hirtenkrieger Afrikas; die Trobriander als Gartenbauer pazifischer Inseln; die Balinesen als Vertreter einer bäuerlichen Hochkultur nichtwestlicher Prägung.

a

b

c

d

18.8 Die internationale Sprache der Mimik: Hochland-Indianerin aus Pisac, Peru: a) ihr Kind fütternd; b) es anlächelnd, das Kind lächelt zurück; c) offenbar nachdenklich; d) wenig später ihren Mann anlächelnd. Fotos: I. EIBL-EIBESFELDT (unbemerkte Schnappschüsse)

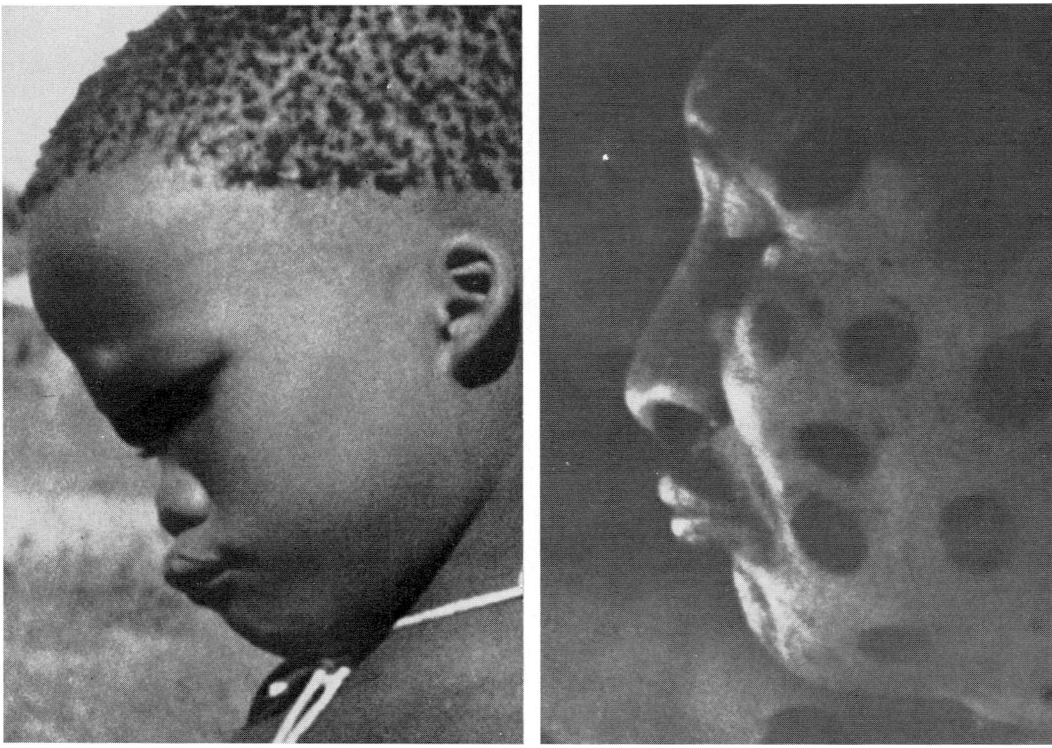

18.9 Links: Schmollendes !Ko-Buschmädchen (Kalahari); rechts: schmollender Waika-Indianer. Das Mädchen war von einem Spielgefährten gekränkt worden. Der Waika-Mann war gekränkt, weil wir ihn trotz seiner drängenden Bitte wegen der Erkrankung eines unserer Bootsinsassen nicht mitgenommen hatten. Man beachte die Ähnlichkeit des Ausdrucks. Aus 16-mm-Filmen. Fotos: I. EIBL-EIBESFELDT

Formens, etwa das Aufeinanderlegen mehrerer Wülste, das Glätten der Wände und dgl. mehr. Der Gesamtablauf ist auf diese Weise zerhackt und damit bereits eine Interpretation des Aufnehmenden, der herausstellt, was ihm wichtig erscheint. Was zwischen den Schnitten geschieht, erfährt man in diesen Filmen, wenn überhaupt, nur aus der Begleitveröffentlichung. Daß dies bisher als unvermeidbar hingenommen wird, geht aus den Leitsätzen hervor, die G. SPANNAUS (1961) für die Herstellung völkerkundlicher Filme aufstellte. Er betont, daß man als Völkerkundler auf eine »repräsentative« Erfassung geschlossener Bewegungsvorgänge aus dem Gesamtablauf angewiesen sei, da man den Gesamtablauf etwa des Töpferns oder eines religiösen Festes nur in seltenen Fällen festhalten könne. »Es genügt, wenn alle einmalig vorkommenden Teilausschnitte einmal und die sich ständig wiederholenden ein- oder zweimal erfaßt werden . . .« (S. 77). Gerade das Beispiel des Töpferns zeigt jedoch, daß es sich hier auch um

a

b

18.10 a) Wut mimender Kabuki-Schauspieler (Tokio). Foto: I. EIBL-EIBESFELDT; b) Ausdruck der Wut bei einem vierjährigen Mädchen. Motiv: offenbar Eifersucht. Der Vater hatte die Schwester im Konfirmationskleid lange und wiederholt aufgenommen. Da sprang das Mädchen schließlich vor und rief: »Ich will auch fotografiert werden.« Das Kind ist sowohl weinerlich als auch höchst aggressiv. Man beachte die in Angriffsintention vorgeneigte Haltung, die geballten Fäuste und die Wutmimik, insbesondere die Mundpartie. Aus E. v. EICKSTEDT (1963)

einen Verhaltensablauf auf einer höheren Integrationsstufe handelt, den man mit Hilfe des Zeitraffers durchaus in seiner Gesamtheit erfassen kann.

Wählt man den Raffungsmaßstab richtig, dann laufen die Bewegungen zwar schnell ab, doch bleibt jede einzelne Handbewegung immer noch sichtbar. Man sieht, wie unter den formenden Händen das Produkt heranwächst, und kann später auszählen, wie viele Einzelbewegungen für die Herstellung des betreffenden Topfes nötig waren, welche Arbeitsleistung also hineingesteckt wurde. Das wiederum erlaubt, etwa die Vorzüge verschiedener Techniken nach ihrem Wirkungsgrad zu errechnen. Ebenso kann man aus vergleichenden Zeitrafferaufnahmen, z. B. der Feldbestel-

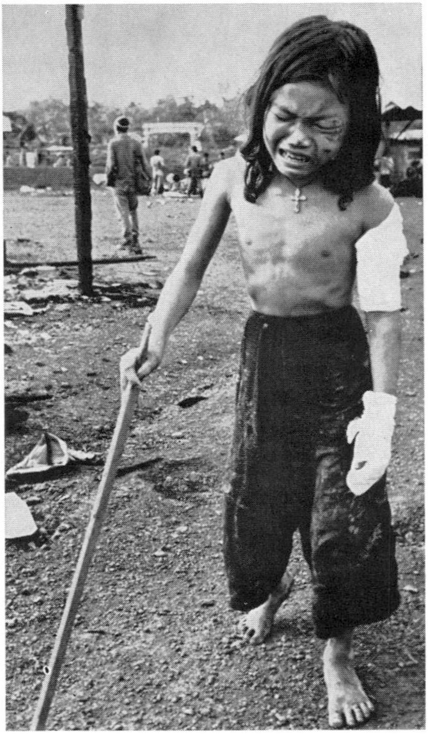

a

b

18.11 a) Weinen bei großer Niedergeschlagenheit und körperlichem Schmerz. Mädchen aus Vietnam (Gegend von Don Xoai), das bei den Kämpfen um die Stadt die Eltern verlor und selbst verletzt wurde. Foto: ASSOCIATED PRESS; b) Indianerbaby, weinend (Pisac, Peru). Foto: I. EIBL-EIBESFELDT

a

b

18.12 Zwei schon historische Aufnahmen: Die Bolex mit dem HASSschen Spiegelobjektiv, das wir in den frühen sechziger Jahren verwendeten: a) Ein in den Vorsatz eingebautes Prisma erlaubt es, nach der Seite zu filmen. Nach vorne ist das Objektiv durch eine Objektivattrappe abgeschlossen. Die Technik ist mittlerweile fortgeschritten. Wir verwenden zur Zeit eine Arriflex mit Zeitkodierung, und die Spiegelobjektive sind so gebaut, daß sie Zoomaufnahmen gestatten; b) H. HASS mit dem Spiegelobjektiv auf dem Markt von Arusha, nach der Seite filmend. Foto: I. EIBL-EIBESFELDT lung, errechnen, wieviel Arbeit bei verschiedenen Techniken aufgewendet wird. – Der Vergleich von Zeitrafferaufnahmen geübter und ungelernter Kräfte kann ebenfalls aufschlußreich sein.

Selbstverständlich müssen die Verhaltensweisen des untergeordneten Integrationsniveaus, aus denen sich der kompliziertere Verhaltensablauf zusammensetzt, ebenfalls festgehalten werden. Diese Einzelbewegungen filmen wir in Zeitlupe mit einer zweiten Kamera und unbemerkt.

Dem Völkerkundler eröffnet die Zeitraffertechnik neue Wege der Dokumentation und Analyse. Man denke etwa an die Untersuchung religiöser Zeremonien und anderer Riten, die man nur so in ihrem gesamten Ablauf festhalten kann. Einen Vorgang von einer halben Stunde Dauer bringt man bei 4 Bildern pro Sekunde leicht in einem 5-Minuten-Film unter. Ist jemand später am Studium kultureller Ritualisierung interessiert, so wird er gerne auf zeitgeraffte Filme, etwa einer katholischen Messe, zurückgreifen. Wurde dieser Vorgang in regelmäßigen Zeitabständen dokumentiert, dann wird man die Wandlungen direkt aus den Filmen ablesen können.

Die Zeitraffertechnik hat außer den geschilderten Vorzügen noch für sich, daß sie Regelmäßigkeiten im Verhalten sichtbar macht, die der direkten Beobachtung normalerweise entgehen. Ein Zeitungsverkäufer, den H. Hass in Wien aufnahm, entpuppte sich z. B. als ein sehr dankbares Zeitrafferthema. Bei direkter Beobachtung zeigte sich nichts Besonderes in seinem Verhalten. Die Zeitrafferaufnahme machte jedoch sichtbar, daß der Mann vor einer etwa 1,5 m breiten Stützwand, die jederseits von einem Schaufenster begrenzt wurde, stereotyp hin und her lief, als wäre er an diesen Ort gefesselt. Hier drückt sich möglicherweise ein angeborenes Deckungsbedürfnis aus.

Aufnahmen von einem erhöhten Standort zeigen, daß Menschen ohne ersichtlichen Grund auffällige Geländemarken, z. B. Fahnenmasten, offenbar auf Grund eines uns angeborenen Orientierungsmechanismus ansteuern. Dies geschieht auch, wenn sie dabei vom direkten Weg zum Ziel abweichen und einen leichten Umweg ausführen müssen.

Bei der Durchsicht von Zeitrafferaufnahmen essender Menschen fiel uns auf, daß einzeln Essende nach ein bis zwei Bissen regelmäßig kurz aufblicken und in die Ferne schauen, wobei der Blick oft automatisch einmal nach den Seiten wandert, gewissermaßen den Horizont abtastend. Paviane und Schimpansen zeigen das gleiche Verhalten. Es dürfte sich dabei um ein Sichern im Dienste der Feindvermeidung handeln, das auch dem Menschen als stammesgeschichtliches Erbe eigen ist und automatisch abläuft, obgleich heute eine Gefährdung des Menschen beim Essen nicht mehr gegeben ist (H. Hass 1968). Das gleiche Phänomen hat auch die Aufmerksamkeit von D. P. Barash (1972) erweckt, der fand, daß alleinsitzende Personen signifikant mehr sichern als in Gruppen sitzende (siehe auch die Untersuchung von P. Wirtz und M. Wawra 1986, besprochen in Eibl-Eibesfeldt »Humanethologie«, 2. Aufl. 1986).

Von besonderem Wert sind Zeitrafferaufnahmen zur Untersuchung des Verhaltens von Menschen in kleinen oder größeren Gruppen. Bereits die Beobachtung zweier Personen ist normalerweise schwierig, da man das Verhalten beider nicht gleichzeitig registrieren kann. Noch schwieriger wird es, wenn es sich um mehrere Personen, etwa eine mehrköpfige Familie, handelt. Haben wir dagegen ein Zeitrafferprotokoll, dann können wir die Aufnahmen beliebig oft abspielen und dabei festhalten, wie die Verhaltensweisen einzelner Personen aufeinander abgestimmt und einander zugeordnet sind. Wir filmen mit dieser Technik spielende Kinder, Mütter mit Kindern und Pärchen, aber auch größere Menschenansammlungen und das Verhalten von Menschen bei kulturellen Zeremonien. Weitere Versuchsaufnahmen deuten darauf hin, daß sich die Zeitrafferaufnahme auch noch in vielen anderen Zusammenhängen zur Erforschung menschlichen und tierischen Verhaltens einsetzen läßt. Erwähnt sei noch, daß man für die Zeitrafferaufnahmen die Kamera auf einem erhöhten Punkt (etwa einem Wagendach) aufbauen und dann allein laufen lassen kann. Selbst in solchen Fällen arbeiten wir jedoch zur Sicherheit meist mit einem Spiegelobjektiv, obgleich an sich kein Mensch vermutet, daß eine allein stehende Kamera tätig ist.

Wenn wir Mimik und Gestik analysieren wollen, filmen wir unbemerkt in Zeitlupe (50 B/sec). Für die spätere Deutung des Ausdrucksgeschehens ist außerdem entscheidend, in einem Protokoll festzuhalten, was die jeweils aufgenommene Person vor und nach der Aufnahme tat und in welchem sozialen Zusammenhang die fraglichen Verhaltensweisen auftraten. Wir bemühen uns also, das Verhalten nach seiner Einbettung in Situation und Ablauf richtig zu verstehen, so wie es auch bei der Motivationsanalyse tierischen Verhaltens wichtig ist, sich von subjektiven Fehldeutungen freizuhalten.

Bei Stichprobenerhebungen beschränkten wir uns auf bestimmte Interaktionstypen, und wir lösten auch Verhaltensweisen wie solche der Zustimmung und Ablehnung experimentell aus.

Mittlerweile haben wir im Humanethologischen Filmarchiv (HF) der Max-Planck-Gesellschaft etwas über 220 km Film von ungestellten sozialen Interaktionen und Riten archiviert. Das Original bleibt unzerschnitten. Filmpublikationen werden vom HF in Zusammenarbeit mit dem Institut für den Wissenschaftlichen Film im Rahmen der Encyclopaedia cinematographica (EC) veröffentlicht. Auf die verschiedenen Methoden der Filmauswertung gehe ich in der »Biologie des menschlichen Verhaltens« (1984) ausführlich ein. Man kann unter anderem menschliche Gesichtsausdrücke nach einem von C. H. HJORTSJÖ (1969) und P. EKMAN und Mitarbeitern (1971) entwickelten Facial Action Coding System (FACS) Bild für Bild kodieren, so daß der Computerausdruck in einer Art Partitur Beginn, Höhepunkt und Abklingen der einzelnen Aktionseinheiten ausdrückt (S. 37). Damit ist eine Möglichkeit gegeben, Verhaltensmuster auf ihre Stereotypie und ihre Einbettung in andere innerhalb und zwischen den Kulturen zu vergleichen.

Bei dem hier als Beispiel vorgestellten »Augengruß« (Abb. 18.13–18.19) handelt es sich um eines der universalen Verhaltensmuster des Ausdrucks, das erst anhand der Analyse von Zeitlupenaufnahmen von uns entdeckt und beschrieben (I. EIBL-EIBESFELDT 1967, 1968) und von K. GRAMMER und Mitarbeitern (1986) genauer untersucht wurde. Daß dieses bemerkenswerte Signal bis dahin der Aufmerksamkeit der Mimikforscher entging, mag darauf zurückzuführen sein, daß wir dieses Zeichen unbewußt verarbeiten. Erst die Verfremdung der Zeitlupe macht uns aufmerksam.

Beim Augengruß werden die Augenbrauen nach Herstellung des Blickkontaktes für etwa ⅙ einer Sekunde schnell angehoben und danach wieder gesenkt. Das Verhalten wird von anderen Aktionseinheiten begleitet: Ein kurzes, ruckartiges Anheben des Kopfes geht ihm voran, mit dem Brauenheben breitet sich ein Lächeln aus, und häufig nickt die Person anschließend.

Es handelt sich um ein universelles, recht stereotypes Ausdrucksmuster, das ich bisher in allen von mir besuchten Kulturen fand. Allerdings gab es Unterschiede in der Bereitwilligkeit, mit der man so grüßte. Japaner sind damit recht zurückhaltend. Der Augengruß schicke sich nicht, erklärten sie auf Befragung. Sie merkten gar nicht, wie freigebig sie dieses Zeichen sandten, wenn sie mit kleinen Kindern schäkerten. Samoaner dagegen grüßten jedermann regelmäßig mit Augengruß, während wir in Mitteleuropa nur sehr gute Freunde so bedenken. In Samoa drückt dieses Zeichen auch sachliche Zustimmung aus und begleitet das verbale Ja, gelegentlich ersetzt es dieses. Wir tun das nur bei sehr freudiger Zustimmung. Ich beobachtete bei uns schnelles Brauenheben ferner beim Danken, Flirten, Schäkern mit Kleinkindern, beim Betonen einer Feststellung und seltener beim Anfragen.

Von 155 Fällen schnellen Brauenhebens entfielen: 45 auf Gruß und Abschied, 9 auf Flirt, 12 auf Frauen, die mit Babys schäkerten, 4 auf Dank, 31 auf Bejahung, 14 auf zustimmendes Bestätigen einer Feststellung (»Ja, so ist es.«) und 40 auf das Betonen einer Aussage.

Das Ja zum sozialen Kontakt (Flirt, Gruß, Schäkern, Dank) macht fast die Hälfte aller registrierten Fälle aus (70). Auf Bejahung und Zustimmung entfallen 45. Beim Betonen einer Aussage spielt das Brauenheben

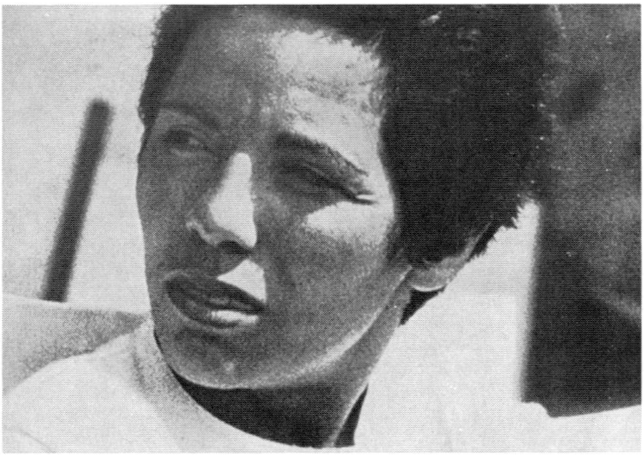

a

b

c

d

18.13 Augengruß einer Französin: a) Neutrales Gesicht, b) und c) Heben der Augenbrauen; d) Lächeln danach. Zeitlupenaufnahme 48 B/sec. Die gesamte Folge a) bis c) umfaßt 41 Bilder (0,87 sec). 6 Bilder nach der ersten Aufnahme merkt man ein leichtes Anheben der Augenbrauen. Zwischen 19. und 26. Bild sind sie maximal gehoben. Die Aufnahme b) zeigt das 23. Bild (0,47 sec nach a) und Aufnahme c) das 41. Bild. Der ganze Vorgang des Brauenhebens und Wiedersenkens umfaßt 18 Bilder (0,37 sec), und nur 7 Bilder lang sind sie maximal angehoben. Foto: H. Hass

18.14 Der Augengruß einer !Kung-Buschfrau bei Erwiderung des Grußwortes; 1., 3., 7. und 9. Bild eines mit 50 B/sec aufgenommenen 16-mm-Films. Foto: I. Eibl-Eibesfeldt (Südwestafrika)

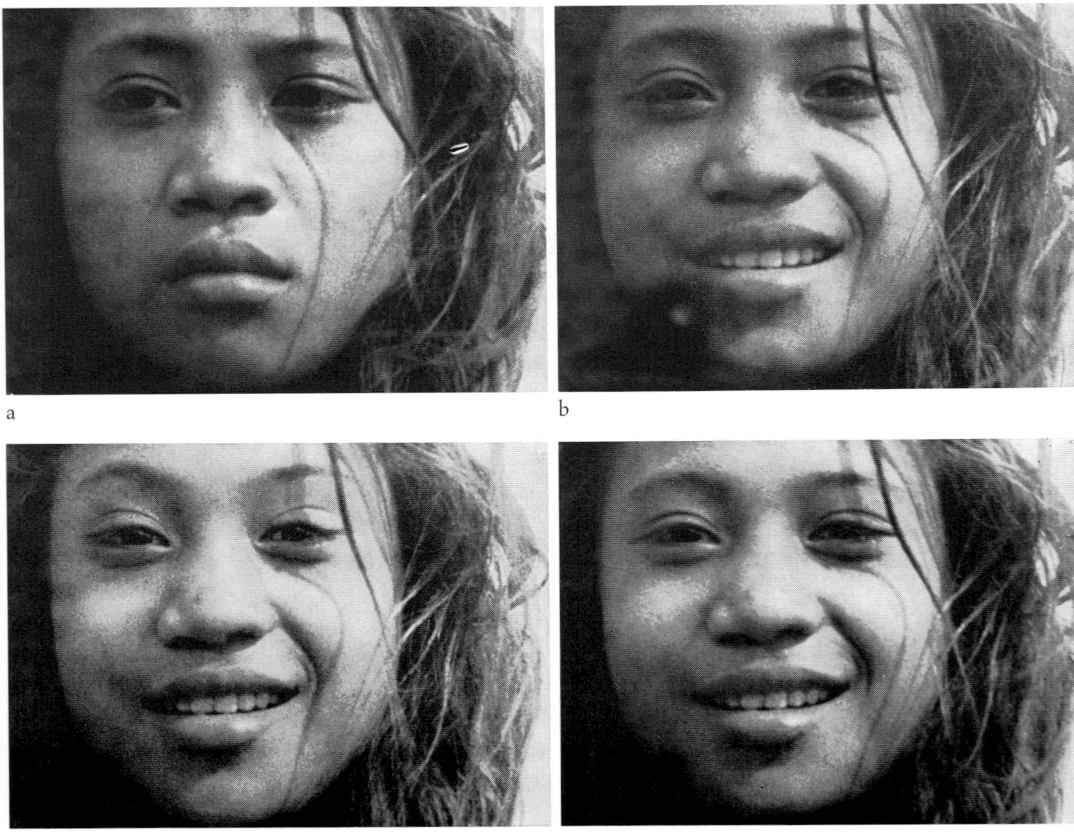

a b c d

18.15 Augengruß flirtender Samoanerin: Aus einem Zeitlupenfilm (48 B/sec): a) Neutraler Gesichtsausdruck; b) Anlächeln des Partners (41. Bild); c) ruckartiges Anheben der Augenbrauen (107. Bild); d) Lächeln danach (124. Bild). Der ganze Vorgang läuft überaus rasch ab. Die Augenbrauen sind nur 1/6 sec lang deutlich gehoben. Foto: H. Hass (aus einem 16-mm-Film)

a
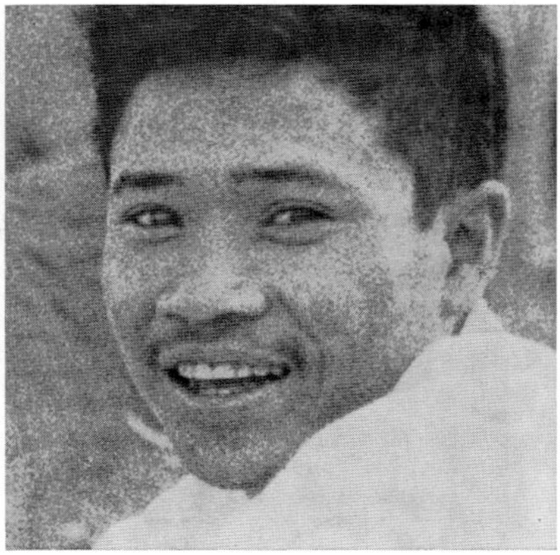
b
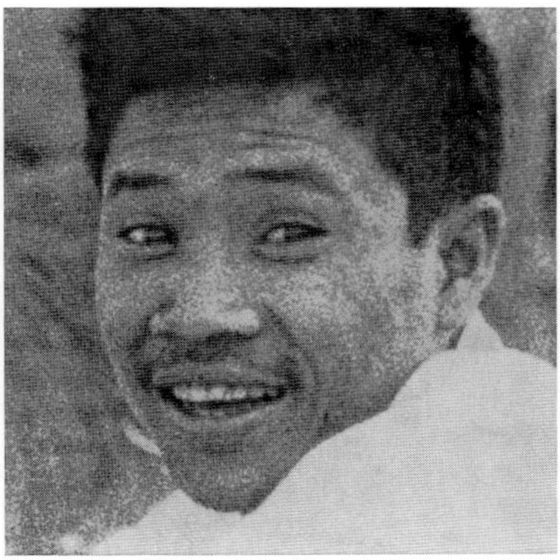
c

d

18.16 Augengruß eines Balinesen (Insel Nusa Penida bei Bali): Die Folge a) bis d) umfaßt 19 Bilder; b) zeigt die 6., c) die 11. Aufnahme. Beim 6. Bild setzte die Aufwärtsbewegung der Augenbrauen ein, beim 11. Bild waren sie maximal gehoben. Die Abwärtsbewegung begann mit dem 17. Bild. Foto: I. Eibl-Eibesfeldt

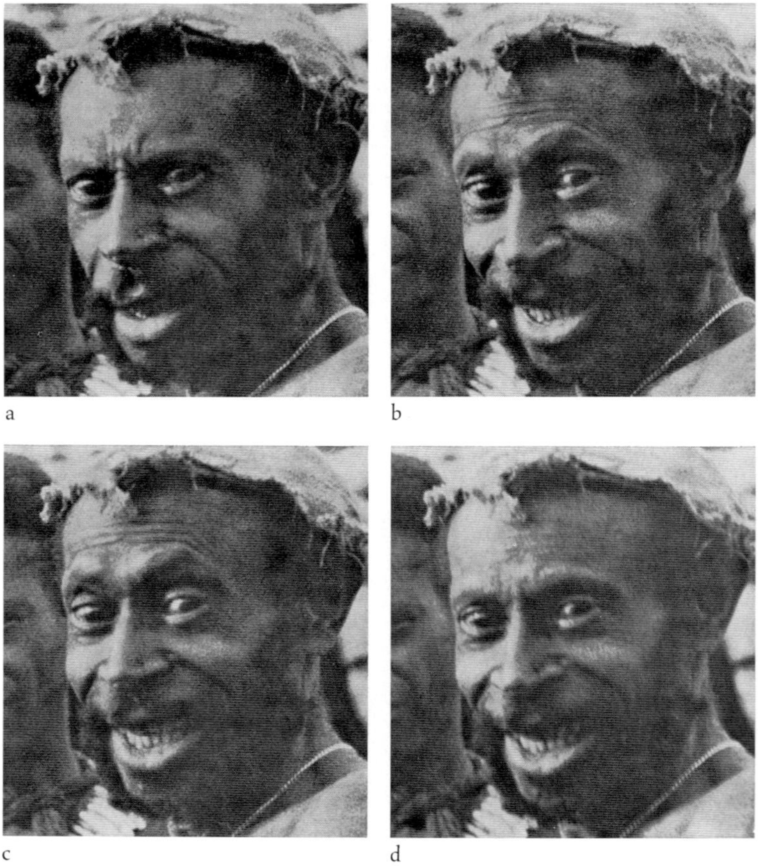

18.17 Augengruß eines Woitapmin (Bimin/Neuguinea): Die Folge a) bis d) umfaßt 85 Bilder; b) zeigt die 75., c) die 79. Aufnahme. Drei Bilder nach Aufnahmebeginn sieht der Mann zur Kamera. Er beginnt beim 16. Bild, andeutungsweise zu lächeln, und beim 57., die Augenbrauen zu heben. Sie sind vom 78. bis zum 84. Bild gehoben. Alle Aufnahmen stammen aus 16-mm-Filmaufnahmen. Aufnahmefrequenz 48 B/sec. Foto: I. Eibl-Eibesfeldt

18.18 Augengruß eines Huri aus dem Gebiete von Tari (Neuguinea): Die Folge a) bis d) umfaßt 45 Bilder, b) zeigt die 30., c) die 36. Aufnahme. Der Aufgenommene begann 26 Bilder nach dem ersten Anflug eines Lächelns, die Augenbrauen zu heben. Die maximale Anhebung war 4 Bilder danach erreicht und wurde über 7 Bilder beibehalten. Foto: I. Eibl-Eibesfeldt

a

b

c

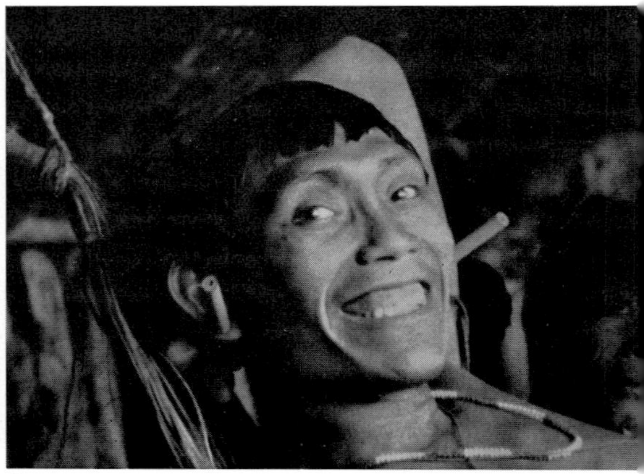

d

18.19 Augengruß eines Waika (oberer Orinoko). Die Aufnahmen stammen aus einem Zeitlupenfilm (16 mm, 48 B/sec) und zeigen das 1., 15., 33. und das 76. Bild einer Ablauffolge. Foto: I. Eibl-Eibesfeldt ebenfalls eine große Rolle. Auch hier wird sozialer Kontakt (Zustimmung) gesucht. Man will überzeugen und betont zugleich, daß die Aussage stimme. Primär handelt es sich immer um ein Ja zu einem sozialen Kontakt (Gruß, Flirt). Über die allgemeinere Zustimmung wurde daraus bei den Samoanern ein Zeichen für das sachliche Ja. Als beteuerndes Ja betont es bei uns oft eine Aussage, in selteneren Fällen sogar eine Verneinung. In diesem Falle verbinden sich das verbale Nein und das Kopfschütteln mit der Aussage: »Ja, so ist es.«

Beim Fragen gebrauchen wir das Brauenheben oft genauso wie bei der Zustimmung fordernden verbalen Frage »Ja?«, und wir warten dann oft mit gehobenen Brauen auf Antwort. Ich glaube aber nicht, daß sich das fragende Brauenheben aus jenen Formen, die ein Ja bedeuten, entwickelte. Wenn man eine Frage gestellt hat, dann lauscht man aufmerksam auf die Antwort und öffnet damit die Sinnespforten wie bei der Neugier.

Verfolgt man, in welchen anderen Zusammenhängen die Brauen gehoben werden, dann erhält man einen Hinweis auf die stammesgeschichtliche Entwicklung des Verhaltens. Wir heben die Brauen bei Neugier – das zuletzt erwähnte fragende Brauenheben mag ebenfalls hierher gehören – und sehr oft als Zeichen der Überraschung. In beiden Fällen bleiben die Brauen länger gehoben. Es handelt sich wohl um ein Öffnen der Sinnespforten, um besser wahrnehmen zu können, wobei das Brauenheben Begleiterscheinung des Augenöffnens ist. Das wird der Ausgangspunkt für die Ritualisierung des Verhaltens zum Brauengruß gewesen sein. Noch heute drückt man in unserem Lande bei einer Begegnung mit einem Freunde die Überraschung mit den Worten aus: »Ah, Du bist es«, wobei die Brauen im Augengruß flüchtig gehoben werden, während andere mimische Zeichen (Lächeln) das Freudige an dieser Überraschung mitteilen. Es gibt noch eine andere Ritualisierungsrichtung: Bei Unmut heben wir ebenfalls die Brauen. Wir drücken damit z. B. unsere Verärgerung über das schlechte Betragen eines Mitmenschen aus – eine uns berührende, unangenehme Überraschung gewissermaßen. Die Brauen bleiben dabei gehoben, wodurch der Blick drohend wird. Auch andere mimische Begleitbewegungen (senkrechte Stirnfalten) verkünden den Unmut. Erwähnt sei schließlich das Brauenheben beim hochmütigen Ausdruck, als weitere Ritualisierung dieses Verhaltens zur Gebärde der sozialen Ablehnung, aus der sich bei einigen Völkern, z. B. bei den Griechen, ein sachliches Nein entwickelte.

Das Beispiel des »Augengrußes« illustriert, daß Ausdrücken oft ein weiteres Bedeutungsspektrum zukommt.

Im Anschluß an die mit Blickkontakt und schnellem Brauenheben ausgedrückte Zuwendung kommt es in der Regel zu einem »cut-off«, d. h. der Blick wird vorübergehend abgewendet. Bei Grußbegegnungen kommt es in dieser Phase meist zu einer weiteren Annäherung (A. KENDON und A. FERBER 1973, T. K. PITCAIRN und I. EIBL-EIBESFELDT 1976).

Darin drückt sich die ebenfalls als Universalie feststellbare Ambivalenz der zwischenmenschlichen Beziehungen aus. Intentionsbewegungen der Kontaktbereitschaft lösen sich mit solchen der Kontaktmeidung ab, oder sie mischen sich in simultaner Ambivalenz. Die Scheu des Menschen vor dem Mitmenschen äußert sich bereits im Säuglingsalter als Fremdenfurcht, und sie setzt keinerlei schlechte Erfahrungen mit Fremden voraus; was belegt, daß der Mitmensch Träger von Signalen ist, die außer Reaktionen der Zuwendung auch solche der Ablehnung auslösen. Insbesondere die Augen werden mit Ambivalenz wahrgenommen (S. 735).

Die folgende Übersicht faßt die Verhältnisse anschaulich zusammen:

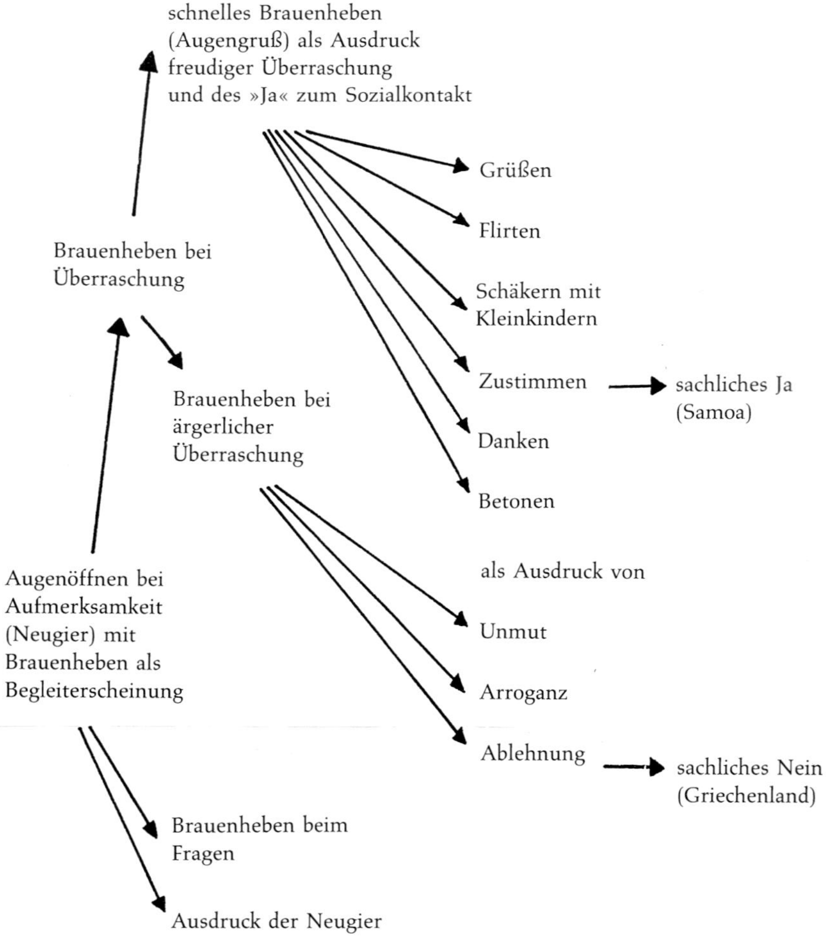

Das Unterbrechen des Blickkontaktes verhindert einerseits, daß unser Grußpartner den Blickkontakt als dominierend-zudringlich wahrnimmt. Es ist zugleich ein Weg, den eigenen Erregungszustand zu kontrollieren. Nähert sich einem 6 bis 10 Monate alten Kind eine fremde Person, dann steigert sich die Pulsschlagfrequenz des Kindes, sobald es Blickkontakt aufnimmt. Das Kind schaut danach meist kurz (weniger als 3 Sekunden) weg (zu Boden oder zur Mutter), und daraufhin pflegt die Herzschlagfrequenz sofort um 10 bis 15 Pulsschläge pro Minute abzufallen. E. WATERS, E. MATAS und L. SROUFE (1975), die das durch Versuche feststellten, bemerken auch, daß Kinder, die oft genug wegsehen, weniger dazu neigen, bei der Annäherung des Fremden zu weinen, und eher bereit sind, später freundlichen Kontakt aufzunehmen. Sie manipulieren ganz offensichtlich ihren Erregungszustand über die eingeschalteten »cut offs«.

Diese Ambivalenz hält sich bis ins Erwachsenenalter. Im Flirt der Frauen werden die Intentionsbewegungen der Abkehr geradezu zum koketten Signal, unmittelbar verständlich auch bei Vertretern anderer Kulturen und Rassen (Abb. 18.20–18.27). Es kommt dabei zu simultaner Überlagerung oder sukzessiver Folge von Verhaltensweisen der Zuwendung und Abkehr. Auf Blickkontakt wendet sich z. B. der Kopf zur Seite; oft wird er gesenkt mit Blick zu Boden. Vielfach, aber nicht immer, verdeckt das Mädchen sein Gesicht mit der Hand und lacht oder lächelt verschämt. Aus den Augenwinkeln hervor schaut es weiterhin zum Partner und pendelt manchmal zwischen dieser Blickzuwendung und dem verschämten Wegschauen hin und her. Es handelt sich um ein Wechselspiel von Zuwendung und ursprünglich wohl angstmotivierter Abkehr, das zu einem Flirtverhalten ritualisiert wurde. Oft beschränkt sich dieses Wechselspiel auf Augenbewegungen (Abb. 18.20). Bei simultaner Ambivalenz kann Blickzuwendung mit Abwendung des Körpers kombiniert werden.

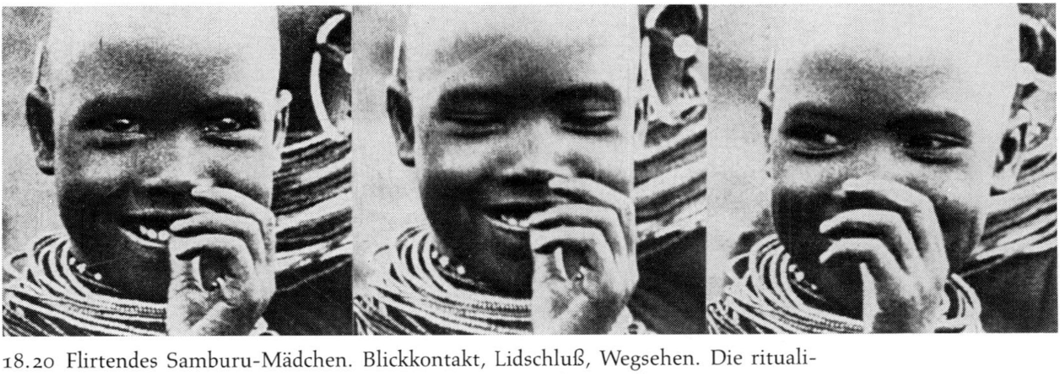

18.20 Flirtendes Samburu-Mädchen. Blickkontakt, Lidschluß, Wegsehen. Die ritualisierte »Flucht« beschränkt sich auf Augenbewegungen. In den Kopfbewegungen ist sie nur mehr angedeutet. Nach Filmaufnahmen des Verfassers. Aus I. EIBL-EIBESFELDT (1970)

18.21 Simultane Ambivalenz im Flirtverhalten. Flirtendes 10jähriges Samburu-Mädchen mit Augenzuwendung; bei gleichzeitiger Intention zur Abkehr. Foto: I. EIBL-EIBESFELDT (aus einem 16-mm-Film, aufgen. bei Maralal, Kenia)

Die Tatsache, daß auch aggressive Verhaltensweisen (Nägelbeißen, Anstupsen eines Partners, Aufstampfen mit dem Fuß) bei Flirt und Verlegenheit auftreten, zeigt, daß bei Begegnungen mit Menschen neben den Systemen der Zuwendung auch das agonale System (S. 520) aktiviert wird, das Angriff und Flucht beinhaltet (Näheres bei I. EIBL-EIBESFELDT 1984).

Hier ergibt bereits die Überlagerung einiger weniger Invariabler (Intentionsbewegungen der Zuwendung, Aufnahmebereitschaft und Abkehr) einen relativ komplizierten und variationsreichen Ausdruck (vgl. dazu die LORENZ-Matrix S. 186).

Interessant ist die Reaktion des Gesichtverdeckens bei Verlegenheit. Es handelt sich einerseits sicher oft um eine Versteckhandlung. Das zeigt die Aufnahme eines dreijährigen deutschen Mädchens (Abb. 18.23), das sich nach einer Reaktion der Zuwendung hinter der vorgehobenen Hand verbirgt. Dazu zeigt es noch die »Hals-Schulter-Reaktion«, eine auch beim Erschrecken auftretende Reaktion, bei der man die Schultern hochzieht und so die verletzlichen Halsseiten schützt – in der Umgangssprache auch als »Kopfeinziehen« bekannt. In vielen Fällen beobachtet man, daß nur das Untergesicht verdeckt wird, und das ist sicher kein Sichverstecken, sondern ein Maskieren des Ausdruckes. Das Lächeln, ein Signal der Zuwendung, wird dabei verborgen. Das wird in der Ablauffolge in Abb. 18.24 deutlich. Das Mädchen zeigt zuerst ein Lächeln, dann bremst es dieses ab, indem es den Mund fest schließt, und hält dann noch die Hand vor das Untergesicht. Die Papuamädchen in Abb. 18.25 verbinden das Untergesichtsverbergen mit Fingerbeißen, einer gegen sich selbst abgeleiteten Aggression. Bei dem afghanischen Mädchen wird das Lächeln während des Blickkontakts verborgen. Nach Abkehr gibt es dem Ausdruck freie Bahn

a b c d

18.22 Verlegene Turkanafrau als Beispiel sukzessiver Ambivalenz. Sie nimmt den Blickkontakt auf, lacht, senkt (verschämt?) Kopf und Lider und wiederholt dann den vollen Blickkontakt. Aus einer Zeitlupenaufnahme (48 B/sec). Die ganze Folge von a) bis d) umfaßt 6,04 sec (290 Bilder). b) ist das 40. Einzelbild (0,83 sec nach a) und c) das 177. Einzelbild (3,68 sec nach a). Foto: H. Hass (Lorukumu, Kenia)

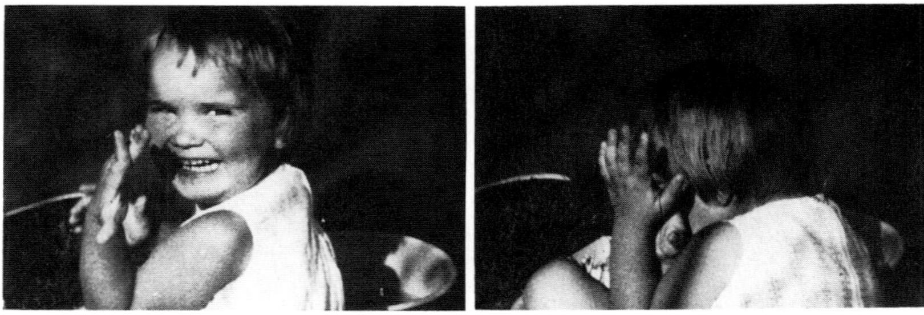

18.23 Dreijähriges Mädchen, das auf Aufforderung die gewaschenen Hände zeigt und sich dann scheu vor dem ihr erst seit kurzem bekannten Frager hinter der Hand verbirgt; dabei Kopf-Schulter-Reaktion. Aus einem 16-mm-Film. Foto: I. EIBL-EIBESFELDT

(Abb. 18.26). Bemerkenswert ist, daß auch Blindgeborene die Reaktion des Gesichtsverbergens zeigen, so als wüßten sie, daß andere sehen und man durch Vorhalten der Hand verbergen kann. Da dieses Wissen schwerlich aus eigener Erfahrung stammt, dürfen wir annehmen, daß es sich um stammesgeschichtliche Erfahrung handelt, die hier zum Ausdruck kommt, also um eine angeborene Reaktion (Abb. 18.27).

Weitgehende Übereinstimmungen findet man auch in vielen anderen mimischen Äußerungen. So drücken sich Hochmut und Verachtung, um nur ein weiteres Beispiel zu nennen, in aufrechter Haltung, Anheben des Kopfes, in Rückwärtsbewegung, Blick von oben herab, geschlossener Mundspalte und Ausatmen durch die Nase aus, also durch ritualisierte Bewegungen der Abkehr und Abweisung. Bei Wut entblößen Menschen die Zähne im Lippenwinkel.

Auch in der Gestik gibt es sehr viele Übereinstimmungen zwischen Menschen verschiedener Kulturen. Hier wie dort ist die Verbeugung Geste der Ergebenheit, z. B. bei Begrüßungen oder wenn man vor einen ranghohen Menschen oder im Gebet vor Gott hintritt (T. OHM 1948; Abb. 18.28). Verschiedenheiten betreffen nur das Ausmaß; wir nicken wohl nur leicht mit dem Kopf, während der Japaner sich tief verbeugt. Im Triumph und wenn wir begeistert sind, werfen wir die Arme hoch (Abb. 18.29). Menschen verschiedenster Kulturen grüßen durch Heben der offenen Hand, allerdings nicht in allen! (Abb. 18.30).

Diese Verhaltensweise tritt allerdings nicht universell auf, und eine funktionelle Deutung ist durchaus möglich. Durch Heben der offenen Hand zeigt man offensichtlich, daß man keine Waffe verbirgt. Eine parallele Entwicklung solcher Verhaltensweisen in verschiedenen Kulturen liegt daher nahe.

Will ein Mann einen anderen beeindrucken – ihm imponieren –, tut er das wiederum bei den verschiedenen Völkern in recht ähnlicher Weise

b

d

f

18.24 Reaktion der Verlegenheit auf die Frage, ob sie einen Freund habe (sechsjährige Deutschamerikanerin). Sie setzte zur Bejahung an, bremste aber die Antwort und das Lächeln ab und verbirgt nun den Ausdruck hinter der vorgehaltenen Hand (zuletzt wandte sie sich ab). Aus einem 16-mm-Film. Foto: I. Eibl-Eibesfeldt

18.25 Reaktion von Papuamädchen (Woitapmin) auf ein Kompliment: Lächeln, Verbergen des Untergesichts und Fingerbeißen. Aus einem 16-mm-Film. Foto: I. EIBL-EIBESFELDT

durch aufrechte Haltung, grimmiges Gesicht und häufig mit künstlicher Betonung der Körpergröße und der Schulterbreite (S. 736). Nur die Mittel dazu sind in den einzelnen Kulturen verschieden. Die einen setzen sich Federkronen aufs Haupt, die anderen Bärenfellmützen, man prunkt mit Waffen und bunter Tracht – das Prinzip bleibt das gleiche. Wenn wir uns ärgern, »empören« wir uns, d. h. wir springen in Angriffsintention auf, ballen die Fäuste und schlagen wohl auch auf den Tisch, eine umorientierte Angriffsbewegung (S. 721). Wir stampfen ferner im Zorn mit dem Fuß auf, eine Intentionsbewegung des Angriffs, die man hierzulande vor allem bei den noch unbeherrschten kleinen Kindern antrifft; der Erwachsene unterdrückt sie meist. Bei einem zornigen Bantu-Buben sah ich die gleiche Gebärde. Wieweit die Gesten des Bejahens und des Verneinens eine angeborene Grundlage haben, muß noch genauer untersucht werden. Viele Rassen verneinen durch Kopfschütteln, Schließen des Mundes, einige

18.26 Afghanisches Mädchen, verlegen im Gespräch mit einer ihm unbekannten Dame. Aus einem 16-mm-Film. Foto: I. Eibl-Eibesfeldt

18.27 Reaktion eines Blindgeborenen auf die Frage: »Hast du eine Freundin?« Er verbirgt sein Gesicht zweimal hinter der Hand. Aus einem 16-mm-Film. Foto: I. EIBL-EIBESFELDT

auch durch Zungezeigen (ritualisiertes Ausspucken; Abb. 18.31) und bejahen durch Nicken. DARWIN weist darauf hin, daß der erste Akt der Verneinung bei kleinen Kindern im Zurückweisen der Nahrung besteht, durch seitliches Wegwenden des Kopfes von der Brust oder vom herangeführten Löffel. Man könnte auch an eine ritualisierte Abschüttelbewegung denken.

Das schon erwähnte blind und taub geborene Mädchen (S. 679) schüttelte

a

b

18.28 a) Im Tempel betende Japanerin; b) Portugiesen vor dem König von Kongo. Aus ORDOADO LOPEZ (1597)

a b

18.29 Das Hochwerfen der Hände im Triumph: a) Ein begeisterter deutscher Schlachtenbummler bei der Fußballweltmeisterschaft 1966 in England bei der Begegnung Deutschland–Spanien nach dem ersten deutschen Tor. Foto: ASSOCIATED PRESS; b) ausgelassene Freude auf dem Carneval von Rio. Foto: I. EIBL-EIBESFELDT

18.30 Durch Heben der offenen Hand grüßender Schom Pen (Groß-Nikobar); rechts daneben: ebenso grüßende Karamojo-Frau. Foto: I. EIBL-EIBESFELDT

den Kopf, wenn es etwas nicht essen wollte, und ebenso auch, wenn es etwas ablehnte, z. B. eine Spielaufforderung. Die Tatsache, daß Menschen auch mit anderen Gebärden verneinen, Sizilianer z. B., indem sie den Kopf nach hinten legen, spricht nicht gegen die DARWINsche Deutung. Eine angeborene Bewegung kann ja durch Dressur unterdrückt werden. Man

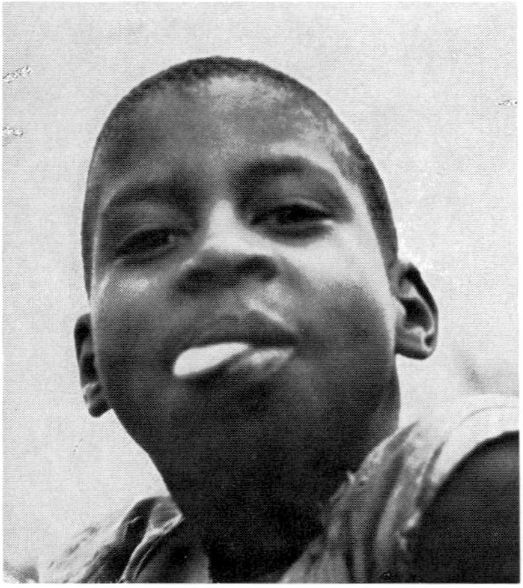

a

b

18.31 Das Zungezeigen, eine weit verbreitete Geste verächtlicher Ablehnung: a) Bei einem Negerjungen aus der Gegend von Bihamarulu (Tansania). Foto: I. Eibl-Eibesfeldt; b) wie neuseeländische Krieger einander verspotten. Aus ›Cooks Reisen‹ (1784)

wüßte gerne, ob daneben auch noch ein abweisendes Kopfschütteln gebraucht wird, etwa bei Kindern.

Es ist durchaus möglich, daß es mehrere primäre Formen des Verneinens gibt und daß sich Menschen verschiedener Kulturen auf die eine oder die andere konventionell einigen. Eine Ablehnbewegung ist sicherlich von einer Intentionsbewegung der Abkehr abzuleiten. Griechen verneinen, indem sie ihren Kopf ruckartig anheben und nach rückwärts werfen, manchmal dabei auch etwas seitlich drehen. Gleichzeitig senken sie die Augenlider; bei starker Verneinung heben sie eine Hand oder beide Hände. Die offenen Handflächen werden dabei dem Gesprächspartner zugewendet (Abb. 18.32). Bei uns Mitteleuropäern kennt man diese Geste als betonte Ablehnung (»Um Gottes willen«). Die Kopfbewegung erinnert ferner an die Gebärde des Hochmuts, mit der sie sicherlich verwandt ist. Daneben gibt es das eben besprochene Kopfschütteln, und schließlich beobachtet man auch ein ablehnendes Handschütteln, das vielleicht ein ritualisiertes Abschütteln ist. Bei noch nicht akkulturierten Ayoréo-Indianern (Paraguay) filmte ich 1971 ein Nein, das zwei Ablehngebärden kom-

18.32 Grieche, verneinend. Er hebt abweisend die Hand, hebt den Kopf in einer Rückwärtsbewegung, rollt die Augen himmelwärts, schließt die Lider und wendet den Kopf ab. Die Brauen werden wie beim Ausdruck des entrüsteten Erstaunens (S. 702) gehoben. Diesen Ablauf sieht man bei starker Verneinung. Normalerweise wird nur der Kopf leicht zurückgeworfen, und die Augen werden kurz geschlossen. Insel Aegina, 1., 14., 20., 25., 34. und 59. Bild eines mit 50 B/sec aufgenommenen 16-mm-Films. Foto: I. Eibl-Eibesfeldt ►

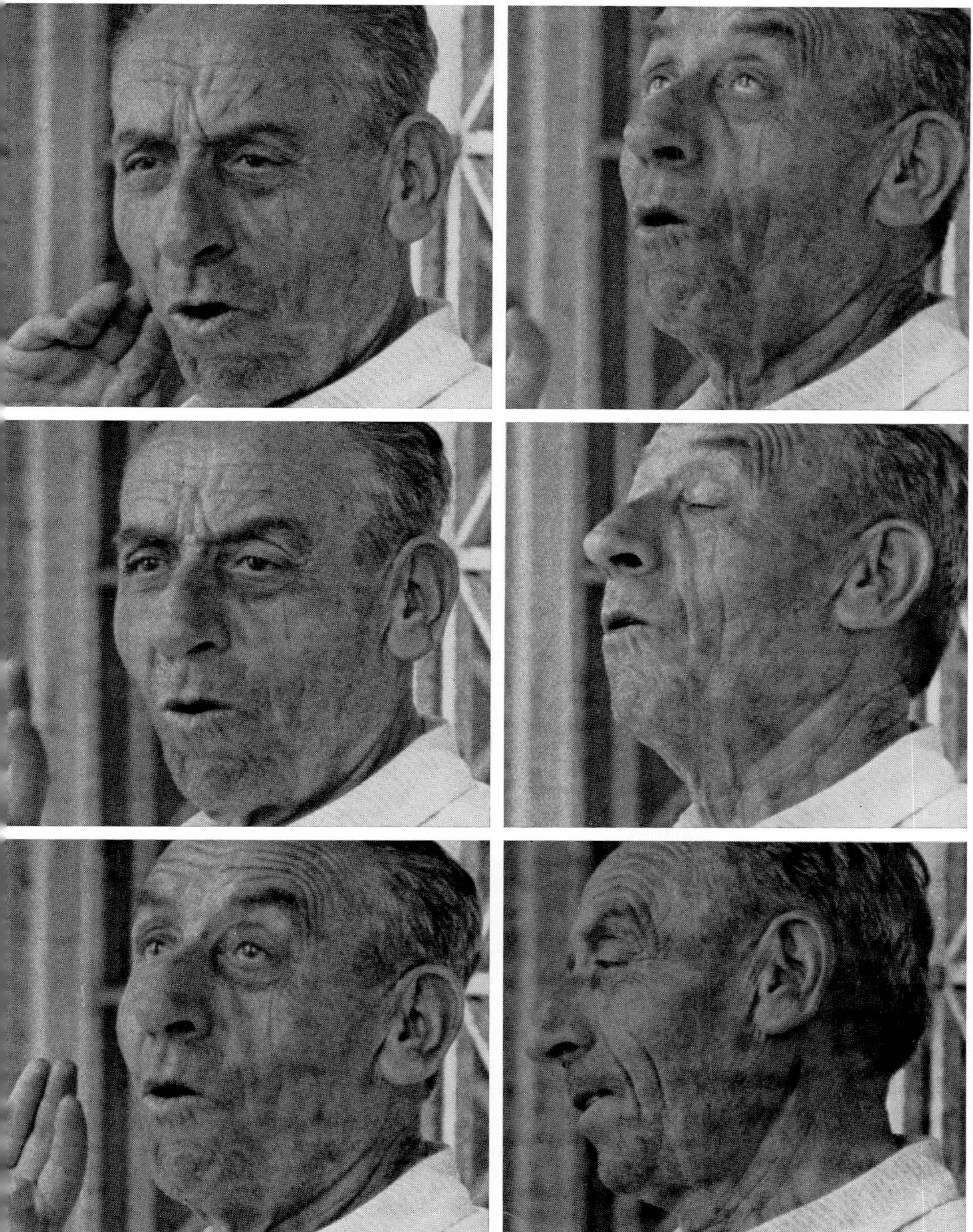

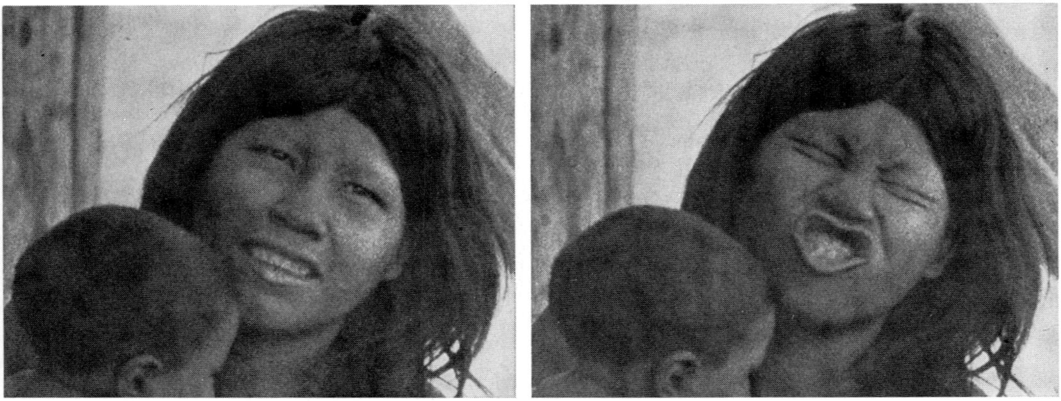

18.33 Ayoréo-Indianerin, verneinend. Sie schürzt die Lippen, als schiebe sie etwas weg, und schließt nasenrunzelnd die Augen. Aus einem 16-mm-Film. Foto: I. Eibl-Eibesfeldt

binierte: Die Lippen wurden zur Schnute gespitzt und vorgeschoben, die Augen mit Nasenrümpfen zugepreßt und der Kopf mitunter leicht nach rückwärts bewegt. Bei geringen Intensitäten blieb es bei Augenschluß mit Naserümpfen (Abb. 18.33).

Das Nicken leitet Darwin von einer Intentionsbewegung der Nahrungsaufnahme ab. Auf eine andere mögliche Deutung machte H. Hass aufmerksam. Man könnte das Nicken auch als Intentionsbewegung zur Verbeugung auffassen, als eine ritualisierte Unterwerfungsgeste gewissermaßen. Man unterwirft sich ja durch seine Zustimmung dem Willen eines anderen. Diese Deutung hat sehr viel für sich. Allerdings bejahen nicht alle Menschen auf diese Weise. Bei dem taubblinden Mädchen sah ich kein zustimmendes Nicken. Viele Inder und die Bewohner Ceylons bewegen hingegen den Kopf pendelnd, wenn sie bejahen, also anders als wir beim Kopfnicken. Es handelt sich um eine leichte Rotation um die Sagittalachse. Sie drücken auf diese Weise Zustimmung aus. Bei sachlicher Bejahung nicken sie wie wir. Der Kuß ist universaler Ausdruck zärtlicher Zuwendung zwischen Mutter und Kind, und er wird oft auch in der heterosexuellen Beziehung beobachtet. Er leitet sich von der Kußfütterung ab (Abb. 18.34 und 18.35).

Ganz allgemein gilt, daß das Anbieten von Nahrung Ausdruck freundlicher Kontaktbereitschaft ist. Ich beobachtete in verschiedenen Kulturen, daß Kleinkinder den Kontakt mit anderen durch Anbieten von Nahrung eröffnen, und oft entwickeln sich daraus vergnügte Dialoge des Gebens und Nehmens (Abb. 18.36). In dieser wohl angeborenen Disposition liegt wohl die Wurzel für viele kulturell ausgestaltete Rituale der Bindung. In meinem Buch »Liebe und Haß« (1970) habe ich eine Reihe von Beispielen

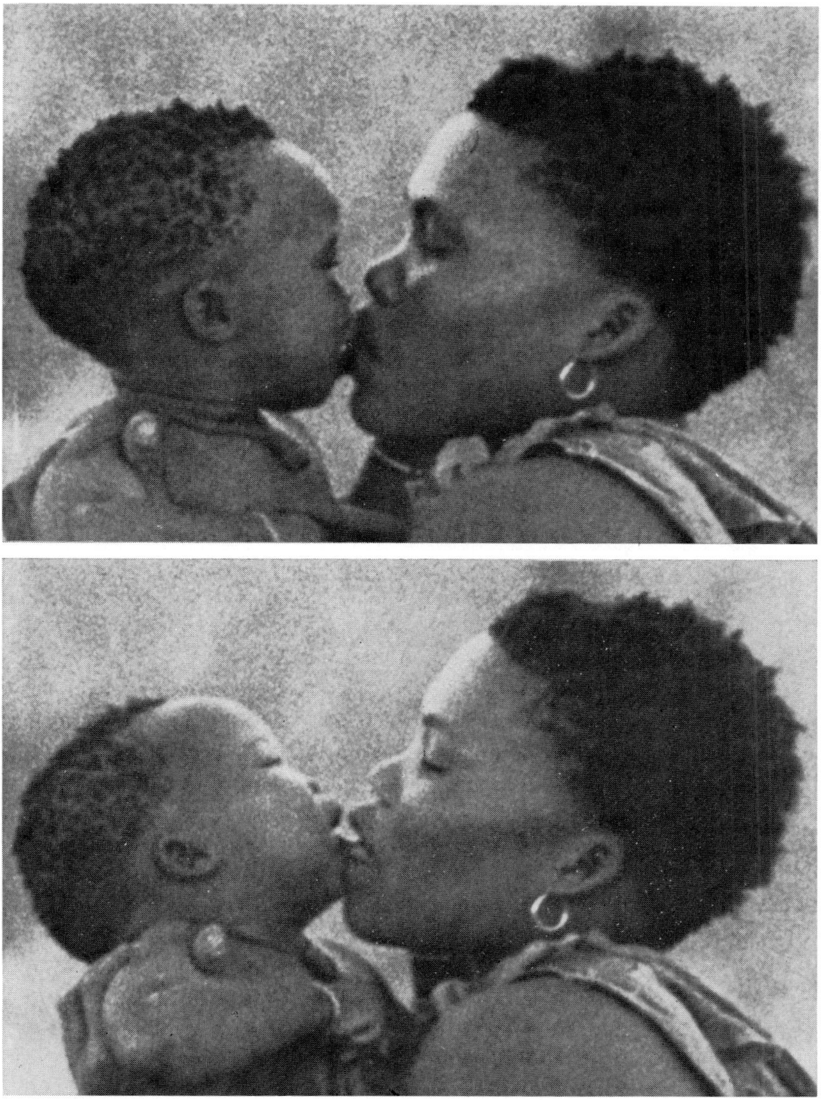

18.34 !Ko-Buschfrau (Kalahari), Kußfütterung eines Säuglings. Beim Aufsetzen der Lippen öffnet der Säugling den Mund. Die Frau schiebt ihm mit der Zunge ein Melonenstück hinüber. Aus einem 16-mm-Film des humanethologischen Filmarchivs der Max-Planck-Gesellschaft. Foto: I. Eibl-Eibesfeldt

zur ritualistischen Ausgestaltung und Funktion des Nahrunganbietens beschrieben (Tafel X).

Die Nahrungsmittelindustrie nützt die bandstiftende Funktion der Lebensmittel und Getränke für ihre Werbung (Abb. 18.37). In den zuletzt

18.35 !Ko-Buschmann (Kalahari), einen Säugling küssend. Foto: I. EIBL-EIBESFELDT

beschriebenen Fällen liegt die Übereinstimmung im Prinzip und nicht im formalen Bewegungsablauf. Das Bewegungsmuster ist nicht angeboren, wohl aber bestimmte Bereitschaften. Ob diese im einzelnen durch angeborene Auslösemechanismen oder spezifische Antriebe bewirkt werden, ist noch zu prüfen.

Das bei vielen Völkern als Grußgeste entwickelte Nasenreiben dürfte keine Abwandlung des Kusses sein, sondern einen anderen Ursprung haben. Auf Bali begrüßen Verliebte einander so, und sie atmen dabei deutlich ein. Es ist gewissermaßen ein freundliches Sichbeschnüffeln. Der Geruchssinn spielt ja in den Sozialbeziehungen der Menschen eine größere Rolle, als man gemeinhin annimmt (B. HOLD und M. SCHLEIDT 1977). Man sagt unter anderem, daß man jemanden nicht riechen kann, wenn er einem unausstehlich ist. TH. SCHULTZE-WESTRUM (1968) entdeckte ein Zitat von H. NEVERMANN, demzufolge es bei den Kanum-irebe Süd-Neuguineas als Zeichen besonderer Freundschaft gilt, wenn man dem Scheidenden etwas von seinem Geruch abnimmt und auf sich überträgt. Der Verabschiedende greift dem Scheidenden unter die Achselhöhle, beriecht dann seine Hand und reibt sich dann selbst mit dem Geruche ein. Ich filmte einen Gidjingali (Australien), der seinen Achselschweiß beim Abschied auf seinen Grußpartner übertrug (weitere Beispiele in I. EIBL-EIBESFELDT 1984).

Verschiedentlich hat man behauptet, daß jenen Kulturen, die durch Nasenreiben Zärtlichkeit erweisen, der Kuß fehle, so z. B. den Papuas,

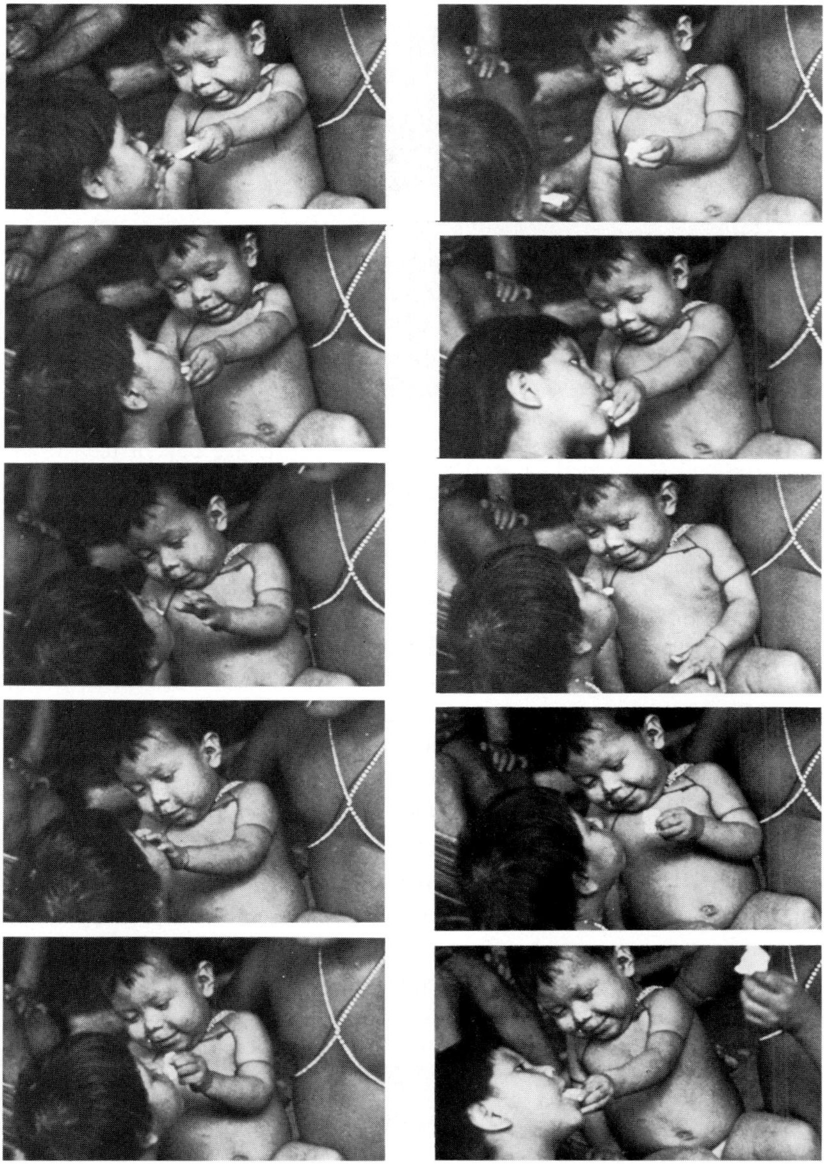

18.36 Kontaktinitiative eines Waika-(Yanomami-)Säuglings. Er reicht seiner Schwester einen Leckerbissen zum Mund. Es entwickelt sich daraus ein Dialog des Gebens und Nehmens. Bei der ersten Übergabe öffnet der Säugling in einer Mitbewegung den Mund, wie wir es auch oft tun, wenn wir einem Säugling den Löffel in den Mund stecken. Solch freundliche Dialoge bilden die Grundlage, auf der sich die vielfach kulturell hochdifferenzierten Bewirtungs- und Geschenkrituale der Völker aufbauen. 1., 40., 154., 161., 177., 203., 247., 309., 350. und 417. Bild der Sequenz. Aus einem 16-mm-Film (25 B/sec) von I. Eibl-Eibesfeldt

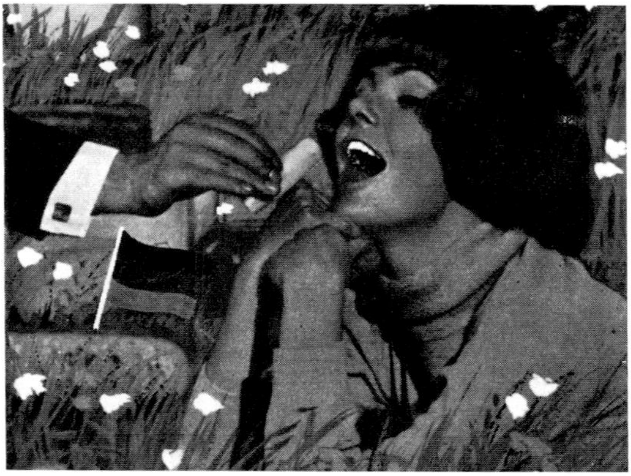

18.37 Der Appell an die gruppenbindende Funktion der Fütterung in der Werbung für Nahrungsmittel.

Polynesiern, Indonesiern und Eskimos. Diese Aussage beruht jedoch auf ungenauer Beobachtung. In den drei erstgenannten Kulturbereichen konnte ich feststellen, daß Mütter ihre Kinder herzten und küßten, und das taten auch die Mütter der noch auf Steinzeitstufe stehenden Papuas eines entlegenen Kukukukudorfes, die sieben Monate vor meinem Besuch den ersten Kontakt mit einer Regierungspatrouille erlebt hatten. Das Verhaltensmuster haben die Mütter also wohl kaum dem Patrouillenoffizier absehen können. Bei diesen Papuas küßte auch ein Vater seinen Sohn zur Begrüßung auf die Wange (I. Eibl-Eibesfeldt 1968; Abb. 18.38).

Der Tier-Mensch-Vergleich deckt sowohl Homologien als auch aufschlußreiche Analogien auf. Das Mundoffengesicht des Schimpansen ist z. B. unserem Lächeln homolog (Abb. 18.39; N. Kohts 1935, J. A. van Hooff 1971). A. Jolly (1972) verglich die Gesichtsausdrücke verschiedener Primaten und faßte die homologen Verhaltensweisen in einer Tabelle zusammen (siehe auch W. Redican 1975 und F. X. Plooij 1984). Recht menschlich muten auch die freundlichen Ausdrucksbewegungen und Gesten (Umarmung, Kuß, Händereichen, S. 245 und Abb. 18.40 und 18.41) sowie die Drohhandlungen (Abb. 18.42 und 18.43) der Schimpansen an.

18.38 Begrüßung des Verfassers durch einen Waika (oberer Orinoko). Umarmung und Kuß. Die Initiative ging von dem Waika aus.

18.39 Die Homologa zum Lächeln: Mundoffengesicht (a) und Lachen (entspanntes Mundoffengesicht) (b) beim Schimpansen. Aus J. A. VAN HOOFF (1971)

18.40 Flo und Passion, zwei alte Weibchen, die zum Zeitpunkt der Aufnahme etwa gleichrangig waren, begrüßen sich durch Umarmung. Beide haben dazu nur eine Hand frei, da sie in der anderen Bananen tragen. Foto: H. VAN LAWICK; Courtesy National Geographic Magazine

In unserem Haaresträuben steckt sicher altes Erbe. Wir rollen dabei die Arme in den Schultern einwärts und kontrahieren die Haaraufrichter der Schulter- und Rückenpartie, obgleich wir gar keinen Pelz mehr haben. Wir spüren diese Kontraktion nur als ein Schauergefühl. Beim Schimpan-

18.41 Schimpansen umarmen einander auch, wenn sie sich ängstigen oder wenn sie erschraken: a) und b) volle Umarmung mit »Beißkuß«; c) Arm um Schulter, beide rufen (»pant hooting«). Aus J. Goodall (1975)

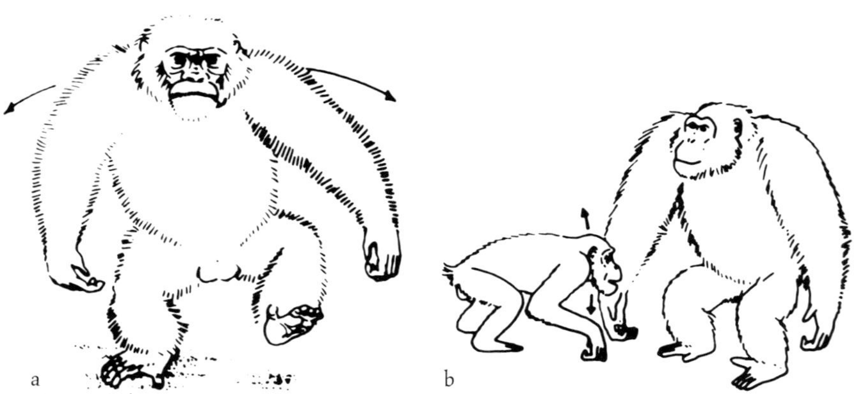

18.42 a) Aufrecht drohender Schimpansenmann. Er hat die Haare gesträubt und trägt den typischen Gesichtsausdruck des Ärgerlichen zur Schau. Er stampft mit den Füßen auf dem Boden und schwankt auffällig mit abgehobenen Armen nach den Seiten; b) submissives Verhalten: ein halbwüchsiges Männchen, das sich vor einem erwachsenen Schimpansenmann duckt. Dabei wippt es mit dem Vorderkörper auf und ab (»bobbing«). Aus J. Goodall (1975)

18.43 Verhaltensweisen aggressiven Imponierens beim Schimpansen. Zeichnungen: David Bygott aus J. van Lawick-Goodall (1975)

VERWANDTE AUSDRUCKSBEWEGUNGEN VERSCHIEDENER PRIMATEN (aus A. JOLLY, 1972)

Name	*Gesicht*	*Situation*	*Galago*	*Lemur*
Entspanntes Gesicht			Ja	Ja
Aufmerksamkeits-gesicht	Augen weit, Lippen können offen sein	Neuartigkeit, usw.	Ja	Ja
Gespanntes Gesicht	Augen weit, Mund eng, schlitzartig	Zuversichtliches Drohen oder Angreifen	Nein	Nein
Starren mit offenem Mund	Augen weit, Mund offen, Lippen über die Zähne gezogen	Gehemmtes Drohen oder Hetzen eines Raubtieres	Ja, intendierter Biß	Ja
Starren und Zähnezeigen	Augen weit, Mund an den Ecken zurückgezogen, Zähne und Gaumen sind sichtbar	Schrecken, Flucht, Wutanfälle	Ja	Ja
Brauenrunzeln und Zähnezeigen	Augen eng, Brauen herab-gezogen, Mund an den Ecken zurückgezogen, Zähne sind sichtbar	Völliges Unterwerfen, Jungtier in Not	Nein	Nein
Stummes Zähnezeigen	Augen starrend oder aus-weichend, Brauen ent-spannt oder hoch, Mund an den Ecken zurückge-zogen, Zähne sichtbar	Soziale Furcht oder Unterwerfen oder freundliche Annäherung oder schlechter Geruch	Ja, bei Schutz-reaktionen, nicht sozial	Ja
Geckergesicht mit Zähnezeigen	Dasselbe mit schnellen Lautäußerungen	Unterwürfiger Flucht-Annäherungs-Konflikt, Unbehagen eines Jungtiers	Ja, bei Abwehr-drohlauten oder Schnalzlauten des Jungtiers	Ja
Lippenschmatzen	Saugende Gebißbewegun-gen und Zungenaus-strecken, Augen weit	Grüßen, sexuale Haut-pflege	Nein	Selten
Lippenspitzen	Augen weit, Mund an den Ecken nach vorn geschoben, »O-Mund«	Bei Stimmfühlungslauten und besonders am Jung-tier beim Betteln	Nein	Ja
Hootgesicht	Mund an den Ecken weit nach vorn geschoben, »Trompetenmund«	Bei Lautäußerungen über größere Entfernungen	Nein	Ja
Entspanntes Mundoffen-gesicht	Augen normal oder eng, Mund weit mit Ecken hoch, Brauen normal	Spiel, bes. Spielbalgerei	Nein	Nein

Kapuziner	*Klammeraffe*	*Pavian*	*Meerkatze*	*Schimpanse*	*Mensch*	*Bezeichnung beim Menschen*
Ja	Ja	Ja	Ja	Ja	Ja	
Ja	Ja	Ja	Ja	Ja	Ja	
Ja, Brauen herabgezogen	?	Ja, Brauen herabgezogen	Ja, Brauen normal	Ja, Brauen gerunzelt	Ja, Brauen gerunzelt	Stummer, durchbohrender Blick
Ja, Brauen herabgezogen	Ja	Brauen hoch	Brauen normal	Brauen gerunzelt	Brauen gerunzelt	Zorniges Rufen oder Schimpfen
Ja	Ja	Brauen hoch	Brauen normal	Brauen hoch	Brauen hoch	Schreien
?	?	Ja	Selten	Ja	Ja, Augen eng	Intensives Weinen
Ja	Ja, aber auch beim Angreifen	Ja	Ja	Ja, oft beim Grüßen	Ja, Augen eng	Höfliches Lächeln
Ja, bei Abwehrdrohlauten und am Jungtier beim Quietschen	?	Ja	Ja	Ja	Ja	Bettelndes Schreien, nervöses Lachen
Ja	Nein	Ja, Brauen hoch	Selten	Selten	Nein	
?	Ja, Brauen hoch	Ja	Nur beim Jungtier?	Ja	Hauptsächlich beim Säugling	Schmollen, Betteln
? (auffällig beim brüllenden Brüllaffen)	Nein	?	?	Ja	Selten	Brüllen, Heulen
Nein	Ja	Ja	Ja	Ja, beim Hecheln mit Grunzen	Ja, beim Lachen, Augen eng	Lachen, Spielen

sen, der die gleiche Haltung einnimmt, richten sich die Haare auf und vergrößern damit sein Aussehen (K. LORENZ 1943).

Die von P. SPINDLER (1958) als Hals-Schulter-Reaktion beschriebene Antwort auf starke akustische Reize, bei der die Schultern hochgezogen, der Kopf leicht nach vorne gesenkt und die Augen geschlossen werden, ist allen Menschen eigen, und wir kennen homologe Reaktionen von anderen Säugern.

Auf ein sehr merkwürdiges Imponierverhalten vieler Primaten, den Menschen eingeschlossen, machten D. W. PLOOG und Mitarbeiter (1963) und W. WICKLER (1966c) aufmerksam. Totenkopfäffchen imponieren Artgenossen, indem sie bei Begegnungen den erigierten Penis zeigen. Das tun bereits Jungtiere. Beim Weißbüscheläffchen *(Callithrix jacchus)* drohen die Männchen in Verteidigung ihrer Familie, indem sie den Schwanz hochheben und dem Gegner die entblößte Kehrseite zeigen. Dabei drücken sie ihre hell gefärbten Hoden ganz auffällig heraus, bekommen häufig eine Erektion, harnen und laufen schließlich ein Stück weg, um an einer Markierungsstelle zu markieren. Beim Drohen schauen sie seitlich an ihrem Körper zurück nach dem Gegner. Die auffällige Stellung dürfte sich durch die Fluchtmotivation der Tiere erklären. Weibchen drohen durch eine ganz ähnliche Stellung, und würde man das Verhalten der Männchen nicht kennen, könnte man leicht dazu verleitet werden, sie als abgeleitetes weibliches Präsentieren aufzufassen. Das ist aber nicht der Fall. Das Weibchen imitiert vielmehr die männliche Präsentierstellung. Bei Meerkatzen, Pavianen und vielen anderen Affen hat man beobachtet, daß einige Männchen an der Peripherie ihrer Gruppe »Wache« zu sitzen pflegen. Man glaubte, sie würden auf Freßfeinde achten und die Gruppenmitglieder vor Gefahr warnen. Aber gerade das tun sie nicht; sie schleichen sich vielmehr in solchen Fällen unauffällig davon. W. WICKLER hat nun herausgefunden, daß dieses Verhalten gegen Nachbargruppen der eigenen Art gerich-

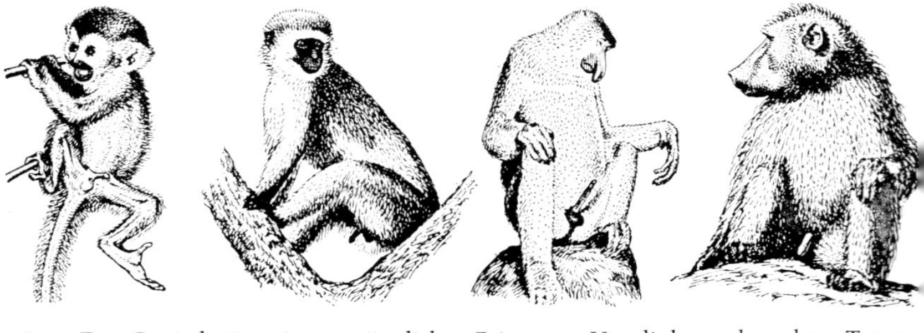

18.44 Das Genitalpräsentieren männlicher Primaten. Von links nach rechts: Totenkopfäffchen *(Saimiri)*, Meerkatze *(Cercopithecus)*, Nasenaffe *(Nasalis)* und Mantelpavian *(Papio)*. Aus W. WICKLER (1966 c)

tet ist. Die »Wachenden« sitzen immer mit dem Rücken zu ihrer Gruppe und stellen dabei die männlichen Geschlechtsorgane zur Schau, die bei diesen Tieren ganz überraschend bunt gefärbt sind (Tafel XI und Abb. 18.44). Nähert sich ein fremder Artgenosse, dann wird der Penis überdies auch aufgerichtet und bei einigen Arten rhythmisch bewegt. Es handelt sich um ein Imponierverhalten, das der Revierkennzeichnung dient. Interessanterweise ist ein ganz ähnliches Verhalten auch beim Menschen nachzuweisen. Einige Papuastämme z. B. betonen ihre Männlichkeit mit künstlichen Mitteln (Abb. 18.45). Auf manchen Männertrachten Europas wird diese Region auch heute noch durch dekorative Stickereien hervorgehoben.

Auf den Nikobaren und auf Bali sah ich der Geisterabwehr dienende Fetische mit erigiertem Penis (I. Eibl-Eibesfeldt und W. Wickler 1968). Die phallischen Hermen im antiken Griechenland dienten unter anderem als Begrenzungsmarken und als Wächter vor Toreingängen (Abb. 18.45; W. Wickler 1966 c). Phallische Wächter findet man auch in romanischen Kirchen (Lorch, St. Remy), und im heutigen Japan sind phallische Schutzamulette in Gebrauch (Abb. 18.46; I. Eibl-Eibesfeldt 1970). Vielleicht ist der krankhafte Exhibitionismus auf den Trieb, so zu imponieren, zurückzuführen. Für diese Vermutung sprechen auch die Beobachtungen von J. H. Schultz (1966). Die Sitzstellung der Männer weicht von derje-

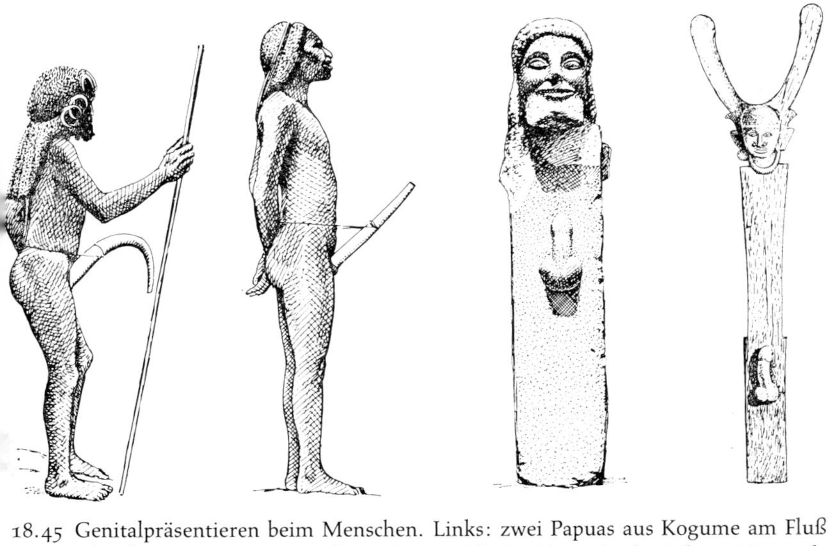

18.45 Genitalpräsentieren beim Menschen. Links: zwei Papuas aus Kogume am Fluß Konca; daneben: Herme von Siphnos (490 v. Chr.), 66 cm hoch, Athen, Nationalmuseum. Rechts: Hauswächter (»Siraha«) der Eingeborenen der Insel Nias. Die mannshohen Figuren sind auch heute noch in Gebrauch. Bei der griechischen Statue wird der Bart als männliches Merkmal hervorgehoben, bei den bartlosen Völkern betont man den männlichen Kopfputz. Aus W. Wickler (1966 c)

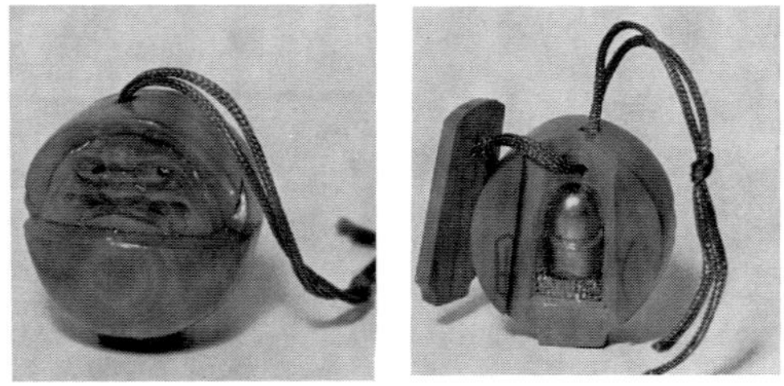

18.46 Vom Verfasser in Japan (Tagata-Tempel) erworbenes Amulett, das vor Verkehrsunfällen schützen soll. Das Amulett zeigt an der Vorderseite ein drohendes Gesicht. Öffnet man einen Schieber auf der Rückseite, dann wird ein vergoldeter Penis sichtbar. Auf dem Schieber steht: »Zum Schutz vor Automobilunfällen«. Drohgesicht und Phallus sind immer wiederkehrende Elemente dämonenabweisender Figuren (siehe auch I. Eibl-Eibesfeldt und W. Wickler 1968).

nigen der Frauen deutlich ab und erinnert an die der eben erwähnten Affen (G. H. Hewes 1957).

W. Wickler leitet das Genitalimponieren der Primaten von Harnzeremoniellen ab, in denen Elemente des Kopulationsverhaltens enthalten sind (S. 191). Bei sehr vielen Säugern reiten Männchen zur Rangdemonstration aggressiven Charakters auf Artgenossen des gleichen Geschlechtes auf. R. Schenkel (1948) beschrieb es von Wölfen, I. Eibl-Eibesfeldt (1950) von Hausmäusen, S. Zuckermann (1932) von Pavianen und C. B. Koford (1963 b) von Rhesusaffen. Dort beobachtete man auch »Wutkopulationen« im Verlauf aggressiver Auseinandersetzungen, wobei die aggressiv Erregten oft auf einen unbeteiligten Dritten aufreiten. Man kann bei Rhesusaffen schließlich auch beobachten, daß bei Gruppenbegegnungen die Männchen gegnerischer Gruppen aufeinander aufreiten (C. B. Koford 1963 b). Es wäre zu prüfen, wieweit dies gelegentlich bei Menschen vorkommt. In einem polnischen Roman* fand ich den Hinweis, daß Hirtenbuben Fremde, die in ihr Gebiet eindringen, vergewaltigen, A. P. Wilson (mündlich) erzählte mir, daß neu eingelieferte Sträflinge in amerikanischen Gefängnissen gelegentlich von den Gefängnisinsassen zusammengeschlagen werden. Wehrt er sich nicht mannhaft, wird er als Mädchen angesehen und vergewaltigt. Kurz, Aufreiten ist bei vielen Primaten, den Menschen möglicherweise eingeschlossen, Rangdemonstration aggressiven Charakters. Es scheint mir daher wahrscheinlicher, das Wachesitzen vieler Primaten als weitere Ritualisationsstufe dieses Verhaltens (Aufreitdrohung) anzusehen. Reiches Material zu diesem Thema findet man bei D. Fehling (1974).

* J. Kosinski, The Painted Bird, Pocket Book, New York 1966.

18.5 Auslösemechanismen, Schlüsselreize und Auslöser beim Menschen

Die von der Industrie wie in der Kunst im großen Stile durchgeführten Attrappenversuche zeigen ebenso wie gewisse Fehlleistungen unseres ästhetischen und ethischen Werturteiles, daß wir geradezu automatisch auf bestimmte auslösende Reizsituationen in voraussagbarer Weise antworten, wahrscheinlich angeborenermaßen, doch ist der strenge Beweis schwer zu erbringen, da man ja keine erfahrungslos aufgewachsenen Versuchspersonen kennt.

Allerdings wissen wir durch die zahlreichen Experimente der Wahrnehmungspsychologie ziemlich viel über visuelle Illusionen, Konstanzphänomene und die Gesetze der Gestaltwahrnehmung. Unter anderem zeigt sich dabei, daß viele der visuellen Illusionen gegen Erfahrungen ziemlich gut abgesichert sind. Die Illusionen sind wider unser besseres Wissen zwingend, und sie gelten kulturenübergreifend. All dies weist auf das Wirken angeborener datenverarbeitender Mechanismen hin. Man hat ferner mit Säuglingen experimentiert und gefunden, daß bereits 14 Tage alte Kinder auf die Projektion sich symmetrisch ausdehnender Schatten ebenso wie auf sie zubewegte große Objekte mit Blinzeln, Wegwenden des Kopfes und schützendem Hochheben des Armes antworten. Sie erwarten demnach bei bestimmten visuellen Eindrücken taktile Konsequenzen. Sie wissen, und zwar offensichtlich bevor sie entsprechende persönliche Erfahrungen gesammelt haben, daß die geschilderten visuellen Eindrücke ein Objekt im Kollisionskurs kennzeichnen (W. Ball und E. Tronick 1971).

T. G. Bower (1971) kommentiert diese Versuche wie folgt: »The precocity of this expectation is quite surprising from the traditional point of view. Indeed, it seems to me, that these findings are fatal to traditional theories of human development. In our culture it is unlikely that an infant less than two weeks old has been hit in the face by an approaching object, so that none of the infants in the study could have learned to fear an approaching object and expect it to have tactile qualities. We can only conclude that in man there is a primitive unity of senses, with visual variables specifying tactile consequences, and that this primitive unity is built into the structure of the human nervous system.«

Zweifellos handelt es sich hier um einen sehr eindrucksvollen Nachweis angeborener datenverarbeitender Mechanismen, der zugleich von großer theoretischer Bedeutung ist. Andere Forscher fanden, daß Säuglinge vor einem vorgetäuschten Abgrund erstarren, also angeborene Absturzscheu zeigen. Bereits 2 Monate alte Babys sind ferner in der Lage, Forminvariable unter verschiedenen Transformationen zu erkennen. Es gelang zum

Beispiel, Säuglinge darauf zu dressieren, durch Kopfbewegungen elektrische Schalter in ihren Kopfstützen zu betätigen. Belohnt wurde durch eine Person, die mit lächelndem Gesicht vor dem Baby auftauchte. Dressursignal war ein Würfel von 30 cm Kantenlänge, der in einem Meter Entfernung geboten wurde. Auf einen 3 m entfernten Würfel von 90 cm Kantenlänge reagierten sie dagegen nur selten, obgleich dieser ein gleich großes Netzhautbild wirft wie der 30-cm-Würfel in einem Meter Entfernung (T. G. Bower 1966). Ferner ist die Fähigkeit, Blick- und Tasteindrücke zu verbinden, den Kindern angeboren. T. G. Bower (1971) maß nun die Überraschung von Säuglingen (Anstieg der Pulsfrequenz), während er sie mit verschiedenen optischen Illusionen prüfte. So projizierte er dem Kind scheinbare Objekte vor einem Bildschirm. Es griff danach, faßte aber ins Leere und zeigte sich, nach dem Puls zu schließen, überrascht. Ergriff es dagegen etwas, dann war keine Pulsfrequenzänderung festzustellen. Es erwartet also, daß es ein gesehenes Objekt auch berühren kann. Aus der Tatsache, daß bereits 2 Wochen alte Kinder in dieser Versuchssituation wie beschrieben reagierten, kann man schließen, daß die Erwartung taktiler Konsequenzen aus optischen Eindrücken angeboren ist. »These results were surprising and interesting. They showed that at least one aspect of the eye and hand interaction is built into the nervous system« (T. G. Bower, S. 33).

Bower fragte sich, ob nicht auch noch kompliziertere Dinge einprogrammiert sein könnten. Wenn ein Objekt hinter einem Schirm verschwindet, wissen wir, daß es noch da ist. Nach der klassischen Theorie lernt das Kind das, indem es hinter den Schirm greift. Bower ließ vor den Säuglingen einen Gegenstand durch einen Schirm verdecken und zog diesen nach verschiedenen Intervallen weg. War das Objekt da, dann zeigten die Kinder keine Beunruhigung. War das Objekt verschwunden, dann reagierten bereits 20 Tage alte Kinder mit einer Erhöhung der Pulsschlagfrequenz, vorausgesetzt, das Intervall zwischen den beiden Ereignissen war nicht zu lang.

»It seems that even very young infants know that an object is still there after it has been hidden, but if the time of occlusion is prolonged they forget about the object altogether. The early age of the infants and the novelty of the testing situation make it unlikely that such a response has been learned« (T. G. Bower, S. 35). In weiteren Versuchen fand Bower heraus, daß die Kinder mit 8 Wochen auch das Wiedererscheinen eines Objektes, das eigenbewegt hinter einem Bildschirm verschwindet, antizipieren. Bleibt es aus oder erscheint es zu schnell wieder, dann löst dies Erregung aus. Es macht dem Kind jedoch nichts, wenn statt des verschwundenen Balles auf der anderen Seite ein Würfel erscheint. Nur das Bewegungsmuster muß stimmen, dann folgt es weiter mit den Blicken.

Die Objektidentität muß also gelernt werden. Einzelheiten bei T. G. Bower (1977). Säuglinge sind ferner bereits wenige Stunden nach der Geburt in der Lage, vorgeführte Gesichtsausdrücke (Zungezeigen, Mundöffnen, Lächeln, schmollendes Vorstrecken der Lippen) auf Anhieb zu reproduzieren (A. N. Meltzoff und M.-K. Moore 1977, 1983, T. M. Field und Mitarbeiter 1982). Der Säugling muß dazu keineswegs erst am Vorbild üben. Er kann vielmehr das Wahrgenommene aufgrund vorgegebener Projektionsbahnen in eine Motorik umsetzen, die gleichen Ausdruck erzeugt. Wahrscheinlich handelt es sich hier um einen basalen Mechanismus der Kommunikation, der wohl über angeborene Auslösemechanismen gesteuert wird. In vielen Ritualen wird Übereinstimmung dadurch ausgedrückt, daß man Gleiches tut (I. Eibl-Eibesfeldt 1984).

Die Versuche beweisen die Existenz uns angeborener datenverarbeitender Mechanismen und sind deshalb von größter theoretischer Bedeutung. Sie bestätigen die Ansicht von K. Lorenz, daß vielen unserer Denk- und Anschauungsformen angeborene Auslösemechanismen zugrunde liegen und daß angeborene Auslösemechanismen unser soziales Zusammenleben mitbestimmen. Es gibt dafür gut erkennbare weitere Indizien.

K. Lorenz (1943) führte aus, daß die Verhaltensweisen der Brutpflege und die affektive Gesamteinstellung, die ein Mensch einem Menschenkind gegenüber erlebt, sehr wahrscheinlich angeborenermaßen durch eine Reihe von Merkmalen ausgelöst werden, die das Kleinkind charakterisieren. Es handelt sich im einzelnen um folgende Merkmale:

1. im Verhältnis zum Rumpf großer Kopf,
2. im Verhältnis zum Gesichtsschädel stark überwiegender Hirnschädel mit vorgewölbter Stirn,
3. tief bis unter der Mitte des Gesamtschädels liegende große Augen,
4. kurze, dicke Extremitäten,
5. rundliche Körperformen,
6. weich-elastische Oberflächenbeschaffenheit,
7. runde, vorspringende »Pausbacken«, die wahrscheinlich echte, d. h. im Dienste der Signalfunktion entwickelte Differenzierungen darstellen dürften. Gelegentlich wird zwar behauptet, daß im Corpus adiposum buccae eine mechanische Verstärkung der Mundseiten im Dienste des Saugens vorliege, doch ist das keineswegs erwiesen. Eine solche zusätzliche Funktion wäre wohl denkbar, doch fällt auf, daß Affen und andere Säuger ohne diese Bildung auskommen, was dafür spricht, daß es sich um ein spezifisch menschliches, als Signalsender entwickeltes Organ handelt.

Zu diesen körperlichen Merkmalen treten noch solche des Verhaltens (Tolpatschigkeit). Wenn ein Objekt einzelne dieser Merkmale aufweist, löst es bereits bei Kleinkindern typische Affekte und Verhaltensweisen aus. Wir finden diese Objekte »herzig« und sind versucht, sie auf den Arm zu nehmen – zu herzen. B. HÜCKSTEDT (1965) und B. T. GARDNER und L. WALLACH (1965) wiesen nach, daß insbesondere die stark übergewölbte Stirn und der relativ große Hirnschädel wesentliche Merkmale des »Herzigen« sind, die man im Attrappenversuch übertreiben kann. Die Puppen- und Filmindustrie nützt diese Möglichkeit und konstruiert »übernormale« (S. 174) Brutpflegeattrappen. Auch Tiere wirken auf uns herzig, wenn sie einzelne Kindchenmerkmale aufweisen (Abb. 18.47–18.51). Es genügt für das Herzigsein, daß der Wellensittich rundköpfig ist und der junge Hund ein dickpfotiger Tolpatsch. Beim Pekinesen hat die Zucht geradezu ein Ersatzobjekt für ungestillte Brutpflegereaktionen älterer Damen geschaffen.

Verfolgt man die Geschichte von Cartoons und Puppen, dann kann man eine interessante Entwicklung feststellen, die offenbar vom Markt, d. h. von der Wahrnehmung der Käufer, bestimmt wird. S. J. GOULD (1980) untersuchte die Evolution der Mickey-Maus (Abb. 18.50 und 18.51).

Auf einer früheren Evolutionsstufe hatte die Mickey-Maus einen kleineren Kopf, eine geringere Stirnwölbung und kleinere Augen. Die Graphik (Abb. 18.51) zeigt die Entwicklung in drei Stufen: 1 (1930); 2 (1947) und 3 (modern, Stand 1980). Die Augengröße wechselte von 27 zu 42

18.47 Das »Kindchenschema« des Menschen. Links: als »herzig« empfundene Proportionen; rechts nicht den Brutpflegetrieb aktivierende Verwandte. Aus K. LORENZ (1943)

18.48 Die Übertreibbarkeit der Kindchenmerkmale. Ausschnitt aus der Dezembernummer des ›Ladies' Home Journal‹ (1966).

Prozent der Kopflänge, die Kopflänge von 42,7 Prozent zu 48,1 Prozent der Körperlänge. Mickeys Verbesserung der »Stirnwölbung« ging bemerkenswerte Wege, da die Evolution durch die Tatsache behindert war, daß der Kopf stets konventionell als Kreis gezeichnet wurde, mit angefügten Ohren und einer angefügten länglichen Schnauze. Mit dem Kreis hatte man sich festgelegt, also konnte man nur die Ohren nach rückwärts bewegen, so daß sich die Distanz Nase–Ohren vergrößerte, was Mickey einen abgerundeten Vorderkopf, aber keine vorgewölbte Stirn gab. Die Entfernung von der Nase zum ersten Ohransatz änderte sich von 71,7 Prozent zu 95,6 Prozent der Entfernung zum hinteren Ohr. Zum Vergleich sind die Maße für Mickeys jungen Neffen angegeben, der deutliche Kindchenmerkmale zeigt. Mickey verkindlichte also seine Erscheinung (S. J. Gould 1980).

Auch beim Teddybären nahm zwischen 1900 bis 1980 die Schädelwölbung kontinuierlich zu (R. A. Hinde und L. A. Barden 1985). Die Anpassung in kleinen Schritten spricht dafür, daß es sich nicht um einsichtig

18.49 Disney-Hündchen als Beispiel einer Übertreibung von Kindchenmerkmalen. Man beachte die rundlichen Formen und die Kopf-Rumpf-Relation.

geplante Veränderungen handelt, sondern um eine nach dem Selektionsprinzip markttechnisch gesteuerte Entwicklung. Dem Prozeß liegt ein Vorurteil der menschlichen Wahrnehmung zugrunde. Es handelt sich um das gleiche Prinzip, nach dem wir etwa in der Männermode die Schultern betonen (S. 736).

P. Spindler (1961) untersuchte die »Kindchen-Reaktion«, indem er Versuchspersonen verschiedenen Alters Katzen anbot. Die typische Reaktion (Zuwendung, Euphorie, Streicheln, Zuneigen des Kopfes, Koselaute) reift um das 3. Lebensjahr. Sie ist arttypisch.

Wahrscheinlich ist auch das Verständnis der Mimik durch angeborene Auslösemechanismen a priori gegeben, da wir auch hier auf sehr einfache Attrappen hereinfallen. Ein weinendes oder lachendes Gesicht kann man wirklich mit wenigen Strichen charakterisieren. Es könnte sich dabei natürlich auch um sekundäre Abstraktionen – sekundäre Schematabildung gewissermaßen – handeln. Bemerkenswert ist allerdings, daß die Einzelmerkmale auch für sich, und selbst dann in übersteigerter Form, wirken. Dem Kindchenschema-Effekt können wir durch Pausbacken, durch übertrieben großen Kopf und kurze Extremitäten, durch die übertriebene, gewölbte Stirnpartie erzielen, und zwar auch, wenn man all diese Einzelmerkmale für sich darstellt. Das und die Reizsummation in der Wirkung, wenn man mehrere dieser Merkmale zusammen bietet (S. 170), sprechen für das Wirken angeborener Auslösemechanismen. Ebenfalls dafür spricht die Tatsache, daß wir dazu neigen, auch Merkmale von Tieren zu physiognomisieren, also entsprechend den Adler kühn, das Kamel hochmütig und die Mandarinente freundlich finden (Abb. 18.52).

Daß wir die menschliche Mimik angeborenermaßen verstehen, hat man allerdings auch angezweifelt, und zwar im wesentlichen auf Grund von Versuchen. Man legte Versuchspersonen aus einem Filmablauf kopierte Aufnahmen und andere Fotografien von Gesichtsausdrücken zur Beurteilung vor (so z. B. M. TURHAN 1960). Die Personen beurteilten die Bilder recht unterschiedlich, was uns nicht wundert. Ausdrucksbewegungen sind Ablaufstrukturen. Will man ihre auslösende Wirkung untersuchen, muß man Filmaufnahmen vor den Versuchspersonen ablaufen lassen und nicht einzeln herauskopierte Bilder zeigen. Wenn ein Biologe die auslösende Wirkung eines bestimmten Vogelgesanges prüft, dann greift er ja auch nicht nur einen einzelnen Ton heraus. Sicherlich gibt es statische Ausdrücke, die man auch auf dem Standbild erkennt, meist aber entfaltet sich erst im Ablauf die spezifische auslösende Wirkung. P. EKMAN, E. R. SORENSON und W. V. FRIESEN (1969) fanden, daß Angehörige verschiedenster Völker Gesichtsausdrücke europäischer Menschen auf Photographien grundsätzlich richtig deuteten. Sie schließen daraus auf menschheitseigentümliche Elemente im Ausdrucksverhalten, was gut zu unseren Befunden paßt.

Augenflecken erregen primär die Aufmerksamkeit eines Betrachters. R. G. COSS (1965, 1968) maß die Pupillenreaktion von Personen beim Betrachten einzeln, paarweise oder zu dreien dargebotener Augenflecken, deren jeder aus zwei konzentrischen Kreisen bestand, gewissermaßen Pupille und Iris vortäuschend. Auf Zweierpaare erzielte er die stärksten Antworten, gemessen an der Pupillenerweiterung. Die Antworten waren überdies stärker, wenn das Innere des Augenflecks dunkel war. Zweier-

18.50 Die Entwicklung der Mickey-Maus über 50 Jahre. In dieser Zeit nahm die relative Kopfgröße kontinuierlich zu, ebenso die Größe des Hirnschädels und der Augen. Der Rumpf wurde größer, die Extremitäten im Verhältnis wurden kürzer und dicker. Dadurch gewann die Mickey-Maus an Kindchen-Appeal. Courtesy Walt Disney Productions

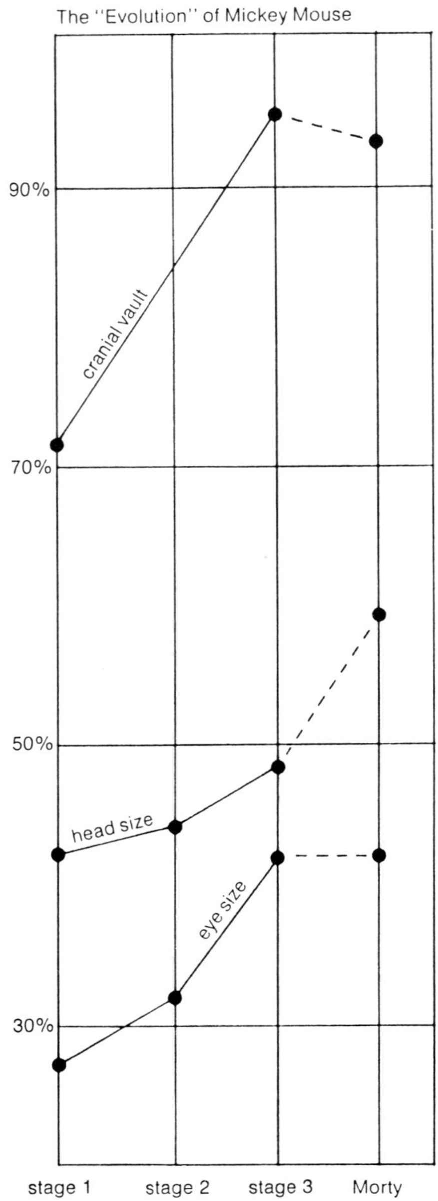

18.51 Am Beginn ihrer Entwicklung hatte die Mickey-Maus einen kleineren Kopf, eine geringere Schädelwölbung und kleinere Augen. Sie entwickelte zunehmend Kindchenmerkmale und näherte sich damit (strichlierte Linie) ihrer kindlichen Neffenfigur Morty an. Aus S. J. GOULD (1980)

18.52 Beim Anblick eines Kamels mißversteht ein auf die Ausdrucksbewegungen des Menschen gemünzter angeborener Auslösemechanismus die relative Höhenlage von Auge und Nase zueinander, die nur beim Menschen verächtliche Abwendung bedeutet. Wir empfinden daher das Kamel als hochmütig. Beim Steinadler fassen wir Knochenleisten über dem Auge als Stirnrunzeln auf. Zusammen mit dem scharf nach hinten gezogenen Mundwinkel ergibt dies den Ausdruck »stolzer Entschlossenheit«. Aus K. Lorenz (1965 a)

paare von Augenflecken wurden auch nach ihrer räumlichen Lage unterschiedlich beantwortet. Horizontal geboten, führten sie zu stärkerer Pupillenerweiterung als bei vertikaler Darbietung.

In Zusammenhang mit Abwehrzauber verwendet man in den verschiedensten Kulturen Augenflecken als Dekor, so auf Uniformen, Trachten und Gegenständen. In Griechenland zum Beispiel schmücken Augen den Bug vieler Schiffe (O. Koenig 1970). In der zwischenmenschlichen Kommunikation wird längeres Fixieren als unfreundlich erlebt und im Drohstarren (S. 772) gezielt zur Einschüchterung und Herausforderung eingesetzt.

Unsere Mitmenschen beurteilen wir anhand von Maßstäben, die uns ebenfalls angeboren sein dürften. Darauf weist die weite Übereinstimmung gewisser männlicher oder weiblicher Schönheitsideale bei Menschen verschiedener Kulturen hin, ebenso die attrappenhafte Übertreibbarkeit der Einzelmerkmale. So schätzt man beim Mann die breiten Schultern, und man wird selten in Kunst und Literatur einen schmalschultrigen Helden finden. Die Schulterbreite in Relation zu schmalen Hüften wirkt, selbst wenn sie gewaltig übertrieben ist, wie Darstellungen auf griechischen Vasen und Plastiken zeigen (Abb. 18.53). Die Schulterpartie wird beim Manne gern durch die Bekleidung betont. Beim Menschen verläuft nun der Haarstrich seines reduzierten Haarkleides so, daß sich auf seinen Schultern Haarbüschel aufrichten würden, hätte er noch ein Haarkleid. P. Leyhausen (1983) deutet diese Besonderheit mit der Annahme, daß unsere unmittelbaren Affenahnen in Zusammenhang mit der Aufrichtung im Dienst des Imponierens ein Fellkleid mit Haarbüscheln an den Schultern entwickelt hätten. In diesem Zusammenhang erscheint die Tatsache, daß Männer in sehr verschiedenen Kulturen noch heute ihre Schultern in Schmuck und Mode betonen, in einem neuen Licht. Es sieht so aus,

a

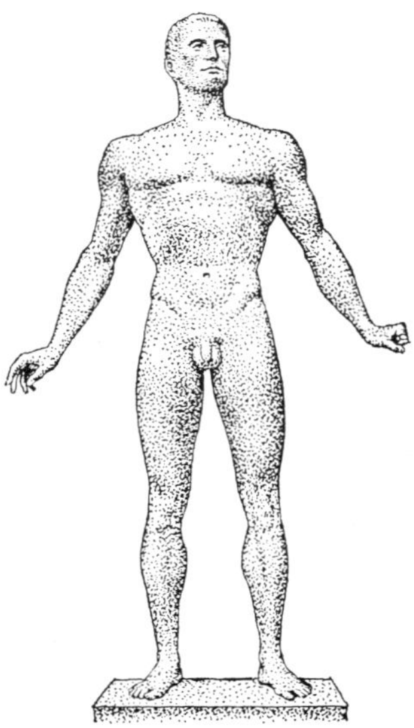

b

c

18.53 Die Übertreibung der Schulterbreite in künstlerischen Männerdarstellungen: a) Altgriechische Bronzefigur: Apollon, 20 cm hoch, früher Sammlung Tyskiewicz, Boston, Museum of Fine Arts; b) Dionysos von A. Breker, Zeichnungen: H. Kacher; c) Kabuki-Schauspieler. Foto: I. Eibl-Eibesfeldt als hätte die von einem angeborenen Auslösemechanismus bedingte Präferenz im Empfänger den Abbau des Haarkleides überdauert. Wir bewerten ferner Schlankheit und Langgliedrigkeit als edle Merkmale und halten Gazellen und andere Tiere mit solchen Merkmalen wider alle Vernunft für edel, die plumpen Nilpferde dagegen für unedel, obgleich Gazelle und Nilpferd, jedes in seiner Art, objektiv eine vollkommene Anpassung an eine bestimmte Umwelt darstellen. Für das weibliche Geschlecht scheinen verschiedene Schönheitsideale vorzuliegen, die man nach K. LORENZ (1943) kurz mit der Gestalt der klassischen Venus und der prähistorischen Venus von Willendorf charakterisieren kann (Abb. 18.54).

Die Steatopygie, die die prähistorische Venus auszeichnet, ist auch Merkmal der Hottentotten und Kalaharibuschleute. Dort gilt das Merkmal als attraktiv. Im übrigen glaube ich, daß die prähistorische Venus Mutterfiguren als Symbol der Fruchtbarkeit abbildet, nicht das Idealbild des weiblichen Sexualpartners. Buschleute und Hottentotten finden die etwas schlankeren jungen Mädchen mit festeren Brüsten anziehend.

Die sekundären Geschlechtsmerkmale der Frau sind unmittelbare Indikatoren der hormonalen Geschlechtsfunktionen, und darauf hat bereits SCHOPENHAUER in seiner ›Metaphysik der Geschlechtsliebe‹ hingewiesen: »Ein voller weiblicher Busen übt einen ungemeinen Reiz auf das männliche Geschlecht aus, weil er, mit den Propagationsfähigkeiten des Weibes in unmittelbarem Zusammenhang stehend, dem Neugeborenen reichliche Nahrung verspricht. Hingegen erregen übermäßig fette Weiber unsern Widerwillen; die Ursache ist, daß diese Beschaffenheit auf Atrophie des Uterus, also auf Unfruchtbarkeit deutet; welches nicht der Kopf, aber der Instinkt weiß.«

Zu den wichtigen, in die Bewertung des Reizes einer Frau eingehenden Merkmalen, die Indikatoren der normalen Geschlechtsfunktionen sind, gehören die Fettlosigkeit der Leibesmitte (schlanke Taille), rote Wangen

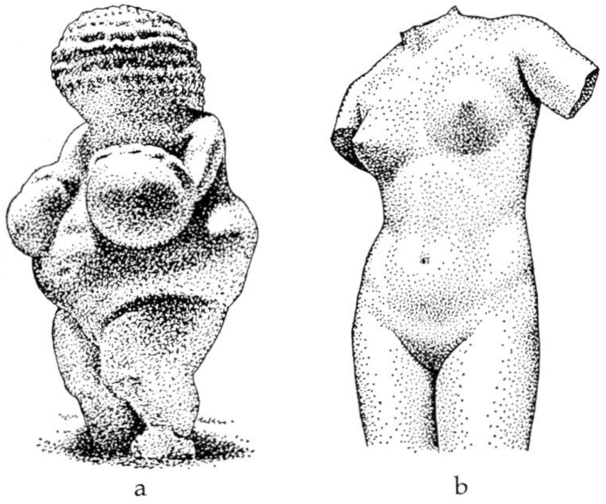
a b

18.54 a) Venus von Willendorf, Kalksteinschnitzerei aus dem Aurignacien, Naturhist. Museum Wien, Prähist. Abteilung; b) Aphrodite von Kyrene, Thermenmuseum, Rom. Zeichnungen: H. KACHER und Lippen sowie wahrscheinlich die besondere Form der Schamhaargrenzen. Von einzelnen dieser Merkmale wissen wir, daß sie in der Kunst übertrieben und von der Mode unterstrichen werden. Mit Einlagen verbessert die Modeindustrie z. B. die auslösende Wirkung der weiblichen Brust, und im vergangenen Jahrhundert betonte man ganz besonders die weibliche Gesäßpartie (Cul de Paris).

D. Morris (1968) deutet Brust und Lippen der Frau als auf die Vorderseite projizierte Sexualsignale. Unsere äffischen Vorfahren, so argumentiert Morris, hätten sich von hinten aufreitend gepaart, und auch auf von hinten sichtbare Auslöser (fleischige Hinterbacken, rote Schamlippen) reagiert. Durch die im Zusammenhang mit der Aufrichtung vollzogene Umorientierung der Begattungsstellung ergab sich die Notwendigkeit, Sexualsignale an der Vorderseite der Frau zu entwickeln. Nach Morris geschah dies, indem die Frau Kopien ihrer Hinterbacken als Brust und Kopien ihrer Schamlippen als Lippen auf ihrer Vorderseite entwickelte. Eine hochgeschnürte Divabrust mag vielleicht solche Assoziationen bewirken. Eine normale Brust hat jedoch mit den Hinterbacken ebensowenig Ähnlichkeit wie die Lippen mit den Schamlippen. Morris übersieht zudem, daß auch der Mann rote Lippen hat. Seine These ist schwer zu stützen, zumal es wahrscheinlichere Deutungen für die Entwicklung dieser Auslöser gibt. Bei höheren Wirbeltieren beruhigen Brutpflegehandlungen, wie Hudern, Füttern, Umarmen und soziale Hautpflege. Geängstigte Jungsäuger eilen zur Mutter und trinken, und jedermann weiß, daß man ein Kind mit einem Schnuller beruhigen kann. Nun wurden bei sehr vielen höheren Säugern Verhaltensweisen aus dem Brutpflegebereich ins Paarungsvorspiel übernommen, beim Menschen unter anderem Saug- und Lutschbewegungen (nicht zu verwechseln mit dem Kuß, der ein ritualisiertes Füttern ist). Im Zusammenhang damit mag wohl das Brustanbieten als weibliche Kontakthandlung in den sexuellen Bereich übernommen worden sein und die Brust ihre spezifische auslösende Funktion für die sexuelle Attraktion entwickelt haben. Die Lippen wiederum haben im Dienste des Küssens ihre Signalfunktion erhalten. Und da man sich gegenseitig küßt, entwickelten beide Geschlechter Lippen mit Signalfunktion.

Die Reklameindustrie nützt unsere Bereitschaft, auf sexuelle Auslöser anzusprechen, um unsere Aufmerksamkeit zu erregen und dann auf ihr eigentliches Anliegen hinzulenken (Abb. 18.55), und wahrscheinlich auch im Sinne eines beschwichtigenden Appells, um freundlich zu stimmen; denn man weiß, daß weibliche Sexualsignale männliche Aggressionen abpuffern. Da Werbung, wie die Selbstbeobachtung beim Fernsehen ohne weiteres lehrt, als aufdringlich (lästig) empfunden wird, bemüht man sich, beschwichtigende Appelle einzublenden. Beliebt ist dabei auch der Appell über das Kind.

18.55 »Die Beine Ihres Autos«: Reifenreklame von Pirelli, die die Aufmerksamkeit erregende Wirkung sexueller Schlüsselreize als Blickfang nützt.

Daß unsere ästhetische Wahrnehmung und damit auch unser künstlerisches Gestalten durch angeborene datenverarbeitende Mechanismen mitbestimmt wird, erörtern wir ausführlich in der »Humanethologie«. Drei Ebenen der ästhetischen Wahrnehmung lassen sich unterscheiden: Die von den Gestaltpsychologen gut erforschte physiologische Ebene, dank der wir »gute Gestalten«, Ordnung und Harmonie wahrnehmen. Die ethologische Ebene, die alle über angeborene Auslösemechanismen kontrollierten Wahrnehmungen von Schlüsselreizen und humanspezifischen Auslösern umfaßt. Diesen beiden im wesentlichen auf vorgegebenen Programmen basierenden Quellen ästhetischen Erlebens steht schließlich als dritte die kulturelle Ebene ästhetischer Wahrnehmung gegenüber.

In der Kunst werden ästhetische Erlebnisse einerseits um ihrer selbst willen zur Steigerung des Erlebens und des Genusses hervorgerufen. Das starke ästhetische Erlebnis kann jedoch auch als Hintergrund und Vehikel im Dienste der Kommunikation stehen. Malerei, Architektur, Musik und Dichtkunst stehen sehr oft im Dienste der Vermittlung von Werten der verschiedenen Ideologien. Näheres zur Biologie der Ästhetik und Kunst bei I. Eibl-Eibesfeldt (1984).

Über auslösende Reize auf anderen Sinnesgebieten wissen wir nur wenig. Den Geruch betreffend, erwähnten wir schon die Untersuchungen LE MAGNENS (S. 160), denen zufolge Mädchen und Frauen während der Zeit ihrer Geschlechtsreife Moschussubstanzen riechen können, die Männer normalerweise nicht wahrnehmen, wohl aber nach Östrogeninjektion*. R. v. KRAFFT-EBING (1924) berichtet von einem Jüngling, der Bauernmädchen sexuell erregte, indem er ihnen nach dem Tanze mit einem Taschentuch den Schweiß aus der Stirn wischte, das er zuvor in seiner Achselhöhle getragen hatte. In den Mittelmeerländern sind Tanzformen üblich, bei denen die Männer ein Tüchlein schwenkend ihre Partnerin umtanzen. Auch das sollen sie in einigen Gebieten zuvor unter der Achselhöhle tragen. Sicher spielt der Geruch im Sozialleben der Menschen auch heute noch eine gewisse Rolle. Kinder erkennen die Kleidung ihrer Mutter am Geruch (A. MACFARLANE 1975), und auch Erwachsene vermögen noch zu einem beachtlichen Prozentsatz sowohl den individuellen Geruch des Ehepartners als auch das Geschlecht eines Menschen geruchlich zu erkennen (B. HOLD und M. SCHLEIDT 1977). R. P. MICHAEL und Mitarbeiter (1974) beschrieben periodisches Auftreten von »Copulinen« im Sekret der Vaginalschleimhaut der Frau (S. 159). Bei Frauen, die in Gemeinschaft wohnen, wird – wohl über Pheromone – der Zyklus synchronisiert (A. COMFORT 1971).

Gewisse Wohl- und Ekelgerüche dürften wir ebenfalls primär bewerten können, ebenso bestimmte Geschmackseindrücke, wobei die Schlüsselreize gelegentlich fälschbar sind, wie unser Reagieren auf Saccharin zeigt. Wir sind darauf angepaßt, süß schmeckende Nahrung vorzuziehen. Normalerweise sind solche Stoffe reich an Kohlehydraten und damit an Kalorien. Saccharin dagegen ist ohne jeden Nährwert, täuscht aber Zucker vor.

Bestimmte Tasteindrücke lösen spezifische Abwehrreaktionen aus, so ein Krabbeln am Handrücken eine Abschleuderbewegung der Hand, die K. LORENZ als Abwehrbewegung gegen Insekten deutet. Eine besondere Zahnschutzreaktion verhindert auf akustischem Wege die Selbstbeschädigung des Zahnschmelzes. Scharfe, knirschende Geräusche lösen diese Reaktion aus, und zwar sowohl Knirschgeräusche, die entstehen, wenn wir auf einen harten Gegenstand beißen, wie auch solche, die beim Ausgleiten eines Messers auf dem Teller entstehen, was bei manchen Menschen ebenfalls als Schmerz empfunden und in die Zähne projiziert wird. Die Reaktion auf solche Reize besteht darin, daß man die Wangen zwischen die Zähne zieht und mit der Zunge Reinigungsbewegungen ausführt.

Wenig untersucht sind die akustischen auslösenden Reize. Das Weinen eines Babys, das Schluchzen eines Mitmenschen, der Notschrei eines Kindes oder einer Frau bewegen und alarmieren uns so heftig, daß wir wohl

* Siehe ferner die Versuche mit Androstenon in der »Humanethologie«.

eine angeborene Grundlage annehmen dürfen. Eine Untersuchung von E. H. HESS und B. BECK (1967 und persönliche Mitteilung) sprechen für diese Annahme. Die Genannten spielten erwachsenen Männern und Frauen Tonbandaufnahmen von Säuglingen vor, die a) wegen eines Schmerzes, b) aus Hunger weinten und c) plapperten. Sie maßen die Pupillenreaktion der Hörer und stellten die stärkste positive Pupillenerweiterung als Reaktion auf das Plappern fest. Negative Pupillenreaktionen registrierten sie auf das Weinen hin. Geschlechtsunterschiede waren nicht klar, und die Reaktionen waren nicht sehr einheitlich, so daß weitere Untersuchungen erforderlich sind. Sicherlich spielt die innere Verfassung der Versuchspersonen zum Zeitpunkt der Studie (verheiratet, mit oder ohne Kinder) eine große Rolle. Auch eine zärtliche oder heftige Rede können wir ohne Kenntnis der Sprache an der Sprachmelodie erkennen (K. SEDLACEK und A. SYCHRA 1963).

Erwachsene sprechen zu Säuglingen und Kleinkindern in einer Tonlage, die um eine Oktave gegenüber der Normalsprache angehoben ist. Das haben wir in allen von uns untersuchten Kulturen festgestellt (I. EIBL-EIBESFELDT 1984). Auf einige bemerkenswerte Universalien in der Musik wiesen J. KNEUTGEN (1970), J. LAST und J. KNEUTGEN (1970) und R. EGGEBRECHT (1985) hin.

In der Musik verwendet der Künstler akustische Auslöser intuitiv, um im Zuhörer Emotionen anklingen zu lassen. Die primären akustischen Auslöser oder Motive werden aber kunstvoll in andere eingebettet und verschlüsselt. Ohne das würde die Musik plakathaft wirken wie die nach merkantilen Gesichtspunkten produzierte Schlagermusik. Wegen der Verschlüsselung muß man sich oft auch erst einhören, um in den vollen Genuß zu kommen. Dieses Einhören ist als Prozeß der Entdeckung (Superzeichenfindung) lustbetont, trägt also zur Steigerung des ästhetischen Genusses bei. Durch das künstlerische Setzen der auslösenden Reize erzeugt der Musiker im Zuhörer Spannungen und löst sie wieder auf, und er läßt die Höhen und Tiefen des Gefühlslebens in einem Wechselreigen ansprechen, der im Alltag gar nicht erlebt werden kann. In dieser Erlebnissteigerung liegt wohl ein sehr wesentlicher Anreiz. Das ist sicherlich nicht die einzige Komponente künstlerisch musikalischen Schaffens, aber doch eine sehr wesentliche. Dazu kommt unter anderem noch die Freude am spielerischen Experimentieren, am Aufbau neuer, differenzierter Ordnungen.

Durch angeborene Auslösemechanismen wird wohl auch unser Bedürfnis nach Deckung und Ausblick bestimmt. Auch Menschen, die keinerlei schlechte Erfahrungen mit Mitmenschen oder Raubtieren gemacht haben, besetzen im Restaurant zuerst die Eck- und Wandtische und zuletzt die freistehenden Tische. Kinder fühlen sich in Nischen behaglich und bauen sich im Spiel gerne solch eine Deckung.

Höchst bemerkenswert ist schließlich der Hinweis von K. LORENZ (1943), daß eine Reihe von Situationen, die unser ethisches Werturteil zum Ansprechen bringen, durch angeborene Auslösemechanismen vorgezeichnet sein dürften. Dies ist u. a. aus den bei allen Völkern in Kunst und Literatur immer wiederkehrenden Situationsklischees zu schließen. Freundestreue, Mannesmut, Heimatliebe, Gattenliebe und Elternliebe sind die edlen Grundmotive des menschlichen Handelns, denen wir aus innerer Neigung folgen. Sie sind die Leitmotive der Literatur und Schauspielkunst vom Altertum bis zur Neuzeit. Es ergreift uns, von dem Freunde zu hören, der sich selbst für seinen Gefährten aufopfert, und wir stehen zu dem Helden der Sage oder des Wildwestfilms, der die Jungfrau befreit und schützt. W. WICKLER (1969, 1971) hat in sehr anregenden Untersuchungen die biologische Fundierung einiger ethischer Normen untersucht.

Lägen unserem Wertempfinden keinerlei angeborene Sollmuster und Auslösemechanismen zugrunde, dann wären wir in einer schwierigen Lage. Ein kultureller Relativismus könnte leicht dazu führen, daß man nur das gutheißt, was der eigenen Gruppe nützt oder was mehrheitlich als gut definiert wird. Vorgegebene Normen sichern uns dagegen bis zu einem gewissen Grade ab. Allerdings bedürfen sie einer verantwortlichen, vernunftbegründeten Moral als Ergänzung; denn manches in unserem biologischen Erbe, was sich als »gesundes Volksempfinden« äußert, ist problematisch. A. KOESTLER hat einmal gesagt, daß nicht der Mangel an Loyalität uns Menschen gefährdet, sondern eher ein Zuviel davon. Die soziale Kampfreaktion, deren Funktion die Verteidigung der Gruppe einschließlich ihrer Werte ist, kann auch durch eine fingierte Bedrohung aktiviert werden, was Demagogen zu allen Zeiten zu nützen wußten.

18.6 Elementare Interaktionsstrategien

Vergleicht man Grußrituale, Geschenkrituale, Rituale der Selbstdarstellung und andere komplexe Interaktionsmuster, dann wird man zunächst eine bemerkenswerte kulturelle Variabilität des äußeren Erscheinungsbildes feststellen. Bei genauerem Studium wird man allerdings auch bemerken, daß diese äußerlich verschiedenen Abläufe eine Reihe von grundsätzlichen Gemeinsamkeiten aufweisen, weil sie offenbar nach den gleichen universal gültigen Regeln strukturiert werden.

Wie man sich selbst darstellt, um Ansehen zu gewinnen, wie man eine Aggression abblockt, wie man es anstellt, etwas zu bekommen, oder wie man einen Gegner herausfordert – um nur einige Beispiele zu nennen –, das geschieht in allen Kulturen auf grundsätzlich gleiche Art. Kinder agieren diese Interaktionen nichtverbal aus, und das geschieht kulturenübergreifend in fast kopiengetreuer Weise, wie unsere Filmaufnahmen belegen. Erwachsene verbalisieren ihre Interaktionen weitgehend, sie befolgen aber dabei die gleichen Regeln. Während z. B. ein Kind einem angreifenden Spielpartner nichtverbal durch betontes Wegschauen mit Kontaktabbruch droht, sagt ein Erwachsener in einer vergleichbaren Situation: »Mit Dir rede ich nicht mehr!« Verbales und nichtverbales Verhalten können einander im Rahmen vorgegebener Regeln als funktionelle Äquivalente vertreten. (Eibl-Eibesfeldt 1979, 1984).

Rituale freundlicher Grußbegegnung sind äußerlich in den verschiedenen Kulturen sehr unterschiedlich. Ein Waika-Indianer (Yanomami), der als geladener Gast ins Dorf der Gastgeber kommt, tanzt zunächst im Dorf der Gastgeber eine Runde, wobei er in Haltung und Mienenspiel und mit den Waffen prahlt. Diese aggressive und nicht gerade freundliche Selbstdarstellung verbindet er aber mit einem freundlichen Appell über ein Kind, das mittanzt und grüne Palmwedel schwenkt (Abb. 18.56; I. Eibl-Eibesfeldt 1973). Wenn bei uns ein Staatsgast zu Besuch kommt, dann wird er mit militärischem Gepränge empfangen; es kann sogar Salut geschossen werden. Diese im Grunde aggressive Selbstdarstellung verbindet man mit einem freundlichen Appell: Dem Gast werden z. B. über ein kleines Mädchen Blumen überreicht. Die äußere Erscheinungsform der Begrüßung ist also eine ganz andere als im zuerst geschilderten Fall. Aber wir erkennen auch wieder, daß sich in Antithese Selbstdarstellung und bindend-beschwichtigende Appelle vereinen. Das gilt auch für den persönlichen Gruß zwischen Freunden, die einander mit Händedruck oder Schulterklopfen ihre Kraft demonstrieren, zugleich aber in Antithese Freundliches sagen und lächeln.

Die Selbstdarstellung in Begegnungssituationen ist notwendig, da der Mensch dazu neigt, Schwächen des Partners zur Herstellung einer Dominanzbeziehung zu nützen. Um diese Gefahr abzublocken, gibt man sich kompetent, sicher, bemüht, den Status – das »Gesicht« – zu wahren, ohne das Ansehen des Grußpartners zu gefährden. Man verbindet deshalb seine Selbstdarstellung mit einem freundlichen Appell, der die Kontaktbereitschaft ausdrückt.

Unsere Untersuchungen belegen die Existenz eines universalen Regelsystems, das verbale und nichtverbale Interaktionen in gleicher Weise strukturiert. Mit dieser Entdeckung ist die Kluft zwischen nichtverbalem und verbalem Verhalten im sozialen Bereich überbrückt und der Weg zur

18.56 Soziale Interaktionsstrategien: Ritual freundlicher Kontakteröffnung: Imponieren und Beschwichtigen in Antithese. Beim Palmfruchtfest laden die Waika-Dörfer (oberer Orinoko) einander ein, um durch ein Fest ihr Bündnis zu bekräftigen. Dabei werden unter anderem Geschenke und Versprechungen ausgetauscht. Die Eingeladenen tanzen zur Begrüßung zunächst einmal eine Runde im Dorf, wobei die Männer in vollem Schmuck und kriegerischer Pose, waffenschwenkend, stampfend und mit Drohmiene auftreten. Wie bei jedem Drohgruß (Salut, Händedruck) zeigt man so seinen Kampfeswert und damit auch seinen Wert als Partner. Das aggressive und damit auch kampfauslösende Auftreten wird über das Kind im Hintergrund beschwichtigt, das mit zwei zerschlissenen Palmwedeln hinterhertanzt. Die menschlichen Riten sind nicht frei erfunden, sie werden durch stammesgeschichtlich erworbene Dispositionen mitgeformt. Foto: I. Eibl-Eibesfeldt

Erforschung einer universalen Grammatik menschlichen Sozialverhaltens aufgetan. Viele der mannigfaltigen kulturellen Rituale erweisen sich bei genauer Analyse als Ausdifferenzierungen elementarer Interaktionsstrategien, die universell und in unverfälschter Weise beim Kleinkind auftreten (Weitere Einzelheiten bei I. EIBL-EIBESFELDT 1984).

18.7 Tiererbe und menschlicher Neuerwerb

18.7.1 Das prähominide Erbe

Über die wesensbestimmenden Merkmale des Menschen wurde viel geschrieben, und oft wurde ein Merkmal als das ausgewiesen, was ihn von allen übrigen Wesen abhebt, nämlich die Sprache. Der Mensch wurde ferner sehr treffend als »weltoffenes Neugierwesen«, als »Spezialist auf das Unspezialisiertsein«, aber auch als »Mängelwesen« beschrieben.

Biologen sollten sich allerdings vor einer solchen Ein-Merkmal-Charakteristik hüten; denn gerade das Zusammentreffen mehrerer bemerkenswerter Eigenschaften kennzeichnet die Sonderstellung des Menschen: Weltoffenheit, Neugier, Universalität, Sprache, Einsicht, Fähigkeit zur Reflexion, Kultur, Selbstkontrolle, künstliche Organe (Werkzeuge), verantwortliche Moral und künstlerische Begabung. Dazu kommen im sozialen Bereich seine Familialität unter Einbeziehung des Vaters und mehrerer Generationen, Ehigkeit und Dauersexualität; ferner das Leben in ursprünglich geschlossenen, meist patrilokalen Gruppen mit in der Regel weiblicher Exogamie, Rangordnung und einer starken Gruppenloyalität, die über Symbolidentifikation auch auf Großverbände ausgedehnt werden kann. Es besteht eine starke Neigung zu konformem Verhalten und zur Xenophobie. Eine Ambivalenz von Zuneigung und Ablehnung kennzeichnet die zwischenmenschlichen Beziehungen auf der individuellen ebenso wie auf der Gruppenebene. Der Mensch ist zur Bildung anonymer Großverbände (Staaten) befähigt, er vermag Mitmenschen einzeln oder in Gruppen instrumental einzusetzen und damit Politik zu betreiben, im Miteinander wie im Gegeneinander. Der Krieg als destruktive Gruppenaggression ist leider ein hervorstechendes Merkmal des Menschen. Nur der Mensch kann schließlich gegen seine Natur handeln, im Guten wie im Bösen.

Wie kamen nun all diese Eigenschaften des Menschen in die Welt? Manches ist altes Wirbeltiererbe, so das agonale System (Aggression, S. 517). Es liegt unserem Verhalten zugrunde, ebenso wie jene physiologischen Mechanismen, die Sexualität, Nahrungsaufnahme und andere Prozesse der Homöostaseregulation bestimmen.

Verfolgt man die Wurzeln dieses Mosaiks uns kennzeichnender Eigenschaften, dann wird man feststellen, daß es sich um ein Zusammenkommen von sehr vielen und recht verschieden alten Entwicklungen handelt. Ihr Zusammentreffen eröffnete neue Potentialitäten, so daß man auch von »Sternstunden« der Verhaltensevolution des Menschen sprechen kann. Das gilt z. B. für die Erfindung der Brutpflege, mit der das Instrumentarium zum Freundlichsein und die Fähigkeit zur persönlichen Bindung in die Welt kamen. Sie ist Säugererbe. Konvergent entwickelte sich ähnliches bei Vögeln (S. 201). Alle höhere Sozialität baut auf dieser Schlüsselerfindung auf – sie bildet bis heute das tragende Fundament der menschlichen Gemeinschaft. Mit der Entwicklung der Brutpflegeform des Säugens erfolgte auch eine entscheidende arbeitsteilige Festlegung der Geschlechter, die Brutpflege und Brutverteidigung betreffend.

Mit den Säugern wurden aber noch weitere entscheidende Entwicklungen angestoßen. Säuger wurden zunehmend auf adaptive Modifikabilität des Verhaltens durch Lernen selektiert. Und im Dienste dieses Erfahrungssammelns entwickelten sich die Neugier als Antrieb (S. 401) und das Spiel mit der Fähigkeit, Handlungen von den Antrieben abzuhängen und damit ein entspanntes Feld zum Experimentieren zu schaffen (S. 403). Hier liegt eine der Wurzeln unserer Freiheit. Hand in Hand damit erfolgte die starke Entwicklung des Neocortex.

Die Potentialitäten, die sich aus den Anlagen – gewissermaßen dem Grundbauplan – einer Gruppe ergeben, werden allerdings nicht bei allen Arten der Gruppe in gleicher Weise umgesetzt. So wird das von der Brutpflege abgeleitete soziale Füttern und Teilen nur von einigen Säugern in den Dienst der Erwachsenenbindung gestellt, z. B. bei einigen hundeartigen Raubtieren (Caniden) und bei einigen Primaten. In beiden Fällen kann man die zugrundeliegenden Verhaltensweisen der Brutpflege als homolog betrachten. Ihre Ausdifferenzierung zu gruppenbindenden Verhaltensweisen erfolgte jedoch unabhängig in beiden Gruppen als analoge Entwicklung, in Anpassung an ähnliche Erfordernisse. Es handelt sich also um Homoiologien (S. 336). Dagegen können wir bestimmte Formen des Teilens (Abgeben von Beute, Kußfüttern), die wir beim Schimpansen und beim Menschen finden, durchaus als Homologien deuten.

Weitere für uns Menschen entscheidende Anlagen sind Primatenerbe. Die Primaten sind ursprünglich Baumbewohner. Erst sekundär wurden viele, wie z. B. die Paviane, Bodenbewohner.

Während die kleineren Baumprimaten Krallenkletterer sind, entwickelten sich bei den höheren Affen mit der zunehmenden Größe Greifhandkletterer, was besondere Anpassungen erfordert. Ein Greifhandkletterer muß gezielt greifen und Sprünge gut abschätzen können. Damit entwickelten sich binokulares Sehen und die Raumintelligenz, d. h. die Fähigkeit, räumliche Zusammenhänge zentral zu »erfassen«. Noch heute ist unser Denken räumlich, und wir übersetzen alle unanschaulichen Verhältnisse in anschauliche »Begriffe«. »Wir gewinnen Einsicht in einen verwickelten Zusammenhang – wie ein Affe in ein Gewirr von Ästen –, aber wirklich erfaßt haben wir den einen Gegenstand erst, wenn wir ihn voll begriffen haben. In den letzten drei Ausdrücken tut sich übrigens der uralte Primat des Haptischen vor dem Optischen in schöner Weise kund« (K. LORENZ 1959, S. 153).

Gezieltes Greifen und Auftreten setzt eine willkürliche Kontrolle der Bewegungen voraus. Starre Bewegungsprogramme der Lokomotion mußten dazu in kleinere Einheiten aufgelöst werden, zwischen die sich Orientierungsbewegungen einschalten und damit die Verhaltensakte den wechselnden Situationen anpassen konnten; und all dies mußte der Willkürkontrolle zugänglich sein. Die Entwicklung der Willkürmotorik wiederum war eine entscheidende Voraussetzung für die Benutzung und Herstellung von Werkzeugen.

Bei größeren Baumprimaten ist die Aufrichtung des Körpers angebahnt, da diese sich als Stemmgreifkletterer, mit den Hinterbeinen schiebend bzw. auf den Ästen gehend und mit den Vorderbeinen greifend und hangelnd, fortbewegen, was wiederum eine große Beweglichkeit des Schultergelenks zur Folge hatte. Die Sozialstrukturen der Affen wechseln mit der speziellen Ökologie. Bei Altweltaffen obliegt die Brutpflege der Mutter, die ihren Säugling trägt.

Die Sozialstrukturen der Affen sind verschieden. Bodenlebende Altweltaffen bilden vielfach große Mehrmännchengruppen, die sich aus Ein-Mann-Gruppen zusammensetzen können. Partnerbesitz wird beim Mantelpavian *(Papio hamadryas)* respektiert, aber nur innerhalb der Gruppe, nicht zwischen Gruppen. Diese Unterscheidung zwischen »ingroup« und »outgroup« mit der Beschränkung der Gültigkeit bestimmter Normen auf Gruppenmitglieder ist bemerkenswert. Sie geht mit deutlicher, oft aggressiver Abgrenzung einher. Bei den in größeren Gruppen lebenden Altweltaffen muß jedes Gruppenmitglied Rangstellung, Bindungen und Freundschaften jedes anderen kennen, will es Konflikte vermeiden. Damit geht das Vermögen einher, in einer Beziehung zum Partner ein drittes Tier zu benützen. Das können bereits Paviane. Schimpansen erreichten darin große Fertigkeiten (S. 615). Die Notwendigkeit, individuelle Neigungen, Handlungsintentionen und Fähigkeiten einer großen Zahl von Gruppenmitgliedern zu erfassen, fördert die Entwicklung sozialer Intelligenz.

Von den Menschenaffen steht der Schimpanse in vielem dem Menschen nahe. Der Typus entwickelte sich offenbar in einem Savannenhabitat, dessen besondere Bedingungen neue Anpassungen erforderten, die bei unseren Ahnformen die Hominisation einleiteten. Da die Schimpansen von Baumgruppe zu Baumgruppe durch Grasland wandern mußten, entwickelten sie den aufrechten Gang, der ihnen Ausblick erlaubte. Gleichzeitig wurden die Hände damit weiter von der Lokomotionsaufgabe entlastet. Schimpansen, aber auch einige Makaken (S. 383), gehen viel aufrecht, und sie tragen auch Stöcke und Steine in den Händen, die sie als Werkzeuge gebrauchen; Stöcke vor allem als Waffe zum Schlagen und Werfen gegen Feinde (S. 446). Steine werfen sie auch gegen Artgenossen. Sie dienen außerdem zum Öffnen von Palmnüssen, wobei Weibchen geschickter sind. Männliche Schimpansen zerschlagen die Früchte oft, Weibchen haben eine bessere Kontrolle der Feinmotorik (S. 443, dort auch Einzelheiten zum Werkzeuggebrauch). Schimpansen leben in individualisierten Kleingruppen, die sich aus mehreren Männchen und erwachsenen Weibchen mit ihren Kindern zusammensetzen. Zwischen den Männchen besteht eine Rangordnung. Wir wiesen außerdem bereits darauf hin, daß Schimpansenmännchen wie -weibchen Bündnisse und längerwährende Freundschaften schließen.

Schimpansenmänner bilden dabei flexiblere Koalitionen. Sie verhalten sich opportunistisch so, daß sie ihre Macht vermehren und damit im Rang aufsteigen. Dazu unterstützen sie zunächst andere im Rang hochstehende (»Gewinner«, S. 599). Haben sie eine ranghohe Stellung erreicht, übernehmen sie die Rolle des Beschützers und unterstützen »Verlierer« (also Rangniedere), um ihren Rang zu halten. Die Koalitionen der Weibchen dagegen dienen zum Schutz bestimmter Individuen, nämlich von Freunden und nahen Blutsverwandten. Sie begründen sich auf »Sympathie« und sind stabiler als die Koalitionen der Männchen (F. B. M. de Waal 1984). Reziprozität nach dem Prinzip: »Hilfst du mir, dann helfe ich dir«, spielt in den Bündnissen eine große Rolle. Bei Verstoß gegen diese Regel wird der betrogene Partner oft wütend. De Waal (1983, S. 207) beschreibt eindrucksvoll die Reaktion auf einen solchen Regelverstoß.

Schimpansen verstehen es bereits, andere geschickt für ihre Interessen einzuspannen (S. 599, 615). Sie sind um die Erhaltung der sozialen Harmonie innerhalb der Gruppe bemüht, respektieren Objektbesitz und Teilen (S. 615).

Die Männchen bleiben in der Gruppe, in der sie geboren wurden. Sie sind daher in der Regel miteinander verwandt und damit auch eher bereit, einander beizustehen und Rivalitäten um Weibchen zu meiden. Heterosexuelle Partnerschaften und Bevorzugungen (Konsortverhältnisse) sind angebahnt, und Ranghohe verhindern gelegentlich Kopulationen Rangniederer. Oft beobachtete man jedoch, daß mehrere Männchen hintereinander ein Weibchen begatten. Promiskuität herrscht vor. Weibchen verlassen die Gruppe, in der sie geboren wurden, mit der Geschlechtsreife. Schimpansengruppen stehen anderen als territoriale Einheiten feindlich gegenüber. Die Männchen patrouillieren in Trupps in den Randgebieten ihres Reviers, sie greifen gemeinsam Fremde an, die sie dort antreffen, und gelegentlich töten sie sie.

Die viele Jahre bestehenden Gruppen gestatten es, Erfahrungen zu sammeln und zu tradieren. Die Kindheit dauert lange, und die Bindung zwischen Mutter und Kind hält sich viele Jahre bis über die Pubertät hinaus (J. Goodall 1974). Damit kommt es auch zu einer engeren Bindung der aufeinanderfolgenden Geschwister. Eine dauerhafte Mutterfamilie ist also angebahnt. Bemerkenswert sind schließlich die erstaunlichen Lern- und Intelligenzleistungen, die sogar eine sprachähnliche Kommunikation mit erlernten Zeichen ermöglichen (S. 217 ff.).

Wir können also festhalten, daß unsere Agonalität bereits als Wirbeltiererbe vorgegeben ist. Die Freundlichkeit und die Fähigkeit zur Liebe sind dagegen Säugererbe und jüngeren Datums, ebenso die Neugier und das Spiel, mit der Fähigkeit, Handlungen von Antrieben abzuhängen, auf die sich unsere Begabung, Abstand zu nehmen und im entspannten Feld zu entscheiden – also die Freiheit zu rationaler Wahl – begründet. Die arboricole Lebensweise unserer Primatenvorfahren prägte unser Wahrnehmen und Denken, so daß wir selbst unsere höchsten geistigen Leistungen mit Begriffen aus dem visuell-haptischen Bereich beschreiben. Als Anpassung an das Leben auf Bäumen entwickelten sich das Tiefenschätzungen ermöglichende binokulare Sehen, mit der Fähigkeit, Zusammenhänge »einzusehen«, ferner die Willkürmotorik und die Greifhand, die zum Werkzeuggebrauch präadaptierte. Die bei großen Baumbewohnern angebahnte Aufrichtung wurde bei den zum Bodenleben übergegangenen Menschenaffen vollzogen, die damit die Hand zum Werkzeuggebrauch frei bekamen – einerseits zum Nahrungserwerb, andererseits zur Feindabwehr. Dauerhafte Gruppen und eine lange Kindheit ermöglichten es, viel zu lernen und zu tradieren (siehe protohominides und protokulturelles Verhalten, S. 382). Es bildeten sich ferner die patrilineale, territoriale Gruppe mit weiblicher Exogamie, die lange bestehende Mutterfamilie, Fremdenablehnung und Gruppenaggression und eine hohe soziale Intelligenz, die auch im Rangstreit eingesetzt wird.

18.7.2 Die Hominisation des Verhaltens

In der Hominidenevolution setzen sich offenbar eine Reihe von Evolutionstrends durch, die zunächst mit der Anpassung ans Baumleben einhergehen. Dazu gehört die zunehmende Funktionsdifferenzierung zwischen Vorder- und Hinterextremitäten mit der Vervollkommnung der Hände als Manipulationsorgane, die Perfektion des Gesichtssinnes und die zunehmende Vergrößerung des Gehirns, insbesondere des Neocortex. Die beim Menschen so hoch entwickelten kognitiven Fähigkeiten dürften sich bei den nichtmenschlichen Primaten zunächst im Dienste der sozialen Kommunikation entwickelt haben und erst sekundär im Umgang mit der dinglichen Umwelt Bedeutung erlangt haben (CH. VOGEL 1975).

Die Anpassungen an das Baumleben – zentrale Repräsentanz des Raumes, binokulares Sehen, Greifhand – wurden in neuer Weise nutzbar, als unsere Ahnen im Zuge der zunehmenden Versteppung des Landes gezwungen waren, sich im Graslande zu bewegen. Zuerst werden es wohl noch Bewegungen von Baumgruppe zu Baumgruppe gewesen sein. Aber bereits das erfordert ein Aufrichten des Körpers, schon um über das Gras hinweg Feinde wahrnehmen zu können. Die Hände werden zum Tragen und Halten von Gegenständen frei.

Mit der zunehmenden Versteppung ergab sich schließlich wohl die Notwendigkeit, Beute zu jagen, und das bedeutete einen starken Selektionsdruck in Richtung auf Werkzeugbenutzung, die schließlich auch zur Geräteherstellung führte. Bereits die Australopithecinen Südafrikas und der Olduway-Schlucht stellten Werkzeuge her (R. A. DART 1957, L. S. D. LEAKEY 1963, G. HEBERER 1965), z. B. aus Röhrenknochen von Antilopen, in deren Gelenkspalten sie Zähne einfügten. Mit diesen Instrumenten erschlugen sie ihre Beutetiere.

Einfache, beschlagene Steingeräte (Faustkeil) bestimmten lange Zeit das Bild der menschlichen Kultur, und die explosive Entwicklung der menschlichen Werkzeugkultur setzte erst in relativ junger Zeit ein. Weshalb die Entwicklung nach der Erfindung der ersten Steingeräte über viele Hunderttausende von Jahren stagnierte, um dann in eine so plötzliche Evolution der Werkzeugkultur überzuleiten, wissen wir nicht. Vielleicht steht dies mit der Entwicklung der Sprache in direktem Zusammenhang. Die Sprache erlaubt es, Erfahrungen einzelner in größerem Umfange zu tradieren.

In einer geistreichen Untersuchung hat H. HASS (1968) die verschiedenen Vorteile des Werkzeuggebrauches diskutiert. Werkzeuge ersetzen Organe – sie sind gewissermaßen »künstliche Organe«. Man braucht sie allerdings nicht zu ernähren und auch nicht dauernd mit sich zu führen. Man kann sie außerdem jederzeit gegen andere Werkzeugtypen austauschen und damit gewissermaßen seine Spezialisierung ändern. Verschiedene Personen können ein und dasselbe Werkzeug gemeinsam benutzen und bei seiner Herstellung zusammenarbeiten. Künstliche Organe sind nicht bloß Instrumente wie Messer und Gabel, auch ein Automobil, ein Flugzeug oder eine Brücke sind genaugenommen als solche anzusprechen. Die Werkzeuge erweiterten nicht nur den Machtbereich des Menschen, sie stellten ihn auch vor neue Probleme. Ein im Zorn mit dem Faustkeil in der Hand ausgeführter Schlag tötete den Mitmenschen, ohne daß er Gelegenheit hatte, an das Mitleid zu appellieren. Tatsächlich zeigen die fossilen Menschenschädel relativ oft Spuren von Gewalteinwirkungen, die von Mitmenschen verursacht worden sein dürften (R. ROPER 1969). Und wer heute den Abzug eines Gewehres bedient, erfaßt gefühlsmäßig gar nicht, welch ungeheure Folgen das für einen Mitmenschen haben kann. Unsere Tötungshemmungen haben mit der Entwicklung der Waffentechnik nicht Schritt halten können. Zwar bemühen wir uns in immer neuen Anläufen um die Entwicklung ritterlicher Umgangsformen, doch hinken diese hinter der Entwicklung der Technik her.

Die menschliche Hand zeigt eine Reihe von Anpassungen, die sie in ganz besonderem Maße zur Werkzeugherstellung und Werkzeugbenutzung befähigen, Anpassungen, die allerdings bereits bei anderen Primaten angebahnt sind. So können alle Primaten einen Gegenstand mit der Hand umfassen (Kletteranpassung). Der Daumen spezialisiert sich in der Primatenreihe immer mehr und kann schließlich unabhängig von den anderen Fingern rotieren und ihnen gegenübergestellt werden (Abb. 18.57). Diese Entwicklung ist beim Menschen am weitesten fortgeschritten, und wir können daher ein Objekt zwischen einem oder mehreren Fingern und dem opponierten Daumen halten (Präzisionsgriff). Der feste Daumen-Finger-Griff wird noch dadurch gesichert, daß die Endphalangen verbreitert sind. Der Daumen ist im Verhältnis zum Zeigefinger lang und in einem weiten Winkel eingelenkt. Starke Muskeln bewegen ihn von und zur Handfläche. Sattelgelenke des Daumens zum Metacarpale und Trapezium ermöglichen es ihm, 45 Grad um seine Längsachse zu rotieren und damit allen anderen Fingern zu opponieren (J. NAPIER 1962).

Entscheidende weitere im Zuge der Hominisation stattfindende Entwicklungen betreffen die Ausbildung der Wortsprache, die Entwicklung von Kultur: die Fähigkeit zu rationaler Selbstkontrolle und damit auch zu einer vernunftbegründeten verantwortlichen Moral, die Fähigkeit, Großgesellschaften zu bilden, Politik zu betreiben und Krieg zu führen.

Was die Entwicklung vorantrieb, wissen wir nicht. Sie war auf jeden Fall rasant. Vom *Australopithecus* trennen uns etwa 2 Millionen Jahre oder 100 000 Generationen. In dieser erstaunlich kurzen Zeit verdreifachte sich unter anderem unser Hirngewicht, und aus einem aufrecht gehenden

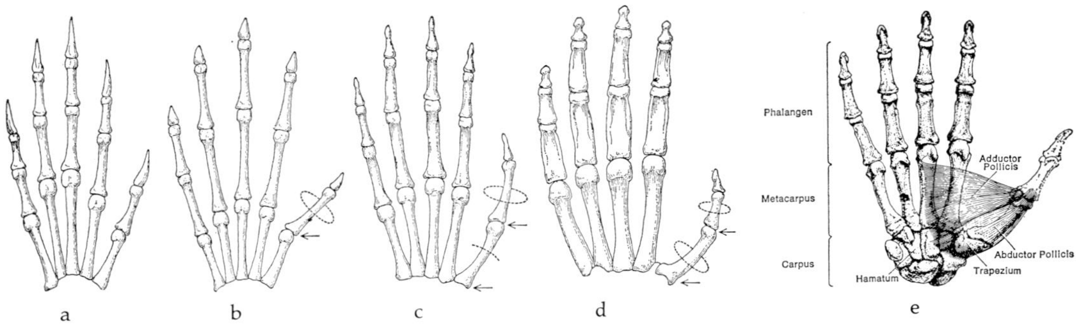

18.57 Hände lebender Primaten: a) Die Hand des Spitzhörnchens *(Tupaia)* zeigt bereits den Beginn der für die Primaten typischen Spezialisierung des Daumens; b) bei den Makis *(Tarsius)* hat sich der Daumen bereits von den übrigen Fingern getrennt, und er kann um das Gelenk, das er mit dem Mittelhandknochen bildet, rotieren; c) bei dem neuweltlichen Kapuzineräffchen *(Cebus)* ist der Winkel zwischen dem Daumen und den anderen Fingern weiter, und die Bewegung kann bereits an der Basis des ersten Mittelhandknochens stattfinden; d) beim altweltlichen Gorilla ist der erste Mittelhandknochen durch ein Sattelgelenk mit dem ersten Handwurzelknochen (Trapezium) verbunden. Das ermöglicht eine rotierende Bewegung des ersten Mittelhandknochens; e) die Hand des modernen Menschen. Die in a) bis d) dargestellte Entwicklung ist noch weiter vorangeschritten. Der Daumen ist im Verhältnis zum Zeigefinger sehr lang und in einem weiten Winkel eingelenkt. Starke Muskeln bewegen ihn von und zu der Handfläche. Sattelgelenke zwischen Daumen und Mittelhandknochen und zwischen Mittelhandknochen und Trapezium ermöglichen es dem Daumen, um 45 Grad um seine Längsachse zu rotieren und sich damit allen Fingern gegenüberzustellen. Durch Verbreiterung der Endphalangen wird der feste Daumen-Finger-Griff möglich. Aus J. Napier (1962)

Affen mit einfachster materieller Kultur wurde der *Homo sapiens* der technischen Zivilisation.

R. S. Bigelow (1970) meint, die scharfe kriegerische Konkurrenz der Kleingruppen müsse der entscheidende Faktor in dieser Entwicklung gewesen sein. Das kann stimmen; denn der Krieg ist wohl so alt wie die Menschheit. Er hat aber vielleicht sogar noch ältere Wurzeln; denn auf Tötung abzielende Gruppenaggression kennt man von Schimpansen. Man kann sich vorstellen, daß die technische und soziale Intelligenz durch solcherart radikale Konkurrenz vorangetrieben wurde. Zugleich wurden innerhalb der nunmehr als Einheiten in der Selektion auftretenden Gruppen bestimmte soziale Eigenschaften begünstigt, die kooperatives Verhalten, Gruppenloyalität und Gruppenharmonie förderten (I. Eibl-Eibesfeldt 1982). Dazu gehört vor allem die Kontrolle der Innergruppenaggression.

Die beschwichtigenden und bindenden Verhaltensweisen, die als Pongidenerbe bereits abgelegt sind, wurden dazu weiter differenziert, und sie erfuhren unter anderem eine reiche kulturelle Ausgestaltung. Ein Beispiel dafür sind die vielfachen Formen von Geschenkritualen (zur Ethologie des Gebens siehe I. EIBL-EIBESFELDT 1974). Der Objekttransfer wird von einer Objektbesitznorm geregelt: Nur der kann geben – und damit freundlich handeln –, der besitzt. Objektbesitz wird anerkannt. Mit der Ausbildung der Werkzeugkultur muß sich der Selektionsdruck auf die weitere Ausdifferenzierung der Objektbesitznorm erheblich verstärkt haben. Ab einem bestimmten Entwicklungsstand war der Mensch von seinen »künstlichen Organen« (H. HASS 1968) – den Waffen, Bekleidungsstücken und anderen Gerätschaften –, abhängig. Es war überlebenswichtig, daß nicht jeder in der Gruppe gerade das nahm, was ihm am nächsten lag, wenn er es brauchte. Das Geben wird ferner von der ebenfalls universalen Regel der Reziprozität beherrscht. Sie bedingt unter anderem, daß man nur so gibt, daß der andere auch gegengeben kann. Kann er es nicht, gerät er über Verpflichtung in Abhängigkeit. Zuviel geben kann daher im Rangstreit benützt werden, um eine Dominanzbeziehung aufzubauen.

Aggressionen werden außerdem nach außen auf Gruppenfremde abgeleitet. Man bekämpft sie dazu nicht unentwegt im Kriege, sondern festigt die Gruppenbindung auch durch ritualisierte Aggression nach außen. So tun es z. B. die Yanomami, wenn sie im Hekuramou die Geister anrufen und zu den Feinden schicken, damit sie dort Schaden stiften mögen.

Die Innergruppenaggression wird weitgehend ritualisiert, und die Entwicklung der Sprache spielt dabei eine entscheidende Rolle. Die Verbalisierung einer Auseinandersetzung stellt eine hohe Ritualisierungsstufe des Kämpfens dar. Wer mit Worten ficht, braucht keine Waffen. Zugleich wird die Auseinandersetzung auf eine Ebene verschoben, in der Intelligenz und Geschick zählen. Die Sprache erlaubt es ferner anderen, zu intervenieren ohne handgreiflich zu werden und Verhaltensregeln zu formulieren, die für die Mitglieder einer Gruppe bindend sind. Ich vermute, daß es in erster Linie soziale Funktionen dieser Art waren, die die Entwicklung der Sprache vorantrieben. Dazu paßt, daß, nach V. HEESCHENS (mündliche Mitteilung) sorgfältigen Analysen der Alltagsgespräche der Eipo, auch bei der Arbeit Soziales abgehandelt wird und nicht etwa verbale Unterweisung erfolgt. Sprechen setzt eine gewisse Distanzierung von Emotionen voraus. Nur so ist eine reflexible Bezugnahme auf das soziale Geschehen möglich. Durch die Lateralisation wurde die Fähigkeit emotionell distanzierter Interaktion weiter perfektioniert. Wohl in Zusammenhang damit wurde das Sprechen in der linken, rationalen Gehirnhälfte angesiedelt.

Für die Mitteilung emotionaler Zustände brauchen wir dagegen die Wortsprache nicht. Unser angeborenes Ausdrucksrepertoire reicht dazu aus. Unter anderem teilen wir Emotionelles durch die Sprachmelodie und den Sprechrhythmus mit. Im übrigen gilt, daß Kinder ihre ersten Sätze im sozialen Kontext benutzen, um Mitteilungen über ihre Umwelt zu machen. Erst viel später drücken sie auch ihre Stimmungen sprachlich aus. Die Emanzipation der Lautäußerungen von den Emotionen ist geradezu eine Voraussetzung für die menschliche Sprache (A. GEHLEN 1940, R. J. ANDREW 1963 a). Damit stimmt überein, daß wir unseren empfindlichsten Hörbereich von 3000 Hz nicht zum Sprechen nützen. In diesem Bereich liegt nämlich der Notruf eines Kindes oder einer Frau, auf den wir wahrscheinlich angeborenermaßen reagieren. Der Bereich ist also emotional besetzt. Zum Sprechen nützen wir die freien Frequenzen um 1000 Hz. Die im Spiel entwickelte Fähigkeit, Handlungen von den Antrieben abzukoppeln, liegt dazu als Voranpassung bereit (I. EIBL-EIBESFELDT 1950).

Gelegentlich wird auch auf die Möglichkeit hingewiesen, daß eine Zeichensprache Vorläufer des Sprechens gewesen sein könnte. Man meint, daß die Notwendigkeit gemeinsamer Jagd die Entwicklung eines hochdifferenzierten nichtverbalen Kommunikationssystems erzwang. Unser Mienenspiel ist in der Tat sehr reich. Dazu kommen noch die Gesten, und selbst mit dem Blick können wir dank des Augenweiß signalisieren. Aber die Jagd hat sicherlich nicht das Sprechen gefördert; denn Geräusche vertreiben das Jagdwild und locken Freßfeinde an. Sprechen kann man nur in Sicherheit, wie sie etwa im Heim oder in der Geborgenheit der Dorfgemeinschaft geboten wird.

Sprechen setzt ferner die willentliche Verfügung über die Sprechmotorik voraus. Das ist mit der Ausbildung der Willkürmotorik der nichtmenschlichen Primaten bereits vorbereitet.

Die arbeitsteilige Spezialisierung der beiden Hemisphären (S. 431) dürfte direkt mit der Notwendigkeit zusammenhängen, emotionales vom rationalen, willkürgesteuerten Verhalten zu trennen. Fördernd kam wohl die Entwicklung der Rechtshändigkeit dazu. Sprache, Rationalität und die Bewegung der Rechten werden in erster Linie von der linken Hemisphäre kontrolliert. Die Rechtshändigkeit dürfte mit der Entwicklung der Werkzeugkultur zustande gekommen sein. Daneben waren aber sicherlich auch soziale Faktoren beteiligt. Wenn alle die gleiche Hand bevorzugen, wird das Verhalten der Gruppenmitglieder füreinander eher voraussagbar. Das spielt bereits bei so einfachen Akten wie dem Händegeben eine Rolle.

Die Fähigkeit, sich von seinem emotionalen Ich abzusetzen und damit ein entspanntes Feld zu schaffen, fördert schließlich sachliches Erwägen und Denken.

Schon höhere Säuger können Aufgaben lösen, ohne erst verschiedene Möglichkeiten motorisch abhandeln zu müssen: Das Probieren ist nach innen verlegt. Der Schimpanse, der in einem Käfig sitzt, in dem sich eine Kiste und eine an der Decke befestigte Banane befinden, probiert in Gedanken verschiedenes aus: Er überlegt, wohl ähnlich wie wir, setzt seine bisherigen Erfahrungen dazu in Beziehung und findet so die Lösung. Allerdings müssen die Gegenstände seiner Überlegung anwesend sein. Beim Menschen ist diese Fähigkeit, in der Vorstellung zu experimentieren, so weit entwickelt, daß wir ihn mit Recht auch als das »Phantasiewesen« (A. GEHLEN 1940) bezeichnen können. Wir kombinieren unsere Bewußtseinsinhalte im Geiste, und zwar nicht bloß, wenn eine Aufgabe konkret an uns herantritt. Wir spielen auch mit ihnen, fügen sie neu zusammen, bauen Luftschlösser auf, entwerfen Handlungsweisen als Pläne und lösen dabei Gewohnheiten wieder auf – ein Mechanismus, der uns vor Erstarrung schützt. Allerdings ist dieser Schutz nicht absolut. Wir können uns in unserer Phantasie Leitvorstellungen schaffen, die wie ein Zwang als »fixe Idee« unser Verhalten determinieren (H. HASS 1968). Diese Gefahr besteht vor allem dann, wenn unsere Phantasiegebilde unter dem Einfluß starker Antriebe (Machtstreben, Sexualität) geformt werden. Bis zu einem gewissen Grade können wir in der Phantasie ein zweites Leben führen und Antriebe ausleben, für die in der Wirklichkeit kein Raum ist.

Bemerkenswert ist, daß der Mensch, ohne es erst motorisch zu üben, auch rein zentral neue Bewegungskoordinationen erlernen kann. Wir können nicht nur ein neues Wort hören oder lesen und sogleich nachsprechen, wir können auch neue Bewegungen in der Phantasie zusammenbauen und danach der Vorstellung entsprechend ausführen.

Die Folgen der Lateralisation reichen aber viel weiter. Wir wissen aus den Experimenten von R. SPERRY (S. 431), daß die beiden Hirnhälften nach Durchtrennung des Balkens für sich erleben können, so als besäße die Person zwei Persönlichkeiten, eine emotionale und eine rationale, sprachbegabte. Der Mensch kann nun willentlich, wohl über die Steuerung der Durchblutung, die eine oder die andere Hirnhälfte mehr aktivieren. Aktiviert er sein rationales Ich, dann vermag er sein emotionales Ich gewissermaßen aus der Distanz zu beobachten. Unsere Reflexionsfähigkeit ebenso wie unsere Fähigkeit zur bewußten Selbstkontrolle scheinen darin begründet (weitere Einzelheiten bei I. EIBL-EIBESFELDT 1984).

Schon vor der Entwicklung der Sprache konnten Kenntnisse tradiert werden (S. 381). Mit Hilfe der Sprache und dank dem viel weiter entwickelten Gedächtnis konnte der Mensch Wissen in einem Maße akkumulieren, daß Kultur möglich wurde und daß die kulturelle Evolution heute der biologischen weit voraneilt.

Der Mensch kultiviert alle Lebensbereiche, seine Umgangsformen und sein Wohnen ebenso wie seine Nahrungsaufnahme. Er ist in der Lage, über Verfeinerung sein Lebensgefühl zu steigern und sich künstlerisch zu entfalten. Über die Entwicklung kulturspezifischer Eigentümlichkeiten in Sprache, Kleidung und Stil festigt er den Zusammenhalt seiner Gruppe und setzt sie oft kontrastbetont gegen andere ab. Auf diese Weise kopiert die kulturelle Entwicklung die biologische Evolution. E. H. ERIKSON (1966) prägte dafür sehr treffend den Begriff »kulturelle Pseudospeziation«.

Schon Kinder belegen das menschliche Bedürfnis, sich zu kultivieren. Sie erfinden im Spiel Regeln, denen sie sich freiwillig unterwerfen. Sie trainieren auch Selbstbeherrschung, ja erfinden sogar eigene Regeln des Sprechens und Spielrituale, mit denen sie sich von anderen in Kleinstgruppen absetzen. Selbstbeherrschung gilt ferner in allen Kulturen als Tugend, und sie wird oft in Mannbarkeitsproben bei der Initiation demonstriert. Der Mensch ist, wie A. GEHLEN zurecht betonte, ein »Kulturwesen von Natur«. Die Appetenz, sich zu kultivieren, ist Teil seines Programms. Ohne Kultur wäre er nicht in der Lage zu überleben, denn seine instinktiven Programme reichen zur Kontrolle seines Verhaltens nicht aus; sie sind lediglich wichtige Vorgaben. Dank dem tradierten Schatz kultureller Information ist der Mensch in der Lage, sich schnell anzupassen und sich mit verschiedenen Subsistenzstrategien in die verschiedensten Umwelten einzupassen.

Die Tatsache, daß die biologische Ausstattung des Menschen nicht oder nur mangelhaft zum Überleben ausreichen würde, hat A. GEHLEN (1940) dazu gebracht, in Anlehnung an J. G. HERDER den Menschen als »Mängelwesen« zu charakterisieren. Mit seiner Nacktheit und dem Mangel ihm angeborener Waffen stünde er hilfloser als jedes Tier in dieser Welt und hätte kaum eine Überlebenschance, besäße er nicht die Hilfsmittel der Technik. Die Auffassung vom Menschen als Mängelwesen hält sich zäh in der anthropologischen Literatur und ging auch in das populärwissenschaftliche Schrifttum ein. Diese Betrachtungsweise ist allerdings sehr einseitig. Sie übersieht zunächst die Tatsache, daß es so etwas wie einen vollkommenen Organismus gar nicht gibt. Jede Spezialisierung bedeutet in irgendeinem anderen Bereich Verzicht. Ein Säuger, der sich ans Meeresleben anpaßt wie die Robbe, kommt an Land nur mehr schlecht vorwärts. Darüber hinaus ist jeder heute lebende Organismus das Ergebnis einer Unzahl von Umkonstruktionen. Die Tatsache, daß alle Landwirbeltiere von Fischen abstammen, tritt als historische Belastung etwa im Blutkreislauf der Wirbeltiere sehr deutlich zutage. Der noch unvollständig getrennte Blutkreislauf der Lurche und vieler Reptilien läßt sich vom Standpunkte eines Konstrukteurs durchaus als Mangel auffassen. Die schrittweise Umkonstruktion des Fischblutkreislaufes durch Einbeziehung des Lungenkreislaufes in Anpassung an das Landleben führt zunächst zu einer unvollkommenen Trennung des venösen und des arteriellen Blutes. Frösche, Salamander, ja selbst die flinken Eidechsen sind als »Wirbeltiere mit gepanschtem Blut« keineswegs ausdauernd und lange nicht zu den Hochleistungen befähigt, die ein Fisch, Vogel oder Säuger auf der Flucht vollbringen kann (G. KRAMER 1949). Daß Bartenwale als Embryonen Zahnanlagen bilden, nur um sie wieder einzuschmelzen, und daß wir in einem frühen Entwicklungsstadium noch Kiemenbögen anlegen, ist nur als historische Belastung zu deuten. Ändert eine Art ihre Lebensweise, dann hinken die morphologischen und physiologischen Anpassungen längere Zeit nach. Die Neigung des Menschen zu Senkfüßen und zu Erkrankungen des Venensystems der Beine z. B. zeigt, daß diese Systeme in der Anpassung an den aufrechten Gang noch keineswegs die wünschenswerte Perfektion erreichten (K. SALLER 1963). Bei meinem Feldaufenthalt unter den Eipo im westlichen Bergland Neuguineas fiel mir die Häufigkeit der Verletzungen an den unteren Extremitäten bei den Eingeborenen auf (I. EIBL-EIBESFELDT 1976). Das alles sind aber keine spezifischen Mängel des Menschen, sondern ist Ausdruck einer im Flusse befindlichen Evolution.

Schließlich wertet man als »Mängel« des Menschen Merkmale, die man bei genauer Betrachtung als echte Anpassungscharaktere zu werten hat. Das gilt z. B. für die Haarlosigkeit, die es dem Menschen zusammen mit der reichen Entwicklung von Schweißdrüsen erst möglich macht, Beutetiere auch in warmen Erdgebieten ausdauernd zu hetzen. Buschmänner verfolgen Antilopen bis zu deren Erschöpfung. Säuger mit Fell leiden sehr schnell an Hitzestauung.

Im übrigen kann man es kaum als Mangel bezeichnen, daß der Mensch nicht einseitig spezialisiert, sondern geradezu ein »Spezialist auf Unspezialisiertsein« (K. LORENZ 1959) ist. Dieser Tatsache verdankt er schließlich seine weltweite Verbreitung. Seine Sinnesorgane sind ausgezeichnet, und seine körperliche Eignung illustrierte K. LORENZ (1959), indem er sie in Hinblick auf ihre Vielseitigkeit mit der Leistung anderer, gleich großer Säuger verglich. »Stellt man etwa die drei Aufgaben, 35 Kilometer an einem Tage zu marschieren, 5 Meter an einem Hanfseil emporzuklimmen und 15 Meter weit und 4 Meter tief unter Wasser zu schwimmen und dabei zielgerichtet eine Anzahl von Gegenständen vom Grunde emporzuholen, lauter Leistungen, die auch ein höchst unsportlicher Schreibtischmensch, z. B. ich, ohne weiteres zustande bringt, so findet sich kein einziger Säuger, der ihm das nachmacht« (K. LORENZ 1959, S. 154).

Dieser Universalität im körperlichen Bereich entspricht eine erstaunliche individuelle Anpassungsfähigkeit. Der Mensch ist, wie K. LORENZ sagt, ein »weltoffenes Neugierwesen«. Während die meisten Säuger nur in ihrer Jugend neugierig sind, bleibt dieses Jugendmerkmal dem Menschen zeitlebens erhalten. Er ist immer bereit, aktiv Neues zu erkunden und mit den Umweltdingen zu experimentieren (siehe Spiel, S. 401).

L. BOLK (1926) wies auf eine Reihe von körperlichen Merkmalen des Menschen hin, die offenbar in einem fötalen Entwicklungszustand verharren. Seine Fötalisationstheorie interpretiert dies in der Annahme, daß der

Mensch in einigen Bereichen seiner körperlichen Entwicklung auf einer embryonalen Stufe stehenblieb. Tatsächlich bleibt er in vielem jugendlich – auch in seinem Verhalten!

Weitere wichtige Änderungen im Gefolge der Hominisation betreffen die soziale Struktur der Gruppe. Aus der Mutterfamilie entwickelte sich eine Elternfamilie. Mann und Frau bleiben dauerhaft ehig miteinander verbunden und sorgen arbeitsteilig für den Nachwuchs. Die Muster der Ehe wechseln kulturell. Es gibt Einehe und Polygamie, aber nirgendwo findet man eine Kleingruppe, in der Promiskuität herrscht (zum Inzesttabu siehe S. 593). Die Familialisierung des Vaters gehört zu den Universalien. Mit der ehelichen Dauerpartnerschaft entwickelten sich einige Besonderheiten im sexuellen Verhalten, die wohl im Dienste der Partnerbindung entwickelt wurden. Dazu gehört die Emanzipation des sexuellen Verhaltens von den Brunstzyklen, die wohl zunächst im Dienste der Harmonisierung des Gruppenlebens stand, es aber darüber hinaus möglich machte, den Sexualakt selbst in den Dienst der Partnerbindung zu stellen. Die meisten Säuger paaren sich bekanntlich nur während der kurzen Brunstperioden der Weibchen. Nur beim Schimpansen hat man gelegentlich auch Begattungen außerhalb dieser Zeit beobachtet. So beschreibt R. Yerkes (1948), daß Schimpansenweibchen sich mitunter auch außerhalb der Brunst erfolgreich anboten und damit von dem so verführten Männchen bestimmte Vorteile (Vortritt am Futterplatz) erkauften. Beim Menschen ist nun die Bindung des Sexualtriebs an Brunstzyklen weitgehend weggefallen. Die Frau ist physiologisch die meiste Zeit bereit, den sexuellen Triebwünschen des Mannes zu entsprechen, obgleich sie nur zu einem Bruchteil dieser Zeit empfängnisbereit ist. Sie kann daher den Mann auch auf der Basis einer sexuellen Belohnung dauernd an sich binden. Und das dürfte wohl die Funktion dieser physiologischen Besonderheit sein. Im Dienste der Partnerbindung steht ferner wohl auch die Fähigkeit der Frau, selbst eine Entsprechung zum männlichen Orgasmus erleben zu können. Dies erhöht ihre Bereitschaft zur Hingabe und stärkt überdies ihre emotionelle Bindung an den Partner.

Damit aber hat der Sexualakt des Menschen eine über die Reproduktion weit hinausreichende Bedeutung im Gemeinschaftsleben erlangt, die hier von biologischer Seite betont sei. Ein kirchliches Argument gegen jede Geburtenkontrolle durch präventive Maßnahmen ist die angebliche Naturwidrigkeit eines solchen Eingriffes, wobei die weitverbreitete Annahme zugrunde liegt, der Sexualakt stehe einzig im Dienste der Zeugung. Das ist bei den Tieren der Fall. Beim Menschen hat er zusätzlich die mindestens ebenso bedeutende partnerbindende Funktion. Er vertieft die zwischenmenschliche Beziehung auf eine dem Tier nicht gegebene Weise. Die fehlerhafte Interpretation dieses Vorganges führte oft dazu, daß man gerade den spezifisch menschlichen Aspekt als unmoralisch ausklammerte und nur den tierischen der Fortpflanzung gelten ließ, was letztlich eine Verflachung und Störung der partnerschaftlichen Beziehung zur Folge hat (W. WICKLER 1968 c, I. EIBL-EIBESFELDT 1966 a, 1970).

Der Mensch ist demnach durch eine Reihe stammesgeschichtlicher Anpassungen auf eheliche Dauerpartnerschaft angelegt. Und es ist auch leicht einzusehen, welcher Selektionsdruck dahintersteckt: Das Menschenkind braucht eine lange Pflege, und diese ist so am besten garantiert.

Zwischen Mann und Frau besteht dabei in den traditionellen Gesellschaften eine deutliche Arbeitsteilung. Schwangerschaft, Geburt und Stillen schränken den Aktionsradius der Mutter bei Naturvölkern für viele Jahre ein, und sie bedingen eine enge Bindung zwischen Mutter und Kind, die auch emotionell ausgezeichnet ist. Mütter übernehmen daher in erster Linie die Kinderbetreuung und den häuslichen Bereich. Bei Jägern und Sammlern tragen sie außerdem durch ihre Sammeltätigkeit entscheidend zur Ernährung der Familie bei. Männern obliegen dagegen die Jagd, die schwere körperliche Arbeit, der Krieg und generell die Vertretung der Gruppe nach außen. Sie sind für diese Aufgaben im Körperbau, in der Physiologie (z. B. durch Muskelmasse und -leistung) und emotionell präpariert. Das heißt nicht, daß Väter keine Kinder betreuen können. Selbst in stark männerbetonten Gesellschaften, wie bei den kriegerischen Yanomami, spielen die Männer mit ihren Kindern, und das Repertoire der zärtlichen Verhaltensweisen steht beiden Geschlechtern gleicherweise zur Verfügung (Einzelheiten bei I. EIBL-EIBESFELDT 1984). Auch erweisen sich dort, wie bei uns, die Kinder nicht nur an die Mütter, sondern auch an die Väter als Bezugspersonen in ausgezeichneter Weise gebunden.

Die Frage, ob Mann und Frau für diese unterschiedlichen Aufgaben biologisch vorbereitet sind, wird heute wieder viel diskutiert. Es gibt viele Stimmen, die die Natürlichkeit der Familie und der traditionellen Geschlechtsrollen in Frage stellen. So können wir bei E. TIMAEUS (1975, S. 318) lesen: »Die menschliche Familie ist jedoch nicht instinktgebunden, sondern wie alle menschlichen Gruppen normativ bestimmt. Dies kommt auch in ihrer im Vergleich zum Tierreich fast unbegrenzten Plastizität zum Ausdruck, die sich heute z. B. in Experimenten mit sogenannten Kommunen oder Wohngemeinschaften erweist.« Hier werden einige Sätze hingeworfen, als hätten BOWLBY, AINSWORTH, BLURTON-JONES, MCGREW oder HASSENSTEIN, um nur einige zu nennen, nie zu diesem Thema geschrieben.

Daß Mütterlichkeit nicht in der menschlichen Natur wurzelt, behaupten unter anderem PH. ARIES (1978) und E. BADINTER (1981). Schon viel früher meinte M. MEAD (1935), daß die Geschlechtsrollen von der Kultur bestimmt würden, so wie die Kleidung, die man trägt. Das hat sie allerdings später (1949) korrigiert, indem sie auf konstitutionelle Geschlechtsunterschiede hinwies, die auch psychisch für bestimmte Geschlechtsrollen disponieren, doch diese Untersuchung läßt man in der Diskussion gerne unter den Tisch fallen.

Für den Biologen und Mediziner ist die unterschiedliche Disposition von Mann und Frau für verschiedene Geschlechtsrollen keine offene Frage. Die Psychosexualität und das davon abgeleitete sexuelle und übrige Geschlechtsrollenverhalten wird in erster Linie von genetischen und endokrinen Faktoren bestimmt, die vor der Geburt auf den Organismus einwirken. Genetische Faktoren bestimmten das endokrine Milieu und dieses die psychosexuelle Determination des Zentralnervensystems (M. Diamond 1965, 1967, J. Money und A. A. Ehrhardt 1972).

Die XX- und XY-Kombination der Chromosomen bestimmt das Schicksal der Keimdrüsen, die sich männlich (XY) oder weiblich (XX) entwikkeln. Deren Hormone bestimmen die weitere Geschlechterdifferenzierung, wobei die weiblichen Hormone zunächst wenig unmittelbaren Einfluß auf die frühen Entwicklungsstadien ausüben. Dagegen bestimmen männliche Hormone die Form der äußeren Geschlechtsorgane und auch gewisse Organisationsmerkmale des Gehirns. So entwickeln sich jene Kerne im Hypothalamus, die über die Hypophyse die zyklische Geschlechtsfunktion der Frau steuern, nur, wenn kein Androgeneinfluß stattfindet. Kurzfristiger Androgeneinfluß während einer bestimmten sensiblen Phase der Embryonalentwicklung unterdrückt die Ausbildung. Ferner bewirkt der pränatale Hormoneinfluß auch die Ausbildung männlicher und weiblicher Persönlichkeitsmerkmale, obgleich natürlich das soziale Milieu bei der Geschlechtsrollendifferenzierung später noch eine entscheidende Rolle spielt. Aber es ist sicher falsch, ihnen die einzig ausschlaggebende Rolle zuzuschreiben. Wenn man dem Blutstrom eines genetisch weiblichen Menschenkeimes männliche Geschlechtshormone zufügt, dann wird das Mädchen mit einer vergrößerten Clitoris, ja selbst mit einem normal aussehenden Penis geboren. Die großen Schamlippen vereinigen sich oft zu einem leeren Hodensack. Das passiert z. B., wenn die Mutter an einem Tumor leidet, der männliche Hormone ausschüttet. Umgekehrt unterbleibt eine Entwicklung in männlicher Richtung auch bei genetischen Männern, wenn die Hoden nicht genügend männliche Hormone produzieren. Die Personen sind dann genetisch männlich, aber phänotypisch weiblich differenziert. Man kann solche hermaphroditisch ausdifferenzierten Personen durch die soziale Umwelt entweder in männliche oder weibliche Richtung hin erziehen, bestimmte Züge, die in der pränatalen Periode aufgeprägt wurden, bleiben jedoch erhalten (W. C. Young 1961). So bleiben genetische Mädchen, die im Uterus maskulinisiert wurden, auch dann Wildfänge, wenn man sie als Mädchen erzieht. Nach

J. MONEY und A. A. EHRHARDT sind solche Mädchen durch folgende Verhaltensmerkmale charakterisiert:

1. Sie neigen zu sportlich-athletischer Tätigkeit und haben generell ein höheres Bewegungsbedürfnis als andere Mädchen. Sie beteiligen sich gerne an Ballspielen und anderen Freilandsportarten und schließen sich gerne Jungengruppen an, weniger gerne dagegen Mädchengruppen. Sie bevorzugen auch die Spielzeuge der Jungen.
2. Sie suchen Selbstbestätigung im Wettstreit um Rangpositionen mit Jungen und haben ein genügend starkes Selbstbewußtsein, um sich durchzusetzen.
3. Sie schmücken sich weniger und neigen zur Sachlichkeit.
4. Mütterliche Puppenspiele werden kaum gespielt, und sie zeigen später auch wenig Eifer bei Tätigkeiten wie Kinderbetreuen. Sie wollen auch keine kinderreichen Familien gründen.
5. Das Karrierestreben ist ausgeprägt. Romantische Vorstellungen von Ehe und Familienleben treten dagegen zurück. »There is some preliminary evidence to suggest that an abnormally elevated androgen level, whether in genetic males or females, enhances IQ« (J. MONEY und A. A. EHRHARDT 1972, S. 10).
6. Wenn erwachsen, sprechen sie ähnlich wie Männer auf visuelle erotische Reize an.

Die Tatsache, daß Männer und Frauen für ihre traditionellen Geschlechtsrollen in besonderer Weise vorbereitet sind, ist eigentlich nicht sonderlich erstaunlich, bedenkt man, daß die weibliche Geschlechtsrolle mit dem ersten Auftauchen der Säuger vor 250 Millionen Jahren durch die Jungenbetreuung bestimmt war. Eher wäre es erstaunlich, wenn es beim Menschen just anders sein sollte, hängen doch das Wohl des Kindes und damit das Überleben in Nachkommen weiterhin von engagierter mütterlicher Betreuung ab. Das schließt nicht aus, daß unsere Zeit für die Geschlechter auch Alternativen anbietet. Nur ist dabei auch zu hoffen, daß jene der Mutter weiterhin einem höheren Prozentsatz der Frauen erstrebenswert erscheint, sonst sterben wir an mütterlicher Verweigerung aus. Aus diesem Grunde muß diese Rolle sozial und wirtschaftlich aufgewertet werden. Wer dagegen, von einer falschen Theorie der »Gleichheit« ausgehend, verbieten will, daß man in Schulen und Kindergärten Mädchen auch mit der traditionellen Geschlechtsrolle vertraut macht, und den Eltern sogar einredet, ihnen das Puppenspielen zu vergraulen, handelt unverantwortlich. Im übrigen haben die Untersuchungen von M. E. SPIRO (1979) gezeigt, daß Kibbuzkinder trotz egalitärer Erziehung dazu neigen, die traditionellen Rollen zu übernehmen. Auch hier muß ich wegen weiterer Einzelheiten zur Geschlechtsrollenbestimmung auf meine »Humanethologie« verweisen.

In diesem Zusammenhang sei noch einmal auf die Bedeutung fester Bezugspersonen für die gesunde Entwicklung eines Kindes hingewiesen. J. BOWLBY (1969) hat das wiederholt betont. Er prägte den vielleicht nicht ganz glücklichen Begriff der »Monotropie«, um das Bedürfnis des Kindes nach einer Bezugsperson auszudrücken. Das ist aber nicht so zu verstehen, als würde das Kind nur eine Bezugsperson suchen. Normalerweise ist es an mehrere gebunden. Falsch ist allerdings die Vorstellung, ein Kind würde bei Naturvölkern auf ein Kollektiv sozialisiert und es würde nicht weiter zwischen verschiedenen Personen differenzieren (dazu I. EIBL-EIBESFELDT 1984, »Humanethologie«).

Die Bindung an einen Partner wird beim Kleinkind gegen jene verteidigt, von denen es diese Bindung gefährdet wähnt. So ist Geschwisterrivalität auch bei Naturvölkern die Regel, selbst bei den sonst als friedlich geltenden Buschleuten der Kalahari (I. EIBL-EIBESFELDT 1974). Erwachsene verteidigen ebenfalls Bindungen. Subjektiv erleben sie dabei »Eifersucht«.

Die menschliche Familie ist normalerweise in den größeren Verband der Sippe und Lokalgruppe eingebettet. Diese Lokalgruppen umfassen bei den Naturvölkern 30 bis 100 erwachsene Personen. Jeder kennt den anderen. Es handelt sich um individualisierte Verbände. Innerhalb der Kleingruppen bilden sich Rangordnungen, wenn sie nicht durch besondere kulturelle Institutionen unterdrückt werden. Bei den Kalahari-Buschleuten ist es z. B. nicht statthaft, sich mit Erfolg, etwa in der Jagd, zu brüsten. Der Konformitätsdruck verhindert allerdings nicht, daß einzelne Personen zu Ansehen gelangen. Auch in Kindergruppen der Buschleute bilden sich nach dem Aufmerksamkeitskriterium (S. 596) Rangordnungen aus (B. HOLD 1976, 1977).

Wo das Rangstreben nicht unterdrückt wird, bilden sich Rangordnungen aus. Sie sind von den reinen Dominanzbeziehungen der Hühnerhackordnung unterschieden, da ranghohe Menschen nicht aufgrund ihrer Aggression in hohe Rangpositionen gelangen, sondern aufgrund ihrer Fähigkeit, Freundschaften zu schließen, Streit zu schlichten, für Schwache einzustehen, zu teilen – kurz, aufgrund einer Reihe von durchaus positiven sozialen Führungseigenschaften. Eine Rangordnung kann nur entstehen, wenn der Rangniedere bereit ist, sich in ein Rangsystem zu fügen, sich also unterzuordnen (S. 596). Das hob schon CH. DARWIN hervor: »Da der Mensch ein soziales Tier ist, ist es ziemlich sicher, daß er eine Neigung zur Treue gegen seinen Gefährten und zum Gehorsam gegen den Führer seines Stammes geerbt hat; denn diese Eigenschaften sind fast allen sozialen Tieren eigen« (›Die Abstammung des Menschen‹).

Diese Bereitschaft zur Unterordnung, das Gegenstück zum Rangstreben, fällt auf und stellt uns vor ganz besondere Probleme. So hat für uns der Gehorsam gegenüber dem Vater oder einer »anerkannten Persönlichkeit des öffentlichen Lebens« durchaus einen ethischen Wert. In allen Regierungsformen neigen die Menschen zum Personenkult. Notfalls schaffen sie sich Vorbilder der Verehrung, denen zu folgen ihnen ein Bedürfnis zu sein scheint. Der Mensch wehrt sich zwar gegen die Herrschaft brutaler Gewalt; der freiwillig anerkannten Autorität folgt er jedoch aufgrund einer deutlichen Disposition. Hat man sich freiwillig einer Autorität untergeordnet, dann ist man ihr zuletzt auch bis zu einem gesissen Grade ausgeliefert, wie Versuche von St. Milgram (1963, 1965 a, 1966) in geradezu erschütternder Weise zeigten. Milgram lud amerikanische Versuchspersonen (Männer zwischen 20 und 50 Jahren) verschiedener Berufsschichten (40 Prozent Arbeiter, 40 Prozent Angestellte, 20 Prozent akademische Berufe) ein, gegen ein bescheidenes Honorar an einem vermeintlichen Lernexperiment teilzunehmen. Sie bekamen als Lehrer die Aufgabe, einer anderen Person, die etwas zu lernen vorgab, in Wirklichkeit aber ein Komplize des Versuchsleiters war, für jeden Fehler fortschreitend stärkere elektrische Strafreize zu erteilen. Bei einer Versuchsreihe wurde der Lernende in einem vom Lehrer getrennten Raum auf einem Stuhl festgeschnallt, und an seinem Körper wurden Elektroden befestigt. Dabei half der Lehrer dem Versuchsleiter. Nun erklärte der Versuchsleiter dem Lehrer, daß er dem Lernenden bei jeder falschen Antwort einen Strafreiz zu geben habe, wobei er mit einer niedrigen Spannung anfangen und von Fehler zu Fehler stärkere Strafreize erteilen solle. Man würde auf diese Weise die Wirkung von Strafreizen auf den Lernprozeß untersuchen. Die Strafreize erteilte der Lehrer über einen mit Tasten versehenen Apparat, der 30 Stufen von 15 bis 450 Volt aufwies. Außer der Voltbezeichnung standen bei den Stufen noch Hinweise, die von »geringer Schock« bis zu »Gefahr: schwerer Schock« reichten. Um die Rolle der Unmittelbarkeit des Opfers zu prüfen, wurden die Versuche unter verschiedenen Bedingungen der Rückmeldung geprüft*. In der ersten Gruppe von Versuchen protestierte der Lernende, indem er bei 300 Volt gegen die Wand hämmerte und bei 315 Volt überhaupt nicht mehr antwortete. In der zweiten Gruppe durfte über ein Tonband stimmlich protestiert werden, wobei jeder Reizstärke ab 75 Volt eine bestimmte Antwort zugeordnet war: zunächst nur ein Murren, ab 120 Volt die Mitteilung, daß die Reize schmerzen, zuletzt Proteste mit der Aufforderung, den Versuch abzubrechen und ihn, den Lernenden, herauszulassen. Bei 180 Volt rief das Opfer bereits, daß es den Schmerz nicht aushalten könne. Ab 315 Volt verweigerte es Antworten, schrie aber gequält, wenn es angeblich den Schock erhielt.

---

* Vorversuche hatten gezeigt, daß praktisch alle Versuchspersonen die ganze Skala der Strafreize durchgingen, wenn sie keinerlei Rückmeldung vom Opfer erhielten.

Eine dritte Versuchsanordnung ähnelte der zweiten, doch befand sich der Lernende jetzt im gleichen Raum, nur etwa einen halben Meter vom Lehrer entfernt.

Die vierte Versuchsbedingung glich der dritten mit dem Unterschied, daß das Opfer nur dann den elektrischen Strafreiz erhielt, wenn seine Hand auf einer elektrischen Platte ruhte. Es weigerte sich ab 150 Volt, die Hand weiter auf die Schockplatte zu legen, und der Versuchsleiter befahl dann der als Lehrer fungierenden Versuchsperson, die Hand des Opfers mit Gewalt auf die Platte zu zwingen. In jeder Gruppe wurden 40 Personen geprüft.

Unter den Bedingungen der schwachen Rückmeldung trotzten 34 Prozent der Versuchspersonen dem Versuchsleiter, bei stimmlicher Rückmeldung 37,5 Prozent, bei Nähe 60 Prozent und bei Berührungsnähe 70 Prozent. Je weniger abstrakt und fern das Leiden des Opfers der Versuchsperson erscheint, je mehr Einfühlreaktionen ausgelöst werden, desto größer ist die Hemmung der Versuchsperson, auch unter autoritärem Druck einer anderen Person Leid zuzufügen. Immerhin beugten sich selbst bei Berührungsnähe noch 30 Prozent dem Befehl des Versuchsleiters.

Oft wurde die als Lehrer eingesetzte Versuchsperson unsicher und fragte den Versuchsleiter angesichts der Schmerzensbekundungen des Lernenden, ob sie denn weitermachen solle. Sie bekam dann die stereotype Antwort: »Sie haben keine andere Wahl, Sie müssen weitermachen.« In solchen Fällen kam es bei den Versuchspersonen zu einem Auseinanderweichen von Rede und Handlung. Sie beteuerten, daß sie doch dem armen Kerl nebenan nichts zuleide tun könnten, es wäre ihnen gräßlich etc., erteilten aber, der Autorität des Versuchsleiters gehorchend, weiterhin Strafreize.

Bei einer weiteren Versuchsreihe, in der der Grad der Überwachung durch den Versuchsleiter variiert wurde, stellte sich heraus, daß die Versuchspersonen leichter den Gehorsam verweigerten, wenn der Versuchsleiter abwesend war. Die Zahl der gefügigen Versuchspersonen war bei Gegenwart des Versuchsleiters fast dreimal so groß, als wenn der Versuchsleiter seine Anweisungen über das Telephon gab. Außerdem hoben viele bei Abwesenheit des Versuchsleiters die Reizstärke nicht weisungsgemäß an, obgleich sie vorgaben, das getan zu haben. Durften die Versuchspersonen vor ihrem Einsatz als »Lehrer« ein vorgetäuschtes Experiment beobachten, in dessen Verlauf ein anderer Strafreize Erteilender schließlich dem Versuchsleiter den Gehorsam verweigerte, dann trotzten sie in der Folge in 90 Prozent der Fälle ebenfalls dessen Anordnungen (St. Milgram 1965 b).

Die Ergebnisse dieser Versuche beweisen, daß es sehr vielen Personen schwerfällt, sich der Autorität eines Versuchsleiters zu widersetzen. Selbst bei stimmlicher Rückmeldung erteilen noch 62,5 Prozent der Versuchspersonen Strafreize, die das Opfer im Ernstfalle getötet oder zumindest schwer geschädigt hätten. Das Resultat steht auch im Gegensatz zu dem, was man aufgrund des kulturellen Ideals erwartet. Von 40 führenden Psychiatern, die man über den vermutlichen Ausgang eines solchen Experiments befragte, meinten die meisten, die Versuchspersonen würden nicht über 150 Volt hinausgehen, und nur 0,1 Prozent würden den Versuch bis zum Ende durchführen. Zwischen Erwartung und Wirklichkeit besteht zweifellos eine erstaunliche Diskrepanz. Das weist auf angeborene Neigungen hin, die sich gegen das kulturelle Ideal durchsetzen.

Die Nachschrift, die St. Milgram (1966) seiner Arbeit anfügte, mahnt zum Nachdenken:

»Mit betäubender Regelmäßigkeit sah man gute Leute sich den Forderungen der Autorität unterwerfen und Handlungen ausführen, die gefühllos und hart waren. Menschen, die im Alltagsleben verantwortungsbewußt und anständig sind, wurden durch die Aufmachung der Autorität und von der kritiklosen Übernahme der vom Experimentator gesetzten Definition der Situation zu grausamen Taten verführt.«

»Wo liegt die Grenze solchen Gehorsams? An vielen Stellen suchten wir eine Begrenzung einzuführen. Schreie des Opfers wurden eingesetzt; sie waren nicht hinreichend. Das Opfer klagte über Herzbeschwerden; noch immer schockten es die Versuchspersonen, wenn befohlen. Das Opfer bat, freigelassen zu werden, und seine Antworten wurden nicht weiter vom Signalgerät registriert; die Versuchspersonen fuhren mit den Schocks fort.«

»Die Ergebnisse – so wie sie im Laboratorium gesehen und empfunden wurden – beunruhigen den Verfasser. Sie lassen die Möglichkeit erstehen, daß von der menschlichen Natur oder – spezifischer – von dem in der amerikanischen Gesellschaft hervorgebrachten Charaktertyp nicht erwartet werden kann, daß er ihren Bürgern vor brutaler und unmenschlicher Behandlung auf Anweisung einer böswilligen Autorität Schutz böte. Die Leute tun zu einem erheblichen Teil, was ihnen gesagt wird, ungeachtet des Inhalts der Handlung und ohne Gewissensbeschränkungen, solange sie den Befehl als von einer legitimierten Autorität kommen sehen. Wenn in dieser Studie ein anonymer Experimentator erfolgreich Erwachsenen befehlen konnte, einen fünfzigjährigen Mann ins Joch zu zwingen und ihm trotz Protestes schmerzhafte Elektroschocks aufzuzwingen, kann man nur gespannt sein, was eine Regierung – mit weit größerer Autorität und größerem Prestige – ihren Untertanen zu befehlen vermag.« (S. 460 f.)

Jeder von uns kennt das in der Kunst so oft verherrlichte Beispiel des gottesfürchtigen Abraham, der auf Gottes Gebot hin sogar bereit ist, seinen eigenen Sohn zu opfern (Abb. 18.58).

In der Symbolik von Abrahams Opfer liegt zweifellos eines der größten menschlichen Probleme beschlossen. Gehorsam ist ein ethischer Wert, ebenso wie die Nächstenliebe, aber wann hört er auf, einer zu sein? Stehen beide im Konflikt miteinander, dann erweist sich der Gehorsam oft als stärker, offenbar auf Grund uns angeborener Dispositionen, deren Wurzeln wahrscheinlich in die Rangstruktur unserer Primatenahnen zurückreichen. Für eine Primatengruppe ist es ja im allgemeinen von Vorteil, wenn sie ihren stärkeren und wohl meist auch intelligenteren Alphamännchen folgt.

Aus dieser Einsicht folgt jedoch, daß die Nächstenliebe und Moralität des einzelnen oft nicht ausreichen werden, den entgegenwirkenden Befehlen starker Autoritäten zu trotzen*. Die Menschheit anerkennt in Friedenszeiten bestimmte humanitäre Normen. Würden diese gesetzlich auf internationaler Basis verankert und detailliert, wäre das ein entscheidender Fortschritt in der humanitären Entwicklung. Der einzelne könnte sich dann gegen die Befehle einer bösen Autorität auf die abstrakte Autorität eines Gesetzes berufen und stützen. Er stünde mit seiner moralischen Entscheidung nicht mehr allein gegen eine Autorität, sondern hätte eine andere Autorität als Verbündeten.

Es ist ferner wohl wichtig, die Menschen zu einer autoritätenkritischen Haltung zu erziehen. Blinder Gehorsam ist abzulehnen, vernunftbegründet kann er jedoch gefordert werden. Gelegentlich wird in diesem Zusammenhang auch von antiautoritärer Erziehung gesprochen. Das ist aber wohl eher ein Schlagwort, denn auch die antiautoritären Erzieher arbeiten mit Autoritäten. Ein im Sommer 1968 in der ›Süddeutschen Zeitung‹ veröffentlichtes Bild eines antiautoritären Kindergartens zeigte an der Wand das Bild eines Politikers. Vielleicht geht es wirklich nicht anders. Ein Mensch, der sich nicht im geringsten den Interessen der Gemeinschaft unterzuordnen lernt, wird wohl leicht selbst zum Tyrannen.

Ranghöhe ist beim Menschen bis zu einem gewissen Grade an das Alter geknüpft, und diese Tatsache scheint auch biologische Wurzeln zu haben. Schon bei den Pavianen finden wir, daß alte Männchen Rangstellen einnehmen und halten, auch wenn ihre körperlichen Kräfte bereits merklich nachgelassen haben (S. 602). Sie dienen weiterhin der Gruppe durch ihre

---

* Schon das Alte Testament enthält dafür zahlreiche Beispiele. Man denke an die Kriegsgesetze Mose und die Berichte über deren Befolgung:

»... hingegen aus den Städten dieser Völker, die Jehova, dein Gott, dir als Erbeigentum geben wird, lasse nichts leben, was atmet. Sondern weihe sie der gottverschworenen Vertilgung, die Hethiter und Amoriter, die Kananiter und Pheresiter, die Heviter und Jebusiter, wie Jehova, dein Gott, dir geboten hat.« 5 Mose 20

»Und sie gaben alles, was in der Stadt war, der gottverschworenen Vertilgung preis, Mann und Weib, Knabe und Greis, Großvieh und Kleinvieh und Esel, mit der Schärfe des Schwertes.« Josua 6,21

Erfahrungen, und das ist wohl der selektionistische Vorteil für die Gruppe. In diesem Zusammenhang ist bemerkenswert, daß die alten Männchen ein Alterssprachtkleid (langer silbriger Pelz) ausbilden, das ihnen wohl hilft, ihre mangelnde Stärke zu kompensieren. Die Parallelen zum Menschen sind recht auffällig. Auch beim Menschen spielen die alten Männer im allgemeinen eine große Rolle (Senat, Rat der Alten), und bei vielen Rassen beeindrucken die Alten durch ein Alterssprachtkleid (weißes Haupthaar, buschige Augenbrauen, weißer Bart).

Kulturell wird diese Anlage, Rangstrukturen zu bilden, jedoch in sehr verschiedener Weise ausgestaltet, ähnlich wie die aggressive Disposition in der einen Kultur eher unterdrückt, in der anderen dagegen gefördert wird. Wie eine Kultur eine vorhandene Disposition nützt, das hängt von der speziellen Ökologie der Gruppe ab.

Eine weitere nicht unproblematische Disposition des Menschen ist seine Unverträglichkeit. Nicht daß es ihm an geselligen Neigungen mangeln würde – das oft gebrauchte Bild der »Bestia humana« ist ein Zerrbild (I. EIBL-EIBESFELDT 1970) –, aber seine Einstellung zum Mitmenschen ist von einer deutlichen Ambivalenz gekennzeichnet: Der Mensch sucht mitmenschlichen Kontakt – und scheut ihn zugleich (S. 703). Zu seinen Mitmenschen hält er Individualdistanzen ein (E. T. HALL 1966). Unterschreitet man diese experimentell, indem man sich z. B. in Bibliotheken wie zufällig knapp an eine Person, die gerade an einem Tisch arbeitet, heransetzt, dann versuchen die Opfer zunächst, vom Eindringling abzurücken.

18.58 Abrahams Opfer. Radierung von REMBRANDT

Falls das nicht geht, errichten sie künstliche Barrieren durch Bücher, Lineale und dergleichen (N. J. Felipe und R. Sommer 1966). Kinder entwickeln Individualdistanzen zu der gleichen Zeit, in der sie ein Besitzgefühl entwickeln (D. Ploog 1964a).

Der Mensch neigt ferner, wie andere territoriale Arten, dazu, bestimmte Raumbezirke zu besetzen und als Eigentum zu beanspruchen (R. Sommer 1966, I. Eibl-Eibesfeldt 1984).

Selbst innerhalb der Familie hat jeder Mensch noch seine kleinen Hoheitsbezirke. Schärfer umgrenzt sind die Gebiete, die jede Familie ihr eigen nennt. Wohnung und Garten sind durchaus Areale, in denen wir Revieransprüche vertreten, und auf dieses natürliche, d. h. in unserer Anlage begründete Recht nimmt auch der Gesetzgeber praktisch überall Rücksicht. Niemand darf ohne weiteres in eine fremde Wohnung eindringen, tut er es dennoch, begeht er »Hausfriedensbruch«. Zäune und Verbotszeichen verkünden unseren Rechtsanspruch. Auf die überraschende Deutung der Hermen und ähnlicher Artefakte durch Wickler wiesen wir bereits hin (S. 724). Jede Überschreitung von Reviergrenzen erfordert besondere Zeremonien, soll sie ungestraft erfolgen. Selbst wenn wir Freunde besuchen, befolgen wir bestimmte, im Grunde aggressionsbeschwichtigende Rituale, z. B. des Geschenkeüberreichens, die ihre Parallelen in den beschwichtigenden Grußritualen der Tiere finden (S. 243).

Im Alltag können wir territoriales Verhalten von Menschen bei vielerlei Gelegenheiten beobachten. Will man sich in einem Restaurant an einen Tisch setzen, der bereits von einigen Personen besetzt ist, dann empfiehlt es sich, höflich zu fragen, ob es gestattet sei. Versäumt man solche Formalitäten, löst man Ärger aus. Gleiches gilt etwa, wenn man in ein bereits besetztes Zugabteil zusteigt. Grüßt man nicht freundlich, stößt man auf eine Front der Ablehnung. Ausgeprägt territorial- und rangbewußt sind Geisteskranke (B. Staehelin 1953, 1954, A. H. Esser 1968, 1971). Zeigt ein Patient keinerlei Territorial- und Rangbewußtsein, dann gilt dies als Zeichen eines weitgehenden Verfalls (A. H. Esser und Mitarbeiter 1965, E. Hackett und Mitarbeiter 1966). Solche Patienten, die nicht einmal einen Sessel oder eine Zimmerecke für sich behaupten können, wandern rastlos umher und versuchen gelegentlich, jemandes Sessel für einige Augenblicke zu stehlen. Schwachsinnige Knaben, die in einem größeren Raum lebten, rauften anfangs um bestimmte Raumbezirke. Schließlich hatte jeder seinen Platz erobert, und man stritt sich nur noch selten. Damit hatten die Knaben über ihr territoriales Verhalten eine Ordnung geschaffen, die zum Wohlbefinden aller beitrug. Jeder kannte seinen Platz und wußte, daß er hier auch Ruhe hatte (R. J. Palluck und A. H. Esser 1971 a, b). Eine ausgezeichnete Darstellung der menschlichen Territorialität verdanken wir I. Altman (1976).

Menschen verteidigen ferner Gruppenterritorien. Das tun viele Primaten, die Schimpansen inbegriffen (S. 614). Allerdings hat der Mensch die Zwischengruppenaggression kulturell in die destruktive Aggressionsform des Krieges gewandelt. Er steht oft anderen in Konkurrenz um Ressourcen feindlich gegenüber, und mit dem Krieg erfand er kulturell ein sehr wirksames Mittel der Auseinandersetzung. Der Krieg basiert auf der Erfindung schnell und über Distanz tötender Waffen und auf einer Indoktrination, die vorgibt, die Menschen der feindlichen Gruppe seien eigentlich keine vollwertigen oder überhaupt keine Menschen. Damit wird der Konflikt gewissermaßen auf ein zwischenartliches Niveau verschoben, für das gewisse biologische und kulturelle Hemmungen nicht gelten (I. EIBL-EIBESFELDT 1975, siehe auch S. 560). Außer diesen Sozialtechniken der Indoktrination und weiteren der Menschenführung entwickelten sich ein kulturelles Kriegs- und Gruppenethos. Letzteres bewertet die Loyalität zur Gruppe und zu deren Vertretern höher als die Loyalität zur Sippe, fordert also vom Menschen, gegen seine angeborenen Neigungen zu handeln.

Die Aufgaben des Krieges sind im Grunde die gleichen, wie sie die tierische Territorialität erfüllt (I. EIBL-EIBESFELDT 1975, W. DURHAM 1976). Vor dem Eingreifen der australischen Verwaltung wohnten einige Hochlandstämme Neuguineas in Gebieten, die gerade noch ein Überleben am Rande der Existenz gestatteten. Nach dem Verbot der Stammeskriege wanderten sie in die bereits besiedelten, besseren Gebiete ab. Übervölkerung und Hungersnot waren die Folge. Bei diesen Knollenfrüchte kultivierenden Menschen erreicht die Nahrungsproduktion ziemlich bald eine obere Grenze, und die Kriegführung dient hier dazu, ein zu enges Nebeneinanderleben verschiedener Gruppen zu verhindern.

Die Kriege der Maoris führten zu einer räumlichen Verteilung der Bevölkerung. Sie waren in diesem Sinne adaptiv, solange die Maoris mit ihren traditionellen Waffen kämpften. Als die Europäer Gewehre einführten, wurde das Gleichgewicht empfindlich gestört, und die Maoris rotteten sich selbst beinahe aus (A. VAYDA 1970).

Man macht den Biologen gelegentlich den Vorwurf, solche Feststellungen seien apologetisch, als bedeute die Aussage »Das ist so« gleichzeitig auch »Dagegen kann man nichts machen«. Das ist ganz falsch. So sicher sich viele unserer Verhaltensweisen und Neigungen als stammesgeschichtliche oder kulturelle Anpassungen im Dienste einer bestimmten Funktion entwickelten, so sicher gilt auch, daß sich mit Änderungen der Umwelt der ursprünglich arterhaltende Wert einer Anpassung sogar ins Gegenteil verkehren kann. Das gilt heute in einer überfüllten und waffenstarrenden Welt insbesondere für die territoriale Aggression. Eine wirksame Kontrolle unserer aggressiven Impulse ist, wie schon oben dargestellt (S. 559), dringend erforderlich. Man macht es sich zu leicht und handelt bis zu einem gewissen Grade unverantwortlich, wenn man die weltweite Verbreitung dieses Phänomens einfach leugnet, wie es H. HELMUTH (1967), M. F. A. MONTAGU (1968) und W. SCHMIDBAUER (1971) tun. Dabei wird auf einige angeblich nicht aggressive Völker hingewiesen, wie die Zuni-Indianer Nordamerikas, die Eskimos, die Arapesh Neuguineas, die Hadzas und die Kalahari-Buschleute (R. BENEDICT 1934, M. MEAD 1935, K. BIRKET-SMITH 1948, R. LEE und I. DEVORE 1968). Nun fehlt es diesen Völkern keineswegs an Aggressivität (P. WEIDKUHN 1968). BENEDICT beschreibt die recht aggressiven Initiationsriten der Zunis, und von den Eskimos kennt man so ziemlich alle Formen von Auseinandersetzungen, vom Familienstreit bis zum Gesangsduell, der blutigen Fehde bis zum territorial motivierten Krieg. Nur die Polareskimos, die als Volk einen individualisierten Verband bilden und die in einem extrem ausgedünnten Gebiet wohnen, kennen keinen Krieg (CH. ADLER 1977), wohl aber Fehden.

Recht oft wird die These vertreten, die Jäger-und-Sammler-Kulturen seien besonders friedfertig und würden insbesondere den Krieg nicht kennen. Erst mit der Entwicklung des Garten- und Ackerbaues sei der Mensch besitzend und unverträglich geworden. Diese Vorstellung vom aggressionslosen Jäger und Sammler geht unter anderem auf NANSEN zurück, der die Eskimos in ein freundliches Licht stellen wollte. Darauf wies bereits H. KÖNIG (1925) hin. »Um zunächst einmal das letztere (die angebliche Friedfertigkeit, Ref.) zu beleuchten, so ist seine Quelle, auf die er dieses Urteil über das Volk stützt, einzig und allein Nansen. Dieser hat aber die Eskimos im Naturzustande nur sehr wenig kennengelernt, und sein moralisches Urteil über sie, das er besonders in seinem ›Eskimoleben‹ kundgibt, ist durchaus tendenziös gefärbt, da er Mitleid wecken wollte. Besonders aber legt er auch für frühere Zeiten den Eindruck zugrunde, den er bei seinem Aufenthalte gewonnen hat, d. h. 160 Jahre nach dem Beginn der Einwirkung des Christentums. Die Berichte der ersten Besucher rechtfertigen die Meinung von der besonderen Friedfertigkeit der Grönländer nicht, speziell über die südliche Ostküste berichtet Knud Rasmussen Begebenheiten, deren Kenntnis wohl auch Steinmetz von der Unrichtigkeit seiner Ansicht überzeugt hätte« (KÖNIG 1925, S. 294). Dennoch wird der Mythos weiter kolportiert und von Tertiärliteraten weiter verbreitet. So beteuert W. SCHMIDBAUER (1971 b), der noch nie einen Jäger und Sammler auch nur aus der Entfernung sah, daß die meisten Jäger und Sammler bemerkenswert wenig aggressiv seien und vor allem keine Territorien verteidigten. Das soll besonders aus der Literatur über die Buschleute und Hadzas hervorgehen. Offensichtlich kennt SCHMIDBAUER diese Literatur nicht, denn sonst wären ihm die zahlreichen Berichte über territoriale Aggressivität der Buschleute und der Hadza nicht entgangen (F. BROWN-

LEE 1943, H. J. HEINZ 1966, 1967, L. KOHL-LARSEN 1958, V. LEBZELTER 1934, L. MARSHALL 1961, 1965, S. PASSARGE 1907, PH. V. TOBIAS 1964, H. VEDDER 1952, B. V. ZASTROW und H. VEDDER 1930). In meiner Monographie über die !Ko-Buschleute habe ich diese Arbeiten referiert und den Problemkreis diskutiert (I. EIBL-EIBESFELDT 1972).

Aus den genannten Untersuchungen und den neueren Arbeiten von J. HEINZ (1972) und G. B. SILBERBAUER (1973) geht eindeutig hervor, daß Buschleute Territorien besitzen und diese auch verteidigen. Es gibt ferner in Südafrika Felsmalereien, in denen Buschleute sich selbst bei kriegerischen Aktionen gegen andere Buschleute darstellen (D. F. BLEEK 1930; Tafel XII). Darüber hinaus sind Buschleute auch innerhalb der Gruppe keineswegs aggressionsfrei.

Meine Dokumentation über die !Ko-Buschleute enthält zahlreiche Beispiele aggressiver Auseinandersetzungen (Abb. 18.59–18.61). Ich zählte unter anderem die aggressiven Auseinandersetzungen in Gruppen spielender Kinder; in einer Spielgruppe von 9 Kindern beobachtete ich dabei in 191 Minuten z. B. 116 aggressive Akte (Schlagen mit der Hand oder Faust, Spucken, Treten mit dem Fuß, Beißen usw.). Zehn Auseinandersetzungen endeten damit, daß ein Partner weinte. Nur etwa ein Drittel der Raufereien war am Lachen und an anderen Merkmalen als freundlich-spielerisch einzuordnen. Viele der Verhaltensweisen des Drohens und Kämpfens dürften angeboren sein, so das Drohstarren und das submissive Schmollen (Abb. 18.60); beide Verhaltensweisen findet man auch in anderen Kulturen. Schmollen ist mit betonter Kontaktablehnung durch Wegwenden und Blickvermeidung verbunden. Das hemmt Aggressionen des Partners und bewirkt oft, daß dieser sich um Versöhnung bemüht. Für ein soziales Wesen bedeutet das Band zu Artgenossen viel. Die Androhung, es zu kappen, ist daher eine sehr wirkungsvolle Strategie der Konfliktlösung. Hier sei auf eine Besonderheit menschlichen Verhaltens hingewiesen. Wir können dieses Verhalten auch verbal vollziehen. Die Redewendung »Mit Dir rede ich nicht mehr« hat den gleichen Erfolg wie die Abkehr und das Schmollen. Das gilt auch für andere Interaktionsstrategien. Worte können als funktionelle Äquivalente nichtverbale Handlungen vertreten. Während Kinder diese elementaren Interaktionsstrategien im allgemeinen in nichtverbaler Motorik abhandeln, verbalisieren Erwachsene ihre Auseinandersetzungen. Sie folgen aber dabei dem gleichen, offenbar durch »stammesgeschichtliche Anpassungen vorgegebenen Regelsystem (S. 742).

Säuglinge sind bemerkenswert früh aggressiv. Sie werfen ihresgleichen um, kratzen einander und schlagen einander mit von oben herabgeführten Handschlägen (Abb. 18.61). Daß Buschleute in einer aggressionslosen Gesellschaft leben, trifft keineswegs zu. Es stimmt jedoch, daß sie nach

18.59 !Ko-Buschmädchen (Kalahari), einen Jungen mit einem Prügel bedrohend. Aus einem 16-mm-Film. Foto: I. Eibl-Eibesfeldt

außen hin recht friedlich sind und durch Betonung alles Bindenden (Geschenkrituale, Teilen usw.) auch innerhalb der Gruppe ihre Aggressionen zu zügeln wissen. Die Aggressionen werden vor allem in den Kinderspielgruppen sozialisiert. Die Kinder raufen sich buchstäblich zusammen, wobei ältere schlichtend einschreiten (I. Eibl-Eibesfeldt 1972).

Auf eine friedliche Urgesellschaft kann man vom Verhalten der heutigen Jäger und Sammler ganz sicher nicht schließen. Die meisten sind sogar außerordentlich aggressiv, man denke etwa an die Andamanesen

18.60 !Ko-Buschleute (Kalahari). Drohstarren eines Jungen und Schmollen eines Mädchens. Aus einem 16-mm-Film. Foto: I. Eibl-Eibesfeldt

18.61 Männlicher, etwa 10 Monate alter !Ko-Säugling, einen anderen umwerfend. Zugleich verkrallen sich seine Hände in der Haut des Opfers und kratzen es. Aus einem 16-mm-Film. Foto: I. EIBL-EIBESFELDT

oder die Australier. Von 99 Jäger- und Sammlerhorden aus 37 verschiedenen Kulturen, die W. T. DIVALE (1972) auf ihr Geschlechterverhältnis untersuchte, praktizierten 68 Horden aus 31 Kulturen zur Zeit der Datenerhebung noch Krieg. Die übrigen hatten zumindest eine kriegerische Vergangenheit. Es gab keine einzige Kultur, die nachweislich nie Krieg geführt hatte! Schließlich gibt es altsteinzeitliche Felsmalereien, die rund 30 000 Jahre zurückliegen, auf denen Kampfszenen dargestellt sind (Abb. 18.62). Die Hypothese, daß der Krieg erst mit der Feldbestellung auf die Erde kam, entbehrt somit jeder Basis.

Über die Kriege der Waika-Indianer liegen Angaben von N. A. CHAGNON (1968) vor. Nach seinen Erhebungen sterben etwa 25 Prozent der Männer in kriegerischen Auseinandersetzungen. Die Sieger geben der männlichen Bevölkerung der Besiegten wenig Pardon. Sie töten oft sogar die Kinder und nehmen die Frauen als Beute (E. BIOCCA 1970). Es ist leicht einzusehen, daß auf diese Weise das Erbgut der Sieger verbreitet wird und eine ständige sehr scharfe Auslese stattfindet. Wir verdanken der Aggression in einer tragischen Weise unseren rasch hochgezüchteten Intellekt, ebenso aber unsere erstaunliche Fähigkeit zur Kooperation. Im Verlauf dieser Entwicklung erreichte der Mensch schließlich eine Bewußtseinsstufe, die es ihm ermöglichen sollte, durch eine vernunftgesteuerte Evolution diesen blutigen Wettlauf abzulösen, der uns mit einem ständigen Konflikt belastet. Wir sind nämlich nicht »Kainswesen«, die nur von mörderischen

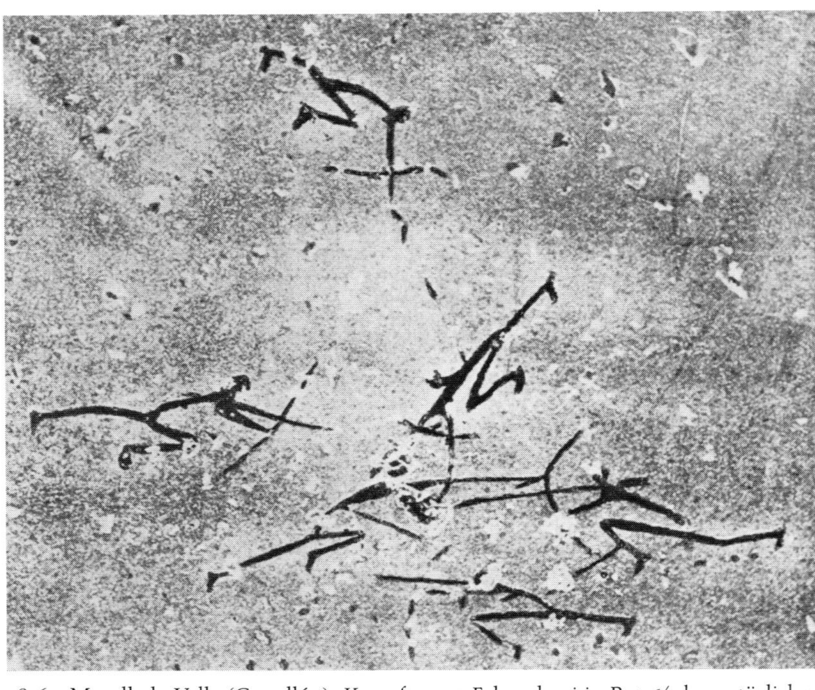

18.62 Morella la Vella (Castellón). Kampfszene. Felsmalerei in Rot, ⅓ der natürlichen Größe, Nachzeichnung. Nach E. HERNÁNDEZ-PACHECO. Aus. H. KÜHN (1929)

Trieben beseelt sind, wie das L. Szondi (1969) behauptet. Wir sind zwar aggressiv, zugleich aber durchaus gesellige Wesen, begabt mit altruistischen Neigungen, die ebenso stammesgeschichtlich angelegt sind wie unsere potentielle Unverträglichkeit (I. Eibl-Eibesfeldt 1970). Wenn das so ist, dann fragt man sich, wie es überhaupt zu einer so blutigen Geschichte kommen konnte. Wie kann eine mit Tötungshemmungen (S. 556) begabte Art, deren Vertreter Mitleid empfinden können, so mörderisch sein? Gilt etwa die beschwichtigende Wirkung gewisser Appelle (Lächeln, Weinen usw.) nur innerhalb der durch persönliche Bekanntschaft verbundenen Gruppe? Löst der Fremde vielleicht gar kein Mitleid aus, oder versteht es der Mensch in diesem Fall, durch besondere Mittel sich über die Hemmungen hinwegzusetzen, das Mitgefühl also sekundär abzubauen?

Die Beobachtungen sprechen für letzteres. Zunächst hat sicher die Erfindung der Waffen das Töten erleichtert. Der Angreifer kann seinen Mitmenschen mit einer Waffe – es genügt bereits ein Faustkeil – so schnell töten, daß er gar keine Möglichkeit hat, sich durch ein bestimmtes Ritual zu unterwerfen. Das allein erklärt jedoch nicht die mitleidslosen Massaker, bei denen keiner der Unterworfenen geschont wird. Diese sind vielmehr darauf zurückzuführen, daß der Mensch in der Lage ist, sich einzureden, andere seien keine Mitmenschen. Bereits Urwaldindianer sprechen von ihren Nachbarn nur mit Begriffen, als wären diese Jagdbeute, und die zivilisierten Nationen machen es nicht viel anders. Sie verteufeln den Gegner, stempeln ihn zum Untermenschen oder zum »Tier«. Und damit man einander ja nicht kennenlernt und eines anderen belehrt wird, errichtet man Kommunikationsbarrieren (R. F. Murphy 1957, L. Tiger 1969). Ich halte diese Fähigkeit des Menschen, seine Mitmenschen zu verteufeln, für seine gefährlichste Eigenschaft überhaupt, denn erst dadurch kann er zum mitleidslosen Mörder werden. Dem biologischen Normenfilter, der zu töten verbietet, wurde im Verlauf der kulturellen Evolution gewissermaßen ein kultureller Normenfilter überlagert, der zu töten gebietet (I. Eibl-Eibesfeldt 1975). Dabei kommt es jedoch in dem Augenblick, in dem Menschen die beschwichtigenden und Mitleid erweckenden Appelle des Gegners wahrnehmen, zu einem Normenkonflikt. Dieser dürfte die Wurzel unserer Friedenssehnsucht sein. Der Beweggrund zum Frieden ist in den meisten Völkern stark ausgeprägt. Selbst kriegerische Völker, wie man sie unter den Papuas antrifft, bedauern bei aller Heroisierung den Konflikt, z. B. in den Trauergesängen um ihre Toten (I. Eibl-Eibesfeldt 1975). Die Motivation allein wird jedoch nicht ausreichen, um den Frieden herbeizuführen. Wer den Frieden will, muß sich darüber im klaren sein, daß der Krieg Aufgaben erfüllt, denen man auf andere Weise gerecht werden muß.

Wer den Krieg als pathologische Störung abtut, wie das bei E. Fromm

(1973) und einigen anderen geschieht, geht an der harten Wirklichkeit vorbei, die man sehen muß, wenn man die Probleme lösen will.

Auch in den Genfer Friedensgesprächen der Jahre 1985/86 rückten die Probleme, die den Konflikten eigentlich zugrunde liegen – Ressourcensicherung, Übervölkerung, Mißtrauen – nicht in den Vordergrund. Man bemühte sich vielmehr darum, bestimmte Waffen wie Atomraketen verläßlich zu tabuisieren, und handelt damit eher so, als wollte man den konventionellen Krieg als Mittel der Politik durch Verpönung bestimmter Waffen wieder möglich machen.

Solange keine Rezepte gefunden wurden, um die Aufgaben unblutig zu lösen, die bisher der Krieg auf so schrecklich effiziente Weise erfüllte, bleibt die Gefahr weiterer Kriege bestehen. Ein wichtiger Ansporn, nach Lösungen zu suchen, liegt in den synagonalen, freundlichen Anlagen des Menschen begründet. Der Mensch ist zwar in manchen Bereichen unverträglich, aber Unverträglichkeit ist ihm zuwider – und das könnte sogar älteres Erbe sein; denn Totenkopfäffchen meiden beispielsweise die Selbstreizung jener Hirnregionen, die agonale Stimmungen induzieren (S. 149). Und daß bereits Schimpansen ein Leben in sozialer Harmonie anstreben und sich nach Konflikten unter anderem um Versöhnung bemühen, erwähnten wir bereits.

Der Mensch tendiert jedoch nicht nur zur Abgrenzung in Kleingruppen. Schon die meist patrilokalen Kleingruppen der Naturvölker verbünden sich mit anderen über Geschenketausch und Heiratsbeziehungen. Dazu kommen noch weitere Vernetzungen über fingierte Verwandtschaften, z. B. durch Klanzugehörigkeit. Damit ist der Mensch in der Lage, über die Kleingruppe hinauswachsende Verbände zu schaffen, mit all den sich daraus ergebenden Möglichkeiten, aber auch Problemen.

Auf der positiven Seite steht, daß die technisch-zivilisatorischen Höchstleistungen unserer Gesellschaft erst durch die Massengesellschaft möglich wurden. In ihr finden sich die Begabungen; das große Kollektiv erst vermag die Mittel aufzubringen, die für bestimmte kulturelle Hochleistungen nötig sind. In der anonymen Gesellschaft kann der einzelne sich ferner dem Konformitätsdruck bis zu einem gewissen Grade entziehen. Das ist vor allem für Personen mit Sonderbegabungen wichtig, die in der Kleingruppe leicht zu Außenseitern werden. Die anonyme Großgesellschaft birgt allerdings auch Gefahren, da sie Mißtrauen fördert und die Individualität des einzelnen auf lange Sicht auch gefährden könnte.

Wir sprachen bereits davon, daß der Mensch zum Mitmenschen eine ambivalente Haltung einnimmt. Der Mitmensch ist auch Träger von Signalen, die Angst und Ablehnung auslösen, die aber durch persönliche Bekanntschaft in ihrer Wirkung weitgehend neutralisiert werden. Im Kleinverband, in dem jeder jeden kennt, herrscht daher Vertrauen.

Diese Vertrauensbeziehung verliert sich in der anonymen Gesellschaft, in der wir es im Alltag vor allem mit Personen zu tun haben, die wir nicht kennen. Die agonalen Signale des Mitmenschen kommen damit stärker zur Wirkung. Ein Mißtrauen ist die Folge, das unser Zusammenleben in der anonymen Gesellschaft belastet.

Zu den Anpassungen an die anonyme Gesellschaft gehört ferner, daß wir provozierendes Auftreten in Gebaren und Kleidung meiden – es sei denn, wir rebellieren bewußt dagegen. Während bei vielen Naturvölkern die Männer in Schmuck, Kleidung und Bewaffnung betont imponierend auftreten – was die durch persönliche Bekanntschaft verbundenen Gruppenmitglieder nicht stört – sind die Männer in der modernen Millionengesellschaft eher neutral gekleidet. Rasiert und im mausgrauen Alltagsgewand leben wir reibungsloser im Gedränge der Neuzeit. Die Frauen dagegen dürfen ihre Reize betonen und bunt auftreten, denn ihr »display« aktiviert bindende Mechanismen. Das läßt sich am Verhalten der Großstadtbewohner ablesen, die zunächst deutliche Verhaltensweisen der Kontaktmeidung zeigen. Dieses Phänomen ist jedermann bekannt, der sich und andere in Hotelaufzügen beobachtet. Man vermeidet es, dem anderen ins Gesicht zu schauen; denn gerade der Blickkontakt wird mit Ambivalenz wahrgenommen (I. Eibl-Eibesfeldt 1984). E. Goffman (1963) sprach in diesem Zusammenhang von »polite inattention«. Sie wird dann weniger höflich, wenn sie dazu führt, daß Menschen sogar an einem Menschen vorbeigehen, der sich in Not befindet, ohne ihn weiter zu beachten.

Im Getriebe der anonymen Gesellschaft maskieren Menschen ferner ihren Ausdruck. Sie geben sich beherrscht und verraten nicht ihre Gefühle, eher gebärden sie sich abweisend. Das ist eine Art Selbstschutz, aus Mißtrauen geboren. Wer seine Stimmung verrät, öffnet sich dem Kontakt und wird verletzbar. Wir wahren daher in der Öffentlichkeit unser Gesicht und zeigen insbesondere keine Schwächen. Dies kann zur festen Gewohnheit werden, so daß Menschen nicht einmal im Familienkreis ihre Maske ablegen können und beim Kommunikationstherapeuten Hilfe suchen müssen.

Unsere These, daß in der anonymen Gesellschaft das Meidesystem stärker aktiviert ist als im individualisierten Verband, wird schließlich durch die Feststellung von M. H. Bornstein (1979) gestützt, daß Personen um so schneller durch die Straßen gehen, je größer die Städte sind.

Angst aktiviert jedoch archaische Folgereaktionen, die in der Mutter-Kind-Beziehung ihre Wurzeln haben. Schon Tiere laufen bei Gefahr zur Mutter, und sie tun es auch, wenn man sie dafür bestraft; ja, junge Enten und Rhesusaffen folgen ihr dann sogar noch stärker. Sind Rhesusaffen älter, wird auch ein ranghohes Gruppenmitglied zur Zuflucht, und die

Äffchen flüchten selbst dann zu ihm, wenn dieses die Quelle der Angst ist. Das haben wir im Abschnitt über Angstbindung erörtert. Der Mensch ist ähnlich veranlagt, und darin liegt die Gefahr der in der anonymen Gesellschaft unterschwellig stets vorhandenen Angst: Sie fördert die Bereitschaft der Menschenmassen, sich der Führung von Personen mit »Charisma« anzuvertrauen – in Krisenzeiten geradezu blindlings. Das Mißtrauen kann dann leicht nach außen gegen einen vermeintlichen Gegner ausgerichtet werden.

Im Interesse einer liberalen Demokratie ebenso wie im Interesse des Friedens sollte demnach alles getan werden, um das Mißtrauen aufzulösen. Das kann durch städtebauliche Maßnahmen gefördert werden, die dazu verhelfen, in der Stadt individualisierte Gemeinden zu schaffen (I. Eibl-Eibesfeldt 1984, I. Eibl-Eibesfeldt und Mitherausgeber 1985). Wichtig wäre ferner, daß man auch in der Politik Vertrauen fördert, indem man die Lüge als Mittel der Politik verpönt. Zur Zeit sind wir gewohnt, daß Politiker gegen besseres Wissen Versprechungen machen, die sie dann nicht halten können. Unwahrheiten zu sagen gehört zu ihrem Alltag, und wir akzeptieren das fast als Kavaliersdelikt. Bedenkt man allerdings die verfahrene internationale Lage, dann wird einem klar, daß der Aufbau einer Vertrauensbasis zu den wichtigsten Vorbedingungen für eine friedliche Weltordnung gehört. Wie aber soll es dazu kommen, wenn man im eigenen Hause die Lüge als Strategie akzeptiert?

Verschiedentlich wurde behauptet, der Mensch sei im Grunde nur für den individualisierten Verband geschaffen. Das ist nicht ganz zutreffend. Er entwickelte im individualisierten Band eine Reihe von Anlagen, die sich in der Großgesellschaft störend auswirken, aber ebenso entwickelten sich Dispositionen, die ihn für das Leben in der Großgesellschaft präadaptieren. Viele der Strategien und Sozialtechniken, die wir nützen, um die Großgruppe zu einer Gemeinschaft zu binden, knüpfen an jene an, die sich im individuellen Verband herausbildeten. Wir verwenden sie sogar im Verkehr zwischen den Gruppen.

Eine Reihe von Anforderungen ist sicherlich neu, so die, das Interesse der Gruppe höher zu werten als das Interesse zur eigenen Familie. Hier überwindet der Mensch gewissermaßen seine Natur.

Die Großgesellschaft eröffnet neue Möglichkeiten, die allerdings auch Gefahren beinhalten. So bedroht sie auf lange Sicht die Freiheit des einzelnen, was zunächst im Widerspruch zu der Aussage steht, daß Sonderbegabungen in der Anonymität Schutz finden. Die Gefahr droht in diesem Falle von den von uns Menschen selbst geschaffenen Organisationen. Diese Einrichtungen neigen nämlich dazu, ein Eigenleben zu entwickeln, sich dabei unserer Kontrolle zunehmend zu entziehen und damit vom Diener zum Herrn zu werden.

Gewiß steht jede Organisation zunächst im Dienst einer das Gemeinschaftswohl fördernden Aufgabe: Eine Organisation zur Trockenlegung von Feuchtwiesen braucht man, wenn es zu viele Feuchtwiesen gibt und deren Trockenlegung für die Landwirtschaft Hilfe bringt. Eine Organisation dieser Art entwickelt jedoch ein Eigenleben. Sie wächst und gewinnt an Macht und Einfluß. Personal wird eingestellt, ein Maschinenpark angeschafft, der sich amortisieren muß. Irgendwann kommt allerdings der Zeitpunkt, da werden Feuchtwiesen rar, und ihre Trockenlegung dient nicht mehr dem allgemeinen Wohl. Setzen hier nicht rechtzeitig Kontrollen ein, dann muß man aus Schäden lernen. Bei Moorwiesen mag das noch angehen. Die gleiche Dynamik, angetrieben vom Macht- und Überlebensstreben der von diesen Organisationen unmittelbar Abhängenden, steht hinter dem Straßenbau, den Elektrizitätswerkerbauern, den Automobilproduzenten, der Schule, der Verwaltung. Sie alle unterliegen dieser systemimmanenten Eigendynamik, in deren Verlauf sie irgendwann ihr Wirkungsoptimum überschreiten. Die Straßenbauer werden sich bemühen, jeden Waldweg zuzubetonieren; die Elektrizitätswerke sind bestrebt, möglichst jeden Bach aufzustauen; die Schulen, ihre Schüler noch länger zu verschulen, anstatt sie früher an die Universität zu entlassen, wie das wohl wünschenswert wäre. Bei der Rüstung kommt noch dazu, daß man mit einem Konkurrenten wettrüstet, den man fürchtet. Die daraus resultierende Wahrnehmungsverzerrung läßt den Gegner immer bedrohlicher erscheinen, und in der Intention, rüstungsmäßig gleichzuziehen, kommt es zu dem wohlbekannten Phänomen des gegenseitigen Sichaufschaukelns.

Zu einer besonderen Gefahr wird die systemimmanente Dynamik der Organisation ferner im Bereich der Verwaltung, da sie die Freiheit und Universalität des einzelnen unmittelbar bedroht, indem sie ihn in ein höheres Ganzes zu integrieren und unterzuordnen trachtet. Das entspricht einem allgemeinen biologischen Trend: Über Integration und Subordination der Teile entwickeln sich höhere Organisationen, Organismen ebenso wie Insektenstaaten. Gebilde dieser Art erweisen sich durchaus als nahezu perfekt angepaßt. Nur ist zugleich ihre Potenz zu weiterer Evolution eingeengt. Gelänge es, über entsprechende Sozialtechniken zunächst kulturell den perfekt in den Staat integrierten Menschen heranzuziehen, dann würde wohl auch seine biologische Entwicklung nachziehen – und mit dem Verlust der individuellen Freiheit und der konstitutiven Universalität würden wohl auch die Chancen zu weiterer Evolution zu geistiger Souveränität beschnitten.

Wir sind auf diesem Wege leider bereits ein gutes Stück vorangekommen. Orwell und Huxley haben die Möglichkeiten aufgezeigt, und zu beiden Entwicklungen gibt es Ansätze. Wie ich anderenorts ausführte, dürfte die Entwicklung eher nach dem Modell von HUXLEYS »Brave New World« verlaufen. Die Entmündigung des Bürgers im Sozialstaat schreitet munter voran, und sie wird von den Betroffenen akzeptiert, da Menschen gerne zur Kindesstufe regredieren und sich bemuttern lassen. Das System kommt unseren hedonistischen Anlagen entgegen, während ORWELLS Modell auf gewaltsamer Unterdrückung basiert, gegen die der Mensch gottlob zu rebellieren neigt.

Wir vermögen durchaus, einige Gefahren zu erkennen, die unser Überleben bedrohen. Hilft uns das, können wir unsere Geschicke aus Einsicht steuern?

F. A. v. HAYEK meint, wir müßten alles den selbstregulierenden Kräften überlassen, die auch die bisherige kulturelle Evolution bestimmten. Kultur könne man nicht planen. Dem ist grundsätzlich zuzustimmen. Wir können uns aber, wie gesagt, Ziele setzen, und ein solches Ziel wäre das Überleben und zumindest kulturell die Weiterentwicklung eines souveränen, sozial und schöpferisch intelligenten, verantwortlichen, kooperativen Menschentyps. Nach meinem Dafürhalten hat er gesellige, aber als Individuen profilierte, universalistisch veranlagte Menschen zur Voraussetzung, und diese ist im Grunde gegeben. Sie zu erhalten sollte eines unserer Anliegen sein.

Um das zu erreichen, bedarf es weiterer Zielsetzungen. Die von KARL POPPER propagierte offene Gesellschaft, in der dank einem Klima der Verstehensbereitschaft viele Ideen nebeneinander gedeihen, wäre so ein Ziel. Dem würde ich die Erhaltung der ethnischen Vielfalt als weiteres Zwischenziel zur Seite stellen. Denn jede Ethnie vertritt ebenfalls ein Kollektiv von besonderen Ideen und Anpassungen. Ethnischer Pluralismus trägt zum Überleben bei; denn jede Kultur experimentiert mit einer speziellen Überlebensstrategie, und in ihrer Gesamtheit vergrößern die Kulturen die Anpassungsbreite der Menschheit. Ganz abgesehen davon würden Biologen den Untergang von Kulturen als Differenzierungsverlust ebenso beklagen wie den Artentod. Das hat auch ästhetische Gründe. Aber mit solchen darf man in unserer sachlichen Welt nicht operieren.

Wichtig ist, daß man sich bewußt macht, daß alle diese rational im Dienste einer höheren Zielsetzung abgeleiteten Setzungen auf Annahmen basieren, die sich unter Umständen als falsch erweisen können. Es muß daher grundsätzlich die Bereitschaft bestehen, Hypothesen, die sich nicht bewährten, über Bord zu werfen und neue Zielsetzungen vorzunehmen. Damit sprechen wir aber ein Problem an, das sich der rationalen Problemlösung entgegenstellt, nämlich unsere mangelnde Bereitschaft, Hypothesen aufzugeben, selbst wenn sie sich nicht mehr als tragfähig erweisen. Hypothesen dienen uns nämlich als Orientierungshilfen. Bereits der steinzeitliche Mensch projizierte sie als Ordnungsgerüste in diese Welt, um sich an ihnen zu orientieren und so Sicherheit zu erlangen. Im Rahmen seiner Welterklärung kann er dann handeln und ist nicht mehr passiv einem Schicksal unterworfen. Buschleute der zentralen Kalahari erklären z. B., Krankheiten seien unsichtbare Pfeile, die Feinde oder Dämonen in den Körper der Erkrankten pflanzen. Daraus folgt für sie, daß man diese Pfeile in Trance durch Extraktionszauber wieder entfernen kann. Das nimmt Angst. Hypothesen vermitteln so Sicherheit. Man trennt sich daher ungern von ihnen. Sie entwickeln sich häufig zu Glaubenssystemen, die dann noch als Marker der Gruppenidentifikation dienen. Die fatale Neigung, Hypothesen aus dem Gebiet der Ökonomie und Soziologie zu Weltanschauungen zu erheben, ist wohl genügsam bekannt.

Überzeugungen treten leider allzu oft an die Stelle von Wissen. Die Neigung zum Bekennertum gefährdet die geistige Freiheit. Wir neigen dabei zu ideologischer Abschließung in Gruppen. Dem kommt sicher unsere Veranlagung entgegen, Zusammengehörigkeit an gemeinsamen Merkmalen zu erkennen – und diese uns oft als Symbole der Identifikation eigens zu schaffen. Unsere Überzeugungen sind ein Teil dieser Identität, und die wollen wir uns nicht nehmen lassen. Daher sind Diskussionen, in denen soziale Probleme berührt werden, im allgemeinen so mühsam und fruchtlos. Unser Verstand regiert, wenn wir uns mit Problemen der außerartlichen Welt auseinandersetzen. Geht es darum, soziale Probleme zu lösen, verteidigen wir mit Emotionen vorgefaßte Meinungen, als würde unsere Identität bedroht. Wir fürchten wohl darüber hinaus auch, unser Gesicht zu verlieren, wenn wir die Meinung eines anderen akzeptieren: eine archaische Angst vor Dominanz durch Mitmenschen, die zu den anthropologischen Konstanten gehört – aber darauf kann ich hier nicht näher eingehen. In diesem Bereich über Selbsterkenntnis Selbstbeherrschung zu erwerben scheint mir eine der dringlichen Aufgaben.

Dogmatische Grundeinstellungen werden ferner durch die menschliche Neigung gefördert, in Kategorien wahrzunehmen und zu denken. Das ist für unsere Orientierung in der Welt unerläßlich und steckt in den uns vorgegebenen Programmen der Wahrnehmung und des Denkens. Das Bedürfnis nach Klarheit führt dazu, daß wir gerne in Gegensatzpaaren nach dem Schwarz-Weiß-Prinzip ordnen, im politischen Bereich in links und rechts. Wenn wir jemanden so einordnen können, sind wir zufrieden. Nur mit der liberalen Mitte haben wir Schwierigkeiten, denn die läßt sich nicht so leicht unterbringen. Wir unterscheiden Gut und Böse und neigen selbst bei den Tugenden zur Polarisierung. Dabei sind es einmal die Tugenden des agonalen Systems wie Mut, Einsatzbereitschaft, Selbstaufopferung, Loyalität, die oft im Verbund mit elitärer Selbstüberheblichkeit einseitig und auf Kosten der Tugenden der Menschlichkeit kultiviert werden. Als Reaktion auf die dadurch mitbewirkte Katastrophe werden gegenwärtig die Tugenden insbesondere der Nächstenliebe einseitig und bis zu einem gewissen Grad auch auf Kosten der staatstragenden Tugenden kultiviert, ja zum Programm erhoben, womit es gelingt, selbst diese Tugenden ihres emotionalen Wertes und Sinnes zu entleeren und zur Untugend zu pervertieren. Der Phase europäischer Selbstüberheblichkeit folgte zugleich eine Phase der Selbstherabsetzung. Sie hat eine Identitätsauszehrung zur Folge und erschwert es jungen Europäern, sich mit ihrer Kultur zu identifizieren. Bescheidenheit und Selbstkritik wären wohl angebracht und nützlich. Selbstherabsetzung und unentwegte Selbstbeschuldigung führen dagegen zur Selbstzerstörung.

Ein bißchen Selbstbesinnung als Beitrag zum Überleben täte uns not. Der Welt würde sicherlich wenig geholfen, würde ausgerechnet die abendländische Zivilisation der Selbstauflösung verfallen; denn bei allen Schattenseiten, die nicht zu leugnen sind, handelt es sich doch, um mit POPPER zu sprechen, um die selbstkritischste und reformfreudigste Zivilisation der Welt. Und nur in ihr wurde, wie POPPER hervorhebt, die moralische Forderung nach persönlicher Freiheit weitgehend anerkannt und weitgehend verwirklicht. Nach wie vor sind wir die Vorkämpfer für diese Werte, auf denen sich unsere Zukunftschancen begründen. Wir sollten uns daher nicht selbst aufgeben. Ein neues europäisches Selbstbewußtsein wäre durchaus wünschenswert. Es könnte auch helfen, durch Bewußtmachung des verbindenden kulturellen Erbes die unheilvolle europäische Spaltung zu überwinden, und so zum Weltfrieden beitragen.

Zusammenfassung 18

Der Anspruch der vergleichenden Verhaltensforschung, zum besseren Verständnis menschlichen Verhaltens beizutragen, wurde noch in den sechziger Jahren von vielen Vertretern der traditionellen Verhaltenswissenschaften vom Menschen abgelehnt. Das Meinungsklima hat sich seither grundsätzlich geändert, und auf Grund der mittlerweile von biologischen Verhaltensforschern erarbeiteten Datenbasis konstituierte sich die Humanethologie als eigenes Fach. Sie forscht sowohl nach den unmittelbaren Ursachen, die ein menschliches Verhalten in Gang setzen, als auch nach jenen Selektionsdrucken, die für die Entstehung eines Verhaltens als letzte Ursache verantwortlich sind. Die Frage nach der Aufgabe im Dienste der Eignung stellen Ethologen auch für kulturell bedingte Verhaltensweisen. Im Brennpunkt humanethologischer Forschung stand zunächst die

Frage, ob und in welcher Weise stammesgeschichtliche Anpassungen das Verhalten des Menschen mitbestimmen. Wir wissen heute, daß der Mensch über mehr solcher Vorgaben verfügt als jeder andere Säuger. Es kommt allerdings noch eine Fülle Gelerntes dazu, so daß der relative Anteil des Angeborenen dagegen zurücktritt, nicht aber dessen Bedeutung. Stammesgeschichtliche Anpassungen bestimmen das menschliche Wahrnehmen und Denken, bestimmte motorische Bewegungsabläufe, Normen, Motivationen und selbst das Lernen. Es handelt sich in vielen Fällen um altes Erbe, doch ist die Gleichsetzung von »stammesgeschichtlich angepaßt« mit »Tiererbe« falsch. Viel von dem uns Menschen als »biologisches Erbe« Angeborenen ist stammesgeschichtlich menschenspezifischer Neuerwerb.

Bemerkenswert ist neben der Universalität vieler Ausdrucksbewegungen (Mimik, Gestik) das Vorkommen elementarer Interaktionsstrategien. Kinder handeln sie in den verschiedenen Kulturen in fast kopiengetreu gleicher Weise ab. Erwachsene dagegen verbalisieren die Interaktionen, befolgen aber dabei die gleichen Regeln. Auch gibt es kulturspezifische rituelle Ausgestaltungen dieser elementaren Interaktionsstrategien, so daß wir bei oberflächlicher Betrachtung eine kulturelle Vielfalt wahrnehmen. Angeborene Verhaltensmuster, kulturell geprägte Verhaltensweisen und verbale Aussagen können einander nämlich im Rahmen eines vorgegebenen Regelsystems als funktionelle Äquivalente ersetzen. Das Regelsystem, nach dem die verschiedenen Interaktionen strukturiert werden, gehört zu den Universalien. Es gibt also eine Grammatik menschlichen Sozialverhaltens, die verbale wie nichtverbale soziale Interaktionen regelt.

Als sprechendes, kulturschaffendes und mit reflexiver Vernunft begabtes Wesen hebt sich der Mensch von allen übrigen Geschöpfen ab. Er ist auch als einziger in der Lage, sich Ziele zu setzen und dabei selbst gegen seine angeborene Natur zu handeln. Die Fähigkeiten, die ihn auszeichnen, entwickelten sich in einer Reihe von Evolutionsschritten. In unserem agonalen Verhalten (Aggression, Territorialität) ist vieles altes Wirbeltiererbe. Mit der Entwicklung der Brutpflege kam das Instrumentarium für das Freundlichsein und die Liebe, definiert als persönliches Band, in die Welt. Damit eröffneten sich neue Potentialitäten gesellschaftlichen Zusammenlebens. Selbst die anonymen Großverbände des Menschen werden über ein erweitertes familiales Ethos zusammengehalten.

Höhere Säuger entwickelten als besonderen Verhaltenstypus das Spielen. Es handelt sich um eine Form experimenteller Auseinandersetzung mit den Fähigkeiten des eigenen Körpers und der umgebenden Umwelt. Voraussetzung für diese Art von Dialog war die Fähigkeit, Handlungen von den ihnen normalerweise als Antriebe vorgesetzten Instanzen zu lösen. Hier liegt eine der Wurzeln der beim Menschen weiter entwickelten

Freiheit, Abstand zu nehmen, in einem entspannten Feld zu überlegen und über das Instrumentarium seines Verhaltens frei zu verfügen. Als Anpassung an das Stemmgreifklettern in Bäumen übernahmen wir von unseren Primatenvorfahren die Greifhand, die differenzierte Willkürmotorik, die Aufrichtung, das binokulare Sehen und eine Reihe von kognitiven Fähigkeiten.

Da unsere nächsten Verwandten, die Schimpansen, in relativ geschlossenen, territorialen und patrilokalen Verbänden mit deutlicher Rangordnung leben, dürften diese auch für uns Menschen typischen Formen sozialen Zusammenlebens Pongidenerbe sein. Die ausgesprochene Familialität des Menschen, unter Einbeziehung des Vaters in die Familie, mit langewährender arbeitsteiliger ehelicher Partnerschaft ist dagegen phylogenetischer Neuerwerb. Auf der Basis dieser Anlagen entwickelte der Mensch kulturell verschiedene Gesellschaftsformen sowie den Krieg als Mittel der Auseinandersetzung zwischen Gruppen im Wettstreit um Ressourcen. Der Krieg basiert einerseits auf der Entwicklung der Waffentechnik, die es gestattet, Feinde so schnell zu töten, daß angeborene Tötungshemmungen ausgeschaltet werden, ferner auf der Fähigkeit des Menschen, sich einzureden, daß seine Feinde keine wirklichen Menschen seien. Damit verschiebt er eine innerartliche Auseinandersetzung künstlich auf ein zwischenartliches Niveau. Die Überwindung des Krieges setzt voraus, daß man die Funktionen der Ressourcensicherung und der Bewahrung der ethnischen Identität auf unblutige Weise erfüllt. Die anonyme Großgesellschaft ermöglichte es dem Menschen, seine künstlerischen und wissenschaftlichen Fähigkeiten zu Höchstleistungen voranzutreiben. Sie bescherte uns jedoch auch Gefahren. Unsere evolutive Potenz basiert auf dem freien, universalistisch veranlagten Menschen. Dieser Menschentypus wird unter anderem durch die systemimmanente Dynamik der vom Menschen selbst geschaffenen Organisationen bedroht, insbesondere im Bereich der Verwaltung, da diese sich bemüht, den einzelnen in das höhere Ganze zu integrieren. Besonders jene Sozialtechniken, die die hedonistische Veranlagung des Menschen nützen, wie insbesondere seine Bereitschaft, sich in infantile Abhängigkeit zu begeben und sich umsorgen zu lassen, haben dabei Erfolg.

Literatur

ABEL, E. (1960[a]): Liaison facultative d'un poisson (*Gobius bucchichii* Steindachner) et d'une Anémone *(Anemonia sulcata)* en Mediterranée. Vie et Milieu, 11, 518–531

– (1960[b]): Fische zwischen Seeigel-Stacheln. Natur u. Volk, 90, 33–37

ADAMSON, J. (1960): Born free. London (Collins)

ADANG, O. M. J. (1985): Exploratory Aggression in Chimpanzees. Behaviour, 95, 138–163.

ADLER, CH. (1977): Mechanismen der Gruppenbindung. Aggression und Aggressionskontrolle der Eskimos im Thule Distrikt. Diss. Univ. München

ADLER, J., LINN, G. und MOORE, A. V. (1958): Pushing in Cattle: its Relations to Instinctive Grasping in Humans. Anim. Beh., 6, 85–86

ADRIAN, E. D. und BUYTENDIJK, F. J. J. (1931): Potential Changes in the Isolated Brainstem of the Goldfish. J. Physiol., 71, 121–135

AGRANOFF, B. W. (1967): Memory and Protein Synthesis. Scient. Americ., 216 (6), 115–123

AHRENS, R. (1953): Beitrag zur Entwicklung des Physiognomie- und Mimikerkennens. Z. exp. angew. Psychol., 2, 412–454, 599–633

ALBONE, E. S. (1984): Mammalian semiochemistry: The investigation of chemical signals between mammals. Chichester (John Wiley)

ALBRECHT, H. (1966[a]): *Tilapia mariae (Cichlidae),* Kampf zweier Männchen. Encycl. cinem. E 603. Göttingen (Inst. wiss. Film)

– (1966[b]): Zur Stammesgeschichte einiger Bewegungsweisen bei Fischen; untersucht am Verhalten von *Haplochromis (Pisces, Cichlidae).* Z. Tierpsychol., 23, 270–302

ALBRECHT, H. und DUNNETT, S. C. (1971): Chimpanzees in Western Africa. München (Piper)

ALBRECHT, H. und WICKLER, W. (1968): Freilandbeobachtungen zur »Begrüßungszeremonie« des Schmuckbartvogels *Trachyphonus d'arnaudii* (PRÉVOST u. DES MURS). J. Ornith., 109, 255–263

ALDIS, O. (1975): Play Fighting. London (Academic Press)

– (Manuskript): Priority of Possession as a Determinant of Dominance in Competition for Food and Mates: A Broadening of the Concept of Territoriality

ALDRICH-BLAKE, F. P. G. (1970): Problems of Social Structure in Forest Monkeys. In: CROOK, J. H. (ed.): Social Behaviour in Birds and Mammals. London (Academic Press), 79–101

ALDRICH-BLAKE, F. P. G., BURN, T. K., DUNBAR, R. I. M. und HEADLEY, P. M. (1971): Observations on baboons, *Papio anubis,* in an arid region in Ethiopia. Folia primat., 15, 1–35

Alexander, B. K., Dodsworth, R. O. und Harlow, H. F. (1966): The effects of peer deprivation on mother-reared rhesus monkeys. Am. Zoologist, 6, 560 (Zusammenfassung)

Alkon, D. L. (1983): Learning in a Marine Snail. Scient. Amer., 249, 64–74

Allee, W. C. (1926): Studies in Animal Aggregations: Causes and Effects of Bunching in Land Isopods. J. Exp. Zool., 45, 255–277

– (1938): The Social Life of Animals. London/Toronto

Allemann, C. (1951): Die Spieltheorien, Menschenspiel und Tierspiel. Zürich

Altevogt, R. (1955): Beobachtungen und Untersuchungen an indischen Winkerkrabben. Z. Morph. Ökol. Tiere, 43, 501–522

– (1957): Untersuchungen zur Biologie, Ökologie und Physiologie indischer Winkerkrabben. Z. Morph. Ökol. Tiere, 46, 1–110

Altman, I. (1975): The Environment and Social Behavior. Monterey/Calif. (Brooks/Cole Publ. Co.)

Altman, J. (1966): Organic Foundations of Animal Behavior. New York/London (Holt, Rinehart and Winston)

Altmann, M. (1952): Social Behavior of Elk, *Cervus canadensis nelsoni,* in the Jackson-Hole Area of Wyoming. Behaviour, 4, 116–143

Altmann, S. A. (1962): A Field Study of the Sociobiology of Rhesus Monkeys, *Macaca mulatta.* Ann. N. Y. Acad. Sci., 102, 338–435

Altmann, S. A. und Altmann, J. (1970): Baboon Ecology. Bibl. Primatol., 12, Basel/New York

Altum, B. (1868): Der Vogel und sein Leben. Münster

Ambrose, J. A. (1960): The Smiling and Related Responses in Early Human Infancy. An Experimental and Theoretical Study of their Course and Significance. Univ. London Ph. D. Dissert. 2 Bde.

– (1961): The Development of the Smiling Response in Early Infancy. In: Foss, B. M. (ed.): Determinants of Infant Behaviour. London (Methuen)

– (1963): The Age of Onset of Ambivalence in Early Infancy: Indications from the Study of Laughing. J. Child Psychol. Psychiat., 4, 167–181

Andersson, M. (1982): Female choice selects for extreme tail length in a widowbird. Nature, 299, 818–820

Andrew, R. J. (1963[a]): The Origin and Evolution of the Calls and Facial Expressions of the Primates. Behaviour, 20, 1–109

– (1963[b]): Evolution of Facial Expression. Science, 142, 1034–1041

Anthoney, T. R. (1968): The Ontogeny of Greeting, Grooming and Sexual Motor Patterns in Captive Baboons (Superspecies *Papio cynocephalus*). Behaviour, 31, 358–372

Antonius, O. (1939): Über Symbolhandlungen und Verwandtes bei Säugetieren. Z. Tierpsychol., 3, 263–278

– (1947): Beobachtungen an einem Onagerhengst. Umwelt, 1, 299–300

Aoki, S. (1977): *Colophina clematis* (Homoptera: Pemphigidae), an aphid species with ›soldiers‹. Kontyû, Tokyo 45, 276–282

Apfelbach, R. (1967[a]): Kampfverhalten und Brutpflegeform bei *Tilapia.* Die Naturwiss., 54, 72

– (1967[b]): *Tilapia macrochir* (Cichlidae) Laichablage. Wiss. Film E 1019, Göttingen, Publikationen zu Wiss. Filmen 1 A, 63–67

Ardrey, R. (1962): African Genesis. London (Collins)

– (1966): The Territorial Imperative. New York (Atheneum)

Armstrong, E. A. (1947): Bird Display and Behavior. 2. Aufl., London (Lindsay and Drummond Ltd.)

ARONSON, L. R. (1949): An Analysis of the Reproductive Behavior of the Mouth-Breeding Cichlid Fish *Tilapia macrocephala* Bleeker. Zoologica, 34, 133–157
– (1951): Orientation and Jumping Behavior in the Gobiid Fish *Bathygobius soporator.* Am. Mus. Nov. 1486
– (1956): Further Studies on Orientation and Jumping Behavior in the Gobyfish *Bathygobius soporator.* Anat. Rec., 125, 606
ASCH, S. (1952): Social Psychology. New York
ASCHOFF, J. (1955[a]): Jahresperiodik der Fortpflanzung bei Warmblütlern. Studium Gen., 8, 742–776
– (1955[b]): Tagesperiodik bei Mäusestämmen unter konstanten Umgebungsbedingungen. Pflüg. Arch., 262, 51–59
– (1960): Exogenous and Endogenous Components in Circadian Rhythms. Cold Spring Harbor Symp. Quant. Biol., 25, 11–26
– (1964): Die Tagesperiodik licht- und dunkelaktiver Tiere. Rev. Suisse Zool., 71, 528–558
– (1965): Circadian Clocks. Proc. Feldafing Summer School Sept. 1964. Amsterdam (North Holl. Publ. Co.)
– (1966): Tagesrhythmus des Menschen bei völliger Isolation. Umschau, 12, 378–383
– (1967): Human Circadian Rhythms in Activity, Body Temperature and other Functions. Life Sciences and Space Research. Amsterdam (North Holl. Publ. Co.), 159–173
– (1981): Annual Rhythms in Man. In: ASCHOFF, J. (ed.): Handbook of Behavioral Neurobiology, 4. London/New York (Plenum Publ. Corp.), 475–487
ASCHOFF, J., GERECKE, U. und WEVER, R. (1967): Phasenbeziehungen zwischen den circadianen Perioden der Aktivität und der Kerntemperatur beim Menschen. Pflüg. Arch., 295, 173–183
ASCHOFF, J. und MEYER-LOHMANN, J. (1954): Angeborene 24-Stunden-Periodik bei Küken. Pflüg. Arch., 260, 170–176
ASCHOFF, J., PÖPPEL, E. und WEVER, R. (1969): Circadiane Periodik des Menschen unter dem Einfluß von Licht-Dunkel-Wechseln unterschiedlicher Periode. Pflüg. Arch., 306, 58–70
ASCHOFF, J. und WEVER, R. (1962[a]): Aktivitätsmenge und $\alpha : \varrho$-Verhältnis als Meßgröße der Tagesperiodik. Z. vergl. Physiol., 46, 88–101
– (1962[b]): Spontanperiodik des Menschen bei Ausschluß aller Zeitgeber. Die Naturwiss., 49, 337–342
AUTRUM, H. (1943): Über kleinste Reize bei Sinnesorganen. Biol. Zbl., 63, 209–236
– (1948): Über Energie- und Zeitgrenzen der Sinnesempfindungen. Die Naturwiss., 35, 361–369
– (1952): Nerven- und Sinnesphysiologie. Fortschr. d. Zool., 9, 537–604
– (1958): Electrophysiological Analysis of the Visual Systems in Insects. Exp. Cell. Res. Suppl., 5, 436–439
– (1962): Die Sinnesorgane und ihre Arbeitsweise. Der Große Herder, Ergänzungsband 1, Freiburg (Herder), 519–534
– (1966): Tier und Mensch in der Masse. Festrede. Verl. Bayer. Akad. Wiss., München
AUTRUM, H. und HOLST, D. v. (1968): Sozialer »Streß« bei Tupajas *(Tupaia glis)* und seine Wirkung auf Wachstum, Körpergewicht und Fortpflanzung. Z. vergl. Physiol., 58, 347–355
AZRIN, N. H., HUTCHINSON, R. R. und MCLAUGHLIN, R. (1965): The Opportunity for Aggression as an Operant Reinforcer during Aversive Stimulation. J. Exp. Anal. Behavior, 8, 171–180

Babich, F. R., Jacobson, A. L., Bubash, S. und Jacobson, A. (1965): Transfer of a Response to Naive Rats by Injection of Ribonucleid Acid Extracted from Trained Rats. Science, 149, 656–657

Bachmann, C. und Kummer, H. (1980): Male Assessment of Female Choice in Hamadryas Baboons. Behav. Ecol. Sociobiol., 6, 315–321

Backhaus, D. (1960): Über das Kampfverhalten beim Steppenzebra. Z. Tierpsychol., 17, 345–350

– (1961): Giraffen in zoologischen Gärten und freier Wildbahn. Inst. des Parcs Nat. du Congo et du Ruanda-Urundi. Bruxelles

Badinter, E. (1981): Die Mutterliebe. München (Piper)

Baerends, G. P. (1941): Fortpflanzungsverhalten und Orientierung der Grabwespe, *Ammophila campestris*. Tijdschr. Ent., 84, 68–275

– (1950): Les Sociétés et les Familles de Poissons. Coll. Int. Centre Nat. Rech. Sc., 34, 207–219

– (1956): Aufbau tierischen Verhaltens. In: Kükenthal: Handb. d. Zool., 8, 10 (3), 1–32

– (1957): Behavior: The Ethological Analysis of Fish Behavior. In: Brown, M. (ed.): Physiology of Fishes II. New York (Acad. Press), 229–269

– (1958): Comparative Methods and the Concept of Homology in the Study of Behaviour. Arch. neerl. Zool., 13, 401–417

– (1962): The comparative ethology of Great Blue, Marsh and Coal Tits at a winter feeding station. Behaviour, 19, 208–218

– (1973): Moderne Methoden und Ergebnisse der Verhaltensforschung bei Tieren. Rheinisch-Westfälische Akad. Wiss., Vorträge, 218, Opladen (Westdeutscher Verlag)

– (1975): An Evaluation of the Conflict Hypothesis as an Explanatory Principle for the Evolution of Displays. In: Baerends, G. P., Beer, C. und Manning, A. (eds.): Function and Evolution in Behaviour. Oxford (Clarendon Press), 187–227

– (1984): The Organization of the Pre-Spawning Behaviour in the Cichlid *Fish Aequidens portalegrensis* (Hensel). Netherl. J. of Zool., 34, 233–366

– (1985): Do the dummy experiments with sticklebacks support the IRM-concept? Behaviour, 93, 1/4, 258–277

Baerends, G. P. und Baerends van Roon, J. M. (1950): An Introduction to the Study of the Ethology of Cichlid Fishes. Behaviour, Suppl., 1, 1–243

Baerends, G. P., Bril, K. A. und Bult, P. (1965): Versuche zur Analyse einer erlernten Reizsituation bei einem Schweinsaffen. Z. Tierpsychol., 22, 394–411

Baerends, G. P., Brower, R. und Waterbolk, H. T. (1955): Ethological Studies on *Lebistes reticulatus* Peter. I. Analysis of the Male Courtship Pattern. Behaviour, 8, 249–334

Baerends, G. P. und Drent, R. H. (1970): The Herring Gull's Egg. Behaviour, 17 (Suppl.)

Baerends van Roon, J. M. und Baerends, G. P. (1979): The Morphogenesis of the Behaviour of the Domestic Cat, with Special Emphasis on the Development of Prey-Catching. Verh. koninkl. Nederl. Akad. van Wetenschappen, Afd. Natuurkunde. Amsterdam/Oxford/New York (North-Holland Publ.)

Baeumer, E. (1955): Lebensart des Haushuhns. Z. Tierpsychol., 12, 387–401

Bak, I. J. (1965): Electron Microscopic Observations in the Substantia nigra of Mouse during Reserpine Administration. Experientia, 21, 568

Baldaccini, N. E. (1973): An Ethological Study of Reproductive Behaviour, Including the Colour Patterns of the Cichlid Fish *Tilapia mariae* (Boulenger). Monitore zool. ital. (N. S.), 7, 247–290

Ball, W. und Tronick, E. (1971): Infant Responses to Impending Collision: Optical and Real. Science, 171, 818–820
Bally, G. (1945): Vom Ursprung und von den Grenzen der Freiheit, eine Deutung des Spieles bei Tier und Mensch. Basel (Birkhäuser)
Bandura, A. (1973): Aggression. A Social Learning Analysis. New York (Prentice Hall)
Bandura, A. und Walters, R. H. (1963): Social Learning and Personality Development. New York (Holt, Rinehart and Winston)
Banks, E. M. (1962): A Time and Motion Study of Prefighting Behavior in Mice. J. Gen. Psychol., 101, 165–183
Barash, D. P. (1972): Human Ethology: The Snack-Bar Syndrome. Psychol. Reports, 31, 577–578
– (1977): Sociobiology and Behavior. New York (Elsevier)
Bardach, J. E., Winn, H. E. und Menzel, D. W. (1959): The Role of the Senses in the Feeding of Nocturnal Reef Predators *Gymnothorax moringa* and *G. vicinus*. Copeia, 2, 133–139
Barker, J. L. und Gainer, H. (1974): Peptide Regulation of Bursting Pacemaker Activity in a Molluscan Neurosecretory Cell. Science, 184, 1371–1373
Barlow, G. W. (1962): Ethology of the Asian Teleost *Badis badis*. IV. Sexual Behavior. Copeia, 346–360
Barlow, H. B., Hill, R. M. und Levick, W. R. (1964): Retinal Ganglion Cells Responding Selectively to Direction and Speed of Image Motion in the Rabbit. J. Physiol. (Cambridge), 173, 377–407
Barnard, C. J. (1980): Flock Feeding and Time Budgets in the House Sparrow (*Passer domesticus* L.). Anim. Behav., 28, 295–309
Barnes, D. M. (1986): Lessons from Snails and other Models. Science, 231, 1246–1249
Baron, L. (1985): Does Rape Contribute to Reproductive Success? Evaluation of Sociobiological Views of Rape. Int. J. of Women's Studies, 8, 266–277
Barth, F. G. (1985): Neuroethology of the Spider Vibration Sense. In: F. G. Barth, (ed.). Neurobiology of Arachnids. Berlin/Heidelberg/New York/Tokyo (Springer)
Bartholomew, G. A. (1953): Behavioral Factors Affecting Social Structures in the Alaska Fur Seal. Trans. 18th North Am. Wildlife Conf., Wildl. Management Inst. Washington
Basedow, H. (1906): Anthropological Notes on the Western Coastal Tribes of the Northern Territory of South Australia. Trans. Roy. Soc. South Australia, 1897, 31, 1–62
Bastiani, M. J. und Goodman, C. S. (1984): Neuronal Growth Cones: Specific Interaction Mediated by Filopodial Insertion and Induction of Coated Vesicles. Proc. Nat. Acad. of Sciences of the U.S.A., 81, 6, 1849–1853
Bastock, M. (1956): A Gene Mutation which Changes a Behavior Pattern. Evolution, 10, 421–439
Bastock, M., Morris, D. und Moynihan, M. (1953): Some Comments on Conflict and Thwarting in Animals. Behaviour, 6, 66–84
Bateson, G. und Mead, M. (1942): Balinese Character, a Photographic Analysis. Special Publ. N. Y. Acad. Sci., 2
Bateson, P. P. B. (1966): The Characteristics and Context of Imprinting. Biol. Rev., 41, 177–220
Batham, E. J. und Pantin, C. F. A. (1950): Inherent Activity in the Sea-Anemone *Metridium senile*. J. Exp. Biol., 27, 290–301
Batra, L. R. (1985): Floral Mimicry Induced by Mummy-Berry Fungus Exploits Host's Pollinators as Vectors. Science, 228, 1011–1012

Baumann, H. und Halx, G. (1972): Ophrys – die Pflanze mit Sex. Kosmos, 68, 78–80
Baust, W. (1970): Ermüdung, Schlaf und Traum. Stuttgart (Wiss. Verl. Ges.)
Beach, F. A. (1937): The Neural Basis of Innate Behavior. I. Effects of Cortical Lesions upon the Maternal Behavior Pattern in the Rat. J. Comp. Physiol. Psychol., 24, 393–439
– (1938): The Neural Basis of Innate Behavior. II. Relative Effects of Partial Decortication in Adulthood and Infancy upon the Maternal Behavior of the Primiparous Rat. J. Gen. Psychol., 53, 108–148
– (1940): Effects of Cortical Lesions upon the Copulatory Behavior of Male Rats. J. Comp. Physiol. Psychol., 29, 193–245
– (1942): Comparison of Copulatory Behavior of Male Rats Raised in Isolation, Cohabitation and Segregation. J. Gen. Psychol., 60, 121–136
– (1947): Evolutionary Changes in the Physiological Control of Mating Behavior in Mammals. Psych. Rev., 54, 297–315
– (1948): Hormones and Behavior. New York (Hoeber)
– (1958): Normal Sexual Behavior in Male Rats Isolated at Fourteen Days of Age. J. Comp. Physiol. Psychol., 51, 37–42
Beauchamp, G. K., Yamazaki, K. und Boyse, E. A. (1985): The Chemosensory Recognition of Genetic Individuality. Scient. Amer., 253, 66–72
Bechterew, W. (1913): Objektive Psychologie oder Psychoreflexologie. Leipzig
– (1926): Reflexologie des Menschen. Leipzig/Wien
Becker, G. (1965): Zur Magnetfeldorientierung von Dipteren. Z. vergl. Physiol., 51, 135–150
Becker, P. H. (1978): Sumpfmeise lernt künstliche Gesangsstrophe vom Tonband und tradiert sie. Naturwiss., 65, 338
Beebe, W. (1953): A Contribution to the Life History of the Euchromid Moth *Aethria carnicauda* Butler. Zoologica, 38, 155–160
Bekoff, A. (1976): Ontogeny of Leg Motor Output in the Chick Embryo: A Neural Analysis. Brain Res., 97, 127–142
Bellows, R. T. (1939): Time Factors in Water Drinking in Dogs. Am. J. Physiol., 125, 87–97
Benedict, R. (1934): Patterns of Culture. Boston/New York (Houghton Mifflin Co.)
– (1955): Urformen der Kultur. Rowohlts Dtsche. Enzykl., 7, Hamburg (Rowohlt)
Benson, C. W. (1948): Geographical Voice Variation in African Birds. Ibis, 90, 48–71
Bentley, D. R. (1969): Intracellular Activity in the Cricket Neurons during the Generation of Song Patterns. Z. vergl. Physiol., 62, 277–283
– (1971): Genetic Control of an Insect Neuronal Network. Science, 174, 1139–1141
Bentley, D. R. und Hoy, R. R. (1972): Genetic Control of the Neuronal Network Generating Cricket *(Telegryllus gryllus)* Song Patterns. Anim. Behav., 20, 478–492
Benzer, S. (1971): From the Gene to Behavior. J. Am. Med. Ass., 218, 1015–1022
– (1973): Genetic Dissection of Behavior. Scient. Americ., 229, 2–15
Berkowitz, L. (1962): Aggression. A Social Psychological Analysis. New York/London (McGraw-Hill)
Berman, C. M. (1983): Early Differences in Relationship between Infants and other Group Members based on the Mother's Status: their Possible Relationships to Peer-Peer Rank Acquisition. In: R. A. Hinde (ed.): Primate Social Relationship. Oxford/London/Edinburgh/Boston/Melbourne (Blackwell Scient. Publ.), 154–156
Bernstein, I. (1968): The Lutong of Kuala Selangor. Behaviour, 32, 1–16
Berthold, P. (1978): Circannuale Rhythmik: Freilaufende selbsterregte Periodik mit lebenslanger Wirksamkeit bei Vögeln. Naturwiss., 65, 546

– (1979): Innere Jahreskalender – Grundlage der Orientierung bei Tieren. Biologie in unserer Zeit, 9, 1–8
– (1984): The endogenous control of bird migration: A survey of experimental evidence. Bird Study, 31, 19–27
BERTHOLD, P. und QUERNER, U. (1981): Genetic Basis of Migratory Behavior in European Warblers. Science, 212, 77–79
BERTRAM, B. C. R. (1976): Kin Selection in Lions and in Evolution. In: Growing Points in Ethology. Cambridge (Cambridge Univ. Press)
BERTRAND, M. (1969): The Behavioral Repertoire of the Stumptail Macaque. Bibl. Primatol., 11, Basel/New York
BETHE, A. (1898): Dürfen wir den Ameisen und Bienen psychische Qualitäten zuschreiben? Pflüg. Arch., 70, 15–100
BIERENS DE HAAN, J. A. (1940): Die tierischen Instinkte und ihr Umbau durch Erfahrung. Leiden
BIGELOW, R. S. (1970): The Dawn Warriors: Man's Evolution Toward Peace. London (Hutchinson)
– (1971): Relevance of Ethology to Human Aggressiveness. Int. Soc. Sci. J., 23, 19–26
BIOCCA, E. (1970): Yanoama. The Narrative of a White Girl Kidnapped by Amazonian Indians. New York (Dutton)
BIRCH, H. G. (1945): The Relation of Previous Experience to Insightful Problem-Solving. J. Comp. Physiol. Psychol., 38, 367–383
BIRDWHISTELL, R. L. (1963): The Kinesis Level in the Investigation of the Emotions. In: KNAPP, P. H. (ed.): Expressions of the Emotions in Man. New York (Int. Univ. Press), 123–139
– (1968): Communication Without Words. In: ALEXANDRE, P. (ed.): L'Aventure Humaine. Encycl. Sci. de l'Homme (Paris), 5, 157–166
– (1970): Kinesics and Context. Philadelphia (Univ. Pennsylv. Press)
BIRKET-SMITH, K. (1948): Die Eskimos. Zürich (Orell Füssli)
BIRUKOW, G. (1953): Photogeomenotaxische Transpositionen bei *Geotrupes sylvaticus*. Rev. Suisse Zool., 60, 534–540
– (1956): Angeborene und erworbene Anteile relativ einfacher Verhaltenseinheiten. Zool. Anz. Suppl., 19, 32–48
BIRUKOW, G. und BUSCH, E. (1957): Lichtkompaßorientierung beim Wasserläufer *Velia currens* am Tage und zur Nachtzeit. Z. Tierpsychol., 14, 184–203
BISCHOF, N. (1966[a]): Psychophysik der Raumwahrnehmung. Handb. d. Psychol., 1 (1), Göttingen, 307–408
– (1966[b]): Stellungs-, Spannungs- und Lagewahrnehmung. Handb. d. Psychol., 1 (1), Göttingen, 409–497
– (1972[a]): The Biological Foundations of the Incest Taboo. Soc. Sci. Inform., 11 (6), 7–36
– (1972[b]): Inzuchtbarrieren in Säugetiersozietäten. Homo, 23, 330–351
– (1972[c]): Die biologischen Grundlagen des Inzesttabus. In: REINERT, G. (ed.): Bericht über den 27. Kongreß der Deutschen Ges. für Psychologie, Kiel 1970. Göttingen (Verlag f. Psychologie)
– (1981): Aristoteles , Galilei, Kurt Lewin – und die Folgen. In: W. MICHAELIS (ed.): Bericht über den 32. Kongreß der Deutschen Gesellschaft für Psychologie in Zürich 1980. Göttingen (Verlag für Psychologie), 17–39
– (1985): Das Rätsel Ödipus. Die biologischen Wurzeln des Urkonfliktes von Intimität und Autonomie. München (Piper)
BISCHOFF, H. (1927): Biologie der Hymenopteren. Biol. Stud. Bücher. Berlin (Springer)

Bittermann, M. E. (1965): The Evolution of Intelligence. Scient. Americ., 212, 92–100
Blair, W. F. (1957[a]): Mating Call and Relationship of *Bufo hemiophrys*. Texas J. Sci., 9, 99–108
– (1957[b]): Structure of the Call and Relationship of *Bufo microscaphus*. Copeia, 208–212
– (1958): Structure and Species Groups in US Tree Frogs *(Hyla)*. The Southwestern Naturalist, 3, 77–89
Blanchard, R. J., Blanchard, D. C., Takahashi, T. und Kelley, M. J. (1977): Attack and Defensive Behaviours in the Albino Rat. Anim. Behav., 25, 622–634
Blakemore, C. und Cooper, G. F. (1970): Development of the Brain Depends on the Visual Environment. Nature, 228, 477
Blakemore, C. und Mitchell, D. E. (1973): Environmental Modification of the Visual Cortex and the Neural Basis of Learning and Memory. Nature, 241, 467–468
Blauvelt, H. (1964): Dynamics of the Mother-Newborn Relationship in Goats. Group Proc. Josiah Macy Jr. Found. New York, 221–258
Bleckmann, H. und Barth, F. G. (1984): Sensory ecology of a semi-aquatic spider (*Dolomedes triton*). Behav. Ecology and Sociobiol., 14, 303–312
Bleek, D. F. (1930): Rock-Paintings in South Africa. London (Methuen)
Blest, A. D. (1957): The Function of Eye-Spot Patterns in the Lepidoptera. Behaviour, 11, 209–255
– (1960): The Evolution Ontogeny and Quantitative Control of Settling Movements of some New World Saturnid Moths, with some Comments on Distance Communication by Honey-Bees. Behaviour, 16, 188–253
– (1966): Learning, Instinct and Evolution. Nature, 212, 564
Blodgett, H. C. (1929): The Effect of the Introduction of Reward upon Maze Performance of Rats. Univ. Calif. Publ. Psychol., 4, 113–134
Blösch, M. (1965): Untersuchungen über das Zusammenleben von Korallenfischen *(Amphiprion)* mit Seeanemonen. Diss. Univ. Erlangen
Blurton Jones, N. G. (1968): Observations and Experiments on Causation of Threat Displays of the Great Tit *(Parus major)*. Anim. Behav. Monogr., 1, 2, 75–158
– (1972): Ethological Studies of Child Behaviour. Cambridge (Univ. Press)
– (1976): Growing Points in Human Ethology: another Link between Ethology and the Social Sciences? In: Bateson, P. P. G. und Hinde, R. A. (eds.): Growing Points in Ethology. London (Cambridge Press), 427–450
Bodmer, W. F. und Cavalli-Sforza, L. L. (1970): Intelligence and Race. Sci. Am., 223 (4), 19–29
Böker, H. (1935, 1937): Einführung in die vergleichende biologische Anatomie der Wirbeltiere. Jena (Band 1 und 2)
Bogert, C. M. (1961): The Influence of Sound on the Behavior of Amphibians and Reptiles. In: Lanyon, W. E. und Tavolga, W. N. (eds.): Animal Sounds and Communication. Washington, 137–320
Boggess, J. (1984): Infant killing and male reproductive strategies in langurs *(Presbytis entellus)*. In: Hausfater, G. und Hrdy, S. B. (eds.): Infanticide. Hawthorne/N. Y. (Aldine), 283–310
Bohannan, P. (1967): Law and Warfare. New York (Nat. Hist. Press)
Bolwig, N. (1964): Facial Expression in Primates with Remarks on Parallel Development in Certain Carnivores. Behaviour, 22, 167–192
Bond, J. und Vinacke, W. (1961): Coalitions in Mixed-sex Triads. Sociometry, 24, 61–75

BONNER, J. (1964): The Molecular Biology of Memory-Summary of the Symposium on the Role of Macromolecules in Complex Behavior. Kansas State University, 89–95
BOOTH, A. (1972): Reply to Tiger. Am. Soc. Rev., 37, 637
BOPP, P. (1954): Schwanzfunktionen bei Wirbeltieren. Rev. Suisse Zool., 61, 83–151
BOPPRÉ, M. (1977): Pheromonbiologie am Beispiel der Monarchfalter (Danaidae). Biologie in unserer Zeit, 7 (6)
BORELL DU VERNAY, W. v. (1942): Assoziationsbildung und Sensibilisierung bei *Tenebrio*. Z. vergl. Physiol., 30, 84–116
BOURLIERE, F. (1950): Classification et caractéristiques des principaux types de groupements sociaux chez les vertébrés sauvages. Coll. Int. Centre Nat. Rech. Sci., 34, 71–79
– (1955): The Natural History of Mammals. London (G. Harrap)
BOURLIERE, F., BERTRAND, M. und HUNKELER, C. (1969): L'écologie de la mone de lowe *(Cercopithecus campbelli lowei)* en Côte d'Ivoire. La Terre et la Vie, 2, 135–163
BOWER, T. G. (1966): Slant Perception and Shape Constancy in Infants. Science, 151, 832–834
– (1971): The Object in the World of the Infant. Scient. Americ., 225 (4), 30–38
– (1977): A Primer of Infant Development. San Francisco (Freeman)
BOWLBY, J. (1952): Maternal Care and Mental Health. World Health Organization, Monogr. Ser., 2
– (1958): The Nature of the Child's Tie to his Mother. Int. J. Psychoanalysis, 39, 350–373
– (1969): Attachment and Loss. Vol. 1. Attachment. The Int. Psycho-Analytical Library, 79. London (Hogarth Press)
BOWMAN, R. I. und BILLEB, S. C. (1965): Blood Eating in a Galápagos Finch. The Living Bird, 10, 243–270
BOYCOTT, B. (1965): Learning in the Octopus. Scient. Americ., 212 (3), 42–50
BRAEMER, W. (1960): A Critical Review of the Sun-Azimuth Hypothesis. Cold Spring Harbor Symp. on Quant. Biol., 25, 413–427
BRAUM, E. (1963): Die ersten Beutefanghandlungen junger Blaufelchen *(Coregonus wartmanni* Bloch) und Hechte *(Esox lucius* L.). Z. Tierpsychol., 20, 257–266
BRELAND, K. und BRELAND, M. (1961): The Misbehavior of Organisms. American Psychol., 16, 681–684
– (1966): Animal Behavior. New York (Macmillan)
BRESSON, F. (1976): Inferences from Animals to Man: Identifying Behaviour and Identifying Functions. In: CRANACH, M. v. (ed.): Methods of Inferences from Animal to Human Behaviour. Paris (Mouton)/Chicago (Aldine), 319–342
BROCK, F. (1927): Das Verhalten des Einsiedlerkrebses *Pagurus arrosor* während des Aufsuchens, Ablösens und Aufpflanzens seiner Seerose *Sagartia parasitica*. Roux Arch. Entw. mech., 112, 204–238
BRODIE, E. D. jr. und BRODIE, E. D. III (1980): Differential Avoidance of Mimetic Salamanders by Free-Ranging Birds. Science, 208, 181–182
BROWER, L. P. und ZANDT-BROWER, J. van (1962): Investigations into Mimicry. Nat. Hist., 71, 8–19
BROWN, A. W. A. und WEBB, H. M. (1960): A »compass-direction effect« for Snails in Constant Conditions and its Lunar Modulation. Biol. Bull., 119, 307
BROWN, F. A. jr. (1965): A Unified Theory for Biological Rhythms: Rhythmic Duplicity and Genesis of »circa« Periodisms. In: ASCHOFF, J. (ed.): Circadian Clocks. Amsterdam (North Holl. Publ. Co.), 231–261

Brown, J. L. (1964): Goals and Terminology in Ethological Motivation Research. Anim. Behav., 12, 538–541
Brown, R. (1970): The first Sentences of Child and Chimpanzee. In: Brown, R. (ed.): Selected Psycholinguistic Papers. New York (Macmillan)
Brown, R. E. and D. W. Macdonald (1985): Social Odours in Mammals. Oxford (Clarendon Press)
– (1979): Mammalian Social Odours: A critical Review. Advances in the Study of Behavior, Vol. 10
Brown, T. G. (1911): The Intrinsic Factors in the Act of Progression in the Mammal. Proc. Roy. Soc. B., 84, 308–319
– (1914): On the Nature of the Fundamental Activity of the Nervous Centres; Together with an Analysis of the Conditioning of Rhythmic Activity in Progression, and a Theory of the Evolution of Function in the Nervous System. J. Physiol., 48, 18–46
Brownlee, F. (1943): The Social Organization of the Kung (!Un) Bushmen of the North-Western Kalahari. Africa, 14, 124–129
Bruce, H. M. (1961): Time Relations in the Pregnancy-Block Induced in Mice by Strange Males. J. Reprod. a. Fertilis., 2, 138
Bruhin, H. (1953): Zur Biologie der Stirnaufsätze bei Huftieren. Physiol. Comp. Oecol., 3, 63–92, 93–127
Bryant, R. C., Santos, N. N. und Byrne, W. L. (1972): Synthetic Scotophobin in Goldfish: Specificity and Effect on Learning. Science, 177, 635–636
Bubenik, A. B. (1968): The Significance of the Antlers in the Social Life of the Cervidae. Deer, 1, 208–214
Buddenbrock, W. v. (1952): Vergleichende Physiologie, 1. Basel (Birkhäuser)
Buechner, H. K. (1961): Territorial Behavior in the Uganda Kob. Science, 133, 698–699
Bürger, M. (1959): Eine vergleichende Untersuchung über Putzbewegungen bei *Lagomorpha* und *Rodentia*. Der Zool. Garten (N. F.), 24, 434–506
Bullock, T. H. (1953): Predator Recognition and Escape Responses of some Intertidal Gastropods in the Presence of Starfish. Behaviour, 5, 130–140
– (1961): The Origins of Patterned Nervous Discharge. Behaviour, 17, 48–59
– (1962): Integration and Rhythmicity in Neural Systems. Am. Zool., 2, 97–104
Bullock, T. H. und Horridge, G. A. (1965): Structure and Function in the Nervous System of Invertebrates. I. und II. San Francisco (W. H. Freeman)
Burghardt, G. M. (1966): Stimulus Control of the Prey Attack Response in Naive Garter Snakes. Psychol. Sci., 4, 37–38
– (1970): Intraspecific geographical Variation in chemical Food Cue Preferences of Newborn Garter Snakes *(Thamnophis sirtalis)*. Behaviour, 36, 246–257
– (1975): Chemical Prey Preferences Polymorphism in Newborn Garter Snakes *Thamnophis sirtalis*. Behaviour, 52, 202–225
Burghardt, G. M. und Hess, E. H. (1966): Food Imprinting in the Snapping Turtle *Chelydra serpentina*. Science, 151, 108–109
Burkhardt, D. (1958): Kindliches Verhalten als Ausdrucksbewegungen im Fortpflanzungszeremoniell einiger Wiederkäuer. Rev. Suisse Zool., 65, 311–316
– (1960): Die Eigenschaften und Funktionstypen der Sinnesorgane. Erg. Biol., 22, 226–267
– (1961): Allgemeine Sinnesphysiologie und Elektrophysiologie der Rezeptoren. Fortschr. d. Zool., 13, 146–189
Burkhardt, D., Schleidt, W. und Altner, H. (1966): Signale in der Tierwelt. Vom Vorsprung der Natur. München (Moos Verlag)

BUSNEL, R.-G. (1956): Étude de l'un des caractères physiques essentiels des signaux acoustiques réactogénes artificiels sur les Orthoptères et d'autres groupes d'Insectes. Insectes Sociaux, 3, 11–16

– (1964): Acoustic Behaviour of Animals. Amsterdam/London (Elsevier)

BUSNEL, R.-G., DUMORTIER, B. und BUSNEL, M. C. (1956): Recherches sur le comportement acoustique des Ephippigères. Bull. Biol., 3, 221–286

BUSNEL, R.-G. und LOHER, W. (1961): Déclenchement de phonorésponses chez *Chorthippus brunneus* Thunberg (Acridinae). Acustica, 11, 65–70

BUSSE, K. (1977): Prägungsbedingte akustische Arterkennungsfähigkeit der Küken der Flußseeschwalben und Küstenseeschwalben *Sterna hirundo* L. und *S. paradisea* Pont. Z. Tierpsychol., 44, 154–161

BUTENANDT, A. (1955): Über Wirkstoffe des Insektenreiches. II. Zur Kenntnis der Sexuallockstoffe. Naturwiss. Rundschau, 12, 457–464

BUTENANDT, A., BECKMANN, R., STAMM, D. und HECKER, E. (1959): Über den Sexuallockstoff des Seidenspinners *Bombyx mori.* Reindarstellung und Konstitution. Z. Naturforsch., 143, 283–284

BUTLER, R. A. (1953): Discrimination Learning by Rhesus Monkeys to Visual Exploration Motivation. J. Comp. Physiol. Psychol., 46, 95–98

BUYTENDIJK, F. J. J. (1933): Wesen und Sinn des Spieles. Berlin

– (1940): Wege zum Verständnis der Tiere. Zürich

BYRNE, W. L. (ed.) (1970): Molecular Approaches to Learning and Memory. London (Academic Press)

BYRNE, W. L. und Mitarbeiter (1966): Memory Transfer. Science, 153, 658–659

BYRNE, W. L. und SAMUEL, D. (1966): Behavioral Modification by Injection of Brain Extract prepared from a Trained Donor. Science, 154, 418

CADE, W. (1975): Acoustically Orienting Parasitoids: Fly Phonotaxis to Cricket Song. Science, 190, 1312–1313

CALDWELL, R. L. und DINGLE, H. (1973): Ecology and Evolution of Agonistic Behavior in Stomatopods. Die Naturwiss., 62, 214–222

– (1976): Stomatopods. Scient. Americ., 234, 81–89

CALHOUN, J. B. (1962): Population Density and Social Pathology. Scient. Americ., 206 (2), 139–148

CAPRANICA, R. R. und ROSE, G. (1983): Frequency and Temporal Processing in the Auditory System of Anurans. In: HUBER, F. und MARKL, H. (eds.): Neuroethology and Behavioral Physiology. Berlin (Springer), 136–153

CARMICHAEL, L. (1926): The Development of Behavior in Vertebrates Experimentally Removed from the Influence of External Stimulation. Psychol. Rev., 33, 51–58

– (1927): A Further Study of the Development of the Behavior of Vertebrates Experimentally Removed from the Influence of External Stimulation. Psychol. Rev., 34, 34–47

– (1928): A Further Experimental Study of the Development of Behavior. Psychol. Rev., 35, 253–260

CARPENTER, C. R. (1940): A Field Study in Siam of the Behavior and Social Relations of the Gibbon *(Hylobates lar).* Comp. Psychol. Monogr., 16, 1–212

– (1942): Societies of Monkeys and Apes. Biol. Symp., 8, 177–204

– (1965): The Howlers of Barro Colorado Island. In: DEVORE, I.: Primate Behavior. New York (Holt, Rinehart and Winston), 250–291

CARR, A. (1965): The Navigation of the Green Turtle. Scient. Americ., 212 (5), 78–86

CARTHY, J. D. (1956): Animal Navigation. How Animals Find their Way about. London (G. Allen and Unwin Ltd.)
CASPARI, E. (1964): Behavior Genetics. Am. Zool., 4, 95–99
CASPERS, H. (1961): Beobachtungen über Lebensraum und Schwärmperiodizität des Palolowurmes *Eunice viridis*. Int. Rev. Ges. Hydrobiol., 46, 175–183
CASTELL, R. und PLOOG, D. (1967): Zum Sozialverhalten der Totenkopf-Affen *(Saimiri sciureus)*. Auseinandersetzung zwischen zwei Kolonien. Z. Tierpsychol., 24, 625–641
CATCHPOLE, C. K. (1980): Sexual selection and the evolution warblers of the genus *Acrocephalus*. Behaviour, 74, 149–166
CHAGNON, N. A. (1968): Yanomamö. The Fierce People. New York (Holt, Rinehart and Winston)
CHALMERS, N. (1967): Behaviour of the Black Mangabey. Ph. D. Thesis, University of Cambridge
– (1968): Group Composition, Ecology and Daily Activities of Free Living Mangabeys in Uganda. Folia primat., 8, 247–262
CHANCE, M. R. A. (1956): Social Structure of a Colony of *Macaca mulatta*. Brit. J. Anim. Behav., 4, 1–13
– (1963): The Social Bond in Primates. Primates, 4, 1–22
– (1967): Attention Structures as the Basis of Primate Rank Orders. Man, N. S., 2, 503–518
CHANCE, M. R. A. und JOLLY, C. J. (1970): Social Groups of Monkeys, Apes and Men. New York (Dutton)/London (Cape)
CHANCE, M. R. A. und LARSEN, R. R. (eds.) (1976): The Social Structure of Attention. London (Wiley)
CHANCE, M. R. A. und RUSSELL, W. M. S. (1959): Protean Displays: a Form of Allaesthetic Behaviour. Proc. Zool. Soc. London, 132, 65–70
CHAUVIN, R. (1952): L'effet de groupe. Structure et physiologie des sociétés animales. Coll. Int. Centre Nat. Rech. Sci., 34, 81–97
CHIVERS, D. J. (1971): The Malayan Siamang. Malay Nat. J., 24, 78–86
CHMURZYNSKI, I. A. (1967): On the Role of Relations between Landmarks and the Nest-Hole in the Proximate Orientation of Female *Bembex rostrata* (L.). Acta Biol. Exper. (Warsaw), 27, 221–254
CHOMSKY, N. (1970): Sprache und Geist. Frankfurt (Suhrkamp Verlag)
CHRISTIAN, J. J. (1959): The Roles of Endocrine and Behavioral Factors in the Growth of Mammalian Populations. In: GORBMAN, A. (ed.): Comparative Endocrinology. New York (Wiley), 71–97
– (1960): Factors in Mass Mortality of a Herd of Sika Deer *(Cervus hippon)*. Chesapeake Science, 1, 79–95
– (1963): Endocrine Adaptive Mechanisms and the Physiologic Regulation of Population Growth. In: MEYER, M. V. und GELDER, R. VAN (eds.): Physiological Mammalogy, 1, London (Academic Press), 189–353
CLARK, E., ARONSON, L. R. und GORDON, M. (1954): Mating Behavior Patterns in Two Sympatric Species of Xiphophorin Fishes: Their Inheritance and Significance in Sexual Isolation. Bull. Am. Mus. Nat. Hist., 103, 135–226
CLAUSEN, C. P. (1940): Entomophagus Insects. New York (McCraw-Hill Book)
COGHILL, G. E. (1929): Anatomy and the Problem of Behaviour. Cambridge (Univ. Press)
COMFORT, A. (1971): Likelihood of Human Pheromones. Nature, 230, 432
COOK, J. (1784): A Voyage to the Pacific Ocean (1776–1780). London (C. J. KING, ed.)

CORNING, W. C. und JOHN, E. R. (1961): Effect of Ribonuclease on Retention of Conditioned Response in Regenerating Planaria. Science, 134, 3487, 1363 bis 1365
COSS, R. G. (1965): Mood Provoking Visual Stimuli, their Origins and Applications. Industrial Design Graduate Program Los Angeles. The Regents of the University of California
– (1968): The Ethological Command in Art. Leonardo I. Pergamon Press, Great Britain, 273–287
– (1970): The Perceptional Aspects of Eye-Spot. In: HUTT, S. J. und HUTT, C. (eds.): Behavior Studies in Psychiatry. New York/Oxford (Pergamon Press), 121–147
– (1972): Eye-Like Schemata: Their Effect on Behavior. Thesis Dept. Psychology, Univ. of Reading
COTT, H. B. (1957): Adaptive Coloration in Animals. London (Methuen)
COURCHESNE, E. und BARLOW, G. W. (1971): Effect of Isolation on Components of Aggressive and Other Behavior in the Hermit Crab, *Pagurus samuelis*. Z. vergl. Physiol., 75, 32–48
COWLES, J. T. (1937): Food-Tokens as Incentives for Learning by Chimpanzees. Comp. Psychol. Monogr., 14, 1–96
CRAIG, W. (1918): Appetites and Aversions as Constituents of Instincts. Biol. Bull. Woods Hole, 34, 91–107
– (1928): Why Do Animals Fight? Int. J. Ethics, 31, 264–278
CRANACH, M. v. (1971): Über die Signalfunktion des Blickes. Soziale Theorie und Soziale Praxis, Festschrift Baumgarten. Meisenheim (A. Hain)
CRANACH, M. v. (ed.) (1976): Methods of Inference from Animal to Human Behaviour. Paris (Mouton)/Chicago (Aldine)
CRANACH, M. v. und VINE, I. (eds.) (1973): Social Communication and Movement. London (Academic Press)
CRANE, J. (1943): Display, Breeding and Relationship of the Fiddler Crabs *(Brachyura* Genus Uca). Zoologica, 28, 217–223
– (1949): Comparative Biology of Salticid Spiders at Rancho Grande, Venezuela. IV. An Analysis of Display. Zoologica, 34, 159–214
– (1952): A Comparative Study of Innate Defensive Behavior of Trinidad Mantids. Zoologica, 37, 259–293
– (1957): Basic Patterns of Display in Fiddler Crabs. Zoologica, 42, 69–82
– (1966): Combat, Display and Ritualisation in Fiddler Crabs. Philos. Trans. Roy. Soc. London B, 251, 459–472
CRAWFORD, M. P. (1937): The Cooperative Solving of Problems by Young Chimpanzees. Comp. Psychol. Monogr., 14 (2)
CREUTZBERG, F. (1961): On the Orientation of Migrating Elvers *(Anguilla vulgaris)* in a Tidal Area. Neth. J. Sea Res., 1, 257–338
CRISLER, L. (1962): Wir heulten mit den Wölfen. München (dtv), 75
CROOK, J. H. (1966): Gelada Baboon Herd Structure and Movement: a Comparative Report. Symp. Zool. Soc. Lond., 18, 237–258
– (1970): Social Behaviour in Birds and Mammals. London/New York (Academic Press)
CULLEN, E. (1957): Adaptations in the Kittiwake to Cliffnesting. Ibis, 99, 275–302
– (1960): Experiments on the Effects of Social Isolation on Reproductive Behaviour in the Three-Spined Stickleback. Anim. Beh., 8, 235
CUNNING, D. C. (1968): Warning Sounds of Moths. Z. Tierpsychol., 25, 129–138
CURIO, E. (1960): Ontogenese und Phylogenese einiger Triebäußerungen von Fliegenschnäppern. J. Ornith., 101, 291–309

– (1961): Versuche zur Spezifität des Feinderkennens durch Trauerschnäpper. Experientia, 17, 516
– (1963): Probleme des Feinderkennens bei Vögeln. Proc. 13th Int. Ornith. Congr., 206–239
– (1965[a]): Die Schlangenmimikry einer südamerikanischen Schwärmerraupe. Natur u. Mus., 95, 207–211
– (1965[b]): Zur geographischen Variation des Feinderkennens einiger Darwinfinken *(Geospizidae)*. Zool. Anz. Suppl., 28, 466–492
– (1966[a]): Die Schutzanpassungen dreier Raupen eines Schwärmers *(Lepidopt., Sphingidae)* auf Galápagos. Zool. Jb. Syst., 91, 1–29
– (1966[b]): Färbung und Ruheverhalten dreier Raupenformen eines Schwärmers. Umschau, 14, 475
– (1966[c]): Wie Insekten ihre Feinde abwehren. n+m (Naturwiss. und Med.), 3 (11), 3–21
– (1970[a]): Die Messung des Selektionswertes einer Verhaltensweise. Verhandl. Deutsch. Zool. Gesellsch., 64, 348–352
– (1970[b]): Die Selektion dreier Raupenformen eines Schwärmers (Lepidopt., Sphingidae) durch einen Anolis (Rept., Iguanidae). Z. Tierpsychol., 27, 899–914
– (1973): Towards a Methodology of Teleonomy. Experientia, 29, 1045–1058
– (1976): The Ethology of Predation. Berlin (Springer)
– (1978): The Adaptive Significance of Avian Mobbing. I. Teleonomic Hypotheses and Predictions. Z. Tierpsychol., 48, 175–183
CUSHING, J. E. (1941): An Experiment on Olfactory Conditioning in *Drosophila guttifera*. Proc. Nat. Acad. Sci., 27, 296–299
CUTTING, J. E. und ROSNER, B. (1974): Categories and Boundaries in Speech and Music. Perception and Psychophysics, 16, 564–570

DAANJE, A. (1950): On the Locomotory Movements in Birds and the Intention Movements Derived from it. Behaviour, 3, 48–98
DANE, B. und VAN DER KLOOT, W. G. (1964): An Analysis of the Display of the Goldeneye Duck *(Bucephala clangula* L.*)*. Behaviour, 22, 282–328
DARCY, G. H., MAISEL, E. und OGDEN, J. C. (1974): Cleaning Preferences of the Gobies *Gobiosoma evelynae* and *G. prochilos* and the Juvenile Wrasse *Thalassoma bifasciatum*. Copeia, 2, 375–379
DARLING, F. Fraser (1937): A Herd of Red Deer. Oxford (Univ. Press)
DART, R. A. (1957): The Osteodontokeric Culture of *Australopithecus prometheus*. Transvaal. Mus. Mem., 10
DARWIN, CH. (1872): The Expression of Emotions in Man and Animals. London (Murray)
– (1875): Die Abstammung des Menschen, Bd. 1 (Ausgabe V. v. CARUS, Gesammelte Werke, Bd. 5). Stuttgart (Schweizerbart)
– (1881): Das Bewegungsvermögen der Pflanzen. Übers. V. v. CARUS. Stuttgart
DATHE, H. (1964): Zur Körperpflege der Tiere in freier Wildbahn und Gefangenschaft. Wiss. u. kult. Mitt. Tierpark Berlin, 1, 349–383
DATTA, S. B. (1983): Relative Power and the Maintenance of Dominance. In: HINDE, R. A. (ed.): Primate Social Relationship. Oxford/London/Edinburgh/Boston/Melbourne (Blackwell Scientif. Public.), 103–112
DAVENPORT, D. (1955): Specificity and Behavior in Symbioses. Quart. Rev. Biol., 30, 29–46
– (1966): The Experimental Analysis of Behavior in Symbiosis. In: HENRY, S. M. (ed.): Symbiosis I., New York/London (Acad. Press), 381–429

Davenport, D. und Norris, K. (1958): Observations on the Symbiosis of the Sea Anemone *Stoichactis* and the Pomacentrid Fish *Amphiprion percula*. Biol. Bull., 115, 397–410

Davenport, D., Ross, D. M. und Sutton, L. (1961): The Remote Control of Nematocyst Discharge in the Attachment of *Calliactis parasitica* to Shells of Hermit Crabs. Vie et Milieu, 12, 197–209

David, F. A., Bronfenbrenner, U., Hess, E. H., Miller, D. R., Schneider, D. M. und Spuhler, J. N. (1963): The Incest Taboo and the Mating Patterns of Animals. Am. Anthropologist, 65, 253–265

Davis, D. E. (1962): The Phylogeny of Gangs. In: Bliss, E. (ed.): Roots of Behavior. New York (Harper)

Dawkins, R. (1968): The Ontogeny of a Pecking Preference in Domestic Chicks. Z. Tierpsychol., 25, 170–186

– (1976[a]): Hierarchical Organization: a Candidate Principle for Ethology. In: Bateson, P. P. G. und Hinde, R. A. (eds.): Growing points in ethology. London (Cambridge Univ. Press), 7–54

– (1976[b]): The Selfish Gene. London (Oxford Univ. Press)

Dawkins, R. und Krebs, J. R. (1981): Signale der Tiere: Information oder Manipulation? In: Krebs, J. R. und Davies N. B. (eds.): Öko-Ethologie. Berlin (Paul Parey), 222–242

Deag, J. M. und Crook, J. H. (1971): Social Behaviour and »Agonistic Buffering« in the Wild Barbary Macaque *Macaca sylvana* L. Folia primat., 15, 183–200

Dearden, J. (1974): Sex-linked Differences of Political Behavior: An Investigation of Their Possibly Innate Origins, Soc. Sci. Inform., 13, 19–25

Deegener, P. (1918): Die Formen der Vergesellschaftung im Tierreiche. Leipzig

Delcomyn, F. (1980): Neural Basis of Rhythmic Behavior in Animals. Science, 210, 492–498

Delgado, J. M. R. (1967): Aggression and Defense under Cerebral Radio Control. Ucla Forum in Med. Sci., 7, 171–193. In: Clemente, C. D. und Lindsley, D. B. (eds.): Aggression and Defense. Berkeley/Los Angeles (Univ. California Press)

Dennis, W. (1960): Causes of Retardation among Institutional Children: Iran. J. genet. Psychol., 96, 47–59

Dethier, V. G. (1957): Communication by Insects: Physiology of Dancing. Science, 125, 331–336

Dethier, V. G. und Bodenstein, D. (1958): Hunger in the Butterfly. Z. Tierpsychol., 15, 129–140

DeVore, I. (1965): Primate Behavior. Field Studies of Monkeys and Apes. New York/London (Holt, Rinehart and Winston)

DeVore, I. und Hall, K. R. L. (1965): Baboon Ecology. In: DeVore, I. (ed.): Primate Behavior. New York/London (Holt, Rinehart and Winston), 20–53

DeVore, I. und Washburn, S. L. (1963): Baboon Ecology and Human Evolution. In: Howell, C. und Bourliere, F. (eds.): African Ecology and Human Evolution. Chicago/London

Diamond, M. (1965): A Critical Evaluation of the Ontogeny of Human Sexual Behavior. Quart. Rev. Biol., 40, 147–175

– (1967): Genetic-Endocrine Interactions and Human Psychosexuality. In: Diamond, M. (ed.): Reproduction and Sexual Behavior. Bloomington (Indiana Univ. Press), 417–443

Diebschlag, E. (1940): Psychologische Beobachtungen über die Rangordnung bei der Haustaube. Z. Tierpsychol., 4, 173–188

Diesselhorst, G. (1965): Klasse *Aves*, Vögel. Handb. d. Biol., 6, 2, Frankfurt (Athenaion), 745–866

Dieterlen, F. (1959): Das Verhalten des syrischen Goldhamsters *(Mesocricetus auratus)*. Z. Tierpsychol., 16, 47–103

Dilger, W. C. (1960): The Comparative Ethology of the African Parrot Genus *Agapornis*. Z. Tierpsychol., 17, 649–685

– (1962): The Behavior of Lovebirds. Scient. Americ., 206 (1), 88–98

Divale, W. T. (1972): System Population Control in the Middle and Upper Palaeolithic: Inferences Based on Contemporary Hunter-Gatherers. World Archaeology, 4, 222–243

Doflein, F. (1905): Beobachtungen an Weberameisen. Biol. Zbl., 25, 497–507

Dollard, J., Doob, L., Miller, N., Mowrer, O. und Sears, R. (1939): Frustration and Aggression. Yale (New Haven)

Dollo, L. (1895): Sur la Phylogénie des Dipneustes. Bull. Soc. Belge de Géol., 9, 79–128

– (1909): Poissons Voiliers. Zool. Jahrb. System., 27, 419

Doty, R. L. (1976): Reproductive Endocrine Influences upon Human Nasal Chemoreception: A review. In: R. L. Doty (ed.): Mammalian Olfaction, Reproductive Processes and Behavior. New York/London (Academic Press), 295–321

Drees, O. (1952): Untersuchungen über die angeborenen Verhaltensweisen bei Springspinnen *(Salticidae)*. Z. Tierpsychol., 9, 169–207

Drummond, H. (1985): Towards a Standard Ethogram: Do Ethologists Really Want One? Z. Tierpsychol., 68, 338–339

Drummond, H. und Gordon, E. R. (1979): Luring in the Neonate Alligator Snapping Turtle *(Macroclemys temminckii)*: Description and Experimental Analysis. Z. Tierpsychol., 50, 136–152

Dührssen, A. (1960): Psychogene Erkrankungen bei Kindern und Jugendlichen. Verl. f. med. Psychol. Göttingen

Dumas, F. (1932): La mimique des aveugles. Bull. Acad. med., 107, 607–610

Dumotier, B. (1963): Ethological and Physical Study of Sound Emissions in Arthropoda. In: Busnel, R.-G. (ed.): Acoustic Behavior of Animals. Amsterdam (Elsevier)

Durham, W. H. (1976): Resource Competition and Human Aggression. Part 1: Primitive War. Quart. Rev. Biol., 51, 385–415

Eberhard, W. G. (1977): Aggressive Chemical Mimicry by a Bola Spider. Science, 198, 1173–1175

Ebhardt, H. (1958): Verhaltensweisen verschiedener Pferdeformen. Säugetierkdl. Mitt., 6, 1–9

Eccles, J. C. (1953): The Neurophysiological Basis of Mind: The Principles of Neurophysiology. London (Oxford Univ. Press)

Edwards, D. (1968): Mice: Fighting by Neonatally Androgenized Females. Science, 161, 127–128

Eibl-Eibesfeldt, I. (1949): Über das Vorkommen von Schreckstoffen bei Erdkrötenquappen. Experientia, 5, 236

– (1950[a]): Über die Jugendentwicklung des Verhaltens eines männlichen Dachses *(Meles meles* L.*)* unter besonderer Berücksichtigung des Spieles. Z. Tierpsychol., 7, 327–355

– (1950[b]): Ein Beitrag zur Paarungsbiologie der Erdkröte *(Bufo bufo* L.*)*. Behaviour, 2, 217–236
– (1950[c]): Beiträge zur Biologie der Haus- und der Ährenmaus nebst einigen Beobachtungen an anderen Nagern. Z. Tierpsychol., 7, 558–587
– (1951[a]): Nahrungserwerb und Beuteschema der Erdkröte *(Bufo bufo* L.*)*. Behaviour, 4, 1–35
– (1951[b]): Gefangenschaftsbeobachtungen an der persischen Wüstenmaus (*Meriones persicus* Blanford): Ein Beitrag zur vergleichenden Ethologie der Nager. Z. Tierpsychol., 8, 400–423
– (1951[c]): Zur Fortpflanzungsbiologie und Jugendentwicklung des Eichhörnchens. Z. Tierpsychol., 8, 370–400
– (1953[a]): Zur Ethologie des Hamsters *(Cricetus cricetus* L.*)*. Z. Tierpsychol., 10, 204–254
– (1953[b]): Vergleichende Studien an Ratten und Mäusen. Prakt. Desinfektor, 45, 166–168
– (1953[c]): Eine besondere Form des Duftmarkierens beim Riesengalago, *Galago crassicaudatus.* Säugetierkdl. Mitt., 1, 171–173
– (1953[d]): Ethologische Unterschiede zwischen Hausratte und Wanderratte. Zool. Anz. Suppl., 16, 169–180
– (1954): Paarungsbiologie der Anuren. Wiss. Film, C 628. Göttingen (Inst. wiss. Film)
– (1955[a]): Über Symbiosen, Parasitismus und andere zwischenartliche Beziehungen bei tropischen Meeresfischen. Z. Tierpsychol., 12, 203–219
– (1955[b]): Ethologische Studien am Galápagos-Seelöwen *Zalophus wollebaeki* Sivertsen. Z. Tierpsychol., 12, 286–303
– (1955[c]): Sexualverhalten und Eiablage beim Alpenmolch. Wiss. Film, C 698 und Beiheft. Göttingen (Inst. wiss. Film)
– (1955[d]): Der Kommentkampf der Meerechse (*Amblyrhynchus cristatus* Bell) nebst einigen Notizen zur Biologie dieser Art. Z. Tierpsychol., 12, 49–62 (siehe auch wiss. Film der Encycl. cinem., E 591. Göttingen [Inst. wiss. Film] 1964)
– (1955[e]): Biologie des Iltisses *(Putorius putorius)*. Wiss. Film C 697, Göttingen (Inst. wiss. Film)
– (1956[a]): Vergleichende Verhaltensstudien an Anuren. 2. Zur Paarungsbiologie der Gattungen *Bufo, Hyla, Rana* und *Pelobates*. Zool. Anz. Suppl., 19, 315–323
– (1956[b]): Einige Bemerkungen über den Ursprung von Ausdrucksbewegungen bei Säugetieren. Z. Säugetierkde., 21, 29–43
– (1956[c]): Zur Biologie des Iltis *(Putorius putorius* L.*)*. Zool. Anz. Suppl., 19, 304–314
– (1957[a]): Ausdrucksformen der Säugetiere. In: KÜKENTHAL: Handb. d. Zool., 8 (6), 1–26
– (1957[b]): *Rattus norvegicus*. Kampf I (erfahrener Männchen). Encycl. cinem., E 131. Kampf II (unerfahrener Männchen). Encycl. cinem., E 132. Göttingen (Inst. wiss. Film)
– (1958[a]): Das Verhalten der Nagetiere. In: KÜKENTHAL: Handb. d. Zool., 8 (10), 13, 1–88
– (1958[b]): Versuche über den Nestbau erfahrungsloser Ratten. Wiss. Film B 757, Göttingen (Inst. wiss. Film)
– (1959): Der Fisch *Aspidontus taeniatus* als Nachahmer des Putzers *Labroides dimidiatus.* Z. Tierpsychol., 16, 19–25
– (1960[a]): Beobachtungen und Versuche an Anemonenfischen der Malediven und der Nicobaren. Z. Tierpsychol., 17, 1–10

– (1960[b]): Naturschutzprobleme auf den Galápagos-Inseln. Acta Tropica, 17, 97 bis 137
– (1961[a]): The Interactions of Unlearned Behavior Patterns and Learning in Mammals. In: Delafresnaye, J. F. (ed.): Brain Mechanisms and Learning. Oxford (Blackwell), 53–73
– (1961[b]): The Fighting Behavior of Animals. Scient. Americ., 205 (6), 112–121
– (1961[c]): Eine Symbiose von Fischen *(Siphamia versicolor)* und Seeigeln. Z. Tierpsychol., 18, 56–59
– (1962[a]): Die Verhaltensentwicklung des Krallenfrosches *(Xenopus laevis)* und des Scheibenzünglers *(Discoglossus pictus)* unter besonderer Berücksichtigung der Beutefanghandlungen. Z. Tierpsychol., 19, 385–393
– (1962[b]): Freiwasserbeobachtungen zur Deutung des Schwarmverhaltens verschiedener Fische. Z. Tierpsychol., 19, 165–182
– (1963): Angeborenes und Erworbenes im Verhalten einiger Säuger. Z. Tierpsychol., 20, 705–754
– (1964[a]): *Tropidurus delanonis (Iguanidae).* Kommentkampf der Männchen. Encycl. cinem., E 609. Göttingen (Inst. wiss. Film)
– (1964[b]): Galápagos, die Arche Noah im Pazifik. 3. Aufl. München (Piper); Neuausgabe 1977; 7. Aufl. 1984
– (1964[c]): Im Reich der tausend Atolle. München (Piper)
– (1964[d]): *Geospiza fuliginosa* (Fringillidae). Säubern von Meerechsen. Encycl. Cinemat. E 576/1964. Göttingen, 327–329
– (1965[a]): *Amphiprion percula:* Kampfverhalten. Encycl. cinem., E 752. Publ. zu wiss. Filmen, 2 A. Göttingen (Inst. wiss. Film)
– (1965[b]): *Nannopterum harrisi (Phalacrocoracidae):* Brutablösung. Encycl. cinem., E 596. Publ. zu wiss. Filmen, 1 A, 303–306. Göttingen (Inst. wiss. Film)
– (1965[c]): Das Duftmarkieren des Igeltanreks (*Echinops telfairi* Martin). Z. Tierpsychol., 22, 810–812
– (1966[a]): Ethologie, die Biologie des Verhaltens. In: Gessner, F. und Bertalanffy, L. v. (eds.): Handbuch der Biologie, 2. Frankfurt (Athenaion), 341–559
– (1966[b]): *Dicranura vinula* – Feindabwehr. Encycl. cinem., E 973. Göttingen (Inst. wiss. Film)
– (1966[c]): Beobachtungen über das innerartliche Kampfverhalten der Kielschwanzleguane *(Tropidurus)* der Galápagos-Inseln. Z. Tierpsychol., 23, 672–676
– (1967): Concepts of Ethology and their Significance for the Study of Human Behavior. In: Stevenson, H. W. (ed.): Early Behavior, Comparative and Developmental Approaches. New York (Wiley), 127–146
– (1968): Zur Ethologie des menschlichen Grußverhaltens. I. Beobachtungen an Balinesen, Papuas und Samoanern nebst vergleichenden Bemerkungen. Z. Tierpsychol., 25, 727–744
– (1970[a]): Liebe und Haß. Zur Naturgeschichte elementarer Verhaltensweisen. München (Piper); Serie Piper 113 (1976); 12. Aufl. 1985
– (1970[b]): Männliche und weibliche Schutzamulette im modernen Japan. Homo, 21, 175–188
– (1971[a]): Zur Ethologie menschlichen Grußverhaltens. II. Das Grußverhalten und einige andere Muster freundlicher Kontaktaufnahme der Waika-Indianer (Yanoama). Z. Tierpsychol., 29, 196–213
– (1971[b]): Eine ethologische Interpretation des Palmfruchtfestes der Waika-Indianer (Yanoama) nebst einigen Bemerkungen über die bindende Funktion von Zwiegesprächen. Anthropos, 66, 767–778

– (1971[c]): Das Humanethologische Filmarchiv der Max-Planck-Gesellschaft. Homo, 22, 252–256
– (1971[d]): Transcultural Patterns of Ritualized Contact Behavior. In: ESSER, A. H. (ed.): Behavior and Environment. London (Plenum Press), 238–246
– (1972[a]): Die !Ko-Buschmanngesellschaft: Gruppenbindung und Aggressionskontrolle. Monographien zur Humanethologie 1. München (Piper)
– (1972[b]): Similarities and Differences between Cultures in Expressive Movements. In: ARGYLE, J. M. und HINDE, R. (eds.): Nonverbal Communication. London (Cambridge Univ. Press)
– (1973[a]): Der vorprogrammierte Mensch. Das Ererbte als bestimmender Faktor im menschlichen Verhalten. Wien (Molden); München (dtv 4177, 1976)
– (1973[b]): The Expressive Behavior of the Deaf-and-Blind Born. In: CRANACH, M. v. und VINE, I. (eds.): Social Communication and Movement. London (Academic Press), 163–194
– (1974[a]): The Myth of the Aggression-free Hunter and Gatherer Society. In: HOLLOWAY, R. (ed.): Primate Aggression, Territoriality and Xenophobia: A Comparative Perspective. London (Academic Press), 435–457
– (1974[b]): Phylogenetic Adaptation as Determinants of Aggressive Behavior in Man. In: DEWIT, J. und HARTUP, W. W. (eds.): Determinants and Origins of Aggressive Behavior. Paris (Mouton), 29–57
– (1974[c]): !Kung-Buschleute (Kungveld, Südwestafrika) – Geschwisterrivalität, Mutter-Kind-Interaktionen. Humanethol. Filmarchiv der Max-Planck-Gesellschaft HF 41. Homo, 24, 252–260
– (1974[d]): Zur Frage der Territorialität und Aggressivität bei Jägern und Sammlern. Anthropos, 69, 272–275
– (1974[e]): Medlpa (Mbowamb) – Neuguinea – Werberitual (Amb Kanant). Humanethol. Filmarchiv der Max-Planck-Gesellschaft HF 57–59. Homo, 25, 274–284
– (1974[f]): !Ko-Buschleute (Kalahari) – Trancetanz. Humanethol. Filmarchiv der Max-Planck-Gesellschaft HF 44–45. Homo, 24, 245–252
– (1975[a]): Krieg und Frieden aus der Sicht der Verhaltensforschung. München (Piper); 2. Aufl. 1986
– (1975[b]): Aggression in the !Ko-Bushmen. In: WILLIAMS, R. T. (ed.): Psychological Anthropology. Paris (Mouton), 317–331
– (1975[c]): Stammesgeschichtliche und kulturelle Anpassungen im menschlichen Verhalten. In: KURTH, G. und EIBL-EIBESFELDT, I. (eds.): Hominisation und Verhalten. Stuttgart (Fischer), 372–397
– (1975[d]): The Bushmen. In: GOODALL, V. (ed.): The Quest for Man. London (Phaidon Press Lim.), 171–186
– (1976[a]): Phylogenetic and Cultural Adaptation in Human Behavior. In: SERBAN, G. und KLING, A. (eds.): Animal Model in Human Psychobiology. New York (Plenum Publ. Corp.), 77–98
– (1976[b]): Menschenforschung auf neuen Wegen. Wien (Molden)
– (1977[a]): *Geospiza fuliginosa* (Fringillidae) – Putzsymbiose mit *Conolophus subcristatus* (Freilandaufnahmen). Encycl. Cinemat. Publ. wiss. Filmen, Sekt. Biol., Serie 10, Nr. 5, Film E 2283
– (1977[b]): Greeting in the Eipo. In: WURM, S. A. (ed.): New Guinea Area Language and Language Study: vol. III. Language, Culture, Society, the Modern World. Den Haag (Mouton)
– (1977[c]): The biological Unity of Mankind: Human Ethology, Concepts and Implications. Prospects, 7 (2), 163–183

– (1978[a]): Konrad Lorenz, Werk und Wirkung. In: STAMM, R. (ed.): Konrad Lorenz und die Folgen. Die Psychologie des 20. Jahrhunderts, Band 6. München (Kindler)
– (1978[b]): Der Mensch und seine Umwelt – ethologische Perspektiven. In: BUCHWALD, K. und ENGELHARDT, W. (eds.): Handbuch für Planung, Gestaltung und Schutz der menschlichen Umwelt. München (BLV), 102–115
– (1978[c]): Public Places in Society: Ethological Perspektives. Cultures, 5, 105–113. Paris (Unesco Press)
– (1979[a]): Ritual and Ritualisation from a Biological Perspective. In: M. v. CRANACH und Mitarbeiter (eds.): Human Ethology. Claims and Limits of a New Discipline. London/New York (Cambridge Univ. Press), 3–55
– (1979[b]): Human Ethology: Concepts and Implications for the Sciences of Man. The Behavioral and Brain Sciences, 2, 1–57
– (1979[c]): Elementare Interaktionsstrategien. In: HEINDRICHS, W. und RUMP, G. C. (eds.): Dialoge – Beiträge zur Interaktions- und Diskursanalyse. Hildesheim (Gerstenberg), 9–38
– (1982[a]): Patterns of Parent-Child Interaction in a Cross-Culture Perspective. In: OLIVERIO, A. und ZAPPELLA, M. (eds.): The Behaviour of Human Infants. London (Plenum Press), 177–217
– (1982[b]): Warfare, Man's Indoctrinability and Group Selection. Z. Tierpsychol., 60, 177–198
– (1982[c]): Interactionism, Content and Language in Human Ethology Studies. The Behavioral and Brain Sciences, 5, 2, 273–274
– (1984): Die Biologie des menschlichen Verhaltens. Grundriß der Humanethologie. München/Zürich (Piper); 2. Aufl. 1986
EIBL-EIBESFELDT, I. und E. (1967): Die Parasitenabwehr der Minima-Arbeiterinnen der Blattschneiderameise *Atta cephalotes*. Z. Tierpsychol., 24, 279–281
EIBL-EIBESFELDT, I. und HASS, H. (1959): Erfahrungen mit Haien. Z. Tierpsychol., 16, 733–746
– (1966): Zum Projekt einer ethologisch orientierten Untersuchung menschlichen Verhaltens. Mitt. Max-Planck-Ges., 6, 383–396
– (1967): Neue Wege der Humanethologie. Homo, 18, 13–23
EIBL-EIBESFELDT, I. und KLAUSEWITZ, W. (1961): *Gnathypops rosenbergi annulata n. ssp.* von den Nikobaren. Senck. biol., 42, 421–426
EIBL-EIBESFELDT, I. und KRAMER, S. (1971): Ethology, the Comparative Study of Animal Behavior. In: KUTSCHER, C. L. (ed.): Readings in Comparative Studies of Animal Behavior. Toronto (Xerox Coll. Publ.), 4–29
EIBL-EIBESFELDT, I. und LORENZ, K. (1974): Die stammesgeschichtlichen Grundlagen menschlichen Verhaltens. In: HEBERER, G. (ed.): Die Evolution der Organismen. Band 3, 3. Aufl. Stuttgart (Fischer), 572–624
EIBL-EIBESFELDT, I. und SIELMANN, H. (1962): Beobachtungen am Spechtfinken *(Cactospiza pallida*. J. Ornith., 103, 92–101
– (1965): *Cactospiza pallida (Fringillidae):* Werkzeuggebrauch beim Nahrungserwerb. Encycl. cinem., E 597. Publ. zu wiss. Filmen, 1 A, 385–390. Göttingen
EIBL-EIBESFELDT, I. und WICKLER, W. (1962): Ontogenese und Organisation von Verhaltensweisen. Fortschr. Zool., 15, 354–377
– (1968): Die ethologische Deutung einiger Wächterfiguren auf Bali. Z. Tierpsychol., 25, 719–726
EICHELMAN, B., ELLIOTT, G. R. und BARCHAS, J. D. (1981): Biochemical, Pharmacological, and Genetic Aspects of Aggression. In: HAMBURG, D. A. und TRUDEAU, M. B. (eds.): Biobehavioral Aspects of Aggression. New York (Alan R. Liss, Inc.), 51–84

Eickstedt, E. Frhr. v. (1963): Die Forschung am Menschen. Teil 3: Psychologische und philosophische Anthropologie. Stuttgart (F. Enke), 1513–2645
Eisenberg, J. F. (1965): The Social Organizations of Mammals. In: Kükenthal: Handb. d. Zool., 8 (10), 7, 1–92
– (1981): The Mammalian Radiation. Chicago/London (Univ. Chicago Press)
Eisenberg, J. F. und Kleiman, D. G. (1972): Olfactory Communication in Mammals. Ann. Rev. Ecol. System., 3, 1–32
Eisenberg, J. F., Muckenhirn, N. N. und Rudran, R. (1972): The Relation between Ecology and Social Structure in Primates. Science, 176, 863–874
Eisner, T., Hicks, K., Eisner, M. und Robson, D. S. (1978): »Wolf-in-Sheeps-Clothing«. Strategy of a Predaceous Insect. Science, 199, 790–794
Eisner, T. und Meinwald, J. (1966): Defensive Secretion of Arthropods. Science, 153, 1341–1350
Eisner, T. und Nowicki, St. (1983): Spider Web Protection through Visual Advertisement: Role of the Stabilimentum. Science, 219, 185–187
Ekman, P. (1972): Darwin and facial expression. New York (Academic Press)
Ekman, P. und Friesen, W. V. (1971): Constants across Cultures in the Face and Emotions. J. Person. Soc. Structure, 17, 124–129
– (1976): Measuring Facial Movement. Environ. Psychol. and Nonverbal Behav., 1 (1), 56–75
– (1978): Facial Action Coding System. Palo Alto/Ca. (Consulting Psychologists Press)
Ekman, P., Friesen, W. V. und Ellsworth, P. (1972): Emotions in the Human Face. New York (Pergamon)
Ekman, P., Sorenson, E. R. und Friesen, W. V. (1969): Pan-Cultural Elements in Facial Displays of Emotion. Science, 164, 86–88
Elgar, M. A. und Catterall, C. P. (1981): Flocking and Predator surveillance in House Sparrows: Test of an Hypothesis. Anim. Behav., 29, 868–872
Ellefson, J. O. (1968): Territorial Behavior in the Common White-Handed Gibbon, *Hylobates lar*. In: Jay, Ph. C. (ed.): Primates. New York (Holt, Rinehart and Winston), 180–199
Elliott, M. H. (1930): Some Determining Factors in Maze Performance. J. Psychol., 42, 315–317
Elner, R. W. und Hughes, R. N. (1978): Energy Maximization in the Diet of the Shore Crab, *Carcinus maenas*. J. Anim. Ecol., 47, 103–116
Elsner, N. und Huber, F. (1973): Neurale Grundlagen artspezifischer Kommunikation bei Orthopteren. Fortschr. Zool., 22, 1–48
Emerson, A. E. (1956): Ethospecies, Ethotypes, and the Evolution of *Apicotermes* and *Allognathotermes (Isoptera, Termitidae)*. Am. Mus. Nov., 1771, 1–31
Emlen, S. T. (1967): Migratory Orientation in the Indigo Bunting. Auk, 84, 309–342 und 463–489
– (1969): Bird Migration: Influence of Physiological State upon Celestial Orientation. Science, 165, 664–672
– (1970): Celestial rotation: Its Importance in the Development of Migratory Orientation. Science, 170, 1198–1201
– (1975): Migration: Orientation and Navigation. In: Farner, D. S. und King, J. R. (eds.): Avian Biology, 5, London (Academic Press), 129–219
Enright, J. T. (1961): Lunar Orientation of *Orchestia corniculata*. Biol. Bull, 120, 148–156
– (1963): The Tidal Rhythm of Activity of a Sand-Beach Amphipod. Z. vergl. Physiol., 46, 276–313

– (1972): A Virtuoso Isopod. Circa-Lunar Rhythms and their Tidal Fine Structure. J. Comp. Physiol., 77, 141–162
Erickson, C. J. und Lehrman, D. S. (1964): Effect of Castration of Male Ring Doves upon Ovarian Activity of Females. J. Comp. Physiol. Psychol., 58, 164–166
Erikson, E. H. (1953): Wachstum und Krisen der gesunden Persönlichkeit. Stuttgart (Klett)
– (1966): Ontogeny of Ritualization in Man. Philos. Trans. Roy. Soc. London B, 251, 337–349
Erlenmeyer-Kimling, L., Hirsch, J. und Weiss, J. M. (1962): Studies in Experimental Behavior Genetics: III. Selection and Hybridization Analyses of Individual Differences in the Sign of Geotaxis. J. Compar. Physiol. Psychol., 55, 5, 722 bis 731
Esch, H. (1967): The Evolution of Bee Language. Scient. Americ., 216 (4), 97 bis 104
Esch, H., Huber, F. und Wohlers, D. W. (1980): Primary auditory neurons in Crickets: physiology and central projections. J. Comp. Physiol., 137, 27–38
Escherich, K. (1906): Die Ameise. Braunschweig (Vieweg)
Esser, A. H. (1968): Dominance Hierarchy and Clinical Course of Psychiatrically Hospitalized Boys. Child Develop., 39, 147–157
– (1970): Interactional Hierarchy and Power Structure on a Psychiatric Ward. In: Hutt, S. J. und Hutt, C. (eds.): Behaviour Studies in Psychiatry. Oxford/New York (Pergamon Press), 25–59
– (1971): Behavior and Environment. The Use of Space by Animals and Men. New York/London (Plenum Press)
Esser, A. H., Chamberlain, A. S., Chapple, E. D. und Kline, N. S. (1965): Territoriality of Patients on a Research Ward. In: Wortis, J. (ed.): Recent Advances in Biological Psychiatry, 7, 37–44, New York (Plenum Press)
Euler, C. v. (1977): The Functional Organization of the Respiratory Phase-Switching Mechanisms. Fed. Proc., 36
Euler, C. v. und Trippenbach, T. (1976): Excitability Changes of the Inspiratory »Off-Switch« Mechanism Tested by Electrical Stimulation in Nucleus Parabrachialis in the Cat. Acta Physiol. scand., 97, 175–188
Euler, H. A. (1972): Der Effekt von aggressionsabhängiger Strafreizung (Elektroschock) auf das Kampfverhalten von Leghorn-Hähnen. 28. Kongreß Deutsch. Gesellsch. Psychol. Okt. 1972, Band 3, Gruppendynamik, 311–318
– (als Manuskript): Effect of Contingent Electric Shock on Submissive Responses in White Leghorn Cockerels
Evans, R. M. (1973): Differential responsiveness of young Ring-billed Gulls and Herring Gulls to adult vocalizations of their own and other species. Can. J. Zool., 51, 759–770
– (1975): Responsiveness of young Herring Gulls to adult »mew« calls. Auk, 92, 140–143
Everett, G. M. (1961): Some Electrophysiological and Biochemical Correlates of Motor Activity and Aggressive Behavior. Neuropharmacology, 2, 479–484
Everett, G. M. und Wiegand, R. G. (1962): Central Amines and Behavioral States. A Critique and New Data. Proc. 1st Int. Pharmacol. Meeting, 8, Pharmacol. Analysis of Central Nervous Action. New York (Macmillan), 85–92
Ewer, R. F. (1963): The Behaviour of the Meerkat *Suricata suricatta*. Z. Tierpsychol., 20, 570–607
– (1968): Ethology of Mammals. London (Logos Press)

EWERT, J. P. (1972): Zentralnervöse Analyse und Verarbeitung visueller Sinnesreize. Naturwiss. Rundschau, 25, 1–11
– (1973): Lokalisation und Identifikation im visuellen System der Wirbeltiere. Fortschr. Zool., 21, 307–333
– (1974[a]): Neurobiologie und System-Theorie eines visuellen Muster-Erkennungsmechanismus bei Kröten. Kybernetik, 14, 167–183
– (1974[b]): The Neural Basis of Visually Guided Behavior. Scient. Americ., 230 (3), 34–42
– (1975): Probleme und Lösungswege bei der Untersuchung von Mustererkennungsprozessen. Der Mathemat. u. Naturwiss. Unterricht, 28. Jahrg. (2), 88–95
– (1979): Directional Sensivity, Invariance and Variability of Tectal T5 Neurons in Response to Moving Configuration Stimuli in the Toad *Bufo bufo* (L.). J. Comp. Physiol., 132, 191–201
EWERT, J. P., BORCHERS, H. W. und v. WIETERSHEIM, A. (1978): Question of Prey Feature Detectors in the Toads *Bufo bufo* (L.) Visual System: A Correlation Analysis. J. Comp. Physiol., 126, 43–47
EYSENCK, H. J. (1967): Intelligence Assessment: A Theoretical and Experimental Approach. Brit. J. Educ. Psychol., 37, 81–98
– (1982): A Model for Intelligence. Heidelberg/New York (Springer)

FABER, A. (1953[a]): Ausdrucksbewegungen und besondere Lautäußerungen bei Insekten als Beispiel für eine vergleichend-morphologische Betrachtung der Zeitgestalten. Zool. Anz. Suppl., 16, 106–115
– (1953[b]): Laut- und Gebärdensprache bei Insekten. Orthoptera I. 278. Mitt. Mus. Naturkde. Stuttgart
FABRÉ, J. H. (1879–1910): Souvenirs entomologiques. Paris (Delagrave)
FABRICIUS, E. (1951): Zur Ethologie junger Anatiden. Acta Zoologica Fenn., 68, 1–178
FAEGRI, K. und VAN DER PIJL, L. (1966/1979): The Principles of Pollination Ecology. Oxford/New York (Pergamon)
FAGEN, R. (1981): Animal Play Behavior. Oxford/New York (Oxford Univ. Press)
FARRIS, H. E. (1967): Classical Conditioning of Courting Behavior in the Japanese Quail *Coturnix coturnix japonica*. J. Exp. Anal. Beh., 10, 213–217
FAUBLÉE, J. (1968): Note sur l'economie ostentatoire. Rev. Tiers-Monde, 9, 17–23
FEDER, H. M. (1966): Cleaning Symbiosis in the Marine Environment. In: HENRY, S. M. (ed.): Symbiosis I., New York/London (Academic Press), 327–380
FEHLING, D. (1974): Ethologische Überlegungen auf dem Gebiet der Altertumskunde. Zetemata, Monograph. zur Klassischen Altertumswiss. München (Beck), H. 61
FELIPE, N. J. und SOMMER, R. (1966): Invasions of Personal Space. Social Problems, 14, 206–214
FENTRESS, J. C. (1973): Development of Grooming in Mice with amputated Fore Limbs. Science, 179, 704–705
– (1976): Simpler Networks and Behavior. Sinauer Ass. Publ. Sunderland/Massachusetts
– (1982): A View of Ontogeny. Special Publication of the American Society of Mammalogist, 7, 24–64
– (1984): The Development of Coordination. J. of Motor Behavior, 16, 99–134
FESHBACH, S. (1961): The Stimulating Versus Cathartic Effects of a Vicarious Aggressive Activity. J. Abnorm. Soc. Psychol., 63, 381–385
FESHBACH, S. und SINGER, R. D. (1971): Television and Aggression. San Francisco (Jossey Bass)

FESTETICS, A. (1959): Ökologische Untersuchungen an Brutvögeln des Saser. Die Vogelwelt, 80, 1–21
– (1961). Ährenmaushügel in Österreich. Z. Säugetierkde., 26, 1–14
FEUSTEL, H. (1966): Anatomische Untersuchungen zum Problem der *Aspidosiphon-Heterocyathus*-Symbiose. Zool. Anz. Suppl., 29, 131–143
FIEDLER, K. (1954): Vergleichende Verhaltensstudien an Seenadeln, Schlangennadeln und Seepferdchen. Z. Tierpsychol., 11, 358–416
– (1964): Verhaltensstudien an Lippfischen der Gattung *Crenilabrus*. Z. Tierpsychol., 21, 521–591
FIELD, T. M., WOODSON, R., GREENBERG, R. und COHEN, D. (1982): Discrimination and Imitation of Facial Expressions by Neonates. Science, 218, 179–181
FILLION, T. J. und BLASS, E. M. (1986): Infantile Experience with Suckling Odors Determines Adult Sexual Behavior in Male Rats. Science, 231, 729–731
FINLEY, J., IRETON, D., SCHLEIDT, W. M. und THOMPSON, T. A. (1983): A New Look at the Features of Mallard Courtship Displays. Anim. Behav., 31, 348–354
FISCHER, H. (1965): Das Triumphgeschrei der Graugans *(Anser anser)*. Z. Tierpsychol., 22, 247–304
FISCHER, K. (1961): Untersuchungen über die Sonnenkompaßorientierung und Laufaktivität von Smaragdeidechsen (*Lacerta viridis* Laur.). Z. Tierpsychol., 18, 450–470
– (1963): Spontanes Richtungsfinden nach dem Sonnenstand bei *Chelonia mydas* (Suppenschildkröte). Die Naturwiss., 51, 203
FISHER, J. und HINDE, R. (1949): The Opening of Milk Bottles by Birds. Brit. Birds, 42, 347–358
FLETCHER, R. (1948): Instinct in Man. Aberdeen (Univ. Press)
FOLLEY, S. J. und KNAGGS, G. S. (1965): Levels of Oxytocin in the Jugular Vein Blood of Goats During Parturition. J. Endocrinol., 33, 301–315
FOPPA, K. (1970): Lernen, Gedächtnis, Verhalten. 6. Aufl. Köln (Kiepenheuer und Witsch)
FOREL, A. (1892): Die Nester der Ameisen. Zürich
FOSSEY, D. (1970): Making Friends with Mountain Gorillas. National Geographic Mag., 137, 48–67
– (1972): Living with Mountain Gorillas. In: MARLER, P. R. (ed.): The Marvels of Animal Behavior. Nat. Geogr. Soc. Washington D. C., 209–229
– (1983): Gorillas in the Mist. London (Penguin Books)
FOUTS, R. S. (1975): Communication with Chimpanzees. In: KURTH, G. und EIBL-EIBESFELDT, I. (eds.): Hominisation und Verhalten. Stuttgart (Fischer), 137–158
FOX, M. W. (1969): The Anatomy of Aggression and its Ritualization in *Canidae:* A Developmental and Comparative Study. Behaviour, 35, 242–258
FRAENKEL, G. S. und GUNN, D. S. (1961): The Orientation of Animals. Oxford (Clarendon Press)
FRANCK, D. (1966): Möglichkeiten zur vergleichenden Analyse auslösender und richtender Reize mit Hilfe des Attrappenversuches. Behaviour, 27, 150–159
– (1984): Verhaltensbiologie. Einführung in die Ethologie. Stuttgart (Thieme)
FRANCK, D. und WILHELMI, U. (1973): Veränderungen der aggressiven Handlungsbereitschaft männlicher Schwertträger *Xiphophorus helleri* nach sozialer Isolierung. Experientia, 29, 896–897
FRANK, F. (1953): Über den Zusammenbruch von Feldmausplagen. Zool. Jb. Abt. Syst., 82, 1–156
FRANZISKET, L. (1955): Die Bildung einer bedingten Hemmung bei Rückenmarksfröschen. Z. vergl. Physiol., 37, 161–168

FREEDMAN, D. G. (1964): Smiling in Blind Infants and the Issue of Innate vs. Acquired. J. Child Psychol. Psychiat., 5, 171–184
– (1965[a]): Hereditary Control of Early Social Behavior. In: FOSS, B. M. (ed.): Determinants of Infant Behavior. 3. London (Methuen)
– (1965[b]): An Ethological Approach to the Genetic Study of Human Behavior. In: VANDENBERG, S. G: Methods and Goals in Human Behavior Genetics. New York/London (Academic Press), 141–161
– (1967): A Biological View of Man's Social Behavior. In: ETKIN, W. und FREEDMAN, D. G. (eds.): Social Behavior from Fish to Man. Chicago (Phoenix Books)
FREEDMAN, D. G. und FREEDMAN, N. C. (1969): Behavioural Differences between Chinese-American and European-American Newborn. Nature, 224, 1227–1235
FREEDMAN, D. X. und GIARMAN, N. J. (1963): Brain Amines, Electrical Activity and Behavior. In: GLASER, G. H. (ed.): EEG and Behavior. Basic Books Inc., 198–243
FREEMAN, D. (1970): Letter to the Editor. Current Anthropology, II, 66
– (1971): Aggression: Instinct or Symptom. Australian N. Zealand J. Psychiatry, 5, 66–73
FREUD, J. und UYLERT, J. E. (1948): Micturation and Copulation Behavior in Dogs. Acta Brevia, 16, 49–53
FREUD, S. (1950): Gesammelte Werke. 18 Bde., London (Imago Publ.)
FREYE, H. A. und GEISSLER, H. (1966): Das Ohrenspiel der Ungulaten als Ausdrucksform. Wiss. Z. Univ. Halle, 15, 893–915
FRICKE, H. W. (1975): Evolution of Social Systems Through Site Attachment in Fish. Z. Tierpsychol., 39, 206–210
– (1976): Bericht aus dem Riff. Ein Verhaltensforscher experimentiert im Meer. München (Piper)
– (1979): Mating System, Resource Defence and Sex Change in the Anemonefish *Amphiprion akallopisos*. Z. Tierpsychol., 50, 313–326
FRINGS, H. und FRINGS, M. (1959): Reactions of American and French Species of *Corvus* and *Larus* to Recorded Communication Signals Tested Reciprocally. Ecology, 39, 126–131
FRISCH, J. E. (1968): Individual Behavior and Intertroop Variability in Japanese Macaques. In: JAY, PH. C. (ed.): Primates. New York (Holt, Rinehart and Winston), 243–252
FRISCH, K. v. (1914): Der Farbensinn und Formensinn der Biene. Zool. Jb. Allg. Zool. Physiol., 40, 1–186
– (1923): Ein Zwergwels, der kommt, wenn man pfeift. Biol. Zbl., 43, 439–446
– (1941): Über einen Schreckstoff der Fischhaut und seine biologische Bedeutung. Z. vergl. Physiol., 29, 46–145
– (1950): Die Sonne als Kompaß im Leben der Bienen. Experientia, 6, 210–221
– (1959): Aus dem Leben der Bienen. Verständl. Wissenschaft, 1, 6. Aufl. Berlin
– (1961): »Sprache« und Orientierung der Bienen. Dr. Albert Wander Gedenkvorlesung, H. 3. Bern/Stuttgart (Huber)
– (1965): Die Tanzsprache und Orientierung der Bienen. Berlin/Heidelberg (Springer)
– (1968): Honeybees: Do They Use Direction and Distance Information Provided by Their Dancers. Science, 158, 1072–1076
FRISCH, K. v., LINDAUER, M. und DAUMER, K. (1960): Über die Wahrnehmung polarisierten Lichtes durch das Bienenauge. Experientia, 16, 289–302
FRISCH, O. v. (1958): Die Bedeutung der elterlichen Warnrufe für Brachvogel- und andere Limicolenkücken. Z. Tierpsychol., 15, 381–382
– (1962): Zur Biologie des Zwergchamäleons. Z. Tierpsychol., 19, 276–289

FROMM, E. (1973): The Anatomy of Human Destructiveness. New York (Holt, Rinehart and Winston). Deutsche Übersetzung: Anatomie der menschlichen Destruktivität. Stuttgart (DVA, 1974)
FROMME, A. (1941): An Experimental Study of the Factors of Maturation and Practise in Behavioral Development of the Embryo of the Frog *Rana pipiens*. Genet. Psych. Monogr., 24, 219–261
FUCHS, J. L. und BURGHARDT, G. M. (1971): Effects of early feeding experience on the responses of garter snakes to food chemicals. Learning and Motivation, 2, 271–279
FUCHS, P. (1967): Tatauierung in Afrika. Bild d. Wiss., 2, 109–117
FÜLLER, H. (1958): Symbiose im Tierreich. Wittenberg (Ziemsen)
FULLER, J. L. und THOMPSON, W. R. (1960): Behavior Genetics. New York (Wiley)
FUNKE, W. (1965): Untersuchungen zum Heimfindeverhalten und zur Ortstreue von *Patella* L. Zool. Anz. Suppl., 28, 411–418

GAITO, J. (1964): Nucleic Acids and Brain Function. Symp. on the Role of Macromolecules in Complex Behavior. Kansas State University, 68–75
– (1966): Macromolecules and Behavior. Amsterdam (North Holland Press)
GAMPER, E. (1926): Bau- und Leistungen eines menschlichen Mittelhirnwesens (Arhinencephalie mit Encephalocelie). Z. ges. Neurol. u. Psychiat., 102, 154–235; 104, 49–120
GARCIA, J. und ERVIN, F. R. (1968): Gustatory-visceral and Telereceptor-cutaneous Conditioning – Adaptation in Internal and External Milieus. Communications in Behavioral Biol., Part A, 1, 389–415
GARCIA, J., MCGOWAN, B. K., ERVIN, F. R. und KOELLING, R. A. (1968): Cues: Their Relative Effectiveness as a Function of the Reinforcer. Science, 160, 794–795
GARCIA, J., MCGOWAN, B. K. und GREEN, K. F. (1969): Sensory Quality and Integration: Constraints on Conditioning. Conference on Conditioning at Dept. Psychol. Ontario (McMaster Univ.)
GARDNER, B. T. und GARDNER, R. A. (1974): Comparing the Early Utterances of Child and Chimpanzee. In: PICK, A. (ed.): Minnesota Symposium in Child Psychology, 8, Minneapolis (Univ. of Minnesota Press)
– (1975): Evidence for Sentence Constituents in the Early Utterances of Child and Chimpanzee. J. Exp. Psychol.: General, 104, 244–267
GARDNER, B. T. und WALLACH, L. (1965): Shapes of Figures Identified as a Baby's Head. Perceptual and Motor Skills, 20, 135–142
GARDNER, R. A. und GARDNER, B. T. (1967): Acquisition of Sign Language in the Chimpanzee. Univ. Nevada Progr. Report (Ms.)
– (1969): Teaching Sign Language to a Chimpanzee. Science, 165, 664–672
– (1971): Two-Way Communication with an Infant Chimpanzee. In: SCHRIER, A. und STOLLNITZ, F. (eds.): Behavior of Nonhuman Primates, 4, 117–184. New York (Academic Press)
GARTLAN, J. S. (1966): Ecology and Behaviour of the Vervet Monkey, Lolui Island, Lake Victoria, Uganda. Ph. D. Thesis, University of Bristol
– (1968): Structure and Function in Primate Society. Folia primat., 8, 89–120
– (1970): Preliminary Notes on the Ecology and Behaviour of the Drill (*Mandrillus leucophaeus* Ritgen, 1824). In: NAPIER, J. R. und NAPIER, P. H. (eds.): Old world monkeys. New York/London (Academic Press), 445–480
– (1973): Influences of Phylogeny and Ecology on Variations in the Group Organization of Primates. In: Symp. IVth Int. Congr. Primat., Basel/New York, Bd. 1, 88–101
GARTLAN, J. S. und BRAIN, C. K. (1968): Ecology and Social Variability in *Cercopithe-*

cus aethiops and *C. mitis*. In: JAY, PH. C. (ed.): Primates. New York (Holt, Rinehart and Winston), 253–292
GASTON, S. und MENAKER, M. (1968): Pineal Function: The Biological Clock in the Sparrow. Science, 160, 1125–1127
GATENBY, J. B. (1960): The New Zealand Glow-Worm. Tuatera, 8, 86–92
GATENBY, J. B. und COTTON, S. (1960): Snare Building and Pupation in *Bolitophila luminosa*. Trans. Roy Soc. New Zealand, 88, 149–156
GAUL, A. T. (1952): Audiomimicry: an Adjunct to Color Mimicry. Psyche, 59, 82–83
GAZZANIGA, M. S. (1967): The Split Brain in Man. Scient. Americ., 217 (2), 24–29
GEBER, M. (1958): The Psycho-Motor Development of African Children in the First Year and the Influence of Maternal Behavior. J. Soc. Psychol., 47, 185–195
GEHLEN, A. (1940): Der Mensch, seine Natur und seine Stellung in der Welt. Berlin; 8. Aufl. Frankfurt (Athenäum) 1966
– (1956): Urmensch und Spätkultur. Bonn
– (1961): Anthropologische Forschung. Rowohlts Dtsche. Enzykl., 138
– (1969): Moral und Hypermoral. Eine pluralistische Ethik. Frankfurt (Athenäum)
GEIST, V. (1966[a]): The Evolution of Horn-Like Organs. Behaviour, 27, 175–214
– (1966[b]): The Evolutionary Significance of Mountain-Sheep Horns. Evolution, 20, 558–566
– (1966[c]): Ethological Observations on some West-African Cervids. Zool. Beitr. N. F., 12, 219–250
– (1971): Mountain Sheep: A Study in Behavior and Evolution. Chicago (Univ. Press)
GELBER, B. (1965): Studies on the Behavior of *Paramaecium aurelia*. Anim. Beh. Suppl., 1, 21–29
GENTZ, K. (1935): Zur Brutpflege des Wespenbussards. J. Ornith., 83, 105–115
GERAMB, V. R. v. (1918): Zur Volkskunde des Gesäusegebietes. Z. Dtsch. Österr. Alpenver., 49, 33–66
GERARD, R. W. (1961): The Fixation of Experience. In: DELAFRESNAYE, J. F. (ed.): Brain Mechanisms and Learning. Oxford (Blackwell), 21–35
GERLACH, S. (1965): Tierwanderungen. Handb. d. Biol., 5. Frankfurt (Athenaion), 413–472
GESSNER, F. (1942): Die Leistungen des pflanzlichen Organismus. Handb. d. Biol., 4. Frankfurt (Athenaion), 34–187
GIARMAN, N. J. und FREEDMAN, D. X. (1965): Biochemical Aspects of the Actions of Psychomimetic Drugs. Pharmacol. Rev., 17, 1–25
GIBBS, F. A. (1951): Ictal and Non-ictal Psychiatric Disorders in Temporal Lobe Epilepsy. J. Nerv. Ment. Dis., 113, 522–528
GIBSON, E. J. und WALK, R. D. (1960): The Visual Cliff. Scient. Americ., 202 (4), 64–71
GILL, F. B. und WOLF, L. L. (1975): Economics of Feeding Territoriality in the Golden-Winged Sunbird. Ecology, 56, 333–345
GILLETTE, RH., KOVAC, M. P. und DAVIS, W. J. (1978): Command Neurons in Pleurobranchaea Receive Synaptic Feedback from the Motor Network they Excite. Science, 199, 798–801
GILLIARD, E. TH. (1963): The Evolution of Bowerbirds. Scient. Americ., 209 (2), 38–46
GINSBURGH, B. und ALLEE, W. (1942): Some Effects of Conditioning on Social Dominance and Subordination in Inbred Strains of Mice. Physiol. Zool., 15, 485–506
GLICKMANN, ST. E. und SROGES, R. W. (1966): Curiosity in Zoo Animals. Behaviour, 24, 151–188
GNADENBERG, W. (1962): Erlebnisse mit Hunden. Z. Tierpsychol., 19, 586–596

GOETHE, F. (1938): Beobachtungen über das Absetzen von Witterungsmarken beim Baummarder. Der Dtsche Jäger, 13
– (1939): Über das »Anstoß-Nehmen« bei Vögeln. Z. Tierpsychol., 3, 371–374
– (1955): Beobachtungen bei der Aufzucht junger Silbermöwen. Z. Tierpsychol., 12, 402–433
GOETSCH, W. (1940): Vergleichende Biologie der Insektenstaaten. Leipzig
GOFFMAN, E. (1963): Behavior in Public Places: Notes on the Social Organisation of Gatherings. New York (Free Press, Macmillan Publ. Co.)
GOLANI, I. (1969): The Golden Jackal. Tel Aviv (The Movement Notation Society)
GOLDENBOGEN, I. (1977): Über den Einfluß sozialer Isolation auf die aggressive Handlungsbereitschaft von *Xiphophorus helleri* und *Haplochromis burtoni*. Z. Tierpsychol., 44, 25–44
GOLDFARB, W. (1943): The Effects of Early Institutional Care on Adolescent Personality. J. Exp. Educ., 12, 106–129
GOLDFOOT, D. A., KRAVETZ, M. A., GOY, R. W. und FREEMAN, S. K. (1976): Lack of Effect of Vaginal Lavages and Aliphatic Acids on Ejaculatory in Rhesus Monkeys: Behavioral and Chemical Analyses. Hormones and Behavior, 7, 1–27
GOLDSTEIN, K. (1939): The Organism. New York (American Book Co.)
GOOD, R. R., GEARY, N. und ENGEN, T. (1976): The Effect of Estrogen on Odor Detection. Chemical Senses and Flavor, 2, 45–50
GOODALL, J. (1963): My Life among Wild Chimpanzees. Nat. Geogr. Mag., 125 (8), 272–308
– (1965): Chimpanzees of the Gombe Stream Reserve. In: DEVORE, I. (ed.): Primate Behavior. New York (Holt, Rinehart and Winston), 425–473
– (1977): Infant Killing and Cannibalism in Free-Living Chimpanzees. Folia primat., 28, 259–282
– (1986): The Chimpanzees of Gombe. Patterns of Behavior. Cambridge, Mass. (Belknap Press of Harvard Univ. Press)
GOODALL, J., BANDORA, A., BERGMANN, E., BUSSE, C., MATAMA, H., MPONGO, E., PIERCE, A. und RISS, D. (1979): Intercommunity Interactions in the Chimpanzee Population of the Gombe National Park. In: HAMBURG, D. A. und MCCOWN, E. R. (eds.): The Great Apes. Menlo Park (Benjamin/Cummings), 13–53
GOODENOUGH, F. L. (1932): Expressions of the Emotions in a Blind-Deaf Child. J. Abnorm. Soc. Psychol., 27, 328–333
GOODMAN, C. S. und BASTIANI, M. J. (1985): Wie embryonale Nervenzellen einander erkennen. Spektrum der Wissenschaft, 2, 48–59
GOODMAN, C. S., BASTIANI, M. J., DOE, C. Q., DU LAC, S., HELFAND, ST. L., KUWADA, J. Y. und THOMAS, J. B. (1984): Cell Recognition during Neuronal Development. Science, 225, 1271–1279
GOODMAN, C. S. und SPITZER, N. C. (1979): Embryonic Development of Identified Neurones: Differentiation from Neuroblast to Neurone. Nature, 280, 5719, 208–214
GORLICK, D. L., ATKINS, P. D. und LOSEY, G. S. (1978): Cleaning Stations as Waterholes, Garbage Dumps and Sites for the Evolution of Reciprocal Altruism? American Naturalist, 112, 341–353
GOTTLIEB, G. (1965[a]): Imprinting in Relation to Parental and Species Identification by Avian Neonates. J. Comp. Physiol. Psychol., 59, 345–356
– (1965[b]): Prenatal Auditory Sensitivity in Chickens and Ducks. Science, 147, 1596–1598
– (1966): Species Identification by Avian Neonates: Contributory Effects of Perinatal Auditory Stimulation. Anim. Beh., 14, 282–290

– (1976): Conceptions of Prenatal Development: Behavioral Embryology. Psychol. Review, 83, 215–234
GOTTLIEB, G. und KUO, Z. Y. (1965): Development of Behavior in the Duck Embryo. J. Comp. Physiol. Psychol., 59, 183–188
GOULD, E. (1957): Orientation in Box Turtles *Terrapene c. carolina*. Biol. Bull., 112, 336–348
GOULD, J. L. (1974): Genetics and Molecular Ethology. Z. Tierpsychol., 35, 267–292
– (1975): Honey Bee Recruitment: The Dance-Language Controversy. Science, 189, 685–693
GOULD, J. L., HENEREY, M. und MACLEOD, M. S. (1970): Communication of Direction by the Honey Bee. Science, 169, 544–554
GOULD, S. J. (1980): The Panda's Thumb. New York/London (W. W. Norton & Co.)
GRABOWSKI, U. (1941): Prägung eines Jungschafes auf den Menschen. Z. Tierpsychol., 4, 326–329
GRAHAM BROWN, T. (1911): The Intrinsic Factors in the Act of Progression in the Mammal. Proc. Roy. Soc. London B, 84, 308–320
– (1912): The Factors in Rhythmic Activity of the Nervous System. Proc. Roy. Soc. London B, 85, 278–289
GRAMMER, K., LORENZ, B., SCHIEFENHÖVEL, W., SCHLEIDT, M., MOHREN, W. und EIBL-EIBESFELDT, I. (in Vorbereitung): Patterns in the Face: The Eyebrow-Flash in Intercultural Comparison
GRANIT, R. (1955): Receptors and Sensory Perception. New Haven
GRASSÉ, P. P. (1949): Ordre des Isopteres ou Termites. Traité de Zoologie, 9, 408–544
GRAY, J. (1950): The Role of Peripheral Sense Organs during the Locomotion of Vertebrates. Physiological Mechanisms in Animal Behavior. Symp. Soc. exp. Biol. Cambridge (Univ. Press), 112–126
GRAY, J. und LISSMANN, H. W. (1946[a]): Further Observations on the Effect of Deafferentiation on the Locomotory Activity of Amphibian Limbs. J. Exp. Biol., 23, 121–132
– (1946[b]): The Coordination of Limb Movements in the Amphibia. J. Exp. Biol., 23, 133–142
GRAY, P. H. (1958): Theory and Evidence of Imprinting in Human Infants. J. Psychol., 46, 155–160
GRETHER, W. F. (1939): Color Vision and Color Blindness in Monkeys. Comp. Psychol. Monogr., 15, 1–38
GRIFFIN, D. R. (1958): Listening in the Dark. Yale (Univ. Press)
– (1962): Echo-Ortung der Fledermäuse, insbesondere beim Fangen fliegender Insekten. Naturwiss. Rundschau, 15, 169–173
GRIFFITH-SMITH, N. (1966): Evolution of some Arctic Gulls *(Larus)*. An Experimental Study of Isolating Mechanisms. Ornith. Monogr., 4
GRILLNER, S. (1975): Locomotion in Vertebrates: Central Mechanisms and Reflex Interaction. Physiol. Rev., 55, 247–304
– (1977): On the Neural Control of Movement – A Comparison of Different Basic Rhythmic Behaviors. In: STENT, G. S. (ed.): Function and Formation of Neural Systems. Berlin (Report of the Dahlem Workshop), 197–224
– (1985): Neurobiological Bases of Rhythmic Motor Acts in Vertebrates. Science, 228, 143–149
GROBSTEIN, P. und CHOW, K. L. (1975): Receptive Field Development and Individual Experience. Science, 190, 352–358

GROHMANN, J. (1939): Modifikation oder Funktionsreifung? Z. Tierpsychol., 2, 132–144
GROOS, K. (1933): Die Spiele der Tiere. 3. Aufl. Jena
GROOT, C. (1965): On the Orientation of Young Sockeye Salmon *(Oncorhynchus nerka)* during their Seaward Migration out of Lakes. Behaviour Suppl., 14
GROSSMANN, K. E. (1967): Behavioral Differences between Rabbits and Cats. J. Genet. Psychol., III, 171–182
GRÜSSER, O. J. und GRÜSSER-CORNEHLS, U. (1976): Neurophysiology of the Anuran Visual System. In: LLINAS, R. und PRECHT, W. (eds.): Frog Neurobiology. Berlin/Heidelberg/New York (Springer), 297–385
GRZIMEK, B. (1949[a]): Die »Radfahrer-Reaktion«. Z. Tierpsychol., 6, 41–44
– (1949[b]): Ein Fohlen, das kein Pferd kannte. Z. Tierpsychol., 6, 391–405
– (1951): Affen im Haus. Stuttgart
– (1954): Beobachtungen an Schimpansen, *Pan tr. troglodytes* (BLUMENBACH, 1775) in den Nimbabergen. Säugetierkdl. Mitt., 1, 1–5
GÜNTHER, K. (1956): Systematik und Stammesgeschichte der Tiere 1939–1953. Fortschr. d. Zool., 10, 33–278
GÜTTINGER, H. R. (1970): Zur Evolution von Verhaltensweisen und Lautäußerungen bei Prachtfinken *(Estrildidae)*. Z. Tierpsychol., 27, 1011–1075
GUITON, PH. (1960): On the Control of Behavior during the Reproductive Cycle of *Gasterosteus aculeatus*. Behaviour, 15, 163–184
GUTHRIE, E. R. (1952): The Psychology of Learning. New York (Harper)
GWINNER, E. (1961): Über die Entstachelungshandlung des Neuntöters *(Lanius collurio)*. Die Vogelwarte, 21, 36–47
– (1964): Untersuchungen über das Ausdrucks- und Sozialverhalten des Kolkraben *(Corvus corax)*. Z. Tierpsychol., 21, 657–748
– (1966): Über einige Bewegungsspiele des Kolkraben. Z. Tierpsychol., 23, 28–36
– (1967): Circannuale Periodik der Mauser und Zugunruhe bei einigen Vögeln. Die Naturwiss., 54, 447
– (1981): Circannuale Rhythmen bei Tieren und ihre photoperiodische Synchronisation. Naturwiss., 68, 542–551
– (1986[a]): Circannual Rhythms in the Control of Avian Migrations. In: Advances in the Study of Behavior, vol. 16. New York (Academic Press), 191–228
– (1986[b]): Internal Rhythms in Bird Migration. Scient. Amer., 254, 84–92
GWINNER, E. und KNEUTGEN, J. (1962): Über die biologische Bedeutung der »zweckdienlichen« Anwendung erlernter Laute bei Vögeln. Z. Tierpsychol., 19, 692–696

HAAS, A. (1962): Phylogenetisch bedeutungsvolle Verhaltensänderungen bei Hummeln. Z. Tierpsychol., 19, 356–370
– (1965): Weitere Beobachtungen zum »generischen Verhalten« bei Hummeln. Z. Tierpsychol., 22, 305–320
HACKETT, E., ESSER, A. H. und KLINE, N. S. (1966): Heterogeneous Dimensions of Chronic Schizophrenic Behavior. Als Manuskript verbreitet, Research Center, Rockland Hosp., Orangeburg, New York
HAILMAN, J. P. (1967): The Ontogeny of an Instinct. Behaviour, Suppl. 15. Leiden
HALBERG, F., ENGELI, M., HAMBURGER, C. und HILLMAN, D. (1965): Spectral Resolution of Low-Frequency Small-Amplitude Rhythms in Excreted 17-Ketosteroids; Probable Androgen-Induced Circasepton Desynchronization. Acta Endocrinol. Suppl., 103, 1–54
HALL, E. T. (1966): The Hidden Dimension. New York (Doubleday)

Hall, K. R. L. (1963): Variations in the Ecology of the Chacma Baboon, *Papio ursinus.* Symp. Zool. Soc. Lond., 10, 1–28
– (1965): Behaviour and Ecology of the Wild Patas Monkey, *Erythrocebus patas,* in Uganda. J. Zool., 148, 15–87
– (1968): Social Learning in Monkeys. In: Jay, P. C. (ed.): Primates. New York (Holt, Rinehart and Winston), 383–397
Hall, K. R. L. und DeVore, I. (1965): Baboon Social Behavior. In: DeVore, I. (ed.): Primate Behavior. New York (Holt, Rinehart and Winston), 53–110
Hall, K. R. L. und Schaller, G. B. (1964): Tool Using Behavior of the California Sea Otter. J. Mammal., 45, 287–298
Hall, M. F. (1962): Evolutionary Aspects of Estrildid Song. Symp. Zool. Soc. London, 8, 37–55
Halloway, R. L. (1974): Primate Aggression, Territoriality and Xenophobia. A Comparative Perspective. New York/London (Academic Press)
Hamburg, D. A. (1971): Psychological Studies of Aggressive Behavior. Nature, 230, 19–23
Hamburger, V. (1963): Some Aspects of the Embryology of Behavior. Quart. Rev. Biol., 38, 342–365
Hamburger, V. und Oppenheim, R. (1967): Prehatching Motility and Hatching Behavior in the Chick. J. Exp. Zool., 166, 171–203
Hamburger, V., Wenger, R. E. und Oppenheim, R. (1966): Motility in the Chick-Embryo in Absence of Sensory Input. J. Exp. Zool., 162, 133–160
Hamilton, W. D. (1964): The Genetical Evolution of Social Behavior. J. Theoret. Biol., 7, 1–52
Hamilton, W. J. und Seely, M. K. (1976): Fog Basking in the Namib Desert Beetle *Onymacris unguicularis.* Nature, 262, 284–285
Hannes, R. P. und Franck, D. (1983): The Effect of Social Isolation on Androgen and Corticosteroid Levels in a Cichlid Fish *(Haplochromis burtoni)* and in Swordtails *(Xiphophorus helleri).* Hormones and Behavior, 17, 292–301
Hannes, R. P., Franck, D., Liemann, F. (1984): Effects of Rank-Order Fights on Whole-Body and Blood Concentrations of Androgens and Corticosteroids in the Male Swordtail *(Xiphophorus helleri).* Z. Tierpsychol., 65, 53–65
Harcombe, E. S. und Wyman, R. J. (1970): Diagonal Locomotion in De-Afferented Toads. J. Exp. Biol., 53, 255–263
Harlow, H. F. (1932): Social Facilitation of Feeding in the albino Rat. J. Gen. Psychol., 41, 211–221
– (1953): Higher Functions of the Nervous System. Ann. Rev. Physiol., 15, 493 bis 514
Harlow, H. F. und Harlow, M. K. (1962[a]): The Effect of Rearing Conditions on Behavior. Bull. Menninger Clin., 26, 213–224
– (1962[b]): Social Deprivation in Monkeys. Scient. Americ., 207, 137–146
Harlow, H. F., Harlow, M. K. und Meyer, D. R. (1950): Learning Motivated by a Manipulation Drive. J. Exp. Psychol., 40, 228–234
Harris, G. W. (1964): Female Cycles of Gonadotrophic Secretion and Female Sexual Behavior in Adult Male Rats Castrated at Birth. J. Physiol., 175, 75–76
Harris, M. (1968): The Rise of Anthropological Theories. New York (Thomas Y. Crowell)
Harris, T. van (1950): Habitat Selection of *Peromyscus.* Ph. D. Thesis Univ. Michigan
Harrison, C. J. O. (1965): Allopreening as Agonistic Behavior. Behaviour, 24, 161–209

Hartmann, H., Kris, E. und Loewenstein, R. M. (1949): Notes on the Theory of Aggression. Psychoanalytic Study of the Child 3–4. New York (Int. Univ. Press)
Hartmann, M. (1956): Die Sexualität. Stuttgart (Fischer)
Hartry, A. L., Keith-Lee, P. und Morton, W. D. (1964): Planaria, Memory Transfer through Cannibalism Reexamined. Science, 146, 274–275
Haskell, P. T. (1956): Hearing in Certain Orthoptera. II. The Nature of the Responses of Certain Receptors to Natural and Imitation Stridulation. J. Exp. Biol., 33, 767–776
Haskins, C. P. und Haskins E. F. (1958): Note on the Inheritance of Behavior Patterns for Food Selection and Cocoon Spinning in F_1-hybrids of *Callosamia promethea* and *C. angulifera*. Behaviour, 13, 89–95
Hasler, A. D. (1954): Odour Perception and Orientation in Fishes. J. Fish. Res. Bd. Canada, 11, 107–129
– (1956): Perception of Pathways by Fishes in Migration. Quart. Rev. Biol., 31, 200–209
– (1960): Guideposts of Migrating Fishes. Science, 131, 785–792
Hasler, A. D. und Schwassmann, H. O. (1960): Sun Orientation of Fish at Different Latitudes. Cold Spring Harbor Symp., Quant. Biol., 25, 429–441
Hass, H. (1951): Drei Jäger auf dem Meeresgrund. Zürich (Füssli)
– (1957): Wir kommen aus dem Meer. Berlin (Ullstein)
– (1968): Wir Menschen. Wien (Molden)
– (1970): Das Energon. Wien (Molden)
– (1986): Naturphilosophische Schriften: Gedanken über die Evolution. München (Universitas)
Hass, H. und Eibl-Eibesfeldt, I. (1964): *Dotilla sulcata (Brachyura):* Fressen und Graben. Encycl. cinem., E 538. Publ. zu wiss. Filmen, 1 A, 165–168. Göttingen (Inst. wiss. Film)
– (1977): Der Hai. Legende eines Mörders. München (Bertelsmann)
Hass, H. und Lange-Prollius, H. (1978): Die Schöpfung geht weiter. Standort Mensch im Strom des Lebens. Stuttgart (Seewald)
Hassenstein, B. (1955): Abbildende Begriffe. Zool. Anz. Suppl., 18, 197–202
– (1965): Biologische Kybernetik. Heidelberg (Quelle u. Meyer)
– (1966): Kybernetik und biologische Forschung. Handb. d. Biol., 1, 631–719. Frankfurt (Athenaion)
– (1972): Menschliche Aggressivität – insbesondere des Kindes und Jugendlichen – in der Sicht der Verhaltensbiologie. In: Hilke, R. und Kempf, W. (eds.): Aggression. Bern/Stuttgart/Wien (Huber), 65–85
– (1973): Verhaltensbiologie des Kindes. München (Piper)
Hassler, R. und Bak, I. J. (1966): Submikroskopische Catecholaminspeicher als Angriffspunkte der Psychopharmaka Reserpin und Mono-Amino-Oxydase-Hemmer. Der Nervenarzt, 37, 493–498
Hauenschild, C. (1960): Lunar Periodicity. Cold Spring Harbor Symp. Quant. Biol., 25, 73–86
Hayek, F. A. v. (1975): Drei Vorlesungen über Demokratie, Gerechtigkeit und Sozialismus. Walter-Eucken-Institut, Vorträge und Aufsätze, 63, Tübingen (J. C. B. Mohr)
– (1979): Die drei Quellen der menschlichen Werte. Walter-Eucken-Institut, Vorträge und Aufsätze, 70, Tübingen (J. C. B. Mohr)
Hayes, C. (1951): The Ape in our House. New York (Harper)
Hebb, D. O. (1949): The Organization of Behaviour. New York
– (1953): Heredity and Environment in Mammalian Behaviour. Brit. J. Anim. Beh., 1, 43–47

HEBERER, G. (1965): Über den systematischen Ort und den psychisch-physischen Status der Australopithecinen. In: HEBERER, G. (ed.): Menschliche Abstammungslehre. Stuttgart (Fischer), 310–356
HEDIGER, H. (1933): Beobachtungen an der marokkanischen Winkerkrabbe *(Uca tangeri).* Verh. Schweiz. Nat.forsch. Ges., 114, 388–389
– (1934): Zur Biologie und Psychologie der Flucht bei Tieren. Biol. Zbl. 54, 21–40
– (1942): Wildtiere in Gefangenschaft. Basel
– (1949): Säugetierterritorien und ihre Markierung. Bijdr. tot de Dierkde, 28, 172–184
– (1954): Skizzen zu einer Tierpsychologie im Zoo und im Zirkus. Zürich (Gutenberg)
– (1961): The Evolution of Territorial Behavior. In: WASHBURN, S. L. (ed.): Social Life of Early Man. Chicago (Aldine), 34–57
– (1963): Weitere Dressurversuche mit Delphinen und anderen Walen. Z. Tierpsychol., 20, 487–497
HEGH, E. (1922): Les Termites. Brüssel (L. Desmet)
HEILIGENBERG, W. (1963): Ursachen für das Auftreten von Instinktbewegungen bei einem Fische *(Pelmatochromis subocellatus kribensis).* Z. vergl. Physiol., 47, 339–380
– (1964): Ein Versuch zur ganzheitsbezogenen Analyse des Instinktverhaltens eines Fisches (*Pelmatochromis subocellatus kribensis,* Boul., Cichlidae). Z. Tierpsychol., 21, 1–52
– (1965): A Quantitative Analysis of Digging Movements and their Relationship to Aggressive Behaviour in Cichlids. Anim. Beh., 13, 163–170
HEILIGENBERG, W. und KRAMER, U. (1972): Aggressiveness as a Function of External Stimulation. J. Comp. Physiol., 77, 332–340
HEILIGENBERG, W., KRAMER, U. und SCHULZ, V. (1972): The Angular Orientation of the Black Eye-Bar in *Haplochromis burtoni* (Cichlidae, Pisces) and its Relevance to Aggressivity. Z. vergl. Physiol., 76, 168–176
HEINROTH, O. (1910): Beiträge zur Biologie, insbesondere Psychologie und Ethologie der Anatiden. Verh. 5. Int. Ornith. Kongr. Berlin, 589–702
HEINROTH, O. und M. (1928): Die Vögel Mitteleuropas. Berlin-Lichterfelde (Bermühler)
HEINROTH-BERGER, K. (1965): Über Geburt und Aufzucht eines männlichen Schimpansen im Zool. Garten Berlin. Z. Tierpsychol., 22, 15–35
HEINZ, H. J. (1949): Vergleichende Beobachtungen über die Putzhandlungen bei Dipteren und bei *Sarcophaga carnaria* L. im besonderen. Z. Tierpsychol., 6, 330–371
– (1966): The Social Organization of the !Ko Bushmen. Masters Thesis Dept. Anthropology, Univ. of South Africa Johannisburg
– (1967): Conflicts, Tensions and Release of Tensions in a Bushmen Society. The Institute for the Study of Man in Africa, Isma Papers No. 23
– (1972): Territoriality among the Bushmen in General and the !Ko in Particular. Anthropos, 67, 405–416
– (1979): The Nexus Complex among the !Ko-Bushmen of Botswana. Anthropos, 74, 465–480
HELD, R. und HEIN, A. (1963): Movement-Produced Stimulation in the Development of Visually Guided Behavior. J. Comp. Physiol. Psychol., 56, 872–876
HELLBRÜGGE, T. (1967): Chronophysiologie des Kindes. Verh. dtsch. Ges. innere Med., 73, 895
HELMUTH, H. (1967): Zum Verhalten des Menschen: die Aggression. Z. Ethnol., 92, 2, 265–273

HELVERSEN, D. v. (1972): Gesang des Männchens und Lautschema des Weibchens bei der Feldheuschrecke *Chorthippus biguttulus* (Orthoptera, Acrididae). J. Comp. Physiol., 81, 381–422
HELVERSEN, D. v. und HELVERSEN, O. v. (1975): Verhaltensgenetische Untersuchungen am akustischen Kommunikationssystem der Feldheuschrecke (Orthoptera, Acrididae). I u. II: Der Gesang von Artbastarden zwischen *Chorthippus biguttulus* und *Ch. mollis*. J. Comp. Physiol., 104, 273–299, 301–323
HERAN, H. (1966): Sinnesphysiologie. Handb. d. Biol., 5, 473. Frankfurt (Athenaion)
HERING, E. (1921): Über das Gedächtnis als eine allgemeine Funktion der organisierten Materie. 3. Aufl. Leipzig (Akad. Verl. Ges.) (1. Aufl. 1870)
HERING, H. E. (1896): Über Bewegungsstereotypien nach centripetaler Lähmung. Arch. exp. pathol. Pharmakol., 38, 266–283
HERNANDEZ-PEON, R. und BRUST-CARMONA, H. (1961): Functional Role of Subcortical Structure in Habituation and Conditioning. In: DELAFRESNAYE, J. F. (ed.): Brain Mechanisms and Learning. Oxford (Blackwell), 393–412
HERREBOUT, W. M., KUYTEN, P. J. und RUITER, L. DE (1963): Observations on Color Patterns and Behaviour of Caterpillars Feeding on Scots Pine. Arch. Neerl. Zool., 15 (3), 315–357
HERTER, K. (1943): Beziehungen zwischen der Ökologie und der Thermotaxis der Tiere. Biol. Gen., 17, 243–309
– (1952): Der Temperatursinn der Säugetiere. Beitr. Tierkde.–Tierzucht, 3, 1–171
– (1953): Der Temperatursinn der Insekten. Berlin (Duncker u. Humblot)
HERTER, K. und SGONINA, K. (1938): Vorzugstemperatur und Hautbeschaffenheit bei Mäusen. Z. vergl. Physiol., 26, 366–415
HERZ, A. (1980): Pharmacological modulation of opiate-like peptide systems. Pharmacology, Biochemistry and Behavior, 13, Suppl. 1, 265–268
– (1984): Biochemie und Pharmakologie des Schmerzgeschehens. In: ZIMMERMANN, M. und HANDWERKER, H. O. (eds.): Schmerz. Berlin (Springer), 61–86
HERZOG, M. und HOPF, S. (1983): Effects of Species-Specific Vocalizations on the Behaviour of Surrogate-Reared Squirrel Monkeys. Behaviour, 86, 197–214
– (1984): Behavioral Responses to Species-Specific Warning Calls in Infant Squirrel Monkeys Reared in Social Isolation. Amer. J. of Primatology, 7, 99–106
HESS, C. v. (1913): Experimentelle Untersuchungen über den angeblichen Farbensinn der Bienen. Zool. Jb. Allg. Zool. Physiol., 34, 81–106
HESS, E. H. (1956): Space Perception in the Chick. Scient. Americ., 195, 71–80
– (1959): Imprinting, an Effect of Early Experience. Science, 130, 133–141
– (1965): Attitude and Pupil Size. Scient. Americ., 212 (4), 46–54
– (1973): Imprinting: Early Experience and the Developmental Psychobiology of Attachment. New York (Nostrand). Deutsche Übersetzung (1975): Prägung. München (Kindler)
– (1975): The Tell-Tale Eye. New York (Nostrand). Deutsche Übersetzung (1977): Das sprechende Auge. München (Kindler)
HESS, E. H., SELTZER, A. L. und SHLIEN, J. M. (1965): Pupil Response of hetero- and homosexual Males to Pictures of Men and Women: A Pilot Study. J. Abnorm. Psychol., 70, 165–168
HESS, W. R. (1954): Das Zwischenhirn. 2. Aufl. Basel (Schwabe)
– (1957): Die Formatio reticularis des Hirnstammes im verhaltensphysiologischen Aspekt. Arch. Psychiatr. Nervenkr., 196, 329–336
HESSE, R. und DOFLEIN, F. (1943): Tierbau und Tierleben. 2. Das Tier als Glied des Naturganzen. Jena (Fischer)

Heusser, H. (1960): Über die Beziehungen der Erdkröte *(Bufo bufo* L.*)* zu ihrem Laichplatz II. Behaviour, 16, 93–109

Hewes, G. H. (1957): The Anthropology of Posture. Scient. Americ., 196 (2), 123–132

Heymer, A. (1973): Verhaltensstudien an Prachtlibellen. Z. Tierpsychol., Beiheft 11. Berlin (Parey)

– (1977): Ethologisches Wörterbuch. Berlin (Parey)

Hilgard, E. R. (1956): Theories of Learning. New York (Appleton-Century)

Hinde, R. A. (1953): Appetitive Behaviour, Consummatory Act and the Hierarchical Organization of Behaviour; with Special Reference to the Great Tit *(Parus major).* Behaviour, 5, 189–224

– (1956): The Behaviour of Certain Cardueline F_1 Interspecies Hybrids. Behaviour, 9, 202–213

– (1958): The Nestbuilding Behaviour of Domesticated Canaries. Proc. Zool. Soc. London, 131, 1–48

– (1959): Some Recent Trends in Ethology. In: Koch, S. (ed.): Psychology, a Study of Science. Study 1/2, 561–610

– (1965): Interaction of Internal and External Factors in Integrations of Canary Reproduction. In: Beach, F. A. (ed.): Sex and Behavior. New York (Wiley), 381–415

– (1966): Animal Behaviour, a Synthesis of Ethology and Comparative Psychology. New York/London (McGraw-Hill); 2. Auflage 1972

– (1982): Ethology: Its Nature and Relations with Other Sciences. New York/Oxford (Oxford Univ. Press)

Hinde, R. A. und Barden, L. A. (1985): The evolution of the Teddy Bear. Animal Behaviour, 33, 1371–1372

Hinde, R. A. und Stevenson-Hinde, J. (eds.) (1973): Constraints on Learning. London (Academic Press)

Hinze, G. (1950): Der Biber. Berlin (Akademie Verlag)

Hirsch, J. (1967): Behavior – Genetic Analysis. New York (McGraw-Hill)

Hirsch, J. und Boudreau, J. C. (1958): Studies in Experimental Behavior Genetics. I. The Heritability of Phototaxis in a Population of *Drosophila melanogaster*. J. Comp. Physiol. Psychol., 51, 647–651

Hirsch, J. und Erlenmeyer-Kimling, L. (1961): Sign of taxis as a property of the genotype. Science, 134, 835–836

Hirsch, J. und McCauley, L. A. (1977): Succesful Replication of, and Selective Breeding for, classical Conditioning in the Blowfly *Phormia regina*. Anim. Behav. 25, 784–785

Hjorth, I. (1966): Arena Behavior in the Black Grouse. Philos. Trans. Roy. Soc. London Serie B. Biol. Science, 251 (772), 485–492

– (1970): Reproductive Behaviour in Tetraonidae. Viltrevy, Swedish Wildlife, 7 (4), 184–596

Hjortsjö, C.-H. (1969): Man's Face and Mimic Language. Malmö (Studentlitteratur)

Hobson, E. S. (1965): Diurnal-Nocturnal Activity of some Inshore Fishes in the Gulf of California. Copeia, 3, 291–302

– (1971): Cleaning Symbiosis Among California Inshore Fishes. Fishery Bull., 69, 491–523

– (1972): Activity of Hawaiian Reef Fishes during the Evening and the Morning Transitions between Daylight and Darkness. Fishery Bull., 70, 715–740

Hockett, C. F. (1960): Logical Considerations in the Study of Animal Communication. Am. Inst. Biol. Sci. Publ., 7, 392–430. Dasselbe: Z. Tierpsychol., 23, 250–254

HOEBEL, B. G. und TEITELBAUM, P. (1962): Hypothalamic Control of Feedings and Self-Stimulation. Science, 135, 375–377

HÖKFELT, T., JOHANSSON, O. und GOLDSTEIN, M. (1984): Chemical anatomy of the brain. Science, 225, 1326–1334

HÖLLDOBLER, B. (1967): Zur Physiologie der Gast-Wirt-Beziehungen (Myrmecophilie) bei Ameisen. Z. vergl. Physiol., 56, 1–21

– (1973): Zur Ethologie der chemischen Verständigung bei Ameisen. Nova Acta Leopoldina N. F., 37, 259–292

– (1976): Tournaments and Slavery in a Desert Ant. Science, 192, 912–914

HÖRMANN-HECK, S. v. (1957): Untersuchungen über den Erbgang einiger Verhaltensweisen bei Grillenbastarden *(Gryllus campestris* x *Gryllus bimaculatus)*. Z. Tierpsychol., 14, 137–183

HOFFMANN, K. (1954): Versuche zu der im Richtungsfinden der Vögel enthaltenen Zeitschätzung. Z. Tierpsychol., 11, 453–475

– (1955): Aktivitätsregistrierungen bei frisch geschlüpften Eidechsen. Z. vergl. Physiol., 37, 253–262

– (1959): Die Aktivitätsperiodik von im 18- und 36-Stundentag erbrüteten Eidechsen. Z. vergl. Physiol., 42, 422–432

– (1960): Experimental Manipulation of the Orientational Clock in Birds. Cold Spring Harbor Symp. Quant. Biol., 25, 379–387

– (1965): Overt Circadian Frequencies and Circadian Rule. In: ASCHOFF, J. (ed.): Circadian Clocks. Amsterdam (North Holland Publ.), 87–94

– (1968): Synchronisation der circadianen Aktivitätsperiodik von Eidechsen durch Temperaturcyclen verschiedener Amplitude. Z. vergl. Physiol., 58, 225–228

– (1969): Die relative Wirksamkeit von Zeit. Oecologia (Berl.), 3, 184–206

– (1970): Zur Synchronisation biologischer Rhythmen. Verh. Dtsch. Zool. Ges., 64. Tagung. Stuttgart (Fischer), 266–273

– (1971): Biological Clocks in Animal Orientation and in other Functions. Proc. International Symposium Circadian Rhythmicity (Wageningen), 170–200

– (1979): Photoperiod, Pineal, Melatonin and Reproduction in Hamsters. In: KAPPERS, J. A. und PÉVET, P. (eds.): The Pineal Gland of Vertebrates including Man. Amsterdam (Elsevier/North-Holland Biomedical Press), 397–415

– (1981): Ist die Zirbeldrüse der Säuger ein antigonadotropes Organ? Verh. Dtsch. Zool. Ges., 1981, 97–109

– (1981): Photoperiodism in Vertebrates. In: ASCHOFF, J. (ed.): Handbook of Behavioral Neurobiology, vol. 4. New York (Plenum), 449–473

HOFSTÄTTER, P. R. (1959): Psychologie. 3. Aufl. Frankfurt (Fischer-Bücherei)

HOHORST, W. und GRAEFE, G. (1961): Ameisen – obligatorische Zwischenwirte des Lanzettegels *(Dicrocoelium dendriticum)*. Die Naturwiss., 48, 229–230

HOKANSON, J. E. und BURGESS, M. (1962): The Effects of Three Types of Aggression on Vascular Processes. J. Abnorm. Soc. Psychol., 64, 446–449

HOKANSON, J. E. und SHETLER, S. (1961): The Effect of Overt Aggression on Physiological Tension Level. J. Abnorm. Soc. Psychol., 63, 446–448

HOLD, B. (1974): Rangordnungsverhalten bei Vorschulkindern. Homo, 25, 252 bis 267

– (1976): Attention Structure and Rank Specific Behaviour in Pre-School Children. In: CHANCE, M. R. A. und LARSEN, R. R. (eds.): The Social Structure of Attention. London (Wiley), 177–201

HOLD, B. (1980): Attention Structure and Behavior in G/wi San Children. Ethol. and Sociobiol., 1, 275–290

HOLD, B. und SCHLEIDT, M. (1977): The Importance of Human Odour in Non-Verbal Communication. Z. Tierpsychol., 43, 225–238
HOLLOWAY, R. L. (ed.) (1974): Primate Aggression, Territoriality, and Xenophobia. London (Academic Press)
HOLST, D. v. (1969): Sozialer Stress bei Tupajas *(Tupaia belangeri)*. Z. vergl. Physiol., 63, 1–58
– (1972): Renal Failure as the Cause of Death in *Tupaia belangeri* Exposed to Persistent Social Stress. J. Comp. Physiol., 78, 236–273
– (1974): Artgenossen als schädigende Umwelt. In: Grzimeks Tierleben, Band Verhaltensforschung. Zürich (Kindler), 534–550
– (1985[a]): Coping behaviour and stress physiology in male tree shrews *(Tupaia belangeri)*. In: HÖLLDOBLER, B. und LINDAUER, M. (eds.): Fortschritte der Zoologie, 31, 461–470
– (1985[b]): The primitive eutherians I: orders Insectivora, Macroscelidea, and Scandentia. In: BROWN, R. E. und MACDONALD, D. W. (eds.): Social Odours in Mammals. Oxford (Clarendon), 105–154
– (1985[c]): The primitive eutherians II: a case study of the tree shrew, *Tupaia belangeri*. In: BROWN, R. E. und MACDONALD, D. W. (eds.): Social Odours in Mammals. Oxford (Clarendon), 155–216
HOLST, D. v. und LESK, S. (1975): Über den Informationsinhalt des Sternaldrüsensekretes männlicher und weiblicher *Tupaia belangeri*. J. Comp. Physiol., 103, 173–188
HOLST, E. v. (1932): Untersuchungen über die Funktionen des Zentralnervensystems beim Regenwurm *(Lumbricus terrestris* L.*)*. Zool. Jb. (Physiol.), 51, 4, 547–588
– (1933): Weitere Versuche zum nervösen Mechanismus der Bewegungen beim Regenwurm *(Lumbricus terrestris* L.*)*. Zool. Jb. (Physiol.), 53, 1, 67–100
– (1935): Über den Prozeß der zentralen Koordination. Pflüg. Arch., 236, 149–158
– (1936): Versuche zur Theorie der relativen Koordination. Pflüg. Arch., 237, 93–121
– (1937): Baustein zu einer vergleichenden Physiologie der lokomotorischen Reflexe bei Fischen II. Z. vergl. Physiol., 24, 532–562
– (1938): Neuere Versuche zur Deutung der relativen Koordination bei Fischen. Pflüg. Arch., 240, 1–43
– (1939): Die relative Koordination als Phänomen und als Methode zentralnervöser Funktionsanalyse. Erg. Physiol., 42, 228–306
– (1943): Über die relative Koordination bei Arthropoden. Pflüg. Arch., 246, 847 bis 865
– (1950[a]): Quantitative Messung von Stimmungen im Verhalten der Fische. In: Physiological Mechanisms in Animal Behavior. Symp. Soc. Exp. Biol., 4, Cambridge (Univ. Press), 143–172
– (1950[b]): Die Tätigkeit des Statolithenapparates der Wirbeltiere. Die Naturwiss., 12, 265–272
– (1955): Regelvorgänge in der optischen Wahrnehmung. 5th Conf. Soc. Biol. Rhythm. Stockholm, 26–34
– (1956): Optische Wahrnehmungen, die wir selbst erzeugen, und ihre Bedeutung für unser Dasein. Jb. Max-Planck-Ges., 121–149
– (1957): Die Auslösung von Stimmungen bei Wirbeltieren durch »punktförmige« elektrische Erregung des Stammhirns. Die Naturwiss., 44, 549–551
– (1969): Zur Verhaltensphysiologie bei Tieren und Menschen. I und II. München (Piper)
HOLST, E. v., KAISER, M., RÖBIG, G. und GÖLDNER, G. (1950): Die Arbeitsweise des Statolithen-Apparates bei Tieren. Z. vergl. Physiol., 32, 60–120

Holst, E. v. und Mittelstaedt, H. (1950): Das Reafferenz-Prinzip. Die Naturwiss., 37, 464–476
Holst, E. v. und Saint Paul, U. v. (1960): Vom Wirkungsgefüge der Triebe. Die Naturwiss., 18, 409–422
Holzapfel, M. (1938): Über Bewegungsstereotypien bei gehaltenen Säugern, I. und II. Z. Tierpsychol., 2, 46–72
– (1939): Über Bewegungsstereotypien bei gehaltenen Säugern. III. Analyse der Bewegungsstereotypie eines Gürteltieres. Der Zool. Garten, 10, 184–193
– (1940): Triebbedingte Ruhezustände als Ziel von Appetenzhandlungen. Die Naturwiss., 28, 273–280
– (1949): Die Beziehungen zwischen den Trieben junger und erwachsener Tiere. Schweiz. Z. Psychol., 8, 32–60
Holzkamp-Osterkamp, U. (1975): Grundlagen der psychologischen Motivationsforschung. Frankfurt (Campus)
Hong, L. K. (1984): Survival of the Fastest: On the Origin of Premature Ejaculation. The J. of Sex Research, 20, 2, 109–122
Hooff, J. A. R. A. M. van (1971): Aspecten van Het Sociale Gedrag En De Communicatie Bij Humane En Hogere Niet-Humane Primaten. (Aspects of the social behaviour and communication in human and higher non-human primates.) Rotterdam (Bronder-Offset n. v.)
Hoogland, R., Morris, D. und Tinbergen, N. (1957): The Spines of the Sticklebacks *(Gasterosteus* and *Pygosteus)* as Means of Defence against Predators *(Perca* and *Esox)*. Behaviour, 10, 205–236
Hoppenheit, M. (1964): Beobachtungen zum Beutefangverhalten der Larve von *Aeschna cyanea* Müll. *(Odonata)*. zool. Anz., 172, 216–232
Hotta, Y. und Benzer, S. (1976): Courtship in Drosophila mosaics: Sex – Specific Foci for Sequential Action Patterns. Proc. Nat. Acad. Sci., 73 (11), 4154–4158
Howard, H. E. (1920): Territory in Bird Life. New York (Dutton)
Howard, R. D. (1978): The Evolution of Mating Strategies in Bullfrogs, *Rana catesbiana*. Evolution, 32, 850–871
Hoy, R. R. und Paul, R. C. (1973): Genetic Control of Song Specificity in Crickets. Science, 180, 82–83
Hoyle, G. (1977): Identified Neurons and Behavior of Arthropodes. New York/London (Plenum Press)
Hsiao, H. H. (1929): An Experimental Study of the Rat's »Insight« within a Spatial Complex. Univ. Calif. Publ. Psychol., 4, 57–70
Hubel, D. H. und Wiesel, T. N. (1959): Receptive Fields of Single Neurons in the Cats Striate Cortex. J. Physiol., 148, 574–591
– (1962): Receptive Fields, Binocular Interactions and Functional Architecture in the Cats Visual Cortex. J. Physiol., 160, 106–154
– (1963): Receptive Fields of Cells in Striate Cortex of Very Young, Visually Inexperienced Kittens. J. Neurophysiol., 24, 994–1002
Huber, F. (1955): Sitz und Bedeutung nervöser Zentren für Instinkthandlungen beim Männchen von *Gryllus campestris*. Z. Tierpsychol., 12, 12–48
– (1967): Central Control of Movements and Behaviour of Invertebrates. In: Wiersma, C. A. G. (ed.): Invertebrate Nervous Systems. Chicago (Univ. Press), 333–351
– (1974[a]): Neural Integration (Central Nervous System). In: Rockstein, M. (ed.): The Physiology of Insecta. 2. Auflage, 4, 3–100
– (1974[b]): Neuronal Background of Species-Specific Acoustical Communication in Or-

thopteran Insects (Gryllidae). Symposia of the Inst. of Biol. Nr. 21. The Biology of Brains, BROUGHTON, W. B. (ed.), Chapter 4, 61–88
– (1975): Principles of Motor Co-ordination in Cyclically Recurring Behaviour in Insects. In: USHERWOOD, P. N. R. und NEWTH, D. R. (eds.): Simple Nervous Systems. London (Edward Arnold), Chapter 10, 381–413
– (1977): Lautäußerungen und Lauterkennen bei Insekten (Grillen). Rheinisch-Westfälische Akad. Wiss. Vorträge Nr. 265, Opladen (Westdeutscher Verlag)
– (1985): Approaches to insect behavior of interest to both neurobiologists and behavioral ecologists. The Florida Entomologist, 68, 52–78
HUBER, F. und MARKL, H. (1983): Neuroethology and behavioral physiology. Roots and growing points. Berlin, Heidelberg (Springer)
HUBER, F. und THORSON, J. (1986): Akustische Verständigung bei Grillen. Spektrum der Wissenschaft, Februar, 78–87
HUDGENS, G. A., DENENBERG, V. H. u. ZARROW, M. X. (1968): Mice Reared with Rats: Effects of Preweaning and Postweaning Social Interaction upon Adult Behaviour. Behaviour, 30, 259–274
HÜCKSTEDT, B. (1965): Experimentelle Untersuchungen zum »Kindchenschema«. Z. exp. u. angew. Psychol., 12, 421–450
HUET, M. (1952): Dix années de pisciculture aux Congo Belge et aux Ruanda. Traité de pisciculture. Brüssel
HUIZINGA, J. (1956): Homo ludens. Rowohlts Dtsche Enzycl., 21
HULL, C. L. (1943): Principles of Behaviour. New York
HUNSAKER, D. (1962): Ethological Isolating Mechanisms in the *Sceloporus torquatus* Group of Lizards. Evolution, 16, 62–74
HUNSPERGER, R. W. (1954): Reizversuche im periventrikulären Grau des Mittel- und Zwischenhirns (Film). Helv. Physiol. Acta, 12, C 4–C 6. Begleittext in: Verhandl. des Schweiz. Vereins der Physiologen und Pharmakologen, 44. Tagung, Basel
HUNTER, W. S. (1913): The Delayed Reaction in Animals and Children. Behav. Monogr., 2, 21–30
HUTT, S. J. und HUTT, C. (1970): Behaviour Studies in Psychiatry. Oxford (Pergamon)
HUXLEY, J. S. (1923): Courtship Activities in the Red-Throated Diver (*Colymbus stellatus* Pontopp); together with a Discussion of the Evolution of Courtship in Birds. J. Linn. Soc. London Zool., 53, 253–292
– (1966): A Discussion on Ritualization of Behaviour in Animals and Man. Philos. Transact. Royal Society London, Series B, Nr. 772, Band 251
HYDÉN, H. (1961): Satellite Cells in the Nervous System. Scient. Americ., 205 (6), 62–70
HYDÉN, H. und EGYHAZI, E. (1962): Nuclear RNA Changes of Nerve Cells during a Learning Experiment in Rats. Proc. Nat. Acad. Sci., 48, 1366–1373

IERSEL, J. J. A. VAN (1953): An Analysis of the Parental Behavior of the Three-Spined Stickleback *(Gasterosteus aculeatus)*. Behaviour, Suppl. 3
– (1958): Some Aspects of Territorial Behavior of the Male Three-Spined Stickleback. Arch. Neerl. Zool., 13, 383–400
IMANISHI, K. (1957): Social Behaviour in Japanese Monkeys, *Macaca fuscata*. Psychologia, 1, 47–54
IMMELMANN, K. (1959): Experimentelle Untersuchungen über die biologische Bedeutung artspezifischer Merkmale beim Zebrafinken (*Taeniopygia castanotis* Gould). Zool. Jb. Abt. Syst., 86, 438–592

– (1961): Beitrag zur Biologie und Ethologie australischer Honigfresser *(Meliphagidae)*. J. Ornith., 102, 164–207
– (1962[a]): Vergleichende Beobachtungen über das Verhalten domestizierter Zebrafinken in Europa und ihrer wilden Stammform in Australien. Z. Tierzüchtg., 77, 198
– (1962[b]): Beiträge zu einer vergleichenden Biologie australischer Prachtfinken *(Spermestidae)*. Zool. Jahrb. Syst., 90, 1–196
– (1965): Prägungserscheinungen in der Gesangsentwicklung junger Zebrafinken. Die Naturwiss., 52, 169–170
– (1966): Zur Irreversibilität der Prägung. Die Naturwiss., 53, 209
– (1967): Zur ontogenetischen Gesangsentwicklung bei Prachtfinken. Zool. Anz. Suppl., 30, 320–332
– (1970): Zur ökologischen Bedeutung prägungsbedingter Isolationsmechanismen. Verh. Dtsch. Zool. Ges., 64. Tagung. Stuttgart (Fischer), 304–314
– (1975): Ecological significance of imprinting and early learning. Annual Review of Ecology and Systematics, 6, 15–37
Immelmann, K. und Meves, Ch. (1974): Prägung als frühkindliches Verhalten. In: Grzimeks Tierleben, Band: Verhaltensforschung. Zürich (Kindler), 337–353
Immelmann, K., Piltz, A. und Sossinka, R. (1977): Experimentelle Untersuchungen zur Bedeutung der Rachenzeichnung junger Zebrafinken. Z. Tierpsychol., 45, 210–218
Inhelder, E. (1955): Zur Psychologie einiger Verhaltensweisen, besonders des Spiels von Zootieren. Z. Tierpsychol., 12, 88–144
Itani, J. (1954): Japanese Monkeys in Takasakiyama. In: Imanishi, K. (ed.): Nihon Dobutsuki II, Tokyo (Kobunsha) (jap.)
– (1958): On the Acquisition and Propagation of a New Food Habit in the Troop of Japanese Monkeys at Takasakiyama. Primates, 1, 84–98 (jap.)
Itani, J. und Suzuki, A. (1967): The Social Unit of Chimpanzees. Primates, 8, 355–381
Izawa, K. (1970): Unit Groups of Chimpanzees and Their Nomadism in the Savanna Woodland. Primates, 11, 1–46

Jacobs, W. (1953[a]): Vergleichende Verhaltensstudien an Feldheuschrecken *(Orthoptera, Acrididae)* und einiger anderer Insekten. Zool. Anz. Suppl., 19, 115–138
– (1953[b]): Verhaltensbiologische Studien an Feldheuschrecken. Z. Tierpsychol., Beih. 1
– (1966): Die Gesänge der Heuschrecken. In: Burkhardt, D., Schleidt, W. und Altner, H. (eds.): Düfte, Farben und Signale. München (Moos)
Jacobs-Jessen, U. F. (1959): Zur Orientierung der Hummeln und einiger anderer Hymenopteren. Z. vergl. Physiol., 41, 597–641
Jacobson, A. L., Babich, F. R., Bubash, S. und Jacobson, A. (1965): Differential-Approach Tendencies Produced by Injection of RNA from Trained Rats. Science, 150, 636–637
Jaekel, J. (1986): Einfluß ausgewählter Psychopharmaka auf Kommunikationsabläufe bei Rhesusaffen. In: Keup, W. (ed.): Biologische Psychiatrie. Berlin/New York (Springer), 29–38
Jallon, J.-M. (1984): A Few Chemical Words Exchanged by Drosophila During Courtship and Mating. Behavior Genetics, 14, 5, 441–478
James, W. (1890): Principles of Psychology. New York (Holt, Rinehart and Winston)
Jander, R. (1966[a]): Die Phylogenie von Orientierungsmechanismen der Arthropoden. Zool. Anz. Suppl., 29, 266–306
– (1966[b]): Die Hauptentwicklungen der Lichtorientierung bei den tierischen Organismen. Verh. Verb. Dtsch. Biol., 3, 28–34

Janisse, M. P. (1973): Pupil Size and Affect: A Critical View of the Literature Since 1960. Canad. Psychologist, 14, 311–329
Janisse, M. P. und Peavler, W. S. (1974): Pupillary Research Today: Emotion in the Eye. Psychology Today (Februar)
Jankowska, E. und Roberts, W. J. (1972): Synaptic Actions of Single Interneurons Mediating Reciprocal Ia Inhibition of Motoneurones. J. Physiol., 222, 623–642
Jantschke, F. (1972): Orang-Utans in Zoologischen Gärten. In: Wickler, W. (ed.): Ethologische Studien. München (Piper)
Jarvik, L., Klodin, V. und Matsuyama, S. S. (1973): Human Aggression and the Extra Y Chromosome: Fact or Fantasy? Am. Psychologist, 28, 674–682
Jay, Ph. C. (1963): The Indian Langur Monkey. In: Southwick, C. (ed.): Primate Social Behavior. Princeton/New Jersey (Nostrand), 119–123
– (1965): The Common Langur of North India. In: DeVore, I. (ed.): Primate Behavior. New York/London (Holt, Rinehart and Winston), 197–250
– (ed.) (1968): Primates: Studies in Adaptation and Variability. New York (Holt, Rinehart and Winston)
Jenkins, D., Watson, A. und Miller, G. R. (1967): Population Fluctuations in the Red Grouse *Lagopus lagopus scoticus*. J. Anim. Ecol., 36, 97–122
Jennings, H. S. (1906): The Behavior of the Lower Organisms. New York
Jensen, A. R. (1969): How Much Can We Boost IQ and Scholastic Achievement? Harvard Educ. Review, 39 (1), 1–123
– (1975[a]): Race and Mental Ability. Racial Variat. in Man. Inst. Biol. Symp. Nr. 22, Ebling, F. J. (ed.), London (Inst. Biol./Blackwells), 71–108
– (1975[b]): The Problem of Genotype-Environment Correlation in the Estimation of Heritability from Monozygot and Dizygotic Twins. 1. Int. Congr. of Twin Stud., Rom, Okt. 1974, Acta Geneticae Med. et Gemellologiae
– (1980[a]): Bias in Mental Testing. New York (The Free Press)
– (1980[b]): Multiple Book Review of Bias in Mental Testing. Behav. and Brain Sciences, 3, 325–371
– (1983): The Definition of Intelligence and Factor-Score Indeterminancy. Behav. and Brain Sciences, 6, 313–315
Jespersen, O. (1925): Die Sprache. Heidelberg
Johnson, D. L. (1967): Honeybees: Do They Use the Direction Information Contained in Their Dance Maneuver? Science, 155, 844–847
Jolly, A. (1966): Lemur Social Behavior and Primate Intelligence. Science, 153, 501–506
– (1972): The Evolution of Primate Behavior. New York (Macmillan)
Jones, C. und Sabater, P. J. (1968): Comparative Ecology of *Cercocebus albigena* (Gray) and *Cercocebus torquatus* (Kerr) in Rio Muni, West Africa. Folia primat., 9, 99–113
Jouventin, P., Monicault, G. de, Blosseville, J. M. (1981): La danse de l'Albatros, *Phoebetria fusca*. Behaviour, 78, 43–80
Jouventin, P. und Weimerskirch, H. (1984): L'Albatros Fuligineux a dos sombre, *Phoebetria fusca*, Exemple de strategie d'adaptation extrème a la vie pelagique. Rev. Ecol. (Terre Vie), 39, 401–429
Jouvet, M. (1972): Le Discours Biologique. Rev. Médecine, 16, 1003–1063
Jürgens, U. (1979): Vocalization as an Emotional Indicator – A Neuroethological Study in the Squirrel Monkey. Behaviour, 69, 88–117
Jürgens, U. und Ploog, D. (1976): Zur Evolution der Stimme. Arch. Psychiat. Nervenkr., 222, 117–137

Kaada, B. (1967): Brain Mechanisms Related to Aggressive Behaviour. Ucla Forum in Med. Sci., 7, 95–133. In: Clemente, C. D. und Lindsley, D. B. (eds.): Aggression and Defense. Neural Mechanisms and Social Pattern. Berkeley/Los Angeles (Univ. Calif. Press)
Kästle, W. (1963): Zur Ethologie des Grasanolis *(Norops auratus)*. Z. Tierpsychol., 20, 16–33
– (1965): Zur Ethologie des Andenanolis *Phenacosaurus richteri*. Z. Tierpsychol., 22, 751–769
Kaestner, A. (1965): Lehrbuch der speziellen Zoologie. I. Wirbellose. 1. Teil, 2. Aufl. Jena (Fischer)
Kahn, M. W. (1951): The Effect of Severe Defeat at Various Levels on the Aggressive Behavior of Mice. J. Gen. Psychol., 79, 117–130
– (1954): Infantile Experience and Mature Aggressive Behavior of Mice; some Maternal Influences. J. Gen. Psychol., 84, 65–75
Kaissling, K.-E. (1971): Insect Olfaction. In: Beidler, L. M. (ed.): Handbook of Sensory Physiology, 4: Chemical Senses. Berlin (Springer), 351–431
Kaissling, K. E. und Priesner, E. (1970): Die Riechschwelle des Seidenspinners. Die Naturwiss., 57, 23–28
Kandel, E. R. (1976): Cellular Basis of Behavior. An Introduction to Behavioral Neurobiology. San Francisco (W. H. Freeman & Co.)
Kant, I. (1960): Werke in 6 Bänden. Wiesbaden
Kapune, Th. (1966): Untersuchungen zur Bildung eines »Wertbegriffes« bei niederen Primaten. Z. Tierpsychol., 23, 324–363
Karlson, P. und Lüscher, M. (1959): »Pheromones« a New Term for a Class of Biologically Active Substances. Nature, 183, 55–56
Karplus, I., Tsurnamal, M., Szlep, R. und Algom, D. (1979): Tactile Communication between *Cryptocentrus steinitzi* (Pisces, Gobiidae) and *Alpheus purpurilenticularis* (Crustacea). Z. Tierpsychol., 49, 337–351
Kaufmann, S. A. (1967): Social Relations of Adult Males in a Free-Ranging Band of Rhesus Monkeys. In: Altman, S. A. (ed.): Social Communication among Primates. Chicago (Univ. Press), 73–98
Kawai, M. (1958): On the Rank System in a Natural Group of Japanese Monkeys. (Jap. mit engl. Zusammenfassg.) Primates, 1, 84–98
– (1964): The Ecology of Japanese Monkeys. Tokio
– (1965): Newly Acquired Pre-Cultural Behavior of the Natural Troop of Japanese Monkeys on Koshima Island. Primates, 6, 1–30
– (1975): Precultural Behavior of the Japanese Monkey. In: Kurth, G. und Eibl-Eibesfeldt, I. (eds.): Hominisation und Verhalten. Stuttgart (Fischer), 32–55
Kawai, M. und Mizuhara, H. (1959): An Ecological Study on the Wild Mountain Gorilla *(Gorilla gorilla beringei)*. Primates, 2, 1–42
Kawamura, S. (1963): The Process of Sub-Cultural Propagation among Japanese Macaques. In: Southwick, C. (ed.): Primate Social Behavior. New York (Nostrand), 82–90
Kearton, C. (1935): Die Insel der fünf Millionen Pinguine. Stuttgart
Keenleyside, M. H. A. (1955): Some Aspects of Schooling of Fish. Behaviour, 8, 183–248
Keeton, W. T. (1971): Magnet Interference with Pigeons. Proc. Nat. Acad. Sci., 68, 102–106
– (1974): The Orientational and Navigational Basis of Homing in Birds. Adv. Study Behav., 5, 47–132

KELLOGG, W. N. (1961): Porpoises and Sonar. Chicago (Univ. Press)
– (1968): Communication and Language in the Home-Raised Chimpanzee. Science, 165, 423–427
KEMPENDORFF, W. (1942): Über das Fluchtphänomen und die Chemorezeption von *Heliosoma nigricans*. Arch. Moll.kde., 74
KENDON, A. und FERBER, A. (1973): A Description of some Human Greetings. In: MICHAEL, R. P. und CROOK, J. H. (eds.): Comparative Ecology and Behaviour of Primates. London (Academic Press), 591–668
KENNEDY, J. S. (1951): The Migration of the Desert Locust (*Schistocerca gregaria* Forsk). R. Soc. London, Phil. Trans., 235 B, 163–290
KENWARD, R. E. (1978): Hawks and Doves: Factors Affecting Success and Selection in Goshawk Attacks on Wood-Pigeons. J. Anim. Ecol., 47, 449–460
KERN, J. (1964): Observations on the Habits of the Proboscis Monkey, *Nasalis larvatus*, made in the Brunei Bay Area, Borneo. Zoologica, 49, 183–192
KEVERNE, E. B. (1978): Olfactory Cues in Mammalian Sexual Behavior. In: HUTCHINSON, J. P. (ed.): Biological Determinants in Sexual Behavior. Chichester/New York (Wiley), 727–763
KEVERNE, E. B., LEVY, F., POINDRON, P. und LINDSAY, D. R. (1983): Vaginal Stimulation: An Important Determinant of Maternal Bonding in Sheep. Science, 219, 81–83
KING, J. A. (1955): Social Behavior, Social Organization and Population Dynamics in a Black-Tailed Prairiedog Town in the Black Hills of South Dakota. Contr. Lab. Vert. Biol. Univ. Michigan, 67
– (1957): Relationships between Early Social Experience and Adult Aggressive Behavior in Inbread Mice. J. Gen. Psychol., 90, 151–166
KING, J. A. und GURNEY, N. L. (1954): Effect of Early Social Experience on Adult Aggressive Behavior in C 57 BL/10 Mice. J. Comp. Physiol. Psychol., 47, 326–336
KIRCHSHOFER, R. (1960): Über das »Harnspritzen« des Großen Mara. Z. Säugetierkde., 25, 112–127
KISLAK, J. W. und BEACH, F. A. (1955): Inhibition of Aggression by Ovarian Hormones. Endocrinol., 56, 684–692
KITZLER, G. (1942): Die Paarungsbiologie einiger Eidechsen. Z. Tierpsychol., 4, 353–402
KLAUSEWITZ, W. (1961): Einige systematisch und ökologisch bemerkenswerte Meergrundeln *(Pisces, Gobiidae)*. Senck. biol., 41, 149–162
– (1965): Osteichthyes, Knochenfische. Handb. d. Biol., 6 (2), Frankfurt, 542–628
KLAUSEWITZ, W. und EIBL-EIBESFELDT, I. (1959): Neue Röhrenaale von den Malediven und Nikobaren *(Pisces, Apodes, Heterocongridae)*. Senck. biol., 40, 135–153
KLINGEL, H. (1967): Soziale Organisation und Verhalten freilebender Steppenzebras. Z. Tierpsychol., 24, 580–624
KLINGELHÖFFER, W. (1956): Terrarienkunde. 2.: Lurche. SCHERPNER, CH. (ed.), 2. Aufl. Stuttgart (Kernen)
KLINGHAMMER, E. (1967): Factors Influencing Choice of Mate in Altricial Birds. In: STEVENSON, H. W. (ed.): Early Behavior. New York (Wiley), 5–42
KLINGHAMMER, E. und HESS, E. H. (1964): Parental Feeding in Ring Doves *(Streptopelia roseogrisea)*, Innate or Learned? Z. Tierpsychol., 21, 338–347
KLOOT, W. G. VAN DER und WILLIAMS, C. M. (1953): Cocoon Construction by the Cecropia Silkworm. II. The Role of the Internal Environment. Behaviour, 5, 157–174
KLOPFER, P. H. (1957): An Experiment on Emphatic Learning in Ducks. Am. Naturalist, 91, 61–63
– (1962): Aspects of Ecology. New Jersey (Prentice Hall)

– (1963): Behavioral Aspects of Habitat Selection. Wilson Bull., 75, 15–22
– (1971): Mother Love: What Turns It on? Am. Sci., 59, 404–407
Klopfer, P. H. und Gamble, J. (1966): Maternal »Imprinting« in Goats. The Role of Chemical Senses. Z. Tierpsychol., 23, 588–592
Klopfer, P. H. und Hailman, J. P. (1965): Habitat Selection in Birds. Adv. Stud. Behav., 1, 279–303
Kluyver, H. N. (1947): Over het gedrag van een jonge Grauwe Vliegenvanger en van een troep Pestvogels in de winter. Ardea, 35, 131–135
Kneutgen, J. (1964): Beobachtungen über die Anpassung von Verhaltensweisen an gleichförmige akustische Reize. Z. Tierpsychol., 21, 763–779
– (1970): Eine Musikform und ihre biologische Funktion. Über die Wirkungsweise der Wiegenlieder. Zeitschr. f. exp. u. angew. Psychol., 17 (2), 245–265
Koehler, O. (1943): »Zähl«-Versuche an einem Kolkraben und Vergleichsversuche an Menschen. Z. Tierpsychol., 5, 575–712
– (1949): »Zählende« Vögel und vorsprachliches Denken. Zool. Anz. Suppl., 13, 129–238
– (1950): Die Analyse der Taxisanteile instinktartigen Verhaltens. Symp. Soc. Exp. Biol., 4. Cambridge, 269–302
– (1952): Vom unbenannten Denken. Zool. Anz. Suppl., 16, 202–211
– (1953): Orientierungsvermögen von Mäusen; Versuche im Hochlabyrinth. Wiss. Film, B 635. Göttingen (Inst. wiss. Film)
– (1954[a]): Das Lächeln als angeborene Ausdrucksbewegung. Z. menschl. Vererb.- u. Konst.lehre, 32, 330–334
– (1954[b]): Vorbedingungen und Vorstufen unserer Sprache bei Tieren. Zool. Anz. Suppl., 18, 327–341
– (1955): Zählende Vögel und vergleichende Verhaltensforschung. Acta 11. Congr. Int. Ornith. Basel, 588–598
– (1966[a]): Vom Spiel bei Tieren. Freiburger Dies Universitatis, 13, 1–32
– (1966[b]): Hockett, Ch. F. (1960): Logical Considerations in the Study of Animal Communication. Am. Inst. Biol. Sci. Publ., 7, 392–430. Ref. Z. Tierpsychol., 23, 250–254
Koehler, O. und Zagarus, A. (1937): Beiträge zum Brutverhalten des Halsbandregenpfeifers *(Charadrius hiaticula* L.*)*. Beitr. Fortpfl. biol. Vögel, 13, 1–9
Köhler, W. (1921): Intelligenzprüfungen an Menschenaffen. Berlin (Springer), Neudruck 1963
König, H. (1925): Der Rechtsbruch und sein Ausgleich bei den Eskimo. Anthropos, 20, 276–315
Koenig, L. (1951): Beiträge zu einem Aktionssystem des Bienenfressers *(Merops apiaster* L.*)*. Z. Tierpsychol., 8, 169–210
– (1953): Beobachtungen am afrikanischen Blauwangenspint *(Merops superciliosus chrysocercus)* in freier Wildbahn und Gefangenschaft, mit Vergleichen zum Bienenfresser *(Merops apiaster* L.*)*. Z. Tierpsychol., 10, 180–204
– (1970): Zur Fortpflanzung und Jugendentwicklung des Wüstenfuchses (*Fennecus zerda* Zimm. 1780). Z. Tierpsychol., 27, 205–246
– (1973): Das Aktionssystem der Zwergohreule *Otus scops scops* (Linné 1758). Beiheft 13, Z. Tierpsychol. Berlin (Parey)
Koenig, O. (1951): Das Aktionssystem der Bartmeise *(Panurus biarmicus* L.*)*. 1. u. 2. Teil. Österr. Zool. Z., 1, 1–82; 3, 247–325
– (1968): Biologie der Uniform. Naturwiss. u. Med. (n + m), Mannheim (Boehringer), 5 (22), 3–19; (23), 40–50

– (1970): Kultur und Verhaltensforschung. München (dtv)
– (1975): Urmotiv Auge. Neuentdeckte Grundzüge menschlichen Verhaltens. München (Piper)
KOFORD, C. B. (1963[a]): Rank of Mothers and Sons in Bands of Rhesus Monkeys. Science, 141, 356–357
– (1963[b]): Group Relations in an Island Colony of Rhesus Monkeys. In: SOUTHWICK, C. (ed.): Primate Social Behavior. Princeton/New Jersey (Nostrand), 136–152
– (1966): Population Changes in Rhesus Monkeys: Cayo Santiago 1960–1964. Tulane Stud. Zool., 13, 1–7
KOHL-LARSEN, L. (1958): Wildbeuter in Ostafrika. Die Tindiga, ein Jäger- und Sammlervolk. Berlin (Reimer)
KOHTS, N. (1935): Infant Ape and Human Child (Instincts, Emotions, Play, Habits). Sci. Mem. Mus. Darwinianum 3 (m. russ. u. engl. Zusammenfassg.)
KOLLER, G. (1955): Hormonale und psychische Steuerung beim Nestbau weißer Mäuse. Zool. Anz. Suppl., 19, 123–132
KOMISARUK, B. R. und OLDS, J. (1968): Neuronal Correlates of Behaviour in Freely Moving Rats. Science, 161, 810–812
KONEČNI, V. J. und DOOB, A. N. (1972): Catharsis through Displacement of Aggression. J. Pers. Soc. Psychol., 23, 379–387
KONEČNI, V. J. und EBBESEN, E. B. (1976): Disinhibition vs. the carthartic effect. J. Pers. Soc. Psychol., 34, 352–365
KONISHI, M. (1963): The Role of Auditory Feedback in the Vocal Behavior in the Domestic Fowl. Z. Tierpsychol., 20, 349–367
– (1964): Effects of Deafening on Song Development in two Species of Juncos. Condor, 66, 85–102
– (1965[a]): Effects of Deafening on Song Development of American Robins and Black-Headed Grosbeaks. Z. Tierpsychol., 22, 584–599
– (1965[b]): The Role of Auditory Feedback in the Control of Vocalization in the White-Crowned Sparrow. Z. Tierpsychol., 22, 770–783
– (1966): The Attributes of Instinct. Behaviour, 27, 316–328
KONISHI, M. und NOTTEBOHM, F. (1969): Experimental studies in the ontogeny of avian vocalizations. In: HINDE, R. A. (ed.): Bird Vocalizations. London/New York (Cambridge Univ. Press), 29–48
KONOPKA, R. J. und BENZER, S. (1971): Clock Mutants of *Drosophila melanogaster*. Proc. Nat. Acad. Sci. USA, 68, 2112–2116
KORRINGA, P. (1957): Lunar Periodicity. In: HEDGEPETH, J. W. (ed.): Treatise on Marine Ecology and Palaeoecology; 1 Ecology. Memoire 67, Geol. Soc. Am. Baltimore (Waverly Press), 917–934
KORTLANDT, A. (1940): Eine Übersicht über die angeborenen Verhaltensweisen des mitteleuropäischen Kormorans. Arch. neerl. Zool., 4, 401–442
– (1955): Aspects and Prospects of the Concept of Instinct. Arch. neerl. Zool., 11, 155–284
– (1962): Chimpanzees in the Wild. Scient. Americ., 206, 128–138
– (1965): How Do Chimpanzees Use Weapons when Fighting Leopards. Yearbook Amer. Philos. Soc., 327–332
– (1967[a]): Experimentation with Chimpanzees in the Wild. In: STARCK, D., SCHNEIDER, R. und KUHN, H. J. (eds.): Neue Ergebnisse der Primatologie. Stuttgart (Fischer), 208–224
– (1967[b]): Handgebrauch bei freilebenden Schimpansen. In: RENSCH, B. (ed.): Handgebrauch und Verständigung bei Affen und Frühmenschen. Bern (Huber), 59–102

– (1972): New Perspectives on Ape and Human Evolution. Stichting voor Psychobiologie, Zoolog. Lab. Amsterdam
KORTLANDT, A. und KOOIJ, M. (1963): Protohominid Behaviour in Primates. Symp. Zool. Soc. London, 10, 61–88
KORTMULDER, K. (1968): An Ethological Theory of the Incest Taboo and Exogamy. Current Anthropology, 9, 437–449
KOVACH, J. K. (1971): Ethology in the Soviet Union. Behaviour, 38, 237–265
KRAFFT-EBING, R. v. (1924): Psychopathia sexualis. 17. Aufl. Stuttgart
KRAMER, B. und BAUER, R. (1976): Agonistic Behavior and Electric Signalling in a Mormyrid Fish, *Gnathonemus petersii*. Behavioral Ecol. and Sociobiol., 1, 45–61
KRAMER, G. (1933): Untersuchungen über die Sinnesleistungen und das Orientierungsverhalten von *Xenopus laevis*. Zool. Jb. Abt. Phys., 52, 629–676
– (1949): Macht die Natur Konstruktionsfehler? Wilhelmshavener Vorträge, Schriftenreihe d. Nordwestdtsch. Universitätsges., 1, 1–19
– (1950): Über individuell und anonym gebundene Gemeinschaften der Tiere und Menschen. Stud. Gen., 3, 564–572
– (1952): Die Sonnenorientierung der Vögel. Zool. Anz. Suppl., 16, 72–84
– (1957): Experiments on Birds Orientation and their Interpretation. Ibis, 96, 173–185
– (1959): Recent Experiments on Bird Orientation. Ibis, 101, 399–416
– (1961): Long-Distance Orientation. In: MARSHALL, A. J. (ed.): Biology and Comparative Physiology of Birds, 2. New York/London (Academic Press), 341–371
KREBS, J. R. und DAVIES, N. B. (eds.) (1978): Behavioural Ecology – An Evolutionary Approach. Oxford/London (Blackwell Scient. Publ.); deutsche Ausgabe (1981): Öko-Ethologie. Pareys Studientexte, 28. Berlin/Hamburg (Parey)
– (1981): An Introduction to Behavioural Ecology. Oxford/London (Blackwell Scient. Publ.); deutsche Ausgabe (1984): Einführung in die Verhaltensökologie. Stuttgart/New York (Thieme)
KRECHEVSKY, I. (1932): »Hypotheses« in Rats. Psychol. Rev., 39, 516–532
KRIEGER, D. T. (1983): Brain peptides: what, where, why? Science, 222, 975–985
KROODSMA, D. E., MILLER, E. H. und QUELLET, H. (1982): Acoustic Communication in Birds I. New York/London (Academic Press), 213–252
KROTT, P. und KROTT K. (1963): Zum Verhalten der Braunbären *(Ursus arctos)* in den Alpen. Z. Tierpsychol., 20, 160–206
KRUEGER, F. (1948): Lehre vom Ganzen. Bern (Huber)
KRUIJT, J. (1958): Speckling of the Herring Gull Egg in Relating to Brooding Behaviour. Compt. Rend. Soc. Neerl. Zool., 12, 565–567
– (1964): Ontogeny of Social Behaviour in Burmese Red Jungle Fowl *(Gallus gallus spadiceus)*. Behaviour Suppl., 12
– (1971): Early Experience and the Development of Social Behaviour in Jungle Fowl. Psychiatr. Neurol. Neurochir., 74, 7–20
KRUMBIEGEL, I. (1940): Die Persistenz physiologischer Eigenschaften in der Stammesgeschichte. Z. Tierpsychol., 4, 249–258
KRUSHINSKII, L. V. (1962): Animal Behavior, its Normal and Abnormal Development. In: WORTIS, J. (ed.): The International Behavioral Sciences Series. New York (Consultants Bureau)
KRUUK, H. (1972): The Spotted Hyena. A Study of Predation and Social Behavior. Chicago (Univ. of Chicago Press)
KÜHLMANN, D. H. H. (1966): Putzerfische säubern Krokodile. Z. Tierpsychol., 23, 853–854

KÜHME, W. (1965): Freilandstudien zur Soziologie des Hyänenhundes. Z. Tierpsychol., 22, 495–541
– (1966): Beobachtungen zur Soziologie des Löwen in der Serengeti-Steppe. Z. Säugetierkde., 31, 205–213
KÜHN, A. (1919): Die Orientierung der Tiere im Raum. Jena (Fischer)
– (1955): Vorlesungen über Entwicklungsphysiologie. Heidelberg (Springer)
KÜHN, H. (1929): Kunst und Kultur der Vorzeit: Das Paläolithikum. Berlin (de Gruyter)
KÜHNELT, W. (1965): Grundriß der Ökologie unter besonderer Berücksichtigung der Tierwelt. Jena (Fischer)
KUENZER, E. und KUENZER P. (1962): Untersuchungen zur Brutpflege der Zwergcichliden. Z. Tierpsychol., 19, 56–83
KUENZER, P. (1968): Die Auslösung der Nachfolgereaktion bei erfahrungslosen Jungfischen von *Nannacara anomala* (Cichlidae). Z. Tierpsychol., 25, 257–314
KULLENBERG, B. (1956): Field Experiments with Chemical Sexual Attractants on Aculeate Hymenoptera Males. Zool. Bidr. Uppsala, 31, 253–354
KULZER, E. (1954): Untersuchungen über die Schreckreaktion bei Erdkrötenquappen. Z. vergl. Physiol., 36, 443–463
KUMMER, H. (1957): Soziales Verhalten einer Mantelpavian-Gruppe. Beih. 33 zur Schweiz. Z. Psychol. u. ihre Anwend. Bern (Huber)
– (1968): Social Organization in Hamadryas Baboons – a Field Study. Biblioth. Primat., Basel (Karger)
– (1971): Primate Societies, Group Techniques of Ecological Adaptation. Chicago (Aldine)
– (1975): Sozialverhalten der Primaten. Heidelberg (Springer)
KUMMER, H., GÖTZ, W. und ANGST, W. (1974): Triadic Differentiation: An Inhibitory Process Protecting Pair in Baboons. Behaviour, 49, 62–87
KUMMER, H. und KURT, F. (1965): A Comparison of Social Behavior in Captive and Wild Hamadryas Baboons. In: VOGTBERG, H. (ed.): The Baboon in Medical Research. Univ. Texas Press, 1–16
KUNKEL, P. (1959): Zum Verhalten einiger Prachtfinken. Z. Tierpsychol., 16, 302–350
KUO, Z. Y. (1930): The Genesis of the Cats Responses to the Rat. J. Comp. Psychol., 11, 1–35
– (1932): Ontogeny of Embryonic Behavior in Aves. J. Exp. Biol., 61, 395–430, 453–489
– (1960/61): Studies on the Basic Factors in Animal Fighting. J. Genet. Psychol., 96, 201–239; 97, 181–209
– (1967): The Dynamics of Behavior Development. An Epigenetic View. New York (Random House)
– (1970): The Need for Coordinated Efforts in Developmental Studies. In: ARONSON, L. R., TOBACH, E., LEHRMAN, D. S. und ROSENBLATT, J. S. (eds.): Development and Evolution of Behavior. San Francisco (W. Freeman Co.), 181–193
KUPFERMANN, I. und WEISS, K. R. (1978): The Command Neuron Concept. The Behavioral and Brain Sciences, 1, 3–39
KUWAMURA, T. (1983): Reexamination on the Aggressive Mimicry of the Cleaner Wrasse, *Labroides dimidiatus* by the Blenny *Aspidontus taeniatus* (Pisces; Perciformes). J. Ethol., 1, 22–33

LABARRE, W. (1947): The Cultural Basis of Emotions and Gestures. J. of Personality, 16, 49–68

– (1972): Paralinguistic, Kinesics, and Cultural Anthropology. In: SEBEOK, T. A., HAYES, A. S. und BATESON, M. C. (eds.): Approaches to Semiotics. Paris (Mouton), 191–220

LACK, D. (1943): The Life of the Robin. Cambridge (Univ. Press)

– (1947): Darwin's Finches. Cambridge (Univ. Press)

LAGERSPETZ, K. (1964): Studies on the Aggressive Behaviour of Mice. Suomalaisen Tiedeakat mian Toimituksia. Ann. Acad. Sci. Fennice. Ser. B, 131, Helsinki

– (1969): Aggression and Aggressiveness in Laboratory Mice. In: GARATTINI, S. und SIGG, E. B. (eds.): Aggressive Behaviour. Amsterdam (Excerpta Medica Foundation), 77–85

LAGERSPETZ, K. und TALO, S. (1967): Maturation of Aggressive Behaviour in Young Mice. Rep. Psychol. Inst. Univ. of Turku, 28, 1–9

LAGERSPETZ, K. und WORINEN, K. (1965): A Cross-Fostering Experiment with Mice Selectively Bred for Aggressiveness and Non-Aggressiveness. Rep. Psychol. Inst. Univ. of Turku, 17, 1–6

LAMPRECHT, J. (1970): Duettgesang beim Siamang, *Symphalangus syndactilus* (Hominiodea, Hylobatinae). Z. Tierpsychol., 27, 186–204

– (1973): Mechanismen des Paarzusammenhaltes bei *Tilapia mariae* Boulenger, 1899 (Cichlidae, Teleostei). Z. Tierpsychol., 32, 10–61

LANCASTER, J. B. (1968): Primate Communication Systems and the Emergency of Human Language. In: JAY, P. C. (ed.): Primates: Studies in Adaptation and Variability. New York (Holt, Rinehart and Winston), 439–457

LANG, E. M. (1961): Goma, das Gorillakind. Zürich (A. Müller)

– (1964): Jambo – First Gorilla Raised by its Mother in Captivity. Nat. Geogr. Mag., 125 (3), 446–453

LARSSON, K. (1959): Experience and Maturation in the Development of Sexual Behavior in Male Puberty Rats. Behaviour, 14, 101–107

LASHLEY, K. S. (1915): Notes on the Nesting Activity of the Noddy and Sooty Terns. Pap. Dept. Mar. Biol. Carneg. Inst. Wash., 7, 61–84

– (1929): Brain Mechanisms and Intelligence: a Quantitative Study of Injuries to the Brain. Chicago

– (1931): Mass Action in Cerebral Function. Science, 73, 245–254

– (1935): The Behavior of Rats in Latch Box Situations. Comp. Psychol. Monogr., 11, (2), 1–42

– (1938): Experimental Analysis of Instinctive Behavior. Psychol. Rev., 45, 445–471

LAST, G. und KNEUTGEN, J. (1970): Schlafmusik. Münchner Medizinische Wochenschrift, 44

LAUDIEN, H. (1966): Untersuchungen über das Kampfverhalten der Männchen von *Betta splendens*. Z. wiss. Zool., 172, 134–178

LAWICK, H. VAN und LAWICK-GOODALL, J. VAN (1971): Innocent Killers. Boston (Houghton-Mifflin)

LAWICK-GOODALL, J. VAN (1965): New Discoveries among Africa's Chimpanzees. Nat. Geogr. Mag., 128 (6), 802–831

– (1968): The Behavior of freeliving Chimpanzees in the Gombe Stream Reserve. Anim. Behaviour Monogr., 1, 161–311

– (1970): Tool-Using in Primates and other Vertebrates. In: LEHRMAN, D. S., HINDE, R. A. und SHAW, E. (eds.): Advances in the Study of Behavior. New York/London (Academic Press), 3, 195–249

– (1971): In the Shadow of Man. Boston (Houghton-Mifflin)/London (Collins). Deutsche Übersetzung: Wilde Schimpansen. Hamburg (Rowohlt)

– (1975): The Behaviour of the Chimpanzee. In KURTH, G. und EIBL-EIBESFELDT, I. (eds.): Hominisation und Verhalten. Stuttgart (Fischer), 74–136
LAWICK-GOODALL, J. und LAWICK, H. VAN (1966): Use of Tools by the Egyptian Vulture, *Neophron percnopterus*. Nature, 212, 1468–1469
LEAKEY, L. S. D. (1963): Adventures in the Search of Man. Nat. Geogr. Mag., 123, 132–152
LEASK, M. J. M. (1978): A Physicochemical Mechanism for Magnetic Field Detection by Migratory Birds and Homing Pigeons. Nature, 267, 144–145
LEBZELTER, V. (1934): Eingeborenenkulturen von Süd- und Südwestafrika. Leipzig (Hiersemann)
LECOMTE, J. (1961): Le comportement agressif des ouvrières d'*Apis mellifica* L. Ann. Abeille, 4, 165–275
LEE, R. B. und DEVORE, I. (1968): Man the Hunter. Chicago (Aldine)
LEHMANN, F. E. (1958): Gestaltung sozialen Lebens bei Tier und Mensch. Bern (Francke)
– (1963): Allgemeine Sinnesphysiologie, Orientierung im Raum. Fortschr. Zool., 16, 58–140
LEHR, E. (1967): Experimentelle Untersuchungen an Affen und Halbaffen über Generalisation von Insekten- und Blütenabbildungen. Z. Tierpsychol., 24, 208–244
LEHRMAN, D. S. (1953): A Critique of Konrad Lorenz's Theory of Instinctive Behavior. Quart. Rev. Biol., 28, 337–363
– (1955): The Physiological Basis of Parental Feeding Behavior in the Ring Dove *(Streptopelia risoria)*. Behaviour, 7, 241–286
– (1961): The Presence of the Mate and of Nesting Material as Stimuli for the Development of Incubation Behavior and for Gonadotropic Secretion in the Ring Dove. Endocrinology, 68, 507–516
– (1970): Semantic and Conceptual Issues in the Nature-Nurture Problem. In: ARONSON, L. R., TOBACH, E., LEHRMAN, D. S. und ROSENBLATT, J. S. (eds.): Development and Evolution of Behavior. San Francisco (Freeman), 17–52
LEMAGNEN, J. (1952): Les phénomenes olfacto-sexuels chez l'homme. Arch. Sci. Physiol., 6, 125–160
LEMASNE, G. (1950): Classification et caractéristiques des principaux types de groupements sociaux réalisés chez les Invertébrés. Coll. Int. Centre Nat. Rech. Sci., 34, 19–70
LENNEBERG, E. H. (1964): A Biological Perspective of Language. In: LENNEBERG, E. (ed.): New Directions in the Study of Language. Cambridge/Mass. (M. I. T. Press), 65–88
– (1967): Biological Foundations of Language. New York/London (Wiley)
LENNEBERG, E. H., REBELSKY, F. G. und NICHOLS, J. A. (1965): The Vocalization of Infants to Deaf and to Hearing Parents. Human Develop., 8, 23–27
LEON, M. und MOLTZ, H. (1971): Maternal Pheromone: Discrimination by Pre-Weanling Albino Rats. Physiol. Behav., 7, 265–267
– (1972): The Development of the Pheromonal Bond in the Albino Rat. Physiol. Behav., 8 (4), 683–686
– (1973): Endocrine Control of the Maternal Pheromone in the Postpartum Female Rat. Physiol. Behav., 10 (1), 65–67
LEONARD, J. L. und LUKOWIAK, K. (1984): An Ethogram of the Sea Slug, *Navanax inermis* (Gastropoda: Opistobranchia). Z. Tierpsychol., 65, 327–345
– (1985): The Standard Ethogram: A Two-edged Sword? Z. Tierpsychol., 68, 335–337

Leong, C. Y. (1969): The Quantitative Effect of Releasers on the Attack Readiness of the Fish *Haplochromis burtoni* (Cichlidae). Z. vergl. Physiol., 65, 29–50

Leskes, A. und Acheson, H. H. (1971): Social Organization of a Free-Ranging Troop of Black and White Colobus Monkeys *(Colobus abyssinicus)*. In: Proc. 3rd Int. Congr. Primat. Zürich 1970, Bd. 3, 22–31, Basel/New York

Lethmate, J. (1977[a]): Problemlöseverhalten von Orang-Utans *(Pongo pygmaeus)*. Z. Tierpsychol., Beiheft 19

– (1977[b]): Werkzeugherstellung eines jungen Orang-Utans. Behaviour, 62 (1/2), 174–189

Leuthold, W. (1966): Variations in Territorial Behavior of Uganda Kob, *Adenota kob thomasi*. Behaviour, 27, 215–258

– (1967): Beobachtungen zum Jugendverhalten von Kob-Antilopen. Z. Säugetierkde., 32, 59–63

Levy, D. M. (1934): Experiments on the Suckling Reflex and Social Behavior of Dogs. Am. J. Orthopsych. 4, 203

Leyhausen, P. (1954[a]): Die Entdeckung der relativen Koordination. Studium Gen., 7, 45–60

– (1954[b]): Vergleichendes über die Territorialität bei Tieren und den Raumanspruch des Menschen. Homo, 5, 68–76

– (1956[a]): Das Verhalten der Katzen *(Felidae)*. In: Kükenthal: Handb. d. Zool., 8 (10), Berlin (de Gruyter)

– (1956[b]): Verhaltensstudien an Katzen. Beiheft 2, Z. Tierpsychol., Berlin (Parey), 3. Aufl. 1973

– (1965[a]): Über die Funktion der relativen Stimmungshierarchie (dargestellt am Beispiel der phylogenetischen und ontogenetischen Entwicklung des Beutefangs von Raubtieren). Z. Tierpsychol., 22, 412–494

– (1965[b]): The Communal Organization of Solitary Mammals. Symp. Zool. Soc. London, 14, 249–263

– (1983): Kleidung: Schutzhülle, Selbstdarstellung, Ausdrucksmittel. In: Sitta, B. (Hrsg.): Menschliches Verhalten, seine biologischen und kulturellen Komponenten, untersucht an den Phänomenen Arbeitsteilung und Kleidung. Freiburg/Schweiz (Universitätsverlag)

Liberman, A. M. und Pisoni, D. B. (1977): Evidence for a Special Speechperceiving Subsystem in the Human. In: Bullock, T. H. (ed.): Recognition of Complex Acoustic Signals. Life Sciences Research, Report 5 (Berlin-Dahlem Konferenzen), 59–76

Liley, N. R. (1965): Ethological Isolating Mechanisms in Four Sympatric Species of Poeciliid Fishes. Behaviour, Suppl. 13

Limbaugh, C. (1961): Cleaning Symbiosis. Scient. Americ., 205 (8), 42–49

Limbaugh, C., Pederson, H. und Chace, F. A. (1961): Shrimps that Clean Fishes. Bull. Marine Science Gulf Caribbean, 11, 237–257

Lindauer, M. (1952): Ein Beitrag zur Frage der Arbeitsteilung im Bienenstaat. Z. vergl. Physiol., 34, 299–345

– (1957): Sonnenorientierung der Bienen unter der Äquatorsonne und zur Nachtzeit. Die Naturwiss., 44, 1–6

– (1961): Communication among Social Bees. Harvard (Univ. Press)

– (1963): Allgemeine Sinnesphysiologie, Orientierung im Raum. Fortschr. Zool., 16, 58–140

– (1966): Stammes- und kulturgeschichtliche Ritenbildung. Mitt. d. Max-Planck-Ges., 1, 3–30, und Naturwiss. Rundschau, 19, 361–370

– (1971): The Functional Significance of the Honeybee Waggle Dance. Am. Naturalist, 105, Nr. 942, 89–96
– (1975): Arbeitsteilung im sozialen Tierverband. In: G. Schmölders und B. Brinkmann (eds.): Sozialverhalten bei Mensch und Tier. (Duncker und Humblot) Berlin, 115–131
Lindauer, M. und Lindauer, H. (1972): Magnetic Effect on Dancing Bees. Symp. NASA sp. 262, Animal Orientation and Navigation. Washington, D. C. (Govt. Printing Office)
Lipetz, V. E. und Bekoff, M. (1982): Group Size and Vigilance in Pronghorns. Z. Tierpsychol., 58, 203–216
Lissmann, H. W. (1946): The Neurological Basis of the Locomotory Rhythm in the Spinal Dogfish. J. Exp. Biol., 23, 143–176
Lissmann, H. W. und Machin, K. G. (1958): The Mechanism of Object Location in *Gymnarchus niloticus* and Similar Fish. J. Exp. Biol., 35, 451
Littlejohn, M. (1959): Call Differentation in a Complex of Seven Species of *Crinia* (Anura, Leptodactylidae). Evolution, 13, 452–468
Littlejohn, M. und Michaud, T. (1959): Mating Call Discrimination by Females of Streckers Chorus Frog (*Pseudacris streckeri*), Texas J. of Science, 11, 86–92
Livingstone, F. B. (1969): Genetics, Ecology and the Origins of Incest and Exogamy. Current Anthropology, 10, 45–61
Lloyd, J. E. (1965): Aggressive Mimikry in Photuris: Fireflies femme fatales. Science, 149, 653–654
– (1966): Studies on the Flash Communication Signals in *Photinus* Fireflies. Msc. Publ. Zool. Univ. Mich. 130
Loch, H. (1984): Überlegungen zur Frequenz von Männchen-Wechseln und zum Infantizid bei Languren *(Presbytis entellus)* anhand von Censusdaten der Jodhpur-Population. Anthrop. Anz., 42, 169–175
Loeb, J. (1913): Die Tropismen. Handb. vergl. Physiol., 4
Lorenz, K. (1931): Beiträge zur Ethologie sozialer Corviden. J. Ornith., 79, 67–127
– (1935): Der Kumpan in der Umwelt des Vogels. J. Ornith., 83, 137–413
– (1937): Über die Bildung des Instinktbegriffes. Die Naturwiss., 25, 289–300, 307–318, 325–331
– (1939): Vergleichende Verhaltensforschung. Zool. Anz. Suppl., 12, 69–102
– (1940): Durch Domestikation verursachte Störungen arteigenen Verhaltens. Z. angew. Psych. u. Charakt.kde., 59, 2–81
– (1941): Vergleichende Bewegungsstudien an Anatinen. J. Ornith., 89, 194–294
– (1943): Die angeborenen Formen möglicher Erfahrung. Z. Tierpsychol., 5, 235–409
– (1949): Er redete mit dem Vieh, den Vögeln und den Fischen. Wien (Borotha-Schoeler)
– (1950[a]): Ganzheit und Teil in der tierischen und menschlichen Gemeinschaft. Studium Gen., 3, 455–499
– (1950[b]): The Comparative Method in Studying Innate Behaviour Patterns. Symp. Soc. Exp. Biol., 4, Oxford, 221–268
– (1950[c]): So kam der Mensch auf den Hund. Wien (Borotha-Schoeler)
– (1951): Ausdrucksbewegungen höherer Tiere. Die Naturwiss., 38, 113–116
– (1952): Die Entwicklung der vergleichenden Verhaltensforschung in den letzten 12 Jahren. Zool. Anz. Suppl., 16, 36–58
– (1953): Über angeborene Instinktformeln beim Menschen. Deutsche Medizinische Wochenschrift, 45–46
– (1954[a]): Das angeborene Erkennen. Natur u. Volk, 84, 285–295

– (1954[b]): Morphology and Behavior Patterns in Allied Species. 1st. Conf. on Group Proc. Jos. Macy Jr. Found. New York, 168–220
– (1956): The Objectivistic Theory of Instinct. In: GRASSÉ, P. P. (ed.): L'instinct dans le comportement des animaux et de l'homme. Paris (Fond. Singer-Polignac), 51–76
– (1957): Methoden der Verhaltensforschung. In: KÜKENTHAL: Handb. d. Zool., 8, 10 (1), 1–22
– (1958): The Evolution of Behaviour. Scient. Americ., 199 (6), 67–78
– (1959): Psychologie und Stammesgeschichte. In: HEBERER, G. (ed.): Evolution der Organismen. Stuttgart (Fischer)
– (1961): Phylogenetische Anpassung und adaptive Modifikation des Verhaltens. Z. Tierpsychol., 18, 139–187
– (1962): Naturschönheit und Daseinskampf. Kosmos, 58, 340–348
– (1963[a]): Das sogenannte Böse. Wien (Borotha-Schoeler)
– (1963[b]): Die »Erfindung« von Flugmaschinen in der Evolution der Wirbeltiere. Therap. d. Monats, 13. Mannheim (Boehringer), 138–148
– (1965[a]): Über tierisches und menschliches Verhalten. Aus dem Werdegang der Verhaltenslehre (Ges. Abhandlg.), I u. II. München (Piper); I 18. Aufl. 1984, II 13. Aufl. 1984
– (1965[b]): Evolution and Modification of Behavior. Chicago (Univ. Press)
– (1966): Stammes- und kulturgeschichtliche Ritenbildung. Mitt. Max-Planck-Gesellschaft, 1, 3–30, und Naturwiss. Rundschau, 19, 361–370
– (1969): Innate basis of learning. In: H. PRIBRAM (ed.): On the Biology of Learning. New York (Harcourt)
– (1971): Der Mensch, biologisch gesehen. Eine Antwort an Wolfgang Schmidbauer. Studium Gen., 24, 495–515
– (1973): Die Rückseite des Spiegels. Versuch einer Naturgeschichte menschlichen Erkennens. München (Piper)
– (1976): Die Vorstellung einer zweckgerichteten Weltordnung. Anzeiger der phil.-hist. Klasse der Österreichischen Akad. Wiss., 113. Jahrg., So. 2, 39–51
LORENZ, K. und SAINT PAUL, U. v. (1968): Die Entwicklung des Spießens und Würgens bei den drei Würgerarten *Lanius collurio, L. senator* und *L. excubitor.* J. Ornith., 109, 137–156
LORENZ, K. und TINBERGEN, N. (1939): Taxis und Instinkthandlung in der Eirollbewegung der Graugans. Z. Tierpsychol., 2, 1–29
LORENZ, K. und WALL, W. VAN DE (1960): Die Ausdrucksbewegungen der Sichelente, *Anas falcata* L. J. Ornith., 101, 50–60
LOSEY, G. (1971): Communication between Fishes in Cleaning Symbioses. In: CHENG, T. C. (ed.): Aspects of the Biology of Symbioses. Baltimore (Univ. Park Press), 45–76
LOSEY, G. S. jr. (1972): The Ecological Importance of Cleaning Symbiosis, Copeia, 4, 820–833
– (1974): *Aspidontus taeniatus:* Effects of Increased Abundance on Cleaning Symbiosis with Notes on Pelagic Dispersion and *A. filamentosus* (Pisces, Blenniidae), Z. Tierpsychol., 34, 430–435
– (1974): Cleaning Symbiosis in Puerto Rico with Comparison to the Tropical Pacific. Copeia, 4, 960–970
– (1978): Cleaning Stations as Water Holes, Garbage Dumps, and Sites for the Evolution of Reciprocal Altruism? The Amer. Naturalist, 112, 984, 341–353
– (1978): The Symbiotic Behavior of Fishes. The Behavior of Fish and Other Aquatic Animals. New York (Acad. Press)

– (1981): Experience Leads to Attack of Novel Species by an Interspecific Territorial Damselfish, *Eupomacentrus fasciolatus*. Anim. Behav., 29, 4
LUDWIG, J. (1965): Beobachtungen über das Spiel von Boxern. Z. Tierpsychol., 22, 813–838
LÜLING, K. H. (1958): Morphologisch-anatomische und histologische Untersuchungen am Auge des Schützenfisches *Toxotes jaculatrix*, nebst Bemerkungen zum Spuckgehaben. Z. Morph. Ökol. Tiere, 47, 529–610
LUTHER, W. (1958): Symbiose von Fischen *(Gobiidae)* mit einem Krebs *(Alpheus)* im Roten Meer. Z. Tierpsychol., 15, 175–177
LUTTGES, M., JOHNSON, T., BUCK, C., HOLLAND, J. und MCGAUGH, V. (1966): An Eximination of »Transfer of Learning« by Nucleid Acid. Science, 151, 834–837
LYNCH, G. und BAUDRY, M. (1984): The Biochemistry of Memory: A New and Specific Hypothesis. Science, 224, 1057–1063

MABELIS, A. A. (1979): Wood Ant Wars, Netherl. J. of Zool., 29, 451–620
MACFARLAND, C. und REEDER, W. G. (1974): Cleaning Symbiosis Involving Galápagos Tortoises and Two Species of Darwin's Finches. Z. Tierpsychol., 34, 464–483
MACFARLANE, A. (1975): Olfaction in the Development of Social Preferences in the Human Neonate. In: The Human Neonate in Parent-Infant Interaction. Ciba Found. Symp., 33, Amsterdam, 103–117
MACFARLANE, D. A. (1930): The Role of Kinaestesis in Maze Learning. Univ. Calif. Publ. Psychol., 4, 277–305
MACHEMER, H. (1966): Versuche zur Frage nach der Dressierbarkeit hypotricher Ciliaten unter Einsatz hoher Individuenzahlen. Z. Tierpsychol., 23, 641–654
MACINTOSH, J. H. (1970): Territory Formation by Laboratory Mice. Anim. Behav., 18, 177–183
– (1973): Factors affecting the Recognition of Territory Boundaries by Mice *(Mus musculus)*. Anim. Behav., 21, 464–470
MACKENSEN, G. (1965): Zur Verhaltensweise blinder Kinder. Studium Gen., 18, 9–14
MACKINTOSH, J. H. und GRANT, E. C. (1966): The Effect of Olfactory Stimuli on the Agonistic Behaviour of Laboratory Mice. Z. Tierpsychol., 23, 584–587
MACLENNAN, R. R. und BAILAY, E. D. (1972): Role of Sexual Experience and Breeding Behavior of Male Ranch Mink. J. Mammal., 53, 380–382
MAGNUS, D. (1954): Zum Problem der »überoptimalen« Schlüsselreize. Zool. Anz. Suppl., 18, 317–325
– (1958): Experimentelle Untersuchungen zur Bionomie und Ethologie des Kaisermantels *Argynnis paphia* L. I. Über optische Auslöser von Auffliegereaktionen und ihre Bedeutung für das Sichfinden der Geschlechter. Z. Tierpsychol., 15, 397–426
– (1964): Zum Problem der Partnerschaften mit Diademseeigeln. Zool. Anz. Suppl., 27, 404–417
MAIER, N. R. F. und SCHNEIRLA, T. C. (1935): Principles of Animal Psychology. New York
MAJERUS, M. E. N., O'DONALD, P., KEARNS, P. W. E. und IRELAND, H. (1986): Genetics and Evolution of Female Choice. Nature, 321, 143–167
MAJOR, P. F. (1978): Predatory Interaction in Two Schooling Fishes, *Caranx ignobilis* und *Stolephorus purpureus*. Anim. Behav., 26, 760–777
MAKKINK, G. F. (1936): An Attempt at an Ethogram of the European Avocet *(Recurvirostra avosetta* L.*)* with Ethological and Psychological Remarks. Ardea, 25, 1–60
MANDEL, P., KEMPF, E., MACK, G., HAUG, M., PUGLISI-ALLEGRA, S. (1981): Neurochemistry of Experimental Aggression. In: VALZELLI, I. und MORGESE, I. (eds.):

Aggression and Violence: A Psycho/Biological and Clinical Approach. Edizioni Centro Culturale e Congressi Saint Vincent, Milano, 61–71
MANLEY, G. (1960): The Agonistic Behavior of the Black-Headed Gull. Oxford (Diss., zitiert nach R. STAMM 1964)
MANNING, A. (1956): Some Aspects of the Foraging Behaviour of Bumblebees. Behaviour, 9, 164–201
– (1961): The Effects of Artificial Selection for Mating Speed in *Drosophila melanogaster*. Anim. Beh., 9, 82–92
– (1965): Drosophila and the Evolution of Behaviour. Viewpoints in Biol., 4, 125–169
– (1967): An Introduction to Animal Behaviour. London (E. Arnold Publ.)
MARK, V. H. und ERVIN, F. R. (1970): Violence and the Brain. New York (Harper and Row)
MARKL, H. (1972[a]): Aggression und Beuteverhalten bei Piranhas *(Serrasalminae)*. Z. Tierpsychol., 30, 190–216
– (1972[b]): Evolutionsbiologie des Aggressionsverhaltens. In: HILKE, R. und KEMPF, W. (eds.): Aggression. Bern/Stuttgart/Wien (Huber), 21–43
– (1974): Die Evolution des sozialen Lebens der Tiere. In: IMMELMANN, K. (ed.): Verhaltensforschung. Zürich (Kindler), 461–485
MARLER, P. (1955[a]): Studies of Fighting in Chaffinches (1). Behaviour in Relation to the Social Hierarchy. Brit. J. Anim. Beh., 3, 111–117
– (1955[b]): Studies of Fighting in Chaffinches (2). The Effect on Dominance Relations of Disguising Females as Males. Brit. J. Anim. Beh., 3, 137–146
– (1956[a]): Studies of Fighting in Chaffinches (3). Proximity as a Cause of Aggression. Brit. J. Anim. Beh., 4, 23–30
– (1956[b]): Über einige Eigenschaften tierlicher Rufe. J. Ornith., 97, 220–227
– (1957[a]): Specific Distinctness in the Communication Signals of Birds. Behaviour, 11, 13–39
– (1957[b]): Studies of Fighting in Chaffinches (4). Appetitive and Consummatory Behaviour. Brit. J. Anim. Beh., 5, 29–37
– (1959): Developments in the Study of Animal Communication. In: BELL, P. R. (ed.): Darwin's Biological Work. Cambridge (Univ. Press), 150–206
– (1969): *Colobus guereza:* Territoriality and Group Composition. Science, 163, 93–95
MARLER, P. und BOATSMAN, D. J. (1951): Observations on the Birds of Pico, Azores. Ibis, 93, 90–99
MARLER, P. und HAMILTON, W. J. (1966): Mechanisms of Animal Behavior. New York/London (Wiley)
MARLER, P. und PETERS, S. (1977): Selective Vocal Learning in a Sparrow. Science, 198, 519–521
MARLER, P. und PICKERT, R. (1984): Species-Universal Microstructure in the Learned Song of the Swamp Sparrow *(Melospiza georgiana)*. Anim. Behav., 32, 673–689
MARLER, P. und SHERMAN, V. (1985): Innate Differences in Singing Behavior of Sparrows reared in Isolation from Adult Conspecific Song. Anim. Behav., 33, 57–71
MARLER, P. und TAMURA, M. (1964): Culturally Transmitted Patterns of Vocal Behavior in Sparrows. Science, 146, 1483–1486
MARQUENIE, J. (1950): De balts van de kleine Watersamalander. De levende Natuur, 53, 147–155
MARSHALL, L. (1961): Sharing, Talking, and Giving. Relief of Social Tensions Among !Kung Bushmen. Africa, 31, 231–249
– (1965): The !Kung Bushmen of the Kalahari Desert. In: GIBBS, J. L. (ed.): Peoples of Africa. New York (Holt, Rinehart and Winston), 241–278

Martin, R. D. (1966[a]): Tree Shrews: Unique Reproductive Mechanism of Systematic Importance. Science, 152, 1402–1404
– (1966[b]): Sind Spitzhörnchen wirklich Vorfahren der Affen? Umschau, 13, 437–438
– (1968): Reproduction and Ontogeny in Tree-shrews *(Tupaia belangeri)*, with Reference to Their General Behaviour and Taxonomic Relationships. Z. Tierpsychol., 25, 409–495, 505–532
Martins, T. und Valle, J. R. (1948): Hormonal Regulation of Micturition Behavior. J. Comp. Physiol. Psychol., 41, 301–311
Mason, S. T. (1984): Catecholamines and behaviour. London (Cambridge Univ. Press)
Mason, W. A. (1965): The Social Development of Monkeys and Apes. In: DeVore, I. (ed.): Primate Behavior. New York (Holt, Rinehart and Winston), 514–543
Masters, R. D. (1976): Functional Approaches to Analogical Comparison Between Species. In: Cranach, M. v. (ed.): Methods of Inference from Animal to Human Behaviour. Paris (Mouton), 73–102
Matthews, G. V. T. (1955): Bird Navigation. Cambridge
Maturana, H. R., Lettvin, J. Y., McCulloch, W. S. und Pitts, W. H. (1960): Anatomy and Physiology of Vision in the Frog *(Rana pipiens)*. J. General Physiol., 43, Suppl. 6, 129–175
Maurus, M., Streit, K.-M., Geissler, B., Barclay, D., Wiesner, E. und Kuehlmorgen, B. (1984): Categorical Differentiation in Amplitude Changes of Squirrel Monkey Calls. Language & Communication, 4, 195–208
Maxim, P. E. und Buettner-Janusch, J. (1963): A Field Study of the Kenya Baboon. Am. J. Phys. Anthropol., 21, 165–180
Maxwell, S. S. (1923): Labyrinth and Equilibrium. Philadelphia
May, E. und Birukow, G. (1966): Lunar-periodische Schwankungen des Lichtpreferendums bei der Bachplanarie. Die Naturwiss., 53, 182
Mayer, G. (1952): Untersuchungen über Herstellung und Struktur des Radnetzes von *Aranea diadema* und *Zilla x-notata* mit besonderer Berücksichtigung des Unterschiedes von Jugend- und Altersnetzen. Z. Tierpsychol., 9, 337–362
Mayer, J. und Thomas, D. W. (1967): Regulation of Food Intake and Obesity. Science, 156, 328–337
Maynard, D. M. und Selverston, A. I. (1975): Organization of the Stomatogastric Ganglion of the Spiny Lobster. IV. The Pyloric System. J. Comp. Physiol., 100, 161–182
Maynard-Smith, J. (1981): Die Ökologie der Sexualität. In: Krebs, J. R. und Davies, N. B. (eds.): Öko-Ethologie. Berlin (Parey), 131–146
Maynard-Smith, J. und Price, G. R. (1973): The Logic of Animal Conflicts. Nature, 246, 15–18
Mayr, E. (1950): Ecological Factors in Speciation. Evolution, 1, 263–288
– (1958): Behavior and Systematics. In: Roe, A. und Simpson, G. (eds.): Behavior and Evolution. New Haven, 341–366. Deutsch (1969): Evolution und Verhalten. Theorie 2. Frankfurt (Suhrkamp)
– (1970): Evolution und Verhalten. Verh. d. Dtsch. Zool. Ges., 64, 322–336. Stuttgart (Fischer)
McCleave, J. D., Arnold, G. P., Dodson, J. J. und Neill, W. H. (eds.) (1984): Mechanisms of Migration in Fishes. New York (Plenum)
McCleery, R. H. (1981): Optimale Verhaltenssequenzen und Entscheidungen. In: Krebs, J. R. und Davies, N. B. (eds.): Öko-Ethologie. Berlin (Parey), 292–317
McConnell, J. V. (1962): Memory Transfer through Cannibalism. J. Neuropsychiatr., 3, 542–548

McConnell, J. V., Jacobson, A. L. und Kimble, D. P. (1959): The Effects of Regeneration upon Retention of a Conditioned Response in the Planarian. J. Comp. Physiol. Psychol., 52, 1–5
McDermott, F. A. (1917): Observations on the Light-Emission of American *Lampyridae*. Can. Ent., 49, 53–61
McDougall, W. (1936): An Outline of Psychology. 7. Aufl. London
McGrew, W. C. (1972): An Ethological Study of Children's Behavior. London (Academic Press)
McIlwain, J. T. (1972): Central Vision. Ann. Rev. Physiol., 34, 291–314
McKinney, F. (1965): The Comfort Movements of *Anatidae*. Behaviour, 25, 120–220
McLaughlin, B. (1971): Learning and Social Behavior. New York (Free Press)
McNeil, E. (1959): Psychology and Aggression. J. Conflict Resolution, 3, 195–293
McPhail, J. D. (1969): Predation and the Evolution of a Stickleback *(Gasterosteus)*. J. Fish. Res. Bd. Canada, 26, 3183-3208
Mead, M. (1935): Sex and Temperament in Three Primitive Societies. New York
– (1949): Male and Female. New York (Morrow)
– (1956): Birth of a Baby in New Guinea. In: Soddy, K. (ed.): Mental Health and Infant Development. I. New York (Basic Books)
– (1965): Leben in der Südsee. München (Szczesny)
Mech, L. D. (1970): The Wolf. Garden City (Natural History Press)
Meddis, R. (1975): On the Function of Sleep. Anim. Behav., 23, 676–691
Meisenheimer, J. (1921): Geschlecht und Geschlechter im Tierreich. Jena
Melchers, M. (1960): *Cupiennius salei (Ctenidae):* Kokonbau und Eiablage. Encycl. cinem., E 363. Göttingen (Inst. wiss. Film)
– (1963): Zur Biologie und zum Verhalten von *Cupiennius salei* (Keyserling), einer amerikanischen *Ctenidae*. Zool. Jb. Syst., 91, 1–90
– (1964): *Cupiennius salei (Ctenidae):* Spinnhemmung beim Kokonbau. Encycl. cinem., E 364. Publ. zu wiss. Filmen, 1 A, 21–24. Göttingen (Inst. wiss. Film)
Melrose, D. R., Reed, H. C. B. und Patterson, R. L. S. (1971): Androgen Steroids Associated with Boar Odour as an Aid to the Detection of Estrus in Par. A. I. Br. Vet. J., 127, 495–502
Meltzoff, A. N. und Moore, M. K. (1977): Imitation of Facial Expression and Manual Gestures by Human Neonates. Science, 198, 75–78
– (1983[a]): The Origins of Imitation in Infancy: Paradigm, Phenomena, and Theories. In: Lipsitt, L. P. und Rovee-Collier, C. K. (eds.): Advances in Infancy Research, vol. 2. Norwood, N. J. (Ablex), 265–301
– (1983[b]): Methodological Issues in Studies of Imitation: Comments on McKenzie and Over and Koepke et al. Infant Behav. Developm., 6, 103–108
– (1983[c]): Newborn Infants Imitate Adult Facial Gestures. Child Development, 54, 702–709
Menaker, M. und Binkley, S. (1981): Neural and Endocrine Control of Cirdadian Rhythms in the Vertebrates. In: J. Aschoff (ed.). Handbook of Behavioral Neurobiology, 4, 243–255 London/New York (Plenum)
Merkel, F. W. und Wiltschko, W. (1965): Magnetismus und Richtungsfinden zugunruhiger Rotkehlchen *(Erithacus rubecula)*. Die Vogelwarte, 23, 71–77
Mertens, R. (1959): La Vie des Amphibiens et Reptiles. Horizons de France. Paris
Merz, F. (1965): Aggression und Aggressionsantrieb. In: Thomae, H. (ed.): Handb. d. Psychol., 2, 569–601
Meseth, E. H. (1975): The Dance of the Laysan Albatross, *Diomedea immutabilis*.

Behaviour, 54, Teil 3–4, 217–257
METCALF, R. A. und EHITT, G. S. (1977): Relative inclusive fitness in the social wasp *Polistes metricus*. Behav. Ecol. Sociobiol., 2, 353–360
MEVES, CH. (1967): Vergleichbare Strukturen von Verhaltensstörungen bei Kindern und Tieren. Praxis der Kinderpsychol., 16, 273–281
– (1971): Verhaltensstörungen bei Kindern. München (Piper)
MEYER-HOLZAPFEL, M. (1956): Das Spiel bei Säugetieren. In: KÜKENTHAL: Handb. d. Zool., 8 (10), 1–36
– (1958): Soziale Beziehungen bei Säugetieren. In: LEHMANN, F. E. (ed.): Gestaltungen sozialen Lebens bei Tier und Mensch. Bern (Francke), 86–109
MICHAEL, R. P. und BONSALL, R. W. (1977): Chemical Signals and Primate Behavior. In: MÜLLER-SCHWARZE, D. und MOZELL, M. M. (eds.): Chemical Signals in Vertebrates. London/New York (Plenum), 251–271
MICHAEL, R. P., BONSALL, R. W. und KUTNER, M. (1975): Volatile Fatty Acids, »Copulins«, in Human Vaginal Secretions. Psychoneuroendocrinology, 1, 153–163
MICHAEL, R. P., BONSALL, R. W. und WARNER, P. (1974): Human Vaginal Secretions: Volatile Fatty Acid Contents. Science, 186, 1217–1219
MICHAEL, R. P., BONSALL, R. W. und ZUMPE, D. (1976): Evidence for Chemical Communication in Primates. Vitamines and Hormones, 34, 137–186
MICHAEL, R. P. und KEVERNE, E. B. (1968): Pheromones in the Communication of Sexual Status in Primates. Nature, 218, 746–749
MICHAEL, R. P. und ZUMPE, D. (1982): Influence of Olfactory Signals on the Reproductive Behaviour of Social Groups of Rhesus Monkeys (*Macaca mulatta*) J. Endocrinology, 95, 189–205
MICHAELIS, W. (1976): Perspektiven der Theorienbildung über Aggression. Habilitationsschrift Universität Kiel, Phil. Fachbereich
MILGRAM, ST. (1963): Behavioral Study of Obedience. J. abnorm. Social Psychol., 67, 372–378
– (1965[a]): Some Conditions of Obedience and Disobedience. Human Relations, 18, 57–76
– (1965[b]): Liberating Effects of Group Pressure. J. Personality. a. Social Psychol., 1, 127–134
– (1966): Einige Bedingungen von Autoritätsgehorsam und seiner Verweigerung. Z. exp. u. angew. Psychol., 13, 433–463
MILL, J. ST. (1843): A System of Logic, II. London (Parker)
MILNE, L. J. und M. (1963): Die Sinneswelt der Tiere und Menschen. Hamburg/Berlin (Parey)
MIRAM, W. (1978): Informationsverarbeitung. Hannover (Schroedel)
MISTSCHENKO, M. N. (1933): Über die mimische Gesichtsmotorik der Blinden. Fol. Neuropath. Estonia, 13, 24–43
MITCHELL, S. R., BEATON, J. M. und BRADLEY, R. J. (1975): Biochemical Transfer of Acquired Information. Int. Rev. Neurobiol., 17, 61–83
MITSCHERLICH, A. (1957): Aggression und Anpassung I. Psyche, 10, 177–193
– (1959): Aggression und Anpassung II. Psyche, 12, 523–537
MITTELSTAEDT, H. (1953): Über den Beutefangmechanismus der Mantiden. Zool. Anz. Suppl., 16, 102–106
– (1954): Regelung und Steuerung bei der Orientierung der Lebewesen. Regelungstechnik, 10, 226–232
– (1983): A New Solution to the Problem of the Subjective Vertical. Naturwissenschaften, 70, 272–281

– (1985): Analytical Cybernetics of Spider Navigation. In: Barth, F. G. (ed.): Neurobiology of Arachnids. Berlin etc. (Springer), 298–316
Mittelstaedt, H. und Mittelstaedt, M.-L. (1982): Homing by Path Integration. In: Papi, F. und Wallraff, H. G. (eds.): Avian Navigation. Berlin etc. (Springer), 290–297
Mittelstaedt, M.-L. und Mittelstaedt, H. (1980): Homing by Path Integration in a Mammal. Naturwiss., 67, 566
Miyadi, D. (1965): Social Life of Japanese Monkeys. Science in Japan. American Association for the Advancement of Science
– (1967): Differences in Social Behavior among Japanese Macaque Troops. Neue Ergebnisse der Primatologie (First Congress Int. Primatol. Soc.). Stuttgart (Fischer), 228–231
Miyagawa, K. und Hidaka, T. (1980): *Amphiprion clarkii* Juvenile: Innate Protection against and Chemical Attraction by Symbiotic Sea Anemones. Proc. Japan. Acad., 56, Ser. B., 356–361
Mize, R. R. und Murphy, E. H. (1973): Selective Visual Experience Fails to Modify Receptive Field Properties of Rabbit Striate Cortex Neurons. Science, 180 (4083), 320–322
Moehlman, P. D. (1979): Jackal helpers and pup survival. Nature, 277, 382–383
– (1983): Socioecology of Silverbacked and Golden Jackals *(Canis mesomelas* and *Canis aureus).* In: Eisenberg, J. F. und Kleimann, D. G. (eds.): Recent Advances in the Study of Mammalian Behavior, Special Publ. Nr. 7, Am. Soc. Mammalogists, 423–453
Möhres, F. P. (1953): Über die Ultraschallorientierung der Hufeisennasen. Z. vergl. Physiol., 34, 547–588
– (1961): Die elektrischen Fische. Natur u. Volk, 91, 1–12
Mohnot, S. M. (1971): Some Aspects of Social Changes and Infant-Killing in the Hanuman Langur, *Presbytis entellus* (Primates: *Cercopithecidae*), in Western India. Mammalia, 35, 175–198
Moltz, H. und Leon, M. (1973): Stimulus Control of the Maternal Pheromone in the Lactating Rat. Physiol. and Behav., 10 (1), 69–70
Money, J. und Ehrhardt, A. A. (1972): Man and Woman, Boy and Girl: The Differentiation and Dimorphism of Gender Identity from Conception to Maturity. Baltimore (John Hopkins Univ. Press)
Monnier, M. und Willi, H. (1953): Die integrative Tätigkeit des Nervensystems beim meso-rhombo-spinalen Anencephalus (Mittelhirnwesen). Monatschr. Psychiatr. Neurol., 126, 329, 258
Montagu, M. F. A. (1962): Culture and the Evolution of Man. New York (Oxford Univ. Press)
– (1968): Man and Aggression. New York (Oxford Univ. Press)
Montessori, M. (1952): Kinder sind anders. 5. Aufl. Stuttgart (Klett)
Moodie, G. E. E. (1972): Predation, Natural Selection and Adaptation in an Unusual Threespine Stickleback. Heredity, 28, 155–167
Moore, J. (1984): Parasites That Change the Behavior of Their Host. Scient. Amer., 250, 82–89
Morath, M. (1974): The Four-Hour Feeding Rhythm of the Baby as a Free Running Endogenously Regulated Rhythm. Int. J. Chronobiol., 2, 39–45
– (1977): Differences in the non-crying vocalizations of infants in the first four months of life. Neuropädiatrie, 8 (Suppl.), 543–545
Morgan, C. Lloyd (1894): Introduction to Comparative Psychology. London

– (1900): Animal Behavior. London
Morris, D. (1954): The Reproductive Behavior of the River-Bullhead (*Cottus gobio* L.), with Special Reference to the Fanning Activity. Behaviour, 7, 1–32
– (1956): The Feather Postures of Birds and the Problem of the Origin of Social Signals. Behaviour, 9, 75–113
– (1957): »Typical Intensity« and its Relation to the Problem of Ritualization. Behaviour, 11, 1–12
– (1958): The Reproductive Behaviour of the Ten-Spined Stickleback *(Pygosteus pungitius* L.*)*. Behaviour Suppl., 6
– (1963): Biologie der Kunst. Düsseldorf (Rauch)
– (1968): Der nackte Affe. München (Droemer)
– (1977): Manwatching. A Field Guide to Human Behavior. New York (Abrams)/ London (Cape)/Lausanne (Elsevier)
Morse, D. H. (1968): The Use of Tools by Brown-Headed Nuthatches. Wilson Bull., 80, 220–224
Moss, A. M. (1920): Sphingidae of Para, Brazil. Nov. Zool., 27, 333–424
Moyer, K. E. (1969): Internal Impulses to Aggression. Trans. New York Acad. Sci., Ser. II, 31, 104–114
– (1971): The Physiology of Hostility. Chicago (Markham Press)
– (1972): A Physiological Model of Aggression: Does It Have Different Implications? Symp. on Neural Basis of Violence and Aggression, Houston, 9.–11. März
Moynihan, M. (1955): Some Aspects of Reproductive Behavior in the Black-Headed Gull *(Larus ridibundus ridibundus)* and Related Species. Behaviour Suppl., 4
– (1964): Some Behavior Patterns of Platyrrhine Monkeys. I. The Night Monkey *(Aotes trivirgatus)*. Smithsonian Misc. Collections, 145 (5)
Muckensturm, B. (1969): La Signification de la Livree Nuptiale de L'Epinoche. Rev. Comp. Animal, 3, 39–64
Müller, D. (1961): Quantitative Luftfeind-Attrappenversuche bei Auer- und Birkhühnern *(Tetrao urogallus* L. und *Lyrurus tetrix* L.*)*. Naturforsch., 16b, 551–553
Müller-Using, D. (1952): Über einige bisher unbeachtete Übersprunghandlungen bei höheren Säugern. Z. Tierpsychol., 9, 479–481
Müsch, H. (1976): Exhibitionismus, Phalluskult und Genitalpräsentieren. Sexualmedizin, 5. Jahrg. Mai, 358–363
Mugford, R. A. und Nowell, N. W. (1971): Endocrine Control Over Production and Activity of the Anti-Aggression Pheromone from Female Mice. J. Endocrinol., 49, 225–232
Muir, D. W. und Mitchell, D. E. (1973): Visual Resolution and Experience: Acuity Deficits in Cats Following Early Selective Visual Deprivation. Science, 180 (4084), 420–421
Mulloney, B. und Selverston, A. I. (1974): Organization of the Stomatogastric Ganglion of the Spiny Lobster. I. Neurons Driving the Lateral Teeth. J. Comp. Physiol., 91, 1–32
Munn, N. L. (1950): Handbook of Psychological Research on the Rat. Chicago (Houghton-Mifflin)
Murie, A. (1944): The Wolves of Mount McKinley. Fauna of the National Parks of the USA. Fauna Ser., 5
Murphy, R. F. (1957): Intergroup Hostility and Social Cohesion. Am. Anthropol., 59, 1028
Mussen, P. (1970): Carmichael's Manual of Child Psychology, 1. New York (Wiley)

Myers, R. E. (1956): Functions of Corpus callosum in Interocular Transfer. Brain, 79, 358–363

Mykytowycz, R. (1955): Further Observations on the Territorial Function and Histology of the Submandibular Cutaneous (Chin) Glands in the Rabbit *(Oryctolagus cuniculus)*. Anim. Beh., 13, 400–412

– (1960): Social Behaviour of an Experimental Colony of Wild Rabbits. Csiro Wildlife Res., 5 (1), 1–20

– (1966): Observations on Odoriferous and Other Glands in the Australian Wild Rabbit, *Oryctolagus cuniculus* L., and the Hare, *Lepus europaeus* P. I. The Anal Gland. II. The Inguinal Gland. III. Harders Lacrimal and Submandibular Glands. Csiro Wildlife Res., 11, 11–29, 49–90

Mykytowycz, R. und Dudzinski, M. L. (1966): A Study of the Weight of Odoriferous and other Glands in Relation to Social Status and Degree of Sexual Activity in the Wild Rabbit, *Oryctolagus cuniculus*. Csiro Wildlife Res., 11, 31–47

Myrberg, A. A. (1964): An Analysis of Preferential Care of Eggs and Young by Adult Cichlid Fishes. Z. Tierpsychol., 21, 53–98

– (1965): Sound Production by Cichlid Fishes. Science, 149, 555–558

Myrberg jr., A. A. und Riggio, R. J. (1985): Acoustically Mediated Individual Recognition by a Coral Reef Fish *(Pomacentrus partitus)*. Anim. Behav., 33, 411–416

Napier, J. R. (1962): The Evolution of the Hand. Scient. Americ., 207 (6), 56–63

Naylor, E. (1958): Tidal and Diurnal Rhythms of Locomotor Activity in *Carcinus maenas*. J. Exp. Biol., 35, 602–610

Nelson, K. (1964): Behavior and Morphology in the Glandulocaudine Fishes *(Osteriophysi, Characidae)*. Univ. Calif. Publ. Zool., 75, 59–152

Neubauer, W. (1978): Experimentelle Untersuchungen zur akustischen und visuellen Kommunikation an der Flußseeschwalbe *(Sterna hirundo* L.*)* unter besonderer Berücksichtigung der Jungenaufzucht. Beitr. Vogelkde., 24, 1–71

Neumann, D. (1966): Die lunare und tägliche Schlüpfperiodik der Mücke *Clunio*. Steuerung und Abstimmung auf die Gezeitenperiodik. Z. vergl. Physiol., 53, 1–61

– (1981): Tidal and Lunar Rhythms. In: Aschoff, J. (ed.): Handbook of Behavioral Neurobiology, vol. 4. New York (Plenum), 351–380)

Neumann, F. und Steinbeck, H. (1972): Influence of Sexual Hormones on the Differentiation of Neural Centers. Archives of Sexual Behav., 2 (2), 147–162

Neumann, G. H. (1977): Vorurteile und Negativeinstellung Behinderten gegenüber – Entstehung und Möglichkeiten des Abbaues aus der Sicht der Verhaltensbiologie. Die Rehabilitation, 16, 101–106

– (1981): Normatives Verhalten und aggressive Außenseiterreaktionen bei gesellig lebenden Vögeln und Säugern. Forschungsberichte des Landes Nordrhein-Westfalen, Nr. 3014. Opladen (Westdeutscher Verlag)

Neuweiler, G. (1984): Foraging, Echolocation and Audition in Bats. Naturwissenschaften, 71, 446–455

Nevermann, H. (1941): Ein Besuch bei Steinzeitmenschen. Stuttgart (Franckh'sche Verlagshandlung)

Nice, M. M. (1937): Studies in the Life History of the Song Sparrow. Trans. Linnaean Soc. New York, 4, 57–83

– (1941): The Role of Territory in Bird life. Am. Midl. Nat., 26, 441–487

– (1962): Development of Behavior in Precocial Birds. Trans. Linn. Soc. New York, 8

Nicolai, J. (1956): Zur Biologie und Ethologie des Gimpels. Z. Tierpsychol., 13, 93–132

– (1959[a]): Familientradition in der Gesangstradition des Gimpels (*Pyrrhula pyrrhula* L.). J. Ornith., 100, 39–46
– (1959[b]): Verhaltensstudien an einigen afrikanischen und paläarktischen Girlitzen. Zool. Jb. Syst., 87, 317–362
– (1964): Der Brutparasitismus der *Viduinae* als ethologisches Problem. Prägungsphänomene als Faktoren der Rassen- und Artbildung. Z. Tierpsychol., 21, 129–204
– (1965[a]): Vogelhaltung und Vogelpflege. Das Vivarium. Stuttgart (Franckh'sche Verlagshandlg.)
– (1965[b]): *Columba livia:* Flug von Haustaubenrassen. I. Der Flug des Birmingham-Rollers. II. Der Flug des Steller-Kröpfers. Filme, Göttingen (Inst. wiss. Film)
– (1965[c]): Der Brutparasitismus der Witwenvögel. Naturwiss. u. Medizin (n + m), Mannheim (Boehringer), 2 (7), 3–15
– (1974): Mimicry in Parasitic Birds. Scient. Americ., 231, 93–98
– (1976): Evolutive Neuerungen in der Balz von Haustaubenrassen *(Columba livia* var. *domestica)* als Ergebnis menschlicher Zuchtwahl. Z. Tierpsychol., 40, 225–243
NIEBOER, H. J. (1960): Ethological Observations on the Ant Lion (*Euroleon nostras* Fourcroy). Arch. néerl. Zool., 13, 609–611
NISHIDA, T. (1968): The Social Group of Wild Chimpanzees of the Mahali Mountains. Primates, 9, 167–224
– (1979): The Social Structure of Chimpanzees of the Mahale Mountains. In: HAMBURG, D. A. und MCCOWN, E. R. (eds.): The Great Apes. Menlo Park (Benjamin/Cummings), 73–121
NISHIDA, T. und HIRAIWA-HASEGAWA, M. (1985): Responses to a Stranger Mother-Son Pair in the Wild Chimpanzee: A Case Report. Primates, 26, 1–13
NISHIDA, T., HIRAIWA-HASEGAWA, M., HASEGAWA, T. und TAKAHATA, Y. (1985): Group Extinction and Female Transfer in Wild Chimpanzees in the Mahale National Park, Tanzania. Z. Tierpsychol., 67, 284–301
NISHIDA, T. und KAWANAKA, K. (1972): Inter-Unit Group Relationships among Wild Chimpanzees of the Mahali Mountains. Kyoto Univ. African Studies, 7, 131–169
NITSCHKE, A. (1953): Über Eigenart und Ausdrucksgehalt frühkindlicher Motorik. Dtsche Med. Wschr., 78, 1787–1792
NOBLE, G. K. (1927): The Value of Life History Data in the Study of the Evolution of Amphibia. Ann. N. Y. Acad. Sci., 30
– (1931): Biology of Amphibia. New York
– (1934): Experimenting with the Courtship of Lizards. Nat. Hist., 34, 3–15
NOBLE, G. K. und BRADLEY, H. T. (1933): The Mating Behavior of Lizards. Nat. Hist., 34, 1–15
NOBLE, G. K. und CURTIS, B. (1939): The Social Behavior of the Jewel Fish, *Hemichromis bimaculatus* Gill. Bull. Amer. Mus. Nat. Hist., 76, 1–46
NOCKE, H. (1972): Physiological Aspects of Sound Communication in Crickets *(Gryllus campestris* L.*)*. J. Comp. Physiol., 80, 141–162

OEHLERT, B. (1958): Kampf und Paarbildung einiger Cichliden. Z. Tierpsychol., 15, 141–174
OHM, D. (1964): Die Entwicklung des Kommentkampfverhaltens bei Jungcichliden. Z. Tierpsychol., 21, 308–325
OHM, T. (1948): Die Gebetsgebärden der Völker und das Christentum. Leiden
OLDS, J. (1958): Self-Stimulation of the Brain. Science, 127, 315–324
OPPENHEIM, R. (1966): Amniotic Contractions and Embryonic Motility in the Chick Embryo. Science, 152, 528–529

OSCHE, G. (1952): Die Bedeutung der Osmoregulation und des Winkverhaltens für freilebende Nematoden. Z. Morph. Ökol. Tiere, 41, 54–77
– (1962): Ökologie des Parasitismus und der Symbiose. Fortschr. d. Zool., 15, 125–164
– (1966): Die Welt der Parasiten. Verständl. Wiss., 89, Heidelberg (Springer)
– (1979): Zur Evolution optischer Signale bei Blütenpflanzen. Biologie in unserer Zeit, 9, 161–170
– (1983): Optische Signale in der Coevolution von Pflanze und Tier. Ber. Deutsch. Bot. Ges., 96, 1–27
OWENS, N. W. (1975[a]): Social Play Behaviour in Free-Living Baboons *(Papio anubis)*. Anim. Behav., 23, 387–403
– (1975[b]): Comparison of Aggressive Play and Aggression in Free-Living Baboons, *Papio anubis*. Anim. Behav., 23, 757–765

PALLUCK, R. J. und ESSER, A. H. (1971[a]): Controlled Experimental Modification of Aggressive Behavior in Territories of Severely Retarded Boys. Am. J. of Mental Deficiency, 76, 23–29
– (1971[b]): Territorial Behavior as an Indicator of Changes in Clinical Behavioral Condition of Severely Retarded Boys. Am. J. of Mental Deficiency, 76, 284–290
PAPI, F. (1959): Sull'orientamento astronomico in specie del gen. *Arctosa*. Z. vergl. Physiol., 41, 481–489
– (1976): The olfactory navigation system of the Homing Pigeon. Verhandl. Deutsch. Zool. Gesellsch., 69, 184–205
– (1982): Olfaction and Homing in Pigeons: Ten Years of Experiments. In: PAPI, F. und WALLRAFF, H. G. (eds.): Avian Navigation. Berlin (Springer), 149–159
PAPI, F. und PARDI, L. (1959): Nuovi reperti sull'orientamento lunare di *Talitrus saltator*. Z. vergl. Physiol., 41, 583–596
PAPOUŠEK, H. und PAPOUŠEK, M. (1977): Mothering and the Cognitive Head-start: Psychological Considerations. In: SCHAFFER, H. R. (ed.): Studies in Mother-Infant Interaction. London (Academic Press), 63–85
PAPPENHEIMER, J. R. (1976): The Sleep Factor. Scient. American, 235 (2), 24–29
PARDI, L. (1960): Innate Components in the Solar Orientation of Littoral Amphipods. Cold Spring Harbor Symp. Quant. Biol., 25, 395–401
PARTRIDGE, L. (1980): Mate choice increases a component of offspring fitness in fruit flies. Nature, 283, 290–291
– (1981): Habitatwahl. In: KREBS, J. R. und DAVIES, N. B. (eds.): Öko-Ethologie. Berlin (Parey), 273–291
PASSARGE, S. (1907): Die Buschmänner der Kalahari. Berlin (Reimer)
PASSINGHAM, R. (1982): The Human Primate. Oxford (Freeman)
PASTORE, R. E. (1976): Categorial Perception: A Critical Re-Evaluation. In: HIRSH, S. K. et al. (eds.): Hearing and Davis: Essays Honoring Hallowell Davis. Washington (University Press)/St. Louis, Mo.
PATTERSON, F. G. (1977): Linguistic Capabilities of a Young Lowland Gorilla. Symposium of the American Association for the Advancement of Science, entitled ›An Account of the Visual Mode: Man versus Ape‹. Denver
PATTERSON, J. D. (1973): Ecologically Differentiated Patterns of Aggressive and Sexual Behavior in Two Troops of Uganda Baboons *Papio anubis*. Am. J. Phys. Anthropol., 38, 641–647
PAWLOW, I. P. (1927): Conditioned Reflexes. Oxford
PEARSON, K. G. (1972): Central Programming and Reflex Control of Walking in the Cockroach. J. Exp. Biol., 56, 173–193

PEARSON, K. G. und FOURTNER, C. R. (1975): Nonspiking Interneurones in Walking System of Cockroach. J. Neurophysiol., 38, 33–52
PECKHAM, G. und PECKHAM, E. (1904): Instinkt und Gewohnheiten der solitären Wespen. Berlin
PEDERSON, C. A., ASCHEK, J. A., MONROE, Y. L. und PRANGE, A. J. (1982): Oxytocin induces maternal behavior in virgin female rats. Science, 216, 648–649
PEETERS, G., DEBACKERE, M., LAURYSSENS, M. und KUHN, E. (1965): Studies on the Release of Oxytocin in Domestic Animals. Symp. Advances in Oxytocin Research, PINKERTON, J. H. M. (ed.). Oxford (Pergamon)
PEIPER, A. (1951): Instinkt und angeborenes Schema beim Säugling. Z. Tierpsychol., 8, 449–456
– (1953): Schreit- und Steigbewegungen beim Neugeborenen. Arch. Kinderheilkde., 147, 135
– (1961): Die Eigenart der kindlichen Hirntätigkeit. 3. Aufl. Leipzig
PEIPONEN, V. A. (1960): Verhaltensstudien am Blaukehlchen. Ornis Fenn., 37, 69–83
PENFIELD, W. (1952): Memory Mechanisms. Arch. Neurol. Psychiat. (Chicago), 67, 178–191
PENGELLEY, E. T. (ed.) (1984): Circannual Clocks. New York (Academic Press)
PENGELLEY, E. T. und FISHER, K. C. (1963): The Effect of Temperature and Photoperiod on the Yearly Hibernating Behavior of Captive Golden-Mantled Ground Squirrels *(Citellus lateralis tescorum)*. Canad. J. Zool., 41, 1103–1120
PENNYCUICK, C. J. (1960): The Physical Basis of Astronavigation in Birds: Theoretical Considerations. J. exp. Biol., 37, 573–593
PERDECK, A. C. (1958[a]): The Isolating Patterns in two Sibling Species of Grasshoppers *(Chorthippus brunneus* and *Chorthippus biguttulus)*. Behaviour, 12, 11–75
– (1958[b]): Two Types of Orientation in Migrating Starlings, *Sturnus vulgaris*, and Chaffinches, *Fringilla coelebs*, as Revealed by Displacement Experiments. Ardea, 46, 1–37
PERNAU, F. A. v. (1716): Unterricht, was mit dem lieblichen Geschöpff denen Vögeln, auch außer dem Fang, nur durch die Ergründung Deren Eigenschafften, und Zahmmachung, oder anderer Abrichtung, Man sich vor Lust und Zeit-Vertreib machen können. Nürnberg
PERRIL, S. A., GERHARDT, H. C. und DANIEL, R. (1978): Sexual Parasitism in the Green Tree Frog, *Hyla cinerea*. Science, 200, 1179–1180
PETERS, H. M. (1937[a]): Experimentelle Untersuchungen über die Brutpflege von *Haplochromis multicolor*, einem maulbrütenden Knochenfisch. Z. Tierpsychol., 1, 201–218
– (1937[b]): Studien am Netz der Kreuzspinne. Z. Morph. Ökol. Tiere, 32, 613–649; 33, 128–150
– (1939): Die Probleme des Kreuzspinnennetzes. Z. Morph. Ökol. Tiere, 36, 179–266
– (1953): Weitere Untersuchungen über den strukturellen Aufbau des Radnetzes der Spinnen. Z. Naturforsch., 8 b, 355–370
– (1956): Gesellungsformen der Tiere. In: Handb. d. Soziologie, II. Stuttgart
PETERSEN, B., LUNDGREN, L. und WILSON, L. (1957): The Development of Flight Capacity in a Butterfly. Behaviour, 10, 324–339
PETERSEN, E. (1965): Biologische Beobachtungen über Verhaltensweisen einiger einheimischer Nager beim Öffnen von Nüssen und Kernen. Z. Säugetierkde., 30, 156–162
PFEIFFER, W. (1960): Über die Schreckreaktion bei Fischen und die Herkunft des Schreckstoffes. Z. vergl. Physiol., 43, 578–614

– (1963): Vergleichende Untersuchungen über die Schreckreaktion und den Schreckstoff der Ostariophysen. Z. vergl. Physiol., 47, 111–147

Phillips, L. H. und Konishi, M. (1972): Control of Aggression by Singing in Crickets. Nature, 241, 64–65

Pilleri, G. (1960[a]): Über das Auftreten von »Kletterbewegungen« im Endstadium eines Falles von Morbus Alzheimer. Arch. Psychiatr. Nervenkde., 200, 455–461

– (1960[b]): Kopfpendeln (»Leerlaufendes Brustsuchen«) bei einem Fall von Pickscher Krankheit. Arch. Psychiatr. Nervenkde., 200, 603–611

– (1961): Orale Einstellung nach Art des Klüver-Bucy-Syndroms bei hirnatrophischen Prozessen. Schweiz. Arch. f. Neurol. Neurochirg. u. Psychiatr., 87, 286–298

Pitcairn, T. K. und Eibl-Eibesfeldt, I. (1976): Concerning the Evolution of nonverbal Communication in Man. In: Hahn, M. E. und Simmel, E. C. (eds.): Communicative Behavior and Evolution. London (Academic Press), 81–113

Pitcairn, T. K. und Schleidt, M. (1976): Dance and Decision, an Analysis of a Courtship Dance of the Medlpa, New Guinea. Behaviour, 58, 298–316

Pittendrigh, C. S. und Daan, S. (1976[a]): A Functional Analysis of Circadian Pacemakers in Nocturnal Rodents, 4. Entrainment: Pacemakers as Clock. J. Comp. Physiol., 106, 291–331

– (1976[b]): A Functional Analysis of Circadian Pacemakers in Nocturnal Rodents, 5. Pacemakers Structure: A Clock for All Seasons. J. Comp. Physiol., 106, 333–355

Plack, A. (1968): Die Gesellschaft und das Böse. 2. Aufl. München (List)

Ploog, D. (1964): Verhaltensforschung und Psychiatrie. In: Gruhle, H. W., Jung, R., Mayer-Gross, W. und Müller, M. (eds.): Psychiatrie der Gegenwart, 1, 1 B. Berlin (Springer), 291–443

– (1972): Kommunikation in Affengesellschaften. In: Gadamer, H. G. und Vogler, P. (eds.): Neue Anthropologie, 2, 98–178

– (1981): Neurobiology of Primate Audio-Vocal Behavior. Brain Research Reviews, 3, 35–61

Ploog, D., Hupfer, K., Jürgens, U. und Newman, J. D. (1975): Neuroethologic Studies of Vocalization in Squirrel Monkeys with Special Reference to Genetic Differences of Calling in Two Subspecies. In: Brazier, M. A. B. (ed.): Growth and Development of the Brain. New York (Raven), 231–254

Ploog, D. und Maurus, M. (1973): Social Communication Among Squirrel Monkeys: Analysis by Sociometry, Bioacoustics and cerebral Radio-Stimulation. In: Michael, R. P. und Crook, J. H. (eds.): Comparative Ecology and Behaviour of Primates. London (Academic Press), 211–233

Ploog, D. und Melnechuk, T. (1969): Primate Communication. A Report Based on an NRP Work Session. Neurosciences Res. Prog. Bull., 7 (5), 419–510

– (1971): Are Apes capable of Language? Neurosciences Res. Prog. Bull., 9 (5), 600–700

Plooij, F. X. (1984): The Behavioral Development of Free-living Chimpanzee Babies and Infants. Norwood, N. J. (Ablex Publ.)

Pöppel, E. (1968): Desynchronisation circadianer Rhythmen innerhalb einer isolierten Gruppe. Pflüg. Arch., 299, 364–370

Poirier, F. E. (1969): The Nilgiri Langur *(Presbytis johnii)* troop: its composition, structure, function and change. Folia primat., 10, 20–47

Popov, A. V., Shuvalov, V. F., Svetlogorskaya, I. D. und Markovich, A. M. (1974): Acoustic Behavior and auditory system in insects. In: Schwartzkopff, F. (ed.): Mechanoreception. Rheinisch-Westfälische Akad. d. Wiss. Abhandl., 53, 281–306

POPPER, K. R. (1973): Objektive Erkenntnis. Ein evolutionärer Entwurf. Hamburg (Hoffmann und Campe)

PORTMANN, A. (1953): Das Tier als soziales Wesen. 2. Aufl. Zürich (Rhein)

POTTS, G. W. (1973[a]): The Ethology of *Labroides dimidiatus* (Cuv. and Val.) on Aldabra. Anim. Behav., 21, 250–291

– (1973[b]): Cleaning Symbiosis among British Fish with Special Reference to *Crenilabrus melops* (Labridae). J. Mar. Biol. Ass. U. K., 53, 1–10

POULSEN, H. (1953): A Study of Incubation Responses and some other Behavior Patterns in Birds. Vidensk. Medd. fra Danks. naturh. Foren

PRECHTL, H. F. R. (1951): Zur Paarungsbiologie einiger Molcharten. Z. Tierpsychol., 8, 337–348

– (1953[a]): Zur Physiologie des Angeborenen Auslösemechanismus. Behaviour, 5, 32–50

– (1953[b]): Die Kletterbewegungen beim Säugling. Monatschr. Kinderheilkde., 12, 519–521

– (1953[c]): Stammesgeschichtliche Reste im Verhalten des Säuglings. Umschau, 21, 656–658

– (1955): Die Entwicklung der frühkindlichen Motorik. I–III. Wiss. Filme, C 651, C 652, C 653. Göttingen (Inst. wiss. Film)

– (1956): Neurophysiologische Mechanismen des formstarren Verhaltens. Behaviour, 9, 243–319

– (1958): The Directed Head-Turning Response and Allied Movements of the Human Baby. Behaviour, 13, 212–242

PRECHTL, H. F. R. und KNOL, A. R. (1958): Fußsohlenreflexe beim neugeborenen Kind. Arch. Psychiatr. u. Z. ges. Neurol., 196, 542–553

PRECHTL, H. F. R. und SCHLEIDT, W. (1950): Auslösende und steuernde Mechanismen des Saugaktes. I. Z. vergl. Physiol., 32, 252–262

– (1951): Auslösende und steuernde Mechanismen des Saugaktes II. Z. vergl. Physiol., 33, 53–62

PREMACK, D. (1971): Language in the Chimpanzee? Science, 172, 808–822

– (1976): Intelligence in Ape and Man. New York (Wiley)

PRESTON, J. L. (1978): Communication Systems and Social Interactions in a Goby-Shrimp Symbiose. Animal Behaviour, 26, 791–802

PRÉVOST, J. (1961): Écologie du Manchot empereur: *Aptenodytes forsteri* Gray. Expeditions polaires Françaises, Miss. Paul-Emile Victor. Publ. 222, Actualités Scient. et Industr. Nr. 1291, Paris (Hermann)

PREYER, W. (1885): Spezielle Physiologie des Embryo. Leipzig (Grieben)

PRIESNER, E. (1968): Die interspezifischen Wirkungen der Sexuallockstoffe der Saturniidae (Lepidoptera). Z. vergl. Physiol., 61, 263–297

– (1969): A New Approach to Insect Pheromone Specificity. In: PFAFFMANN, C. (ed.): Olfaction and Taste. Rockefeller Univ. Press, 235–240

PROVINE, R. R. (1979): Wing-Flapping develops in Wingless Chicks. Behav. Neurol. Biol., 27, 233–237

– (1986): Yawning as a Stereotyped Action Pattern and Releasing Stimulus. Ethology, 72, 109–122

PRYOR, K. (1973): Behavior and Learning in Porpoises and Whales. Die Naturwiss., 60, 412–420

PUSEY, A. E. (1980): Inbreeding Avoidance in Chimpanzees. Anim. Behav., 28, 543–552

Räber, H. (1948): Analyse des Balzverhaltens eines männlichen Truthahns *(Meleagris)*. Behaviour, 1, 237–266

Randall, J. E. (1958): A Review of the Labrid Fish genus Labroides with Descriptions of Two New Species and Notes on Ecology. Pac. Sci., 12, 327–347

Randall, J. E. und Randall, H. E. (1960): Examples of Mimikry and Protective Resemblance in Tropical Marine Fishes. Bull. Marine Sci. Gulf Caribbean, 10, 444–480

Rao, K. S. (1954): Tidal Rhythmicity of Rate of Water Propulsion in *Mytilus* and its Modificability by Transplantation. Biol. Bull., 106, 353–359

Raper, J. A., Bastiani, M. J. und Goodman, C. S. (1983): Guidance of Neuronal Growth Cones: Selective Fasciculation in the Grasshopper Embryo. Cold Spring Harbor Symposia on Quantitative Biology, 48, 587–598

Rasa, O. A. E. (1969): The Effect of Pair Isolation on Reproductive Success in *Etroplus maculatus* (Cichlidae). Z. Tierpsychol., 26, 846–852

– (1971): Appetence for Aggression in Juvenile Damsel Fish. Beiheft 7 zur Zeitschr. f. Tierpsychol. Berlin (Parey)

– (1976[a]): Invalid Care in the Dwarf Mongoose *(Helogale undulata rufula)*. Z. Tierpsychol., 42, 337–342

– (1976[b]): Aggression: Appetite or Aversion? Aggressive Behav., 2, 213–222

– (1977): The Ethology and Sociology of the Dwarf Mongoose *(Helogale undulata rufula)*. Z. Tierpsychol., 43, 337–406

– (1984): Die perfekte Familie: Leben und Sozialverhalten der afrikanischen Zwergmungos. Stuttgart (Dt. Verlagsanstalt)

Rasmussen, K. (1908): People of the Polar North. London

Rattner, J. (1970): Aggression und menschliche Natur. Olten (Walter)

Ray, C. (1966): Stalking, Seals under Antarctic Ice. Nat. Geogr. Mag., 129, 54 bis 65

Razran, G. (1971): Mind in Evolution. An East-West-Synthesis of Learned Behavior and Cognition. Boston (Houghton Mifflin)

Réaumur, R. A. F. (1734–1742): Mémoires pour servir à l'histoire des Insectes. Paris (Impr. Royale), 1–6

Redican, W. (1975): Facial Expressions in Nonhuman Primates. In: Rosenblum, L. A. (ed.): Primate Behavior, 4. London (Academic Press), 103–194

Reese, E. S. (1962[a]): Submissive Posture as an Adaptation to Aggressive Behavior in Hermit Crabs. Z. Tierpsychol., 19, 645–651

– (1962[b]): Shell Selection Behavior of Hermit Crabs. Anim. Beh., 10, 347–360

– (1963[a]): The Behavioral Mechanisms Underlying Shell Selection by Hermit Crabs. Behaviour, 21, 78–126

– (1963[b]): A Mechanism Underlying Selection or Choice Behavior which is not Based on Previous Experience. Am. Zool., 3, 508

– (1968): Shell Use: An Adaptation for Emigration from the Sea by the Coconut Crab. Science, 161, 385–386

– (1975): A Comparative Field Study of the Social Behavior and Related Ecology of Reef Fishes of the Family Chaetodontidae. Z. Tierpsychol., 37, 37–61

Regen, J. (1924): Über die Orientierung des Grillenweibchens nach dem Stridulationsschall des Männchens. Sitz. Ber. Akad. Wiss. Wien, math. nat. Kl., 132

Regnier, F. E. und Wilson, E. O. (1971): Chemical communication and »propaganda« in slavemaker ants. Science, 172, 267–269

Reimarus, H. S. (1762): Allgemeine Betrachtungen über die Triebe der Thiere, hauptsächlich über ihre Kunsttriebe. Hamburg

REMANE, A. (1952): Die Grundlagen des natürlichen Systems der vergleichenden Anatomie und der Phylogenetik. Leipzig (Geest und Portig)
– (1960): Das soziale Leben der Tiere. Rowohlts Deutsche Enzykl., 97, Hamburg (Rowohlt)
– (1971): Sozialleben der Tiere. Stuttgart (Fischer)
RENSCH, B. (1957): Ästhetische Faktoren bei Farb- und Formbevorzugungen von Affen. Z. Tierpsychol., 14, 71–99
– (1958): Die Wirksamkeit ästhetischer Faktoren bei Wirbeltieren. Z. Tierpsychol., 15, 447–461
– (1961): Malversuche mit Affen. Z. Tierpsychol., 18, 347–364
– (1962): Gedächtnis, Abstraktion und Generalisation bei Tieren. Arb.gem. f. Forsch. d. Land. Nordrhein-Westf., Natur-, Ing.- u. Gesellschafts.wiss. Köln (Westdeutscher Verlag)
– (1963): Versuche über menschliche »Auslöser-Merkmale« beider Geschlechter. Z. Morph. Anthrop., 53, 139–164
– (1965): Die höchsten Lernleistungen der Tiere. Naturwiss. Rundschau, 18, 91–101
RENSCH, B. und DÖHL, J. (1968): Wahlen zwischen zwei überschaubaren Labyrinthwegen durch einen Schimpansen. Z. Tierpsychol., 25, 216–231
RENSCH, B. und DÜCKER, G. (1959): Versuche über visuelle Generalisation bei einer Schleichkatze. Z. Tierpsychol., 16, 671–692
REUTER, O. M. (1913): Lebensgewohnheiten und Instinkte der Insekten. Berlin
REYER, H.-U. (1975): Ursachen und Konsequenzen von Aggressivität bei *Etroplus maculatus* (Cichlidae, Pisces). Ein Beitrag zum Triebproblem. Z. Tierpsychol., 39, 415–454
– (1980): Flexible Helper Structure as an Ecological Adaptation in the Pied Kingfisher *(Ceryle rudis rudis* L.*)*. Behav. Ecol. and Sociobiol., 6, 219–227
– (1984): Investment and Relatedness: A Cost/benefit Analysis of Breeding and Helping in the Pied Kingfisher *(Ceryle rudis)*. Anim. Behav., 32, 1163
REYNOLDS, V. (1966): Open Groups in Human Evolution. Man, 1, 441–452
REYNOLDS, V. und REYNOLDS, F. (1965): Chimpanzees of the Budongo Forest. In: DEVORE, I. (ed.): Primate Behavior. New York (Holt, Rinehart and Winston), 368–424
RICHARD, P. B. (1955): Bièvres constructeurs de barrages. Mammalia, 19, 293–301
– (1964): Les matériaux de construction du Castor *(Castor fiber)*, leur signification pour ce rongeur. Z. Tierpsychol., 21, 592–601
RICHTER, R. (1927): Die fossilen Fährten und Bauten der Würmer. Paläont. Z., 9, 193–240
RIESEN, A. H. (1960): Effects of Stimulus Deprivation on the Development and Atrophy of the Visual Sensory System. J. Orthopsychiatr., 30, 23–26
RIESS, B. F. (1954): The Effect of Altered Environment and of Age on the Mother-Young Relationships among Animals. Ann. N. Y. Acad. Sci., 57, 606–610
RIJT-PLOOIJ, H. H. C. VAN DE und PLOOIJ, F. X. (1986): The Involvement of Interactional Processes and Hierarchical Systems Control in the Growing Independence in Chimpanzee Infancy. In: WIND, J., REYNOLDS, V. und CORLUY, R. (eds.): Essays in Human Sociobiology, vol. 2. Brüssel (VUB Press)
RIPLEY, S. (1967): Intertroop Encounters among Ceylon Gray Langurs *(Presbytis entellus)*. In: ALTMANN, S. A. (ed.): Social Communication among Primates. Chicago (Univ. Chicago Press), 237–253
– (1970): Leaves and leaf-monkeys: the social organization of foraging in Gray Lan-

gurs *Presbytis entellus thersites.* In: NAPIER, J. R. and P. H. (eds.): Old World Monkeys. New York (Academic Press), 481–509
RISLER, H. (1953): Das Gehörorgan des Männchens von *Anopheles stephensi* Liston *(Culicidae).* Zool. Jb., Anat., 73, 165–186
– (1955): Das Gehörorgan der Stechmücken. Mikrokosmos, 44, 217–220
RITTINGHAUS, H. (1963): *Sterna hirundo (Laridae):* Balz und Kopulation. Encycl. cinem., E 659. Göttingen (Inst. wiss. Film)
ROBERTS, A. und ROBERTS, B. L. (eds.) (1983): Neural origin of rhythmic movements. Cambridge (Univ. Press)
ROBERTS, W. W. und BERGQUIST, E. H. (1968): Attack Elicited by Hypothalamic Stimulation in Cats Raised in Social Isolation. J. Comp. Physiol. Psychol., 66, 590–595
ROBERTS, W. W. und CAREY, R. J. (1965): Rewarding Effect of Performance of Gnawing Aroused by Hypothalamic Stimulation in the Rat. J. Comp. Physiol. Psychol., 59, 317–324
ROBERTS, W. W. und KIESS, H. O. (1964): Motivational Properties of Hypothalamic Aggression in Cats. J. Comp. Physiol. Psychol., 58, 187–193
ROBERTSON, D. R. (1972): Social Control of Sex Reversal in a Coral Reef Fish. Science, 177, 1007–1009
ROBERTSON, D. R. und CHOAT, J. H. (1974): Protogynous Hermaphroditism and Social Systems in Labrid Fish. Proc. Second Int. Coral Reef Symp., 1, 217–225
ROBINSON, J. (1962): *Pilobolus sp.* and the Translocation of Infective Larvae of *Dictyocaulus viviparus* from Faeces to Pastures. Nature, 193, 353–354
ROBSON, K. S. (1967): The Role of Eye-to-Eye Contact in Maternal-Infant Attachment. J. Child Psychol., 8, 13–25
RODMAN, P. S. (1973): Population Composition and Adaptive Organization among Orang-Utans of the Kutai Reserve. In: MICHAEL, R. P. und CROOK, J. H. (eds.): Comparative Ecology and Behaviour of Primates. London/New York, 171–209
ROEDER, K. D. (1935): An Experimental Analysis of the Sexual Behavior of the Preying Mantis. Biol. Bull., 69, 203–220
– (1937): The Control of Tonus and Locomotory Activity in the Preying Mantis *(Mantis religiosa* L.*).* J. exp. Zool., 76, 353–374
– (1955): Spontaneous Activity and Behavior. Sci., Month. Wash., 80, 362–370
– (1963[a]): Nerve Cells and Insect Behavior. Cambridge/Mass. (Harvard Univ. Press)
– (1963[b]): Ethology and Neurophysiology. Z. Tierpsychol., 20, 434–440
ROEDER, K. D. und TREAT, E. A. (1961): The Reception of Bat Cries by the Tympanic Organ of Noctuid Moths. In: ROSENBLITH (ed.): Sensory Communication. New York (M. I. T. Press and Wiley)
RÖSCH, G. A. (1925): Untersuchungen über die Arbeitsteilung im Bienenstaat. Z. vergl. Physiol., 6, 571–631
RÖSEL v. ROSENHOF, A. J. (1746–1761): Insekten-Belustigungen, I–IV. Nürnberg (Fleischmann)
– (1758): Die natürliche Historie der Frösche hiesigen Landes etc. Nürnberg (Fleischmann)
ROOD, J. P. (1978): Dwarf Mongoose Helpers at the Den. Z. Tierpsychol., 48, 277–287
ROPER, M. K. (1969): A Survey of Evidence for Intrahuman Killing in the Pleistocene. Current Anthropology, 10, 427–459
ROSE, S. P. R. (1970): Neurochemical Correlates of Learning and Environmental Change. In: HORN, G. und HINDE, R. A. (eds.): Short-Term Changes in Neural Activity and Behaviour. Cambridge (Univ. Press), 517–551

Ross, D. M. (1960): The Association between the Hermit Crab *Eupagurus bernhardus* L. and the Sea Anemone *Calliactis parasitica*. Proc. Zool. Soc. London, 134, 43–47

Ross, Sh. (1951): Sucking Behavior in Neonate Dogs. J. Abnorm. Soc. Psychol., 46, 142–149

Roth, L. M. (1948): An Experimental Laboratory Study of the Sexual Behaviour of *Aedes aegypti*. Am. Midl. Nat., 40, 265–352

Rothballer, A. B. (1967): Aggression, Defense and Neurohumors. Ucla Forum Med. Sci., 7, 135–170. In: Clemente, C. D. und Lindsley, D. B. (eds.): Aggression and Defense. Berkeley/Los Angeles (Univ. Calif. Press)

Rothenbuhler, W. C. (1964): Behavior Genetics of Nest Cleaning in Honeybees, IV. Responses of F_1 and Backcross Generations to Disease Killed Brood. Am. Zool., 4, 111–123

Rothmann, M. und Teuber, E. (1915): Einzelausgabe der Anthropoidenstation auf Teneriffa. I. Ziele und Aufgaben der Station sowie erste Beobachtungen an den auf ihr gehaltenen Schimpansen. Abh. Preuß. Akad. Wiss. Berlin, 1–20

Roubaud, E. (1916): Recherches biologiques sur les guepes solitaires et sociales d'Afrique. La genese de la vie sociale et l'évolution de l'instinct maternal chez les vespids. Ann. Sci. Nit., 1, 1–160

Rovner, J. S. und Barth, F. G. (1981): Vibratory Communication Through Living Plants by a Tropical Wandering Spider. Science, 214, 464–466

Rowell, T. E. (1966): Forest Living Baboons in Uganda. J. Zool., 149, 344–364

– (1967): Female Reproductive Cycles and the Behavior of Baboons and Rhesus Macaques. In: Altmann, S. A. (ed.): Social Communication among Primates. Chicago (Univ. Chicago Press), 15–32

Rudran, R. (1973): Adult Male Replacement in one-male Troops of Purple Faced Langurs *(Presbytis senex senex)* and its Effect on Population Structure. Folia primat., 19, 166–192

Rüppell, G. (1969): Eine »Lüge« als gerichtete Mitteilung beim Eisfuchs *(Alopex lagopus* L.*)*. Z. Tierpsychol., 26, 371–374

Ruiter, L. de (1952): Some Experiments on the Camouflage of Stick-Caterpillars. Behaviour, 4, 222–232

– (1955): Countershading in Caterpillars. Arch. neerl. Zool., 11, 1–57

– (1963): The Physiology of Vertebrate Feeding Behaviour: towards a Synthesis of the Ethological and Physiological Approaches to Problems of Behaviour. Z. Tierpsychol., 20, 498–516

Rumbaugh, D. M. (ed.) (1977): Language Learning by a Chimpanzee. The Lana Project. Communication and Behavior: an Interdisciplinary Series. London (Academic Press)

Rumbaugh, D. M., Glaserfeld, E. C. von, Gill, T. V., Warner, H., Pisani, P., Brown, J. V. und Bell, C. L. (1975): The Language Skills of a Young Chimpanzee in a Computer-Controlled Training Situation. In: Tuttle, R. H. (ed.): Socioecology and Psychology of Primates. Paris (Mouton)/Chicago (Aldine), 391–401

Russell, E. S. (1938): The Behaviour of Animals: an Introduction to its Study. London

Sackett, G. P. (1966): Monkeys Reared in Isolation with Pictures as Visual Input. Evidence for an Innate Releasing Mechanism. Science, 154, 1468–1473

Sade, D. S. (1967): Determinants of Dominance in a Group of Free-Ranging Rhesus Monkeys. In: Altmann, S. A. (ed.): Social Communication among Primates. Chicago (Univ. Press), 99–114

SAINT PAUL, U. v. (1967): *Lanius collurio*-Ontogenese des Beutespießens. Encycl. cinem., E 1241. Göttingen (Inst. wiss. Film)
– (1982): Do Geese Use Path Integration for Walking Home? In: PAPI, F. und WALLRAFF, H. G. (eds.): Avian Navigation. Berlin (Springer), 298–307
SALLER, K. (1963): Die Aufrichtung des Menschen und ihre Folgen. Z. Morph. Anthrop., 54, 82–111
SAMBRAUS, H. H. (1973): Das Sexualverhalten der domestizierten einheimischen Wiederkäuer. Fortschritte der Verhaltensforschung (Beiheft Z. Tierpsychol.), 12, Hamburg (Parey)
SAUER, F. (1954): Die Entwicklung der Lautäußerungen vom Ei ab schalldicht gehaltener Dorngrasmücken (*Sylvia c. communis* Latham). Z. Tierpsychol., 11, 1–93
– (1956): Zugorientierung einer Mönchsgrasmücke *(Sylvia atricapilla)* unter künstlichem Sternenhimmel. Die Naturwiss., 43, 231–232
– (1957): Die Sternenorientierung nächtlich ziehender Grasmücken *(Sylvia atricapilla, borin* und *curruca).* Z. Tierpsychol., 14, 29–70
– (1961): Further Studies on the Stellar Orientation of Nocturnally Migrating Birds. Psychol. Forschg., 26, 224–244
SAUER, F. und SAUER, E. (1955): Zur Frage der nächtlichen Zugorientierung von Grasmücken. Rev. Suisse Zool., 62, 250–259
– (1960): Star Navigation of Nocturnal Migrating Birds. Cold Spring Harbor Symp. Quant. Biol., 25, 463–473
SAVAGE-RUMBAUGH, E. S., WILKERSON, B. J. und BAKEMAN, R. (1977): Spontaneous Gestural Communication among Conspecifics in the Pygmy Chimpanzee *(Pan paniscus).* In: BOURNE, G. H. (ed.): Progress in Ape Research. New York etc. (Academic Press), 97–116
SBRZESNY, H. (1974): !Ko-Buschleute (Kalahari) – Der Eland-Tanz. Kinder spielen das Mädchen-Initiationsritual. Humanethol. Filmarchiv d. Max-Planck-Ges. HF 62. Homo, 24, 233–244
– (1976): Die Spiele der !Ko-Buschleute unter besonderer Berücksichtigung ihrer sozialisierenden und gruppenbindenden Funktionen. Monographien zur Humanethologie, 2. München (Piper)
SCHÄFER, W. (1965): Aktualpaläontologische Beobachtungen. Natur u. Mus., 95, 83–90
SCHALLER, F. (1962): Die Unterwelt des Tierreiches. Verständl. Wiss., 78, Berlin (Springer)
SCHALLER, F. und SCHWALB, H. (1961): Attrappenversuche mit Larven und Imagines einheimischer Leuchtkäfer. Zool. Anz. Suppl., 24, 154–166
SCHALLER, G. B. (1963): The Mountain Gorilla. Chicago (Univ. Press)
– (1972): The Serengeti Lion: A Study of Predator-Prey-Relation. Chicago (Univ. Press)
SCHEIN, W. M. (1963): On the Irreversibility of Imprinting. Z. Tierpsychol., 20, 462–467
SCHELLER, R. H., KALDANY, R.-R., KREINER, T., MAHON, A. C., NAMBU, J. R., SCHAEFER, M. und TAUSSIG, R. (1984): Neuropeptides: Mediators of Behavior in Aplysia. Science, 225, 1300–1308
SCHENKEL, R. (1947): Ausdrucksstudien an Wölfen. Behaviour, 1, 81–129
– (1956): Zur Deutung der Phasianidenbalz. Ornith. Beobacht., 53, 182–201
– (1958): Zur Deutung der Balzleistungen einiger Phasianiden und Tetraoniden. Ornith. Beobacht., 55, 65–95
– (1964): Zur Ontogenese des Verhaltens bei Gorilla und Mensch. Z. Morph. Anthrop., 54, 233–259

– (1966): Zum Problem der Territorialität und des Markierens bei Säugern – am Beispiel des Schwarzen Nashorns und des Löwen. Z. Tierpsychol., 23, 593–626
– (1967): Submission, its Features and Function in the Wolf and Dog. Am. Zool., 7, 319–329
Schenkel, R. und Schenkel-Hulliger, L. (1967): On the Sociology of Free-Ranging Colobus (*Colobus guereza caudatus* 1885). In: Starck, D., Schneider, R. und Kuhn, H. J. (eds.): Neue Ergebnisse der Primatologie. Stuttgart (Fischer)
Scherer, K., Abeles, R. P., Fischer, C. S. (1975): In: Lazarus, R. S. (ed.): Human Aggression and Conflict. Englewood Cliffs, N. Y. (Prentice-Hall)
Schevill, W. E. (1955): Evidence for Echolocation by Cetaceans. Deep Sea Res., 3, 153
Schifter, H. (1965): Beobachtungen am Großmaulwels, *Chaca chaca*. Natur u. Mus., 95, 465–469
Schildberger, K. (1984): Temporal Selectivity of Identified Auditory Neurons in the Cricket Brain. J. Comp. Physiol. A, 155, 171–185
Schildkraut, J. J. (1965): The Catecholamine Hypothesis of Affective Disorders: A Review of Supporting Evidence. Am. J. Psychiatr., 122, 509–522
Schildkraut, J. J. und Kety, S. S. (1967): Biogenic Amines and Emotion. Science, 156, 21–30
Schjelderup-Ebbe, Th. (1922[a]): Soziale Verhältnisse bei Vögeln. Z. Psychol., 90, 106/107
– (1922[b]): Beiträge zur Sozialpsychologie des Haushuhns. Z. Psychol., 88, 225–252
– (1935): Social Behavior of Birds. In: Murchison, A. (ed.): A Handbook of Social Psychology, 947–972
Schleidt, M. (1954): Untersuchungen über die Auslösung des Kollerns beim Truthahn. Z. Tierpsychol., 11, 417–435
Schleidt, W. M. (1961[a]): Über die Auslösung der Flucht vor Raubvögeln bei Truthühnern. Die Naturwiss., 48, 141–142
– (1961[b]): Reaktionen von Truthühnern auf fliegende Raubvögel und Versuche zur Analyse ihrer AAMs. Z. Tierpsychol., 18, 534–560
– (1962): Die historische Entwicklung der Begriffe »Angeborenes auslösendes Schema« und »Angeborener Auslösemechanismus«. Z. Tierpsychol., 19, 697–722
– (1964[a]): Über die Spontaneität von Erbkoordinationen. Z. Tierpsychol., 21, 235–256
– (1964[b]): Wirkungen äußerer Faktoren auf das Verhalten. Fortschr. Zool., 16, 469–499
– (1966): Aus dem Signal-Inventar der Truthühner. In: Burkhardt, D., Schleidt, W. und Altner, H. (eds.): Signale in der Tierwelt. München (Moos), 130–134
– (1983): In Defense of Standard Ethograms. Z. Tierpsychol., 68, 343–345
Schleidt, W. M. und Crawley, J. N. (1980): Patterns in the behavior of organisms. J. Soc. Biol., Struct., 3, 1–15
Schleidt, W. M. und Schleidt, M. (1962): *Meleagris gallapavo silvestris* (Meleagrididae) – Kampfverhalten der Hähne. Wiss. Film E 487. Göttingen (Inst. wiss. Film)
Schleidt, W. M., Schleidt, M. und Magg, M. (1960): Störungen der Mutter-Kind-Beziehung bei Truthühnern durch Gehörverlust. Behaviour, 16, 254–260
Schleidt, W. M., Yakalis, G., Donnelly, M. and McGarry, J. (1984): A Proposal for a Standard Ethogram, Exemplified by an Ethogram of the Bluebreasted Quail *(Coturnix chinensis)*. Z. Tierpsychol., 64, 193–220
Schlichter, D. (1968): Das Zusammenleben von Riffanemonen und Anemonenfischen. Z. Tierpsychol., 25, 933–954
Schlosser, K. (1952[a]): Körperliche Anomalien als Ursache sozialer Ausstoßung bei Naturvölkern. Z. Morph. Anthrop., 44

– (1952[b]): Der Signalismus in der Kunst der Naturvölker. Biologisch-psychologische Gesetzlichkeiten in den Abweichungen von der Norm des Vorbildes. Arbeiten a. d. Mus. f. Völkerkde. Univ. Kiel, I. Kiel (Mühlau)
– (1952[c]): Der Rangkampf biologisch und ethnologisch gesehen. Act. IV. Congr. Int. Sci. Anthrop. Ethnol. Vienne, 2, 43–50
Schmidbauer, W. (1971[a]): Methodenprobleme der Human-Ethologie. Studium Gen., 24, 462–522
– (1971[b]): Zur Anthropologie der Aggression. Dynamische Psychiatrie, 4, 36–50
Schmidt, H. D. (1960): Bigotry in school Children. Commentary, 29, 253–257
Schmidt, L. (1952): Gestaltheiligkeit im bäuerlichen Arbeitsmythos. Veröff. Öst. Mus. Volkskde., 1, 1–240
Schmidt, R. S. (1957): The Evolution of Nestbuilding Behavior in Apicotermes *(Isoptera)*. Evolution, 9, 157–181
– (1958): The Nests of *Apicotermes trägardhi*; New Evidence on the Evolution of Nest-Building. Behaviour, 12, 76–94
Schmidt-Koenig, K. (1975): Migration and Homing in Animals. Berlin (Springer)
Schneider, D. (1962): Electrophysiological Investigation on the Olfactorical Specifity of Sexual Attracting Substances in Different Species of Moths. J. Insect. Physiol., 8, 15–30
– (1966): Vergleichende Neurophysiologie. Der Nervenarzt, 37, 454–457
– (1967): Wie arbeitet der Geruchssinn bei Mensch und Tier? Mitt. Max-Planck-Ges., 294–314
– (1977): Biologie des Riechens: Ärztliche Kosmetologie, 7, 3–11
– (1984): Insect Olfaction – Our Research Endeavor. In: W. W. Dawson und J. M. Enoch (eds.): Foundations of Sensor Science. Berlin/Heidelberg (Springer), 381–418
Schneider, D., Block, B. C., Boeckh, J. und Priesner, E. (1967): Die Reaktion der männlichen Seidenspinner auf Bomykol und seine Isomeren: Elektroantennogramm und Verhalten. Z. vergl. Physiol., 54, 192–209
Schneider, F. (1961): Beeinflussung der Aktivität des Maikäfers durch Veränderung der gegenseitigen Lage magnetischer und elektrischer Reize. Mitt. Schweiz. Ent. Ges., 33, 223–237
Schneider, H. (1963): Bioakustische Untersuchungen an Anemonenfischen der Gattung *Amphiprion*. Z. Morph. Ökol. Tiere, 53, 453–474
Schneirla, T. C. (1946): Problems of Biopsychology and Social Organization. J. Abnorm. Soc. Psychol., 41, 385–402
– (1956): Interrelationships of the »Innate« and the »Acquired« in Instinctive Behavior. In: Grassé, P. P. (ed.): L'Instinct dans le Comportement des Animaux. Paris, 387–452
– (1959): An Evolutionary and Developmental Theory of Biphasic Processes Underlying Approach and Withdrawal. Nebraska Symp. on Motivation. Lincoln (Univ. Nebr. Press), 1–41
– (1965): Aspects of Stimulation and Organization in Approach Withdrawal Processes Underlying Vertebrate Behavioral Development. Advanc. in Anim. Beh., 1. New York/London (Academic Press), 1–74
– (1966): Behavioral Development and Comparative Psychology. Quart. Rev. Biol., 41, 283–302
Schöne, H. (1951): Die Lichtorientierung der Larven von *Acilius sulcatus* und *Dytiscus marginalis*. Z. vergl. Physiol., 33, 63–98
– (1959): Die Lageorientierung mit Statolithenorganen und Augen. Erg. Biol., 21, 161–209

– (1962): Optisch gesteuerte Lageänderungen (Versuche an Dytiscidenlarven zur Vertikalorientierung). Z. vergl. Physiol., 45, 590–604
– (1965/66): Vorlesung über Orientierungsvorgänge, gehalten im Wintersem. 1965/66, Univ. München
– (1973): Raumorientierung, Begriffe und Mechanismen. Fortschr. Zool., 2/3, 1–19
– (1978): Orientierung im Raum. Stuttgart (Wiss. Verlagsanstalt)
Schöne, H. und Eibl-Eibesfeldt, I. (1965): *Grapsus grapsus (Brachyura):* Drohen. Encycl. cinem., E 599. Publ. zu wiss. Filmen, 1 A, 391–396. Göttingen (Inst. wiss. Film)
Schöne, H. und Schöne, H. (1963): Balz und andere Verhaltensweisen der Mangrovekrabbe, *Goniopsis cruentata,* und das Winkverhalten der eulitoralen Brachyuren. Z. Tierpsychol., 20, 641–656
Schoenenberger, G. A. und Monnier, M. (1974): Isolation, Partial Characterization and Activity of a Humoral »delta-sleep« Transmitting Factor. In: De Erven Bohn, B. V. (ed.): Brain and Sleep. Amsterdam, 39–61
Scholz, A. T., Horrall, R. M., Cooper, J. C. und Hasler, A. D. (1976): Imprinting to Chemical Cues: The Basis for Home Stream Selection in Salmon. Science, 192, 1247–1249
Schremmer, F. (1960): Beobachtungen über die Bestäubung der Blüten von *Ophrys fuciflora* durch Männchen der Bienenart *Eucera nigrilabris.* Öst. Bot. Z., 107, 6–17
Schüz, E. (1952): Vom Vogelzug. Frankfurt (Schöps)
Schultz, J. H. (1966): Organstörungen und Perversionen im Liebesleben. München/Basel (E. Reinhardt)
Schultze-Westrum, Th. (1965): Innerartliche Verständigung durch Düfte beim Gleitbeutler *Petaurus breviceps papuanus* Thomas *(Marsupialia, Phalangeridae).* Z. vergl. Physiol., 50, 151–220
– (1967): Biologische Grundlagen zur Populationsphysiologie der Wirbeltiere. Die Naturwiss., 54, 576–579
– (1968): Ergebnisse einer zoologisch-völkerkundlichen Expedition zu den Papuas. Umschau, 68, 295–300
– (1974): Biologie des Friedens. München (Kindler)
Schutz, F. (1956): Vergleichende Untersuchungen über die Schreckreaktion bei Fischen und deren Verbreitung. Z. vergl. Physiol., 38, 84–135
– (1964): Über geschlechtlich unterschiedliche Objektfixierung sexueller Reaktionen bei Enten im Zusammenhang mit dem Prachtkleid des Männchens. Zool. Anz. Suppl., 27, 282–287
– (1965[a]): Sexuelle Prägung bei Anatiden. Z. Tierpsychol., 22, 50–103
– (1965[b]): Homosexualität und Prägung bei Enten. Psychol. Forschg., 28, 439–463
– (1968): Sexuelle Prägungserscheinungen bei Tieren. In: Giese, H. (ed): Die Sexualität des Menschen. Hb. d. Med. Sexualforschung. Stuttgart (Enke), 284–317
Schwaier, A. (1976): Juvenile Aggression in Tupaias. Primitive Prosimian Primates. Meeting Int. Soc. Research on Aggression Paris, 15.–17. Juli
Schwartzkopff, J. (1960): Vergleichende Physiologie des Gehörs. Fortschr. Zool., 12, 206–264
– (1962): Vergleichende Physiologie des Gehörs und der Lautäußerungen. Fortschr. Zool., 15, 214–336
Schwidetzky, I. (1950): Grundzüge der Völkerbiologie. Stuttgart (Enke)
Schwinck, I. (1955): Weitere Untersuchungen zur Frage der Geruchsorientierung der Nachtschmetterlinge: partielle Fühleramputation bei Spinnermännchen, insbesondere des Seidenspinners. Z. vergl. Physiol., 37, 439–458

Scott, J. P. (1960): Aggression. Chicago (Univ. Press)
– (1962): Critical Periods in Behavioral Development. Science, 138, 949–958
– (1963): The Process of Primary Socialization in Canine and Human Infants. Monogr. Soc. Res. Child Developm., 28
– (1964): The Effects of Early Experience on Social Behavior and Organization. In: Etkin, W. (ed.): Social Behavior and Organization among Vertebrates. Chicago (Univ. Press)
Scott, J. P. und Fredericson, E. (1951): The Causes of Fighting in Mice. Physiol. Zool., 24, 273–309
Scott, J. P. und Fuller, J. L. (1965): Genetics and Social Behavior of the Dog. Chicago (Univ. Press)
Seely, M. K. (1979): Irregular Fog as a Water Source for Desert Dune Beetles. Oecologia, 42, 213–227
Seely, M. K. und Hamilton, W. J. (1976): Fog Catchment Sand Trenches Constructed by Tenobrionid Beetles, *Lepidochora*, from the Namib Desert. Science, 193 (4252), 484–486
Seibt, U. und Wickler, W. (1977): Duettieren als Revier-Anzeige bei Vögeln. Z. Tierpsychol., 43, 180–187
Seilacher, A. (1967): Fossil Behavior. Scient. Americ., 217 (2), 72–80
Seiss, R. (1965): Beobachtungen zur Frage der Übersprungsbewegungen im menschlichen Verhalten. Psychol. Beitr., 8, 1–97
Seitz, A. (1940): Die Paarbildung bei einigen Zichliden I. Z. Tierpsychol., 4, 40–84
– (1941): Die Paarbildung bei einigen Zichliden II. Z. Tierpsychol., 5, 74–101
Seligman, M. E. P. und Hager, J. L. (1972): Biological Boundaries of Learning. In: MacCorquodale, K., Lindzey, G. und Clark, K. E. (eds.): Appleton-Century-Crofts. New York (Meredith)
Selverston, A. I. (1976): Neuronal Mechanisms for Rhythmic Motor Pattern Generation in a Simple System. In: Herman, R., Grillner, S., Stein, P. und Stuart, D. (eds.): Neural Control of Locomotion. New York (Plenum), 377–399
– (1980): Are Central Pattern Generators Understandable? The Behavioral and Brain Sciences, 3, 535–571
Selverston, A. I., Russell, D. F., Miller, J. P. und King, D. G. (1976): The Stomatogastric Nervous System: Structure and Function of a Small Neural Network. Progress in Neurobiology, 6, 1–75
Semler, D. E. (1971): Some Aspects of Adaptation in a Polymorphism for Breeding Colours in the Threespine Stickleback (*Gasterosteus aculeatus*). J. Zool., 165, 291–302
Semm, P. (1982): Neurobiologische Untersuchungen zur magnetischen Empfindlichkeit des Pinealorgans (Epiphysis cerebri). Funkt. Biol. Med., 1, 207–213
– (1983): Neurobiological Investigations on the Magnetic Sensitivity of the Pineal Gland in Rodents and Pigeons. Comp. Biochem. Physiol., vol. 76 A. No. 4, 683–689
Semm, P., Schneider, T. und Vollrath, L. (1980): Effects of an earth-strength magnetic field on the electrical activity of pineal cells. Nature, vol. 288, No. 5791, 607–608
Serventy, D. L. (1967): Aspects of the Population Ecology of the Short-Tailed Shearwater *Puffinus tenuirostris*. Proc. XIVth Int. Ornith. Congr. Oxford, 1966, 165–190
Sevenster, P. (1961): A Causal Analysis of a Displacement Activity: Fanning in *Gasterosteus aculeatus*. Behaviour Suppl., 9
– (1968): Motivation and Learning in Sticklebacks. In: Ingle, D. (ed.): The Central Nervous System and Fish Behavior. Chicago/London (Univ. Press), 233–245

SEVENSTER-BOL, A. C. A. (1962): On the Causation of Drive Reduction after a Consummatory Act. Arch. neerl. Zool., 15, 175–236
SEXTON, O. J. (1960): Experimental Studies on Artificial Batesian Mimics. Behaviour, 15, 244–252
SEYFARTH, R. M., CHENEY, D. L. und MARLER, P. (1980): Monkey Responses to Three Different Alarm Calls: Evidence of Predator Classification and Semantic Communication. Science, 210, 801–803
SHAFTON, A. (1976): Conditions of Awareness. Subjective Factors in the Social Adaptations of Man and Other Primates. Portland/Oreg. (Riverston)
SHARPE, R. S. und JOHNSGARD, P. A. (1966): Inheritance of Behavioral Characters in F_2 Mallard x Pintail *(Anas platyrhynchos* L. x *Anas acuta* L.*)* Hybrids. Behaviour, 37, 259–272
SHAW, CH. E. (1948): The Male Combat »Dance« of some Crotalid Snakes. Herpetologica, 4, 137–145
SHEFFIELD, F. D. und ROBY, T. B. (1950): Reward Value of a Non-Nutritive Sweet Taste. J. Comp. Physiol. Psychol., 43, 471–481
SHEPHER, J. (1971): Mate Selection among Second Generation Kibbutz Adolescents and Adults: Incest Avoidence and Negative Imprinting. Arch. Sec. Behavior, 1, 293–307
SHERRINGTON, C. S. (1931): Quantitative Management of Contraction in Lowest Level Coordinations. Brain, 54, 1–28
SHIELDS, J. (1962): Monozygotic Twins Brought up Apart Brought up Together: An Investigation into the Genetic and Environment Causes of Variation in Personality. Oxford (Univ. Press)
SHIELDS, W. M. und SHIELDS, L. M. (1983): Forcible Rape: An Evolutionary Perspective. Ethol. and Sociobiol., 4, 115–136
SHOREY, H. H. (1976): Animal Communication by Pheromones. London (Acad. Press)
SIEBENALER, J. B. und CALDWELL, D. K. (1956): Cooperation among Adult Dolphins. J. Mammal., 37, 126–128
SIELMANN, H. (1955): Brutbiologie des Schwarzspechtes. Wiss. Film, C 695. Göttingen (Inst. wiss. Film)
– (1958): Das Jahr mit den Spechten. Berlin (Ullstein)
– (1967): *Ptilonorhynchus violaceus* – Bauen an der Laube, E 1075. *Ptilonorhynchus violaceus* – Balz und Kopulation, E 1076. *Chlamydera nuchalis* – Verteilen von Sammlungsstücken an der Laube, E 1077. *Chlamydera nuchalis* – Balz und Kopulation, E 1078. *Chlamydera lauterbachi* – Bauen an der Laube, E 1080. *Chlamydera lauterbachi* – Balz, E 1081. *Prionodura newtonia* – Behängen der Reisigtürme, E 1082. *Amblyornis macgregoriae* – Behängen des »Maibaumes« und Balz, E 1083. *Amblyornis subalaris* – Schmücken der Laube, E 1084. Encycl. cinem. Göttingen (Inst. wiss. Film)
SILBERBAUER, G. B. (1973[a]): Socio-Ecology of the G/wi Bushmen. Thesis Dept. Anthropol. and Social. Monash University, Australia
– (1973[b]): The G/wi Bushmen. In: BICHIERI, M. G. (ed.): Hunters and Gatherers Today. New York (Holt, Rinehart and Winston), 271–326
SIMONDS, P. E. (1965): The Bonnet Macaque in South India. In: DEVORE, I. (ed.): Primate Behavior. New York/London (Holt, Rinehart and Winston), 175–197
SKINNER, B. F. (1938): The Behavior of Organisms. New York
– (1953): Science and Human Behavior. New York (Macmillan)
– (1959): A Case History in Scientific Method: In: S. KOCH (ed.): Psychology: A Study of a Science, 2. New York (McGraw-Hill), 359–379

– (1966): Phylogeny and Ontogeny of Behavior Contiguencies of Reinforcement throw Light on Contiguencies of Survival in the Evolution of Behavior. Science, 153, 1203–1213
– (1971): Beyond Freedom and Dignity. New York (Knopf)
– (1984): Selection by Consequences. The Behavioral and Brain Sciences, 7, 477 bis 510
Sluckin, W. (1965): Imprinting and Early Learning. Chicago (Aldine)
Small, W. S. (1900): An Experimental Study of the Mental Processes of the Rat. Am. J. Psychol., 11, 133–165
Smith, R. I. (1958): On Reproductive Patterns as a Specific Characteristic among Nereid Polychaetes. Syst. Zool., 7, 60–73
Sommer, R. (1966): Man's Proximate Environment. J. Social Issues, 22, 59–70
Sommer, V. (1984): Kindestötungen bei indischen Langurenaffen *(Presbytis entellus)* – eine männliche Reproduktionsstrategie? Anthrop. Anz., 42, 177–183
Sorenson, E. R. und Gajdusek, D. C. (1966): The Study of Child Behavior and Development in Primitive Cultures. Pediatrics Suppl., 37, 149–243
Southwick, C. H. (1963): Challenging Aspects of the Behavioral Ecology of Howling Monkeys. In: Southwick, C. H. (ed.): Primate Social Behavior. Princeton/New Jersey (Nostrand), 185–191
Southwick, C. H., Beg, M. A. und Siddiqi, M. R. (1965): Rhesus Monkeys in North India. In: DeVore, I. (ed.): Primate Behavior. New York/London (Holt, Rinehart and Winston), 111–160
Spalding, D. A. (1873): Instinct with Original Observation on Young Animals. MacMillans Mag., 27, 282–283 (Neudr.: Brit. J. Anim. Beh., 2, 1954, 1–11)
Spannaus, G. (1961): Der wissenschaftliche Film als Forschungsmittel der Völkerkunde. Der Film im Dienste der Wissenschaft. Festschr. z. Einweihung d. Neubaus f. d. Inst. wiss. Film. Göttingen, 67–83
Sperry, R. W. (1940): The Functional Results of Muscle Transposition in the Hind Limb of the Rat. J. Comp. Neurol., 73, 379–404
– (1943[a]): Functional Results of Crossing Sensory Nerves in the Rat. J. Comp. Neurol., 78, 59–90
– (1943[b]): Effect of 180 Degree Rotation of the Retinal Field on Visuomotor Coordination. J. Exp. Zool., 92, 263–279
– (1945[a]): The Problem of Central Nervous Reorganization after Nerve Regeneration and Muscle Transposition. Quart. Rev. Biol., 20, 311–369
– (1945[b]): Restoration of Vision after Crossing of Optic Nerves and after Contralateral Transplantation of Eye. J. Neurophysiol., 8, 15–28
– (1951[a]): Mechanisms of Neural Maturation. In: Stevens, S. S. (ed.): Handbook of Experimental Psychology. New York (Wiley), 236–280
– (1951[b]): Regulative Factors in the Orderly Growth of Neural Circuits. Symp. Soc. Study Develop. Growth, 10, 63–87
– (1958): Physiological Plasticity and Brain Circuit Theory. In: Harlow, H. F. und Woolsey, C. C. N. (eds.): Biological and Biochemical Bases of Behavior. Madison (Univ. Wisconsin Press), 401–424
– (1959): The Growth of Nerve Circuits. Scient. Americ., 201, 68–76
– (1963): Chemoaffinity in the Orderly Growth of Nerve Fiber Patterns and Connections. Proc. Nat. Acad. Sci. U. S., 50, 703–710
– (1964): The Great Cerebral Commissure. Scient. Americ., 210 (1), 42–52
– (1965): Selective Communication in Nerve Nets: Impulse Specificity vs. Connection Specificity. Neurosci. Res. Program Bull., 3, 37–43

– (1971): How a Developing Brain gets itself Properly Wired for Adaptive Function. In: Tobach, E., Aronson, L. R. und Shaw, E. (eds.): The Biopsychology of Development. London (Academic Press), 27–44
Sperry, R. W. und Preilowski, B. (1972): Die beiden Gehirne des Menschen. Bild der Wissenschaft, 920–928
Spindler, M. und Bluhm, E. (1934): Kleine Beiträge zur Psychologie des Seelöwen *(Eumetopias calif.)*. Z. vergl. Physiol., 21, 616–631
Spindler, P. (1958): Studien zur Vererbung von Verhaltensweisen. 1. Verhalten auf einen starken akustischen Reiz. Anthrop. Anz., 22, 2, 137–155
– (1961): Studien zur Vererbung von Verhaltensweisen. 3. Verhalten gegenüber jungen Katzen. Anthrop. Anz., 25, 1, 60–80
Spitz, R. A. (1945): Hospitalism. The Psychoanal. Study of the Child, 1, 53–74. New York (Int. Univ. Press)
– (1946): Anaclitic Depression. An Inquiry into the Genesis of Psychiatric Conditions in Early Childhood. The Psychoanal. Study of the Child, 2, 313–342. New York (Int. Univ. Press)
– (1951): Psychogenic Diseases in Infancy. The Psychoanal. Study of the Child, 6, 255–275. New York (Int. Univ. Press)
– (1957): Die Entstehung der ersten Objektbeziehungen. Stuttgart (Klett)
– (1965): The First Year of Life. New York (Int. Univ. Press)
Spitz, R. A. und Wolf, K. M. (1946): The Smiling Response: A Contribution to the Ontogenesis of Social Relations. Gen. Psychol. Monogr., 34, 57–125
Staehelin, B. (1953): Gesetzmäßigkeiten im Gemeinschaftsleben schwer Geisteskranker. Schweiz. Arch. Neurol. Psychiat., 72, 277–298
– (1954): Gesetzmäßigkeiten im Gemeinschaftsleben Geisteskranker, verglichen mit tierpsychologischen Ergebnissen. Homo, 5, 113–116
Stamm, J. S. (1954): Control of Hoarding Activity in Rats by the Median Cerebral Cortex. J. Comp. Physiol. Psychol., 47, 21–27
– (1955): The Function of the Median Cerebral Cortex in Maternal Behaviour of Rats. J. Comp. Physiol. Psychol., 48, 347–356
Stamm, R. A. (1960): Paarintimität und Streitigkeiten bei *Agapornis personata*. Verh. nat. forsch. Ges. Basel, 71, 1–14
– (1962): Aspekte des Paarverhaltens von *Agapornis personata* Reichenow. Behaviour, 29, 1–56
– (1964): Perspektiven zu einer vergleichenden Ausdrucksforschung. In: Kirchhoff, R. (ed.): Handb. d. Psychol., 5, 255–288
Starck, D. (1959): Neuere Ergebnisse der vergleichenden Anatomie und ihre Bedeutung für die Taxonomie. J. Ornith., 100, 47–59
Steidinger, P. (1968): Radarbeobachtungen über die Richtung und deren Streuung beim nächtlichen Vogelzug im Schweizerischen Mittelland. Ornithol. Beob., 65, 197–226
Stein, P. S. G. (1976): Mechanisms of Interlimb Phase Control. In: Herman, R. M., Grillner, S., Stein, P. S. G. und Stuart, D. G. (eds.): Neural Control of Locomotion. New York (Plenum), 465–488
Steinen, K. von den (1894): Unter den Naturvölkern Zentralbrasiliens. Reiseschilderungen und Ergebnisse der zweiten Schingu-Expedition 1887–1888. Berlin (Geogr. Verlagshandlg., D. Reimer). Neudr. 1917 in: Bölsche, W.: Neue Welten. Berlin (Deutsche Bibliothek)
Steiner, J. E. und Horner, R. (1972): The Human Gustoficial Response. Israel J. Med. Sci., 8 (4), 32

STEINIGER, F. (1950): Zur Soziologie und sonstigen Biologie der Wanderratte. Z. Tierpsychol., 7, 356–379
– (1951): Revier- und Aktionsraum bei der Wanderratte. Z. hyg. Zool., 39, 33–51
STENT, G. S., KRISTAN, W. B., FRIESEN, W. O., ORT, C. A., POON, M. und CALABRESE, R. L. (1978): Neuronal Generation of the Leech Swimming Movement. An Oscillatory Network of Neurons Driving a Locomotory Rhythm has been identified. Science, 200, 1348–1357
STODDART, D. M. (1976): Mammalian Odours and Pheromones. Studies in Biology Nr. 73. London (Arnold)
STOKES, A. W. (1962): Agonistic Behavior among Blue Tits at a Winter Feeding Station. Behaviour, 19, 118–138
STOKES, B. (1955): Behaviour as a Means of Identifying two Closely-Allied Species of Gall Midges. Brit. J. Anim. Beh., 9, 154–157
STOLTZ, L. P. und SAAYMAN, G. S. (1970): Ecology and Social Organization of Chacma-Baboon Troops in the Northern Transvaal. Am. Transvaal Mus., 26, 499–599
STOUT, J. F. und HUBER, F. (1972): Response of Central Auditory Neurons of Female Crickets *(Gryllus campestris* L.*)* to the Calling Song of the Male. Z. vergl. Physiol., 76, 302–313
STRASSEN, O. ZUR (1952): Zweckdienliches Sprechen beim Graupapagei. Verh. Dt. Zool. Ges., Freiburg, 84–89
STRESEMANN, E. (1934): Aves. In: KÜKENTHAL: Handb. d. Zool., 7 (2). Berlin (de Gruyter)
STRUHSAKER, TH. T. (1967): Social Structure among Vervet Monkeys *(Cercopithecus aethiops)*. Behaviour, 29, 83–121
– (1970): Auditory Communication among Vervet Monkeys, *Cercopithecus aethiops*. In: ALTMANN, S. A. (ed.): Social Communication in Primates. Chicago (Univ. Press), 281–334
STRUHSAKER, TH. T. und HUNKELER, P. (1971): Evidence of Tool-Using by Chimpanzees of the Ivory Coast. Folia primat., 15, 212–219
SUGIYAMA, Y. (1964): Group Composition, Population Density and Some Sociological Observations of Hanuman Langurs *(Presbytis entellus)*. Primates, 5, 7–37
– (1969): Social Behavior of Chimpanzees in the Budongo Forest, Uganda. Primates, 10, 197–225
– (1971): Characteristics of the Social Life of Bonnet Macaques *(Macaca radiata)*. Primates, 12, 247–266
SUTTON, D., LARSON, C. und LINDEMANN, R. C. (1974): Neocortical and Limbic Lesion Effects on Primate Phonation. Brain Research, 71, 61–75
SWAMSON, H. H. und LOCKLEY, M. R. (1976): The Mongolian Gerbil: Aggression. Marking and Scent Gland Size as Indices of Fecundity and Social Status. Vortrag anläßlich des ISRA Meeting in Paris 1976 (International Society for Research on Aggression)
SWEET, W. H., ERVIN, F. und MARK, V. H. (1969): The Relationship of Violent Behaviour to Focal Cerebral Disease. In: GARATTINI, S. und SIGG, E. B. (eds.): Aggressive Behaviour. Amsterdam (Excerpta Medica Foundation), 336–352
SZONDI, L. (1969): Gestalten des Bösen. Bern (Huber)

TANAKA, J. (1965): Social Structure of Nilgiri Langurs. Primates, 6, 107–122
TAUB, E. und BERMAN, A. J. (1964): The Effect of Massive Somatic Deafferentiation on Behavior and Wakefulness in Monkeys. Papers Pres. at Psychonomic Science Meeting Niagara, Ont. Okt.

Taub, E., Ellman, St. J. und Berman, A. J. (1965): Deafferentiation in Monkeys. Effects on Conditioned Grasp Response. Science, 151, 593–594
Taub, E., Perella, P. und Barro, G. (1973): Behavioral Development after Forelimb Deafferentiation on Day of Birth in Monkeys With and Without Blinding. Science, 181, 959–960
Tauber, C. A., Tauber, M. J. und Nechols, J. R. (1977): Two Genes Control Seasonal Isolation in Sibling Species. Science, 197, 592/593
Tauern, O. D. (1918): Patasiwa und Patalima, vom Molukkeneiland Seran und seinen Bewohnern. Leipzig (Voigtländer)
Teitelbaum, P. (1961): Disturbances in Feeding and Drinking Behavior after Hypothalamic Lesions. Neb. Symp. Motiv., 9, 39–65
Teleki, G. (1973[a]): The Predatory Behavior of Wild Chimpanzees. Lewisburg (Bucknell Univ. Press)
– (1973[b]): The Omnivorous Chimpanzee. Scient. Amer., 228 (1), 32–42
Telle, H. J. (1966): Beitrag zur Kenntnis der Verhaltensweise bei Ratten, vergleichend dargestellt bei *Rattus norvegicus* und *Rattus rattus*. Angew. Zool., 9, 129–196
Tellegen, A., Horn, J. M. und Legrand, R. G. (1969): Opportunity for Aggression as a Reinforcer in Mice. Psychol. Sci., 14, 104–105
Tembrock, G. (1954): Rotfuchs und Wolf. Z. Säugetierkde., 19, 152–159
– (1960): Spielverhalten und vergleichende Ethologie. Z. Säugetierkde., 25, 1–14
– (1964): Verhaltensforschung. 2. Aufl. Jena (Fischer)
– (1977): Grundlagen des Tierverhaltens. Wissenschaftliche Taschenbücher, Biologie. Berlin (Akademie Verlag)
Terkel, J. und Rosenblatt, J. S. (1968): Maternal Behavior Induced by Maternal Blood Plasma Injected into Virgin Rats. J. Comp. Physiol. Psychol., 65 (3), 479–482
Terrace, H. S., Petitto, L. A., Sanders, R. J. und Bever, T. G. (1979): Can an Ape Create a Sentence? Science, 206, 891–906
Tets, G. P. van (1965): A Comparative Study of some Social Communication Patterns in the *Pelecaniformes*. Am. Ornith. Union, Ornith. Monogr., 2
Thibaut, J. W. und Cowles, J. (1952): The Role of Communication in the Reduction of Interpersonal Hostility. J. Abnorm. Soc. Psychol., 47, 770–777
Thielcke, G. (1961): Stammesgeschichte und geographische Variation des Gesanges unserer Baumläufer *(Certhidea familiaris* L. u. *C. brachydactyla* Brehm*)*. Z. Tierpsychol., 18, 188–204
– (1965): Gesangsgeographische Variation des Gartenbaumläufers *(Certhidea brachydactyla)* in Hinblick auf das Artbildungsproblem. Z. Tierpsychol., 22, 542–566
Thielcke, H. und Thielcke, G. (1960): Akustisches Lernen verschieden alter schallisolierter Amseln *(Turdus merula* L.*)* und die Entwicklung erlernter Motive ohne und mit künstlichem Einfluß von Testosteron. Z. Tierpsychol., 17, 211–244
Thiessen, D. D. (1973): Footholds for Survival. Am. Scientist, 61, 346–351
Thiessen, D. D., Clancy, A. und Goodwin, M. (1976): Harderian Gland Pheromone in the Mongolian Gerbil *(Meriones unguiculatus)*. J. Chem. Ecol., 2, 231–238
Thiessen, D. D., Owen, K. und Lindzey, G. (1971): Mechanisms of Territorial Marking in the Male and Female Mongolian Gerbil *(Meriones unguiculatus)*. J. Comp. Physiol. Psychol., 77, 38–47
Thiessen, D. D. und Rice, M. (1976): Mammalian Scent Gland Marking and Social Behavior. Psychological Bull., 83, 505–539
Thomas, E. (1961): Fortpflanzungskämpfe bei Sandottern *(Vipera ammodytes)*. Zool. Anz. Suppl., 24, 502–505

Thompson, J. (1941): Development of Facial Expression of Emotion in Blind and Seeing Children. Arch. Psychol. N. Y., 264, 1–47
Thompson, T. I. (1963): Visual Reinforcement in Siamese Fighting Fish. Science, 141, 55–57
– (1964): Visual Reinforcement in Fighting Cocks. J. Exp. Analysis of Behavior, 7, 45–49
– (1969): Aggressive Behaviour of Siamese Fighting Fish. In: Garattini, S. und Sigg, E. B. (eds.): Aggressive Behaviour. Amsterdam (Excerpta Medica Foundation), 15–31
Thorndike, E. L. (1911): Animal Intelligence. New York (Macmillan)
Thornhill, R. (1979): Adaptive Female-Mimicking Behavior in a Scorpionfly. Science, 205, 412–414
Thornhill, R. und Thornhill, N. W. (1983): Human Rape: An Evolutionary Analysis. Ethol. and Sociobiol., 4, 137–173
Thorpe, W. H. (1938): Further Experiments on Pre-Imaginal Conditioning in Insects. Proc. Roy. Soc. London B, 126, 370–397
– (1939): Further Studies on Pre-Imaginal Olfactory Conditioning in Insects. Proc. Roy. Soc. London B, 127, 424–433
– (1951): The Definition of some Terms Used in Animal Behavior Studies. Anim. Beh., 9, 34–49
– (1954): The Process of Song Learning in the Chaffinch as Studied by Means of the Sound Spectograph. Nature, 173, 465
– (1958[a]): The Learning of Song Patterns by Birds, with Special Reference to the Song of the Chaffinch. Ibis, 100, 535–570
– (1958[b]): Further Studies on the Process of Song Learning in the Chaffinch *(Fringilla coelebs)*. Nature, 182, 554–557
– (1961[a]): Sensitive Periods in the Learning of Animals and Men: a Study of Imprinting with Special Reference to the Introduction of Cyclic Behavior. In: Thorpe, W. H. und Zangwill, O. L. (eds.): Current Problems in Animal Behavior. Cambridge (Univ. Press), 194–224
– (1961[b]): Bird Song. The Biology of Vocal Communication and Expression in Birds. Cambridge Monogr. in Exp. Biol., 12
– (1963): Learning and Instinct in Animals. London (Methuen)
– (1966): Ritualization in the Individual Development of Bird Song. Philos. Trans. Roy. Soc. London, 551 (772), 351–358
Thorpe, W. H. und Jones, F. H. W. (1937): Olfactory Conditioning in a Parasitic Insect and its Relation to the Problem of Host Selection. Proc. Roy. Soc. London B, 124, 56–81
Thorpe, W. H. und North, M. E. W. (1965): Origin and Significance of the Power of Vocal Imitation: with Special Reference to the Antiphonal Singing of Birds. Nature, 208, 219–223
Thorson, J., Weber, T. und Huber, F. (1982): Auditory Behavior of the Cricket. II. Simplicity of Calling-song Recognition in Gryllus, and Anomalous Phonotaxis at Abnormal Carrier Frequencies. J. Comp. Physiol., 146, 361–378
Tiger, L. (1969): Men in Groups. New York (Random House)
– (1972): Comment on »Sex and Social Participation«. Am. Soc. Review, 37 (5), 634–637
Tiger, L. und Fox, R. (1966): The Zoological Perspective in Social Science. Man, 1, 75–81
– (1971): The Imperial Animal. New York (Holt, Rinehart and Winston)

Timaeus, E. (1975): Die moderne Großgesellschaft im Licht der Sozialpsychologie. In: Kurth, G. und Eibl-Eibesfeldt, I. (eds.): Hominisation und Verhalten. Stuttgart (Fischer), 316–339
Tinbergen, E. A. und Tinbergen, N. (1972): Early Childhood Autism: An Ethological Approach. Beiheft 10. Z. Tierpsychol. Berlin (Parey)
Tinbergen, N. (1935): Über die Orientierung des Bienenwolfes II: Die Bienenjagd. Z. vergl. Physiol., 21, 699–716
– (1940): Die Übersprungbewegung. Z. Tierpsychol., 4, 1–40
– (1948): Social Releasers and the Experimental Method Required for their Study. Wils. Bull., 60, 6–52
– (1951): The Study of Instinct. London (Oxford Univ. Press). Deutsch (1966): Instinktlehre. Berlin (Parey)
– (1952): »Derived« Activities, their Causation, Biological Significance and Emancipation during Evolution. Quart. Rev. Biol., 27, 1–32
– (1953): Social Behaviour in Animals, with Special Reference to Vertebrates. London (Methuen)
– (1955): Tiere untereinander. Berlin (Parey)
– (1957): The Functions of Territory. Bird Study, 5, 14–27
– (1959): Einige Gedanken über »Beschwichtigungsgebärden«. Z. Tierpsychol., 16, 651–665
– (1963): The Herring Gull's World. 3. Aufl. London (Collins)
– (1965): Behavior and Natural Selection. In: Moore, J. A. (ed.): Ideas in Modern Biology. Proc. 16th Int. Zool. Congr. Washington 1963, 6, 521–542
Tinbergen, N., Broekhuysen, G. J., Feekes, F., Houghton, J. C. W., Kruuk, H. und Szulc, E. (1962): Egg-Shell Removal by the Black-Headed Gull *Larus ridibundus* L.: A Behaviour Component of Camouflage. Behaviour, 19, 74–118
Tinbergen, N., Impekoven, M. und Franck, D. (1967): An Experiment on Spacing-Out as a Defence Against Predation. Behaviour, 28, 307–321
Tinbergen, N. und Kruyt, W. (1938): Über die Orientierung des Bienenwolfes III: Die Bevorzugung bestimmter Wegmarken. Z. vergl. Physiol., 25, 292–334
Tinbergen, N. und Kuenen, D. J. (1939): Über die auslösenden und richtunggebenden Reizsituationen der Sperrbewegung von jungen Drosseln *(Turdus m. merula* L. und *T. e. ericetorum* Turton*)*. Z. Tierpsychol., 3, 37–60
Tinbergen, N., Meeuse, B. J. D., Boerema, L. K. und Varossieau, W. W. (1943): Die Balz des Samtfalters *(Eumenis semele* L.*)*. Z. Tierpsychol., 5, 182–226
Tinbergen, N. und Perdeck, A. C. (1950): On the Stimulus Situation Releasing the Begging Response in the Newly-Hatched Herring Gull Chick *(Larus argentatus)*. Behaviour, 3, 1–38
Tobias, Ph. v. (1964): Bushman – Hunter – Gatherers. A study in Human Ecology. In: Davis, D. H. S. (ed.): Ecological Studies in Southern Africa. Den Haag (Junk); Neudruck in: Cohen, Y. A.: Man in Adaptation. Chicago 1968 (Aldine), 196–208
Tolman, E. C. (1932): Purposive Behaviour in Animals and Men. New York (Appleton)
– (1938): The Determines of Behavior at a Choice Point. Psychol. Review, 45, 1–41
Tolman, E. C. und Honzik, C. H. (1930[a]): Insight in Rats. Univ. Calif. Publ. Psychol., 4, 215–232
– (1930[b]): Introduction and Removal of Reward, and Maze Performance in Rats. Univ. Calif. Publ. Psychol., 4, 257–275
Tompa, F. S. (1962): Territorial Behavior. The Main Factor Controlling a Local Song Sparrow Population. Auk, 79, 687–697

TOWBIN, E. J. (1949): Gastric Distension as a Factor in the Satiation of Thirst in Esophagostomised Dogs. Am. J. Physiol., 159, 533–541

TRACY, H. C. (1926): The Development of Motility and Behavior in the Toad-Fish *(Opsanus tau)*. J. Comp. Neurol., 40, 253–369

TREVARTHEN, C. (1979): Neuroembryology and the Development of Perception. In: FALKNER, F. und TANNER, J. M. (eds.). Human Growth, 3, 3–96 (Plenum)

– (1979): Instincts for Human Understanding and for Cultural Cooperation: Their Development in Infancy. In: CRANACH, M. v., FOPPA, K., LEPENIES, W. und PLOOG, D. (eds.): Human Ethology: Claims and Limits of a New Discipline. London/Cambridge (Cambridge Univ. Press), 530–571

TRILLMICH, F. (1976[a]): Spatial Proximity and Mate-Specific Behaviour in a Flock of Budgerigars *(Melopsittacus undulatus*; Aves, Psittacidae*)*. Z. Tierpsychol., 41, 307–331

– (1976[b]): Learning Experiments on Individual Recognition in Budgerigars *(Melopsittacus undulatus)*. Z. Tierpsychol., 41, 372–395

– (1976[c]): The Influence of Separation on the Pair Bond in Budgerigars *(Melopsittacus undulatus*; Aves, Psittacidae*)*. Z. Tierpsychol., 41, 396–408

TRIVERS, R. L. (1971): The Evolution of Reciprocal Altruism. Quart. Rev. Biol., 46, 35–57

TRUMAN, J. W. und SOKOLOVE, P. G. (1972): Silk Moth Eclosion: Hormonal Triggering of a Centrally Programmed Pattern of Behavior. Science, 175, 1491–1493

TRUMLER, E. (1959): Das »Rossigkeitsgesicht« und ähnliches Ausdrucksverhalten bei Einhufern. Z. Tierpsychol., 16, 478–488

TRYON, R. C. (1940): Genetic Differences in Maze Learning in Rats. In 39th Yearbook Nat. Soc. for the Study of Education, Bloomington, Ill. Publ. School, 1, 111–119

TSCHANZ, B. (1962): Über die Beziehungen zwischen Muttertier und Jungen beim Mufflon. Experientia, 18 (187), 1–8

– (1965): Beobachtungen und Experimente zur Entstehung der »persönlichen« Beziehung zwischen Jungvogel und Elterntier bei Trottellummen. Verh. Schweiz. Nat. forsch. Ges. Zürich, 211–216

– (1968): Trottellummen: Die Entstehung der persönlichen Beziehungen zwischen Jungvogel und Eltern. Z. Tierpsychol., Beih. 4

TURHAN, M. (1960): Über die Bedeutung des Gesichtsausdrucks. Psychol. Beitr., 5, 440–454

TWEEDIE, M. (1966): Butterfly Mimics. Animals, 8 (12), 318–321

TYLER, M. J. und CARTER, D. B. (1981): Oral Birth of *Rheobatrachus silus*. Anim. Behav., 29, 280–282

UEXKÜLL, J. v. (1921): Umwelt und Innenwelt der Tiere. 2. Aufl. Berlin

– (1937): Umweltforschung. Z. Tierpsychol., 1, 33–34

UEXKÜLL, J. v. und KRISZAT, G. (1934): Streifzüge durch die Umwelten von Tieren und Menschen. Ein Bilderbuch unsichtbarer Welten. Verständl. Wissensch. Berlin (Neuauflage 1963)

UHRICH, J. (1938): The Social Hierarchy in Albino Mice. J. Comp. Physiol. Psychol., 25, 373–413

ULLRICH, W. (1961): Zur Biologie und Soziologie der Colobusaffen *(Colobus guereza caudatus* THOMAS 1885*)*. Zool. Garten, 25, 305–368

VALENSTEIN, E. S., RISS, W. und YOUNG, W. C. (1955): Experiential and Genetic Factors in the Organization of Sexual Behavior in Male Guinea Pigs. J. Comp. Physiol. Psychol., 48, 397–403

VALZELLI, L. (1969): Aggressive Behaviour induced by Isolation. In: GARATTINI, S. und SIGG, E. B. (eds.): Aggressive Behaviour. Amsterdam (Excerpta Medica Foundation), 70–76

VANDENBERG, J. G. (1971): The Effects of Gonadal Hormones on the Aggressive Behaviour of Adult Golden Hamsters *(Mesocricetus auratus)*. Animal Behaviour, 19, 589–594

VAYDA, A. (1970): Maoris and Muskets in New Zealand: Disruption of a War System. Political Sci. Quart., 85, 560–584

VEDDER, H. (1952/53): Über die Vorgeschichte der Völkerschaften von Südwestafrika. J. South West Africa Sc. Soc., 9, 45–56

VERWEY, J. (1930): Die Paarungsbiologie des Fischreihers. Zool. Jb. Allg. Zool. Physiol., 48, 1–120

VIETH, W., CURIO, E. und ERNST, U. (1980): The Adaptive Significance of Mobbing. III. Cultural Transmissions of Enemy Recognition in Blackbirds: Cross-Species Tutoring and Properties of Learning. Anim. Behav., 28, 1217–1229

VOGEL, CH. (1971): Behavioral Differences of *Presbytis entellus* in Two Different Habitats. In: Proc. 3rd Int. Congr. Primat. Zürich 1970, Bd. 3, 41–47, Basel/New York

– (1975[a]): Soziale Organisationsformen bei catarrhinen Primaten. In: KURTH, G. und EIBL-EIBESFELDT, I. (eds.): Hominisation und Verhalten. Stuttgart (Fischer), 159–200

– (1975[b]): Praedispositionen bzw. Praeadaptationen der Primatenevolution im Hinblick auf die Hominisation. In: KURTH, G. und EIBL-EIBESFELDT, I. (eds.): Hominisation und Verhalten. Stuttgart (Fischer), 1–31

– (1976): Ökologie, Lebensweise und Sozialverhalten der Grauen Languren in verschiedenen Biotopen Indiens. Z. Tierpsychol., Beiheft 17, Berlin (Parey)

– (1979): Der Hanumanlangur *(Presbytis entellus)*, ein Paradeexempel für die theoretischen Konzepte der »Soziobiologie«? Verhandlungen der Deutschen Zoologischen Gesellschaft, Stuttgart/New York (Fischer), 73–89

VOGEL, CH. und LOCH, H. (1984): Reproductive Parameters. Adult-Male Replacements, and Infanticide among Free-Ranging Langurs *(Presbytis entellus)* at Jodhpur (Rajasthan), India. In: HAUSFATER, G. und BLAFFER HRDY, S. (eds.): Infanticide. Comp. and Evol. Perspectives. New York (Aldine), 237–255

WAAL, F. B. M. DE (1984): Sex Differences in the Formation of Coalitions among Chimpanzees. Ethol. and Sociobiol., 5, 239–255

WAGNER, H. O. (1938): Beobachtungen über die Balz des Paradiesvogels *Paradisaea guilielmi*. J. Ornith, 86, 550–553

– (1954): Massenansammlungen von Weberknechten. Z. Tierpsychol., 11, 348–352

WAHLERT, G. V. (1957): Weitere Untersuchungen zur Phylogenie der Schwanzlurche. Zool. Anz. Suppl., 20, 347–352

– (1962): Beobachtungen und Bemerkungen zum Putzverhalten von Mittelmeerfischen. Veröff. Inst. f. Meeresforsch. Bremerhaven, 7, 71–78

– (1963): Die ökologische und evolutorische Bedeutung der Fischschwärme. Veröff. Inst. f. Meeresforsch. Bremerhaven, 3. Meeresbiol. Symp., 197–213

WAHLERT, G. V. und WAHLERT, H. V. (1961): Le compartement de nettoyage de *Crenilabrus melanocercus* (Labridae) en Méditerranée. Vie et Milieu, 12, 1–10

– (1962): Beobachtungen und Bemerkungen zum Putzverhalten von Mittelmeerfischen. Veröff. Inst. f. Meeresforschung Bremerhaven, 8, 71–77

WALCOTT, C., GOULD, J. L. und KIRSCHVINK, J. L. (1979): Pigeons Have Magnets. Science, 205, 1027–1028

Walk, R. D. (1966): The Development of Depth Perception in Animals and Human Infants. Monographs of the Society for Research in Child Development, 31, 82–108
Walker, B. W. (1952): A Guide to the Grunion. Calif. Fish a. Game, 38, 409–420
Wallraff, H. G. (1959): Örtlich und zeitlich bedingte Variabilität des Heimkehrverhaltens von Brieftauben. Z. Tierpsychol., 16, 513–544
– (1960[a]): Können Grasmücken mit Hilfe des Sternenhimmels navigieren? Z. Tierpsychol., 17, 165–177
– (1960[b]): Über Zusammenhänge des Heimkehrverhaltens von Brieftauben mit meteorologischen und geophysikalischen Faktoren. Z. Tierpsychol., 17, 82–114
– (1966): Versuche zur Frage der gerichteten Nachtzugsaktivität von gekäfigten Singvögeln. Verhandl. Deutsch. Zool. Gesellsch., 1965, Zool. Anzeiger Suppl. 29, 338–356
– (1967): The Present Status of our Knowledge about Pigeon Homing. Proc. 14. Int. Ornith. Congr., Oxford (Blackwell), 331–358
– (1969): Über das Orientierungsvermögen von Vögeln unter natürlichen und künstlichen Sternenmustern. Dressurversuche mit Stockenten. Verh. Dtsch. Zool. Ges., 1968, Zool. Anz. Suppl. 32, 348–357
– (1972): Fernorientierung der Vögel. Verhandl. Deutsch. Zool. Gesellsch. 65. Jahresversammlung, 201–214
– (1974): Das Navigationssystem der Vögel. München/Wien (Oldenbourg)
– (1983): Relevance of Atmospheric Odours and Geomagnetic Field to Pigeon Navigation: What is the »Map« Basis? Comp. Biochem. Physiol., 76 A, 643–663
– (1984): Migration and Navigation in Birds: A Present-State Survey with some Digressions to Related Fish Behaviour. In: McCleave, J. D., Arnold, G. P., Dodson, J. J. und Neill, W. H. (eds.): Mechanisms of Migration in Fishes. New York (Plenum), 509–544
Walther, F. R. (1958): Zum Kampf- und Paarungsverhalten einiger Antilopen. Z. Tierpsychol., 15, 340–380
– (1961): Entwicklungszüge im Kampf- und Paarungsverhalten der Horntiere. Jahrb. G. v. Opel – Freigehege f. Tierforschg., 3, 90–115
– (1964): Verhaltensbeobachtungen an Thomsongazellen. Z. Tierpsychol., 21, 871–890
– (1965): Verhaltensstudien an der Grantgazelle *(Gazella granti* Brooke*) im* Ngorongoro Krater. Z. Tierpsychol., 22, 166–208
– (1966): Mit Horn und Huf. Berlin (Parey)
Washburn, S. L. und DeVore, I. (1961): The Social Life of Baboons. Scient. Americ., 204, 62–71
Wasmann, E. (1920): Die Gastpflege der Ameisen. Schaxels Abh. 2. theoret. Biol., 4. Berlin
– (1925): Ameisenmimikry. Abh. theoret. Biol., 19, 1–164, Berlin (Gebr. Borntraeger)
Waters, E., Matas, L. und Sroufe, L. A. (1975): Infant's Reactions to an Approaching Stranger: Description, Validation and Functional Significance of Wariness. Child Develop., 46, 348–356
Watson, A. (1966): Social Status and Population Regulation in the Red Grouse *(Lagopus lagopus scoticus)*. The Royal Soc. Pop. Study Group, Proc. 2, Royal Soc., London, 22–30
Watson, J. B. (1919): Psychology from the Standpoint of a Behaviorist. Philadelphia (Lippincott)
– (1930): Der Behaviorismus. Stuttgart
Wawra, M. (1985): Aufschauverhalten und Gruppengröße beim Menschen. Diplomarbeit, Institut für Biologie I (Zoologie), Universität Freiburg im Breisgau

WEHMER, F. (1965): Effects of Prior Experience with Objects on Maternal Behaviors in the Rat. J. Comp. Physiol. Psychol., 60, 294–296
WEIDKUHN, P. (1968/69): Aggressivität und Normativität. Über die Vermittlerrolle der Religion zwischen Herrschaft und Freiheit. Ansätze zu einer kulturanthropologischen Theorie der sozialen Norm. Anthropos, 63/64
WEIDMANN, U. (1951): Über den systematischen Wert von Balzhandlungen bei Drosophila. Rev. Suisse Zool., 54, 502–511
– (1955): Some Reproductive Activities of the Common Gull *Larus canus* L. Ardea, 43, 85–132
– (1956): Verhaltensstudien an der Stockente. Z. Tierpsychol., 13, 209–271
– (1959): The Begging Response of the Black-Headed Gull chick (Bericht vorgetr. 6. Int. Ethologenkonf. Cambridge)
– (1965): Colour and Behaviour. In: Colour and Life. Inst. Biol. London, 79–100
WEIGL, P. D. und HANSON, E. V. (1980): Observational Learning and the Feeding Behavior of the Red Squirrel *(Tamiosciurus hudsonicus)*: The Ontogeny of Optimization. Ecology, 61, 2, 213–218
WEIH, A. S. (1951): Untersuchungen über das Wechselsingen (Anaphonie) und über das angeborene Lautschema einiger Feldheuschrecken. Z. Tierpsychol., 8, 1–41
WEISS, P. (1936): Selectivity Controlling the Central Peripheral Relations in the Nervous System. Biol. Rev., 11, 494–531
– (1937): Further Experimental Investigation on the Phenomenon of Homologous Response in Translated Amphibian Limbs. J. Comp. Neurol., 66, 481–535
– (1938): The Selective Reaction between Centers and Periphery in the Nervous System. Collect. Net., 13, 29–32
– (1939): Principles of Development. New York (Holt, Rinehart and Winston)
– (1941[a]): Self-Differentiation of the Basic Patterns of Coordination. Comp. Psychol. Monogr., 17, 1–96
– (1941[b]): Autonomous Versus Reflexogenous Activity of the Central Nervous System. Proc. Amer. Philos. Soc., 84, 53–64
WEISS, R. F. (1971): Altruism is Rewarding. Science, 171, No. 3977
WELKER, CH. (1985): Zur Sozialstruktur der Primates. Anthrop. Anz., 43, 97–164
WELTY, J. C. (1934): Experiments on Group Behaviour of Fishes. Physiol. Zool., 7, 85–127
WENDLER, G. (1964): Laufen und Stehen der Stabheuschrecke *Carausius morosus:* Sinusborstenfelder in den Beinen als Glieder von Regelkreisen. Z. vergl. Physiol., 48, 198–250
– (1965): The Coordination of Walking Movements in Arthropods. Nerv. a. Horm. Mech. of Integration, 20th Symp. Soc. Exp. Biol., 229–249
– (1966): Der Regelkreis gezielter Bewegungen. In: BURKHARDT, D., SCHLEIDT, W. und ALTNER, H. (eds.): Düfte, Farben und Signale. München (Moos)
– (1968): Ein Analogmodell der Beinbewegungen eines laufenden Insekts. Kybernetik, Beih. zu »Elektron. Rechenanlagen«, 18, 67–74, München/Wien (Oldenbourg)
– (1978): Lokomotion: das Ergebnis zentral-peripherer Interaktion. Verh. Dtsch. Zool. Ges. 1978, 80–96
WENDT, H. (1964): Erfolgreiche Zucht des Baumwollköpfchens oder Pincheäffchens *Leontocebus (Oedipomidas) oedipus*. Säugetierkdl. Mittlg., 12, 49–52
WENNER, A. M. (1967): Honey Bees: Do they Use the Distance Information Contained in Their Dance Maneuver? Science, 155, 847–849
WESENBERG-LUND, C. (1939): Biologie der Süßwassertiere. Wien (Springer)
– (1943): Biologie der Süßwasser-Insekten. Berlin (Springer)

WEST EBERHARD, M. J. (1978): Polygyny and the evolution of social behavior in wasps. J. Kans. Ent. Soc., 51, 832–856
WEVER, R. (1968): Einfluß schwacher elektromagnetischer Felder auf die circadiane Periodik der Menschen. Die Naturwiss., 55, 29–32
– (1970[a]): The Effect of Electric Fields on Circadian Rhythmicity in Men. Life Sci. Space Research, 8, 177–187
– (1970[b]): Zur Zeitgeber-Stärke eines Licht-Dunkel-Wechsels für die circadiane Periodik des Menschen. Pflüg. Arch., 321, 133–142
– (1973): Hat der Mensch nur eine »innere Uhr«? Umschau, 18, 551–558
WHEELER, W. M. (1928): Social Life among the Insects. New York
WHITMAN, CH. O. (1899): Animal Behavior. Biol. Lect. Mar. Biol. Lab., Woods Hole, 285–338
– (1919): The Behavior of Pigeons. Publ. Carnegie Inst., 257, 1–161
WICKLER, W. (1957): Vergleichende Verhaltensstudien an Grundfischen. I. Beiträge zur Biologie, besonders zur Ethologie von *Blennius fluviatilis* Asso im Vergleich zu einigen anderen Bodenfischen. Z. Tierpsychol., 14, 393–428
– (1958): Vergleichende Verhaltensstudien an Grundfischen. II. Die Spezialisierung des *Steatocranus*. Z. Tierpsychol., 15, 427–446
– (1959): Vergleichende Verhaltensstudien an Grundfischen. III. Die Umspezialisierung von *Noemacheilus kuiperi*. Z. Tierpsychol., 16, 410–423
– (1960[a]): Belegexemplare zu Ethogrammen. Z. Tierpsychol., 17, 141–142
– (1960[b]): Die Stammesgeschichte typischer Bewegungsformen der Fisch-Brustflosse. Z. Tierpsychol., 17, 31–66
– (1961[a]): Ökologie und Stammesgeschichte von Verhaltensweisen. Fortschr. Zool., 13, 303–365
– (1961[b]): Über das Verhalten der Blenniiden *Runula* und *Aspidontus*. Z. Tierpsychol., 18, 421–440
– (1961[c]): Über die Stammesgeschichte und den ökologischen Wert einiger Verhaltensweisen der Vögel. Z. Tierpsychol., 18, 320–342
– (1962[a]): Ei-Attrappen und Maulbrüten bei afrikanischen Cichliden. Z. Tierpsychol., 18, 129–164
– (1962[b]): Das Züchten von Aquarienfischen. Das Vivarium. Stuttgart (Franck'sche Verlagshandlg.)
– (1963): Zum Problem der Signalbildung, am Beispiel der Verhaltensmimikry zwischen *Aspidontus* und *Labroides*. Z. Tierpsychol., 20, 657–679
– (1964[a]): Das Problem der stammesgeschichtlichen Sackgassen. Naturwiss. u. Medizin (n + m), Mannheim (Boehringer), 1 (2), 6–29
– (1964[b]): Phylogenetisch-vergleichende Verhaltensforschung mit Hilfe von Enzyklopädie-Einheiten. Research Film, 5, 109–118
– (1964[c]): Signalfälschung, natürliche Attrappen und Mimikry. Umschau, 64, 581–585
– (1964[d]): *Antennarius nummifer (Antennariidae)*: Beutefang. Encycl. cinem., E 141, Publ. zu wiss. Filmen, 1 A, 41–47. Göttingen (Inst. wiss. Film)
– (1964[e]): *Emblemaria pandionis*: Kampfverhalten. Encycl. cinem., E 517, Publ. zu wiss. Filmen, 1 A, 176–180. Göttingen (Inst. wiss. Film)
– (1965[a]): Über den taxonomischen Wert homologer Verhaltensmerkmale. Die Naturwiss., 52, 441–444
– (1965[b]): Die äußeren Genitalien als soziale Signale bei einigen Primaten. Die Naturwiss., 52, 269–270
– (1965[c]): *Gastromyzon borneensis (Gastromyzonidae)*: Kriechen und Schwimmen. Encycl. cinem. E 611, Publ. wiss. Film, 1 A, 421–426. Göttingen (Inst. wiss. Film)

– (1965[d]): Neue Varianten des Fortpflanzungsverhaltens afrikanischer Cichliden *(Pisces, Perciformes)*. Die Naturwiss., 52, 219
– (1965[e]): Die Evolution von Mustern der Zeichnung und des Verhaltens. Die Naturwiss., 52, 335–341
– (1965[f]): Signal Value of the Genital Tassel in the Male *Tilapia macrochir* Blgr. (Pisces: Cichlidae). Nature, 208, 595–596
– (1965[g]): Mimicry and the Evolution of Animal Communication. Nature, 208, 519–521
– (1966[a]): Specialization of Organs Having a Signal Function in some Marine Fish. Int. Conf. Tropical Oceanogr., Miami Lab. 1965
– (1966[b]): Über die biologische Bedeutung des Genitalanhanges der männlichen *Tilapia macrochir*. Senck. biol., 47, 419–427
– (1966[c]): Ursprung und biologische Deutung des Genitalpräsentierens männlicher Primaten. Z. Tierpsychol., 23, 422–437
– (1966[d]): Orchideen und Mimikry. In: Burkhardt, D. und Mitarbeiter (eds.): Signale in der Tierwelt. München (Moos)
– (1966[e]): Natürliche »Übersexualisierung« des Soziallebens beim Brabantbuntbarsch. Umschau, 17, 571–572
– (1967[a]): Socio-Sexual Signals and their Intraspecific Imitation among Primates. In: Morris, D. (ed.): Primate Ethology. London (Weidenfeld and Nicolson), 69–147
– (1967[b]): Vergleichende Verhaltensforschung und Phylogenetik. In: Heberer, G. (ed.): Die Evolution der Organismen, I, 420–508, 3. Aufl. Stuttgart (Fischer)
– (1968[a]): Mimikry-Signalfälschung in der Natur. München (Kindler)
– (1968[b]): Mutter-Kind-Signale: Ursprung und Bedeutungswandel. Umschau, 23, 718–719
– (1968[c]): Das Mißverständnis der Natur des ehelichen Aktes in der Moraltheologie. Stimmen d. Zeit, 182, 289–303
– (1969): Sind wir Sünder? Naturgesetze der Ehe. München (Droemer)
– (1970): Soziales Verhalten als ökologische Anpassung. In: Rathmayer, W. (ed.): Verhandl. Deutsch. Zool. Gesellsch. 64. Jahresversammlung. Stuttgart (Fischer), 291–304
– (1971): Die Biologie der Zehn Gebote. München (Piper); Neuausgabe 1975, SP 72
– (1972): Verhalten und Umwelt. Hamburg (Hoffmann und Campe)
– (1976): The Ethological Analysis of Attachment. Z. Tierpsychol., 42, 18–28
– (1980): Vocal Dueting and the Pair Bond. I. Coyness and Partner Commitment. A Hypothesis. Z. Tierpsychol., 52, 201–209
– (1985): Coordination of Vigilance in Bird Groups. The »Watchman's Song« Hypothesis. Z. Tierpsychol., 69, 250–253
– (1986): Dialekte im Tierreich. Ihre Ursachen und Konsequenzen. Schriftenreihe der Westfälischen Wilhelms-Universität Münster (Neue Folge, Heft 6). Münster (Aschendorff)
Wickler, W. und Seibt, U. (1972): Über den Zusammenhang des Paarsitzens mit anderen Verhaltensweisen bei *Hymenocera picta* Dana. Z. Tierpsychol., 31, 163–170
– (1977): Das Prinzip Eigennutz. Ursachen und Konsequenzen sozialen Verhaltens. Hamburg (Hoffmann und Campe)
Wickler, W. und Uhrig, D. (1969): Bettelrufe, Antwortszeit und Rassenunterschiede im Begrüßungsduett des Schmuckbartvogels *Trachyphonus d'arnaudii*. Z. Tierpsychol., 26, 651–661
Wiepkema, P. R. (1961): An Ethological Analysis of the Reproductive Behaviour of the Bitterling *(Rhodeus amarus* Bloch*)*. *Arch.* neerl. Zool., 14, 103–199

WIESEL, T. N. und HUBEL, D. H. (1963[a]): Effects of Visual Deprivation on Morphology and Physiology of Cells in the Cats lateral Geniculate Body. J. Neurophysiol., 24, 978–993
– (1963[b]): Single-Cell Responses in Striate Cortex of Kittens Deprived of Vision in One Eye. J. Neurophysiol., 24, 1003–1017
– (1965): Comparison of the Effects of Unilateral and Bilateral Eye Closure on Cortical Unit Responses in Kittens. J. Neurophysiol., 28, 1029–1040
WIESER, ST. (1955): Die motorischen Schablonen des Oralsinnes. Fortschr. Neurol. Psychiat., 23, 94–184
WIESER, ST. und ITIL, T. (1954): Die Aufbaustufen der primitiven Motorik. Arch. Psychiat. Nervenkr., 191, 450–462
WIETERSHEIM, A. v. und EWERT, J. P. (1978): Neurons of the Toads' *(Bufo bufo* L.) Visual System Sensitive to Moving Configurational Stimuli: A Statistical Analysis. J. Comp. Physiol., 126, 35–42
WIGGLESWORTH, V. B. (1964): The Life of Insects. London (Weidenfeld and Nicolson)
WILEY, R. H. (1973): Territoriality and Non-Random Mating in Sage Grouse, *Centrocercus urophasianus.* Animal Behaviour Monogr., 6 (2)
WILHELMI, U. (1975): Über den Einfluß sozialer Isolation auf die Rangordnungskämpfe männlicher Schwertträger *(Xiphophorus helleri).* Z. Tierpsychol., 38, 482–504
WILLIAMS, K. S. und GILBERT, L. (1981): Egg Mimicry Reduces Egg Laying by Butterflies. Science, 212, 467–469
WILLIAMS, L. (1967): Man and Monkey. London (A. Deutsch)
WILLIS, E. O. (1967): The Behavior of Bicolored Antbirds. Univ. Calif. Publ. Zool., 79, Berkeley (Univ. Calif. Press)
WILLOWS, A. O. D. (1971): Giant Brain Cells in Mollusks. Scient. Americ., 224, 69–75
WILSON, A. P. (1968): Social Behavior of Free-Ranging Rhesus Monkeys with an Emphasis on Aggression. Diss. Univ. Calif. Berkeley, Dept. Anthrop.
WILSON, D. M. (1961): The Central Nervous Control of Flight in Locust. J. Exp. Biol., 38, 471–490
– (1964): The Origin of the Flight-Motor Command in Grasshoppers. In: REISS, R. F. (ed.): Neuronal Theory and Modeling. Stanford (Stanford UP), 331–345
– (1964): Relative Refractoriness and Patterned Discharge of Locust Flight Motor Neurones. J. Exp. Biol., 41, 191–205
– (1965): Motor Output Patterns during Random and Rhythmic Stimulation of Locust Thoracic Ganglia. Biophysical J., 5, 121
– (1966): Insect Walking. Ann. Rev. Ent., 11, 103–123
– (1968): The Flight Control System of the Locust. Scient. Americ., 218 (5), 83–90
WILSON, E. O. (1963): Pheromones. Scient. Americ., 208 (5), 100–114
– (1965): Chemical Communication in Social Insects. Science, 149, 1064–1071
– (1971): The Insect Societies. Cambridge/Mass. (Belknap Press of Harvard Univ.)
– (1975): Sociobiology, the New Synthesis. Cambridge/Mass. (Belknap Press of Harvard Univ.)
WILSON, E. O. und LEWONTIN, R. (1976): Sociobiology: Troubled Birth for New Discipline. Besprochen von WADE, N. in: Science, 191, 1151–1155
WILSONCROFT, W. E. und SHUPE, D. U. (1965): Tail, Paw and Pup Retrieving in the Rat. Psychon. Sci., 3, 494
WILTSCHKO, W. (1968): Über den Einfluß statischer Magnetfelder auf die Zugorientierung der Rotkehlchen *(Erithacus rubecula).* Z. Tierpsychol., 25, 537–558
– (1973): Kompaßsysteme in der Orientierung von Zugvögeln. In: LINDAUER, M. und

REICHARDT, W. (eds.): Informationsaufnahme und Informationsverarbeitung im lebenden Organismus, 2, Akad. der Wiss. u. der Lit. Mainz. Wiesbaden (Steiner), 93–140
WILTSCHKO, W. und WILTSCHKO, R. (1976): Die Bedeutung des Magnetkompasses für die Orientierung der Vögel. J. Ornith., 117, 362–387
WINDLE, W. F. (1940): Physiology of the Fetus. Philadelphia (Saunders)
– (1944): Genesis of somatic Motor Function in Mammalian Embryo: a Synthesizing Article. Physiol. Zool., 17, 247–260
WINKELSTRÄTER, K. H. (1960): Das Betteln der Zoo-Tiere. Beih. Schweiz. Z. f. Psychol. u. ihre Anwendgn., 39
WINN, H. F., SALMON, M. und ROBERTS, N. (1964): Sun-Compass Orientation by Parrot Fishes. Z. Tierpsychol., 21, 798–812
WINTER, P., PLOOG, D. und LATTA, J. (1966): Vocal Repertoire of the Squirrel Monkey *(Saimiri sciureus)*, its Analysis and Significance. Exper. Brain Res., 1, 359–384
WIRTZ, P. und WAWRA, M. (1986): Vigilance and Group Size in Homo sapiens. Z. Tierpsychol., 71, 283–286
WÖLFEL, H. (1976): Vorläufiger Bericht über einige neue Beobachtungen zur mutterlosen Aufzucht des Rothirsches *(Cervus elaphus)*. Z. Kölner Zoo, 19. Jahrg. (1), 16–19
WOHLERS, D. W. und HUBER, F. (1982): Processing of Sound Signals by six Types of Neurons in the Prothoracic Ganglion of the Cricket, *Gryllus campestris* L. J. Comp. Physiol., 146, 161–173
WOLF, A. V. (1958): Thirst, Physiology of the Urge to Drink. Springfield/Ill.
WOLF, G. (1957[a]): Der wissenschaftliche Film. Die Naturwiss., 44, 477–482
– (1957[b]): Encyclopaedia Cinematographica. Forschungsfilm, 2, 304–310
WOLFE, J. B. (1936): Effectiveness of Token-Rewards in Chimpanzees. Comp. Psychol. Monogr., 12, 1–72
WOOLFENDEN, G. E., FITZPATRICK, J. W. (1978): The inheritance of territory in group breeding birds. Bio Science, 28, 104–108
WRANGHAM, R. W. (1975): Behavioural ecology of chimpanzees in Gombe National Park, Tanzania. Ph. D. Thesis, Univ. of Cambridge
– (1979): On the Evolution of Ape Social Systems. Social Sci. Inform., 18, 335–368
– (1986): Ecology and Social Relationship in two Species of Chimpanzee. In: RUBINSTEIN, D. J. und WRANGHAM, R. W. (eds.): Social Ecology in Birds and Mammals. Princeton (Princeton University Press)
WÜNSCHMANN, A. (1963): Quantitative Untersuchungen zum Neugierverhalten von Wirbeltieren. Z. Tierpsychol., 20, 80–109
WYNNE-EDWARDS, V. C. (1962): Animal Dispersion in Relation to Social Behaviour. London (Oliver and Boyd)

YERKES, R. M. (1948): Chimpanzees, a Laboratory Colony. 4. Aufl. New Haven (Yale Univ. Press)
YERKES, R. M. und ELDER, J. H. (1936): Oestrus, Receptivity, and Mating in Chimpanzees. Comp. Psychol. Monogr., 13 (5), 1–39
YOSHIBA, K. (1968): Local and Intertroop Variability in Ecology and Social Behavior of Common Indian Langurs. In: JAY, P. C. (ed.): Primates. New York (Holt, Rinehart and Winston), 217–242
YOUNG, J. Y. (1965): The Organization of Memory System. Proc. Roy. Soc., Serie B 159, 565–588

Young, J. Z. (1961): Learning and Discrimination in the Octopus. Biol. Rev., 36, 32–96
– (1965): The Organization of Memory System. Proc. Roy. Soc., B 159, 565–588
Young, W. C. (1961): The Hormones and Mating Behavior. In: Young, W. C. (ed.): Sex and Internal Secretions. 3. Aufl. Baltimore (Williams and Wilkins)
– (1965): The Organization of Sexual Behavior by Hormonal Action during Prenatal and Larval Periods in Vertebrates. In: Beach, F. A. (ed.): Sex and Behavior. New York (Wiley)

Zach, R. (1979): Shell Dropping: Decision Making and Optimal Foraging in Northwestern Crows. Behaviour, 68, 106–117
Zastrow, B. v. und Vedder, H. (1930): Die Buschmänner. In: Schultz-Ewerth, E. und Adam, L. (eds.): Das Eingeborenenrecht: Togo, Kamerun, Südwestafrika, die Südseekolonien. Stuttgart (Strecker u. Schröder)
Zeeb, K. (1964): Zirkusdressur und Tierpsychologie. Mitt. Nat.forsch. Ges. Bern. N. F., 21
Ziegler, H. E. (1920): Der Begriff des Instinkts einst und jetzt. Jena
Zimen, E. (1971): Wölfe und Königspudel. Ethologische Studien. Wickler, W. (ed.). München (Piper)
Zimmermann, E. und Zimmermann, H. (1982): Soziale Interaktionen, Brutpflege und Zucht des Pfeilgiftfrosches *(Dendrobates histrionicus).* Salamandra, 18, 3/4, 150–167
– (1985): Brutpflegestrategien bei Pfeilgiftfröschen (Dendrobatidae). Verh. Dtsch. Zool. Ges., 78, 220
Zimmermann, H. und Zimmermann, E. (1981): Sozialverhalten, Fortpflanzungsverhalten und Zucht der Färberfrösche *(Dendrobates histrionicus* und *D. lehmanni)* sowie einiger anderer Dendrobatiden. Z. des Kölner Zoo, 24, 3, 83–99
– (1985): Zur Fortpflanzungsstrategie des Pfeilgiftfrosches *Phyllobates terribilis.* Myers, Daly & Malkin, 1978. Salamandra, 21, 4, 281–297
Zimmermann, N. H. und Menaker, M. (1975): Neural Connections of Sparrow Pineal: Role in Circadian Control of Activity. Science, 190, 477–479
– (1979): The Pineal Gland a Pacemaker of the House Sparrow with a Circadian Rhythm. Proc. Nat. Acad. Sci. USA, 76, 999–1003
Zippelius, H. M. (1949): Untersuchungen über das Balzverhalten heimischer Molche. Zool. Anz. Suppl., 12, 127–130
– (1971): Soziale Hautpflege als Beschwichtigungsgebärde bei Säugetieren. Z. Säugetierkde., 36, 284–291
Zuckermann, S. (1932): The Social Life of Monkeys and Apes. London
Zumpe, D. (1964): *Chelmon rostratus;* Kampfverhalten. Encycl. cinem., E 207, Publ. wiss. Film 1 A, 335–339. Göttingen (Inst. Wiss. Film)
– (1965): Laboratory Observations on the Aggressive Behaviour of some Butterfly Fishes. Z. Tierpsychol., 22, 226–236

Anhang zur 8. Auflage, 1999

BAILEY, C. H. and CHEN, M. (1983): Morphological basis of longterm habituation and sensitisation in Aplysia. Science, 220, 91–93

BAKKER, TH. C. M. (1993): Positive genetic correlation between female preference and preferred male ornament in sticklebacks. Nature, 363, 255–257

BAKKER, TH. C. M. and MUNDWILER, B. (1994): Female Mate Choice and Male Red Coloration in a natural Three-spined Stickleback (*Gasterosteus aculeatus*) Population. Behavioral Ecology, 5, 74–80

BEKKER, J. B., BREEDLOVE, S. M. and CREWS, D. (eds.): Behavioral endocrinology. Bradford, MIT Press: Cambridge, London (1992). Third Printing (1993). ISBN 0-262-52171-7

BISCHOF, H.-J. and ROLLENHAGEN, A. (1999): Behavioural and neurophysiological aspects of sexual imprinting in zebra finches. Behav. Brain Res., 98, 267–276

BOCK, J., BISCHOF, H.-J. and BRAUN, K. (1998): Differential Emotional Experience Leads to Pruning of Dendritic Spines in the Forebrain of Domestic Chicks. Neural Plasticity, 6, No. 3, 17–27

BOESCH, C. and BOESCH, H. (1983): Optimisation of nut-cracking with natural hammers by wild chimpanzees. Behavior, 83, 265–286

BOLYARD, K. J. and ROWLAND, W. J. (1996): Context-dependent response to red coloration in stickleback. Animal Behaviour, 52, 5, 923–927

BRAKKE, K. E. and SAVAGE-RUMBAUGH, E. S. (1995): The Development of Language Skills in Bonobo and Chimpanzee – I. Comprehension. Language & Communication, 15, No. 2, 121–148

BRAUN, K. (1997): Akustische Filialprägung als experimentelles Modell für frühkindliche Lernprozesse. In: KASTEN, E., KREUTZ, M. R. und SABEL, B. A. (Hrsg.): Neuropsychologie in Forschung und Praxis. Hogrefe Verlag für Psychologie, Göttingen–Bern–Toronto–Seattle, 31–45

BRAUN, K., BOCK, J., METZGER, M., JIANG, SH. and SCHNABEL, R. (1999): Review article. The dorsocaudal neostriatum of the domestic chick: a structure serving higher associative functions. Behavioural Brain Research, 98, 211–218

CHIVERS, D. P. and SMITH, R. J. F. (1994): Fathead minnows, *Pimephales promelas*, acquire predator recognition when alarm substance is associated with the sight of unfamiliar fish. Anim. Behav., 48, 597–605

EIBL-EIBESFELDT, I. (1996): Spiel, Werkzeuggebrauch und Objektivität. Vom instrumentalen Ursprung freien Denkens. In: LIEDKE, M. (Hrsg.): Matreier Gespräche. Kulturethologische Aspekte der Technikentwicklung. austria medien service Graz, 60–72

EIBL-EIBESFELDT, I. und GOODALL, J. (1992): *Pan troglodytes* (*Pongidae*), Termitenfischen. In: Encycl. Cinematog. Publ. Wiss. Filmen zu Film E 3012, Göttingen Biol., 21, 89–100

ELMAN, J. L., BATES, E. A., JOHNSON, M. H., KARMILOFF-SMITH, A., PARISI, D., PLUNKETT, K. (1998): Rethinking Innateness. A Connectionist Perspective on Development. Bradford Book MIT Press, Cambridge, Mass. 1996, Paperb. edition 1998, 447 S.

FRANCK, D. (1992): Kontroverse. Schlüsselreize – ja oder nein? (Nr. 397, Mai 1992). Schlüsselreiz – ein überholter Begriff der Ethologie? Biologie heute, Nr. 402, 5–6

FRUTH, B. (1993): Ecological and Behavioral Aspects of Nestbuilding in Bonobos (*Pan paniscus*). Ethology, 94, 113–126

– (1999): Frauenzirkel auf Erfolgskurs. MAX-PLANCK-Forschung 1/99, 14–23

GRANT, B. R. and GRANT, P. (1989): Sympatric Speciation in Darwins Finches. In: OTTE,

D. and ENDLER, J. A. (Hrsg.): Speciation and its consequences. Sinauer Associates, Inc. Sunderland. M.A., 433–457

– (1994): Phenotypic and Genetic Effects of Hybridization in Darwins Finches. Evolution, 48, 297–316

GRANT, P. (1986): Ecology and Evolution of Darwins Finches. Princeton Univ. Press. Princeton, N.J.

– (1993): Hybridization of Darwins Finches on Isla Daphne. Major. Philos. Trans. R. Soc. London, B. 340, 127–139

HOLST, D. v. (1986): Vegetative and somatic components of tree shrews' behavior. J. of the Autonomic Nervous System, Suppl., 657–670

HUBER, F., MOORE, TH. E. and LOHER, W. (1989): Cricket Behavior and Neurobiology. Cornell Univ. Press. Ithaca, New York

KANDEL, E. R. and SCHWARTZ, J. H. (1991): Principles of Neural Science. Elsevier, New York–Amsterdam–Oxford, 3. Aufl.

KARPLUS, I. (1987): The Association between Gobiid Fishes and Burrowing Alpheid Shrimps. Oceanogr. Mar. Biol. Ann. Rev., 25, 507–562

KEVERNE, E. B. and KENDRICK, K. M. (1992): Oxytocin Facilitation of Maternal Behavior in Sheep. In: PEDERSEN, C. A., CALDWELL, J. D., JIRIKOWSKY, G. F. and INSEL, T. R. (eds.): Oxytocin in Maternal, Sexual and Social Behaviors. New York, N.Y., Acad. Sci., 83–101

KIRSCHVINK, J. L. (1997): Magnetoreception, Homing in on Vertebrates. Nature, 390, 339–340

KUENZER, P. (1994): Das Schlüsselreizkonzept der klassischen Ethologie aus heutiger Sicht. In: NEUMANN, G. H. und SCHARF K. H. (Hrsg.): Verhaltensbiologie in Forschung und Unterricht. Aulis Verlag Deubner, 36–62

LAMPRECHT, J. (1993): Besprechung des Buches von H.-M. ZIPPELIUS »Die vermessene Theorie« (Wiesbaden 1992, Vieweg-Verlag). Ethology, 95, 257–259

– (1993): Kontroverse. Sind die Ergebnisse von NIKO TINBERGEN Artefakte? Biologen in unserer Zeit, 5, 67–69

LEVY, F., KENDRICK, K. M., KEVERNE, E. B., PICKETTY, V., POINDRON, P. (1992): Intracerebral Oxytocin is Important for the Onset of Maternal Behavior in Inexperienced Ewes Delivered under Peridural Anesthesia. Behav. Neurosci., 106, 427–432

MARKL, H. (1985): Vibrational communication. In: HUBER, F. und MARKL, H. (Hrsg.): Neuroethology and Behavioral Physiology, 332–353, Springer Verlag, Heidelberg

MCCABE, B. J. and HORN, G. (1988): Learning and memory: regional changes in N-Methyl-D-aspartate receptors in the chick brain after imprinting. Proc. nat. Acad. Sci. USA, 85, 2849–2853

MCGREW, W. C. (1992): Chimpanzee Material Culture. Implications for Human Evolution. Cambridge, Cambridge Univ. Press

MILINSKY, M. and BAKKER, TH. C. M. (1990): Female sticklebacks use male coloration in mate choice and hence avoid parasitized males. Nature, 344, No. 6264, 330–333

MINEKA, S. and COOK, M. (1987): Social Learning and the Acquisition of Snake Fear in Monkeys. In: ZENTALL, T. and GALEF, G. (eds.): Social Learning. New York, Plenum, 51–73

OETTING, S., PRÖVE, E. and BISCHOF, H. J. (1995): Sexual Imprinting as a two-stage process: Mechanisms of information storage and stabilisation. Animal Behavior, 50, 393–403

ROUSH, W. (1996): The Supple Synapse: An Affair that Remembers. Science, 278, 1102 ff.

Sinsch, U. (1987): Orientation behaviour of toads (*Bufo bufo*) displaced from the breeding site. J. Comp. Physiol., A. 161, 715–727

Syed, N. I., Bulloch, A. G. M. and Lukowiak, K. (1990): In Vitro Reconstruction of the Respiratory Central Pattern Generator of the Mollusk Lymnea. Science, 250 (October 12, 1990), 282–285

Taborsky, M. (1994): Sneakers, Satellites, and Helpers: Parasitic and Cooperative Behavior in Fish Reproduction. Adv. in the Study of Behavior, 23, 1–100

Tessier-Lavigne, M. and Goodman, C. S. (1996): The Molecular Biology of Axon Guidance. Science, 274, 1123–1133

Thompson, R. F. (1993): Das Gehirn. Von der Nervenzelle zur Verhaltenssteuerung. 2. Aufl. Spektrum Akad. Verlag, Heidelberg

Voland, E. (1993): Grundriß der Soziobiologie. Stuttgart–Jena (Gustav Fischer)

Waal, F. B. M. de (1989): Food sharing and reciprocal obligations among chimpanzees. Journal of Human Evolution, 18, 433–459

– (1998): Peacemaking among Primates. Cambridge (Harvard Univ. Press)

Wickler, W. und Seibt, U. (1991): Das Prinzip Eigennutz. Zur Evolution des sozialen Verhaltens. Piper, München–Zürich

Wiltschko, R. and Wiltschko, W. (1995): Magnetic Orientation in Animals. Springer, Berlin

Winslow, H. N., Carter, C. S., Harbbaugh, C. R. and Insel, T. R. (1993): A Role for Central Vasopressin in Pair Bonding in Monogamous Prairie Voles. Nature, 365, 545–547

Wolinski, E. and Way, J. (1990): The Behavioral genetics of *Caenorhabditis elegans*. Behavior Genetics, 20, 169–189

Wrangham, R. W., McGrew, W. C., Waal, F. B. M. de and Heltne, P. G. (eds.) (1974): Chimpanzee Cultures. Harvard Univ. Press, Cambridge, Mass.

Register

Autorenregister

Abel, E. 270, 508, 511
Acheson, N. H. 608
Adamson, J. 42
Adang, O. M. J. 600
Adler, Ch. 770
Adler, J. 364
Adrian, E. D. 72
Agranoff, B. W. 432
Ahrens, R. 678
Ainsworth, M. D. 759
Albone, E. S. 160
Albrecht, H. 178, 256, 535, 546
Aldis, O. 407, 410, 414
Aldrich-Blake, F. P. G. 608, 610
Alexander, B. K. 522
Algom, D. 511
Allee, W. C. 517, 549
Allemann, C. 407
Altevogt, R. 189, 537
Altman, I. 768
Altman, J. 15, 610
Altmann, M. 42, 385, 605
Altmann, S. A. 610
Altner, H. 141
Altum, B. 25
Ambrose, J. A. 249, 677
Anderson, M. 328
Andrew, R. J. 189, 754
Angst, W. 580
Anthoney, T. R. 237
Antonius, O. 188, 244, 340
Aoki, S. 566
Apfelbach, R. 280, 494, 535
Ardrey, R. 534
Aries, Ph. 759
Armstrong, E. A. 517
Aronson, L. R. 31, 107, 317, 380
Asch, S. 684
Aschoff, J. 16, 658, 659, 660, 661, 662, 663, 668
Autrum, H. J. 139, 140, 141, 571, 575
Azrin, N. H. 553

Baaske, K. H. 680
Bachmann, Ch. 582
Backhaus, D. 534, 543
Badinter, E. 759
Baerends, G. P. 42, 43, 44, 45, 46, 67, 69, 165, 166, 167, 173, 181, 207, 287, 294, 297, 298, 331, 373, 376, 377, 378, 517
Baerends van Roon, J. M. 373
Baeumer, E. 257
Bailey, C. 433
Bak, I. J. 118
Bakeman, R. 214
Bakker, Th. C. M. 180
Baldaccini, N. E. 207
Ball, W. 727
Bally, G. 406, 414
Bandura, A. 549, 550
Banks, F. M. 551
Barash, D. P. 327, 691
Bardach, J. E. 144
Barden, L. A. 731
Barker, J. L. 79
Barlow, G. W. 70, 287, 289, 553
Barlow, H. B. 124
Barnard, C. J. 480
Baron, L. 452
Barro, G. 79
Barth, F. G. 144, 155
Bartholomew, G. A. 529

Basedow, H. 557
Bastiani, M. 353, 359
Bastock, M. 111, 312
Bateson, G. 427
Bateson, P. P. B. 387
Batham, E. J. 96
Baudry, M. 418
Bauer, R. 155
Baumann, H. 277
Baust, W. 658
Baylis, J. R. 211
Beach, F. A. 108, 109, 299, 366, 374
Beauchamp, G. K. 593
Beaumont 569
Bechterew, W. 20
Beck, B. 741
Becker, G. 643
Beckmann, R. 157
Beebe, W. 362
Beg, M. A. 610, 613
Bekoff, A. 73
Bekoff, M. 480, 482
Bellows, R. T. 101
Benedict, R. 770
Benson, C. W. 327
Bentley, D. R. 58, 86, 318
Benzer, S. 320, 322, 659, 661
Berger 632
Bergquist, E. H. 299
Berkowitz, L. 550
Berman, A. J. 78, 79
Berman, M. 602
Bernstein, I. 608
Berthold, B. 633, 634, 635, 667, 668
Bertram, B. C. R. 459, 480
Bertrand, M. 609
Berwein 592
Bethe, A. 20
Bierens de Haan, J. A. 20
Bigelow, R. S. 752
Billeb, S. C. 477, 505
Biocca, E. 774
Birch, H. G. 406
Birdwistell, R. L. 681, 684
Birket-Smith, K. 770
Birukow, G. 260, 261, 641, 665
Bischof, N. 23, 24, 593, 624, 650
Bischoff, H. 434, 435, 479, 513
Blair, W. F. 193, 337
Blanchard, D. 543
Blanchard, R. J. 543
Blakemore, C. 132, 133
Blass, E. M. 396
Blauvelt, H. 577
Bleckmann, H. 144
Bleek, D. F. 771, Tafel XII
Blest, A. D. 111, 265, 281
Blitz, W. 602
Blodgett, H. C. 426
Blösch, M. 506, 507
Bluhm, E. 181
Blurton-Jones, N. 208, 759
Boatsman, D. J. 193
Bock, J. 434
Bodenstein, D. 103
Bodmer, W. F. 316
Böker, H. 451
Boesch, C. und H. 446
Bogert, C. M. 147, 231
Boggess, J. 561
Bohannan, P. 558
Bolk, L. 757
Bolwig, N. 249
Bolyard, K. J. 180
Bond, J. 599
Bonsall, R. W. 159
Bopp, P. 191
Boppré, M. 158
Borell du Verney, W. v. 363
Bornstein, M. H. 777
Boudreau, J. C. 325
Bourlière, F. 468, 517, 609
Bower, T. G. 727, 728, 729
Bowlby, J. 398, 674, 759, 762
Bowmann, R. I. 477, 505
Boycott, B. 431
Bradley, H. T. 552
Braemer, W. 638
Brain, C. K. 609
Brakke, K. E. 230
Braum, E. 143
Braun, K. 435
Breder, C. M. 485
Breland, K. 23, 386, 417
Breland, M. 23, 386, 417
Bresson, F. 230
Bril, K. A. 181
Brock, F. 509
Broekhuysen, G. J. 493
Brower, L. P. 281

Brower, R. 173
Brown, A. W. 643
Brown, F. A. 665
Brown, J. L. 46
Brown, R. E. 223, 527
Brownlee, F. 770
Bruce, H. M. 571
Bruhin, H. 544
Brust-Carmona, H. 429
Bubenik, A. 598
Buddenbrock, W. v. 141
Buechner, H. K. 523
Bünning, E. 663
Bürger, M. 469
Buettner-Janusch, J. 612
Bullock, T. H. 19, 81, 119, 144
Bult, P. 181
Burgess, M. 554
Burghardt, G. M. 145, 380
Burkhardt, D. 141, 236
Burn, T. K. 610
Busch, E. 641
Busnel, R. G. 138, 149
Busse, K. 149
Butenandt, A. 157
Butler, R. A. 402
Buytendijk, F. J. 72, 407
Bygott, J. D. 618, 721

Cade, W. 146
Caldwell, D. 565, 566
Caldwell, R. L. 282
Calhoun, J. 574
Capranica, R. R. 135
Carey, R. J. 97, 426
Carmichael, L. 56
Carpenter, C. R. 41, 522, 529, 546, 607, 611
Carr, A. 635
Carter, D. B. 496
Carthy, J. 638
Caspari, E. 317
Caspers, H. 665
Castell, R. 602
Catchpole, C. K. 561, 562
Catterall, C. P. 480, 481
Cavalli Sforza, L. 316
Cavill, G. 160
Chace, F. A. 503
Chagnon, N. A. 774
Chalmers, N. 609
Chance, M. R. 187, 487, 596, 613
Charlesworth, W. 621
Chaud, T. M. 147
Chauvin, R. 571
Cheney, D. L. 155
Cheng, M. 433
Chivers, D. J. 258, 607
Chmurzynski, I. A. 379
Choat, J. H. 597
Chomsky, N. 215
Chow, K. L. 133
Christian, J. J. 571
Clark, E. 317
Clausen, C. P. 536
Coghill, G. E. 355
Comford, A. 740
Cook, M. 436
Cooper, G. F. 132, 133
Coss, R. G. 733
Cott, H. B. 490
Cotton, S. 361
Courchesne, E. 553
Cowles, J. T. 439, 554
Craig, W. 25, 96, 550
Cranach, M. v. 338
Crane, J. 189, 190, 337, 537, 546
Crawford, M. P. 442
Creutzberg, F. 646
Crisler, L. 42, 604
Crook, J. H. 517, 579, 606
Cullen, E. 165, 470, 488
Cunning, D. C. 281
Curio, E. 18, 172, 271, 281, 343, 381, 475, 490, 491
Curtis, B. 160
Cushing, J. E. 363
Cutting, J. E. 216

Daanje, A. 196
Dafni, A. 277
Dane, B. 196
Darcy, G. H. 502, 503
Darling, F. F. 409, 605
Dart, R. A. 750
Darwin, Ch. 17, 25, 191, 193, 194, 328, 546, 547, 633, 684, 710, 711, 714, 762
Dathe, H. 469
Datta, S. B. 602
Daumer, K. 641

Davenport, D. 144, 506, 509
David, F. A. 593
Davies, N. B. 18, 455, 456, 458, 560, 561, 562
Davies, W. J. 79
Dawkins, R. 123, 298, 547, 549
Deag, J. M. 579
Dearden, J. 599
Deegener, P. 517
Delcomyn, F. 89, 92
Delgado, J. M. 552
Denenberg, V. H. 551
Dennis, W. 399
Descartes, R. 20
Dethier, V. G. 103, 265
DeVore, I. 42, 375, 517, 523, 599, 602, 610, 611, 612, 770
Diamond, M. 760
Diebschlag, E. 596
Diesselhorst, G. 632
Dieterlen, F. 374
Dilger, W. C. 317
Dinger, W. 424
Dingle, H. 282
Divale, W. T. 773
Döhl, J. 441
Doflein, F. 451, 513, 568
Dollard, J. 550
Dollo, L. 28
Doob, L. 554
Doty, R. L. 160
Drees, O. 116
Drent, R. H. 42, 45
Driesch, H. 20
Drummond, H. 35, 275
Dücker, G. 438
Dührssen, A. 398, 400
Dumas, F. 682
Dumortier, B. 138
Dunbar, R. I. M. 610
Durham, W. 769

Ebbesen, E. B. 554
Ebhardt, H. 605
Eberhard, W. G. 276, 474
Eccles, J. C. 431
Edwards, D. 68, 552
Eibl-Eibesfeldt, E. 497, 570
Eibl-Eibesfeldt, I. 15, 19, 27, 35, 40, 57, 63, 64, 65, 67, 96, 143, 145, 146, 156, 163, 176, 177, 178, 179, 187, 188, 189, 191, 193, 197, 200, 201, 208, 216, 236, 239, 240, 242, 243, 244, 256, 257, 267, 268, 269, 270, 271, 272, 278, 290, 291, 329, 337, 339, 340, 342, 344, 355, 369, 370, 371, 372, 373, 374, 381, 382, 387, 396, 400, 404, 405, 407, 408, 409, 410, 413, 422, 426, 428, 431, 437, 446, 459, 461, 470, 471, 472, 473, 476, 477, 484, 485, 486, 488, 489, 491, 492, 493, 497, 498, 500, 502, 503, 505, 506, 508, 511, 514, 515, 519, 520, 524, 526, 527, 530, 531, 537, 538, 539, 540, 541, 542, 543, 546, 551, 555, 557, 560, 570, 578, 584, 585, 587, 588, 589, 590, 591, 592, 594, 600, 631, 655, 671, 672, 673, 681, 685, 687, 688, 689, 690, 692, 693, 695, 698, 700, 702, 703, 704, 706, 707, 708, 709, 710, 711, 712, 714, 715, 716, 717, 718, 725, 752, 753, 754, 755, 757, 759, 762, 767, 768, 769, 771, 772, 773, 775, 777, 778
Eichelman, B. 555
Eickstedt, E. v. 689
Eigemann 486
Eisenberg, J. F. 517, 609, 610
Eisner, T. 272, 281, 491
Ekman, P. 35, 36, 693, 733
Elder, J. H. 374
Elgar, M. A. 480, 481
Ellefson, J. O. 521, 607
Elliott, M. H. 426
Ellman, St. J. 78
Ellsworth, P. 548
Elner, R. W. 454, 456
Elsner, N. 84
Emerson, A. E. 329
Emlen, S. T. 635, 642, 643
Enright, J. T. 642, 665
Erhardt, A. A. 760, 761
Erickson, C. J. 105
Erikson, E. H. 329, 398
Erlenmeyer-Kimling, L. 325, 326
Ervin, F. R. 418, 555
Esch, H. 133, 259, 266
Escherich, K. 513, 514, 568
Esser, A. H. 768
Euler, A. H. 378
Evans, R. M. 149
Everett, G. M. 118

Ewer, R. F. 381, 517
Ewert, J. P. 19, 124, 125, 127, 128, 129, 130, 131
Eysenck, H. J. 316

Faber, A. 195, 337
Fabré, J. H. 25, 362, 376
Fabricius, E. 390
Faegri, K. 277
Fagen, R. 407, 414
Farris, H. E. 420
Feder, H. M. 503
Fehling, D. 726
Felipe, N. J. 768
Fentress, J. C. 67, 89, 365
Ferber, A. 702
Feshbach, S. 554, 558
Festetics, A. 350, 524
Feustel, H. 510
Fiedler, K. 232, 546
Field, T. M. 729
Fillion, Th. J. 396
Finley, J. 35
Fischer, E. 363
Fischer, H. 98 f., 247, 248
Fischer, K. 638
Fisher, J. 371
Fisher, K. 667
Fitzpatrick, J. W. 521, 564
Fletcher, R. 363
Folley, S. J. 395
Foppa, K. 418
Forel, A. 512, 514, 568
Fossey, D. 42, 609
Fouts, R. S. 222
Fox, M. W. 543
Fraenkel, G. S. 623
Franck, D. 102, 110, 114, 164, 180, 326, 563
Frank, F. 574
Franzisket, L. 429
Fredericson, E. 549
Freedman, D. G. 315, 679, 680
Freedman, D. X. 118
Freedman, N. C. 315
Freeman, D. 554
Freud, J. 366
Freud, S. 202, 400, 550, 555, 557 f., 587
Freye, H. A. 191
Fricke, H. W. 466, 523, 576, 590, 597
Friesen, W. V. 35, 733
Frijda, N. H. 684
Frings, H. 214
Frings, M. 214
Frisch, J. E. 610, 613
Frisch, K. von 11, 140, 156, 257 ff., 420, 636, 641
Frisch, O. von 257, 441
Fromm, E. 775
Fromme, A. 57
Fruth, B. 618
Fuchs, J. L. 145
Fuchs, P. 329
Füller, H. 509, 510
Fuller, J. L. 315, 395
Funke, W. 379

Gainer, H. 79
Gamble, J. 577
Gamper, E. 674
Garcia, J. 386, 418, 426
Gardner, B. T. 216 ff., 223, 225, 229, 730
Gardner, R. A. 216 ff., 223, 225, 229
Gartlan, J. S. 607, 608, 609, 610
Gaston, S. 663
Gatenby, J. B. 361
Gaul, A. 281
Gazzaniga, M. S. 429
Geber, M. 316
Gehlen, A. 407, 414, 754, 755, 756
Geissler, H. 191
Geist, V. 42, 544, 598
Gelber, B. 428
Gentz, K. 111
Gerard, R. 432
Gerars, R. 132
Gerlach, S. 625
Gessner, F. 17
Giarman, N. J. 118
Gibb, J. A. 467
Gibbs, F. A. 555
Gibson, E. J. 122
Giddings, A. 504
Gilbert, L. 278
Gilette, R. 79
Gill, F. B. 455
Gillard, E. T. 232
Ginsburgh, B. 549
Glickmann, St. E. 402, 403
Gnadenberg, W. 440

Goethe, F. 257, 527, 532
Goetsch, W. 517
Götz, W. 580
Goffman, E. 777
Golani, I. 32
Goldenbogen, I. 113, 114
Goldfarb, W. 398
Goldfoot, D. A. 159
Goldstein, K. 356
Good, R. R. 160
Goodall, J. (s.a. Lawick-Goodall, J. van) 41, 246, 267, 446, 460, 461, 522, 531, 532, 579, 593, 599, 614, 616, 617, 618, 720, 749
Goodenough, F. L. 680
Goodman, C. S. 353, 359, 360, 433, 434
Gordon, E. R. 275
Gordon, M. 317
Gorlick, D. L. 503
Gottlieb, G. 67, 147, 148, 388
Gould, E. 638
Gould, J. L. 264, 265
Gould, St. J. 453, 731, 734
Grabowski, U. 395
Graefe, G. 363
Graham Brown, T. 71, 80
Grammer, K. 693
Granit, R. 141
Grant, B. R. 324
Grant, E. C. 593
Grant, P. 324
Grant, P. R. 324
Grassé, P. 569
Gray, J. 78
Grether, W. F. 140
Griffin, D. R. 139
Griffith-Smith, N. N. 183
Grillner, S. 79, 80
Grobstein, P. 133
Grohmann, J. 57
Groos, K. 407
Groot, C. 638, 641
Grossmann, K. 419
Grüsser, O. J. 129
Grüsser-Cornehls, U. 129
Grzimek, B. 211, 267, 312, 395
Günther, K. 331
Güttinger, H. R. 236
Guiton, Ph. 295
Guthrie, E. R. 386, 425, 427
Gunn, D. S. 623
Gurney, N. L. 551
Gwinner, E. 57, 200, 211, 238, 408, 633, 635, 667, 668, 669

Haas, A. 343
Haber, R. 431
Hackett, E. 768
Hager, J. L. 418
Hailman, J. P. 67, 467
Halberg, F. 660
Haldane 458
Hall, E. T. 575, 767
Hall, M. F. 340
Hall, K. R. L. 384, 474, 607, 610
Halx, G. 277
Hamburger, V. 72, 73, 74, 356, 363
Hamilton, W. D. 15, 122, 132, 458
Hamilton, W. J. 479, 480
Hannes, R. P. 102, 110
Hanson, E. V. 371
Harlow, H. F. 299, 374, 396, 397, 402, 571
Harlow, M. 374, 396, 397, 402
Harris, G. W. 68
Harris, T. van 466
Harrison, C. J. 189
Hartmann, H. 550
Hartmann, M. 292
Haskell, P. T. 138
Haskins, C. P. 329
Haskins, E. F. 329
Hasler, A. D. 638, 640, 646
Hass, H. 15, 16, 145, 146, 178, 449, 451, 472, 480, 488, 489, 499, 501, 685, 690, 691, 694, 696, 705, 714, 753, 755
Hassenstein, B. 16, 19, 392, 419, 420, 422, 520, 625, 650, 678, 759
Hassler, R. 118
Hatry, A. 432
Hauenschild, C. 665
Hayek, F. A. von 780
Hayes, C. 216
Headley, P. M. 610
Hebb, D. O. 67, 432
Heberer, G. 750
Hecker, E. 157
Hediger, H. 39, 189, 422, 427, 481, 482, 488, 526, 531, 598
Heeschen, V. 753

Hegh, E. 569
Heiligenberg, W. 98, 99, 113, 114, 115, 116, 169, 170, 554
Heimburger, N. 424
Hein, A. 123
Heinroth, M. 381
Heinroth, O. 18, 25, 175, 381, 389, 394
Heinroth-Berger, K. 445
Heinz, H. J. 341, 770, 771
Held, R. 123
Hellbrügge, Th. 661, 679
Hellmann, G. 390
Helmuth, H. 770
Helversen, D. von 136, 318
Helversen, O. von 318
Heran, H. 141
Hering, H. E. 78
Hernandez-Peon, R. 429
Hernandez-Pacheco, E. 774
Herrebout, W. 490
Herter, K. 317, 466
Herz, A. 118, 119
Herzog, M. 152, 153
Hess, C. von 140
Hess, E. H. 16, 58, 66, 367, 368, 380, 387, 389 ff., 401, 415, 741
Hess, W. R. 299, 300, 522, 657
Hesse, R. 451, 513
Heusser, H. 291
Hewes, G. H. 726
Heymer, A. 329, 537, 585
Hidaka, T. 507
Hilgard, E. R. 402, 417
Hinde, R. A. 15, 39, 54, 63, 67, 105 f., 298, 318, 365, 371, 372, 418, 731
Hinze, G. 468
Hiraiwa-Hasegawa, M. 460
Hirsch, J. 315, 325, 326
Hjorth, J. 541, 542
Hjortsjö, C. H. 35, 693
Hobson, E. S. 501
Hockett, Ch. F. 266, 267
Hoebel, B. G. 103
Hökfelt, T. 118
Hölldobler, B. 155, 157, 281, 536
Hörmann-Heck, S. von 318, 366
Hoffmann, K. 16, 636, 639, 640, 659, 662, 663, 664
Hofstätter, P. 417
Hohorst, W. 363
Hokanson, J. E. 554
Hold, B. 595, 716, 740, 762
Holloway, R. L. 531
Holst, D. von 159, 527, 528, 571 ff., 621
Holst, E. von 19, 27, 45, 71 f., 73 ff., 82, 83, 100, 116 f., 297, 298, 300 ff., 306, 307 ff., 406, 487, 519, 553, 623, 628, 629, 648, 649, 650, 657
Holzapfel, M. 39, 96, 364, 365, 655
Holzkamp-Osterkamp, U. 672
Hong, L. K. 452
Honzik, C. H. 426, 440, 442
Hooff, J. A. van 250–254, 718, 719
Hoogland, R. 482
Hopf, S. 152, 153
Hoppenheit, M. 143
Horner, R. 678
Horridge, G. A. 81
Horn, J. M. 435, 553
Hotta, Y. 322
Howard, H. E. 520
Howard, P. D. 466
Hoy, R. R. 318
Hoyle, G. 89
Hrdy, S. B. 459
Hsiao, H. 440
Hubel, D. H. 19, 131, 132
Huber, F. 16, 19, 84, 89, 133, 135, 148, 299
Hudgens, G. A. 551
Hückstedt, B. 730
Huet, M. 234
Hughes, R. N. 454, 456
Huizinga, J. 414
Hull, C. L. 425, 426
Hunkeler, P. 609
Hunsaker, D. 231
Hunsperger, R. W. 519
Hunter, W. S. 378
Hutchinson, R. R. 553
Huxley, J. S. 192
Huxley, A. 779, 780

Iersel, J. van 103, 104, 205, 525
Iles, J. F. 82
Immelmann, K. 161, 179, 256, 267, 340, 348, 367, 386, 387, 391, 393, 394, 395
Inhelder, E. 407, 412
Itani, J. 384, 613, 614
Itil, T. 365
Ivri, Y. 277

Izawa, K. 614

Jacobs, W. 195, 337, 366
Jacobs-Jessen, U. 261
Jaeckel, J. 596
Jallon, J. M. 158
James, W. 25
Jander, R. 625, 641
Janet, Ch. 513, 514
Jantschke, F. 40
Jarvik, L. 316
Jay, Ph. C. 608, 609
Jennings, H. S. 18, 31
Jensen, A. R. 316
Jespersen, O. 215
Johnsgard, P. A. 320
Johnson, D. L. 263, 264
Jolly, A. 379, 579, 605, 722
Jolly, C. J. 613
Jones, C. 608, 609
Jones, F. 327
Jouventin, P. 239, 240, 241
Jouvet, M. 553
Jürgens, U. 149, 150, 152, 153, 154

Kaada, B. 534, 552
Kacher, H. 16, 28, 168, 291, 345, 346, 347, 361, 486, 487, 495, 515, 736, 737
Kästle, W. 267
Kaestner, A. 451, 472
Kahn, M. 549
Kaissling, K. E. 140, 141, 157, 158
Kandel, E. R. 433
Kant, I. 559
Kapune, Th. 439
Karlson, P. 155
Karplus, I. 511
Kaufmann, S. 602
Kawai, M. 383, 384, 602, 610, 613
Kawamura, S. 267, 384, 602
Kawanaka, K. 614
Kearton, Ch. 532
Keenleyside, M. H. 161
Keeton 635
Kellogg, W. N. 139
Kempendorf, W. 257
Kendon, A. 702
Kendrick, K. M. 396
Kennedy, J. 367
Kenward, R. E. 480, 484
Kern, J. 608, 609
Kety, S. S. 118
Keverne, E. B. 159, 160
Kiess, H. O. 97
King, J. A. 42, 551, 604
Kirchshofer, R. 192
Kirschvink, J. L. 644
Kislak, J. W. 109
Kitzler, G. 539
Klausewitz, W. 270, 484, 485, 510
Klingel, H. 504, 605
Klingelhöffer, W. 494
Klinghammer, E. 16, 58, 66, 389, 392
Klodin, V. 316
Kloot, W. G. van der 52, 196
Klopfer, P. H. 384, 395, 396, 467, 577
Kluyver, H. N. 111
Knaggs, G. S. 395
Kneutgen, J. 211
Koehler, O. 16, 174, 266, 408, 424, 439, 623, 677
Köhler, W. 258, 411, 412, 440, 443
Koenig, L. 40, 111, 363
Koenig, O. 15, 16, 40, 236, 341, 342, 343, 735
König, H. 770
Koestler, A. 742
Koford, C. B. 248, 602, 611, 726
Kohl-Larsen, L. 771
Kohts, N. 443, 718
Koller, G. 107, 108
Komisaruk, B. R. 300, 402
Konećni, V. C. 554
Konishi, M. 49, 59, 149, 395, 519
Konopka, R. J. 320, 322, 659, 661
Kooij, M. 229
Korringa, P. 665
Kortlandt, A. 226, 229, 298, 308, 310, 365, 366, 445, 446
Kortmulder, K. 593
Kosinski, J. 726
Kovac, M. P. 79
Kovach, J. K. 28, 29
Krafft-Ebing, R. von 401, 740
Kramer, B. 155
Kramer, G. 64, 144, 592, 629, 636, 637, 638, 644, 757
Kramer, U. 113, 115, 169
Krebs, J. R. 18, 455, 456, 458, 547, 549, 560, 561, 562

Krebs, N. R. 452
Krechevsky, I. 425
Krieger, D. T. 118
Kriszat, G. 27
Kroodsma, D. E. 149, 221
Krott, P. 41
Krueger, F. 20
Kruijt, J. P. 67, 144, 191, 192, 406, 552, 553
Krumbiegel, I. 339
Krushinskii, L. V. 28, 29
Kruuk, H. 42, 493
Kruyt, W. 191, 379, 406
Kühlmann, D. 504
Kühme, W. 42, 410, 566, 586, 604, 655
Kühn, A. 53, 622
Kühn, H. 774
Kühnelt, W. 451
Kuenen, D. J. 53, 165
Kuenzer, E. 164, 368, 582
Kuenzer, P. 164, 180, 368, 582
Kullenberg, B. 276
Kulzer, E. 257
Kummer, H. 40, 188, 543, 580, 582, 606, 612
Kunkel, P. 235
Kuo, Z. Y. 21, 54, 373, 535, 550
Kupfermann, I. 79
Kurt, F. 40
Kuwamura, T. 503

LaBarre, W. 684
Labhard, A. 396
Lack, D. 162, 163
Lagerspetz, K. 325, 327, 551, 552, 553
Lamprecht, J. 180, 576, 583
Lang, E. M. 201, 214
Lange-Prollius, H. 449
Larson, C. 154
Larsson, K. 374
Lashley, K. S. 21, 258, 299, 421
Latta, J. 149, 404, 405
Laudien, H. 552
Lawick, H. van 245, 445, 474, 604, 616, 719
Lawick-Goodall, J. van 41, 202, 245, 443, 445, 474, 531, 532, 585, 604, 614, 617, 721
Leakey, L. S. D. 750
Leask, M. 643
Lebzelter, V. 771
Lecomte, J. 593
Lee, R. 770
Legrand, R. G. 553
Lehmann, F. 517
Lehr, E. 438
Lehrman, D. S. 54, 65 f., 69, 105
LeMagnen, J. 160, 740
Le Masne, G. 517
Lenneberg, E. H. 215, 677
Leon, M. 159
Leonard, J. L. 35
Leong, C. Y. 170, 171
Lesk, S. 159
Leskes, A. 608
Lethmate, J. 447
Leuthold, W. 523, 577
Levy, D. M. 102, 396
Leyhausen, P. 16, 78, 97, 111, 186, 244, 304, 337, 406, 474, 525, 736
Liberman, A. M. 216
Limbaugh, C. 270, 501, 503
Lindauer, M. 58, 144, 264, 265, 380, 567, 623, 625
Lindemann, R. C. 154
Linn, G. 364
Lipetz, V. E. 480, 482
Lissmann, H. W. 78, 139
Littlejohn, M. 147, 193
Lloyd, J. E. 193, 276
Loch, H. 459
Loeb, J. 20, 22
Lopez, O. 710
Lorenz, K. 11, 14, 15, 16, 18, 20, 24, 27, 32, 40, 49, 52, 54, 55, 63, 66, 69, 78, 94, 102, 111, 113, 116, 117, 119, 142, 179, 180, 181, 186, 196, 203, 204, 205, 208, 209, 210, 211, 246, 247, 249, 253, 304, 312, 333, 334, 337, 346, 348, 349, 350, 355, 356, 368, 369, 372, 376, 385, 388, 389, 390, 391, 393, 394, 417, 470, 472, 485, 486, 487, 488, 516, 535, 543, 550, 555, 558, 559, 560, 565, 577, 582, 584, 591, 598, 599, 602
Losey, G. 500, 502, 503
Ludwig, J. 409
Lüling, H. 472
Lüscher, M. 155
Lukowiak, K. 35, 94
Lundgren, L. 367

Luther, W. 270, 510
Lynch, G. 418

Mabelis, A. A. 522
MacDonald, D. W. 527
MacFarland, C. 505
MacFarlane, D. A. 414, 740
Machemers, H. 428
Machin, K. G. 139
Mackensen, G. 679
Mackintosh, J. H. 593
Magg, M. 147
Magnus, D. 175, 511
Maier, N. R. F. 378
Maisel, E. 502, 503
Majerus, M. E. N. 319
Major, P. F. 492
Makkink, G. F. 310
Mandel, P. 555
Manley, G. 230, 248
Manning, A. 109, 325, 380
Mark, V. H. 555
Markl, H. 89, 147, 157, 518
Markovich, A. M. 148
Marler, P. R. 15, 59, 60f., 122, 132, 149, 155, 193, 194, 195, 231, 243, 327, 395, 530, 550, 598, 608
Marquenie, J. 291
Marshall, L. 771
Martin, R. D. 337, 528
Martins, Th. 109
Mason, S. T. 118
Mason, W. A. 374, 375
Masters, R. D. 339
Matas, E. 703
Matsuyama, S. S. 316
Matthews, G. 638, 644
Maturana, H. R. 123
Maurus, M. 61, 152
Maxim, P. 612
Maxwell, S. 629
May, E. 665
Mayer, G. 58, 472
Mayer, J. 102
Maynard, D. M. 79
Maynard-Smith, J. 458, 462, 465
Mayr, E. 329, 330, 338
McCleave, J. D. 635
McDermott, F. 193
McDougall, W. 20
McGowan, B. K. 418
McGrew, W. C. 759
McIlwain, J. T. 131
McKinney, F. 204
McLaughlin, B. 418
McLaughlin, R. 553
McLennan, D. A. 180
NcNeil, E. 552, 558
McPhail, J. D. 180, 343
Mead, M. 102, 399, 427, 759, 770
Mech, L. D. 579
Meddis, R. 656
Meinwald, J. 281, 491
Meisenheimer, J. 235
Melchers, M. 51
Melrose, D. R. 160
Meltzoff, A. N. 385, 729
Menaker, M. 663, 664
Merkel, F. W. 643
Mertens, R. 494
Merz, F. 552
Meseth, E. 239
Metcalf, R. A. 569
Meves, Ch. 387
Meyer, D. 402
Meyer-Holzapfel, M. 406, 407, 408, 582
Meyer-Lohmann, J. 659, 660
Michael, R. P. 159, 740
Michaelis, W. 520
Milgram, St. 763 ff.
Milinski, M. 180
Mill, J. St. 28
Milne, L. 141
Milne, M. 141
Mineka, S. 436
Miram, W. 658
Mistschenko, M. N. 682
Mitchell, D. E. 133
Mitscherlich, A. 550
Mittelstaedt, H. 623, 646, 648, 649, 651, 652, 653
Mittelstaedt, M. L. 646, 651
Miyadi, D. 384
Miyagawa, K. 507
Mize, R. 133
Mizuhara, H. 610
Moehlmann, P. 563, 564
Möhres, F. P. 139
Mohnot, S. M. 608
Moltz, H. 159

Money, J. 760, 761
Monnier, M. 657, 674
Montagu, M. F. A. 550, 672, 770
Montessori, M. 396
Moore, A. 364
Moore, J. 512
Moore, M. K. 385, 729
Morath, M. 679
Morgan, C. Lloyd 25
Morris, D. 98, 111, 191, 196, 197, 287, 288, 289, 372, 414, 482, 738
Morse, D. H. 474
Moss, A. M. 282
Moyer, K. E. 519, 555
Moynihan, M. 111, 187
Muckenhirn, N. N. 609, 610
Muckensturm, B. 165
Müller, D. 167
Müller-Using, D. 310
Mugford, R. A. 159
Muir, D. W. 133
Mullock, A. G. M. 94
Mulloney, B. 79
Mundwiler, B. 180
Munn, N. 423, 424
Murie, A. 566, 604
Murphy, E. 133
Murphy, R. F. 775
Mussen, P. 674
Myers, R. 429
Mykytowycz, R. 527
Myrberg, A. A. 267, 388, 525

Nansen, F. 770
Napier, J. 751, 752
Naylor, E. 665
Nelson, K. 276, 277
Neubauer, W. 149
Neumann, D. 320, 321, 665, 666, 667
Neumann, F. 68
Neumann, G. H. 533
Neuweiler, G. 139, 477, 478, 479
Nevermann, H. 716
Nice, M. M. 521, 522
Nicolai, J. 16, 49, 61, 62, 235, 236, 247, 280, 327, 331, 337, 341, 344, 345, 346, 347
Nieboer, H. 361
Nishida, T. 460, 614
Nitschke, A. 677
Noble, G. K. 160, 161, 337, 552
Nocke, H. 134
Norris, K. 506
North, M. E. 256
Nottebohm, F. 149, 211
Nowell, N. W. 159
Nowicki, St. 272

Oehlert, B. 97, 196, 546
Oetting, S. 435
Ogden, C. 502, 503
Ohm, D. 546, 706
Olds, J. 300, 402, 427
Oppenheim, R. 72, 73, 74, 363
Orwell, G. 779
Osche, G. 144, 278, 317, 512
Owens, N. W. 410

Palluck, R. J. 768
Pantin, C. F. 96
Papi, F. 641, 642, 644
Popoušek, H. 677
Papoušek, M. 677
Pappenheimer, J. R. 657
Pardi, L. 641, 642
Partridge, L. 467, 561
Passarge, S. 771
Pastore, R. E. 216
Patterson, F. G. 229
Patterson, I. J. 494
Patterson, J. D. 612
Passingham, R. 532
Paul, R. C. 318
Pawlow, I. P. 20, 420, 421
Pearson, K. G. 82, 83
Peckham, E. 25
Peckham, G. 25
Pederson, C. A. 109
Pederson, H. 503
Peiper, A. 364, 674, 676
Peiponen, V. A. 162
Penfield, W. 429
Pengelley, E. T. 667
Pennycuick, C. J. 644
Perdeck, A. C. 166, 231, 632
Pernau, F. A. von 24
Perella, Ph. 79
Perill, S. A. 466
Perry, R. 415
Peters, H. M. 166, 472, 474, 517

Petersen, B. 367
Petersen, E. 371
Pfeiffer, W. 156, 257
Phillips, L. H. 519
Pickert, R. 61
Pietruszka, R. D. 480
Pijl, L. van der 277
Pilleri, G. 365
Pisoni, D. B. 216
Pitcairn, T. K. 702
Plack, A. 550, 560
Ploog, D. W. 14, 61, 102, 149, 153, 154, 235, 364, 365, 404, 405, 431, 602, 603, 677, 724, 768
Plooij, F. X. 531, 595, 718
Pöppel, E. 661, 662
Poirier, F. E. 608
Popov, A. V. 29, 147, 148
Popper, K. R. 55, 329, 780, 782
Portmann, A. 517
Potts, G. W. 500, 502
Poulsen, H. 341
Prechtl, H. F. R. 121, 174, 291, 364, 365, 674, 675, 676
Preilowski, B. 429
Premack, D. 223 f.
Preston, J. L. 511
Prévost, J. 469
Preyer, W. 55, 355, 356
Price, G. R. 462, 465
Priesner, E. 140, 158
Provine, R. R. 67, 257
Pryor, K. 440
Pusey, A. E. 614

Querner, U. 635

Räber, H. 310
Randall, H. 279
Randall, J. E. 270, 279
Rao, K. 665
Raper, J. A. 353, 359
Raper, J. R. 292
Rasa, O. A. E. 42, 112, 113, 114, 115, 564, 604
Ray, C. 139
Razran, G. 29, 418
Réaumur, R. A. F. 25
Redican, W. 718
Reeder, K. D. 19, 81, 84, 144
Reeder, W. G. 505
Reese, E. S. 16, 285, 286, 343
Regen, J. 138
Regnier, F. E. 157
Reimarus, H. S. 24
Remane, A. 18, 331, 517, 592
Rensch, B. 427, 429, 437, 438, 441
Reuter, O. M. 235, 491
Reyer, H. U. 113
Reynolds, F. 614
Reynolds, V. 614
Rice, M. 160
Richard, P. B. 468, 469
Richter, R. 350
Riess, B. F. 63, 64 f.
Riggio, R. J. 525
Rijt-Plooij, H. H. C. van de 595
Ripley, S. 609
Risler, H. 144, 147
Riss, W. 374
Rittinghaus, H. 235
Roberts, A. 89
Roberts, B. L. 89
Roberts, W. W. 97, 299, 426
Robertson, D. R. 597
Robertson, P. L. 160
Robinen, J. 362
Roby, T. B. 426
Rodman, P. S. 619
Rösch, G. A. 567
Rösel v. Rosenhof, A. J. 25, 366
Rollenhagen, A. 435
Rood, J. P. 564
Roper, R. 751
Rose, G. 135
Rosner, D. B. 216
Ross, D. M. 509
Ross, S. 102
Roth, L. M. 147
Rothballer, A. B. 553
Rothenbuhler, W. 319
Rothmann, M. 201, 235
Roubaud, E. 202
Roush, W. 433
Rousseau, J. J. 520
Rovner, J. S. 155
Rowell, T. E. 610
Rowland, W. 180
Rudran, R. 608, 609, 610
Rüppell, E. 210

Ruiter, L. de 102
Rumbaugh, D. M. 225
Russell, E. S. 20
Russell, W. M. 487

Saayman, G. S. 610
Sabater, P. J. 608, 609
Sackett, G. P. 161, 162
Sade, D. S. 602, 610
Saint Paul, U. von 64, 100, 298, 300 ff., 307 ff., 406, 487, 519, 553, 646, 657
Saller, K. 757
Sambraus, H. H. 395
Sauer, E. 642
Sauer, F. 59, 642, 645
Savage-Rumbaugh, E. S. 214, 230
Sbrzesny, H. 413, 414
Schacher, S. 433
Schäfer, W. 350
Schaller, F. 168, 175, 516
Schaller, G. B. 42, 267, 382, 411, 474, 583, 585, 609
Scheich, H. 434
Schein, W. M. 391
Scheller, R. H. 119
Schenkel, R. 185, 191, 198, 199, 201, 210, 214, 333, 382, 525, 531, 543, 544, 556, 604, 609, 726
Schenkel-Hulliger, L. 609
Scherer, K. 549
Schevill, W. E. 139
Schifter, H. 275
Schildberger, K. 135, 137
Schildkraut, J. J. 118
Schiller, F. 403
Schjelderup-Ebbe, Th. 532, 597
Schleidt, M. 116, 147, 174, 546, 716, 740
Schleidt, W. M. 32 ff., 113, 141, 147, 167, 168, 364, 365, 541, 546, 674
Schlichter, D. 507
Schlosser, K. 533
Schmidbauer, W. 770
Schmidt, H. D. 578
Schmidt, L. 341
Schmidt, R. 330, 341
Schmidt-Koenig, K. 635
Schneider, D. 19, 136, 141, 145, 157, 158, 160
Schneider, F. 643
Schneider, H. 267
Schneirla, T. C. 54, 179, 202, 368, 378
Schöne, H. 16, 189, 190, 623, 624, 625, 626, 627, 628, 630
Schoenenberger, G. A. 657
Scholz, A. T. 393
Schopenhauer, A. 737
Schremmer, F. 276
Schütz, E. 632
Schultz, J. H. 725
Schultze-Westrum, Th. 527, 575, 603, 716
Schulz, V. 169
Schutz, F. 156, 257, 389, 390, 391, 393
Schwalb, H. 168, 175
Schwartzkopff, J. 139, 141
Schwarz, J. H. 433
Schwassmann, H. O. 638
Schwidetzky, I. 570
Schwinck, I. 157
Scott, J. P. 63, 315, 385, 395, 519, 549, 550, 577
Sedlacek, K. 741
Seely, M. K. 479, 480
Seibt, U. 268, 452, 463, 576
Seilacher, A. 351
Seiss, R. 311
Seitz, A. 31, 170, 172, 181
Seligman, M. E. P. 418
Selverston, A. I. 79, 80
Semler, D. E. 328
Semm, P. 643
Serventy, D. L. 387
Sevenster, P. 98, 312
Sevenster-Bol, A. C. 104
Sexton, O. 491
Seyfarth, R. M. 155
Sgonina, K. 317
Shafton, A. 672
Sharpe, R. S. 320
Shaw, Ch. 538, 539
Sheffield, F. D. 426
Shepher, J. 594
Sherman, V. 61
Sherrington, C. S. 78, 116
Shetler, S. 554
Shields, J. 317
Shorey, H. H. 160
Shupe, D. U. 96
Shuvalo, V. F. 148

Siddiqi, M. R. 610, 613
Siebenaler, J. 565, 566
Sielmann, H. 16, 163, 208, 232, 233, 236, 291, 363, 372, 373, 374, 477
Silberbauer, G. B. 771
Simonds, P. E. 609, 610
Skinner, B. F. 21, 22, 326, 421, 422, 423, 426, 672
Sluckin, W. 387
Small, W. S. 423, 424
Smith, R. I. 329
Smith, R. J. F. 258
Sokolove, P. G. 86, 87
Sommer, R. 768
Sommer, V. 459
Sorenson, E. R. 733
Southwick, Ch. H. 546, 610, 613
Spalding, D. A. 25, 389
Spannaus, G. 688
Spemann, H. 68
Sperry, R. W. 19, 69, 356, 357, 358, 429, 430, 755
Spindler, M. 181
Spindler, P. 724, 732
Spiro, M. E. 761
Spitz, R. A. 102, 398, 399, 678
Sponholz 397
Sroges, R. W. 402, 403
Sroufe, L. 703
Staehelin, B. 768
Stamm, D. 157, 578
Stamm, J. S. 299
Stamm, R. A. 230
Starck, D. 337, 338
Steidinger, P. 638
Stein, P. S. G. 79
Steinbeck, H. 68
Steinen, K. von 257
Steiner, J. E. 678
Steiniger, F. 381, 418, 522
Stent, G. S. 79, 89, 90f.
Stevenson-Hinde, J. 418
Stokes, A. W. 207
Stokes, B. 329
Stoltz, L. P. 610
Stout, J. F. 135
Strassen, O. zur 211
Stresemann, E. 517, 631
Struhsaker, Th. 189, 609, 610
Sugiyama, Y. 608, 609, 613, 614
Sutton, D. 154
Sutton, L. 509
Suzuki, A. 614
Sweet, W. H. 555
Swetlogorskaya, I. D. 148
Sychra, A. 741
Syed, N. I. 93, 94
Szlep, R. 511
Szondi, L. 775

Taborsky, M. 452
Talo, S. 551
Tamura, M. 149, 327, 395
Tanaka, J. 608
Taub, E. 78, 79
Tauber, C. A. 328
Tauern, O. D. 556
Teitelbaum, P. 103
Teleki, G. 579, 581
Telle, H. 524, 526
Tellegen, A. 553
Tembrock, G. 15, 188, 333, 340, 451, 545, 658
Terrace, H. S. 230
Tessier-Lavigne, M. 360
Tets, G. P. van 208, 209, 337
Teuber, E. 202, 235
Thibaut, J. 554
Thielcke, G. 149, 211, 327
Thielcke, H. 149
Thiessen, D. D. 160, 527
Thomas, D. W. 102
Thomas, E. 538
Thompson, J. 679
Thompson, R. F. 431
Thompson, T. I. 421, 553
Thompson, W. 315
Thorndike, E. L. 21, 425
Thornhill, R. 280
Thorpe, W. H. 15, 59, 149, 256, 297, 327, 363, 394, 428
Thorson, J. 135
Tiger, L. 775
Timaeus, E. 759
Tinbergen, N. 11, 14, 16, 18, 19, 24, 27, 28, 29, 42, 49, 52, 53, 111, 141, 142, 144, 165, 166, 167, 172, 174, 175, 191, 234, 238, 285, 286, 287, 294, 295, 296, 297, 300, 304, 306, 308, 310, 311, 312, 313, 338, 378, 379, 405, 408, 449, 452,

457, 482, 493, 494, 517, 522, 529, 552, 590, 592, 623
Tobias, Th. von 771
Tolman, E. C. 20, 23, 425, 426, 440, 442
Tompa, F. S. 522
Towbin, E. J. 101
Tracy, H. C. 73
Treat, E. A. 144
Tress, W. 399
Trevarthen, C. 365
Trivers, R. L. 459
Tronick, E. 727
Truman, J. W. 86, 87
Trumler, E. 246, 247
Tryon, R. C. 315, 323, 425
Tschanz, B. 29, 256, 577
Tsurnamal, M. 511
Turhan, B. M. 733
Tweedie, M. 281
Tyler, M. J. 496
Tyne, van 632

Uexküll, J. von 25 ff., 139
Uhrich, J. 549
Uhrig, D. 236, 237
Ullrich, W. 609
Uylert, J. 366

Valenstein, E. S. 109, 374
Valle, J. R. 109
Valzelli, L. 553
Vandenberg, J. G. 553
Vayda, A. 769
Vedder, H. 771
Verwey, J. 310
Vieth, W. 382
Vinacke, W. 599
Vogel, Ch. 42, 459, 532, 605 ff., 750
Voland, E. 452

Waal, F. B. M. de 253, 254, 579, 599, 600, 601, 614, 621, 748
Wagner, H. O. 232, 564, 565
Wahlert, G. von 328, 329, 492, 502
Wahlert, H. von 502
Walcoot, Ch. 644
Walk, R. D. 122
Walker, B. 665
Wall, W. van de 333
Wallach, L. 730
Wallhäuser, W. 434
Wallraff, H. G. 635, 642, 644
Walters, R. H. 549
Walther, F. R. 42, 523, 526, 534, 544, 545, 546
Warner, P. 159
Washburn, S. L. 42
Wasmann, E. 513
Waterbolk, H. T. 173
Waters, E. 703
Watson, A. 530
Watson, J. B. 21
Wawra, M. 483, 692
Way, J. 323
Webb, H. M. 643
Weber, Th. 135
Wehmer, F. 65
Weidkuhn, P. 770
Weidmann, U. 172, 207, 337
Weigl, P. D. 371
Weih, A. S. 138, 366
Weimerskirch, H. 239, 241
Weiss, K. R. 79
Weiss, P. 19, 73, 297, 356, 357
Welker, Ch. 605
Welty, J. C. 571
Wendler, G. 82 ff., 653
Wendt, H. 563
Wenger, R. E. 72, 73, 74
Wenner, A. M. 263, 264, 265
Wesenberg-Lund, C. 257, 489
West-Eberhard, M. J. 569
Wever, R. 658, 659, 660, 661, 662, 663
Wheeler, W. M. 202
Whitman, Ch. O. 25
Wickler, W. 16, 18, 31, 38, 49, 63, 113, 168, 177, 179, 182, 183, 193, 194, 196, 198, 200, 201, 202, 205, 206, 209, 211, 212, 213, 236, 237, 246, 247, 256, 266, 268, 275, 276, 277, 278, 279, 280, 282, 327, 331, 332, 333, 336, 337, 339, 343, 361, 452, 463, 470, 481, 517, 535, 537, 538, 548, 562, 575, 576, 586, 588, 603, 724, 725, 726, 742, 759, 769
Wiegand, R. G. 118
Wiepkema, P. R. 43, 98
Wiesel, Th. 19, 131, 132
Wietersheim, A. von 131
Wieser, S. 365
Wigglesworth, V. 361

Wiley, R. H. 196
Wilhelmi, U. 114
Wilkerson, B. 214
Willi, H. 674
Williams, C. M. 52
Williams, K. S. 278
Williams, L. 596
Willis, E. O. 521
Willows, A. O. D. 86, 88
Wilson, A. P. 726
Wilson, D. M. 79, 82, 83
Wilson, E. O. 18, 157, 160, 451, 517
Wilson, L. 367
Wilsoncroft, W. E. 96
Wiltschko, W. 633, 643, 644
Windle, W. 356
Winkelsträter, K. H. 210
Winn, H. 638
Winslow, H. N. 396
Winter, P. 149, 404, 405
Wirtz, T. 692
Witt, G. S. 569
Wölfel, H. 159
Wohlers, D. W. 133, 135
Wolf, A. V. 101
Wolf, G. 38
Wolf, K. M. 678
Wolf, L. L. 455
Wolfe, J. B. 439
Wolinsky, E. 323
Woolfenden, G. E. 521, 564
Worinen, K. 552
Wrangham, R. W. 614, 618
Wünschmann, A. 402, 412
Wynne-Edwards, V. 522, 575

Yerkes, R. M. 374, 384, 443, 599, 758
Yoshiba, K. 608, 609
Young, J. Z. 427, 429
Young, W. C. 68, 109, 374, 760

Zach, R. 454, 455
Zagarus, A. 174
Zandt, J. van 281
Zarrow, M. X. 551
Zastrow, B. von 771
Zeeb, K. 102, 420
Ziegler, H. E. 20
Zimen, E. 40, 604
Zimmermann, E. 494, 495
Zimmermann, H. 494, 495
Zippelius, H. M. 179, 291
Zuckermann, S. 258, 726
Zumpe, D. 159, 177, 179, 538

Sachregister

Aal *(Anguilla)* 71 f., 117, 139, 646
AAM s. angebor. Auslösemechanismus
Abdressur 116, 174
Ablösungszeremoniell 208, 310
Abschied 253, 716
Absolutschwellen 140
Abstammung s. Stammesgeschichte
Abstandnehmen 402, 408, 414
Abstraktion 172, 437 ff., 730
Absturzscheu 122, 727
Abudefduf leucozona 524
– *saxatilis* 502
Abwehren 271
Abwehrmittel, chemische 491
Abwehrreaktion 740
Abwehrzauber 735
Abwendung, Abhängigkeit von Reizstärke 180
Acanthagenys rufogularis 256
Acanthocephala 512
Acanthomyops claviger 156
Accipiter gentilis 484, 493
Acheta domesticus 518
Achlya ambisexualis 292
Acilius-Larven 626
– *sulcatus* 628
Acrocephalus scipaceus 561, 562
Adalia bipunctata 319
Adamsia palliata 509, 510
Adaptation 116, 174
– zentrale 303
adaptive Modifikation 379, 417
adaptive Radiation 450, 451, 475, 477
Adenota kob thomasi 523
Adler 732, 735
– *Polemaetus bellicosus* 154
Aedes aegypti 144, 145
Aegeria apiformis Tafel IV
Aegintha 340
Aegithalos caudatus 583
Aepyceros melampus 544
Aequidens 208
– *latifrons* 537
– *portalegrensis* 46
– *pulcher* 537
Ästhetik 739
Aethria carnicauda 361, 362
Affen 68, 133, 140, 189, 258, 267, 374, 402, 412, 430, 522, 724, 747
– desafferentierte Lokomotion 78
afferente Drosselung 174
afghanisches Mädchen 704, 709
Agapornis fischeri 317
– *personata* 578
– *roseicollis* 317
Agelena labyrinthica 646
Aggregationen 591
Aggression 530 f., 549 ff., 591, 769, 770 ff.
– Definition 517
– explorative 413, 503, 517 ff., 620
– innerartliche 111 ff., 534 ff., 549 ff.
– zwischenartliche 534
– Abreaktion 554, 558
– auslösende Reize 555
Aggressionshemmung 188, 557, 559
Aggressions-Frustrations-Hypothese 550
Aggression, Instinktkonzept der 549 ff.
Aggressionsstau 111 ff., 553
Aggressionstrieb 111 ff., 550, 552, 554, 555, 558
Aggressionsventile 113, 114
aggressives Verhalten (s. a. Aggression und Kampfverhalten)

– Mensch 534, 560
agonales Verhalten 519, 520, 530
Aguti *(Dasyprocta)* 191, 242, 584
Ähnlichkeit, nützende, s. Mimikry
Ährenfisch *(Leuresthes tenuis)* 658, 665
Ährenmaus *(Mus musculus spicilegus)* 350
– *Mus musculus musculus* 350
Aidemosyne 341
Ailuropoda melanoleuca 453
Aix galericulata 204, 335
Aktionsraum 523
aktionsspezifische Erregung 110, 141
Aktionssystem 31
Aktivität 83 ff., 118, 658 ff.
Aktivitätsperiodik 658 ff.
Akustische Fovea 478
akustische Raumorientierung 139
– Schlüsselreize 144
Alarmpheromone 155
Alarmrufe 154
Alarmstoffe 155, 156 f.
Alaska-Pelzrobbe *(Callorhinus ursinus)* 529
Albatros *(Diomedea irrorata)* 238 f., 240
– *Phoebetria fusca* 239
Alcelaphus 544
Alouatta palliata 529, 546, 611
Alpenmolch *(Triturus alpestris)* 291
Alpensalamander *(Salamandra atra)* 564
Alpheus 268
– *djiboutensis* 510
Altersprachtkleid 767
altruistisches Verhalten 457 ff., 588
– Evolution 468
Alysia manductor 144
Alytes obstetricans 494, 495
Amadina erythrocephala 341
Amazonenameise *(Polyergus)* 514
ambivalentes Verhalten (s. a. Konfliktverhalten) 249, 307
Amblyornis macgregoriae 232, 233
– *subalaris* 233, 234
Amblyrhynchus cristatus 242, 268, 341, 343, 464, 488, 538, 539, 540, 546, 588, 589
Ambystoma 355
Ameisen 156, 202, 260, 362, 511 f.
– *Acanthomyops claviger* 156
– *Colopopsis* 567, 568
– *Formica fuca* 514
– *Formica pergandei* 156
– *Formica rubicunda* 514
– *Formica rufa* 514
– *Formica sanguinea* 514
– *Formica subintegra* 156
– Vibrationssignale 147
Ameisengäste *(Symphyle)* 155, 512, 513
– *Atemeles pubicollis* 280
– *Lomechusa strumosa* 280
Ameisengrille *(Myrmecophila acervorum)* 513
Ameisenlöwe *(Myrmeleonidae)* 144, 360
Ammophila campestris 294, 376 ff., 451
Amphiprion 505, 506, 507, 508
– *akallopisus* 506, 508
– *bicinctus* 507
– *percula* 506, 538
– *xanthurus* 506, 507
Amsel *(Turdus merula)* 149, 165, 166, 194, 381
Amulette, phallische 726
Analogien 252, 330, 331, 718
Analogieforschung 338
Analogieschluß 21
Anas 335
– *acuta* 180, 320
– *falcata* 333
– *plathyrhynchos* 35, 147, 180, 203 f., 320, 333, 390, 391, 393, 642
Anas querquedula 204, 335
Andamanesen 772
Androgeneinfluß 68, 660
Androstenol 159, 160
Anemonia sulcata 508
Anemonen *(Metridium)* 96, 505 ff.
– *Adamsia palliata* 509, 510
– *Calliactis parasitica* 508, 509
– *Radianthus* 508
– *Sagartia parasitica* 509
Anemonenfische *(Amphiprion, Premnas)* 267, 270, 466, 505, 508, 521, 538
– Schutzstoff 507
angeboren 12 ff., 49 ff., 55 ff., 683
angeborene Antriebsmechanismen 97 f.
angeborene Lerndisposition s. Lerndisposition
angeborene Auslösemechanismen (AAM) 14, 63, 121 ff., 138 ff., 158, 162, 164, 167, 181 ff., 198, 295, 727 ff.
angeborenes Erkennen 123 ff.

Angepaßtheit (s. a. Anpassungen) 55 ff.
Anglerfische 275
– *Antennarius* 275
– *Ogocephalus* 276
– *Phrynelox scaber* 276
Angriff 178, 189
Angriffsbereitschaft (s. a. Angriffstrieb) 97 f., 112 f.
Angriffsdrang, Huhn 301
– Lachmöwe 187
Angriffshemmung, Mensch 556
Angriffsintention 708
Angriffstrieb s. Aggression
Angriffsverhalten, ritualisiertes 267 f.
– Mensch 708
Angstbindung 586 f., 777
Anguilla 72 f., 117, 139, 646
Anhinga anhinga 209
Anisotremus virginicus 502
Annäherung, abhängig von der Reizstärke 180
Anolis 267
anonyme Gesellschaft, Anpassung an die 777
– Kontaktmeidung 777
– Maskieren des Ausdrucks 777
– Tarnung des einzelnen 777
anonyme Verbände 592 f.
Anpassungen 55, 56, 61 f., 325 ff., 376, 450 f.
Anpassungstypen 450
Anser 335
– *anser* 52, 99, 246 f., 256, 355, 364, 385, 388, 577, 584, 593, 602, 603, 634
– *indicus* 254
Anschlußbedürfnis 582
Anspringintention 189
Antennarius 275
Antennophorus 145, 513, 514
Antilopa capra americana 482
Antikörper, verhaltensbestimmende 434
Antilopen 257, 517, 523, 526, 544 ff.
Antithese 546, 547
Antriebsmechanismen, innere 408
– angeborene 14
Antriebsstörungen 400
Antrinken, Entenbalz 204
Anuraphis farfarae 511
Aotes 187
Apfelwickler *(Carpocapsa pomonella)* 145
Aphelocoma coerulescens 521, 563
Apis mellifica 58, 140, 141, 156, 157, 202, 258 ff., 380, 566 f.
Apistogramma borellii 164
– *reitzigi* 164
– *wickleri* 538
Aplysia 119
– Kiemenschutzreflex 432
Appelle über das Kind 556, 738
Appetenzverhalten 25, 96, 100 f., 295, 583
Aptenodytes forsteri 469
Arachnocampa luminosa 361
Aranea diademata 58, 474, 475
Arapesh (Neuguinea) 399, 770
Arbeitsteilung 566, 588
Arctocephalus galapagoensis 200, 201
Ardea cinerea 189, 310, 524
Ardeola ibis 505
– *ralloides* 524
Ärger, Mensch 680
Argynnis paphia 175
Artemisia 512
Artentstehung 327 f.
Arterhaltung 418
Arterkennung 147, 160, 183, 193, 194
Artisolierung 231
Artwandel 327
Aschoffsche Regel 658
Aspidontus taeniatus 180, 206, 270, 278, 472, 503, Tafel V
Aspidosiphon 510
Assoziation 392, 419, 420, 427
Astatotilapia 181
– *strigigena* 171
Astigmatismus 133
Astronavigation 644
Atelura 513
Atemeles 513, 514
– *pubicollis* 156, 280
Atmung, Goldfisch 72
Atrophanura coon Tafel IV
– *nox* Tafel IV
– *varuna* Tafel IV
Atta 479
– *cephalotes* 497, 568, 570
Attrappen s. Attrappenversuch, natürliche Attrappen
Attrappen, übernormale 174 f., 730
– der Industrie 730, 732 ff.

Attrappenversuch 114, 115, 121, 140, 143, 162 ff., 170, 285, 307, 389 ff., 396, 437, 597, 727, 730
– aufbauender 162
Auerhahn *(Tetrao urogallus)* 167
Aufgabenkäfig 421, 422, 423, 427
aufgeschobene Handlung 378
Aufreitdrohung 726
Aufzucht unter Erfahrungsentzug 12, 54 f., 56 f., 61, 66, 164 ff., 373 ff., 551
Augenbinde, Fische 180
Augenflecken 166, 180, 281 f., 433, 735, Tafel IV
– ablenkende 180, 281
Augengruß 693, 694 ff.
Augenring-Sperlingspapagei *(Forpus conspicillatus)* 561, 563
Augentarnung 180
Aulostomus maculatus 472
Ausdrucksbewegungen 146, 185 ff., 189 ff., 205 f., 210, 238, 250, 256, 270, 310, 682, 684, 722, 723
– erlernte 196, 210, 329
– Evolution 188 ff.
– Funktion 230 ff.
– Primaten 722, 723
Auslösemechanismen s. angeborene Auslösemechanismen
auslösende Reize 64, 70, 86, 88, 98, 116, 138, 160, 162, 163 ff., 285
– Signale s. Auslöser
auslösende Reizsituation 95 f., 98, 103, 170 f., 285, 295, 307
Auslöser 138, 160, 164, 185 ff., 727 ff.
– akustische 740
– Einteilung 230 ff.
– Evolution, innerartliche 230 ff.
– optische 230 ff.
– sexuelle 738 f.
– zwischenartliche 271 ff.
Außenseiterreaktion s. Ausstoßreaktion
Ausstoßreaktion 530 ff.
Austernfisch *(Opsanus tau)* 73
Austernfischer *(Haematopus ostralegus)* 174
Australier 557, 773
Australopithecinae 751 f.
automatische Zellgruppen 73
Automatismus, zentraler 71 ff., 78 ff.
Automeris acutissima Tafel IV
Autorität 596, 763
autoritätenkritische Erziehung 766
averbale Begriffsbildung 437 ff.
Aversionen, bedingte 422
Aversitätsgrad 149 f.
Avocetta recurvirostris 310
Ayoréo-Indianer (Paraguay), Verneinung 712, 714

Babuine *(Papio anubis)* 523, 610, 611, 612
– *cynocephalus* 236, 610
– *ursinus* 523, 610, 611
Bachplanarie 665
Bachstelze 505
Badis badis 289
Bahamaente *(Poecilonetta bahamensis)* 335
Bakairi (Brasilien) 257
Bali 428, 429, 587, 716, 725
– Augengruß 697
Balzbereitschaft 97
Balzbewegungen 50, 198, 203 f., 231 ff., 332, 333
Balzverhalten 104 f., 181, 189 f., 231 f., 238, 339, 347
– Albatros 238 f., 240
– Fasane 198, 199
– *Lebistes* 173
– Stichling 97 f., 286 f.
– Molche 291
Bankivahuhn *(Gallus gallus)* 348, 406
Bantuknabe, zornig 708
Bärenpavian s. Babuin
Bartmeise *(Panurus biamicus)* 40, 236, 256, 343
Bartvögel *(Trachyphonus)* 256, 268
Bathilda 340
Bathygobius soporator 380
Batis molitor 212
Baumbewohner 336
Baumbrüter 341, 496, 497
Baumfrosch *(Chiromantis xerampelina)* 496
Baumleben 750
Baumstachler 191, 242
Baumsteiger *(Dendrobates auratus)* 494, 495
Baumtest 414
Bayaka-Pygmäen 585
Bedeutungsträger 26

Bedeutungswandel 208, 209
Bedingen im Appetenzbereich 419, 420
bedingte Aktionen 420
bedingte Reflexe 419, 422
Begattungsnachspiel s. Paarungsnachspiel
Begleitfische 499
Begriffe, injunktive 392
– subjektivistische 20
Begriffsbildung, Schimpanse 216 ff.
– averbale 437
Begrüßung 706, 718 f., 743
»behavioral precursors« 67
Behaviorismus 23, 55, 421
Beifußhuhn *(Centrocercus urophasianus)* 196
Beilbauchfisch *(Carnegiella vesca)* 485, 487
Beißhemmung 373, 408, 546, 556
Beißintention 189, 341
Beißkuß, Schimpanse 720
Bejahen 693, 701 f., 708
Bellicositermes natalensi 569
Belone belone 485 f.
Benennen 211
Berberaffe *(Macaca silvana)* 579
Bernsteinschnecke 275
Beschädigungskampf 462, 518, 536, 541, 543
Beschäftigungstherapie 39
Beschreibung, funktionelle 39
Beschwichtigen (s. a. Demutsgebärde) 543, 555 f.
– durch infantiles Verhalten 543 f., 547
Beschwichtigungsgebärden 238, 242 ff., 578
beschwichtigende Rituale 768
Besitz 579 ff.
Besitzverhalten, Mensch 520
– Primaten 579 ff.
Betta splendens 552 f.
Bettelbewegung 210, 271
Bettellaute 236 f.
Betteln 210, 365
– ritualisiertes 236
Beutefang 116, 124, 127, 144, 373, 475
– Frösche 143 f.
– Katze 96, 304, 373
– Kröte 124 f.
Beutelfrosch *(Nototrema)* 496
Beuteschema 145
– Kröte 127 f., 143
Beuteschmarotzer 496, 515
Beuteteilen 579 ff.
Beutetöten 372 f.
Bewegungsdrang 117
Bewegungsspiele 404, 410 f.
Bewegungsstereotypien 39
Beziehungsmerkmal 166, 201
Biber *(Castor fiber)* 468 f.
Bienen (s. a. Honigbiene) 139, 256, 258, 285, 319, 420, 593, 641
– Gattung *Melipona* 256
– Stachellose *(Trigona postica)* 256
– Zwerghonigbiene *(Apis florea)* 257
Bienenfresser *(Merops apiaster)* 363
Bienennachahmer 281
Bienentänze 258 ff., 380
Bienenwolf *(Philanthus triangulum)* 285, 379
Bindung 517, 560 ff.
– über Aggression 584, 586, 591
– Angstbindung 586 f.
– an einen Ort 586
– über Betreuungsmotivation 588 ff.
– über Brutpflege 588
– individualisierte als Aggressionsbremse 577, 591
– über Junge 578 f.
– sexuelle 587 f.
Bindungstrieb 100, 517, 576, 583
biogenetisches Grundgesetz 343
Biotopwahl 466 f.
Birgus latro 269, 343
Birkhahn *(Lyrurus tetrix)* 541 f.
Blattela germanica 83, 571
Blattläuse *(Anuraphis, Lachnus, Pemphigus, Stomachis)* 511 f.
– *Colophina clematis* 566
– *Pemphigus caerulescens* 511
Prociphilus tesselatus 491
Blattlausmimikry 277
Blattschneiderameisen *(Atta cephalotes)* 497, 568, 570
Blattwespe *(Lygaeonematus compressicornis)* 489
Blaufelchen *(Coregonus wartmanni)* 143
Blaukehlchen *(Lusciana svecica)* 162
Blaumeise *(Parus caeruleus)* 193, 207, 467
– Biotoppräferenzen 467

Blaupunktbuntbarsch *(Herichthys cyanoguttatus)* 208
Blenniidae 205, 270, 538, 546
Blennius fluviatilis 548
Blickkontakt 703 ff.
Blindennystagmus 679
Blindgeborene 679 ff., 706, 710
Blutegel *(Hirudo medicinalis)* 90 ff.
Bockkäfer *(Cerambycidae)* 361
Bodenbrüter 341, 496 f.
Bodenfeindflucht, Huhn 302 ff., 487
Bodenfische 470
– Konvergenzen 282
Bodeanus rufus 502
Bolaspinnen *(Cladomelea, Dicrostichus, Mastophora)* 276, 472, 474
Bombardierkäfer 488
Bombycidae 261, 343, 379
Bombycilla garrulus 111
Bonobos *(Pan paniscus)* 618
Boselaphus tragocamelus 544 ff.
Botenstoffe 118
Brachynus 488
Brandente *(Tadorna tadorna)* 204 f., 335
Branta 335
Braunbären 41
Brautente *(Lampronessa sponsa)* 147, 335, 389
Brieftauben 644 f.
Brillenschlange *(Naja)* 281
Bruce-Effekt 571
Bruchus pisi 361
Brüllaffe *(Aloutta palliata)* 529, 546, 611
Brustsuchen s. Suchautomatismus
Brustweisen 557, 738
Brutablösung 243
Brutkolonie 493, 524, 530, 592
Brutparasiten 179, 271, 280
Brutpflegeattrappen 730
Brutpflegehandlung 188, 494
– ritualisierte 199
brutpflegende Frösche 494 ff.
Brutpflegestimmung 294
Brutschutz 113, 406, 523
Brutverhalten 42, 109, 201, 236, 299, 376, 563, 588 ff.
Bubalus 544
Bucephala clangula 196
Buchfinken *(Fringilla coelebs)* 59, 138, 149, 174, 193 f., 243, 386, 394, 530, 598, 660
Bücherskorpion *(Chelifer cancroides)* 515
Bufo bufo 156, 162 ff., 289 f., 387, 437, 400
brutpflegende Fische 494
Büffel *(Bubalus)* 544
Buntastrild *(Pytilia melba)* Tafel VI
Buntbarsche s. Cichliden
Buphagus africanus 504 f.
Buschblauhäher *(Aphelocoma coerulescens)* 521, 563
– Helfer 563
Buschleute 413, 683, 685, 688, 737, 757, 762, 770, 771 ff., 781
– !Ko-Frau, Kuß 716
– !Kung-Frau, Augengruß 695
– Mund-zu-Mund-Fütterung 715
– Rangordnung 762
Buteo galapagoensis 487 f.

Cactospiza pallida 208, 236, 372, 406, 451, 475 ff.
– *scandens* 475
Caesio 271
Cairina moschata 335
Caligo eurylachus 282
Calliactis parasitica 508 f.
Callithrix jacchus 563, 724
Callorhinus ursinus 529
Camarhynchus parvulus 475
Camponotus herculeanus 156
Capra ibex 544
Capreolus 310
Caracanthus maculatus 484, 485
Caranx chrysos 498
– *ignobilis* 492
– *ruber* 492, 498, 565
Carcharhinus menisorrah 146
Carcinus maenas 454
Cardiorinum cordatum 384
Carduelinae 347
Carnegiella vesca 485 ff.
Carpocapsa pomonella 145
Casarca ferruginea 335
Castor fiber 468 f.
Catecholamine 118
Catecholaminspeicher, -spiegel 118
Cavia 109, 139, 242, 374, 644
– Sozialerfahrung und Hormone 109

Cebus 438
Cecropia-Spinner *(Platysamia cecropia)* 51, 86, 87
Centrocercus urophasianus 196
Cerambicidae 361
Cercocebus albigena 608 f.
– *torquatus* 609
Cercopithecidae 189, 402, 584, Tafel XI
Cercopithecus aethiops 587, 609, 610
– *campelli* 608, 609
– *erythrotis* 609
– *L'hoesti* 608
– *mitis* 608
– *mona* 609
– *nictitans* 608
Cervidae 159, 339, 340, 465, 546, 598, 604
Cervus hippon 571, 668
Ceryle rudis 564
Chaca chaca 275, 276
Chaetodontidae 178, 471, 502
Chaetodon auriga 178, 179
– *collare* 178
– *falcula* 178
– *pictus* 178
– *striatus* 502
Charadrius hiaticulus 174
– *mongolus* 630
Chauleasmus streperus 333, 335
Cheilinus undulatus 498
Chelifer cancroides 515
Chelmon rostratus 538
Chelone mydas 635
Chelidra serpentina 380
chemische Schlüsselreize 144 f.
chemische Verständigung 156
Chemoaffinitätshypothese 359
Chemotaxis 623
Chiasma opticum 430 f.
Chiromantis xerampelina 496
Chiroptera 139, 281, 330, 477 ff.
Chlaenius 491
Chlamydera lauterbachi 234, Tafel III
– *nuchalis* 233, 234
Chorthippus biguttulus 195, 318
– *brunneus* 195
– *dorsatus* 195, 469
– *longicornis* 195
– *montanus* 195
– *mollis* 318
Chromis 482
Chromosomen 760
Chrysocapra carnea 327
– *downsi* 328
– *slossonae* 491
Chichliden 31, 46, 97, 102, 107, 111 f., 113 ff., 164, 166, 167, 169, 171, 177, 181, 182, 207, 208, 209, 234, 246, 267, 279, 368, 388, 493 f., 537, 546, 575, 582, 603
Ciconiidae 243, 631
Ciliaten 429
circadiane Periodik 636, 658 ff.
– Mensch 662 ff.
– Regel 658
Citellus citellus 257
Clamator jacobinus 201
Clownfisch *(Amphiprion percula)* 538
Clunio 320, 321
– *marinus*, Schlüpfzeiten von Lokalrassen 320 f.
Coenorhabditis elegans als Versuchstier 323
Colobinae 402
Colobus guereza 608 f.
Coloeus monedula 40, 256, 388, 392, 565, 582, 589, 599
Columba livia 344 ff.
– *palumbus* 381, 484
Conolophus subchristatus 505, 506
consummatory action s. Endhandlung
Copsychus malabaricus 211, 254
Copuline 159, 740
Coregonus wartmanni 143
Corpora geniculata 131
Corpus callosum 430, 431
Cortex striatum 131, 132
Corvus 211, 214
– *corax* 200, 211, 238, 248, 408
Corynopoma riisei 275
Coturnix coturnix japonica 420
Creagrus furcatus 496
Cricetus cricetus 236, 374, 436, 521, 526, 527, 536, 576
Crocodylus acutus 504
Crocuta crocuta 209, 280
Crotalidae 139, 191, 538
Crotalus ruber 538 f.
Cryptocentrus lutheri 510

Cuculus canoris 175, 201, 271, 363, 387
Cupiennius salei 51, 155
Cynipoidea 275
Cynoglossum 379
Cynomys ludovicianus 467, 604
Cypriniden 336
Cypselurus californicus 487

Dachs *(Meles meles)* 188, 191, 407, 410, 411 f., 440, 526, 527, 596, 655
Dachsammerfink *(Zonotrichia leucophrys)* 148
Dafila acuta 335
– *spinicauda* 335
Danaiden 158
Dank 693
Daphnia 622
Darwinfinken *(Geospizinae)* 324, 343, 451, 475 ff., 505, 506
Dascyllus trimaculatus 329, 508
Dasyprocta 191, 242, 584
Datenverarbeitung, Froschretina 123
– Katze 132
– zentrale 123 ff.
Daueraktivität s. Spontaneität
Dauerpartnerschaft, eheliche 758, 759
Dauertänzer (Biene) 380
»dead issue« 67
Deckungsverhalten 741
Delaware-Möwe *(Larus delawarensis)* 148
Delphine 139, 565, 566
Demutsgebärden (s. a. Beschwichtigung) 187, 242 ff.
– Mensch 706
Demutsverhalten, Wolf 543, 544
Denken in Gegensatzpaaren 781
– in Kategorien 781
Dendrobates auratus 494, 495
– *histrionicus* 494
desafferentieren 71 ff., 78, 79, 90, 117
Desynchronisation, interne 663
Diadema 511
Dialekte 61, 327
– Vögel 211, 212
Dialog 402, 404
Diamantfink *(Granatina granatina)* 345
– *Stanganopleura guttata* 347
Diamanttauben *(Geopelia cuneata)* 235, 236
Dichtestreß 571 f.
Diceros 504
Dickhornschaf *(Ovis)* 543
Dicklippe *(Plectorhynchus diagrammus)* 270, Tafel V
Dicranura vinula 271, 490, Tafel IV
Dicrocoelium dendriticum 362
Dicrostichus 474
Dictyocaulus viviparus 362
Dictyodora 351
Differenzdressur 423
Digitalis 380
Diomedea irrorata 238 f., 240
Dipodidae 336
Dipteren 643
Discosoma 505
Distanzierungsverhalten 518
Distanztiere 583 f.
Dohlen *(Coloeus monedula)* 40, 256, 388, 392, 565, 582, 598, 599
Dolichotis 192, 242
Domestikationserscheinungen 344 ff.
Dominanzbeziehung 595
Dominanzeffekt 572
Dopamin 93
Dorngrasmücke *(Sylvia communis)* 59
Dorylus wilverthi 566
Dotilla blanfordi 190
– *sulcata* 488, 489
Drang s. Trieb
dreidimensionales Sehen 123
Dreieckverhältnis 598
Dreizehenmöwe *(Rissa tridactyla)* 488
Dressur 437 ff.
Dressurmethode 141, 259 f.
Dressurschritte 419 ff.
Drohen 171, 189 ff., 249, 267 f., 548, 718, 720 f.
– aggressives 267 f., 518
– defensives 268, 269
– gesichertes 188
– Konvergenzen 337
Drohgruß 246 ff., 600, 744
Drohlaute 192, 268, 337
Drohmiene, Verständnis der 678
Drohmimik 161 f., 246, 247
Drohsignale 192, 267 ff.
– innerartliche 267 ff.
Drohstarren 735, 771, 772
Drohstellung, Mensch 718, 720, 721

Drohstellungen 13, 165, 169, 189, 196, 244, 271 ff., 337, 548
Dromia 490
Drosophila melanogaster 158, 320 f., 325, 326, 341, 363, 433, 561, 659, 661
– *pseudoobscura* 325
– Selektionsexperimente 326 ff.
Drosslinge *(Turdoides)* 480
– Wächtergesang 481
Dryocopus martius 208, 363
Dschelada *(Theropithecus gelada)* 280, 606
Duettgesänge 214, 236 f., 256, 268, 586
Dufoursche Drüse 156 f.
Duftmarkieren 159 f., 191, 242, 526 ff., 571
Duftstoffe (s. a. Sexuallockstoff, Pheromone) 155 ff., 564, 566
Duftstoffmimikry 276
Dugesia 429, 432
Durst 101, 119
Durststillung 101
dynamisches Instinktkonzept der Aggression 549 ff.
Dytiscidae 626
Dytiscus marginalis 141 f.

Eber 159
Echeneis 499
Echinops telfairi 337, 526
Echolotung, Fledermaus 140, 477 ff., 479
Echsen 450
Ecsenius 206
Efferenzkopie 45
Egretta garzetta 524
Eiattrappen 182, 279
Eichhörnchen *(Sciurus vulgaris)* 57, 191, 268 f., 293, 337, 369 ff., 409, 427, 439, 482, 594
– *Tamioscirus hudsonicus* 371
Eidechsen *(Lacerta)* (s. a. Zauneidechsen etc.) 486, 659, 661, 756
Eidechsenfisch *(Synodus)* 484
Eiderente *(Somateria mollissima)* 253
Eifersucht 519, 689, 762
Eifleckcichliden *(Haplochromis)* 182
Eiflecken 182, Tafel V
Eigenappetenz 97
Eigenreflex 70, 71
Eignung 449
– Gesamteignung 458
– Überlebenswert 457
Eimimikry 277
einsichtiges Verhalten 437, 439
Einsiedlerkrebse *(Paguridae)* 285, 343, 489, 508 ff.
– *Eupagurus bernhardus* 509
– *Eupagurus prideauxi* 509, 510
– *Pagurus arrosor* 508, 509
– *Pagurus samuelis* 553
– *Pagurus longicarpus* 343
Eintragstimmung, Ratte 96
Einzeller 17
Eipo (Neuguinea) 36 f., 216, 685, 757
– Verletzungen 757
Eirollen 27, 52, 144
Eischalenwegtragen 449, 493
Eismöwe *(Larus hyperboreus)* 183
Ekelreaktion, Huhn 302, 308
Elacantinus oceanops 502 f.
Elagatis bipinnulatus 498
Elefant 428, 437
Elektrophysiologie 141, 157
Elenantilope *(Taurotragus oryx)* 545
Eleodes longicollis 281, 479, 491
El-Molo 413
Elritze *(Phoxinus laevis)* 140, 257, 437, 592
Elternfamilie 758
Emblemaria pandionis 193, 341, 343, 538
Embryogenese des Nervensystems (Heuschrecke) 359
Embryologie, Verhaltens- 355 ff.
Embryonalentwicklung des Verhaltens 68, 72 ff., 147, 355 ff.
Empis (s. a. Tanzfliegen) 234, 235
Endhandlung 25, 96
endogen aktive Neuronen 86
endogene Erregungsproduktion s. Erregungsproduktion
Endorphine 119
Energon 449
Engelfische *(Pomacanthidae)* 576
Engramm s. Gedächtnisspur
Enhydra 474
Entdifferenzierungen 346
Enten 50, 54, 102, 203 f., 247, 332, 333, 384, 389 f., 392, 777
– Hybriden 320
Entfernungsweisung, Biene 258

Enthemmungshypothese 312
Entstachelungshandlung, Neuntöter 57
Entwicklung s. Ontogenese, Philogenese
Entwicklungsphysiologie 68
Ephestia 327
Epiphänomene der Erregung 191
Equidae 246 f., 420, 428, 605
Equus hemionus 188
– *quagga* 605
erbangepaßt (s. a. stammesgeschichtlich angepaßt) 57, 58
Erbkoordination 49 ff., 96, 111, 185, 205, 297, 405
– Säugling 674 ff.
Erbsenkäfer *(Bruchus pisi)* 361
Erdkröte *(Bufo bufo)* 156, 162 ff., 289 f., 387, 437
Erdmännchen *(Suricata)* 381
Ereignisdetektoren 123
Erethizon 191, 242
Erfahrung (s. a. Lernen) 54, 67
Erfahrungsentzug 54 ff.
– visueller 131
Erfindungen 382 f., 411
Erfolgskontrolle 420 f.
Erinaceus europaeus 337
Erinnerungsbilder, halluzinatorische 430
Erinnyis ello 490
Eristalis 647 f.
Erithacus rubecula 139, 162, 521, 643
Erkennen 254 ff.
– individuelles (s. a. individuelle Bekanntschaft) 254
Erkennen auslösender Reizsituation (s. a. auslösende Reizsituation AAM) 123
Erkundungsverhalten 401 f., 427
Ermüdung, aktionsspezifische 116, 297, 303
Ernstverhalten 404
erregendes rezeptorisches Feld 125
Erregungsproduktion, endogene 71, 117
Erregungsstau 117
Erröten 682
Erwerbkoordination 62, 371, 407
erworbene Auslösemechanismen 183, 198
erworbene auslösende Reizsituation 181
Erythrocebus 384
– *patas* 607
Erythrura gouldiae 179, Tafel II
Escenius 206
Eskimo 558, 718, 770
– Aggression 558, 770
Esox 143
Essigfliege *(Drosophila)* 320 f., 325 f., 341, 363, 561, 659, 661
Estrildidae 61, 179, 236, 280, 336, 340, 391, 393
Ethik 742
ethisches Werturteil 742
Ethogramm (Verhaltensinventar) 17 f., 31 ff.
Etholinguistik 216
Ethologie 11 ff., 27, 28
– des Menschen 671 ff.
ethologisches Aggressionskonzept 551
Ethospezies 329
Etroplus maculatus 111 ff.
Eumenis semele 141, 144, 174, 623
Eunice viridis 665
Eupagurus bernhardus 509
– *prideauxi* 509, 510
Euphasiopteryx ochracea 146
Euprotis terminalis 144
Europäer 683, 712, 769
Eusozialität 568, 570
Eutermes 569
Evolution (s. a. stammesgeschichtliche Entwicklung) 197, 450, 757, 774
– Mechanismen 198
– Geschwindigkeit 323
– kulturelle 450, 672, 775
– von Verhaltensweisen 25
Exaltoide 160
Excirolana chiltoni 664, 665
Exhibitionismus 725
Experimentieren, spielerisches 404, 406, 412 f.
Extraktionszauber 781

Facial-Action-Coding-System 35 ff., 693
Fächeln, Stichling 53, 103
Fächelstimmung, Stichling 103 f.
Fächerversuch 261 f.
Falco peregrinus 93, 492
– *sparverius* 408
– *tinnunculus* 408
Falter *(Platysamia cecropia)* 51, 86, 87
Familienauflösung 593, 594
Familienverbände 603 f., 759
Fangheuschrecke *(Mantis)* 651 ff.
Fangschreckenkrebs *(Stomatopoda)* 282
– *Gonodactylus* 282

Farbensehen 140, 141, 144
Farbkleider, Fische 176 f., Tafel I
Farbwechsel 176 f., 207, 546
Fasanvögel *(Phasianidae)* 198, 199
Fehlprägungen 390, 401
Feilenfisch *(Oxymonacanthus longirostris)* 471
Feindanpassungen 480 ff.
Feindschutz 361, 362
Feindverhalten 520
Feldheuschrecken *(Chorthippus)* 144, 193, 195, 469
Chorthippus biguttulus 195, 318
– *brunneus* 195
– *dorsatus* 195, 469
– *longicornis* 195
– *montanus* 195
– *mollis* 318
– Gesänge 195, 318 f.
Feldmaus *(Microtus arvalis)* 450, 574
Feldzeitgeber 662
Felis 71, 79, 96 f., 102 f., 122, 131 f., 133, 186, 244, 299 f., 304, 373, 406, 409, 422, 430, 519, 525, 534, 553, 656
Felis leo 117, 382, 409 f., 459, 531, 586, 655
Felsenkrabbe *(Grapsus grapsus)* 189
Felsentaube *(Columba livia)* 344 ff.
Fernorientierung 629 ff.
Feste 744
Fetische 725
Fetischismus 401
Fettschwalm *(Steatornis)* 139
figurales Merkmal s. Beziehungsmerkmal
Film 38 f.
– Archiv 38, 692
– Aufnahmen 684 f.
– Dokumentation 38, 684 ff.
Fingerhut *(Digitalis)* 380
Finkenvögel *(Carduelinae)* 347
Fisch, Flossenbewegung 73 ff.
Fische 72, 73 ff., 117, 139, 154, 563, 623, 638, 656
Fischreiher *(Ardea cinerea)* 189, 310, 524
Fischschwarm 286, 491 f., 592
Fitis *(Phylloscopus trochilus)* 195, 667, 669
– *collybita* 193
– *sibilatrix* 193
Fixiervorgang, zentraler 679, 680
Fleckenhyäne *(Crocuta crocuta)* 209, 280
Fledermäuse *(Chiroptera)* 139, 281, 330, 477 ff.
Fliegen *(Clunio marinus)* 320 f., 665 f.
– *Euphasiopteryx ochracea* 146
– *Phoridae* 497, 513
Fliegende Fische *(Cypselurus californicus)* 485 ff.
Fliegenragwurz *(Ophrys insectifera)* 277
Flirt 703 f.
Flohkrebs *(Synchelidium)* 665
Florfliegen *(Chrysocapa carnea)* 327
– *Chrysocapa downsi* 328
– *Chrysopa slossonae* 491
Flossenrhythmen, abhängige 76
– dominante 75, 76
Fluchtbereitschaft 97, 186, 301 ff., 308, 310, 484 ff.
Fluchtdistanz 481, 488, 655
Fluchtdrang (s. a. Fluchtbereitschaft) 97
Fluchtintention 186, 311
Fluchtreaktion 125, 128, 143, 144, 166 f., 186, 487
– *Tritonia* 88
Fluchtrichtung, angeborene 380, 482, 641
Fluchtspiele 404, 407, 409
Fluchtsprung, Fische 484
Fluchttendenz 311, 587
Fluchttrieb 488
Fluchtverhalten 481 ff., 488
Fluchtziel 482, 586 f.
Flug, Heuschrecken 82
– Tauben 57
Flugbeutler *(Petaurista)* 527, 603
Flugbewegungen, Reifung 67
Flughalbschnäbler *(Oxyrhamphus micropterus)* 486
Flughunde *(Megachiroptera)* 330
flugunfähiger Kormoran *(Nannopterum harrisi)* 243, 311, 530
Flußseeschwalbe *(Sterna hirundo)* 148
Fötalisationstheorie 757
Forcipiger longirostris 471
Forelle *(Trutta iridea)* 428
Formica fusca 514
– *pergendei* 156
– *rubicunda* 514
– *rufa* 514
– *sanguinea* 514
– *subintegra* 156
– *subserica* 514

Formicoxenus 513
Formkonstanz 49, 69
Forpus conspicillatus 561, 563
Fortpflanzungsverhalten s. Paarungsverhalten
Fortpflanzungszyklen 665
Fossilien s. Verhaltensfossilien
Französin, Augengruß 694
Fraßspuren 351
Fregata 232
– *minor* 232, 496, 514, Tafel II
Fregattvögel *(Fregata minor)* 232, 496, 514, Tafel II
Freiheit 407, 448
Freilandbeobachtung 42
Fremdenfurcht 531, 532, 681, 702
Fremdreflex 70
Freßappetenz 102 f.
Freßhemmung 102 f.
Freundschaft (Allianzen) 599
Friedensgespräche 776
Friedfische 257
Fringilla coelebs 59, 138, 149, 174, 193, 194, 243, 386, 394, 598, 659, 660
Frösche 53, 78, 135, 144, 193, 358, 430, 625
– Kommunikation, akustische 135
Froschlurche 231
– Brutpflege 494 ff.
Frühgeburt 364, 676
frühontogenetische Anpassungen s. Kainogenesen
Frustrationen 550
Frustrations-Aggressions-Hypothese 550
Fuchs *(Vulpes)* 188, 210
Führungsbeziehungen 595
– Eigenschaften 762
Führungsschwimmen 208
Funktion 18, 39, 340, 449
Funktionsgesetze 339
Funktionskonflikte 449
Funktionskreis 26, 141, 371, 405, 408
Funktionsstruktur s. Wirkungsgefüge
Funktionswechsel 194, 196 f., 340
Füsiliere *(Caesio)* 271
– *Xenocys jessiae* 492, 493
Füttern, soziales 746
Futterbetteln 208
– ritualisiertes 238, 347, 543, 544
Futterbevorzugungen 380 f.
Futterhorten 57, 299
Futterlocken 194, 198, 199, 201
Futterneid 535
Füttern, ritualisiertes 198 f., 235, 746
Futterspezialisten 145
Futterüberreichen 235, 717 f.
Futterverstecken 57, 371, 478

Gabelböcke *(Antilopa capra americana)* 482
– Sichern 482
Gabelschwanzmöwe *(Creagrus furcatus)* 496
Gabelschwanzraupe *(Dicranura vinula)* 271, 490, Tafel IV
Gackerdrang 302
Gähnen 257
Galago 722
– *crassicaudatus* 188, 526
– *senegalensis* 526
Galápagos-Bussard *(Buteo galapagoensis)* 487 f.
– Inseln 487, 490, 497, 505, 515
– Landleguan *(Conolophus subcristatus)* 505 f.
– Pinguin *(Spheniscus mendiculus)* 488
– Schildkröte *(Testudo elephantopus)* 505, 655
– Seelöwe *(Zalophus wollebaeki)* 181, 200, 201, 243, 256, 269, 409, 410, 523, 524, 605
– Taube *(Nesopelia galapagoensis)* 272, 343
Gallopavo meleagris 113, 147, 166, 174, 541
Gallus 198 f., 310, 378, 388, 519, 541, 598
– *gallus* 348, 406
Galvanotaxis 623
Gambusi 504
Ganzheit 19
Garnele *(Alpheus djiboutensis)* (s. a. Putzergarnele) 510
Garnelengrundel *(Cryptocentrus lutheri)* 510
Gastameise *(Formicoxenus)* 513
Gasterosteus aculeatus 52, 98, 103, 111, 138, 164 f., 196, 205, 286 ff., 294 ff., 310, 482, 529
Gastromyzonidae 336
Gazella thomsoni 544

Gebet 706, 710
Geburtshelferkröte *(Alytes obstetricans)* 494, 495
Gecko 482
Gedächtnis 429
– Molekular- 432 ff.
– Schwingkreishypothese 432
– Speicherung 434
– Spur 429 ff.
– Struktur 432
Gedächtnis, Säuger, biochemische Theorie 418
Gedächtnisübertragung 430 ff.
Gefangenschaftsbeobachtungen 40
Gefangenschaftsstörung 39, 40
Gegenschattierung 490
Gehäuse als Schutz 490
Gehirngröße 429 f.
Gehorsam, Mensch 763 ff.
Geierschildkröte *(Macroclemys temmnickii)* 275 f.
Gelbkörperhormon s. Progesteron
Gelbrandkäfer *(Dyctiscus marginalis)* 141 f.
Generalisation 438 f.
Generalist, Mensch 757
Generatoren, zentrale 92
Generatorneuronen 79
Generatorsysteme, zentrale 89
Gene, Egoismus der 458
generisches Verhalten 343
Genetik 315 ff.
Genitalpräsentieren 192, 724, Tafel VIII
– Mensch 724
Geometridae 144
Geopelia cuneata 235 f.
Geophagus brasiliensis 111
Geospizinae 343, 451, 475 ff., 505
– *Geospiza difficilis* 476, 505
– *Geospiza fortis* 475, 505
– *Geospiza fuliginosa* 475, 505
Geotaxis 623
Geotrupes 260 f.
Gerbillidae 336, 468, 646
Geruchsabzeichen 578, 593
Geruchsorientierung, Brieftaube 644
– Lachs 640, 646
Geruchsprägung, Ratte 396
Geruchssinn 136, 155 ff., 716
– Mensch 716
Geruchswahrnehmung 160, 740
– Geschlechtsunterschiede 740
Gesanglernen 58 f., 367, 394
Gesangsdialekte 212
Gesangsduelle 546, 558, 770
Gesangsmimikry 280
Gesangsmustererkennen 135
Geschenkkorblaubenvogel *(Chlamydera lauterbachi)* 234, Tafel III
Geschenkrituale 753
Geschenkeüberreichen 235, 744, 776
Geschlechterkennen s. Paarungsverhalten, Fortpflanzungsverhalten
Geschlechter, Interessengegensätze, angebliche 560
Geschlechtsrolle 400, 401, 759, 760 f.
Geschlechtstrieb s. Sexualtrieb
Geschlechtsumwandlung, Fische 597
Geschwisterrivalität 519, 762
Gesellschaftsbalz, Ente 204 ff.
Gestalt 181
Gestaltpsychologie 20, 181
Geste des Hochmuts 706
– des Triumphs 711
Gestik 214, 706
Gestimmtheit 623
Geweih 339 f., 543 ff.
– Größe und Rang 545, 598
– Symbolwert 598
Gewohnheiten, gruppenspezifische 383 f.
Gewöhnung 419 f., 432, 433
Gezeitenrhythmus 664 f.
Gezeitenrhythmus 664 f.
Gibbon *(Hylopates lar)* 521, 603, 607, 611
– *Symphalangus syndactylus* 607
Giftschlangen 538
Giftsterzeln 156
Gimpel *(Pyrrhula pyrrhula)* 61, 235, 247
Giraffe 504, 534
Girlitze 337
Glanzfasan *(Lophophorus impejanus)* 198, 199
Glaube 781
Glaucothoë 343
Gleichgewichtsreaktion 625 f.
Gleitflug, Fische 485 f.
Glis glis 337
Globicephala 421 f.
Glukoserezeptoren 102 f.
Glukosespiegel 102 f.

Gnathenomis 408
Gnathypops rosenbergi 485
Gobiidae 502, 503
Gobiosoma 502, 503
Gobius bucchichii 508
Goldfische 72, 434, 436
Goldhähnchen *(Regulus regulus)* 193, 583
Goldhamster *(Mesocricetus aureatus)* 109, 374, 664
Goldregenpfeifer *(Pluvialis dominicus)* 629, 631
Gomphosus 472
Gonadotropin 68
Goniopsis cruentata 189
Gonodactylus 282
Gorgasia maculata 484
Gorilla 201, 210, 214, 229, 235, 266, 267, 378, 382, 411, 531, 583, 585, 609
Gorytes mystaceus 277
Gottesanbeterin (Mantiden) 84, 625, 651 ff.
Gouldsamadine *(Erythrura gouldiae)* 179, Tafel II
Grabwespe *(Ammophila campestris)* 294, 376 ff., 451
Gramma hemichrysos 502
Grammatik, universale 216
grammatische Kompetenz, Menschenaffen 230
Granatastrild *(Granatina granatina)* 62, 347
Grapsus grapsus 189
Grasanolis *(Norops auratus)* 267
Grasfrosch *(Rana temporaria)* 497
Grashüpfermaus *(Onychomys torridus)* 491
Grasmücken *(Sylvia borin)* 632 ff., 642, 645
– circannuale Periodik 667
– Wanderrichtung 633
– Wanderungszug 632
Graufischer *(Ceryle rudis)* 564
– Helfer 564
Graugans *(Anser anser)* 52, 99, 246 f., 256, 346, 348, 355, 364, 385, 388, 577, 584, 593, 602, 603, 634, 646
– Begrüßungszeremonien 98
Graugirlitz *(Ochrospiza leucopygia)* 347
Grauhai *(Carcharhinus menisorrah)* 146
Graupapagei *(Psittacus erithacus)* 211, 439
Griechen, Verneinen 702, 712, 713
Grillen 58, 84 ff., 144, 299, 318
– *Acheta domesticus* 518
– *Gryllus bimaculatus* 147, 148, 318
– *Gryllus campestris* 134 f., 147, 148, 318
– *Gryllus pennsylvanicus* 518
– Satellitenmännchen 146
Grillengesänge 58, 84 f., 133 ff., 318, 366, 518
Grindwal *(Globicephala)* 421, 422
Groppen 563
Großfamilie (s. a. Sippenverbände) 590, 593
Großmaulwels *(Chaca chaca)* 275 f.
Grubenottern *(Crotalidae)* 139
Grundeln *(Gobiidae)* 508
Grundel *(Cryptocentrus lutheri)* 510 f.
– *Gobius bucchichii* 508
Grundfink (Vampirfink) *(Geospiza difficilis)* 324, 476
Gruppenbindung 254 ff., 575 ff.
– Stammesgeschichte 586 f.
gruppenbindende Mechanismen 231 ff., 237, 560 ff., 575 ff., 586 ff., 591 ff.
– Auslöser 231
– Signale 231
Gruppenduft 557, 578, 603
Gruppenethos 461, 769
Gruppenkämpfe 521 f.
Gruppenleben 560
Gruppenselektion 460 f.
Gruppenspaltung, Schimpansen 617 f.
Gruppenterritorialität 521, 525, 769
Gruppenverhalten 692
Gruß, Mensch 197, 702, 716, 718
– Schimpanse 600, 719
Grüßen 244, 245, 600, 716, 718, 722
Grußgebärde 194, 252 f., 546
Grußzeremonien 209, 242 ff., 249, 252 f., 578, 768
Gryllus bimaculatus 147 f., 318
– Lockgesang 147 f.
Gryllus campestris 134 f., 147 f., 318
– Lockgesang 134, 147, 148
– Werbegesang 134
Gryllus integer 146
Gryllus pennsilvanicus 518

Gulo gulo 525
Guppy *(Lebistes rediculatus)* 173
Gürteltier *(Dasypoda)* 39
Gymnarchus niloticus 139

Haarkleid, Mensch 736, 737
Habicht *(Accipiter gentilis)* 484, 493
Hackdistanz 524, 530
Hackordnung (Hühner) 597, 620
Hadza 770
Haematopus ostralegus 174
Haemopis sanguisuga 497
Haemulon 538
Haie 78, 145, 499, 629
Halbaffen *(Lemuridae)* 379, 605
Halbschnabelhecht *(Hemirhamphus)* 486
Halfterfisch *(Zanclus cornutus)* 472
Halmbalz 340, 341, 345, 347
Halsbandregenpfeifer *(Charadrius hiaticulus)* 174
Hals-Schulter-Reaktion 704, 706, 724
Hand 751, 752
Handgreifreflex 675, 676
Händigkeit 446
Handlungsbereitschaft, spezifische (s. a. Stimmung) 95, 97, 108, 110 f., 172 f.
Haplochromis 182, 279
– *burtoni* 102, 113, 114, 115, 169 f., Tafel V
– *multicolor* 166
– *wingatii* 178, 182
Haplodiploidie 569, 570
Harlekin-Garnele *(Hymenocera picta)* 576
Harnen 192, 526
Harnzeremoniell 192, 242, 726
Hase *(Leporidae)* 336, 360, 482
Hassen 249, 252, 271, 381
Hausgans 348
Haushahn *(Gallus)* 198 f., 310, 378, 388, 519, 541, 598
Haushuhn 148, 428, 435, 487
Hausmaus *(Mus musculus domesticus)* 67, 107 f., 159, 350, 424, 517, 521, 526, 553, 571, 576, 584, 590, 592, 726
– Brutnest 107
– Schlafnest 107
– Putzbewegungen, Reifung 67
Hausratte *(Rattus rattus)* 470, 521, 524
Haustaubenrassen 344, 345
Haustiere 210, 344 f.
Haustierforschung 344 f.
head-zigzagging 191
Hecht *(Esox)* 143
Heimatprägung 393
Heimfinden (Navigation) 644 ff.
– durch Wegintegration 646
Heliosoma nigricans 257
Helogale parvula 564
– *undulata rufula* 564, 604
Hemichromidae 502
Hemichromis bimaculatus 160, 209, 388
– *fasciatus* 177, Tafel I
Hemihaplochromis 171
Hemirhamphus 486
Hemisphären-Arbeitsteilung 754
Hemmung, bedingte 422
– soziale 405
Heniochus intermedicus 523
Herde 605
Herichthys cyanoguttatus 208
Heringsmöwe *(Larus fuscus)* 148, 459, 592
Hermen 725
Heteralocha acutirostris 476, 477
Heterocongridae 484, 486
Heteropsammia 510
Heterorhynchus 476, 477
Hetzen 196, 204 f.
Heuschrecke 82, 85, 89, 193, 195, 231, 353
– *Schistocerca americana* 359
– *Schistocerca gregaria* 367
Heuschreckenfalke *(Falco sparverius)* 408
Hexanal 145
Hexanol 145
Hierarchie 293 ff., 366, 600
Hierarchiegruppe, zentrale 602
hierarchische Ordnung des Verhaltens 78, 293 ff., 300, 303 ff.
Hilaria (s. a. Tanzfliegen) 235
Himba 685
Hippocampus 116, 563
Hippotragus niger 544
Hirnchemie 118 ff.
Hirnläsionen 299
Hirnopioide 119
Hirnpeptide 118 f.
Hirnpeptidschaltkreise 119

Hirnreizung, elektrische 61, 85, 97, 100, 103, 125, 127 f., 149 ff., 307 ff., 402, 427, 519, 553, 554, 657
Hirsche *(Cervidae)* 159, 339, 340, 409, 465, 546, 604
– Saugbereitschaft 159
Hirundo rustica 583
historische Belastung 453, 757
historische Reste 339 ff.
Hochlandindianer (Peru), Lächeln 687
Hochmut 706, 712, 735
Hochseefische 470, 492
Homalopteridae 336
Hominisation 745 f.
– des Verhaltens 750 ff.
Homoiologie 336, 746
Homologie, phyletische 330 ff.
– seriale 333
– Sprachhomologien 331 f.
– Traditionshomologien 331
Homologiebegriff 330 ff.
Homologieforschung 18, 338
Homologiekriterien 330 f.
Homonomie 333
Homosexualität 389, 391, 400, 401
Honigameise 536
Honiganzeiger *(Indicator indicator)* 271
– *variegatus* 271
Honigbiene *(Apis mellifica)* 58, 140, 141, 156, 157, 202, 258 ff., 380, 566 f.
– ägyptische 261
– Krainer Rasse 261
Honigdachs *(Mellivora)* 271
Honigfresser *(Meliphagidae)* 256
– *Acanthagenys rufogularis* 256
Honigvogel *(Philomen corniculatus)* 381
Hopflappenvogel *(Heteralocha acutirostris)* 467 f.
Hoplitis milhauseri 363
Hormone 68, 95, 105, 107 f., 295, 550, 553 f., 760
Hornform und Kampfesweisen 543 ff.
– Größe und Rang 545, 598
Hornhecht *(Belone belone)* 485, 486
Hornisse *(Vespa crabo)* Tafel IV
Hornissenschwärmer *(Aegeria apiformis)* Tafel IV
Hospitalismus 389 f.
Hottentotten 737
Hühnerküken 50, 54, 67, 257, 367 f., 660
Hühnervögel 194, 562
Hufeisennase *(Rhinolophus)* 477, 478
– akustische Fovea 478
Huftiere 395, 543 ff., 598
Huhn 50, 100, 300 ff., 356, 532, 553, 570, 597, 599, 657
– Angriffsdrang 301
– Embryonen 54, 73, 356
– Fluchtdrang 301
– Hirnreizung 100 f., 300 ff.
– Kampfverhalten 553
– Sitzdrang 100 f., 304, 308
– Stehdrang 100 f.
Humanethologie 11 f., 19, 671 ff., 782
Humanethologisches Filmarchiv 38, 692
Humanpsychologie 550
Hummeln *(Bombycidae)* 261, 343, 379
Hund 50, 78, 101, 108, 141, 186, 188, 210, 386, 395, 405 f., 409, 410, 440, 543, 546 f., 596
– Harnen 108, 366, 543
– Kratzreflex 78
– Mimik 186
Hundsfisch *(Novumbra hubbsi)* 343
Hundszungen *(Cynoglossum)* 379
Hunger 102, 119
Huri (Neuguinea), Augengruß 699
Husarenaffe *(Erythrocebus)* 384, 607
Husarenfisch *(Myripristis murdjan)* 631
Hyänenhunde *(Lycaon pictus)* 410, 543, 566, 579, 604
Hyla faber 495
– *cinerea* 466
– *goeldii* 495 f.
Hylobates lar 521, 603, 607, 611
Hylobittacus apicalis 280
Hymenocera picta 576
Hymenoptera 479
Hypersexualisierung 350
Hyperthrophie 348
Hypothalamus 101 ff.
Hypothese, Bereitschaft sie aufzugeben 780
Hypothesen der Ratten 425
Hystrix 191, 193

Identifikation 400, 401
Idolum diabolicum 278
Igel *(Erinaceus europaeus)* 337
Igeltanrek *(Echinops telfairi)* 337, 526

Iguana iguana 428
Iltis *(Putorius putorius)* 187, 243, 372 ff., 404, 407 ff.
Imitationslernen 384
Impala *(Aepyceros melampus)* 544
Imponierbremsen 191
Imponieren 599, 721, 724
– Mensch 707, 725
Imponierflug 344 ff.
Imponiergehabe 232 f.
– Mensch 706, 744
Imponierhaltung 171, 186 f.
Inder, Bejahen 714
Indoktrination 769
Indicator indicator 271
– *variegatus* 271
Indigofink *(Passerina cyanea)* 642
Individualdistanz 234, 521, 530, 531, 767
individualisierte Verbände 595 ff., 602 ff., 777
individuelle Bekanntschaft 577
individuelle Bindung 113
Indonesier 718
Induktoren 68
Infantilismen 236, 546
Infantizid s. Kindstötung
Informationserwerb, ontogenetischer, phylogenetischer (s. a. Lernen) 54, 55, 58, 331
Informationsübermittlung, Biene 258 ff.
Infrarotwahrnehmung 139
innere Uhr 636 ff.
Insekten 82, 145, 198, 491, 497, 566, 588
– Lokomotion 82
Inselzahmheit 488
Instinkt 22, 25
– Definition 25, 297, 373
Instinktbewegung s. Erbkoordination
Instinkt-Dressur-Verschränkung 364 ff.
Instinkthandlungen 13, 51, 52, 93, 294, 405
Instinkthierarchie 294 ff.
instinktiv s. stammesgeschichtlich angepaßt u. angeboren
Instinktkonzept der Aggression 550
Institut für den Wissenschaftlichen Film, Göttingen 38
Integration in der Ontogenese 365
Integrationsniveau 46, 62, 78, 295, 305, 689
Intelligenz 379
– Primaten 605
integrierende Datenverarbeitung 131
Intelligenztest 316
Intentionsbewegungen 50, 186, 189, 207, 265, 714
Interaktionsstrategien 216, 742 ff., 744, 771, 783
– universale 216
Intergruppenaggression 560
Inzesthemmung 594
Inzesttabu 593 f.
– Mensch 593, 618
Inzestwunsch 400
Iproniazid 118
Irreversibilität 390, 392, 398
Isolationsmechanismen, prägungsbedingte 393
Isolierversuch s. Aufzucht unter Erfahrungsentzug
Isopoden *(Excirolana chiltoni)* 664, 665

Ja, sachliches 702
Jagdfasan *(Phasianus colchicus)* 198 f.
Jagdspiele 409
Jagdverhalten 188, 566, 754
Jäger- und Sammlervölker 685, 759, 770, 772 f.
Janthina 515
Japaner 693, 710
– Schulterbetonung 736
japanische Makaken 267, 282 f., 593, 601 f.
Javaneraffe *(Macaca irus)* 250, 252
Jugendentwicklung s. Ontogenese
Junco oregonus 59
– *phaeonotus* 59
Jungeerkennen 147
– individuelles 395
Jungefüttern (Lachtauben) 65
Juwelenfisch *(Hemichromis bimaculatus)* 160, 209

Kabuki-Schauspieler (Japan) 689, 736
Käfer *(Atemelis pubicollis)* 156, 280
Käfer-Dedektoren 123
Kainogenesen 260 ff.
Kaisermantel *(Argynnis paphia)* 175
Kaiserpinguin *(Aptenodytes forsteri)* 469
Kaktusfink *(Cactospiza scandens)* 475
Kalb, Hausrind 102

Kamel 732, 735
Kameraaugen 140
Kampfappetenz (s. a. Aggressionstrieb) 111
kampfauslösende Signale 164 f., 169 f., 546
Kampferfolg und Testosteron 109
Kampffisch *(Betta splendens)* 552, 553
Kampfhähne 191 f., 553
Kampfintention 186
Kampfspiele 404 ff.
Kampfsport 558
Kampfverhalten (s. a. aggressives Verhalten, innerartliches) 534 ff.
– ritualisiertes 543 f.
– zwischenartliches 534
Kanarienvogel 61, 372
– Fortpflanzungsverhalten 105 f.
– Nestbau 372
Kaninchen *(Oryctolagus)* 123, 133, 242, 360, 407, 527, 574
Kanum-Irebe (Neuguinea) 716
Kapuzineraffe *(Cebus)* 438, 723, 725
Karamajo, Gruß 253, 711
Kardinalfisch *(Siphamia versicolor)* 511
Karpfen 428
Kaspar-Hauser-Versuch s. Aufzucht unter Erfahrungsentzug
Kastanienente *(Virago castanea)* 335
Kasten bei Insekten 567
kategoriale Wahrnehmung und Denken 781
Katze *(Felis)* 71, 79, 96 f., 102 f., 122, 131 f., 133, 186, 244, 299 f., 304, 373, 406, 409, 422, 430, 519, 525, 534, 553, 656
Kaulquappen 56, 143, 156, 237, 494 f.
Ketten von Erbkoordinationen 93
Kettenreflexe 27, 70, 93
Kibbuz 594, 761
Kieferfisch *(Gnathypops rosenbergi)* 485
Kielschwanzleguan *(Tropidurus)* 473, 539 ff.
Kiemenschutzreflex bei *Aplysia*, Neurobiologie 432
Kindchenreaktion 732
Kindstötung als männliche Fortpflanzungsstrategie 459 ff.
Kindstötung, Schimpansen 460
Kindchenschema 729, 730
Kinese 622
Kistenversuch, Schimpanse 443
Klammeraffe 723
Klangspektrogramm 62, 394
Klapperschlange *(Crotalidae)* 191, 538
– *Crotalus ruber* 538 f.
Kleiber *(Sitta pusilla)* 474
Kleidervögel *(Heterorhynchus)* 477
Kleiner Grundfink *(Geospiza fuliginosa)* 475, 505
Kleingruppen, patrilokale 595, 776
Klippenbrüter 336
Knäkente *(Anas querquedula)* 204, 335
Knochenfische 176, 450
Knorpelfische 450
Kodierverfahren 32 ff.
Köcherfliegen *(Trichoptera)* 489
Königswitwe *(Tetraenura regia)* 62
Koevolution 278
Kofferfisch 484
Kohlmeise *(Parus major)* 38, 194, 208
Kokonbau 51
Kolbenfuß *(Hyla faber)* 496
Kolkrabe *(Corvus corax)* 200, 211, 238, 248, 408
Koloniebrüten 493, 524, 530, 592
Kombination von Ausdrucksbewegungen 186
Kombinierbarkeit von Verhaltensweisen 408
Kommandoneuronen 79
Kommensalismus 144, 350, 498, 512
Kommentkämpfe 463 f., 535 ff.
Kommunikationsbarrieren 775
Kommunikation, akustische der Frösche 135
Kompaßorientierung 636 ff.
Komplexaugen 140, 142
konfiguratives Merkmal s. Beziehungsmerkmal
Konflikthypothese 207
Konfliktverhalten 205 f., 207, 287, 307 ff.
Konfusionseffekt 492
Konkurrenz, zwischenartliche 480 ff.
– räuberische 496
Konstitutionstypen 570
Konstruktionsmängel 756
Konstruktionsspiele 406, 412, 413
Kontaktentzug 398
Kontakttiere 583 f.
Kontaktverhalten 516 f., 560 ff., 584, 586

Kontiguitätstheorie 425
Kontrastbetonung (Character-Displacement) 193
Konventionen 332
Konvergenzen 192, 332
Konvergenzforschung 338 ff.
Koordination, absolute 75 f.
– relative 75 f.
– zentrale 71 ff.
Kopfjäger 556
Kopfnicken 714
Kopfschütteln 683, 708, 714
Kopfschutzreaktion 600
Koralle *(Heteropsammia)* 510
Korallenfische 178, 471, 588
Kormoran *(Phalacrocorax)* (s. a. flugunfähiger Kormoran) 189, 310, 365, 366
– Hierarchie von Verhaltensmustern 366
Körperpflegehandlungen (s. a. soziale Hautpflege) 310, 469, 577
Kosten-Nutzen-Rechnung 453 ff.
Krabben 189, 190, 490
– *Carcinus menas* 665
– *Dotilla blanfordi* 190
– *Dotilla sulcata* 488
– *Dromia* 490
– *Goniopsis cruentata* 189, 190
– *Grapsus grapsus* 189
– *Uca* 189 f.
Krähen *(Corvus)* 214, 454, 455
– Schneckenöffnen 454
Krallenäffchen, Marmorsetten *(Callithrix, Oedipomidas)* 563
Krallenfrosch *(Xenopus laevis)* 143 f., 419
Kratzer *(Acanthocephala)* 512
Krebs *(Sacculina)* 348, 629
Kreuzgang 78, 343, 675
Kreuzspinne *(Aranea diademata)* 58, 474 f.
Krickente *(Nettion grecca)* 335
– *Nettion flavirostre* 335
Kriechrhythmus 82
Krieg 557, 560, 745, 752, 769, 774, 775
Kriegsethos 461
kritische Distanz 488
– Perioden 394 f.
Krokodilwächter *(Pluvianus aegypticus)* 504
Kronismus 571, 572
Kropftauben (Kröpfer) 344 ff.
Kröte 78, 121, 124 ff., 135, 142 f., 162, 198
Kuckuck *(Cuculus canoris)* 175, 201, 271, 363, 387, 515
– *Clamator jacobinus* 201
Kudu *(Tragelaphus)* 544
Küstenseeschwalbe *(Sterna paradisaea)* 148
Kugelfisch 515
Kugelkrabbe *(Dotilla)* 489
Kuhreiher *(Ardeola ibis)* 505
Küken 122, 123, 147, 257, 348, 659, 660
Kukukuku (Neuguinea) 718
Kultur 755 f.
Kulturappetenz 755
kulturelle Evolution s. Evolution
kulturelle Ritualisation 197, 341
Kulturenvergleich 672, 682, 685
Kulturfolger 350, 470
kulturgeschichtliche Entwicklung 338
kulturabhängige Invariable, Menschenmimik 703 f.
Kumliens Polarmöwe *(Larus glaucoides kumlieni)* 183
Kumpan 387, 392
Kurzflügler *(Atemeles)* 513, 514
– *Lomechusa strumosa* 513
Kurzschopflaubenvogel *(Amblyornis subalaris)* 233
Kurzzeitgedächtnis 436, 658
Kuß 202, 235, 245, 714, 718, 738
Kußfütterung 714 ff.
Küstenseeschwalbe 238

Labroides 206
– *dimidiatus* 270, 278, 500
Labyrinthversuche 423, 424, 440 ff., 553
– Hochlabyrinth 423 f., 442
– Tieflabyrinth 423, 424
Lacerta 486, 539, 659
– *agilis* 539
– *sicula* 661
– *viridis* 638
Lächeln 249 ff., 676 ff., 679 ff., 684, 687, 694, 696, 704, 718 f.
– Ableitung 249 ff.
Lachen 249 ff., 677, 681, 684, 719
Lachmöwe *(Larus ridibundus)* 172, 186 f., 207, 230, 238, 248, 310, 449, 493, 531
– Wegsehen 207, 238

Lachnus taeniatoides 511
Lachs *(Oncorhynchus)* 387, 393, 635, 638 ff., 645
Lachtaube *(Streptopelia risoria)* 58, 65 f., 105, 389
Lageorientierung mit Statolithen 626 ff.
– Fische 629
– Krebse 629
– Wirbeltiere 629
Lagopus 530, 575
– *Lagopus lagopus scoticus* 575
Lagothrix 596
Laiobunus cactorum 564 f., 575
Lallen 677
Lamarckismus 197
Lampronessa sponsa 147, 335, 389
Lampyris noctiluca 167 f., 175
Landasseln 564
Landschildkröte 638
Langhornbienen 276
Langschopflaubenvogel *(Amblyornis macgregoriae)* 232 f.
Languren *(Presbytis entellus)* 459, 532, 608 ff.
Languste 80
Langzeitgedächtnis 436, 658
Laniarius aethiopicus 256
– *funebris* 268
Lanius collurio 57, 64
Lanzettegel *(Dicrocoelium dendriticum)* 362
Larus argentatus 42 ff., 144, 166, 175, 183 f., 214, 310, 312, 590
– *brunneus* 512
– *canus* 164
– *claucoides kumlieni* 183
– *fuliginosus* 496
– *fuscus* 592
– *hyperboreus* 183
– *ridibundus* 172, 186 f., 207, 230, 238, 248, 310, 493
– *thayeri* 183
latentes Lernen 427
– kinästethisches 428
Laubenvögel *(Ptilonorhynchidae)* 232 ff., Tafel III
Laubfrosch *(Hyla cinerea)* 466
Laubsänger 195, 642
Leucorampha ornata 282
Lausfliege 505
Lautattrappen 147
Lautäußerungen 61, 133 f., 210 f., 249, 754
– Säugling 677
Lauterzeugung, Grille 84 f., 318
– Feldheuschrecke 318
Lavaeidechsen *(Tropidurus)* 473, 539 ff.
Lavamöwe *(Larus fuliginosus)* 496
lebensformtypische Verhaltensweisen 470
Lebensstrom 450
Leberegel *(Leucochloridium)* 275, 512
Lebistes reticulatus 173
Leerlaufhandlungen 97, 102, 111, 488
Leerlauf-Saug-Stereotypie 102
Leguan *(Iguana iguana)* 428
Leierschwanz *(Menura novaehollandiae)* 232
Leiobunum cactorum 564 f., 575
Leitvorstellungen 754
Lemminge 450, 574
Lemuridae 379, 611, 722
– *Lemur catta* 578, 605
– *Lemur mongoz* 189, 245
– *Propithecus verreauxi* 578 f., 605
Leopard 154
Leopardfrosch *(Rana pipiens)* 123
Lepidochora 479, 480
Leporidae 336, 360, 482
Leptodactylus labialis 496
Leptonychotes 139
Lerche 343
Lernbegabung (s. a. Lerndisposition) 376 f., 417
Lerndisposition 14, 23, 56, 61, 376 ff., 417
Lerngesetze 417
Lernen 376, 417 ff., 421
– durch Beobachtung 381 ff.
– Biochemie 436
– durch Erfahrung 422
– am Erfolg 196, 417, 421, 423
– Gedächtnisspuren 432 ff.
– kinästhetisches 423, 428
– motorisches 423
Lernen, Änderungen an d. Synapsen 453
– biochemische Vorgänge 436
– Kommandoneuronen 435
Lernkurve 423
Lernleistungen 386
Lernrezept 61
Lerntheorien 425, 549

Lerntrieb 402
Lernvorgänge 419 ff.
Leuchtkäfer *(Phausis splendidula)* 167 f., 193
– *Lampyris nocticula* 167 f., 175
– *Photinus* 276
– *Photurus* 276
Leuchtpapillen 179
Leucochloridium 275, 512
Leucorampha ornata 282
Leurestes tenuis 658, 665
Levade 420
Libelle *(Libelluidae)* 143, 328, 537
– *Calopteryx* 537
Licht-Rücken-Orientierung s. Oberlicht-orientierung
Lichtrückenreaktion 623, 631
Lichtrückenreflex 631
Lichtwahrnehmung 661
Limicolen 257
Lippfische 75 f., 466, 471, 597
– *Cheilinus undulatus* 498
– *Gomphosus* 471
– *Thalassoma bifasciatum* 597
Lissopimpla semipunctata 277
Lockrufe 147, 148, 256
Lockstoffe 157, 564
Löffelente *(Spatula clypeata)* 335
Löwe *(Felis leo)* 117, 382, 409 f., 459, 531, 586, 655
Lokalgruppen 762
Lokomotion 207
Lomechusa strumosa 280, 513
Lonchura striata f. domesticus 236, 391, 394 f.
Lophonetta specularioides 333
Lophophorus impejanus 198 f.
Lotsenfisch *(Naucrates ductor* L.*)* 499
Lüge 778
Lunarperiodik 665
Lupus 117, 185, 188, 201, 521, 543 f., 566, 579, 604, 726
Lusciana megarhynchos 394
– *svecica* 162
Lycaon pictus 410, 543, 566, 579, 604
Lycosidae 642
Lygaeonematus compressicornis 489
Lyrurus tetrix 541 f.
Macaca arctoides 339
– *fuscata* 339, 382 f., 610, 613
– *irus* 250, 252
– *maura* 339
– *mulatta* 41, 78 f., 159, 161 f., 248, 374 f., 396 f., 402, 425, 438, 552, 565, 584, 587, 596, 602, 610, 611, 613 f., 777
– *radiata* 609 f.
– *silenus* 412
– *sinica* 609 f.
– *silvana* 579
– *speziosa* 189, 339, 609
Macroclemys temmnickii 275 f.
Macropus 363
Macrotermes natalensis 470
Madenhacker *(Buphagus africanus)* 504 f.
Magneteffekt 75
Magnetkompaß 643, 644
Mähnen 191
Maibaumlaubenvogel *(Amlyornis)* 232
Maikäfer 643
Maiwurm *(Meloë)* 515
Majiden 490
Makaken *(Macaca, Simia)* 154, 187, 339, 382, 383, 748
– japanische 267, 382 f., 593, 601 f.
Maki *(Tarsius)* 752
Makroevolution 329
Makrosmaten 267
Malerei, Schimpansen 414, Tafel IX
Mandarinente *(Aix galericulata)* 204, 335, 732
Mängelwesen, Mensch 756
Mangrovekrabbe *(Goniopsis cruentata)* 189
Manta 499, 501
Mantelpavian *(Papio hamadryas)* 187, 521, 579, 588, 606, 747
– Partnerbesitz 747
Mantis 84, 625, 651 ff.
Maori 769
Mara *(Dolichotis)* 192, 242
Marder *(Martes)* 117, 526
Mareca sibilatrix 335
– *penelope* 335
Marienkäfer *(Adalia bipunctata)* 319
Markierung 526 ff., 557, 592
– geruchliche 557
Marmota marmota 257

Martes 117, 526
– *foina* 412
Masai 399, 556
Maskentölpel *(Sula dactylatra granti)* 340, 497
Massengesellschaft 776
Massensiedlungseffekt 571
Massenwirkungskonzept 299
Mauersegler 656
Maulbrüter 166 f., 181, 279, 494, 535
Maulkampf 114, 535, 538
Mäuse *(Muridae)* (s. a. Hausmaus) 53, 68, 107, 317, 325 f., 336, 408, 423 f., 549, 551, 592 f., 646, 659
Mauserzyklus 667
Mechanismus-Vitalismus-Streit 20
Meeräsche *(Mugilidae)* 484
Meerechse *(Amblyrhynchus cristatus)* 242, 268, 341, 343, 464 f., 488, 538 ff., 546, 588 f.
Meergrundel *(Bathygobius soporator)* 380
Meerkatzen *(Cercopitheidae)* 154, 189, 584, 587, 724, Tafel XI
Meerschweinchen *(Cavia)* 109, 139, 242, 374, 644
– Sozialerfahrung und Hormone 109
Megachiroptera 330
Megasida obliterata 281
Mehlkäfer *(Tenebrio)* 363, 571
– *Tribolium confusum* 571
Meise *(Parus)* 371
Meisenfink *(Camarhynchus parvula)* 475
Meißelschnabel 476
Melatonin 663, 664
– Mechanismus der tagesperiodischen Synchronisation 663
Meles meles 188, 191, 407, 410, 411 f., 440, 526 f., 596, 655
Meliphagidae 256
Meliphora 327
Melipona 256
Mellivora 271
Meloë 515
Melopsittacus undulatus 390
Melospiza georgina 59, 60 f., 521
– *melodia* 59, 60 f.
Mensch, Auslösemechanismen 727 ff.
– Erbkoordination 674 ff.
– Individualdistanz 767
– Mensch-Tier-Vergleich 338, 718
– Primatenerbe 746
– Säugererbe 746
– Schlüsselreize und Auslöser 727 ff.
– Schulterbetonung 736
– Sexualakt 758
– Sonderstellung 745
– Sprache 215, 753
– Streben nach sozialer Harmonie 776
– territoriales Verhalten 768
– Universalität 757
– Unverträglichkeit 767
Menschen 483, 531, 537, 554, 570, 585, 587, 595
Menschenaffen 595
Menura novaehollandidae 232
Merops apiaster 363
Mesocricetus auratus 109, 374, 664
Metamorphose 366
Metridium 96
Mickey-Maus, Entwicklung des Kindchenschemas 730 ff.
Microspathodon chrysurus 114
Microtus arvalis 450, 574
Microtus, Paarbindung 396
Miesmuschel *(Mytilus edulis)* 474, 665
– *californicus* 665
Milben *(Antennophorus)* 145, 513 f.
Milchtritt 364
Mimik, Mensch 35 ff., 187, 684, 638, 692
– Hund 187
Mimikerkennen 161, 677, 732 f.
Mimikverstehen 732 ff.
Mimikry (s. a. täuschende Signale, Signalfälschung) 275 ff., 491
– von Blattläusen 277
– Definition 280 f.
– innerartliche 279 f.
– Pollen 278
– von Schmetterlingseiern 277
– weiblicher Brunstsignale, Pavian 280
– Weibchenmimikry 280
mimische Übertreibung 196
Mistkäfer *(Geotrupes)* 260, 261
Mißtrauen 777, 778
Mitleid 557, 775
Mnemotaxis 623
Modal-Action-Pattern (modaler Bewegungsablauf) 70

Mode 738
Modell-Lernen 549
Moden (Spiel) 408, 411
Modifikabilität (s. a. Lernen, Resistenz) 56, 133, 368 ff., 371, 379, 418
Molche (s.a. Wassermolche) 68, 357
Mönchsgrasmücke *(Sylvia atricapilla)*, Zugorientierung 323
Mondorientierung 642
Mongolenregenpfeifer *(Charadrius mongolus)* 630
Mongozmaki *(Lemur mongoz)* 189, 245
monosynaptischer Reflex (s. a. Muskeleigenreflex) 70
Monotropie 762
Moorschneehuhn *(Lagopus)* 530, 575
Moral, verantwortliche 751
Mörderhirsche s. Hirsche
Morphologie 337
Morus bassanus 209
Mosaikfliegen *(Drosophila)* 320 f.
Moschustier *(Moschus)* 339 f.
Motivation s. Handlungsbereitschaft
– sekundäre 428
Motivationsanalyse 42, 89 f.
Motivationswechsel 194
motivierende Faktoren 95 ff., 101
Motoneuronen, spontane 79
Motten *(Ephestia)* 327
Mövchen *(Lonchura striata)* 236, 391, 394 f.
Möwen *(Laridae)* 183, 244, 496
– Geschlechtererkennen 183
Mufflon *(Ovis m. musimon)* 543 f., 577
Mugilidae 484
Mund-offen-Gesicht 250 ff., 718 f.
Mund-zu-Mund-Fütterung 201 f., 235, 715
Mundugumor (Neuguinea) 399
Muntjak *(Muntiacus)* 339 f.
Muräne 144, 271, 504
Muridae 68, 336, 423, 424, 549 ff.
Murmeltier *(Marmota marmota)* 257
Mus musculus 67, 107 f., 159, 350, 424, 517, 521, 526, 553, 571, 576, 584, 590, 592, 726
– Schlafnest, Brutnest 107
– *musculus musculus* 350
– *spicilegus* 350
Muscheln *(Mytilus)* 665
Musik 741
Muskeleigenreflex 70
Muskeltransposition 357
Musterkennen, zentrale Datenverarbeitung 123 ff., 135
Mustergeneratoren, zentrale 79
Mutation 197
Mutterfamilie 563
Mutter-Kind-Bindung 398
Mütterlichkeit 759
Mutualismus 498
Mycteroperca olfax 492
Myripristis murdjan 631
Myrmecophila acervorum 513
Myrmeleonidae 155, 360
Mytilus 474, 665
– *californicus* 665, *edulis* 665
Myxamöben 17

Nachahmung (s. a. Mimikry) 384 f., 280 ff., Tafel IV
Nachfolgereaktion 164, 388
Nachtaffe *(Aotes)* 187
nachtaktive Tiere 655
Nachtfalter 144, 198, 281
– *Euprotis terminales* 144
Nachtigall *(Lusciana megarhynchos)* 394
Nachtreiher *(Nycticorax nycticorax)* 372, 524
Nacktschnecke *(Pleurobranchea)* 435
– *Tritonia* 86, 88
Nageappetenz, Ratte 427
Nager *(Rodentia)* 267, 402
Nahorientierung 625
Nahrungsaustausch s. Trophallaxe
Nahrungserwerb 471 ff.
Naja 281
Nandu *(Rhea americana)* 339
Nannacara anomala 164
Nannopterum harrisi 243, 311, 530
Napfschnecke *(Patella)* 379, 470
– falsche *(Siphonaria gigas)* 470
Nasalis larvatus 608 f., 724
Nasenaffe *(Nasalia)* 724
Nasenfrosch *(Rhinoderma darwini)* 495
Nasenreiben, Gruß 716
Nashorn 504
Nashornfisch *(Naso tapeinosoma)* 176, 177, 500
Nasonia vitripennis 144

Nasalia obsoleta 643
natürliche Attrappen 275 ff.
Natur-Umwelt-Streit 12 ff.
Naucrates ductor (L.) 499
Navigation (s. a. Heimfinden) 629 ff., 644 ff.
Nectarinia reichenowi 455
Neger, Zungezeigen 712
Nein, sachliches 702
Nematoden *(Rhabditis inermis)* 317
– *inermoides* 317
– *Dictycaulus viviparus* 362
Nemeritis canescens 327
Neochmia 341
Neocortex 430
Neongrundel *(Elacatinus oceanops)* 502 f.
Neophron percnopterus 474
Nereis 329
Nervenkreuzungen 357
Nervensystem 95
Nervenzellen, In-vitro-Kultur 93, 433
Nervus recurrens 103
Nesopelia galapagoensis 272, 343
Nestbauverhalten 63 ff., 105 f., 107 f., 209, 365, 372
– ritualisiertes 209
Nestflüchter 122, 360, 590
Nesthocker 360
Nestplatzzeigen 238 f., 287
Nettion grecca 335
– *flavirostre* 335
Netzbau 58
– Radnetzspinnen 472
Netzwerkmodell 79 ff.
Neugier 401 ff., 419, 702, 746
Neugierwesen 402, 757
Neuguinea 716, 769, 770
Neuntöter *(Lanius collurio)* 57, 64
Neurobiologie s. Lernen
Neuroembryologie 355 f.
Neuroethologie 19, 123 ff.
Neuromodulatoren 118
Neuropeptide 118
Neurophysiologie 121 ff., 297, 356 f.
Neurotransmitter 118
Neuweltmaus *(Peromyscus maniculatus)* 466 f.
– *Peromyscus maniculatus gracilis* 466 f.
Nickschwimmen 205 f.
Nicobaren 725
Nilgauantilope *(Boselaphus tragocamelus)* 544 ff.
Nilhecht *(Gymnarchus niloticus)* 139
Nilotohamiten 399
niveauadäquate Fragestellung 63
Noctuidae 144
Normenfilter, biologischer 775
– kultureller 775
Normenkonflikt 775
Nototrema 496
Notrufe 257
Novumbra hubbsi 343
Nüsseöffnen (Eichhörnchen) 369 ff.
– Schimpanse 446
Nüsseverstecken 58, 293
Nycticorax nycticorax 372, 524

Oberlichtorientierung 623 f., 626
Oben-unten-Orientierung 626 ff.
Oberflächenläufer 485 f.
Objektbesitznorm (Schimpanse) 615
Objektivität 446
Objektorientierung 651 ff.
Objektprägung s. Prägung
objektübertragene Handlung 312
Ochrospiza leucopygia 347
Ochsenfrosch *(Rana catesbeiana)* 466
Octopus aegina 489
ödipale Phase 400 f.
Odonus niger 482, 500
Oecophylla longionoda 568
Oedipomidas 563
Oestruszyklus, Schimpanse 599
Ogocephalus 276
Ohrenrobben *(Otariidae)* 200, 605
Ökoethologie 18, 619
Ökologie 449 ff.
ökologische Nischen 450, 477, 478, 658
Onager *(Equus hemionus)* 188
Oncorhynchus 387, 393, 635, 638 ff., 645
– *nerka* 638
Ontogenese 52, 54, 63, 95, 98, 196, 402, 406
Onychomys torridus 491
Ophrys insectifera 276 f.
– *fusca* 277
Opioidpeptiden 119
Opsanus tau 73, 174
Optimalitätsmodelle 452 ff.

Optimalitätsprinzip 779
optomotorische Reaktion 625
Orang-Utan *(Pongo pygmaeus)* 235, 378, 446, 618
Orchideen *(Ophrys, Cryptostelis, Leptochila)* 276 f.
– *Epipactis consimilis* 277
– *Oberonia thwaitesii* 277
Ordnung (Physik) 24
Organbildung 68
Organe, künstliche 750 f.
Organisation (Biologie) 24
Organisation, systemimmanente Dynamik 779
Organisationen, Eigendynamik der 778
Orgasmus 758
Orientierung, Definition 623
– elektrische 139
– nach dem erdmagnetischen Feld 139, 638
– nach dem Geruch 440
– Gottesanbeterin 651 f.
– nach dem Mond 642
– nach dem polarisierten Licht 139, 641
– nach dem Sternenhimmel 642
Orientierung im Raum 622 ff.
Orientierungsbewegung (s. a. Taxis) 125, 622 f.
Orientierungswendung 207
Orthopteren 136
Ortstreue 470
Ortung 139
Oryctolagus 123, 242, 360, 407, 527, 574
Oryx gazella beisa 534
Osmorezeptoren 101
Östrogen 68, 105, 109, 159, 160, 740
Otariidae 200, 605
Ovis m. musimon 543 f., 577
– *canadensis* 598
Oxymonacanthus longirostris 471
Oxyrhamphus micropterus 486
Oxytocin 109, 396
Oxytocinspiegel 395

Paarbildung 286, 607
Paarbindung 256, 396, 578, 582
Paarfüttern (s. a. ritualisiertes Füttern) 198 ff., 248
Paarsitzen 576
Paarungsnachspiel 253 f.
Paarungsstimmung 293 ff.
Paarungsverhalten 70, 85, 92, 252, 286, 311 ff.
– Erdkröte 129 f., 242 f.
– Gottesanbeterin 70
– Molche 244
– Stichling 239 ff., 247 ff.
Pachycondyla 513, 515
Paguridae 258, 343, 489, 508 ff., 553
Pagurus arrosor 508 f.
– *longicarpus* 343
– *samuelis* 553
Paläontologie 338
Palmendieb *(Birgus latro)* 269, 343
Palmfruchtfest, Waika-Indianer 743, 744
Palolowurm *(Eunice viridis)* 665
Panda 330
– *Ailuropoda melanoleuca* 453
Pan satyrus 41, 201, 216 ff., 235, 244, 245 f., 250 f., 253, 266, 372, 374, 384, 386, 406, 411, 412, 439, 440 ff., 460 f., 531 f., 579, 583 ff., 593 f., 599 ff., 611, 613 f., 691, 747, 758
– Allianzen 599
– Beistehen im Streit 599
– Freundschaften 599
– Gruppenaggression 617
– Kontaktsuche 532
– Rang 599
– Rangordnung, Begrenzung von Konflikten 601
– Rivalisieren der Männchen 616
– soziale Intelligenz 615
– Unabhängigkeitstraining 594
– Vermitteln 600, 601
– Versöhnen 600
– Zwischengruppenaggression 617
pant hooting, Schimpanse 720
Pantoffeltierchen *(Paramecium)* 429
Panurus biarmicus 40, 236, 256, 343
Papagei 439
Papageien *(Agapornis)* 317
Papageifische *(Scaridae)* 179
Papilio memmon Tafel IV
Papio anubis 410, 610
– *cynocephalus* 236, 610
– *hamadryas* 187, 209, 521, 579, 588, 606, 747

– *ursinus* 523, 610, 611
Papuas 683, 704, 708, 716, 718, 725, 775
– Arapesh 399, 770
– Eipo 685, 753
– Huri, Augengruß 699, Verlegenheit 708
– Kanum-irebe 716
– Kukukuku 718
– Woitapmin, Augengruß 698
Paradiesvögel 232, Tafel III
– blauer *(Paradisaea rudolphi)* 232, Tafel III
– weißer *(Paradisaea guilielmi)* 232
Paradieswitwe *(Steganura paradisae)* Tafel VI
Paramecium 429
Parasiten 144, 275, 348, 362, 497, 504, 512 ff.
– Abwehr 144, 497, 570
Parasitismus 512 ff.
Partnerbindung 758
– Mensch, sexuelle 350, 758 f.
Partnereffekt 571
Partnerwahl 319
Parus 371
– *ater* 467
– *caeruleus* 193, 207, 467
– *major* 193, 208
Passer 365, 467, 481, 663
Passerina cyanea 642
Passiflora 277 f.
Passung 62
Patasiwa (Seran) 556
Patella 379, 470
Pathologieanfälligkeit höherer Primaten 641
Paviane (s. a. Babuin, Mantelpavian) 194, 209, 245, 280, 410, 461, 543, 583, 599, 601, 602, 610 ff., 691, 724, 726, 746 f., 766
– Spiel, Geschlechtsunterschiede 410
Pavo 198 f.
Pelecanus erythrorhynchus 209
– *occidentalis* 515
Pelikan *(Pelecanus erythrorhynchus)* 209, 283
Pelmatochromis subocellatus 98, 99, 114, 116
Pelzgroppe *(Caracanthus maculatus)* 484, 485
Pelzrobbe *(Arctocephalus galapagoensis)* 200 f.
– *Callorhinus ursinus* 529
Pemphigus caerulescens 511
Periclimenes pedersoni 503
Perinae 111
Peromyscus 466 f.
– *maniculatus bairdi* 466 f.
– *maniculatus gracilis* 466 f.
Petaurista 527
– *breviceps* 603
Petrocirtes 206
Pfau *(Pavo)* 198, 199, 343
Pfauenkaiserfisch *(Pygoplites diacanthus)* Tafel II
Pfaufasan *(Polyplectron bicalcaratum)* 198, 199
Pfeifente *(Mareca penelope)* 335
– *Mareca sibilatrix* 335
Pfeiffrosch *(Leptodactylus labialis)* 496
Pfeilhecht *(Sphyraena barracuda)* 498
Pferde *(Equidae)* 246, 247, 420, 428, 605
Pferdeegel *(Haemopis sanguisuga)* 497
Pflanzen 17
Pflanzenfresser 535
Phalacrocorax 189, 209, 365, 366
– *aristoteles* 209
– *auritus* 209
Phalaropus 563
Phantasie 413, 414, 755
Phantasiewesen 755
Phasenbeziehungen der Automatismen 78
Phasianidae 198, 199
Phasianus colchicus 199
Phausis splendidula 167, 168, 193
Pheromone 155 ff., 518, 571, 740
– Attrappen 155
Pheucticus melanocephalus 59
Philanthus triangulum 285, 379
Philemon corniculatus 381
Phobotaxien (Schreckbewegung) 622
Pholus labruscae 281
Phönixkämpfer 348
Phonotaxis 135, 623
Phoresie 515
Phoridae 497, 515, 570
Phormia regina 103, 145, 265
Photinus 276
Photurus 276

Phoxinus laevis 140, 257, 437, 592
Phrynelox scaber 276
Phylogenese 196, 331
phylogenetische Anpassungen s. stammesgeschichtliche Anpassungen
Phylloscopus collybita 193
– *sibilatrix* 193
– *trochilus* 193, 667
Physiologie 19
physiologische Falle 141, 142
Pickreaktion, Huhn 367 f.
– Lachmöwe 172
– Sturmmöwenküken 164
Pieris napi 367
Philobolus-Pilze 362
Pilzmücke *(Arachnocampa luminosa)* 361
Pimpla bicolor 144
Pinche-Äffchen *(Oedipomidas)* 563
Pinguin 532
Pinselfüßer *(Polyxenus)* 516
Pinzettfische 471, 538
Pipa americana 496
Pistolenkrebse *(Alpheus)* 268
Planarie *(Dugesia)* 429, 432
Planes minutus 515
Plastizitätskonzept 357
Plastizitätslehre 299
Platy *(Xiphophorus maculatus)* 317
Platinereis dumerilii 665
Platysamia cecropia 51, 86, 87
Plectorhynchus diagrammus 270, Tafel V
Ploceus bicolor 212, 213
Pluralismus, ethnischer 780
Pluvialis dominicus 629, 631
Pluvianus aegypticus 504
Plymouth Rock 348
Poecilogonalus thaitesii 536
Poecilonetta bahamensis 335
– *erythrorhynchus* 335
Poephila 341
polarisiertes Licht 139
Polarmöwe *(Larus glaucoides kumlieni)* 183
Polychaeten 144, 665
– *Platynereis dumerilii* 665
– parasitische 513
Polyergus 514
Polymorphismus 144, 570
Polynesier 718
Polyplectron bicalcaratum 198 f.
Polyxenus 516
Pomacanthidae 576
Pomacentridae 603
Pongo pygmaeus 235, 378, 446, 618
Populationsdruck s. Dichtestreß
Prachtfinken *(Estrildidae)* 61, 179, 236, 280, 336, 340
– *Aegintha, Aidemosyne* 340
– *Bathilda, Emblema* 340
– *Lonchura, Neochmia, Poephila* 236, 341
– *Spermestes* 236
Prachtfinken, ritualisiertes Balzfüttern 235, 340, 347
Prachtkleid 171, 176, 537, 561, 576, 598
– einschüchternde Wirkung 598
Präadaptation 182, 304, 326, 406
Prägung, Objektprägung 149, 386 ff.
– geruchliche 396
– Kriterien 386 f.
– motorische 393 f.
– sexuelle 388, 389 ff.
– Synapsenreduktion 434
Prähominidenerbe 745 ff.
Präriehund *(Cynomys ludovicianus)* 468, 604
Präsentierbewegung 239, 287
Präsentieren, sexuelles 188, 194, 209, 244, 245, 724
Präsentierstellung 724
Präzisionsgriff 752
Premnas 505
Presbytis christatus 608, 609
– *entellus* 459, 609, 610, 613
– *johnii* 608, 609
– *senex* 608, 609
primäre Sozialisierung 385
Primaten 61, 149, 154, 249 f., 531, 583, 726, 746, 752
– Aufrichtung 747
Prinzip der Antithese 194, 546 f.
Pristella riddlei 160 f.
Progesteron 68, 105, 107
Programmierung, biologische 673 ff.
Prolaktin 65, 107, 159
Pronuba yuccasella 376
Propitheus verreauxi 578 f., 605
Propriorezeptoren 82
proteanisches Verhalten s. Täuschungsmanöver

Protisten 429
Pseudopenis 209, 280
Pseudorca crassidens 440
Pseudospeziation 329
– kulturelle 756
Pseudospezies 329
Psittacus erithacus 211, 439
Psychiatrie 14
Psychidae 489
Psychoanalyse 550
Psychologie 20
Psychopharmaka 118
Psychosexualität 760 f.
Pterocles 336
Pterophyllum 623
Ptilonorhynchidae 232 ff.
Ptilonorhynchus violaceus 234
Puffinus tenuirostris 387
Pupillentest 401, 733, 741
Puten 113, 147, 166, 174, 310, 391, 541
– Kollern 116, 174
Putorius putorius 187, 243, 372 ff., 404, 407 ff.
Putzeinladung 270, 505
Putzen s. Körperpflegehandlungen
Putzerfinken *(Geospiza)* 505
Putzergarnelen *(Stenopus, Periclimenes)* 500, 503
– *Periclimenes pedersoni* 503
– *Lysmata californica* 504
Putzerlippfisch *(Labroides dimidiatus)* 205, 270, 278, 500, 502 ff.
– *Thalassoma bifasciatum* 501 ff.
Putzernachahmer *(Aspidontus taeniatus)* (s. a. Säbelzahnschleimfisch) 205 f., 270, 271, 278, 503, Tafel V
Putzertanz 205 f., 270 f., 500
Putzhandlungen 42
Putzstationen 500 ff.
Putzsymbiose 270, 500 f., 504
Pygoplites diacanthus Tafel II
Pygosteus pungitius 98, 482
Pyrrhula pyrrhula 61, 235, 247
Pytilia melba Tafel VI

Rabe (s. a. Kolkrabe) 200, 211, 372, 439
Radianthus 508
Radnetzspinnen, Netzbau 472, 474 f.
Ragwurz *(Ophrys)* 276
Rallenreiher *(Ardeola ralloides)* 524
Rana *catesbeiana* 466
– *pipiens* 123
– *temporaria* 497
Randdetektoren 123
Rangdemonstration 726
Ranghöhe 414, 766
Ranghoher 595, 615
Rangordnung 577, 595 ff., 604
– Mensch 762
Rangstreben 762
Rappenantilope *(Hippotragus niger)* 544
Rasselorgane 193
Rassenunterschiede 315
Ratten (s. a. Haus- u. Wanderratte) 63, 64 f., 68, 96 f., 101 f., 109, 119, 158, 189, 191, 243, 256 f., 299, 325, 366, 372, 374, 381, 396, 401, 404, 418, 421 f., 424 ff., 427 f., 432 f., 436, 440, 442, 521, 526, 551, 574, 577 f., 592
– Geruchsprägung 396
– Lockpheromone, mütterliche 159
– Nestbau 64, 65
Rattus norvegicus 122, 256, 381, 470, 522 f., 541 f., 584, 590
Rattus rattus 470, 521, 524
Raubfeindvermeidung 475
Raubfische 491 f., 500, 503
Raubtiere 189, 201, 280, 534, 579
Raubvogelflucht 166 f.
– Huhn 487
Raumanspruch, Mensch 768
Raumintelligenz 747
Raumkonstanz 649
Raumlageorientierung 624 ff.
Raupen 489 ff.
Reafferenzprinzip 647 ff.
Reaktionsketten 285 ff.
– der Pflanzen 292
Reaktionsstärke, Abhängigkeit von Reizstärke u. Stimmung 170 ff.
Reduktionismus der Behavioristen 23, 24
Referenzmuster, zentrale 138
Reflexe 70 ff., 118
– bedingte 71 f., 420, 422
– unbedingte 71 f.
Reflexbogen 70 f., 73
Reflexkonzept 70
Reflexologie 20
Regelkreise 648 ff.
Regeln für das Isolierexperiment 63 ff.

Regelsysteme 19
Regenbogenmakrele *(Elagatis bipinnulatis)* 498
Regenwurm 82
Regressionen 364
Regulus regulus 193, 583
Reh *(Capreolus)* 310
Reifung angeborener Auslösemechanismen 50, 64 ff., 161, 367, 355 f.
Reifung von Zielmechanismen 367 f.
Reiz, bedingt, unbedingt 141, 420
Reize, auslösende 141
– chemische 144
– wahrgenommene 141
Reizschwelle 293
– Änderungen 96 f., 118
Reizsender s. Signale
Reizsummenphänomene 170, 181
Reizsummenregel 170
Reklame 739
relative Stimmungshierarchie 304
Relativismus, kultureller 615
REM-Schlaf 553, 657
Reptilien 469, 588, 591
Reserpin 118
Resistenz gegen Modifikabilität 196
Retina 123 ff.
Revier 294, 520 ff.
Reviergesang 61, 267 f.
Reviermarkierung 526 f.
rezeptive Felder 125 ff.
Rhabditis inermis inermis 317
– *inermis inermoides* 317
Rhea americana 339
Rheobatrachus silus 496
Rhesusaffen *(Macaca mulatta)* 41, 78 f., 159, 161 f., 248, 374, 375, 396 f., 402, 425, 438, 552, 565, 584, 587, 596, 602, 610 f., 614, 777
– Schlangenfurcht 436
– soziales Lausen u. Rang 596
Rhincodon 499
Rhinoderma darwini 495
Rhinolophus 477, 478
Rhythmik, endogene 655
– jahreszeitliche 667 f.
Ribonucleinsäuren 433
Richtungsfinden s. Fernorientierung
Richtungskonstanz 649
Richtungsweisung, Biene 258 ff.
Riesenanemonen *(Stoichactis, Radianthus, Discosoma)* 505, 508
Riesengalago *(Galago crassicaudatus)* 188, 526
Riesenkänguruh *(Macropus)* 363
Riesenrochen *(Manta)* 499
Riffbarsch *(Chromis)* 482
– *Abudefduf leucozona* 524
– *Dascyllus trimaculatus* 329, 508
– *Microspathodon* 114
Riffbarsche *(Pomacentridae)* 603
– *Pomacentrus partitus* 524
Rinder 102
Ringeltaube *(Columba palumbus)* 381, 484
Rissa tridactyla 488
Ritualisation 192, 196 f.
– kulturelle 197
– ontogenetische 197, 248
– phylogenetische 197 f.
– stammesgeschichtliche 197
Rivalenkampf 523, 534 ff.
Rodentia 267, 402
Röhrenaale *(Heterocongridae)* 484, 486
– *Gorgasia maculata* 486
– *Xarifania hassi* 486
Rollenwechsel (Spiel) 404, 407 f.
Rollertauben 344 ff.
Rosennackenlaubenvogel *(Chlamydera nuchalis)* 233, 234
Roßameisen *(Camponotus herculeanus)* 156
Rossigkeitsgesicht 246
Rostgans *(Casarca ferruginea)* 335
– *Tadorna tadorna* 335
Rote Waldameise *(Formica rufa)* 514
Rotfeuerfisch 482
Rotfußtölpel *(Sula piscator websteri)* 496, 497
Rothirsch *(Cervus)* 339, 598
Rotkehlchen *(Erithacus rubecula)* 139, 162, 621, 643
Rotkopfamadine *(Amadina erithrocephala)* 341
Rotmaulbarsch *(Haemulon)* 538
Rotschnabelente *(Poecilonetta erythrorhynchus)* 335
Rotzahndrückerfisch *(Odonus niger)* 482, 500
Rückenfüßler *(Dromia)* 490

Rückenmarkspräparat 73 f., 117
Rudelgeruch 256
Ruderfüßler *(Steganopodes)* 208, 209
Ruderkrabbe *(Planes minutus)* 515
Rudimente 339, 675
Rufe 211
Ruf des Verlassenseins 364, 676
Ruineneidechse *(Lacerta sicula)* 661
Runula 179, 180, 206, 472
Rußalbatros *(Phoebetria fusca)* 239, 241

Säbelschnäbler *(Recurvirostra avosetta)* 310
Säbelzahnschleimfisch *(Aspidontus taeniatus)* 180, 205, 206, 270, 278, 472
– *runula* 179, 180, 206, 472
Sacculina 348, 629
Saimiri sciureus 61, 404, 405, 602, 603, 724
Salamandra atra 564
Salticidae 116
Samburu-Mädchen 703, 704
Samoaner, Augengruß 696
Samtfalter *(Eumenis semele)* 141, 144, 174, 623
Sandbienen 276
Sandflughühner *(Pterocles)* 336
Sardelle 492
Sättigung 101 f.
Saturniidae 158, 265
Satelittenmännchen (Frösche) 466
Saugen 101 f., 363
– Motorik 674
Säugetiere 131, 159, 160, 187 ff., 242, 250, 330, 363, 395, 401 ff., 418, 521, 526, 535, 536 f., 756, 757
Säugling 102, 364, 384, 398 ff., 661, 674 ff., 683, 727 f., 771, 773
– angeborener Auslösemechanismus 674 ff.
– Erbkoordinationen 674 f.
– Entwicklung 396
– Handgreifreflex 675
– Klettern 675
– Saugen 102, 674, ritualisiertes 237
Saugtrinken 336
Scaridae 179
Sceloporus undulatus 161, 231, 522, 576
Schabe *(Blattela germanica)* 83, 571
Schabrackenschakal *(Thos mesomelas)* 200, 201
Schafe 254, 396, 577, 598
Schakale 563
– *Canis mesomelas* 564
– Jungenaufzucht 563, 564
Schama *(Copsychus malabaricus)* 211, 254
Scheinangriffe 93, 247, 271, 490, 493
Scheinputzen 204, 310
Schellente *(Bucephala clangula)* 196
Schiffshalter *(Echeneis)* 499
Schildkröte 638
Schimpanse *(Pan satyrus)* 41, 201, 216 ff., 235, 244, 245 f., 250 f., 253, 266, 372, 374, 384, 386, 406, 411, 412, 439, 440 ff., 460 f., 531, 532, 579, 583, 584, 585, 593 f., 599 ff., 611, 613 f., 691, 718 f., 747 ff., 754, 758
– aggressives Imponieren 721
– Allianzen 599
– Ausstoßreaktion 532, 533
– Beistehen im Streit 599
– Drohhandlungen 718, 720, 721
– Freundschaften 599
– Gruppenaggression 617
– Gruppenleben 614
– Gruß 719
– Koalitionen, Männchen-Weibchen 748
– Kontaktsuche 532
– Malerei 414, Tafel IX
– Rang 599
– Rangordnung, Begrenzung von Konflikten 601
– Reziprozität 748
– Rivalisieren der Männchen 616
– soziale Intelligenz 615
– submissives Verhalten 720
– Teilen, Reziprozität 579
– Töten von Artgenossen 617, 752
– Unabhängigkeitstraining 594
– Umarmen 720
– Unterweisen der Weibchen 600
– Waffengebrauch 445
– Werkzeuggebrauch, Weibchen 748
– Zeichensprache 216 ff.
– Zwischengruppenaggression 617
– Vermitteln 600, 601
– Versöhnung 600
Schistocerca gregaria 367
Schlaf, Schlafappetenz 656 ff.
– REM-Schlaf 657, 658

– Mensch 657
Schlafhormone 658
Schlangen 191, 440, 450
Schlangenmimikry 282
Schleimfische *(Blenniiden)* 206, 271, 538
Schleimfisch *(Emblemaria pandionis)* 193, 341, 343, 538
Schlüpfen 86
– *Cecropia*-Falter 87
Schlupfwespe *(Alysia manductor)* 144
– *Lissopimpla semipunctata* 277
– *Nasonia vitripennis* 144
– *Nemeritis canescens* 327
– *Pimpla bicolor* 144
– *Poecilogonalus thaitesii* 536
Schlüsselcharaktere 328
Schlüsselerfindungen 673
Schlüsselreize 121, 138 ff., 141, 143 f., 146, 179, 295, 727 ff.
– akustische 144, 741
– chemische 144
– geruchliche 159 f.
– optische 160, 167 f., 171 f., 727 ff.
Schmalnasenaffen, soziale Organisationstypen 605 ff.
Schmeißfliege *(Phormia regina)* 103, 145, 265
Schmerz 550
Schmetterlinge 111, 157 f., 281, 329, 361, 591
– *Caligo eurylachus* 282
– *Heliconius* 277
– *Hoplitis milhauseri* 363
Schmetterlingsfische *(Chaetodontidae)* 178, 471, 538
– *Chelmon rostratus* 471, 538
– *Forcipiger longirostris* 471
– *Heniochus* 538
Schmollen 688, 771, 772
Schmuckbartvogel *(Trachyphonus d'arnaudii)* 236, 237
Schmuckfedern 193, 204
Schmutzgeier *(Neophron percnopterus)* 474
Schnabelflirt s. ritualisiertes Füttern
Schnappschildkröte *(Chelydra serpentina)* 380
Schnatterente *(Chaulelasmus streperius)* 333, 335
Schnauzenzärtlichkeit 201
Schnecken *(Heliosoma nigricans)* 257
– *Nassalia obsoleta* 643
Schom-Pen (Nicobaren), Lächeln, Gruß 253, 711
Schönheitsideal, männlich, weiblich 736, 737 f.
Schopfente *(Lophonetta specularioides)* 333
Schreckstoffe 156, 257
Schreiweinen 676
Schrittmachermodell 79 f.
Schulterbetonung 735, 736
– Japaner 736
Schüsselrückenfrosch *(Hyla goeldii)* 495, 496
schützende Ähnlichkeit s. Mimikry
Schützenfisch *(Toxotes jaculatrix)* 472, 473
Schutzstoffe, Anemonenfisch 506 f.
Schutztracht, Fisch Tafel VII
Schwalben 25, 521, 583
– *Hirundo rustica* 583
Schwänzeltanz (Biene) 58, 258 ff.
Schwanzlurche 337
Schwanzmeise *(Aegithalos caudatus)* 583
Schwärmer *(Leucoramphia ornata)* 281 f.
– *Pholus labruscae* 281
Schwärmerraupen *(Erinnyis ello)*, Verhalten der Morphen 490
Schwarmfische 156, 160, 492, 582
Schwarmschwimmen 98, 99, 294
Schwarzkäfer *(Eleodes longicollis)* 281, 479
– *Lepidochora* 479, 480
– *Megasida obliterata* 281
– *Onymacris unguicularis* 479, 480
Schwarzkäfer, Wasseraufnahme 479
Schwarzköpfchen *(Agapornis personata)* 578
Schwarzkopfkernbeißer *(Pheucticus melanocephalus)* 59
Schwarzplättchen *(Sylvia atricapilla)* 394, 634, 635, 667, 668
– circannuale Periodik 667, 668
– Zugunruhe 643
Schwarzspecht *(Dryocopus martius)* 208, 363
Schwarzstirnwürger *(Lanius minor)* 642
Schwebfliege *(Eristalis)* 647 f.
Schwellenerhöhung 118

– Erniedrigung 118
– Veränderung 196
Schwellkörper 191, 193
Schwertträger *(Xiphophorus helleri)* 114, 317
Schwertwal *(Pseudorca crassidens)* 440
Schwimmen, ritualisiertes 208
Schwimmbewegungen, Blutegel 90 ff.
Sciurus vulgaris 57, 191, 268 f. 293, 337, 369 ff., 409, 427, 439, 482, 594
Sedimentfresser *(Dictyodora)* 351
Seeigel *(Diadema)* 511
Seeigelfisch *(Siphamia versicolor)* 511
Seelöwe *(Zalophus wollebaeki)* 181, 200, 201, 243, 256, 269, 409, 410, 528, 577, 578, 590
Seenadeln *(Syngnathidae)* 232, 563
Seeotter *(Enhydra)* 474
Seepferdchen *(Hippocampus)* 116, 117, 563
Seeschwalben *(Sterna hirundo)* 234, 235, 258
Seherfahrung 131 f.
Seidenlaubenvogel *(Ptilonorhynchus violaceus)* 234, Tafel III
Seidenreiher *(Egretta garzetta)* 524
Seidenschwanz *(Bombycilla garrulus)*, Leerlaufjagen 111
Seidenspinner 136, 139, 157
Selbstbeobachtung 20
Selbstdifferenzierung 49, 55
Selbstkontrolle, rationale 751, 755
Selbstorganisation von Nervennetzen 433
Selbstreizung, elektrische 427, 428
Selektion 192, 282, 449 f., 457 f., 619
– Einheiten der 457
– Individual- 458
– Gruppen- 560 ff.
– Verwandtschafts- 457, 458
Selektionsexperimente *(Drosophila)* 326 ff.
Selektionsdrucke 194, 371, 449
– einander entgegengesetzte 175
Selektionsprinzip 197
Selektivität des AAM 164, 347
Semantisierung 198
– empfangsseitige = Entwicklung von Auslösemechanismen 192
– sendeseitige = Ritualisierung 198
Senegalgalago *(Galago senegalensis)* 526
Sensibilisierung 433
Sensibilität 356, 417
sensible Perioden 68, 133, 387, 389 ff., 396, 400
Serotonin 433
Sexualakt, partnerbindende Funktion 758
Sexualdimorphismus 180
Sexualduft 140, 291
Sexuallockstoffe 155, 157, 276
Sexualpathologie 401
Sexualrolle 400 f.
Sexualsignale, Mensch 738
Sexualtrieb 97, 758
Sexualverhalten 202, 611
– Stichling 103 f.
– im Dienste der Gruppenbindung 611
sexuelle Bindung 587
sexuelle Handlungsbereitschaft 173
sexuelle Zuchtwahl 328
Sichelente *(Anas falcata)* 333
Sichelnektarvogel *(Nectarinia reichenowi)* 455
– Revierverteidigung 455
Sichelschnabel *(Heterorhynchus)* 476
Sichern 307, 480 ff., 691
– Mensch 483
Siebenschläfer *(Glis glis)* 337
Signalbildung s. Ritualisation
Signalempfänger 197 f.
Signalevolution 182
Signalfälschung 155, 180, 279 ff.
Sikahirsche *(Cervus hippon)* 571, 668
Silberfischchen *(Atelura)* 513
Silbermöwe *(Larus argentatus)* 42 ff., 144, 166, 175, 183, 214, 257, 310, 312, 532, 590
Siluriden-Welse 336
Simultanmethode 164
Singammer *(Melospiza georgina)* 59, 60 f., 521, 522
Singvögel 105, 106, 193, 194, 195, 201, 406, 522
– Gonadentätigkeit 105, 106
– Rufe 194, 231
Sinnesleistungen 139 ff.
Sinnesphysiologie 139 ff.
Siphamia versicolor 511
Siphonaria gigas 470
Sippenduft s. Gruppenduft

Sippenverbände 519, 602 ff.
Sitta pusilla 474
Sizilianer, Verneinen 711
Skinner-Käfig s. Aufgabenkäfig
Skinner-Methode 161, 421, 422, 423, 427
Sklavenhalterameisen 157, 514
Skorpionsfliegen *(Hylobittacus apicalis)* 280
Smaragdeidechsen *(Lacerta viridis)* 638
Solenopsis fugax 514
Soll-Lage 627, 630
Sollmuster 138, 393
Sollrichtung 627 f.
Sollwerteinhaltung 647 f.
Sollwertverstellung 647 f.
Somateria mollissima 253
Sonjo 584
Sonnbadestellung 469
Sonnenkompaß 259 ff., 519 ff.
Sonnennavigation 644
Sonnenorientierung 636 ff.
Sozialerfahrung 552
soziale Attraktion 591
soziale Hemmung 63
soziale Hautpflege 188, 189, 238, 244, 583, 584, 586
soziale Potenzen 588
soziale Isolation 113 ff., 399, 553
soziale Organisationstypen der Schmalnasenaffen 607 ff.
soziale Traditionen 380 ff.
soziales Verhalten 163 ff., 190 ff., 415 ff., 477 ff.
Sozialverhalten, Mensch 616 ff.
Soziobiologie 18, 20, 452 ff., 561, 619
– kritische Anmerkungen 15, 621
Spatula clypeata 335
Specht 476
– Ablösungsklopfen 196, 208
Spechtfink *(Cactospiza pallida)* 208, 236, 372, 451, 476 f.
Sperlinge *(Passer)* 365, 467, 481, 663
– *Spizella passerina* 467
Spermatophore 278, 291
– Attrappen 278
Spermestes 236
Sperrachen 175, 179, Tafel II
Sperren, Amsel 164, 165
– Buchfink 174
– Star 365
Spezialisten auf Unspezialisiertsein 376, 757
spezifische Handlungsbereitschaft 95, 97, 118, 295
Spheniscus mendiculus 488
Sphyraena barracuda 498
Spiel 401 ff., 746
– Definition 403
– Geschlechtsunterschiede 410
– Geschlechtsunterschiede, Mensch 599
Spielappetenz 408
Spielformen 404 f.
Spielgesicht 250 ff.
Spielrituale 756
Spielsignale 405
Spieltrieb 401 f.
Spießente *(Anas acuta)* 180, 320, 335
– *Dafila acuta* 335
– *Dafila spinicauda* 335
spinaler Kontrast 116
Spinnen 51, 144, 272, 472
– *Cupiennius salei* 51, 155
Spitzhörnchen *(Tupaia belangeri)* 527, 571 f., 752
– *glis* 337
– Duftmarkieren 527
Spitzkrokodil *(Crocodylus acutus)* 504
Spitzmaus 656
Spizella passerina 467
split brain-Versuche 431
Spontaneität 24, 27, 96, 118
sprachähnliche Mitteilungen 214 ff., 753
Sprache (s. a. Wortsprache) 214 ff., 258 f., 673, 753 f.
Sprachmelodie 753 f.
Sprechen s. Sprache
Sprechtrieb 214, 753
Springspinnen *(Salticidae)* 116
Sprödigkeit, Funktion der weiblichen 562
staatenbildende Insekten 588
Stabheuschrecke *(Carausius)* 83, 84
Stachelmakrelen *(Caranx ruber)* 492, 498, 565
Stachelschwein *(Hystrix)* 191, 193
Stachelschweinartige 402
Staganopleura guttata 347
städtebauliche Maßnahmen zum Abbau des Mißtrauens 778

Stallhaltung, Ameisen–Blattlaus 512
Stammesgeschichte 18, 330
stammesgeschichtlich angepaßt 55 f.
stammesgeschichtliche Anpassungen 18, 49 ff., 55 ff., 131, 147, 164, 371, 559, 742
stammesgeschichtliche Entwicklung 250 ff., 325 ff.
Stammhirnreizung, elektrische s. Hirnreizung
Stammhirnwesen 674
Star *(Sturnus vulgaris)* 310, 365, 505, 521, 583, 631, 636 ff., 639, 640, 667
– Leerlaufjagen 111
Steatopygie 737
Steatornis 139
Stechmücke 144 f.
Steganopodes 208 f.
Steganura paradisae Tafel VI
Steinbock *(Capra ibex)* 544
Steinmarder *(Martes foina)* 412
Stenopus 503
Steppenhühner *(Syrrhaptes)* 336
Steppenzebra *(Equus quagga)* 605
Stereotypien 39, 49, 691
Sterna hirundo 148, 234 f.
– *paradisaea* 148
Sternenorientierung 642 ff.
Sternwurm *(Aspidosiphon)* 510
Stichling 53, 98, 102, 111, 138, 164, 165, 172, 205, 286 ff., 294 ff., 310, 312, 328, 343, 529, 576
– Bedeutung der Rotfärbung 180
– dreistacheliger *(Gasterosteus aculeatus)* 482, 525, 576
– zehnstacheliger *(Pygosteus pungitius)* 98, 482
– schwarzbäuchige Form 343
Stichprobenerhebung 39
Stilisierung 197
stimmende Faktoren 97 ff.
Stimmfühlungslaut 99, 100, 254 f.
Stimmung 95, 172, 173, 623
Stimmungshierarchie s. Hierarchie
Stimmungsübertragung 557, 571
Stockente *(Anas platyrhynchos)* 147, 180, 203 f., 320, 333, 390, 391, 393, 642
– Balz 203 f.
Stockgebrauch, Schimpanse 445 f.
Stockgeruch 593
Stockversuch, Schimpanse 412, 440, 442 f.
Stoichactis 505
Stomachis 512
Stomatopoda 282
Störche *(Ciconiidae)* 243, 631
Strandfloh *(Talitrus saltator)* 323, 641
Strandkrabben *(Carcinus maenas)* 454
– Öffnen von Muscheln 454
Strategien, evolutionsstabile 462 ff.
Strauße *(Struthio, Nandu)* 339
Streifengans *(Anser indicus)* 254
Streptopelia risoria 389
Stress 571
Strudelwürmer 22
Strumpfbandnatter *(Thamnophis)* 145
Stufenversuch 261 f.
Stummelschwanzmakaken *(Macaca fuscata)* 339, 382 f., 610, 613
Sturmmöwe *(Larus canus)* 164
Sturmtaucher *(Puffinus tenuirostris)* 387
Sturnus vulgaris 310, 365, 505, 521, 583, 631, 636 ff., 639, 640, 667
– Leerlaufjagen 111
Sturzbachfische *(Gastromyzonidae)* 336
– *Homalopteridae* 336
subjektivistische Begriffe 21
– Psychologie 20
submissives Verhalten 378
Subspeziation, sympatrische 212
Substratbeweider 472
Substratbrüter 535
Successivmethode 164
Suchautomatismus 363 f.
– Säugling 121, 674
Sula dactylatra granti 340, 497
– *leucogaster* 209
– *nebouxi* 341 f.
– *piscator websteri* 496
– *sula* 209
Sumpfschnecke *(Lymnea stagnalis)*, Atemrhythmus 92 ff.
Superposition 75 f.
Suppenschildkröte *(Chelone mydas)* 635
Suricata 381
Sylvia 632 ff., 642, 667 f.
– *atricapilla* 394, 634 f., 667 f.
– *communis* 59
– *sarda* 633
Symbiosen 268 ff., 497 ff.

Symbole, verbindende 557
Symbolsprache 266
sympatrische Arten 193
Symphalangus syndactylus 607
Symphyle (s. a. Ameisengäste) 155, 512
synaptische Plastizität und Lernen 433
Synchelidium 665
Synchronisation der Eiablage 494
Synechtren 513
Synenthognathi 485 f.
Syngnathidae 232
Synodus 484
Synöken 513
Syrrhaptes 336

Tadorna tadorna 204 f., 335
Taeniopygia castanotis 161, 179, 267, 367, 395
– *guttata castanotis* 391, 393
tagaktive Tiere 655
Tageslänge, Gonadentätigkeit 105 f.
Tag-Nacht-Rhythmus s. circadiane Periodik
Talitrus saltator 641
Tannenmeise *(Parus ater)* 467
– Biotoppräferenzen 467
Tanzfliegen *(Empididae)* 235
– *Empis borealis* 235
– *Empis poplita* 235
– *Empis tesselata* 235
– *Empis trigramma* 235
– *Hilaria maura* 235
– *Hilaria quadrivittata* 235
– *Hilaria sartor* 235
Tanzsprache, Biene 258 ff.
– Evolution 265
Tapirrüsselfisch *(Gnathonemus)* 408
– *Gnathonemus petersi* 155
Tarnen 489 ff.
Tarsius 752
Taubblindgeborene 679 ff., 710
Taubgeborene 176
Tauben 54, 57, 59, 336, 344 ff., 421, 439, 480, 484, 596, 643 f.
Taubenmännchen, Balz 105, 344 ff.
Taufliege *(Drosophila)* s. Essigfliege
Taurotragus oryx 545
täuschende Signale 490 f.
Täuschungsmanöver 487
Taxien 53, 622 f.
Teddybär, Entwicklung des Kindchenschemas 731
Teichrohrsänger *(Acrocephalus scirpaceus)* 561 f.
– Gesangsrepertoire als Indikator der Vitalität 561
Teilen 579 f.
Teleogrillus commodus 318
– *Teleogrillus oceanicus* 318
Tenebrio 363, 571
Termiten 202, 330, 468, 567, 569
– *Bellicositermes natalensis* 569
– *Eutermes* 569
– *Macrotermes natalensis* 470
Termitenangeln, Schimpanse 443 ff.
Termitenbauten 341, 468, 470
Territorialität 520 ff., 768
– Definition 520
– Mensch 768
Territorium (s. a. Revier) 520 ff., 620
– Definition, ethologische 520
Testosteron 68, 109 f., 427, 528
Testudo elephantopus 505, 655
Tetraenura regia 62
Tetrao urogallus 167
Tetrapoden, Wahrnehmung bei 360
Teufelsblume *(Idolum diabolicum)* 278
Thalassoma bifasciatum 501 f., 597
Thamnophis 145
Thayers Möwe *(Larus thayeri)* 183
Theropithecus gelada 280, 606
Thomsongazelle *(Gazella thomsoni)* 544
Thos mesomelas 200 f.
Tier-Mensch-Vergleich 338, 718
Tilapia macrocephala 31, 107
– *macrochir* 234, 279
– *mariae* 207, 546, 575
– *mossambica* 166 f.
– *nilotica* 494, 535
– Paarzusammenhalt 582
– *zilii* 535
Tintenfisch 428, 430, 436, 488 f.
– *Octopus aegina* 489
Todesschrei 257
Tölpel 238
– blaufüßiger *(Sula nebouxi)* 341 f.
– Maskentölpel *(Sula dactylatra granti)* 340, 497
– rotfüßiger *(Sula piscator websteri)* 496

Topotaxien 622 f.
Totenkopfäffchen *(Saimiri sciureus)* 61, 149 ff., 404 f., 554, 602 f.
– Auslöser, vokale 149, 154
– Lautrepertoire 149
– Imponieren 724
– Selbstreizung 776
Töten von Artgenossen 535 ff., 617, 752
Tötungsbiß 372 f.
Tötungshemmung (s. a. Demutsgebärden, Beschwichtigung) 536, 556, 557, 751, 775
– und Waffe 751
Toxotes jaculatrix 472 f.
Trachyphonus 256
– *d'arnaudii* 236 f.
– *usambiro* 268
Tradition 383 f.
– freilebender Makaken 383 f.
Traditionshomologien 331
Tragelaphus 544
Tragling 678
Tramaradicis 512
Transponiervermögen 258 ff., 424
Treiberameisen *(Dorylus wilverthi)* 566
Tribolium confusum 571
Trichoptera 489
Trichterspinne *(Agelena labyrinthica)* 646
Trieb (s. a. Handlungsbereitschaft u. Stimmung) 100, 110
Triebbefriedigung 101 f., 104
Triebhandlung 386 f., 389
– arteigene 25
Triebhypertrophie 344
Triggersystem 127 ff.
Trigona postica 256
Trinken 101 f.
Triportheus elongatus 487
Tritonia, Fluchtreflex 86, 88
Triturus 289, 291
– *alpestris* 291, 497
Triumph 706, 711
Triumphgeschrei, Graugans 242, 246 f.
Trobriander 685
Trommeln, Affen 266
– Specht 196, 208
Trompetenfisch *(Aulostomus maculatus)* 472
Trophallaxe 202
Tropheus moorii 246
Tropidurus 473, 539 f.
– *albemarlensis* 541
– *delanonis* 540
Tropikvogel 496
Tropismenlehre 22
Tropotaxis (Symmetrieeinstellung) 622
Trottellumme *(Uria aalge)* 189, 256
Truthuhn *(Gallopavo meleagris)* (s. a. Pute) 541
Trutta iridea 428
Tümmler *(Tursiops gillii)* 440
Tugenden, ihre Perversion 782
Tupaiidae 159, 337, 571 ff., 752
Tupaia belangeri 527, 571 ff.
– *glis* 337
Turdus merula 165 f., 194, 381
Turkana-Frau, Flirt 705
Türkenente *(Cairina moschata)* 335
Turmfalke *(Falco tinnunculus)* 408
Turnices 563
Turtoides 480
Turnierkämpfe (s. a. Kommentkämpfe) 462 f., 517, 536 ff.
Tursiops gillii 440
typische Intensität 196

Überflußhandlung 111
Überlagerungen 186, 192, 307
Überlebensstrategien 449 f.
Übersprungbewegung 191, 204, 310 ff.
Überträgersubstanzen 118
Übervölkerung s. Bruce-Effekt
Uca 189, 190, 537
– *annulipes* 190
– *lactea* 190
– *pugilator* 190
– *rhizophorae* 190
– *sigmata* 190
Uganda Kob *(Adenota kob thomasi)* 523
Ultraschallhören 139, 144, 281
Ultraschallrufe 140, 144, 266, 479
Umkehrdressur 428
umorientiertes Verhalten 312
Umstimmung 301 ff.
Umwegversuch 440 f.
Umwelt 25, 139, 466 f.
Umweltanpassung 466 ff.
Umwelteinwirkungen (s. a. Erfahrung) 54, 139, 316, 769

unbemerkte Filmaufnahmen 685 ff.
Universalien 216, 684
Universalität, Mensch 757
Unterdrückung 308
Untergrundangleichung 490
Unterordnung 596
Unterschiedsschwelle 140
Unverträglichkeit 767
Uria aalgae 189, 256
Ursprung der Gesellschaft 586
Urvertrauen 398

Variation, genetische 325
vegetative Erregungsäußerungen 191
Veilchenschnecke *(Janthina)* 515
Velia currens 144, 641
Ventilsitten 558
Verachtung 706
Verbände 254
Verbandsformen 591 f.
– anonyme 592
– geschlossene 592
– individualisierte 595 ff., 602 ff., 777
– offene 592
Vererbung 315 ff.
Verfallserscheinungen, domestikationsbedingte 346 ff.
Verfolgungsspiele 408 f.
Verhalten 17
– Definition 17
– Spontaneität 22
Verhaltensevolution, Sternstunde der 746
Verhaltensforschung, biologische 19, 20
– kybernetische 19
– vergleichende 24 ff.
Verhaltensfossilien 350 f.
Verhaltensgenetik 61, 315 ff.
Verhaltensinventar s. Ethogramm
Verhaltensmimikry 281
Verhaltensmorphologie 18
Verhaltensökologie 452 ff.
Verhaltensphysiologie 18
Verhalten, proteanisches 487
Verhaltensumschlag 180
Verhaltensweisen, angeborene 27
Verhindern 308 f.
Verlegenheit 682, 704 f., 707
Verlegenheitsgebärden 191, 706 ff.
Verleiten 272, 493
Vermeideverhalten 422
Verneinen 683, 708 ff.
Verrechnung der Sonnenwanderung, s. Sonnenkompaß
Verspotten 712
Verstärkung 425, 427
Versuch-und-Irrtum-Lernen 421
Verwandeln 308
Verwandtschaftsgrad 457
Vibrationssignale 155
Viduinae 61 f., 179, 280, 327 f., 512
– *Euplectes progne* 328
– *Tetraenura regia* 62
Vielfachschreiber 39
Vielfraß *(Gulo gulo)* 525
Virago castanea 335
visuelle Klippe 122
Vitalisten 20
Viverra 438
Vögel 363, 404, 563, 588, 661
Vogelgesänge 38, 49, 58 ff., 195, 211, 327, 394, 407
– Aufzeichnung 38
Vogelrufe 195
Vogelschwarm 256, 480, 565
Vogelzug 629 ff.
Vokalisationsareale, primäre 154 f.
– Spektrum 405
Völkerkunde 691
Voraugendrüsen 159
Vorausleistungen 361
Vorhorde, Schimpansen 614
Vorläuferargument (precursors) 55, 67
Vorprogrammierungen 673 ff.
Vorstellen 531 f.
Vorstufen, gelernte 55, 67
Vorzugstemperatur 317, 466 f.
Vulpes 188, 210

Wabenkröte *(Pipa americana)* 496
Wachesitzen, Primaten 724 f., 726, Tafel IX
Wachsrose *(Anemonia sulcata)* 508
Wachstumsbewegungen 17
Wachtel, japanische *(Coturnix coturnix japonica)* 420
Wachtelhühnchen *(Turnices)* 563
Wächterfiguren 725
Wächtergesang 481
Waffengebrauch, Schimpanse 445
Wahrnehmung, kategoriale 216

Waika-Indianer 683, 685, 688, 700, 717 f., 743 f., 753, 759, 774
– Augengruß 700
– Drohgruß 744
– Feste 744
Waldlaubsänger *(Phylloscopus trochilus)* 193, 195
Waldweber *(Ploceus bicolor)* 212 f.
Walhai *(Rhincodon)* 499
Wanderfalke *(Falco peregrinus)* 93, 492
Wanderheuschrecken 145
Wanderratte *(Rattus norvegicus)* 122, 256, 381, 470, 521 ff., 541 ff., 584, 590
Wanderu *(Macaca silenus)* 412
Wanderungen 629 ff.
Wanzen 145
Wapiti 604
Warnen 257, 490, 511
– Rufe 149, 154, 214, 257
Waschbär 23
Wasserfloh *(Daphnia)* 622
Wasserkäfer *(Dyctiscidae)* 626
– *Acilius sulcatus* 626 ff.
Wasserläufer *(Velia currens)* 144, 641
Wassermolche *(Triturus)* 289, 291
Wasserschildkröte 638
Wassertiere 257
Wassertreter *(Phalaropus)* 563
Weberameisen *(Oecophylla longinoda)* 568
Weberknecht *(Leiobunum cactorum)* 564 f., 575
Webervögel 562
Wechselgesänge 256
Wedellrobbe *(Leptonychotes)* 139
Wegelernen (Grabwespe) 377 f.
Weinen 249, 557, 680, 682, 690, 740
Weißbüscheläffchen *(Callithrix jacchus)* 724
Weißfische *(Pimephales promelos)*, Feindassoziation bei Schreckstoffwahrnehmung 257
Weißflankenschnäpper *(Batis molitor)* 212
Weißkopfammer *(Zonotrichia leucophrys)* 394 f.
Weißlinge *(Pieris napi)* 367
Wellensittich *(Melopsittacus undulatus)* 390
Weltanschauung 781
Werbegesänge 193, 280
Werbezeremonien 231 ff.
Werbung für Nahrungsmittel 715, 718
Werkzeuggebrauch 372, 440 ff., 451, 476 f., 748, 750
Werkzeuggebrauch bei Schimpansen, lokale Tradition 446
Werkzeughandlungen 306, 451, 474
Werkzeugintelligenz 647 f.
Wertbegriff 439
Werturteil, angeborenes 348
Wespen 183, 202, 491, 536
– *Gorytes mystaceus* 277
– *Metapolybia actecoides* 569
– *Polistes metricus* 569
Wespenbussard *(Perinae)* 111
Wespennachahmer 183, 281
Wiederkäuer 655
Wildbachfische 470
Wildschafe *(Ovis canadensis)* 544, 598
Wildtier-Haustier-Vergleich 345
Willkürmotorik 747
– und Lateralisation 446
Winkerkrabbe *(Uca)* 189 f., 196, 537, 665
Winkschere 189 f.
Winktypen 189 f.
Wimpelfisch *(Heniochus intermedius)* 523
Wirbeltiere 429
Wirkungsgefüge 42 ff., 302 ff.
Wirtsfindung 144 f.
Wischreflex, Frosch 78
Witwenvögel *(Viduinae)* 61 f., 179, 280, 327 f., 515
– *Euplectes progne* 328
– *Tetraenura regia* 62
Woitapmin (Neuguinea), Augengruß 698
Wolf *(Lupus)* 117, 185, 188, 201, 349, 521, 543 f., 566, 579, 604, 726
Wolfspinnen *(Lycosidae)* 641
Wollaffe *(Lagothrix)* 596
Wortsprache (s. a. Sprache) 214 ff., 753
Wortsymbole 224 ff.
Würger *(Laniarius aethiopicus)* 256
– *Laniarius funebris* 268
Würmer 351
Wüstenbewohner 336
Wüstenmäuse *(Gerbillidae)* 336, 468, 646
– *Meriones unguiculatus* 646
Wüstenspringmaus *(Dipodidae)* 336

Wutanfall 555, 689, 708
– Mimik, Mensch 555, 689, 706, 708
Wutkopulation 726
Wutverhalten s. Drohen

X-Chromosome 760
Xarifania hassi 486
Xenocys jessiae 493
Xenophobie 530 f., 745
Xenopus laevis 143 f., 419
Xiphophorus helleri 102, 110, 114, 317
– *maculatus* 317

Yanomami-Indianer s. Waika-Indianer
Yucca-Motte *(Pronuba yuccasella)* 376

Zackenbarsch 482
– *Mycteroperca olfax* 492
Zählvermögen 439
Zähnezeigen, Primaten 250 ff.
Zahnkarpfen *(Gambusia)* 504
Zahnkärpfling *(Lebistes)* 173
Zahnschutzreaktion 740
Zahnwale 422
Zalophus wollebaeki 181, 200 f., 243, 256, 269, 409 f., 523, 605
Zanclus cornatus 472
Zärtlichkeitsfüttern s. ritualisiertes Füttern
Zauneidechse *(Lacerta agilis)* 539
Zaunleguan *(Sceloporus undulatus)* 161, 231, 552, 576
Zebra 247, 504, 543
Zebrafinken *(Taeniopygia castanotis)* 161, 179, 267, 348 367, 386 f., 391, 393 ff.
– Neurobiologie der Prägung 435
Zecke 26
Zeichensprache, Schimpanse 216 ff.
Zeitgeber 661 ff.
Zeitlupe 38, 685, 692 f.
Zeitraffer 38, 685, 689 ff.
Zeittransformation 685 f.
Zellen 17
zentrale Erregungsproduktion (s. a. zentrale Ladungsvorgänge) 121
– Automatismus 77 f.
– Koordination 70 ff.
– Ladungsvorgänge 75 ff.
– Neuordnung von Automatismen 78
Zentrenhierarchie 296 ff.
Zentrenlehre 299
Zerkarien 362
Zibetkatze *(Viverra)* 438
Zickzacktanz (Stichling) 104, 205, 287, 307
Ziege 101, 122, 395, 409
Zielvorstellung 425
Ziesel *(Citellus citellus)* 257
– *lateralis* 667
Zilpzalp *(Phylloscopus collybita)* 195
Zirbeldrüse 663
– circadiane Periodik 664
– Synchronisation mit Hell-Dunkel-Wechsel 663
Zirkusdressuren 420, 428
Zonotrichia leucophrys 148, 394 f.
Zootiere 196, 271
Zuflucht 468, 482, 521
Zugvögel 632 ff., 642
Zungenschlagen 102
Zungezeigen 710, 712
Zuni-Indianer 770
Zuwendung, Abhängigkeit von Reizstärke 180
Zweckpsychologie 20
Zwergchamäleon 441
Zwergcichliden 208
Zwergdrachenflosser *(Lorynopoma riisei)* 275, 277
Zwerghuhn 348
Zwergmanguste *(Helogale undulata rufula)* 564, 604
Zwergschimpanse, Bonobo *(Pan paniscus)* 214
– ikonische Gesten 214
Zwergwachtel 32 ff.
Zwergwels 140, 420
Zwillingsforschung 316 f.
Zwischengruppenaggression (s. a. Krieg) 560, 769
Zwischenhirn, Katze 299

Irenäus Eibl-Eibesfeldt
In der Falle des Kurzzeitdenkens

223 Seiten. Kt.

Haben Vernunft und Moral im freien Wettbewerb noch eine Chance? Wie können wir der Falle des Kurzzeitdenkens entrinnen? Können wir unsere Zukunft verantwortlich gestalten? In seinem neuen Buch stellt Irenäus Eibl-Eibesfeldt provozierende Thesen zur Diskussion. Der Biologe, Verhaltensforscher, Begründer der Humanethologie und Bestseller-Autor Irenäus Eibl-Eibesfeldt diskutiert in seinem neuen Buch nichts weniger als die Zukunftsaussichten der Menschheit. Wir sind zwar ein »Volltreffer der Evolution«, so Hubert Markl, gefährden aber durch ungezügeltes Machtstreben und Konkurrenzdenken unseren Erfolg und unser Überleben. Deshalb müssen wir das Kurzzeitdenken, den ständigen Wettlauf im Jetzt, überwinden und ein generationenübergreifendes Überlebensethos entwickeln. Nützen wir positive Verhaltensdispositionen wie Fürsorge gegenüber unseren Kindern, das Gefühl für Verpflichtung oder unsere Liebe zur Natur, und sind wir bereit, die Wirklichkeit auch dort wahrzunehmen, wo sie uns unangenehm ist, dann haben wir eine gute Überlebenschance.

PIPER

Irenäus Eibl-Eibesfeldt

Die Biologie des menschlichen Verhaltens

Grundriß der Humanethologie. 998 Seiten mit 350 Abbildungen. Geb.

Mit der »Biologie des menschlichen Verhaltens« wird das Schrifttum über uns Menschen um ein in mehrfacher Hinsicht bemerkenswertes Werk bereichert. Das umfassende Werk diskutiert die Stellung des Menschen in der Natur, seine evolutionistische Potenz, aber auch seine Problematik in unserer Zeit und vermittelt damit viele neue Denkanstöße.

In diesem reich illustrierten Werk integriert der weltbekannte Verhaltensforscher die Ergebnisse sehr verschiedener Fachgebiete zu einer Wissenschaft vom Menschen. Er präsentiert zudem eine Fülle von Beobachtungen und Einsichten aus seiner mehr als 30jährigen Arbeit mit Menschen verschiedenster Kulturen. Die ethologische Frage, warum wir uns so und nicht anders verhalten, wird für kulturelle Verhaltensmuster ebenso gestellt wie für stammesgeschichtlich angepaßte. Eibl-Eibesfeldt weist nach, daß das Angeborene nicht bloß in Form einiger basaler Reflexe und Ausdrucksbewegungen unser Verhalten mitbestimmt. Die Vorprogrammierungen beeinflussen unsere kognitiven Leistungen als Wahrnehmungs- und Denkzwänge, und unser soziales Verhalten gehorcht einem universalen Regelsystem, einer »Grammatik« sozialen Verhaltens, die verbale und nichtverbale Interaktionen in gleicher Weise strukturiert.